EUROPA-FACHBUCHREIHE
für Chemieberufe

Physikalische Chemie

2. neu bearbeitete Auflage

von

Heinz Hug
Wolfgang Reiser

VERLAG EUROPA-LEHRMITTEL Nourney, Vollmer GmbH & Co.
Düsselberger Straße 23 · 42781 Haan-Gruiten

Europa-Nr.: 71519

Autoren

Dr. rer. nat. Heinz Hug	Oberstudienrat, Diplomchemiker	Wiesbaden
Wolfgang Reiser	Oberstudienrat, Dipl.-Ing.	Frankfurt am Main

Lektorat und Leitung des Arbeitskreises

Walter Bierwerth	Oberstudienrat, Dipl.-Ing.	Eppstein/Taunus

Redaktionelle Beratung

Armin Steinmüller	Dipl.-Ing., Verlagslektor	Haan-Gruiten

Bildbearbeitung und Umschlaggestaltung

Michael M. Kappenstein	Frankfurt am Main

Das vorliegende Buch wurde auf der **Grundlage der neuen amtlichen Rechtschreibregeln** erstellt.

2. Auflage 2000

Druck 5 4 3 2

Alle Drucke derselben Auflage sind parallel einsetzbar, da sie bis auf die Behebung von Druckfehlern untereinander unverändert sind.

ISBN 3-8085-7152-7

Satz: rkt-softwareline, 42799 Leichlingen – www.softwareline.de
Druck: Media Print Informationstechnologie, 33100 Paderborn

Vorwort

Die Physikalische Chemie ist eine Grundlagen- und Brückenwissenschaft, die sowohl in der präparativen, der allgemeinen und der analytischen Chemie als auch in der Biochemie sowie der chemischen Verfahrenstechnik vielfältigste Anwendungen findet.

Leider aber erscheint vielen Studierenden dieses Fachgebiet oftmals als Fortsetzung der Mathematik mit anderen Mitteln. Diesem Eindruck versucht das vorliegende Buch entgegen zu wirken. Deshalb wurde weitgehendst bei den Ableitungen auf die Anwendung der höheren Mathematik verzichtet und eine stärkere Betonung auf die phänomenologische Beschreibung und rechnerische Anwendung der wesentlichen naturwissenschaftlich-technischen Zusammenhänge gelegt. Dies kann nicht ganz ohne Kompromisse geschehen, weshalb der Fortgeschrittene auf weiterführende Lehrbücher der physikalischen Chemie verwiesen sei.

Die Auswahl und die Art der Darbietung des vorliegenden Lehrbuches orientiert sich an den Lehrplänen der zweijährigen **Fachschulen für Chemietechnik** (Labortechnik, Produktionstechnik und Biotechnik). Aus diesen Grund stehen die technischen Anwendungen der physikalischen Chemie immer im Vordergrund. Da es sich bei der physikalischen Chemie aber um ein fach- und schulformübergreifendes Wissensgebiet handelt, ist das Buch ebenso für den Einsatz in der beruflichen Grund- und Weiterbildung, an Fachoberschulen, in Ausbildungsgängen zum chemisch-technischen Assistenten, im Unterricht an beruflichen Gymnasien sowie für die Leistungskurse der gymnasialen Oberstufe konzipiert. Auch kann die Durcharbeitung dieses Buches den Studenten an Fachhochschulen und Hochschulen das Verständnis ihrer Vorlesungen erleichtern, denn gerade im Tertiärbereich muss notwendigerweise ein höheres Abstraktionsniveau erarbeitet werden, bei dem das „Weshalb“, „Wofür“ und „Wieso“ vielfach auf der Strecke bleibt.

Da nichts vollkommen sein kann und Fehler auch bei größter Sorgfalt immer eine Hintertür finden, durch die sie sich einschleichen können, sind die Autoren den geduldigen Lesern für jeden Hinweis dankbar. Auch nehmen wir Kritik und Anregungen gerne entgegen.

Unser besonderer Dank gilt dem Verlag Europa-Lehrmittel, der uns diese Arbeit ermöglicht hat. Die Verfasser bedanken sich auch beim Lektor dieses Buches, Herrn Oberstudienrat Dipl.-Ing. Walter Bierwerth und dem Zeichner und Grafiker, Herrn Michael Maria Kappenstein, für die fruchtbare Zusammenarbeit.

Wiesbaden und Frankfurt-Höchst im Herbst 1998

Heinz Hug
Wolfgang Reiser

Vorwort zur 2. Auflage

Dass unser Lehrbuch zur Physikalischen Chemie nach so kurzer Zeit in zweiter Auflage erscheinen kann, erfüllt uns mit Dankbarkeit, vor allem gegenüber jenen, die es kritisch gelesen haben und uns wertvolle Anregungen zukommen ließen.

Neben einigen Druckfehlern und Vorschlägen zur Optimierung einiger Formulierungen und Definitionen hat man uns auf ein besonderes Problem aufmerksam gemacht. Es ist die Behandlung von Einheiten bei logarithmischen Funktionen, wie dem pH-Wert. Vielfach noch üblich wird dieser mit $pH = -\lg c(H_3O^+)$ definiert. Da es aber keinen Logarithmus einer Einheit geben kann, wird statt der Konzentration heute immer häufiger die einheitenlose Aktivität $a(H_3O^+)$ verwendet. Um praxisgerecht weiter mit dem Konzentrationsbegriff zu arbeiten, haben wir gemäß DIN 1313 den Zahlenwert der betreffenden Einheit eingeführt. Damit lautet die Definition: $pH = -\lg \{c(H_3O^+)\}$. Ähnlich verhält es sich mit den Gleichgewichtskonstanten in den unterschiedlichsten Einheiten, die von den themodynamischen Gleichgewichtskonstanten zu unterscheiden sind.

Für weitere Kritik und Anregung, die der Weiterentwicklung des Buches dienen, sind wir jederzeit dankbar.

Wiesbaden und Frankfurt-Höchst im Juni 2000

Heinz Hug
Wolfgang Reiser

Hinweise an unsere Leser

Jedes Kapitel ist für sich abgeschlossen und kann demnach einzeln durchgearbeitet werden. Um dies zu erleichtern, kann der Leser auf die Zusammenstellung wichtiger Formelzeichen auf den Seiten 376 bis 380 zurückgreifen. Die Indizes folgen der üblichen Schreibweise, wie sie zum Teil durch die DIN vorgegeben ist. So bedeutet beispielsweise

$$\Delta H^{o}_{m,B}(CaC_2)$$

die molare Bildungsenthalpie von Calciumcarbid unter Standardbedingungen. Es steht „Δ" für eine Differenz, „m" für molar, „B" für die Bildung („Entstehung") und „°" für Standardbedingung. In der Klammer wird auf die chemische Formel der Verbindung Calciumcarbid hingewiesen.

Um das Verständnis zu erleichtern, sind in jedem Kapitel **Musteraufgaben** enthalten, in denen die wichtigsten Gesetzmäßigkeiten auf praxisorientierte Probleme angewandt werden. Außerdem findet der Leser zur Vertiefung und Wiederholung am Ende jedes Abschnittes eine entsprechende Zahl von Übungsaufgaben, deren **ausführliche Lösungen** am Schluss des Buches zusammengefasst sind. Der besseren Erfassbarkeit halber wurde in den Textaufgaben vielfach auf Größengleichungen wie bei „...ein Gas unter einem Druck von $p = 1{,}2$ hPa..." verzichtet und statt dessen einfach formuliert: „...ein Gas steht unter einem Druck von 1,2 hPa...".

Inhaltsverzeichnis

1 Grundlegende Größen der Physik und der Stöchiometrie

Das eigenständige Fachgebiet der physikalischen Chemie kann als Bindeglied zwischen Physik und Chemie angesehen werden. Viele chemisch-technische Vorgänge erfordern zu ihrem Verständnis physikalische Grundlagen und umgekehrt lassen sich eine Reihe physikalischer Vorgänge nur mit fundierten Kenntnissen chemischer Stoffeigenschaften erklären.

1.1 Physikalische Größen

Im folgenden Abschnitt werden nur die wichtigsten physikalischen Größen, die bei physikalisch-chemischen Problemstellungen und Berechnungen eine Rolle spielen, besprochen.

1.1.1 Dichte

Wie aus dem Alltag bekannt, besitzen gleich große Gegenstände aus verschiedenen Materialien unterschiedlich große Massen. Ein Würfel aus Eisen besitzt eine größere Masse als ein gleich großer Würfel aus Aluminium. Der Grund liegt in der verschiedenartigen Anordnung und Struktur der Elementarteilchen. Je größer die Zahl dieser Teilchen, die in einer Raumeinheit des Körpers vorhanden sind, desto größer ist i.d.R. die Masse des Körpers. Diese Eigenschaft ist stoffspezifisch und wird als **Dichte** des Stoffes bezeichnet. Allgemein gilt:

Die Dichte eines Körpers ist der Quotient aus seiner Masse m und seinem Volumen V.

Formelmäßig erhält man die Dichte durch die Gleichung:

$$\varrho = \frac{m}{V}$$

ϱ	m	V
$kg \cdot m^{-3}$	kg	m^3

1.1

Außer der Einheit $kg \cdot m^{-3}$ für die Dichte sind noch gebräuchlich:

$g \cdot cm^{-3} = g \cdot mL^{-1}$, $kg \cdot dm^{-3} = kg \cdot L^{-1}$, $t \cdot m^{-3}$.

Bei Gasen wird die Dichte auch häufig in $g \cdot L^{-1}$ angegeben (siehe Kap. 2).

M 1.1: Von 3 Körpern A, B und C bestehen 2 aus dem gleichen Material. Welche der Körper sind das?

$m(A) = 180{,}0\ g \quad m(B) = 244{,}8\ g \quad m(C) = 156{,}0\ g$

$V(A) = 25{,}0\ cm^3 \quad V(B) = 34{,}0\ cm^3 \quad V(C) = 20{,}0\ cm^3$

Lsg.: Die beiden aus demselben Material bestehenden Körper müssen die gleiche Dichte besitzen. Anwendung von Gl. 1.1 ergibt:

$$\varrho(A) = \frac{m(A)}{V(A)} = \frac{180{,}0\ g}{25{,}0\ cm^3} = \mathbf{7{,}20\ g \cdot cm^{-3}}$$

$$\varrho(B) = \frac{m(B)}{V(B)} = \frac{244{,}8\ g}{34{,}0\ cm^3} = \mathbf{7{,}20\ g \cdot cm^{-3}}$$

$$\varrho(C) = \frac{m(C)}{V(C)} = \frac{156{,}0\ g}{20{,}0\ cm^3} = \mathbf{7{,}80\ g \cdot cm^{-3}}$$

Die Körper **A** und **B** bestehen aus demselben Material.

M 1.2: Welche Masse haben 3,5 Liter Ether, wenn die Dichte $\varrho = 0{,}74\ g \cdot mL^{-1}$ beträgt?

Lsg.: Nach Gl. 1.1 erhält man:

$$\varrho = \frac{m}{V} \Rightarrow m = V \cdot \varrho = 3{,}5\ L \cdot 0{,}74\ kg \cdot L^{-1} = \mathbf{2{,}59\ kg}$$

Da sich die meisten Körper beim Erwärmen ausdehnen, ist das Volumen einer Stoffportion temperaturabhängig und somit auch die Dichte. Bei der Dichteangabe eines Stoffes muss daher auch die jeweilige Bestimmungstemperatur angegeben werden. In den einschlägigen Tabellenwerken ist der Wert der Dichte meist auf 20 °C bezogen und mit der Angabe: ϱ_{20} bezeichnet.

Dichtewerte, die bei anderen Temperaturen als 20 °C ermittelt wurden, können auf die Dichte von 20 °C umgerechnet werden, wenn der **Volumenausdehnungskoeffizient** γ des Stoffes bekannt ist. Ebenso lässt sich die Dichte bei einer bestimmten Temperatur aus der Dichte bei 20 °C berechnen.

Bezeichnet man die Dichte bei der gesuchten Temperatur ϑ (ϑ > 20 °C) mit ϱ_ϑ, gilt für die Umrechnung (mit Ausnahme von Wasser):

1.2

$$\varrho_\vartheta \cdot (1 + \gamma \cdot \Delta\vartheta) = \varrho_{20}$$

ϱ	γ	$\Delta\vartheta$
$kg \cdot m^{-3}$	K^{-1}	K

M 1.3: Wie groß ist die Dichte ϱ_{40} von Quecksilber, wenn der Volumenausdehnungskoeffizient des Quecksilbers im Bereich von 0 °C bis 100 °C $\gamma = 1{,}810 \cdot 10^{-4}\ K^{-1}$ und die Dichte $\varrho_{20} = 13{,}547\ g \cdot cm^{-3}$ beträgt?

Lsg.: Mit Gl. 1.2. ergibt sich:

$$\varrho_{40} \cdot (1 + \gamma \cdot \Delta\vartheta) = \varrho_{20} \quad \Rightarrow \quad \varrho_{40} = \frac{\varrho_{20}}{1 + \gamma \cdot \Delta\vartheta}$$

$$\varrho_{40} = \frac{13{,}547\ g \cdot cm^{-3}}{1 + 1{,}810 \cdot 10^{-4}\ K^{-1} \cdot 20\ K} = \mathbf{13{,}498\ g \cdot cm^{-3}}$$

1.1.2 Druck

Eine senkrecht auf eine Fläche wirkende Kraft (Normalkraft F_N) erzeugt einen Druck. Der Druck ist um so stärker, je größer die Kraft und je kleiner die Fläche ist. Für den Druck p gilt daher:

Der Quotient aus der Kraft F_N und der Fläche A, auf welche die Kraft wirkt, heißt Druck p.

Der Druck errechnet sich aus der Gleichung:

1.3

$$p = \frac{F_N}{A}$$

p	F_N	A
$N \cdot m^{-2}$	N	m^2

Die gesetzliche Einheit des Druckes $N \cdot m^{-2}$ ist das Pascal (Pa), sodass gilt: 1 Pa = 1 $N \cdot m^{-2}$.

Weitere Einheiten des Drucks, die besonders in der Praxis verwendet werden, sind:

1 bar = 10^5 Pa = 1000 mbar = 1 000 hPa

Die Einheit 1 hPa (Hektopascal) wird seit dem 1.1.1984 an Stelle der Einheit 1 mbar z.B. für den Luftdruck benutzt.

M 1.4: Auf einen Behälterboden von d = 20 cm Durchmesser wirkt die Gewichtskraft der Flüssigkeit F_G = 600,0 N. Berechnen Sie den Druck p auf den Behälterboden in Pa und bar.

Lsg.: Nach Gl. 1.3 gilt:

$$p = \frac{F_N}{A} = \frac{F_N \cdot 4}{d^2 \cdot \pi} = \frac{600\ N \cdot 4}{(0{,}2\ m)^2 \cdot \pi} = \mathbf{19\,098{,}6\ Pa = 0{,}19\ bar}$$

Zu beachten ist hierbei, dass nur der Druck berechnet wurde, den die Flüssigkeitssäule auf die Bodenfläche ausübt. Diesen Druck bezeichnet man auch als **Überdruck** p_e.

Will man den auf die Bodenfläche wirkenden Gesamtdruck, den sogenannten **absoluten Druck** p_{abs} angeben, so muss zu dem berechneten Überdruck p_e noch der am Barometer ablesbare Luftdruck, auch als **Atmosphärendruck** p_{amb} bezeichnet, hinzuaddiert werden.

Den Zusammenhang zwischen dem absoluten Druck p_{abs} und dem momentanen Luftdruck bzw. Atmosphärendruck p_{amb} zeigt Bild 1.

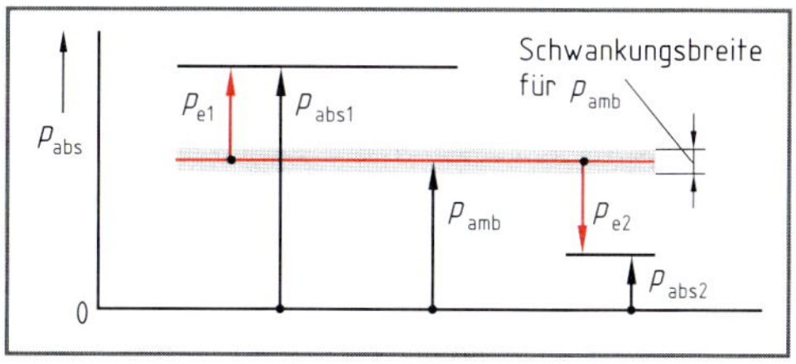

Bild 1: Absoluter-, Über- und Atmosphärendruck

Der absolute Druck p_{abs} ist der Druck gegenüber dem Druck Null im leeren Raum (Vakuum). Der Luft- oder Atmosphärendruck p_{amb} ist der Druck, den die Luft infolge ihrer Gewichtskraft erzeugt. Er ist von der geografischen Höhenlage und der Wetterlage abhängig, d.h. er besitzt eine gewisse Schwankungsbreite, innerhalb derer er sich ändert. Die Differenz zwischen einem absoluten Druck p_{abs} und dem jeweiligen (absoluten) Atmosphärendruck p_{amb} ist die **atmosphärische Druckdifferenz** p_e, die auch als **Überdruck** p_e bezeichnet wird.

Wie aus Bild 1 ersichtlich, können Überdrücke sowohl positiv als auch negativ sein. Die Berechnung des Überdrucks erfolgt mit der Gleichung:

$$p_e = p_{abs} - p_{amb}$$ p in Pa **1.4**

M 1.5: Der zur Füllstandmessung mit einem Überdruckmanometer ermittelte Bodendruck in einem Behälter beträgt p_e = 1,46 bar. Welchen Druck p_{abs} würde ein an der gleichen Stelle angeschlossenes Absolutdruckmanometer anzeigen, wenn der Druck in der Atmosphäre über dem Flüssigkeitsspiegel im Behälter p_{amb} = 992 hPa beträgt?

Lsg.: $p_{abs} = p_e + p_{amb}$ = 1,46 bar + 0,992 bar = **2,45 bar**

In der technischen Praxis wird ein negativer Überdruck, d.h. $p_{abs} < p_{amb}$, auch als **Unterdruck** bezeichnet.

Wird auf Flüssigkeiten ein Druck ausgeübt, so pflanzt sich dieser allseitig fort. Die Flüssigkeit selbst erzeugt durch ihre Gewichtskraft auch einen Druck, den sogenannten **Schweredruck.** Dieser nimmt, wie aus der Physik und dem Alltag bekannt, mit der Höhe der Flüssigkeitssäule zu und ist richtungsunabhängig. In 10 m Wassertiefe ist der Druck größer als in 3 m. Der Schweredruck ergibt sich mit den Gesetzen aus der Dynamik und Gl. 1.3 zu:

$$p = \frac{F_N}{A} = \frac{F_G}{A} = \frac{m \cdot g}{A} = \frac{V \cdot \varrho \cdot g}{A} = \frac{A \cdot h \cdot \varrho \cdot g}{A} = h \cdot \varrho \cdot g$$

$$p = h \cdot \varrho \cdot g$$ **1.5**

p	h	ϱ	g
$N \cdot m^{-2}$	m	$kg \cdot m^{-3}$	$m \cdot s^{-2}$

Ein einfaches Gerät zur Bestimmung des Luftdrucks ist das Quecksilberbarometer, dessen schematischer Aufbau in Bild 2 dargestellt ist.

Ein mit Quecksilber gefülltes Glasrohr, das an einem Ende verschlossen ist, taucht in eine mit Quecksilber gefüllte Schale. Aus dem Glasrohr fließt nun solange Quecksilber in die Schale, bis der von der Quecksilbersäule erzeugte hydrostatische Druck genauso groß ist wie der äußere Luftdruck, der auf das Quecksilber in der Schale einwirkt. Die Höhe der Quecksilbersäule in dem Glasrohr ist somit ein Maß für den herrschenden äußeren Luftdruck.

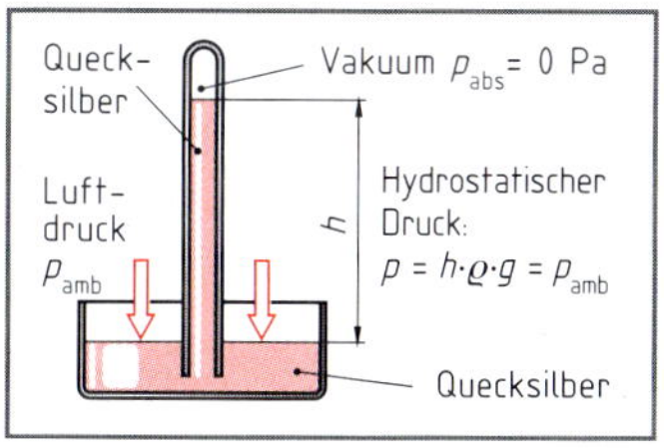

Bild 2: Quecksilberbarometer

M 1.6: Welchen Druck erzeugt eine h = 800 mm hohe Quecksilbersäule bei ϑ = 20 °C, wenn bei dieser Temperatur die Dichte von Quecksilber $\varrho_{20} = 13{,}547\ g \cdot cm^{-3}$ beträgt?

Lsg.: Mit Gl. 1.5. erhält man

$p = h \cdot \varrho \cdot g = 0{,}800\ m \cdot 13{,}547 \cdot 10^3\ kg \cdot m^{-3} \cdot 9{,}81\ m \cdot s^{-2} = 1{,}06 \cdot 10^5$ Pa = **1,06 bar.**

1.1.3 Elektrische Stromstärke, elektrische Spannung und elektrischer Widerstand

Aus der Physik ist bekannt, dass in einem geschlossenen Stromkreis bei Stromfluss elektrische Ladungen bewegt werden. Die Ladungsträger können hierbei Elektronen (bei Leitern 1. Klasse) oder Ionen (bei Leitern 2. Klasse) sein. Ein Maß für die Anzahl der **Ladungen** Q, die in einer gewissen Zeit t für den Stromfluss bewegt werden, ist die elektrische Stromstärke I. Es gilt:

Der Quotient aus der elektrischen Ladung Q und der für den Transport dieser Ladungen benötigten Zeit t ist die elektrische Stromstärke I.

Formelmäßig erhält man die elektrische Stromstärke I durch die Gleichung:

1.6
$$I = \frac{Q}{t}$$

I	Q	t
A	A · s = C	s

Die elektrische Stromstärke I ist eine Basisgröße des SI (internationales Einheitssystem) und die Basiseinheit ist das Ampere (A), wobei: 1 A · s = 1 C (Coulomb) ist.

Voraussetzung für das Fließen eines elektrischen Stromes ist das Bestehen einer elektrischen **Spannung** U zwischen zwei Polen. Sie bewirkt die Ladungstrennung zwischen diesen und ist wie folgt definiert:

Die elektrische Spannung U ist der Quotient aus der zur Ladungstrennung erforderlichen Arbeit W und der elektrischen Ladung Q.

Somit gilt:

1.7
$$U = \frac{W}{Q}$$

U	W	Q
V	W · s	A · s = C

Die Einheit für die elektrische Spannung ist das Volt (V).

Bei Gleichspannung und konstanter Temperatur sind die elektrische Spannung (U) und die elektrische Stromstärke (I) bei vielen Leitern einander proportional. Der Proportionalitätsfaktor ist der elektrische Widerstand (R) des Leiters. Es gilt daher:

Der Quotient aus der elektrischen Spannung U und der elektrischen Stromstärke I heißt elektrischer Widerstand R.

Der elektrische Widerstand R und der Leitwert G errechnen per Definition sich nach den Formeln:

1.8
1.9
$$R = \frac{U}{I} \qquad G = \frac{1}{R}$$

R	U	I	G
Ω	V	A	S

Die Einheit des elektrischen Widerstandes ist das Ohm (Ω), die des Leitwertes ist das Siemens (S).

Die Gleichung 1.8 wird als ***ohm*sches Gesetz** bezeichnet.

Durch Umstellung von Gl. 1.7 nach W und Einsetzung der nach Q umgestellten Gl. 1.6 erhält man für die elektrische Arbeit die Gleichung:

1.10
$$W = U \cdot I \cdot t$$

W	U	I	t
W · s	V	A	s

Die Einheit der elektrischen Arbeit ist die Wattsekunde (Ws bzw. W · s). In der Praxis benutzt man allerdings oft die Kilowattstunde (kWh bzw. kW · h) als Einheit.

Für die Umrechnung gilt: 1 kW · h = 3,6 · 10^6 W · s.

Für die elektrische Leistung P ergibt sich mit:

$$P = \frac{W}{t} \quad \Rightarrow \quad \boxed{P = U \cdot I}$$ 1.11

P	U	I
W	V	A

Die Einheit für die elektrische Leistung ist das Watt (W) bzw. das Kilowatt (kW).

M 1.7: Ein Rührmotor nimmt bei Anschluss an $U = 220$ V die Leistung $P = 80$ W auf. Berechnen Sie:

a) die Stromstärke I

b) den Widerstand R

c) die in der Zeit $t = 3$ h verrichtete Arbeit W in kWh.

Lsg.: a) Nach Gl. 1.11 gilt: $P = U \cdot I \quad \Rightarrow \quad I = \frac{P}{U} = \frac{80\ \text{W}}{220\ \text{V}} = \mathbf{0{,}364\ A}$

b) Mit Gl. 1.8 erhält man: $R = \frac{U}{I} = \frac{220\ \text{V}}{0{,}364\ \text{A}} = \mathbf{604{,}4\ \Omega}$

c) Anwendung von Gl. 1.10 liefert: $W = U \cdot I \cdot t = 220\ \text{V} \cdot 0{,}364\ \text{A} \cdot 3\ \text{h} = \mathbf{0{,}240\ kWh}$

1.2 Stöchiometrische Grundbegriffe

Die Stöchiometrie im engeren Sinne ist das Teilgebiet der Chemie, welches die Massen- und Stoffmengenverhältnisse bei chemischen Reaktionen quantitativ beschreibt. Im weiteren Sinne versteht man darunter das chemische Rechnen.

Wie bei den physikalischen Größen sollen auch hier nur die wichtigsten der für die physikalische Chemie relevanten Grundbegriffe besprochen werden.

1.2.1 Grundgesetze der Stöchiometrie

Alle stöchiometrischen Berechnungen basieren auf drei wichtigen Grundgesetzen:

1. *Gesetz von der Erhaltung der Masse:*

> Bei jeder chemischen Reaktion ist die Gesamtmasse der Ausgangsstoffe (Edukte) gleich der Gesamtmasse der Endstoffe (Produkte) nach der Reaktion.

2. *Gesetz von der Unveränderlichkeit der Elemente:*

> Ein chemisches Element kann durch chemische Reaktionen weder verändert noch in einen anderen Grundstoff überführt werden.

Bei chemischen Reaktionen bleibt also die Anzahl der Atome unverändert. Die Anzahl der Atome jedes beteiligten Elements ist vor und nach einer Reaktion gleich groß. Beim Aufstellen von Reaktionsgleichungen ist hierauf besonders zu achten.

Beide Gesetze sind auf Kernreaktionen **nicht** anwendbar, da bei solchen Prozessen die Atomkerne in ihrem Aufbau verändert und unter anderem ein Teil der Masse in Energie umgewandelt wird.

3. *Gesetz der konstanten Proportionen:*

> Bei chemischen Reaktionen vereinigen sich die Atome der Elemente stets in einem gleichbleibenden Massenverhältnis zu Verbindungen (Molekül- und Ionenverbindungen).

1.2.2 Atom- und Molekülmasse

Bei physikalisch-chemischen Berechnungen spielen quantitative Aspekte eine wichtige Rolle, bei denen die Massen bzw. Stoffmengen der miteinander reagierenden Teilchen in Relation zueinander gebracht werden. Die Bestimmung der Atom- oder Molekülmassen erfolgt mit Hilfe von **Massenspektrometern.**

Wie jede andere Masse lassen sich Atom- und Molekülmassen in g oder kg angeben. Da diese aber sehr klein sind – sie liegen im Bereich von etwa 10^{-27} kg – benutzt man üblicherweise zu ihrer Angabe die **atomare Masseneinheit** u. Dabei bezieht man sich auf das Kohlenstoffnuklid ^{12}C. Es gilt:

> Die atomare Masseneinheit 1 u ist der zwölfte Teil der Masse eines Atoms des Kohlenstoffnuklids ^{12}C, dessen Masse $1{,}9926 \cdot 10^{-26}$ kg beträgt. $\frac{1}{12}\, m\,(^{12}C) = m_u = 1$ u.

Somit beträgt der Wert der atomaren Masseneinheit 1 u in kg:

1.12 $$1\ \text{u} = 1{,}6605402 \cdot 10^{-27}\ \text{kg}$$

Gibt man die Masse von Atomen oder Molekülen in u an , so spricht man von der **absoluten Masse.** Das Wasserstoffisotop ^{1}H hat die absolute Masse $m_a = 1{,}008$ u.

Bezieht man die Atommasse auf die atomare Masseneinheit, die ihrerseits auf die Masse von ^{12}C bezogen ist, so erhält man die **relative Atommasse** A_r (früher, in älteren Lehrbüchern als Atomgewicht bezeichnet). Das **Periodensystem der Elemente**, **(PSE)**, enthält die A_r-Werte.

> Die relative Atommasse A_r ist eine Verhältniszahl ohne Einheit, die angibt, wie groß die Masse m_a eines Atoms im Vergleich zur atomaren Masseneinheit u ist.

Die relative Atommasse ergibt sich somit durch die Beziehung:

1.13 $$A_r = \frac{m_a}{m_u}$$

A_r	m_a	m_u
1	kg	kg

Aus dem Gesetz von der Erhaltung der Masse folgt, dass die relative Molekülmasse M_r gleich der Summe der relativen Atommassen A_r der im Molekül enthaltenen Atome ist. Es gilt daher:

1.14 $$M_r = \Sigma A_r = \frac{\Sigma m_a}{m_u}$$

M_r	A_r	m_a	m_u
1	1	kg	kg

Da die Summe der Atommassen gleich der Molekülmasse m_M ist erhält man aus Gl. 1.14

1.15 $$m_M = \Sigma m_a = M_r \cdot m_u$$

m_M in kg

M 1.8: Wie groß ist die relative Molekülmasse M_r und die Molekülmasse m_M von Methan (CH_4), wenn A_r(H) = 1,0 und A_r (C) = 12,011 ist?

Lsg.: Mit Gl. 1.14 erhält man: $M_r = \Sigma A_r = 1 \cdot 12{,}011 + 4 \cdot 1{,}0 = \mathbf{16{,}011}$

Nach Gl. 1.15 gilt: $m_M = M_r \cdot m_u = 16{,}011 \cdot 1{,}6605402 \cdot 10^{-27}\ \text{kg} = \mathbf{2{,}659 \cdot 10^{-26}\ kg}$

Um bei stöchiometrischen Berechnungen nicht mit den sehr kleinen absoluten Massen der Atome oder Moleküle operieren zu müssen, sondern unmittelbar von Massenangaben ausgehen zu können, die der gewöhnlichen Massenskala in Gramm bzw. Kilogramm entsprechen, wurde als 7. Basisgröße des SI die **Stoffmenge** *n* mit der **Basiseinheit** Mol eingeführt. Das Einheitenzeichen ist **mol** (klein geschrieben) bzw. kmol.

> Die Stoffmenge *n,* die aus ebensoviel kleinsten Teilchen besteht wie die Anzahl der Kohlenstoffatome in genau 12 g (kg) des Kohlenstoffnuklids ^{12}C, bezeichnet man als 1 mol (Kilomol).

Mit der Basisgröße Stoffmenge n wird die Quantität einer Stoffportion auf der Grundlage der Anzahl der darin enthaltenen Teilchen bestimmter Art angegeben. Solche Teilchen können Atome, Moleküle, Ionen, Elektronen oder sonstwie spezifizierte Einzelteilchen sein.

Zwischen der Masse m und der Stoffmenge n einer Stoffportion besteht per Definition die Beziehung:

$$M = \frac{m}{n}$$ 1.16

M	m	n
$kg \cdot kmol^{-1}$	kg	kmol

Die Umrechnungsgröße M wird als **molare Masse** (stoffmengenbezogene Masse) bezeichnet. In der Praxis benutzt man an Stelle der Einheit $kg \cdot kmol^{-1}$ häufig $g \cdot mol^{-1}$.

M 1.9: Wie groß ist die molare Masse von Wasser (H_2O), wenn $n(H_2O) = 0{,}25$ mol die Masse $m = 4{,}5$ g besitzen?

Lsg.: Mit Gl. 1.16 erhält man: $M(H_2O) = \frac{m(H_2O)}{n(H_2O)} = \frac{4{,}5\ g}{0{,}25\ mol} = \mathbf{18\ g \cdot mol^{-1}}$

M 1.10: Wie groß ist die relative Molekülmasse von H_2O, wenn $A_r(H) = 1{,}0$ und $A_r(O) = 16{,}0$ ist?

Lsg.: Nach Gl. 1.14 gilt: $M_r = \Sigma A_r = 2 \cdot 1{,}0 + 1 \cdot 16{,}0 = \mathbf{18{,}0}$

Man erkennt, die Zahlenwerte stimmen überein. Es gilt allgemein:

Der Zahlenwert der molaren Masse M stimmt mit dem Zahlenwert der relativen Atommasse A_r bzw. dem Zahlenwert der relativen Molekülmasse M_r überein.

Nach der Definition für das Mol bzw. Kilomol ist die molare Teilchenzahl für alle Stoffe gleich groß. Ein Mol H_2O enthält genausoviel Teilchen wie ein Mol NH_3.

Diese Teilchenzahl ist somit eine Konstante und heißt *Avogadro*-Konstante, abgekürzt N_A. In der deutschen Literatur wird sie teilweise auch als *Loschmidt*-Konstante bezeichnet. Ihr Zahlenwert beträgt:

$$N_A = 6{,}022 \cdot 10^{23}\ mol^{-1}$$ 1.17

1.2.3 Umsatz- und Ausbeuteberechnung

Bei den meisten chemischen Reaktionen, ob im Labor oder im technischen Maßstab, ergeben Massen- und Stoffmengenberechnungen auf der Grundlage der vorgegebenen Reaktionsgleichungen Abweichungen von den erwarteten Werten. Die Gründe hierfür lassen sich im Wesentlichen auf drei Aspekte zurückführen:

1. Die Stoffmengenverhältnisse der Ausgangsstoffe (Edukte) entsprechen nicht der stöchiometrischen Reaktionsgleichung (z.B. infolge von Verunreinigungen).
2. Es handelt sich um eine Gleichgewichtsreaktion (siehe Kap. 3).
3. Es treten Nebenreaktionen auf, oder die Reaktion verläuft unvollständig.

In diesen Fällen führt man Berechnungen zum **Reaktionsumsatz** und/oder zur **Reaktionsausbeute** durch. Als **Umsatz** U(A) bezeichnet man den verbrauchten Massen- oder Stoffmengenanteil eines **Eduktes** (A). Er ist definiert als:

$$U(A) = \frac{m_0(A) - m(A)}{m_0(A)} = \frac{n_0(A) - n(A)}{n_0(A)}$$ 1.18

U	m	n
1	kg	mol

Hierin bedeuten:

m_0 (A): Masse der Stoffportion von A **vor** der Reaktion

m(A): Masse der Stoffportion von A **nach** Ablauf der Reaktionszeit t bzw. nach Erreichen des Gleichgewichts

n_0 (A): Stoffmenge einer Stoffportion von A **vor** der Reaktion

n (A): Stoffmenge einer Stoffportion von A **nach** der Reaktion

Bezieht man sich bei der Berechnung auf die tatsächliche Masse oder Stoffmenge eines Endstoffes (Produktes) in Relation zur maximal möglichen Menge, so spricht man von der **Ausbeute** A. Sie wird definiert durch die Gleichung:

1.19

$$A(\mathrm{C}) = \frac{m(\mathrm{C})}{m_{max}(\mathrm{C})} = \frac{n(\mathrm{C})}{n_{max}(\mathrm{C})}$$

A	m	n
1	kg	mol

Es ist:

m (C): Masse des gebildeten Produktes C

m_{max}(C): Masse des gebildeten Produktes C, die maximal (theoretisch) erreicht werden kann

n (C): Stoffmenge des gebildeten Produktes C

n_{max} (C): Stoffmenge des Produktes C, die maximal (theoretisch) erreicht werden kann

Liegen die Edukte nicht in dem Massen- oder Stoffmengenverhältnis vor, wie sie nach der Reaktionsgleichung miteinander reagieren, so ist bei der Ausbeuteberechnung m_{max} bzw. n_{max} auf die jeweils im **Unterschuss** vorliegende Ausgangssubstanz zu beziehen.

M 1.11: Beim Erhitzen von 46 g Methansäure, (M (HCOOH) = 46 g · mol^{-1}), mit 48 g Methanol, (M (CH_3OH) = 32 g · mol^{-1}), entstehen 36 g Ester, (M ($HCOOCH_3$) = 60 g · mol^{-1}), und H_2O, (M (H_2O) = 18 g · mol^{-1}). Die Reaktionsgleichung lautet:

$HCOOH + CH_3OH \rightarrow HCOOCH_3 + H_2O$.

Berechnen Sie den Umsatz und die Ausbeute der Reaktion!

Lsg.: Nach Gl. 1.16:

$$n_0(\mathrm{CH_3OH}) = \frac{m_0(\mathrm{CH_3OH})}{M(\mathrm{CH_3OH})} = \frac{48\ \mathrm{g}}{32\ \mathrm{g\cdot mol^{-1}}} = 1{,}5\ \mathrm{mol}$$

$$n_0(\mathrm{HCOOH}) = \frac{m_0(\mathrm{HCOOH})}{M(\mathrm{HCOOH})} = \frac{46\ \mathrm{g}}{46\ \mathrm{g\cdot mol^{-1}}} = 1{,}0\ \mathrm{mol}$$

$$n(\mathrm{HCOOH}) = n_0(\mathrm{HCOOH}) - n(\mathrm{HCOOCH_3}) = n_0(\mathrm{HCOOH}) - \frac{m(\mathrm{HCOOCH_3})}{M(\mathrm{HCOOCH_3})}$$

$$n(\mathrm{HCOOH}) = 1{,}0\ \mathrm{mol} - \frac{36\ \mathrm{g}}{60\ \mathrm{g\cdot mol^{-1}}} = 1{,}0\ \mathrm{mol} - 0{,}6\ \mathrm{mol} = 0{,}4\ \mathrm{mol}$$

Nach der Reaktionsgleichung bilden sich aus einem Mol HCOOH ein Mol Ester. Bezogen auf HCOOH erhält man nach Gl. 1.18 für den Umsatz:

$$U = \frac{n_0(\mathrm{HCOOH}) - n(\mathrm{HCOOH})}{n_0(\mathrm{HCOOH})} = \frac{1{,}0\ \mathrm{mol} - 0{,}4\ \mathrm{mol}}{1{,}0\ \mathrm{mol}} = 0{,}6 = \mathbf{60\,\%}$$

Für CH_3OH gilt: n (CH_3OH) = n_0 (CH_3OH) – n ($HCOOCH_3$) = 1,5 mol – 0,6 mol = 0,9 mol.

$$U = \frac{n_0(\mathrm{CH_3OH}) - n(\mathrm{CH_3OH})}{n_0(\mathrm{CH_3OH})} = \frac{1{,}5\ \mathrm{mol} - 0{,}9\ \mathrm{mol}}{1{,}5\ \mathrm{mol}} = 0{,}4 = \mathbf{40\,\%}$$

Für die Ausbeute erhält man mit Gl. 1.19: $A = \frac{n(\mathrm{Ester})}{n_{max}(\mathrm{Ester})} = \frac{0{,}6}{1{,}0} = 0{,}6 = \mathbf{60\,\%}$

Die Ausbeute an H_2O beträgt ebenfalls 60%, da H_2O und Ester in gleichen Mengen entstehen.

Allgemein gilt, dass die Ausbeute an Produkten gleich dem Umsatz des im Unterschuss vorhandenen Eduktes ist.

1.2.4 Gehaltsangaben von Mischphasen

Mischphasen sind homogene Materiebereiche aus zwei oder mehr Stoffen, den Komponenten, die flüssig (Lösungen), gasförmig (Gasgemische) oder fest (Legierungen) sein können. Die Lösungen und Gasgemische werden in separaten Kapiteln (Kap. 2 und 8) näher behandelt.

Bei der quantitativen Gehaltsangabe zur Beschreibung der Zusammensetzung einer Mischphase verwendet man **Gehaltsgrößen.**

Gehaltsgrößen sind **intensive** Größen, d.h. sie besitzen für jede beliebige Teilchenportion einer Größe immer den gleichen Wert. Sie sind also *unabhängig von der Quantität der Stoffportion* und nur abhängig von der Art des Stoffes. Wasser besitzt unter gleichen äußeren Bedingungen immer die gleiche Dichte ob in einem Wassertropfen oder einem Schwimmbecken. Die Dichte ist daher eine intensive Größe.

Im Gegensatz hierzu sind Masse, Volumen, Stoffmenge und Teilchenzahl einer Stoffportion **extensive** Größen. Sie kommen einer Stoffportion als Ganzes zu, d.h. *ihre Größe ändert sich proportional zur Quantität der Stoffportion.*

Zur Beschreibung der Zusammensetzung von Mischphasen durch Gehaltsgrößen verwendet man Quotienten aus:

Massen, Volumina, Stoffmengen oder Teilchenzahlen der enthaltenen Komponenten.

Je nachdem wie diese Quotienten gebildet werden, enthalten ihre Namen verschiedene Endungen. Man unterscheidet zwischen: **Anteil, Konzentration** und **Verhältnis.**

Eine Übersicht über die Gehaltsgrößen zeigt Tabelle 1a. Die Abkürzungen bedeuten:

i: Teilchen der Komponente i (z.B. der gelösten Komponenten)
k: Teilchen der Komponente k (z.B. des Lösemittels)
Lsg: Lösung
Lm: Lösemittel
Gem: Gemisch

Tabelle 1a: Gehaltsgrößen für Mischphasen aus zwei Komponenten

	-anteil	-konzentration	-verhältnis
Massen-	$w_i = \frac{m_i}{m_{Gem}}$ **1.20**	$\beta_i = \frac{m_i}{V_{Lsg}}$ **1.24**	$\zeta_i = \frac{m_i}{m_k}$ **1.28**
Volumen-	$\varphi_i = \frac{V_i}{V_i + V_k}$ **1.21**	$\sigma_i = \frac{V_i}{V_{Lsg}}$ **1.25**	$\psi_i = \frac{V_i}{V_k}$ **1.29**
Stoffmengen-	$x_i = \frac{n_i}{n_i + n_k}$ **1.22**	$c_i = \frac{n_i}{V_{Lsg}}$ **1.26**	$r_i = \frac{n_i}{n_k}$ **1.30**
Teilchenzahl-	$X_i = \frac{N_i}{N_i + N_k}$ **1.23**	$C_i = \frac{N_i}{V_{Lsg}}$ **1.27**	$R_i = \frac{N_i}{N_k}$ **1.31**

1.20 bis 1.32

Molalität	$b_i = \frac{n_i}{m_{Lm}}$ **1.32**

Handelt es sich bei der Mischphase um eine Lösung der Komponente i, wird in Gl. 1.20 als Masse des Gemisches die Masse der Lösung eingesetzt.

Man erhält dann: $w_i = \frac{m_i}{m_{Lsg}}$.

Entsprechend gilt für den Volumenanteil der Komponenten i in einem Lösemittel Lm (= k) :

$$\varphi_i = \frac{V_i}{V_i + V_k}.$$

Zu beachten ist hierbei: V_i und V_k sind die Volumina **vor** dem Lösungsvorgang. Besteht die Mischphase aus mehr als zwei Komponenten, so wird im Nenner der Gln. 1.20, 1.21, 1.22 und 1.23 die Summe der jeweiligen Größe aller Komponenten eingesetzt.

M 1.12: In 100 g Wasser werden 7,3 g Natriumcarbonat gelöst.
$M(H_2O) = 18{,}0\ g \cdot mol^{-1}$; $M(Na_2CO_3) = 106{,}0\ g \cdot mol^{-1}$
Berechnen Sie:

a) den Massenanteil $w(Na_2CO_3)$ in der Lösung
b) den Stoffmengenanteil $x(Na_2CO_3)$ in der Lösung

Lsg.: a) Mit Gl. 1.20 erhält man:

$$w(Na_2CO_3) = \frac{m(Na_2CO_3)}{m(Na_2CO_3) + m(H_2O)} = \frac{7{,}30\ g}{107{,}30\ g} = 0{,}068 \mathrel{\widehat{=}} \mathbf{68\%}$$

b) Anwendung von Gl. 1.22 und 1.16 ergibt: $x(Na_2CO_3) = \frac{n(Na_2CO_3)}{n(Na_2CO_3) + n(H_2O)}$

$$x(Na_2CO_3) = \frac{\frac{m(Na_2CO_3)}{M(Na_2CO_3)}}{\frac{m(Na_2CO_3)}{M(Na_2CO_3)} + \frac{m(H_2O)}{M(H_2O)}} = \frac{\frac{7{,}30\ g}{106{,}0\ g \cdot mol^{-1}}}{\frac{7{,}30\ g}{106{,}0\ g \cdot mol^{-1}} + \frac{100{,}0\ g}{18{,}0\ g \cdot mol^{-1}}}$$

$x(Na_2CO_3) = 0{,}012 \mathrel{\widehat{=}} \mathbf{1{,}2\%}$

Für den Stoffmengenanteil an H_2O ergibt eine analoge Berechnung
$x(H_2O) = 0{,}988 \mathrel{\widehat{=}} 98{,}8\%$.

Die Summe der Stoffmengenanteile aller Komponenten in einer Mischphase ergibt **immer** den Zahlenwert 1. Somit gilt:

1.33

$$x(A) + x(B) + \dots \dots + x(N) = 1$$

Bei den **Konzentrationsangaben** (Gl. 1.24 – 1.27) bezieht man sich stets auf das Volumen der Mischphase.

Wie aus der Tabelle 1a erkennbar ist, besitzen die Volumenkonzentration σ (Gl. 1.25) und der Volumenanteil φ Gl. 1.21) dieselbe Einheit, nämlich den Quotienten zweier Volumina. Bei der *Volumenkonzentration* bezieht man sich auf das Volumen des **fertigen Gemisches,** bei dem *Volumenanteil* dagegen, wie schon erwähnt, auf die Volumina der Komponenten **vor** der Vermischung. Relevant wird dieser Unterschied, wenn beim Mischen der Flüssigkeiten eine Volumenänderung eintritt, wie z.B. bei Wasser-Alkohol-Gemischen. In diesen Fällen sollte die Volumenkonzentration als Gehaltsgröße verwendet werden.

Tritt, wie bei Gasgemischen, **keine Volumenänderung** ein, so ist $\varphi = \sigma$.

M 1.13: Benötigt werden 500,0 mL einer Ethanol-Wasser-Mischung mit σ (Ethanol) = 18%. Wie viel mL Ethanol und Wasser von 20 °C müssen gemischt werden, wenn bei der Herstellung der Lösung eine Volumenkontraktion eintritt?

Die Dichten betragen:
ϱ_{20} (Ethanol, 18%) $= 0{,}9760\ g \cdot mL^{-1}$
ϱ_{20} (Ethanol, 100%) $= 0{,}7892\ g \cdot mL^{-1}$
ϱ_{20} (Wasser) $= 0{,}9982\ g \cdot mL^{-1}$

Lsg.: Aus Gl. 1.25 ergibt sich: $V(\text{Ethanol}) = \sigma(\text{Ethanol}) \cdot V_{Lsg} = 0{,}18 \cdot 500{,}0\ mL = \mathbf{90{,}0\ mL}$

Da eine Volumenkontraktion eintritt, kann das Volumen des Lösemittels **nicht als Differenz** der Volumina von Lösung und gelöstem Stoff ermittelt werden, sondern muss über die Massen von Lösung, gelöstem Stoff und Lösemittel berechnet werden.

Mit Gl. 1.1 erhält man für die Massen:

$m(\text{Eth., } 18\%) = \varrho_{20}(\text{Eth., } 18\%) \cdot V_{Lsg} = 0{,}9760\ g \cdot mL^{-1} \cdot 500{,}0\ mL = 488{,}0\ g$
$m(\text{Eth.,}100\%) = \varrho_{20}(\text{Eth.,}100\%) \cdot V(\text{Eth.}) = 0{,}7892\ g \cdot mL^{-1} \cdot 90{,}0\ mL = 71{,}028\ g$

Die Lösung enthält also: $m(H_2O) = 488{,}0\ g - 71{,}028\ g = 416{,}972\ g$ Wasser.

Nach Gl. 1.1 gilt: $V(H_2O) = \frac{m(H_2O)}{\varrho_{20}(H_2O)} = \frac{416{,}972\ g}{0{,}9982\ g \cdot mL^{-1}} = \mathbf{417{,}72\ mL}$

Zur Herstellung von 500,0 mL dieser Lösung sind nötig: **90,0 mL** Ethanol und **417,72 mL** H_2O. Die Differenzbildung **hätte ergeben**: 500,0 mL – 90,0 mL = 410 mL Wasser, ein zu kleines und somit falsches Volumen an Lösemittel.

Eine besonders wichtige Gehaltsgröße ist die **Stoffmengenkonzentration** c mit den Einheiten: $mol \cdot m^{-3}$, $mol \cdot L^{-1}$ und $mmol \cdot mL^{-1}$.

Der Gehalt von Maßlösungen, die bei Titrationen in der Analytik eingesetzt werden, wird durch die Stoffmengenkonzentration angegeben.

M 1.14: Wie groß ist die Stoffmengenkonzentration c (NaCl) in einer Lösung, die erhalten wurde durch Lösen von 7,25 g NaCl in H_2O und Verdünnen auf ein Volumen von 500,0 mL? M (NaCl) = 58,45 $g \cdot mol^{-1}$)

Lsg.: Mit Gl. 1.26 und 1.16 erhält man:

$$c(\text{NaCl}) = \frac{n(\text{NaCl})}{V_{\text{Lsg}}} = \frac{m(\text{NaCl})}{M(\text{NaCl}) \cdot V_{\text{Lsg}}} = \frac{7{,}25\text{ g}}{58{,}45\text{ g} \cdot \text{mol}^{-1} \cdot 0{,}50\text{ L}} = \mathbf{0{,}25\ mol \cdot L^{-1}}$$

M 1.15: Berechnen Sie $c(H_2SO_4)$ einer H_2SO_4-Lösung $w(H_2SO_4) = 69\%$, $\varrho_{20} = 1{,}605\ g \cdot mL^{-1}$ und $M(H_2SO_4) = 98{,}1\ g \cdot mol^{-1}$.

Lsg.: Aus den Gln. 1.26, 1.16, 1.1 ergibt sich:

$$c(\text{H}_2\text{SO}_4) = \frac{n(\text{H}_2\text{SO}_4)}{V_{\text{Lsg}}} = \frac{m(\text{H}_2\text{SO}_4) \cdot \varrho_{\text{Lsg}}}{M(\text{H}_2\text{SO}_4) \cdot m_{\text{Lsg}}} = \frac{m_{\text{Lsg}} \cdot w(\text{H}_2\text{SO}_4) \cdot \varrho_{\text{Lsg}}}{M(\text{H}_2\text{SO}_4) \cdot m_{\text{Lsg}}} = \frac{w(\text{H}_2\text{SO}_4) \cdot \varrho_{\text{Lsg}}}{M(\text{H}_2\text{SO}_4)}$$

$$c(\text{H}_2\text{SO}_4) = \frac{0{,}69 \cdot 1{,}605 \cdot 10^3\text{ g} \cdot \text{L}^{-1}}{98{,}1\text{ g} \cdot \text{mol}^{-1}} = \mathbf{11{,}3\ mol \cdot L^{-1}}$$

Bei den **Gehaltsverhältnissen** handelt es sich um Quotienten, bei denen die Größe einer Komponente zu der gleichartigen Größe einer zweiten Komponente in Relation gesetzt wird. Sie werden in der Praxis insbesondere bei Extraktions-, Absorptions- und Trocknungsprozessen verwendet.

Merken sollte man sich, dass bei idealen Gasen ihr Volumenverhältnis gleich dem Stoffmengenverhältnis ist (siehe Kap. 2), sodass hier gilt:

$r_i = \psi_i$ und somit auch $\frac{n_i}{n_k} = \frac{V_i}{V_k}$.

Die **Molalität** b, die nur auf Lösungen angewendet wird, ist der Quotient aus der Stoffmenge n_i des gelösten Stoffes, bestehend aus den Teilchen i und der Masse m (Lm) des Lösemittels. Ihre Einheit ist daher: $mol \cdot kg^{-1}$.

Im Gegensatz zu den Gehaltskonzentrationen hat die Molalität den Vorteil, **temperaturunabhängig** zu sein. Sie wird vor allem bei physikalisch-chemischen Berechnungen, die auf den kolligativen Eigenschaften von Lösungen basieren, angewandt (siehe Kap. 8).

M 1.16: Welche Molalität b hat eine Lösung von 10,0 g Methylbenzol,[$M(C_7H_8) = 92{,}0\ g \cdot mol^{-1}$] in 230,0 g Benzol, C_6H_6?

Lsg.: Mit Gl. 1.32 und 1.16 erhält man:

$$b(\text{C}_7\text{H}_8) = \frac{n(\text{C}_7\text{H}_8)}{m(\text{C}_6\text{H}_6)} = \frac{m(\text{C}_7\text{H}_8)}{M(\text{C}_7\text{H}_8) \cdot m(\text{C}_6\text{H}_6)} = \frac{10\text{ g}}{92{,}0\text{ g} \cdot \text{mol}^{-1} \cdot 0{,}230\text{ kg}} = \mathbf{0{,}47\ mol \cdot kg^{-1}}$$

1.3 Aktivität und Fugazität

Bei einer Vielzahl von Gesetzmäßigkeiten geht man von einem sogenannten **idealen Verhalten** der betrachteten Teilchen aus, z.B. in der kinetischen Gastheorie von einem *idealen* Gas (siehe Kap. 2 und Kap. 4) und bei den Lösungen analog von *idealen* Lösungen (siehe Kap. 8). Man nimmt hierbei an, dass zwischen den Teilchen des gelösten Stoffes keinerlei intermolekulare Kräfte wirksam sind. In der Praxis zeigt sich allerdings, dass die meisten für die physikalische Chemie interessanten Systeme von diesem idealen Verhalten abweichen. Man spricht hier vom **realen Verhalten**. Die Gleichungen für ideales Verhalten sind dann nicht mehr anwendbar und müssen modifiziert werden. Prinzipiell kann dies auf zwei Wegen erfolgen:

1. die Gleichungen für ideales Verhalten erhalten Zusatzglieder (Korrekturfaktoren), wodurch sie erweitert werden (vgl. *van-der-Waals*-Gleichung) oder
2. die Gleichungen für ideales Verhalten werden beibehalten, aber anstelle der sich ideal verhaltenden Größe wird eine andere geeignetere Größe, die ihr reales Verhalten beschreibt, benutzt.

Aus praktischen Gründen wird oftmals der zweite Weg gewählt.

Bei realen Lösungen und realen Gasen rechnet man statt mit der Stoffmengenkonzentration oder dem Stoffmengenanteil mit der **Aktivität** *a* oder bei Partialdrücken mit der **Fugazität** *f*.

1.3.1 Aktivität

Bei realen Lösungen treten zwischenmolekulare Kräfte auf, sodass die Anzahl der in der Lösung vorhandenen frei beweglichen Teilchen nicht mehr der vorgegebenen Konzentrationsangabe entspricht. Statt mit den Konzentrationen oder Anteilen rechnet man mit den **Aktivitäten** *a*.

Verwendet man als Gehaltsgröße die Stoffmengenkonzentration und wählt als Standardzustand für den gelösten Stoff A einen hypothetischen, in dem er in der Stoffmengenkonzentration c^0 **= 1 mol · L⁻¹** vorliegt, und sich so verhält, wie in einer unendlich verdünnten (idealen) Lösung, so ist die Aktivität *a* (A) des Stoffes definiert als:

1.34

$$^{c}a(\mathrm{A}) = \frac{^{c}\gamma(\mathrm{A}) \cdot c(\mathrm{A})}{c^0(\mathrm{A})}$$

$^{c}a(\mathrm{A})$	$^{c}\gamma(\mathrm{A})$	$c(\mathrm{A})$	$c^0(\mathrm{A})$
1	1	$\mathrm{mol \cdot L^{-1}}$	$\mathrm{mol \cdot L^{-1}}$

Zu beachten ist hierbei, dass gilt: $c^0(\mathrm{A}) = 1\ \mathrm{mol \cdot L^{-1}}$

$^{c}\gamma$ (A) ist hier der **Aktivitätskoeffizient,** durch den die Stoffmengenkonzentration in die Aktivität umgewandelt wird. Er ist ein dimensionsloser Faktor zwischen 0 und 1 und abhängig von der Stoffmengenkonzentration, der Art des Stoffes und der Temperatur. Mit steigender Verdünnung nähert sich die reale Lösung immer mehr einer idealen und der Aktivitätskoeffizient wird $^{c}\gamma(\mathrm{A}) = 1$. In diesem Fall entspricht der Zahlenwert der Aktivität dem Zahlenwert der Stoffmengenkonzentration.

Bezeichnet man den Quotienten: $c(\mathrm{A})/c^0(\mathrm{A})$ mit $\{c(\mathrm{A})\}$, so geht Gl. 1.34 über in:

1.35

$$^{c}a(\mathrm{A}) = {}^{c}\gamma(\mathrm{A}) \cdot \{c(\mathrm{A})\}$$

^{c}a	$^{c}\gamma$	$\{c\}$
1	1	1

Hierbei bedeutet $\{c(\mathrm{A})\}$ den Zahlenwert der Stoffmengenkonzentration, wenn *c* in $\mathrm{mol \cdot L^{-1}}$ angegeben wird. Ist $c = 2\ \mathrm{mol \cdot L^{-1}}$, so ist $\{c\} = 2$.

Man kann sich die Aktivität eines gelösten Stoffes als seine chemisch wirksame oder effektive Konzentration im Verhältnis zu seiner Konzentration im Standardzustand vorstellen.

Verwendet man als Gehaltsgröße statt der Stoffmengenkonzentration den Stoffmengenanteil $x(\mathrm{A})$ des Stoffes A, so ist die Aktivität auf der Basis von *x* natürlich verschieden von der Aktivität auf der Basis von *c*.

Wählt man als Standardzustand den reinen Stoff A, d.h. $x(\mathrm{A}) = 1$ unter der Voraussetzung, dass sich sein Aggregatzustand beim Übergang in die Mischphase nicht ändert, so erhält man in Analogie zu Gl. 1.34:

1.36

$$^{x}a(\mathrm{A}) = {}^{x}\gamma(\mathrm{A}) \cdot x(\mathrm{A})$$

^{x}a	$^{x}\gamma$	x
1	1	1

Der Nenner $x^0(\mathrm{A})$ entfällt, da $x^0(\mathrm{A})$ grundsätzlich gleich eins ist.

Entsprechendes wie für reale Lösungen gilt auch für gasförmige Mischphasen. Die Aktivität (hier der modifizierte Partialdruck) der einzelnen Komponenten eines Gasgemisches wird üblicherweise auf den Zustand der reinen Komponenten bei dem Standarddruck p^0 normiert, wobei $p^0 = 1{,}013\ \mathrm{bar} = 1{,}013 \cdot 10^5\ \mathrm{Pa}$ ist. Man erhält demnach für die Aktivität:

1.37

$$^{p}a(\mathrm{A}) = \frac{^{p}\gamma(\mathrm{A}) \cdot p(\mathrm{A})}{p^0}$$

^{p}a	$^{p}\gamma$	p	p^0
1	1	Pa oder bar	Pa oder bar

Mit den Aktivitäten muss immer gerechnet werden, wenn die realen Systeme stark von den idealen abweichen. Sie können experimentell bestimmt werden (siehe Kap. 8) und in einigen Fällen auch theoretisch berechnet werden.

Eine wichtige Rolle spielen die Aktivitäten auch bei der Bestimmung der thermodynamischen Gleichgewichtskonstante K (siehe Kap. 3 und 5.9.2).

1.3.2 Fugazität

Bei realen Gasen wird meist nicht mit der Aktivität gerechnet, sondern mit der **Fugazität** f. Die Fugazität f(A) des Stoffes A ist der idealisierte Partialdruck, der anstelle des Partialdrucks p(A) verwendet wird. Zwischen dem Partialdruck p(A) und der Fugazität f(A) besteht die Beziehung:

$$f(\mathrm{A}) = \gamma(\mathrm{A}) \cdot p(\mathrm{A})$$ 1.38

f	γ	p
Pa oder bar	1	Pa oder bar

Analog zu den Aktivitäten bezeichnet man γ (A) als Fugazitätskoeffizient. Er stellt die Beziehung zwischen dem Druck und einem idealisierten Druck, der Fugazität her. Die Fugazität f besitzt die gleiche Einheit wie der Druck, nämlich Pa oder bar. Die Fugazität eines Gases im Standardzustand ist $f^0 = 1{,}0132 \cdot 10^5$ Pa.

Der Standardzustand eines realen Gases ist der Zustand, wo die Fugazität $f^0 = 1{,}0132 \cdot 10^5$ Pa beträgt und sich das Gas verhält, als ob es ideal wäre. Dann ist $\gamma = 1$ und $f^0(\mathrm{A}) = p^0(\mathrm{A})$.

2 Gase

Gase besitzen in Theorie und Praxis der Chemie eine große Bedeutung. So findet man bei den zehn wichtigsten Industriechemikalien fünf Gase. An ihrer Spitze steht Stickstoff, der zu Ammoniak reduziert wird und in der Düngemittelindustrie eine wichtige Rolle spielt. Ihm folgt Sauerstoff, der bei der Stahlherstellung eingesetzt wird und als Bestandteil der Luft, der wichtigsten aller Gasmischungen, die Atmung der Lebewesen ermöglicht. Ethen, ein Rohstoff bei der Herstellung vieler Kunststoffe, steht auf Platz drei. Zum Verständnis der in den folgenden Abschnitten besprochenen Gesetzmäßigkeiten der Gase ist es nötig, den gasförmigen Aggregatzustand mit Hilfe eines Modells näher zu beschreiben: dem Modell des idealen Gases.

2.1 Ideale Gase

Gase füllen, wie aus dem Alltag bekannt, jeden ihnen angebotenen Raum vollständig aus. Sie bestehen aus einer Vielzahl von Atomen oder Molekülen, die sich völlig regellos (ungeordnet) im Raum umherbewegen. Wie in Kapitel 4 bei der kinetischen Gastheorie näher beschrieben, ist das Volumen dieser winzigen Teilchen im Vergleich zum angebotenen Behältervolumen so klein, dass man davon ausgeht, dass in einem **idealen Gas** die Teilchen kein Eigenvolumen besitzen. Da sich die Teilchen mit unterschiedlichen Geschwindigkeiten regellos und voneinander unabhängig bewegen, müssen die gegenseitigen Wechselwirkungskräfte sehr klein sein, sodass sie vernachlässigt werden können. Fasst man beide Aussagen zusammen, so ergibt sich:

> In einem idealen Gas besitzen die Gasteilchen per Annahme kein Eigenvolumen und üben aufeinander keinerlei Wechselwirkungskräfte aus.

Ideale Gase stellen also einen Zustand größtmöglicher Unordnung oder Entropie (vgl. Kap. 5.7.3) dar. Von den bekannten Gasen erfüllt allerdings keines diese beiden Forderungen perfekt. Jedes existierende Gas ist demzufolge also ein **reales Gas,** das sich aber dem idealen Verhalten immer mehr nähert, je höher die Temperatur und je kleiner der Druck ist. Die nun folgenden Gesetzmäßigkeiten gehen davon aus, dass die beiden Forderungen erfüllt sind, d.h. sie gelten streng genommen nur für **ideale Gase.**

2.2 Gasgesetze idealer Gase

Der Zustand eines Gases, sowohl des idealen als auch des realen, lässt sich durch die vier Variablen Druck (p), Temperatur (T), Volumen (V) und Stoffmenge (n) beschreiben. Hält man die Stoffmenge n und damit verbunden die Masse m eines Gases konstant, so lässt sich der Zustand des Gases durch den Druck, die Temperatur und das Volumen eindeutig bestimmen. Man bezeichnet diese drei physikalisch messbaren Größen daher als **Zustandsgrößen.** Ändern sich diese Größen, so vollzieht das Gas eine **Zustandsänderung.** Hierbei verändern sich im Allgemeinen alle drei Zustandsgrößen gleichzeitig und abhängig voneinander. Durch besondere Vorkehrungen kann man jedoch dafür Sorge tragen, dass bei einer Zustandsänderung *eine* der drei Zustandsgrößen jeweils konstant bleibt. Erhitzt man ein Gas in einem abgeschlossenen Behälter wie z.B. einer Stahlflasche, so bleibt das Volumen konstant und man kann feststellen, wie sich dann der Druck in Abhängigkeit von der Temperatur ändert. In den folgenden Abschnitten wird jeweils eine der Zustandsgrößen konstant gehalten und die Abhängigkeit der beiden anderen voneinander bei der Zustandsänderung beschrieben. Man unterscheidet hierbei je nach der konstant gehaltenen Zustandsgröße zwischen:

- **isothermer** Zustandsänderung, wenn T = konst.,
- **isobarer** Zustandsänderung, wenn p = konst. und
- **isochorer** Zustandsänderung, wenn V = konst.

2.2.1 Isotherme Zustandsänderung

Bei der isothermen Zustandsänderung wird die Temperatur z.B. durch Kühlen oder Heizen konstant gehalten und der Zusammenhang zwischen den Zustandsgrößen Druck und Volumen untersucht. Versuche dieser Art wurden 1662 von *Robert Boyle* und 1676 von *Edme Mariotte* durchgeführt. Sie fanden, dass der Druck einer bestimmten Gasmenge umgekehrt proportional zu seinem Volumen ist, d.h. $p \sim 1/V$. Bei **Erhöhung des Druckes,** der sogenannten **Kompression,** auf das Doppelte verringert sich das Volumen auf die Hälfte. Im umgekehrten Fall, der sogenannten **Expansion,** dehnt sich das Gas aus und der Druck sinkt. Bei Verdoppelung des Volumens sinkt der Druck auf die Hälfte. In Bild 1 sind die Vorgänge schematisch wiedergegeben. In Form einer Gleichung ausgedrückt ergibt sich aus diesem Sachverhalt das von *Boyle* und *Mariotte* gefundene Gesetz für ideale Gase: $p = k \cdot 1/V$ oder allgemein:

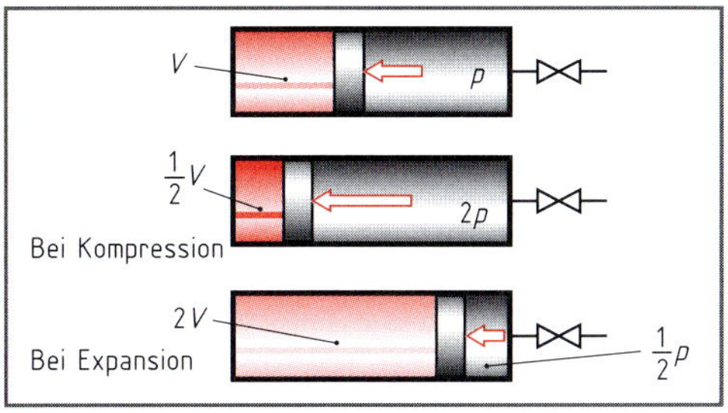

Bild 1: Druck-Volumen-Abhängigkeit eines idealen Gases

$$p_1 \cdot V_1 = p_2 \cdot V_2 = k$$

2.1

p	V
Pa, bar	dm³, m³ ...

Trägt man den Druck *p* als Funktion von *V* auf, wie in Bild 2 dargestellt, so erhält man eine Hyperbel, die man als Isotherme bezeichnet. Die Konstante *k* in Gleichung 2.1 gilt für eine bestimmte Stoffmenge *n* und eine bestimmte Temperatur *T*. Ändert man eine dieser Größen, so ändert sich auch der Zahlenwert von *k* und man erhält z.B. für eine konstante Stoffmenge *n* bei verschiedenen Temperaturen eine Hyperbel*schar*.

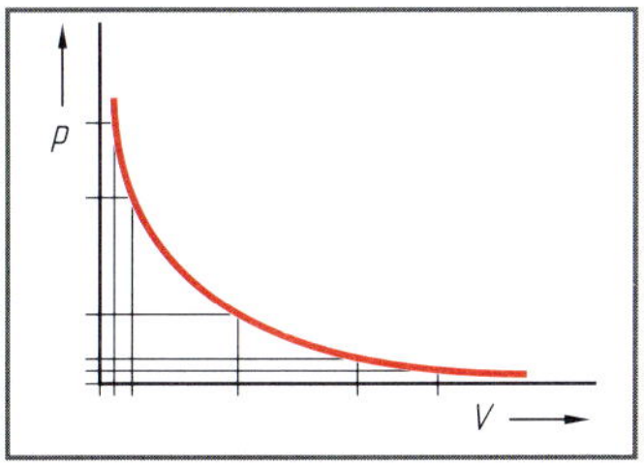

Bild 2: Isotherme eines idealen Gases

Bild 3 zeigt für eine bestimmte konstante Stoffmenge *n* die Isothermen bei verschiedenen Temperaturen. Da bei höheren Temperaturen der Energieinhalt des Gases zunimmt, besitzt das Produkt $p \cdot V$ und somit auch die Konstante *k* einen höheren Wert als bei tieferen Temperaturen. Im *p-V*-Diagramm liegen daher die Isothermen umso höher, je höher die Gastemperatur ist. Eine analoge Schar von Isothermen erhält man, wenn man bei einer konstanten Temperatur *T* die Stoffmenge *n* verändert. Je größer die Stoffmenge *n* ist, umso höher liegt die Isotherme. Das Produkt $p \cdot V$ ist, wie in Kapitel 4.2 abgeleitet wird, der Stoffmenge *n* direkt proportional.

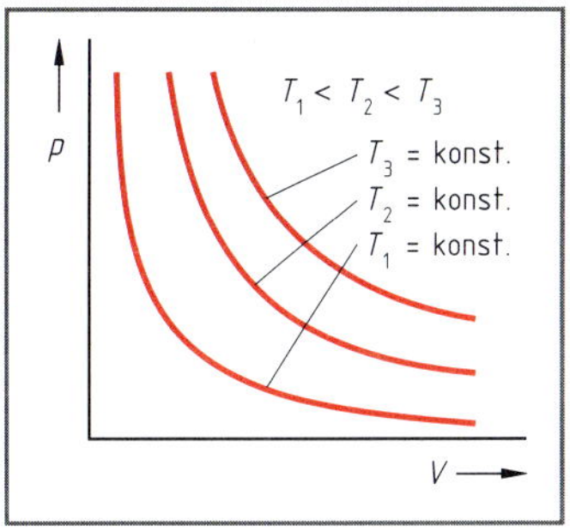

Bild 3: Isothermen bei verschiedenen Temperaturen

Will man von der Physik her den Inhalt der Aussage $p \cdot V =$ konst. näher untersuchen, so ist es sinnvoll, eine Einheitenbetrachtung durchzuführen. Die Einheit für den Druck ist Pa oder $N \cdot m^{-2}$ (vgl. Kap. 1.) und die des Volumens m^3. Das Produkt $p \cdot V$ besitzt daher die Einheit: $N \cdot m^{-2} \cdot m^3 = N \cdot m = J$. Diese Einheit entspricht in der Physik der einer Arbeit bzw. der einer Energie. Das Gesetz von *Boyle* und *Mariotte* ist also nichts anderes als eine Form des Energieerhaltungssatzes:

Bei konstanter Temperatur bleibt die in einem Gas enthaltene Energie konstant.

Wie aus Bild 2 ersichtlich, sind daher die Rechtecke, die sich durch Multiplikation eines beliebigen Druckes mit seinem zugehörigen Volumen ergeben, alle flächengleich.

Eine für die Praxis wichtige Anwendung des *boyle-mariottschen* Gesetzes ist die Evakuierung von Räumen mit sogenannten Vakuumpumpen, wie z.B. der **Drehschieberpumpe.** Bild 1, S. 24 zeigt schematisch die Arbeitsweise dieser Pumpe.

In einem Zylindergehäuse befindet sich ein exzentrisch gelagerter Rotor R, der mit Schlitzen versehen ist, an denen sich Schieber S befinden, die durch eine Feder soweit auseinandergedrückt werden, dass sie bei Drehung des Rotors an der Gehäusewand entlanggleiten. In der Pumpe befindet sich Öl, das beim Drehen des Rotors zwischen den Schiebern und der Wandung einen schützenden Ölfilm zur Abdichtung und Schmierung ausbildet. Über den Ansaugstutzen A wird der zu evakuierende Behälter B, auch als **Rezipient** bezeichnet, mit dem Pumpeninneren verbunden. Der Auspuffstutzen C ist durch ein Ventil V_c verschlossen, das erst bei einem Druck, der höher als der Atmosphärendruck p_{amb} ist, öffnet. Das Evakuieren des Rezipienten lässt sich im Wesentlichen in 3 Schritte unterteilen:

1. Schritt:
Durch Verbinden des Rezipienten B mit der Pumpe über den Ansaugstutzen A wird das Volumen des Gases im Rezipienten durch das zusätzliche Schöpfvolumen V der Pumpe vergrößert. Diese Volumenvergrößerung führt nach dem Gesetz von *Boyle-Mariotte* zu einem Druckabfall in dem Rezipienten.

2. Schritt:
Durch Weiterdrehen des Rotors wird das Gasvolumen V zwischen den Schiebern eingeschlossen und in Richtung Auspuffstutzen C weitertransportiert.

3. Schritt:
Beim Transport in Richtung Auspuffstutzen C wird das Gas komprimiert durch die Volumenverkleinerung zwischen Schieber und Ausgangsventil V_c. Durch die Kompression erhöht sich der Gasdruck so lange, bis der Öffnungsdruck des Ventils V_c erreicht ist und das Gas ausgestoßen wird.

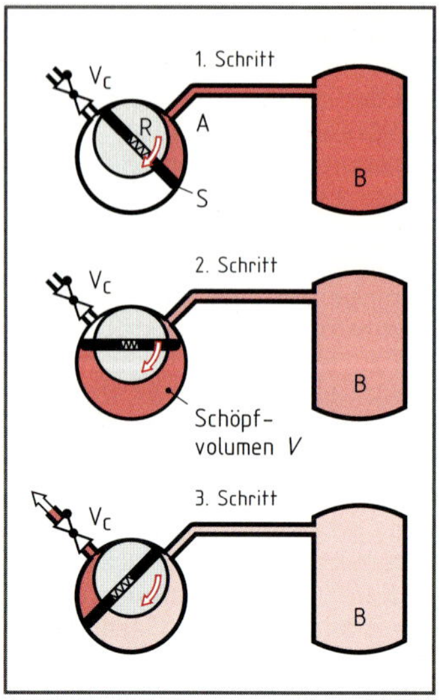

Bild 1: Arbeitsweise einer Drehschieberpumpe

Die Anzahl der Gasteilchen und somit auch der Druck im Rezipienten wird mit jeder Rotordrehung geringer. Durch den Dampfdruck des in der Pumpe befindlichen Öls und durch Undichtigkeiten ist der bestenfalls zu erreichende Enddruck im Rezipienten jedoch begrenzt.

Bei der Anwendung der Gasgesetze ist der Druck p eines Gases stets als absoluter Druck p_{abs} einzusetzen.

M. 2.1: Bei $\vartheta = 25$ °C werden von einer Drehschieberpumpe $V_1 = 700$ cm³ Gas bei $p_1 = 50$ kPa angesaugt. Auf welches Volumen V_2 muss das Gas komprimiert werden, damit der Öffnungsdruck des Ventils $p_2 = 170$ kPa erreicht wird? (T = konst.)

Lsg: Nach Gl. 2.1 gilt: $p_1 \cdot V_1 = p_2 \cdot V_2$

$$\Rightarrow V_2 = \frac{p_1 \cdot V_1}{p_2} = \frac{50\ \text{kPa} \cdot 700\ \text{cm}^3}{170\ \text{kPa}} = \mathbf{205{,}9\ cm^3}$$

M 2.2: In einem verschlossenen Gefäß befindet sich 1,0 m³ Luft bei einem Druck von 101,32 kPa. Wie groß ist der Druck, wenn das Volumen isotherm auf 0,2 m³ verkleinert wird?

Lsg.: Mit Gl. 2.1 ergibt sich: $p_2 = \frac{p_1 \cdot V_1}{V_2} = \frac{101{,}32\ \text{kPa} \cdot 1{,}0\ \text{m}^3}{0{,}2\ \text{m}^3} = \mathbf{506{,}6\ kPa}$

2.2.2 Isobare Zustandsänderung

Bei dieser Zustandsänderung wird der Zusammenhang zwischen den Zustandsgrößen Volumen und Temperatur bei konstantem Druck untersucht. Versuche dieser Art wurden 1802 von *J. L. Gay-Lussac* durchgeführt. Er konnte zeigen, dass bei Erwärmung eines Gases bei konstantem Druck das Volumen des Gases zunimmt.

In Bild 1, S. 25 ist dieser Sachverhalt wiedergegeben. Bei Verdoppelung der Temperatur z.B. von 290 K auf 580 K (in Celsius Graden entspricht dies einem Anstieg von 17 °C auf 307 °C) verdoppelt sich das Volumen ebenfalls. Bei Abkühlung wird das Volumen dementsprechend geringer. Das Volumen einer bestimmten Gasmenge ist seiner absoluten Temperatur T direkt proportional, d.h.: $V \sim T$. Aufgrund zahlreicher Versuche mit **verschiedenen Gasen** konnte *Gay-Lussac* zeigen, dass unabhängig von der Art des verwendeten Gases bei gleicher Temperaturerhöhung immer die gleiche Volumenzunahme erfolgte. Wurden die Versuche ausgehend von 0 °C durchgeführt, ergab sich, dass das Volumen bei jedem Grad der Erwärmung um 1/273,15 zunahm. Man kann daher formulieren:

Bei konstantem Druck dehnen sich alle Gase pro Grad Erwärmung um 1/273,15 des Volumens aus, das sie bei 0 °C einnehmen.

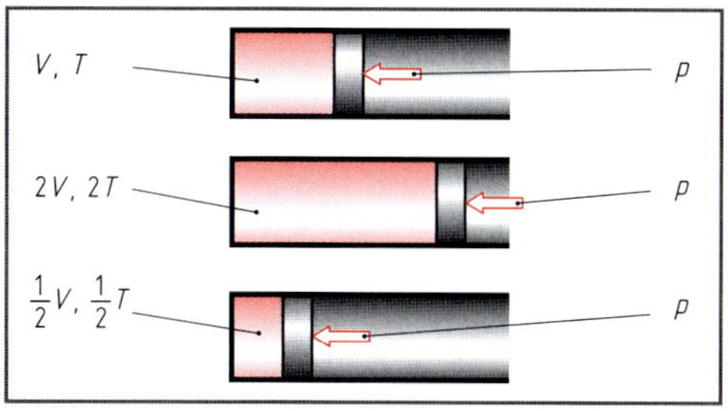

Bild 1: Volumen – Temperatur – Abhängigkeit eines idealen Gases

Der Volumenausdehnungskoeffizient aller Gase beträgt also in guter Näherung:

$$\gamma = \frac{1}{273{,}15\ \text{K}} = 3{,}661 \cdot 10^{-3}\ \frac{1}{\text{K}} \qquad [\gamma] = \frac{\text{m}^3}{\text{m}^3 \cdot {}^\circ\text{C}} = \frac{\text{m}^3}{\text{m}^3 \cdot \text{K}} = \frac{1}{\text{K}}$$ 2.2

Bezeichnet man mit V_n das **Normvolumen (bei 0 °C und 1,013 bar)** und mit V_1 das **Volumen bei der Temperatur ϑ_1**, so erhält man V_1 durch die Gleichung:

$$V_1 = V_n + V_n \cdot \gamma \cdot \Delta\vartheta = V_n \cdot (1 + \gamma \cdot \Delta\vartheta) = V_n \cdot \left(1 + \frac{\Delta\vartheta}{273{,}15\ {}^\circ\text{C}}\right)$$

Da die Erwärmung bei 0 °C beginnt, ist $\Delta\vartheta = \vartheta_1$ und man erhält:

$$V_1 = V_n \cdot \left(1 + \frac{\vartheta_1}{273{,}15\ {}^\circ\text{C}}\right) = V_n \cdot \left(\frac{273{,}15\ {}^\circ\text{C} + \vartheta_1}{273{,}15\ {}^\circ\text{C}}\right)$$ 2.3

V_1	V_n	ϑ_1
m^3	m^3	°C

Aus Gl. 2.3 ist ersichtlich, dass bei einer Temperatur von $\vartheta_1 = -273{,}15$ °C für jede Gasportion das Volumen Null wäre und bei noch tieferen Temperaturen, d.h. $\vartheta_1 < -273{,}15$ °C negativ sein müsste, was unmöglich ist. Die Temperatur $\vartheta = -273{,}15$ °C wird daher als **absoluter Nullpunkt** bezeichnet. Von dem englischen Physiker *W. Thomson* (1824–1907), später geadelt als Lord *Kelvin,* wurde daher sinnvoll eine neue Temperaturskala eingeführt.

Die Einheit für die Temperatur in dieser Skala ist das **Kelvin** (K) und man bezeichnet die Temperaturangabe in K als die **absolute Temperatur,** mit dem Formelzeichen *T.*

In der Thermodynamik und bei Berechnungen, die mit Zustandsänderungen von Gasen verbunden sind, muss **immer** mit der absoluten Temperatur gerechnet werden. Kelvin hat als Anfangspunkt für seine Skala die Temperatur – 273,15 °C gewählt, die dann 0 K entspricht und als **absoluter Nullpunkt** bezeichnet wird. Die absolute Temperatur *T* in K und die Temperatur ϑ in °C lassen sich leicht ineinander umrechnen durch die Beziehung:

$$\{T\} = \{\vartheta \text{ in } {}^\circ\text{C}\} + 273{,}15$$ 2.4

T	ϑ
K	°C

Der Temperatur 0 °C entspricht die absolute Temperatur $T = 273{,}15$ K, die allgemein mit T_n bezeichnet wird. Setzt man diese Beziehungen in Gleichung 2.3 ein, so erhält man:

$$V_1 = V_n \cdot \left(\frac{273{,}15 + \vartheta_1}{273{,}15}\right) = V_n \cdot \frac{T_1}{T_n} \quad \text{umgeformt:} \quad \frac{V_1}{T_1} = \frac{V_n}{T_n} = \text{konst.} = \frac{V_2}{T_2}$$ 2.5

V	T
m^3	K

Gleichung 2.5 wird als das Gesetz von *Gay-Lussac* bezeichnet. Es besagt:

Bei konstantem Druck verhalten sich die Volumina einer bestimmten Gasportion wie die entsprechenden absoluten Temperaturen.

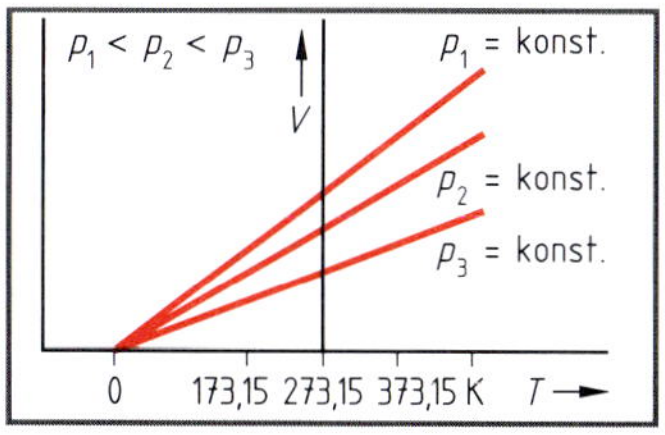

Bild 2: Isobaren für verschiedene Drücke

Trägt man das Volumen *V* als Funktion der absoluten Temperatur *T* auf, so erhält man eine Gerade, die als **Isobare** bezeichnet wird. In Bild 2 sind die Isobaren für verschiedene Drücke dargestellt. Man erkennt, dass mit steigendem Druck die Steigung der Isobaren immer geringer wird. Dieser Sachverhalt ist eine Konsequenz aus dem Gesetz von *Boyle-Mariotte,* nach dem mit steigendem Druck bei einer bestimmten Temperatur das Volumen eines idealen Gases geringer wird.

Die isobare Zustandsänderung im *p-V*-Diagramm zeigt Bild 1.

Geht man von Punkt A der Isothermen T_1 aus und erhöht isobar die Temperatur von T_1 auf T_2, so bleibt der Druck p_1 konstant und man erhält Punkt B auf der Isothermen T_2. Das zur absoluten Temperatur T_2 zugehörige Volumen V_2 ist größer als V_1, d.h. Gase dehnen sich bei isobarer Temperaturerhöhung aus.

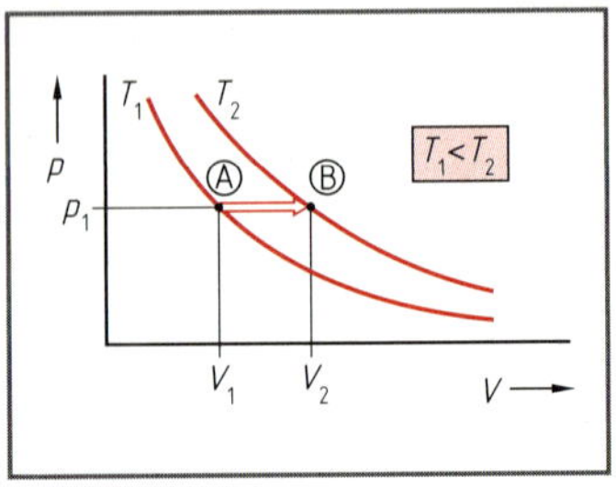

Bild 1: Isobare Zustandsänderung

M 2.3: Welches neue Volumen nehmen $V(O_2) = 80$ L ein, wenn der Sauerstoff isobar von $\vartheta_1 = 20$ °C auf $\vartheta_2 = 45$ °C erwärmt wird?

Lsg.: Nach Gl. 2.5 erhält man: $V_2 = \frac{V_1 \cdot T_2}{T_1} = \frac{80\ \text{L} \cdot 318\ \text{K}}{293\ \text{K}} = \mathbf{86{,}8\ L}$

Aus Gründen der Vereinfachung wurde hier – wie in den weiteren Aufgaben – mit 273 K ≙ 0 °C anstatt mit 273,15 K ≙ 0 °C gerechnet. Es ist jedoch – wie nochmals betont – **unbedingt erforderlich,** bei Anwendung der Gasgesetze mit den absoluten Temperaturen zu rechnen. Die Temperaturangaben in °C **müssen** nach Gl. 2.4 in die absoluten Temperaturen umgerechnet werden.

M 2.4: Auf welche Temperatur muss man $V(O_2) = 80$ L Sauerstoff von $\vartheta_1 = 20$ °C erwärmen, damit das neue Volumen doppelt so groß ist?

Lsg.: Nach Gl. 2.5 erhält man: $T_2 = \frac{V_2 \cdot T_1}{V_1} = \frac{160\ \text{L} \cdot 293\ \text{K}}{80\ \text{L}} = 586\ \text{K} \mathrel{\hat{=}} \mathbf{313\ °C}$

2.2.3 Isochore Zustandsänderung

Hält man das Volumen bei einer Zustandsänderung konstant und untersucht den Zusammenhang zwischen Druck und Temperatur, so spricht man von einer **isochoren** Zustandsänderung.

In Bild 2 ist die isochore Zustandsänderung im *p-V*-Diagramm dargestellt. Geht man von Punkt A der Isothermen T_1 aus und erhöht isochor die Temperatur von T_1 auf T_2, bleibt das Volumen V_1 konstant und der Druck steigt von p_1 auf p_2 (Punkt B). Bei der isochoren Temperaturerhöhung nimmt der Druck eines Gases zu. Die Abhängigkeit des Druckes von der absoluten Temperatur wurde von *G. Amontons* (1665–1705) untersucht.

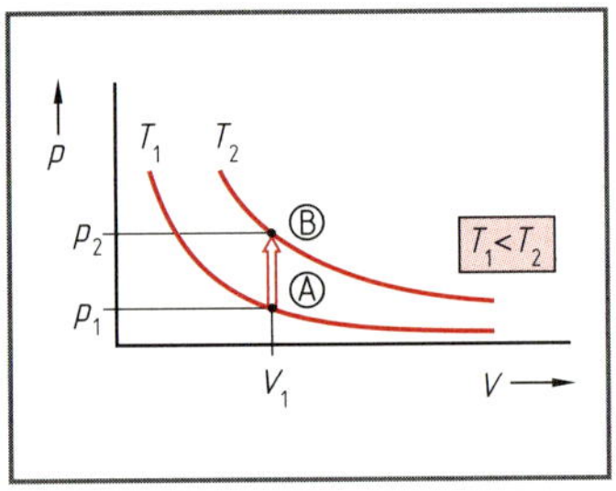

Bild 2: Isochore Zustandsänderung

Er konnte zeigen, dass der Druck (die „Spannung") der absoluten Temperatur direkt proportional ist. Darüber hinaus ergab sich, dass, analog zur isobaren Zustandsänderung, der Druck eines jeden Gases pro Grad der Erwärmung um 1/273,15 des Druckes p_n zunahm, den das Gas bei $T_n = 273{,}15$ K(= 0 °C) hat.

Der Volumenausdehnungs- und Spannungskoeffizient ist bei Gasen unter gleichen Ausgangsbedingungen immer gleich groß.

Stellt man für die isochore Zustandsänderung daher die gleichen Betrachtungen an wie für die isobare, so erhält man das **Gesetz von Amontons:**

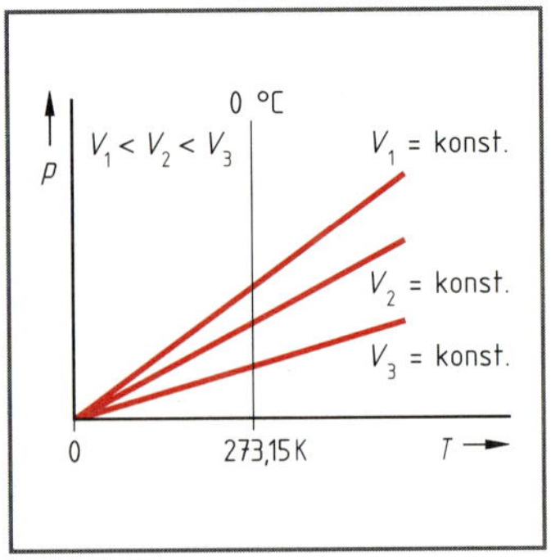

Bild 3: Isochoren bei verschiedenen Volumina

2.6 $$\frac{p_1}{T_1} = \frac{p_2}{T_2} = \frac{p_n}{T_n} = \text{konst.}$$

p	T
bar	K

Bei konstantem Volumen verhalten sich die Drücke einer bestimmten Gasportion wie die entsprechenden absoluten Temperaturen.

Trägt man den Druck als Funktion der absoluten Temperatur auf, so erhält man eine Gerade, die als Isochore bezeichnet wird. Bild 3, S. 26 zeigt die Isochoren für verschiedene Volumina. Mit größer werdendem Volumen wird die Steigung der Isochoren immer geringer. Auch dieser Verlauf lässt sich aus dem Gesetz von *Boyle-Mariotte* folgern. Wenn das zur Verfügung stehende Volumen größer wird, muss der Druck bei einer bestimmten Temperatur kleiner werden.

M 2.5: Eine mit Wasserstoff gefüllte Stahlflasche zeigt bei $\vartheta_1 = 20$ °C einen Druck von p_1 = 20 bar an. Wie groß ist der Gasdruck p_2, wenn sich die Stahlflasche durch Sonneneinstrahlung auf $\vartheta_2 = 40$ °C erwärmt?

Lsg.: Da sich die Stahlflasche nur sehr gering ausdehnt, kann ihr Volumen als konstant angesehen werden, so dass das Gas nahezu eine isochore Zustandsänderung erfährt.

Nach Gl. 2.6 gilt: $\frac{p_1}{T_1} = \frac{p_2}{T_2} \Rightarrow p_2 = \frac{p_1 \cdot T_2}{T_1} = \frac{20\ \text{bar} \cdot 313\ \text{K}}{293\ \text{K}} = \mathbf{21{,}4\ bar}$

2.2.4 Die allgemeine Zustandsgleichung für ideale Gase (1. Form)

Die Gasgesetze von *Boyle-Mariotte* (2.1), *Gay-Lussac* (2.5) und *Amontons* (2.6) lassen sich zu *einem* Gesetz zusammenfassen. In vielen Fällen verändern sich bei einer Zustandsänderung zudem die drei Zustandsgrößen Druck, Volumen und Temperatur gleichzeitig.

Eine bestimmte Gasportion mit p_1, V_1 und T_1 wird in zwei Schritten in den Zustand mit p_2, V_2 und T_2 übergeführt. Im *p-V*-Diagramm, wie in Bild 1 dargestellt, besitzt der Punkt A auf der Isotherme T_1 die Zustandsgrößen p_1, V_1 und T_1. Im ersten Schritt wird das Gas isotherm auf den Druck p_2 komprimiert. Nach dem Gesetz von *Boyle-Mariotte* wird das Volumen bei der isothermen Kompression kleiner. Nach der Kompression befindet sich das Gas in Punkt B mit den Bedingungen p_2, V' und T_1. V' ist das Zwischenvolumen bei dem Druck p_2 und der Temperatur T_1. Nach Gl. 2.1 gilt:

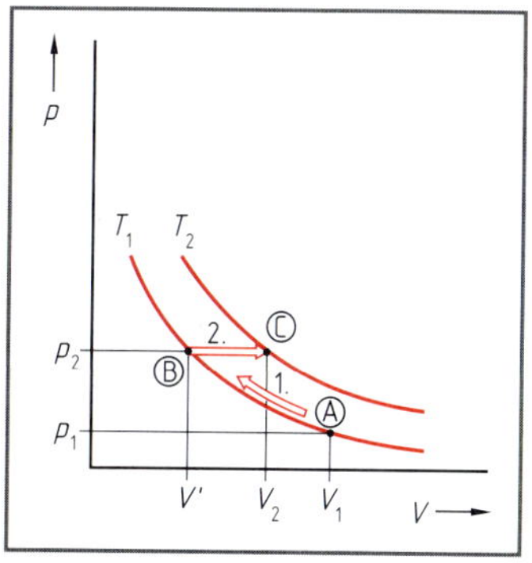

Bild 1: Zwei Zustandsänderungen eines idealen Gases

$$p_1 \cdot V_1 = p_2 \cdot V' \Rightarrow V' = \frac{p_1 \cdot V_1}{p_2}$$

Im 2. Schritt wird das Gas isobar auf die Temperatur T_2 erwärmt. Das Gas befindet sich jetzt auf der Isothermen T_2 in Punkt C mit den Bedingungen p_2, V_2 und T_2, nach dem Gesetz von *Gay-Lussac,* Gl. 2.5 ist für die isobare Zustandsänderung:

$\frac{V'}{T_1} = \frac{V_2}{T_2}$. Umgestellt nach V' erhält man: $V' = \frac{V_2 \cdot T_1}{T_2}$.

Durch gleichsetzen der beiden Terme für V' erhält man: $\frac{p_1 \cdot V_1}{p_2} = \frac{V_2 \cdot T_1}{T_2} \Rightarrow \frac{p_1 \cdot V_1}{T_1} = \frac{p_2 \cdot V_2}{T_2}$

Die allgemeine Zustandsgleichung für ideale Gase lautet somit:

$$\frac{p_1 \cdot V_1}{T_1} = \frac{p_2 \cdot V_2}{T_2} = \frac{p_n \cdot V_n}{T_n} = \text{konst.}$$ 2.7

p	V	T
Pa	m^3	K

Die allgemeine Zustandsgleichung für ideale Gase nach Gl. 2.7 wird auch als **vereinigtes Gasgesetz** bezeichnet.

M 2.6: Eine bestimmte Gasmenge nimmt bei einem Druck von p_1 = 350 kPa und der Temperatur $\vartheta_1 = 19$ °C ein Volumen von $V_1 = 1{,}8\ m^3$ ein. Bei welcher Temperatur ϑ_2 sind der Druck p_2 und das Volumen V_2 doppelt so hoch?

Lsg.: Nach Gleichung 2.7 gilt: $T_2 = \frac{p_2 \cdot V_2 \cdot T_1}{p_1 \cdot V_1} = \frac{700\ \text{kPa} \cdot 3{,}6\ m^3 \cdot 292\ \text{K}}{350\ \text{kPa} \cdot 1{,}8\ m^3} = \mathbf{1168\ K \mathrel{\hat{=}} 895\ °C}$

2.2.5 Das Gesetz von Avogadro

In den bisherigen Betrachtungen über das Verhalten der Gase bei Zustandsänderungen wurde immer von einer bestimmten Stoffportion des Gases ausgegangen, die bei der untersuchten Zustandsänderung konstant blieb. Mit dem Problem der Abhängigkeit des Gasvolumens von der Stoffportion bei konstantem Druck und konstanter Temperatur beschäftigte sich *A. Avogadro.*

Er nahm an, dass die kleinsten Teilchen der Gase **Moleküle** und keine Atome sind und dass das Volumen eines Gases bei konstantem Druck und konstanter Temperatur nur von der Anzahl der vorhandenen Moleküle abhängt. Die Art der Moleküle spielte hierbei keine Rolle. Er stellte im Jahr 1811 daher die **Hypothese** auf:

> Gleiche Volumina verschiedener Gase enthalten bei gleichem Druck und gleicher Temperatur die gleiche Anzahl von Teilchen.

Diese Hypothese konnte mit Hilfe der kinetischen Gastheorie (Kapitel 4.2) bewiesen werden und wird heute daher als ***avogadro*sches Gesetz** bezeichnet.

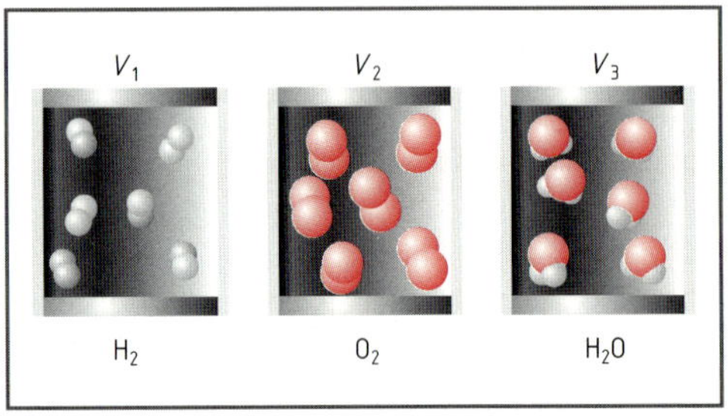

Bild 1: Gesetz von *Avogadro*

In Bild 1 ist die Aussage des *avogadro*schen Gesetzes schematisch wiedergegeben. Bei gleichem Druck und gleicher Temperatur sind in gleichen Volumina von H_2, O_2 und H_2O (g) immer die gleiche Anzahl von Molekülen enthalten. Die Art des Gases hat keinen Einfluss auf das vorhandene Volumen. Dieses ist nur von der Teilchenzahl abhängig. Wenn bei konstantem Druck und konstanter Temperatur die Anzahl der Teilchen verdoppelt wird, so wird das Volumen ebenfalls doppelt so groß. Es gilt also: $V \sim n$ oder in Form einer Gleichung: $V = \text{konst.} \cdot n$.

2.2.6 Die universelle Zustandsgleichung idealer Gase (allgemeine Zustandsgleichung 2. Form)

Bei der Ableitung der **allgemeinen Zustandsgleichung** für ideale Gase wurde von einer bestimmten Stoffmenge (Gasportion) ausgegangen, d.h.:

Der Term $\frac{p_n \cdot V_n}{T_n}$ ist abhängig von der Größe der Gasprobe bzw. der Anzahl der Gasmoleküle.

Da nach dem Gesetz von *Avogadro* gleiche Volumina verschiedener Gase bei gleichem Druck und gleicher Temperatur dieselbe Anzahl von Teilchen (Gasmolekülen) enthalten, war es naheliegend, sich auf eine bestimmte Anzahl von Teilchen festzulegen. Für diese Teilchenzahl hat dann obiger Term für jede Gassorte den gleichen Wert. Die Teilchenzahl, auf die man sich festgelegt hat, ist n = **1 mol.**

Präzise Messungen haben ergeben, dass unter dem **Normdruck** p_n = 1013,25 hPa und der **Normtemperatur** T_n = 273,15 K ≙ 0 °C das von n = 1 mol eines idealen Gases eingenommene Volumen $V_{m,0}$ = 22,414 L · mol^{-1} beträgt.

Für die in der Praxis auftretenden Berechnungen genügt es, mit dem Wert $V_{m,0}$ = 22,4 L zu rechnen. Somit gilt:

> Das molare Normvolumen $V_{m,0}$ eines idealen Gases beträgt im Normzustand (T_n = 273,15 K ≙ 0 °C, p_n = 1013,25 hPa) stets 22,4 L/mol.

Mit Hilfe des Wertes für das Normvolumen $V_{m,0}$ eines idealen Gases lässt sich die Konstante der allgemeinen Zustandsgleichung 2.7 bezogen auf die Stoffmenge n = 1 mol berechnen. Setzt man in Gl. 2.7 den **Normzustand** mit p_n, $V_{m,0}$ und T_n bezogen auf die Stoffmenge n = 1 mol ein, so erhält man:

$$\frac{p_n \cdot V_{m,0}}{T_n} = \frac{101{,}325\ \text{kPa} \cdot 22{,}414\ \text{L} \cdot \text{mol}^{-1}}{273{,}15\ \text{K}} = 8{,}315\ \text{kPa} \cdot \text{L} \cdot \text{mol}^{-1} \cdot \text{K}^{-1} = R$$

Man bezeichnet diese Größe als **universelle Gaskonstante** *R*.

Die universelle Gaskonstante *R* hat für alle idealen Gase den Wert $R = 8{,}315\ J \cdot mol^{-1} \cdot K^{-1} = 0{,}08315\ bar \cdot L \cdot mol^{-1} \cdot K^{-1} = 8{,}315\ kPa \cdot L \cdot mol^{-1} \cdot K^{-1}$.

Bei der Betrachtung des Gesetzes von *Boyle-Mariotte* zeigte sich, dass das Produkt $p \cdot V$ die Einheit Nm = J besitzt. Der Wert der universellen Gaskonstanten *R* wird daher auch oft angegeben mit $R = 8{,}315\ J \cdot mol^{-1} \cdot K^{-1}$.

Setzt man diesen Wert für *R* in Gleichung 2.7 ein, so erhält man bezogen auf die Stoffmenge $n = 1$ mol:

$$\frac{p_1 \cdot V_1}{T_1} = \frac{p_n \cdot V_{m,0}}{T_n} = R$$

Durch Umstellung und mit den allgemeinen Zustandsgrößen *p, V* und *T* ergibt sich bezogen auf die Stoffmenge $n = 1$ mol die Gleichung

$$p \cdot V = R \cdot T$$

Geht man bei der Stoffmenge *n* nicht von 1 mol aus, sondern **allgemein von *n* Molen,** so erhält man die **universelle Gasgleichung**:

$$p \cdot V = n \cdot R \cdot T \qquad (2.8)$$

p	V	n	R	T
kPa	L	mol	$kPa \cdot L \cdot mol^{-1} \cdot K^{-1}$	K

Die universelle Gasgleichung (2.8) wird auch als **ideales Gasgesetz** bezeichnet und verbindet als Zustandsgleichung die Größen Druck, Volumen, Temperatur und Stoffmenge einer Substanz miteinander. Sie beschreibt den Zusammenhang zwischen diesen Größen eines Gases in jedem beliebigen Zustand. Man bezeichnet **alle Gase, deren Verhalten durch die universelle Gasgleichung beschrieben werden kann, als ideale Gase.**

Die bisher behandelten Gasgesetze lassen sich aus der universellen Gasgleichung ableiten:
- für T = konst. erhält man: $p \cdot V = n \cdot R \cdot T$ = konst. das *boyle-mariottesche* Gesetz.
- für p = konst. erhält man: $V / T = n \cdot R / p$ = konst. das Gesetz von *Gay-Lussac.*
- für V = konst. erhält man: $p / T = n \cdot R / V$ = konst. das Gesetz von *Amonton.*

M 2.7: Welches Volumen nehmen $m = 2{,}252$ g N_2 bei einem Druck von $p = 98$ kPa und einer Temperatur von $\vartheta = 20$ °C ein? [$M(N_2) = 28\ g \cdot mol^{-1}$]

Lsg.: Mit $n = m/M$ erhält man nach Gl. 1.16: $n = \frac{2{,}252\ g}{28\ g \cdot mol^{-1}} = 8 \cdot 10^{-2}$ mol

Aus Gl. 2.8 erhält man:

$$p \cdot V = n \cdot R \cdot T \Rightarrow V = \frac{n \cdot R \cdot T}{p} = \frac{8 \cdot 10^{-2}\ mol \cdot 8{,}315\ kPa \cdot L \cdot mol^{-1} \cdot K^{-1} \cdot 293\ K}{98\ kPa}$$

$$= 1{,}99\ L \approx \mathbf{2\ L}$$

M 2.8: Wie viel L Sauerstoff von 25 °C und 100 kPa sind zur vollständigen Verbrennung von 80 g Heptan, [$M(C_7H_{16}) = 100\ g \cdot mol^{-1}$] nötig? Die Reaktionsgleichung lautet: $C_7H_{16} + 11\ O_2 \rightarrow 7\ CO_2 + 8\ H_2O$.

Lsg.: Die Reaktionsgleichung zeigt, dass zur Verbrennung von 1 mol Heptan 11 mol O_2 nötig sind. Für 80 g Heptan, das sind 0,8 mol, benötigt man:
$n = 11 \cdot 0{,}8\ mol = 8{,}8\ mol\ O_2$. Mit Gl. 2.8 ergibt sich das nötige Sauerstoffvolumen:

$$p \cdot V = n \cdot R \cdot T \Rightarrow V = \frac{n \cdot R \cdot T}{p} = \frac{8{,}8\ mol \cdot 8{,}315\ kPa \cdot L \cdot mol^{-1} \cdot K^{-1} \cdot 298\ K}{100\ kPa} = \mathbf{218\ L}$$

M 2.9: Wie viel L CO_2 entstehen bei der Umsetzung von 50 g $CaCO_3$ ($M = 100\ g \cdot mol^{-1}$) mit HCl gemäß: $CaCO_3 + 2\ HCl \rightarrow CaCl_2 + H_2O + CO_2$ bei
a) Normbedingungen (abgekürzt: NB) und
b) 98,0 kPa und 22 °C?

Lsg.: Nach der Reaktionsgleichung entsteht aus 1 mol $CaCO_3$ (= 100 g) 1 mol CO_2. Aus 50 g $CaCO_3$ (n = 0,5 mol) entstehen daher 0,5 mol CO_2.

a) Unter Normbedingungen beträgt das Volumen von 1 mol jedes idealen Gases $V_{m,0} = 22{,}4\ L \cdot mol^{-1}$. Bei n = 0,5 mol beträgt das Volumen daher:
$V_{m,0} \cdot n = 22{,}4\ L \cdot mol^{-1} \cdot 0{,}5\ mol = \mathbf{11{,}2\ L}$

b) Aus Gl. 2.8 erhält man:

$$p \cdot V = n \cdot R \cdot T \Rightarrow V = \frac{n \cdot R \cdot T}{p} = \frac{0{,}5\ mol \cdot 8{,}315\ kPa \cdot L \cdot mol^{-1} \cdot K^{-1} \cdot 295\ K}{98{,}0\ kPa} = \mathbf{12{,}5\ L}$$

M 2.10: Ammoniak, [M (NH_3) = 17 g · mol⁻¹], ein Ausgangsstoff zur Herstellung von Düngemitteln, wird nach dem *Haber-Bosch*-Verfahren aus N_2 und H_2 hergestellt:
$N_2 + 3\ H_2 \rightleftarrows 2\ NH_3$.

Wie viel m³ Luft mit φ (N_2) = 78%, ϑ = 22 °C und p = 120,5 kPa sind nötig, um 136 t NH_3 herzustellen, wenn mit dem Volumenüberschuss von 8% Stickstoff gearbeitet wird?

Lsg.: 136 t NH3 entsprechen $n\ (NH_3) = \frac{m(NH_3)}{M(NH_3)} = \frac{136 \cdot 10^6\ g}{17\ g \cdot mol^{-1}} = 8 \cdot 10^6\ mol\ NH_3$

Nach der Reaktionsgleichung benötigt man für 2 mol NH_3 1 mol N_2. Für $8 \cdot 10^6$ mol NH_3 sind daher $4 \cdot 10^6$ mol N_2 nötig.
Mit Gl. 2.8 errechnet man das entsprechende Volumen an N_2:

$$p \cdot V = n \cdot R \cdot T \Rightarrow V = \frac{n \cdot R \cdot T}{p} = \frac{4 \cdot 10^6\ mol \cdot 8{,}315\ kPa \cdot L \cdot mol^{-1} \cdot K^{-1} \cdot 295\ K}{120{,}5\ kPa}$$
$$= \mathbf{81{,}42 \cdot 10^6\ L}$$

Da mit einem Überschuss von 8% N_2 gearbeitet werden soll, benötigt man:
$V = 81{,}42 \cdot 10^6\ L \cdot 1{,}08 = 87{,}93 \cdot 10^6\ L = 87{,}93 \cdot 10^3\ m^3$ an N_2. Dieses Volumen an N_2 muss noch auf das entsprechende Volumen von Luft mit φ (N_2) = 78% umgerechnet werden.

Man erhält: $V(Luft) = \frac{87{,}93 \cdot 10^3\ m^3}{0{,}78} = 112{,}73 \cdot 10^3\ m^3 = \mathbf{1{,}13 \cdot 10^5\ m^3}$

2.3 Die Bestimmung der molaren Masse

Die molare Masse von leicht verdampfenden Substanzen kann mit Hilfe der universellen Gasgleichung ermittelt werden. Ersetzt man in Gl. 2.8 die Stoffmenge n durch: $n = m / M$, so erhält man:

2.9

$$p \cdot V = \frac{m}{M} \cdot R \cdot T$$

M	m	R	p	V	T
g · mol⁻¹	g	kPa · L · mol⁻¹ · K⁻¹	kPa	L	K

M 2.11: 158,2 mg einer organischen Verbindung nehmen nach der Verdampfung bei 95 kPa und 20 °C ein Volumen von 33,4 mL ein. Wie groß ist die molare Masse M der Verbindung?

Lsg.: Einsetzen der gegebenen Werte in Gl. 2.9 ergibt nach M umgestellt:

$$M = \frac{m \cdot R \cdot T}{p \cdot V} = \frac{0{,}1582\ g \cdot 8{,}315\ kPa \cdot L \cdot mol^{-1} \cdot K^{-1} \cdot 293\ K}{95\ kPa \cdot 0{,}0334\ L} = \mathbf{121{,}5\ g \cdot mol^{-1}}$$

Eine andere mögliche Bestimmung der molaren Masse erfolgt mit Hilfe der Gasdichte. Die Dichte ist wie bekannt der Quotient aus der Masse und dem jeweiligen Volumen, d.h. $\varrho = m/V$ (siehe Gl. 1.1). Durch Umstellung von Gl. 2.9 erhält man:

2.10

$$M = \frac{m \cdot R \cdot T}{p \cdot V} \quad \text{und} \quad \frac{m}{V} = \frac{M \cdot p}{R \cdot T} = \varrho$$

M	m	R	p	V	T
g · mol⁻¹	g	kPa · L · mol⁻¹ · K⁻¹	kPa	L	K

Mit Hilfe von Gl. 2.10 lässt sich, wenn *p, T* und *M* des Gases bekannt sind, die Gasdichte ϱ berechnen oder man kann, wenn *p, T* und ϱ bekannt sind, die molare Masse *M* des Gases ermitteln. **Die Dichte von Gasen** wird meist in $\mathbf{g \cdot L^{-1}}$ bzw. $\mathbf{kg \cdot m^{-3}}$ angegeben.

M 2.12: Die Gasdichte ϱ einer organischen Verbindung hat bei $\vartheta = 260$ °C und $p = 20{,}55$ kPa den Wert $\varrho = 0{,}72$ g $\cdot$L^{-1}. Welche molare Masse *M* besitzt die Verbindung?

Lsg.: Einsetzen der Werte in Gleichung 2.10 ergibt:

$$\varrho = \frac{M \cdot p}{R \cdot T} \Rightarrow M = \frac{\varrho \cdot R \cdot T}{p} = \frac{0{,}72\ \text{g} \cdot \text{L}^{-1} \cdot 8{,}315\ \text{kPa} \cdot \text{L} \cdot \text{mol}^{-1} \cdot \text{K}^{-1} \cdot 533\ \text{K}}{20{,}55\ \text{kPa}} = \mathbf{155\ g \cdot mol^{-1}}$$

Der Gleichung 2.10 lässt sich entnehmen, dass für ein bestimmtes Gas die Gasdichte ϱ sowohl vom Druck als auch von der Temperatur abhängt. Wird eine bestimmte Gasportion bei gleichbleibender Temperatur, also isotherm, komprimiert, so wird die Gasdichte größer, da bei konstanter Masse das Volumen durch die isotherme Kompression immer kleiner wird.

Bezeichnet man die Dichte unter Normbedingungen ($p_n = 1013{,}25$ hPa, $T_n = 273{,}15$ K) mit ϱ_n, so gilt bei isothermer Zustandsänderung:

$$\frac{\varrho_n}{\varrho_1} = \frac{p_n}{p_1} \quad \text{oder allgemein} \quad \frac{\varrho_1}{\varrho_2} = \frac{p_1}{p_2} \tag{2.11}$$

ϱ	p
g $\cdot$ L^{-1}	kPa

Bei Verdoppelung des Druckes wird die Dichte ebenfalls verdoppelt. Die Gasdichte ist somit direkt proportional zum Druck. Die in Tabellenwerken aufgeführten Werte für die Gasdichte sind im Allg. auf Normbedingungen bezogen, d.h. angegeben ist ϱ_n.

Wird ein Gas isobar erwärmt, so nimmt bei konstanter Masse nach dem Gesetz von *Gay-Lussac* das Volumen zu und die Gasdichte somit ab. Auf diesem Prinzip beruht z.B. der Auftrieb eines Heißluftballons. Die Gasdichte ist somit der Temperatur indirekt proportional. Es gilt demnach bei isobarer Zustandsänderung:

$$\frac{\varrho_n}{\varrho_1} = \frac{T_1}{T_n} \quad \text{oder allgemein} \quad \frac{\varrho_1}{\varrho_2} = \frac{T_2}{T_1} \tag{2.12}$$

ϱ	T
g $\cdot$ L^{-1}	K

M 2.13: a) Wie groß ist die Dichte von CO_2 [$M(CO_2) = 44$ g mol^{-1}] bei Normbedingungen?
b) Wie groß ist die Dichte von CO_2 bei 101,325 kPa und 65 °C?
c) Wie groß ist die Dichte von CO_2 bei 99,3 kPa und 65 °C?

Lsg.: a) Gl. 2.10 ergibt: $\varrho_n = \frac{M \cdot p_n}{R \cdot T_n} = \frac{44\ \text{g} \cdot \text{mol}^{-1} \cdot 101{,}325\ \text{kPa}}{8{,}315\ \text{kPa} \cdot \text{L} \cdot \text{mol}^{-1} \cdot \text{K}^{-1} \cdot 273\ \text{K}} = \mathbf{1{,}964\ g \cdot L^{-1}}$

b) Aus Gl. 2.12 erhält man: $\varrho_1 = \varrho_n \cdot \frac{T_n}{T_1} = 1{,}964\ \text{g} \cdot \text{L}^{-1} \cdot \frac{273\ \text{K}}{338\ \text{K}} = \mathbf{1{,}59\ g \cdot L^{-1}}$

c) Mit Gl. 2.11 ergibt sich: $\varrho_2 = \varrho_1 \cdot \frac{p_2}{p_1} = 1{,}59\ \text{g} \cdot \text{L}^{-1} \cdot \frac{99{,}3\ \text{kPa}}{101{,}325\ \text{kPa}} = \mathbf{1{,}56\ g \cdot L^{-1}}$

Vergleicht man gleiche Volumina verschiedener Gase bei gleichem Druck und gleicher Temperatur, so enthalten sie nach dem Gesetz von *Avogadro* die gleiche Anzahl von Molekülen. Siehe hierzu Bild 1.

Schwerere Moleküle bringen für eine Substanzprobe jedoch eine größere Masse mit, sodass die Gasdichte bei Molekülen mit größerer molarer Masse größer ist. Nach Gl. 2.10 gilt für 2 Gase mit ϱ_1 und M_1 bzw. ϱ_2 und M_2 bei gleichem Druck und gleicher Temperatur bei gleichgroßen Volumina:

$$\varrho_1 = \frac{M_1 \cdot p}{R \cdot T} \quad \text{und} \quad \varrho_2 = \frac{M_2 \cdot p}{R \cdot T}$$

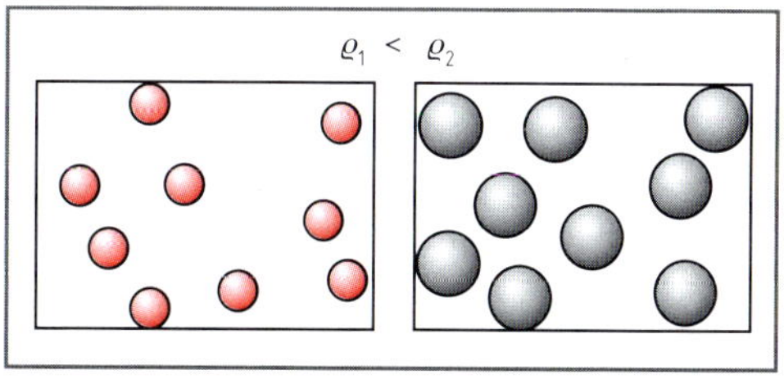

Bild 1: Dichte von zwei Gasen

Umformen und Gleichsetzen ergibt: $\varrho_1/M_1 = \varrho_2/M_2$ oder:

2.13

$$\frac{\varrho_1}{\varrho_2} = \frac{M_1}{M_2}$$

ϱ	M
$g \cdot L^{-1}$	$g \cdot mol^{-1}$

Bei gleichem Volumen, gleichem Druck sowie gleicher Temperatur verhalten sich die Gasdichten von 2 Gasen wie ihre molaren Massen.

M 2.14: Wie groß ist die molare Masse eines Gases mit $\varrho_n = 3{,}214\ g \cdot L^{-1}$, wenn ϱ_n von Sauerstoff $1{,}429\ g \cdot L^{-1}$ beträgt? [$M(O_2) = 32\ g\ mol^{-1}$; V, p und T sind gleich]

Lsg.: Einsetzen der Werte in Gl. 2.13:

$$M_1 = \frac{\varrho_{n1}}{\varrho_{n2}} \cdot M_2 = \frac{3{,}214\ g \cdot L^{-1}}{1{,}429\ g \cdot L^{-1}} \cdot 32\ g \cdot mol^{-1} = \mathbf{72\ g \cdot mol^{-1}}$$

Das Dichteverhältnis zweier Gase wie in Gl. 2.13 wird häufig auch als **relatives Gasdichteverhältnis** G_r bezeichnet, wenn man ein gleich großes Volumen eines Bezugsgases unter gleichem Druck und bei gleicher Temperatur als Bezugsgröße wählt.

Das relative Gasdichteverhältnis G_r entspricht dann dem Verhältnis der molaren Massen von Mess- und Bezugsgas. Als Bezugsgase werden in der Literatur entweder H_2 mit $M = 2{,}0\ g \cdot mol^{-1}$ (genau $M = 2{,}016\ g \cdot mol^{-1}$) oder Luft mit der mittleren molaren Masse $M = 29\ g \cdot mol^{-1}$ gewählt.

Zu Beginn dieses Jahrhunderts hatte das relative Gasdichteverhältnis große praktische Bedeutung bei der experimentellen Bestimmung relativer Atom- und Molekülmassen. Mit H_2 bzw. Luft als Bezugsgas gilt:

$$G_r(H_2) = \frac{M(X)}{2{,}0\ g \cdot mol^{-1}} \quad \text{und} \quad G_r(\text{Luft}) = \frac{M(X)}{29\ g \cdot mol^{-1}}$$

M 2.15: Bei 500 °C beträgt die Dichte des Schwefeldampfes das 95-fache der Dichte des Wasserstoffs. Wie viel Schwefelatome enthält ein Molekül gasförmigen Schwefels, S_x? [$M(S) = 32\ g \cdot mol^{-1}$]

Lsg.: Mit Wasserstoff als Bezugsgas gilt für das relative Gasdichteverhältnis G_r:

$$G_r(H_2) = \frac{M(S_x)}{2{,}0\ g \cdot mol^{-1}} = 95 \Rightarrow M(S_x) = 95 \cdot 2\ g \cdot mol^{-1} = 190\ g \cdot mol^{-1}$$

Die Anzahl der Schwefelatome beträgt: $x = \frac{190\ g \cdot mol^{-1}}{32\ g \cdot mol^{-1}} = 5{,}9 \approx \mathbf{6}$

M 2.16: Wie groß ist das relative Gasdichteverhältnis G_r des gasförmigen Schwefelmoleküls von M.2.15 bezogen auf Luft?

Lsg.: Mit Luft als Bezugsgas gilt: $G_r(\text{Luft}) = \frac{M(S_6)}{29\ g \cdot mol^{-1}} = \frac{190\ g \cdot mol^{-1}}{29\ g \cdot mol^{-1}} = \mathbf{6{,}55}$

Die Dichte des Schwefeldampfes beträgt das 6,55-fache der Dichte der Luft unter diesen Bedingungen.

2.4 Mischungen idealer Gase

In der Praxis hat man es oft mit Gasmischungen zu tun. Die für das Leben wichtigste Gasmischung ist die uns umgebende Luft, die aus Stickstoff, Sauerstoff, Edelgasen, Kohlenstoffdioxid und je nach Luftfeuchtigkeit aus geringen Anteilen Wasserdampf besteht. Auch bei einer Vielzahl von chemischen Reaktionen entstehen im Reaktionsraum Mischungen aus Gasen und Dämpfen. Beim Auffangen von Gasen über einer Sperrflüssigkeit besteht das entstehende Gasvolumen ebenfalls aus einer Gasmischung.

Bei der Behandlung der Gasgesetze wurde von **idealen** Gasen ausgegangen, die ganz bestimmte Bedingungen erfüllen mussten, um als **ideales** Gas bezeichnet werden zu können. Bei den Gasmischungen geht man ebenfalls von einigen Grundannahmen aus. Für die Beschaffenheit und das Verhalten von Gasmischungen soll gelten:

- Die einzelnen Gaskomponenten im Gemisch reagieren nicht miteinander,
- es tritt keine Entmischung der Gaskomponenten ein, sodass das zur Verfügung stehende Volumen von dem Gasgemisch homogen ausgefüllt wird,
- das Gasgemisch besitzt an jeder Stelle des von ihm ausgefüllten Volumens die gleiche Temperatur und
- das Gasgemisch übt an jeder Stelle des von ihm eingenommenen Raumes den gleichen Druck aus.

2.4.1 Das Gesetz von Dalton

Der englische Chemiker *John Dalton* (1766–1844) beschäftigte sich als erster mit der Beschaffenheit und den Gesetzmäßigkeiten von Gasmischungen.

Bild 1 zeigt schematisch einen Versuch wie er zuerst von *Dalton* durchgeführt wurde. Zwei Behälter B1 und B2 enthalten 2 verschiedene Gase, z.B. Sauerstoff und Stickstoff. Behälter B3 ist vollkommen leer, sein Volumen V_3 entspricht der Summe der Volumina von V_1 (Behälter B1) und V_2 (Behälter B2). Die beiden Gase in Behälter B1 und B2 besitzen den **gleichen Druck,** aber unterschiedliche Volumina.

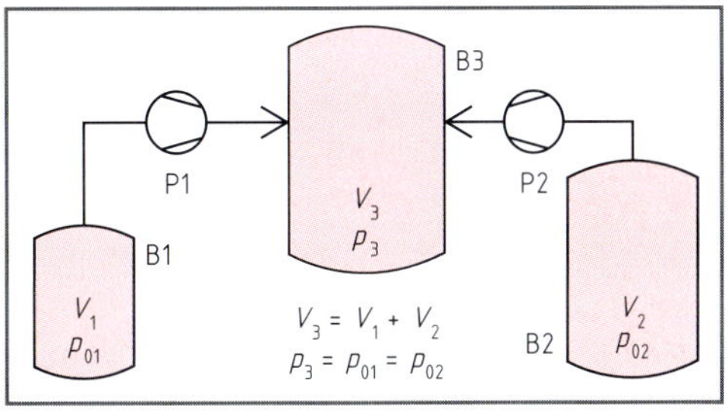

Bild 1: Gesetz von *Dalton*

Durch Einschalten der Pumpen P1 und P2 fördert man nacheinander die beiden Gase in den Behälter B3. Am Ende des Versuchs befindet sich im Behälter B3 das Gasgemisch aus den beiden Gaskomponenten. Somit ist das Volumen V_3 des Gasgemisches am Ende des Versuchs die Summe aus den Teilvolumina V_1 und V_2, wobei der Druck konstant geblieben ist. Denkt man sich den Versuch auf eine beliebige Anzahl x von Gaskomponenten ausgedehnt, so gilt allgemein für das Gesamtvolumen einer Gasmischung:

$$V = V_1 + V_2 + V_3 + \ldots + V_x \qquad V \text{ in } m^3$$ 2.14

Bezeichnet man die Teilvolumina als **Partialvolumina,** so kann man sagen:

Das Gesamtvolumen einer Gasmischung aus mehreren idealen Gasen von gleichem Druck und gleicher Temperatur ist gleich der Summe der Partialvolumina aller Einzelgase.

Da die Gasvolumina in den beiden Behältern unterschiedlich groß sind, befinden sich in beiden Behältern, wenn p und T gleich sind, unterschiedlich viele Teilchen. Am Ende des Versuchs enthält das Gasgemisch in Behälter B3 alle Teilchen. Die Gesamtzahl der Teilchen in der Gasmischung ist also die Summe der Teilchen aus V_1 und V_2. Somit gilt für die Gesamtmolzahl einer Gasmischung aus x Gaskomponenten:

$$n = n_1 + n_2 + \ldots + n_x \qquad n \text{ in mol}$$ 2.15

Daltons Hauptinteresse galt jedoch dem Druck. Er stellte fest, dass nachdem die Gaskomponente mit dem Partialvolumen V_1 in den Behälter B3 geströmt war, sich ein Druck p_1 einstellte, für den bei konstanter Temperatur nach dem Gesetz von *Boyle-Mariotte* gilt:

$$p_1 \cdot V_3 = p_{01} \cdot V_1 \qquad (I)$$

Hierin ist p_1 der durch das Volumen V_1 bzw. die Teilchenzahl n_1 erzeugte Druck, also ein Teil des später nach Abschluss des Versuchs im Gesamtvolumen V_3 vorhandenen Drucks p_3. Man bezeichnet solche Teildrücke als **Partialdrücke.**

Der Partialdruck eines Gases in einer Mischung ist der Druck, den das Gas ausüben würde, wenn es im Gesamtvolumen der Mischung allein vorhanden wäre.

Für die Gaskomponente mit dem Partialvolumen V_2 gilt entsprechend

$$p_2 \cdot V_3 = p_{02} \cdot V_2 \quad \text{(II)}$$

Addiert man die beiden Gleichungen I und II, so erhält man mit $p_{01} = p_{02} = p_3$

$$(p_1 + p_2) \cdot V_3 = p_3 \cdot (V_1 + V_2)$$

Da V_3 die Summe der Partialvolumina V_1 und V_2 ist, gilt also: $p_1 + p_2 = p_3$

Der Gesamtdruck einer Gasmischung ist die Summe der Partialdrücke der einzelnen Gaskomponenten. Bei x Gaskomponenten erhält man:

2.16

$$p = p_1 + p_2 + \ldots + p_x$$

p in Pa, kPa bzw. bar

Die in Gl. 2.16 dargestellte Gesetzmäßigkeit wurde von *Dalton* entdeckt und wird daher als ***dalton*sches Gesetz** bezeichnet.

Der Gesamtdruck einer Gasmischung aus idealen Gasen ist gleich der Summe aller Partialdrücke.

Der Partialdruck einer Gaskomponente A einer Gasmischung lässt sich mit Hilfe der universellen Gasgleichung 2.8 berechnen. Es gilt:

2.17

$$p\,(\mathrm{A}) = \frac{n(\mathrm{A}) \cdot R \cdot T}{V}$$

p	n	R	T	V
kPa	mol	$\mathrm{kPa \cdot L \cdot mol^{-1} \cdot K^{-1}}$	K	L

Für die Gasmischung gilt entsprechend: $p \cdot V = n \cdot R \cdot T$

Hierin ist p der Gesamtdruck der Mischung, V das Gesamtvolumen und n die Gesamtmolzahl. Das Verhältnis des Partialdrucks der Komponente A zum Gesamtdruck ist daher:

$$\frac{p\,(\mathrm{A})}{p} = \frac{n\,(\mathrm{A}) \cdot R \cdot T \cdot V}{V \cdot n \cdot R \cdot T} = \frac{n\,(\mathrm{A})}{n} = x\,(\mathrm{A})$$

Das Verhältnis des Partialdrucks $p\,(\mathrm{A})$ der Komponente A zum Gesamtdruck p ist gleich dem Stoffmengenanteil $x\,(\mathrm{A})$ der Komponente A.

2.18

$$\frac{p\,(\mathrm{A})}{p} = \frac{n(\mathrm{A})}{n} = x(\mathrm{A})$$

p	n	x
kPa	mol	1

Für das Partialvolumen $V\,(\mathrm{A})$ der Komponente A gilt entsprechend: $V\,(\mathrm{A}) = n\,(\mathrm{A}) \cdot R \cdot T/p$
und für das Gesamtvolumen V erhält man: $V = n \cdot R \cdot T/p.$

Das Verhältnis des Partialvolumens $V\,(\mathrm{A})$ zum Gesamtvolumen ergibt dann analog Gl. 2.18 die Beziehung:

2.19

$$\frac{V\,(\mathrm{A})}{V} = \frac{n(\mathrm{A})}{n} = x(\mathrm{A})$$

V	n	x
L	mol	1

Wie aus Kapitel 1 bekannt ist, ist das Verhältnis von $V\,(\mathrm{A})\,/\,V$ gleich dem Volumenanteil $\varphi\,(\mathrm{A})$ der Komponente A. Daraus ergibt sich die für eine Gasmischung wichtige Beziehung:

2.20

$$\frac{p\,(\mathrm{A})}{p} = \frac{V\,(\mathrm{A})}{V} = \frac{n(\mathrm{A})}{n} = x(\mathrm{A}) = \varphi\,(\mathrm{A})$$

p	V	n	x	φ
kPa	L	mol	1	1

Der Volumenanteil und der Stoffmengenanteil einer Gaskomponente in einer Gasmischung haben den selben Wert und entsprechen dem Verhältnis der Partialdrücke der Komponenten zum Gesamtdruck.

Aus dem Verhältnis wie in Gl. 2.20 dargestellt, resultiert für die Beziehung zwischen den einzelnen Komponenten:

$$\frac{p(A)}{p(B)} = \frac{V(A)}{V(B)} = \frac{n(A)}{n(B)} = \frac{x(A)}{x(B)} = \frac{\varphi(A)}{\varphi(B)}$$ 2.21

p	V	n	x	φ
kPa	L	mol	1	1

M 2.17: Luft, vorwiegend ein Gasgemisch aus N_2 und O_2, besitzt die ungefähren Volumenanteile $\varphi(N_2) = 78{,}1\%$ und $\varphi(O_2) = 20{,}9\%$. Wie groß sind die Partialdrücke von N_2 und O_2 bei einem Gesamtdruck von 101,325 kPa?

Lsg.: Mit Gleichung 2.20 ergibt sich:

$$\frac{p(N_2)}{p} = \varphi(N_2) \Rightarrow p(N_2) = \varphi(N_2) \cdot p = 0{,}781 \cdot 101{,}325 \text{ kPa} = \mathbf{79{,}135 \text{ kPa}}$$

$$\frac{p(O_2)}{p} = \varphi(O_2) \Rightarrow p(O_2) = \varphi(O_2) \cdot p = 0{,}209 \cdot 101{,}325 \text{ kPa} = \mathbf{21{,}177 \text{ kPa}}$$

M 2.18: Ein Behälter mit 3,2 L Inhalt enthält CO_2 unter dem Druck von 30,7 kPa. Welcher Gesamtdruck stellt sich ein, wenn zu dem CO_2 2,4 L Stickstoff von 97,3 kPa und 5,8 L Wasserstoff von 68 kPa gedrückt werden?

Lsg.: Nach Gl. 2.16 ist der Gesamtdruck die Summe der Partialdrücke der einzelnen Gaskomponenten: $p = p(CO_2) + p(N_2) + p(H_2)$.

Der Partialdruck des CO_2 beträgt: $p(CO_2) = 30{,}7$ kPa.

Der Partialdruck von N_2, $p(N_2)$, ist der Druck, der sich einstellt, wenn der Stickstoff das Volumen V_M der Mischung allein einnimmt.

Nach dem Gesetz von *Boyle-Mariotte* gilt daher:

$$p_1 \cdot V_1 = p(N_2) \cdot V_M \Rightarrow p(N_2) = \frac{p_1 \cdot V_1}{V_M} = \frac{97{,}33 \text{ kPa} \cdot 2{,}4 \text{ L}}{3{,}2 \text{ L}} = 73 \text{ kPA}$$

Für Wasserstoff erhält man entsprechend: $p(H_2) = \frac{68 \text{ kPa} \cdot 5{,}8 \text{ L}}{3{,}2 \text{ L}} = 123 \text{ kPa}$

Für den Gesamtdruck ergibt sich:

$p = 30{,}7 \text{ kPa} + 73 \text{ kPa} + 123 \text{ kPa} = 226{,}7 \text{ kPa} \approx$ **227 kPa.**

Eine alternative Lösung ist in Analogie zum Versuch von *Dalton* die Umrechnung der Volumina von N_2 und H_2 auf den Druck von CO_2.

Nach dem Gesetz von *Boyle-Mariotte* gilt für $V(N_2)$ dann:

$V(N_2) \cdot 30{,}7 \text{ kPa} = 2{,}4 \text{ L} \cdot 97{,}3 \text{ kPa} \Rightarrow V(N_2) = 7{,}61 \text{ L}$

Für $V(H_2)$ erhält man entsprechend:

$V(H_2) \cdot 30{,}7 \text{ kPa} = 5{,}8 \text{ L} \cdot 68 \text{ kPa} \Rightarrow V(H_2) = 12{,}85 \text{ L}$

Bei einem Gesamtdruck von 30,7 kPa würde die Gasmischung also ein Gesamtvolumen einnehmen von: $V_M = V_1 + V_2 + V_3 = 3{,}2 \text{ L} + 7{,}61 \text{ L} + 12{,}85 \text{ L} = 23{,}66 \text{ L}$

Wird dieses Volumen auf das Behältervolumen von 3,2 L komprimiert, so stellt sich nach dem Gesetz von *Boyle-Mariotte* ein Druck p ein von:

$$p \cdot 3{,}2 \text{ L} = 30{,}7 \text{ kPa} \cdot 23{,}66 \text{ L} \Rightarrow p = \frac{30{,}7 \text{ kPa} \cdot 23{,}66 \text{ L}}{3{,}2 \text{ L}} = 226{,}99 \text{ kPa} \approx \mathbf{227 \text{ kPa}}$$

2.4.2 Feuchte Gase

Bei chemischen Reaktionen entstehen oftmals gasförmige Stoffe, die im Labor meistens in **Gasometern** über einer Sperrflüssigkeit aufgefangen werden.

In Bild 1, S. 36 ist dieser Vorgang wiedergegeben. Das Gas verdrängt eine seinem Volumen entsprechende Flüssigkeitsmenge, in dem es auf diese einen Druck ausübt. Wenn das Gas nicht mit H_2O reagiert, kann diese Sperrflüssigkeit benutzt werden. Im Gasraum über der Flüssigkeit befindet sich allerdings nun eine Gasmischung, bestehend aus dem bei der Reaktion entstanden Gas **und** Wasserdampf.

Alle Gase nehmen, wenn Wasser in ihrer Umgebung ist, Feuchtigkeit, d.h. Wasserdampf auf. Im Gegensatz zu den bisher besprochenen Gasmischungen, bei denen die einzelnen Gase in jedem Verhältnis beliebig mischbar sind, kann ein Gas nur eine begrenzte Menge Wasserdampf, bis zu seiner **Sättigung,** aufnehmen. Diese Wasserdampfmenge ist stark temperaturabhängig. Je höher die Temperatur, desto höher ist die aufnehmbare Feuchtigkeit. Im Folgenden werden nur mit Wasserdampf gesättigte Gasgemische betrachtet.

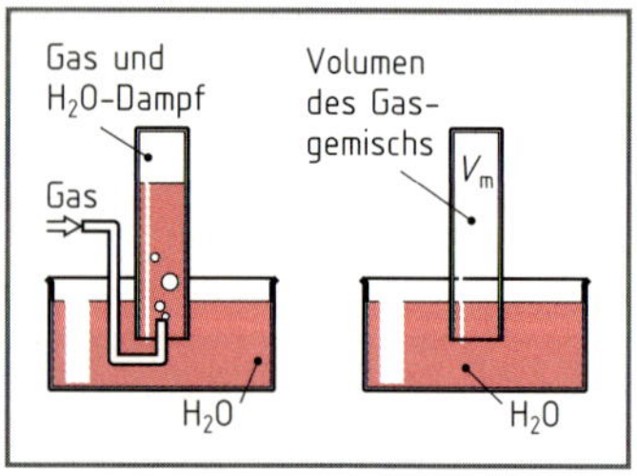

Bild 1: Auffangen eines Gases im Gasometer über H_2O

Der Partialdruck des Wassers im feuchtigkeitsgesättigten Gasgemisch ist der sogenannte **Sättigungsdampfdruck.** Die Abhängigkeit des Sättigungsdampfdrucks von der Temperatur ist in Tabelle 2a wiedergegeben.

Den Gesamtdruck der Gasmischung bestimmt man am einfachsten durch Heben oder Senken des Gasometers, bis der Wasserspiegel innerhalb und außerhalb gleich hoch ist. In diesem Fall entspricht der gesamte Gasdruck im Gasometer dem Außendruck, der am Barometer abgelesen wird. Der Gesamtdruck im Gasometer ist nach dem *dalton*schen Gesetz Gl. 2.16 die Summe aus den Partialdrücken der einzelnen Gaskomponenten und dem Sättigungsdampfdruck des Wassers.

Tabelle 2a: Dampfdrucktabelle von H_2O

ϑ in °C	p in mbar	ϑ in °C	p in mbar
0	6,1	40	73,7
5	8,7	45	95,9
10	12,3	50	123,3
14	15,9	60	199,1
18	20,6	70	311,5
20	23,4	80	473,3
23	28,1	90	700,8
25	31,7	100	1013,3
30	42,4	110	1432,7

Das Auffangen von Gasen über einer Sperrflüssigkeit wird z.B. auch bei der Bestimmung der molaren Masse nach *Victor Meyer* angewandt, wobei deren Dampfdruck berücksichtigt wird.

M 2.19: In einem Gasometer wurden 3,24 L eines Gases über Wasser aufgefangen. Der Gesamtdruck betrug 986 mbar, der Dampfdruck des Wassers bei der entsprechenden Temperatur 24 mbar. Wie groß sind:

a) der Partialdruck des aufgefangenen Gases,

b) die Partialvolumina des Wasserdampfes und der Gasprobe?

Lsg.: a) Nach Gl. 2.16 gilt: $p = p\,(\text{Gas}) + p\,(H_2O) \Rightarrow p\,(\text{Gas}) = p - p\,(H_2O)$

$p\,(\text{Gas}) = 986\text{ mbar} - 24\text{ mbar} = \mathbf{962\ mbar}$

b) Die Partialvolumina errechnet man mit Gl. 2.20:

$$\frac{V(H_2O)}{V} = \frac{p(H_2O)}{p} \Rightarrow V(H_2O) = \frac{p(H_2O)}{p} \cdot V = \frac{24\text{ mbar}}{986\text{ mbar}} \cdot 3{,}24\text{ L} = \mathbf{0{,}079\ L}$$

$$V(\text{Gas}) = \frac{p(\text{Gas})}{p} \cdot V = \frac{962\text{ mbar}}{986\text{ mbar}} \cdot 3{,}24\text{ L} = \mathbf{3{,}161\ L}$$

M 2.20: Sauerstoff wurde bei 23 °C und 99,4 kPa über Wasser aufgefangen, wobei ein Volumen von 19 mL gemessen wurde. Welches Volumen nimmt der trockene Sauerstoff unter Normbedingungen ein, wenn $p\,(H_2O)$ bei 23 °C 2,81 kPa beträgt?

Lsg.: Mit Gl. 2.16 erhält man für den Partialdruck $p\,(O_2)$:

$p\,(O_2) = p - p(H_2O) = 99{,}4\text{ kPa} - 2{,}81\text{ kPa} = 96{,}59\text{ kPa}$

Für das Partialvolumen des trockenen Sauerstoffs gilt nach Gl. 2.20:

$$V\,(O_2) = \frac{p(O_2)}{p} \cdot V = \frac{96{,}59\text{ kPa}}{99{,}40\text{ kPa}} \cdot 19\text{ mL} = 18{,}46\text{ mL}$$

Das Volumen unter Normbedingungen wird mit Gl. 2.7 ermittelt:

$$\frac{p_n \cdot V_n}{T_n} = \frac{p_1 \cdot V_1}{T_1} \Rightarrow V_n = \frac{p_1 \cdot V_1 \cdot T_n}{T_1 \cdot p_n}$$

$$V_n = \frac{99{,}4\text{ kPa} \cdot 18{,}46\text{ mL} \cdot 273\text{ K}}{296\text{ K} \cdot 101{,}325\text{ kPa}} = \mathbf{16{,}7\ mL}$$

Bei Anwendung von Gl. 2.7 muss, wenn V_1 das Volumen des **trockenen Sauerstoff** ist, für p_1 der **Gesamtdruck** eingesetzt werden.

2.4.3 Mittlere molare Masse einer Gasmischung

Will man wie bei einem idealen Einzelgas mit Gl. 2.9 alle Zustandsgrößen in einer Gasmischung berechnen, so muss für die Masse m jetzt die Gesamtmasse m_{ges} der Mischung angegeben werden. Die Gesamtmasse m_{ges} ist die Summe der Massen der Einzelgase, d.h: $m_{ges} = m_1 + m_2 + m_3 + \ldots + m_x$, wenn die Mischung aus x Einzelgasen besteht.

An Stelle der molaren Masse M des Einzelgases in Gl. 2.9 setzt man bei Gasmischungen, deren **Zusammensetzung sich zeitlich nicht verändert,** die sogenannte **mittlere molare Masse** $\overline{M}$ ein.

Man erhält: $$p \cdot V = \frac{m_{ges}}{\overline{M}} \cdot R \cdot T$$ **2.22**

p	V	m	$\overline{M}$	R	T
kPa	L	g	$g \cdot mol^{-1}$	$kPa \cdot L \cdot mol^{-1} \cdot L^{-1}$	K

Die mittlere molare Masse $\overline{M}$ ist definiert als $\overline{M} = \frac{m_{ges}}{n_{ges}}$ **2.23**

Analog zur Gesamtmasse m_{ges} gilt für die Gesamtstoffmenge aller Gase in der Mischung $n_{ges} = n_1 + n_2 + \ldots + n_x$.

Einsetzen dieser Beziehungen in Gl. 2.23 ergibt: $$\overline{M} = \frac{m_1 + m_2 + m_3 + \ldots + m_x}{n_1 + n_2 + n_3 + \ldots + n_x}$$

mit $m_1 = n_1 \cdot M_1$, $m_2 = n_2 \cdot M_2$ usw. erhält man: $$\overline{M} = \frac{n_1 \cdot M_1 + n_2 \cdot M_2 + \ldots + n_x \cdot M_x}{n_{ges}}$$

Da der Quotient $\frac{n_1}{n_{ges}} = x_1$, also der Stoffmengenanteil der Komponente 1 und $\frac{n_2}{n_{ges}} = x_2$, also der Stoffmengenanteil der Komponente 2 ist, ergibt sich für die mittlere molare Masse $\overline{M}$ einer Gasmischung:

$$\overline{M} = x_1 \cdot M_1 + x_2 \cdot M_2 + x_3 \cdot M_3 + \ldots + x_x \cdot M_x$$ **2.24**

x	M
1	$g \cdot mol^{-1}$

M 2.21: In einem Behälter von 0,02 m^3 Inhalt werden 1,5 g H_2O ($M_1 = 18\ g \cdot mol^{-1}$) und 3 g Pentan ($M_2 = 72\ g \cdot mol^{-1}$) durch Erwärmen auf 250 °C vollständig verdampft. Welchen Druck übt die Gasmischung aus, wenn sie als ideal angesehen wird?

Lsg.: nach Gl. 2.22 gilt: $p \cdot V = \frac{m_{ges}}{\overline{M}} \cdot R \cdot T \Rightarrow p = \frac{m_{ges} \cdot R \cdot T}{\overline{M} \cdot V}$

Mit $\overline{M} = \frac{m_{ges}}{n_{ges}}$, erhält man: $p = n_{ges} \cdot \frac{R \cdot T}{V}$

$$n_{ges} = n_1 + n_2 = \frac{m_1}{M_1} + \frac{m_2}{M_2} = \frac{1{,}5\ g}{18\ g \cdot mol^{-1}} + \frac{3\ g}{72\ g \cdot mol^{-1}} = 0{,}125\ mol$$

$$p = 0{,}125\ mol \cdot \frac{8{,}315\ kPa \cdot L \cdot mol^{-1} \cdot K^{-1} \cdot 523\ K}{20\ L} = \mathbf{27{,}2\ kPa}$$

M 2.22: Luft ist ein Gasgemisch mit $\varphi(N_2) = 78{,}1\%$ und $\varphi(O_2) = 20{,}9\%$. Wie groß ist ihre mittlere molare Masse $\overline{M}$?
$M(N_2) = 28\ g \cdot mol^{-1}$, $M(O_2) = 32\ g \cdot mol^{-1}$

Lsg.: Nach Gl. 2.20 gilt: $x(A) = \varphi(A)$

In Gl. 2.24 können daher die Werte der Volumenanteile für die Stoffmengenanteil eingesetzt werden. Damit erhält man:

$$\overline{M} = x(N_2) \cdot M(N_2) + x(O_2) \cdot M(O_2) = 0{,}781 \cdot 28\ g \cdot mol^{-1} + 0{,}209 \cdot 32\ g \cdot mol^{-1}$$
$$= 28{,}56\ g \cdot mol^{-1} \approx \mathbf{29\ g \cdot mol^{-1}}$$

2.4.4 Thermische Dissoziation

Bei der Bestimmung der molaren Masse von einigen Gasen ergaben sich nach den Versuchen von *Victor Meyer* und *Bodenstein* Abnormitäten. Nach den Ergebnissen dieser Versuche schien die molare Masse dieser Gase, z.B. von N_2O_4 oder I_2, keine konstante Größe zu sein. Ihr Wert war nämlich abhängig von der Temperatur und vom Druck. Für N_2O_4 ergaben sich bei dem Druck von 101,325 kPa in Abhängigkeit von der Temperatur für die molare Masse die Werte von Tab. 2b.

Diese Werte wurden auch bei der Bestimmung der molaren Masse über G_r mit H_2 als Bezugsgas gefunden (vgl. Kap. 2.3). Der Tabelle ist zu entnehmen, dass mit steigender Temperatur die molare Masse abnimmt.

Tabelle 2b: Thermische Dissoziation von N_2O_4

ϑ in °C	M in g · mol^{-1}	G_r (H_2)
22	92,0	46,0
60	60,4	30,2
100	49,0	24,5
140	46,0	23,0

Diese Anomalie des relativen Gasdichteverhältnisses und damit verbunden die der molaren Masse des Gases lässt sich durch die Annahme erklären, dass bei höherer Temperatur die N_2O_4-Moleküle teilweise in NO_2-Moleküle zerfallen. Man bestimmt somit nicht die tatsächliche molare Masse von N_2O_4, sondern nur die **mittlere molare Masse** der Gasmischung, die aus N_2O_4- und NO_2-Molekülen besteht. Diese ist kleiner als die molare Masse von N_2O_4.

Aus der Tabelle ist weiterhin ersichtlich, dass dicht oberhalb des Siedepunktes von N_2O_4 (22 °C) das Gas praktisch nur aus N_2O_4-Molekülen besteht. Mit steigender Temperatur zerfällt ein immer größerer Anteil in NO_2-Moleküle bis bei 140 °C der Zerfall nahezu vollständig ist.

Bei der Abkühlung von NO_2 zeigt sich umgekehrt eine stetige Zunahme der mittleren molaren Masse. Der Vorgang ist somit umkehrbar und wird, wie bei Gleichgewichtsreaktionen üblich, wie folgt formuliert:

$$N_2O_4 \rightleftarrows 2\ NO_2$$

Auf die Gleichgewichtsreaktionen wird in Kapitel 3 näher eingegangen.

Ein Zerfall wie im Beispiel des N_2O_4 wird als **thermische Dissoziation** bezeichnet, da er nur bei Wärmezufuhr eintritt.

Die thermische Dissoziation ist der umkehrbare Zerfall einer Verbindung in eine andere oder in mehrere andere elektrisch neutrale Stoffe.

Treten bei dem Zerfall, wie beim Lösen von Elektrolyten in Wasser, geladene Teilchen auf, so spricht man von der elektrolytischen Dissoziation (vgl. Kap. 3, 8 und 9).

Als Maß für die Stärke der Dissoziation verwendet man den **Dissoziationsgrad** α. Er gibt das Verhältnis der zerfallenen Moleküle zur Gesamtzahl der Moleküle vor dem Zerfall an. Somit gilt:

$$\text{Dissoziationsgrad } \alpha = \frac{\text{Anzahl der zerfallenen Moleküle}}{\text{Anzahl Moleküle } \textbf{vor} \text{ dem Zerfall}}$$

Da maximal alle, minimal aber kein Teilchen, zerfallen sein können, ist α stets eine einheitenlose Zahl kleiner oder gleich 1.

Zur Ableitung der **universellen Gasgleichung** für **thermisch dissoziierte Gase** wird folgende Reaktion betrachtet:

$$AB \rightarrow A + B$$

Die Verbindung AB dissoziiert thermisch und bildet die beiden neuen Stoffe A und B. Die Ausgangsmenge von AB betrage n_0 Mole und der Dissoziationsgrad sei α. Bei der Dissoziation zerfallen somit: $n_0 \cdot \alpha$ Mole von AB und bilden jeweils $n_0 \cdot \alpha$ Mole an A und B, d.h. es werden $2 \cdot n_0 \cdot \alpha$ Mole Produkt gebildet.

Hält man die Überlegungen und Zusammenhänge in Form einer Übersicht, wie bei den Gleichgewichtsreaktionen üblich, fest, so ergibt sich (vgl. Kap. 3.2):

	AB	A	B
Stoffmenge vor der Dissoziation	n_0	0	0
Stoffmenge nach der Dissoziation	$n_0 - n_0 \cdot \alpha$	$n_0 \cdot \alpha$	$n_0 \cdot \alpha$

Die Gesamtstoffmenge nach der Dissoziation beträgt in diesem Fall:

$$n_0 - n_0 \cdot \alpha + 2 \cdot n_0 \cdot \alpha = n_0 + n_0 \cdot \alpha = n_0 \cdot (1 + \alpha).$$

Die Gesamtstoffmenge, die nach der Dissoziation vorliegt, ist um den Faktor $(1 + \alpha)$ größer als die ursprüngliche Stoffmenge n_0.

Wenn die Gesamtstoffmenge bei der thermischen Dissoziation größer wird, so wird in einem abgeschlossenen Behälter (also V = konst) nach der Dissoziation ein größerer Druck herrschen. Der Druck ist proportional der Anzahl der Teilchen (nach dem Gesetz von *Avogadro* und der kinetischen Gastheorie vgl. Kap. 4).

Bild 1 zeigt die thermische Dissoziation der angegebenen Reaktion.

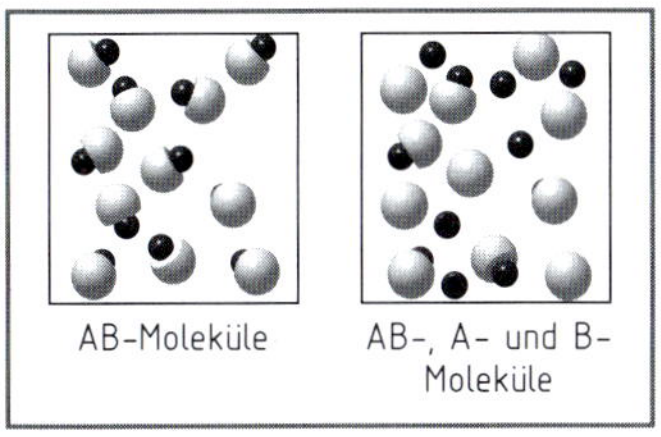

Bild 1: Thermische Dissoziation

Die Anwendung der universellen Gasgleichung, Gl. 2.8, zur Berechnung des Druckes würde ein falsches Ergebnis liefern, der so berechnete Druck wäre zu klein.

Für die Stoffmenge n in der universellen Gasgleichung muss für das angegebene Beispiel die Stoffmenge **nach** der Dissoziation, $n_0 \cdot (1 + \alpha)$, eingesetzt werden. Für eine Reaktion des Typs: $AB \rightleftarrows A + B$ erhält daher die universelle Gasgleichung die Form:

$$p \cdot V = n_0 \cdot (1 + \alpha) \cdot R \cdot T$$ 2.25

p	V	n	α	R	T
kPa	L	mol	1	$kPa \cdot L \cdot mol^{-1} \cdot L^{-1}$	K

Betrachtet man anstatt der Verbindung AB, die in 2 neue Produkte dissoziierte, einen Stoff, der bei der Dissoziation **pro dissoziiertem Ausgangsmolekül** allgemein ν **Dissoziationsprodukte** ergibt, so erhält man folgende Übersicht:

	Ausgangsstoff	Produkt
Stoffmenge vor der Dissoziation	n_0	0
Stoffmenge nach der Dissoziation	$n_0 - n_0 \cdot \alpha$	$\nu \cdot n_0 \cdot \alpha$

Die Gesamtstoffmenge nach der Dissoziation beträgt dann:

$$n = n_0 - n_0 \cdot \alpha + \nu \cdot n_0 \cdot \alpha = n_0 \cdot [1 + \alpha \cdot (\nu - 1)]$$ 2.26

n	α	ν
mol	1	1

Der Faktor: $[1 + \alpha \cdot (\nu - 1)]$ wird als **Dissoziationsfaktor** oder **Dissoziationsbinom** bezeichnet und ist identisch mit dem *van't Hoff*'schen Faktor i (vgl. Kap. 8.).

Setzt man in der universellen Gasgleichung, Gl. 2.8., für n den Ausdruck $n_0 \cdot [1 + \alpha\,(\nu - 1)]$ ein, so erhält man die **universelle Gasgleichung** für dissoziierende Gase:

$$p \cdot V = n_0 \cdot [1 + \alpha \cdot (\nu - 1)] \cdot R \cdot T$$ 2.27

p	V	n	R	T	α	ν
kPa	L	mol	$kPa \cdot L \cdot mol^{-1} \cdot K^{-1}$	K	1	1

M 2.23: 4,0 g N_2O_4 (M = 92,0 g · mol^{-1}) nehmen bei 400 kPa und 100 °C ein Volumen von 0,51 L ein. Wie groß sind für: $N_2O_4 \rightleftarrows 2\,NO_2$

a) der Dissoziationsgrad α,

b) die Stoffmengenkonzentrationen der beiden Oxide im Gasgemisch und

c) die Partialdrücke der beiden Gase im Gasgemisch?

Lsg.: a) Mit Gl. 2.27 und mit $n_0 = m/M_0$ erhält man: $p \cdot V = \frac{m}{M_0} \cdot [1 + \alpha \cdot (\nu - 1)] \cdot R \cdot T$

Einsetzen der Werte und für $\nu = 2$ ergibt:

$$400\ kPa \cdot 0{,}51\ L = \frac{4{,}0\ g}{92{,}0\ g \cdot mol^{-1}} \cdot [1 + \alpha \cdot (2 - 1)] \cdot 8{,}315\ kPa \cdot L \cdot mol^{-1} \cdot K^{-1} \cdot 373\ K$$

$$\alpha = \frac{400\ \text{kPa} \cdot 0{,}51\ \text{L} \cdot 92{,}0\ \text{g} \cdot \text{mol}^{-1}}{4{,}0 \cdot 8{,}315\ \text{kPa} \cdot \text{L} \cdot \text{mol}^{-1} \cdot \text{K}^{-1} \cdot 373\ \text{K}} - 1 = 0{,}513 \mathrel{\widehat{=}} \mathbf{51{,}3\%}$$

b) $c(N_2O_4) = n(N_2O_4) / V$

Die Stoffmenge $n(N_2O_4)$, die nach der Dissoziation vorliegt, beträgt:

$$n(N_2O_4) = n_0 - n_0 \cdot \alpha = n_0 \cdot (1 - \alpha) = \frac{m(N_2O_4)}{M(N_2O_4)} \cdot (1 - \alpha)$$

$$n(N_2O_4) = \frac{4{,}0\ \text{g}}{92{,}0\ \text{g} \cdot \text{mol}^{-1}} \cdot (1 - 0{,}513) = 2{,}1 \cdot 10^{-2}\ \text{mol}$$

$$c(N_2O_4) = \frac{2{,}1 \cdot 10^{-2}\ \text{mol}}{0{,}5\ \text{L}} = \mathbf{4{,}2 \cdot 10^{-2}\ mol \cdot L^{-1}}$$

Für $c(NO_2)$ erhält man analog: $c(NO_2) = \frac{n(NO_2)}{V}$;

$$n(NO_2) = 2 \cdot n_0 \cdot \alpha = 2 \cdot 0{,}513 \cdot \frac{4{,}0\ \text{g}}{92{,}0\ \text{g} \cdot \text{mol}^{-1}} = 4{,}46 \cdot 10^{-2}\ \text{mol}.$$

$$c(NO_2) = \frac{4{,}46 \cdot 10^{-2}\ \text{mol}}{0{,}5\ \text{L}} = \mathbf{8{,}92 \cdot 10^{-2}\ mol \cdot L^{-1}}$$

c) Die Partialdrücke erhält man mit Gl. 2.20:

$$\frac{p(N_2O_4)}{p} = \frac{n(N_2O_4)}{n} = \frac{n_0 \cdot (1 - \alpha)}{n_0 \cdot [1 + \alpha \cdot (2 - 1)]} = \frac{1 - \alpha}{1 + \alpha}$$

$$p(N_2O_4) = \frac{1 - \alpha}{1 + \alpha} \cdot p = \frac{1 - 0{,}513}{1 + 0{,}513} \cdot 400\ \text{kPa} = \mathbf{128{,}75\ kPa}$$

Entsprechend gilt für $p(NO_2)$:

$$p(NO_2) = \frac{n(NO_2)}{n} \cdot p = \frac{2 \cdot n_0 \cdot \alpha \cdot p}{n_0 \cdot [1 + \alpha \cdot (2 - 1)]} = \frac{2 \cdot 0{,}513 \cdot 400\ \text{kPa}}{1{,}513} = \mathbf{271{,}25\ kPa}$$

Der Zusammenhang zwischen der mittleren molaren Masse $\overline{M}$ eines Gasgemisches und dem Dissoziationsgrad α ergibt sich aus Gl. 2.23, wonach gilt: $\overline{M} = m_{ges}/n_{ges}$. Setzt man für n_{ges} den Ausdruck: $n_0 \cdot [1 + \alpha \cdot (\nu - 1)]$ ein, so erhält man:

$$\overline{M} = \frac{m_{ges}}{n_0 \cdot [1 + \alpha \cdot (\nu - 1)]}$$

Mit $n_0 = \frac{m_{ges}}{M_0}$, wobei M_0 die molare Masse des undissoziierten Moleküls ist, folgt:

2.28 $$\overline{M} = \frac{M_0}{1 + \alpha \cdot (\nu - 1)}$$

M	α	ν
$g \cdot mol^{-1}$	1	1

M 2.24: Wie groß ist die mittlere molare Masse $\overline{M}$ des Gasgemisches der Aufgabe M 2.23?

Lsg.: Mit Gl. 2.28 und den Werten von M 2.23 ergibt sich:

$$\overline{M} = \frac{M_0}{1 + \alpha \cdot (\nu - 1)} = \frac{92\ \text{g} \cdot \text{mol}^{-1}}{1 + 0{,}513} = \mathbf{60{,}81\ g \cdot mol^{-1}}$$

Vergleicht man diesen Wert von $\overline{M}$ bei 100 °C und 400 kPa mit dem Wert $\overline{M}$ der Tabelle 2b bei 100 °C und 101,325 kPa, so fällt auf, dass die mittlere molare Masse $\overline{M}$ bei höherem Druck größer ist (60,81 > 49), d.h. es liegt mehr N_2O_4 vor. Demzufolge ist nach Gl. 2.28 der Wert für den Dissoziationsgrad α bei höherem Druck kleiner als bei niedrigem Druck. Somit ist α umgekehrt proportional dem Druck. Wie schon erwähnt und aus der Tabelle 2b ersichtlich, wird bei gleichbleibendem Druck die mittlere molare Masse $\overline{M}$ mit steigender Temperatur kleiner. Nach Gl. 2.28 muss α daher bei steigender Temperatur zunehmen, d.h. α ist der Temperatur direkt proportional. Zusammengefasst ergibt sich also:

Der Dissoziationsgrad α einer chemischen Verbindung nimmt mit **steigender** Temperatur und **fallendem** Druck zu.

M 2.25: SO_3 dissoziiert nach der Gleichung: $2\ SO_3 \rightleftarrows 2\ SO_2 + O_2$.
Bei einer bestimmten Temperatur und dem Gesamtdruck von 450 kPa beträgt der Partialdruck des Sauerstoffs 22 kPa. Wie groß ist unter diesen Bedingungen der Dissoziationsgrad α?

Lsg.: Nach Gl. 2.20 gilt: $\frac{p(O_2)}{p} = \frac{n(O_2)}{n}$

Zur Bestimmung der Stoffmenge $n(O_2)$ und der Gesamtstoffmenge n nach der Dissoziation ist die Aufstellung einer Übersicht empfehlenswert. Mit der Reaktionsgleichung: $2\ SO_3 \rightleftarrows 2\ SO_2 + O_2$

	SO_3	SO_2	O_2
Stoffmenge vor der Dissoziation	$2 \cdot n_0$	0	0
Stoffmenge nach der Dissoziation	$2 \cdot n_0 - 2 \cdot n_0 \cdot \alpha$	$2 \cdot n_0 \cdot \alpha$	$n_0 \cdot \alpha$

Die Gesamtstoffmenge n nach der Dissoziation beträgt:
$n = 2 \cdot n_0 - 2 \cdot n_0 \cdot \alpha + 2 \cdot n_0 \cdot \alpha + n_0 \cdot \alpha = 2 \cdot n_0 + n_0 \cdot \alpha = n_0 \cdot (2 + \alpha)$
Die Stoffmenge $n(O_2)$ beträgt $n_0 \cdot \alpha$.
Einsetzen dieser Werte in Gl. 2.20 ergibt:

$$\frac{p(O_2)}{p} = \frac{n(O_2)}{n} = \frac{n_0 \cdot \alpha}{n_0 \cdot (2 + \alpha)} = \frac{\alpha}{2 + \alpha} = \frac{22\ \text{kPa}}{450\ \text{kPa}} = 0{,}049$$

$$\frac{\alpha}{2 + \alpha} = 0{,}049 \Rightarrow 0{,}951 \cdot \alpha = 0{,}098 \Rightarrow \alpha = 0{,}103 \mathrel{\widehat{=}} \mathbf{10{,}3\%}$$

2.5 Reale Gase

Die bisher behandelten Gesetzmäßigkeiten sind, wie mehrfach betont, nur für ideale Gase gültig. Die 2 wichtigsten Bedingungen im Modell des idealen Gases sind das fehlende **Eigenvolumen** und der Ausschluss jeglicher **Wechselwirkungskräfte** zwischen den Gasteilchen. Bei hohen Temperaturen und niedrigen Drücken zeigen viele Gase auch nahezu ideales Verhalten. Bei den meisten technischen Gasen, die in der Praxis eingesetzt werden, sind diese Bedingungen jedoch nicht gegeben. Besonders mit abnehmender Temperatur und steigendem Druck zeigen die Gase immer stärkere Abweichungen vom idealen Verhalten, d.h. sie gehen von dem idealen in den **realen Zustand** über. Verantwortlich hierfür sind in erster Linie die zwischenmolekularen Kräfte.
Mit sinkender Temperatur wird die Geschwindigkeit der Gasteilchen kleiner (vgl. Kap. 4) und bei höheren Drücken steigt die Konzentration infolge des kleiner werdenden Volumens. Beides führt zunächst zu einer Zunahme der Anziehungskräfte zwischen den Gasteilchen. Wie in Bild 1 dargestellt, entspricht das einem Kurvenverlauf von rechts nach links und die Kurve fällt schließlich auf ein Potentialminimum ab. Aus Bild 1 ist weiterhin erkennbar, dass es allerdings nicht möglich ist, 2 Gasteilchen unbegrenzt einander zu nähern. Beide besitzen eine negativ geladene Elektronenhülle und die Elektronen stoßen sich mit zunehmender Annäherung immer stärker ab.

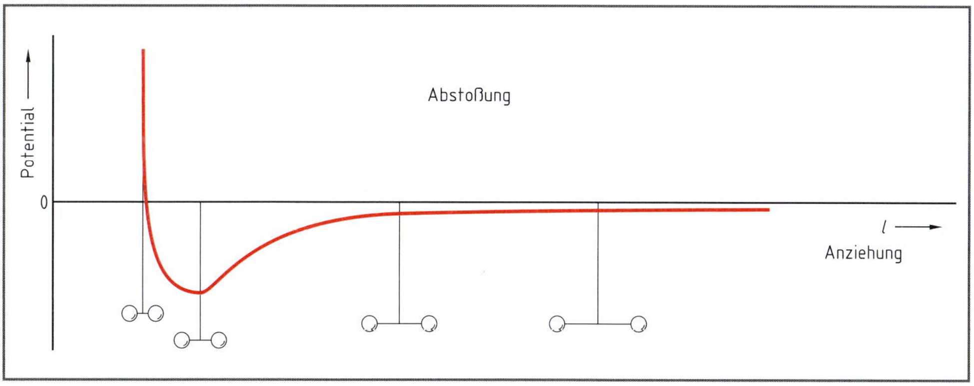

Bild 1: Abhängigkeit zwischenmolekularer Kräfte vom Abstand

Nähert man die Gasteilchen über ihren Gleichgewichtszustand hinaus an, überwiegen daher diese Abstoßungskräfte und die Kurve steigt sehr steil nach oben über das Potential 0 an. Abstoßungskräfte dieser Art werden besonders deutlich bei dem Versuch, Flüssigkeiten oder Festkörper zu komprimieren.

Gehen die Gase vom idealen Zustand in den realen Zustand über, so ist die universelle Gasgleichung (2.8) nicht mehr anwendbar. Sie muss so modifiziert werden, dass der Einfluss der zwischenmolekularen Kräfte und das Eigenvolumen der Gasteilchen berücksichtigt werden. Die Bedeutung des Eigenvolumens ergibt sich aus der Tatsache, dass Gase nicht so weit abgekühlt werden können, d.h. auf $T = 0$ K, dass das Volumen $V = 0$ wird. Auch durch Anwendung eines beliebig hohen Druckes sind Gase nicht so weit komprimierbar, dass das Volumen verschwindet.

Eine modifizierte Zustandsgleichung für reale Gase muss daher so korrigiert sein, dass auch für $T = 0$ K noch ein Volumen vorhanden ist, das dem kleinstmöglichen Raumbedarf aller Moleküle entspricht, dem sogenannten **Covolumen.**

Der Einfluss der zwischenmolekularen Kräfte wird bei der Darstellung der Isothermen in dem $p \cdot V$-p-Diagramm deutlich.

Bild 1 zeigt die Isothermen für CO_2 bei verschiedenen Temperaturen in einem solchen Diagramm. Nach dem Gesetz von *Boyle-Mariotte* (Gl. 2.1) ist das Produkt $p \cdot V$ für eine bestimmte Temperatur konstant, sodass eine Isotherme im $p \cdot V$-p-Diagramm eine Gerade parallel zur p-Achse sein müsste. Wie aus Bild 1 erkennbar, ist dies für die Isotherme bei 500 °C bis zu einem Druck von $2 \cdot 10^4$ kPa der Fall. Das Gas verhält sich bei dieser Temperatur bei kleinen Drücken wie ein ideales Gas. Man bezeichnet diese Temperatur als ***Boyle*-Temperatur** T_b.

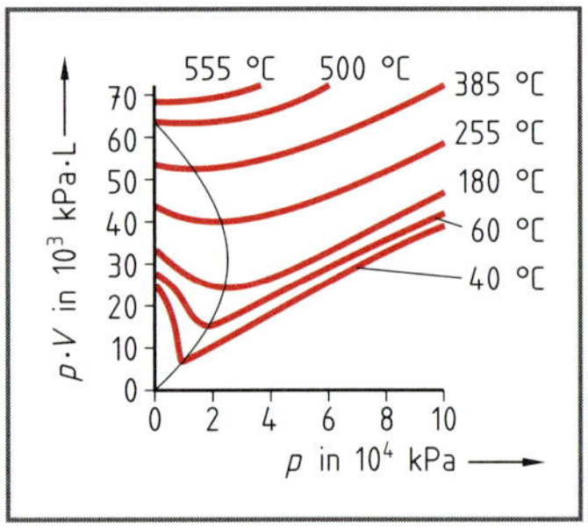

Bild 1: Isothermen von CO_2

Bei Drücken oberhalb $2 \cdot 10^4$ kPa steigt die Isotherme flach an. Unterhalb der *Boyle*-Temperatur besitzen alle Isotherme ein Minimum. Dies bedeutet, dass in realen Gasen 2 Kräfte wirksam sind, deren Wirkung sich im Minimum gegenseitig aufheben. Zunächst wird das Produkt $p \cdot V$ bei den Isothermen unterhalb von 500 °C mit steigendem Druck kleiner. Hier überwiegen somit bei gegenseitiger Annäherung der Gasteilchen die Anziehungskräfte. Nach Durchlaufen des Minimums wird das Produkt $p \cdot V$ mit steigendem Druck wieder größer. Bei zu starker Annäherung der Moleküle überwiegen die Abstoßungskräfte.

Den Einfluss der Abstoßungskräfte kann man näherungsweise wie den Einfluss eines endlichen Eigenvolumens der Teilchen auffassen, das nur noch sehr wenig kompressibel ist und durch das Covolumen berücksichtigt wird, das dem **4-fachen** Eigenvolumen der Moleküle entspricht.

Ist das Volumen eines Gases bis in die Größenordnung dieses Covolumens verkleinert worden, so ändert sich dieses Volumen bei weiterer Druckerhöhung nicht mehr und das Produkt $p \cdot V$ steigt mit zunehmendem Druck linear an.

Dies ist, wie aus Bild 1 ersichtlich, bei niedrigen Temperaturen und hohen Drücken der Fall. Man erkennt weiterhin, dass der Einfluss der Anziehungskräfte mit steigender Temperatur immer mehr abnimmt. Oberhalb von 200 °C verschieben sich die Minima der Isothermen zu kleinen Drücken hin bis zu $p \to 0$ bei 500 °C der *Boyle*-Temperatur. Hier heben sich die Anziehungs- und Abstoßungskräfte wie im Minimum auf.

Oberhalb der *Boyle*-Temperatur ist die Geschwindigkeit der Moleküle so groß, dass die Anziehungskräfte nur noch schwach wirken und der Einfluss der Abstoßungskräfte schon bei geringen Drücken wirksam wird. Hier treten die Isothermen mit positiver Neigung aus der Ordinate bei $p = 0$ aus. Der Verlauf einer Isotherme wird also durch das Wechselspiel von Anziehungs- und Abstoßungskräften bestimmt.

Links vom Minimum der Isotherme überwiegen die Anziehungs- und rechts die Abstoßungskräfte.

Beide Kräfte sind stets wirksam, nur das Verhältnis zwischen ihnen ändert sich mit steigendem Druck. Oberhalb der *Boyle*-Temperatur ist nur noch ein Ansteigen der Isothermen zu beobachten.

2.5.1 *Van der Waals*'sche Zustandsgleichung

Zur Beschreibung des Verhaltens eines realen Gases ist es nötig, die erörterten zwischenmolekularen Kräfte zu berücksichtigen. Diese zwischen elektrisch neutralen Molekülen auftretenden Wechselwirkungskräfte werden nach ihrem Entdecker auch als ***van der waals*sche Kräfte** bezeichnet.

Zur Ableitung der Zustandsgleichung für reale Gase, wie sie von *J. D. van der Waals* 1873 aufgestellt wurde, betrachtet man die Wechselwirkungskräfte und ihren Einfluss auf Druck und Volumen genauer.

Verschließt man ein Gas in einem Zylinder mit einem beweglichen Kolben, Bild 1, so übt das Gas durch die Zusammenstöße der Gasteilchen mit der Wand und dem Kolben einen Druck aus. Weiterhin wirken zwischen den Gasteilchen Anziehungskräfte.

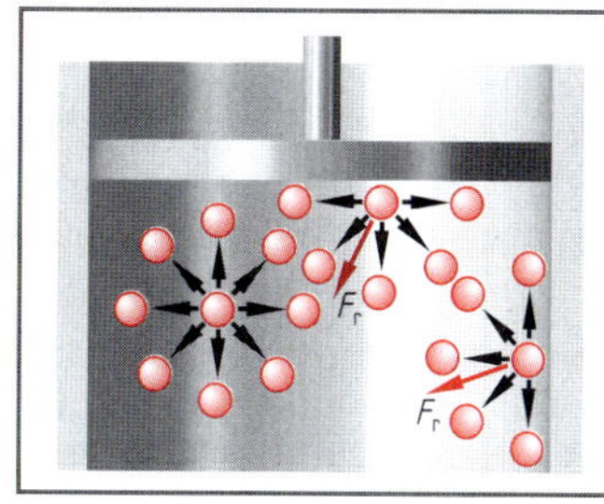

Bild 1: Zylinder mit Gasteilchen

Für ein Gasteilchen im Inneren des Zylinders können diese Kräfte nicht festgestellt werden, da sich die Anziehungskräfte gegenseitig aufheben und die Gasteilchen nicht mit der Wand oder dem Kolben in Kontakt treten. Diejenigen Teilchen, die sich unmittelbar an der Wand bzw. am Kolben befinden, erfahren dagegen eine resultierende Kraft F_r nach innen, da sich die Anziehungskräfte im zeitlichen Mittel nun nicht mehr aufheben. Diese Kraft hat die gleiche Richtung wie der äußere Druck und schwächt den Aufprall der Moleküle auf die Wände ab. Die Stoßzahl mit der Wand bzw. dem Kolben wird also geringer. Man kennzeichnet diese Kraft mit dem Begriff **Binnendruck** p_B.

Bezeichnet man den Gasdruck im idealen Zustand, d.h. den Druck, den die Gasteilchen ausüben würden, wenn keine zwischenmolekularen Kräfte zur Wirkung kämen, mit p_{id} sowie den tatsächlich gemessenen Druck mit p, so erhält man bei einem realen Gas die Beziehung:

$$p = p_{id} - p_B$$

Der gemessene Druck ist also um den Binnendruck kleiner als der ideale Druck. Der Binnendruck p_B ist bei konstanter Temperatur der Konzentration der zurückziehenden und der Konzentration der zurückgezogenen Teilchen, insgesamt also dem Quadrat der Teilchenkonzentration n^2/V^2 proportional.

Für die einzelnen Gase ergeben sich bei gleicher Teilchenkonzentration jedoch unterschiedliche Werte für p_B, sodass für ein bestimmtes Gas gilt:

$$p_B = \frac{a \cdot n^2}{V^2}$$

Die Konstante a ist eine für das jeweilige Gas spezifische Konstante mit der Einheit:

bar · L^2 · mol^{-2} bzw. Pa · L^2 · mol^{-2}

Für den gemessenen Druck p erhält man also: $p = p_{id} - a \cdot n^2/V^2$.

Als Korrekturfaktor für die Abstoßungskräfte, die auf das Covolumen der Gasteilchen zurückzuführen sind, wird wie bei dem Binnendruck eine für jedes Gas spezifische Konstante b eingeführt, die dieses Covolumen der Gasteilchen berücksichtigt.

Die Konstante b ist demnach ein Maß für das **Covolumen,** und beinhaltet den kleinstmöglichen Raumbedarf für 1 mol Gasteilchen. Ihre Einheit ist daher L · mol^{-1} bzw. m^3 · mol^{-1}.

Das ideale Volumen V_{id}, das den Gasteilchen für ihre freie Beweglichkeit zur Verfügung steht, ist um den Betrag des Covolumens kleiner als das Gesamtvolumen V des Gases.

Bei der Stoffmenge n des Gases beträgt das Covolumen: $n \cdot b$, sodass für das ideale Volumen V_{id} eines realen Gases gilt:

$$V_{id} = V - n \cdot b$$

Tabelle 2c: *Van der Waals*-Konstanten

Gas	a in bar · L^2 · mol^{-2}	b in L · mol^{-1}
H_2	0,249	0,0266
N_2	1,410	0,0385
O_2	1,380	0,0318
Cl_2	6,57	0,0561
NH_3	4,22	0,0373
CO	1,47	0,0395
CO_2	3,65	0,0427
C_2H_4	4,53	0,0570

Setzt man in die universelle Gasgleichung 2.8 die Korrekturfaktoren für den idealen Druck und das ideale Volumen ein, so erhält man:

$$p_{id} \cdot V_{id} = n \cdot R \cdot T \quad \Rightarrow \quad \left(p + \frac{a \cdot n^2}{V^2}\right) \cdot (V - n \cdot b) = n \cdot R \cdot T$$

2.29 $$\left(p + \frac{a \cdot n^2}{V^2}\right) \cdot (V - n \cdot b) = n \cdot R \cdot T$$

p	a	n	V	b	R	T
kPa	$kPa \cdot L^2 \cdot mol^{-2}$	mol	L	$L \cdot mol^{-1}$	$kPa \cdot L \cdot mol^{-1} \cdot K^{-1}$	K

Gleichung 2.29 wird als **thermische Zustandsgleichung** realer Gase oder als *van der waals*sche Gleichung bezeichnet.

Die Werte der Konstanten *a* und *b,* der sogenannten *van der Waals*-Konstanten, einiger Gase sind in Tabelle 2c wiedergegeben.

Neben der *van der waals*schen Gleichung gibt es noch eine Reihe weiterer Zustandsgleichungen für das Verhalten von realen Gasen, bei denen die Korrekturfaktoren für die Wechselwirkungskräfte komplizierter sind, sodass im Rahmen dieses Buches nicht näher darauf eingegangen werden kann.

M 2.26: In einem Kunststoffbetrieb sollen 8 kg Ethen (M = 28 g · mol^{-1}) bei 23 °C auf ein Volumen von 60 L komprimiert werden. Welcher Druck herrscht dann in dem Behälter

a) nach der universellen Gasgleichung für ideale Gase,

b) nach der *van der waals*schen Gleichung, wenn a = 4,53 bar · L^2 · mol^{-2} und b = 0,057 L · mol^{-1} betragen?

Lsg.: a) Mit Gleichung 2.9 erhält man: $p \cdot V = \frac{m}{M} \cdot R \cdot T \quad \Rightarrow \quad p = \frac{m \cdot R \cdot T}{M \cdot V}$

$$p = \frac{8 \cdot 10^3\ g \cdot 0{,}08315\ bar \cdot L \cdot mol^{-1} \cdot K^{-1} \cdot 296\ K}{28\ g \cdot mol^{-1} \cdot 60\ L} = \mathbf{117{,}2\ bar}$$

b) Gl. 2.29 ergibt: $\left(p + \frac{a \cdot n^2}{V^2}\right) \cdot (V - n \cdot b) = n \cdot R \cdot T \quad \Rightarrow \quad p = \frac{n \cdot R \cdot T}{(V - n \cdot b)} - \frac{a \cdot n^2}{V^2}$

Mit Gl. 1.16 erhält man für die Stoffmenge: $n = \frac{m}{M} = \frac{8 \cdot 10^3\ g}{28\ g \cdot mol^{-1}} = 285{,}71\ mol$

Einsetzen der Werte ergibt:

$$p = \frac{285{,}71\ mol \cdot 0{,}08315\ bar \cdot L \cdot mol^{-1} \cdot K^{-1} \cdot 296\ K}{60\ L - 285{,}71\ mol \cdot 0{,}057\ L \cdot mol^{-1}} - \frac{4{,}53\ bar \cdot L^2 \cdot mol^{-2} \cdot 286^2\ mol^2}{60^2\ L^2}$$

p = **58,14 bar**

Der mit der *van der waals*schen Gleichung berechnete Wert ist den tatsächlichen Verhältnissen weitgehend angenähert. Sein Wert entspricht etwa der Hälfte des Drucks, der mit der universellen Gasgleichung berechnet wurde. Dies zeigt deutlich, dass für die Kompression einer derart großen Gasmenge auf ein so kleines Volumen die universelle Gasgleichung für ideale Gase nicht mehr – auch nicht näherungsweise – anwendbar ist.

2.5.2 Anwendung der *van der Waals*-Gleichung

Betrachtet man die Isothermen des CO_2 im *p-V*-Diagramm für die isotherme Kompression bei verschiedenen Temperaturen, so erhält man die charakteristischen Kurven, wie sie in Bild 1, S. 45 nach der *van der waals*schen Gleichung aufgetragen sind.

Geht man vom Punkt A der Isotherme T_1 bei 283 K aus, so liegt an diesem Punkt nur gasförmiges CO_2 vor. Durch Kompression steigt der Druck zunächst an und das Volumen wird kleiner, bis der Punkt B_1 erreicht ist.

Vom Punkt B_1 an folgt die Isotherme (hier gestrichelt gezeichnet) nicht mehr dem nach der *van der waals*schen Zustandsgleichung berechneten Verlauf. Man sieht, dass trotz weiterer Volumenverkleinerung vom Punkt B_1 an der Druck entlang der Geraden B_1–C_1–D_1 konstant bleibt.

Am Punkt B_1 treten in dem Gas plötzlich Nebel auf, d.h. das Gas beginnt flüssig zu werden. Dabei wird das Volumen entlang der Geraden B_1–C_1–D_1 kleiner, obwohl der Druck konstant ist. Beim Punkt D_1 ist das gesamte Gas verflüssigt.

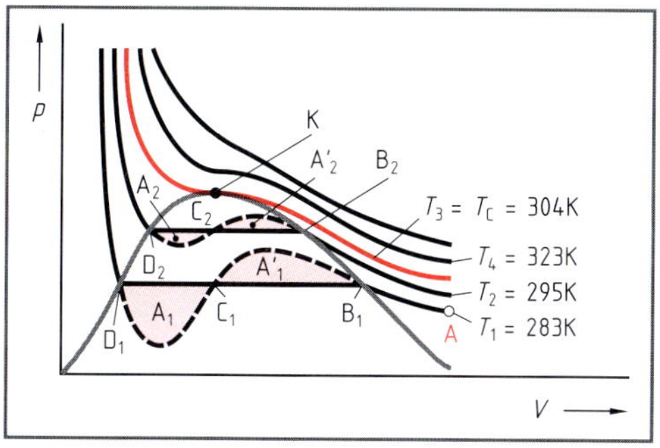

Bild 1: *p*, *V*-Isothermen von CO_2

Den während der Kondensation vorherrschenden konstanten Druck nennt man auch Sättigungsdampfdruck. Am Ende der Geraden B_1–C_1–D_1 erfolgt ein steiler Druckanstieg bei sehr geringfügiger Volumenabnahme, da das flüssige CO_2 wie alle Flüssigkeiten kaum komprimierbar ist.

Der für die Isotherme T_1 beschriebene Sachverhalt gilt entsprechend auch für andere Isothermen des CO_2 unterhalb der Temperatur von 304 K.

Bei höheren Temperaturen werden die Geradenstücke, die sogenannten ***maxwell*****schen Geraden,** die aus den **S**-förmigen Isothermen zwei flächengleiche Gebiete A_1 und A_1' bzw. A_2 und A_2' ausschneiden, allerdings immer kürzer. Bei der Temperatur $T_3 = T_c = 304$ K fallen die Punkte B, C und D und somit auch die Flächen A_3 und A_3' zu einem Punkt zusammen. Man bezeichnet diesen Punkt als den **kritischen Punkt** K.

Die zu dem Punkt K gehörenden Werte von Temperatur, Druck und Volumen bezeichnet man als **kritische Temperatur** T_c, **kritischen Druck** p_c **und kritisches Volumen** V_c.

Der kritische Punkt K von CO_2 liegt, wie aus Bild 1 erkennbar, auf der Isotherme 304 K. Der Abbildung kann man weiter entnehmen, dass bei Temperaturen $T > T_c$ das CO_2 selbst durch hohe Drücke nicht mehr verflüssigt werden kann. Dies gilt allgemein, sodass man sagen kann:

Die Verflüssigung eines Gases durch Kompression ist nur unterhalb der kritischen Temperatur möglich.

Die kritischen Daten eines Gases besitzen jedoch noch eine weitere Bedeutung:

Mit ihrer Hilfe lassen sich die stoffspezifischen Konstanten *a* und *b* der *van der waals*schen Gleichung ermitteln. Mit Hilfe der Infinitesimalrechnung lässt sich zeigen, dass folgende Zusammenhänge bestehen:

$$b = \frac{1}{3} \cdot V_{m,c} \quad (2.30)$$

$$T_c = \frac{8 \cdot a}{27 \cdot b \cdot R} \quad (2.31)$$

$$a = 3 \cdot p_c \cdot V_{m,c}^2 \quad (2.32)$$

$$\frac{p_c \cdot V_{m,c}}{T_c} = \frac{3}{8} \cdot R \quad (2.33)$$

$V_{m,c}$ in den Gleichungen 2.30, 2.32 und 2.33 steht für das **kritische molare Volumen**.

Die kritischen Daten einiger Gase sind in Tabelle 2d wiedergegeben.

Tabelle 2d: Kritische Daten einiger Gase

Gas	T_c in K	p_c in kPa
He	5,3	229
H_2	33,3	1297
N_2	126,2	3394
O_2	154,8	5076
NH_3	405,6	11399
CO	133,0	3496
Cl_2	417,0	7977
SO_2	430,7	7873

Der **S**-förmige Verlauf der Isothermen unterhalb von T_c ergibt sich aus der *van der waals*schen Gleichung. Für die Stoffmenge $n = 1$ mol erhält man aus Gl. 2.29 die Gleichung:

$$\left(p + \frac{a}{V_m^2}\right) \cdot (V_m - b) = R \cdot T$$

Durch Ausmultiplizieren der Klammern und Erweiterung aller Glieder mit dem Faktor V_m^2/p erhält man eine Gleichung 3. Grades der Form:

$$V_m^3 - \left(b + \frac{R \cdot T}{p}\right) \cdot V_m^2 + \frac{a}{p} \cdot V_m - \frac{a \cdot b}{p} = 0$$

Diese Gleichung 3. Grades in V_m besitzt unterhalb der kritischen Temperatur drei reelle und oberhalb von T_c eine reelle und zwei imaginäre Lösungen. Am kritischen Punkt K erhält man durch Einsetzen von p_c und T_c drei gleiche reelle Werte für das Volumen V_m.

2.5.3 Zustandsgebiete

Verbindet man die Knickpunkte D_1, D_2, den kritischen Punkt K und die Punkte B_1 und B_2 der Isothermen von Bild 1, S. 45 miteinander, so erhält man das in Bild 1 wiedergegebene *p*-*V*-Diagramm. Man kann die *p*-*V*-Ebene nun in vier Bereiche aufteilen: G, F, DF und D.

Im Gebiet G oberhalb der kritischen Isotherme liegt der Stoff nur gasförmig vor und kann, wie bereits erwähnt, durch Druck- oder Volumenänderung nicht verflüssigt werden.

Die gekennzeichnete Fläche F, wo die Isothermen ihren steilsten Anstieg haben, kennzeichnet das Gebiet, in dem nur der flüssige Zustand existiert.

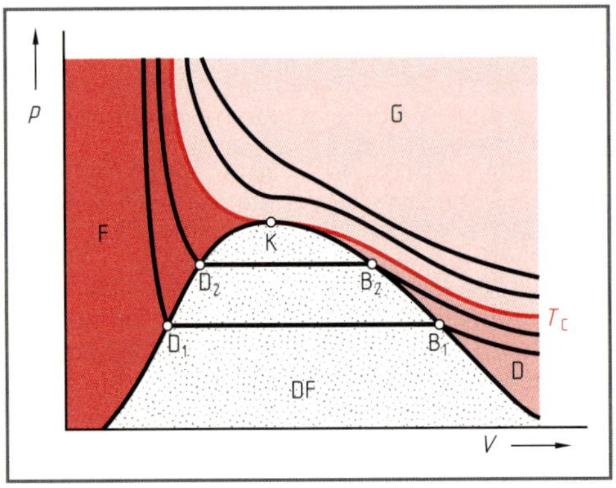

Bild 1: Zustandsgebiete

Im Bereich D unterhalb der kritischen Isotherme liegt der Stoff ebenfalls gasförmig vor, kann aber im Gegensatz zum Gebiet G durch Druckerhöhung verflüssigt werden. Man bezeichnet diesen Zustand daher auch als **Dampfzustand.**

Mit **Gas** kennzeichnet man meist den Zustand bei Temperaturen **oberhalb** der kritischen Temperatur und mit **Dampf** den Zustand **unterhalb** der kritischen Temperatur.

Im Gebiet DF liegen Dampf und Flüssigkeit nebeneinander vor und stehen miteinander im Gleichgewicht (man spricht von Nebel oder Nassdampf). In diesem sogenannten **Zweiphasengebiet** versagt die *van der waals*sche Gleichung.

2.5.4 Gasverflüssigung durch den *Joule-Thomson*-Effekt

Wie aus der Tabelle 2d der kritischen Daten zu ersehen ist, lassen sich viele Gase bei Raumtemperatur (ca. 295 K) durch Kompression nicht verflüssigen, da ihre kritische Temperatur viel tiefer liegt. Solche Gase können allerdings bei konstantem Druck verflüssigt werden, wenn man sie auf ihre **Kondensationstemperatur** abkühlt. Diese mitunter recht niedrigen Kondensationstemperaturen (N_2: –196 °C, Luft: –192 °C) können mit Hilfe des ***Joule-Thomson*-Effekts** erreicht werden. *Joule* und *Thomson* haben festgestellt:

> Reale Gase kühlen sich bei der selbstständigen adiabatischen Ausdehnung in einen evakuierten Raum hinein ab.

Wenn sich ein komprimiertes Gas ausdehnt (und sich dabei sein Druck verringert), erfährt es eine Abkühlung. Bei der Expansion muss Arbeit gegen die zwischenmolekularen Anziehungskräfte geleistet werden. Die hierzu nötige Energie wird der kinetischen Energie der Moleküle entnommen, weshalb die Gastemperatur sinkt.

Technisch wird dieser Effekt bei der **Luftverflüssigung** nach dem *Linde*-Verfahren ausgenutzt.

Das Schema der Luftverflüssigung nach *Linde* zeigt Bild 1, S.47. Die angesaugte Luft wird zunächst im Kompressor auf ca. 200 bar verdichtet, wobei sie sich erwärmt. Nach dem Abkühlen mit Kühlwasser im Kühler W_1 lässt man die Luft am Entspannungsventil auf etwa 20 bar entspannen, wobei sie sich weiter abkühlt. Da sich Luft bei Expansion und gleichzeitiger Druckminderung von 1 bar um etwa ¼ K abkühlt, sinkt die Temperatur hierbei um 180 bar · ¼ K/bar = 45 K.

Diese abgekühlte Luft wird nun im Gegenstromprinzip zurückgeleitet und dient zum Vorkühlen weiterer komprimierter Luft, bereits vor ihrer Entspannung, im Wärmeaustauscher W_2. Durch die Entspannung erniedrigt sich die Temperatur abermals. Ist schließlich die Kondensationstemperatur von −192 °C erreicht, entsteht flüssige Luft. Die verflüssigten Gase werden in isolierten Flüssiggastanks aufbewahrt und für den Gebrauch im Technikum oder Labor in Thermoskannen abgefüllt.

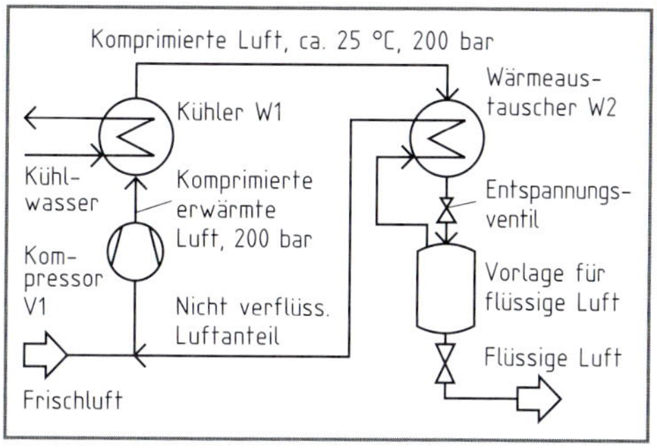

Bild 1: Luftverflüssigung nach Linde

Da verflüssigte Gase einen sehr hohen Dampfdruck besitzen, dürfen diese Gefäße niemals fest verschlossen werden. Es könnte sich sonst durch ständige Wärmeaufnahme aus der Umgebung der Dampfdruck soweit erhöhen, dass die Gefäße explodieren.

Flüssige Luft oder flüssiger Stickstoff werden u.a. häufig zum Einfrieren anderer Gase oder Dämpfe in sogenannten **Kälte- oder Kühlfallen** eingesetzt. Man erhält hierdurch eine von den eingefrorenen Stoffen gereinigte Atmosphäre und somit einen niedrigeren Druck in der Apparatur.

Außerdem wird z.B. bei der Vakuumerzeugung die Standzeit der z.T. verwendeten Sperrflüssigkeiten erhöht, die sonst durch die beim Komprimieren kondensierenden Dämpfe rascher verunreinigt würden.

Übungen zu Kapitel 2

2.1 50 L O_2 werden isobar von 20 °C auf 35 °C erwärmt. Welches Volumen hat das Gas nun?

2.2 O_2, bei 20 °C und 100,5 kPa, wird isochor auf 35 °C erwärmt. Gesucht ist der neue Druck.

2.3 $V_1 = 1$ L Luft unter $p_1 = 99$ kPa wird isotherm auf $V_2 = 0{,}7$ L komprimiert. Welchen Druck p_2 hat die Luft?

2.4 3,6 L O_2 stehen bei 20 °C unter 97 kPa Druck.

a) Wie groß ist p, wenn das Gas auf 3,3 L bei 23 °C komprimiert wird?

b) Wie groß ist V bei 30 °C und 94 kPa?

c) Wie groß ist ϑ in °C, bei einem Druck von 102 kPa und einem Volumen von 3,5 L?

2.5 Welches Volumen haben 6,3 m³ CO_2 bei 130 kPa und 22 °C unter Normbedingungen, also bei 101,325 kPa und 273,15 K?

2.6 Welches Volumen haben 5 t Cl_2 ($M = 70{,}9\ g \cdot mol^{-1}$) unter Normbedingungen?

2.7 Welche Masse haben 2 L N_2 ($M = 28\ g \cdot mol^{-1}$) bei 98 kPa und 20 °C?

2.8 Wie viel L NH_3 ($M = 17\ g \cdot mol^{-1}$) bei N.B. sind in 500 mL wässriger NH_3-Lösung, $w(NH_3) = 0{,}12$ der Dichte 0,950 g/mL enthalten?

2.9 Welche Dichte besitzt SO_2-Gas ($M = 64\ g \cdot mol^{-1}$) bei 80 kPa und 97 °C?

2.10 Wie groß ist die Dichte von Luft bei 20 °C und 99,65 kPa, wenn die Dichte bei Normbedingungen 1,293 $g \cdot L^{-1}$ beträgt?

2.11 Ein Gas hat eine Dichte von 0,646 $g \cdot L^{-1}$ bei 66 °C und 90 kPa. Welche molare Masse besitzt das Gas?

2.12 Wie groß ist die scheinbare molare Masse von Luft, wenn ihre Dichte unter Normbedingungen 1,293 $g \cdot L^{-1}$ und die von Stickstoff unter Normbedingungen 1,2505 $g \cdot L^{-1}$ beträgt?

2.13 630 mL eines Gases werden über Wasser bei 70 °C und dem Barometerdruck von 99,2 kPa aufgefangen. Nach dem Trocknen wird das Gas in einen Behälter von 780 mL eingeleitet, in dem es eine Temperatur von 30 °C besitzt. Welcher Druck stellt sich in dem Behälter ein, wenn der Dampfdruck von Wasser bei 70 °C 31,15 kPa beträgt?

2.14 In einen evakuierten Kessel von 10 L Inhalt werden 1,5 L N_2 von 22 °C und dem Ausgangsdruck 201 kPa und 5 L O_2 von 20 °C und dem Ausgangsdruck 151 kPa gedrückt. Welcher Gasdruck stellt sich im Kessel ein, wenn das Gasgemisch auf 35 °C erwärmt wird?

2.15 In ein bei 23 °C unter 101,3 kPa mit Luft gefülltes Einschmelzrohr von 180 mL Inhalt wird Aceton ($M = 58\ g \cdot mol^{-1}$) eingefüllt. Nach Verschließen des Rohres wird es auf 370 °C erhitzt. Wie viel g Aceton dürfen eingefüllt werden, wenn der Druck maximal 5100 kPa betragen darf und das Flüssigkeitsvolumen vernachlässigt wird?

2.16 Zur Rückgewinnung von Methanol wird ein mit Methanol gesättigter Luftstrom bei 20 °C und 101,30 kPa komprimiert und anschließend wieder auf 20 °C abgekühlt. Auf welchen Druck muss komprimiert werden, um 80% der Stoffmenge des Methanols zurückzugewinnen? Der Dampfdruck von Methanol bei 20 °C beträgt 12,67 kPa.

2.17 In einem Behälter wurde 1 mol N_2O_4 auf 77 °C erhitzt, wobei es teilweise dissoziierte: $N_2O_4\ (g) \rightarrow\ 2\ NO_2\ (g)$. Das entstandene Gasgemisch nahm ein Volumen von 46,76 L bei 101,3 kPa ein. [$M\ (N_2O_4) = 92\ g \cdot mol^{-1}$, $M\ (NO_2) = 46\ g \cdot mol^{-1}$]. Berechnen Sie:

a) Die im Behälter vorhandene Gesamtstoffmenge.

b) Den Dissoziationsgrad α.

c) Die mittlere molare Masse des Gasgemisches.

d) Die Stoffmengenkonzentrationen der beiden Oxide in $mol \cdot L^{-1}$.

e) Die Stoffmengenanteile der beiden Oxide.

f) Die Partialdrücke der beiden Oxide.

2.18 Für CO_2 betragen die *van der waals*schen Konstanten $a = 365\ kPa \cdot L^2 \cdot mol^{-2}$ und $b = 0{,}0427\ L \cdot mol^{-1}$. Berechnen Sie den kritischen Druck, das kritische molare Volumen und die kritische Temperatur von CO_2.

2.19 In einer Stahlflasche von 25 L befinden sich 8 kg O_2. Bis zu welcher Temperatur kann die Stahlflasche erwärmt werden, wenn der Druck 35 500 kPa nicht überschreiten darf. Für O_2 ist $a = 138\ kPa \cdot L^2 \cdot mol^{-2}$ und $b = 0{,}0318\ L \cdot mol^{-1}$ [$M\ (O_2) = 32\ g \cdot mol^{-1}$].

2.20 In einem Autoklaven von 25 L Inhalt werden bei 100 °C 300 g Ethanol [$M\ (C_2H_5OH) = 46\ g \cdot mol^{-1}$] vergast. Welchen Druck nimmt das Gas ein unter

a) idealen,

b) realen Bedingungen?

Die kritischen Daten von Ethanol sind: $T_c = 516\ K$ und $p_c = 6\ 391\ kPa$.

3 Das chemische Gleichgewicht

Bei einer Reihe von wichtigen physikalisch-chemischen Prozessen wie z.B. dem Verdampfen in einem abgeschlossenen Gefäß oder dem Lösen stellt sich nach einer bestimmten Zeit ein Zustand ein, den man als dynamisches Gleichgewicht bezeichnet.

Ein dynamisches Gleichgewicht ist ein Zustand, bei dem ein Prozess und seine Umkehrung mit der gleichen Geschwindigkeit ablaufen.

Ein System das sich im dynamischen Gleichgewicht befindet, erscheint nach außen hin zwar unveränderlich; gleichwohl finden aber Vorgänge statt.

Viele chemische Reaktionen führen in einem abgeschlossenen System ebenfalls zu einem dynamischen Gleichgewicht, das man in diesem Fall als **chemisches Gleichgewicht** bezeichnet.

Dies gilt insbesondere für **homogene** Reaktionen, bei denen die Ausgangs- und Endstoffe in der gleichen Phase vorliegen, im Gegensatz zu den heterogenen Reaktionen, die zudem häufig vollständig im Sinne der Reaktionsgleichung von links nach rechts ablaufen. Homogene Reaktionen verlaufen also meist umkehrbar im Sinne eines dynamischen Gleichgewichtes, heterogene dagegen meist unumkehrbar und damit vollständiger nach der Reaktionsgleichung.

Für Technik und Industrie sind vor allem die homogenen Reaktionen von praktischer Bedeutung, die zu einem chemischen Gleichgewicht führen. Hierbei werden die Ausgangssubstanzen nicht ganz aufgebraucht und die Endprodukte oft nicht in der gewünschten Menge erhalten. In diesen Fällen nutzt man die Tatsache aus, dass die Lage des chemischen Gleichgewichtes und damit verbunden die Zusammensetzung der Mischung im Gleichgewicht verändert werden kann. **Einflussfaktoren** auf die Lage eines chemischen Gleichgewichtes, die man variieren kann, sind die **Konzentrationen** der Reaktanten, und bei verschiedenen Gasreaktionen der **Druck** und die **Temperatur.** Die Verschiebung der Gleichgewichtslage durch Änderung dieser Einflussfaktoren wird in Abschnitt 3.5 ausführlich behandelt.

Zunächst ist von Interesse, wie bei gegebenen äußeren Bedingungen für eine Reaktion, die zu einem chemischen Gleichgewicht führt, die Zusammensetzung der im Gleichgewicht vorliegenden Mischung ermittelt werden kann. Dies geschieht mit Hilfe des **Massenwirkungsgesetzes,** abgekürzt MWG.

3.1 Das Massenwirkungsgesetz

Lässt man bei Zimmertemperatur (20 °C) Ethanol mit Ethansäure reagieren, erhält man Ethansäureethylester und Wasser.

$$C_2H_5OH + CH_3COOH \rightleftarrows CH_3COOC_2H_5 + H_2O$$

Das Besondere an dieser Reaktion ist, dass sich ab einem bestimmten Zeitpunkt die Konzentrationen von Ester und Wasser nicht mehr ändern, obwohl im Reaktionsgemisch noch Ethanol und Ethansäure vorliegen. Setzt man 1 mol Ethanol und 1 mol Ethansäure ein, so ändern sich die Stoffmengen von Ester und Wasser **nicht mehr,** wenn von beiden Produkten jeweils $^2/_3$ mol gebildet wurden. Selbst nach tagelangem Stehen weist das Reaktionsgemisch dieselbe Zusammensetzung auf: $^1/_3$ mol Alkohol, $^1/_3$ mol Säure sowie je $^2/_3$ mol von Ester und Wasser. Die Reaktion ist somit äußerlich gesehen zum Stillstand gekommen. Ob es sich bei der Reaktion um eine Gleichgewichtsreaktion handelt und das Reaktionsgemisch ein Gleichgewichtsgemisch ist, lässt sich durch Zusatz von einem der im Reaktionsgemisch vorhandenen Stoffe überprüfen. Bei Zugabe einer solchen Komponente muss in diesem Fall die Reaktion sofort wieder in Gang kommen und so lange ablaufen, bis sich ein neues Gleichgewicht eingestellt hat. Dies trifft für die hier als Beispiel gewählte Umsetzung zu. Bei Zugabe von Ethanol oder Säure kommt die Reaktion wieder in Gang, bis sich nach einer gewissen Reaktionsdauer wieder ein neues Gleichgewichtsgemisch gebildet hat. Gleichgewichtsreaktionen müssen umkehrbar sein. Das bedeutet, dass sich das Gleichgewicht von beiden Seiten einstellen muss. Lässt man also 1 mol Ethansäureethylester mit 1 mol Wasser reagieren, so muss nach einer gewissen Zeit die Reaktion äußerlich gesehen wieder zum Stillstand kommen, wenn sich $^1/_3$ mol Ethanol und $^1/_3$ mol Ethansäure gebildet haben. Auch dies trifft für die Umsetzung zu. Die Veresterung ist somit eine Gleichgewichtsreaktion.

Die Konzentrationen der Ausgangsstoffe und der gebildeten Produkte stehen im Gleichgewicht offensichtlich in einer ganz bestimmten Beziehung zueinander. Diese Vermutung lässt sich beweisen, wenn man eine Reihe von Versuchen durchführt, bei denen die Ausgangsmenge an Ethanol und Säure variiert wird und, nach Einstellung des Gleichgewichtes, die Konzentrationen der 4 Komponenten im Gleichgewichtsgemisch bestimmt. Tabelle 3a gibt eine Übersicht über die im Gleichgewichtsgemisch vorhandenen Konzentrationen bei der beschriebenen Veresterung.

Tabelle 3a: Veresterung von Ethansäure bei 20 °C – Konzentrationen im Gleichgewicht

c (Alkohol) in $mol \cdot L^{-1}$	c (Säure) in $mol \cdot L^{-1}$	c (Ester) in $mol \cdot L^{-1}$	$c(H_2O)$ in $mol \cdot L^{-1}$	K_c
0,33	0,33	0,667	0,667	4,1
0,32	7,07	2,93	2,93	3,8
4,055	0,055	0,945	0,945	4,0
8,04	0,03	0,97	0,97	3,9
1,43	0,43	1,57	1,57	4,0

In den ersten vier Spalten stehen jeweils die im Gleichgewicht vorhandenen Konzentrationen der vier an der Reaktion beteiligten Komponenten. Den Zusammenhang zwischen diesen Werten erkennt man, wenn man für jedes Gleichgewichtsgemisch den Zahlenwert für das Verhältnis

$$K_c = \frac{c(\text{Ester}) \cdot c(H_2O)}{c(\text{Alkohol}) \cdot c(\text{Säure})}$$

berechnet. Das Ergebnis dieser Berechnung steht in Spalte 5. Innerhalb eines annehmbaren Messfehlers ergeben alle Gleichgewichte den gleichen Wert von K_c. Man kann daher annehmen, dass K_c eine für die Zusammensetzung der Gleichgewichtsmischung dieser Reaktion charakteristische Zahl ist. Der **Index** c gibt an, dass die verwendete Einheit die Stoffmengenkonzentration in $mol \cdot L^{-1}$ ist. Die Konstante K_c wird als **Gleichgewichtskonstante** bezeichnet.

Guldberg und *Waage* untersuchten 1867 viele Reaktionen in der Art, wie hier beschrieben und stellten fest, dass sich in jedem Fall die Gleichgewichtszusammensetzung für eine spezielle Reaktion durch eine Gleichgewichtskonstante beschreiben lässt. Ihre Ergebnisse fassten sie in dem sogenannten **Massenwirkungsgesetz** (kurz MWG) zusammen. Für eine Reaktion der allgemeinen Form:

$$aA + bB \rightleftarrows cC + dD$$

gilt für die Konzentrationen im Gleichgewicht die Beziehung:

3.1

$$K_c = \frac{c^c(C) \cdot c^d(D)}{c^a(A) \cdot c^b(B)}$$

K_c	c
$(mol \cdot L^{-1})^{c+d-a-b}$	$mol \cdot L^{-1}$

Per Konvention wurde festgelegt, dass die Konzentrationen der Stoffe auf der rechten Seite (**Produkte**) im Zähler und die der linken Seite (Ausgangsstoffe oder **Edukte**) im Nenner stehen. Die **stöchiometrischen Faktoren** der Reaktionsgleichung erscheinen als **Exponenten** bei der jeweiligen Konzentration. Zur Aufstellung des Massenwirkungsgesetzes muss also die **Reaktionsgleichung bekannt** sein. Auch ist zu beachten, dass der Wert der Gleichgewichtskonstanten K_c von der Temperatur und vom Medium (z.B. Art des Lösemittels) abhängig ist (vgl. Kap. 3.5 und 5.9.3). Bei Reaktionen, bei denen sich die **Anzahl der Moleküle verändert,** hängt der Zahlenwert der Konstanten zudem von den Einheiten ab, in denen die Konzentrationen angegeben sind.

M 3.1: Geben Sie für folgende Reaktionen das Massenwirkungsgesetz und die Einheit der Gleichgewichtskonstanten K_c an.

a) $2\,SO_2(g) + O_2(g) \rightleftarrows 2\,SO_3(g)$
b) $H_2(g) + Cl_2(g) \rightleftarrows 2\,HCl(g)$
c) $3\,H_2(g) + N_2(g) \rightleftarrows 2\,NH_3(g)$
d) $CO_2(g) + H_2(g) \rightleftarrows CO(g) + H_2O(g)$

Lsg.: Für das MWG und die Gleichgewichtskonstante K_c gilt Gl. 3.1

a) $K_c = \frac{c^2(SO_3)}{c^2(SO_2) \cdot c(O_2)}$ **K_c in $L \cdot mol^{-1}$**

b) $K_c = \frac{c^2(HCl)}{c(H_2) \cdot c(Cl_2)}$ **K_c ohne Einheit**

c) $K_c = \frac{c^2(NH_3)}{c^3(H_2) \cdot c(N_2)}$ **K_c in $L^2 \cdot mol^{-2}$**

d) $K_c = \frac{c(CO) \cdot c(H_2O)}{c(CO_2) \cdot c(H_2)}$ **K_c ohne Einheit**

M 3.2: Für das Gleichgewicht: $2\,SO_2\,(g) + O_2\,(g) \rightleftarrows 2\,SO_3\,(g)$ ist der Wert von K_c bei 1 100 °C 36,91 $L \cdot mol^{-1}$. Wie groß ist der Wert von K_c für das Gleichgewicht:

a) $2\,SO_3\,(g) \rightleftarrows 2\,SO_2\,(g) + O_2\,(g)$

b) $SO_2\,(g) + {}^1/_2\,O_2\,(g) \rightleftarrows SO_3\,(g)$?

Lsg.: Gl. 3.1 ergibt für die vorgegebenen Reaktionen

$$K_{c1} = \frac{c^2(SO_3)}{c^2(SO_2) \cdot c(O_2)} = 36{,}91\ L \cdot mol^{-1}$$

a) $K_{c2} = \frac{c^2(SO_2) \cdot c(O_2)}{c^2(SO_3)} \Rightarrow K_{c2} = \frac{1}{K_{c1}} = \frac{1}{36{,}91\ L \cdot mol{-}1} = \mathbf{2{,}71 \cdot 10^{-2}\ mol \cdot L^{-1}}$

b) $K_{c3} = \frac{c(SO_3)}{c(SO_2) \cdot c^{1/2}(O_2)} \Rightarrow K_{c3} = \sqrt{K_{c1}} = \mathbf{6{,}076\ L^{1/2} \cdot mol^{-1/2}}$

Der Begriff der Gleichgewichtskonstanten ist zwar aus Experimenten entwickelt worden, sie lässt sich aber auch aus der Thermodynamik (vgl. Kap. 5.9.2) und der Reaktionskinetik ableiten. Bei der folgenden kinetischen Ableitung wird von Reaktionen ausgegangen, die **nicht** über mehrere Zwischenstufen, d.h. einstufig, verlaufen.

Damit eine Reaktion zwischen 2 Molekülen zu den gewünschten Produkten stattfinden kann, ist es nötig, dass sie zusammenstoßen. Betrachtet man eine Reaktion des allgemeinen Typs: $A + B \rightleftarrows C + D$, wie z.B. die Veresterung, so müssen die Moleküle der Stoffe A und B zusammenstoßen, um C und D zu bilden. Die Änderung der Konzentrationen der 4 Komponenten lässt sich in einem Konzentrations-Zeit-Diagramm, wie in Bild 1 dargestellt, wiedergeben.

Die beiden Ausgangsstoffe A und B sollen in äquimolaren Mengen vorliegen. Zu Beginn der Reaktion werden die Moleküle von A und B unter Bildung von C und D reagieren. In dem Maße, wie diese Hinreaktion stattfindet, werden sich die Konzentrationen von A und B verringern. Die Reaktionsgeschwindigkeit der Hinreaktion r_H wird dementsprechend kleiner. Zu Beginn des Versuchs kann die Umkehr- oder Rückreaktion nicht eintreten, da keine Produkte C und D vorhanden sind. Mit fortschreitender Reaktionsdauer werden jedoch immer mehr Produkte gebildet und die Rückreaktion von C und D zu den Ausgangsstoffen A und B setzt ein. Die Reaktionsgeschwindigkeit der Rückreaktion r_R ist zunächst klein, da nur wenige Produktmoleküle vorhanden sind, und steigt allmählich an. Nach einiger Zeit hat die Geschwindigkeit der Hinreaktion soweit abgenommen und die der Rückreaktion soweit zugenommen, dass beide gleichschnell verlaufen.

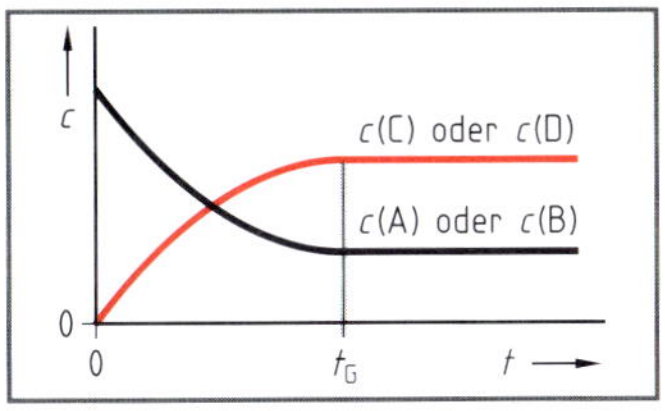

Bild 1: Konzentrations-Zeit-Diagramm für die Reaktion $A + B \rightleftarrows C + D$

Zu diesem Zeitpunkt t_G hat sich das chemische Gleichgewicht eingestellt, indem 2 entgegengesetzte Vorgänge mit gleicher Geschwindigkeit ablaufen. Die Konzentrationen aller beteiligten Substanzen bleiben im Gleichgewicht konstant. Die Konzentration der Produkte bleibt konstant, da sie durch die Hinreaktion genauso schnell gebildet werden, wie sie durch die Rückreaktion verbraucht werden. Für die Ausgangsstoffe gilt Entsprechendes. Es liegt also ein dynamisches Gleichgewicht vor. Nach wie vor werden C und D ständig gebildet und verbraucht. Das System scheint nur von außen her statisch zu sein.

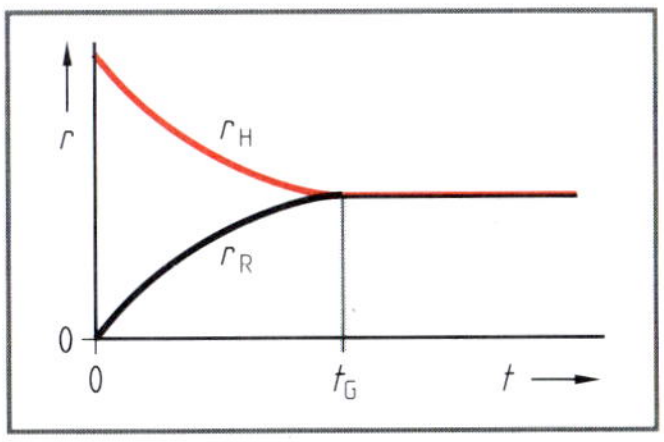

Bild 2: Geschwindigkeits-Zeit-Diagramm

Dem Konzentrations-Zeit-Diagramm entsprechend lässt sich die Veränderung der Reaktionsgeschwindigkeit mit der Zeit in einem Geschwindigkeits-Zeit-Diagramm darstellen. Bild 2 zeigt das Geschwindigkeits-Zeit-Diagramm für die eben besprochene Umsetzung.

Die Reaktionsgeschwindigkeit r ist, wie aus der Kinetik bekannt, proportional der Konzentration der Ausgangsstoffe. Für die Hinreaktion gilt:

$$r_H = k_H \cdot c(A) \cdot c(B)$$

k_H ist hierbei die Geschwindigkeitskonstante der Hinreaktion. Für die Umkehr- bzw. Rückreaktion gilt entsprechend:

$$r_R = k_R \cdot c(C) \cdot c(D).$$

Zum Zeitpunkt t_G sind beide Geschwindigkeiten gleich groß und man erhält:

$$r_H = r_R \Rightarrow k_H \cdot c(A) \cdot c(B) = k_R \cdot c(C) \cdot c(D)$$

Umgestellt ergibt sich hieraus: $\frac{k_H}{k_R} = \frac{c(C) \cdot c(D)}{c(A) \cdot c(B)}$

Die rechte Seite dieser Gleichung entspricht dem Wert der Gleichgewichtskonstanten, sodass gilt:

$$K = \frac{k_H}{k_R}$$

Die Gleichgewichtskonstante K ist also das Verhältnis der Geschwindigkeitskonstanten für die Hin- und Rückreaktion.

Da die Geschwindigkeitskonstanten temperaturabhängig sind (vgl. Kap. 6.4), ist auch die Gleichgewichtskonstante K temperaturabhängig. Bei dieser Ableitung des MWG und der Gleichgewichtskonstanten K wurde für die Hin- und Rückreaktion, wie schon erwähnt, jeweils eine einstufige Reaktion angenommen. Das MWG gilt aber allgemein auch für beliebige mehrstufige Reaktionen, sofern die einzelnen Reaktionsschritte umkehrbar sind. In solchen Fällen muss man für jeden **einzelnen Reaktionsschritt** das MWG formulieren und die jeweilige Gleichgewichtskonstante bilden. Durch Addition der einzelnen Reaktionsschritte erhält man dann die Bruttoreaktionsgleichung und die Gleichgewichtskonstante dieser Bruttoreaktion ergibt sich durch **Multiplikation** der Gleichgewichtskonstanten der einzelnen Reaktionsschritte. Da mehrstufige Reaktionen teilweise sehr komplex sind, kann im Rahmen dieses Buches auf eine Behandlung solcher Gleichgewichte nicht eingegangen werden.

Leitet man das MWG aus thermodynamischen Betrachtungen ab, so zeigt sich, dass alle ablaufenden Vorgänge bis zur Einstellung des Gleichgewichts auf die Aktivitäten (vgl. Gl. 1.34) bezogen werden müssen. Da dann in das MWG keine **Absolutgrößen,** wie die Stoffmengenkonzentration, sondern die einheitenlose Aktivität eingeht, hat die **thermodynamische Gleichgewichtskonstante** K keine Einheit.

Der Zusammenhang zwischen dieser Gleichgewichtskonstante und der aus der Kinetik abgeleiteten konzentrations- bzw. druckbezogenen Gleichgewichtskonstante K_c bzw. K_p wird in Kap. 5.9.2. beschrieben. In den folgenden Abschnitten dieses Kapitels wird mit den einheitenbezogenen Konstanten K_c und K_p gerechnet.

Ist die Gleichgewichtskonstante einer Reaktion bekannt, so ist es möglich, ausgehend von einer beliebigen Mischung der Edukte, die Zusammensetzung der Mischung im Gleichgewicht zu bestimmen. Umgekehrt kann man bei Kenntnis der Zusammensetzung des Gleichgewichtsgemisches die Gleichgewichtskonstante K bestimmen. Im folgenden Abschnitt werden solche Berechnungen nun näher behandelt, mit Ausnahme der Gasgleichgewichte, die in Kap. 3.3 beschrieben werden.

3.2 Berechnung von Gleichgewichten

Bei der Anwendung des MWG(s) zur Berechnung der Gleichgewichtskonstanten oder der Konzentration einer Komponente im Gleichgewichtsgemisch muss unbedingt beachtet werden, dass im MWG, wie es in Gleichung 3.1 formuliert wurde, nur die **Gleichgewichtskonzentrationen** der Komponenten eingesetzt werden dürfen – **niemals** also **die Ausgangskonzentrationen.**

M 3.3: Bei der Reaktion von 1 mol Alkohol (A) mit 1 mol Säure (S) erhält man nach Einstellung des Gleichgewichts 0,667 mol Ester (E). Die Reaktionsgleichung lautet:

$$A + S \rightleftarrows E + H_2O$$

Wie groß ist K_c für diese Reaktion?

Lsg.: Bekannt sind die Ausgangsmengen von Alkohol und Säure; jeweils 1 mol, sowie die im Gleichgewicht vorhandene Menge an Ester und Wasser; jeweils 0,667 mol. Die Menge an H_2O muss gleich der Menge an Ester sein, da nach der Reaktionsgleichung beide in äquimolaren Mengen gebildet werden; d.h. pro mol Ester entsteht auch 1 mol H_2O.

Für das MWG benötigt man die Mengen an Alkohol und Säure, die im Gleichgewicht vorliegen. Diese lassen sich mit Hilfe der Reaktionsgleichung ermitteln. Zur Bildung von 1 mol Ester bzw. H_2O benötigt man 1 mol Alkohol bzw. Säure. Zur Bildung von 0,667 mol Ester bzw. H_2O also 0,667 mol Alkohol bzw. Säure. Im Gleichgewicht liegen daher an Alkohol und Säure jeweils noch vor: 1 mol – 0,667 mol = 0,333 mol.

Überlegungen dieser Art fasst man zweckmäßiger Weise wie folgt zusammen:

	A	S	E	H_2O
Ausgangskonzentration in $mol \cdot L^{-1}$	1	1	0	0
Gleichgewichtskonzentration in $mol \cdot L^{-1}$	1 – 0,667	1 – 0,667	0,667	0,667

Einsetzen der Werte für die Gleichgewichtskonzentrationen in Gl. 3.1 ergibt:

$$K_c = \frac{c\,(E) \cdot c\,(H_2O)}{c\,(A) \cdot c\,(S)} = \frac{0{,}667\ mol \cdot L^{-1} \cdot 0{,}667\ mol \cdot L^{-1}}{0{,}333\ mol \cdot L^{-1} \cdot 0{,}333\ mol \cdot L^{-1}} = \mathbf{4{,}012}$$

M 3.4: Bei der Reaktion: $3\ H_2 + N_2 \rightleftarrows 2\ NH_3$ liegen bei einer bestimmten Temperatur folgende Stoffmengenkonzentrationen im Gleichgewicht vor:
$c\,(H_2) = 0{,}5\ mol \cdot L^{-1}$, $c\,(N_2) = 1\ mol \cdot L^{-1}$ und $c\,(NH_3) = 0{,}4\ mol \cdot L^{-1}$. Wie groß ist K_c?

Lsg.: Da alle Gleichgewichtskonzentrationen gegeben sind, ergibt sich nach Gl. 3.1:

$$K_c = \frac{c^2\,(NH_3)}{c^3\,(H_2) \cdot c\,(N_2)} = \frac{0{,}4^2\ mol^2 \cdot L^{-2}}{0{,}5^3\ mol^3 \cdot L^{-3} \cdot 1\ mol \cdot L^{-1}} = \mathbf{1{,}28\ mol^{-2} \cdot L^2}$$

M 3.5: Für die Reaktion: $A + B \rightleftarrows C + D$ betragen im Gleichgewicht die Konzentrationen der Edukte $0{,}8\ mol \cdot L^{-1}$ und die der Produkte $0{,}2\ mol \cdot L^{-1}$. Wie groß ist K_c?

Lsg.: Anwendung von Gl. 3.1 liefert: $K_c = \frac{c\,(C) \cdot c\,(D)}{c\,(A) \cdot c\,(B)} = \frac{0{,}2^2\ mol^2 \cdot L^{-2}}{0{,}8^2\ mol^2 \cdot L^{-2}} = \mathbf{0{,}0625}$

Da die Konzentrationen der Stoffe auf der rechten Seite (d.h. der Produkte) im Zähler stehen, bedeutet ein hoher *K*-Wert, dass die Konzentrationen der Produkte hoch sind im Vergleich zu denen der Ausgangsstoffe. Man sagt, dass das Gleichgewicht nach rechts verschoben ist. Ist *K* sehr viel größer als 1 ($K > 10^3$), so geht man davon aus, dass diese Reaktionen vollständig ablaufen. Entsprechend bedeutet ein kleiner *K*-Wert, dass das Gleichgewicht nach links verschoben ist. Für *K*-Werte $< 10^{-3}$ ist die Umsetzung der Ausgangsstoffe sehr klein und der Produktanteil sehr gering. In Bild 1 sind die Zusammenhänge dargestellt.

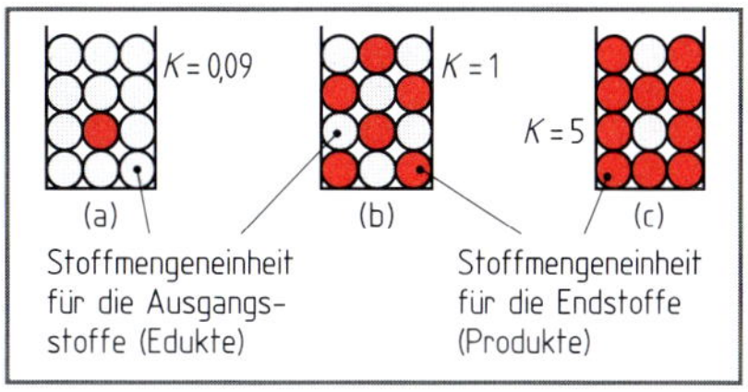

Bild 1: Gleichgewichtszustände und K_c für Reaktionen mit gleicher Anzahl von Edukt- und Produktmolekülen

Ist bei einer Reaktion die Anzahl der Moleküle der Ausgangsstoffe (grau) und die der Produkte (rot) gleich, so kann man am Wert der Gleichgewichtskonstanten direkt erkennen, ob das Gleichgewicht auf der Seite der Ausgangsstoffe oder der Seite der Produkte liegt. Im Bildausschnitt (a) haben sich nur sehr wenige Moleküle der Ausgangsstoffe zu Produkten umgesetzt. Das Verhältnis der Stoffmengen von den Produkten zu den Edukten im Gleichgewicht und somit der K_c-Wert beträgt: 1/11 = 0,09. Im Bildausschnitt (c) dagegen beträgt dieses Verhältnis 10/2 und der Wert von K_c ist 5. Im Bildausschnitt (b) mit dem Verhältnis von 6/6 ist $K_c = 1$.

In Aufgabe M.3.3 ist das Gleichgewicht somit nach rechts verschoben, in M.3.4 sehr wenig nach rechts und bei M.3.5 nach links.

Kennt man die Gleichgewichtskonstante einer Reaktion für eine bestimmte Temperatur sowie die Ausgangskonzentration der Edukte, so kann man die im Gleichgewicht vorliegenden Konzentrationen berechnen und den **Reaktionsumsatz,** d.h. das Verhältnis der umgesetzten Menge eines Stoffes zu seiner Ausgangsmenge, bestimmen.

M 3.6: In einem Behälter mit 5 L Reaktionsvolumen werden je 1 mol H_2 und I_2 zur Reaktion gebracht. Es gilt $K_c = 50$ bei 440 °C für die Reaktion: $H_2 + I_2 \rightleftarrows 2\,HI$

a) Welcher Bruchteil von H_2 ist im Gleichgewicht umgesetzt?

b) Wie viel mol HI entstehen hierbei?

Lsg.: a) Da nur die Ausgangskonzentrationen von H_2 und I_2 gegeben sind, wird wie bei M.3.3 das Übersichtsschema angewandt. Die in das MWG einzusetzenden Konzentrationen sind in mol · L⁻¹ anzugeben. Die Ausgangskonzentrationen von H_2 und I_2 bezogen auf 5 L werden daher in $mol \cdot L^{-1}$ umgerechnet:

$$c(H_2) = \frac{n(H_2)}{V} = \frac{1\ mol}{5\ L} = 0{,}2\ mol \cdot L^{-1} \text{ mit } c(I_2) = c(H_2) \text{ ist } c(I_2) = 0{,}2\ mol \cdot L^{-1}$$

Der Betrag, um den die H_2-Konzentration gefallen ist, wird mit x bezeichnet. Nach der Reaktionsgleichung ist somit auch die Konzentration von I_2 um x gefallen und die von HI von Null auf $2 \cdot x$ gestiegen, da aus je 1 mol H_2 und I_2 2 mol HI entstehen.

	$c(H_2)$	$c(I_2)$	$c(HI)$
Ausgangskonzentration in $mol \cdot L^{-1}$	0,2	0,2	0
Gleichgewichtskonzentration in $mol \cdot L^{-1}$	$0{,}2 - x$	$0{,}2 - x$	$2 \cdot x$

Für das MWG erhält man nach Gl. 3.1:

$$K_c = \frac{c^2(HI)}{c(H_2) \cdot c(I_2)} = \frac{(2 \cdot x)^2\ mol^2 \cdot L^{-2}}{(0{,}2 - x)^2\ mol^2 \cdot L^{-2}} = 50$$

Durch Radizieren und Kürzen der Einheiten erhält man:

$$\frac{2 \cdot x}{0{,}2 - x} = 7{,}07 \Rightarrow 2 \cdot x = 1{,}414 - 7{,}07x \Rightarrow x = 0{,}156$$

Von den ursprünglich vorhandenen $0{,}2\ mol \cdot L^{-1}$ H_2 und $0{,}2\ mol \cdot L^{-1}$ I_2 wurden jeweils $0{,}156\ mol \cdot L^{-1}$ umgesetzt, sodass der Umsatz nach Gl. 1.18:

$U = \dfrac{0{,}156\ mol \cdot L^{-1}}{0{,}2\ mol \cdot L^{-1}} \cdot 100\% =$ **78% des Stoffmengenanteils** beträgt.

b) Bezogen auf den Reaktionsbehälter mit 5 L Reaktionsvolumen, in dem je 1 mol H_2 und I_2 eingesetzt wurden, bedeutet dies:
Im Gleichgewicht sind in den 5 L Reaktionsvolumen enthalten:
je (1 – 0,78) mol = 0,22 mol H_2 und I_2 und (2 · 0,78) mol = **1,56 mol** HI

M 3.7: PCl_5 sublimiert bei 162 °C und zersetzt sich dabei teilweise in PCl_3 und Cl_2:

$PCl_5(g) \rightleftarrows PCl_3(g) + Cl_2(g)$

Der Wert von K_c beträgt bei dieser bestimmten Temperatur $0{,}8\ mol \cdot L^{-1}$.

Welche Konzentrationen liegen im Gleichgewicht vor, wenn man eine Mischung aus 0,1 mol PCl_5, 0,05 mol PCl_3 und 0,03 mol Cl_2 in einem Gefäß mit genau 1 L Reaktionsvolumen umsetzt?

Lsg.: Die Reaktion verläuft, wie an der Einheit der Gleichgewichtskonstante erkennbar, unter Änderung der Stoffmenge. Es ist daher am Zahlenwert von K_c nicht sofort ersichtlich, in welcher Richtung die Reaktion abläuft. Man muss also eine Annahme treffen, z.B. die Reaktion verlaufe von links nach rechts.

Die Konzentration von PCl_5 muss dann bis zum Erreichen des Gleichgewichts um x abnehmen, die von PCl_3 und Cl_2 entsprechend der Reaktionsgleichung um x zunehmen. Die Übersicht sieht daher folgendermaßen aus:

	$c(PCl_5)$	$c(PCl_3)$	$c(Cl_2)$
Ausgangskonzentration in $mol \cdot L^{-1}$	0,1	0,05	0,03
Gleichgewichtskonzentration in $mol \cdot L^{-1}$	$0{,}1 - x$	$0{,}05 + x$	$0{,}03 + x$

Einsetzen dieser Werte in das MWG (Gl. 3.1) ergibt:

$$K_c = \frac{c(PCl_3) \cdot c(Cl_2)}{c(PCl_5)} = \frac{(0{,}05 + x)\ mol \cdot L^{-1} \cdot (0{,}03 + x)\ mol \cdot L^{-1}}{(0{,}1 - x)\ mol \cdot L^{-1}} = 0{,}8\ mol \cdot L^{-1}$$

Man erhält die quadratische Gleichung: $x^2 + 0{,}88\,x - 0{,}0785 = 0$

mit den Lösungen: $x_1 = 0{,}082$ und $x_2 = -0{,}962$

Von beiden Lösungen ist nur $x_1 = 0{,}082$ möglich, da mit $x_2 = -0{,}962$ für PCl_3 und Cl_2 negative Werte für die Konzentrationen entstehen. Die Gleichgewichtskonzentrationen sind demzufolge:

$c(PCl_5) = (0{,}1 - 0{,}082)\ mol \cdot L^{-1} = \mathbf{0{,}018\ mol \cdot L^{-1}}$

$c(PCl_3) = (0{,}05 + 0{,}082)\ mol \cdot L^{-1} = \mathbf{0{,}132\ mol \cdot L^{-1}}$

$c(Cl_2) = (0{,}03 + 0{,}082)\ mol \cdot L^{-1} = \mathbf{0{,}112\ mol \cdot L^{-1}}$

Wäre man bei der Annahme davon ausgegangen, dass die Reaktion in umgekehrter Richtung, also von rechts nach links abläuft, so hätte man als Lösungen der quadratischen Gleichung die Werte: $x_1 = -0{,}082$ und $x_2 = 0{,}962$ erhalten. Beide Werte sind nicht möglich. Die getroffene Annahme war somit zufällig richtig.

Um diesen Zufall auszuschalten und bei bekannter Gleichgewichtskonstanten eine Vorhersage über die Richtung, in der die Reaktion abläuft, zu treffen, verwendet man eine Hilfsgröße, den sogenannten **Reaktionsquotienten** *Q*.

Der Reaktionsquotient *Q* ist genauso definiert wie die Gleichgewichtskonstante K_c für die betreffende Reaktion. Für eine allgemeine Reaktion:

aA + bB ⇄ cC + dD gilt für den Reaktionsquotienten:

$$Q = \frac{c^c(C) \cdot c^d(D)}{c^a(A) \cdot c^b(B)}$$

Q	c
$(mol \cdot L^{-1})^{c+d-a-b}$	$mol \cdot L^{-1}$

3.2

Im Gegensatz zum MWG werden in Gl. 3.2 die **Ausgangskonzentrationen** der Komponenten eingesetzt und nicht die im Gleichgewicht.

Der Wert des Reaktionsquotienten *Q* wird mit dem Wert der Gleichgewichtskonstanten *K* verglichen. Es gilt dann für:

$Q > K$: Es bilden sich bevorzugt die Ausgangssubstanzen

$Q = K$: Es besteht Gleichgewicht

$Q < K$: Es bilden sich bevorzugt die Produkte

Der Zusammenhang zwischen dem Reaktionsquotienten *Q* und der Gleichgewichtskonstanten *K* ist in Bild 1 wiedergegeben. Ist $Q < K$, so läuft die Reaktion von links nach rechts ab, da dann die Konzentration der Substanzen im Zähler von *Q* (rechte Seite der Reaktionsgleichung) zunehmen und die Konzentrationen der Substanzen im Nenner (linke Seite der Reaktionsgleichung) abnehmen. Dadurch wird *Q* größer bis $Q = K$ und das Gleichgewicht erreicht ist. Im umgekehrten Fall, wenn $Q > K$, läuft die Reaktion nach links, solange bis wieder das Gleichgewicht erfüllt, d.h. $Q = K$ ist.

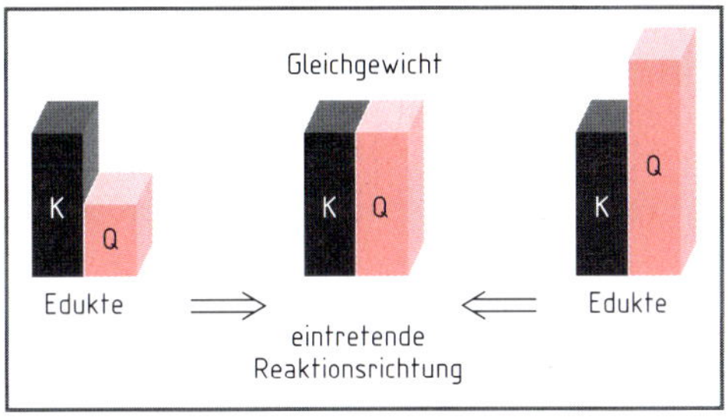

Bild 1: Zusammenhang zwischen der Gleichgewichtskonstanten *K* und dem Reaktionsquotienten *Q*

M 3.8: a) Wie groß ist der Reaktionsquotient *Q* für die Reaktion: $PCl_5\ (g) \rightleftarrows PCl_3\ (g) + Cl_2\ (g)$, wenn die Anfangskonzentrationen der Reaktionsteilnehmer von M.3.7 eingesetzt werden?

b) In welche Richtung läuft die Reaktion?

Lsg.: Mit Gl. 3.2 ergibt sich für *Q*:

a) $$Q = \frac{c(PCl_3) \cdot c(Cl_2)}{c(PCl_5)} = \frac{0{,}05\ mol \cdot L^{-1} \cdot 0{,}03\ mol \cdot L^{-1}}{0{,}1\ mol \cdot L^{-1}} = \mathbf{0{,}015\ mol \cdot L^{-1}}$$

b) K_c für diese Reaktion war $0{,}8\ mol \cdot L^{-1}$, somit ist $Q < K$ und die Reaktion läuft **von links nach rechts,** d.h. in Richtung der Bildung der Produkte PCl_3 und Cl_2.

3.3 Die Gleichgewichtskonstante K_p für Gasgleichgewichte

Sind in einem Gleichgewichtsgemisch nur Gase enthalten, dann können in das MWG an Stelle der Stoffmengenkonzentrationen auch die **Partialdrücke** der einzelnen Komponenten eingesetzt werden. Die **Gleichgewichtskonstante** wird dann mit K_p bezeichnet. Sie besitzt häufig einen anderen Zahlenwert als K_c. Bei Reaktionen, die mit einer Stoffmengenänderung verbunden sind, hängt der Zahlenwert von K_p auch von den Einheiten ab, in denen die Partialdrücke angegeben werden.

Wie K_c ist auch K_p von der **Temperatur** abhängig. Für eine Reaktion vom allgemeinen Typ: aA + bB ⇄ cC + dD gilt für das MWG und die Gleichgewichtskonstante K_p:

3.3

$$K_p = \frac{p^c(\mathrm{C}) \cdot p^d(\mathrm{D})}{p^a(\mathrm{A}) \cdot p^b(\mathrm{B})}$$

K_p	p
$\mathrm{bar}^{c+d-a-b}$	bar

M 3.9: Formulieren Sie das MWG für folgende Reaktionen und geben Sie für die Gleichgewichtskonstante K_p die Einheit an, wenn die Partialdrücke in bar angegeben sind.

a) $2\,SO_2\,(g) + O_2\,(g) \rightleftarrows 2\,SO_3\,(g)$

b) $N_2O_4\,(g) \rightleftarrows 2\,NO_2\,(g)$

c) $3\,H_2\,(g) + N_2\,(g) \rightleftarrows 2\,NH_3\,(g)$

d) $CO\,(g) + H_2O\,(g) \rightleftarrows CO_2\,(g) + H_2\,(g)$

Lsg.: Mit Gleichung 3.3 erhält man

a) $K_p = \frac{p^2(SO_3)}{p^2(SO_2) \cdot p(O_2)}$ **K_p in bar^{-1}**

b) $K_p = \frac{p^2(NO_2)}{p(N_2O_4)}$ **K_p in bar**

c) $K_p = \frac{p^2(NH_3)}{p^3(H_2) \cdot p(N_2)}$ **K_p in bar^{-2}**

d) $K_p = \frac{p(CO_2) \cdot p(H_2)}{p(CO) \cdot p(H_2O)}$ **Kp ist ohne Einheit**

Das Ammoniakgleichgewicht: $3\,H_2\,(g) + N_2\,(g) \rightleftarrows 2\,NH_3\,(g)$ lässt sich bezüglich der Zusammensetzung der Gleichgewichtsmischung wie viele andere Reaktionen durch K_p und K_c beschreiben. Die Zahlenwerte von K_p und K_c sind allerdings verschieden. Da sowohl K_p als auch K_c das Gleichgewicht beschreiben, muss zwischen beiden Gleichgewichtskonstanten ein Zusammenhang bestehen. Dieser ergibt sich aus dem idealen Gasgesetz (vgl. Kap. 2.4).

Der Partialdruck einer Komponente A in einem Volumen V lässt sich durch die Beziehung

$$p(\mathrm{A}) = \frac{n(\mathrm{A})}{V} \cdot R \cdot T \quad \Rightarrow \quad p(\mathrm{A}) = c(\mathrm{A}) \cdot R \cdot T$$

berechnen. Der Partialdruck und die Stoffmengenkonzentration sind in der Gasphase zueinander proportional. Für die anderen Komponenten in der Gasphase gilt Entsprechendes. Setzt man diese Beziehung für die Partialdrücke der Komponenten in Gl. 3.3 ein, so erhält man:

$$K_p = \frac{p^c(\mathrm{C}) \cdot p^d(\mathrm{D})}{p^a(\mathrm{A}) \cdot p^b(\mathrm{B})} = \frac{[c(\mathrm{C}) \cdot R \cdot T]^c \cdot [c(\mathrm{D}) \cdot R \cdot T]^d}{[c(\mathrm{A}) \cdot R \cdot T]^a \cdot [c(\mathrm{B}) \cdot R \cdot T]^b}$$

$$K_p = \frac{[c^c(\mathrm{C}) \cdot c^d(\mathrm{D})] \cdot (R \cdot T)^{c+d}}{[c^a(\mathrm{A}) \cdot c^b(\mathrm{B})] \cdot (R \cdot T)^{a+b}}$$

$$K_p = K_c \cdot (R \cdot T)^{(c+d)-(a+b)}$$

3.4

$$K_p = K_c \cdot (R \cdot T)^{\Delta n}$$

K_p	K_c	R	n	T
$\mathrm{kPa}^{c+d-a-b}$	$(\mathrm{mol} \cdot \mathrm{L}^{-1})^{c+d-a-b}$	$\mathrm{kPa} \cdot \mathrm{L} \cdot \mathrm{mol}^{-1} \cdot \mathrm{K}^{-1}$	mol	K

Der Ausdruck $\Delta n = (c + d) - (a + b)$ ist die Differenz der Anzahl der Stoffmenge auf der rechten Seite (Produkte) und der Stoffmenge auf der linken Seite (Ausgangsstoffe). Δn entspricht der **Änderung der Stoffmenge**, wenn **ein Umsatz entsprechend der Reaktionsgleichung (Formelumsatz)** getätigt wird.

Mit Gl. 3.4 lassen sich K_p und K_c ineinander umrechnen. Ist $\Delta n = 0$, d.h. verläuft die Reaktion ohne Änderung der Stoffmenge, so ist $K_p = K_c$.

M 3.10: Für eine Reaktion: $3\,A + B \rightleftarrows 2\,C$ soll gelten $K_p = 1{,}46 \cdot 10^{-9}\ kPa^{-2}$ bei 500 °C. Wie groß ist K_c bei dieser Temperatur?

Lsg.: Nach Gl. 3.4 gilt

$$K_p = K_c \cdot (R \cdot T)^{\Delta n} \Rightarrow K_c = \frac{K_p}{(R \cdot T)^{\Delta n}}$$

Mit $\Delta n = 2 - (3 + 1) = 2 - 4 = -2$ und $R = 8{,}315\ kPa \cdot L \cdot mol^{-1} \cdot K^{-1}$ erhält man:

$$K_c = \frac{1{,}46 \cdot 10^{-9}\ kPa^{-2}}{(8{,}315\ kPa \cdot L \cdot mol^{-1} \cdot K^{-1} \cdot 773\ K)^{-2}} = \mathbf{6{,}03 \cdot 10^{-2}\ L^2 \cdot mol^{-2}}$$

M 3.11: Ein Gemisch aus HI, H_2 und I_2 wird auf $T = 800$ K erhitzt. Die Partialdrücke der 3 Komponenten betragen zu Beginn der Reaktion $p\,(HI) = 100$ kPa, $p\,(H_2) = 420$ kPa und $p\,(I_2) = 80$ kPa. Wie groß sind die Partialdrücke der 3 Gase im Gleichgewicht und wie groß ist K_c für die Reaktion: $2\,HI\,(g) \rightleftarrows H_2\,(g) + I_2\,(g)$, wenn K_p für diese Reaktion bei dieser Temperatur den Wert $2{,}69 \cdot 10^{-2}$ besitzt?

Lsg.: Da nur die Ausgangsdrücke der drei Komponenten und K_p für die Reaktion $2\,HI\,(g) \rightleftarrows H_2\,(g) + I_2\,(g)$ bekannt sind, bildet man den Reaktionsquotienten Q, um zu sehen, in welche Richtung die Reaktion läuft.

Nach Gl. 3.2 gilt:

$$Q = \frac{p\,(H_2) \cdot p\,(I_2)}{p^2\,(HI)} = \frac{420\ kPa \cdot 80\ kPa}{(100)^2\ kPa^2} = 3{,}36$$

Da $Q > K$ ($3{,}36 > 2{,}69\ 10^{-2}$) bildet sich bevorzugt Ausgangsstoff HI, d.h. die Reaktion läuft von rechts nach links ab. Der Partialdruck von H_2 und I_2 wird bis zum Erreichen des Gleichgewichtes um x abnehmen, der Partialdruck von HI entsprechend der Reaktionsgleichung um $2 \cdot x$ zunehmen. Man erhält also folgende Übersicht:

	$p\,(HI)$	$p\,(H_2)$	$p\,(I_2)$
Ausgangsdruck in kPa	100	420	80
Partialdruck im Gleichgewicht in kPa	$100 + 2 \cdot x$	$420 - x$	$80 - x$

Einsetzen dieser Werte in Gl. 3.3 ergibt:

$$K_p = \frac{p\,(H_2) \cdot p\,(I_2)}{p^2\,(HI)} = \frac{(420 - x)\ kPa \cdot (80 - x)\ kPa}{(100 + 2 \cdot x)^2\ (kPa)^2} = 2{,}69 \cdot 10^{-2}$$

$$(420 - x) \cdot (80 - x) = 2{,}69 \cdot 10^{-2} \cdot (100 + 2 \cdot x)^2$$

$$0{,}8924\,x^2 - 510{,}76\,x + 33\,331 = 0$$

$$\Rightarrow x_1 = 75{,}12;\ x_2 = 497{,}23$$

Die Lösung $x_2 = 497{,}23$ ist sinnlos, da die Partialdrücke von H_2 und I_2 negativ werden. Mit $x_1 = 75{,}12$ erhält man für die Partialdrücke im Gleichgewicht:

$p\,(HI) = (100 + 2 \cdot 75{,}12)$ kPa = **250,24 kPa**

$p\,(H_2) = (420 - 75{,}12)$ kPa = **344,88 kPa**

$p\,(I_2) = (80 - 75{,}12)$ kPa = **4,88 kPa**

Da keine Stoffmengenänderung eintritt, d.h. $\Delta n = 0$, gilt $\mathbf{K_c = K_p}$

Zu den Gleichgewichtsreaktionen gehört auch die thermische Dissoziation von Gasen wie z.B.: $N_2O_4\,(g) \rightleftarrows 2\,NO_2\,(g)$. Sie lässt sich daher ebenfalls durch das MWG beschreiben. Eine wichtige Rolle spielt hierbei der Dissoziationsgrad α (vgl. Kap. 2.4.5).

Geht man von einer allgemeinen Reaktion des Typs: $A_2 \rightleftarrows 2\,A$ aus, so werden, wenn die Reaktion von links nach rechts abläuft, Stoffmengenkonzentration und der Partialdruck von A_2 abnehmen, während sich die gleichen Größen bei A erhöhen.

Beträgt die Ausgangsstoffmenge von A_2 n_0, so wird bei einem Dissoziationsgrad α die Stoffmenge $n_0 \cdot \alpha$ zerfallen und $2 \cdot n_0 \cdot \alpha$ Produkt bilden. Es verbleibt somit die Menge: $n_0 - n_0 \cdot \alpha = n_0 \cdot (1 - \alpha)$ an Ausgangssubstanz. Für eine solche Reaktion $A_2 \rightleftarrows 2A$ erhält man also folgende Übersicht:

	A_2	A
Ausgangsstoffmenge in mol	n_0	0
Gleichgewichtsstoffmenge in mol	$n_0 - n_0 \cdot \alpha$	$2 \cdot n_0 \cdot \alpha$

Zur Berechnung von K_p müssen die Partialdrücke der einzelnen Komponenten bekannt sein. Sie lassen sich aus den jeweiligen Stoffmengenkonzentrationen und aus dem Gesamtdruck p nach Gleichung 2.20 berechnen. So gilt etwa für $p\,(A_2)$:

$$\frac{p\,(A_2)}{p} = x\,(A_2) \;\Rightarrow\; \frac{p\,(A_2)}{p} = \frac{n\,(A_2)}{n_{ges}} \;\Rightarrow\; p\,(A_2) = \frac{n\,(A_2)}{n_{ges}} \cdot p$$

Für den Partialdruck $p\,(A)$ erhält man entsprechend:

$$p\,(A) = \frac{n\,(A)}{n_{ges}} \cdot p$$

Die Stoffmenge $n\,(A_2)$ beträgt im Gleichgewicht $n_0 - n_0 \cdot \alpha = n_0 \cdot (1 - \alpha)$ und die Stoffmenge $n\,(A)$ ist $2 \cdot n_0 \cdot \alpha$. Die Gesamtstoffmenge n_{ges} im Gleichgewicht beträgt demnach:

$n_0 - n_0 \cdot \alpha + 2 \cdot n_0 \cdot \alpha = n_0 + n_0 \cdot \alpha = n_0 \cdot (1 + \alpha)$.

Setzt man diese Werte in die Formeln für die jeweiligen Partialdrücke ein, so erhält man

$$p\,(A_2) = \frac{n_0 \cdot (1 - \alpha)}{n_0 \cdot (1 + \alpha)} \cdot p \;\Rightarrow\; p\,(A_2) = \frac{1 - \alpha}{1 + \alpha} \cdot p$$

$$p\,(A) = \frac{2 \cdot n_0 \cdot \alpha}{n_0 \cdot (1 + \alpha)} \cdot p = \frac{2 \cdot \alpha}{1 + \alpha} \cdot p$$

Einsetzen dieser Werte in das MWG ergibt für K_p nach Gl. 3.3:

$$K_p = \frac{p^2\,(A)}{p\,(A_2)} = \frac{(2 \cdot \alpha \cdot p)^2 \cdot (1 + \alpha)}{(1 + \alpha)^2 \cdot (1 - \alpha) \cdot p} = \frac{4 \cdot \alpha^2 \cdot p}{1 - \alpha^2}$$

Man erhält so mit dieser Gleichung die Abhängigkeit des Dissoziationsgrades vom Gesamtdruck für alle Reaktionen des Typs: $A_2 \rightleftarrows 2\,A$.

Für alle anderen Reaktionen, die sich **nicht** durch diese Reaktionsgleichung darstellen lassen, muss das MWG entsprechend in der hier beschriebenen Weise abgeleitet werden. Für die wichtigsten Reaktionstypen sind die jeweiligen Ergebnisse in Tabelle 3b angegeben.

Tabelle 3b: Massenwirkungsgesetz einzelner Reaktionen

Reaktionstyp	Massenwirkungsgesetz	
$A_2 \leftrightarrows 2\,A$	$K_p = \frac{4 \cdot \alpha^2 \cdot p}{1 - \alpha^2}$	Es ist zu beachten, dass z.B.
$AB \leftrightarrows A + B$	$K_p = \frac{\alpha^2 \cdot p}{1 - \alpha^2}$	$2\,A_2B \leftrightarrows 2\,A_2 + B_2$ und
$AB \leftrightarrows \tfrac{1}{2}\,A_2 + \tfrac{1}{2}\,B_2$	$K_p = \frac{\alpha}{2 \cdot (1 - \alpha)}$	$2\,AB_2 \leftrightarrows A_2 + 2\,B_2$
$2\,A_2B \leftrightarrows 2\,A_2 + B_2$	$K_p = \frac{\alpha^3 \cdot p}{(2 + \alpha) \cdot (1 - \alpha)^2}$	den gleichen Reaktionstyp repräsentieren.
$2\,A_3B \leftrightarrows 3\,A_2 + B_2$	$K_p = \frac{27 \cdot \alpha^4 \cdot p^2}{16 \cdot (1 - \alpha^2)^2}$	

M 3.12: Bei einem Gesamtdruck von 99 kPa und der Temperatur von 500 °C ist NO_2 zu 60% dissoziiert. Wie groß sind K_p und K_c für die Reaktion: $2\ NO_2 \rightleftarrows 2\ NO + O_2$?

Lsg.: Tabelle 3b kann man entnehmen, dass der Reaktionstyp $2\ A_2B \rightleftarrows 2\ A_2 + B_2$ vorliegt, für den gilt:

$$K_p = \frac{\alpha^3 \cdot p}{(2+\alpha) \cdot (1-\alpha)^2}$$

Einsetzen der Werte für $\alpha = 0{,}6$ und $p = 99$ kPa ergibt:

$$K_p = \frac{(0{,}6)^3 \cdot 99\ \text{kPa}}{2{,}6 \cdot (0{,}4)^2} = \mathbf{51{,}4\ kPa}$$

Nach Gl. 3.4 gilt:

$$K_p = K_c \cdot (R \cdot T)^{\Delta n} \quad \Rightarrow \quad K_c = \frac{K_p}{(R \cdot T)^{\Delta n}}$$ Mit $\Delta n = 3 - 2 = 1$ erhält man:

$$K_c = \frac{K_p}{(R \cdot T)^1} = \frac{K_p}{R \cdot T} = \frac{51{,}4\ \text{kPa}}{8{,}315\ \text{kPa} \cdot \text{L} \cdot \text{mol}^{-1} \cdot \text{K}^{-1} \cdot 773\ \text{K}} = \mathbf{8 \cdot 10^{-3}\ mol \cdot L^{-1}}$$

3.4 Heterogene Gleichgewichte

In den bisher behandelten Beispielen befanden sich alle Reaktionsteilnehmer in derselben Phase. Es handelte sich um **homogene** Reaktionen und die entsprechenden Gleichgewichte bezeichnet man daher als **homogene Gleichgewichte**.

Liegen die Substanzen, die miteinander reagieren, in unterschiedlichen Phasen vor, spricht man von **heterogenen** Reaktionen. Bei diesen stellt sich – im Gegensatz zu den homogenen Reaktionen – nur in einigen Fällen ein Gleichgewicht ein. Ein Beispiel für ein **heterogenes Gleichgewicht** ist das Brennen von Calciumcarbonat in einem **abgeschlossenen** Behälter:

$CaCO_3\ (s) \rightleftarrows CaO\ (s) + CO_2\ (g)$

Es lässt sich experimentell zeigen, dass Konzentration und Partialdruck des gebildeten CO_2, wenn $CaCO_3$ und CaO fest vorliegen, nur von der Temperatur abhängen. Die Mengen, in denen die Feststoffe vorliegen, spielen keine Rolle, die Stoffe müssen nur vorhanden sein, damit das Gleichgewicht bestehen kann.

Bei einem heterogenen Gleichgewicht sind die Konzentrationen von Feststoffen und Flüssigkeiten **konstant** und werden in die Gleichgewichtskonstante K_c **miteinbezogen** und im MWG nicht mehr explizit aufgeführt. Für die Reaktion:

$CaCO_3\ (s) \rightleftarrows CaO\ (s) + CO_2\ (g)$ gilt daher: $K_c = c\,(CO_2)$.

Über dem Gemisch der beiden Festkörper stellt sich bei einer bestimmten Temperatur somit eine definierte CO_2-Konzentration ein.

Für die Gleichgewichtskonstante K_p gilt entsprechend: $K_p = p\,(CO_2)$.

Die Gleichgewichtskonstante für den Zerfall von $CaCO_3$ kann man also sehr einfach bestimmen, indem man den Druck des im Gleichgewicht vorhandenen Kohlenstoffdioxids misst. Bei 800 °C beträgt der Druck 0,22 bar und somit ist bei dieser Temperatur auch $K_p = 0{,}22$ bar.

M 3.13: Formulieren Sie das MWG für die Reaktion:

$3\ Fe\ (s) + 4\ H_2O\ (g) \rightleftarrows Fe_3O_4\ (s) + 4\ H_2\ (g)$

Lsg.: $n\,(Fe)$ und $n\,(Fe_3O_4)$ sind konstant und man erhält: $\boldsymbol{K_c = \frac{c^4\,(H_2)}{c^4\,(H_2O)}}$

M 3.14: Festes NH_4SH wurde bei 30 °C in einem evakuierten Gefäß zur Reaktion gebracht. Nach Einstellung des Gleichgewichts beträgt der Gesamtdruck 64,2 kPa. Wie groß ist K_p für die Reaktion: $NH_4SH\ (s) \rightleftarrows NH_3\ (g) + H_2S\ (g)$?

Lsg.: Da NH_4SH fest vorliegt, gilt für K_p: $K_p = p\,(NH_3) \cdot p\,(H_2S)$.

Der Gesamtdruck p ist die Summe der Partialdrücke von NH_3 und H_2S, d.h.

$p = p\,(NH_3) + p\,(H_2S) = 64{,}2$ kPa.

Da NH_3 und H_2S in äquimolaren Mengen gebildet werden, sind die Partialdrücke gleich groß, sodass gilt: $p = p\,(NH_3) + p\,(H_2S) = 2 \cdot p\,(NH_3) = 64{,}2\ \text{kPa} \quad \Rightarrow \quad p\,(NH_3) = 32{,}1$ kPa.

Mit $p\,(NH_3) = p\,(H_2S) = 32{,}1$ kPa erhält man für K_p:

$K_p = p\,(NH_3) \cdot p\,(H_2S) = 32{,}1\ \text{kPa} \cdot 32{,}1\ \text{kPa} = \mathbf{1\,030{,}4\ kPa^2}$

In den bisherigen Beispielen und Aufgaben ging es vorrangig um die Berechnung von Gleichgewichtskonstanten, oder wenn diese bekannt waren, um die Zusammensetzung der im Gleichgewicht vorliegenden Reaktionsmischung. Da man bei chemischen Reaktionen in der Regel immer bestrebt ist, eine maximale Ausbeute an den gewünschten Produkten zu erhalten, steht bei Gleichgewichtsreaktionen immer die Frage an, wie man die Ausbeute vergrößern kann, wie sich also ein gegebenes Gleichgewicht zur Produktseite verschieben lässt. Mit diesem Aufgabengebiet beschäftigt sich das nun folgende Kapitel.

3.5 Die Verschiebung der Gleichgewichtslage

Die Lage des chemischen Gleichgewichts kann wie schon erwähnt durch Konzentrations-, Druck- und Temperaturänderungen (sogenannte **Zwänge**) beeinflusst werden. Die Gleichgewichtsverschiebung führt zu einer Änderung der Zusammensetzung der im Gleichgewicht vorhandenen Reaktionsmischung. Die zu erwartenden Stoffumsätze sind somit von den äußeren Bedingungen abhängig.

Bei allen von außen durchgeführten Veränderungen oder Störungen, die zur Verschiebung der Gleichgewichtslage führen, gilt das **Prinzip von *Le Chatelier* und *Braun*** (siehe Kap. 5.9.3), das auch als **Prinzip des kleinsten Zwanges** bezeichnet wird. Es lautet:

Wird auf ein im chemischen Gleichgewicht befindliches System von außen ein Zwang ausgeübt, so verändert sich das Gleichgewicht derart, dass der Zwang am kleinsten wird.

Die Verschiebung der Gleichgewichtslage durch **Konzentrationsänderungen bei Reaktionen flüssiger Phase** kann prinzipiell auf zwei Wegen erfolgen:

a) Man entfernt ein Produkt so schnell, wie es gebildet wird.

b) Man setzt einen der Ausgangsstoffe im Überschuss zu.

Im ersten Fall (Produktentfernung) wird die Reaktion daran gehindert, das Gleichgewicht zu erreichen. Solange Produkt entzogen wird, reagieren die Ausgangsstoffe stets aufs Neue, in dem Bestreben, den Gleichgewichtszustand zu erlangen. Gleichzeitig kann beim Fehlen der oder eines der Produkte in der Reaktionsmasse die Umkehrreaktion nicht stattfinden. Der Entzug eines Produktes erfolgt in der Praxis z.B. durch Destillation, Auswaschen von Gasen, Anwendung von Trocknungsmitteln, Ausfällung von schwerlöslichen Salzen u.a.m. Im zweiten Fall, der Zugabe eines Ausgangsstoffes im Überschuss, in dem der ökologisch und ökonomisch effizienteste Ausgangsstoff gewählt wird, verlagert sich das Gleichgewicht unter Verbrauch dieses Stoffes.

Setzt man bei der Veresterung (siehe M. 3.3) 5 mol Alkohol mit 1 mol Säure um, so erhöht sich die Ausbeute an Ester.

M 3.15: Wie groß ist die Stoffmenge Ester im Gleichgewicht, wenn man in 1 L Reaktionsvolumen 1 mol Säure mit 5 mol Alkohol reagieren lässt und $K_c = 4$ ist für die Reaktion: Alkohol + Säure ⇄ Ester + Wasser?

Lsg.: Einsetzen der Werte ergibt für die Gleichgewichtskonzentrationen der einzelnen Stoffe folgende Übersicht:

	c (Alkohol)	*c* (Säure)	*c* (Ester)	*c* (Wasser)
Ausgangskonzentration in $mol \cdot L^{-1}$	5	1	0	0
Gleichgewichtskonzentration in $mol \cdot L^{-1}$	$(5 - x)$	$(1 - x)$	x	x

Einsetzen dieser Werte in das MWG ergibt:

$$K_c = \frac{c(\text{Ester}) \cdot c(H_2O)}{c(\text{Alkohol}) \cdot c(\text{Säure})} = \frac{x \cdot x \text{ mol}^2 \cdot L^{-2}}{(5 - x) \text{ mol} \cdot L^{-1} \cdot (1 - x) \text{ mol} \cdot L^{-1}} = 4$$

$3x^2 - 24x + 20 = 0 \Rightarrow$

$x_1 = \mathbf{0{,}945}$; $x_2 = 7{,}06$

Von den beiden Lösungen ist nur $x_1 = 0{,}945$ sinnvoll, da aus 1 mol Säure maximal 1 mol Ester gebildet werden kann bzw. aus der Gesamtstoffmenge von 6 mol nicht 7 mol Ester entstehen können. Im Gleichgewicht sind also 0,945 mol Ester vorhanden, was einer Ausbeute von 94,5% entspricht.

Wird der Alkohol nicht wie in diesem Beispiel im Überschuss, sondern im stöchiometrischen Verhältnis eingesetzt (siehe M 3.3), so entstehen nur $^2/_3$ mol Ester, d.h. die Ausbeute beträgt lediglich 67%.

Es ist allerdings nicht sinnvoll, den Alkohol in zu großem Überschuss einzusetzen, da schon in diesem Beispiel, bei einem Stoffmengenverhältnis von Säure : Alkohol = 1 : 5 die Säure zu 94,5% umgesetzt wird. Bei einer Alkoholstoffmenge von 10 mol ist die Ausbeute 97,3%, d.h. 2,8% Ausbeutesteigerung, was die Überschusskosten an Alkohol nicht mehr kompensiert.

Die Lage eines Gleichgewichts lässt sich, wie die Beispiele zeigen, durch Konzentrationsänderungen verschieben und es gilt allgemein:

Erhöht man von einer im Reaktionsgemisch enthaltenen Komponente die Konzentration, so verschiebt sich das Gleichgewicht derart, dass diese Komponente weiter verbraucht wird.

Erniedrigt man die Konzentration einer im Gleichgewicht vorhandenen Komponente durch Entzug, so verschiebt sich das Gleichgewicht unter Bildung dieses Stoffes.

Würde im Veresterungsgleichgewicht durch Zugabe von Wasser dessen Konzentration erhöht, so ergäbe sich eine Gleichgewichtsverschiebung zu den Edukten (Alkohol und Säure).

Die Änderung der Gleichgewichtslage lässt sich auch mit der Reaktionskinetik erklären. Durch die Wasserzugabe, d.h. die Erhöhung der Wasserkonzentration, wird die Geschwindigkeit der Rückreaktion, bei der Alkohol und Säure gebildet wird, erhöht und mehr Ester zersetzt. Dies erfolgt so lange, bis soviel Alkohol und Säure gebildet werden, dass die Geschwindigkeit für die Hinreaktion, bei der sich Ester und Wasser bilden, genauso groß ist wie die Geschwindigkeit der Rückreaktion.

Im umgekehrten Fall, der Alkoholzugabe, wird zunächst die Geschwindigkeit der Hinreaktion erhöht (die Wahrscheinlichkeit der Zusammenstöße wird größer) und mehr Säure unter Bildung von Ester und Wasser verbraucht, und zwar solange, bis sich soviel Ester und Wasser gebildet haben, dass die Geschwindigkeit der Rückreaktion genauso groß ist wie die **neue** Geschwindigkeit der Hinreaktion.

In allen Fällen gilt, dass der **Wert der Gleichgewichtskonstanten** K_c durch Konzentrationsänderungen **nicht verändert** wird.

Bei Reaktionen in der **Gasphase,** bei denen sich die Gesamtstoffmenge der Gase ändert, lässt sich die Lage des chemischen Gleichgewichts durch **Änderung des äußeren Druckes** beeinflussen. So wird z.B. bei der Ammoniaksynthese die Stoffmenge kleiner; aus 1 mol N_2 und 3 mol H_2 bilden sich 2 mol NH_3:

$$N_2 + 3\,H_2 \rightleftarrows 2\,NH_3$$

Das gebildete Ammoniak nimmt ein geringeres Volumen ein als die Ausgangsgase. Nimmt die Anzahl der Moleküle im Reaktionsgefäß ab, so wird auch der Druck kleiner. Bei einer Druckerhöhung von außen wird sich also das Gleichgewicht in Richtung der Bildung von Ammoniak verschieben, da so dem ausgeübten Zwang durch eine zusätzliche Volumenverminderung nachgegeben wird. In Bild 1 sind die Zusammenhänge wiedergegeben.

Bild 1a zeigt ein anfängliches Gleichgewicht, in dem 13 Moleküle (symbolisch für 13 mol) Gasgemisch vorliegen: 9 H_2-, 3 N_2- und 1 NH_3-Moleküle. Auf dieses System wird von außen ein Zwang in Form eines höheren Druckes ausgeübt. Das Volumen wird kleiner. Führt man die Druckerhöhung isotherm durch, so gilt das Gesetz von *Boyle-Mariotte:* $p_1 \cdot V_1 = p_2 \cdot V_2$ (siehe Kap. 2.2.1). Bei Kompression ist $p_1 < p_2$ und somit $V_2 < V_1$. Diesen Zustand zeigt Bild 1b. Das System kann dem Zwang ausweichen, d.h. ihn verkleinern, indem H_2-Moleküle mit N_2-Molekülen zu NH_3-Molekülen reagieren: $N_2 + 3\,H_2 \rightleftarrows 2\,NH_3$.

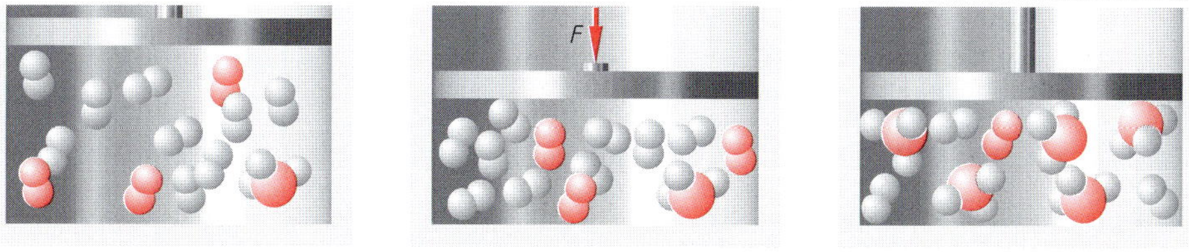

a) Gleichgewicht beim Druck p_1 b) Druckerhöhung auf p_2 c) Gleichgewicht beim Druck p_2

Bild 1: Das Prinzip von *Le Chatelier*

Das Gleichgewicht verschiebt sich also nach rechts. In Bild 1c, S. 61 ist das neue Gleichgewicht wiedergegeben. Es besteht aus: 3 H_2-, 1 N_2- und 5 NH_3-Molekülen. In dem neuen Gleichgewichtssystem sind somit nur noch 9 Moleküle (bzw. mol) vorhanden, sodass der Druck herabgesetzt wird. Da 9 Moleküle (mol) Gas ein kleineres Volumen einnehmen als 13 Moleküle (mol) wird dem von außen auferlegten Zwang (Druckerhöhung) durch die zusätzliche Volumenverminderung nachgegeben. Im umgekehrten Fall (Herabsetzung des Drucks) wird dagegen die Zersetzung von Ammoniak begünstigt. Bei der industriellen Ammoniakgewinnung arbeitet man daher bei höheren Drücken von 250 bar und mehr.

Man kann den Druck in einem Reaktionsgefäß, in dem sich ein Gleichgewichtssystem befindet, natürlich auch erhöhen, wenn man ein Inertgas, wie z.B. Argon, zugibt. Ist das **Volumen** des Behälters **konstant,** so erhöht sich der Gesamtdruck des Systems, die Partialdrücke und Konzentrationen der Reaktionspartner bleiben dagegen konstant. In diesem Fall wird das Gleichgewicht **nicht** beeinflusst. Erfolgt die Zugabe des Inertgases jedoch bei konstantem Druck, so verändert sich die Gleichgewichtslage. Die Beimischung kommt jetzt einer „Verdünnung" des Gleichgewichtsgemisches gleich. Bei konstant gehaltenem Druck muss sich durch die Inertgaszugabe das Volumen vergrößern und die Partialdrücke der einzelnen Komponenten werden kleiner. Gibt man beispielsweise zu einem bestimmten Volumen eines Gleichgewichtsgemisches aus H_2, N_2 und NH_3 das gleiche Volumen Argon hinzu und hält den Gesamtdruck konstant, so werden die Partialdrücke von H_2, N_2 und NH_3 jeweils halbiert. Man erhält ein neues Konzentrationsverhältnis der drei Komponenten. Die Folge ist, dass mehr Ammoniak in H_2 und N_2 zerfällt und zwar so lange, bis das Konzentrationsverhältnis der Komponenten wieder dem Wert der Gleichgewichtskonstanten K_p bzw. K_c entspricht. Der Wert der Gleichgewichtskonstanten ändert sich durch Druck- oder Volumenveränderungen nicht.

Die am Beispiel der NH_3-Synthese besprochenen Gesetzmäßigkeiten lassen sich auf alle Gasreaktionen, die mit einer Stoffmengenänderung verbunden sind, übertragen. Somit gilt:

Erhöht man bei einer Gasreaktion den Druck, so verschiebt sich das Gleichgewicht zugunsten derjenigen Stoffe, die das kleinere Volumen einnehmen, d.h. auf die Seite mit der kleineren Stoffmenge.

Verläuft eine Reaktion in der Gasphase ohne Stoffmengenänderung, so kann die Gleichgewichtslage durch Druckänderung nicht beeinflusst werden. Ein Beispiel hierfür ist die Konvertierung von Kohlenstoffmonoxid: $CO\,(g) + H_2O\,(g) \rightleftarrows CO_2\,(g) + H_2\,(g)$.

Eine Druckerhöhung führt auch hier zu einer Volumenverkleinerung, aber weder die Hin- noch die Rückreaktion können zu einer zusätzlichen Volumenverminderung beitragen. Das System kann dem Zwang nicht ausweichen, seine Gleichgewichtszusammensetzung bleibt unverändert.

Eine weitere Möglichkeit, die Lage eines chemischen Gleichgewichts zu verschieben, besteht in der Variation der **Reaktionstemperatur.** Im Gegensatz zu den bisher besprochenen Änderungen von Konzentration und Druck ergibt eine **Veränderung der Temperatur** auch **einen anderen Wert für die Gleichgewichtskonstante K_p bzw. K_c,** da diese temperaturabhängig sind.

Der Einfluss von Temperaturänderungen auf chemische Reaktionen lässt sich qualitativ mit der **Kollisionstheorie** erklären. Alle chemischen Reaktionen beruhen auf dem Zusammenstoß von Molekülen. Bei höheren Temperaturen bewegen sich diese schneller und kollidieren daher öfter und mit mehr Effekt. Durch eine Temperaturerhöhung werden also die Hin- und Rückreaktion einer chemischen Umsetzung beschleunigt und durch eine Temperaturerniedrigung verlangsamt. Das Ausmaß dieser Beschleunigung bzw. Verlangsamung ist aber unterschiedlich groß, da die Geschwindigkeitskonstante k für beide Reaktionen andere Werte besitzt (siehe Kap. 6.4). Außer dem Geschwindigkeitsaspekt ist auch der energetische zu berücksichtigen.

Man unterscheidet zwischen **exothermen,** d.h. wärmeliefernden, und **endothermen,** d.h. wärmeverbrauchenden Reaktionen. Die Energiediagramme für diese beiden Reaktionen zeigt Bild 1, S. 63.

Aus Bild 1a, S. 63 ist ersichtlich, dass die Aktivierungsenergie E_a bei einer exothermen Reaktion für die Hinreaktion kleiner ist als die Aktivierungsenergie E_a' für die Rückreaktion. Da, wie bei der Reaktionskinetik erläutert wird (siehe Kap. 6.4), die Geschwindigkeitskonstante und somit auch die Reaktionsgeschwindigkeit selbst umso stärker von der Temperatur abhängen, je größer die Aktivierungsenergie ist, wird die Geschwindigkeit der Rückreaktion, die im gegebenen Fall endotherm ist, schneller mit der Temperatur ansteigen als die Geschwindigkeit der Hinreaktion.

Wenn die Temperatur des Gleichgewichtsgemisches erhöht wird, werden daher mehr Ausgangsstoffe gebildet, bis deren Konzentration so hoch geworden ist, dass die Hinreaktion genauso schnell wie die (beschleunigte) Rückreaktion ist. Das Gleichgewicht **verschiebt** sich nach **links.**

Das Energiediagramm für eine endotherme Reaktion zeigt Bild 1b. Man erkennt, dass die Verhältnisse hier gerade umgekehrt sind. Die Aktivierungsenergie E_a der endothermen Hinreaktion ist jetzt größer als E_a' für die Rückreaktion und somit ist die Geschwindigkeit der Hinreaktion stärker temperaturabhängig als die Geschwindigkeit der exothermen Rückreaktion. Eine Temperaturerhöhung verschiebt das Gleichgewicht jetzt nach **rechts.**

In Übereinstimmung mit dem *Le Chatelier*-Prinzip verlagert sich das Gleichgewicht bei einer Temperaturerhöhung also immer in Richtung der endothermen Reaktion.

Das chemische Gleichgewicht reagiert auf eine Temperaturerhöhung mit einer Wärmeaufnahme, da hierdurch der Zwang am kleinsten wird. Allgemein gilt daher:

> Erhöht man in einem Gleichgewicht die Temperatur, so erhöht sich im Gleichgewichtsgemisch die Konzentration derjenigen Stoffe, die durch den endothermen Vorgang entstehen.
>
> Bei einer exothermen Reaktion wird so die Ausbeute kleiner, bei einer endothermen Reaktion größer.

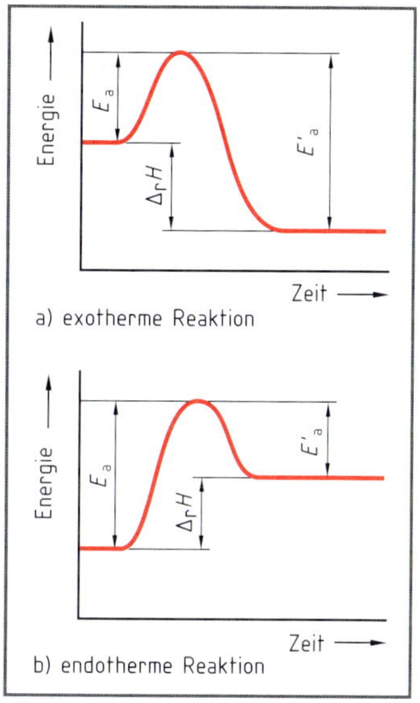

Bild 1: Energiediagramme

Will man außer der qualitativen Vorhersage über die Verschiebung der Gleichgewichtslage bei höheren Temperaturen quantitative Aussagen über die Zusammensetzung der Gleichgewichtsmischung bei veränderten Temperaturen gewinnen, muss die Temperaturabhängigkeit der Gleichgewichtskonstante K_p bzw. K_c beachtet werden. Sie lässt sich mit Hilfe thermodynamischer Betrachtungen ableiten (siehe Kap. 5.9.3).

3.6 Protolysegleichgewichte

Die bisher besprochenen Prinzipien des chemischen Gleichgewichts gelten auch für Systeme von Molekülen und Ionen in wässriger Lösung. Diese Gleichgewichte, meist zwischen Säuren und Basen, werden als **Säure/Base-** oder **Protolysegleichgewichte** bezeichnet und stellen Sonderfälle des chemischen Gleichgewichts dar.

3.6.1 Autoprotolyse des Wassers

Wie in der Elektrochemie gezeigt wird (siehe Kap. 9.1) verlaufen Protolysen immer zwischen zwei korrespondierenden Säure/Base-Paaren und führen zu einem Protolysegleichgewicht:

Säure 1 + Base 2 ⇄ Säure 2 + Base 1

Wie alle Gleichgewichte kann es mit dem MWG und der Gleichgewichtskonstante K_c beschrieben werden:

$$K_c = \frac{c\,(\text{Base 1}) \cdot c\,(\text{Säure 2})}{c\,(\text{Säure 1}) \cdot c\,(\text{Base 2})} \qquad c \text{ in mol} \cdot \text{L}^{-1}$$

Da diese Gleichgewichtskonstante ebenso wie K_c in Gl. 3.1 konzentrationsbezogen ist, lässt sich auch hier eine thermodynamische Gleichgewichtskonstante K formulieren. An Stelle der Konzentrationen müssen dann die relativen Aktivitäten eingesetzt werden. Wie im vorangegangenen Abschnitt wird allerdings auch in den folgenden Kapiteln mit der konzentrationsabhängigen Konstante K_c gerechnet.

Eine besondere Rolle kommt bei den Protolysegleichgewichten dem Wasser zu. Wassermoleküle können sowohl als Säure wie auch als Base fungieren. Sie sind **ampholytisch** oder **amphiprotisch** (siehe Kap. 9.1). Aufgrund von Leitfähigkeitsmessungen hat man festgestellt, dass chemisch reines Wasser in sehr geringem Ausmaß in Ionen dissoziiert ist. Protolysen dieser Art, die zwischen Teilchen der gleichen Stoffart erfolgen, bezeichnet man als **Autoprotolyse** oder **Eigendissoziation** bzw. **Eigenionisation.** Für die Autoprotolyse des Wassers gilt die Gleichung:

$$H_2O + H_2O \rightleftarrows H_3O^+ + OH^-$$

Das MWG für diese Reaktion lautet: $K_c = \dfrac{c\,(H_3O^+) \cdot c\,(OH^-)}{c^2\,(H_2O)}$

Der Wert der Gleichgewichtskonstante ist sehr klein, er beträgt bei 25 °C $K_c = 3{,}25 \cdot 10^{-18}$. Das Gleichgewicht dieser Reaktion liegt also weit auf der linken Seite, d.h. der Seite der undissoziierten H_2O-Moleküle. Nimmt man für die Dichte des Wassers bei 25 °C näherungsweise den Wert $\varrho = 1{,}0\ g \cdot mL^{-1}$ an, so hat 1 Liter Wasser die Masse von 1000 g. Diese Masse Wasser entspricht theoretisch der Stoffmenge von $n\,(H_2O) = m\,(H_2O)/M\,(H_2O) = 55{,}56$ mol. Von dieser ist jedoch ein geringer Teil, nämlich $2 \cdot 10^{-7}$ mol protolysiert. Dieser Anteil ist so gering, dass man ihn im Vergleich zur Konzentration von 55,56 mol vernachlässigen kann. Man sieht daher die H_2O-Konzentration von $55{,}56\ mol \cdot L^{-1}$ als konstant an und bezieht sie in die Gleichgewichtskonstante K_c für die Autoprotolyse mit ein. Somit gilt für die Autoprotolyse des Wassers:

$$K_c \cdot c^2\,(H_2O) = c\,(H_3O^+) \cdot c\,(OH^-)$$

Das auf der linken Seite der Gleichung stehende Produkt aus zwei Konstanten fasst man zu einer Konstanten K_W zusammen, die als **Ionenprodukt** des Wassers bezeichnet wird. Es gilt:

3.6 $$K_c \cdot c^2\,(H_2O) = K_W = c\,(H_3O^+) \cdot c\,(OH^-)$$ K_W in $mol^2 \cdot L^{-2}$

Der Wert für K_W bei 25 °C lässt sich berechnen, indem man die Werte für K_c und $c\,(H_2O)$ in die Gl. 3.6 einsetzt. Man erhält dann:

$$K_W = K_c \cdot c^2\,(H_2O) = 3{,}25 \cdot 10^{-18} \cdot 55{,}56^2\ mol^2 \cdot L^{-2} = 1 \cdot 10^{-14}\ mol^2 \cdot L^{-2}$$

Der Wert $K_W = 1 \cdot 10^{-14}\ mol^2 \cdot L^{-2}$ gilt bei 25 °C nicht nur für reines Wasser, sondern in der Regel auch für wässrige Lösungen. Im Gleichgewicht muss das Produkt der Konzentrationen von H_3O^+ und OH^- immer gleich K_W sein. In reinem Wasser ist $c\,(H_3O^+) = c\,(OH^-)$, da pro Mol H_3O^+-Ionen auch ein Mol OH^--Ionen entsteht.

M 3.16: Wie groß ist $c\,(H_3O^+)$ in reinem Wasser, wenn bei 25 °C das Ionenprodukt den Wert $K_W = 1 \cdot 10^{-14}\ mol^2 \cdot L^{-2}$ besitzt?

Lsg.: Nach Gl. 3.6 gilt: $K_W = c\,(H_3O^+) \cdot c\,(OH^-) = 1 \cdot 10^{-14}\ mol^2 \cdot L^{-2}$

Da in reinem Wasser $c\,(H_3O^+) = c\,(OH^-)$ ist, erhält man:

$K_W = c^2\,(H_3O^+) = 1 \cdot 10^{-14}\ mol^2 \cdot L^{-2}$

Durch Radizieren ergibt sich:

$c\,(H_3O^+) = \sqrt{K_W} = \sqrt{1 \cdot 10^{-14}\ mol^2 \cdot L^{-2}} \Rightarrow c\,(H_3O^+) = \mathbf{10^{-7}\ mol \cdot L^{-1}}$

Reines Wasser verhält sich pH-neutral, da $c\,(H_3O^+)$ und $c\,(OH^-)$ in der gleichen Konzentration, nämlich $10^{-7}\ mol \cdot L^{-1}$ vorliegen.

3.6.2 pH- und pOH-Wert starker Säuren und Basen

Wird eine Säure in Wasser gelöst, so gibt sie H^+-Ionen an die Wassermoleküle ab und die H_3O^+-Ionenkonzentration steigt. Das Gleichgewicht:

$$2\,H_2O \rightleftarrows H_3O^+ + OH^-$$

wird also rechtsseitig gestört. Nach dem Prinzip von *Le Chatelier* weicht das System dem Zwang aus indem OH^--Ionen solange mit H_3O^+-Ionen zu H_2O-Molekülen reagieren, bis das Gleichgewicht wieder erreicht ist und der Wert von K_W wieder $10^{-14}\ mol^2 \cdot L^{-2}$ beträgt. Da bis zum Erreichen des Gleichgewichtzustandes OH^--Ionen verbraucht werden, verarmt die Lösung gegenüber reinem Wasser an OH^--Ionen und reichert sich infolge der Protolyse der Säure mit H_3O^+-Ionen an. In wässrigen Säurelösungen ist somit $c\,(H_3O^+) > 10^{-7}\ mol \cdot L^{-1}$. Man sagt daher, die Lösung reagiert **sauer.**

Enthält eine wässrige Lösung H_3O^+- gegenüber OH^--Ionen im Überschuss, so reagiert die Lösung sauer.

Löst man umgekehrt eine Base in Wasser, steigt durch die Protolyse die OH^--Ionenkonzentration und die der H_3O^+-Ionen sinkt. Die Lösung reagiert **basisch** oder **alkalisch.**

Liegen in einer wässrigen Lösung OH^--Ionen im Überschuss vor, so reagiert die Lösung alkalisch.

Der Charakter einer wässrigen Lösung, sauer, neutral oder alkalisch, zu reagieren, lässt sich vorhersagen, wenn man die Konzentrationen der H_3O^+- und OH^--Ionen kennt. Da diese sehr gering sind, hat der dänische Chemiker *Sörensen* zur Vereinfachung der Kennzeichnung solcher Lösungen den pH- bzw. pOH-Wert eingeführt. Per Definition gilt:

Der pH-Wert ist der negative dekadische Logarithmus des Zahlenwertes der in $mol \cdot L^{-1}$ angegebenen H_3O^+-Ionenkonzentration (genauer der H_3O^+-Ionenaktivität).

Bei **verdünnten Lösungen** von Säuren kann mit der **Stoffmengenkonzentration** gerechnet werden, bei **konzentrierten** infolge interionischer Wechselwirkung mit der **Aktivität**. Für den pH-Wert gilt nach der Definition:

$$pH = -\lg\left(\frac{c\,(H_3O^+)}{1\ mol \cdot L^{-1}}\right)$$

Da Logarithmen nur von reinen Zahlen gebildet werden können, muss die in $mol \cdot L^{-1}$ angegebene Konzentration durch die Standardkonzentration $1\ mol \cdot L^{-1}$ dividiert werden. Man kann vereinfacht schreiben:

$$pH = -\lg\{c\,(H_3O^+)\}$$ [1] c in $mol \cdot L^{-1}$ **3.7**

Diese vereinfachte Schreibweise wird auch in diesem Buch angewandt.

Für verdünnte wässrige Lösungen von Basen gilt entsprechend:

$$pOH = -\lg\{c\,(OH^-)\}$$ c in $mol \cdot L^{-1}$ **3.8**

Für reines Wasser, mit $c\,(H_3O^+) = 10^{-7}\ mol \cdot L^{-1}$ ist der pH-Wert = 7. Wässrige Lösungen mit diesem pH-Wert bezeichnet man als neutral. Für Lösungen, mit $c\,(H_3O^+) > 10^{-7}\ mol \cdot L^{-1}$ ist der pH-Wert kleiner als 7. Sie werden als sauer bezeichnet. Ist $c\,(H_3O^+) < 10^{-7}\ mol \cdot L^{-1}$, so ist der pH-Wert größer als 7 und man spricht von einer alkalischen Lösung. Wählt man die OH^--Ionenkonzentration als Bezugsgröße, so sind die Verhältnisse gerade umgekehrt. Tabelle 3d zeigt die Zusammenhänge.

Tabelle 3d: Ionenkonzentrationen, pH- und pOH-Werte wässriger Lösungen

	sauer	neutral	basisch
$c\,(H_3O^+)$	$> 10^{-7}$	10^{-7}	$< 10^{-7}$
$c\,(OH^-)$	$< 10^{-7}$	10^{-7}	$> 10^{-7}$
pH	< 7	7	> 7
pOH	> 7	7	< 7

M 3.17: Wie groß sind $c\,(H_3O^+)$, $c\,(OH^-)$, pH- und pOH-Wert einer HCl-Lösung mit $c\,(HCl) = 0{,}04\ mol \cdot L^{-1}$ und $K_W = 10^{-14}\ mol^2 \cdot L^{-2}$ (HCl wird als vollständig dissoziiert angesehen)?

Lsg.: Da HCl, ein starker Elektrolyt, als vollständig dissoziiert betrachtet wird, entspricht die H_3O^+-Ionenkonzentration der vorhandenen HCl-Konzentration. Der geringe Anteil an H_3O^+-Ionen aus dem Wasser ($10^{-7}\ mol \cdot L^{-1}$) wird vernachlässigt.

Somit ist: $c\,(H_3O^+) = 0{,}04\ mol \cdot L^{-1} = \mathbf{4 \cdot 10^{-2}\ mol \cdot L^{-1}}$

Nach Gl. 3.6 ist: $c\,(H_3O^+) \cdot c\,(OH^-) = 10^{-14}\ mol^2 \cdot L^{-2} \Rightarrow$

$$c\,(OH^-) = \frac{10^{-14}\ mol^2 \cdot L^{-2}}{c\,(H_3O^+)} = \frac{10^{-14}\ mol^2 \cdot L^{-2}}{4 \cdot 10^{-2}\ mol \cdot L^{-1}} = \mathbf{2{,}5 \cdot 10^{-13}\ mol \cdot L^{-1}}$$

Nach Gl. 3.7 gilt: $pH = -\lg\{c\,(H_3O^+)\} = -\lg 4 \cdot 10^{-2} = \mathbf{1{,}4}$

Mit Gl. 3.8 erhält man: $pOH = -\lg\{c\,(OH^-)\} = -\lg 2{,}5 \cdot 10^{-13} = \mathbf{12{,}6}$

1) Die geschweiften Klammern geben an, dass nur der **Zahlenwert** von $c\,(H_3O^+)$ logarithmiert wird.

Die Addition von pH- und pOH-Wert ergibt den Zahlenwert des negativen dekadischen Logarithmus der Konstante K_W (1,4 + 12,6 = 14,0 = – log 10^{-14}). Definiert man: – lg $\{K_W\}$ = pK_W, so ergibt sich die wichtige Beziehung:

3.9

$$pH + pOH = pK_W = 14$$

Gleichung 3.9 lässt sich aus Gl. 3.6 auch mathematisch ableiten:

$\{c(H_3O^+) \cdot c(OH^-)\} = 10^{-14}$ ‖ lg der Zahlenwerte

$\lg\{c(H_3O^+)\} + \lg\{c(OH^-)\} = -14$ ‖ · (– 1)

$[-\lg\{c(H_3O^+)\}] + [-\lg\{c(OH^-)\}] = 14$

$pH + pOH = 14$

M 3.18: Wie groß ist $c(H_3O^+)$ in einer Lösung mit pH = 10,8?

Lsg.: Nach Gl. 3.7 gilt: $pH = -\lg\{c(H_3O^+)\} \Rightarrow -pH = \lg\{c(H_3O^+)\} \Rightarrow 10^{-pH} = \{c(H_3O^+)\}$
$10^{-10,8} = \{c(H_3O^+)\} \Rightarrow \{c(H_3O^+)\} = 1,6 \cdot 10^{-11} \Rightarrow c(H_3O^+) = \mathbf{1,6 \cdot 10^{-11}\ mol \cdot L^{-1}}$

M 3.19: Wie groß ist der pH-Wert einer $Ca(OH)_2$-Lsg. mit $c[Ca(OH)_2] = 0,02\ mol \cdot L^{-1}$?
$Ca(OH)_2$ soll vollständig dissoziiert sein.

Lsg.: $Ca(OH)_2$ reagiert bei der Protolyse basisch, sodass man zweckmäßigerweise $c(OH^-)$ berechnet. Zu beachten ist hierbei, dass die Konzentration $c(OH^-)$ doppelt so hoch ist wie $c[Ca(OH)_2]$, da nach der Gleichung:
$Ca(OH)_2 \rightleftarrows Ca^{2+} + 2\ OH^-$
pro Mol $Ca(OH)_2$ 2 mol OH^--Ionen entstehen. Also ist: $c(OH^-) = 0,04\ mol\ L^{-1}$

Nach Gl. 3.8 gilt: $pOH = -\lg\{c(OH^-)\} \Rightarrow pOH = -\lg 4 \cdot 10^{-2} \Rightarrow pOH = 1,4$

Mit Gl. 3.9 erhält man: $pH + pOH = 14 \Rightarrow pH = 14 - pOH = 14 - 1,4 = \mathbf{12,6}$

3.6.3 pH- und pOH-Wert schwacher Säuren und Basen

Bei starken Elektrolyten, die vollständig dissoziiert sind, lassen sich $c(H_3O^+)$ bzw. $c(OH^-)$ ohne Anwendung des MWG aus ihren Stoffmengenkonzentrationen berechnen. Bei schwachen Elektrolyten muss dagegen das MWG formuliert und daraus $c(H_3O^+)$ bzw. $c(OH^-)$ berechnet werden. Die Protolyse einer beliebigen einprotonigen Säure HA mit H_2O verläuft nach der Gleichung:

$$HA + H_2O \rightleftarrows H_3O^+ + A^-$$

Das MWG für die Reaktion lautet dann: $K = \dfrac{c(H_3O^+) \cdot c(A^-)}{c(HA) \cdot c(H_2O)} \Rightarrow K \cdot c(H_2O) = \dfrac{c(H_3O^+) \cdot c(A^-)}{c(HA)}$

Wie bei der Autoprotolyse des Wassers wird $c(H_2O)$ als konstant angesehen und mit der Gleichgewichtskonstante K zu einer neuen Konstante K_S, die als **Säurekonstante** bezeichnet wird, zusammengefasst. Das MWG lautet dann:

3.10

$$K_S = \frac{c(H_3O^+) \cdot c(A^-)}{c(HA)}$$

K_S	$c(H_3O^+)$	$c(A^-)$	$c(HA)$
$mol \cdot L^{-1}$	$mol \cdot L^{-1}$	$mol \cdot L^{-1}$	$mol \cdot L^{-1}$

In Analogie zum pH-Wert (Gl. 3.7) definiert man:

3.11

$$pK_S = -\lg\{K_S\}$$

K_S in $mol \cdot L^{-1}$

Für die Berechnung des pH-Wertes einer schwachen Säure wird das in Kapitel 3.2 beschriebene Verfahren angewandt. Die Berechnung der Konzentration von H_3O^+ in einem Protolysegleichgewicht verläuft im Prinzip wie die Berechnung der Konzentration einer Komponente in einem Ester- oder Gasgleichgewicht. Zweckmäßigerweise fasst man auch hier Ausgangs- und Gleichgewichtskonzentration in einer Übersicht zusammen (siehe M. 3.3 und M. 3.6).

M 3.20: Wie groß ist der pH-Wert einer Essigsäurelösung, (CH_3COOH/H_2O) (abgekürzt mit HX bezeichnet), mit der Ausgangskonzentration $c(CH_3COOH) = 0{,}15\ mol \cdot L^{-1}$?

$K_S = 1{,}8 \cdot 10^{-5}\ mol \cdot L^{-1}$

$CH_3COOH + H_2O \rightleftarrows H_3O^+ + CH_3COO^-$

Lsg.: Der Bruchteil der Essigsäure, der dissoziiert, wird mit x (in $mol \cdot L^{-1}$) bezeichnet. Nach der Reaktionsgleichung sind im Protolysegleichgewicht dann $x\ mol \cdot L^{-1}\ H_3O^+$ und $x\ mol \cdot L^{-1}\ CH_3COO^-$-Ionen vorhanden. Man erhält folgende Übersicht:

	$c(CH_3COOH)$	$c(CH_3COO^-)$	$c(H_3O^+)$
Ausgangskonzentration in $mol \cdot L^{-1}$	0,15	0	0
Gleichgewichtskonzentration in $mol \cdot L^{-1}$	$0{,}15 - x$	x	x

Aus Gleichung 3.10 ergibt sich:

$$K_S = \frac{x \cdot x \cdot mol^2 \cdot L^{-2}}{(0{,}15 - x)\ mol \cdot L^{-1}} = 1{,}8 \cdot 10^{-5}\ mol \cdot L^{-1}$$

Man erhält durch Umformung die quadratische Gleichung (Einheiten unberücksichtig):

$$x^2 + 1{,}8 \cdot 10^{-5}\,x - 2{,}7 \cdot 10^{-6} = 0$$

$$x_1 = 1{,}63 \cdot 10^{-3}; \qquad x_2 = -1{,}65 \cdot 10^{-3}$$

Von den beiden Lösungen ist nur $x_1 = 1{,}63 \cdot 10^{-3}$ sinnvoll, d.h.

$$c(H_3O^+) = c(CH_3COO^-) = 1{,}63 \cdot 10^{-3}\ mol \cdot L^{-1}$$

Der pH-Wert der Lösung ist dann nach Gl. 3.7:

$pH = -\lg 1{,}63 \cdot 10^{-3} = \mathbf{2{,}8}$

Vergleicht man die Konzentration von $c(H_3O^+) = 1{,}63 \cdot 10^{-3}\ mol \cdot L^{-1}$ mit der Ausgangskonzentration der Säure $c = 0{,}15\ mol \cdot L^{-1}$, so ist der Wert von $c(H_3O^+)$ sehr klein und man kann näherungsweise diese Konzentration im Nenner des MWG vernachlässigen. Für dieses Beispiel gilt also:

$$0{,}15\ mol \cdot L^{-1} - 1{,}63 \cdot 10^{-3}\ mol \cdot L^{-1} \approx 0{,}15\ mol \cdot L^{-1}$$

In solchen Fällen vereinfacht sich das MWG. Es lautet dann:

$$K_S = \frac{x^2\ mol^2 \cdot L^{-2}}{0{,}15\ mol \cdot L^{-1}} = 1{,}8 \cdot 10^{-5}\ mol \cdot L^{-1} \quad \Rightarrow \quad x = \sqrt{1{,}8 \cdot 10^{-5} \cdot 0{,}15\ mol^2 \cdot L^{-2}} \approx 1{,}6 \cdot 10^{-3}\ mol \cdot L^{-1}$$

Die Anwendung solcher Näherungen ist **sinnvoll,** wenn die **Änderung Δx weniger als 5%** des Ausgangswertes beträgt.

In diesem Beispiel ist $\Delta x = \frac{1{,}63 \cdot 10^{-3}\ mol \cdot L^{-1}}{0{,}15\ mol \cdot L^{-1}} \cdot 100\% = 1{,}1\%$

Ein weiterer Anhaltspunkt für die Anwendung der Näherung ist auch der K_S-Wert. Bei $K_S > \mathbf{10^{-4}}$ sollte die Näherung **nicht** genommen werden, da sonst der Fehler zu groß wird. In jedem Fall muss bei Verwendung einer Näherung am Schluss in der oben angegebenen Weise geprüft werden, ob der berechnete Wert die Näherung bestätigt.

Die Ergebnisse der Aufgabe M. 3.20 lassen sich verallgemeinern.

Bezeichnet man die Anfangskonzentration einer Säure HX mit c und den dissoziierten Anteil wieder mit x, so liegen im Gleichgewicht der Protolyse:

$$HX + H_2O \rightleftarrows H_3O^+ + X^-$$

folgende Konzentrationen vor:

	$c(HX)$	$c(H_3O^+)$	$c(X^-)$
Ausgangskonzentration in $mol \cdot L^{-1}$	c	0	0
Gleichgewichtskonzentration in $mol \cdot L^{-1}$	$c - x$	x	x

Für das MWG und K_S gilt dann: $K_S = \frac{x^2\ mol^2 \cdot L^{-2}}{(c - x)\ mol \cdot L^{-1}}$

Die hieraus resultierende quadratische Gleichung lautet:

$$x^2 + K_S \cdot x - K_S \cdot c = 0$$

3.12

$$x = c\,(H_3O^+) = -\frac{K_S}{2} + \sqrt{\frac{K_S^2}{4} + K_S \cdot c}$$

K_S	c
$mol \cdot L^{-1}$	$mol \cdot L^{-1}$

Die Lösung mit einem Minuszeichen vor der Wurzel ist physikalisch unsinnig und wurde daher nicht berücksichtigt.

Geht man von der Zulässigkeit einer Näherung aus, d.h. $x \ll c$, so vereinfacht sich das MWG und lautet:

$$K_S = \frac{x^2}{c} \quad \Rightarrow$$

3.13

$$x = c\,(H_3O^+) = \sqrt{K_S \cdot c}$$

K_S	c
$mol \cdot L^{-1}$	$mol \cdot L^{-1}$

Aus Gleichung 3.13 erhält man durch Logarithmieren und Multiplizieren mit –1:

3.14

$$pH = \frac{pK_S - \lg\{c\}}{2}$$

c in $mol \cdot L^{-1}$

M 3.21: Wie groß ist der pH-Wert der Essigsäure von M 3.20 unter Anwendung von Gl. 3.14?

Lsg.: Mit den Werten aus Aufgabe M 3.20 erhält man:

$pK_S = -\lg 1{,}8 \cdot 10^{-5} = 4{,}74$

$c = 0{,}15\ mol \cdot L^{-1}$

Eingesetzt in Gl. 3.14 ergibt:

$$pH = \frac{4{,}74 - \lg 0{,}15}{2} = \frac{5{,}56}{2} = 2{,}78 \approx \mathbf{2{,}8}$$

Bei der Berechnung des pH-Wertes einer Base verfährt man analog, nur dass man hier zunächst den pOH-Wert berechnet und dann mit Gl. 3.9 den pH-Wert ermittelt.

Für die Protolyse einer schwachen Base B mit H_2O gilt:

$$B + H_2O \rightleftarrows BH^+ + OH^-$$

Das MWG lautet:

$$K = \frac{c\,(BH^+) \cdot c\,(OH^-)}{c\,(B) \cdot c\,(H_2O)} \quad \Rightarrow \quad K \cdot c\,(H_2O) = \frac{c\,(BH^+) \cdot c\,(OH^-)}{c\,(B)}$$

Das Produkt aus der Gleichgewichtskonstanten K und der auch hier als konstant angesehenen Konzentration $c\,(H_2O)$ bezeichnet man als **Basenkonstante** K_B. Das MWG lautet dann:

3.15

$$K_B = \frac{c\,(BH^+) \cdot c\,(OH^-)}{c\,(B)}$$

K_B	$c\,(BH^+)$	$c\,(OH^-)$	$c\,(B)$
$mol \cdot L^{-1}$	$mol \cdot L^{-1}$	$mol \cdot L^{-1}$	$mol \cdot L^{-1}$

Analog zu Gl. 3.11 definiert man:

3.16

$$pK_B = -\lg\{K_B\}$$

K_B in $mol \cdot L^{-1}$

M 3.22: Wie groß ist der pH-Wert einer NH_3-Lösung, mit $c\,(NH_3) = 0{,}1\ \text{mol} \cdot \text{L}^{-1}$, wenn $K_B = 1{,}8 \cdot 10^{-5}\ \text{mol} \cdot \text{L}^{-1}$ beträgt.

$NH_3 + H_2O \rightleftarrows NH_4^+ + OH^-$

Lsg.: Die Lösung reagiert basisch, sodass zunächst $c\,(OH^-)$ berechnet wird. Die Gleichgewichtskonzentration $c\,(OH^-)$ wird hierbei analog zu M. 3.20 ermittelt. Bis zum Erreichen des Gleichgewichts wird $c\,(OH^-)$ von Null auf x mol · L⁻¹ steigen und $c\,(NH_3)$ um diesen Betrag abnehmen. Man erhält folgendes Schema:

	$c\,(NH_3)$	$c\,(OH^-)$	$c\,(NH_4^+)$
Ausgangskonzentration in $\text{mol} \cdot \text{L}^{-1}$	0,1	0	0
Gleichgewichtskonzentration in $\text{mol} \cdot \text{L}^{-1}$	$0{,}1 - x$	x	x

Somit ist nach Gl. 3.15 $K_B = \dfrac{x^2\ \text{mol}^2 \cdot \text{L}^{-2}}{(0{,}1 - x)\ \text{mol} \cdot \text{L}^{-1}} = 1{,}8 \cdot 10^{-5}\ \text{mol} \cdot \text{L}^{-1}$

$x^2 + 1{,}8 \cdot 10^{-5}\,x - 1{,}8 \cdot 10^{-6} = 0$ (Einheiten unberücksichtigt)

$x = 1{,}33 \cdot 10^{-3}$ bzw. $1{,}33 \cdot 10^{-3}\ \text{mol} \cdot \text{L}^{-1}$

Nach Gl. 3.8 ist $\text{pOH} = -\lg 1{,}33 \cdot 10^{-3} = 2{,}88 \approx 2{,}9$

Einsetzen in Gl. 3.9: $\text{pH} + \text{pOH} = 14 \quad \Rightarrow \quad \text{pH} = 14 - 2{,}9 = \mathbf{11{,}1}$

Geht man allgemein von einer beliebigen Base B mit der Anfangskonzentration c aus, so wird $c\,(OH^-)$ analog zu $c\,(H_3O^+)$ aus Gl. 3.12 berechnet, indem statt K_S die Basenkonstante K_B eingesetzt wird.

Es gilt also für $c\,(OH^-)$ einer schwachen Base:

$$c\,(OH^-) = -\frac{K_B}{2} + \sqrt{\frac{K_B^2}{4} + K_B \cdot c}$$

K_B	c
$\text{mol} \cdot \text{L}^{-1}$	$\text{mol} \cdot \text{L}^{-1}$

3.17

Ist wie im Beispiel von M. 3.22 $x \ll c$, so kann man auch hier von der Näherung:

$c - x \approx c$

ausgehen und erhält analog zu Gl. 3.13:

$$c\,(OH^-) = \sqrt{K_B \cdot c}$$

K_B	c
$\text{mol} \cdot \text{L}^{-1}$	$\text{mol} \cdot \text{L}^{-1}$

3.18

Durch Logarithmieren und Multiplizieren mit –1 resultiert:

$$\text{pOH} = \frac{\text{p}K_B - \lg\{c\}}{2}$$

c in $\text{mol} \cdot \text{L}^{-1}$

3.19

Verwendet man Gl. 3.19 zur Lösung von M. 3.22, so erhält man mit Gl. 3.19 und Gl. 3.16

$\text{pOH} = \dfrac{4{,}74 - (-1)}{2} = \dfrac{5{,}74}{2} = 2{,}87$; 2,9 und hieraus mit Gl. 3.9: $\text{pH} = 14 - 2{,}9 = \mathbf{11{,}1}$

Die Näherung ist auch in diesem Fall zulässig.

Zu beachten ist, dass wie in Beispiel M. 3.17, und allen weiteren Berechnungen die Konzentrationen von $c\,(H_3O^+)$ bzw. $c\,(OH^-)$, die aus der Autoprotolyse von H_2O selbst stammen, vernachlässigt wurden.

Das ist aber **nur erlaubt,** wenn $c\,(H_3O^+)$ bzw. $c\,(OH^-) \geq 3 \cdot 10^{-7}\ \text{mol} \cdot \text{L}^{-1}$ ist.

M 3.23: Wie groß ist der pH-Wert einer HCl-Lösung mit $c\,(\text{HCl}) = 1{,}0 \cdot 10^{-8}\ \text{mol} \cdot \text{L}^{-1}$? HCl wird als vollständig dissoziiert betrachtet.

Lsg.: Anwendung von Gl. 3.7 ergibt:

$\text{pH} = -\lg\{c\,(\text{H}_3\text{O}^+)\} = -\lg 1{,}0 \cdot 10^{-8} = 8$

Die Lösung ist natürlich unmöglich. Es würde bedeuten, dass durch sehr große Verdünnung eine Säure alkalisch reagiert. In Fällen wie diesem darf die Konzentration der H_3O^+-Ionen, die aus dem Wasser selbst stammen, nicht vernachlässigt werden.

Die Konzentration an H_3O^+-Ionen in dieser Lösung ist die Summe der H_3O^+-Ionen aus dem Wasser und der HCl. Man erhält also:

$c\,(\text{H}_3\text{O}^+) = 1{,}0 \cdot 10^{-7}\ \text{mol} \cdot \text{L}^{-1} + 1{,}0 \cdot 10^{-8}\ \text{mol} \cdot \text{L}^{-1} = 1{,}1 \cdot 10^{-7}\ \text{mol} \cdot \text{L}^{-1}$

Der pH-Wert der Lösung ist:

$\text{pH} = -\lg\{c\,(\text{H}_3\text{O}^+)\} = -\lg 1{,}1 \cdot 10^{-7} = \mathbf{6{,}96 \approx 7}$

Für schwache Basen mit solch einer geringen Konzentration gilt Entsprechendes.

Die bisherigen Betrachtungen über Säuren und Basen lassen sich auch auf korrespondierende Säure/Base-Paare übertragen. Zwischen der Säurekonstanten K_S einer Säure HX und der Basenkonstante K_B ihrer korrespondierenden Base X^- besteht ein einfacher Zusammenhang. Fungiert HX gegenüber Wasser als Protonendonator und X^- als Protonenakzeptor, so laufen folgende Protolysen ab:

$$\text{HX} + \text{H}_2\text{O} \rightleftarrows \text{H}_3\text{O}^+ + \text{X}^- \quad \Rightarrow \quad K_S = \frac{c\,(\text{H}_3\text{O}^+) \cdot c\,(\text{X}^-)}{c\,(\text{HX})}$$

$$\text{X}^- + \text{H}_2\text{O} \rightleftarrows \text{HX} + \text{OH}^- \quad \Rightarrow \quad K_B = \frac{c\,(\text{HX}) \cdot c\,(\text{OH}^-)}{c\,(\text{X}^-)}$$

Durch Multiplikation der beiden Konstanten erhält man:

$$K_S \cdot K_B = \frac{c\,(\text{H}_3\text{O}^+) \cdot c\,(\text{X}^-)}{c\,(\text{HX})} \cdot \frac{c\,(\text{HX}) \cdot c\,(\text{OH}^-)}{c\,(\text{X}^-)} = c\,(\text{H}_3\text{O}^+) \cdot c\,(\text{OH}^-) = K_W$$

Somit ist bei 25 °C: $K_S \cdot K_B = K_W = 10^{-14}\ \text{mol}^2 \cdot \text{L}^{-2}$ oder, logarithmieren der Zahlenwerte und multipliziert mit – 1:

3.20

$$\text{p}K_S\ (\text{Säure}) + \text{p}K_B\ (\text{korrespondierende Base}) = 14$$

Die Zahlenwerte von K_S, K_B, $\text{p}K_S$ und $\text{p}K_B$ beinhalten Angaben über die Stärke von Säuren bzw. Basen in wässriger Lösung. Je größer der K_S- bzw. K_B-Wert ist (je **kleiner** also der Wert von $\text{p}K_S$ bzw. $\text{p}K_B$), desto **stärker** ist die betreffende Säure bzw. Base. Ist $K_S < 1$ ($\text{p}K_S > 0$), so ist die Säure nur teilweise protolysiert, d.h. das Gleichgewicht liegt links. Bei $K_S > 1$ ($\text{p}K_S < 0$) ist die Säure – im Grenzfall – vollständig dissoziiert, das Gleichgewicht liegt rechts. Allgemein geht man davon aus, dass bei $K_S < 10^{-4}\ \text{mol} \cdot \text{L}^{-1}$ eine schwache Säure ($\text{p}K_S > 3{,}5$) und bei $K_S > 2$ eine starke Säure ($\text{p}K_S < 0{,}35$) vorliegt. Dazwischen liegen mittelstarke Säuren. Für die Protolyse einer Base und für die Basenkonstante K_B gilt Entsprechendes. Die $\text{p}K_S$-Werte einiger wichtiger Säuren sind in Tabelle 3e wiedergegeben.

Tabelle 3e: $\text{p}K_S$-Werte einiger Säure-Base-Paare bei 25 °C

Säure	Name	Base	$\text{p}K_S$
$HClO_4$	Perchlorsäure	ClO_4^-	– 9
HCl	Hydrogenchlorid	Cl^-	– 6
H_2SO_4	Schwefelsäure	HSO_4^-	–3
H_3O^+	Hydronium-Ion	H_2O	– 1,74
HNO_3	Salpetersäure	NO_3^-	– 1,37
$HClO_3$	Chlorsäure	ClO_3^-	0
HSO_4^-	Hydrogensulfat-Ion	SO_4^{2-}	+ 1,92
H_2SO_3	Schweflige Säure	HSO_3^-	+ 1,90
H_3PO_4	Phosphorsäure	$H_2PO_4^-$	+ 2,16
$[Fe(H_2O)_6]^{3+}$	Hexaaqua-Eisen(III)-Ion	$[Fe(OH)(H_2O)_5]^{2+}$	+ 2,46
HF	Hydrogenfluorid	F^-	+ 3,18
HCOOH	Methansäure	$HCOO^-$	+ 3,7
CH_3COOH	Ethansäure	CH_3COO^-	+ 4,75
$[Al(H_2O)_6]^{3+}$	Hexaaqua-Aluminium-Ion	$[Al(OH)(H_2O)_5]^{2+}$	+ 4,97
H_2CO_3	Kohlensäure	HCO_3^-	+ 6,35

Fortsetzung Tabelle 3e: pK_S-Werte einiger Säure-Base-Paare bei 25 °C			
Säure	Name	Base	pK_S
H_2S	Hydrogensulfid	HS^-	+ 7,06
HSO_3^-	Hydrogensulfit-Ion	SO_3^{2-}	+ 7,20
$H_2PO_4^-$	Dihydrogenphosphat-Ion	HPO_4^{2-}	+ 7,21
HCN	Hydrogencyanid	CN^-	+ 9,21
NH_4^+	Ammonium-Ion	NH_3	+ 9,25
$[Zn(H_2O)_6]^{2+}$	Hexaaqua-Zink-Ion	$[Zn(OH)(H_2O)_5]^+$	+ 9,66
HCO_3^-	Hydrogencarbonat-Ion	CO_3^{2-}	+ 10,33
H_2O_2	Wasserstoffperoxid	HO_2^-	+ 11,65
HPO_4^{2-}	Hydrogenphosphat-Ion	PO_4^{3-}	+ 12,32
HS^-	Hydrogensulfid-Ion	S^{2-}	+ 12,89
H_2O	Wasser	OH^-	+ 15,74
OH^-	Hydroxid-Ion	O^{2-}	+ 24

Das Ausmaß einer Protolyse zu bestimmen und die Säurekonstante schwacher, einbasiger Säuren oder die Basenkonstante einwertiger Basen zu berechnen ist möglich, wenn die Ausgangskonzentration c und der Dissoziationsgrad α bekannt sind. Der Dissoziationsgrad α wird bei Gleichgewichten in wässriger Lösung i.d.R. als **Protolysegrad** α bezeichnet. Seine Bestimmung kann über die Messung der Leitfähigkeit oder über die kolligativen Eigenschaften (vgl. Kap. 8.5.2) erfolgen.

Die Bestimmung der Gleichgewichtskonzentrationen bei Protolysen erfolgt in ähnlicher Weise, wie bei der thermischen Dissoziation von Gasen beschrieben.

Geht man bei der Protolyse wieder von einer allgemeinen Reaktion des Typs:

$$HX + H_2O \rightleftarrows H_3O^+ + X^-$$

aus, bei der die Ausgangskonzentration, c(HX), und der Protolysegrad α bekannt sind, so werden sich bei der Protolyse $\{c \cdot \alpha\}$ Mole an H_3O^+ und X^--Ionen bilden. Somit verbleiben an HX-Molekülen im Gleichgewicht noch: $\{c - c \cdot \alpha\}$. Man erhält dann folgende Übersicht:

	c(HX)	$c(H_3O^+)$	$c(X^-)$
Ausgangskonzentration in mol · L^{-1}	c	0	0
Gleichgewichtskonzentration in mol · L^{-1}	$c - c \cdot \alpha$	$c \cdot \alpha$	$c \cdot \alpha$

Das MWG für die Reaktion: $HX + H_2O \rightleftarrows H_3O^+ + X^-$ lautet:

$$K_S = \frac{c(H_3O^+) \cdot c(X^-)}{c(HX)}$$

Einsetzen der Werte aus dem Übersichtsschema für die Gleichgewichtskonzentrationen liefert:

$$K_S = \frac{c \cdot \alpha \cdot c \cdot \alpha}{c - c \cdot \alpha} = \frac{c^2 \cdot \alpha^2}{c \cdot (1 - \alpha)} = \frac{c \cdot \alpha^2}{1 - \alpha}$$

$$K_S = \frac{c \cdot \alpha^2}{1 - \alpha} \quad 3.21$$

K_S	c	α
mol · L^{-1}	mol · L^{-1}	1

Man bezeichnet Gl. 3.21 als ***ostwald*****sches Verdünnungsgesetz.**

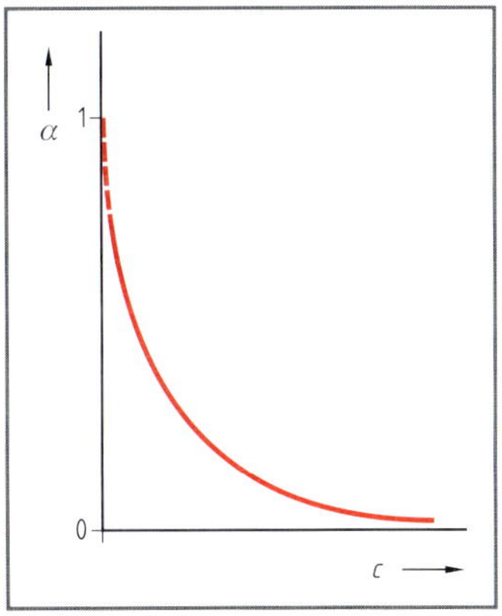

Bild 1: Protolysegrad in Abhängigkeit von der Konzentration

Für Basen erhält man entsprechend:

$$K_B = \frac{c \cdot \alpha^2}{1 - \alpha} \quad 3.22$$

K_B	c	α
mol · L^{-1}	mol · L^{-1}	1

Es ist allerdings nur für schwache Elektrolyte gültig. Der Dissoziationsgrad α ist, wie aus Gl. 3.21 und Bild 1 ersichtlich, stark konzentrationsabhängig. Mit zunehmender Konzentration, d.h. abnehmender Verdünnung, wird der Dissoziationsgrad α kleiner. Aufgrund ihrer Ladungen beeinflussen sich die Ionen gegenseitig und zwar um so stärker, je höher die Gesamtkonzentration der Lösung ist. Diese interionischen Wechselwirkungskräfte wirken sich so aus, als wäre die Zahl der dissoziierten Moleküle in der Lösung geringer. Bei konzentrierten Lösungen muss mit den Aktivitäten statt der Konzentrationen gerechnet werden. Ist der Dissoziationsgrad α bei einer schwachen Säure sehr klein, d.h., $\alpha \ll 1$, so kann α im Nenner von Gl. 3.21 bzw. 3.22 vernachlässigt werden und man erhält die einfache Gleichung:

3.23 $K_S = \alpha^2 \cdot c \quad \Rightarrow$ $$\alpha = \sqrt{\frac{K_S}{c}}$$

K_S	c	α
$mol \cdot L^{-1}$	$mol \cdot L^{-1}$	1

3.24 und für Basen: $$\alpha = \sqrt{\frac{K_B}{c}}$$

K_B	c	α
$mol \cdot L^{-1}$	$mol \cdot L^{-1}$	1

M 3.24: Wie groß ist α einer wässrigen NH_3-Lösung, $c\,(NH_3) = 0{,}05\ mol \cdot L^{-1}$, wenn gilt $K_B = 1{,}8 \cdot 10^{-5}\ mol\ L^{-1}$? Zur Berechnung sollen Gl. 3.22 und 3.24 herangezogen werden.

Lsg.: Aus Gleichung 3.22 erhält man durch Umstellung die quadratische Gleichung:

$$\alpha^2 + \frac{K_B}{c} \cdot \alpha - \frac{K_B}{c} = 0 \quad \Rightarrow \quad \alpha = -\frac{K_B}{2 \cdot c} + \sqrt{\frac{K_B^2}{4 \cdot c^2} + \frac{K_B}{c}}$$

Die Lösung mit dem Minuszeichen vor der Wurzel wurde weggelassen, da es keinen negativen Dissoziationsgrad gibt.

Einsetzen der Werte in diese Gleichung ergibt:

$$\alpha = -\frac{1{,}8 \cdot 10^{-5}\ mol \cdot L^{-1}}{2 \cdot 0{,}05\ mol \cdot L^{-1}} + \sqrt{\frac{(1{,}8 \cdot 10^{-5})^2\ mol^2 \cdot L^{-2}}{4 \cdot (0{,}05)^2\ mol^2 \cdot L^{-2}} + \frac{1{,}8 \cdot 10^{-5}\ mol \cdot L^{-1}}{0{,}05\ mol \cdot L^{-1}}} = 0{,}0188 \mathrel{\widehat{=}} \mathbf{1{,}9\%}$$

Anwendung von Gl. 3.24 ergibt:

$$\alpha = \sqrt{\frac{K_B}{c}} = \sqrt{\frac{1{,}8 \cdot 10^{-5}\ mol \cdot L^{-1}}{0{,}05\ mol \cdot L^{-1}}} = 0{,}0189 = \mathbf{1{,}9\%}$$

Die Näherungsformel für die Berechnung von α ist also völlig ausreichend. Zur Überprüfung ihrer Zulässigkeit berechnet man die Veränderung von $c\,(OH^-)$ und vergleicht sie mit c.

$$c\,(OH^-) = \alpha \cdot c \quad \Rightarrow \quad \frac{c\,(OH^-)}{c} = \alpha = 1{,}9\% \quad \Rightarrow \quad 1{,}9\% < 5\%$$ (vgl. S. 67)

M 3.25: Aus Leitfähigkeitsmessungen wurde der Protolysegrad einer wässrigen NH_3-Lösung, $c\,(NH_3) = 0{,}1\ mol \cdot L^{-1}$, zu $\alpha = 0{,}013$ bestimmt. Wie groß ist K_B für NH_3?

Lsg.: Nach Umstellung Gl. 3.24 erhält man:

$$K_B = \alpha^2 \cdot c = (1{,}3 \cdot 10^{-2})^2 \cdot 0{,}1\ mol \cdot L^{-1} = 1{,}69 \cdot 10^{-5}\ mol \cdot L^{-1} \approx \mathbf{1{,}7 \cdot 10^{-5}\ mol \cdot L^{-1}}$$

Verwendet man Gl. 3.22, so erhält man:

$$K_B = \frac{\alpha^2 \cdot c}{1 - \alpha} = \frac{(1{,}3 \cdot 10^{-2})^2 \cdot 0{,}1\ mol \cdot L^{-1}}{1 - 0{,}013} = 1{,}71 \cdot 10^{-5}\ mol \cdot L^{-1} \approx \mathbf{1{,}7 \cdot 10^{-5}\ mol \cdot L^{-1}}$$

Zur Berechnung von K_B genügt also die Näherungsformel von Gl. 3.24.

3.6.4 pH-Wert von Salzlösungen

Bestimmt man den pH-Wert wässriger Lösungen von CH_3COONa, NaCl und NH_4Cl, so stellt man fest, dass nur die NaCl-Lösung neutral reagiert (siehe Übersicht). Die Lösung von CH_3COONa reagiert basisch (pH > 7), die von NH_4Cl dagegen sauer (pH < 7). Die Salze selbst enthalten weder die für eine saure Reaktion erforderlichen H_3O^+- noch die für die alkalische Reaktion verantwortlichen OH^--Ionen. Das saure bzw. basische Verhalten dieser Lösungen muss daher darauf zurückgeführt werden, dass die Dissoziationsprodukte der Salze mit den H_2O-Molekülen eine Protolyse eingehen, sodass es zu einem neuen Protolysegleichgewicht mit einem Überschuss von H_3O^+- bzw. OH^--Ionen kommt. Löst man z.B. CH_3COONa in Wasser, so dissoziiert es nahezu vollständig:

Salz	CH_3COONa	NaCl	NH_4Cl
pH-Wert	> 7	7	< 7

$$CH_3COONa \rightleftarrows CH_3COO^- + Na^+$$

Die Na^+-Ionen reagieren nicht mit den H_2O-Molekülen zu undissoziierten Produkten. Anders dagegen die Acetat-Anionen, CH_3COO^-. Als korrespondierende Base der schwachen Essigsäure reagieren sie zumindest in kleinem Ausmaß mit den H_2O-Molekülen zu undissoziierten Essigsäuremolekülen, CH_3COOH. Bei dieser Protolyse bilden sich dann OH^--Ionen:

$$CH_3COO^- + H_2O \rightleftarrows CH_3COOH + OH^-.$$

Reaktionen dieser Art werden z.T. noch heute als Hydrolyse bezeichnet, obwohl sie nichts anderes als Protolysen darstellen. Da man unter dem Begriff Hydrolyse heute allgemein die Spaltung einer kovalenten Bindung durch Wasser versteht, wobei auch das H_2O-Molekül gespalten wird, wird in diesem Buch der Ausdruck Hydrolyse für Reaktionen im obigen Sinne nicht verwendet.

Durch die Reaktion der Acetat-Anionen mit H_2O-Molekülen entstehen also zusätzliche OH^--Ionen, die zu den OH^--Ionen aus der Autoprotolyse des Wassers hinzukommen. Diese Konzentration an OH^--Ionen kann man berechnen, indem man den Wert bestimmt, der die Gleichgewichtskonstante K_B des MWG

$$K_B = \frac{c\,(CH_3COOH) \cdot c\,(OH^-)}{c\,(CH_3COO^-)}$$

erfüllt. Kennt man $c\,(OH^-)$, so kann man den pOH-Wert der Lösung und daraus dann den pH-Wert berechnen.

M 3.26: Wie groß ist der pH-Wert einer wässrigen CH_3COONa-Lösung mit $c\,(CH_3COONa) = 0{,}13\ mol \cdot L^{-1}$? K_S von CH_3COOH beträgt $1{,}8 \cdot 10^{-5}\ mol \cdot L^{-1}$.

Lsg.: Die Reaktionsgleichung lautet: $CH_3COO^- + H_2O \rightleftarrows CH_3COOH + OH^-$

Die OH^--Ionenkonzentration wird von ihrem ursprünglichen Wert in reinem H_2O, $1 \cdot 10^{-7}\ mol \cdot L^{-1}$, um den Betrag $x\ mol \cdot L^{-1}$ zunehmen, ebenso die Konzentration an undissoziierten CH_3COOH-Molekülen. Die Konzentration der Acetat-Anionen, CH_3COO^-, nimmt um diesen Betrag ab. Die Veränderungen fasst man wie in den bisherigen Beispielen wieder in Tabellenform zusammen. Die Konzentration der OH^--Ionen, die aus dem reinen H_2O entstanden sind, ist wieder vernachlässigbar. Somit ist es zulässig, als Ausgangskonzentration $c\,(OH^-) = 0$ in das Schema einzusetzen.

	$c\,(CH_3COO^-)$	$c\,(CH_3COOH)$	$c\,(OH^-)$
Ausgangskonzentration in $mol \cdot L^{-1}$	0,13	0	0
Gleichgewichtskonzentration in $mol \cdot L^{-1}$	$0{,}13 - x$	x	x

Das MWG für die Gleichgewichtskonstante K_B der Reaktion lautet:

$$K_B = \frac{c\,(CH_3COOH) \cdot c\,(OH^-)}{c\,(CH_3COO^-)} = \frac{x^2\ mol^2 \cdot L^{-2}}{(0{,}13 - x)\ mol \cdot L^{-1}}$$

CH_3COOH und CH_3COO^- sind ein korrespondierendes Säure/Base-Paar, sodass nach Gl. 3.20 gilt:

$$pK_S + pK_B = 14 \quad \Rightarrow \quad K_S \cdot K_B = 10^{-14}\ mol^2 \cdot L^{-2} \quad \Rightarrow \quad K_B = \frac{10^{-14}\ mol^2 \cdot L^{-2}}{K_S}$$

Mit $K_S = 1{,}8 \cdot 10^{-5}\ mol \cdot L^{-1}$ erhält man für K_B:

$$K_B = \frac{10^{-14}\ mol^2 \cdot L^{-2}}{1{,}8 \cdot 10^{-5}\ mol\ L^{-1}} = 5{,}56 \cdot 10^{-10}\ mol \cdot L^{-1}$$

Da K_B sehr klein ist, wird x ebenfalls sehr klein, d.h. $x \ll 0{,}13$, und kann im Nenner vernachlässigt werden, sodass gilt: $(0{,}13 - x)\ mol \cdot L^{-1} \approx 0{,}13\ mol \cdot L^{-1}$. Mit dieser Näherung ergibt sich für K_B:

$$K_B = \frac{x^2\ mol^2 \cdot L^{-2}}{0{,}13\ mol \cdot L^{-1}} \quad \Rightarrow \quad x = \sqrt{K_B \cdot 0{,}13\ mol \cdot L^{-1}}$$

$$= \sqrt{5{,}56 \cdot 10^{-10} mol \cdot L^{-1} \cdot 0{,}13\ mol \cdot L^{-1}} = 8{,}5 \cdot 10^{-6}\ mol\ L^{-1}$$

Die Überprüfung, ob die Näherung zulässig ist, ergibt (vgl. S. 67):

$$\frac{c\,(OH^-)}{c} = \frac{8{,}5 \cdot 10^{-6}\ mol \cdot L^{-1}}{0{,}13\ mol \cdot L^{-1}} = 6{,}5 \cdot 10^{-5} \mathrel{\hat{=}} 6{,}5 \cdot 10^{-3}\,\% < 5\,\%$$

Die Näherung ist zulässig. Mit $c\,(OH^-) = 8{,}5 \cdot 10^{-6}\ mol \cdot L^{-1}$ ergibt sich mit Gl. 3.8:

$$pOH = -\lg 8{,}5 \cdot 10^{-6} = 5{,}07$$

Mit Gl. 3.9 erhält man für den pH-Wert: pH = 14 – pOH = 14 – 5,07 = 8,93 ≈ **8,9.**

Die Lösung reagiert, wie durch Versuch bestätigt, basisch.

Da andere Salze, die wie CH_3COONa aus einer starken Base (NaOH) und einer schwachen Säure (CH_3COOH) gebildet werden, ebenfalls basisch reagieren, kann man allgemein sagen:

Die wässrige Lösung eines Salzes aus einer starken Base und einer schwachen Säure reagiert aufgrund der Protolyse alkalisch.

Der pOH-Wert einer solchen Salzlösung kann auch mit Gl. 3.19 berechnet werden. Für *c* wird hierbei die Konzentration des Salzes eingesetzt und für pK_B der Wert der zur gegebenen Säure korrespondierenden Base. Mit den Werten aus M. 3.26 gilt:

$pK_S = -\lg \{K_S\} \Rightarrow pK_S = -\lg 1{,}8 \cdot 10^{-5} = 4{,}74$

Nach Gl. 3.20 gilt dann: $pK_B = 14 - pK_S = 14 - 4{,}74 = 9{,}26$

Einsetzen dieser Werte in Gl. 3.19 ergibt: $\mathrm{pOH} = \dfrac{pK_B - \lg \{c\}}{2} = \dfrac{9{,}26 - \lg 0{,}13}{2} = 5{,}07$

Ersetzt man in der Gleichung 3.19 den pOH-Wert durch die Beziehung: pOH = 14 – pH und den pK_B-Wert durch: $pK_B = 14 - pK_S$, so erhält man für Salze aus starken Basen und schwachen Säuren:

$$14 - \mathrm{pH} = \frac{14 - pK_S - \lg \{c\}}{2}$$

3.25 $$\mathrm{pH} = 7 + \frac{pK_S + \lg \{c\}}{2} \qquad c \text{ in mol} \cdot \mathrm{L}^{-1}$$

Mit Gl. 3.25 kann der pH-Wert einer Salzlösung, die aus einer schwachen Säure und einer starken Base besteht, direkt errechnet werden.

Einsetzen der Werte des vorgegebenen Beispiels in M 3.26 ergibt:

$$\mathrm{pH} = 7 + \frac{4{,}74 + \lg 0{,}13}{2} = \mathbf{8{,}9}$$

Eine wässrige Lösung von NH_4Cl reagiert sauer. Die Verhältnisse sind hier gerade umgekehrt. Beim Lösen von NH_4Cl in H_2O dissoziiert es auch fast vollständig.

$$NH_4Cl \rightleftarrows NH_4^+ + Cl^-$$

Da HCl eine sehr starke Säure ist, und folglich die korrespondierende Base Cl^- sehr schwach, reagieren die Cl^--Ionen mit den H_2O-Molekülen nicht.

Die NH_4^+-Ionen dagegen sind als korrespondierende Säure der schwachen Base NH_3 in der Lage, mit den H_2O-Molekülen zu reagieren: $NH_4^+ + H_2O \rightleftarrows NH_3 + H_3O^+$.

Zu den H_3O^+-Ionen aus dem reinen Wasser, $[c(H_3O^+) = 1 \cdot 10^{-7}\ \mathrm{mol} \cdot \mathrm{L}^{-1}]$, kommen infolge dieser Protolyse weitere hinzu, sodass der pH-Wert dieser Lösung kleiner als 7 wird.

Wie im vorangegangenen Beispiel bestimmt man $c(H_3O^+)$, indem man den Wert berechnet, der die Gleichgewichtskonstante K_S für die Reaktion: $NH_4^+ + H_2O \rightleftarrows NH_3 + H_3O^+$ erfüllt.

$$K_S = \frac{c(NH_3) \cdot c(H_3O^+)}{c(NH_4^+)}$$

Ist $c(H_3O^+)$ bekannt, so kann mit Gl. 3.7 der pH-Wert berechnet werden.

M 3.27: Wie groß ist der pH-Wert einer wässrigen NH_4Cl-Lösung mit $c(NH_4Cl) = 0{,}15\ \mathrm{mol} \cdot \mathrm{L}^{-1}$, wenn für NH_3 gilt $K_B = 1{,}8 \cdot 10^{-5}\ \mathrm{mol} \cdot \mathrm{L}^{-1}$?

Lsg.: Wie im Beispiel der CH_3COONa-Lösung beschrieben, werden die Veränderungen der Konzentration der H_3O^+-Ionen und NH_3-Moleküle um den Betrag $x\ \mathrm{mol} \cdot \mathrm{L}^{-1}$ steigen und $c(NH_4^+)$ um diesen Betrag fallen. Die aus dem H_2O stammenden H_3O^+-Ionen werden vernachlässigt, sodass als Ausgangskonzentration für $c(H_3O^+)$ wieder der Wert Null angenommen wird.

	$c(NH_4^+)$	$c(H_3O^+)$	$c(NH_3)$
Ausgangskonzentration in mol · L⁻¹	0,15	0	0
Gleichgewichtskonzentration in mol · L⁻¹	0,15 – *x*	*x*	*x*

Das MWG für die Gleichgewichtskonstante K_S lautet:

$$K_S = \frac{c(H_3O^+) \cdot c(NH_3)}{c(NH_4^+)} = \frac{x^2\ mol^2 \cdot L^{-2}}{(0{,}15 - x)\ mol \cdot L^{-1}}$$

Der K_S-Wert für das korrespondierende Säure/Base-Paar NH_4^+/NH_3 ist nach Gl. 3.20:

$$pK_S + pK_B = 14 \Rightarrow K_S \cdot K_B = 10^{-14}\ mol^2 \cdot L^{-2} \Rightarrow K_S = \frac{10^{-14}\ mol^2 \cdot L^{-2}}{K_B}$$

Mit $K_B = 1{,}8 \cdot 10^{-5}\ mol \cdot L^{-1}$ ist: $K_S = \frac{10^{-14}\ mol^2 \cdot L^{-2}}{1{,}8 \cdot 10^{-5}\ mol \cdot L^{-1}} = 5{,}56 \cdot 10^{-10}\ mol \cdot L^{-1}$

Da K_S sehr klein ist, wird auch x sehr klein, ($x \ll 0{,}15$), sodass näherungsweise gilt: $0{,}15 - x \approx 0{,}15$

Mit dieser Näherung erhält man: $K_S = \frac{x^2\ mol^2 \cdot L^{-2}}{0{,}15\ mol \cdot L^{-1}} \Rightarrow$

$$x = \sqrt{K_S \cdot 0{,}15\ mol \cdot L^{-1}} = \sqrt{5{,}56 \cdot 10^{-10}\ mol \cdot L^{-1} \cdot 0{,}15\ mol \cdot L^{-1}} = 9{,}1 \cdot 10^{-6}\ mol \cdot L^{-1}$$

Überprüfung der Näherung ergibt:

$$\frac{c(H_3O^+)}{c} = \frac{9{,}1 \cdot 10^{-6}\ mol \cdot L^{-1}}{0{,}15\ mol \cdot L^{-1}} = 6 \cdot 10^{-5} \mathrel{\hat=} 6 \cdot 10^{-3}\,\%$$

Die Näherung ist gerechtfertigt (vgl. S. 67)

Mit $c(H_3O^+) = 9{,}1 \cdot 10^{-6}\ mol \cdot L^{-1}$ ergibt sich nach Gl. 3.7: pH = 5,04 ≈ **5**

Die Lösung reagiert wie erwartet sauer.

Der pH-Wert von Salzlösungen aus starken Säuren und schwachen Basen kann analog zu M 3.26 mit Gl. 3.14 berechnet werden, indem man für c die Salzkonzentration und für pK_S den Wert einsetzt, der zum korrespondierenden pK_B-Wert gehört. Die gegebenen Zahlenwerte ergeben:

$$pK_S + pK_B = 14 \Rightarrow pK_S = 14 - pK_B = 14 - 4{,}74 = 9{,}26$$

Somit ist nach Gl. 3.14: $pH = \frac{pK_S - \lg\{c\}}{2} = \frac{9{,}26 + 0{,}82}{2} = \frac{10{,}08}{2} = \mathbf{5{,}04}$

Das Ergebnis für NH_4Cl lässt sich verallgemeinern und man kann sagen:

Die wässrige Lösung eines Salzes aus einer schwachen Base und einer starken Säure reagiert aufgrund der Protolyse sauer.

Da ein Salz aus einer starken Säure und einer starken Base (z.B. NaCl) in Wasser neutral reagiert, sagt man:

Die wässrige Lösung eines Salzes aus einer starken Säure und starken Base verhält sich chemisch neutral.

3.6.5 Pufferlösungen

Viele chemische Reaktionen, besonders in biologischen Systemen, erfordern die Einhaltung des pH-Wertes oder der Acidität in gewissen Grenzen. Menschliches Blut wird z.B. bei pH = 7,4 ± 0,2 gehalten und Abweichungen des pH-Wertes über diesen Bereich hinaus können tödlich sein. Auch Enzyme besitzen einen optimalen pH-Bereich, in dem sie am aktivsten sind. Meerwasser ist ebenfalls an der Oberfläche gepuffert, im Bereich 8,2 ± 0,1. Die Zugabe einer kleinen Menge Säure oder Base zu Blut oder Meerwasser führt nur zu geringen Änderungen im pH-Wert. Gibt man, wie in Bild 1 dargestellt, auf jeweils 1 Liter Meerwasser und reines Wasser ca. 0,1 mL einer HCl-Lösung, $c(HCl) = 1\ mol \cdot L^{-1}$, so tritt bei reinem Wasser eine große Veränderung des pH-Wertes ein, bei Meerwasser dage-

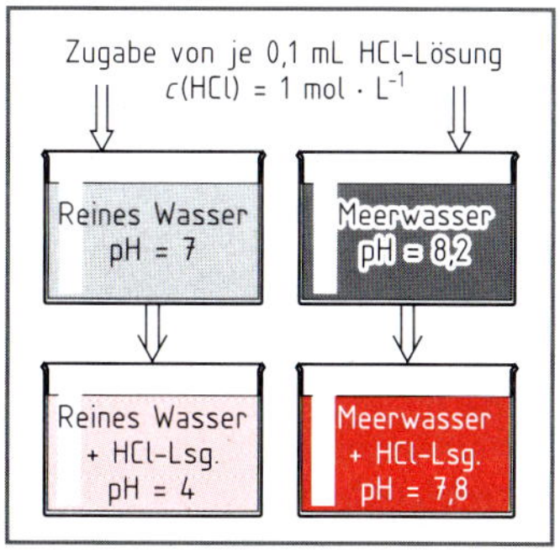

Bild 1: pH-Änderung bei reinem und bei Meerwasser

gen nur eine sehr kleine. Die Zugabe von 0,1 mL dieser Säure entspricht einer Zugabe von $1 \cdot 10^{-4}$ mol, sodass in reinem Wasser der pH-Wert von 7 auf 4 fällt, d.h. er ändert sich um 3 Einheiten. Bei Meerwasser ändert sich der pH-Wert von 8,2 auf 7,8, also nur um 0,4 Einheiten. Die im Meerwasser gelösten Stoffe, meist Salze, verhindern offensichtlich eine große pH-Änderung bei Zugabe einer Säure.

Lösungen, die sich wie Meerwasser verhalten, nennt man **Pufferlösungen.** Allgemein gilt:

> Lösungen, die den pH-Wert bei begrenztem Zusatz von Säuren oder Laugen weitgehend konstant halten, nennt man Pufferlösungen.

Da eine Pufferlösung den pH-Wert bei Säurezusatz zumindest nahezu beibehält, muss sie eine Base enthalten, die mit den H_3O^+-Ionen zu undissoziierter Säure zusammentreten kann. Der pH-Wert bleibt bei Zusatz einer begrenzten Menge Lauge jedoch auch fast konstant, sodass auch eine Säure vorhanden sein muss, deren H_3O^+-Ionen mit den OH^--Ionen der Lauge Wasser bilden.

Pufferlösungen bzw. Puffergemische müssen stets **zwei Substanzen** enthalten, eine **Säure,** die mit den zugegebenen OH^--Ionen, und eine **Base,** die mit den zugegebenen H_3O^+-Ionen reagiert.

Hierbei ist zu beachten, dass Säure und Base nicht miteinander in einer Neutralisationsreaktion reagieren. Man verwendet daher korrespondierende Säure/Base-Paare, d.h. eine schwache Säure oder Base und ihr Salz.

Häufig benutzte Puffer sind:
- Ethansäure und Natriumacetat (CH_3COOH/CH_3COONa)
- Kohlensäure und Natriumhydrogencarbonat ($H_2CO_3/NaHCO_3$)
- Kaliumdihydrogenphosphat und Dikaliumhydrogenphosphat (⇒ $H_2PO_4^-/HPO_4^{2-}$)
- Ammoniak und Ammoniumchlorid (NH_3/NH_4Cl).

Die Wirkungsweise eines Ethansäure/Natriumacetatpuffers zeigt Bild 1. Das Puffergemisch besteht modellhaft aus 4 undissoziierten HA-Molekülen und 4 A^--Anionen.

Bei Zusatz von H_3O^+-Ionen, vereinfacht als H^+-Ionen definiert, reagieren die Acetat-Anionen A^- zur undissoziierten Säure des Puffers HA:

$H^+ + A^- \rightleftarrows HA$; in diesem Beispiel:

$$4\,HA + 4\,A^- + 2\,H^+ \rightleftarrows 6\,HA + 2\,A^-$$

Der pH-Wert der Lösung wird hiervon wenig beeinflusst.

Bei Zugabe von OH^--Ionen werden diese von den Säuremolekülen des Puffers neutralisiert, es entstehen H_2O-Moleküle:

$OH^- + HA \rightleftarrows H_2O + A^-$; hier:

$$4\,HA + 4\,A^- + 2\,OH^- \rightleftarrows 2\,HA + 6\,A^- + 2\,H_2O$$

Auch hier ist der pH-Wert nahezu konstant.

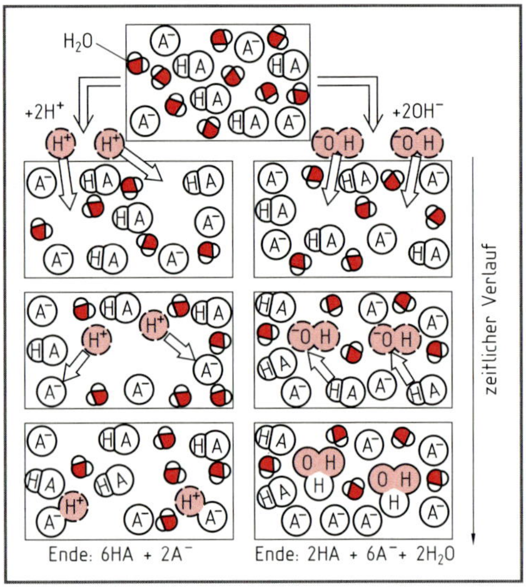

Bild 1: Wirkung eines Puffers

Ohne Puffer hätten die zugegebenen H_3O^+ bzw. OH^--Ionen zu großen Änderungen der pH-Wertes geführt (vgl. Bild 1, Seite 75).

Hätte man 5 oder 6 H_3O^+-Ionen anstelle von 2 zugegeben, so wäre die pH-Kontrolle natürlich zusammengebrochen. Man sagt in solchen Fällen: die **Pufferkapazität** der Lösung ist überschritten. Die Pufferkapazität ist abhängig von der Konzentration der darin enthaltenen Säure und Base. Außer durch die Pufferkapazität wird ein Puffer auch durch seinen pH-Bereich charakterisiert. Je nach Größe des pH-Bereiches, der konstant gehalten werden soll, kommen unterschiedliche Puffergemische zur Anwendung. Bevor man also von außen Säuren bzw. Basen zusetzt, ist es sinnvoll, den pH-Wert des vorliegenden Puffergemisches zu bestimmen. Ausgangspunkt soll ein Puffergemisch aus der schwachen Säure HA und ihrem entsprechenden Na-Salz sein. Die Säure HA wird in H_2O in geringem Ausmaß dissoziieren nach

$$HA + H_2O \rightleftarrows A^- + H_3O^+$$

Anwendung des MWG ergibt für die Säurekonstante K_S nach Gl. 3.10:

$$K_S = \frac{c\,(H_3O^+) \cdot c\,(A^-)}{c\,(HA)} \quad \Rightarrow \quad c\,(H_3O^+) = K_S \cdot \frac{c\,(HA)}{c\,(A^-)}$$

Logarithmieren der Zahlenwerte und Multiplizieren mit –1 ergibt:

$$-\lg \{c\,(H_3O^+)\} = -\lg \{K_S\} - \lg \frac{\{c\,(HA)\}}{\{c\,(A^-)\}}$$

$$pH = pK_S + \lg \frac{\{c\,(A^-)\}}{\{c\,(HA)\}} \qquad c \text{ in mol} \cdot L^{-1} \qquad \mathbf{3.26}$$

Diese Gleichung bezeichnet man als ***Henderson-Hasselbalch*-Gleichung.**

Entscheidend ist, wie groß $c\,(A^-)$ und $c\,(HA)$ im Gleichgewicht sind. Nimmt man als schwache Säure Ethansäure und gibt Na-Acetat als Salz hinzu, so wird die Konzentration der Acetat-Anionen, die aus dem Salz stammen, viel größer sein, als die, die aus der Dissoziation der Säure entstehen. Die Dissoziation der Säure wird durch die Zugabe von Acetat-Anionen außerdem nach dem Prinzip von *Le-Chatelier* zurückgedrängt, d.h. das Gleichgewicht verschiebt sich nach links. Man kann daher annehmen, dass $c\,(A^-)$ gleich der Konzentration des zugesetzten Salzes ist.

Wenn das Gleichgewicht nach links verschoben wird, entstehen mehr undissoziierte Säuremoleküle HA und die Konzentration der ohnehin nur in geringen Mengen vorhanden H_3O^+-Ionen wird noch kleiner. Man kann daher in guter Näherung für die im Gleichgewicht vorhandene Säurekonzentration $c\,(HA)$ die Ausgangskonzentration nehmen.

M 3.28: Wie groß ist der pH-Wert einer Pufferlösung aus gleichen Volumina Ethansäure, $c\,(CH_3COOH) = 0{,}1$ mol · L^{-1}, und Natriumacetat, $c\,(CH_3COONa) = 0{,}2$ mol · L^{-1}. Es gilt für CH_3COOH $K_S = 1{,}8 \cdot 10^{-5}$ mol · L^{-1}.

Lsg.: Da die Volumina gleich groß sind, bleibt das Verhältnis der Stoffmengenkonzentrationen von Salz zu Säure (2:1) erhalten, sodass nach Gl. 3.26 gilt:

$$pH = pK_S + \lg \frac{\{c\,(\text{Salz})\}}{\{c\,(\text{Säure})\}} = -\lg 1{,}8 \cdot 10^{-5} + \lg \frac{0{,}2}{0{,}1} = \mathbf{5{,}05} \approx \mathbf{5}$$

Dieser Ethansäure/Acetat-Puffer ist geeignet, in dem Bereich pH = 5 eine Reaktion abzupuffern. Da die meisten Puffergemische nur in einem pH-Bereich puffern, der in der Nähe des K_S-Wertes der Säure liegt, wählt man zweckmäßigerweise einen Puffer, dessen Säurekonstante im gewünschten pH-Bereich liegt.

Benötigt man einen Puffer im basischen Bereich, so verwendet man ein korrespondierendes Säure/Base-Paar, dessen Säure einen pK_S-Wert > 7 hat. Geeignet wäre hier z.B. ein Puffergemisch aus NH_3 und NH_4Cl. Die Protolyse einer Base B erfolgt nach der Reaktionsgleichung:

$$B + H_2O \rightleftarrows BH^+ + OH^-$$

Man erhält in Analogie zu Gl. 3.26:

$$pOH = pK_B + \lg \frac{\{c\,(BH^+)\}}{\{c\,(B)\}} \qquad c \text{ in mol} \cdot L^{-1} \qquad \mathbf{3.27}$$

M 3.29: Wie groß ist der pH-Wert eines Puffergemisches aus NH_3, $c\,(NH_3) = 0{,}1$ mol · L^{-1} und NH_4Cl, $c\,(NH_4Cl) = 0{,}2$ mol · L^{-1}? Für NH_3 gilt: $K_B = 1{,}8 \cdot 10^{-5}$ mol · L^{-1}.

Lsg.: Nach Gl. 3.27: $pOH = -\lg 1{,}8 \cdot 10^{-5} + \lg \frac{0{,}2}{0{,}1} = 5{,}05$

Nach Gl. 3.9 ist: pH = 14 – 5,05 = **8,95**

Ein Sonderfall von Gl. 3.26 liegt vor, wenn die Säure bzw. Base und ihr Salz in **gleicher** Konzentration vorhanden sind. Geht man von einem Ethansäure/Acetat-Puffer wie in M. 3.28 aus, der die Konzentrationen $c\,(\text{Säure}) = 0{,}1$ mol · L^{-1} und $c\,(\text{Salz}) = 0{,}1$ mol · L^{-1} besitzt, so ist in diesem Fall nach Gl. 3.26:

$$pH = pK_S + \lg \frac{\{c\,(\text{Salz})\}}{\{c\,(\text{Säure})\}} = pK_S + (\lg 0{,}1 - \lg 0{,}1) = pK_S \quad \Rightarrow \quad pH = pK_S$$

Man hat somit, außer Leitfähigkeitsmessungen, eine weitere Möglichkeit, die pK_S-Werte von Säuren oder Basen experimentell zu bestimmen. Man stellt ein äquimolares Puffergemisch her und misst den pH-Wert sehr genau.

Ein äquimolares Puffergemisch aus c (Säure) = 1 mol · L^{-1} und c (Salz) = 1 mol · L^{-1} besitzt den gleichen pH-Wert wie eines mit c (Säure) = 0,1 mol · L^{-1} und c (Salz) = 0,1 mol · L^{-1}. In beiden Fällen ist pH = pK_S. Die beiden Puffergemische unterscheiden sich allerdings in der Pufferkapazität. Da diese von den Stoffmengen abhängig ist, ist sie bei Lösung 1 mit den größeren Stoffmengen, je 1 mol · L^{-1}, größer als bei Lösung 2.

Bei den in der Praxis eingesetzten Pufferlösungen liegt das eingesetzte Stoffmengenverhältnis $c(A^-)/c(HA)$ im Bereich zwischen 1:10 und 10:1. Die so hergestellten Pufferlösungen puffern den pH-Wert dann im Bereich

$$pH = pK_S \pm 1$$

ab, d.h. der pH-Wert wird im Bereich der optimalen Pufferwirkung bei pH = pK_S auf eine Einheit genau festgehalten.

M 3.30: Zu einem Puffergemisch, bestehend aus c (Ethansäure) = 1 mol · L^{-1} und Natriumacetat, c (Salz) = 1 mol · L^{-1}, gibt man 10 mL Salzsäure, c (HCl) = 1 mol · L^{-1}. Wie groß ist der pH-Wert der Pufferlösung nach Zusatz der Salzsäure, wenn die Säurekonstante von Ethansäure $K_S = 1{,}8 \cdot 10^{-5}$ mol · L^{-1} beträgt? Wie groß ist der pH-Wert von reinem Wasser nach Zusatz dieser Menge Salzsäure zu einem Liter reinem H_2O?

Lsg.: Der pH-Wert der Pufferlösung vor der Salzsäure-Zugabe beträgt nach Gl. 3.26:

$$pH = pK_S + \lg \frac{1{,}0\ \text{mol} \cdot L^{-1}}{1{,}0\ \text{mol} \cdot L^{-1}} = pK_S = -\lg 1{,}8 \cdot 10^{-5} = 4{,}74$$

Bei Zugabe von Säure entstehen H_3O^+-Ionen, die mit den Acetat-Anionen reagieren:

$$CH_3COO^- + H_3O^+ \rightleftarrows CH_3COOH + H_2O$$

Somit wird die Konzentration c (Salz) fallen und c (Säure) steigen. Man erhält folgende Übersicht:

	c (Säure)	c (Salz)
Pufferlösung zu Beginn	1 mol · L^{-1}	1 mol · L^{-1}
Nach Salzsäure-Zusatz	$(1 + x)$ mol · L^{-1}	$(1 - x)$ mol · L^{-1}

Zusatz von 10 mL Säure, c (HCl) = 1 mol · L^{-1}, bedeutet 0,01 mol · L^{-1} an H_3O^+-Ionen.

Einsetzen der Werte in Gl. 3.27 ergibt: $pH = 4{,}74 + \lg \frac{0{,}99\ \text{mol} \cdot L^{-1}}{1{,}01\ \text{mol} \cdot L^{-1}} = \mathbf{4{,}73}$

Der pH-Wert ändert sich um: 4,74 – 4,73 = 0,01 Einheiten.

Bei Zugabe dieser HCl-Menge zu einem Liter Wasser erhält man, bei Annahme eines konstanten Volumens von 1 L, einen pH-Wert von 2. Der pH-Wert ändert sich also hier von pH 7 nach pH 2 um 5 Einheiten.

3.6.6 Protolyse mehrprotoniger Säuren

Mehrprotonige Säuren enthalten mehr als ein dissoziierbares H-Atom pro Molekül. Schwefelsäure, H_2SO_4, Phosphorsäure, H_3PO_4, und Arsensäure, H_3AsO_4, sind Beispiele für solche Säuren. Sie dissoziieren schrittweise und jeder Schritt besitzt seine eigene Säurekonstante, die mit K_{S1}, K_{S2} usw. bezeichnet wird. Für Phosphorsäure lassen sich drei Protolyseschritte formulieren

$$H_3PO_4 + H_2O \rightleftarrows H_3O^+ + H_2PO_4^- \qquad K_{S1} = \frac{c(H_3O^+) \cdot c(H_2PO_4^-)}{c(H_3PO_4)} = 7{,}5 \cdot 10^{-3}\ \text{mol} \cdot L^{-1}$$

$$H_2PO_4^- + H_2O \rightleftarrows H_3O^+ + HPO_4^{2-} \qquad K_{S2} = \frac{c(H_3O^+) \cdot c(HPO_4^{2-})}{c(H_2PO_4^-)} = 6{,}2 \cdot 10^{-8}\ \text{mol} \cdot L^{-1}$$

$$HPO_4^{2-} + H_2O \rightleftarrows H_3O^+ + PO_4^{3-} \qquad K_{S3} = \frac{c(H_3O^+) \cdot c(PO_4^{3-})}{c(HPO_4^{2-})} = 1 \cdot 10^{-12}\ \text{mol} \cdot L^{-1}$$

Man sieht, dass die Tendenz zur Abgabe der Protonen unterschiedlich groß ist. Für mehrprotonige Säuren gilt allgemein: $K_{S1} > K_{S2} > K_{S3}$. Aus einem neutralen Molekül ist ein Proton leichter abspaltbar als aus einem einfach negativ geladenen Ion und aus diesem leichter als aus einem zweifach negativen Ion.

Man kennt keine mehrprotonige Säure, von der in wässriger Lösung alle Protonen vollständig dissoziiert sind.

Wässrige Lösungen von CO_2 reagieren sauer. Das CO_2 reagiert mit Wasser zu Kohlensäure, H_2CO_3. Diese ist aber instabil; fast das gesamte CO_2 in der Lösung liegt in Form von CO_2-Molekülen vor. Die beiden Protolyseschritte werden daher folgendermaßen formuliert:

$$CO_2 + H_2O \rightleftarrows H^+ + HCO_3^- \qquad K_{S1} = \frac{c\,(H^+) \cdot c\,(HCO_3^-)}{c\,(CO_2)} = 4{,}2 \cdot 10^{-7}\ mol \cdot L^{-1}$$

$$HCO_3^- \rightleftarrows H^+ + CO_3^{2-} \qquad K_{S2} = \frac{c\,(H^+) \cdot c\,(CO_3^{2-})}{c\,(HCO_3^-)} = 4{,}8 \cdot 10^{-11}\ mol \cdot L^{-1}$$

M 3.31: Wie groß sind die Konzentrationen $c\,(H_3O^+)$, $c\,(H_2S)$, $c\,(HS^-)$ und $c\,(S^{2-})$ in einer wässrigen H_2S-Lösung mit $c\,(H_2S) = 0{,}1\ mol \cdot L^{-1}$? Die Säurekonstanten betragen: $K_{S1} = 1 \cdot 10^{-7}\ mol \cdot L^{-1}$, $K_{S2} = 1{,}26 \cdot 10^{-13}\ mol \cdot L^{-1}$.

1. Schritt $H_2S + H_2O \rightleftarrows H_3O^+ + HS^-$
2. Schritt $HS^- + H_2O \rightleftarrows H_3O^+ + S^{2-}$

Lsg.: Da $K_{S1} = 10^{-7}\ mol \cdot L^{-1}$ beträgt, wird die Menge an H_2S kaum durch die Protolyse beeinträchtigt. Man kann daher davon ausgehen, dass $c\,(H_2S)$ gleich der Ausgangskonzentration ist, d.h. $\mathbf{c\,(H_2S) = 0{,}1\ mol \cdot L^{-1}}$.

Mit $c\,(H_3O^+) = c\,(HS^-)$ erhält man aus Gl. 3.13:

$$c\,(H_3O^+) = \sqrt{K_{S1} \cdot c} = \sqrt{10^{-7}\ mol \cdot L^{-1} \cdot 0{,}1\ mol \cdot L^{-1}} = \mathbf{10^{-4}\ mol \cdot L^{-1}}$$

Überprüfung der Näherung ergibt:

$$\frac{c\,(H_3O^+)}{c} = \frac{10^{-4}\ mol \cdot L^{-1}}{0{,}1\ mol \cdot L^{-1}} = 10^{-3} \mathrel{\hat{=}} 0{,}1\% \Rightarrow \text{Die Näherung ist zulässig (vgl. Seite 67).}$$

Der zweite Protolyseschritt trägt nicht signifikant zur $c\,(H_3O^+)$-Ionenkonzentration bei, sodass für die Lösung gilt: $c\,(H_3O^+) \approx \mathbf{c\,(HS^-) = 10^{-4}\ mol \cdot L^{-1}}$.

Mit diesen Werten und K_{S2} wird $c\,(S^{2-})$ nach dem MWG berechnet. Man erhält:

$$c\,(S^{2-}) = \frac{K_{S2} \cdot c\,(HS^-)}{c\,(H_3O^+)} = \frac{1{,}26 \cdot 10^{-13}\ mol \cdot L^{-1} \cdot 10^{-4}\ mol \cdot L^{-1}}{10^{-4}\ mol \cdot L^{-1}} = \mathbf{1{,}26 \cdot 10^{-13}\ mol \cdot L^{-1}}$$

3.6.7 Löslichkeitsprodukt

Es gibt eine ganze Reihe von Salzen, die, im Gegensatz zu NaCl, in Wasser sehr schwer löslich sind. Die Löslichkeit eines Salzes ist das Resultat der Konkurrenz zwischen der gegenseitigen Anziehung der Ionen im Kristall einerseits und der Hydratation der gelösten Ionen durch die Lösemittelmoleküle andererseits. Für die Auflösung des Salzes wird Energie benötigt, da die Gitterenergie überwunden werden muss; bei der Hydratation wird Energie frei. Beide Vorgänge, die Auflösung des Salzes und die Hydratation der Ionen, sind mit Energieänderungen verbunden. Die Löslichkeit hängt oft von der relativ kleinen Differenz der beiden Energien ab. Ist die Hydratationsenergie (präziser: Hydratationsenthalpie) größer als die Gitterenergie, so wird sich das Salz in der Regel lösen. Im umgekehrten Fall, wenn die Gitterenergie sehr viel größer ist als die Hydratationsenergie, wird sich nur sehr wenig von dem Salz in H_2O lösen (vgl. Kap. 5.6.6).

Es ist schwierig, Gitterenergien und Hydratationsenergien so genau zu berechnen, um vorhersagen zu können, ob diese Energiedifferenz positiv oder negativ ist. Es lässt sich daher nur schlecht voraussagen, ob ein Salz leicht oder schwer löslich ist.

Hinzu kommt, dass bei einigen Salzen die Löslichkeit vom pH-Wert abhängig ist und es in einigen Fällen zur Bildung von Komplexen kommt.

Liegt ein schwerlösliches Salz wie z.B. AgCl oder $BaSO_4$ vor, so stellt sich sehr bald ein Gleichgewicht in der gesättigten Lösung ein, das z.B. im Fall des AgCl wie folgt aussieht:

$$AgCl\,(s) \rightleftarrows Ag^+ + Cl^-$$

In Bild 1 ist dieses Gleichgewicht dargestellt. Die beiden Ionen Ag^+ und Cl^- liegen in 2 verschiedenen Zuständen (Phasen) vor, einmal als hydratisierte Ionen in der wässrigen Lösung und einmal im Kristallverband des Bodenkörpers AgCl. Es besteht somit ein **heterogenes** Gleichgewicht zwischen festem AgCl und der gesättigten Lösung von AgCl.

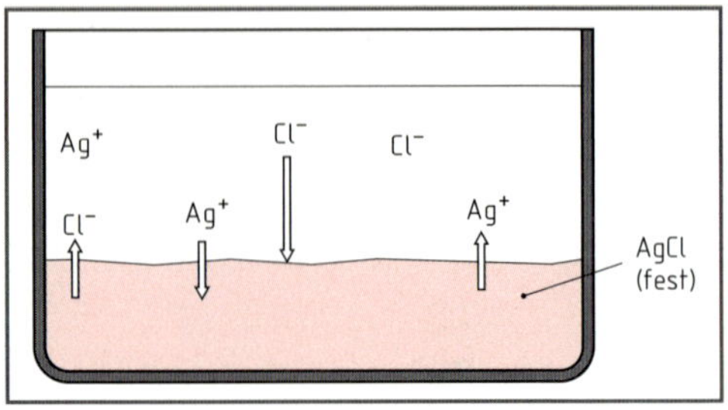

Bild 1: Lösungsgleichgewicht für AgCl

Das MWG ergibt für die Gleichgewichtskonstante der Reaktion: AgCl (s) $\rightleftarrows$ $Ag^+ + Cl^-$

$$K = \frac{c\,(Ag^+) \cdot c\,(Cl^-)}{c\,(AgCl)}$$

Solange festes AgCl vorhanden und in Kontakt mit der Lösung ist, bildet es einen unerschöpflichen Vorrat für mehr Substanz, sodass die wirkliche Konzentration von AgCl unverändert bleibt. Wie bei den heterogenen Gleichgewichten erwähnt, wird die Konzentration des reinen Festkörpers (hier festes AgCl) als konstant angesehen und in die Gleichgewichtskonstante mit einbezogen. Man erhält somit:

$$K \cdot c\,(AgCl) = L = c\,(Ag^+) \cdot c\,(Cl^-)$$

Die Konstante L nennt man das **Löslichkeitsprodukt.** Wie alle Gleichgewichtskonstanten ist sie temperaturabhängig, die Werte für L sind daher in der Regel für die Temperatur von 25 °C angegeben. Die Ionenkonzentrationen $c\,(Ag^+)$ und $c\,(Cl^-)$ sind die Konzentrationen in der gesättigten Lösung bei der gegebenen Temperatur.

Für ein Salz der allgemeinen Formel A_xB_y erhält man für das Lösungsgleichgewicht der Reaktion:

$$A_xB_y\,(s) \rightleftarrows x\,(A^+) + y\,(B^-)$$

3.28

$$L = c^x \cdot (A^+) \cdot c^y\,(B^-)$$

L	c
$(mol \cdot L^{-1})^{x+y}$	$mol \cdot L^{-1}$

Die **Einheit** des Löslichkeitsproduktes ist **$(mol \cdot L^{-1})^{x+y}$**. Sie ist **immer** mit anzugeben.

M 3.32: Wie lauten jeweils die Formeln für das Löslichkeitsprodukt L von Bi_2S_3, CaF_2, AgBr und Ag_3PO_4?

Welche Einheit hat L bei diesen Salzen?

Lsg.: Die Gleichgewichte lauten:

$Bi_2S_3\,(s) \rightleftarrows 2\,Bi^{3+} + 3\,S^{2-}$ AgBr (s) $\rightleftarrows Ag^+ + Br^-$

$CaF_2\,(s) \rightleftarrows Ca^{2+} + 2\,F^-$ $Ag_3PO_4\,(s) \rightleftarrows 3\,Ag^+ + PO_4^{3-}$

Nach Gl. 3.28 erhält man für das Löslichkeitsprodukt L

$L = c^2\,(Bi^{3+}) \cdot c^3\,(S^{2-})$ L in **$mol^5 \cdot L^{-5}$**

$L = c\,(Ca^{2+}) \cdot c^2(F^-)$ L in **$mol^3 \cdot L^{-3}$**

$L = c\,(Ag^+) \cdot c\,(Br^-)$ L in **$mol^2 \cdot L^{-2}$**

$L = c^3\,(Ag^+) \cdot c\,(PO_4^{3-})$ L in **$mol^4 \cdot L^{-4}$**

Da bei schwerlöslichen Salzen die Ionenkonzentrationen der Komponenten in der Lösung gering sind, rechnet man gewöhnlich auch mit diesen Konzentrationen und nicht mit den Aktivitäten. Der Wert des Löslichkeitsprodukts einer Verbindung lässt sich direkt aus seiner Löslichkeit bestimmen. Die Löslichkeit s eines schwerlöslichen Salzes entspricht seiner Stoffmengenkonzentration in der gesättigten Lösung in Abwesenheit von gleichionigen Zusätzen. Die Löslichkeit von AgCl in H_2O unterscheidet sich z.B. stark von der in einer NaCl-Lösung.

M 3.33: Bei 25 °C können in einem Liter Wasser 0,0259 g Ag_2CrO_4 ($M = 331{,}73\ g \cdot mol^{-1}$) gelöst werden. Bestimmen Sie das Löslichkeitsprodukt von Ag_2CrO_4 für die Reaktion:

$$Ag_2CrO_4\,(s) \rightleftarrows 2\,Ag^+ + CrO_4^{2-}$$

Lsg.: Da aus einem Mol Ag_2CrO_4 zwei Mole Ag^+- und ein Mol CrO_4^{2-}-Ionen entstehen, ist die Stoffmengenkonzentration $c\,(Ag^+)$ doppelt so hoch wie $c\,(CrO_4^{2-})$. Die Stoffmenge des Salzes beträgt:

$$n = \frac{m}{M} = \frac{0{,}0259\ g}{331{,}73\ g \cdot mol^{-1}} = 7{,}8 \cdot 10^{-5}\ mol \text{ in einem Liter Wasser}$$

Dann ist: $c\,(Ag^+) = 2 \cdot 7{,}8 \cdot 10^{-5}\ mol \cdot L^{-1}$

und $c\,(CrO_4^{2-}) = 7{,}8 \cdot 10^{-5}\ mol \cdot L^{-1}$

Mit Gl. 3.28 erhält man:

$$L = c^2\,(Ag^+) \cdot c\,(CrO_4^{2-}) = (2 \cdot 7{,}8 \cdot 10^{-5})^2\ mol^2 \cdot L^{-2} \cdot 7{,}8 \cdot 10^{-5}\ mol \cdot L^{-1} = \mathbf{1{,}9 \cdot 10^{-12}\ mol^3 \cdot L^{-3}}$$

Ist das Löslichkeitsprodukt einer Verbindung bekannt, so lässt sich umgekehrt seine Löslichkeit berechnen. Für ein Salz vom Typ AB gilt für seine Löslichkeit s:

$$s = \sqrt{L\,(AB)} \qquad \textbf{3.29}$$

s	L
$mol \cdot L^{-1}$	$mol^2 \cdot L^{-2}$

M 3.34: Wie groß ist die Löslichkeit in $mol \cdot L^{-1}$ von $BaSO_4$ bei 25 °C, wenn das Löslichkeitsprodukt bei dieser Temperatur $1{,}1 \cdot 10^{-10}\ mol^2 \cdot L^{-2}$ beträgt?

Lsg.: Nach Gl. 3.29 gilt für $BaSO_4$, ein Salz vom Typ AB:

$$s = \sqrt{1{,}1 \cdot 10^{-10}\ mol^2 \cdot L^{-2}} = \mathbf{1{,}05 \cdot 10^{-5}\ mol \cdot L^{-1}}$$

Bei komplizierteren Salzen vom Typ A_xB_y gilt für die Löslichkeit:

$$s = \sqrt[x+y]{\frac{L}{x^x \cdot y^y}} \qquad \textbf{3.30}$$

s	L
$mol \cdot L^{-1}$	$(mol \cdot L)^{x+y}$

M 3.35: Bei 25 °C beträgt das Löslichkeitsprodukt von CaF_2 $L = 4 \cdot 10^{-11}\ mol^3 \cdot L^{-3}$. Zu berechnen sind für die gesättigte Lösung:

a) die Löslichkeit von CaF_2 bei dieser Temperatur,
b) die Stoffmengenkonzentration der Ca^{2+} und F^--Ionen und
c) wie viel g CaF_2 sich in 200 mL Wasser bei 25 °C lösen [M $(CaF_2) = 78\ g \cdot mol^{-1}$].

Lsg.: a) Mit Gl. 3.30 ergibt sich:

$$s = \sqrt[1+2]{\frac{4 \cdot 10^{-11}\ mol^3 \cdot L^{-3}}{1^1 \cdot 2^2}} = \sqrt[3]{\frac{4 \cdot 10^{-11}\ mol^3 \cdot L^{-3}}{4}} = \mathbf{2{,}15 \cdot 10^{-4}\ mol \cdot L^{-1}}$$

b) Für die Dissoziation gilt: $CaF_2(s) \rightleftarrows Ca^{2+} + 2\,F^-$

Da pro Mol CaF_2 ein Mol Ca^{2+} entsteht, beträgt die Konzentration:

$c\,(Ca^{2+}) = \mathbf{2{,}15 \cdot 10^{-4}\ mol \cdot L^{-1}}$

Die Konzentration von F^- ist doppelt so hoch, da pro Mol Ca^{2+}-Ionen zwei Mole F^--Ionen entstehen. Somit ist: $c\,(F^-) = 2 \cdot c\,(Ca^{2+}) = \mathbf{4{,}3 \cdot 10^{-4}\ mol \cdot L^{-1}}$.

c) Es gehen $2{,}15 \cdot 10^{-4}\ mol \cdot L^{-1}$ CaF_2 in Lösung. Aus $n = \frac{m}{M} \Rightarrow m = n \cdot M = c \cdot V \cdot M$

$$m = 2{,}15 \cdot 10^{-4}\ mol \cdot L^{-1} \cdot 1\ L \cdot 78\ g \cdot mol^{-1} = 1{,}68 \cdot 10^{-2}\ g$$

$$\beta\,(CaF_2) = 1{,}68 \cdot 10^{-2}\ g \cdot L^{-1} = \frac{1{,}68 \cdot 10^{-2}}{5}\ g/200\ mL = \mathbf{3{,}36 \cdot 10^{-3}\ g/200\ mL}$$

Bei einigen Salzen ist die Löslichkeit größer als nach dem Löslichkeitsprodukt erwartet und nach Gl. 3.30 berechnet. Ein Beispiel dafür ist $BaCO_3$, das Salz der schwachen Säure H_2CO_3. Hier erfolgt eine Protolyse des CO_3^{2-}-Anions mit Wasser:

$$CO_3^{2-} + H_2O \rightleftarrows HCO_3^- + OH^-$$

Die Konzentration $c\,(CO_3^{2-})$ wird hierdurch vermindert, sodass nach dem Prinzip von *Le Chatelier* das Gleichgewicht nach rechts verschoben wird und mehr $BaCO_3$ in Lösung geht. Die Berechnung der Löslichkeit aufgrund des *L*-Wertes für $BaCO_3$ ergibt die CO_3^{2-}-Konzentration, die im Gleichgewicht **vorhanden sein muss.** Da ein Teil der CO_3^{2-}-Ionen weiterreagiert, wird eine entsprechend größere Menge an $BaCO_3$ in Lösung gehen. Die Löslichkeit ist dann abhängig vom pH-Wert der Lösung. In anderen Fällen kann die Löslichkeit auch durch Komplexbildung erhöht werden. Auf die Behandlung dieser Fälle wird im Rahmen dieses Buches verzichtet.

Ein weiterer Effekt, der die Löslichkeit beeinflusst, ist der **Effekt des gemeinsamen Ions.** In der Analytik, besonders bei der Gewichtsanalyse (Gravimetrie) nutzt man diesen Effekt aus, indem man durch gleichionigen Zusatz zur Waschflüssigkeit die Löslichkeit der Verbindung erniedrigt.

M 3.36: Wie groß ist die Löslichkeit von AgCl in 1 L einer NaCl-Lösung, $c\,(NaCl) = 0{,}01\ mol \cdot L^{-1}$, wenn $L\,(AgCl) = 1{,}7 \cdot 10^{-10}\ mol^2 \cdot L^{-2}$ beträgt?

Lsg.: Nach Gl. 3.28 ist für die Reaktion $AgCl\,(s) \rightleftarrows Ag^+ + Cl^-$

$L = c\,(Ag^+) \cdot c\,(Cl^-) = 1{,}7 \cdot 10^{-10}\ mol^2 \cdot L^{-2}$

Da die Konzentration an Cl^--Ionen, die aus dem AgCl stammen, sehr gering ist und durch die Cl^--Ionen aus dem NaCl die Dissoziation von AgCl zurückgedrängt wird, gilt für die Cl^--Konzentration in guter Näherung $c\,(Cl^-) = 0{,}01\ mol \cdot L^{-1}$. Es ist daher:

$$c\,(Ag^+) = \frac{L}{c\,(Cl^-)} = \frac{1{,}7 \cdot 10^{-10}\ mol^2 \cdot L^{-2}}{0{,}01\ mol \cdot L^{-1}} = \mathbf{1{,}7 \cdot 10^{-8}\ mol \cdot L^{-1}}$$

Da *s* gleich *c* ist, gilt: $s = \mathbf{1{,}7 \cdot 10^{-8}\ mol \cdot L^{-1}}$

Die Löslichkeit von AgCl beträgt in dieser NaCl-Lösung $1{,}7 \cdot 10^{-8}\ mol \cdot L^{-1}$. Im Vergleich zur Löslichkeit in reinem Wasser mit $1{,}3 \cdot 10^{-5}\ mol \cdot L^{-1}$ ist sie hier stark herabgesetzt. Aus diesem Grund wird ein Niederschlag von AgCl nach dem Abfiltrieren auch mit Wasser, dem NaCl zugesetzt ist, gewaschen und nicht mit reinem Wasser.

Eine wichtige Rolle spielt das Löslichkeitsprodukt auch bei den **Fällungsreaktionen,** die in der Analytik vor allem beim „klassischen Trennungsgang" zur Identifikation von Kationen und Anionen in einem Gemisch eine breite Anwendung finden.

Eine bequeme Methode zur Behandlung von Fällungsgleichgewichten bietet das **Ionenprodukt** *Q*. Es ist dem bei chemischen Reaktionen vorgestellten Reaktionsquotienten analog und wie das Löslichkeitsprodukt *L* definiert. Für ein Salz A_xB_y erhält man also:

3.31 $$Q = c^x\,(A^+) \cdot c^y\,(B^-)$$

Q	c
$(mol \cdot L)^{x+y}$	$mol \cdot L^{-1}$

Anstelle der molaren Gleichgewichtskonzentrationen werden wie beim Reaktionsquotienten die aktuellen (augenblicklichen) Konzentrationen der Mischungskomponenten eingesetzt. Die Beziehungen zwischen *Q* und *L* entsprechen denen beim Reaktionsquotienten und der Gleichgewichtskonstanten *K*. Es gilt:

$Q > L$: Das Salz fällt aus, bis $Q = L$

$Q = L$: Die Lösung ist gesättigt, es herrscht Gleichgewicht

$Q < L$: Es kann Salz in Lösung gehen bis $Q = L$

M 3.37 Zu 100 mL einer $Pb(NO_3)_2$-Lösung, $c\,[Pb\,(NO_3)_2] = 3 \cdot 10^{3}\ mol \cdot L^{-1}$ gibt man 200 mL Na_2SO_4-Lösung, $c\,(Na_2SO_4) = 6 \cdot 10^{-3}\ mol \cdot L^{-1}$. Fällt $PbSO_4$ aus, wenn $L\,(PbSO_4) = 1{,}6 \cdot 10^{-8}\ mol^2 \cdot L^{-2}$ ist?

Lsg.: Zur Berechnung des Ionenproduktes *Q* benötigt man die Konzentrationen $c\,(Pb^{2+})$ und $c\,(SO_4^{2-})$ in der Lösung.

Das Volumen der Lösung beträgt $V = 100\ mL + 200\ mL = 300\ mL$.

100 mL der $Pb\,(NO_3)_2$-Lösung mit $c\,[Pb\,(NO_3)_2] = 3 \cdot 10^{-3}\ mol \cdot L^{-1}$ enthalten:

$n\,[Pb\,(NO_3)_2] = n\,(Pb^{2+}) = 0{,}1\ L \cdot 3 \cdot 10^{-3}\ mol \cdot L^{-1} = 3 \cdot 10^{-4}\ mol$

Bezogen auf 300 mL ist $c(Pb^{2+}) = \frac{n(Pb^{2+})}{V} = \frac{3 \cdot 10^{-4}\ mol}{0{,}3\ L} = 10^{-3}\ mol \cdot L^{-1}$.

Die Stoffmenge SO_4^{2-} in 200 mL der Na_2SO_4-Lösung beträgt:
$n(Na_2SO_4) = n(SO_4^{2-}) = 0{,}2\ L \cdot 6 \cdot 10^{-3}\ mol \cdot L^{-1} = 1{,}2 \cdot 10^{-3}\ mol$

Bezogen auf 300 mL ist $c(SO_4^{2-}) = \frac{n(SO_4^{2-})}{V} = \frac{1{,}2 \cdot 10^{-3}\ mol}{0{,}3\ L} = 4 \cdot 10^{-3}\ mol \cdot L^{-1}$

Einsetzen dieser Werte in Gl. 3.31 ergibt:
$Q = c(Pb^{2+}) \cdot c(SO_4^{2-}) = 10^{-3}\ mol \cdot L^{-1} \cdot 4 \cdot 10^{-3}\ mol \cdot L^{-1} = \mathbf{4 \cdot 10^{-6}\ mol^2 \cdot L^{-2}}$

Da $\boldsymbol{Q > L}$ ($4 \cdot 10^{-6} > 1,6 \cdot 10^{-8}$), **fällt $PbSO_4$ aus,** bis sich das Gleichgewicht eingestellt hat, d.h. bis $Q = L$.

M 3.38: Eine Lösung von $MgCl_2$, $c(MgCl_2) = 1 \cdot 10^{-3}\ mol \cdot L^{-1}$, wird durch Zugabe von NH_4OH auf den pH-Wert 9,0 eingestellt.

Fällt $Mg(OH)_2$ aus, wenn $L[Mg(OH)_2] = 8{,}9 \cdot 10^{-12}\ mol^3 \cdot L^{-3}$ ist?

Die Volumenzunahme durch die NH_4OH-Zugabe ist zu vernachlässigen.

Lsg.: Bei pH = 9 ist nach Gl. 3.9: pOH = 14 – 9 = 5
und nach Gl. 3.8: $\{c(OH^-)\} = 10^{-pOH} = 10^{-5} \Rightarrow c(OH^-) = 10^{-5}\ mol \cdot L^{-1}$

Mit $c(Mg^{2+}) = 1 \cdot 10^{-3}\ mol \cdot L^{-1}$ und $c(OH^-) = 1 \cdot 10^{-5}\ mol \cdot L^{-1}$ ist nach Gl. 3.31:
$Q = c(Mg^{2+}) \cdot c^2(OH^-) = 1 \cdot 10^{-3}\ mol \cdot L^{-1} \cdot 1 \cdot 10^{-10}\ mol^2 \cdot L^{-2} = \mathbf{10^{-13}\ mol^3 \cdot L^{-3}}$

Da $Q < L$ ($10^{-13} < 8{,}9 \cdot 10^{-12}$), **fällt $Mg(OH)_2$ nicht aus.**

ÜBUNGEN ZU KAPITEL 3

3.1 Geben Sie das MWG für die folgenden Reaktionen und die jeweilige Einheit für K_c an:
a) $2\ SO_3 \rightleftarrows 2\ SO_2 + O_2$
b) $2\ N_2O_5 \rightleftarrows 4\ NO_2 + O_2$

3.2 Bei einer bestimmten Temperatur hat die Gleichgewichtskonstante K_c für die Reaktion:
$SO_3(g) \rightleftarrows SO_2(g) + \frac{1}{2}\ O_2(g)$ den Wert $5 \cdot 10^{-2}\ mol^{1/2} \cdot L^{-1/2}$.

Wie groß ist K_c bei gleicher Temperatur für die Reaktionen:
a) $2\ SO_2(g) + O_2(g) \rightleftarrows 2\ SO_3$
b) $SO_2(g) + \frac{1}{2}\ O_2(g) \rightleftarrows SO_3$

3.3 Wie groß ist K_c für das Gleichgewicht: $N_2(g) + O_2(g) \rightleftarrows 2\ NO(g)$ wenn im Gleichgewicht folgende Konzentrationen vorliegen:
$c(NO) = 0{,}055\ mol \cdot L^{-1}$, $c(N_2) = c(O_2) = 0{,}52\ mol \cdot L^{-1}$?

3.4 Ein Stadtgas besitzt folgende Zusammensetzung in Volumenanteilen: 50% H_2, 16% CO, 1% CO_2 und 33% N_2. Von dem vorhandenen Volumenanteil an CO müssen 90% entfernt werden. Wie viel mol H_2O-Dampf sind pro mol CO zuzugeben, wenn für das Gleichgewicht: $CO(g) + H_2O(g) \rightleftarrows CO_2(g) + H_2(g)$ bei 800 °C $K_c = 4{,}05$ beträgt?

3.5 In einem 5-Liter-Behälter werden 0,5 mol H_2 und 0,5 mol I_2 zur Reaktion gebracht. Bei 450 °C ist $K_c = 50$ für die Reaktion: $H_2(g) + I_2(g) \rightleftarrows 2\ HI(g)$
Wie viel mol I_2 liegen hier im Gleichgewicht vor?

3.6 Für die Reaktion: $A + B \rightleftarrows C + D$
ist bei 40 °C $K_c = 4$. Berechnen Sie den Reaktionsquotienten Q für diese Reaktion und geben Sie an, in welche Richtung das Gleichgewicht verschoben wird, wenn in einem Reaktionsgefäß mit einem Liter Inhalt folgende Mischung vorliegt:
$n(A) = 1\ mol$, $n(B) = 2\ mol$, $n(C) = 0{,}5\ mol$ und $n(D) = 5\ mol$.

3.7 Der Wert von K_p für die Reaktion: PCl_5 (g) ⇄ PCl_3 (g) + Cl_2 (g) beträgt bei 500 K 30 bar. Berechnen Sie die Konzentrationen der Komponenten im Gleichgewicht in mol · L^{-1}, wenn 2,0 g PCl_5 (M = 208 g · mol^{-1}), in einem Kolben V = 0,5 L erhitzt werden.

3.8 Der Dissoziationsgrad α hat für die Reaktion: 2 CO_2 (g) ⇄ 2 CO (g) + O_2 (g) bei 2000 °C und einem Gesamtdruck von 1 bar den Wert 1,8%. Wie groß sind K_p und K_c bei dieser Temperatur?

3.9 Für die Zersetzung von Ammoniak nach der Gleichung: 2 NH_3 (g) ⇄ N_2 (g) + 3 H_2 (g) ist bei 400 °C und einem Gesamtdruck von 1000 kPa $K_p = 9{,}92 \cdot 10^8$ kPa^2. Wie groß ist der Dissoziationsgrad α?

3.10 Wird PCl_5 (M = 208 g · mol^{-1}) erhitzt, so zersetzt es sich zu PCl_3 und Cl_2:

PCl_5 (g) ⇄ PCl_3 (g) + Cl_2 (g)

Erwärmt man 7,2 g PCl_5 auf 200 °C, so nimmt der Dampf bei einem Druck von 101,3 kPa ein Volumen von 2 L ein. Berechnen Sie α und K_c.

3.11 Ein Gasgemisch aus den Volumenanteilen von 10% SO_2 und 90% O_2 wird bei 570 °C zur Reaktion gebracht. Dabei werden 80% des SO_2 zu SO_3 oxidiert.

Wie groß ist K_p für die Reaktion: 2 SO_2 (g) + O_2 (g) ⇄ 2 SO_3 (g) wenn der Gesamtdruck 1 bar beträgt?

3.12 Wie verschiebt sich das Gleichgewicht der folgenden Reaktionen, wenn das Volumen des Reaktionsgefäßes auf die Hälfte des ursprünglichen Volumens verkleinert wird?

a) 2 Cl_2 (g) + 2 H_2O (g) ⇄ 4 HCl (g) + O_2 (g)
b) 2 NO_2 (g) ⇄ N_2O_4 (g)
c) NH_4OCONH_2 (s) ⇄ 2 NH_3 (g) + CO_2 (g)
d) CO_2 (g) + H_2 (g) ⇄ H_2O (g) + CO (g)
e) 4 NH_3 (g) + 5 O_2 ⇄ 4 NO (g) + 6 H_2O (g)
f) N_2 (g) + 3 H_2 (g) ⇄ 2 NH_3 (g)

3.13 Für die Reaktion: CO (g) + FeO (s) ⇄ CO_2 (g) + Fe (s)

hat K_c bei 1200 °C den Wert 0,408. Wie groß sind die Gleichgewichtskonzentrationen von CO_2 und CO und welche Masse an Fe liegt im Gleichgewicht vor, wenn in einem Behälter mit 1 L Inhalt 0,04 mol CO mit überschüssigem FeO umgesetzt werden?

3.14 Der Gesamtdruck im Gleichgewicht für die Reaktion: 2 AB (s) ⇄ 2 A (g) + B_2 (g) beträgt 108,9 kPa. Wie groß ist K_p?

3.15 Für die Reaktion: A + B ⇄ C + D

ist $K_c = 4{,}1 \cdot 10^{-4}$ bei 2100 K und $K_c = 3{,}8 \cdot 10^{-3}$ bei 2700 K. Handelt es sich bei der Reaktion, so wie sie formuliert ist, um eine exo- oder endotherme Umsetzung?

3.16 Berechnen Sie $c(H_3O^+)$, $c(OH^-)$ sowie den pH-und pOH-Wert folgender wässriger Lösungen bei vollständiger Dissoziation und bei der jeweils angegebenen Stoffmengenkonzentration. $K_W = 10^{-14}$ $mol^2 \cdot L^{-2}$:

a) c(HCl) = 0,02 mol · L^{-1}
b) $c(HNO_3)$ = 0,0032 mol · L^{-1}
c) $c[Ca(OH)_2]$ = 0,018 mol · L^{-1}
d) c(KOH) = 0,042 mol · L^{-1}

3.17 Wie groß sind $c(H_3O^+)$ und $c(OH^-)$ in Lösungen mit:

a) pH = 1,25
b) pH = 9,8
c) pOH = 4,5
d) pOH = 12,24

wenn $K_w = 10^{-14}$ $mol^2 \cdot L^{-2}$.

3.18 25 mL einer HCl-Lösung, c(HCl) = 0,1 mol · L^{-1}, werden mit 25 mL einer KOH-Lösung, c(KOH) = 0,2 mol · L^{-1} gemischt. Wie groß ist der pH-Wert der Mischung?

3.19 Welchen pH-Wert hat eine Lösung der schwachen Säure HA, c (HA) = 0,18 mol · L^{-1}, wenn $K_S = 1{,}76 \cdot 10^{-5}$ mol · L^{-1} beträgt?

3.20 Wie groß ist die Stoffmengenkonzentration c (CH_3COOH) einer Ethansäurelösung vom pH-Wert 3,0? $K_S = 1{,}8 \cdot 10^{-5}$ mol · L^{-1}.

3.21 Für die Säure HA, c (HA) = 0,1 mol · L^{-1}, gilt: pH = 1,3. Wie groß ist pK_S von HA?

3.22 Wie groß ist der pH-Wert einer NH_3-Lösung, c(NH_3) = 0,2 mol · L^{-1}, wenn für NH_3 $K_B = 1{,}8 \cdot 10^{-5}$ mol · L^{-1} beträgt?

3.23 Die Lösung der schwachen Base B, c (B) = 0,4 mol · L^{-1}, besitzt den pH-Wert 11,2. Wie groß sind der K_B-Wert der Base und der pK_S-Wert ihrer korrespondierenden Säure?

3.24 Eine Lösung der Säure HA soll den pH-Wert 2,8 besitzen. Wie viel mol der Säure benötigt man zur Herstellung von 800 mL Säurelösung, wenn pK_S (HA) = 2?

3.25 Eine NH_3-Lösung, c (NH_3) = 0,01 mol · L^{-1}, ist zu 4,2% dissoziiert. Wie groß ist K_B für NH_3 und wie groß ist c (H_3O^+), wenn $K_W = 10^{-14}$ $mol^2 \cdot L^{-2}$?

3.26 Wie groß ist α der Säure HA, c (HA) = 0,05 mol · L^{-1}, bei c (H_3O^+) = $2{,}5 \cdot 10^{-4}$ mol · L^{-1}?

3.27 Für eine Säure HA, c (HA) = 0,2 mol · L^{-1}, ist α = 35%. Wie groß ist K_S von HA?

3.28 Wie groß ist c (HA), wenn die Lösung einen pH-Wert von 3 besitzt und $K_S = 1{,}8 \cdot 10^{-5}$ mol · L^{-1} beträgt? Wie groß ist der Protolysegrad α?

3.29 Wie groß ist c (NH_3) einer NH_3-Lösung mit pH = 9,5, wenn für NH_3 $K_B = 1{,}8 \cdot 10^{-5}$ mol · L^{-1} beträgt?

3.30 Eine Säure HA ist zu 1,5% dissoziiert, wenn c (HA) = 0,15 mol · L^{-1} beträgt. Wie groß ist der Protolysegrad α, wenn c (HA) = 0,035 mol · L^{-1} ist?

3.31 Welche Lösungen der Salze reagieren sauer, welche neutral und welche basisch?

a) NH_4Br
b) KF
c) K_2CO_3
d) NaBr

3.32 Berechnen Sie den pH-Wert folgender Salzlösungen:

a) NH_4Cl-Lösung, c (NH_4Cl) = 0,3 mol · L^{-1}
b) KCN-Lösung, c (KCN) = 0,5 mol · L^{-1}
c) NaF-Lösung, c (NaF) = 0,25 mol · L^{-1}
d) CH_3COONa-Lösung, c (CH_3COONa) = 0,08 mol · L^{-1}

K_B (NH_3) = $1{,}8 \cdot 10^{-5}$ mol · L^{-1}
K_S (HF) = $1{,}7 \cdot 10^{-5}$ mol · L^{-1}
K_S (HCN) = $4{,}93 \cdot 10^{-10}$ mol · L^{-1}
K_S (CH_3COOH) = $1{,}8 \cdot 10^{-5}$ mol · L^{-1}

3.33 Eine Lösung des Salzes KA der schwachen Säure HA hat den pH-Wert 9,77. Wie groß ist c (KA) in mol · L^{-1}, wenn $K_S = 4{,}3 \cdot 10^{-7}$ mol · L^{-1} beträgt?

3.34 Eine Lösung von NaA der schwachen Säure HA mit c (NaA) = 0,6 mol · L^{-1}, besitzt den pH-Wert von 9,3. Wie groß ist K_S von HA?

3.35 Zu 100 mL Ethansäure, c (CH_3COOH) = 0,1 mol · L^{-1} gibt man 20 mL Natronlauge mit c (NaOH) = 0,5 mol · L^{-1}. Welchen pH-Wert hat die Lösung, wenn $K_S = 1{,}8 \cdot 10^{-5}$ mol · L^{-1}?

3.36 Wie groß ist der pH-Wert einer Lösung, die in einem Liter 1 mol Ethansäure und 3 mol Natriumacetat enthält? $K_S = 1{,}8 \cdot 10^{-5}$ mol · L^{-1}

3.37 Im Technikum wird ein Cyansäure/Natriumcyanat-Puffer benötigt, der im Bereich pH = 3,8 puffert. Welche Konzentrationen c (HOCN) und c (NaOCN) sind einzusetzen, wenn $K_S = 1{,}2 \cdot 10^{-4}$ mol · L^{-1} beträgt?

3.38 Wie viel g wasserfreies Natriumacetat [M (CH_3COONa) = 82 g · mol^{-1}] müssen zu einem Liter Ethansäure, c (CH_3COOH) = 0,1 mol · L^{-1}, gegeben werden, damit eine Pufferlösung mit pH = 5 entsteht? $K_S = 1{,}8 \cdot 10^{-5}$ mol · L^{-1} (Volumenzunahme vernachlässigen).

3.39 Wie ändert sich der pH-Wert einer NH_3-Lösung, $c(NH_3) = 0{,}1\ mol \cdot L^{-1}$, wenn man zu einem Liter der Lösung 1 g NH_4Cl [$M(NH_4Cl) = 53{,}5\ g\ mol^{-1}$] gibt? $K_B = 1{,}8 \cdot 10^{-5}\ mol \cdot L^{-1}$.

3.40 Welchen pH-Wert besitzt eine Pufferlösung, die in einem Liter Lösung 0,2 mol Na_2HPO_4 und 0,4 mol NaH_2PO_4 enthält? Die zweite Dissoziationskonstante von H_3PO_4 für die Reaktion:

$H_2PO_4^- + H_2O \rightleftarrows HPO_4^{2-} + H_3O^+$

beträgt $K_{S2} = 6{,}2 \cdot 10^{-8}\ mol \cdot L^{-1}$.

3.41 Für ein äquimolares Puffergemisch aus Ethansäure und Natriumacetat gilt: pH = pK_S = 4,74. Wie verändert sich der pH-Wert, wenn zu einem Liter dieser Pufferlösung 10 mL Natronlauge, $c(NaOH) = 1\ mol \cdot L^{-1}$, gegeben werden?

Wie würde sich der pH-Wert von reinem Wasser ändern, wenn man ihm diese Menge Natronlauge pro Liter zusetzt? Die Volumenzunahme kann vernachlässigt werden.

3.42 0,1 mol Natriummethanat (HCOONa) und 0,025 mol Methansäure (HCOOH) werden mit Wasser auf ein Volumen von 500 mL verdünnt. Welchen pH-Wert besitzt diese Lösung, wenn $K_S = 1{,}8 \cdot 10^{-4}\ mol \cdot L^{-1}$ beträgt?

3.43 Aus 0,56 mol einer schwachen Säure (HA) und 0,140 mol ihres Natriumsalzes (NaA) wurde eine Lösung von 500 mL hergestellt. Der pH-Wert dieser Lösung ist 3,72. Wie groß ist der K_S-Wert von HA?

3.44 Formulieren Sie das Löslichkeitsprodukt *L* für:

a) $BaSO_4$

b) $Cd(OH)_2$

c) $Fe(OH)_3$

d) $Ba_3(PO_4)_2$

3.45 Bei 25 °C lösen sich $1{,}03 \cdot 10^{-4}$ g AgBr [$M(AgBr) = 188\ g \cdot mol^{-1}$] in einem Liter Wasser. Wie groß ist *L* von AgBr?

3.46 Wie groß ist $L[Cd(OH)_2]$, wenn bei 25 °C in einer gesättigten Lösung die Stoffmengenkonzentration $c[Cd(OH)_2] = 1{,}7 \cdot 10^{-5}\ mol \cdot L^{-1}$ beträgt?

3.47 Gesucht ist die Löslichkeit $s(PbSO_4)$ in $mol \cdot L^{-1}$, wenn $L(PbSO_4) = 1{,}3 \cdot 10^{-8}\ mol^2 \cdot L^{-2}$?

3.48 Wie groß ist die Löslichkeit von $Fe(OH)_2$ bei 25 °C, wenn bei dieser Temperatur das Löslichkeitsprodukt $L[Fe(OH)_2] = 1{,}8 \cdot 10^{-15}\ mol^3 \cdot L^{-3}$ ist?

3.49 Die gesättigte Lösung eines schwerlöslichen Hydroxids, $M(OH)_2$, besitzt den pH-Wert von 9,53. Wie groß ist $L[M(OH)_2]$?

3.50 Mit wie viel mL Wasser darf man einen Niederschlag von Calciumoxalat, [$M(CaC_2O_4) = 128\ g \cdot mol^{-1}$], waschen, damit höchstens 0,5 mg CaC_2O_4 in Lösung gehen? Das Löslichkeitsprodukt ist $L(CaC_2O_4) = 2{,}57 \cdot 10^{-9}\ mol^2 \cdot L^{-2}$.

3.51 Wie groß ist die Löslichkeit von $BaSO_4$ in $mol \cdot L^{-1}$ in einer Na_2SO_4-Lösung, $c(Na_2SO_4) = 0{,}05\ mol \cdot L^{-1}$, wenn $L(BaSO_4) = 1{,}5 \cdot 10^{-9}\ mol^2 \cdot L^{-2}$ beträgt?

3.52 Gleiche Volumina einer $AgNO_3$-Lösung, $c(AgNO_3) = 0{,}01\ mol \cdot L^{-1}$, und einer NaCl-Lösung, $c(NaCl) = 1 \cdot 10^{-4}\ mol \cdot L^{-1}$, werden gemischt. Fällt AgCl aus, wenn das Löslichkeitsprodukt $L(AgCl) = 1{,}7 \cdot 10^{-10}\ mol^2 \cdot L^{-2}$ beträgt?

3.53 Wie viel g NH_4Cl [$M(NH_4Cl) = 53{,}5\ g \cdot mol^{-1}$] müssen einer Lösung mit $c(Mg^{2+}) = 5 \cdot 10^{-2}\ mol \cdot L^{-1}$ und $c(NH_3) = 5 \cdot 10^{-2}\ mol \cdot L^{-1}$ zugesetzt werden, um die Ausfällung von $Mg(OH)_2$ zu verhindern? $L[Mg(OH)_2] = 8{,}9 \cdot 10^{-12}\ mol^3 \cdot L^{-3}$; $K_B = 1{,}8 \cdot 10^{-5}\ mol \cdot L^{-1}$.

4 Energie und Molekularbewegung

Der Begriff der Energie wird im Alltag vielfach nicht eindeutig verwendet. Dies verwundert nicht allzusehr, denn noch zu Beginn des 19. Jahrhunderts wurden selbst in der Physik die Begriffe Kraft und Energie nicht streng unterschieden. Das drückt sich heute noch in umgangssprachlichen Wendungen aus, wie: *mit energischem Nachdruck wurde etwas erreicht* oder *der Kranke ist energie- und kraftlos.* Solche und ähnliche Formulierungen sind naturwissenschaftlich unbrauchbar. Die Physik definiert:

Energie ist die Speicherform der Arbeit.

4.1 Energiebegriff und Energieerhaltungssatz

Für die Größe Energie kommen verschiedene Formelzeichen zur Anwendung (E, W, Q, G). Arbeit hat i. Allg. das Formelzeichen W. Beide Größen sind ineinander umwandelbar und besitzen daher die gleiche physikalische Einheit Joule (J). Man unterscheidet z.B. die folgenden Energiearten:

Tabelle 4a: Energieformen (einige Begriffe werden später genauer erläutert)

Energieform	Definitionsgleichung
Potentielle (mechanische) Energie (Gravitationsenergie)	$E_p = m \cdot g \cdot h$
Kinetische (mechanische) Energie (Bewegungsenergie)	$E_k = \frac{1}{2} \cdot m \cdot v^2$
Elektrische Energie	$W = U \cdot I \cdot t$
Wärmeenergie	$Q = m \cdot c \cdot \Delta\vartheta$ oder $Q = T \cdot \Delta S$
Kompressionsenergie (Druckenergie)	$W = p \cdot V$
Atomenergie	$E = m \cdot c^2$
Chemische Energie (bezogen auf Stoffumsatz)	$G = H - T \cdot S$

Zu Anfang des 19. Jahrhunderts beschäftigte sich die sogenannte romantische Naturphilosophie mit der **Einheit der Natur**. Dieses Ideengebäude war für die Naturwissenschaft äußerst befruchtend. So wurde von *Oersted* der allgemeine Magnetismus und die magnetische Wirkung des elektrischen Stroms zusammengefasst. Auch die Entwicklung des Periodensystems der Elemente liegt auf dieser Linie. Elemente mit zusammengehörigen Merkmalen wurden zunächst zu Elementtriaden („Elementdreiklängen") vereint und aus diesen ging schließlich das Periodensystem mit seinen Gruppen und Perioden hervor. Die Überlegung, Energieformen einheitlich zusammenzufassen, führte schließlich zur Formulierung des *Energieerhaltungssatzes:*

Energie kann nicht geschaffen oder vernichtet werden. Die Energieformen sind lediglich ineinander umwandelbar.

Nach dem Energieerhaltungssatz kann die im 19. Jahrhundert vielfach noch als „lebendige Kraft" bezeichnete **kinetische Energie** E_k durch Umwandlung aus **potentieller Energie** E_p entstehen. Im folgenden Beispiel soll ein Blumentopf mit der Masse m = 1,2 kg vom Fensterbrett eines Hauses aus einer Höhe von h = 8 m auf den Bürgersteig fallen. Die Geschwindigkeit wird jeweils nach einer bestimmten Fallhöhe gemessen und ist mit den anderen Werten in folgender Aufzählung eingetragen:

Beginn: h = 8 m; v = 0,000 m/s; E_p = 1,2 kg · 9,81 m/s² · 8 m = **94,176 J**; E_k = **0,000 J**

h = 6 m; v = 6,264 m/s; E_p = 1,2 kg · 9,81 m/s² · 6 m = **70,632 J**; E_k = ½ · 1,2 kg · (6,264 m/s)² = **23,543 J**

h = 3 m; v = 9,905 m/s; E_p = 1,2 kg · 9,81 m/s² · 3 m = **35,316 J**; E_k = ½ · 1,2 kg · (9,905 m/s)² = **58,865 J**

Ende: $h \approx$ 0 m; $v \approx$ 12,528 m/s; $E_p \approx$ **0,000 J**; $E_k \approx$ ½ · 1,2 kg · (12,528 m/s)² $\approx$ **94,170 J**

In Bild 1, S. 88 sind die Ergebnisse veranschaulicht.

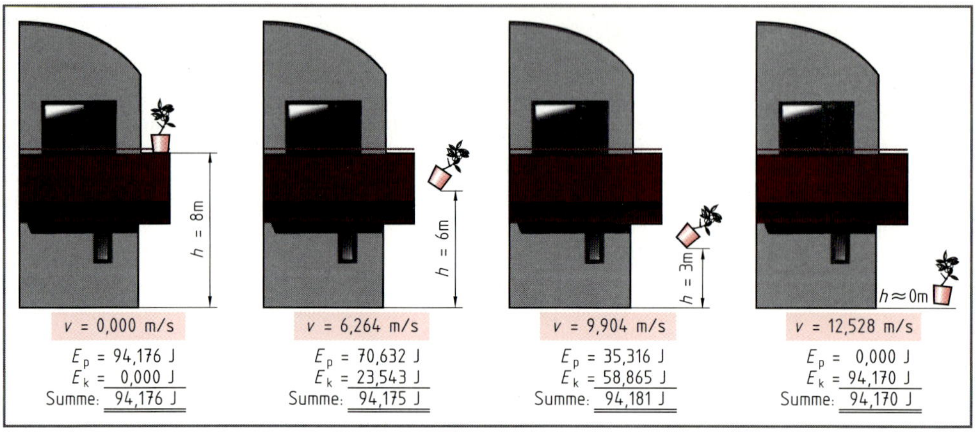

Bild 1: Potentielle und kinetische Energie beim freien Fall

Auffallend ist, dass die **Summe** der Energien, wenn man von Rundungsfehlern einmal absieht, konstant bleibt. Was aber geschieht, wenn der Blumentopf den Boden erreicht? Seine **kinetische Energie** beträgt $E_k = 0$ J, denn er wird jäh auf die Geschwindigkeit $v = 0$ m/s abgebremst. Da seine Höhe $h = 0$ m beträgt, ist seine potentielle Energie ebenfalls $E_p = 0$. In diesem Fall wandelt sich die Energie in **Verformungsenergie** (der Topf zerbricht) und in **Wärmeenergie** um. Der Energieerhaltungssatz gilt, wie genaue Messungen zeigen würden, nach wie vor!

4.2 Kinetische Gastheorie oder das molekulare Modell des idealen Gases

In der zweiten Hälfte des 19. Jahrhunderts begründeten *Clausius, Boltzmann* und *Maxwell* die kinetische Theorie der Gase. Danach bewegen sich in einem Gas die Teilchen mit sehr hoher Geschwindigkeit. Sie stoßen dabei ständig mit sich selbst zusammen oder sie prallen auf die Wand eines sie umschließenden Gefäßes. Der Aufprall auf die Wand ist die Ursache des Drucks während die eigentliche Teilchenbewegung sich als Temperatur äußert. Dieses „mikrokosmische" Bild kann mittels einer „makrokosmischen" Versuchsapparatur veranschaulicht werden. Im Bild 2 ist ein solches Gerät wiedergegeben. In einer flachen Kammer befinden sich Glas- oder Stahlkugeln. Durch einen Motor wird die Bodenplatte der Kammer in Schwingungen versetzt. Beim Aufprall auf den frei beweglichen Schieber wird auf ihn ein Druck ausgeübt, wodurch er nach oben wandert. Führt man mehr Energie zu, „erhitzt" also das Modellgas, indem man den Motor schneller laufen lässt, so steigt der Druck und die Platte wandert bis zu einer neuen Gleichgewichtslage weiter nach oben.

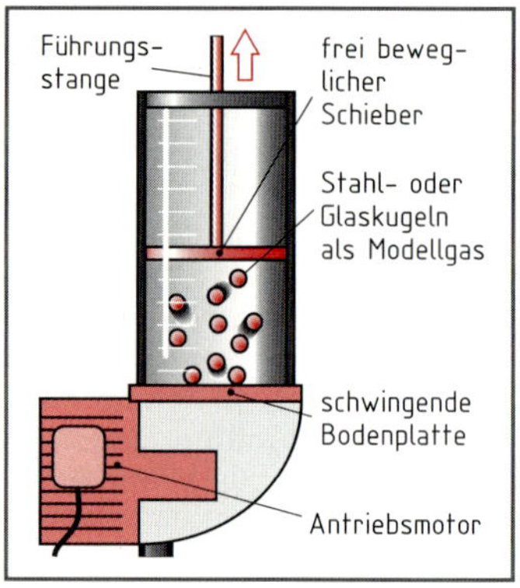

Bild 2: Apparatur zur Veranschaulichung eines Modellgases

In dem oben beschriebenen Modellversuch besitzen die „Gasteilchen" (Glaskugeln u.ä.) ein eigenes Volumen. Die Theorie zur Beschreibung der Vorgänge in einem Gas muss einige Idealisierungen vornehmen. Sie geht von folgenden gut begründbaren Vorstellungen aus (vgl. Kap 2.1):

1. Die Gasmoleküle besitzen kein Eigenvolumen.
2. Die Gasmoleküle bewegen sich als Massepunkte geradlinig mit sehr hoher aber individuell unterschiedlicher Geschwindigkeit.
3. Die Anziehungs- und Abstoßungskräfte (Wechselwirkungskräfte) zwischen den Teilchen sind vernachlässigbar gering.
4. Jeglicher Zusammenstoß der Teilchen miteinander und mit der Gefäßwand geschieht vollelastisch.

Die 1. Voraussetzung, wonach die Gasmoleküle oder -atome fast kein Eigenvolumen haben, lässt sich leicht abschätzen:

M 4.1: Der Radius des Heliumatoms beträgt $r = 93$ pm $= 0{,}93 \cdot 10^{-8}$ cm. Wie groß ist der Volumenanteil φ (He) der Heliumatome, wenn 1 mol des Gases bei Normalbedingungen vorliegt?

Lsg.: Volumen eines Teilchens (kugelförmig):
$V_a = 4/3 \cdot \pi \cdot r^3 = 4/3 \cdot \pi \cdot (0{,}93 \cdot 10^{-8}\ \text{cm})^3 = 3{,}37 \cdot 10^{-24}\ \text{cm}^3$. 1 mol Teilchen hat das Eigenvolumen: $V = V_a \cdot N_A = 3{,}37 \cdot 10^{-24}\ \text{cm}^3 \cdot 6{,}022 \cdot 10^{23}\ \text{mol}^{-1} = 2{,}03\ \text{cm}^3 \cdot \text{mol}^{-1}$. Mit dem molaren Gasvolumen im Normzustand, $V_{m,0}$, gilt dann:

$$\varphi\,(\text{He}) = \frac{V}{V_{m,0}} = \frac{2{,}03\ \text{cm}^3 \cdot \text{mol}^{-1}}{22\,414\ \text{cm}^3 \cdot \text{mol}^{-1}} = 9{,}06 \cdot 10^{-5} \approx \mathbf{0{,}01\%}$$

Aufgrund des kleinen Eigenvolumens und der geringen Wechselwirkungskräfte verhält sich auch ein reales Gas bei hinreichend hoher Temperatur und geringem Druck wie ein ideales Gas. Das ist in den meisten Fällen bereits bei Raumtemperatur der Fall.

Zur Herleitung der **Grundgleichung der kinetischen Gastheorie** soll sich **ein** Teilchen eines idealen Gases in einem Würfel **mit der Kantenlänge** l befinden (Bild 1).

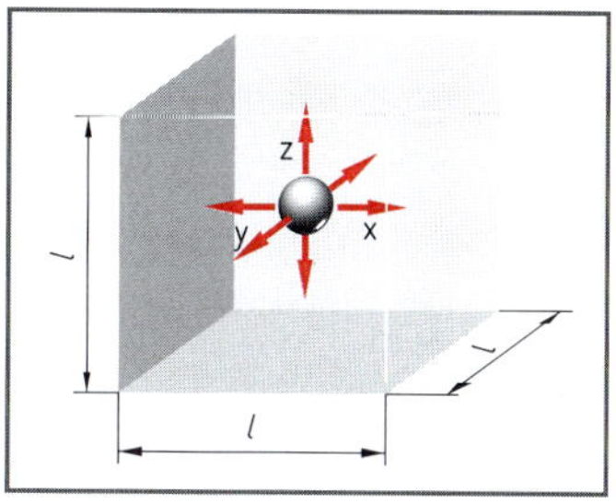

Bild 1: Gasteilchen im Würfel

Für den **Impuls** p gilt: $\Delta p = m \cdot \Delta v$. Beim Aufprall eines Körpers auf ein massives Hindernis sind Impuls und **Kraftstoß** $I = F \cdot \Delta t$ gleich groß. Daraus folgt: $\Delta p = F \cdot \Delta t$.

Trifft ein Gasteilchen auf die Gefäßwand, so beträgt die Impulsänderung entsprechend Bild 2:

$$\Delta p = (+\, m \cdot v) - (-\, m \cdot v) = 2 \cdot m \cdot v$$

Zusammengefasst resultiert für ein Teilchen:

$$2 \cdot m \cdot v = F \cdot \Delta t.$$

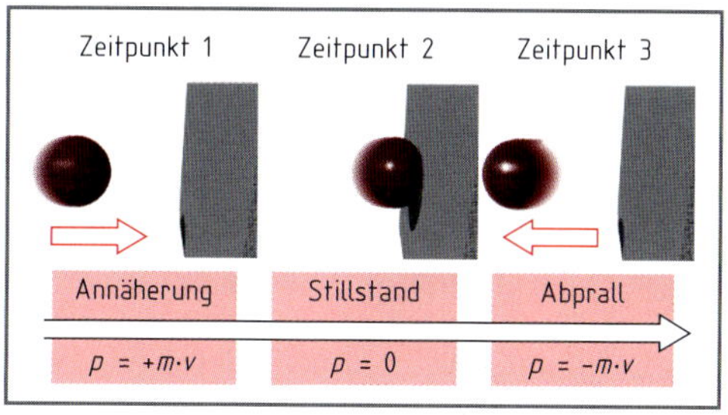

Bild 2: Impulsänderung an einer Wand

Da der Würfel sechs Wände hat (Bild 1), kann ein Teilchen in einem bestimmten Zeitintervall Δt (von $t = 0$ bis $t = t \Rightarrow \Delta t = t$) nur auf $1/6$ der Gesamtoberfläche prallen. Geht man umgekehrt von N Teilchen aus, so stößt die Anzahl von $N/6$ auf **eine** der Wände. Berücksichtigt man dies, so resultiert:

$$(2 \cdot m \cdot v) \cdot N/6 = F \cdot t \qquad \text{oder} \qquad 1/3 \cdot N \cdot m \cdot v = F \cdot t$$

Löst man nach der **Kraft** F auf, so erhält man:

$$F = 1/3 \cdot \frac{N \cdot m \cdot v}{t}$$ **4.1**

F	m	v	t	N
N	kg	$\text{m} \cdot \text{s}^{-1}$	s	1

Der Druck ist als Kraft pro Fläche definiert. Jede Seite des Würfels hat die Fläche $A = l^2$. Demnach folgt aus der Gleichung 4.1:

$$p = \frac{F}{l^2} = \frac{N \cdot m \cdot v}{3 \cdot t \cdot l^2}$$ **4.2**

p	m	v	l	N	t
Pa	kg	$\text{m} \cdot \text{s}^{-1}$	m	1	s

Nimmt man vereinfachend an, dass der Würfel in Bild 1 so klein gewählt worden ist, dass ein Teilchen die **Strecke** l in der **Zeit** t zurücklegen kann, so bewegt es sich mit einer Geschwindigkeit von $v = l/t$. Wird dieser Ausdruck nach t aufgelöst und das Ergebnis in die Gleichung 4.2 eingesetzt, so resultiert:

$$p = \frac{N \cdot m \cdot v^2}{3 \cdot l^3}$$ **4.3**

Für l^3 kann das **Volumen** V eingeführt werden. Nach entsprechender Umformung folgt:

4.4 $$p \cdot V = {}^1\!/_3 \cdot N \cdot m \cdot v^2$$

p	V	m	v	N
Pa	m^3	kg	$m \cdot s^{-1}$	1

Allerdings besitzt aufgrund der molekularen Unordnung jedes der Teilchen eine andere Geschwindigkeit. Aus diesem Grund muss man an Stelle von v^2 das **mittlere Geschwindigkeitsquadrat** $\overline{v}^2$ einführen. Die **Grundgleichung der kinetischen Gastheorie** lautet daher:

4.5 $$p \cdot V = {}^1\!/_3 \cdot N \cdot m \cdot \overline{v}^2$$

p	V	m	$\overline{v}$	N
Pa	m^3	kg	$m \cdot s^{-1}$	1

In diesem Ausdruck steckt das auf empirischem Weg gefundene Gesetz von *Boyle-Mariotte* (vgl. Kap. 2.2.1). Tatsächlich ist bei gegebener Teilchenzahl N (Stoffmenge!) und konstanter Temperatur ($\overline{v}^2$ ist lt. Gleichung 4.6 proportional zur Temperatur T!) das Produkt $p \cdot V$ konstant.

M 4.2: Ein Methanteilchen (CH_4) hat die Masse $m = 2{,}66 \cdot 10^{-26}$ kg. Welcher Druck herrscht in einem Behälter mit dem Volumen $V = 7{,}24$ L, wenn sich $N = 3 \cdot 10^{23}$ CH_4-Teilchen mit dem mittleren Geschwindigkeitsquadrat von $\overline{v}^2 = (680\ m \cdot s^{-1})^2$ bewegen?

Lsg.: Aus Gleichung 4.5 folgt

$$p = \frac{N \cdot m \cdot \overline{v}^2}{3 \cdot V}$$

$$p = \frac{3 \cdot 10^{23} \cdot 2{,}66 \cdot 10^{-26}\ kg \cdot (680\ m \cdot s^{-1})^2}{3 \cdot 7{,}24 \cdot 10^{-3}\ m^3} = 1{,}7 \cdot 10^5\ \frac{kg \cdot m^2}{s^2 \cdot m^3} = \mathbf{1{,}7 \cdot 10^5\ Pa = 1{,}7\ bar}$$

4.3 Temperatur, kinetische Energie und Wärme

Jeder ist mit dem Begriff der Temperatur vertraut. Im Alltag werden damit oftmals subjektive Empfindungen, wie „Wärme" oder „Kälte" verbunden. Doch solche Gefühle können täuschen. So erscheint ein Raum, wenn man ihn aus der winterlichen Kälte kommend betritt, viel wärmer als wenn man bereits längere Zeit darin gesessen hat. Im Bild 1 ist gezeigt, wie **subjektiv** das **Temperaturempfinden** ist. Eine Versuchsperson taucht die eine Hand in kaltes Wasser und gleichzeitig die andere in warmes: Geht sie anschließend mit beiden Händen in eine Schüssel mit Wasser mittlerer Temperatur, so erscheint dieses Wasser gleichzeitig für die eine Hand als „warm" und für die andere als „kalt".

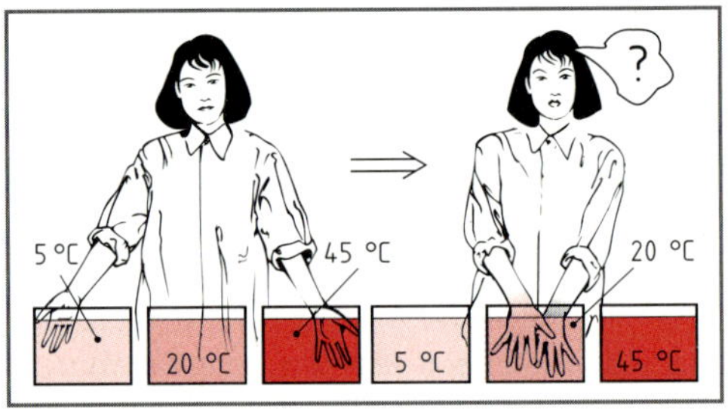

Bild 1: Wärmetäuschung

Zur exakten Temperaturmessung sind eine Reihe von Messmethoden entwickelt worden. Dabei existieren mehrere Temperaturskalen. Die einzelnen Temperaturskalen und Thermometerbauarten werden in diesem Buch nicht weiter erläutert, da sie hinlänglich bekannt sein sollten (s.a. einführende Lehrbücher der Physik). Neben der **thermodynamischen Temperaturskala** (Temperatur T in K) ist die ***Celsius*-Skala** (Temperatur ϑ in °C) in Gebrauch.

Mit Hilfe der kinetischen Gastheorie kann der Begriff der Temperatur exakter beschrieben werden. Geht man in der Gleichung 4.5 von $n = 1$ mol Gas aus, so ist $N = N_A$ (*Avogadro*-Konstante) und $V = V_m$ (molares Volumen). Daraus folgt:

$$p \cdot V_m = {}^1\!/_3 \cdot N_A \cdot m \cdot \overline{v}^2.$$

Durch Einsetzen der **allgemeinen Zustandsgleichung idealer Gase** ($p \cdot V_m = R \cdot T$) resultiert:

4.6 $$R \cdot T = {}^1\!/_3 \cdot N_A \cdot m \cdot \overline{v}^2$$

R	T	N_A	m	$\overline{v}^2$
$J \cdot mol^{-1} \cdot K^{-1}$	K	mol^{-1}	kg	$m^2 \cdot s^{-2}$

Weitere Umformung ergibt:

$$3 \cdot (R/N_A) \cdot T = m \cdot \overline{v}^2$$ 4.7

Der Quotient R/N_A ist die ***Boltzmann*-Konstante** $k = 1{,}38 \cdot 10^{-23}$ J · K^{-1}. Diese entspricht anschaulich gesehen der **universellen Gaskonstante** R für **ein** Teilchen.

Führt man schließlich den Ausdruck für die mittlere kinetische Energie **eines Teilchens** $\overline{\varepsilon}_k = {}^1/_2 \cdot m \cdot \overline{v}^2$ in Gl. 4.7 ein, so resultiert:

$$\frac{3 \cdot k \cdot T}{2} = \overline{\varepsilon}_k \quad \text{oder} \quad T = \frac{2 \cdot \overline{\varepsilon}_k}{3 \cdot k}$$ 4.8

$\overline{\varepsilon}_k$	T	k
J	K	J · K^{-1}

Vom Standpunkt der kinetischen Theorie ist die Temperatur eine abgeleitete Größe und keine Basisgröße. Würde man auf historische Skalen (z.B. *Celsius*skala, *Kelvin*skala) keine Rücksicht nehmen und den Wert $^2/_3 \cdot {}^1/_k = 1$ setzen, so hätte die Temperatur die Einheit Joule.

Der absolute Nullpunkt $T = 0$ K ist nach der kinetischen Theorie dann erreicht, wenn die **kinetische Energie** Null wird. Da diese aber unmittelbar mit der Geschwindigkeit, mit der die Teilchen sich im Raum bewegen (Translationsbewegung), zusammenhängt, kann auch formuliert werden:

Am absoluten Nullpunkt bewegen sich die Teilchen mit der Geschwindigkeit $v = 0$ m/s. Da es keine kleinere Geschwindigkeit als $v = 0$ m/s gibt, existiert auch keine niedrigere Temperatur als $T = 0$ K.

Dementsprechend könnte man annehmen, dass die Teilchen am absoluten Nullpunkt keine Energie mehr besitzen. Dies ist aber nicht ganz korrekt und zeigt auch die Grenzen der kinetischen Theorie. Denn danach könnte der absolute Nullpunkt in Realität erreicht werden. Entsprechend einer der wichtigsten Aussagen der Quantenmechanik, der *heisenberg*schen Unschärferelation, kann aber die Geschwindigkeit eines Teilchens niemals Null werden. Die Formulierung der *heisenberg*schen Unschärferelation, die im Rahmen dieses Buches nicht näher abgeleitet werden soll, lautet:

$$\Delta x \cdot m \cdot \Delta v \geq h$$ 4.9

h ist die *Planck*-Konstante (früher: *planck*sches Wirkungsquantum); $h = 6{,}6260 \cdot 10^{-34}$ J · s, während Δx die Unbestimmtheit des Ortes und $m \cdot \Delta v$ die Unbestimmtheit des Impulses ist. Nach der Gleichung 4.9 muss das Produkt aus den beiden Größen immer größer oder zumindest gleich der *planck*schen Konstante sein. Das wäre aber **nicht** der Fall, wenn am absoluten Nullpunkt das Teilchen die Geschwindigkeit von $\Delta v = 0$ m/s hätte, denn dann ist $\Delta x \cdot m \cdot 0 = 0$. Aus diesem Grund kann ein Körper niemals auf die Temperatur des absoluten Nullpunkts $T = 0$ K abgekühlt werden. Am absoluten Nullpunkt befindet sich das Teilchen allerdings in einem Zustand niedrigster Energie, dem Grundzustand. Es besitzt die mit der **inneren** Schwingung zusammenhängende **Nullpunktenergie** E_0:

$$E_0 = {}^1/_2 \cdot h \cdot f$$ (f ist die Schwingungsfrequenz). 4.10

Führt man in der Gleichung 4.6 für das Produkt $N_A \cdot m$ die molare Masse M(X) des Gases X ein und löst die Gleichung nach der Wurzel des mittleren Geschwindigkeitsquadrats $\overline{v}^2$ auf, so folgt:

$$\sqrt{\overline{v}^2} = \sqrt{\frac{3 \cdot R \cdot T}{M(X)}}$$ 4.11

$\overline{v}^2$	R	T	$M(X)$
m^2 · s^{-2}	J · mol^{-1} · K^{-1}	K	kg · mol^{-1}

Hervorzuheben ist noch, dass entsprechend der *Maxwell*-Verteilung (Kap. 4.4) die Wurzel des mittleren Geschwindigkeitsquadrats $\sqrt{\overline{v}^2}$ **nicht genau** mit der mittleren Geschwindigkeit $\overline{v}$ identisch ist. Die letztgenannte ist nämlich um den Faktor 0,9214 kleiner.

M 4.3: Mit welcher mittleren Geschwindigkeit $\bar{v}$ bewegen sich Argonatome bei einer Temperatur von $T = 323$ K?

Lsg.: $M(\text{Ar}) = 3{,}995 \cdot 10^{-2}\ \text{kg} \cdot \text{mol}^{-1}$, $R = 8{,}315\ \text{J} \cdot \text{mol}^{-1} \cdot \text{K}^{-1}$.

$$\bar{v} = 0{,}9214 \cdot \sqrt{\overline{v^2}} = 0{,}9214 \cdot \sqrt{\frac{3 \cdot 8{,}315\ \text{J} \cdot \text{mol}^{-1} \cdot \text{K}^{-1} \cdot 323\ \text{K}}{3{,}995 \cdot 10^{-2}\ \text{kg} \cdot \text{mol}^{-1}}} = \mathbf{413{,}8\ m \cdot s^{-1}}$$

M 4.4: Welche Temperatur hat ein Heliumgas, wenn sich die Atome mit der mittleren Geschwindigkeit $\bar{v} = 600\ \text{m} \cdot \text{s}^{-1}$ bewegen? Es ist: M (He)= $4{,}003 \cdot 10^{-3}\ \text{kg} \cdot \text{mol}^{-1}$ und $R = 8{,}315\ \text{J} \cdot \text{mol}^{-1} \cdot \text{K}^{-1}$.

Lsg.: $\overline{v^2} = (600\ \text{m} \cdot \text{s}^{-1}/0{,}9214)^2 = 424039{,}3\ \text{m}^2/\text{s}^2$ (Faktor 0,9214 s.o.)

Die mittlere Geschwindigkeit muss vor dem Quadrieren in die Wurzel des mittleren Geschwindigkeitsquadrats $\sqrt{\overline{v^2}}$ umgerechnet werden! Einsetzen in 4.11 nach Umformung ⇒

$$T = \frac{\overline{v^2} \cdot M(\text{He})}{3 \cdot R} = \frac{424039{,}3\ \text{m}^2/\text{s}^2 \cdot 4{,}003 \cdot 10^{-3}\ \text{kg} \cdot \text{mol}^{-1}}{3 \cdot 8{,}315\ \text{J} \cdot \text{mol}^{-1} \cdot \text{K}^{-1}} = 68{,}0\ \text{K}$$

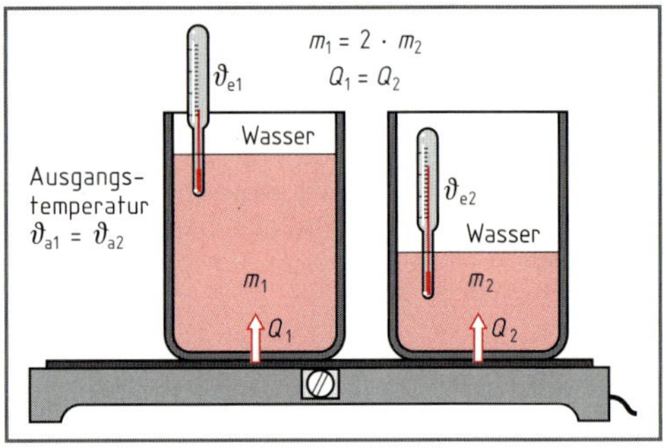

Bild 1: Wärme und Temperatur

Im Alltag werden die Begriffe Temperatur und Wärme fälschlicherweise oft gleichartig (synonym) verwendet. In Bild 1 ist ein einfacher Versuch skizziert, der den Unterschied deutlich macht. Obwohl beiden Flüssigkeiten die gleiche Wärmeenergie zugeführt wird ($Q_1 = Q_2$), erreicht das Wasser im rechten Behälter wesentlich schneller eine höhere Temperatur und kommt auch schneller zum Sieden. Diese an sich alltägliche, triviale Beobachtung leuchtet ein, wenn man sich die Temperatur als Maß für die Heftigkeit der Teilchenbewegung vorstellt. Im linken Behälter sollen sich $2 \cdot 10^{25}$ Wassermoleküle befinden, während der rechte nur $1 \cdot 10^{25}$ Teilchen enthält. Da der Energieerhaltungssatz gilt, verteilt sich die zugeführte Energie auf alle Moleküle. Sind nur **wenige** Teilchen vorhanden, so müssen diese bei gleicher Energiezufuhr eine höhere kinetische Energie einnehmen (sich **schneller** bewegen) als wenn sich die Wärmeenergie auf eine im Verhältnis größere Zahl von Molekülen verteilt. Die **Wärmeenergie** ist in diesem Fall also identisch mit der **Summe der Bewegungsenergien aller Teilchen,** während die Temperatur ein Maß für die **durchschnittliche Bewegungsenergie** der **einzelnen Teilchen ist**. Ändert sich der Aggregatzustand eines Körpers nicht, so können die Ergebnisse zusammengefasst werden:

Wärmeenergie = Wärmemenge = Wärme = Summe der Bewegungsenergien aller Teilchen eines Körpers.

Temperatur = Maß für die durchschnittliche Bewegungsenergie pro Teilchen.

4.4 *Maxwell-/Boltzmann*-Verteilung

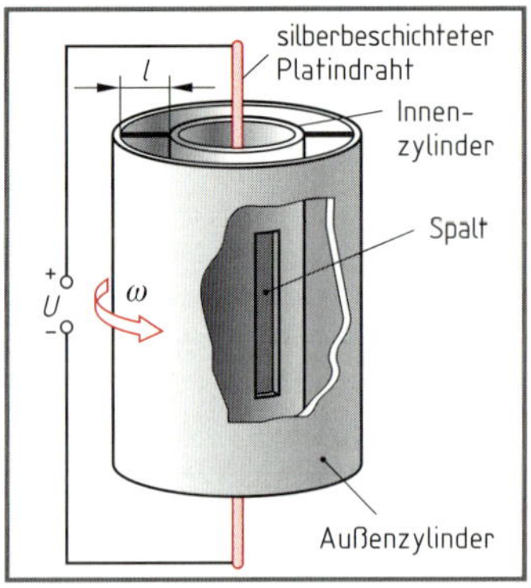

Bild 2: Stern-Versuch

Die Geschwindigkeit von Atomen und Molekülen kann gemessen werden. *Otto Stern* hat 1920 hierzu eine Apparatur entwickelt (Bild 2). Zwei konzentrische, **fest miteinander verbundene** Kupferzylinder befinden sich in einer evakuierten Kammer. In der Achse des inneren Zylinders verläuft ein elektrisch **beheizbarer** Platindraht, der mit Silber beschichtet ist. Außerdem besitzt der innere Zylinder einen schmalen Spalt, den die Silberatome ungehindert durchfliegen können, wenn bei entsprechend hoher Temperatur Silberatome von der Silberbeschichtung des Platindrahtes emittiert (herausgeschleudert) werden. Bei unbewegten Zylindern bilden die auf den äußeren Zylinder auftreffenden Silberatome ein scharfes Abbild des Spaltes (Bild 1a, S. 93), was durch eine Schwärzung sichtbar gemacht werden kann. Setzt man die beiden gekoppelten Zylinder in schnelle Rotation, wird das Abbild des Spaltes verwaschen (Bild 1b). Dies beruht auf der unterschiedlichen Geschwindigkeit *v* der verdampften Atome.

Während schnelle Atome nach kurzer Flugzeit auftreffen, dreht sich der äußere Kupferzylinder bei **langsameren** Atomen noch ein Stückchen weiter, bis sie auf seine Wand prallen. Aus dem Abstand l der Zylinder und der Winkelgeschwindigkeit ω kann die Geschwindigkeit der Atome berechnet werden, die an einer bestimmten Stelle auf die Wand aufgetroffen sind. Die Schwärzung über der **gesamten** Fläche entspricht der **Gesamtteilchenzahl** *N*, während die Schwärzung an einer bestimmten Stelle einen Bruchteil der Silberatome ΔN in dem **dazugehörigen** Geschwindigkeitsintervall Δv angibt. Der Teilchenzahlanteil X_i ist definiert als Verhältnis von ΔN zur Gesamtteilchenzahl *N*: $X_i = \Delta N/N$. Trägt man den Teilchenzahlanteil X_i pro Geschwindigkeitsintervall gegen Δv auf, so resultiert die in Bild 2 wiedergegebene Geschwindigkeitsverteilungskurve. Diese Kurve wurde bereit 1860 von *J. C. Maxwell* auf theoretischem Weg mit Hilfe der Wahrscheinlichkeitsrechnung gefunden. Auffallend ist der unsymmetrische Verlauf. Dies beruht darauf, dass bei **kleineren** Geschwindigkeiten der **quadratische Anstieg** (v^2) und bei **größeren** Geschwindigkeiten der **exponentielle Abfall** die Gestalt der Glockenkurve bestimmt (Formel 4.13). Außerdem gibt es für die Geschwindigkeit eine untere Grenze ($v = 0$ m/s), während eine obere Grenze nicht existiert. Die häufigste und auch wahrscheinlichste Geschwindigkeit v_h liegt im **Maximum** der Kurve vor. Die zu höheren Werten hin verlagerte Asymmetrie bedingt, dass die **mittlere** Geschwindigkeit ($\bar{v}$) größer als die häufigste Geschwindigkeit ist, während aus mathematischen Gründen die Wurzel aus dem Quadrat der mittleren Geschwindigkeit ($\sqrt{\bar{v}^2}$) noch etwas größer als diese ist. Es gilt.

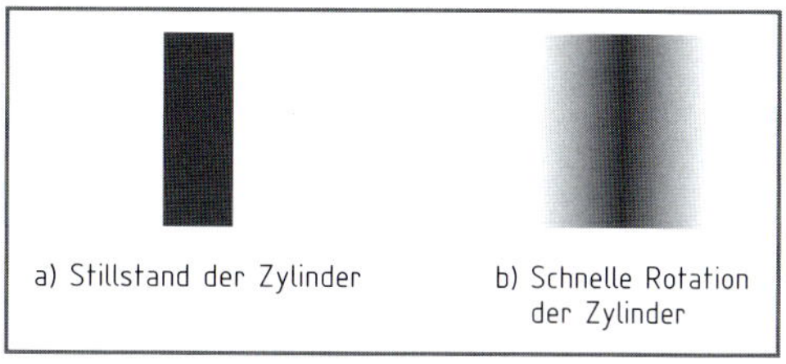

Bild 1: Schwärzungsbild beim Stern-Versuch

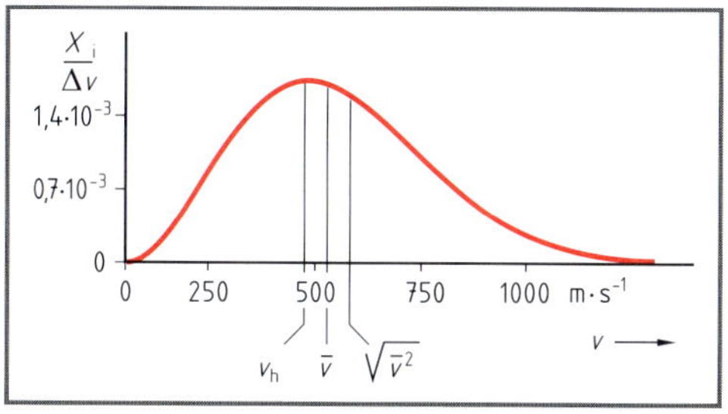

Bild 2: Maxwellsche Geschwindigkeitsverteilung

$$v_h : \bar{v} : \sqrt{\bar{v}^2} = 1 : 1{,}1284 : 1{,}2247$$ 4.12

Der Graph im Bild 2 wird mit Hilfe der *maxwell*schen Formel berechnet:

$$\frac{1}{\Delta v} \cdot \frac{\Delta N}{N} = \frac{X_i}{\Delta v} = v^2 \cdot \sqrt{\frac{2}{\pi}} \cdot \left(\frac{m}{k \cdot T}\right)^{3/2} \cdot e^{-\frac{m \cdot v^2}{2 \cdot k \cdot T}}$$ 4.13

v	m	k	T	N	X_i
$m \cdot s^{-1}$	kg	$J \cdot K^{-1}$	K	1	1

In der Formel 4.13 ist: $\Delta N/N$ die relative Teilchenanzahl (Teilchenzahlanteil X_i), e ist die *euler*sche Zahl und *k* die ***Boltzmann*-Konstante** ($1{,}38 \cdot 10^{-23}$ $J \cdot K^{-1}$). Die letztgenannte ist nichts anderes als die universelle Gaskonstante bezogen auf **ein** Teilchen. Die *Maxwell*-Formel ist eine **Exponentialfunktion,** mit der man den Teilchenzahlanteil X_i der Moleküle berechnen kann, die sich in einem Gas mit einer bestimmten Geschwindigkeit (Energie!) bewegen. Weiterhin lässt sich mit der Gleichung 4.13 die Geschwindigkeitsverteilung der Atome oder Moleküle in einem Gas, wie sie im Bild 2 dargestellt ist, beschreiben.

M 4.5: Im *Stern*-Versuch werden Silberatome bei $T = 1\,473$ K im Hochvakuum verdampft. Wie groß ist der Anteil der Silberatome im Geschwindigkeitsintervall, die sich bei dieser Temperatur mit der Geschwindigkeit $v = 476{,}4$ m/s bewegen?

Lsg.: $m\,(\text{Ag}) = \frac{M\,(\text{Ag})}{N_A} = \frac{0{,}1079 \text{ kg} \cdot \text{mol}^{-1}}{6{,}022 \cdot 10^{23} \text{ mol}^{-1}} = 1{,}79 \cdot 10^{-25} \text{ kg}$

Alle Größen müssen in der jeweiligen SI-Einheit eingesetzt werden! In der Rechnung wurden aus Platzgründen die Einheiten weggelassen.

$$\frac{X_i}{\Delta v} = 476{,}4^2 \sqrt{\frac{2}{\pi}} \cdot \left(\frac{1{,}79 \cdot 10^{-25}}{1{,}38 \cdot 10^{-23} \cdot 1473}\right)^{3/2} \cdot e^{-\frac{1{,}79 \cdot 10^{-25} \cdot 476{,}4^2}{2 \cdot 1{,}38 \cdot 10^{-23} \cdot 1473}} = \mathbf{1{,}74 \cdot 10^{-3}}$$

Das Ergebnis der Aufgabe M 4.5 ist zwar eine relativ kleine Zahl. Man muss sich aber vorstellen, dass eine Unzahl dieser kleinen Ausschnitte von $X_i/\Delta v$ den Gesamtbetrag der Teilchen im jeweiligen Geschwindigkeitsintervall ergibt (vgl. a. Bild 1, S. 95)!

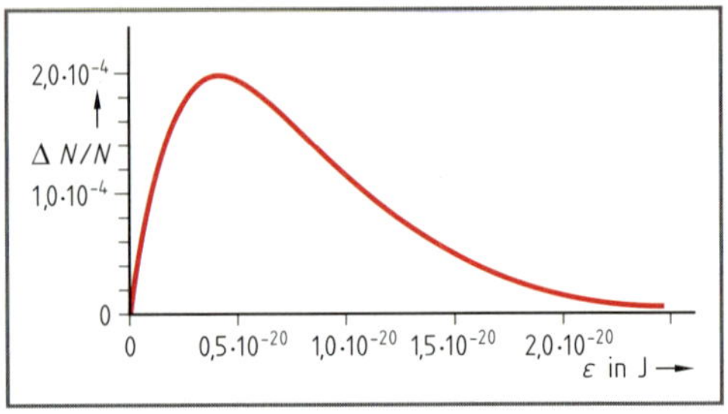

Bild 1: *Boltzmann*-Energieverteilungsfunktion

Viel interessanter für die Chemie ist allerdings die **Verteilung der Energie** auf die Moleküle beziehungsweise Atome. Diese Fragestellung hat *Ludwig Boltzmann* (1844 – 1906) näher untersucht. Zwischen der kinetischen Energie E_k und dem Quadrat der Geschwindigkeit (v^2) besteht eine Proportionalität. Deshalb ist für den Teilchenzahlanteil X_i, der die Moleküle mit einer bestimmten **Mindestenergie** ε angibt, ein ähnlicher Ausdruck wie bei der *Maxwell*-Formel zu erwarten. Unter der vereinfachenden Annahme, dass die Teilchen sich nur in der Ebene bewegen, gilt die ***Boltzmann*-Energieverteilungsfunktion (*Boltzmann*-e-Funktion):**

4.14

$$X_i = e^{-\frac{\varepsilon}{k \cdot T}} = e^{-\frac{E}{R \cdot T}}$$

X_i	ε	E	k	R	T
1	J	J	$J \cdot K^{-1}$	$J \cdot mol^{-1} \cdot K^{-1}$	K

Die Größe $e^{-E/(R \cdot T)}$ wird auch als *Boltzmann*-Faktor bezeichnet. In der Formel ist ε die Energie bezogen auf **ein** Teilchen und E die Energie bezogen auf **ein** Mol. Folglich ist k die *Boltzmann*-Konstante und R die universelle Gaskonstante. Obwohl die Beziehung 4.14 streng gültig nur für die Bewegung in der Fläche ist, kann sie als gute **Näherung** auch für die räumliche Energieverteilung angewandt werden. In Bild 1 ist der Graph der *boltzmann*schen Energieverteilungsfunktion für Stickstoffmoleküle bei T = 298,15 K wiedergegeben. Die häufigste kinetische Energie liegt bei ca. $\varepsilon_k = 0{,}5 \cdot 10^{-20}$ J. Dies entspricht auch dem **Maximum** der Kurve. Auffallend gegenüber der *maxwell*schen Geschwindigkeitsverteilung ist die größere Asymmetrie. Dies beruht darauf, dass in der *Boltzmann*verteilungsfunktion das Geschwindigkeitsquadrat v^2 als Faktor neben der e-Funktion nicht mehr enthalten ist.

M 4.6: Wie groß ist der Anteil $X(N_2) = \Delta N/N$ der Stickstoffmoleküle, die bei T = 298,15 K **mindestens** die Energie von $\varepsilon = 8{,}0 \cdot 10^{-21}$ J besitzen?

Lsg.: $$X(N_2) = \Delta N/N = e^{-\varepsilon/(k \cdot T)} = e^{-\frac{8{,}0 \cdot 10^{-21}\,J}{1{,}38 \cdot 10^{-23}\,J \cdot K^{-1} \cdot 298{,}15\,K}} = 0{,}143 \mathrel{\hat{=}} \mathbf{14{,}3\%}$$

Dasselbe Ergebnis wird erhalten, wenn man molare Größen einsetzt:

$$E = N_A \cdot \varepsilon = 6{,}022 \cdot 10^{23}\,mol^{-1} \cdot 8{,}0 \cdot 10^{-21}\,J = 4\,817{,}6\,J \cdot mol^{-1}$$

$$X(N_2) = \Delta N/N = e^{-E/(R \cdot T)} = e^{-\frac{4\,817{,}6\,J \cdot mol^{-1}}{8{,}315\,J \cdot mol^{-1} \cdot K^{-1} \cdot 298{,}15\,K}} = 0{,}143 \mathrel{\hat{=}} \mathbf{14{,}3\%}$$

M 4.7: In einem Glaskolben sind bei den Bedingungen der Aufgabe M 4.6 m = 2,5 g Stickstoff enthalten. Wie viele Stickstoffmoleküle besitzen davon **mindestens** die Energie $8{,}0 \cdot 10^{-21}$ J?

Lsg.: In dem Glaskolben sind insgesamt

$$N = \frac{m(N_2)}{M(N_2)} \cdot N_A = \frac{2{,}5\,g}{28{,}0\,g \cdot mol^{-1}} \cdot 6{,}022 \cdot 10^{23}\,mol^{-1} = 5{,}38 \cdot 10^{22} \text{ Teilchen enthalten.}$$

$$\Delta N = X(N_2) \cdot N = 0{,}143 \cdot 5{,}38 \cdot 10^{22} = \mathbf{7{,}69 \cdot 10^{21}} \text{ Teilchen.}$$

Der nach der *Boltzmann*-Verteilungsfunktion (4.14) berechnete Teilchenzahlanteil X_i ist größer als der nach der *Maxwell*-Formel (4.13) berechnete. Dies beruht auf der Tatsache, dass die *Boltzmann*-Verteilung im Gegensatz zur *Maxwell*-Formel nicht nur die Teilchen mit einer bestimmten Geschwindigkeit (Energie!) berücksichtigt, sondern auch alle Teilchen, deren Energie größer als dieser Mindestwert ist.

Im Bild 1 ist die *maxwell*sche Geschwindigkeitsverteilung und die *boltzmann*sche Energieverteilung für N_2-Moleküle bei 298 K, 600 K und 1 200 K dargestellt. Auf der Abzisse ist unterhalb der Geschwindigkeit die Energie pro Teilchen im 10^{20}-fachen des tatsächlichen Wertes aufgetragen. So beträgt beispielsweise die Energie bei $v = 250$ m/s $\varepsilon = 0{,}145 \cdot 10^{-20}$ J. Der der *maxwell*schen Geschwindigkeitsverteilung entsprechende Teilchenzahlanteil $X(N_2)$ kann **unmittelbar** auf der **Ordinatenachse** abgelesen werden. Der Teilchenzahlanteil $X(N_2)$ gemäß der *Boltzmann*-Verteilung ist die jeweilige **Gesamtfläche rechts** der Parallelen zur Ordinatenachse. Sie entspricht der Gesamtzahl **aller** Teilchen, die mindestens eine bestimmte Geschwindigkeit oder Energie besitzen. Im Bild 1 ist eine solche Markierung vorgenommen. Eine etwas aufwendigere Rechnung zeigt, dass bei $T = 298$ K ca. 5%, bei $T = 600$ K ca. 11% und bei $T = 1200$ K ca. 37% der Stickstoffmoleküle eine kinetische Energie von $\varepsilon = 2{,}32 \cdot 10^{-20}$ J und höher besitzen. Rechnet man diese Mindestenergie auf ein Mol (Index m) um, so resultiert:

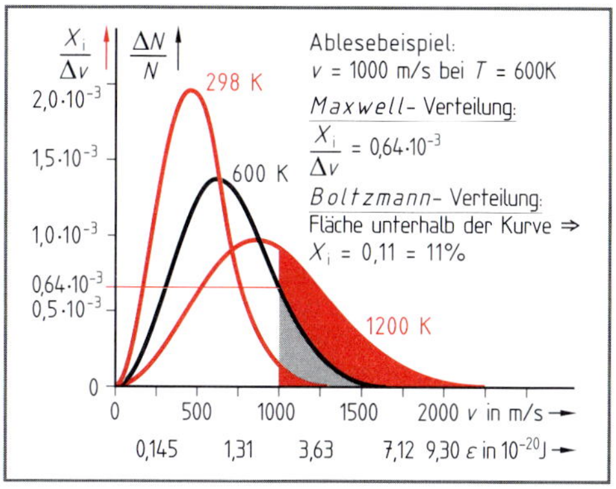

Bild 1: Geschwindigkeits- und Energieverteilung nach *Maxwell* und *Boltzmann*

$$E_m = \varepsilon \cdot N_A = 2{,}32 \cdot 10^{-20}\ \text{J} \cdot 6{,}022 \cdot 10^{23}\ \text{mol}^{-1} = 1{,}397 \cdot 10^4\ \text{J} \cdot \text{mol}^{-1} = \mathbf{13{,}97\ kJ \cdot mol^{-1}}.$$

M 4.8: Zum Starten jeder chemischen Reaktion wird eine reaktionsspezifische Mindestenergie, die Aktivierungsenergie E_a, benötigt. Der Zerfall von Chlor(I)-oxid verläuft entsprechend der Gleichung:

$$2\ Cl_2O \rightarrow 2\ Cl_2 + O_2$$

Die Aktivierungsenergie der Reaktion beträgt $E_a = 88{,}2$ kJ · mol^{-1}. Wie groß ist der Anteil der Cl_2O-Moleküle, die diese Aktivierungsenergie oder einen höheren Wert besitzen bei $T = 298$ K und bei $T = 700$ K?

Lsg.: Bei $T = 298$ K sind dies entsprechend Gleichung 4.14:

$$X(Cl_2O) = \frac{\Delta N}{N} = e^{-\frac{E_a}{R \cdot T}} = e^{-\frac{88\,200\ \text{J} \cdot \text{mol}^{-1}}{8{,}315\ \text{J} \cdot \text{mol}^{-1} \cdot \text{K}^{-1} \cdot 298\ \text{K}}} = \mathbf{3{,}48 \cdot 10^{-16}}$$

Bei $T = 700$ K erhält man:

$$X(Cl_2O) = \frac{\Delta N}{N} = e^{-\frac{E_a}{R \cdot T}} = e^{-\frac{88\,200\ \text{J} \cdot \text{mol}^{-1}}{8{,}315\ \text{J} \cdot \text{mol}^{-1} \cdot \text{K}^{-1} \cdot 700\ \text{K}}} = \mathbf{2{,}62 \cdot 10^{-7}}$$

Bei $T = 700$ K sind $2{,}62 \cdot 10^{-7}/3{,}48 \cdot 10^{-16} = 7{,}5 \cdot 10^8$ mal so viele Moleküle vorhanden, die mindestens die Aktivierungsenergie von $E_a = 88{,}2$ kJ besitzen! Während bei $T = 298$ K das Chlor(I)-oxid relativ stabil ist, zerfällt es bei $T = 700$ K explosionsartig.

Die *Boltzmann*-Energieverteilungsfunktion hat eine fundamentale Bedeutung. Sie findet sich wieder in der *Arrhenius*-Gleichung (Kap. 6.4), der *clausius-clapayron*schen Gleichung (Kap. 7.1) und vielen weiteren Beziehungen.

Zum Verdampfen einer Flüssigkeit benötigen die Moleküle beispielsweise eine bestimmte Mindestenergie, um die Oberflächenenergie (Oberflächenspannung) zu überwinden. Aufgrund der *Boltzmann*-Verteilung besitzt aber nur ein Teil der Moleküle eine hinreichende Energie. Die Flüssigkeit verdampft folglich nicht spontan sondern verdunstet langsam, je nachdem, wie viel Energie die Teilchen der Umgebung entziehen können.

Erhitzt man andererseits eine Flüssigkeit über ihren Siedepunkt hinaus, ohne dass sie zum Sieden kommt, so ist die kinetische Energie der meisten Moleküle größer als die Oberflächenenergie. Eine geringfügige Störung (Erschütterung u.ä.) kann dann eine explosionsartige Verdampfung auslösen: den Siedeverzug.

4.5 Wärmelehre, Reaktionswärme, Brennwert und Heizwert

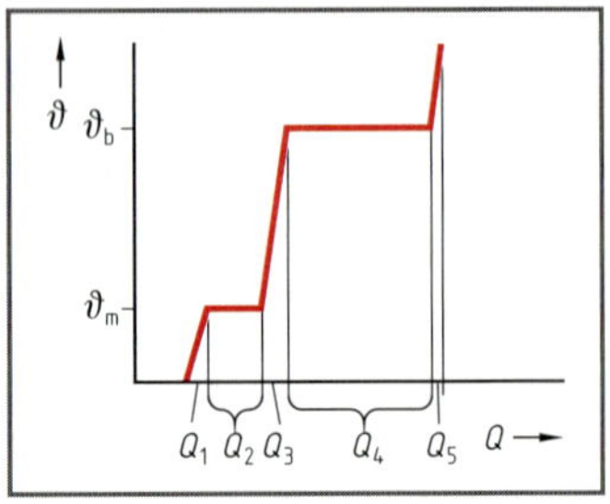

Bild 1: Sensible und latente Wärme

Der im Kapitel 4.3 beschriebene Zusammenhang zwischen Temperatur, Wärme und Teilchenbewegung gilt nicht nur für Gase. Dieselben Überlegungen können auch auf Flüssigkeiten und Festkörper übertragen werden. Im Gitter eines Festkörpers sind die Teilchen zwar an ihren Gitterplätzen festgehalten, fangen aber bei Erwärmung an zu schwingen. Diese Wärmebewegung kann so groß werden, dass die Gitterkräfte überwunden werden. Der Körper schmilzt. In der Flüssigkeit bewegen sich die Atome oder Moleküle bei Erwärmung immer schneller, bis sie schließlich eine Bewegungsenergie besitzen, die größer als die Oberflächenenergie ist. Die Teilchen gehen in den gasförmigen Zustand über. Bei Zufuhr von Wärme oder Entzug von Wärmeenergie kommt es demnach zu Aggregatzustandsänderungen. Beim Übergang von einem Aggregatzustand in den anderen wird sämtliche zugeführte Energie benötigt, um beim Schmelzen die Gitterenergie oder beim Verdampfen die Oberflächenenergie zu überwinden. Die Temperatur erhöht sich dabei nicht. In diesen Fällen spricht man von **latenter Wärme.** Wenn die zu- oder abgeführte Wärme die Temperatur eines Körpers ändert, so wird diese als **sensible** Wärme bezeichnet. Im Bild 1 wird einem Festkörper (z.B. Eis) stetig Wärmeenergie zugeführt. Während der Zufuhr von Q_1 steigt die Temperatur bis zur **Schmelztemperatur** ϑ_m und bleibt so lange konstant, bis alles geschmolzen ist. Anschließend steigt sie wieder bis zum Erreichen der **Siedetemperatur** ϑ_b und ändert sich solange nicht, bis die gesamte Stoffmenge in Dampf umgewandelt ist. Während des Schmelzvorganges wird die Schmelzwärme Q_2 und während der Verdampfung die Verdampfungswärme Q_4 zugeführt. Q_1, Q_3 und Q_5 sind **sensible** Wärmen, während bei Q_2 und Q_4 keine Temperaturerhöhung stattfindet. Es handelt sich also um **latente** Wärmen. Wenn, wie beschrieben, ein Stoff vom festen in den gasförmigen Zustand überführt und weiter erwärmt wird, dann beträgt die gesamte aufgenommene Wärmeenergie bis zum Endzustand:

$Q_{ges} = Q_1$ (Erwärmen) + Q_2 (Schmelzen) + Q_3(Erwärmen) + Q_4 (Verdampfen) + Q_5 (Erwärmen)

Q_1, Q_3 und Q_5 sind nicht etwa gleich groß. Sie hängen insbesondere von einer Stoffkonstanten, der **spezifischen Wärmekapazität** *c* ab, wobei der Zahlenwert von *c* für ein und denselben Stoff vom **Aggregatzustand** und von der **Temperatur** [$c = f(T)$, s. a. Kap. 5.6.9] abhängt. Es gilt:

4.15

$$c = \frac{Q}{m \cdot \Delta T}$$

c	Q	m	T
$J \cdot kg^{-1} \cdot K^{-1}$	J	kg	K

Daraus resultiert das Grundgesetz der Wärmelehre:

4.16

$$Q = m \cdot c \cdot \Delta T$$

Da die Differenz von 1 K gleich der Differenz von 1 °C ist, kann in Gleichung 4.16 an Stelle von ΔT auch $\Delta\vartheta$ eingesetzt werden: $Q = m \cdot c \cdot \Delta\vartheta$. Anzumerken ist, dass die **spezifische Wärmekapazität** der meisten Stoffe u.a. mehr oder minder stark **von der Temperatur abhängt.** Aus diesem Grund wird vielfach innerhalb eines bestimmten Temperaturbereichs mit gemittelten Werten gerechnet. Im Übrigen wird aus praktikablen Gründen in der Chemie an Stelle der massebezogenen spezifischen Wärmekapazität meistens die molare Wärmekapazität verwendet (vgl. Kap. 5.6.4).

Zur Berechnung des Energieumsatzes beim Schmelzen arbeitet man in der Technik mit der **spezifischen Schmelzwärme** *q* oder der **spezifischen Schmelzenthalpie** Δh_s. Somit gilt für die Schmelzwärme Q_s bzw. für die Schmelzenthalpie ΔH_s:

4.17

$$Q_s = m \cdot q$$ oder $$\Delta H_s = m \cdot \Delta h_s$$

Q_s bzw. ΔH_s	m	q bzw. Δh_s
J	kg	J/kg

Um die Verdampfungswärme Q_v zu ermitteln, wird die **spezifische Verdampfungswärme** *r* verwendet, die mit der **spezifischen Verdampfungsenthalpie** Δh_v identisch ist. Benutzt man die letztgenannte Größe, so resultiert die Verdampfungsenthalpie ΔH_v:

4.18

$$Q_v = m \cdot r$$ oder $$\Delta H_v = m \cdot \Delta h_v$$

Q_v bzw. ΔH_v	m	r bzw. Δh_v
J	kg	J/kg

Vereint man die Beziehungen 4.16 bis 4.18, so kann man damit den im Bild 1, S. 96 skizzierten Vorgang komplett beschreiben (ϑ_1 bzw. T_1 = Anfangs- und ϑ_2 bzw. T_2 = Endtemperatur):

$Q_{ges} = m \cdot c_1 \cdot (\vartheta_m - \vartheta_1) + m \cdot q + m \cdot c_2 \cdot (\vartheta_b - \vartheta_m) + m \cdot r + m \cdot c_3 \cdot (\vartheta_2 - \vartheta_b)$ beziehungsweise:

$$Q_{ges} = m \cdot c_1 \cdot (T_m - T_1) + m \cdot q + m \cdot c_2 \cdot (T_b - T_m) + m \cdot r + m \cdot c_3 \cdot (T_2 - T_b)$$ 4.19

M 4.9: Welche Wärmemenge muss zugeführt werden, um 5,2 kg Eis von –10 °C in Wasserdampf von 130 °C zu verwandeln? Die gemittelten spezifischen Wärmekapazitäten betragen: c_{Eis} = 2,09 kJ · kg^{-1} · K^{-1}; c_{Wasser} = 4,19 kJ · kg^{-1} · K^{-1} und c_{Dampf} = 2,00 kJ · kg^{-1} · K^{-1}. Die spezifische Schmelzwärme beträgt q = 335 kJ/kg und die spezifische Verdampfungswärme hat den Wert r = 2 258 kJ/kg.

Lsg.: $Q_{ges} = m \cdot [c_{Eis} \cdot (T_m - T_1) + q + c_{Wasser} \cdot (T_b - T_m) + r + c_{Dampf} \cdot (T_2 - T_b)]$

$Q_{ges} =$ 5,2 kg · [2,09 kJ · kg^{-1} · K^{-1} · (273 K – 263 K) + 335 kJ/kg +
4,19 kJ · kg^{-1} · K^{-1} · (373 K – 273 K) + 2258 kJ/kg +
2,00 kJ · kg^{-1} · K^{-1} · (403 K – 373 K)] = **16083,1 kJ**

Im Kapitel 5.6.7 wird der Begriff der Wärmekapazität näher beschrieben. Die hier skizzierten Grundbegriffe der Wärmelehre nehmen jedoch keine Sonderstellung ein, sondern gelten analog in der Thermodynamik. In der **chemischen Thermodynamik** wird, wie bereits erwähnt, nicht mit spezifischen (massebezogenen) Größen sondern mit **molaren Größen** gerechnet. Die entsprechenden Größen lassen sich aber leicht unter Verwendung der molaren Massen ineinander umrechnen. Statt der spezifischen Wärmekapazität wird die molare Wärmekapazität bei **konstantem Druck** (C_{mp}) beziehungsweise bei **konstantem Volumen** (C_{mV}) verwendet. Das Grundgesetz der Wärmelehre lautet dann:

$Q = n \cdot C_{mp} \cdot \Delta T$ oder $Q = n \cdot C_{mV} \cdot \Delta T$ 4.20

n	C_{mp} bzw. C_{mV}	T
mol	J · mol^{-1} · K^{-1}	K

M 4.10: Die molare Wärmekapazität von Ethanol beträgt bei konstantem Druck C_{mp} = 111,95 J · mol^{-1} · K^{-1}. Welche Wärmemenge muss zugeführt werden, um 800,0 g Ethanol von ϑ_1 = 20 °C auf ϑ_2 = 35 °C zu erwärmen?

Lsg.: Erster Lösungsweg:

$$C_{mp} = c_p \cdot M(C_2H_5OH) \Rightarrow c_p = \frac{C_{mp}}{M(C_2H_5OH)} = \frac{111{,}95\ \text{J} \cdot \text{mol}^{-1} \cdot \text{K}^{-1}}{46{,}07\ \text{g} \cdot \text{mol}^{-1}} = 2{,}43\ \text{J} \cdot \text{g}^{-1} \cdot \text{K}^{-1}$$

$Q = m \cdot c_p \cdot (T_2 - T_1)$ = 800,0 g · 2,43 J · g^{-1} · K^{-1} · (308 K – 293 K) = **29 160 J**

Zweiter Lösungsweg (Rundungsfehler führen zu einer kleinen Abweichung):

$$n(C_2H_5OH) = \frac{m}{M(C_2H_5OH)} = \frac{800{,}0\ \text{g}}{46{,}07\ \text{g} \cdot \text{mol}^{-1}} = 17{,}36\ \text{mol}$$

$Q = n(C_2H_5OH) \cdot C_{mp} \cdot (T_2 - T_1)$ = 17,36 mol · 111,95 J · mol^{-1} · K^{-1} · (308 K – 293 K)
= **29152 J**

Ein wichtiges Prinzip der Wärmelehre ist die **Mischungskalorimetrie**:

Beim Mischen zweier Stoffe nehmen diese die gleiche Temperatur an. Dabei geht Wärme von der Substanz mit der höheren Temperatur auf die Substanz mit der niedrigeren Temperatur über. Es gilt der Energieerhaltungssatz. Danach ist der Betrag der vom einen Stoff abgegebenen Wärmeenergie genauso groß, wie der vom anderen Stoff aufgenommene.

Bei Vernachlässigung des Energieaustauschs mit der Umgebung gilt

$$|Q_{ab}| = |Q_{auf}|$$ 4.21

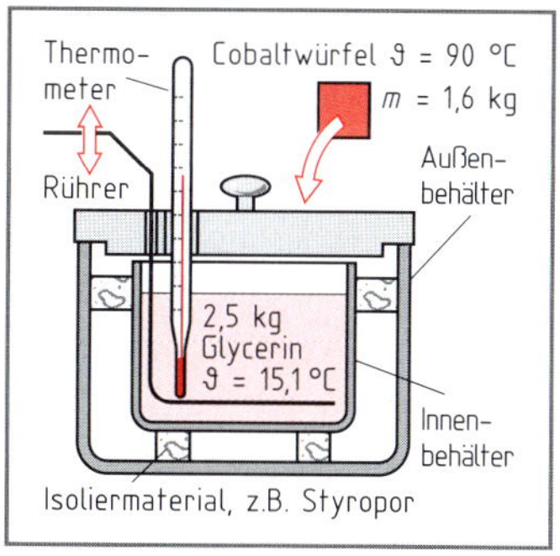

Bild 1: Mischungskalorimetrie

M 4.11: In ein Glycerinbad (Bild 1, S. 97) mit m_1 = 2,5 kg Glycerin und der Temperatur ϑ_1 = 15,1 °C wird ein Cobaltwürfel von m_2 = 1,6 kg und der Temperatur ϑ_2 = 90,0 °C eingetaucht. Welche Mischtemperatur ϑ_M liegt nach dem Wärmeaustausch vor? Die gemittelten spezifischen Wärmekapazitäten betragen: c_1 = 2,39 kJ/(kg · K); c_2 = 0,436 kJ/(kg · K)

Lsg.: Entsprechend 4.16 gilt: $|Q_{ab}| = m_2 \cdot c_2 \cdot (\vartheta_2 - \vartheta_M)$ und $|Q_{auf}| = m_1 \cdot c_1 \cdot (\vartheta_M - \vartheta_1)$. Wendet man die Beziehung 4.21 an und löst nach ϑ_M auf, so erhält man:

$$\vartheta_M = \frac{m_1 \cdot c_1 \cdot \vartheta_1 + m_2 \cdot c_2 \cdot \vartheta_2}{m_1 \cdot c_1 + m_2 \cdot c_2}$$

$$= \frac{2{,}5\ \text{kg} \cdot 2{,}39\ \text{kJ} \cdot \text{kg}^{-1} \cdot {}^\circ\text{C}^{-1} \cdot 15{,}1\ {}^\circ\text{C} + 1{,}6\ \text{kg} \cdot 0{,}436\ \text{kJ} \cdot \text{kg}^{-1} \cdot {}^\circ\text{C}^{-1} \cdot 90\ {}^\circ\text{C}}{2{,}5\ \text{kg} \cdot 2{,}39\ \text{kJ} \cdot \text{kg}^{-1} \cdot {}^\circ\text{C}^{-1} + 1{,}6\ \text{kg} \cdot 0{,}436\ \text{kJ} \cdot \text{kg}^{-1} \cdot {}^\circ\text{C}^{-1}}$$

$$\vartheta_M = \mathbf{22{,}9\ {}^\circ C}$$

Die Wärme stellt eine besondere Energieform dar. Einerseits kann Wärmeenergie nie vollkommen in mechanische Energie umgewandelt werden (vgl. Kap. 5.7.4), andererseits spielt sie bei den meisten Energiewandlungsprozessen in der Natur und Technik die zentrale Rolle.

In der Chemie ist die **Reaktionswärme** ΔQ von besonderer Bedeutung. Das Prinzip der Reaktionswärme soll mit dem folgenden Versuch beschrieben werden: In einem Reagenzglas wird eine Stoffportion Kupfer(II)-sulfat-5-hydrat erhitzt. Die ursprünglich blaue Verbindung verliert die Farbe und wird weiß. Offensichtlich findet eine Stoffumwandlung statt, zu der eine bestimmte Wärmemenge benötigt wird. Gibt man nach dem Abkühlen des Produktes etwas Wasser zu, so entsteht wieder das blaue Edukt. Gleichzeitig erwärmt sich die Substanz (Bild 1).

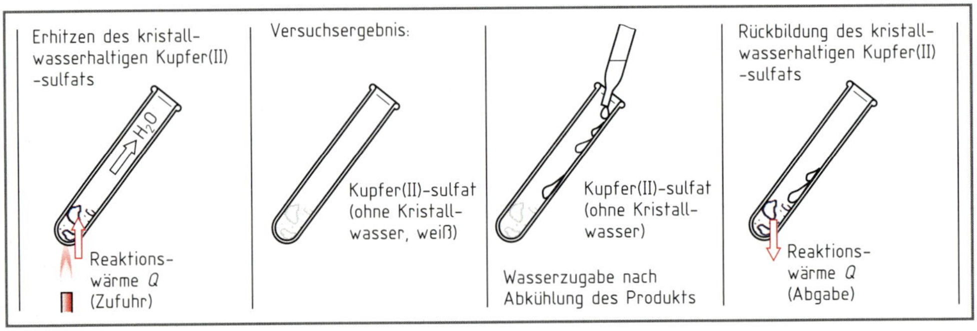

Bild 1: Reaktionswärme von Kupfer(II)-sulfat und Kupfer(II)-sulfat-5-hydrat

Im Allgemeinen werden die in Bild 1 beschriebenen Vorgänge folgendermaßen formuliert:

a) Erhitzen

$CuSO_4 \cdot 5\,H_2O + \Delta Q \rightarrow CuSO_4 + 5\,H_2O$
(blau) (weiß)

b) Wasserzugabe nach Abkühlung

$CuSO_4 + 5\,H_2O \rightarrow CuSO_4 \cdot 5\,H_2O + \Delta Q$
(weiß) (blau)

Die bei einer chemischen Reaktion **pro Formelumsatz** (Reaktionsgleichung, vgl. S. 57) entwickelte oder verbrauchte Wärmeenergie bezeichnet man als **Reaktionswärme** ΔQ.

In **Abweichung** von der obenstehenden Formulierung, die **in der Technik** üblich ist, schreibt man in der **physikalischen Chemie** die Reaktionswärme ΔQ üblicherweise auf die **rechte Seite der Gleichung** und zwar unabhängig davon, ob die Reaktionswärme von außen zugeführt wird (z.B. Erhitzen) oder ob bei der Reaktion Wärme freigesetzt wird. Damit ergibt sich aber ein Zahlenwertproblem. Man könnte nämlich annehmen, dass die Wärmeenergie positiv gerechnet wird, wenn „der Mensch einen Nutzen“ davon hat. Das wäre beispielsweise der Fall, wenn Öl verbrannt wird, um damit eine Heizung zu betreiben. Nach *R. Clausius* (1822 – 1888) geht man jedoch bei sämtlichen Überlegungen **vom betrachteten System** aus. Beim Verbrennen **gibt** das System Öl/Luft Energie **ab,** es verliert also etwas. Deshalb bekommt die dabei auftretende Energie ein **negatives** Vorzeichen.

Dieser Zusammenhang wird auch ersichtlich, wenn man den energetischen Verlauf einer exothermen (Bild 1) und den einer endothermen Reaktion (Bild 2) genauer betrachtet. Dabei erkennt man zunächst, dass sowohl bei einer exothermen als auch bei einer endothermen Reaktion die **Aktivierungsenergie** E_a zugeführt werden muss. Weiterhin besitzen die **Produkte** einer **exothermen** Reaktion eine **niedrigere** Energie als die Edukte (vgl. Kap. 3.5). Zur Berechnung der bei einem Formelumsatz auftretenden Reaktionswärme bildet man die Differenz:

$$\Delta Q = Q_2 - Q_1 = Q\,(\text{Produkte}) - Q\,(\text{Edukte}) \qquad \textbf{4.22}$$

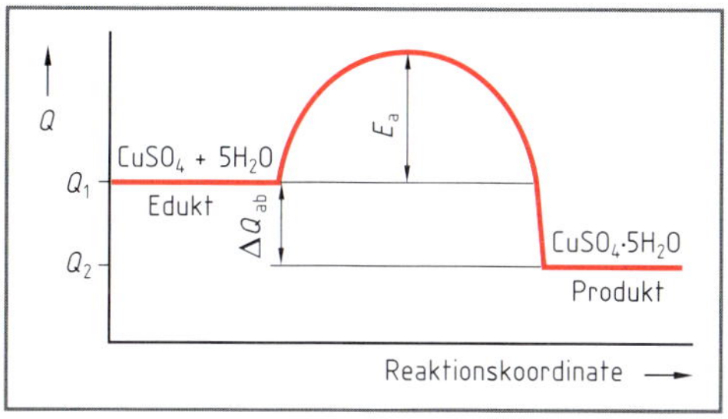

Bild 1: Exotherme Reaktion

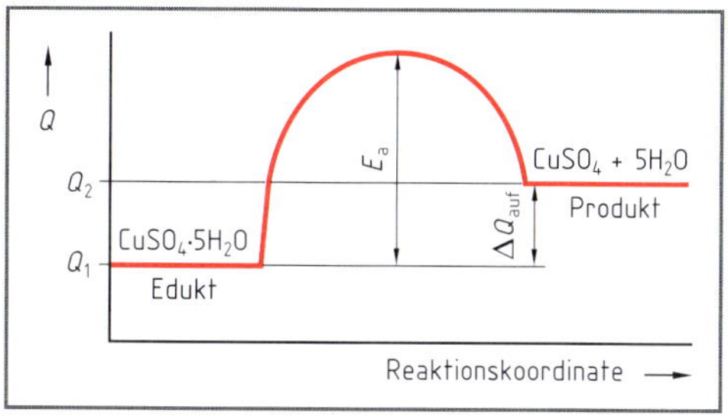

Bild 2: Endotherme Reaktion

Aus den Bildern 1 und 2 sowie der Gleichung 4.22 folgt:

Exotherme Reaktion (Energieabgabe) = Reaktionswärme erhält **negativen** Zahlenwert ($\Delta Q < 0$)
Endotherme Reaktion (Energiezufuhr) = Reaktionswärme erhält **positiven** Zahlenwert ($\Delta Q > 0$)

Die Vorzeichenfestlegung gilt allgemein, insbesondere auch dann, wenn die gehandelte Energie keine Wärmeenergie ist und auch, wenn kein chemischer Vorgang stattfindet. Schließlich muss noch berücksichtigt werden, ob die Reaktion bei konstantem Volumen oder bei konstantem Druck abläuft. Es gilt deshalb (vgl. a. S. 100):

Reaktionswärme bei konstantem Volumen (isochor) = Reaktionsenergie $\Delta_r U_m$
Reaktionswärme bei konstantem Druck (isobar) = Reaktionsenthalpie $\Delta_r H_m$

Der Index „m" steht für eine molare Größe. Früher hat man die Reaktionswärme $\Delta_r U_m$ und die Reaktionsenthalpie $\Delta_r H_m$ pro Formelumsatz (FU) angegeben. Eleganter ist es, wenn man an Stelle des Formelumsatzes die Umsatzvariable ξ einführt. In den Abbildungen 1 und 2 soll die Gesamtreaktion gerade einen Formelumsatz betragen. Dies wird durch $\xi = 1$ mol gekennzeichnet.

Mit der Umsatzvariablen ξ lässt sich der Reaktionsfortschritt beschreiben. Diese Größe hat die Einheit mol. Ist $\xi = 1$ mol, so wurde gerade ein Formelumsatz getätigt, umgekehrt beträgt $\xi = 0$ mol, wenn noch keine Reaktion stattgefunden hat.

M 4.12: Propan verbrennt entsprechend der Gleichung
$C_3H_8 + 5\,O_2 \rightarrow 3\,CO_2 + 4\,H_2O$
Wie groß ist die Umsatzvariable ξ, wenn a) $n\,(O_2) = 1/8$ mol und
b) $n\,(O_2) = 32$ mol umgesetzt wurden?

Lsg.: a) $n\,(O_2) = 5$ mol ≙ 1 Formelumsatz = $\xi = 1$ mol
$n\,(O_2) = 1/8$ mol ≙ $1/5 \cdot 1/8 = 1/40 = \xi = \mathbf{0{,}025\ mol}$
b) $n\,(O_2) = 5$ mol ≙ 1 Formelumsatz = $\xi = 1$ mol
$n\,(O_2) = 32$ mol ≙ $1/5 \cdot 32 = 32/5 = \xi = \mathbf{6{,}4\ mol}$

Wie aus der Aufgabe M 4.12 ersichtlich ist, kann der Formelumsatz auch ein Mehrfaches der einfachen stöchiometrischen Bilanz betragen. In diesem Fall gilt: $\xi > 1$ mol. Bei der Ermittlung der Umsatzvariablen einer bestimmten Komponente i muss man die **stöchiometrische Zahl** ν_i (vgl. S. 120) berücksichtigen. Nennt man die umgesetzte Stoffmenge dieser Komponente n_i, so gilt allgemein:

$$\xi_i = \frac{n_i}{\nu_i} \qquad \textbf{4.23}$$

ξ_i	n_i	ν_i
mol	mol	1

M 4.13: Die folgende Reaktion ist gegeben:

$2\,Al(OH)_3 + 3\,H_2SO_4 \rightarrow Al_2(SO_4)_3 + 6\,H_2O$

Wie groß ist die Umsatzvariable, wenn

a) $n = 0{,}2$ mol Wasser entstanden sind und

b) $n = 15$ mol Schwefelsäure verbraucht wurden?

Lsg.: a) $\xi(H_2O) = \frac{n(H_2O)}{\nu(H_2O)} = \frac{0{,}2\ \text{mol}}{6} = \mathbf{0{,}033\ mol}$

b) $\xi(H_2SO_4) = \frac{n(H_2SO_4)}{\nu(H_2SO_4)} = \frac{15\ \text{mol}}{3} = \mathbf{5\ mol}$

Wie im Zusammenhang mit der *Reaktionsenergie* und der *Reaktionsenthalpie* bereits erläutert, ist die während einer Reaktion freigesetzte oder verbrauchte Wärmeenergie nicht nur von der Art der Stoffe abhängig, sondern auch von den äußeren Bedingungen, wie Druck und Temperatur. Will man unterschiedliche Messungen und Untersuchungen miteinander in Beziehung setzen, so benötigt man immer Bezugspunkte. In der Thermodynamik sind dies die **Standardbedingungen.** Hierbei hat man willkürlich festgelegt:

- Bezugsstoffmenge: $n = 1$ mol der Reaktionskomponente
- Bezugstemperatur: $T = 298$ K ($\vartheta = 25$ °C)
- Bezugsdruck: $p = 1013$ hPa = 1,013 bar

Zur **Kennzeichnung** des **Standardzustandes** wird das Zeichen ° verwendet. Aus der Definition folgt ferner, dass die **Standardreaktionsenthalpie** eine **molare** Größe ist. Sie erhält deshalb das Formelzeichen $\Delta_r H_m^o$.

Beispielsweise hat die Entwässerung von Kupfersulfat (S. 98), da das Reagenzglas offen war, bei konstantem Druck stattgefunden. Folglich muss für Berechnungen die Reaktions**enthalpie** angegeben werden. Durch genaue Messung findet man bei Standardbedingungen: $\Delta Q = \Delta_r H_m^o = +75{,}2$ kJ/mol. Bei Wasserzugabe wird Wärme frei, d.h. das Produkt ist energieärmer als das Edukt. Demnach gilt: $\Delta Q = \Delta_r H_m^o = -75{,}2$ kJ/mol. Energie zählt, wie die Stoffe, zu den Edukten bzw. Produkten. Unter Berücksichtigung der Standardenthalpie lauten die Gleichungen für die Umsetzung des Kupfer(II)-sulfats:

a) Erhitzen:

$CuSO_4 \cdot 5\,H_2O \rightarrow CuSO_4 + 5\,H_2O$ $\quad \Delta_r H_m^o = +75{,}2$ kJ/mol (Energiezufuhr!)

b) Wasserzugabe:

$CuSO_4 + 5\,H_2O \rightarrow CuSO_4 \cdot 5\,H_2O$ $\quad \Delta_r H_m^o = -75{,}2$ kJ/mol (Energieabgabe!)

Charakterisiert man den Formelumsatz durch die Umsatzvariable ξ, so erhält man bei Standardbedingungen die Gesamtreaktionsenthalpie $\Delta_r H^o$ als das Produkt aus ξ und der Standardreaktionsenthalpie. Für die Reaktionsenergie $\Delta_r U^o$ gilt die gleiche Überlegung:

4.24 $\Delta_r H^o = \xi \cdot \Delta_r H_m^o$ und $\Delta_r U^o = \xi \cdot \Delta_r U_m^o$

ξ	$\Delta_r H$ bzw. $\Delta_r U$
mol	$J \cdot mol^{-1}$

M 4.14: Zu 63,8 g $CuSO_4$ wird bei Standardbedingungen gerade so viel Wasser gegeben, dass die äquivalente Menge $CuSO_4 \cdot 5\,H_2O$ entsteht.

a) Wie groß ist die Gesamtreaktionsenthalpie?

b) Auf welche Höhe könnte man eine Last mit $m = 50$ kg heben, wenn es gelänge, diese Energie vollkommen in Hubarbeit umzuwandeln?

Lsg.: $n(CuSO_4) = \frac{m}{M(CuSO_4)} = \frac{63{,}8\ \text{g}}{159{,}6\ \text{g} \cdot \text{mol}^{-1}} = 0{,}4\ \text{mol} \Rightarrow \xi(CuSO_4) = \frac{0{,}4\ \text{mol}}{1} = 0{,}4\ \text{mol}$

$\Delta_r H^o = \xi \cdot \Delta_r H_m^o = 0{,}4\ \text{mol} \cdot (-75{,}2\ \text{kJ} \cdot \text{mol}^{-1}) = \mathbf{-30{,}08\ kJ}$

Für die potentielle Energie gilt: $E_p = m \cdot g \cdot h \mathrel{\widehat{=}} |Q|$. Aufgelöst nach der Höhe h:

$h = \frac{E_p}{m \cdot g} = \frac{|Q|}{m \cdot g} = \frac{30080\ \text{J}}{50\ \text{kg} \cdot 9{,}81\ \text{m} \cdot \text{s}^{-2}} = \mathbf{61{,}3\ m}$

Dies ist eine beträchtliche Höhe. Leider gelingt es aber nicht, eine Energieform vollkommen in eine andere umzuwandeln und somit komplett zu nutzen (s. Kap. 5.7.5).

Zur Bestimmung der Reaktionsenergie und der Reaktionsenthalpie benutzt man **Kalorimeter.** Dies sind Geräte zur Messung von Wärmemengen. Will man beispielsweise die **Reaktionsenergie** $\Delta_r U$ einer Verbrennung bestimmen, so arbeitet man mit sogenannten Bombenkalorimetern bei **konstantem Volumen**. Das im Bild 1 skizzierte isochore Bombenkalorimeter besitzt ein Volumen von ca. 300 mL. Die Substanz wird in das Verbrennungsschälchen (S) eingewogen.

Nach Verschrauben und Einbringen in das Wasser wird Sauerstoff bis zu einem Druck von etwa p = 20 bar eingefüllt. Im Wasserbad, dessen Wassermenge genau abgemessen ist, befindet sich ein *Beckmann*-Thermometer, das nach der elektrischen Zündung in Halbminutenabständen abgelesen wird. Die maximale Temperaturdifferenz wird als Messwert notiert.

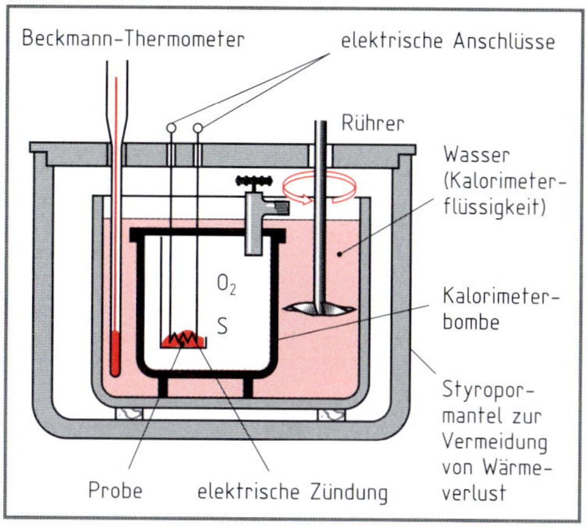

Bild 1: Bombenkalorimeter (isochor)

Zur Bestimmung der **Reaktionsenthalpie** $\Delta_r H$ einer Verbrennungsreaktion arbeitet man mit dem in der Abbildung 2 wiedergegebenen isobaren Kalorimeter. Auch bei diesem Gerät wird die Substanz eingewogen und elektrisch gezündet. Die Verbrennungsgase werden so langsam durch die Austauscherschlange geleitet, dass ein nahezu vollkommener Wärmeaustausch gewährleistet ist. In diesem Falle entspricht die bei der Reaktion freigesetzte Wärmemenge (Q_{ab}) genau derjenigen, die das Kalorimeter aufnimmt (Q_{auf}). Entsprechend der Gleichung 4.18 gilt: $|Q_{auf}| = |Q_{ab}|$. Die mittels eines Kalorimeters bestimmten Werte werden gegebenenfalls auf Standardbedingungen umgerechnet. Die in Tabellenwerken angegebenen Werte wurden meist auf diese Art und Weise ermittelt.

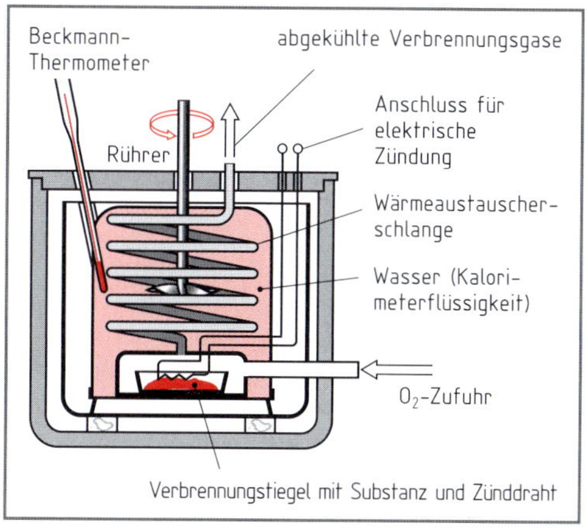

Bild 2: Druckloses Kalorimeter (isobar)

Um $|Q_{auf}|$ zu bestimmen, müssten eine Menge Parameter getrennt ermittelt werden. Diese wären:

- die Masse der Kalorimeterflüssigkeit,
- die Masse der im Kalorimeter befindlichen Luft,
- die Massen der jeweils verwendeten Baumaterialien und
- die spezifischen Wärmekapazitäten der einzelnen Bestandteile.

Das wäre viel zu umständlich und eine Quelle vielfältiger Messfehler. Zur Umgehung dieser Schwierigkeiten wendet man einen Kunstgriff an: Das Kalorimeter wird **kalibriert.**

Der **Kalibrierfaktor** σ **eines Kalorimeters** (früher: Wasserwert) gibt an, welche Wärmemenge zugeführt werden muss, um die Temperatur des Geräts um 1 K zu erhöhen.

Zur Kalibrierung verwendet man geeignete Testsubstanzen (z.B. Napthalin), deren Verbrennungsenthalpie bzw. Verbrennungsenergie genau bekannt ist. Weniger umständlich ist es, wenn man das Kalorimeter elektrisch beheizt. Hierbei werden die Stromstärke I, die Spannung U und die Heizzeit t gemessen. Die zugeführte elektrische Arbeit W_{el} errechnet sich mit (vgl. Kap. 1.1.3):

$$W_{el} = Q_{zu} = U \cdot I \cdot t \qquad \textbf{4.25}$$

Unabhängig von der Methode der Kalibrierung gilt:

$$\sigma = \frac{Q_{zu}}{\Delta T} \qquad \textbf{4.26}$$

Q_{zu}	ΔT	σ
J	K	$J \cdot K^{-1}$

M 4.15: Zur Bestimmung des Kalibrierfaktors eines drucklosen Kalorimeteres wird dieses im betriebsbereiten Zustand während der Zeit $t = 840$ s mit einer Spannung von $U = 9$ V und einem Strom von $I = 2{,}5$ A elektrisch beheizt. Die gemessene Temperaturdifferenz beträgt: $\Delta T = 9{,}0$ K.

Lsg.: $Q_{zu} = W_{el} = U \cdot I \cdot t = 9\ \text{V} \cdot 2{,}5\ \text{A} \cdot 840\ \text{s} = 18900\ \text{J} = 18{,}9\ \text{kJ}$

$$\sigma = \frac{18{,}9\ \text{kJ}}{9{,}0\ \text{K}} = \mathbf{2{,}1\ kJ \cdot K^{-1}}$$

M 4.16: 0,3395 g Grafit werden bei konstantem Druck in einem Kalorimeter verbrannt. Die gemessene Temperaturerhöhung beträgt $\Delta T = 5{,}3$ K. Wie groß ist die Verbrennungsenthalpie des Grafits, wenn die Kalibrierkonstante des Kalorimeters $\sigma = 2{,}1\ \text{kJ} \cdot \text{K}^{-1}$ beträgt und die molare Masse des Kohlenstoffs mit $M\,(\text{C}) = 12{,}01\ \text{g} \cdot \text{mol}^{-1}$ angenommen wird?

Lsg.: $C + O_2 \rightarrow CO_2 \qquad \Delta_r H_m = ?$

$$Q_{zu} = -\Delta_r H = \sigma \cdot \Delta T = 2{,}1\ \text{kJ} \cdot \text{K}^{-1} \cdot 5{,}3\ \text{K} = 11{,}13\ \text{kJ};$$

$$\xi = \frac{m}{\nu\,(\text{C}) \cdot M\,(\text{C})} = \frac{0{,}3395\ \text{g}}{1 \cdot 12{,}01\ \text{g} \cdot \text{mol}^{-1}} = 0{,}02827\ \text{mol}$$

$$\Delta_r H_m = -\frac{-Q_{zu}}{\xi} = \frac{\Delta_r H}{\xi} = \frac{-11{,}13\ \text{kJ}}{0{,}02827\ \text{mol}} = \mathbf{-393{,}73\ kJ \cdot mol^{-1}}$$

Will man die Standardreaktionsenthalpie bestimmen, so muss man die bei dem Versuch herrschenden Bedingungen berücksichtigen und auf die Standardbedingungen umrechnen (s. Kap. 5.6.9). Besonders zu beachten ist das bei der Verbrennung vieler Stoffe gebildete Wasser. Dieses kann je nach Rahmenbedingungen flüssig oder gasförmig anfallen. Aus diesem Grund muss die molare **Verdampfungsenthalpie** $\Delta H_{m,v}$ berücksichtigt werden. Da dem System Wasser hierbei Energie zugeführt wird, ist der Zahlenwert positiv. Bei Standardbedingungen gilt (l = flüssig, g = gasförmig):

$$H_2O\,(l) \rightarrow H_2O\,(g) \qquad \Delta H^{o}_{m,v} = 44{,}04\ \text{kJ} \cdot \text{mol}^{-1}$$

Bei der Kondensation gibt ein Mol Wasser bei Standardbedingungen folglich 44,04 kJ ab, was durch ein negatives Vorzeichen kenntlich gemacht wird:

$$H_2O\,(g) \rightarrow H_2O\,(l) \qquad -\Delta H^{o}_{m,v} = 44{,}04\ \text{kJ} \cdot \text{mol}^{-1}$$

In der Technik rechnet man bei **Verdampfungsprozessen** mit der **spezifischen Verdampfungswärme** r oder der prinzipiell identischen spezifischen Verdampfungsenthalpie Δh_v. Gemäß der Gleichung 4.18 gilt für die Verdampfungswärme: $Q_v = m \cdot r$ oder $\Delta H_v = m \cdot \Delta h_v$. Da die **spezifische Verdampfungswärme *r*** und **molare Verdampfungsenthalpie** auf Standardbedingungen bezogen werden, kann man diese Größen unter Berücksichtigung der molaren Masse ineinander umrechnen. Dabei gilt:

4.27

$$r = \Delta h_v = \frac{1}{M\,(\text{X})} \cdot \Delta H^{o}_{m,v}$$

Δh_v bzw. r	M (X)	$\Delta H^{o}_{m,v}$
J · kg⁻¹ → $\text{J} \cdot \text{kg}^{-1}$	$\text{kg} \cdot \text{mol}^{-1}$	$\text{J} \cdot \text{mol}^{-1}$

Damit die Einheitenbilanz stimmt, muss die **molare Masse** der Substanz X unbedingt in der Einheit **kg · mol⁻¹** eingesetzt werden! Die beim Verdampfungsprozess der Substanz X insgesamt umgesetzte Wärmemenge beträgt dann bei Standardbedingungen

4.28

$$Q_v = \frac{m\,(\text{X})}{M\,(\text{X})} \cdot \Delta H^{o}_{m,v}$$

Q_v	m (X)	M (X)	$\Delta H^{o}_{m,v}$
J	kg	$\text{kg} \cdot \text{mol}^{-1}$	$\text{J} \cdot \text{mol}^{-1}$

Die gleichen Überlegungen gelten für die **molare Schmelzenthalpie** $\Delta H^{o}_{m,s}$ und für die **spezifische Schmelzwärme** q, die zur Berechnung von Schmelzprozessen benötigt werden.

M 4.17: Wie groß ist die **spezifische Verdampfungswärme** r von Wasser bei Standardbedingungen, wenn $\Delta H^{o}_{m,v} = +44{,}04\ \text{kJ} \cdot \text{mol}^{-1}$ beträgt?

Lsg: Die molare Masse von Wasser ist: $M\,(H_2O) = 0{,}018\ \text{kg} \cdot \text{mol}^{-1}$

$$r = \frac{1}{M\,(\text{X})} \cdot \Delta H^{o}_{m,v} = \frac{1}{0{,}018\ \text{kg} \cdot \text{mol}^{-1}} \cdot (+44{,}04\ \text{kJ} \cdot \text{mol}^{-1}) = \mathbf{+2\,446{,}7\ kJ/kg}$$

Da die meisten technisch verwertbaren Brennstoffe, wie Kohle, Heizöl, Benzin, Erdgas, keine stöchiometrisch einheitliche Substanzen sind, sondern eine Mischung verschiedenster Stoffe darstellen, hat man zur vergleichenden Beurteilung ihrer Qualität den **spezifischen Brennwert** H_o und den **spezifischen Heizwert** H_u eingeführt. Bei **festen** und **flüssigen** Brennstoffen bezieht man sich dabei auf die **Masse** $m = 1$ kg und bei gasförmigen Brennstoffen auf das **Volumen** $V_n = 1\ m^3$ (der tiefgestellte Index „n" weist auf den **Normzustand** $p = 1013$ hPa und $T = 273{,}15$ K hin).

Unter dem spezifischen Brennwert H_o (bei **gasförmigen Stoffen** $\boldsymbol{H_{o,n}}$) versteht man die bei der Verbrennung von 1 kg bzw. 1 m^3 freiwerdende Wärmemenge.

Wie oben bereits erläutert, muss die bei der Verbrennung entstehende Wasserdampfmenge berücksichtigt werden. Wenn das Wasser als Dampf mit den bei der Verbrennung entwickelten Rauchgasen entweicht, so stellt dies einen beträchtlichen Energieverlust dar. Diese Tatsache wird durch den **spezifischen Heizwert** H_u bzw. $H_{u,n}$ berücksichtigt. Die **technisch nutzbare Wärmeenergie** ist der spezifische Heizwert oder ganz allgemein der Heizwert, wenn eine beliebige Menge verbrannt wird.

Spezifischer Heizwert = spezifischer Brennwert minus Verdampfungswärme des Wassers

$$H_u = H_o - Q_v$$ 4.29

Früher hat man dies durch die Wortwahl herausgestellt:

heutige Bezeichnung	frühere verwendete Bezeichnung
spezifischer Brennwert H_o spezifischer Heizwert H_u	oberer Heizwert H_o unterer Heizwert H_u

Moderne Brennwertkessel zur Heizung von Häusern nutzen die Kondensationsenthalpie des bei der Verbrennung entstandenen Wassers weitgehend aus. Hervorzuheben ist, dass die Technik eine andere Vorzeichenregel als die Physikalische Chemie benutzt. In der **Technik** werden die Zahlenwerte „nutzbarer Energien", z.B. Verbrennungsenthalpien oder Brennwerte mit **positiven** Vorzeichnen gerechnet, während die **Physikalische Chemie** hier ein **negatives** Vorzeichen verwendet, da das System – der Brennstoff – die Energie abgibt.

Die Ermittlung des spezifischen Brennwertes H_o und die des spezifischen Heizwertes H_u geschieht mittels eines Kalorimeters. Die in folgender Tabelle angegebenen H_o- und H_u-Werte beziehen sich auf eine Ausgangstemperatur der Brennstoffe von $\vartheta = 25$ °C.

Tabelle 4b: Beispiele für spezifische Brennwerte und spezifische Heizwerte

Brennstoffart	H_o in kJ/kg bzw. $H_{o,n}$ in kJ\m³	H_u in kJ/kg bzw. $H_{u,n}$ in kJ\m³
Steinkohle Braunkohle Holz	hängt vom Feuchtegehalt ab; je nach Wassergehalt ist der Wert größer als H_u bzw. $H_{u,n}$	30000 bis 35000 8000 bis 11000 9000 bis 15000
Heizöl EL Benzin Benzol Methanol	45400 46700 41940 22380	42700 42500 40230 19560
Erdgas Typ H Methan Propan	41300 39850 100890	37300 35790 92890

Wie ersichtlich, enthält das als Benzinersatz oftmals empfohlene Methanol nur etwa halb so viel Energie je kg tranportierter Brennstoffmasse wie das Benzin. Für die **Verbrennungswärme** gilt:

– bei festen und flüssigen Brennstoffen

$$Q = m \cdot H_o$$

Q	m	H_o
J	kg	J/kg

– bei gasförmigen Brennstoffen

$$Q = V \cdot H_{o,n}$$

Q	V	$H_{o,n}$
J	m^3	J/m^3

4.30
4.31

Die (technisch) **nutzbare Wärmeenergie** wird analog berechnet, nur dass an Stelle von H_o bzw. $H_{o,n}$ die Größe $\boldsymbol{H_u}$ bzw. $\boldsymbol{H_{u,n}}$ eingesetzt wird. Bei Gasen wird an Stelle der Masse das Volumen V in m^3 zugrundegelegt.

M 4.18: Petroleum hat einen spezifischen Brennwert von $H_o = 42900\ kJ \cdot kg^{-1}$ und einen spezifischen Heizwert von $H_u = 40800\ kJ \cdot kg^{-1}$. Wie viel kg Wasserdampf werden beim Verbrennen von 1 kg Petroleum gebildet?

Lsg.: $Q_v = H_o - H_u = 42900\ kJ - 40800\ kJ = 2\,100\ kJ$. Daraus folgt:

$$m\,(\text{Wasserdampf}) = \frac{Q_v}{r\,(H_2O)} = \frac{2100\ kJ}{2446{,}8\ kJ \cdot kg^{-1}} = \mathbf{0{,}858\ kg}$$

M 4.19: In einem Behälter sollen mit einer Ölbrennerflamme 200 kg Hochtemperatur-Salzschmelze (HTS = Heat-Transfer-Salt) von $T_1 = 480\ K$ auf $T_2 = 690\ K$ erhitzt werden. Die spezifische Wärmekapazität des HTS beträgt $c = 1{,}65\ kJ \cdot kg^{-1} \cdot K^{-1}$. Wie viel kg Heizöl EL mit $H_u = 42700\ kJ \cdot kg^{-1}$ werden benötigt, wenn der Wärmeverlust beim Heizen 25% beträgt?

Lsg.: $\Delta Q = m \cdot c \cdot \Delta T = 200\ kg \cdot 1{,}65\ kJ \cdot kg^{-1} \cdot K^{-1} \cdot (690\ K - 480\ K) = 69300\ kJ$

Wegen des Energieverlustes von 25% werden $Q = 69300\ kJ/0{,}75 = 92400\ kJ$ benötigt.

$$m\,(\text{Heizöl EL}) = \frac{Q}{H_u} = \frac{92400\ kJ}{42700\ kJ \cdot kg^{-1}} = \mathbf{2{,}16\ kg}$$

Übungen zu Kapitel 4

4.1 Das Chlormolekül hat einen Durchmesser von 547 pm. Wie groß ist der Volumenanteil $\varphi\,(Cl_2)$ der Chlormoleküle beim Normzustand im Gasvolumen unter der vereinfachenden Annahme einer kugelförmigen Gestalt des Moleküls?

4.2 In einem Behälter mit dem Volumen $V = 10\ L$ sind $N = 3{,}97 \cdot 10^{23}$ Teilchen eingeschlossen. Welcher Druck herrscht, wenn sich die Chlormoleküle mit dem **mittleren** Geschwindigkeitsquadrat von $\overline{v^2} = 1{,}6 \cdot 10^5\ m^2 \cdot s^{-2}$ bewegen?
Die molare Masse beträgt $M\,(Cl_2) = 71{,}0\ g \cdot mol^{-1}$.

4.3 Mit welcher durchschnittlichen Geschwindigkeit $\overline{v}$ bewegen sich HCl-Moleküle bei $T = 298{,}0\ K$? $M\,(HCl) = 36{,}5\ g \cdot mol^{-1}$?

4.4 In einem Heißluftballon herrscht eine Temperatur von $\vartheta = 110\ °C$. Die gemittelte Masse der Luftteilchen sei $\overline{m} = 4{,}78 \cdot 10^{-26}\ kg$.

a) Wie groß ist die mittlere kinetische Energie der Luftteilchen $\overline{\varepsilon}_k$?

b) Wie groß ist die Wurzel aus dem mittleren Geschwindigkeitsquadrat $\sqrt{\overline{v^2}}$?

4.5 Hydrogeniodid (Iodwasserstoff) zerfällt gemäß der folgenden Gleichung:

$2\ HI \rightleftarrows H_2 + I_2$

Die Aktivierungsenergie der Reaktion beträgt $E_a = 184\ kJ \cdot mol^{-1}$ und $M\,(HI) = 127{,}9\ g/mol$.

a) Wie groß ist der Anteil $X\,(HI)$ der Hydrogeniodidmoleküle, die bei $T = 500\ K$ mindestens diese Aktivierungsenergie besitzen?

b) In einem Behälter sind $m = 25{,}0\ g$ HI bei der Temperatur $T = 500\ K$ enthalten. Wie groß ist die Zahl ΔN der Moleküle, die mindestens die Aktivierungsenergie E_a besitzen?

4.6 Die Chlorierung von Methan zum Monochlormethan verläuft radikalisch. Die Startreaktion ist die endotherme Spaltung von Cl_2 in zwei Chloratome:

$Cl_2 \rightarrow 2\ Cl \qquad \Delta_r H^o_m = E = +\,243{,}6\ kJ \cdot mol^{-1}$

Wie groß ist der Anteil $\Delta N/N$ der Chlormoleküle, die bei

a) $T = 298\ K$ und bei

b) $T = 700\ K$ diese Enthalpie besitzen?

c) Wie viel mal größer ist der Teilchenzahlanteil bei $T = 700\ K$?

4.7 Berechnen Sie jeweils die Umsatzvariable ξ der folgenden Reaktionen:

a) 0,93 mol HCl sind umgesetzt worden bei der Reaktion
$B_2O_3 + 6\ HCl \rightarrow 2\ BCl_3 + 3\ H_2O$

b) 522,45 g ZnS_2O_4 mit $M\ (ZnS_2O_4)$= 193,5 g · mol^{-1} sind entstanden bei der Reaktion
$Zn + 2\ SO_2 \rightarrow ZnS_2O_4$

c) 0,25 mol Chlor wurden umgesetzt bei der Reaktion
$CH_2 = CH_2 + 4\ Cl_2 \rightarrow CCl_2 = CCl_2 + 4\ HCl$

4.8 Bei der Verbrennung von 6,194 g Phosphor zu Phosphor(V)-oxid wird bei Standardbedingungen eine Reaktionswärme von $Q = \Delta_r H^\circ = -154{,}4$ kJ freigesetzt.

$P_4 + 5\ O_2 \rightarrow P_4O_{10}$

Wie groß ist die molare Standardreaktionsenthalpie, wenn die molare Masse von Phosphor M (P) = 30,97 g · mol^{-1} beträgt?

4.9 Eisenbahnschienen werden durch Verschmelzen mit flüssigem Eisen, M (Fe) = 55,85 g · mol^{-1}, zusammengeschweißt. Dieses wird mittels des Thermitverfahrens nach *Goldschmidt* an Ort und Stelle aus Eisen(III)-oxid durch Reaktion mit Aluminiumpulver freigesetzt:

$2\ Al\ (s) + Fe_2O_3\ (s) \rightarrow 2\ Fe\ (s) + Al_2O_3\ (s) \qquad \Delta_r H_m^\circ = -852{,}0\ kJ \cdot mol^{-1}$

Wie groß ist die Reaktionswärme $Q = \Delta_r H^\circ$, wenn 120,0 g Fe pro Schweißvorgang freigesetzt werden?

4.10 Ein Kalorimeter wird 15 Minuten lang elektrisch beheizt: I = 3,0 A; U = 8,6 V. Wie groß ist der Kalibrierfaktor dieses Geräts, wenn die Temperatur von ϑ_1= 20,0 °C auf ϑ_2 = 28,0 °C steigt?

4.11 In einem Kalorimeter mit dem Kalibrierfaktor σ = 2,75 kJ · K^{-1} werden m = 625 mg Naphthalin ($C_{10}H_8$) entsprechend der folgenden Gleichung verbrannt:

$C_{10}H_8 + 12\ O_2 \rightarrow 10\ CO_2 + 4\ H_2O$

Die Temperatur steigt dabei um ΔT = 9,18 K. Wie groß ist die molare Verbrennungsenthalpie $\Delta_r H_m$ des Naphthalins, wenn die molare Masse $M\,(C_{10}H_8)$ = 128,17 g · mol^{-1} beträgt?

4.12 Zur Beheizung eines Hauses werden im Jahr V = 3 990 m^3 Erdgas Typ H benötigt.
Wie viel kg Wasserdampf werden dabei in die Atmosphäre abgegeben? Lösen Sie die Aufgabe unter Benutzung von Tabelle 4b. Spezifische Verdampfungswärme von Wasser r = 2446,8 kJ · mol^{-1}.

4.13 Zum Recycling-Prozess werden m = 500 kg Aluminium in einer Wanne durch Befeuerung mit Erdgas Typ H von ϑ_1 = 20 °C auf die Schmelztemperatur von ϑ_2 = 660,4 °C erhitzt und geschmolzen. Die spezifische Wärmekapazität ist c = 0,96 kJ · kg^{-1} · K^{-1} und die molare Schmelzenthalpie beträgt $\Delta H_{m,\,s}$ = 10,5 kJ · mol^{-1}. Wie viel m^3 des Erdgases werden bei einem Energieverlust von 35 % benötigt? M (Al) = 27,0 g · mol^{-1}.

Benutzen Sie zur Lösung der Aufgabe den Wert von $H_{u,n}$ aus der Tabelle 4b. Die Umrechnung der molaren Schmelzenthalpie in die spezifische geschieht analog der Musteraufgabe M 4.17. Vergleichen Sie auch die Formel 4.27.

5 Allgemeine und chemische Thermodynamik

Die Thermodynamik wurde zu Beginn des 19. Jahrhunderts aus der Theorie der Wärmekraftmaschinen heraus entwickelt. Es handelt sich also um einen Wissenschaftsbereich, der zunächst den Physiker und den Ingenieur beschäftigte. Mit der Entwicklung der modernen Chemie hat sich gegen Ende des 19. Jahrhunderts die Fragestellung auf „die treibende Kraft" einer chemischen Reaktion konzentriert. Durch Anwendung der Prinzipien der „chemischen Energetik", die heute als **„chemische Thermodynamik"** bezeichnet wird, konnte *Henricus van't Hoff* 1893 beweisen, dass das Massenwirkungsgesetz schlüssig aus dem 1. und 2. Hauptsatz der Thermodynamik folgt. Aus der Fragestellung heraus unterscheidet sich also die Thermodynamik des Ingenieurs und Physikers etwas von der des Chemikers. Während in der Chemie hauptsächlich Energiephänomene bei chemischen Reaktionen und chemischen Gleichgewichten interessieren, konzentriert man sich in der **„allgemeinen Thermodynamik"** der Technik mehr auf Arbeitsprozesse, Wärmeübertragung und Kreisprozesse. Die letztgenannten Vorgänge sind z.B. für den Betrieb von Ottomotoren, Turbinen, Wärmeaustauschern und Kältemaschinen von besonderer Bedeutung. Die bei diesen Maschinen auftretende **Volumenänderungsarbeit** ist in sehr vielen Fällen bei chemischen Reaktionen praktisch ohne Bedeutung.

In der Chemie wird vielfach mit Systemen gearbeitet, bei denen **kein** Stoffaustausch mit der Umgebung vorkommt. In der Technik sind hingegen meist **offene** Systeme von Interesse, bei denen ein Stoffaustausch mit der Umgebung stattfindet. Ein Dieselmotor beispielsweise ist ein offenes System, denn er saugt Luft an und gibt die Abgase an die Umgebung ab.

Die Thermodynamik beschreibt physikalische, technische und chemische Prozesse, bei denen Wärme als Energieart in irgendeine andere Energieart umgewandelt wird. Meist wird Wärme in mechanische Arbeit oder mechanische Arbeit in Wärme umgewandelt. Es kann auch eine Umwandlung in chemische Energie erfolgen, bei der eine bei der Reaktion gebildete Verbindung höherenergetisch ist als die Ausgangsverbindung. Das Grundgerüst dieses Wissenschaftszweiges sind die Hauptsätze der Thermodynamik. Diese haben den Charakter von Axiomen. Axiome sind nicht beweisbare aber sinnvolle Erfahrungssätze, die durch die Realität nicht widerlegt werden.

Die Thermodynamik arbeitet mit besonders definierten Begriffen, die auf dem ersten Blick alltägliche Selbstverständlichkeiten auszudrücken scheinen. Tatsächlich werden die Begriffe teilweise mit einer vom Alltagsgebrauch abweichenden Bedeutung benutzt. Dies führt vielfach zu irrtümlichen Vorstellungen! Daher ist es zum Verständnis der Thermodynamik notwendig, die folgenden Begriffe **vorab** genauer zu definieren:

- System und Phase
- Zustandsgröße (Zustandsvariable), Zustandsfunktion
- Volumenänderungsarbeit
- reversible und irreversible Vorgänge (Prozesse)
- maximale Arbeit ΔW_{max} und minimale Arbeit ΔW_{min}

Außerdem muss eine weitere Besonderheit nochmals hervorgehoben werden:

In der **Technik** und vielfach auch in der **physikalischen** Abhandlung der Thermodynamik wird ein **positiver** Zahlenwert gewählt, wenn eine Energieabgabe erfolgt.

Dies geschieht aus dem Verständnis der „Energienutzung" heraus. Die **Physikalische Chemie** sieht das anders.

Zur Kennzeichnung der **Energieabgabe** eines Systems (z.B. eines Reaktionsgemisches) wird in der **Physikalischen Chemie** ein **negativer** Zahlenwert gewählt.

In diesem Buch wird die Vorzeichendefinition der Physikalischen Chemie verwendet. Dies führt dazu, dass gelegentlich Formeln von der in der Technik üblichen Schreibweise abweichen.

5.1 System und Phase

Will man einen Naturvorgang beobachten, so können meist nur dann Gesetzmäßigkeiten gefunden werden, wenn man die störenden Nebenbedingungen ausklammert. Beispielsweise fallen eine Gänsefeder und eine Stahlkugel in einer luftgefüllten Glasröhre mit unterschiedlicher Geschwindigkeit. Das Fallgesetz erhält man aber nur, wenn der Versuch in einer evakuierten Röhre wiederholt wird (Bild 1).

Oder: Die Lösungswärme von kristallinem Natriumhydroxid in Wasser lässt sich nur dann korrekt bestimmen, wenn die Wärmeabstrahlung aus der Lösung und andere Wärmeverluste weitgehend unterbunden werden. Hierzu benutzt man als System die in den Bildern 1 und 2, S. 101 gezeigten Kalorimeter.

> Ein System ist ein durch physikalische Größen beschreibbarer Teil des Universums, der von seiner Umgebung abgegrenzt betrachtet wird.

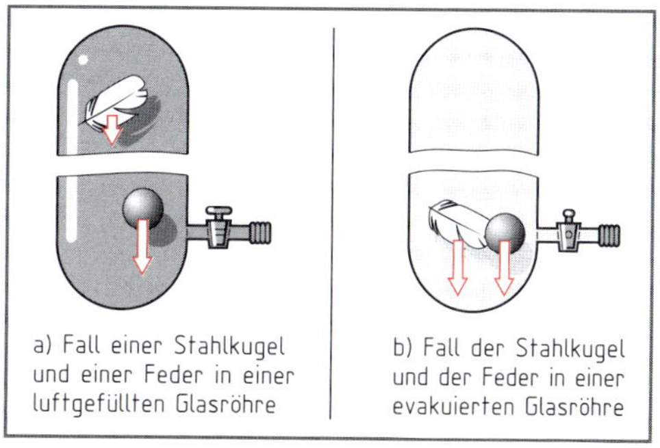

Bild 1: Fallgesetz

In der Thermodynamik werden die folgenden Systeme unterschieden:

a) **Offene** Systeme (Bild 2a), bei denen mit der Umgebung ein Stoff- und Wärmeaustausch stattfindet.

b) **Geschlossene** Systeme (Bild 2b), bei denen kein Stoffaustausch erfolgt.

c) **Isolierte** Systeme (Bild 2c), die weder Stoff noch Wärme mit der Umgebung austauschen. Hierzu ist eine Wand notwendig, die keine Wärme durchlässt. Eine solche Wand wird als **adiabatische Wand** bezeichnet. Alle materiellen (tatsächlichen) Wände eines isolierten Systems sind allerdings wärmedurchlässig (diathermisch). Aus diesem Grund kann es prinzipiell kein reales isoliertes System geben. Allerdings gibt es Materialien, bei denen der Wärmeaustausch mit der Umgebung äußerst langsam vonstatten geht (z.B. Styropor). In guter Näherung ist der Styropormantel eines Kalorimeters eine adiabatische Wand.

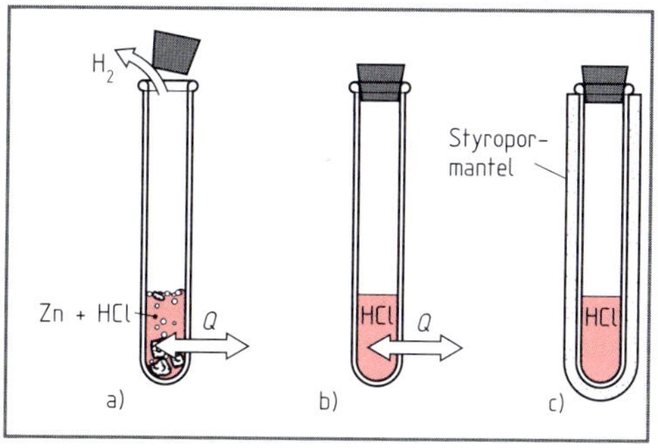

Bild 2: Systeme

Reale thermodynamische Systeme sind z.B.:

- Eine bestimmte Versuchsapparatur,
- eine zwischen physikalischen (tatsächlichen) Wänden eingeschlossene Stoffportion einer Substanz (z.B. Reaktionskessel in einer Anlage),
- ein Gebäude oder auch
- die Atmosphäre mit ihrem Wettergeschehen.

In der chemischen Thermodynamik werden vielfach geschlossene Systeme betrachtet. Im Gegensatz dazu interessieren in der Technik mehr die **offenen** Systeme, bei denen mit der Umgebung ein Energie und Stoffaustausch stattfindet (z.B. ein Dieselmotor).

> Die physikalisch einheitlichen Bestandteile eines Systems bezeichnet man als Phasen.

Ein mit Stickstoff gefüllter und mit einer Folie verschlossener Erlenmeyerkolben, in dem sich eine gesättigte Natriumchloridlösung befindet, die mit Diethylether überschichtet ist, enthält beispielsweise vier Phasen. Zwei gesättigte flüssige (Natriumchloridlösung und mit Wasser gesättigter Diethylether) sowie eine gasförmige (mit Wasserdampf und Diethyletherdampf gesättigter Stickstoff) und eine feste (Bodensatz aus NaCl-Kristallen). Die Phasen müssen demnach **nicht chemisch**

einheitlich sein. Wesentlich ist, dass sie **physikalisch homogen** sind (gleicher Brechungsindex innerhalb einer Phase, keine sichtbar unterscheidbaren Teilchen usw.) und voneinander durch **Phasengrenzen** getrennt sind. Bei den im Bild 1 skizzierten Phasen handelt es sich um Mischphasen.

Reine Phasen bestehen aus nur **einer** Teilchenart. Als **Mischphasen** werden alle homogenen gasförmigen, flüssigen oder festen Systeme bezeichnet, die aus **mehr als einer** Teilchenart bestehen.

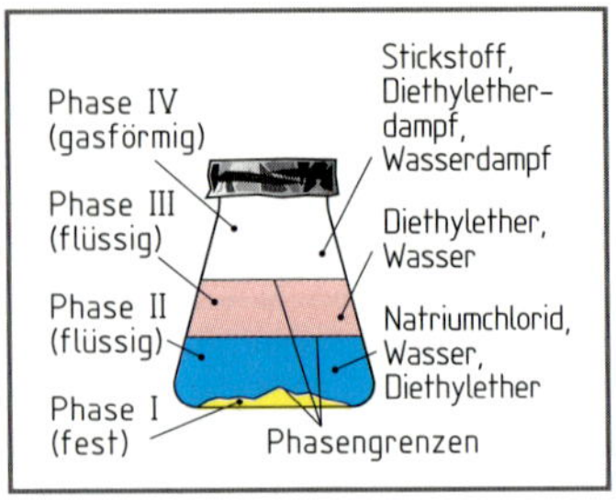

Bild 1: Unterschiedliche Phasen

5.2 Zustandsgröße und Zustandsfunktion

Von ganz zentraler Bedeutung für die Thermodynamik ist der Begriff **„Zustand"** eines Systems. Der Zustand wird durch Messgrößen festgelegt, die als **Zustandsvariablen** oder **Zustandsgrößen** bezeichnet werden. Das wesentlichste Merkmal ist:

Der Zustand eines Systems hängt nur von den jeweiligen Zustandsgrößen ab und nicht von der Vorgeschichte oder dem Weg, auf dem der Zustand erreicht wurde. Der Zustand wird durch eine **Zustandsfunktion** beschrieben, die die Zustandsgrößen miteinander verknüpft.

Anschaulich kann der Blutalkoholgehalt *BA* des Systems Mensch als eine Zustandsfunktion beschrieben werden. Nimmt man die konsumierte Masse Ethanol *m* (Ethanol) und die Zeit *t* als unabhängige Zustandsvariablen und den Blutalkoholgehalt als abhängige Zustandsvariable an, so gilt:

5.1 $$BA = \mathrm{f}\,[m\,(\mathrm{Ethanol}),\, t]$$

Demnach ist egal, ob jemand zuerst 5 große Biere und dann 5 Schnäpse getrunken, oder ob er die Getränke in beliebiger Reihenfolge in der gleichen Zeit konsumiert hat. Der Zustand ist derselbe. Auch kann aus dem Zustand nicht geschlossen werden, ob die Masse des Ethanols in verschiedenen Bars und Gaststätten, allein oder in Gesellschaft getrunken wurde. Der Zustand lässt nicht auf die Geschichte oder den Weg schließen, auf dem er erreicht wurde! Dies ist auch die wesentlichste Eigenschaft einer thermodynamischen Zustandsfunktion.

Spricht man in der Thermodynamik von einer **Zustandsänderung,** so wird stets nur der **Anfangs-** und der **Endzustand** betrachtet, nicht aber der Verlauf. Zur Definition des Vorgangs genügt demnach die Angabe des Anfangs- und Endzustandes. Umgekehrt wird bei einem thermodynamischen **Prozess** der **Weg,** auf dem die Zustandsänderung erfolgt, untersucht. Thermodynamische **Zustandsfunktionen,** sind wegen ihrer **Wegunabhängigkeit** auch **prozessunabhängig**.

Zustandsänderungen können in der Thermodynamik unter folgenden Bedingungen ablaufen:

- isotherm: bei konstanter Temperatur ($\Delta T = 0$),
- isochor: bei konstantem Volumen ($\Delta V = 0$),
- isobar: bei konstantem Druck ($\Delta p = 0$),
- isentrop (adiabatisch): Das System tauscht mit der Umgebung **keine** Wärme aus ($\Delta Q = 0$) und
- polytrop: das System tauscht teilweise Wärme mit der Umgebung aus.

Als Beispiel für ein thermodynamisches System, an dem eine Zustandsänderung erfolgt, soll eine Stoffportion eines Gases dienen, die in einem Zylinder mit beweglichem Kolben eingeschlossen ist (Bild 1, S. 109). Im Verlauf des thermodynamischen **Prozesses** werden die Temperatur, der Druck und das Volumen geändert. Die **Reihenfolge,** in der das geschieht, hat **keinen** Einfluss auf den Endzustand.

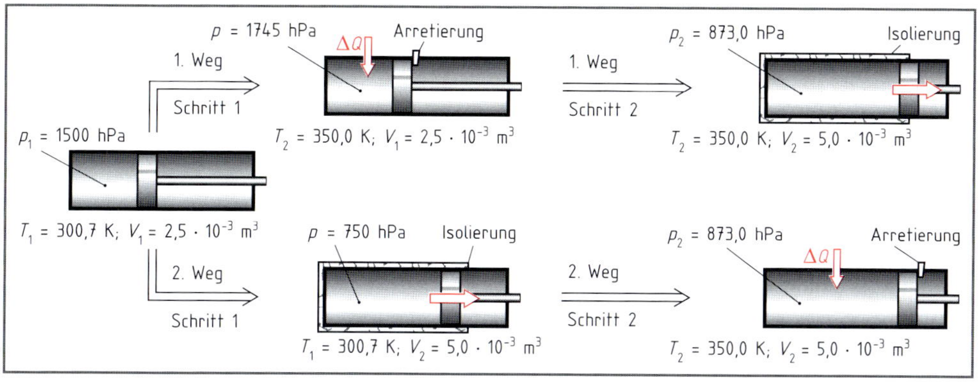

Bild 1: Zustandsänderung eines Gases auf verschiedenen Wegen zum gleichen Endzustand

M 5.1: Das in der Abbildung 1 im Zylinder eingeschlossene Gas hat ein Ausgangsvolumen von $V_1 = 2{,}5 \cdot 10^{-3}\ m^3$ und einen Druck von $p_1 = 1500$ hPa bei einer Temperatur von $T_1 = 300{,}7$ K. Welcher Druck stellt sich ein, wenn das Volumen und die Temperatur in **Einzelschritten** auf $V_2 = 5{,}0 \cdot 10^{-3}\ m^3$ und $T_2 = 350{,}0$ K erhöht werden?

Lsg.: Selbstverständlich kann die Aufgabe mit Hilfe der allgemeinen Zustandsgleichung für ideale Gase (Gl. 2.7) in einem Schritt gelöst werden! Auch ist zu beachten, dass die Indizes für die Zustandsvariablen bei jedem Schritt (s. Bild 1) wieder „neu gesetzt" werden.

1. Weg:

Schritt 1: Das Volumen bleibt konstant und die Temperatur wird von $T_1 = 300{,}7$ K auf $T_2 = 350{,}0$ K erhöht **(isochore Temperaturerhöhung):**

$$p_2 = \frac{p_1}{T_1} \cdot T_2 = \frac{1500\ \text{hPa}}{300{,}7\ \text{K}} \cdot 350{,}0\ \text{K} = 1745{,}9\ \text{hPa}$$

Schritt 2: Das Volumen ändert sich bei konstanter Temperatur von $V_1 = 2{,}5 \cdot 10^{-3}\ m^3$ auf $V_2 = 5{,}0 \cdot 10^{-3}\ m^3$ **(isotherme Volumenänderung):**

$$p_2 = \frac{p_1 \cdot V_1}{V_2} = \frac{1745{,}9\ \text{hPa} \cdot 2{,}5 \cdot 10^{-3}\ \text{m}^3}{5{,}0 \cdot 10^{-3}\ \text{m}^3} = \mathbf{873{,}0\ hPa}$$

2. Weg:

Schritt 1: Das Volumen ändert sich bei konstanter Temperatur von $V_1 = 2{,}5 \cdot 10^{-3}\ m^3$ auf $V_2 = 5{,}0 \cdot 10^{-3}\ m^3$ **(isotherme Volumenänderung):**

$$p_2 = \frac{p_1 \cdot V_1}{V_2} = \frac{1500{,}0\ \text{hPa} \cdot 2{,}5 \cdot 10^{-3}\ \text{m}^3}{5{,}0 \cdot 10^{-3}\ \text{m}^3} = 750\ \text{hPa}$$

Schritt 2: Das Volumen bleibt konstant und die Temperatur wird von $T_1 = 300{,}7$ K auf $T_2 = 350{,}0$ K erhöht **(isochore Temperaturerhöhung):**

$$p_2 = \frac{p_1}{T_1} \cdot T_2 = \frac{750{,}0\ \text{hPa}}{300{,}7\ \text{K}} \cdot 350{,}0\ \text{K} = \mathbf{873{,}0\ hPa}$$

Unabhängig von dem gewählten Weg hat das Gas am Ende der jeweils zweistufigen Prozesse einen Druck von $p_2 = 873$ hPa bei $T_2 = 350{,}0$ K und $V_2 = 5{,}0 \cdot 10^{-3}\ m^3$.

Der Druck eines Gases ist demnach eine Zustandsfunktion und aus dem Beispiel folgt:

$$p = f\,(V, T)$$

5.2

In Worten ausgedrückt: Gibt man das Volumen und die Temperatur eines idealen Gases vor, so ist sein Zustand eindeutig definiert, da zu einem bestimmten Volumen bei einer bestimmten Temperatur immer nur ein ganz bestimmter Druck als abhängige Variable passt. Außerdem folgt aus den zuletzt angestellten Überlegungen:

Wird bei einer thermodynamischen Zustandsfunktion eine von mehreren Zustandsvariablen geändert, so ändert sich zwangsläufig eine andere ebenfalls.

Aus praktischen Gründen heraus hat man allerdings in der Thermodynamik den Druck und die Temperatur als unabhängige Variable gewählt. Die Möglichkeit, den Druck einmal als abhängige und ein anderes Mal als unabhängige Variable zu betrachten, zeigt, dass in der Thermodynamik die Unterscheidung zwischen Zustandsfunktion und Zustandsvariable **nicht eindeutig** bestimmt ist. Die Festlegungen sind historisch teilweise willkürlich geschehen, da die physikalischen Begriffe Energie, Kraft und Wärme sich erst in einem mühsamen Erkenntnisprozess herauskristallisierten.

Die sechs Größen **Druck** *p*, **Volumen** *V*, **Temperatur** *T*, **Stoffmenge** *n* sowie **Wärme** *Q* und **Arbeit** *W* genügen, um sämtliche thermodynamischen Beziehungen zu formulieren. Hervorzuheben ist, dass **die Arbeit und die Wärme keine Zustandsfunktionen** sind. Wird beispielsweise ein Holzklotz über einen Tisch gezogen, so ist die aufzuwendende Arbeit, wie aus dem Bild 1 hervorgeht, vom gewählten Weg abhängig. Damit fällt aber ein wichtiges Kriterium, nämlich das der Wegunabhängigkeit, für eine Zustandsfunktion weg. Wie im Kapitel 4.3 beschrieben, muss man sich die Wärme als kinetische Energie der Teilchen vorstellen. Da die Energie die Speicherform der Arbeit ist, diese aber keine Zustandsfunktion darstellt, kann die Wärme ebenfalls keine Zustandsfunktion sein.

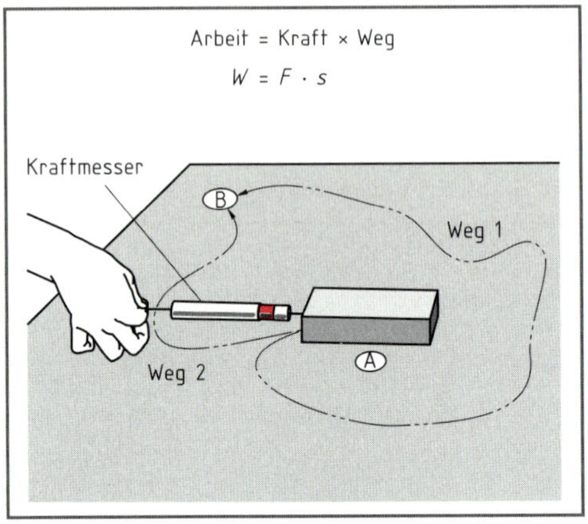

Bild 1: Wegabhängigkeit der Arbeit

5.3 Volumenänderungsarbeit

Das Produkt $p \cdot V$ entspricht einer Arbeit und besitzt folglich die Einheit Joule (vgl. a. Kap. 2.2.1):

M 5.2: In einem Reaktionsbehälter zur Polymerisation von Ethylen (Bild 2) herrscht ein Überdruck von $p_e = 8$ bar.

Das Volumen über dem Flüssigkeitsspiegel beträgt $V = 6\ m^3$. Wie groß ist die gespeicherte Druckenergie, wenn die Expansion in die Umgebung erfolgt?

Lsg.: $W = p_e \cdot V = 8 \cdot 10^5\ Pa \cdot 6\ m^3 = \mathbf{4{,}8 \cdot 10^6\ J}$

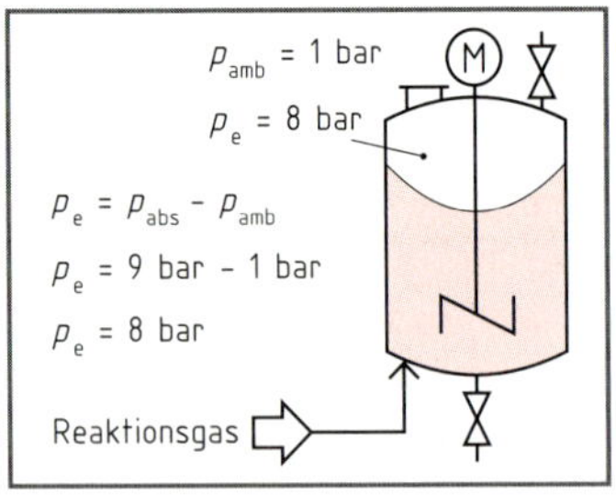

Bild 2: Polymerisationsbehälter

Erhöht man die Temperatur des Reaktionsgemischs, so steigt der Druck von p_1 auf p_2 und die Energie erhöht sich um:

5.3 $$\Delta W = (p_2 - p_1) \cdot V = \Delta p \cdot V$$

W	p	V
J	Pa	m^3

In den meisten Fällen ändert sich das Volumen bei konstantem Druck: $\Delta V = V_2 - V_1$. Man hat deshalb den Begriff **Volumenänderungsarbeit** eingeführt. Bei einer **isothermen** Volumenänderung gilt:

5.4
Kompression $(V_2 < V_1)$: $\Delta V < 0$
Expansion $(V_2 > V_1)$: $\Delta V > 0$

Bei einer Kompression **erhöht** sich die Energie des Systems. Dies wird in der Definitionsgleichung der Volumenänderungsarbeit (ΔW_V) durch ein Minus kenntlich gemacht. Damit wird umgekehrt bei der Expansion $\Delta W_V < 0$:

5.5 $$\Delta W_V = -p \cdot (V_2 - V_1) = -p \cdot \Delta V$$

W_V	p	V
J	Pa	m^3

In Bild 1 ist ein in die Wirklichkeit nicht übertragbares **Gedankenexperiment** wiedergegeben, das als „thermodynamischer Zylinder" bekannt ist. In einem Zylinder mit beweglichem Kolben befindet sich eine bestimmte Stoffmenge eines idealen Gases. Auf dem reibungsfrei verschiebbaren Kolben lastet ein Gewicht, das einen bestimmten Druck simuliert. Dadurch soll sichergestellt sein, dass bei einer Volumenänderung ein konstanter Druck in dem Gas herrscht. Die gesamte Apparatur befindet sich in einem **evakuierten** Kasten. Die Gewichtskraft ist so gewählt, dass sie allein nicht ausreicht, den Kolben in seiner Ausgangsstellung festzuhalten.

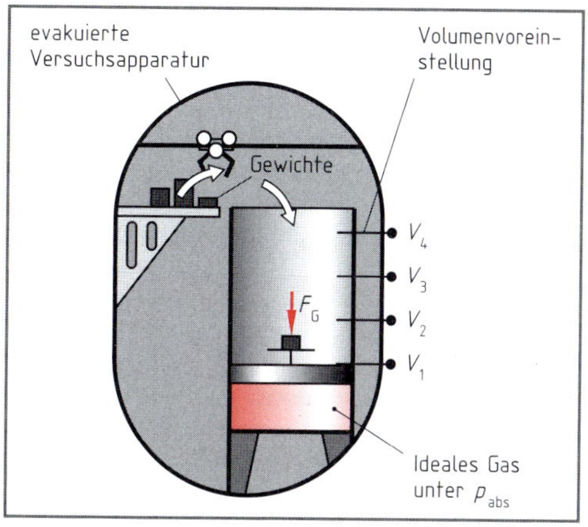

Bild 1: Idealisierter Versuchsaufbau zur isothermen Zustandsänderung eines Gases

Durch eine Verriegelung wird der Kolben zunächst in seiner Ausgangsstellung arretiert. Durch Ziehen des Stiftes kann das Gas expandieren, bis der Kolben in der nächsten Verriegelung einrastet usw. Durch eine sinnvolle Thermostatisierung wird die Temperatur bei allen Zustandsänderungen des Systems konstant gehalten. Wählt man beispielsweise das Gewicht so, dass in dem Gas ein Druck von $p = 1$ bar $= 10^5$ Pa herrscht, so erbringt das Gas bei der isothermen Expansion um ΔV eine Volumenänderungsarbeit immer gegen den Druck $p = 10^5$ Pa.

Mit den unterschiedlichen Rastungen können die Expansionsvolumina voreingestellt werden. Weiterhin ist es möglich, durch eine Vorrichtung verschiedene Gewichte aufzulegen, so dass die Drücke auf das Gas ebenfalls variiert werden können.

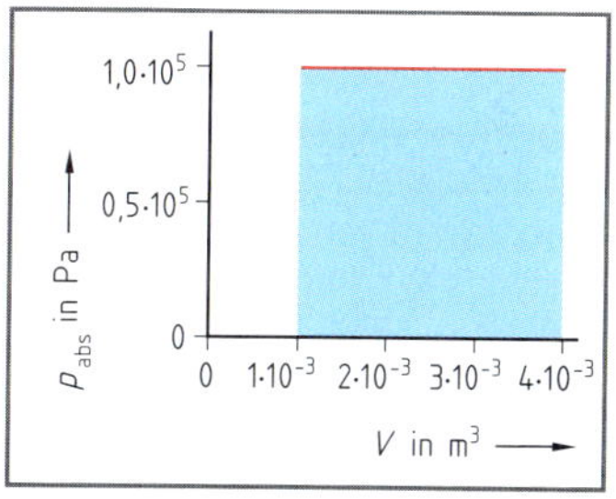

Bild 2: Expansionsarbeit

M 5.3: Welche Volumenänderungsarbeit, wird von dem Gas erbracht, wenn es bei einem Druck von $p_{abs} = 10^5$ Pa von $V_1 = 1{,}0$ L auf $V_2 = 4{,}0$ L expandiert?

Lsg.: $\Delta V = V_2 - V_1 = 4{,}0 \cdot 10^{-3}\ \text{m}^3 - 1{,}0 \cdot 10^{-3}\ \text{m}^3 = 3{,}0 \cdot 10^{-3}\ \text{m}^3$

$\Delta W_V = -p_{abs} \cdot \Delta V = -10^5\ \text{N} \cdot \text{m}^{-2} \cdot 3{,}0 \cdot 10^{-3}\ \text{m}^3 = -3{,}0 \cdot 10^2\ \text{N} \cdot \text{m} = \mathbf{-300\ J}$

Da die Volumenänderungsarbeit das **Produkt** aus der Volumenänderung und dem Druck ist, kann sie allgemein grafisch auch als **Fläche in einem *p-V*-Diagramm** dargestellt werden (blaue Fläche im Bild 2).

5.4 Reversible und irreversible Prozesse

Das Prinzip der reversiblen und irreversiblen Prozesse lässt sich am besten am Beispiel der isothermen Volumenänderungsarbeit eines Gases erläutern. Für die **isotherme** Expansion eines idealen Gases gilt das *boyle-mariott*sche Gesetz (Gl. 2.1). Dabei erbringt das Gas **Volumenänderungsarbeit,** die mit der in Bild 1 beschrieben Apparatur ermittelt werden kann. Zu **Beginn** hat das Gas ein Volumen von $V_1 = 1$ L $= 10^{-3}$ m³ unter einem Druck von $p_1 = 10$ bar. Das Produkt ist:

$$p_1 \cdot V_1 = 10\ \text{bar} \cdot 1\ \text{L} = 10 \cdot 10^5\ \text{Pa} \cdot 10^{-3}\ \text{m}^3 = 1\,000\ \text{J}$$

Dies ist wohlgemerkt noch keine Arbeit sondern lediglich die gespeicherte Druckenergie. Erst wenn das Gas eine Volumenänderung von ΔV gegen einen Druck ausführt, erbringt es eine Arbeit.

Mit der in Bild 1 skizzierten Apparatur soll eine **zweistufige** Expansion bis zu einem Endvolumen von $V_3 = 10$ L durchgeführt werden. Hierzu werden zunächst so viele Gewichte vom Kolben genommen, dass ein Druck von $p_2 = 5$ bar im Gas herrscht. Wenn das *boyle-mariott*sche Gesetz gelten soll, kann das Gas bei diesem Druck auf ein Volumen von $V_2 = 2$ L expandieren, denn $p_2 \cdot V_2 = 5$ bar $\cdot$ 2 L $\triangleq$ 1 000 J. Die Volumendifferenz beträgt $\Delta V_1 = V_2 - V_1 = 2$ L $- 1$ L $= 1$ L. Daraus resultiert eine Volumenänderungsarbeit von

$$\Delta W_{V1} = -p_2 \cdot \Delta V_1 = -5\ \text{bar} \cdot 1\ \text{L} = -5 \cdot 10^5\ \text{Pa} \cdot 1 \cdot 10^{-3}\ \text{m}^3 = -500\ \text{J}$$

Im zweiten Schritt expandiert das Gas vom neuen Volumen ($V_2 = 2$ L) aus zum Endvolumen $V_3 = 10$ L. $\Rightarrow \Delta V_2 = 10\text{ L} - 2\text{ L} = 8$ L. Der für diesen Schritt durch Gewichtswegnahme (Bild 1, S. 111) einzustellende Druck muss 1 bar sein, denn nur dann ist mit $p_3 \cdot V_3 = 1\text{ bar} \cdot 10\text{ L} = 1000$ J das *boyle-mariott*sche Gesetz erfüllt $\Rightarrow$

$$\Delta W_{V2} = -p_3 \cdot \Delta V_2 = -1\text{ bar} \cdot 8\text{ L} = -1 \cdot 10^5\text{ Pa} \cdot 8 \cdot 10^{-3}\text{ m}^3 = -800\text{ J}$$

Tabelle 5a fasst die Ergebnisse zusammen, die in Bild 1 grafisch dargestellt sind. Das Ausgangsvolumen ist $V = 1$ L, während V_3 das Endvolumen nach den Expansionsschritten ist.

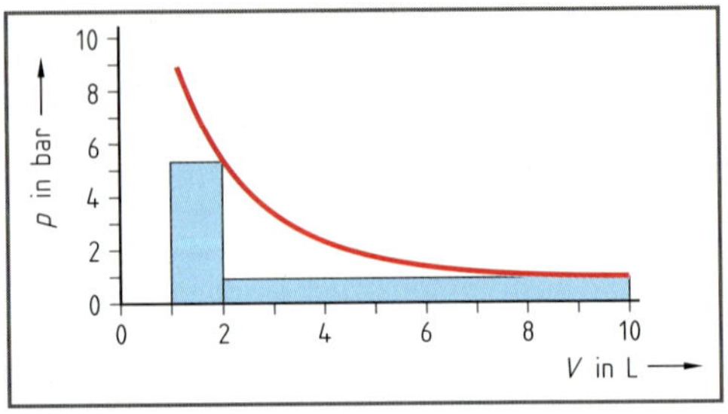

Bild 1: Zweistufige Expansion

Tabelle 5a: 1. Versuchsreihe

p	V	$p \cdot V$	ΔV	$\Delta W_V = -p \cdot \Delta V$
5 bar	2,00 L	1000 J	1 L	– 500 J
1 bar	10,00 L	1000 J	8 L	– 800 J
Summe der Volumenänderungsarbeiten:				**– 1300 J**

Tabelle 5b: 2. Versuchsreihe

p	V	$p \cdot V$	ΔV	$\Delta W_V = -p \cdot \Delta V$
9 bar	1,11 L	1000 J	0,11 L	– 99 J
8 bar	1,25 L	1000 J	0,14 L	– 112 J
7 bar	1,43 L	1000 J	0,18 L	– 126 J
6 bar	1,67 L	1000 J	0,24 L	– 144 J
5 bar	2,00 L	1000 J	0,33 L	– 165 J
4 bar	2,50 L	1000 J	0,50 L	– 200 J
3 bar	3,33 L	1000 J	0,83 L	– 249 J
2 bar	5,00 L	1000 J	1,67 L	– 334 J
1 bar	10,00 L	1000 J	5,00 L	– 500 J
Summe der Volumenänderungsarbeiten:				**– 1929 J**

In der nebenstehenden Tabelle 5b sind die Ergebnisse einer zweiten Versuchsreihe aufgelistet, bei der die Zahl der Expansionsschritte auf **neun** erhöht wurde. Das Produkt $p \cdot V$ muss wie in der ersten Versuchsreihe immer 1000 J ergeben. Die Ergebnisse sind in Bild 2 grafisch dargestellt.

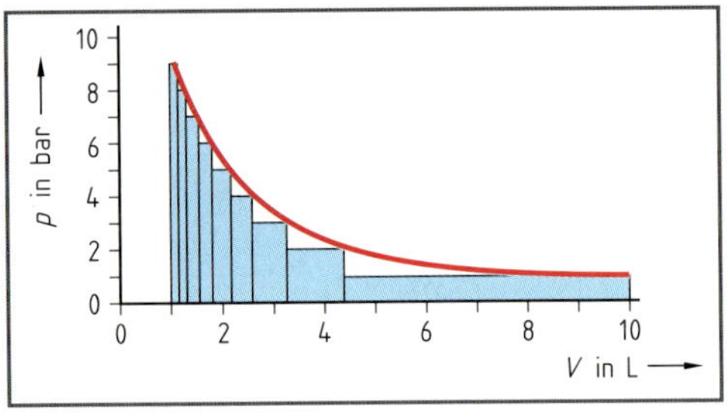

Bild 2: Neunstufige Expansion

Bei der **zweistufigen** Expansion beträgt die **Summe** der Volumenänderungsarbeiten – 1300 J, bei der **neunstufigen** Expansion werden – 1929 J als **Summe** erhalten. Es wird nicht allzuviel Fantasie benötigt, um zu erkennen, dass bei einer weiteren Erhöhung der Expansionsstufen die vom Gas erbrachte Expansionsarbeit immer größer wird. Macht man schließlich die Zahl der Expansionsschritte **unendlich** groß, so erhält man die **maximale Expansionsarbeit,** ΔW_{max}, die der Fläche unter dem Graph in Bild 3 entspricht.

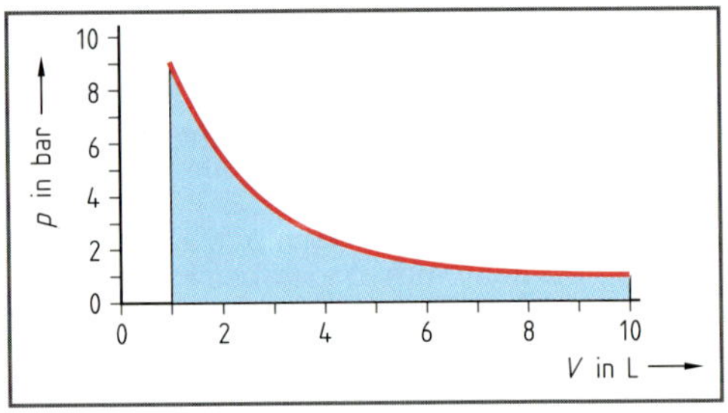

Bild 3: Unendlichstufige Expansion

Bei einer unendlichen Anzahl von Expansionsschritten gilt mit $\Delta V_i \rightarrow 0$:

5.6

$$\Delta W_{max} = -\sum_{i=1}^{\infty} (p_i \cdot \Delta V_i)$$

W	p	V
J	Pa	m³

Der Formalismus bedeutet, dass W_{max} die **Summe** von unendlich vielen, unendlich kleinen Rechtecken aus $p \cdot \Delta V$ (Gleichung 5.5) ist. Mit dem Ausdruck $\Delta V_i \rightarrow 0$ ist gemeint, dass die Differenzen aller Einzelelemente ΔV_i im Grenzwert unendlich klein werden. Aus dieser Überlegung resultiert eine Möglichkeit, die maximale Expansionsarbeit, ΔW_{max}, mathematisch zu berechnen. Hierzu setzt man in die Gleichung $\Delta W_V = -p \cdot \Delta V$ (5.5) die nach dem Druck aufgelöste universelle Zustandsgleichung der Gase (2.8) ein.

5.7

$$p = \frac{n \cdot R \cdot T}{V}$$

p	n	R	T	V
Pa	mol	J · mol⁻¹ · K⁻¹	K	m³

Man erhält:

5.8

$$\Delta W_V = -n \cdot R \cdot T \cdot \frac{\Delta V}{V}$$

Da eine unendlich große Anzahl von Expansionsschritten notwendig ist, werden die Differenzen ΔW und ΔV unendlich klein, so dass sie schließlich gegen Null gehen. Man spricht von infinitesimalen Änderungen. In der Sprache der Mathematik wird aus ΔW ein dW und aus ΔV wird dV. Unter Anwendung der **Integralrechnung** erhält man, wenn außerdem das *boyle-mariott*sche Gesetz berücksichtigt wird, schließlich zwei Formeln:

$$\Delta W_{max} = -n \cdot R \cdot T \cdot \ln \frac{V_2}{V_1} \quad \text{oder} \quad \Delta W_{max} = -n \cdot R \cdot T \cdot \ln \frac{p_1}{p_2} \qquad \textbf{5.9}$$

W	n	R	T	V	p
J	mol	$J \cdot mol^{-1} \cdot K^{-1}$	K	m^3	Pa

In der Gleichung 5.9 ist mit „ln“ der natürliche Logarithmus gemeint. Der **Index 1** beim Volumen V bzw. dem Druck p kennzeichnet die Größe **vor der Zustandsänderung** und der **Index 2** die entsprechende Größe **nach der Zustandsänderung.** Da sich die Einheiten bei einem Bruch herauskürzen, kann das Volumen auch in cm^3 oder dm^3 = L u.ä. eingesetzt werden. Dasselbe gilt für den Druck, der ebenfalls in allen möglichen Einheiten, z.B. bar angegeben werden kann.

M 5.4: In den zwei Versuchsreihen (Bild 1 bis 2, S. 112) wurde ein Gas in einer endlichen Zahl von Schritten von V_1= 1 L auf V_3= 10 L isotherm expandiert. Wie groß ist ΔW_{max} bei den Versuchsbedingungen?

Lsg.: Ermittlung der Stoffmenge mit Hilfe der allgemeinen Zustandsgleichung. Die Ausgangsbedingungen betragen: p_1 = 10 bar = 10^6 Pa und V_1 = 1 L = 10^{-3} m^3. Daraus folgt:

$$n = \frac{p \cdot V}{R \cdot T} = \frac{10^6\ \text{Pa} \cdot 10^{-3}\ \text{m}^3}{8{,}315\ \text{J} \cdot \text{mol}^{-1} \cdot \text{K}^{-1} \cdot 293{,}15\ \text{K}} = 0{,}41\ \text{mol.}$$

Eingesetzt in 5.9 $\Rightarrow$ $\Delta W_{max} = -0{,}41\ \text{mol} \cdot 8{,}315\ \text{J} \cdot \text{mol}^{-1} \cdot \text{K}^{-1} \cdot 273{,}15\ \text{K} \cdot \ln \frac{10\ \text{L}}{1\ \text{L}}$

ΔW_{max} = **– 2144 J**

Das Ergebnis zeigt, dass die neunstufige Expansion: – 1929 J/– 2144 J = 0,90 ≙ 90% der maximalen Expansionsarbeit erbracht hat.

M 5.5: In einer Stahlflasche mit V_1 = 10 L befinden sich n = 25 mol Helium bei ϑ = 20,00 °C. Damit die Temperatur konstant bleibt, steht die Stahlflasche in einem Wasserbad (Bild 1). Nach dem Öffnen strömt das Gas gegen den Luftdruck von p_{amb} = 1,030 bar unter isothermer Expansion aus. Welche maximale Volumenänderungsarbeit verrichtet es dabei?

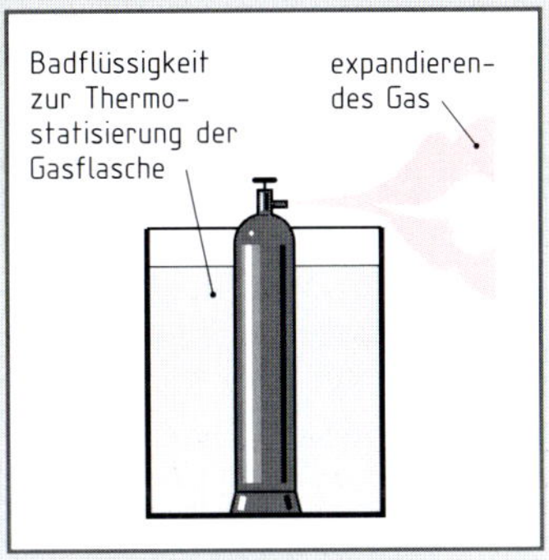

Bild 1: Isotherme Expansion

Lsg.: Will man die Formel 5.9 anwenden, so muss, da nur das Anfangsvolumen V_1 bekannt ist, zuerst das Endvolumen V_2 berechnet werden. Einsetzen in die allgemeine Zustandsgleichung der Gase ergibt nach Umstellung:

$$V_2 = \frac{n \cdot R \cdot T}{p_{amb}} = \frac{25\ \text{mol} \cdot 8{,}315\ \text{J} \cdot \text{mol}^{-1} \cdot \text{K}^{-1} \cdot 293{,}15\ \text{K}}{1{,}030 \cdot 10^5\ \text{Pa}} = 5{,}92 \cdot 10^{-1}\ \text{m}^3 = 592\ \text{L}$$

Einsetzen von V_2 in 5.9 $\Rightarrow$

$$\Delta W_{max} = -n \cdot R \cdot T \cdot \ln \frac{V_2}{V_1} = -25\ \text{mol} \cdot 8{,}315\ \text{J} \cdot \text{mol}^{-1} \cdot \text{K}^{-1} \cdot 293{,}15\ \text{K} \cdot \ln \frac{592\ \text{L}}{10\ \text{L}}$$

$\Delta W_{max} = -6{,}0931 \cdot 10^4\ \text{J} \cdot \ln 59{,}2 = -2{,}49 \cdot 10^5\ \text{J} =$ **– 249 kJ**

Wendet man die Gleichung 5.9 auf die **Expansion** eines Gases an, so erhält man entsprechend den Regeln der Mathematik immer einen negativen Betrag als **maximale Volumenänderungssarbeit**, da V_2 größer als V_1 ist. Bei einer **Kompression** liegen die Dinge umgekehrt. Da V_2 kleiner als V_1 ist, wird der Logarithmus negativ und ΔW wird **positiv.** Dies steht auch vollkommen im Einklang mit der Überlegung, wonach Energiebeträge immer vom System her betrachtet werden. Bei einer **Kompression** wird das Gas **energiereicher!** Auch erhält man in diesem Fall bei der Anwendung der Gleichung 5.9 nicht die **maximale** Volumenänderungsarbeit **ΔW_{max}** sondern die **minimale** Volumenänderungsarbeit, **ΔW_{min},** die aufgewandt werden muss, um das Gas zu **komprimieren.**

M 5.6: In einem Druckbehälter sollen für einen Hydrierprozess n = 1 626 mol Wasserstoffgas auf $^1/_5$ des Ausgangsvolumen bei einer Temperatur von T = 295,0 K verdichtet werden.

a) Welche minimale Volumenänderungsarbeit, ΔW_{min}, ist vom Verdichter zu erbringen?

b) Welcher Energieeinsatz W ist erforderlich, wenn die energetische Ausbeute nur 60 % beträgt?

Lsg.: a) $V_2 = 0{,}2 \cdot V_1 \quad \Rightarrow$

$$\Delta W_{min} = -n \cdot R \cdot T \cdot \ln \frac{V_2}{V_1} = -1\,626 \text{ mol} \cdot 8{,}315 \text{ J} \cdot \text{mol}^{-1} \cdot \text{K}^{-1} \cdot 295{,}0 \text{ K} \cdot \ln \frac{0{,}2\ V_1}{V_1}$$

$$= \mathbf{+6\,419\,172\ J \approx +6419{,}2\ kJ}$$

b) $\Rightarrow$ Bei 60 % energetischer Ausbeute werden $\Delta W = 6419{,}2 \text{ kJ} \cdot \frac{100}{60} = \mathbf{10\,698{,}7\ kJ}$ benötigt.

An dieser Stelle kann der Begriff *reversibler Prozess* genauer definiert werden: Im Bild 3, S. 112 wird ein **reversibler** Prozess beschrieben. Betrachtet man sich dieses Bild und vergleicht es mit den groben Prozessabläufen, wie sie in den Bildern 1 und 2, S. 112 wiedergegeben sind, so folgt:

Unter einem reversiblen Prozess versteht man eine **unendliche** Folge von unendlich kleinen (differentiellen) Prozessschritten. Da die Unterschiede zwischen den einzelnen Schritten sehr klein sind, kann jeder Schritt ohne größeren Aufwand auch wieder umgekehrt erfolgen. Deshalb steht **jeder Schritt** mit dem folgenden und dem vorhergegangenen im **Gleichgewicht.** Diese **Gleichgewichtseinstellung** ist auch das wesentliche Kriterium für einen reversiblen Prozess, bei dem eine Arbeit ΔW_{rev} erbracht wird.

Es gilt: Expansion $\Delta W_{rev} = \Delta W_{max} < 0$ Kompression $\Delta W_{rev} = \Delta W_{min} > 0$

Jede auch noch so geringfügige Neueinstellung eines Gleichgewichts benötigt immer auch eine bestimmte Zeit. Daher gilt:

Ideal **reversible Prozesse** laufen **unendlich langsam** ab. **Natürliche** Prozesse benötigen erfahrungsgemäß immer eine bestimmte endliche Zeit. Demnach laufen alle natürlichen Prozesse nicht reversibel sondern zumindest teilweise **irreversibel** ab.

Vollkommen **reversible** oder **irreversible** Vorgänge sind **Grenzfälle.** Im Alltag versteht man unter einem irreversiblen Vorgang etwas, das nicht mehr rückgängig gemacht werden kann, zum Beispiel ein irreparabler Schaden. Ein thermodynamisch irreversibler Vorgang kann zwar in den Ausgangszustand zurückgeführt werden – aber nicht auf demselben Weg und nur unter größerem Energieaufwand, als beim Hinweg frei gesetzt wurde.

Als Beispiel soll die Reaktion von Chlor mit Wasserstoff dienen: $Cl_2 + H_2 \rightarrow 2\ HCl$

1. Fall: Die Reaktion verläuft stark irreversibel. Hierbei wird ein stöchiometrisches Gemisch von Cl_2 und H_2 in einem Glaskolben belichtet. Es erfolgt eine Explosion, die irreversibel abläuft.

2. Fall: Die Reaktion verläuft stark reversibel. Dies ist der Fall in einem galvanischen Element, bei dem im übrigen die Elektroden Anode und Kathode anders als bei einer Elektrolyse gepolt sind (vgl. a. Kap. 9.9.1). Bei dem hier betrachteten galvanischen Element werden Chlorgas und Wasserstoffgas über die in eine geeignete Elektrolytlösung eingetauchten Platinelektroden geleitet (Bild 1). Das Diaphragma ist eine poröse Tonwand, die die beiden Reaktionsräume trennt, ohne als elektrischer Isolator zu wirken. Die aus diesem galvanischen Element bei sehr geringem Strom gewinnbare elektrische Energie entspricht fast der maximalen reversiblen Arbeit (s. Kap. 9.3.4). Die Prozesse an den Elektroden sind:

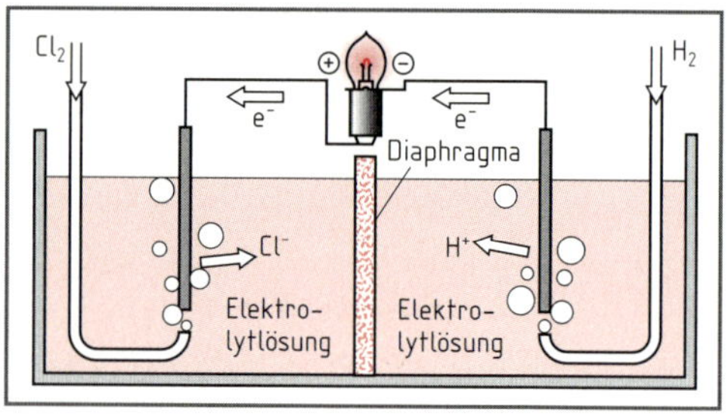

Bild 1: Galvanisch-reversible Arbeit

Anode (Oxidation): $H_2 \rightarrow 2\ H^+ + 2e^-$

Kathode (Reduktion): $Cl_2 + 2e^- \rightarrow 2\ Cl^-$

Gesamtreaktion: $H_2 + Cl_2 \rightarrow 2\ HCl$

3. Fall: Sowohl bei der Explosion des stöchiometrischen Gemischs von Cl_2 und H_2 als auch bei der relativ langsamen galvanischen Umsetzung entsteht Hydrogenchlorid (Chlorwasserstoff), dessen wässrige Lösung die Salzsäure ist. Mittels Elektrolyse können aus der Salzsäure die Elemente Chlor und Wasserstoff wieder freigesetzt werden (Kap 9.2.2). Der Ausgangszustand der Fälle 1 und 2 wird also wiederhergestellt. Allerdings muss bei der Elektrolyse in jedem Fall mehr Energie aufgewandt werden, als ursprünglich bei der Bildung von HCl abgegeben (freigesetzt) wurde. Bei genauerer Betrachtung zeigt sich, dass in diesem Kapitel bereits das Prinzip der **Entropie** (Kap. 5.7.7) beschrieben wird, die letztendlich für die **Irreversibilität** natürlicher Vorgänge verantwortlich ist.

5.5 Nullter Hauptsatz der Thermodynamik

Die Formulierung des nullten Hauptsatzes ist im Verlauf der historischen Entwicklung des thermodynamischen Gedankengebäudes fast „vergessen" worden. Dies liegt vor allem daran, dass er eine „Selbstverständlichkeit" darstellt. Trotzdem wird er bei thermodynamischen Überlegungen am häufigsten angewandt. Das Prinzip des nullten Hauptsatzes, der wie die anderen Hauptsätze der Thermodynamik einen axiomatischen Charakter hat, ist aus Bild 1 ersichtlich. Er lautet:

> Im thermodynamischen Gleichgewicht haben alle gegenständlichen Teilsysteme eines abgeschlossenen Systems die gleiche Temperatur.

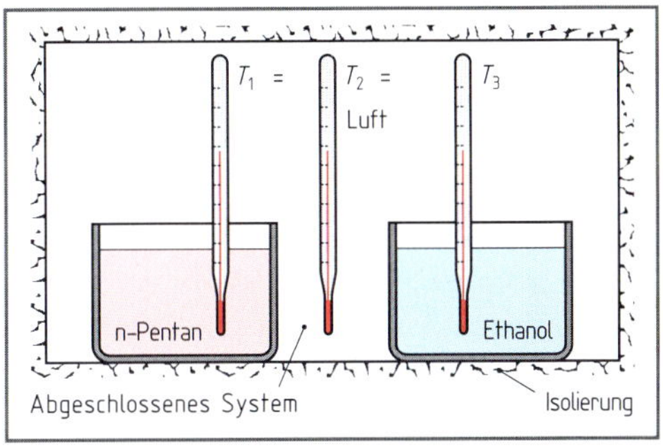

Bild 1: Nullter Hauptsatz der Thermodynamik

5.6 Erster Hauptsatz der Thermodynamik

Im ersten Hauptsatz werden die beiden Größen **Wärme** und **Arbeit** miteinander verknüpft. In Bild 2 ist ein Versuch skizziert, mit dem die zugrunde liegende Gesetzmäßigkeit untersucht werden kann.

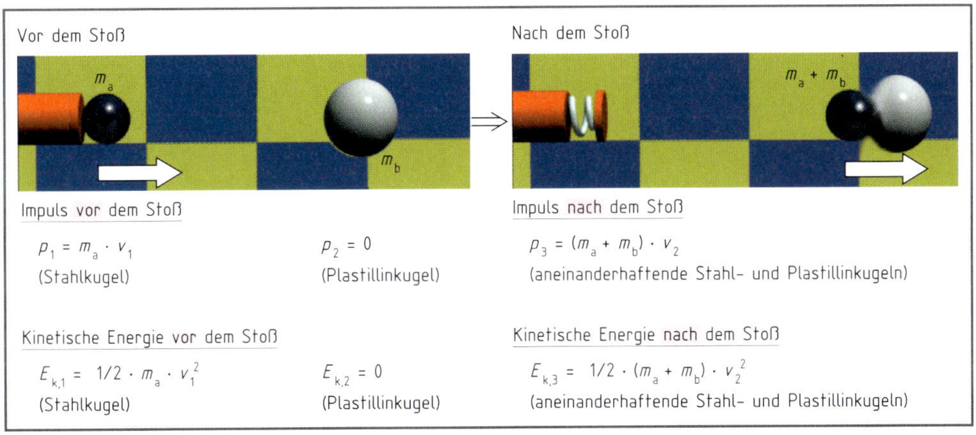

Bild 2: Unelastischer Stoß einer Stahlkugel mit einer Plastillinkugel

Eine Stahlkugel mit $m_a = 50$ g wird auf eine Plastillinkugel mit $m_b = 200$ g mittels einer Feder katapultiert (Bild 2). Die beiden Kugeln sollen ein **geschlossenes System** darstellen. Dies bedeutet, dass die Reibung und die mögliche Wärmeabstrahlung der Versuchskörper so gering sind, dass sie bei der Energiebilanz vernachlässigt werden können. Stößt die Stahlkugel auf die ruhende Plastillinkugel, so wird diese verformt und beide jetzt aneinanderhaftenden Kugeln haben einen bestimmten Impuls. Für den Vorgang gilt der **Impulserhaltungssatz**.

Die Geschwindigkeit **nach** dem Stoß beträgt v_2. Die kinetischen Energie wird damit zu:

5.10 $$E_{k,2} = \frac{1}{2} \cdot (m_a + m_b) \cdot v_2^2$$

E	m	v
J	kg	$m \cdot s^{-1}$

Die Geschwindigkeit v_2 kann mittels des Impulserhaltungssatzes ($p_1 = p_3$) berechnet werden: ⇒

5.11 $$m_a \cdot v_1 = (m_a + m_b) \cdot v_2$$

Aus der Gleichung 5.11 erhält man: $v_2 = m_a \cdot v_1/(m_a + m_b)$

In 5.10 eingesetzt resultiert:

$$E_{k,2} = \frac{1}{2} \cdot (m_a + m_b) \cdot \frac{m_a^2 \cdot v_1^2}{(m_a + m_b)^2} = \frac{m_a}{m_a + m_b} \cdot \frac{1}{2} \cdot m_a \cdot v_1^2 \Rightarrow$$

5.12 $$E_{k,2} = \frac{m_a}{m_a + m_b} \cdot E_{k,1}$$

Setzt man die Werte aus dem im Bild 2, S. 115 beschriebenen Versuch ein, so erhält man:

$$E_{k,2} = \frac{m_a}{(m_a + m_b)} \cdot E_{k,1} = \frac{0{,}050\ \text{kg}}{0{,}050\ \text{kg} + 0{,}200\ \text{kg}} \cdot E_{k,1} = 0{,}2 \cdot E_{k,1}$$

Von der ursprünglichen kinetischen Energie sind nur noch 20% vorhanden. Die restlichen 80% können aber nicht verschwunden sein, denn der **Energieerhaltungssatz** hat seine Gültigkeit nicht verloren. Bei genauer Messung findet man, dass die **Wärmeenergie** des Systems geringfügig um $\boldsymbol{\Delta Q}$ zugenommen hat. Weiterhin sind Atome und Moleküle in ihrer Lage verändert worden, was sich als Verformung bemerkbar macht. Diese **Verformung** benötigt mechanische **Arbeit** ΔW, die am System verrichtet worden ist.

Man kann den Versuch mehrmals wiederholen. Jedesmal werden, wenn sich die Kugeln nach dem Stoß aneinanderhaftend bewegen, 80% der kinetischen Energie umgewandelt. Allerdings wird der jeweilige Anteil von $\boldsymbol{\Delta Q}$ und $\boldsymbol{\Delta W}$ in Abhängigkeit vom Auftreffwinkel der Stahlkugel von Versuch zu Versuch unterschiedlich sein. Dies liegt darin begründet, dass **Wärme** und **Arbeit** eben **keine** Zustandsfunktionen sind. Allerdings ist die Summe von ΔQ und ΔW unabhängig vom Versuchsablauf konstant, was auf eine Zustandsfunktion hinweist. Für diese Zustandsfunktion hat man im 19. Jahrhundert den Begriff **innere Energie** eingeführt. Für diese Größe gilt folgendes:

> Jedes System besitzt einen bestimmten Energievorrat, der als innere Energie bezeichnet wird. Die innere Energie hat das Formelzeichen U und die Einheit Joule. Wird einem System von außen Energie zugeführt, so erhöht sich seine innere Energie. Gibt das System nach außen Energie ab, so verringert sich seine innere Energie. Die innere Energie ist wegunabhängig und daher eine Zustandsfunktion.

Bezeichnet man die innere Energie des geschlossenen Systems Stahlkugel und Plastillinkugel **vor** dem Stoß als U_{Anfang} und die **nach** dem Stoß als U_{Ende}, so hat sich die innere Energie bei dem Prozess um den folgenden Betrag geändert (erhöht):

5.13 $$U_{Ende} - U_{Anfang} = \Delta U = \Delta Q + \Delta W$$

U	Q	W
J	J	J

Dies ist die mathematische Formulierung des 1. Hauptsatzes der Thermodynamik, der einen Spezialfall des Energieerhaltungssatzes darstellt, da lediglich **Wärme** und **mechanische Arbeit** über die **innere Energie** miteinander verknüpft werden. *H.v. Helmholtz* (1821 – 1894) hat für den Energieerhaltungssatz und damit auch für den 1. Hauptsatz der Thermodynamik die folgende Formulierung geprägt:

> „**In** einem **abgeschlossenen** System ist die Summe **aller** Energieformen **konstant**".

Folglich kann jegliche **in** einem System vorkommende Energie dem Begriff **innere Energie** zugeordnet werden.

Im Einzelnen wären dies:

- die mit der Bewegung der Atome und Moleküle zusammenhängende Wärmeenergie (vgl. Kap. 4.2),
- die zwischen den Molekülen wirkende intermolekulare Energie,
- die mit der Bindung zwischen Atomen zusammenhängende chemische Energie,
- die zwischen den Kernbausteinen wirkenden Energien usw.

Der **Absolutbetrag** der inneren Energie eines Körpers kann **nicht** angegeben werden. Hierzu müsste man die innere Energie am absoluten Nullpunkt messen können. Dies ist aber nicht möglich, da der absolute Nullpunkt experimentell nicht erreicht werden kann (vgl. Kap. 4.3 und Kap. 5.8). Außerdem setzt sich die innere Energie aus allen möglichen im Einzelnen nicht genau quantifizierbaren Energien zusammen. Die genaue Kenntnis des Absolutbetrages ist im übrigen auch gar nicht notwendig, da die innere Energie eine wegunabhängige **Zustandsfunktion** ist und daher die **Änderung** der inneren Energie zur Beschreibung eines thermodynamischen Prozesses vollkommen ausreicht. Besonders deutlich wird dies bei **Wärmekraftmaschinen.** Die Vorrichtung in Bild 1 stellt eine **nicht periodisch** arbeitende einfache Maschine dar, die lediglich dazu geeignet ist, die Masse *m* ein geringes Stück anzuheben. In dem „reibungsfrei" laufenden Kolben befindet sich ein ideales Gas, das durch das Gewicht über den Kurbeltrieb auf ein Ausgangsvolumen komprimiert worden ist. Durch Erhitzen wird eine Wärmemenge von $\Delta Q = 20$ J zugeführt, wobei der Sperrstift die spontane Expansion während des Aufheizprozesses verhindert (Bild 1a).

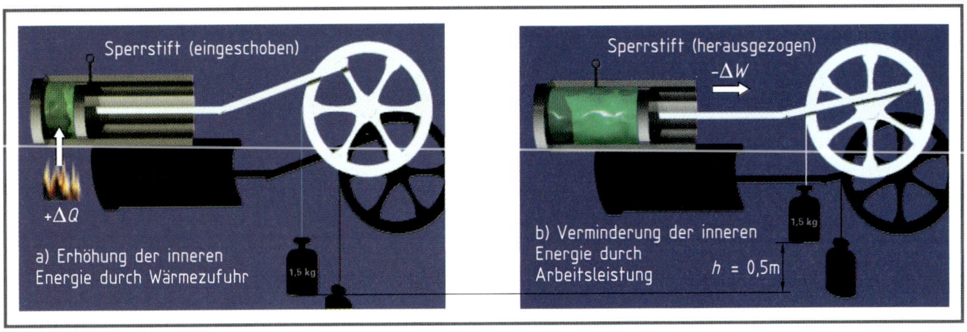

Bild 1: Einfache Wärmekraftmaschine

Die innere Energie erhöht sich auf U_2. Wenn mit U_1 die innere Energie im Ausgangszustand bezeichnet wird, so beträgt die **Zunahme** der inneren Energie: $\Delta Q = U_2 - U_1 = \Delta U_1$. Im Bild 2 ist der Zusammenhang mit einem Energiediagramm beschrieben. Nach Entfernen der Wärmequelle wird der Stift herausgezogen, wodurch das Gas bis zu einem bestimmten Gleichgewichtszustand (Bild 1b) expandieren kann. Dabei verrichtet es eine mechanische Arbeit, indem es über den Kurbeltrieb die Masse von $m = 1{,}5$ kg um $h = 0{,}5$ m (Bild 1b) anhebt. Die mechanische Arbeit beträgt:

$$U_2 - U_3 = \Delta W = -m \cdot g \cdot h = -(1{,}5 \text{ kg} \cdot 9{,}81 \text{ m} \cdot \text{s}^{-2} \cdot 0{,}5 \text{ m}) = -7{,}36 \text{ J}$$

Da das System *Gas* energieärmer wird, erhält der Betrag der mechanischen Arbeit ein **negatives Vorzeichen!** Die innere Energie des Gases beträgt **nach** der Expansion U_3. Schließlich folgt aus dem Energiediagramm (Bild 2) für die Änderung der **inneren** Energie des **Gesamtprozesses:**

$$U_3 - U_1 = \Delta U_2 = \Delta Q + \Delta W = (+20 \text{ J}) + (-7{,}36 \text{ J}) = \mathbf{12{,}64\ J}$$

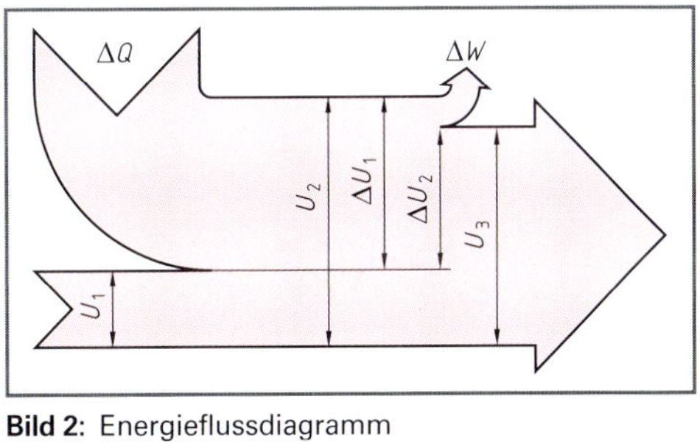

Bild 2: Energieflussdiagramm

Bei der Betrachtung bleibt unberücksichtigt, dass das Gas gegen den Umgebungsdruck p_{amb} expandieren muss, wodurch der negativ zu rechnende Betrag der mechanischen Arbeit etwas größer anzusetzen wäre. Weiterhin müsste bei einer periodisch arbeitenden Maschine der Ausgangszustand wieder hergestellt werden. Dazu wäre die innere Energie ΔU_2 dem System – beispielsweise durch Kühlung – zu entziehen, der Haltestift wieder einzusetzen und die Heizquelle wieder unter den Kolben zu bringen.

Entsprechend dem ersten Hauptsatz der Thermodynamik kann die innere Energie eines Systems auch durch Zuführung von mechanischer Energie erhöht werden. Jeder, der schon einmal einen Fahrradreifen aufgepumpt hat, weiß, dass dabei die Pumpe heiß wird. Ähnliches kann man beobachten, wenn man den Fermentationsbetrieb in einer Pharmaproduktion betritt. Die Luft in dem Betrieb wird durch die Abwärme der Rührer in den großen Fermenterkesseln beträchtlich aufgeheizt. Mit der im Bild 1 wiedergegebenen Apparatur hat *J.P. Joule* um 1845 den Zusammenhang zwischen Wärmeenergie und mechanischer Energie untersucht. Über eine Umlenkung bewegt ein Gewicht mittels eines Rührers das Wasser in einem wärmeisolierten Behälter. Die mechanische Energie erhöht die innere Energie des Systems und erwärmt das Wasser, da keine Wärme nach außen abgegeben wird. Mit diesem Versuch wurde ein sogenanntes „mechanisches Wärmeäquivalent" bestimmt.

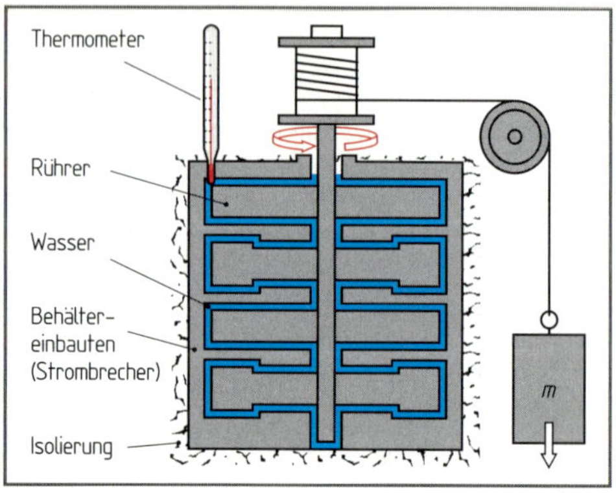

Bild 1: Versuchsanordnung von *Joule*

Im Bild 2 ist das Energieflussdiagramm für den *joule*schen Versuch entsprechend dem Prinzip des ersten Hauptsatzes wiedergegeben.

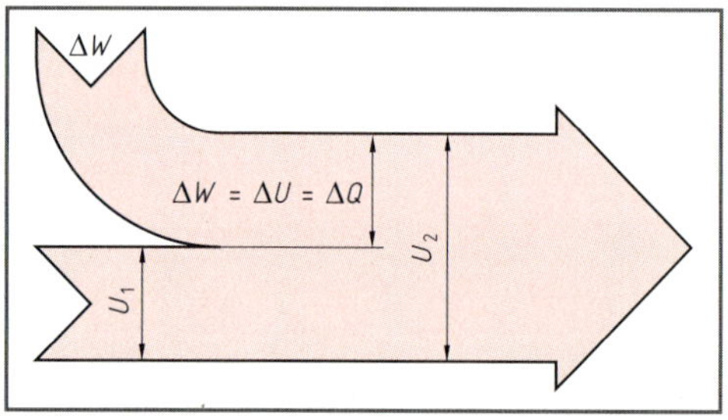

Bild 2: Ernergieflussdiagramm zum *joule*schen Versuch

Hervorzuheben ist, dass der Energieerhaltungssatz sowie der darin enthaltene erste Hauptsatz der Thermodynamik ein Perpetuum mobile erster Art ausschließen (Bilder 3 und 4). So kann beispielsweise die Vorrichtung in Bild 4 nicht funktionieren, weil der Generator günstigstenfalls nur soviel elektrische Energie zur Verfügung stellen kann, wie der Elektromotor an mechanischer Energie liefert. Auch bleiben Energieübertragungsverluste unberücksichtigt!

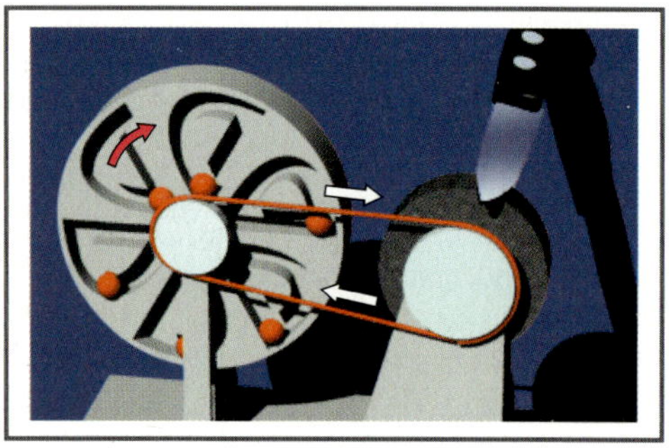

Bild 3: Perpetuum mobile 1. Art nach *Leonardo da Vinci*

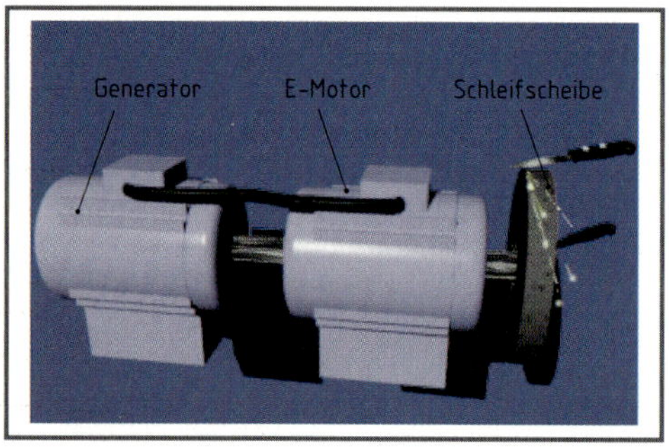

Bild 4: Perpetuum mobile 1. Art

Nach dem Energieprinzip ist es unmöglich eine Maschine zu konstruieren, die dauernd Arbeit zu leisten vermag, ohne dass die gelieferte Energie von außen in irgendeiner Form wieder ersetzt wird (Perpetuum mobile 1. Art).

5.6.1 Die Innere Energie und die Enthalpie

Meist laufen chemische Reaktionen, zu denen auch die Verbrennung fossiler Energieträger zahlt, bei konstantem Druck **(isobar:** $\Delta p = 0$) ab. Thermodynamische Zustandsänderungen bei dieser Bedingung sind deshalb von besonderem Interesse. Zur Ableitung der wesentlichen Gesetzmäßigkeiten soll die in Bild 1, S. 119 gezeigte Vorrichtung dienen. Einem Gas wird in einem

Zylinder mit beweglichem Kolben Wärmeenergie zugeführt. Als Folge davon expandiert das Gas gegen den Umgebungsdruck ($p_{amb} = p$), der **konstant** gehalten wird. Die Volumenänderungsarbeit (ΔW_V) des Gases beträgt:

$$\Delta W_V = -\,p_{amb} \cdot \Delta V = -\,p \cdot \Delta V$$ 5.14

W_V	p	V
J	Pa	m^3

Wendet man die Definitionsgleichung des 1. Hauptsatzes der Thermodynamik (5.13) an, so erhält man für ΔQ:

$$\Delta Q = \Delta U - \Delta W_V$$ 5.15

Q	U	W_V
J	J	J

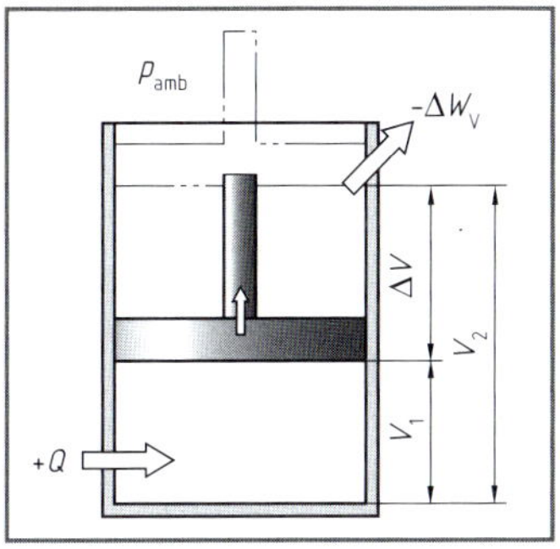

Bild 1: Isobare Expansion

Durch Einsetzen des Ausdrucks 5.14 in diese Beziehung resultiert

$$\Delta Q = \Delta U + p \cdot \Delta V$$ 5.16

Q	U	p	V
J	J	Pa	m^3

Da die rechte Seite der Gleichung 5.16 nur Zustandsvariable enthält, wird die Wärme Q ganz im Gegensatz zu ihrer eigentlichen Natur ebenfalls zu einer Zustandsfunktion. Für den Wärmeinhalt bei **konstantem Druck** hat man aus diesem Grund eine weitere **Zustandsfunktion**, die **Enthalpie** H eingeführt:

$$\Delta H = \Delta U + p \cdot \Delta V$$ 5.17

H	U	p	V
J	J	Pa	m^3

Da für die innere Energie kein Absolutwert gemessen werden kann, ist es auch **nicht** möglich, für die Enthalpie Absolutwerte zu bestimmen. In den einschlägigen Tabellenwerken sind daher auf Standardbedingungen bezogene **Enthalpiedifferenzen** angegeben. Eine Besonderheit ist hervorzuheben:

Die Unterscheidung zwischen Enthalpie und innerer Energie ist in der Regel nur bei Zustandsänderungen von Gasen von Bedeutung.

Dies gilt, weil bei Festkörpern und Flüssigkeiten aufgrund der geringen Ausdehnung ($\Delta V \approx 0$) bei der Erwärmung keine nennenswerte Volumenänderungsarbeit erbracht wird. Deshalb können die Beträge von ΔH und ΔU bei Zustandsänderungen dieser Körper ohne größere Fehler gleichgesetzt werden.

M 5.7: Wie groß ist die Zunahme der inneren Energie ΔU eines Gases, wenn bei einer Wärmezufuhr von $\Delta Q = \Delta H = 18{,}00$ kJ eine Volumenänderungsarbeit von $\Delta W_V = -8{,}35$ kJ erbracht wird?

Lsg.: Anwendung der Gleichung 5.15 ergibt
$\Delta Q = \Delta H = \Delta U - \Delta W_V \Rightarrow \Delta U = \Delta H + \Delta W_V = 18{,}00\ \text{kJ} - 8{,}35\ \text{kJ} = \mathbf{9{,}65\ kJ}$

M 5.8: Bei einem Druck von $p = 1{,}02$ bar wird einem Gas mit dem Volumen $V_1 = 2{,}00\ m^3$ die Wärmeenergie von $\Delta Q = 145{,}96$ kJ zugeführt. Dabei erhöht sich das Volumen auf $V_2 = 2{,}42\ m^3$.

a) Wie groß ist die Volumenänderungsarbeit?
b) Wie groß ist die Zunahme der inneren Energie?
c) Welchen Anteil hat die Volumenänderungsarbeit an der insgesamt zugeführten Energie?

Lsg.: a) Nach Gl. 5.14 ist $\Delta W_V = -\,p \cdot \Delta V = -1{,}02 \cdot 10^5\ \text{Pa} \cdot (2{,}42\ m^3 - 2{,}00\ m^3) = \mathbf{-42\,840\ J}$

b) Da der Vorgang isobar abläuft ist $\Delta Q = \Delta H$. Aus 5.15 folgt:
$\Delta U = \Delta H + \Delta W_V = 145\,960\ \text{J} - 42\,840\ \text{J} = 103\,120\ \text{J} = \mathbf{103{,}12\ kJ}$
Unter Benutzung der Gleichung 5.17 erhält man das gleiche Ergebnis auch unmittelbar:
$\Delta U = \Delta H - p \cdot \Delta V = 145\,960\ \text{J} - 1{,}02 \cdot 10^5\ \text{Pa} \cdot (2{,}42\ m^3 - 2{,}00\ m^3) = 103\,120\ \text{J} = \mathbf{103{,}12\ kJ}$

c) Der Anteil der Volumenänderungsarbeit an der insgesamt zugeführten Energie beträgt:

$$\frac{|\Delta W_V|}{|\Delta H_V|} = \frac{42\,840\ \text{J}}{145\,960\ \text{J}} = 0{,}294 \mathrel{\hat{=}} \mathbf{29{,}4\%}$$

M 5.9: In einem belüfteten Kessel werden m = 9 484 kg Wasser mit einem Volumen von V_1 = 9,500 m³ vorgelegt (Bild 1). Die Anfangstemperatur beträgt ϑ_1 = 20 °C. Nach dem Aufheizen auf ϑ_2 = 80 °C hat das Wasser ein Volumen von V_2 = 9,760 m³.

a) Wie groß ist die Volumenänderungsarbeit, wenn der Umgebungsdruck p_{amb} = 1,02 bar beträgt?

b) Wie groß ist die Änderung der Enthalpie ΔH, bei einer spezifischen Wärmekapazität von c_p= 4,19 kJ · kg⁻¹ · K⁻¹?

c) Wie unterscheidet sich die Enthalpieänderung ΔH von der Änderung der inneren Energie ΔU?

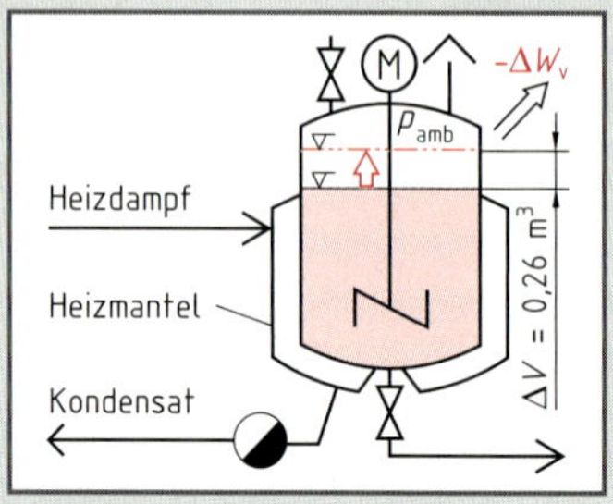

Bild 1: ΔH und W_V bei einer Flüssigkeit

Lsg: a) $\Delta W_V = -p \cdot \Delta V = -p \cdot (V_2 - V_1) = -1{,}02 \cdot 10^5\ \text{Pa} \cdot (9{,}76\ \text{m}^3 - 9{,}50\ \text{m}^3) = -26\,520\ \text{J}$ $= \mathbf{-2{,}7\ kJ}$

b) $\Delta H = \Delta Q = m \cdot c_p \cdot (T_2 - T_1) = 9484\ \text{kg} \cdot 4{,}19\ \text{kJ} \cdot \text{kg}^{-1} \cdot \text{K}^{-1} \cdot (353{,}15\ \text{K} - 293{,}15\ \text{K})$ $= \mathbf{2\,384\,277{,}6\ kJ}$

c) $\Delta U = \Delta H - p \cdot \Delta V = 2384277{,}6\ \text{kJ} - 2{,}7\ \text{kJ} = \mathbf{2384274{,}9\ kJ}$. Der Anteil der Volumenänderungsarbeit an der zugeführten Wärmeenergie beträgt:

$$\frac{|\Delta W_V|}{|\Delta H|} = \frac{2{,}7\ \text{kJ}}{2384277{,}6\ \text{kJ}} = 1{,}13 \cdot 10^{-6} \mathrel{\hat{=}} \mathbf{1{,}13 \cdot 10^{-4}\,\%}$$

Im Bild 1 ist die **Volumenänderung,** die die Ursache der Volumenänderungsarbeit ist, stark vergrößert dargestellt. Tatsächlich kann die Volumenänderungsarbeit, wie aus der Rechnung M 5.9 hervorgeht, bei Flüssigkeiten und Festkörpern i. Allg. vernachlässigt werden.

Sowohl die innere Energie als auch die Enthalpie sind Zustandsfunktionen, deren allgemeine Formulierung

5.18 $U = f\,(V, T, n)$ und $H = f\,(p, T, n)$

H	U	V	p	T	n
J	J	m³	Pa	K	mol

auch die **Stoffmenge** n als Zustandsvariable berücksichtigt. Es handelt sich demnach um extensive Größen. Dies ist besonders dann zu beachten, wenn der energetische Verlauf einer **chemischen** Reaktion verfolgt werden soll. Die allgemeine Formulierung einer solchen Reaktion sei:

$\nu_{E1}\ E_1 + \nu_{E2}\ E_2 + \ldots \rightarrow \nu_{P1}\ P_1 + \nu_{P2}\ P_2 + \ldots$

ν_{E1}, ν_{E2} usw. sind die stöchiometrischen Zahlen der Edukte, während ν_{P1}, ν_{P2} usw. für die Produkte gelten. Setzt man in die Formel 5.17 die universelle Gasgleichung ein, so erhält man:

5.19 $\Delta H = \Delta U + \Delta n \cdot R \cdot T$

H	U	n	R	T
J	J	mol	J · mol⁻¹ · K⁻¹	K

Unter der Voraussetzung, dass die **Umsatzvariable ξ = 1 mol** (vgl. Kap. 4.5) beträgt, gilt für die Änderung der Stoffmenge $\{\Delta n\} = \Delta\nu$, wobei nur die **gasförmigen** Stoffe interessant sind:

5.20 $\Delta\nu = \Sigma|\nu|\ (\text{Produkte}) - \Sigma|\nu|\ (\text{Edukte})$

Für die stöchiometrischen Zahlen ν der Produkte und Edukte sind, wie aus der Formulierung hervorgeht, die **Beträge** einzusetzen. Das gleiche Ergebnis für $\Delta\nu$ wird auch erhalten, wenn man die **rechts** stehenden (Produktseite) stöchiometrischen Zahlen mit **positiven** und die **links** stehenden (Eduktseite) mit **negativen** Vorzeichen einsetzt und dann addiert.

Beispielsweise verläuft die Ammoniaksynthese nach folgender Gleichung:

$N_2 + 3\,H_2 \rightleftarrows 2\,NH_3 \qquad \Delta_r H^o_m = -92{,}44\ kJ \cdot mol^{-1}$

$\Rightarrow\ \Delta\nu_i = \nu\,(NH_3) - \nu\,(N_2) - \nu\,(H_2) = 2 - 1 - 3 = -2$

Die molare Reaktionsenthalpie ($\Delta_r H_m$) und die molare Reaktionsenergie ($\Delta_r U_m$) können ineinander umgerechnet werden, wenn man die entsprechenden Größen benutzt und in der Gleichung 5.19 die Änderung der Stoffmenge bei einem Formelumsatz (**ξ = 1 mol**) berücksichtigt:

$$\Delta_r H_m = \Delta_r U_m + \Delta\nu_i \cdot R \cdot T$$ 5.21

H	U	ν_i	R	T
J	J	1	$J \cdot mol^{-1} \cdot K^{-1}$	K

Aus den bisherigen Überlegungen folgt für eine chemische Reaktion:

Ändert sich die Stoffmenge der **gasförmigen** Verbindungen im Verlauf einer Reaktion **nicht** ($\Delta n = 0$ bzw. $\Delta\nu_i = 0$), so wird **keine** Volumenarbeit erbracht. Reaktionsenergie und Reaktionsenthalpie sind in diesem Fall gleich groß.

M 5.10: Wie groß ist die molare Standardreaktionsenergie $\Delta_r U^o_m$ für:

a) $N_2 + 3\,H_2 \rightleftarrows 2\,NH_3 \qquad \Delta_r H^o_m = -92{,}60\ kJ \cdot mol^{-1}$

b) $^1/_2\,N_2 + ^3/_2\,H_2 \rightleftarrows NH_3 \qquad \Delta_r H^o_m = -46{,}30\ kJ \cdot mol^{-1}$?

Obwohl es sich beidesmal um die gleiche Reaktion handelt, beträgt die molare Reaktionsenthalpie im Fall b) nur die Hälfte, da entsprechend der Reaktionsgleichung auch nur halb so viele Teilchen reagieren!

Lsg.: Da es sich um molare Standardreaktionsenthalpien handelt, beträgt: $T = 298$ K. $\Rightarrow$

a) $\Delta\nu_i = -2$. Die umgestellte Gleichung 5.21 lautet: $\Delta_r U^o_m = \Delta_r H^o_m - \Delta\nu_i \cdot R \cdot T \Rightarrow$

$\Delta_r U^o_m = -92{,}6\ kJ \cdot mol^{-1} - (-2) \cdot 8{,}315 \cdot 10^{-3}\ kJ \cdot mol^{-1} \cdot K^{-1} \cdot 298\ K = -87{,}64\ kJ \cdot mol^{-1}$

b) $\Delta\nu_i = 1 - ^1/_2 - ^3/_2 = -1$. Einsetzen in die umgestellte Gleichung 5.21 ergibt:

$\Delta_r U^o_m = -46{,}3\ kJ \cdot mol^{-1} - (-1) \cdot 8{,}315 \cdot 10^{-3}\ kJ \cdot mol^{-1} \cdot K^{-1} \cdot 298\ K = -43{,}82\ kJ \cdot mol^{-1}$

In der Literatur wird vielfach die Reaktionsenthalpie ohne nähere Kennzeichnung angegeben. Im Beispiel M 5.10 ist scheinbar zweimal dasselbe ausgedrückt worden, denn für beide Formulierungen beträgt die Umsatzvariable $\xi = 1$ mol! Die zweite Gleichung drückt allerdings nur den halben Formelumsatz der ersten aus. Zur Vermeidung von Rechenfehlern muss deshalb immer die zugrunde liegende Formulierung der Reaktionsgleichung beachtet werden.

M 5.11: Ammoniumnitrat ist ein Sicherheitssprengstoff. Auf Standardbedingungen bezogen zerfällt die Verbindung hauptsächlich entsprechend folgender Gleichung:

$2\,NH_4NO_3\,(s) \rightarrow 2\,N_2\,(g) + O_2\,(g) + 4\,H_2O\,(l)$

1,503 g der Substanz sind in einem Bombenkalorimeter durch Zündung mit einem schlagempfindlichen Initialsprengstoff zur Explosion gebracht worden (Bild 1). Der auf die Bezugstemperatur und den Bezugsdruck umgerechnete Messwert der Reaktionsenergie der **eingesetzten** Stoffmenge beträgt: $\Delta Q = \Delta_r U^o = -3{,}96$ kJ.

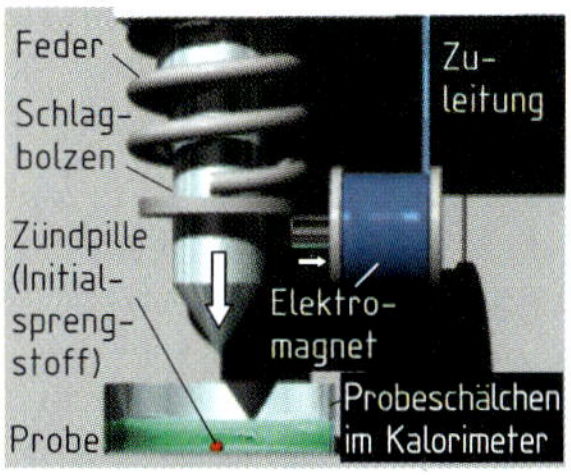

Bild 1: Initialzündung

Molare Masse von Ammoniumnitrat: $M\,(NH_4NO_3) = 80{,}04\ g \cdot mol^{-1}$.

Zu berechnen ist:

a) Die molare Standardreaktionsenergie ($\xi = 1$ mol)

b) Die molare Standardreaktionsenthalpie

Lsg.: Die eingewogene Masse entspricht einer Stoffmenge von

$$n\,(NH_4NO_3) = \frac{m\,(NH_4NO_3)}{M\,(NH_4NO_3)} = \frac{1{,}503\ g}{80{,}04\ g \cdot mol^{-1}} = 0{,}0188\ mol$$

a) Gemäß Gleichung 4.23 beträgt die Umsatzvariable bei der eingesetzten Stoffmenge:

$$\xi\,(NH_4NO_3) = \frac{n\,(NH_4NO_3)}{\nu\,(NH_4NO_3)} = \frac{0{,}0188 \text{ mol}}{2} = 0{,}0094 \text{ mol}$$

Unter Benutzung der Gleichung 4.24 folgt:

$$\Delta_r U^\circ_m = \frac{\Delta_r U^\circ}{\xi\,(NH_4NO_3)} = \frac{-3{,}96 \text{ kJ}}{0{,}0094 \text{ mol}} = \mathbf{-421{,}28\ kJ \cdot mol^{-1}}$$

b) Die molare Standardreaktionsenthalpie wird mit Hilfe der Gleichung 5.21 berechnet. Hierzu muss zunächst die Änderung der Stoffmenge ermittelt werden. Da nur **gasförmig** anfallende Stoffe berücksichtigt werden müssen, beträgt bei **einem** Formelumsatz:

$$\Delta\nu_i = \nu\,(N_2) + \nu\,(O_2) - 0 = 2 + 1 - 0 = 3 \Rightarrow$$

$$\Delta_r H^\circ_m = \Delta_r U^\circ_m + \Delta\nu_i \cdot R \cdot T = -421{,}28 \text{ kJ} \cdot \text{mol}^{-1} + 3 \cdot 8{,}315 \cdot 10^{-3} \text{ J} \cdot \text{mol}^{-1} \cdot \text{K}^{-1} \cdot 298 \text{ K}$$
$$= \mathbf{-413{,}85\ kJ \cdot mol^{-1}}$$

5.6.2 Molare Bildungsenthalpie und molare Bildungsenergie

Jede einfache oder auch komplizierte chemische Verbindung kann man sich durch **unmittelbare** Reaktion aus den Elementen entstanden denken, aus denen sie zusammengesetzt ist. Bei jeder chemischen Reaktion wird auch Energie umgesetzt. Diese wird bei isochoren Bedingungen als **Bildungsenergie** ΔU_B und bei isobaren Bedingungen als **Bildungsenthalpie** ΔH_B bezeichnet (Bild 1). Beim Umsatz flüssiger und fester Stoffe wird keine nennenswerte Volumenarbeit geleistet, sodass in diesem Fall ΔU_B und ΔH_B gleich groß sind!

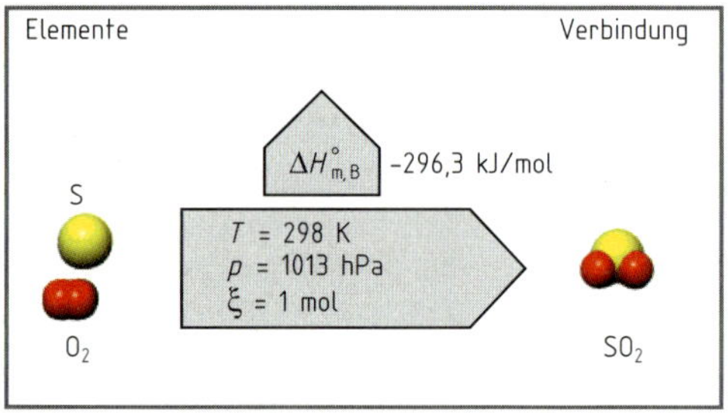

Bild 1: Standardbildungsenthalpie

Unter der molaren Standardbildungsenthalpie **einer Verbindung** $\Delta H^\circ_{m,B}$ versteht man die Wärmemenge, die abgegeben oder aufgenommen wird, wenn 1 mol der Verbindung unter Standardbedingungen aus den Elementen entsteht. Die molare Standardbildungsenthalpie **eines Elements** in seiner stabilsten Modifikation wird willkürlich gleich Null gesetzt.

In Tabellenwerken kann eine Auswahl von Bildungsenthalpien nachgelesen werden. Im einfachsten Fall bestimmt man die Bildungsenthalpie von Oxiden durch Verbrennung des betreffenden Elementes in Gegenwart von reinem Sauerstoff in einem Kalorimeter (Kap. 4.5) und rechnet die Messwerte auf Standardbedingungen um. Beispiel:

$$S + O_2 \rightarrow SO_2 \quad \Delta H^\circ_{m,B} = -296{,}3 \text{ kJ} \cdot \text{mol}^{-1}$$

Die Möglichkeit, die Bildungsenthalpien der Elemente gleich Null zu setzen, beruht auf der Tatsache, dass für die Zustandsfunktionen Enthalpie kein Absolutbetrag, sondern nur ihre Änderung ΔH angegeben werden kann. Hätte beispielsweise der Schwefel – **was nicht stimmt** – eine absolute Enthalpie von $H_1 = -5{,}0$ kJ · mol^{-1} und der Sauerstoff eine absolute Enthalpie von $H_2 = -10{,}0$ kJ · mol^{-1}, so würde für die absolute Reaktionsenthalpie $H_3 = -310{,}3$ kJ · mol^{-1} gemessen werden. Für die Bildungsenthalpie von SO_2 würde unter Berücksichtigung von Gleichung 4.22 Folgendes resultieren:

$$\Delta Q - \Delta H^\circ_{m,B} = Q\,(\text{Prod.}) - Q\,(\text{Ed.}) = -310{,}3 \text{ kJ} \cdot \text{mol}^{-1} - [(-5{,}0 \text{ kJ} \cdot \text{mol}^{-1}) + (-10{,}0 \text{ kJ} \cdot \text{mol}^{-1})]$$
$$= -296{,}3 \text{ kJ} \cdot \text{mol}^{-1}$$

Schließlich kann aus den bisherigen Überlegungen geschlossen werden, dass die Bildungsenthalpie $\Delta H^\circ_{m,B}$ der molaren Standardreaktionsenthalpie $\Delta_r H^\circ_m$ entspricht, wenn eine Verbindung unmittelbar durch Reaktion der Elemente miteinander entsteht. Aus dem Energieerhaltungssatz folgt schließlich das von *Lavosier* stammende **erste thermochemische Gesetz**:

Zur Zerlegung einer Verbindung (Dissoziation) wird der gleiche Energiebetrag benötigt, der bei der Bildung freigesetzt wurde. Bildungsenthalpie und Dissoziationsenthalpie sind demnach vom Betrag her gleich und unterscheiden sich nur in ihrem Vorzeichen.

5.6.3 Der Satz von *Heß* und die Reaktionsenthalpie

Viele Verbindungen können über verschiedene Reaktionswege entstehen. Beispielsweise kann die Verbindung Zinn(II)-chlorid ($SnCl_2$) durch direkte Reaktion von Zinn mit Chlor oder über einen Umweg gebildet werden. Hierbei könnte zunächst durch Reaktion mit Sauerstoff Zinn(IV)-oxid entstehen, dieses wird in Zinn(II)-oxid umgewandelt, das schließlich mit Chlor zu Zinn(II)-chlorid reagiert.

Erster Weg:

	$Sn + Cl_2 \rightarrow SnCl_2$	$\Delta H^o_{m,B} = \Delta_r H^o_m = -350{,}3\ kJ \cdot mol^{-1}$

Zweiter Weg:

Schritt 1	$Sn + O_2 \rightarrow SnO_2$	$\Delta H^o_{m,B} = \Delta_r H^o_m(1) = -581{,}6\ kJ \cdot mol^{-1}$
Schritt 2	$SnO_2 \rightarrow SnO + {}^1/_2\, O_2$	$\Delta_r H^o_m(2) = +295{,}2\ kJ \cdot mol^{-1}$
Schritt 3	$SnO + Cl_2 \rightarrow SnCl_2 + {}^1/_2\, O_2$	$\Delta_r H^o_m(3) = -63{,}9\ kJ \cdot mol^{-1}$

Jeder Reaktionsschritt besitzt eine definierte Reaktionsenthalpie. Durch eine Reihe von thermochemischen Untersuchungen gelangte *H. Heß* 1840 zu folgender Erkenntnis **(zweites thermochemisches Gesetz):**

> Die Reaktionsenthalpie (früher Reaktionswärme) eines chemischen Gesamtvorgangs wird durch den Anfangs- und Endzustand eindeutig bestimmt. Das Ergebnis der Enthalpiebilanz ist unabhängig vom Weg und der Anzahl der Zwischenstufen, auf dem der Endzustand erreicht wurde. Reaktionsenthalpien können demnach in gleicher Art addiert werden wie Reaktionsgleichungen.

Die „Geschäftsgrundlage“ dieser Aussage ist der erste Hauptsatz der Thermodynamik. Aus ihm folgt unmittelbar, dass die Änderung der energetischen Größen ΔU oder ΔH einer Reaktion unabhängig vom Weg sein muss, auf dem die Produkte gebildet worden sind. Denn beide Größen sind Zustandsgrößen und damit ist ihre Änderung **wegunabhängig**.

M 5.12: Wie unterscheidet sich die Gesamtreaktionsenthalpie bei der Bildung von $SnCl_2$ über Teilschritte (Weg 2) von der Reaktionsenthalpie der direkten Reaktion (Weg 1)?

Lsg.: Gemäß dem Satz von *Heß* muss die Summe der Reaktionsenthalpien der Teilschritte genau so groß sein, wie die Reaktionsenthalpie der in einem Schritt vorgenommenen Reaktion. Durch Addition der Schritte 1 bis 3 (s.o.) erhält man:

$\Delta_r H^o_m(\text{gesamt}) = \Delta_r H^o_m(1) + \Delta_r H^o_m(2) + \Delta_r H^o_m(3)$

$= [(-581{,}6\ kJ \cdot mol^{-1}) + (+295{,}2\ kJ \cdot mol^{-1}) + (-63{,}9\ kJ \cdot mol^{-1})] = \mathbf{350{,}3\ kJ \cdot mol^{-1}}$

Das Ergebnis der Rechnung in M 5.12 zeigt, dass die energetische Summe der Teilreaktionen den gleichen Betrag für die Gesamtreaktionsenthalpie ergibt, als wäre die Reaktion ohne Umweg in einem Schritte ausgehend von elementarem Zinn mit elementarem Chlor zu Zinn(II)-chlorid geführt worden. Dieser Tatbestand ist in Bild 1 wiedergegeben.

> Der Satz von *Heß*, wird auch als das **Gesetz von den konstanten Wärmesummen** bezeichnet.

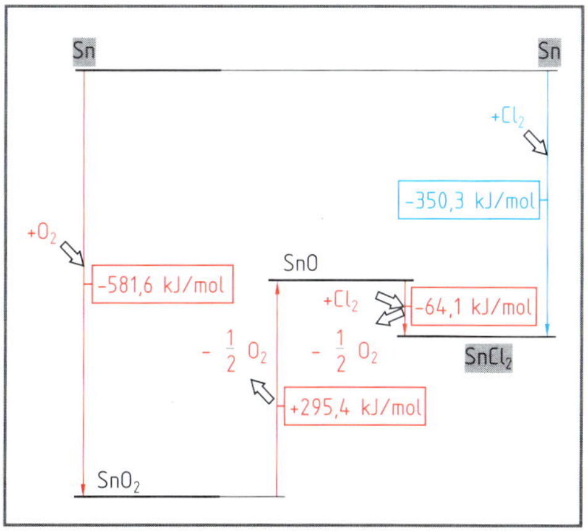

Bild 1: Der Satz von *Heß*

Wäre die Summe der Reaktionsenthalpien einer in mehreren Stufen ablaufenden Gesamtreaktion wegabhängig, so könnte man einen Kreisprozess „konstruieren“, bei dem am Ende eines Durchlaufs immer wieder die Ausgangsstoffe vorliegen würden und dabei mehr Energie frei würde, als zur Rückführung der Reaktion benötigt wird. Dies wäre ein chemisches Perpetuum mobile 1. Art.

Wie bereits in Kapitel 5.6.2 hervorgehoben wurde, ist die Bildungsenthalpie gleich der Reaktionsenthalpie, wenn die Verbindung unmittelbar durch Reaktion der Elemente miteinander entsteht. Demnach erhält man nach dem *heß*schen Satz die molare Reaktionsenthalpie $\Delta_r H_m^o$ einer komplexeren Reaktion, indem man die Summen der Bildungsenthalpien $\Delta H_{m,B}^o$ der Edukte von den Summen der Reaktionsenthalpien der Produkte unter Berücksichtigung der stöchiometrischen Zahlen ν_i abzieht.

5.22

$$\Delta_r H_m^o = \Sigma\,[\nu \cdot \Delta H_{m,B}^o\,(\text{Produkte})] - \Sigma\,[\nu \cdot \Delta H_{m,B}^o\,(\text{Edukte})]$$

ν	$\Delta H_{m,B}^o$	$\Delta_r H_m^o$
1	$J \cdot mol^{-1}$	$J \cdot mol^{-1}$

In der Formel 5.22 ist vorausgesetzt, dass **ein einziger** Formelumsatz getätigt wird. In diesem Fall ist die *Umsatzvariable* für die zu berechnende Reaktion $\xi = 1$ mol. Wird in der Gleichung 5.22 an Stelle der stöchiometrischen Zahl ν die Stoffmenge n der Substanzen eingesetzt, so erhält man unmittelbar die Reaktionsenthalpie $\Delta_r H^o$ beim Umsatz $\xi = 1$ mol.

M 5.13: Calciumcarbid wird als Vorprodukt zur Ethingewinnung in großem Umfang durch Umsetzung von gebranntem Kalk (CaO) mit Koks im elektrischen Widerstandsofen (Bild 1) hergestellt. Die Reaktionsgleichung lautet:

$CaO + 3\,C \rightarrow CaC_2 + CO$

Die Bildungsenthalpieen sind:

$\Delta H_{m,B}^o\,(CaO) = -\,636{,}5\ kJ \cdot mol^{-1}$,

$\Delta H_{m,B}^o\,(C) = 0{,}0\ kJ \cdot mol^{-1}$,

$\Delta H_{m,B}^o\,(CaC_2) = -\,62{,}9\ kJ \cdot mol^{-1}$,

$\Delta H_{m,B}^o\,(CO) = -\,110{,}7\ kJ \cdot mol^{-1}$.

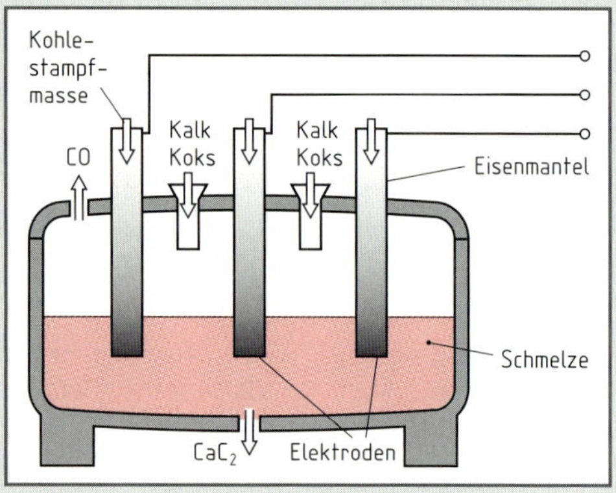

Bild 1: Elektrischer Widerstandsofen

Unter Benutzung dieser Werte ist die molare Reaktionsenthalpie unter Standardbedingungen zu berechnen.

Lsg.: $\Delta_r H_m^o = [\Delta H_{m,B}^o\,(CaC_2) + \Delta H_{m,B}^o\,(CO)] - [\Delta H_{m,B}^o\,(CaO) + 3 \cdot \Delta H_{m,B}^o\,(C)]$

$\Delta_r H_m^o = [(-\,62{,}9\ kJ \cdot mol^{-1}) + (-\,110{,}7\ kJ \cdot mol^{-1})] - [(-\,636{,}5\ kJ \cdot mol^{-1}) + 3 \cdot (0\ kJ \cdot mol^{-1})]$

$= \mathbf{+\,462{,}9\ kJ \cdot mol^{-1}}$

M 5.14: Bei der Reaktion in M 5.13 wurde mit einem Formelumsatz ($\xi = 1$ mol) gerechnet. Bei der Darstellung von Calciumcarbid handelt es sich um eine stark endotherme Reaktion, die einen erheblichen Energieaufwand erfordert. Welche elektrische Energie muss zugeführt werden, um $m = 500{,}0$ kg Calciumcarbid zu erzeugen, wenn die Energieausbeute 23% beträgt? Die molare Masse von Calciumcarbid ist $M\,(CaC_2) = 64{,}1\ g \cdot mol^{-1}$.

Lsg.: Die Stoffmenge beträgt:

$$n\,(CaC_2) = \frac{500{,}0\ kg}{0{,}0641\ kg \cdot mol^{-1}} = 7800{,}3\ mol \Rightarrow$$

$$\xi\,(CaC_2) = \frac{n\,(CaC_2)}{\nu\,(CaC_2)} = \frac{7800{,}3\ mol}{1} = 7800{,}3\ mol$$

Unter Verwendung der Gleichung 4.24 folgt:

$\Delta_r H^o = \xi\,(CaC_2) \cdot \Delta_r H_m^o = 7\,800{,}3\ mol \cdot (+\,462{,}9\ kJ \cdot mol^{-1}) = \mathbf{3\,610\,758{,}9\ kJ}$

Bei einer Energieausbeute von 23% wird eine elektrische Energie von:

$$W_{el} = \frac{3610758{,}9\ kJ \cdot 100}{23} = 15698\,951{,}6\ kJ = \mathbf{15\,699\ MJ}$$ benötigt.

M 5.15: Wenn Kaliumpermanganat ($KMnO_4$) mit einigen Tropfen Glycerin versetzt wird, so kommt es zu einer stark exothermen Reaktion, die schließlich das Gemisch nach kurzer Zeit entzündet (Bild 1). Die Reaktionsgleichung dieser Redoxreaktion lautet:

$14\ KMnO_4 + 5\ C_3H_8O_3 \rightarrow$

$14\ MnO + 15\ CO_2 + 7\ K_2O + 20\ H_2O$

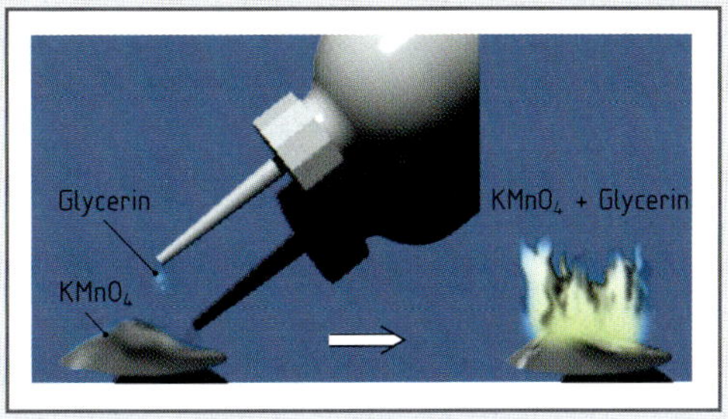

Bild 1: Kaliumpermanganat und Glycerin

Die molaren Standardbildungsenthalpien betragen:

Verbindung	$KMnO_4$ (s)	$C_3H_8O_3$ (l)	MnO (s)	CO_2 (g)	K_2O (s)	H_2O (g)
$\Delta H^o_{m,B}$ in $kJ \cdot mol^{-1}$	– 814,5	– 666,9	– 385,5	– 393,7	– 362,0	– 242,2

Zu berechnen ist die molare Reaktionsenthalpie (ξ = 1 mol) unter Standardbedingungen.

Lsg.: $\Delta_r H^o_m$ = [14 · (MnO) + 15 · (CO_2) + 7 · (K_2O) + 20 · (H_2O)] – [14 · ($KMnO_4$) + 5 · ($C_3H_8O_3$)]
= [14 · (– 385,5 kJ · mol^{-1}) + 15 · (– 393,7 kJ · mol^{-1}) + 7 · (– 362,0 kJ · mol^{-1}) + 20 · (– 242,2 kJ · mol^{-1})] – [14 · (– 814,5 kJ · mol^{-1}) + 5 · (– 666,9 kJ · mol^{-1})]
= (– 18680,5 kJ · mol^{-1}) – (– 14737,5 kJ · mol^{-1}) = **– 3943,0 kJ · mol^{-1}**

M 5.16: Welche Wärme auf Standardbedingungen bezogen wird bei der Reaktion frei, wenn 1,5 mL Glycerin auf einen Überschuss von festem Kaliumpermanganat getropft werden?

$\varrho\ (C_3H_8O_3) = 1{,}261\ g \cdot mL^{-1}$ und $M\ (C_3H_8O_3) = 92{,}09\ g \cdot mol^{-1}$

Lsg.: $m\ (C_3H_8O_3) = \varrho\ (C_3H_8O_3) \cdot V\ (C_3H_8O_3) = 1{,}261\ g/mL \cdot 1{,}5\ mL = 1{,}89\ g \Rightarrow$

$$n\ (C_3H_8O_3) = \frac{m\ (C_3H_8O_3)}{M\ (C_3H_8O_3)} = \frac{1{,}89\ g}{92{,}09\ g \cdot mol^{-1}} = 0{,}0205\ mol$$

Aus 4.23 resultiert: $\xi\ (C_3H_8O_3) = \frac{n\ (C_3H_8O_3)}{\nu\ (C_3H_8O_3)} = \frac{0{,}0205\ mol}{5} = 0{,}0041\ mol$

Mit Gl. 4.24: $\Delta_r H^o = \xi\ (C_3H_8O_3) \cdot \Delta_r H^o_m = 0{,}0041\ mol \cdot (-3\,943{,}0\ kJ \cdot mol^{-1}) =$ **– 16,17 kJ**

Unbekannte Bildungsenthalpien können mit Hilfe des *heß*schen Satzes berechnet werden. Hierzu lässt man die Substanz eine chemische Reaktion durchlaufen und misst die Reaktionsenthalpie. Wenn man die Bildungsenthalpie der Reaktionsprodukte und die der anderen Edukte kennt, kann mit Hilfe der Gl. 5.22 die unbekannte Bildungsenthalpie berechnet werden. Zweckmäßigerweise wählt man einfache Produkte und Edukte, wie CO_2, H_2O, HCl u.ä. Deren Bildungsenthalpien können kalorimetrisch leicht durch direkte Reaktion der Elemente miteinander bestimmt werden (vgl. Kap. 4.5, Aufgabe M 4.16). Es ist somit möglich gewesen, ausgehend von im Kalorimeter gemessenen Bildungsenthalpien einfacher Verbindungen die Bildungsenthalpien komplexerer Verbindungen zu ermitteln, deren Werte in Tabellenwerken nachgeschlagen werden können. Bei einer organischen Substanz bestimmt man die Verbrennungsenthalpie, um ihre Bildungsenthalpie zu ermitteln.

Die molare Standardverbrennungsenthalpie entspricht der Reaktionsenthalpie eines Mols der Verbindung mit Sauerstoff unter Standardbedingungen. Die Verbrennungsgase liegen dabei gasförmig vor mit Ausnahme von Wasser, das als flüssig anfallend gerechnet wird.

M 5.17: Diethylcarbonat, $(C_2H_5O)_2CO$, ist der Diethylester der Kohlensäure. Für die Verbrennung dieser Verbindung in einem drucklosen Kalorimeter (Bild 1) gilt folgende Gleichung:

$(C_2H_5O)_2CO\,(l) + 6\,O_2\,(g) \rightarrow$

$5\,CO_2\,(g) + 5\,H_2O\,(l)$

Bei der Verbrennung von $m = 14{,}18$ g Diethylcarbonat wurde auf Standardbedingungen umgerechnet $\Delta_r H^\circ = -\,325{,}76$ kJ gemessen. Die entsprechenden Bildungsenthalpien $\Delta H^\circ_{m,B}$ in kJ · mol⁻¹ betragen: für CO_2 (g) = – 393,7; für H_2O (l) = – 286,3. Wie groß ist die Bildungsenthalpie von Diethylcarbonat, wenn die molare Masse $M\,(C_2H_5O)_2CO = 118{,}13\ g \cdot mol^{-1}$ beträgt?

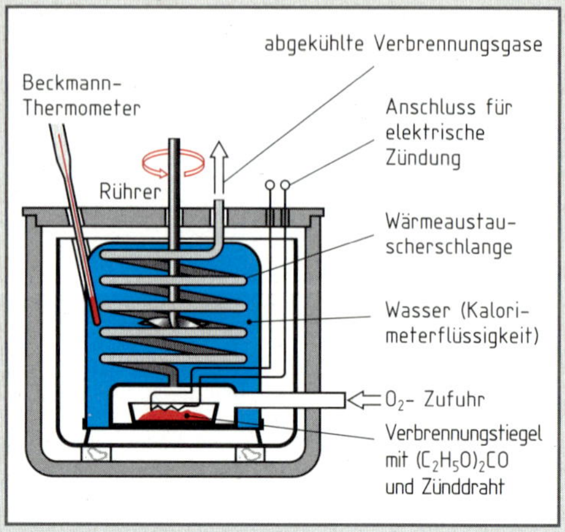

Bild 1: Druckloses Kalorimeter

Lsg.: Zunächst ist die Umsatzvariable zu berechnen:

$$\xi\,[(C_2H_5O)_2CO] = \frac{n[(C_2H_5O)_2CO]}{\nu[(C_2H_5O)_2CO]}$$

$$= \frac{m[(C_2H_5O)_2CO]}{M[(C_2H_5O)_2CO] \cdot \nu[(C_2H_5O)_2CO]} = \frac{14{,}18\ g}{118{,}13\ g \cdot mol^{-1} \cdot 1} = 0{,}12\ mol$$

Die molare Standardreaktionsenthalpie beträgt entsprechend der Gleichung 4.24:

$$\Delta_r H^\circ_m = \frac{\Delta_r H^\circ}{\xi\,[(C_2H_5O)_2CO]} = \frac{-\,325{,}76\ kJ}{0{,}12\ mol} = -\,2714{,}67\ kJ \cdot mol^{-1}$$

Die Anwendung des *heßschen* Satzes erfolgt gemäß Gleichung 5.22:

$\Delta_r H^\circ_m = [5 \cdot \Delta H^\circ_{m,B}\,(CO_2) + 5 \cdot \Delta H^\circ_{m,B}\,(H_2O)] - \Delta H^\circ_{m,B}\,[(C_2H_5O)_2CO] \Rightarrow$

$\Delta H^\circ_{m,B}\,(C_2H_5O)_2CO = [5 \cdot \Delta H^\circ_{m,B}\,(CO_2) + 5 \cdot \Delta H^\circ_{m,B}\,(H_2O)] - \Delta_r H^\circ_m$

$\Delta H^\circ_{m,B}\,[(C_2H_5O)_2CO] = [5 \cdot (-\,393{,}7\ kJ \cdot mol^{-1}) + 5 \cdot (-\,286{,}3\ kJ \cdot mol^{-1})] - (-\,2714{,}7\ kJ \cdot mol^{-1})$

$\Delta H^\circ_{m,B}\,[(C_2H_5O)_2CO] = \mathbf{-\,685{,}3\ kJ \cdot mol^{-1}}$

M 5.18: Durch Umsetzung von Carbonylchlorid (Phosgen) mit Ethanol entsteht Diethylcarbonat. Welche Bildungsenthalpie unter Standardbedingungen hat das Carbonylchlorid ($COCl_2$), wenn die Reaktionsthalpie der folgenden Reaktion $\Delta_r H^\circ_m = -\,90{,}8\ kJ \cdot mol^{-1}$ beträgt?

Reaktion:	$COCl_2$ + 2 C_2H_5OH →	$(C_2H_5O)_2CO$ +	2 HCl	
$\Delta H^\circ_{m,B}$ in kJ · mol⁻¹:	?	– 278,0	– 685,3	– 92,4

Lsg.: $\Delta_r H^\circ_m = [\Delta H^\circ_{m,B}\,((C_2H_5O)_2CO) + 2 \cdot \Delta H^\circ_{m,B}\,(HCl)] - [\Delta H^\circ_{m,B}\,(COCl_2) + 2 \cdot \Delta H^\circ_{m,B}\,(C_2H_5OH)]$

$\Delta H^\circ_{m,B}\,(COCl_2) = \Delta H^\circ_{m,B}\,((C_2H_5O)_2CO) + 2 \cdot \Delta H^\circ_{m,B}\,(HCl) - 2 \cdot \Delta H^\circ_{m,B}\,(C_2H_5OH) - \Delta_r H^\circ_m$

$\Delta H^\circ_{m,B}\,(COCl_2) = [-\,685{,}3 + 2 \cdot (-\,92{,}0) - 2 \cdot (-\,278{,}0) - (-\,90{,}8)]\ kJ \cdot mol^{-1}$

$= \mathbf{-\,222{,}5\ kJ \cdot mol^{-1}}$

M 5.19: In einem Bombenkalorimeter werden bei konstantem Volumen $m = 13{,}1754$ g Phenol mit reinem Sauerstoff verbrannt. Die gemessene und auf Standardbedingungen umgerechnete Verbrennungsenergie beträgt $\Delta_r U^\circ = -\,428{,}4$ kJ. Die Reaktion läuft gemäß der folgenden Gleichung ab:

$C_6H_5OH\,(l) + 7\,O_2\,(g) \rightarrow 6\,CO_2\,(g) + 3\,H_2O\,(l)$

a) Wie groß ist die molare Standardverbrennungsenergie $\Delta_r U^\circ_m$?

b) Wie groß ist die molare Standardverbrennungsenthalpie $\Delta_r H^\circ_m$?

c) Wie groß ist die molare Standardbildungsenthalpie von Phenol $\Delta H^\circ_{m,B}\,(C_6H_5OH)$?

$M\,(C_6H_5OH) = 94{,}11\ g \cdot mol^{-1}$, $\Delta H^\circ_{m,B}\,(CO_2) = -\,393{,}7\ kJ \cdot mol^{-1}$,
$\Delta H^\circ_{m,B}\,(H_2O) = -\,286{,}3\ kJ \cdot mol^{-1}$

Lsg.: a) Berechnung der molaren Standardverbrennungsenergie $\Delta_r U^\circ_m$ (Gl. 4.23 und 4.24)

$$\xi(C_6H_5OH) = \frac{n(C_6H_5OH)}{\nu(C_6H_5OH)} = \frac{m(C_6H_5OH)}{M(C_6H_5OH) \cdot \nu(C_6H_5OH)} = \frac{13{,}1754\ g}{94{,}11\ g \cdot mol^{-1} \cdot 1} = 0{,}14\ mol.$$

Aus der Gleichung 4.24 folgt: $\Delta_r U^\circ_m = \frac{\Delta_r U^\circ}{\xi(C_6H_5OH)} = \frac{428{,}4\ kJ}{0{,}14\ mol} = \mathbf{-3060{,}0\ kJ \cdot mol^{-1}}$

b) Anwendung der Gleichungen 5.20 und 5.21

$\Delta\nu_i = \Sigma\,|\nu|$ (Produkte) $- \Sigma\,|\nu|$ (Edukte)

Einsetzen der Beträge für die **gasförmigen** Edukte und Produkte – auch der elementaren!

$\Delta\nu_i = (6 + 0) - (7 + 0) = -1$

$\Delta_r H^\circ_m = \Delta_r U^\circ_m + \Delta\nu_i \cdot R \cdot T$

$= -3060{,}0\ kJ \cdot mol^{-1} + (-1) \cdot 8{,}315 \cdot 10^{-3}\ kJ \cdot mol^{-1} \cdot K^{-1} \cdot 298\ K$

$= \mathbf{-3062{,}5\ kJ \cdot mol^{-1}}$

c) Entsprechend dem *heßschen* Satz (Gl. 5.22) gilt:

$\Delta_r H^\circ_m = [6 \cdot \Delta H^\circ_{m,B}(CO_2) + 3 \cdot \Delta H^\circ_{m,B}(H_2O)] - \Delta H^\circ_{m,B}(C_6H_5OH)$

Auflösen der Gleichung nach der molaren Standardbildungsenthalpie von Phenol ergibt:

$\Delta H^\circ_{m,B}(C_6H_5OH) = [6 \cdot \Delta H^\circ_{m,B}(CO_2) + 3 \cdot \Delta H^\circ_{m,B}(H_2O)] - \Delta_r H^\circ_m$

$= [6 \cdot (-393{,}7\ kJ \cdot mol^{-1}) + 3 \cdot (-286{,}3\ kJ \cdot mol^{-1})] - (-3062{,}5\ kJ \cdot mol^{-1})$

$= \mathbf{-158{,}6\ kJ \cdot mol^{-1}}$

Die ganz besondere Leistung des *heßschen* Satzes besteht darin, dass mit seiner Hilfe auch Bildungsenthalpien ermittelt werden können, die durch direkte kalorimetrische Messung nicht zugänglich sind. Ein klassisches Beispiel ist die indirekte Bestimmung der Bildungsenthalpie von CO. Die direkte Verbrennung von Kohlenstoff zu Kohlenstoffmonoxid liefert in jedem Fall neben dem gewünschten Produkt CO immer auch CO_2, so dass die Bildungsenthalpie $\Delta H^\circ_{m,B}(CO)$ über die Reaktion

$C + {}^1/_2\, O_2 \rightarrow CO \qquad \Delta_r H^\circ_m\,(I) = \Delta H^\circ_{m,B}(CO) = ?$

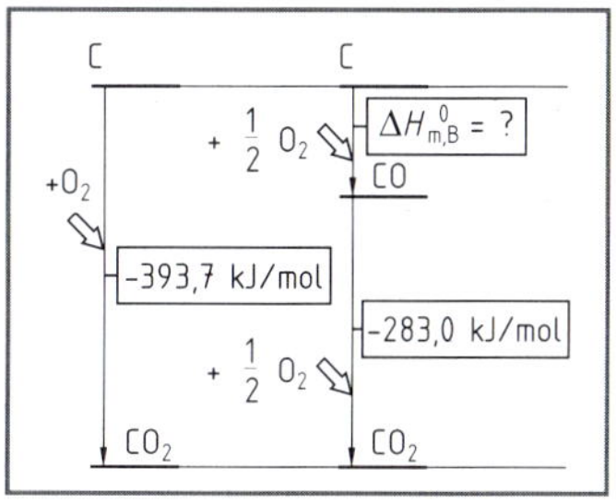

Bild 1: Indirekte Bildungsenthalpie

auf diesem Weg nicht exakt gemessen werden kann. Die Reaktion von Kohlenstoff zu Kohlenstoffdioxid ist dahingegen genau messbar. Sie erfolgt gemäß der Gleichung:

$C + O_2 \rightarrow CO_2 \qquad \Delta H^\circ_{m,B}(CO_2) = \Delta_r H^\circ_m\,(II) = -393{,}7\ kJ \cdot mol^{-1}$

Weiterhin kann die Reaktionsenthalpie der Verbrennung von Kohlenstoffmonoxid zu CO_2 genau ermittelt werden. Hierfür gilt:

$CO + {}^1/_2\, O_2 \rightarrow CO_2 \qquad \Delta_r H^\circ_m\,(III) = -283{,}0\ kJ \cdot mol–1$

Entsprechend dem *heßschen* Satz (Bild 1) gilt für die gesuchte Reaktionsenthalpie (Bildungsenthalpie von CO):

$$\Delta H^\circ_{m,B}(CO) = \Delta_r H^\circ_m\,(I) = \Delta_r H^\circ_m\,(II) - \Delta_r H^\circ_m\,(III) = -393{,}7\ kJ \cdot mol^{-1} - (-283{,}0\ kJ \cdot mol^{-1})$$
$$= \mathbf{-110{,}7\ kJ \cdot mol^{-1}}$$

5.6.4 Phasenumwandlungsenthalpien

Wird einem Feststoff, z.B. Eis, die Wärmemenge Q zugeführt, so erhöht sich zunächst seine Temperatur, bis sie während des Schmelzvorgangs bei der Schmelztemperatur T_m konstant bleibt. Bei weiterer Wärmezufuhr steigt die Temperatur, bis die Flüssigkeit zum Sieden kommt. Der Verdampfungsvorgang erfolgt bei der konstanten Temperatur T_b. Erst wenn die gesamte Stoffmenge in den gasförmigen Aggregatzustand übergegangen ist, erhöht sich die Temperatur bei weiterer Wärmezufuhr.

Im Bild 1 ist der typische Verlauf des endothermen Gesamtvorgangs für Wasser wiedergegeben.

Mit Hilfe des Teilchenmodells kann der thermodynamische Prozess folgendermaßen erklärt werden: Die Teilchen einer einheitlichen Substanz besitzen eine potentielle Energie, die als **Kohäsionsenergie** bezeichnet wird. Diese wird durch die elektrostatischen Kräfte zwischen den Teilchen der Flüssigkeiten und Festkörper verursacht.

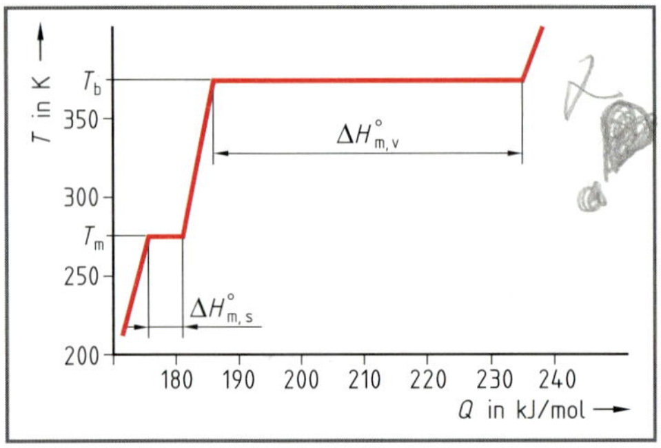

Bild 1: *Q*-*T*-Diagramm für Wasser

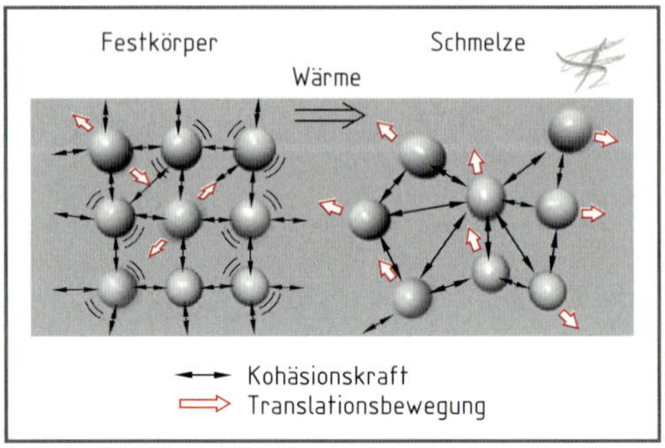

Bild 2: Schmelzvorgang

Bei Wärmezufuhr erhöht sich die innere Energie eines Festkörpers um den Betrag ΔU. Dies bedingt, dass die Teilchen innerhalb des Kristalls zunehmend heftiger um ihre Ruhelage (Gitterplatz) schwingen. Mit anderen Worten: ihre **kinetische Energie** steigt mit zunehmender Temperatur.

Schließlich wird die Bewegungsenergie größer als die Gitterenergie (Kohäsionsenergie). Der Kristallverband bricht zusammen, was makroskopisch als Schmelzen beobachtet wird (Bild 2).

Jegliche zusätzliche Energiezufuhr dient während des Schmelzvorgangs ausschließlich dazu, weitere Teilchen aus dem Kristallgitter herauszulösen und führt deshalb nicht zu einer Temperaturerhöhung. Die bei konstantem Druck zum vollständigen Schmelzen eines Stoffes bei der Schmelztemperatur T_m notwendige Wärme wird als **Schmelzwärme Q_s** bezeichnet und kann in guter Näherung mit der **Schmelzenthalpie ΔH_s** gleichgesetzt werden.

Die Schmelzwärme Q_s ist abhängig von der Stoffmenge *n*, die vom festen in den flüssigen Aggregatzustand überführt werden soll. Es gilt demnach:

5.23

$$Q_s = \Delta H_s = n \cdot \Delta H_{m,s}$$

Q_s bzw. ΔH_s	n	$\Delta H_{m,s}$
J oder kJ	mol	$J \cdot mol^{-1}$ oder $kJ \cdot mol^{-1}$

In der Gleichung 5.23 ist $\Delta H_{m,s}$ die **molare** Schmelzenthalpie bei der Schmelztemperatur der jeweiligen Substanz, während *n* die Stoffmenge symbolisiert.

M 5.20: Die molare Schmelzenthalpie von Benzol beträgt $\Delta H_{m,s} = 9{,}87\ kJ \cdot mol^{-1}$. Welche Wärmemenge Q_s muss zugeführt werden, um $m\,(C_6H_6) = 585$ g Benzol mit der molaren Masse $M\,(C_6H_6) = 78\ g \cdot mol^{-1}$ zu schmelzen?

Lsg.: $$n\,(C_6H_6) = \frac{m\,(C_6H_6)}{M\,(C_6H_6)} = \frac{585\ g}{78\ g \cdot mol^{-1}} = 7{,}5\ mol \Rightarrow$$

$$Q_s = n \cdot \Delta H_{m,s} = 7{,}5\ mol \cdot 9{,}87\ kJ \cdot mol^{-1} = \mathbf{74{,}03\ kJ}$$

M 5.21: In der Technik wird an Stelle der molaren Schmelzenthalpie mit der spezifischen Schmelzwärme *q* oder der spezifischen Schmelzenthalpie Δh_s gerechnet (s. Kap. 4.5). Welchen Wert haben diese spezifischen Größen für Benzol?

Lsg.: Es gilt die Gleichung 4.17: $Q_s = m \cdot q$ oder $\Delta H_s = m \cdot \Delta h_s$. Für die Masse $m = 0{,}585$ kg wurde in der Aufgabe M 5.20 eine Schmelzwärme von $Q_s = 74{,}03$ kJ gefunden $\Rightarrow$

$$q = \frac{Q_s}{m} \mathrel{\hat=} \Delta h_s = \frac{\Delta H_s}{m} = \frac{74{,}03\ kJ}{0{,}585\ kg} = \mathbf{126{,}5\ kJ/kg}$$

In einer **Flüssigkeit** wirkt wie bei den Festkörpern zwischen den Teilchen eine Kohäsionskraft, die die Ursache der Oberflächenenergie oder der Oberflächenspannung ist. Soll die Flüssigkeit zum Sieden gebracht werden, so muss zunächst durch Wärmezufuhr die innere Energie soweit erhöht werden, dass die Oberflächen- und die Kohäsionsenergie überwunden werden kann. Hierzu ist der Betrag ΔU_v notwendig. Dies ist aber exakt der Betrag, um den bei gleicher Temperatur die innere Energie des Dampfes größer ist als die der Flüssigkeit, ΔU_{fl}, s. Bild 1. Weiterhin muss der Dampf bei seiner Bildung die **Volumenänderungsarbeit**

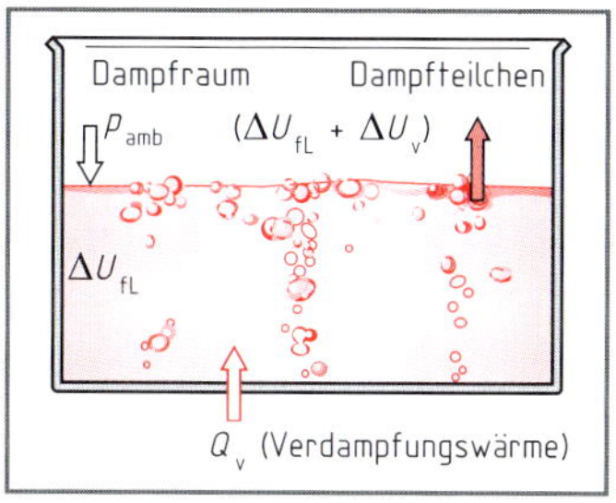

Bild 1: Verdampfungsvorgang

$$\Delta W_V = -p \cdot (V_{Dampf} - V_{Flüssigkeit})$$

gegen den Umgebungsdruck $p_{amb} = p$ erbringen. Wendet man die Definitionsgleichung der Enthalpie (Gl. 5.17) auf diese Überlegungen an, so resultiert als Verdampfungsenthalpie für 1 mol:

$$\Delta H_{m,v} = \Delta U_{m,v} + p \cdot (V_{m,Dampf} - V_{m,Flüssigkeit})$$ **5.24**

$\Delta H_{m,v}$	$\Delta U_{m,v}$	p	V_m
$J \cdot mol^{-1}$	$J \cdot mol^{-1}$	Pa	$m^3 \cdot mol^{-1}$

In der Gleichung 5.24 sind $\Delta H_{m,v}$ bzw. $\Delta U_{m,v}$ die molare Verdampfungsenthalpie bzw. die molare Verdampfungsenergie. Diese Gleichung ist hier für die Verdampfung der Stoffmenge ***n* = 1 mol** einer Substanz formuliert, wobei $V_{m,Dampf}$ das **molare Volumen** des **Dampfes** ist. Bei Rechnungen kann das molare Volumen der Flüssigkeit ($V_{m,Flüssigkeit}$) in der Regel vernachlässigt werden.

Beim Verdampfungsprozess dient die zugeführte Wärmeenergie dazu, die zwischenmolekularen Kräfte zu überwinden und die zur Dampfphasenbildung notwendige **Volumenänderungsarbeit** zu erbringen. Solange nicht alle Flüssigkeitsteilchen in die Dampfphase übergegangen sind, erhöht sich die Temperatur der flüssigen Phase bei Wärmezufuhr nicht. Wegen der Volumenänderungsarbeit ist die Verdampfungsenthalpie im Gegensatz zur Schmelzenthalpie stärker druckabhängig. Flüssigkeiten sieden deshalb bei vermindertem Druck bei niedrigerer Temperatur.

Wie die Schmelzwärme, so ist auch die Verdampfungswärme Q_v von der Stoffmenge abhängig. Es gilt:

$$Q_v = n \cdot \Delta H_{m,v}$$ **5.25**

Q_v	n	$\Delta H_{m,v}$
J bzw. kJ	mol	$J \cdot mol^{-1}$ bzw. $kJ \cdot mol^{-1}$

Demnach sind auch der Anteil der Verdampfungsenergie und die Volumenarbeit proportional zur Stoffmenge. Bei der **Kondensation** wird vom Dampf genau soviel Wärme abgegeben, wie zur Verdampfung aufgewendet werden musste. Die gleiche Überlegung gilt für die **Schmelzwärme** und die **Kristallisationswärme.** Da bei Wärmezufuhr der Betrag positiv gerechnet wird und bei Energieabgabe der Betrag mit negativem Vorzeichen anzusetzen ist, unterscheiden sich die genannten Größen lediglich in ihrem Vorzeichen.

Deshalb gilt:

$$|\text{Verdampfungsenthalpie}| = |\text{Kondensationsenthalpie}|$$
$$|\text{Schmelzenthalpie}| = |\text{Kristallisationsenthalpie}|$$

M 5.22: In der Apparatur (Bild 2) werden m (C_3H_6O) = 500,0 kg Propanon (Aceton) aus einer Lösung verdampft, wobei die Dämpfe in der Technik als Brüden bezeichnet werden.

a) Wie groß ist die Verdampfungswärme Q_v, wenn die molare Masse M (C_3H_6O) = 58,0 $g \cdot mol^{-1}$ und die molare Verdampfungsenthalpie $\Delta H_{m,v}$ (C_3H_6O) = 29,00 $kJ \cdot mol^{-1}$ betragen?

b) Welchen Wert hat die spezifische Verdampfungsenthalpie Δh_v (C_3H_6O) von Propanon?

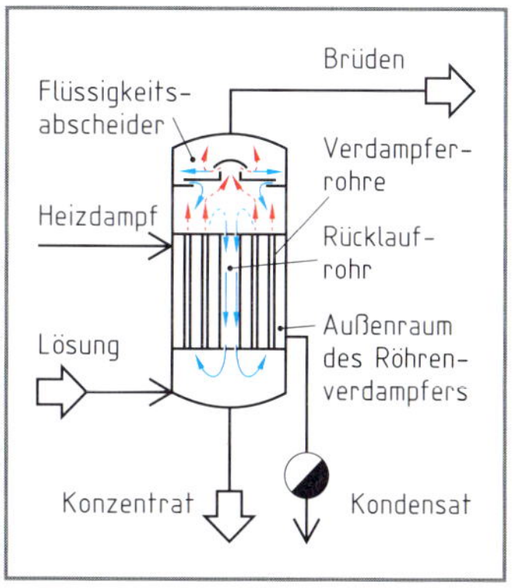

Bild 2: Technischer Verdampfer

c) Wie viel kg Heizdampf werden bei einer Energieausbeute von 86 % für den Prozess benötigt, wenn Wasser eine spezifische Verdampfungswärme (Kondensationsenthalpie) von Δh_v (H_2O) = 2256,2 kJ · kg^{-1} hat?

d) Welche Volumenänderungsarbeit muss der Dampf gegen den äußeren Druck erbringen, wenn die molare Verdampfungsenergie $\Delta U_{m,v}$ (C_3H_6O) = 26,16 kJ · mol^{-1} beträgt?

Lsg.: a) Die Stoffmenge erhält man mit:

$$n\,(C_3H_6O) = \frac{m\,(C_3H_6O)}{M\,(C_3H_6O)} = \frac{5 \cdot 10^5\ \text{g}}{58{,}0\ \text{g} \cdot \text{mol}^{-1}} = 8620{,}7\ \text{mol}$$

$$Q_v = n\,(C_3H_6O) \cdot \Delta H_{m,v}\,(C_3H_6O) = 8620{,}7\ \text{mol} \cdot 29{,}00\ \text{kJ} \cdot \text{mol}^{-1} = \mathbf{2{,}5 \cdot 10^5\ kJ}$$

b) Es gilt die Gleichung 4.27:

$$\Delta h_v\,(C_3H_6O) = \frac{1}{M\,(C_3H_6O)} \cdot \Delta H_{m,v}\,(C_3H_6O) = \frac{1}{0{,}058\ \text{kg} \cdot \text{mol}^{-1}} \cdot 29{,}00\ \text{kJ} \cdot \text{mol}^{-1}$$
$$= \mathbf{500{,}0\ kJ \cdot kg^{-1}}$$

c) Zum Verdampfen von m = 500 kg Aceton werden, wie unter a) berechnet, Q_v =2,5 · 10^5 kJ benötigt. Diese Energie muss vom Wasserdampf bei der Kondensation im Mantel des Verdampfers freigesetzt werden. Die hierzu benötigte Dampfmasse lässt sich mit Gleichung 4.18 nach Umstellung berechnen:

$$m = \frac{Q_v}{\Delta h_v\,(H_2O)} = \frac{2{,}5 \cdot 10^5\ \text{kJ}}{2256{,}2\ \text{kJ} \cdot \text{kg}^{-1}} = 110{,}8\ \text{kg}.$$

Bei 86 % Energieausbeute: $m = \frac{110{,}8\ \text{kg}}{0{,}86} = \mathbf{128{,}8\ kg}$

d) Die Gleichung 5.24 wird nach der Volumenänderungsarbeit für ein Mol ($\Delta W_{m,\,V}$) unter Vernachlässigung des Volumens der flüssigen Phase aufgelöst:

$$\Delta W_{m,V} = p \cdot V_{m,\,Dampf} = \Delta H_{m,v} - \Delta U_{m,v} = 29{,}00\ \text{kJ} \cdot \text{mol}^{-1} - 26{,}16\ \text{kJ} \cdot \text{mol}^{-1}$$
$$= 2{,}84\ \text{kJ} \cdot \text{mol}^{-1}$$

$$\Rightarrow\ \Delta W_V = n \cdot \Delta W_{m,V} = 8620{,}7\ \text{mol} \cdot 2{,}84\ \text{kJ} \cdot \text{mol}^{-1} = \mathbf{24482{,}8\ kJ}$$

M 5.23: n = 1 mol Methanol ergibt beim Verdampfen ein Volumen von V_{Dampf} = 26,2 L · mol^{-1} bei einem Druck von p = 1,013 hPa. Die Verdampfungsenthalpie bei diesem Druck beträgt $\Delta H_{m,v}$ = 35,32 kJ · mol^{-1}. Wie groß ist die molare Verdampfungsenergie $\Delta U_{m,v}$?

Lsg.:

$$\Delta U_{m,v} = \Delta H_{m,v} - p \cdot V_{Dampf} = 35320\ \text{J} \cdot \text{mol}^{-1} - 1{,}013 \cdot 10^5\ \text{Pa} \cdot 0{,}0262\ \text{m}^3 \cdot \text{mol}^{-1}$$
$$= \mathbf{32666\ J \cdot mol^{-1}}$$

M 5.24: Bei einer Temperatur von ϑ = 100 °C und einem Druck von p = 1,00 bar nimmt m = 1 kg Wasserdampf ein Volumen von V = 1 696,4 L ein. Die spezifische Verdampfungswärme r von Wasser, die mit der spezifischen Verdampfungsenthalpie identisch ist, beträgt: Δh_v (H_2O) = 2256,2 kJ · kg^{-1}. Durch Wärmezufuhr sollen m = 2 kg Wasser von 100 °C in Dampf von 100 °C umgewandelt werden.

a) Welche Volumenänderungsarbeit muss der Wasserdampf gegen den Umgebungsdruck verrichten?

b) Welchen Anteil hat die Volumenänderungsarbeit an der insgesamt aufzuwendenden Verdampfungsenthalpie?

c) Um welchen Betrag ändert sich die innere Energie des Wassers beim Verdampfungsvorgang?

Lsg.: a) m = 2 kg Wasser haben ein Volumen von V_1 = 2 L = 2 · 10^{-3} m^3.
Diese bilden V_2 = 2 · 1 696,4 L
3392,8 L = 3,3928 m^3 Dampf. Die Volumenänderungsarbeit beträgt:

$$\Delta W_V = -p \cdot (V_2 - V_1) = -1{,}00 \cdot 10^5\ \text{Pa} \cdot (3{,}3928\ \text{m}^3 - 2 \cdot 10^{-3}\ \text{m}^3) = \mathbf{-339080\ J}$$

b) Die Verdampfungsenthalpie ΔH_v wird mit Hilfe der Gleichung 4.18 berechnet:

$Q_v = \Delta H_v = m \cdot \Delta h_v(H_2O) = 2\ \text{kg} \cdot 2256{,}2\ \text{kJ} \cdot \text{kg}^{-1} = 4\,512{,}4\ \text{kJ} = 4\,512\,400\ \text{J}$

Der Anteil der Volumenänderungsarbeit an der insgesamt zugeführten Energie beträgt:

$$\frac{|\Delta W_v|}{|\Delta H_v|} = \frac{339\,080\ \text{J}}{4\,512\,400\ \text{J}} = 0{,}075 \mathrel{\widehat{=}} \mathbf{7{,}5\%}$$

c) Für die Änderung der inneren Energie gilt:

$\Delta U = \Delta H_v + \Delta W_v = 4512400\ \text{J} - 339080\ \text{J} = 4173320\ \text{J} = \mathbf{4173{,}32\ kJ}$

5.6.5 Isochore und isobare Zustandsänderung des idealen Gases

Im Bild 1 ist **ein** Mol Helium in einem Zylinder mit vollständig gasdichtem Kolben eingeschlossen. Helium ist ein einatomiges Gas, das sich weitestgehend wie ein **ideales Gas** verhält. Der Kolben ist durch einen Sperrstift arretiert, sodass **isochore** Bedingungen vorgegeben sind. Es wird **keine** Volumenänderungsarbeit verrichtet. Die zugeführte Wärme ΔQ dient daher ausschließlich dazu, die innere Energie des Gases um den Betrag ΔU zu erhöhen: $\Delta Q = \Delta U$. Dies macht sich durch einen **Druckanstieg** bemerkbar. Die Änderung der inneren Energie entspricht demnach der Fläche in dem Diagramm in Bild 1.

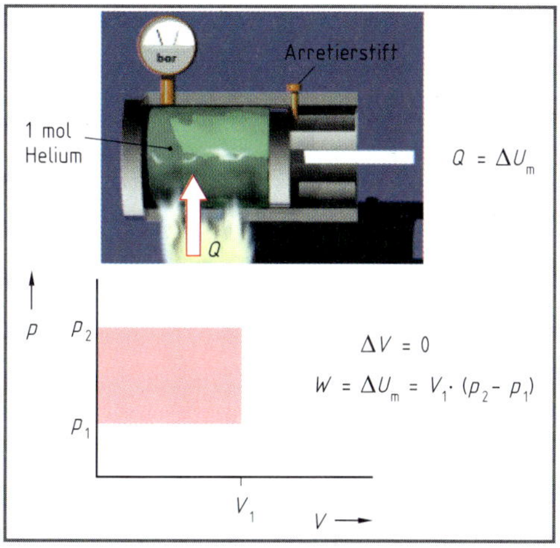

Bild 1: Isochore Erwärmung eines Gases

Im Bild 2 ist die Änderung der inneren Energie gegen die bei Wärmezufuhr erfolgte Temperaturänderung aufgetragen. Eine Besonderheit ist allerdings zu beachten. Aus den auf Seite 117 beschrieben Gründen gibt es für die innere Energie **keinen** Absolutbetrag. Deshalb kann bei der grafischen Darstellung nicht einfach die Abhängigkeit der inneren Energie von der Temperatur gezeigt werden. Man muss vielmehr die Zunahme der molaren inneren Energie ΔU_m gegen die entsprechende Temperaturerhöhung ΔT auftragen (Bild 2). Der Graph ist eine Gerade. Seine Steigung entspricht der **molaren Wärmekapazität bei konstantem Volumen:** C_{mV}.

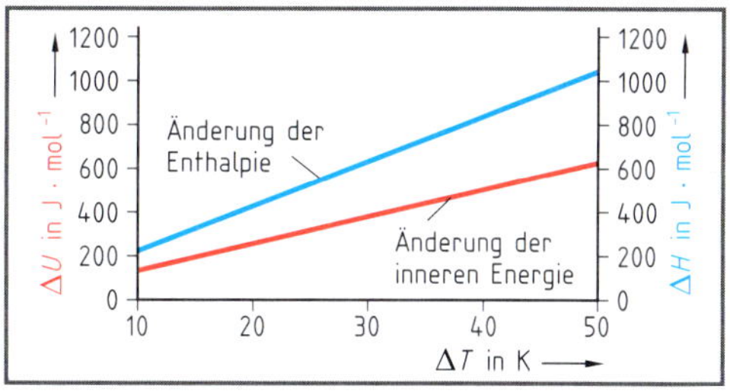

Bild 2: Isochore und isobare Wärmezufuhr

$$C_{mV} = \frac{\Delta U_m}{\Delta T}$$ 5.26

C_{mV}	ΔU_m	ΔT
$J \cdot mol^{-1} \cdot K^{-1}$	$J \cdot mol^{-1}$	K

Außerdem hängt die innere Energie des im Zylinder (Bild 1) eingeschlossenen Gases von der Stoffmenge ab. Bei gleicher Temperaturerhöhung wird ihre Zunahme umso höher ausfallen, je größer die Stoffmenge n ist. Es gilt deshalb für die innere Energie:

$$\Delta U = n \cdot C_{mV} \cdot \Delta T$$ 5.27

ΔU	n	C_{mV}	T
J	mol	$J \cdot mol^{-1} \cdot K^{-1}$	K

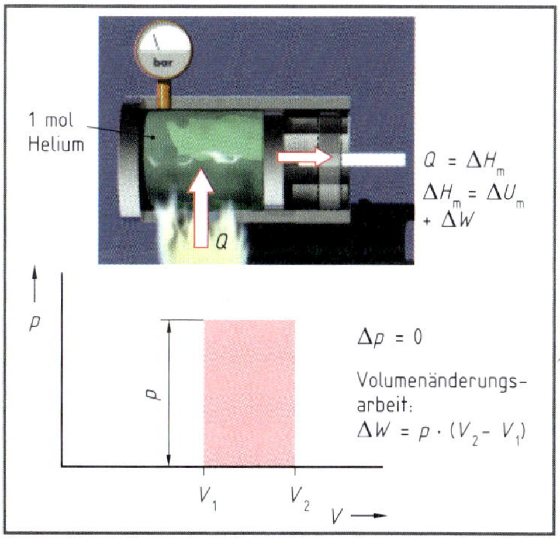

Bild 3: Isobare Erwärmung eines Gases

Wird der Sperrstift, wie in Bild 3 dargestellt, herausgezogen, so kann das Gas bei Wärmezufuhr gegen den äußeren Druck **isobar** expandieren. Ansonsten sind die gleichen Bedingungen wie bei der isochoren Zustandsänderung vorgegeben. Neben der Erhöhung der inneren Energie wird gleichzeitig eine **Volumenänderungsarbeit** erbracht, sodass sich bei Temperaturänderung um ΔT die **Enthalpie** um den Betrag ΔH_m ändert (Bild 2, S. 131, Enthalpiekurve). In Analogie zu der Gleichung 5.26 gilt für die **molare Wärmekapazität bei konstantem Druck**:

5.28

$$C_{mp} = \frac{\Delta H_m}{\Delta T}$$

C_{mp}	ΔH_m	T
$J \cdot mol^{-1} \cdot K^{-1}$	$J \cdot mol^{-1}$	K

Da die Enthalpie ebenfalls von der Stoffmenge abhängt, folgt:

5.29

$$\Delta H = n \cdot C_{mp} \cdot \Delta T$$

ΔH	n	C_{mp}	T
J	mol	$J \cdot mol^{-1} \cdot K^{-1}$	K

M 5.25: m = 0,7 kg Schwefeldioxid sollen von ϑ_1 = 500 °C auf ϑ_2 = 20 °C abgekühlt werden. Welche Wärmemenge ist **abzuführen,** wenn dabei einmal das Volumen und ein anderes Mal der Druck konstant gehalten wird? Im Allgemeinem ist die Wärmekapazität von der Temperatur abhängig, weshalb die mittleren molaren Wärmekapazitäten für einen bestimmten Temperaturbereich angegeben werden. Für SO_2 gelten im oben angegebenen Temperaturintervall:

$\overline{C}_{mV} = 35{,}64\ J \cdot mol^{-1} \cdot K^{-1}$ und $\overline{C}_{mp} = 43{,}97\ J \cdot mol^{-1} \cdot K^{-1}$

Lsg.: Die Stoffmenge beträgt:

$$n(SO_2) = \frac{m(SO_2)}{M(SO_2)} = \frac{700{,}00\ g}{64{,}06\ g \cdot mol^{-1}} = 10{,}93\ mol$$

Isochor $\Rightarrow$ $\Delta U = -\,n \cdot \overline{C}_{mV} \cdot \Delta T = -\,10{,}93\ mol \cdot 35{,}64\ J \cdot mol^{-1} \cdot K^{-1} \cdot 480\ K$
$= -\,186982\ J = \mathbf{-\,186{,}98\ kJ}$

Isobar $\Rightarrow$ $\Delta H = -\,n \cdot \overline{C}_{mp} \cdot \Delta T = -\,10{,}93\ mol \cdot 43{,}97\ J \cdot mol^{-1} \cdot K^{-1} \cdot 480\ K$
$= -\,230684\ J = \mathbf{-\,230{,}68\ kJ}$

Zwei Aspekte sind hervorzuheben:

1. Wegen den größeren zwischenmolekularen Kräften zwischen den Teilchen einer Flüssigkeit ist deren Wärmekapazität bei gleicher Temperatur größer als die ihrer Dämpfe. So hat beispielsweise Wasser eine größere Wärmekapazität als Wasserdampf.

2. Bei Festkörpern und Flüssigkeiten ist die Wärmeausdehnung meist sehr gering, sodass bei Erwärmung keine nennenswerte Volumenänderungsarbeit geleistet wird. Deshalb unterscheiden sich C_{mV} und C_{mp} bei diesen Substanzen kaum.

Bei Gasen gibt es einen interessanten Zusammenhang. Gemäß Gleichung 5.17 lautet die Definition der Enthalpie:

$$\Delta H = \Delta U + p \cdot \Delta V$$

Verknüpft man diese Formel mit den Gleichungen 5.27 und 5.29, so folgt

$$n \cdot C_{mp} \cdot \Delta T = n \cdot C_{mV} \cdot \Delta T + p \cdot \Delta V$$

Für die Volumenänderungsarbeit $p \cdot \Delta V$ kann die universelle Gasgleichung $p \cdot \Delta V = n \cdot R \cdot \Delta T$ eingesetzt werden.

Nach Kürzen resultiert eine für **ideale** Gase allgemein gültige Beziehung:

5.30

$$C_{mp} = C_{mV} + R$$

C_{mp}	C_{mV}	R
$J \cdot mol^{-1} \cdot K^{-1}$	$J \cdot mol^{-1} \cdot K^{-1}$	$J \cdot mol^{-1} \cdot K^{-1}$

M 5.26: In einem isolierten Glaskolben (Bild 1) befinden sich bei T_1 = 295,2 K V_1 = 533 mL Sauerstoff. Durch den Heizdraht wird während der Zeit t = 4 s ein Stromstoß von I = 397 mA bei einer Spannung von U = 9,0 V geschickt. Dabei erhöht sich das Volumen auf V_2 = 573 mL. Zu berechnen sind:

a) die Änderung der Enthalpie ΔH,

b) die molaren Wärmekapazitäten C_{mp} und C_{mV},

c) die Änderung der inneren Energie ΔU und die Volumenänderungsarbeit ΔW_V.

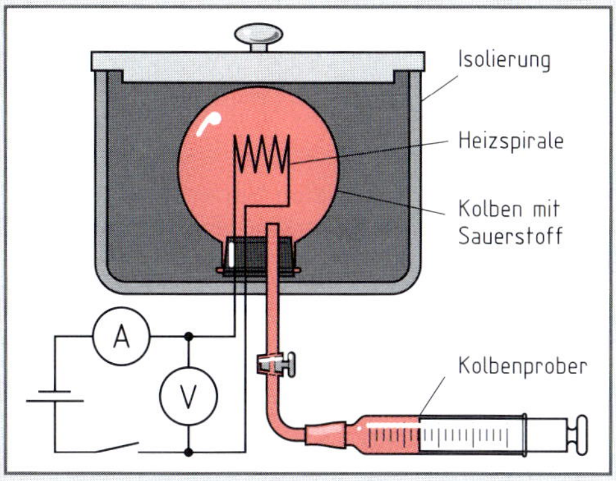

Bild 1: Versuchsanordnung zur Bestimmung der Wärmekapazität von Gasen

Lsg.: a) Die Änderung der Enthalpie entspricht der zugeführten elektrischen Energie.

$\Delta H = W_{el} = U \cdot I \cdot t = 9{,}0\ V \cdot 0{,}397\ A \cdot 4\ s = \mathbf{14{,}3\ J}$

b) Die Berechnung von C_{mp} geschieht mit Hilfe der Gleichung 5.29. Hierzu muss die Stoffmenge und die Temperaturänderung bekannt sein.

Die Stoffmenge wird aus dem Volumen bei ϑ = 0 °C erhalten. Anwendung des Gasgesetzes und des molaren Normvolumens:

$$V_0 = \frac{V_1}{T_1} \cdot T_0 = \frac{0{,}533\ L}{295{,}2\ K} \cdot 273{,}15\ K = 0{,}493\ L \Rightarrow n = \frac{V_0}{V_{m,n}} = \frac{0{,}493\ L}{22{,}414\ L \cdot mol^{-1}} = 0{,}022\ mol$$

Die Temperaturerhöhung von T_1 auf T_2 folgt ebenfalls aus dem Gasgesetz:

$$T_2 = \frac{V_2}{V_1} \cdot T_1 = \frac{0{,}573\ L}{0{,}533\ L} \cdot 295{,}2\ K = 317{,}4\ K \Rightarrow \Delta T = 317{,}4\ K - 295{,}2\ K = 22{,}2\ K$$

Umstellung der Gleichung 5.29:

$$C_{mp} = \frac{\Delta H}{n \cdot \Delta T} = \frac{14{,}3\ J}{0{,}022\ mol \cdot 22{,}2\ K} = \mathbf{29{,}28\ J \cdot mol^{-1} \cdot K^{-1}}$$

Mit Hilfe von Gl. 5.30 wird die molare Wärmekapazität bei konstantem Volumen erhalten:

$C_{mV} = C_{mp} - R = 29{,}28\ J \cdot mol^{-1} \cdot K^{-1} - 8{,}31\ J \cdot mol^{-1} \cdot K^{-1} = \mathbf{20{,}97\ J \cdot mol^{-1} \cdot K^{-1}}$

c) Die Änderung der inneren Energie folgt aus Gl. 5.27

$\Delta U = n \cdot C_{mV} \cdot \Delta T = 0{,}022\ mol \cdot 20{,}97\ J \cdot mol^{-1} \cdot K^{-1} \cdot 22{,}2\ K = \mathbf{10{,}24\ J}$

Entsprechend 5.15 (Anwendung des ersten Hauptsatzes) gilt:

$\Delta W_V = p \cdot \Delta V = \Delta H - \Delta U = 14{,}30\ J - 10{,}24\ J = \mathbf{4{,}06\ J.}$

5.6.6 Enthalpieänderung in Lösungen

Bei chemischen Reaktionen in Lösungen gilt der *heß*sche Satz. Allerdings ist auch die Wärmekapazität der Lösung zu beachten. Entsteht beispielsweise Natriumchlorid in wässriger Lösung durch direkte Reaktion von NaOH mit HCl, so wird die **Neutralisationsenthalpie** beobachtet. Solange es sich um **starke** Säuren und Basen handelt, ist die molare **Neutralisationsenthalpie** ($\Delta_r H_{m,N}$) im Wesentlichem **unabhängig** von der Art der Reaktionspartner. Dies folgt aus dem Prinzip der Neutralisationsreaktion. Danach liegen starke Säuren und Basen in wässriger Lösung (Symbol: aq) praktisch vollständig dissoziiert vor. Die Gleichung der oben genannten Reaktion lautet:

$Na^+ (aq) + OH^- (aq) + H_3O^+ (aq) + Cl^- (aq) \rightarrow Na^+ (aq) + Cl^- (aq) + 2\ H_2O \quad \Delta_r H_{m,N} = -57{,}70\ kJ \cdot mol^{-1}$

Für die analog verlaufende Bildung von KNO_3 aus Kaliumhydroxid und Salpetersäure gilt:

$K^+ (aq) + OH^- (aq) + H_3O^+ (aq) + NO_3^- (aq) \rightarrow K^+ (aq) + NO_3^- (aq) + 2\ H_2O \quad \Delta_r H_{m,N} = -57{,}62\ kJ \cdot mol^{-1}$

Da die Kationen und Anionen des gebildeten Salzes vor und nach der Reaktion unverändert vorliegen, ergeben sich von dieser Seite her kaum thermodynamische Effekte und die Neutralisationsreaktion kann allgemein folgendermaßen formuliert werden:

$$H_3O^+ (aq) + OH^- (aq) \rightarrow 2\ H_2O \qquad \Delta_r H_{m,\,N} = -\,57{,}62\ kJ \cdot mol^{-1}$$

Abweichungen werden dann auftreten, wenn schwache Säuren und Basen an der Reaktion teilnehmen. Dann machen sich Nebenreaktionen, wie die Änderung des Dissoziationsgrades und die Hydratation stärker bemerkbar. Für die **Neutralisationsenthalpie** $\Delta_r H_N$ bei einem bestimmten Formelumsatz ξ gilt allgemein:

5.31

$$\Delta_r H_N = \xi \cdot \Delta_r H_{m,\,N}$$

$\Delta_r H_N$	ξ	$\Delta_r H_{m,\,N}$
J	mol	$J \cdot mol^{-1}$

M 5.27: In einem Becherglas liegen 25,0 g NaOH in 475,0 g Wasser gelöst vor. Diese Lösung wird mit einer Salzsäure w (HCl)= 0,18 neutralisiert. Die mittlere Wärmekapazität der neutralen Lösung beträgt c_p (Lsg) = 4,12 kJ · kg⁻¹ · K⁻¹. Auf welche Temperatur erwärmt sich die Lösung, wenn die Anfangstemperatur der NaOH- und der HCl-Lösung jeweils ϑ_1= 20,0 °C beträgt?

M (NaOH)= 40,0 g · mol⁻¹; M (HCl) = 36,5 g · mol⁻¹; $\Delta_r H_{m,\,N} = -\,57{,}70\ kJ \cdot mol^{-1}$

Lsg.: $\xi = n\,(NaOH) = \dfrac{m\,(NaOH)}{M\,(NaOH)} = \dfrac{25{,}0\ g}{40{,}0\ g \cdot mol^{-1}} = 0{,}625\ mol\ NaOH \Rightarrow$

0,625 mol HCl werden benötigt.

$m\,(HCl) = n\,(HCl) \cdot M\,(HCl) = 0{,}625\ mol \cdot 36{,}5\ g \cdot mol^{-1} = 22{,}81\ g$ HCl (rein). Aus den Grundlagen der Stöchiometrie (s. Kap. 1) folgt:

$$m\,(HCl\text{-}Lösung) = \frac{m\,(HCl)}{w\,(HCl)} = \frac{22{,}81\ g}{0{,}18} = 126{,}7\ g$$

Masse der neutralen Lösung: m (Lsg) = 0,025 kg + 0,475 kg + 0,1267 kg = 0,6267 kg

Entsprechend der Gleichung 5.31 beträgt die Neutralisationsenthalpie:

$\Delta_r H_N = \xi \cdot \Delta_r H_{m,\,N} = 0{,}625\ mol \cdot (-\,57{,}70\ kJ \cdot mol^{-1}) = -\,36{,}06\ kJ$. Diese Wärme wird der Lösung zugeführt. Unter Berücksichtigung von Gl. 4.16 folgt:

$-\,\Delta_r H_N = Q = m\,(Lsg) \cdot c_p\,(Lsg) \cdot \Delta T \Rightarrow$

$$\Delta T = \frac{Q}{m\,(Lsg) \cdot c_p\,(Lsg)} = \frac{36{,}06\ kJ}{0{,}6267\ kg \cdot 4{,}12\ kJ \cdot kg^{-1} \cdot K^{-1}} = 14{,}0\ K$$

Demnach erwärmt sich die Lösung von ϑ_1= 20,0 °C auf ϑ_2= **34,0 °C.**

Eine Besonderheit stellt die Lösungsenthalpie dar. Dabei handelt es sich um eine physikalisch-chemische Reaktion, denn es werden Bindungen gelöst und neue Bindungen mit dem Lösemittel unter Energieumsatz geknüpft. Am Beispiel der Auflösung eines Ionenkristalls in Wasser lassen sich die einzelnen Schritte verfolgen (Bild 1). Wobei der Gesamtvorgang aus **zwei** Schritten besteht, bei denen unterschiedliche Enthalpien betrachtet werden müssen (Bild 1, S. 135).

1. Schritt:

Als Erstes müssen die Ionen aus dem Kristallgitter abgetrennt werden. Ein Vorzeichenproblem ist zu beachten. Bei der **Bildung eines Kristalls** aus Ionen wird Energie frei. D.h. die Ionenkristallbildung ist exotherm und die Gitterenthalpie hat üblicherweise ein negatives Vorzeichen ($\Delta H_{m,\,G} < 0$). Bei der Energiebilanz des **Lösevorgangs** muss diese Gitterenthalpie $\Delta H_{m,\,G}$ durch Energiezufuhr überwunden werden. Dies ist aber ein **endothermer** Vorgang und die Gitterenthalpie erhält deshalb in diesem Fall ein **positives** Vorzeichen ($\Delta H_{m,\,G} < 0$). Weiterhin ist zu beachten, dass in der **Modellvorstellung** die Ionen zunächst als **gasförmig** anfallend betrachtet werden (Bild 1).

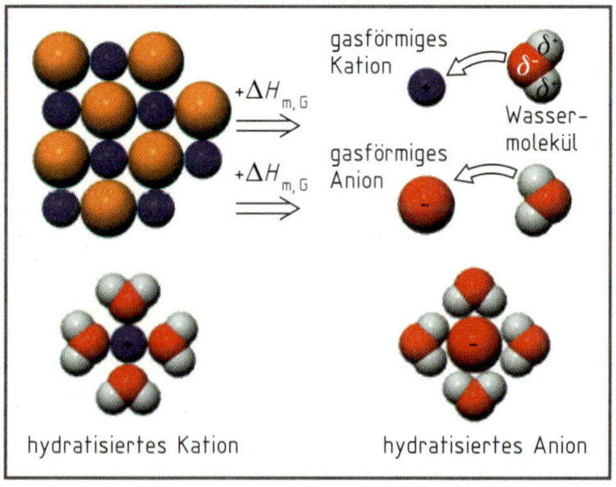

Bild 1: Auflösen eines Ionenkristalls

2. Schritt:

Dieser Schritt wird allgemein als **Solvatation** und im speziellen Fall des Wassers als **Hydratation** bezeichnet. Die herausgelösten **gasförmig** gedachten Teilchen werden dabei von den Wassermolekülen umlagert. Sie treten in Wechselwirkung mit dem Dipolmolekül Wasser, das sich entsprechend seiner Polarität um die Kationen und Anionen gruppiert (Bild 1, S. 134). Die Hydratation ist ein **exothermer** Vorgang (s. Bild 1) und die molare **Hydratationsenthalpie** hat demnach ein negatives Vorzeichen ($\Delta H_{m,H} < 0$). Mit anderen Worten: Die Lösung würde sich in allen Fällen erwärmen und nach außen Wärme abgeben, wenn nicht ein Teil dieser Energie zur Überwindung der Gitterenthalpie benötigt würde. Die molare **Lösungsenthalpie** $\Delta H_{m,L}$ ist das Ergebnis des Gesamtvorgangs. Entsprechend des *heßschen* Satz ist sie folglich die Summe der Teilenthalpien (s.a. Bild 1).

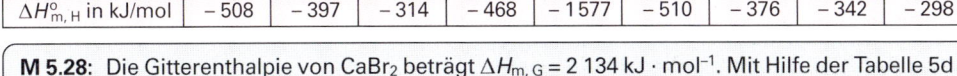

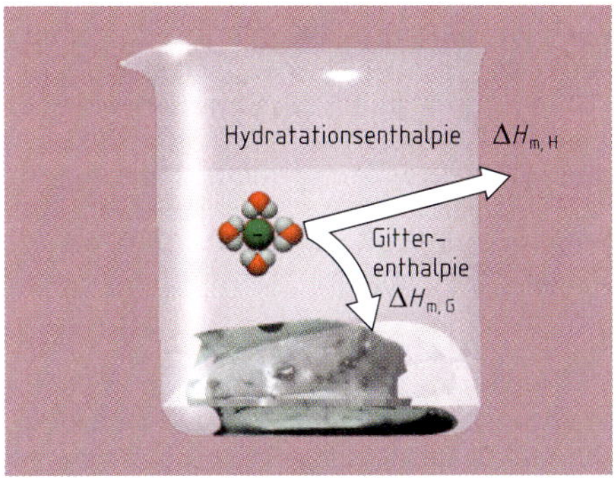

Bild 1: Energiebetrachtung des Lösevorgangs

$$\Delta H_{m,L} = \Delta H_{m,G} + \Delta H_{m,H}$$

$\Delta H_{m,L}$	$\Delta H_{m,G}$	$\Delta H_{m,H}$
$J \cdot mol^{-1}$	$J \cdot mol^{-1}$	$J \cdot mol^{-1}$

5.32

In der Tabelle 5c sind die Werte der drei Enthalpiegrößen für einige Salze beim Standardzustand (ϑ = 25 °C; p = 1 013 hPa, c = 1 mol L^{-1}) zusammengestellt.

Tabelle 5c: Lösungs-, Hydratations- und Gitterenthalpie einiger Salze

Salz	$\Delta H^{o}_{m,L}$ in kJ/mol	$\Delta H^{o}_{m,G}$ in kJ/mol	$\Delta H^{o}_{m,H}$ in kJ/mol
LiF	+ 4,6	+ 1032,0	− 1027,4
LiI	− 63,5	+ 742,5	− 806,0
NaCl	+ 3,8	+ 773,9	− 770,1
KCl	+ 17,2	+ 703,5	− 686,3
AgF	− 20,5	+ 912,2	− 932,7
AgCl	+ 47,1	+ 888,0	− 840,9
$CaCl_2$	− 83,2	+ 2229,8	− 2313,0
CaF_2	− 29,8	+ 2617,0	− 2587,2

Bei einer **positiven** Lösungsenthalpie verläuft der Lösevorgang endotherm und die Lösung **kühlt** sich ab. Umgekehrt **erwärmt** sich die Lösung bei einer **negativen** Lösungsenthalpie. Aus der Lösungsenthalpie kann **nicht** auf die Löslichkeit einer Verbindung geschlossen werden. Vielmehr ist es so, dass gut lösliche Verbindungen, wie Lithiumiodid und Kaliumchlorid sowohl exotherm als auch endotherm in Lösung gehen können. Dementsprechend hat die Lösungsenthalpie der schwerlöslichen Salze LiF, AgCl und CaF_2 sowohl ein positives als auch ein negatives Vorzeichen. Zur Beurteilung der Löslichkeit muss daher noch die **Lösungsentropie** berücksichtigt werden (Kap. 5.9.1).

Die molare Hydratationsenthalpie eines Salzes setzt sich aus den molaren Einzelhydratationsenthalpien seiner **gasförmigen** Ionen zusammen:

$$Na^+ + 6\,H_2O \rightarrow [Na(H_2O)_6]^+ \qquad \Delta H_{m,H} = -397\ kJ \cdot mol^{-1}$$

$$Cl^- + 6\,H_2O \rightarrow [Cl(H_2O)_6]^- \qquad \Delta H_{m,H} = -376\ kJ \cdot mol^{-1}$$

$$\text{Summe:}\quad NaCl + 12\,H_2O \rightarrow [Na(H_2O)_6]^+ + [Cl(H_2O)_6]^- \qquad \Delta H_{m,H} = -773\ kJ \cdot mol^{-1}$$

Der gefundene Wert weicht etwas von dem in der Tabelle 5c angegebenen ab. Dies beruht auf der Tatsache, dass die Vorgänge im Detail recht komplex sind. Daher ist die einfache Addition der einzelnen Ionenhydratationsenthalpien mit einer relativ großen Fehlerbreite versehen. Für überschlagsmäßige Kalkulationen reichen die Angaben der Tabelle 5d jedoch vollkommen aus.

Tabelle 5d: Hydratationsenthalpie einiger Ionen (Fehlerbreite mindest. ± 10 kJ · mol⁻¹)

Ion	Li^+	Na^+	K^+	Ag^+	Ca^{2+}	F^-	Cl^-	Br^-	I^-
$\Delta H^{o}_{m,H}$ in kJ/mol	− 508	− 397	− 314	− 468	− 1577	− 510	− 376	− 342	− 298

M 5.28: Die Gitterenthalpie von $CaBr_2$ beträgt $\Delta H_{m,G} = 2\,134\ kJ \cdot mol^{-1}$. Mit Hilfe der Tabelle 5d ist die molare Lösungsenthalpie zu berechnen.

Lsg.:

$$\Delta H_{m,H}(CaBr_2) = \Delta H_{m,H}(Ca^{2+}) + 2 \cdot \Delta H_{m,H}(Br^-) = [-1577 + 2 \cdot (-342)]\ kJ \cdot mol^{-1} = -2261\ kJ \cdot mol^{-1}$$

$$\Delta H_{m,L}(CaBr_2) = \Delta H_{m,H}(CaBr_2) + \Delta H_{m,G}(CaBr_2) = 2134\ kJ \cdot mol^{-1} + (-2\,261\ kJ \cdot mol^{-1}) = \mathbf{-127\ kJ \cdot mol^{-1}}$$

Ist die molare Lösungsenthalpie bekannt, so kann der Wärmeeffekt beim Lösen eines Salzes berechnet werden. Dabei gilt die sogenannte **integrale Lösungsenthalpie** ΔH_L. Dies ist diejenige Wärme, die mit der Umgebung ausgetauscht wird, wenn ein Mol der Substanz X gelöst wird, wobei eine Lösung mit der Stoffmengenkonzentration c (X) entsteht. Um Missverständnissen vorzubeugen: Es handelt sich nicht um eine Lösung der Stoffmengenkonzentration $c\,(X) = 1\ mol \cdot L^{-1}$ sondern um eine Lösung beliebiger Konzentration, in der 1 mol gelöst vorliegt! Bei nicht zu hoher Stoffmengenkonzentration gilt bei einer bestimmten gelösten Stoffmenge n (X):

5.33 $$\Delta H_L = n\,(X) \cdot \Delta H_{m,L}$$

ΔH_L	n (X)	$\Delta H_{m,L}$
kJ	mol	$kJ \cdot mol^{-1}$

Die Gleichung 5.33 gilt streng genommen nur für nicht praxisgerechte Stoffmengenkonzentrationen von $c\,(X) < 0{,}01\ mol \cdot L^{-1}$. Dennoch kann sie für überschlagsmäßige Berechnungen auch bei höheren Konzentrationen benutzt werden, wenn die Anforderungen nicht zu hoch sind.

M 5.29: Die molare Lösungsenthalpie von Calciumchlorid beträgt $\Delta H_{m,L} = -83{,}2\ kJ \cdot mol^{-1}$.

a) Welche Wärmemenge (integrale Lösungswärme!) wird freigesetzt, wenn $m\,(CaCl_2) = 90{,}0$ g in soviel Wasser gelöst werden, dass das Endvolumen der Lösung $V_L = 1\,150$ mL beträgt?

b) Welche Temperatur hat diese frisch angesetzte Lösung, wenn die Ausgangstemperatur $\vartheta_1 = 19{,}0$ °C beträgt? Molare Masse $M\,(CaCl_2) = 111{,}0\ g \cdot mol^{-1}$; mittlere Wärmekapazität der Lösung: $c_p = 4{,}22\ kJ \cdot kg^{-1} \cdot K^{-1}$; Dichte der Lösung $\varrho = 1{,}069\ g \cdot mL^{-1}$

Lsg.: a) Die Stoffmenge beträgt:

$$n\,(CaCl_2) = \frac{m\,(CaCl_2)}{M\,(CaCl_2)} = \frac{90{,}0\ g}{111{,}0\ g \cdot mol^{-1}} = 0{,}811\ mol \cdot L^{-1} \Rightarrow$$

$$\Delta H_L = n\,(CaCl_2) \cdot \Delta H_{m,L} = 0{,}811\ mol \cdot (-83{,}2\ kJ \cdot mol^{-1}) = -67{,}48\ kJ$$

b) Die Lösungsreaktion erfolgt exotherm, demnach beträgt die Wärmezufuhr der Lösung $Q = -\Delta H_L$. Die Masse der Lösung ist:

$m\,(Lsg) = \varrho \cdot V_L = 1{,}069\ kg \cdot L^{-1} \cdot 1{,}150\ L = 1{,}229\ kg$. Mit der Gleichung 4.16 folgt:

$$\Delta T = \frac{Q}{m\,(Lsg) \cdot c_p} = \frac{67{,}48\ kJ}{1{,}229\ kg \cdot 4{,}22\ kJ \cdot kg^{-1} \cdot K^{-1}} = 13{,}0\ K$$

Die frisch angesetzte Lösung hat eine Temperatur von $\vartheta_2 = 19{,}0$ °C + 13,0 °C = **32,0 °C.** Das Ergebnis ist aus zwei Gründen etwas ungenau. Einerseits ist die Stoffmengenkonzentration ziemlich groß und andererseits wurde mit Standardwerten gerechnet, die im gegebenen Temperaturintervall nur bedingt gelten.

Leider sind die Zusammenhänge zwischen Stoffmengenkonzentration und Lösungsenthalpie etwas komplexer als bisher beschrieben. Die Lösungsenthalpie hängt nämlich von der Temperatur ab und, was noch problematischer ist, sie ist abhängig von der Konzentration der beim Lösevorgang entstandenen Lösung. Beispielsweise kann die Auflösung von 1 mol NaCl in 1 000 g Wasser (55,6 mol) mit folgender Gleichung beschrieben werden:

$$NaCl + 55{,}6\ H_2O\ (l) \rightarrow NaCl \cdot 55{,}6\ H_2O \quad \Delta H^\circ_{m,L} = +3{,}80\ kJ \cdot mol^{-1}$$

Wird die Wassermenge verdoppelt, so findet man:

$$NaCl + 111\ H_2O\ (l) \rightarrow NaCl \cdot 111\ H_2O \quad \Delta H^\circ_{m,L} = +4{,}06\ kJ \cdot mol^{-1}$$

Schon der Vergleich mit der Tabelle 5c zeigt, dass die dort enthaltenen Angaben von der zweiten Gleichung nicht mehr erfüllt werden, da die Konzentrationsangaben von denen der Standardbedingungen abweichen. Aus diesem Grund hat man die **integrale Lösungsenthalpie** definiert, die, wie bereits erläutert, die Lösungsenthalpie für die Bildung einer Lösung mit bestimmter Stoffmengenkonzentration angibt. Im Bild 1 ist dieser Zusammenhang für die Lösung NaCl in Wasser wiedergegeben. An Stelle der Stoffmengenkonzentration ist der **Stoffmengenanteil** logarithmisch auf der

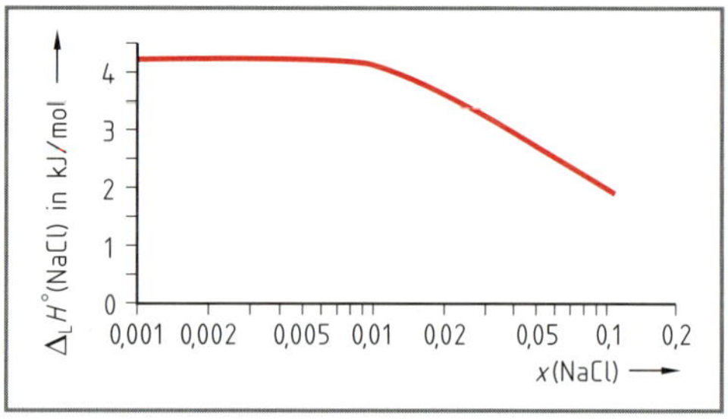

Bild 1: Abhängigkeit der Lösungsenthalpie vom Stoffmengenanteil x (NaCl) in Wasser

Abszisse aufgetragen. Die integrale Lösungsenthalpie kann für jeden Wert x (NaCl) unmittelbar auf der Ordinate abgelesen werden. Zunächst fällt ein außerordentlich starker Anstieg der Lösungsenthalpie auf. Erst bei unendlicher Verdünnung x (NaCl) → 0 liegt ein Grenzwert vor, wobei im Allgemeinen unterhalb x (X) = 0,01 von einem linearen Verlauf ausgegangen werden kann. Aus thermodynamischen Tabellenwerken können die jeweiligen integralen Lösungsenthalpien bei Standardbedingungen leicht ermittelt werden.

Die **integrale** molare Lösungsenthalpie von Salzen, $\Delta H^{\circ}_{m,L}$ (MeX), bei Standardbedingungen ist jeweils die Differenz zwischen der Bildungsenthalpie der dissoziierten Verbindung in wässriger Lösung, $\Delta H^{\circ}_{m,B}$ (MeX, aq), und der Bildungsenthalpie der kristallinen Substanz, $\Delta H^{\circ}_{m,B}$ (MeX, s).

$$\Delta H^{\circ}_{m,L}\,(\text{MeX}) = \Delta H^{\circ}_{m,B}\,(\text{MeX, aq}) - \Delta H^{\circ}_{m,B}\,(\text{MeX, s})$$

Die Bildungsenthalpie der Lösung einer Ionenverbindung, $\Delta H^{\circ}_{m,B}$ (MeX, aq), ist wiederum die Summe der Bildungsenthalpien ihrer wässrig gelösten Ionen, $\Delta H^{\circ}_{m,B}$ (Me^{z+}, aq) bzw. $\Delta H^{\circ}_{m,B}$ (X^{z-}, aq).

$$\Delta H^{\circ}_{m,B}\,(\text{MeX, aq}) = \Delta H^{\circ}_{m,B}\,(\text{Me}^{z+}\text{, aq}) + \Delta H^{\circ}_{m,B}\,(\text{X}^{z-}\text{, aq})$$

Da die Bildungsenthalpie eine Zustandsfunktion ist, kann für sie kein Absolutwert angegeben werden. Aus diesem Grund hat man das hydratisierte Proton (H^+, aq, nicht H_3O^+!) willkürlich als Bezug gewählt und seine thermodynamischen Größen bei Standardbedingungen gleich Null gesetzt: $\Delta H^{\circ}_{m,B}$ (H^+, aq)= 0,000 kJ · mol^{-1}.

M 5.30: Für festes Natriumchlorid und seine Ionen in wässriger Lösung werden in einem Tabellenwerk die folgende Bildungsenthalpien angegeben:
$\Delta H^{\circ}_{m,B}$ (NaCl, s) = – 411,5 kJ · mol^{-1};
$\Delta H^{\circ}_{m,B}$ (Na^+, aq) = –240,7 kJ · mol^{-1}; $\Delta H^{\circ}_{m,B}$ (Cl^-, aq) = – 167,0 kJ · mol^{-1}.
Wie groß ist die Lösungsenthalpie bei Standardbedingungen?

Lsg.: $\Delta H^{\circ}_{m,B}$ (NaCl, aq) = $\Delta H^{\circ}_{m,B}$ (Na^+, aq) + $\Delta H^{\circ}_{m,B}$ (Cl^-, aq)
= (– 240,7 kJ · mol^{-1}) + (– 167,0 kJ · mol^{-1}) $\Delta H^{\circ}_{m,B}$ = – 407,7 kJ · mol^{-1}
Die Lösungsenthalpie bei Standardbedingungen entspricht der Differenz der Bildungsenthalpie von NaCl in wässriger Lösung und der Bildungsenthalpie der festen Substanz. Prinzip: „Endzustand – Ausgangszustand" ⇒
$\Delta H^{\circ}_{m,L}$ (NaCl) = $\Delta H^{\circ}_{m,B}$ (NaCl, aq) – $\Delta H^{\circ}_{m,B}$ (NaCl, s) = [(– 407,7) – (– 411,5)] kJ · mol^{-1}
= + 3,8 kJ · mol^{-1}

5.6.7 Molekulare Interpretation der Wärmekapazität

Gegenstand der folgenden Überlegungen ist die sogenannte klassische Gleichverteilung der Energie. Mit dem Ausdruck „klassisch" wird üblicherweise eine Theorie gemeint, die quantenmechanische Gesetzmäßigkeiten unberücksichtigt lässt. Die Wärmekapazität **idealer** Gase kann mit Hilfe der **Gleichverteilung der Energie** auf die **Translation** (räumliche Bewegung), die **Rotation** (Drehbewegung) und die **Oszillation** (Schwingung) der Moleküle erklärt werden. Genau besehen gelten die folgenden Überlegungen allerdings nur für ideale Gase, wobei sich reale Gase bei hoher Temperatur und niedrigem Druck dem idealen Verhalten annähern. Zunächst muss die Gleichung 4.8 in Erinnerung gerufen werden. Sie gestattet, die mittlere kinetische Energie eines einatomigen Gasteilchens zu berechnen und lautet:

$$\bar{\varepsilon}_k = {}^3/_2 \cdot k \cdot T$$

Wird die Temperatur von T_1 auf T_2 verändert, so ändert sich die mittlere Translationsenergie $\bar{\varepsilon}_k$ folgendermaßen:

$$\Delta\bar{\varepsilon}_k = {}^3/_2 \cdot k \cdot \Delta T$$ 5.34

$\Delta\bar{\varepsilon}_k$	k	ΔT
J	J · K^{-1}	K

Die *Boltzmann*-Konstante k entspricht anschaulich gesprochen der universellen Gaskonstanten für **ein** Teilchen. Wird sie mit der *Avogadro*-Konstante N_A multipliziert, so ergibt das Produkt die universelle Gaskonstante R. Aus der Gleichung 5.34 resultiert demnach für die mittlere kinetische Energie eines Mols des idealen einatomigen Gases:

$$\Delta\bar{E}_k = N_A \cdot \Delta\bar{\varepsilon}_k = {}^3/_2 \cdot N_A \cdot k \cdot \Delta T = {}^3/_2 \cdot R \cdot \Delta T$$

Bei **isochoren** Bedingungen entspricht die Änderung der mittleren kinetischen Energie exakt der Änderung der inneren Energie und für ein Mol gilt daher:

5.35
$$\Delta U_m = {}^3/_2 \cdot R \cdot \Delta T$$

ΔU_m	R	ΔT
$J \cdot mol^{-1}$	$J \cdot mol^{-1} \cdot K^{-1}$	K

Stellt man die Gleichung 5.35 um und berücksichtigt die Beziehung 5.26, so erhält man für die molare Wärmekapazität des **einatomigen** Gases:

5.36
$$C_{mV} = \frac{\Delta U_m}{\Delta T} = {}^3/_2 \cdot R = 12{,}47\ J \cdot mol^{-1} \cdot K^{-1}$$

ΔU_m	ΔT	C_{mV}	R
$J \cdot mol^{-1}$	K	$J \cdot mol^{-1} \cdot K^{-1}$	$J \cdot mol^{-1} \cdot K^{-1}$

Im Bild 1 ist ein Teilchen eines **einatomigen** Gases in einem winzigen Behälter eingesperrt. Prinzipiell sind alle Bewegungen im kartesischen Koordinatensystem mit Hilfe der drei Raumkoordinaten (x, y und z) zu beschreiben. Ein Teilchen in einem solchen Koordinatensystem besitzt deshalb **drei Freiheitsgrade der Translation,** wobei keiner bevorzugt ist. Die ebenfalls denkbare Rotation, für die auch Energie benötigt würde, wird bei einem einatomigen Molekül unter üblichen Temperaturen nicht angeregt. Aus diesen Überlegungen folgt mit den Gleichungen 4.8 und 5.36 der **Gleichverteilungssatz der Energie:**

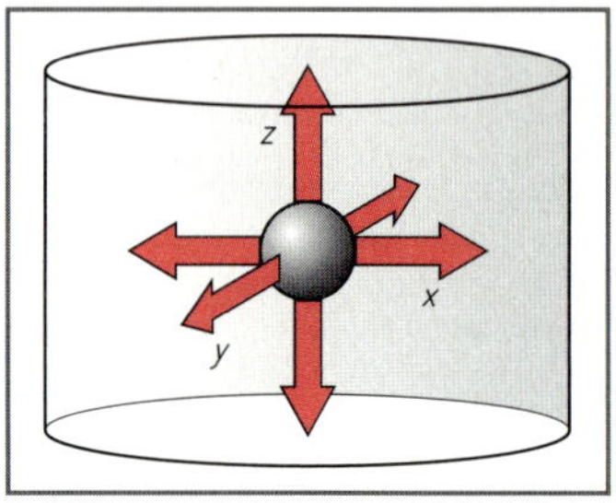

Bild 1: Verteilung der Translationsenergie auf ein Gasteilchen in einem Raumausschnitt

Im thermodynamischen Gleichgewicht ist die Gesamtenergie auf alle Freiheitsgrade gleichmäßig verteilt. Der Energiebeitrag pro Freiheitsgrad und Molekül beträgt: ε/Freiheitsgrad = $^1/_2 \cdot k \cdot T$. Auf ein Mol umgerechnet sind dies: U_m/Freiheitsgrad = $^1/_2 \cdot R \cdot T$. Der Beitrag zur Wärmekapazität pro Freiheitsgrad der Translation (und der Rotation) beträgt: C_{mV}/Freiheitsgrad = $^1/_2 \cdot R$.

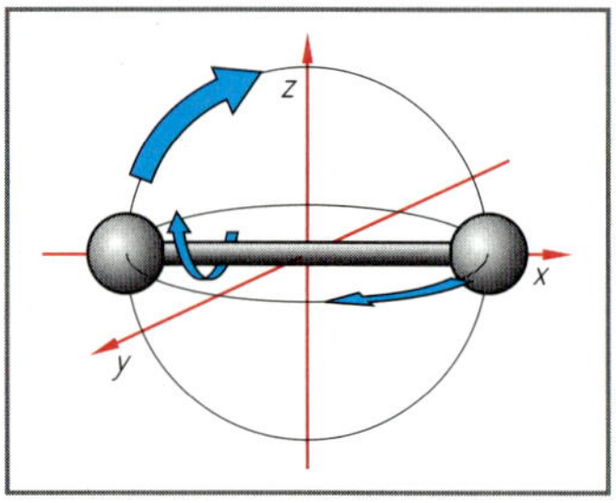

Bild 2: Rotationsfreiheitsgrade bei einem zweiatomigen Molekül

Bei einem **zweiatomigem Molekül** verhält es sich etwas anders. Dieses Teilchen ist naturgemäß linear aufgebaut. In den drei unterschiedlichen Raumrichtungen kann es drei grundlegende Rotationsbewegungen ausführen, aus denen sich durch Kombination alle anderen Rotationsbewegungen – also auch zwischen den Raumachsen – herleiten lassen.

Bei der Verteilung der Energie auf die drei grundlegenden Rotationsbewegungen ist zu berücksichtigen, dass die Rotation um die Molekülachse (x-Achse im Bild 2) einen wesentlich geringeren Energieaufwand erfordert, als die Rotation um die y- und die z-Achse. Dies beruht darauf, dass das auf die x-Achse bezogene Trägheitsmoment viel kleiner ist als das auf die übrigen Achsen bezogene. Der Anteil der Rotation um die x-Achse kann deshalb bei der Gesamtbeurteilung vernachlässigt werden. Bei der Verteilung der Rotationsenergie muss daher nur der auf die y- und z-Achse entfallende Betrag berücksichtigt werden.

Ein **zweiatomiges Molekül** hat demnach **zwei Rotationsfreiheitsgrade** zusätzlich zu den bereits beschriebenen drei Freiheitsgraden der Translation und bei isochoren Bedingungen beträgt deshalb die molare Wärmekapazität eines zweiatomigen Gases:

5.37
$$C_{mV} = \underset{\text{(Translation)}}{{}^3/_2 \cdot R} + \underset{\text{(Rotation)}}{{}^2/_2 \cdot R} = {}^5/_2 \cdot R = 20{,}78\ J \cdot mol^{-1} \cdot K^{-1}$$

In der Tabelle 5d sind die molaren Wärmekapazitäten einiger Gase bei Standardbedingungen wiedergegeben. Entsprechend der Beziehung 5.30 kann die molare Wärmekapazität C_{mp} **mit großer Näherung** einfach durch Addition der universellen Gaskonstanten $R = 8{,}315\ J \cdot mol^{-1} \cdot K^{-1}$ zum Wert von C_{mV} erhalten werden.

Tabelle 5d: Freiheitsgrade und molare Wärmekapazitäten (Messwerte)					
Stoff	Zahl der Translations-freiheitsgrade	Zahl der Rotations-freiheitsgrade	E_k in J	C_{mV} in J/(mol · K)	C_{mp} in J/(mol · K)
He	3	0	$3/2 \cdot R \cdot T$	12,48	20,81
Ar	3	0	$3/2 \cdot R \cdot T$	12,48	20,81
H_2	3	2	$5/2 \cdot R \cdot T$	20,86	28,85
CO	3	2	$5/2 \cdot R \cdot T$	20,81	29,14

Im Kapitel 5.6.5 und an anderer Stelle wird stillschweigend angenommen, dass die Wärmekapazität eine **temperaturunabhängige** Größe ist. Dies gilt leider **nur für einatomige Gase,** wie die Edelgase. Im Bild 1 ist die Temperaturabhängigkeit der Wärmekapazität des Wasserstoffs über einen größeren Bereich wiedergegeben. Daraus geht hervor, dass bei etwa 80 K die Wärmekapazität $C_{mV} = {}^3/_2 \cdot R$ beträgt. Das Wasserstoffmolekül verhält sich offensichtlich in diesem Temperaturbereich wie ein einatomiges Gas, bei dem nur die Translationsbewegung Energie aufnimmt. Mit steigender Temperatur wirken sich die Rotationsfreiheitsgrade zunehmend aus, sodass bei Raumtemperatur schließlich der theoretisch zu erwartende Wert von $C_{mV} = {}^5/_2 \cdot R$ beobachtet wird.

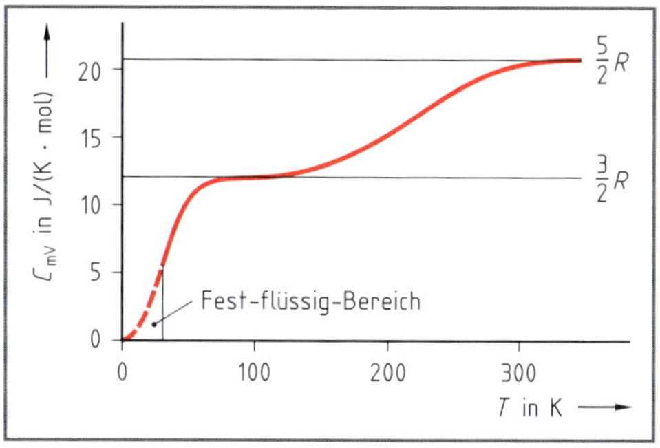

Bild 1: Temperaturabhängigkeit der Wärmekapazität von Wasserstoff

M 5.31: Zur Erwärmung von $n = 0{,}15$ mol eines Gases um $\Delta T = 3$ K werden unter isobaren Bedingungen $\Delta H = 13{,}38$ J benötigt. Zu berechnen sind die molaren Wärmekapazitäten C_{mp} und C_{mV}. Handelt es sich um ein einatomiges oder ein zweiatomiges Gas?

Lsg.: Aus Gl. 5.29 und 5.30 folgt: $C_{mp} = \frac{\Delta H}{n \cdot \Delta T} = \frac{13{,}38\ \text{J}}{0{,}15\ \text{mol} \cdot 3\ \text{K}} = \mathbf{29{,}73\ J \cdot mol^{-1} \cdot K^{-1}}$

$C_{mV} = C_{mp} - R = 29{,}73\ \text{J} \cdot \text{mol}^{-1} \cdot \text{K}^{-1} - 8{,}315\ \text{J} \cdot \text{mol}^{-1} \cdot \text{K}^{-1} = \mathbf{21{,}42\ J \cdot mol^{-1} \cdot K^{-1}}$

Der Wert von C_{mV} entspricht etwa ${}^5/_2 \cdot R$. Demnach handelt es sich um ein **zweiatomiges** Gas.

Bei **zwei-** und **mehratomigen Molekülen** können bei höheren Temperaturen schließlich noch **Schwingungen** auftreten, denen ebenfalls Freiheitsgrade zugeordnet werden müssen. Leider sind die energetischen Zusammenhänge etwas komplizierter. Die Atome in solchen Molekülen verhalten sich wie zwei mit einer Feder verbundene Kugeln, die um ihre Ruhelage schwingen. Es handelt sich um eine ungedämpfte Schwingung und die zur Auslenkung (Elongation) benötigte Kraft ist proportional der Auslenkung. Ein solches Gebilde wird als harmonischer Oszillator bezeichnet.

An den beiden **Umkehrpunkten** (maximale und minimale Auslenkung) hat die **potentielle** Energie jeweils ein Maximum, während die **kinetische** Energie jeweils ein Maximum erreicht, wenn die potentielle Energie ein Minimum hat. Die die Atome zusammenhaltenden Kräfte sind im Bild 2 durch eine Feder symbolisiert. Die mit der Auslenkung verbundene Änderung der **kinetischen Energie ε_k ist rot** und die der **potentiellen Energie ε_p blau** dargestellt. Es handelt sich jeweils um eigenständige Größen, für die ein bestimmter Energiebetrag anzusetzen ist. Zur Erläuterung der etwas komplizierten Gesetzmäßigkeit geht man am besten von einem Schnittpunkt der Energiekurven aus, denn genau da entfällt auf **jede** der beiden Energiearten ein Betrag von ${}^1/_2 \cdot k \cdot T$. Nimmt im zeitlichen Verlauf nach dem Schnittpunkt die potentielle Energie ab, so wächst die kinetische Energie um

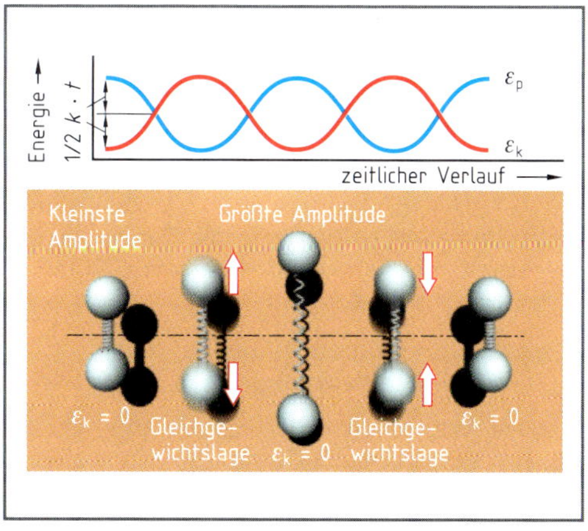

Bild 2: Federnd schwingende Kugeln als Modell für ein **zwei**atomiges Molekül

den entsprechenden Betrag an, bis sie schließlich einen Betrag von $^1/_2\, k \cdot T + {^1/_2}\, k \cdot T = k \cdot T$ hat. Die Überlegung kann auch in umgekehrter Reihenfolge angestellt werden. Die kinetische und die potentielle Energie eines solchen harmonischen Oszillators verhalten sich demnach wie zwei kommunizierende Gefäße zwischen denen ständig eine bestimmte Flüssigkeitsmenge hin- und herbewegt wird. Dem Energieerhaltungssatz entsprechend beträgt die Gesamtenergie bei einem solchen harmonischen zweiatomigen Oszillator immer:

5.38

$$\varepsilon_{ges} = \varepsilon_{osz} = \varepsilon_p + \varepsilon_k = {^1/_2} \cdot k \cdot T + {^1/_2} \cdot k \cdot T = k \cdot T$$

ε_{osz}	ε_p	ε_k	k	T
J	J	J	$J \cdot K^{-1}$	K

Die Energie je Schwingungsfreiheitsgrad eines Moleküls beträgt $\varepsilon = k \cdot T$. Dementsprechend ist je Schwingungsfreiheitsgrad/mol eine innere Energie von $U_m = R \cdot T$ anzusetzen. Der Beitrag zur Wärmekapazität beträgt: C_{mV}/Schwingungsfreiheitsgrad = R.

Ein **zweiatomiges** Gasteilchen kann nur eine Schwingung, nämlich die längs seiner Molekülachse ausführen. Werden die Schwingungsfreiheitsgrade berücksichtigt, so resultiert für ein solches Molekül als Gesamtenergie:

5.39

$$\varepsilon_{ges} = \varepsilon_{trans} + \varepsilon_{rot} + \varepsilon_{osz} = {^3/_2} \cdot k \cdot T + {^2/_2} \cdot k \cdot T + k \cdot T = {^7/_2} \cdot k \cdot T$$

Wenn alle möglichen Freiheitsgrade eines zweiatomigen Teilchens berücksichtigt werden, dann sollte beispielsweise die molare Wärmekapazität von Wasserstoff (H_2) bei konstantem Druck $C_{mV} = {^7/_2} \cdot R = 29{,}10\ J \cdot mol^{-1} \cdot K^{-1}$ betragen. Tatsächlich werden lt. Tabelle 5d bei Zimmertemperatur nur $C_{mV} = 20{,}86\ J \cdot mol^{-1} \cdot K^{-1}$ gefunden. Bei $\vartheta = 2\,000\ °C$ sind es erst $C_{mV} = 26{,}38\ J \cdot mol^{-1} \cdot K^{-1}$. Die Maximalwerte von C_{mV} werden im Allgemeinem infolge der Dissoziation der Moleküle **nicht** erreicht.

Bei **drei- und mehratomigen Molekülen** muss unterschieden werden, ob das Molekül **gestreckt** (linear) oder **gewinkelt** (nichtlinear) gebaut ist. Bei einem **linearen** Molekül ergeben sich analog zu einem zweiatomigen drei Freiheitsgrade der Translation und **zwei Freiheitsgrade der Rotation.** Bei einem **nichtlinearen Molekül,** tritt, wie aus Bild 1 ersichtlich, ein **zusätzlicher Rotationsfreiheitsgrad** auf. Ohne Berücksichtigung der Schwingung beträgt in diesem Fall die molare Wärmekapazität:

5.40

$$C_{mV} = \underbrace{{^3/_2} \cdot R}_{\text{Translation}} + \underbrace{{^3/_2} \cdot R}_{\text{Rotation}} = {^6/_2} \cdot R$$

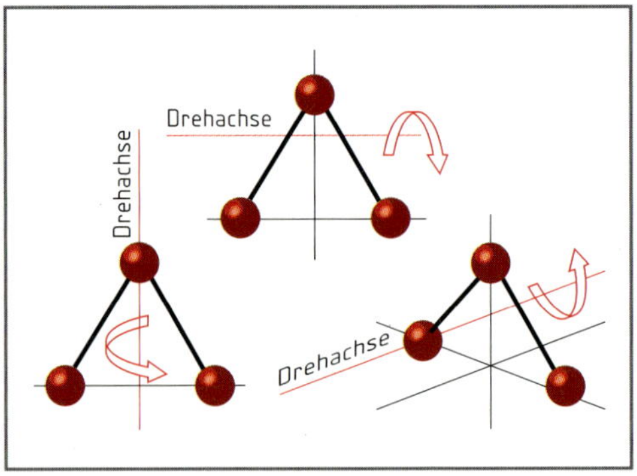

Bild 1: Rotationsfreiheitsgrade eines gewinkelten dreiatomigen Moleküls

In einem n-atomigen Molekül besitzt **jedes Atom** drei räumliche Grundschwingungsmöglichkeiten (Normalschwingungen). Diese würden auch voll zum Tragen kommen, wenn die Atome nicht miteinander verbunden wären.

Da die Schwingungen erst bei höheren Temperaturen voll angeregt werden, würde das Molekül, bevor alle oben genannten Freiheitsgrade angeregt sind, auseinanderfliegen.

Da aber alle Atome **innerhalb** des Moleküls die Translation und die Rotation des Teilchens gemeinsam mitmachen, müssen die der Translation und der Rotation zugehörigen Freiheitsgrade von den insgesamt möglichen Grundschwingungen abgezogen werden. So erhält man für die beiden möglichen mehratomigen Molekültypen:

- gestreckte Geometrie (linear):
  (3 · n – 5) Grundschwingungen (Normalschwingungen)
- gewinkelte Geometrie (nichtlinear):
  (3 · n – 6) Grundschwingungen (Normalschwingungen)

In Bild 1, S. 141 sind die Normalschwingungen für CO_2 (linear) und SO_2 (gewinkelt) mit ihren Frequenzen wiedergegeben. Tatsächlich ergeben sich für das Kohlenstoffdioxid vier und für das Schwefeldioxid drei Grundschwingungen.

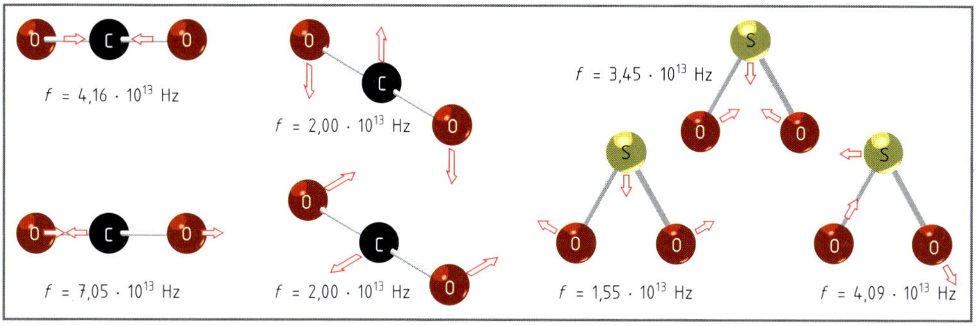

Bild 1: Grundschwingungen von CO_2 und SO_2 mit den zugehörigen Frequenzen.

M 5.32: Wie groß ist die mittlere Energie eines Ethanolmoleküls (C_2H_5OH) nach dem *Gleichverteilungssatz der Energie* und wie groß müsste die molare Wärmekapazität C_{mV} des Moleküls sein?

Lsg.: Das Molekül ist gewinkelt. Es hat deshalb drei Freiheitsgrade der Rotation. Dazu kommen drei Freiheitsgrade der Translation. Insgesamt liegen $n = 9$ Atome im Molekül vor, auf die $3 \cdot 9 - 6 = 21$ Freiheitsgrade der Schwingung kommen. $\Rightarrow$

$\bar{\varepsilon} = 3 \cdot (^1/_2 \cdot k \cdot T) + 3 \cdot (^1/_2 \cdot k \cdot T) + 21 \cdot k \cdot T = 27 \cdot k \cdot T.$

Die innere Energie eines Mols beträgt demnach:

$U_m = 27 \cdot R \cdot T \Rightarrow$ molare Wärmekapazität $C_{mV} = 27 \cdot R = \mathbf{224{,}5\ J \cdot mol^{-1} \cdot K^{-1}}$

Die Lösung der Aufgabe M 5.32 ergibt einen unrealistisch hohen Zahlenwert, denn tatsächlich werden für Ethanoldampf bei $p = 1{,}00$ bar und $\vartheta = 90$ °C nur $C_{mV} = 69{,}4\ J \cdot mol^{-1} \cdot K^{-1}$ gemessen. Der Grund liegt in den sehr hohen Energien, die zur Anregung der Schwingung benötigt werden.

Aus quantenmechanischen Überlegungen, deren genaue Beschreibung den Rahmen des Buches sprengen würde, folgt beispielsweise für das Schwefeldioxid, dass eine **volle Anregung** der Grundschwingung mit der Frequenz $f = 1{,}55 \cdot 10^{13}$ Hz erst bei einer Temperatur von $T = 743$ K erfolgt und die von $f = 4{,}09 \cdot 10^{13}$ Hz erst bei $T = 1\,962$ K erreicht wird. Es ist deshalb unmöglich, dass die aus dem **Gleichverteilungssatz** gefolgerte Wärmekapazität bei der Bezugstemperatur $\vartheta = 25$ °C vorliegt. Außerdem kommt bei höheren Temperaturen noch ein Betrag hinzu, der auf der Anregung von Hüllenelektronen beruht. Dies alles wird vom *klassischen Gleichverteilungssatz der Energie* nicht berücksichtigt. Damit sind auch die Grenzen dieser Theorie aufgezeigt. Für das SO_2-Molekül sind die Einzelbeiträge, wie sie sich u.a. aus oben genannten Betrachtungen ergeben, in der Tabelle 5e aufgelistet.

Tabelle 5e: Energetische Einzelbeiträge der Wärmekapazität C_{mV} von SO_2 bei $\vartheta = 25$ °C		
Translationsbeitrag:	$3/2 \cdot R$	$12{,}47\ J \cdot mol^{-1} \cdot K^{-1}$
Rotationsbeitrag:	$3/2 \cdot R$	$12{,}47\ J \cdot mol^{-1} \cdot K^{-1}$
Schwingungsbeitrag		
$f = 1{,}55 \cdot 10^{13}$ Hz:		$5{,}06\ J \cdot mol^{-1} \cdot K^{-1}$
$f = 3{,}45 \cdot 10^{13}$ Hz:		$1{,}00\ J \cdot mol^{-1} \cdot K^{-1}$
$f = 4{,}09 \cdot 10^{13}$ Hz:		$0{,}50\ J \cdot mol^{-1} \cdot K^{-1}$
Beitrag zur Anregung der Hüllenelektronen:		$0{,}00\ J \cdot mol^{-1} \cdot K^{-1}$
Summe aller Beiträge:		$C_{mV} = \mathbf{31{,}50\ J \cdot mol^{-1} \cdot K^{-1}}$

Die molare Wärmekapazität bei isobaren Bedingungen (C_{mp}) wird durch Addition der universellen Gaskonstanten R zu dem obigen Wert erhalten (s. Gleichung 5.30):

$$C_{mp} = 31{,}50\ J \cdot mol^{-1} \cdot K^{-1} + 8{,}315\ J \cdot mol^{-1} \cdot K^{-1} = \mathbf{39{,}815\ J \cdot mol^{-1} \cdot K^{-1}}$$

Der Wert stimmt gut mit den in der Literatur angegebenen überein und man kann sagen, dass der Anteil des Schwingungsbeitrages rund $6{,}56/31{,}50 = 0{,}165 \mathrel{\hat{=}} 16{,}5\%$ bei $\vartheta = 25$ °C für SO_2 beträgt. Mit steigender Temperatur nimmt der Anteil des Schwingungsbeitrags zu.

Für **einatomige Festkörper** (Elemente) gibt es eine interessante Gesetzmäßigkeit. Bereits im Jahr 1819 haben *P. L. Dulong* und *A. T. Petit* auf empirischem Wege gefunden, dass die molare Wärmekapazität dieser Substanzen etwa C_{mV} = 25 J · mol⁻¹ · K⁻¹ beträgt. Mit Hilfe der molekularen Interpretation der Wärmekapazität lässt sich diese Beobachtung leicht erklären. In einem Metallgitter kann ein Atom keinerlei Translations- oder Rotationsbewegungen ausführen. Bei Energiezufuhr (Temperaturerhöhung) kann es lediglich um seinen Gitterplatz in den drei Raumrichtungen schwingen (Bild 1). Es besitzt demnach drei Schwingungsfreiheitsgrade. Der Beitrag zur Wärmekapazität pro Schwingungsfreiheitsgrad beträgt $1 \cdot R = 8{,}315\ \text{J} \cdot \text{mol}^{-1} \cdot \text{K}^{-1}$. In moderner Form geschrieben lautet deshalb die Regel von *Dulong-Petit:*

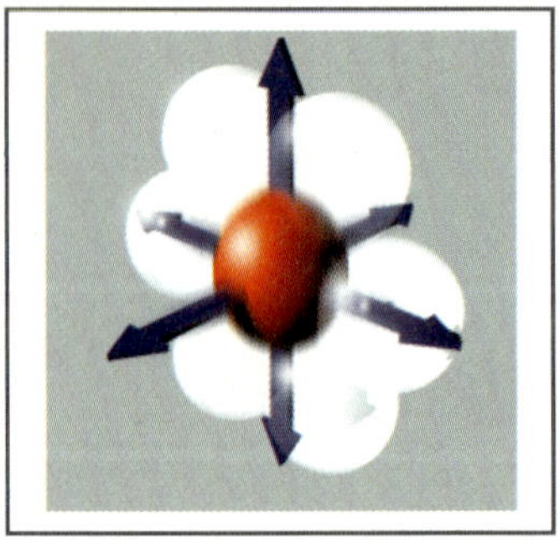

Bild 1: Atom im Metallgitter

5.41 $$C_{mV} = 3 \cdot R \approx 25\ \text{J} \cdot \text{mol}^{-1} \cdot \text{K}^{-1}$$

C_{mV}	R
$\text{J} \cdot \text{mol}^{-1} \cdot \text{K}^{-1}$	$\text{J} \cdot \text{mol}^{-1} \cdot \text{K}^{-1}$

M 5.33: Für ein Metall wird die spezifische Wärmekapazität mit $c_V = 0{,}235\ \text{J} \cdot \text{g}^{-1} \cdot \text{K}^{-1}$ bestimmt. Welche molare Masse hat es?

Lsg.: Für die innere Energie gilt:

$\Delta U = n \cdot C_{mV} \cdot \Delta T$ (stoffmengenbezogen) und $\Delta U = m \cdot c_V \cdot \Delta T$ (massenbezogen). Beide Größen müssen gleich sein und da $m/n = M$ ist, folgt:

Unbekannte molare Masse:

$$M = \frac{C_{mV}}{c_V} \approx \frac{25\ \text{J} \cdot \text{mol}^{-1} \cdot \text{K}^{-1}}{0{,}235\ \text{J} \cdot \text{g}^{-1} \cdot \text{K}^{-1}} \approx \mathbf{106{,}4\ g \cdot mol^{-1}}$$

In der Aufgabe M 5.33 handelt es sich um das metallische Element Indium. Tatsächlich hat dieses Element die molare Masse $M(\text{In}) = 114{,}8\ \text{g mol}^{-1}$. Bei der Entdeckung des Elements war man sich anfangs nicht im Klaren, welche molare Masse und vor allem welche Wertigkeit es besitzt. Mit Hilfe der Regel von *Dulong-Petit* konnte zunächst in etwa die molare Masse und daraus die Wertigkeit anhand der Stöchiometrie von Verbindungen geklärt werden. Dies erlaubte schließlich die richtige Einordnung in das Periodensystem der Elemente.

5.6.8 Temperaturabhängigkeit der Wärmekapazität

Wie bereits im vorhergegangen Kapitel beschrieben, ist die Wärmekapazität im Allgemeinem temperaturabhängig. Nur bei einatomigen Gasen beträgt die Wärmekapazität im gesamten Temperaturbereich $C_{mV} = {}^3/_2 \cdot R = 12{,}47$ J · mol⁻¹ · K⁻¹ beziehungsweise $C_{mp} = {}^3/_2 \cdot R + R = 20{,}79$ J · mol⁻¹ · K⁻¹. Bei komplizierteren Molekülen macht sich insbesondere der Anteil der Grundschwingungen erst bei höheren Temperaturen bemerkbar und der Rotationsanteil ist unter Umständen ebenfalls temperaturabhängig. Die Änderung der Wärmekapazität mit steigender Temperatur kann sehr beträchtlich sein, wie es am Beispiel des Ethans (C_2H_6) im Bild 2 ersichtlich ist. Zur praktischen Berechnung der molaren Wärmekapazität bei **konstantem Druck** von **Gasen** kann man von der Gleichung

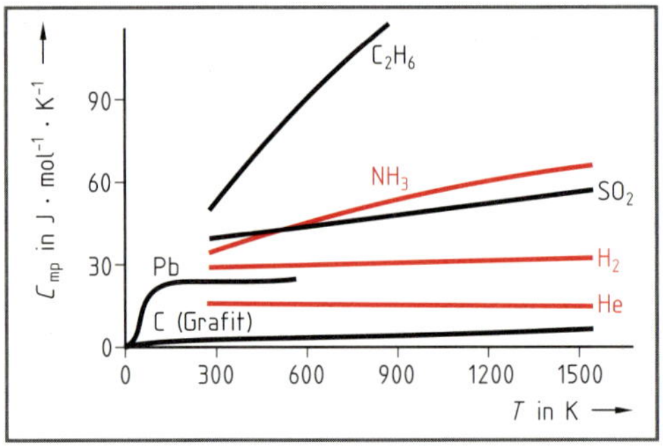

Bild 2: Temperaturabhängigkeit von C_{mp}

5.42 $$C_{mp} = a + b \cdot T + c \cdot T^2$$

C_{mp}	T	a	b	c
$\text{J} \cdot \text{mol}^{-1} \cdot \text{K}^{-1}$	K	$\text{J} \cdot \text{mol}^{-1} \cdot \text{K}^{-1}$	$\text{J} \cdot \text{mol}^{-1} \cdot \text{K}^{-2}$	$\text{J} \cdot \text{mol}^{-1} \cdot \text{K}^{-3}$

ausgehen. Es handelt sich um eine empirische Gleichung. Die Größen *a, b* und *c* sind substanzbezogene Konstanten, deren Wert für jedes Gas aus experimentellen Daten ermittelt wird.

M 5.34: Für die molare Wärmekapazität von Hydrogenchlorid (HCl) bei verschiedenen Temperaturen sind die folgenden Werte gefunden worden:

T in K	273	500	850
C_{mp} in $J \cdot mol^{-1} \cdot K^{-1}$	28,80	29,48	30,80

Welchen Wert haben die Konstanten *a, b* und *c* der Gleichung 5.42?

Lsg.: Die Lösung erfolgt über ein Gleichungssystem mit drei Variablen (die Einheiten sind weggelassen!):

$28{,}80 = a + b \cdot 273 + c\,(273)^2$ Gleichung I

$29{,}48 = a + b \cdot 500 + c\,(500)^2$ Gleichung II

$30{,}80 = a + b \cdot 850 + c\,(850)^2$ Gleichung III

Lösungsvorschlag: Gl. I – Gl. II = Gl. IV und Gl. II – Gl. III = Gl. V

$-0{,}68 = -227 \cdot b + c \cdot (273^2 - 500^2)$ Gleichung IV

$-1{,}32 = -350 \cdot b + c \cdot (500^2 - 850^2)$ Gleichung V

Multiplizieren von Gl. IV mit – 350/227 und Addition des Ergebnisses zu Gl. V ⇒

$$0{,}68 \cdot \frac{350}{227} - 1{,}32 = c \cdot (500^2 - 850^2) - c \cdot \frac{350}{227} \cdot (273^2 - 500^2) \Rightarrow c = \mathbf{1{,}34 \cdot 10^{-6}}$$

Einsetzen des Wertes von *c* in Gl. II und Gl. III und vereinfachen ⇒

$29{,}14 = a + b \cdot 500$ Gleichung VI

$29{,}83 = a + b \cdot 850$ Gleichung VII

Die Lösung von VI und VII (jeweils auflösen nach *a* und dann gleichsetzen) ergibt: $b = \mathbf{1{,}971 \cdot 10^{-3}}$. Werden die Werte von *b* und *c* beispielsweise in die Gleichung I eingesetzt, so folgt:

$$28{,}80 = a + 1{,}971 \cdot 10^{-3} \cdot 273 + 1{,}34 \cdot 10^{-6} \cdot (273)^2 \Rightarrow a = \mathbf{28{,}16}$$

M 5.35: Wie groß ist die Wärmekapazität C_{mp} von HCl bei Standardbedingungen?

Lsg.: Die Gleichung (ohne Einheiten) entspricht der Lösung von M 5.34. Sie lautet:

$C_{mp}\,(HCl) = 28{,}16 + 1{,}971 \cdot 10^{-3} \cdot T + 1{,}34 \cdot 10^{-6} \cdot T^2$

Die Bezugstemperatur ist $T = 298$ K. Diese wird in die obige Gleichung, in die die Einheiten von *a, b* und *c* eingefügt worden sind, eingesetzt:

$$C_{mp}\,(HCl) = 28{,}16\ J \cdot mol^{-1} \cdot K^{-1} + 1{,}971 \cdot 10^{-3}\ J \cdot mol^{-1} \cdot K^{-2} \cdot 298\ K + 1{,}34 \cdot 10^{-6}\ J \cdot mol^{-1} \cdot K^{-3} \cdot 298^2\ K^2 = \mathbf{28{,}9\ J \cdot mol^{-1} \cdot K^{-1}}$$

Viele Problemstellungen lassen sich nur dann korrekt lösen, wenn die Wärmekapazität über einen bestimmten Temperaturbereich hinweg bekannt ist. In der Praxis wird dann mit der **mittleren molaren Wärmekapazität** $\overline{C}_{mp}$ zwischen T_1 und T_2 gerechnet, die mit Hilfe der Integralrechnung aus der Gleichung 5.42 unter Beachtung der Gleichung 5.28 entwickelt wird. Es gilt:

$$\overline{C}_{mp} = \frac{1}{T_2 - T_1} \cdot [a \cdot (T_2 - T_1) + 1/2 \cdot b \cdot (T_2^2 - T_1^2) + 1/3 \cdot c \cdot (T_2^3 - T_1^3)]$$ 5.43

Die Größen *a, b* und *c* sind wieder die aus der Beziehung 5.42, sodass für die Gleichung 5.43 die folgenden Einheiten gelten:

$\overline{C}_{mp}$	T	a	b	c
$J \cdot mol^{-1} \cdot K^{-1}$	K	$J \cdot mol^{-1} \cdot K^{-1}$	$J \cdot mol^{-1} \cdot K^{-2}$	$J \cdot mol^{-1} \cdot K^{-3}$

M 5.36: Wie groß ist die mittlere molare Wärmekapazität für Ammoniak im Temperaturbereich von $T_1 = 314$ K bis $T_2 = 457$ K? Die folgenden Konstanten gelten:
$a = 24{,}79\ \text{J} \cdot \text{mol}^{-1} \cdot \text{K}^{-1}$; $b = 3{,}753 \cdot 10^{-2}\ \text{J} \cdot \text{mol}^{-1} \cdot \text{K}^{-2}$; $c = -7{,}39 \cdot 10^{-6}\ \text{J} \cdot \text{mol}^{-1} \cdot \text{K}^{-3}$

Lsg.: Einsetzen der Werte in Gleichung 5.43 ergibt:

$$\overline{C}_{mp} = \frac{1}{(457-314)\ \text{K}} \cdot [24{,}79\ \text{J} \cdot \text{mol}^{-1} \cdot \text{K}^{-1} \cdot (457-314)\ \text{K} +$$
$$\tfrac{1}{2} \cdot 3{,}753 \cdot 10^{-2}\ \text{J} \cdot \text{mol}^{-1} \cdot \text{K}^{-2} \cdot (457^2 - 314^2)\ \text{K}^2 -$$
$$\tfrac{1}{3} \cdot 7{,}39 \cdot 10^{-6}\ \text{J} \cdot \text{mol}^{-1} \cdot \text{K}^{-3} \cdot (457^3 - 314^3)\ \text{K}^3]$$
$$= \frac{5455\ \text{J} \cdot \text{mol}^{-1}}{(457-314)\ \text{K}} = \mathbf{38{,}1\ J \cdot mol^{-1} \cdot K^{-1}}$$

In einschlägigen Tabellenwerken sind die Wärmekapazitäten C_{mp} verschiedener Substanzen bei Standardbedingungen wiedergegeben. Außerdem werden die für die Gleichungen 5.42 und 5.43 benötigten Konstanten *a, b* und *c* angegeben.

5.6.9 Temperaturabhängigkeit der Reaktionsenthalpie

Die Temperaturabhängigkeit der Wärmekapazität beruht letztendlich auf der Gesetzmäßigkeit der *boltzmann*schen Energieverteilungsfunktion, wonach die Atome und Moleküle in einer bestimmten Stoffportion einen unterschiedlichen Energieeinhalt besitzen. Entsprechend diesem Gesetz erhöht sich mit steigender Temperatur der Teilchenzahlanteil X_i der Moleküle oder Atome, die eine bestimmte Höhe der Energie und darüber hinaus besitzen (s.a. Kap. 4.4). So wird die Zahl der Teilchen, die einen Schwingungsbeitrag zur Wärmekapazität erbringen (vgl. Tabelle 5e), mit steigender Temperatur größer, womit gleichzeitig die Wärmekapazität des Stoffe steigt. Die Temperaturabhängigkeit der Wärmekapazität selbst begründet wiederum die Temperaturabhängigkeit der Enthalpie und anderer thermodynamischer Größen.

M 5.37: Die Stoffportion von $n = 2{,}35$ mol Ammoniak wird von $T_1 = 314$ K auf $T_2 = 457$ K bei $p = 1$ bar erwärmt. Welchen Wert für die Enthalpieänderung des Gases erhält man, wenn einmal mit der *mittleren* Wärmekapazität $\overline{C}_{mp} = 38{,}1\ \text{J} \cdot \text{mol}^{-1} \cdot \text{K}^{-1}$ und ein andermal mit der Wärmekapazität $C_{mp} = 35{,}3\ \text{J} \cdot \text{mol}^{-1} \cdot \text{K}^{-1}$ bei der *Bezugstemperatur* $\vartheta = 25$ °C (Standardbedingungen!) gerechnet wird?

Lsg.: Anwendung der Gleichung 5.29 ⇒

Mittlere Wärmekapazität:

$\Delta H = n \cdot \overline{C}_{mp} \cdot \Delta T = 2{,}35\ \text{mol} \cdot 38{,}1\ \text{J} \cdot \text{mol}^{-1} \cdot \text{K}^{-1} \cdot (457-314)\ \text{K} = \mathbf{12\,803{,}5\ J}$

C_{mp} bei $\vartheta = 25$ °C:

$\Delta H = n \cdot C_{mp} \cdot \Delta T = 2{,}35\ \text{mol} \cdot 35{,}3\ \text{J} \cdot \text{mol}^{-1} \cdot \text{K}^{-1} \cdot (457-314)\ \text{K} = \mathbf{11\,862{,}6\ J}$

Wie die Aufgabe M 5.37 zeigt, muss bei Berechnungen zur Enthalpieänderung über größere Temperaturintervalle unbedingt mit der für diesen Bereich gültigen **mittleren Wärmekapazität** gerechnet werden.

Diese Temperaturabhängigkeit der Reaktionsenthalpie lässt sich am besten mit Hilfe eines Kreisprozesses verfolgen. Als Beispiel soll die Verbrennung von Ethan einmal bei der Temperatur $T_1 = 298$ K (Bezugstemperatur) und dann bei $T_2 = 1\,220$ K dienen. Die Reaktionsgleichung mit den zugehörigen thermodynamischen Daten lautet:

	$2\ C_2H_6$ +	$7\ O_2$ →	$4\ CO_2$ +	$6\ H_2O$
$\Delta H^o_{m,B}$ in $\text{kJ} \cdot \text{mol}^{-1}$	−84,6	0	−393,7	−242,2
$\overline{C}_{mp}$ in $\text{J} \cdot \text{mol}^{-1} \cdot \text{K}^{-1}$	103,72	32,85	46,83	38,45

Bei dem in Bild 1, S. 145 skizzierten Kreisprozess kann der Punkt B von A ausgehend auf zwei unterschiedlichen Wegen erreicht werden. Der direkte Weg ist die Reaktion bei $T_1 = 298$ K, wobei unter Anwendung des *heß*schen Satzes (Gleichung 5.22) die Standardreaktionsenthalpie erhalten wird:

$$\begin{aligned}\Delta_r H_m^o = {} & [4 \cdot \Delta H_{m,B}^o (CO_2) + 6 \cdot \Delta H_{m,B}^o (H_2O)] \\ & - [2 \cdot \Delta H_{m,B}^o (C_2H_6) + 7 \cdot \Delta H_{m,B}^o (O_2)] \\ = {} & [4 \cdot (-393{,}7) + 6 \cdot (-242{,}2) \\ & - 2 \cdot (-84{,}6) - 7 \cdot (0)]\ \text{kJ} \cdot \text{mol}^{-1} \\ = {} & \mathbf{-2\,858{,}8\ kJ \cdot mol^{-1}}\end{aligned}$$

Auf dem zweiten Weg werden ausgehend vom Punkt A die **Edukte** zunächst von T_1 = 298 K auf T_2 = 1 220 K erwärmt. Zur Berechnung dieses Vorgangs wird die Gleichung 5.29 abgewandelt, wobei ein Formelumsatz (ξ = 1 mol) vorausgesetzt ist und die stöchiometrische Umsatzzahl ν verwendet wird:

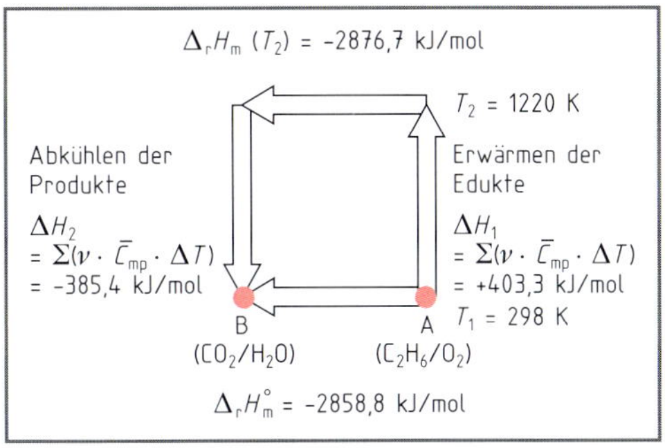

Bild 1: Reaktionsenthalpie-Kreisprozess

$$\Delta H = \Sigma\, \nu \cdot \bar{C}_{mp} \cdot \Delta T \qquad \textbf{5.44}$$

ΔH	ν	$\bar{C}_{mp}$	T
J	1	$J \cdot mol^{-1} \cdot K^{-1}$	K

Die Anwendung von Gleichung 5.44 auf die Erwärmung der Edukte der Ethanverbrennung (Bild 1):

$$\begin{aligned}\Delta H\,(\text{Erwärmung}) &= +[2 \cdot \bar{C}_{mp} (C_2H_6) + 7 \cdot \bar{C}_{mp} (O_2)] \cdot \Delta T \\ &= +(2 \cdot 103{,}72 + 7 \cdot 32{,}85)\ J \cdot mol^{-1} \cdot K^{-1} \cdot (1\,220 - 298)\ K = 403\,274\ J \cdot mol^{-1} \\ &= 403{,}3\ kJ \cdot mol^{-1}\ (\xi = 1\ mol)\end{aligned}$$

Im nächsten Schritt werden die Produkte abgekühlt:

$$\begin{aligned}\Delta H\,(\text{Abkühlung}) &= -[4 \cdot \bar{C}_{mp} (CO_2) + 6 \cdot \bar{C}_{mp} (H_2O)] \cdot \Delta T \\ &= -(4 \cdot 46{,}83 + 6 \cdot 38{,}45)\ J \cdot mol^{-1} \cdot K^{-1} \cdot (1\,220 - 298)\ K = -385\,414\ J \cdot mol^{-1} \\ &= -385{,}41\ kJ \cdot mol^{-1}\ (\xi = 1\ mol)\end{aligned}$$

Geht man davon aus, dass die Vorzeichen der Enthalpiebeträge die Richtung des im Bild 1 abgebildeten Kreisprozesses berücksichtigen, so muss die Summe aller Enthalpiebeträge wiederum der Reaktionsenthalpie bei T = 298 K entsprechen:

$$\Delta_r H_m^o = \Delta H\,(\text{Erwärmen der Edukte}) + \Delta_r H_m (T_2) + \Delta H\,(\text{Abkühlen der Produkte}) \Rightarrow$$

$$\Delta_r H_m (T_2) = \Delta_r H_m^o - \Delta H\,(\text{Erwärmen der Edukte}) - \Delta H\,(\text{Abkühlen der Produkte})$$

Eingesetzt:

$$\Delta_r H_m (T_2) = -2\,858{,}8\ kJ \cdot mol^{-1} - (+403{,}3\ kJ \cdot mol^{-1}) - (-385{,}4\ kJ \cdot mol^{-1}) = -2\,876{,}7\ kJ \cdot mol^{-1}$$

Das Prinzip eines solchen Kreisprozesses ist bereits 1858 von *R. R. Kirchhoff* gefunden worden. Die *kirchhoff*sche Gleichung gestattet, die Reaktionsenthalpie bei einer beliebigen Temperatur zu ermitteln, wenn die Reaktionsenthalpie bei einer bestimmten Temperatur (z.B. bei ϑ = 25 °C) bekannt ist. Außerdem muss mit der für den betrachteten Temperaturbereich geltenden **mittleren** molaren Wärmekapazität gerechnet werden. Unter der Annahme **eines** Formelumsatzes (ξ = 1 mol) lautet die allgemeine Formulierung der *kirchhoff*schen Gleichung:

$$\Delta_r H_m (T_2) = \Delta_r H_m (T_1) + \Delta \bar{C}_{mp} \cdot \Delta T \qquad \textbf{5.45}$$

$\Delta_r H_m$	$\Delta \bar{C}_{mp}$	ΔT
$J \cdot mol^{-1}$	$J \cdot mol^{-1} \cdot K^{-1}$	K

Der Ausdruck $\Delta \bar{C}_{mp}$ ist die **Differenz** der **mittleren molaren Wärmekapazitäten.** Sie beträgt:

$$\Delta \bar{C}_{mp} = \Sigma\, \nu \cdot \bar{C}_{mp}\,(\text{Produkte}) - \Sigma\, \nu \cdot \bar{C}_{mp}\,(\text{Edukte}) \qquad \textbf{5.46}$$

ν	$\bar{C}_{mp}$
1	$J \cdot mol^{-1} \cdot K^{-1}$

In der Gleichung 5.46 ist ν die stöchiometrische Zahl.

M 5.38: Zur industriellen Gewinnung von Salpetersäure wird Ammoniak über einen Platinkontakt (mit 10% Rhodium) geleitet und bei ca. ϑ = 860 °C verbrannt (Bild 1, S. 146):

	$4\,NH_3$ (g) +	$5\,O_2$ (g) →	$4\,NO$ (g) +	$6\,H_2O$ (g)
$\Delta H_{m,B}^o$ in $kJ \cdot mol^{-1}$	−46,3	0,0	+90,5	−242,2
$\bar{C}_{mp}$ in $J \cdot mol^{-1} \cdot K^{-1}$	47,27	32,56	31,8	37,86

Wie groß ist die Verbrennungsenthalpie des Ammoniaks bei ϑ = 860 °C, wenn die unter der Reaktionsgleichung stehenden Werte zugrunde gelegt werden?

Lsg.: Die Reaktionsenthalpie unter Standardbedingungen wird mittels dem *heßschen* Satz erhalten (Gl. 5.22):

$$\Delta_r H^\circ_m = [4 \cdot \Delta H^\circ_{m,B}(NO) + 6 \cdot \Delta H^\circ_{m,B}(H_2O)] - [5 \cdot \Delta H^\circ_{m,B}(O_2) + 4 \cdot \Delta H^\circ_{m,B}(NH_3)] \Rightarrow$$

$$\Delta_r H^\circ_m = [4 \cdot (+90{,}5) + 6 \cdot (-242{,}2) - 5 \cdot (0{,}0) - 4 \cdot (-46{,}3)]\ \text{kJ} \cdot \text{mol}^{-1} = -906{,}0\ \text{kJ} \cdot \text{mol}^{-1}$$

Die Differenz der mittleren molaren Wärmekapazität $\Delta\overline{C}_{mp}$ im betrachteten Temperaturbereich (T_1 = 298 K und T_2 = 1133 K) beträgt entsprechend der Gleichung 5.46:

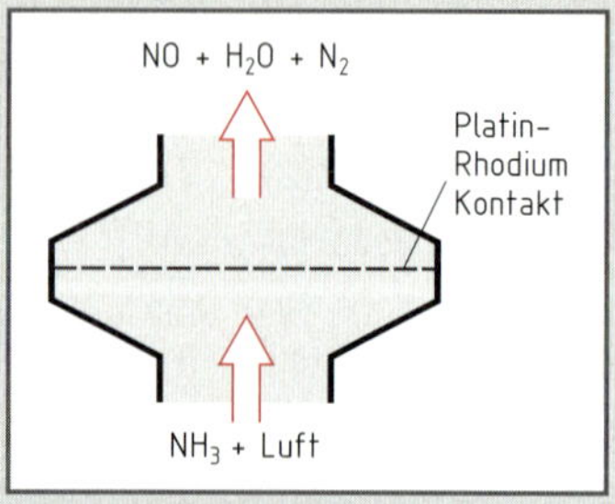

Bild 1: Ammoniak-Verbrennung

$$\Delta\overline{C}_{mp} = [4 \cdot \overline{C}_{mp}(NO) + 6 \cdot \overline{C}_{mp}(H_2O)] - [4 \cdot \overline{C}_{mp}(NH_3) + 5 \cdot \overline{C}_{mp}(O_2)]$$
$$= (4 \cdot 31{,}80 + 6 \cdot 37{,}86) - (4 \cdot 47{,}27 + 5 \cdot 32{,}56)\ \text{J} \cdot \text{mol}^{-1} \cdot \text{K}^{-1} = 2{,}48\ \text{J} \cdot \text{mol}^{-1} \cdot \text{K}^{-1}$$

Durch Anwendung des *kirchhoff*schen Satzes, Gl. 5.45, folgt:

$$\Delta_r H_m(T_2) = \Delta_r H_m(T_1) + \Delta\overline{C}_{mp} \cdot \Delta T$$
$$= -906{,}0\ \text{kJ} \cdot \text{mol}^{-1} + 0{,}00248\ \text{kJ} \cdot \text{mol}^{-1} \cdot \text{K}^{-1} \cdot (1133 - 298)\ \text{K} = \mathbf{-903{,}9\ kJ \cdot mol^{-1}}$$

5.6.10 Zustandsänderung des idealen Gases im adiabatischen System

Ein ideal isoliertes System (vgl. Kap. 5.1) gibt an die Umgebung keine Wärme ab und nimmt auch keine Wärme aus der Umgebung auf. Im Bild 2 ist ein solches **adiabatisches System** wiedergegeben. Ein „thermodynamischer Zylinder" (s. Kap. 5.3) mit einer eingeschlossenen Stoffportion eines idealen Gases befindet sich in einem Behälter mit adiabatischen Wänden. Wird der Haltestift herausgezogen, so expandiert das Gas gegen den Druck p_2. Der Prozess sei ebenfalls idealisiert, sodass er **reversibel** abläuft. Die mathematische Formulierung des 1. Hauptsatzes lautet (Gleichung 5.13):

$$\Delta U = \Delta Q + \Delta W.$$

Bei einer Zustandsänderung im **adiabatischen** System ist $\Delta Q = 0$. Daraus folgt:

5.47 $$\Delta W = \Delta U$$

W	U
J	J

Jegliche **Volumenänderungsarbeit** an einem idealen Gas führt bei einem Prozess im **adiabatischen** System ausschließlich zur Änderung seiner **inneren Energie.** Bei der Expansion verringert sich in diesem Fall seine innere Energie, während sie bei der Kompression größer wird.

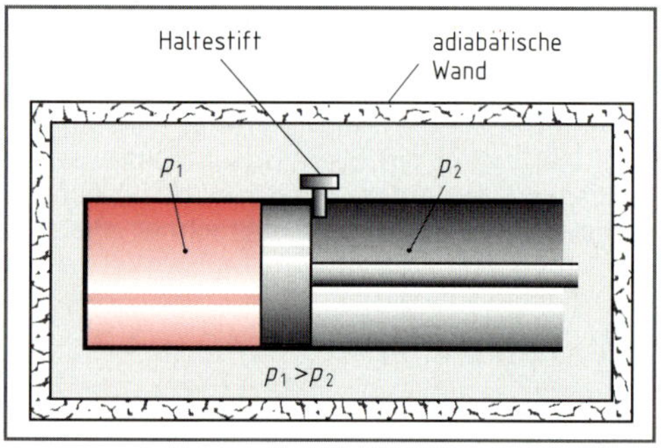

Bild 2: „Thermodynamischer Zylinder" im adiabatischen System

Für die innere Energie gilt die Gleichung 5.27: $\Delta U = n \cdot C_{mV} \cdot \Delta T$ und für die Volumenänderungsarbeit kann die Gleichung 5.5: $\Delta W = p \cdot \Delta V$ eingesetzt werden. Setzt man diese beiden Ausdrücke in 5.47 ein und berücksichtigt, dass das Gas nach Herausziehen des Haltestiftes (Bild 2) expandiert, so resultiert:

$$n \cdot C_{mV} \cdot \Delta T = -p \cdot \Delta V$$

Durch Einführung, der nach dem Druck p aufgelösten universellen Gasgleichung (Gl. 2.8), folgt:

$$n \cdot C_{mV} \cdot \Delta T = -\frac{n \cdot R \cdot T}{V} \cdot \Delta V \Rightarrow$$

5.48 $$C_{mV} \cdot \frac{\Delta T}{T} = -R \cdot \frac{\Delta V}{V}$$

C_{mV}	R	T	V
$\text{J} \cdot \text{mol}^{-1} \cdot \text{K}^{-1}$	$\text{J} \cdot \text{mol}^{-1} \cdot \text{K}^{-1}$	K	m^3

Ein, wie oben vorausgesetzt, **reversibler** Prozess bedingt, dass das System sich ständig im Gleichgewicht befindet. Dies geht aber nur bei infinitesimal kleinen Expansionsschritten, bei denen auch eine sehr kleine Temperaturänderung erfolgt. Gemäß den bereits im Kapitel 5.4 angestellten Überlegungen wird ΔT zu $\mathrm{d}T$ und ΔV zu $\mathrm{d}V$. Mit Hilfe der *Integralrechnung* resultiert aus der Gleichung 5.48:

$$C_{mV} \cdot \ln \frac{T_1}{T_2} = R \cdot \ln \frac{V_2}{V_1}$$ 5.49

C_{mV}	R	T	V
$J \cdot mol^{-1} \cdot K^{-1}$	$J \cdot mol^{-1} \cdot K^{-1}$	K	m^3

Entsprechend der Gleichung 5.30 gilt für die universelle Gaskonstante: $R = C_{mp} - C_{mV} \Rightarrow$

$$\ln \frac{T_1}{T_2} = \left(\frac{C_{mp}}{C_{mV}} - 1\right) \cdot \ln \frac{V_2}{V_1}$$ 5.50

C_{mp}	C_{mV}	T	V
$J \cdot mol^{-1} \cdot K^{-1}$	$J \cdot mol^{-1} \cdot K^{-1}$	K	m^3

Das Verhältnis der Wärmekapazitäten ist der **Isentropenexponent** (Adiabatenexponent) $\varkappa$, der früher auch als *Poisson*-Exponent bezeichnet wurde.

$$\varkappa = \frac{C_{mp}}{C_{mV}}$$ 5.51

C_{mp}	C_{mV}	$\varkappa$
$J \cdot mol^{-1} \cdot K^{-1}$	$J \cdot mol^{-1} \cdot K^{-1}$	1

Wird der Isentropenexponent in die Gleichung 5.50 eingeführt und delogarithmiert, so resultiert die *Poisson*-Gleichung für den Zusammenhang zwischen der Temperatur und dem Volumen bei der adiabatischen Zustandsänderung des idealen Gases:

$$\frac{T_1}{T_2} = \left(\frac{V_2}{V_1}\right)^{\varkappa - 1} \quad \text{oder} \quad \left(\frac{T_1}{T_2}\right)^{1/(\varkappa - 1)} = \frac{V_2}{V_1}$$ 5.52

T	V	$\varkappa$
K	m^3	1

M 5.39: Der Isentropenexponent von Luft beträgt $\varkappa = 1{,}40$. Auf welche Temperatur erwärmen sich $V_1 = 6$ L Luft von $\vartheta_1 = 18{,}0$ °C, wenn sie adiabatisch auf ein Endvolumen von $V_2 = 1{,}5$ L komprimiert werden?

Lsg.: $\frac{T_1}{T_2} = \left(\frac{V_2}{V_1}\right)^{\varkappa - 1} = \left(\frac{1{,}5\ \text{L}}{6{,}0\ \text{L}}\right)^{1{,}40 - 1} = 0{,}5743 \Rightarrow T_2 = \frac{291\ \text{K}}{0{,}5743} = \mathbf{506{,}7\ K} \Rightarrow \vartheta_2 = \mathbf{233{,}7\ °C}$

Neben der oben formulierten *Poisson*-Gleichung gibt es noch weitere, sodass man von den *poissons*chen Gleichungen der Adiabate spricht:

$$\frac{p_1}{p_2} = \left(\frac{V_2}{V_1}\right)^{\varkappa}$$ 5.53

p	V	$\varkappa$
Pa	m^3	1

$$\frac{T_1}{T_2} = \left(\frac{p_1}{p_2}\right)^{\frac{\varkappa - 1}{\varkappa}}$$ 5.54

p	V	$\varkappa$
Pa	m^3	1

Die Gleichungen 5.52 bis 5.54 können allgemein formuliert werden und lauten dann:

$$T \cdot V^{\varkappa - 1} = \text{konst}$$ 5.55

$$p \cdot V^{\varkappa} = \text{konst}$$ 5.56

$$p^{1-\varkappa} \cdot T^{\varkappa} = \text{konst}$$ 5.57

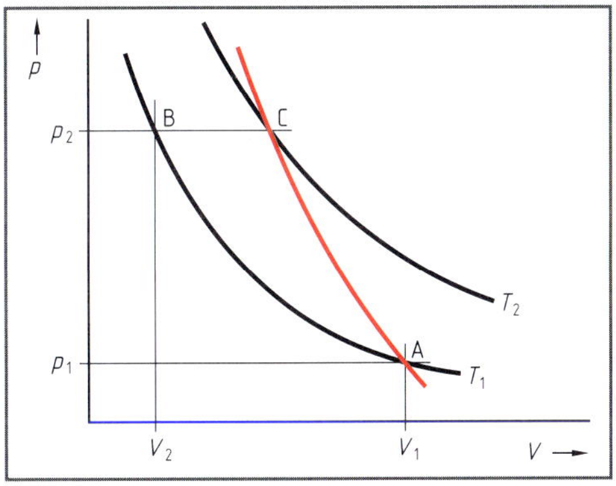

Bild 1: Isotherme und Adiabate

Von besonderem Interesse ist die Gleichung 5.56. Wird der Isentropenexponent $\varkappa = 1$ gesetzt, so resultiert das *boyle-mariott*sche Gesetz (Gl. 2.1). Im Bild 1 ist, rot gezeichnet, eine Isentrope (Adiabate) neben zwei Isothermen aufgetragen. Zur Erläuterung des Prinzips soll von A nach C auf zwei unterschiedlichen Wegen gelangt werden.

Weg 1: Zunächst wird das Gas isotherm komprimiert von p_1 auf p_2. Beim Punkt B angelangt wird es von T_1 auf T_2 isobar erwärmt.

Weg 2: Anders als bei der isothermen Kompression gibt das Gas seine Wärme nicht an die Umgebung ab. Die Zunahme der inneren Energie ($\Delta W = \Delta U$) wirkt sich unmittelbar als Erhöhung der Temperatur von T_1 auf T_2 aus. Die Adiabate (rot) verläuft deshalb wesentlich steiler und schneidet die beiden Isothermen in den Punkten A und C.

M 5.40: Bei einem Dieselmotor wird die Luft adiabatisch komprimiert, bevor das Dieselöl eingespritzt und verwirbelt wird (Bild 1). Auf welchem Enddruck p_2 muss die Luft ($\varkappa = 1{,}40$) ausgehend von $\vartheta_1 = 5\ °C$ und $p_1 = 1$ bar komprimiert werden, wenn zur sicheren Zündung des Dieselöls eine Temperatur von $\vartheta_2 = 650\ °C$ erreicht sein soll?

Lsg.: Die Ausgangstemperatur beträgt $T_1 = 278$ K und die Endtemperatur $T_2 = 923$ K. Die Gleichung 5.54 wird logarithmiert und nach lg p_2 aufgelöst $\Rightarrow$

$$\lg p_2 = \lg p_1 - \frac{\varkappa \cdot \lg (T_1/T_2)}{\varkappa - 1}$$

$$\lg p_2 = \lg 1 - \frac{1{,}40 \cdot \lg (278\ \text{K}/923\ \text{K})}{1{,}40 - 1} = 1{,}824 \Rightarrow$$

$p_2 =$ **66,7 bar**

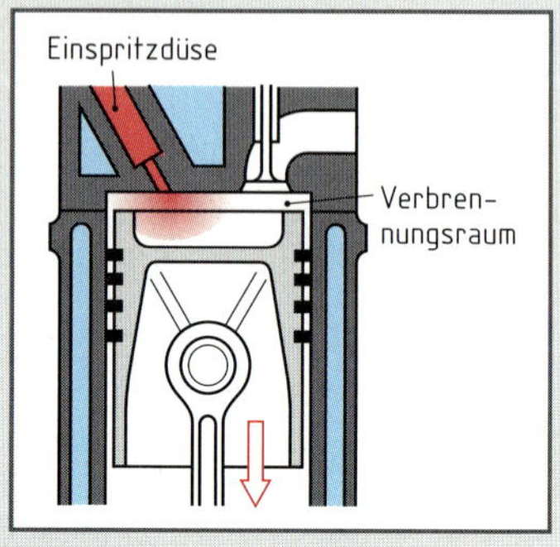

Bild 1: Dieselmotor

Bei einer **adiabatischen** Zustandsänderung macht sich die von außen dem System zugeführte oder die nach außen abgeführte Arbeit in einer Änderung der inneren Energie bemerkbar. Dies führt bei einem Gas zur **Erhöhung der Temperatur** oder zu einer Abkühlung. Die dabei auftretende Volumenänderungsarbeit kann leicht berechnet werden, wenn man nur die Änderung der Temperatur betrachtet (vgl. Gl. 5.13 und 5.27):

5.58

$$\Delta W = \Delta U = n \cdot C_{mV} \cdot (T_2 - T_1)$$

ΔW	ΔU	n	C_{mV}	T
J	J	mol	$J \cdot mol^{-1} \cdot K^{-1}$	K

Setzt man in diese Beziehung die nach T_2 aufgelöste Gleichung 5.52 ein, so ergibt dies:

5.59

$$\Delta W = n \cdot C_{mV} \cdot T_1 \cdot \left[\left(\frac{V_1}{V_2}\right)^{\varkappa - 1} - 1\right]$$

ΔW	T	n	C_{mV}	$\varkappa$
J	K	mol	$J \cdot mol^{-1} \cdot K^{-1}$	1

Eine andere Formulierung der Gleichung 5.58 wird gefunden, wenn in diese Gleichung für die Stoffmenge n die universelle Zustandsgleichung der idealen Gase (Gl. 2.8) mit den Ausgangswerten p_1, V_1 und T_1 eingesetzt wird, wobei entsprechend der Gl. 5.30 $R = C_{mp} - C_{mV}$ ist:

$$n = \frac{p_1 \cdot V_1}{(C_{mp} - C_{mV}) \cdot T_1}$$

Nach Umformung resultiert schließlich mit den Gleichungen 2.7 und 5.51:

5.60

$$\Delta W = \frac{1}{\varkappa - 1} \cdot (p_2 \cdot V_2 - p_1 \cdot V_1)$$

ΔW	p	V	$\varkappa$
J	Pa	m^3	1

M 5.41: Beim Abfeuern einer Handfeuerwaffe entstehen durch Verbrennen von Nitropulver $n = 0{,}008$ mol Gas mit der Temperatur $T_1 = 2950$ K. Das Volumen des Laufs mit der Hülse gerechnet beträgt $V_1 = 23\ cm^3$ und die Verbrennungsgase haben nach der Expansion ein Volumen von $V_2 = 3{,}1$ L.

Die mittlere Wärmekapazität der Verbrennungsgase beträgt bei der Verbrennungstemperatur $\bar{C}_{mV} = 39{,}6\ J \cdot mol^{-1} \cdot K^{-1}$. Der Isentropenexponent wird mit $\varkappa = 1{,}38$ angegeben.

a) Welche Energie wird bei der adiabatischen Expansion auf das Geschoss übertragen?

b) Wie groß ist seine Mündungsgeschwindigkeit, wenn seine Masse $m = 8{,}1$ g beträgt?

Lsg.: a) Die Werte werden in die Gleichung 5.59 eingesetzt. ⇒

$$\Delta W = n \cdot C_{mV} \cdot T_1 \cdot \left[\left(\frac{V_1}{V_2}\right)^{\varkappa-1} - 1\right]$$

$$= 8 \cdot 10^{-3}\,\text{mol} \cdot 39{,}6\,\text{J} \cdot \text{mol}^{-1} \cdot \text{K}^{-1} \cdot 2\,950\,\text{K} \cdot \left[\left(\frac{0{,}023\,\text{L}}{3{,}1\,\text{L}}\right)^{1{,}38-1} - 1\right] = \mathbf{-\,789{,}8\,J}$$

Die auf das Geschoss übertragene Energie beträgt: $\Delta W = -\,789{,}6$ J. Da das System nach Ablauf des Vorgangs energieärmer wird, erhält der Betrag der Energie ein negatives Vorzeichen!

b) Die aus dem Teil a) resultierende Energie wird auf das Geschoss übertragen (positives Vorzeichen!). Es erhält somit eine kinetische Energie von $\Delta W = 789{,}6$ J. Für die kinetische Energie gilt $\Delta W = {}^1\!/_2 \cdot m \cdot v^2$ ⇒

$$v = \sqrt{\frac{2 \cdot \Delta W}{m}} = \sqrt{\frac{2 \cdot 789{,}6\,\text{kg} \cdot m^2 \cdot s^{-2}}{0{,}0081\,\text{kg}}} = \mathbf{441{,}5\,m \cdot s^{-1}}$$

Adiabate Zustandsänderungen treten immer dann auf, wenn entweder eine gute Wärmeisolierung gegeben ist oder der Vorgang so schnell abläuft, dass die Zeit für einen merklichen Wärmeaustausch nicht ausreicht. Auch können innerhalb sehr großer Gebilde, die aufgrund ihrer Größe kaum Wärme mit der Umgebung austauschen, adiabatische Prozesse ablaufen.

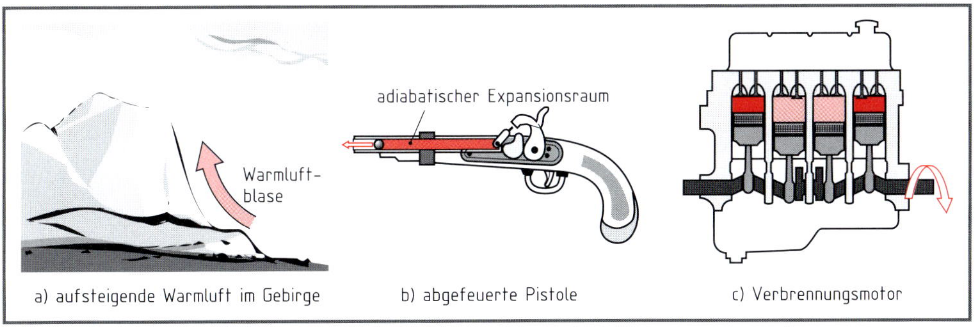

Bild 1: Beispiele adiabatischer Zustandsänderungen von Gasen

Im Bild 1a steigt eine größere Luftmasse, die durch Sonneneinstrahlung erwärmt wurde, einen Gebirgshang hinauf. Sie gelangt dabei in Bereiche **geringeren** Drucks und expandiert. Entsprechend der *Poisson*-Gleichung (Gl. 5.54 und 5.57) wird sie dabei abgekühlt. Ist diese Warmluft mit Wasserdampf gesättigt, so kondensiert er zum Teil und es kommt zur Wolkenbildung. Bei einer Schusswaffe (Bild 1b) ist ebenfalls eine adiabatische Expansion gegeben, da der Vorgang sehr schnell abläuft. Die Expansion der Verbrennungsgase erfolgt auf Kosten ihrer inneren Energie, die dabei in mechanische Energie umgewandelt wird. Dasselbe gilt für einen Verbrennungsmotor (Bild 1c).

M 5.42: Welcher Gasdruck herrscht im Lauf der Schusswaffe (Aufgabe M 5.41), wenn das Geschoss aus der Laufmündung tritt? Die maximale Expansion des Gases soll auf ein Volumen $V_2 = 3{,}1$ L bei einem Druck $p_2 = 10^5$ Pa erfolgen. Der Isentropenexponent beträgt wieder $\varkappa = 1{,}38$.

Lsg.: Auflösung der Gleichung 5.60 nach p_1 ergibt:

$$p_1 = \frac{p_2 \cdot V_2 - \Delta W \cdot (\varkappa - 1)}{V_1} = \frac{10^5\,\text{Pa} \cdot 3{,}1 \cdot 10^{-3}\,\text{m}^3 - [-\,789{,}6\,\text{J} \cdot (1{,}38 - 1)]}{2{,}3 \cdot 10^{-5}\,\text{m}^3}$$

$$= \mathbf{2{,}65 \cdot 10^7\,Pa = 265\,bar}$$

Von besonderem Interesse ist das Verhältnis der Wärmekapazitäten, der Isentropenexponent. Vernachlässigt man die Oszillation bei mehratomigen Molekülen, so gilt für:

einatomige Gase mit $C_{mp} = {}^5/_2 \cdot R$ und $C_{mV} = {}^3/_2 \cdot R$ ein Wert von $\varkappa = {}^5/_3 =$ **1,67**

zweiatomige Gase mit $C_{mp} = {}^7/_2 \cdot R$ und $C_{mV} = {}^5/_2 \cdot R$ ein Wert von $\varkappa = {}^7/_5 =$ **1,40**

dreiatomige, nichtlineare Gase mit $C_{mp} = {}^8/_2 \cdot R$ und $C_{mV} = {}^6/_2 \cdot R$ ein Wert von $\varkappa = {}^8/_6 =$ **1,33**

Im technisch interessanten Bereich treten durch den zunehmenden Einfluss der Molekülschwingung Abweichungen von den theoretischen Werten auf. In der Tabelle 5f sind die $\varkappa$-Werte verschiedener Gase bei $\vartheta = 25$ °C aufgelistet.

Tabelle 5f: Isentropenexponenten verschiedener Gase mit unterschiedlichen Atomen je Molekül

Atomzahl	1			2					3			> 3	
Gas	He	Ne	Ar	H_2	O_2	N_2	Luft	CO	CO_2	H_2S	SO_2	NH_3	CH_4
$\varkappa$-Wert	1,66	1,66	1,66	1,40	1,39	1,40	1,40	1,40	1,29	1,33	1,28	1,28	1,32

5.6.11 Polytrope Prozesse

Mit Gasen können theoretisch Zustandsänderungen unter folgenden Bedingungen erfolgen:

- **isochor**
  $V =$ konst $\Rightarrow \Delta V = 0$. Nach dem 1. Hauptsatz der Thermodynamik gilt: $\Delta Q = \Delta U$
  wobei $\Delta U = n \cdot C_{mV} \cdot \Delta T$ (Gl. 5.27) ist.
- **isobar**
  $p =$ konst $\Rightarrow \Delta p = 0$. Nach dem 1. Hauptsatz der Thermodynamik gilt: $\Delta H = \Delta U + p \cdot \Delta V$
  wobei $\Delta H = n \cdot C_{mp} \cdot \Delta T$ (Gl. 5.29) ist.
- **isotherm**
  $T =$ konst $\Rightarrow \Delta T = 0$. Nach dem 1. Hauptsatz der Thermodynamik gilt: $\Delta Q = \Delta W$.
  ΔW ist die Volumenänderungsarbeit:
  $\Delta W = -n \cdot R \cdot T \cdot \ln \frac{V_2}{V_1}$ oder $\Delta W = -n \cdot R \cdot T \cdot \ln \frac{p_1}{p_2}$ (Gl. 5.9) wobei $\Delta H = \Delta U = 0$ ist.
- **isentrop** (adiabatisch)
  $Q =$ konst $\Rightarrow \Delta Q = 0$.
  Nach dem 1. Hauptsatz der Thermodynamik gilt: $\Delta W = \Delta U = n \cdot C_{mV} \cdot (T_2 - T_1)$ (Gl. 5.58)
  oder $\Delta W = \frac{1}{\varkappa - 1}(p_2 \cdot V_2 - p_1 \cdot V_1)$ (Gl. 5.60)

Nur bei der **isothermen** und bei der **isentropen** (adiabatischen) Zustandsänderung tritt eine **Volumenänderungsarbeit** auf, die technisch nutzbar ist. Beispiel hierfür sind Wärmekraftmaschinen (Ottomotor, Dieselmotor) aber auch Dampfmaschinen, Turbinen oder Kühlschränke. **Die theoretischen Zustandsänderungen sind allerdings Grenzfälle.** Niemals läuft ein Vorgang vollkommen isotherm oder isentrop ab. So kommt es in der Wirklichkeit bei isentropen Expansionsprozessen immer auch zum Wärmeaustausch mit der Umgebung und bei isothermen Kompressionen kommt es zum Wärmestau, sodass sich das Gas dann doch dabei erwärmt. Die Zustandsänderungen erfolgen also „gemischt". Zur Kennzeichnung des tatsächlichen Verlaufs ist an Stelle des Isentropenexponents $\varkappa$ der **Polytropenexponent** n eingeführt worden.

Alle für die isentrope Zustandsänderung beschriebenen Gleichungen behalten bei der polytropen Zustandsänderung ihre Gültigkeit. Es wird lediglich der Isentropenexponent $\varkappa$ gegen den Polytropenexponent n ausgetauscht.

Beispielsweise werden die Gleichungen 5.55, 5.56 und 5.57 zu:

5.61 $T \cdot V^{n-1} = \text{konst}$

5.62 $p \cdot V^{n} = \text{konst}$

5.63 $p^{1-n} \cdot T^{n} = \text{konst}$

Der Polytropenexponent n hat wie der Isentropenexponent $\varkappa$ keine Einheit. Beide liegen in etwa in der gleichen Größenordnung. Vergleicht man n mit $\varkappa$, ergeben sich die folgenden Grenzfälle:

1. $n = \pm\infty \Rightarrow V = \text{konst} \Rightarrow$ Isochore
2. $n = 0 \Rightarrow p = \text{konst} \Rightarrow$ Isobare
3. $n = 1 \Rightarrow p \cdot V = \text{konst} \Rightarrow$ Isotherme
4. $n = \varkappa \Rightarrow p \cdot V^{\varkappa} = \text{konst} \Rightarrow$ Isentrope
5. $n > \varkappa \Rightarrow p \cdot V^{n} = \text{konst} \Rightarrow$ Polytrope
6. $n < \varkappa \Rightarrow p \cdot V^{n} = \text{konst} \Rightarrow$ Polytrope

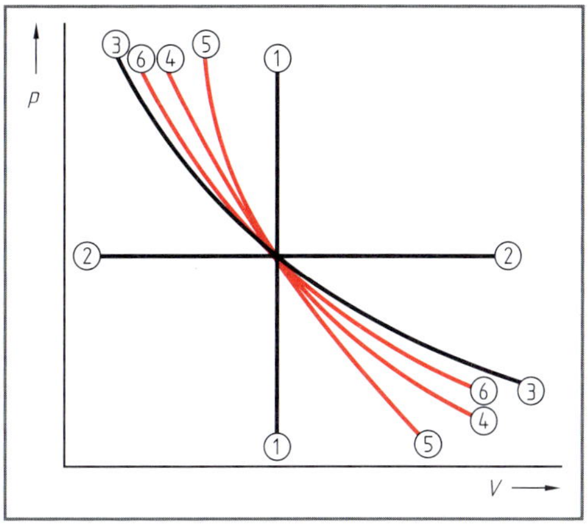

Bild 1: p-V-Diagramm der Zustandsänderungen

In Bild 1 sind die Grenzfälle im p-V-Diagramm wiedergegeben. Der Polytropenexponent muss für den jeweiligen Anwendungsfall gesondert experimentell ermittelt werden. Die rechnerische Behandlung allerdings erfolgt mit dieser Größe genauso wie mit dem Isentropenexponent (*Poisson*-Exponent).

Von besonderem Interesse in der chemischen Technologie ist der **Verdichterprozess,** denn für viele Synthesen müssen Gase hochverdichtet werden. Dieser Vorgang verläuft vielfach ungewollt polytrop. Dies führt zur Temperaturerhöhung des zu verdichtenden Gases und damit zu unerwünschten Energieverlusten. Ein Beispiel hierzu ist die Ammoniaksynthese, bei der das Prozessgas vor der Einspeisung in den Kreislauf mittels zwischengekühlten Turboverdichtern (Bild 2) auf $p = 300$ bar komprimiert wird.

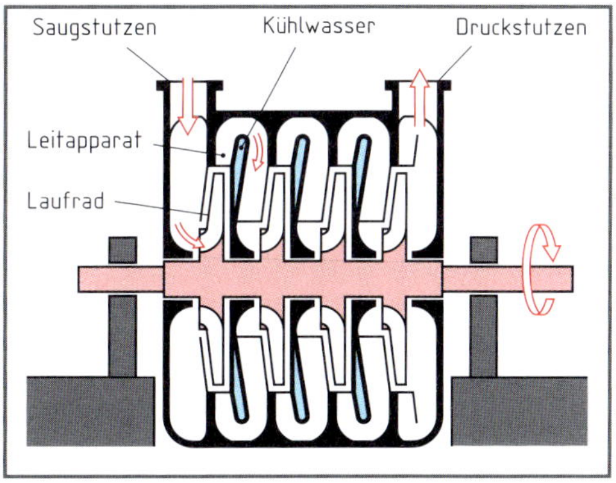

Bild 2: Turboverdichter mit Zwischenkühlung

Die Gleichung zur Berechnung der polytropen Volumenänderungsarbeit beim **Verdichterprozess** wird erhalten, indem zunächst C_{mV} durch Kombination der Gleichungen 5.30 und 5.51 ausgedrückt wird. An Stelle des Isentropenexponenten $\varkappa$ muss der Polytropenexponent n eingesetzt werden. Das Ergebnis lautet:

$$C_{mV} = \frac{R}{n-1}$$

Einsetzen in die Gleichung 5.58 und Ausklammern von T_1 führt zu:

$$\Delta W = \nu \cdot \frac{1}{n-1} \cdot R \cdot T_1 \cdot \left(\frac{T_2}{T_1} - 1\right)$$

Um Verwechslungen mit dem Polytropenexponent n zu vermeiden, wird für die **Stoffmenge** des Gases in diesem Fall das Formelzeichen ν verwendet! In der Gleichung 5.54 wird an Stelle des Isentropenexponents der Polytropenexponent eingeführt und das Ergebnis nach Umstellung in die obige Gleichung eingesetzt:

$$\Delta W_{\nu} = \nu \cdot \frac{1}{n-1} \cdot R \cdot T_1 \left[\left(\frac{p_2}{p_1}\right)^{\frac{n-1}{n}} - 1\right] \quad (5.64)$$

W_{ν}	ν	n	R	p	T
J	mol	1	$J \cdot mol^{-1} \cdot K^{-1}$	Pa	K

Zur Herleitung der Gleichung 5.64 wurde die Gleichung 5.58 verwendet. Diese setzt aber die Volumenänderungsarbeit mit der Änderung der inneren Energie gleich ($\Delta W = \Delta U$). Die sogenannte **technische Arbeit** W_t bezieht sich aber auf die Änderung der Enthalpie. Sie ist noch einmal um den Faktor n (Polytropenexponent) größer:

$$\Delta W_t = n \cdot \Delta W_{\nu} \quad (5.65)$$

ΔW	n
J	1

M 5.43: Zur Synthese von Ammoniak

$^1/_2\ N_2 + 1^1/_2\ H_2 \rightarrow NH_3$

wird das Synthesegas (Stoffmengenverhältnis $N_2 : H_2 = 1 : 3$), bevor es zur Reaktion eingespeist wird, mittels Turboverdichtern von $p_1 = 1{,}5$ bar auf $p_2 = 300$ bar komprimiert. Die Ausgangstemperatur des Synthesegases beträgt $\vartheta_1 = 55$ °C. In einer Großanlage werden pro Stunde 40 t NH_3 produziert, wobei der Verdichtungsprozess unter Zwischenkühlung des Gases mehrstufig durchgeführt wird.

Welche Energie muss zur Kompression des Synthesegases in einer Stunde aufgewandt werden, wenn

a) die Verdichtung ideal isotherm unter Kühlung erfolgt,

b) wenn nach Ausfall der Kühlung die Zustandsänderung ausschließlich polytrop ($n = 1{,}25$) erfolgt?

c) Wie groß ist die polytrope **technische** Arbeit?

Lsg.: $M(NH_3) = 17{,}0\ g \cdot mol^{-1}$. Die Stoffmenge beträgt demnach:

$$\nu = \frac{m}{M} = \frac{4{,}0 \cdot 10^7\ g}{17{,}0\ g \cdot mol^{-1}} = 2{,}35 \cdot 10^6\ mol$$

a) Für die ideale isotherme Kompression gilt Gl. 5.9: $\Delta W_{max} = -n \cdot R \cdot T \cdot \ln \frac{p_1}{p_2}$

$$\Delta W_{max} = -2{,}35 \cdot 10^6\ mol \cdot 8{,}315\ J \cdot mol^{-1} \cdot K^{-1} \cdot 328\ K \cdot \ln \frac{1{,}5\ bar}{300\ bar} = \mathbf{3{,}40 \cdot 10^{10}\ J}$$

b) Die polytrope Kompressionsarbeit wird mit der Gleichung 5.64 erhalten:

$$\Delta W_\nu = 2{,}35 \cdot 10^6\ mol \cdot \frac{1}{1{,}25 - 1} \cdot 8{,}315\ J \cdot mol^{-1} \cdot K^{-1} \cdot 328\ K \cdot \left[\left(\frac{300\ bar}{1{,}5\ bar}\right)^{\frac{1{,}25-1}{1{,}25}} - 1\right]$$

$$= \mathbf{4{,}83 \cdot 10^{10}\ J}$$

c) Die technische Arbeit ist: $\Delta W_t = n \cdot \Delta W_\nu = \mathbf{1{,}25 \cdot 4{,}83 \cdot 10^{10}\ J = 6{,}04 \cdot 10^{10}\ J}$

M 5.44: Welche Temperatur hat das in der Aufgabe M 5.43 beschriebene Synthesegas, wenn es nach Ausfall der Kühlung, wie beschrieben, polytrop verdichtet wird?

Lsg.: Es wird die Gleichung 5.54 angewandt und lediglich der Isentropenexponent gegen den Polytropenexponent ausgetauscht. Nach der Temperatur T_2 aufgelöst folgt:

$$T_2 = \frac{T_1}{\left(\frac{p_1}{p_2}\right)^{\frac{n-1}{n}}} = \frac{328\ K}{\left(\frac{1{,}5\ bar}{300\ bar}\right)^{\frac{1{,}25-1}{1{,}25}}} = \mathbf{946{,}4\ K \mathrel{\widehat{=}} 673{,}4\ °C}$$

5.7 Der zweite Hauptsatz der Thermodynamik

Die physikalischen Größen **Wärme** (Q) und **Arbeit** (W) sind wechselseitig **ineinander umwandelbar,** wobei diese beiden Größen durch die innere Energie (U) miteinander verknüpft sind. Dies ist im Wesentlichen die Aussage des **ersten Hauptsatzes** der Thermodynamik, der einen Spezialfall des **Energieerhaltungssatzes** darstellt, weil der erste Hauptsatz im Gegensatz zum allgemeinen Energieerhaltungsprinzip nur die beiden Größen Wärme und Arbeit miteinander verbindet.

Von herausragender Bedeutung ist in diesem Zusammenhang der Begriff „Zustandsgröße" (vgl. Kap. 5.2). Man meint damit, dass die **Änderung** einer solchen Größe **wegunabhängig** erfolgt. Sowohl die innere Energie (U) als auch die ihr ähnliche Größe, die Enthalpie (H), sind Zustandsgrößen bzw. Zustandsfunktionen (vgl. Kap 5.6.1). Im Gegensatz zu anderen Zustandsgrößen, wie beispielsweise dem Druck, kann bei der inneren Energie und der Enthalpie nur ihre **Änderung** (ΔU bzw. ΔH) gemessen werden. Eine Zustandsgröße hängt ausschließlich vom Anfangs- und Endzustand des Systems ab und nicht vom Weg, auf dem dieser Zustand erreicht worden ist. Will man in der Thermodynamik den **Weg** der Zustandsänderung beschreiben, so spricht man vom **thermodynamischen Prozess.**

Wendet man nur den ersten Hauptsatz auf einen thermodynamischen Prozess an, so kann dieser sowohl vorwärts als auch rückwärts ablaufen. Es ändert sich lediglich das Vorzeichen der jeweiligen energetischen Größen.

Die **Alltagserfahrung** zeigt allerdings, dass thermodynamische Prozesse freiwillig nur in einer **bestimmten Richtung** ablaufen. Man spricht in diesem Zusammenhang von einem **natürlichen** Prozess oder von einer **spontanen** Zustandsänderung. **Spontan** bedeutet jedoch **nicht,** dass der Prozess schnell ablaufen muss, sondern lediglich, dass der Vorgang **von selbst** in eine **bestimmte Richtung** abläuft!

Die Bilder 1 und 2 zeigen Vorgänge, die mit dem ersten Hauptsatz der Thermodynamik durchaus im Einklang stehen.

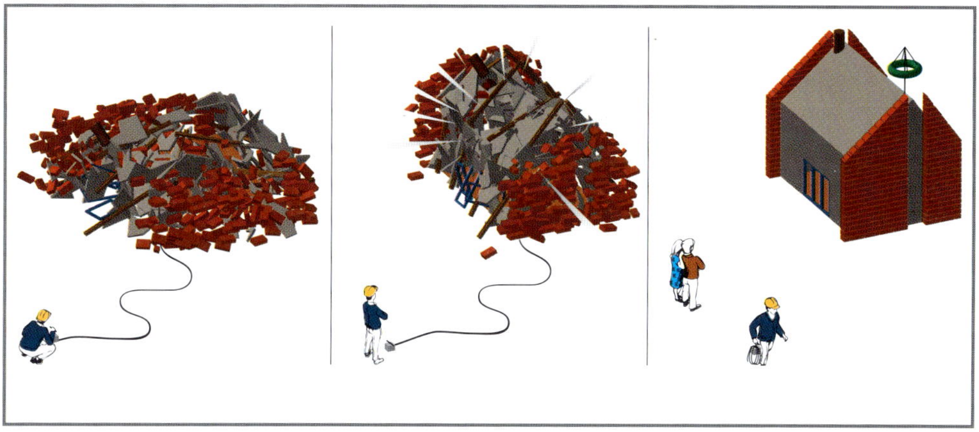

Bild 1: Ein besonders preisgünstiger Hausbau

Im Bild 1 wird ein Trümmerhaufen gesprengt, wobei sich die Trümmer zu einem Haus zusammenfügen. Leider läuft dieser Vorgang spontan nur in umgekehrter Richtung ab, sodass die Baufirmen diese besonders preiswerte Methode nicht anbieten können. Auch zieht eine Kerze **nicht** unter Abkühlung der Umgebung Kohlenstoffdioxid (CO_2) und Wasser (H_2O) aus der Luft an (Bild 2) und synthetisiert dabei Paraffin (C_nH_{2n+2}) unter Abgabe von Sauerstoff. Gemäß dem Satz von *Heß,* der die Anwendung des ersten Hauptsatzes auf chemische Reaktionssysteme ermöglicht, wäre ein solcher Vorgang denkbar. Da die Beispiele im krassen Widerspruch zur Wirklichkeit stehen, muss eine weitere Größe eingeführt werden, die etwas über den natürlichen Ablauf – eben über die Richtung – eines Prozesses aussagt. Diese Größe ist die **Entropie.** Mit dem zweiten Hauptsatz der Thermodynamik wird die Entropie eingeführt, um die **Richtung natürlicher Prozesse** bzw. **spontaner Zustandsänderungen** zu beschreiben.

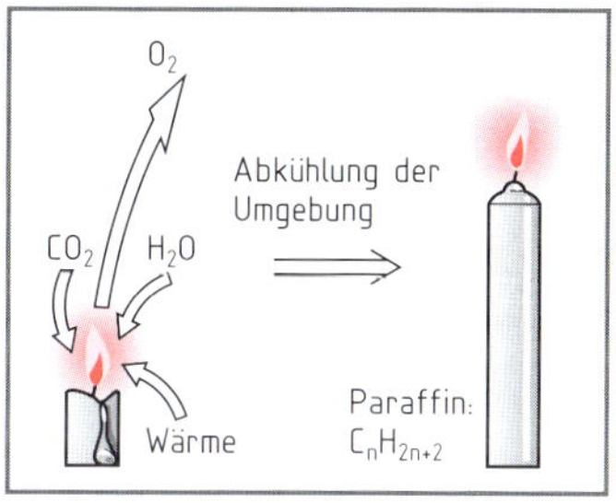

Bild 2: Absurde Paraffinsynthese

5.7.1 Die Entropie als kalorische Größe

In einem Gedankenversuch werden zwei Behälter, die je 1 kg Wasser mit unterschiedlicher Temperatur enthalten, zusammengebracht (Bild 3). Ein **Wärmeaustausch** mit der **Umgebung** soll **nicht**

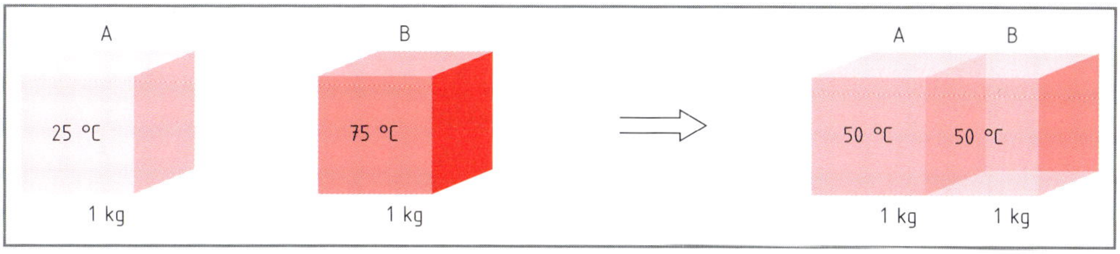

Bild 3: Wärmeaustausch zwischen zwei Behältern mit Wasser von unterschiedlicher Temperatur

stattfinden. Insofern handelt es sich um vollkommene adiabatische Bedingungen. Die **Erfahrung** zeigt, dass ein Temperaturausgleich stattfindet, wobei sich der Behälter A von 25 °C auf 50 °C erwärmt und gleichzeitig der Behälter B von 75 °C auf 50 °C abkühlt. Die Wärme fließt **irreversibel** vom wärmeren Gefäß zum kälteren Gefäß (Wärmeaustausch mit der Trennwand vernachlässigt). Nachdem die Gefäße (Bild 3, S. 153) getrennt werden, behalten sie im ideal adiabatischem System ihre Temperatur bei. Es **widerspräche** nämlich jeglicher **Erfahrung**, wenn sich bei dem von **adiabatischen** Wänden umgebenen System der Behälter A von selbst auf seine Ausgangstemperatur abkühlte, während der Behälter B sich gleichzeitig von selbst wieder auf 75 °C erhitzen würde. Nach dem ersten Hauptsatz der Thermodynamik wäre das möglich! Dennoch gelingt es, den Prozess wieder umzukehren; d.h. den Behälter A wieder auf seine Ausgangstemperatur von 25 °C abzukühlen und den Behälter B wieder auf 75 °C zu erwärmen. Wie aus Bild 1 hervorgeht, ist hierzu jedoch ein großer Aufwand vonnöten.

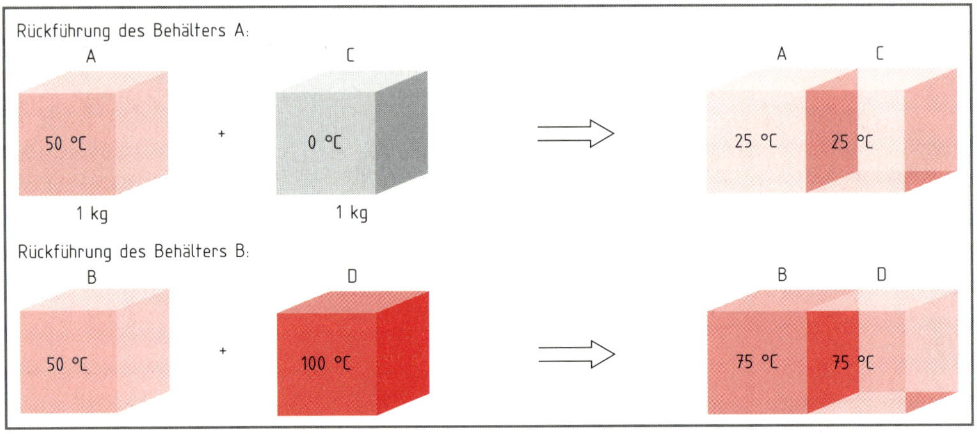

Bild 1: Umkehrung der Wärmeübertragung

In Bild 1 wird der im Bild 3, S. 153 beschriebene irreversible Prozess umgekehrt. Zum Rückspulen des ersten Prozesses werden allerdings zwei weitere wassergefüllte Behälter (C und D) mit jeweils entsprechender Temperatur benötigt, deren thermischer Zustand am Ende dauerhaft verändert zurückbleibt. Erweitert betrachtet kann diese Aussage verallgemeinert werden:

> Natürliche Prozesse werden als unumkehrbar (irreversibel) bezeichnet, wenn sie nicht rückgängig gemacht werden können, ohne dass anderweitig eine dauerhafte Veränderung zurückbleibt.

Die heiße Teekanne auf der linken Seite in Bild 2 gibt ständig Wärme an die kältere Umgebung ab, ebenso die Kerze unter Abbrand (neben Licht und Verbrennungsprodukten). Erst wenn die Kerze unter die Teekanne gestellt wird, wird der Abkühlungsprozess bei der Kanne aufgehalten oder sogar zurückgespult, da die an die Umgebung abgeführte Energie durch die von der Kerze gelieferte ganz ersetzt oder gar überkompensiert wird. Bei jedem der Gegenstände läuft ein thermodynamischer Prozess ab und beide sind irreversibel. Allerdings ist der Abbrandprozess bei der Kerze **stärker irreversibel**. Auch diese Beobachtung kann verallgemeinert werden:

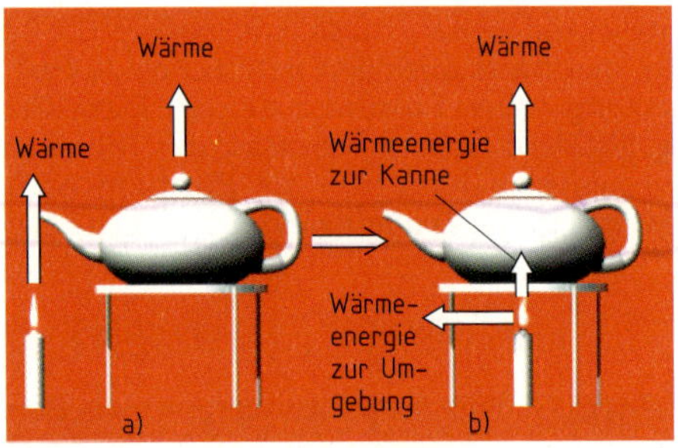

Bild 2: Zwei unterschiedlich irreversible Prozesse

> Laufen in einem System zwei irreversible Prozesse ab, so ist derjenige stärker irreversibel, der den anderen zurückspulen kann. Der Antrieb hierfür ist die **Entropie.**

Bei der Wärmeübertragung wird **je Temperatureinheit** eine bestimmte **Wärmeportion** übertragen. Anschaulich kann man sich die **Entropie** als **Wärmetransportgröße** vorstellen, die während des Prozessablaufs **ständig** Wärme zwischen den Reservoiren R_1 und R_2 mit $T_1 > T_2$ austauscht (Bild 1, S. 155).

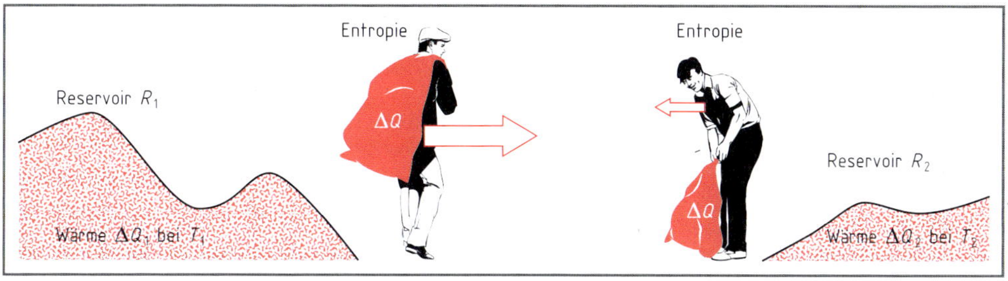

Bild 1: Die Entropie wird als Wärmetransportgröße zwischen zwei Wärmereservoiren ausgetauscht

Die Erfahrung zeigt, dass beim Wärmeübertragungsprozess die absolute Temperatur im wärmeren Behälter fortlaufend sinkt, während sie im kälteren Behälter immer mehr ansteigt.

Die Übertragung einer Wärmeportion bewirkt demnach eine **Temperaturänderung,** was gleichbedeutend mit einer Änderung der Teilchenbewegung ist. Bei der Verfolgung des Wärmeaustauschprozesses muss darum die Temperatur bei jedem Schritt miteinbezogen werden. Anschaulich ausgedrückt bleibt der Transportaufwand der Entropielastträger im Bild 1 während des Gesamtablaufs nicht konstant, sondern ändert sich mit der Temperatur. Die übertragene Wärme wird aber immer gegen das im jeweiligen Wärmereservoir momentan herrschende **absolute** Temperaturpotential T ausgetauscht.

Auf den ersten Blick scheint Bild 1 etwas Unsinniges zu zeigen, denn weshalb trägt der rechts abgebildete „Entropiearbeiter" die Wärmemenge ΔQ vom kleineren Wärmereservoir wieder zurück? Dafür gibt es zwei Gründe:

1. Die Wärme wird in Wirklichkeit eigentlich in **kleinsten Portionen** übertragen, denn es sind ja **atomare** bzw. **molekulare Dimensionen.** Das aber bedeutet, dass entsprechend der *Boltzmann*-Verteilung nicht alle Teilchen an der „Wärmeübertragungsstelle" die gleiche Energie haben. Einige Teilchen des „kälteren" Körpers sind energiereicher und übertragen beim Stoß ihre Bewegungsenergie wieder auf langsamere Teilchen des wärmeren Körpers. Im Bild 2 überträgt das heftiger schwingende Teilchen Nr. 2 im „kälteren" Körper seine Energie wieder auf ein weniger stark schwingendes Teilchen (Nr. 5) im wärmeren Körper. Dies ist aber ein **reversibler** Vorgang!

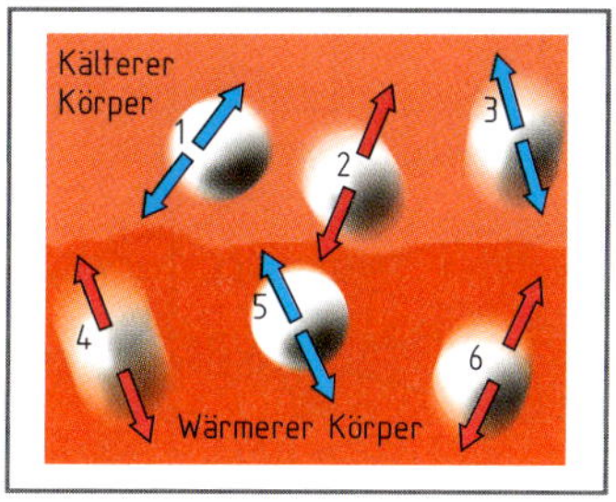

Bild 2: Wärmeübertragung

2. Auch ist bei Festkörpern immer eine Teilchenbewegung vorhanden, sobald eine höhere Temperatur als 0 K vorliegt. Dies führt dazu, dass die Teilchen ihren Bewegungsimpuls auch nach dem Temperaturausgleich ständig über die Berührungsstelle hinweg wechselseitig austauschen.

Aus diesen Überlegungen folgt, dass die Entropie eine Größe ist, die die **reversibel** übertragene **Wärme** (ΔQ_{rev}) beschreibt. Wobei der Übertragungsaufwand auf die jeweils im System vorliegende **absolute Temperatur** bezogen wird. Die Definition der Entropie (S) lautet daher:

$$\Delta S = \frac{\Delta Q_{rev}}{T} \qquad (5.66)$$

ΔS	ΔQ_{rev}	T
$J \cdot K^{-1}$	J	K

Im Bild 3, S. 153 ist dargestellt, wie sich 1 kg Wasser von 25 °C auf 50 °C erwärmt, während sich gleichzeitig 1 kg Wasser von 75 °C auf 50 °C abkühlt. Es gilt (Gl. 4.16):

$$\Delta Q = m \cdot c \cdot \Delta T = 1\ \text{kg} \cdot 4{,}2\ \text{kJ} \cdot \text{kg}^{-1} \cdot \text{K}^{-1} \cdot 25\ \text{K} = 105{,}0\ \text{kJ} \Rightarrow Q_{ab} = -105{,}0\ \text{kJ und } Q_{auf} = +105{,}0\ \text{kJ}$$

Diese Wärme soll in **fünf Portionen** zu je **21 kJ** übertragen werden, wobei gleichzeitig entsprechend der Gleichung 4.16 die Temperatur jeweils um 5 K sinkt bzw. ansteigt. Zur Berechnung der Entropie bei jedem Einzelschritt wird **vereinfachend** die jeweils absolute Mitteltemperatur (s.a. unten stehende Tabelle 5g) angenommen. Diese beträgt beim ersten Abkühlungsschritt:

$$T_M = \frac{348\ \text{K} + 343\ \text{K}}{2} = 345{,}5\ \text{K}$$

Nach Einsetzen in die Gleichung 5.66 erhält man als Entropie:

$$\Delta S = \frac{\Delta Q_{rev}}{T} = \frac{-21\,000\ \text{J}}{345{,}5\ \text{K}} = -60{,}78\ \text{J} \cdot \text{K}^{-1}$$

Beim zweiten Abkühlungsschritt (von $T = 343$ K auf $T = 338$ K) beträgt die Entropie:

$$\Delta S = \frac{\Delta Q_{rev}}{T} = \frac{-21\,000\ \text{J}}{340{,}5\ \text{K}} = -61{,}67\ \text{J} \cdot \text{K}^{-1}$$

Aus dem **negativen** Vorzeichen geht hervor, dass die Entropie des wärmeren Reservoir während des gesamten Abkühlungsprozesses immer kleiner wird. Dies lässt sich verallgemeinern:

Beim Wärmeaustausch fließt die Entropie vom wärmeren Körper ständig in Richtung des kälteren Körpers ab (negatives Vorzeichen!), wobei dessen Entropie zunimmt (positives Vorzeichen!). Demnach bestimmt der Entropiefluss, in welche Richtung ein natürlicher Vorgang abläuft.

Gesondert zu betrachten ist der Rücktransport der Entropie. Dieser wird vom zweiten „Lastenträger" im Bild 1, S. 155 besorgt. Bei diesem Vorgang bleibt jedesmal eine **höhere** Temperatur im anfänglich kälteren Wärmereservoir zurück. Der Rücktransport der ersten Entropieportion bewirkt eine Erhöhung der Temperatur von 298 K auf 303 K, was einem Temperaturmittel von $T_M = 300{,}5$ K und einer Entropie von $\Delta S = +69{,}88$ J/K entspricht. In der Tabelle 5g ist der Wärmeaustauschprozess zwischen den beiden Wärmereservoiren mit den entsprechenden Größen wiedergegeben.

Tabelle 5g: Entropieaustausch zwischen zwei Wärmereservoiren

Abkühlen				**Erwärmen**			
T_{abs} in K	T_M in K	ΔQ in J	$\Delta S = \Delta Q/T$ in J/K	T_{abs} in K	T_M in K	ΔQ in J	$\Delta S = \Delta Q/T$ in J/K
348				298			
	345,5	−21000	$\Delta S_1 = -60{,}78$		300,5	+21000	$\Delta S_1 = +69{,}88$
343				303			
	340,5	−21000	$\Delta S_2 = -61{,}67$		305,5	+21000	$\Delta S_2 = +68{,}74$
338				308			
	335,5	−21000	$\Delta S_3 = -62{,}59$		310,5	+21000	$\Delta S_3 = +67{,}63$
333				313			
	330,5	−21000	$\Delta S_4 = -63{,}54$		315,5	+21000	$\Delta S_4 = +66{,}56$
328				318			
	325,5	−21000	$\Delta S_5 = -64{,}52$		320,5	+21000	$\Delta S_5 = +65{,}52$
323				323			
323		−21000	**$\Delta S = -65{,}02$**	**323**		+21000	**$\Delta S = +65{,}02$**

In der Tabelle 5g ist bemerkenswert, dass sich die **Entropiebeträge** immer mehr annähern, je mehr sich die Temperatur in den beiden Gefäßen angleicht. Bei $T = 323$ K, der Endtemperatur, ist der zwischen den Gefäßen ausgetauschte (fett hervorgehobene) Entropiebetrag ΔS gleich groß. Ein weiterer Hin- und Hertransport bewirkt keine Veränderung mehr. Deshalb gilt im **Gleichgewicht**:

5.67 $$\frac{\Delta Q\,(1)_{rev}}{T_1} + \frac{\Delta Q\,(2)_{rev}}{T_2} = 0 \quad \text{oder} \quad \Delta S_1 = -\Delta S_2$$

ΔQ_{rev}	T	ΔS
J	K	$\text{J} \cdot \text{K}^{-1}$

Vergleicht man die in der Tabelle 5g aufgelisteten jeweiligen Entropieportionen der Wärmeübertragungsschritte, so findet man eine überraschende Gesetzmäßigkeit, wenn man jeweils die Summe bildet.

1. Summe der Entropien bei der **Abkühlung (ΔS_a)**:

   $\Delta S_a = \Delta S_1 + \Delta S_2 + \Delta S_3 + \Delta S_4 + \Delta S_5 = [(-60{,}78) + (-61{,}67) + (-62{,}59) + (-63{,}54) + (-64{,}52)]$ J/K $= -313{,}10$ J/K

2. Summe der Entropien bei der **Erwärmung (ΔS_e)**:

   $\Delta S_e = \Delta S_1 + \Delta S_2 + \Delta S_3 + \Delta S_4 + \Delta S_5 = [(+69{,}88) + (+68{,}74) + (+67{,}63) + (+66{,}56) + (+65{,}52)]$ J/K $= +338{,}33$ J/K

   $\Rightarrow \Delta S_{ges} = \Delta S_a + \Delta S_e = (-313{,}10\ \text{J/K}) + (+338{,}33\ \text{J/K}) = \mathbf{+25{,}23\ J/K}$.

Die **Gesamtentropie** hat bei dem makroskopisch irreversibel ablaufenden Wärmeübertragungsprozess **zugenommen.** Dies kann verallgemeinert werden:

Bei irreversiblen Zustandsänderungen wird immer Entropie erzeugt. Diese **Entropieerzeugung** ist der **Antrieb** eines jeden **irreversiblen Vorgangs.** Da reversible Prozesse lediglich gedankliche Grenzfälle darstellen, wird die Entropie des Universums ständig vermehrt, denn alle in der Natur freiwillig ablaufenden Vorgänge sind irreversibel.

Bei einer abbrennenden Kerze, in den Muskeln eines Sportlers, im Gehirn eines denkenden Menschen, in der Heizwicklung einer Kochherdplatte – praktisch überall – wird ständig Entropie erzeugt.

Eine einmal erzeugte Entropie kann nicht mehr gewandelt oder vernichtet werden. Weiterhin entsteht bei einem reversiblen Vorgang keine neue Entropie, sondern, die an diesem Vorgang beteiligten Systeme tauschen lediglich Entropiemengen aus, die bereits vorhanden sind.

Im Bild 1 ist der Wärmeübertragungsprozess, wie er aus der Tabelle 5g hervorgeht, als Temperatur-Entropiezuwachs-Diagramm aufgetragen. Die bei jedem Schritt übertragenen Wärmeportionen werden durch Rechtecke dargestellt, deren Höhe der mittleren Temperatur und deren Breite dem jeweiligen Entropiezuwachs entspricht. Aus Platzgründen sind die bei jedem **Erwärmungsschritt** auftretenden **Entropiezuwächse** nicht maßstäblich wiedergegeben. Aus der Auftragung ist ersichtlich, dass die anfänglich relativ großen Entropiezuwächse mit steigender Temperatur kleiner werden. Der tatsächliche Kurvenverlauf wird durch die rote Linie wiedergegeben.

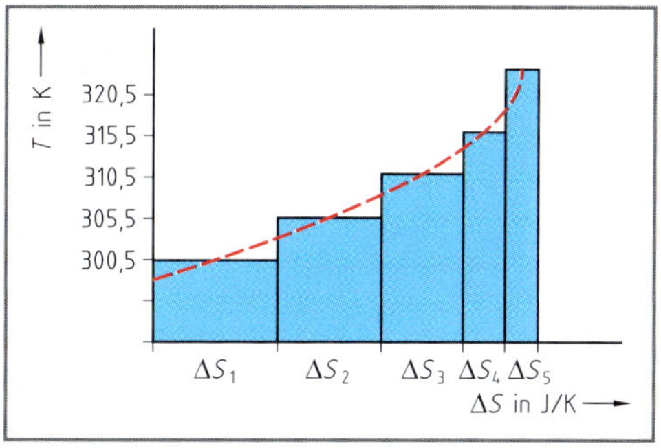

Bild 1: Entropie-Temperatur-Kurve

Setzt man in der Gleichung 4.16 für die Wärme Q den bei einer reversiblen Zustandsänderung erfolgenden Wärmeaustausch ΔQ_{rev} ein und dividiert schließlich beide Seiten durch die absolute Temperatur, so resultiert:

$$\frac{\Delta Q_{rev}}{T} = m \cdot c \cdot \frac{\Delta T}{T}$$

ΔQ_{rev}	m	c	T
J	kg	$J \cdot kg^{-1} \cdot K^{-1}$	K

5.68

Die linke Seite der Beziehung 5.68 entspricht aber der Definition der Entropieänderung $\Delta S \Rightarrow$

$$\Delta S = m \cdot c \cdot \frac{\Delta T}{T}$$

S	m	c	T
$J \cdot K^{-1}$	kg	$J \cdot kg^{-1} \cdot K^{-1}$	K

5.69

Macht man die Differenzen ΔT und ΔS unendlich (infinitesimal) klein, so werden die Rechtecke im Diagramm, Bild 1, immer kleiner und passen sich dem exakten Graph (rote Linie) genau an. In der Sprache der Mathematik wird aus ΔS ein dS und aus ΔT wird dT. Mit Hilfe der Integralrechnung lässt sich dann die exakte Gleichung zur Berechnung der Entropieänderung bei einer Temperaturänderung von T_1 auf T_2 ermitteln.

Sie lautet:

$$S_2 - S_1 = \Delta S = m \cdot c \cdot \ln \frac{T_2}{T_1}$$

S	m	c	T
$J \cdot K^{-1}$	kg	$J \cdot kg^{-1} \cdot K^{-1}$	K

5.70

M 5.45: Um welchen Betrag ändert sich die Entropie des Wassers, wenn die in der Tabelle 5g und Bild 3, S. 153 zugrundegelegten Massen von jeweils 1 kg Wasser abgekühlt bzw. erwärmt werden?

Lsg.: *Abkühlung*: $T_1 = 348{,}00$ K und $T_2 = 323{,}00$ K

$$\Delta S = m \cdot c \cdot \ln \frac{T_2}{T_1} = 1\ \text{kg} \cdot 4{,}200\ \text{kJ} \cdot \text{kg}^{-1} \cdot \text{K}^{-1} \cdot \ln \frac{323{,}00\ \text{K}}{348{,}00\ \text{K}} = -0{,}31311\ \text{kJ} \cdot \text{K}^{-1}$$

$$= \mathbf{-313{,}11\ J \cdot K^{-1}}$$

Erwärmung: $T_1 = 298{,}00$ K und $T_2 = 323{,}00$ K

$$\Delta S = m \cdot c \cdot \ln \frac{T_2}{T_1} = 1\ \text{kg} \cdot 4{,}200\ \text{kJ} \cdot \text{kg}^{-1} \cdot \text{K}^{-1} \cdot \ln \frac{323{,}00\ \text{K}}{298{,}00\ \text{K}} = +0{,}33835\ \text{kJ} \cdot \text{K}^{-1}$$

$$= \mathbf{+338{,}35\ J \cdot K^{-1}}$$

Die Lösung der Musteraufgabe M 5.45 zeigt, dass die in der Tabelle 5g, S. 156 angewandte grobe Abschätzung den tatsächlichen Verhältnissen recht nahe kommt.

5.7.2 Entropie bei Zustandsänderungen von Gasen

Bei Flüssigkeiten und Festkörpern kann die Volumenänderungsarbeit in der Regel vernachlässigt werden. Dies ist bei Gasen **nicht** der Fall. Dennoch lässt sich die Gleichung 5.70 zur Berechnung der Entropie bei **isochoren** und **isobaren** Zustandsänderungen von idealen Gasen verwenden. Es müssen nur die entsprechenden Wärmekapazitäten eingesetzt werden.

Isochore Zustandsänderung:

5.71
$$\Delta S = n \cdot C_{mV} \cdot \ln \frac{T_2}{T_1}$$

S	n	C_{mV}	T
$J \cdot K^{-1}$	mol	$J \cdot kg^{-1} \cdot K^{-1}$	K

Isobare Zustandsänderung:

5.72
$$\Delta S = n \cdot C_{mp} \cdot \ln \frac{T_2}{T_1}$$

S	n	C_{mp}	T
$J \cdot K^{-1}$	mol	$J \cdot kg^{-1} \cdot K^{-1}$	K

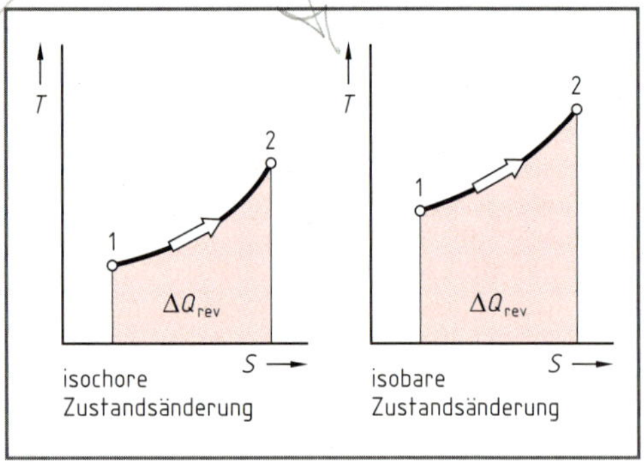

Bild 1: Wärmediagramme

Die zugehörigen *T-S*-Diagramme, die auch als Wärmediagramme bezeichnet werden, da ihre **Fläche** der Wärme $\Delta Q_{rev} = T \cdot \Delta S$ entspricht, sind im Bild 1 wiedergegeben.

M 5.46: a) Wie ändert sich die Entropie, wenn in einem **geschlossenen** Reaktionsbehälter 50 kg HBr von 50 °C auf 350 °C erhitzt werden?

b) Wie groß wäre die Entropie, wenn die Zustandsänderung unter **isobaren** Bedingungen erfolgen würde?

Die mittlere molare Wärmekapazität beträgt: $\overline{C}_{mp} = 29{,}58\ J \cdot mol^{-1} \cdot K^{-1}$.
Molare Masse: M(HBr) = 80,91 g mol^{-1}.

Lsg.: a) $\overline{C}_{mV} = \overline{C}_{mp} - R = 29{,}58\ J \cdot mol^{-1} \cdot K^{-1} - 8{,}315\ J \cdot mol^{-1} \cdot K^{-1} = 21{,}27\ J \cdot mol^{-1} \cdot K^{-1}$

$n = \dfrac{5 \cdot 10^4\ g}{80{,}91\ g \cdot mol^{-1}} = 618$ mol. Eingesetzt in die Gleichung 5.71 folgt:

$$\Delta S = n \cdot \overline{C}_{mV} \cdot \ln \frac{T_2}{T_1} = 618\ \text{mol} \cdot 21{,}27\ J \cdot mol^{-1} \cdot K^{-1} \cdot \ln \frac{620\ K}{323\ K} = \mathbf{8\,571\ J \cdot K^{-1}}$$

b) $\Delta S = n \cdot \overline{C}_{mp} \cdot \ln \dfrac{T_2}{T_1} = 618\ \text{mol} \cdot 29{,}58\ J \cdot mol^{-1} \cdot K^{-1} \cdot \ln \dfrac{620\ K}{323\ K} = \mathbf{11\,920\ J \cdot K^{-1}}$

Allgemein ist die Entropieänderung unter isobaren Bedingungen größer (s.a. Bild 1).

Bei einer **isothermen** Expansion erbringt das Gas eine **reversible** Volumenänderungsarbeit entsprechend der Gleichung 5.9 (s.a. Kap. 5.4):

$$-\Delta W_{rev} = n \cdot R \cdot T \cdot \ln \frac{V_2}{V_1}$$

Da die Entropie eine **kalorische Größe** ist, muss an Stelle von ΔW_{rev} die reversibel ausgetauschte Wärme ΔQ_{rev} in die obige Gleichung eingesetzt werden.

Bei der isothermen Expansion wird diese Wärme von außen dem System **zugeführt,** wie das im Bild 1 **idealisiert** dargestellt ist. Es gilt deshalb:

$$+\Delta Q_{rev} = -\Delta W_{rev} = n \cdot R \cdot T \cdot \ln \frac{V_2}{V_1}$$

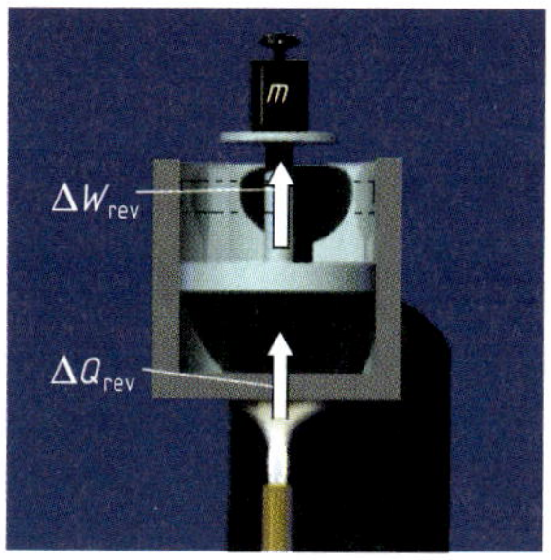

Bild 1: Isotherme Expansion

Die Entropieänderung ist als $\Delta S = \Delta Q_{rev}/T$ definiert. Wird deshalb $+\Delta Q_{rev}$ durch T dividiert, so resultiert unmittelbar die Gleichung zur Berechnung der Entropieänderung (ΔS) bei einer **isothermen Expansion** oder **Kompression** eines idealen Gases:

$$\Delta S = n \cdot R \cdot \ln \frac{V_2}{V_1}$$

$$\Delta S = n \cdot R \cdot \ln \frac{p_1}{p_2}$$

ΔS	n	R	V	p
$J \cdot K^{-1}$	mol	$J \cdot mol^{-1} \cdot K^{-1}$	m^3	Pa

5.73
5.74

Da sich die Temperatur definitionsgemäß nicht ändert, stellt das Wärmediagramm bei der **isothermen** Zustandsänderung (von 1 nach 2) ein Rechteck dar (Bild 2).

M 5.47: Wie groß ist die Entropieänderung, wenn n = 618 mol HBr isotherm von $V_1 = 14\ m^3$ auf $V_2 = 25\ m^3$ expandieren?

Lsg.: Einsetzen in Gleichung 5.73 ⇒

$$\Delta S = 618\ mol \cdot 8{,}315\ J \cdot mol^{-1} \cdot K^{-1} \cdot \ln \frac{25\ m^3}{14\ m^3}$$

$$= \mathbf{2\,979\ J \cdot K^{-1}}$$

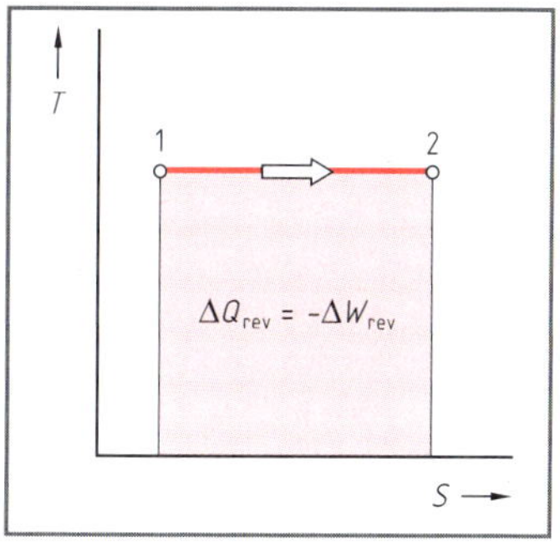

Bild 2: Wärmediagramm der isothermen Zustandsänderung

Wird ein Gas zwischen **adiabatischen** Wänden eingeschlossen, so tauscht es mit der Umgebung keinerlei Wärme aus. Demnach ist $\Delta Q_{rev} = 0$. Eine Volumenänderungsarbeit ΔW_V führt lediglich zur Änderung der inneren Energie um ΔU.

Weil aber die Entropie in diesem Fall ausschließlich durch Wärme übertragen wird, ist die Entropieänderung:

$$\frac{\Delta Q_{rev}}{T} = \Delta S = 0.$$

Da sich die Entropie bei einer Zustandsänderung im adiabatischen System nicht ändert, wird diese auch als **isentrope** Zustandsänderung bezeichnet (griech.: isos = gleich und griech.: entrepein = verwandeln, nämlich Wärme in Arbeit).

Das Wärmediagramm (T-S-Diagramm) der **isentropen** Zustandsänderung im **adiabatischen** System ist eine Gerade, die parallel zur T-Achse verläuft (Bild 3). Bei der Entropiebetrachtung **polytroper Prozesse** fällt der Anteil eines eventuell im adiabatischen Systems ablaufenden Teilprozessschrittes weg, da dieser naturgemäß isentrop ($\Delta S = 0$) abläuft.

Folgende Kombinationen polytroper Prozesse sind bei idealen Gasen möglich:

a) isochore mit isobar/isothermer sowie

b) isobare mit isochor/isothermer Zustandsänderung

Aus den Gleichungen 5.71 und 5.73 folgt für die Entropie einer isochor-isobar/isothermen Zustandsänderung:

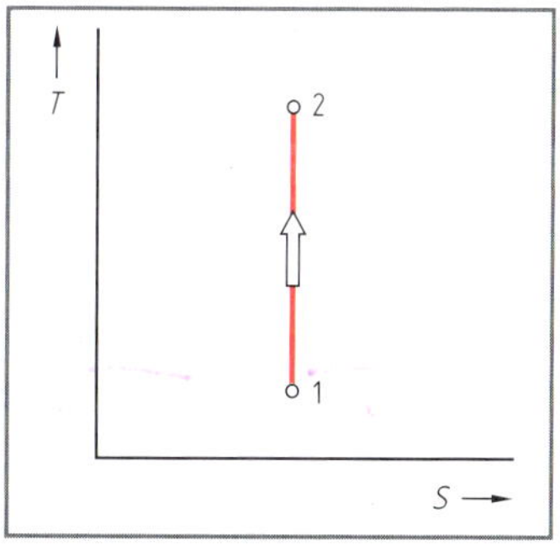

Bild 3: Wärmediagramm der isentropen Zustandsänderung

5.75	$$\Delta S = n \cdot C_{mV} \cdot \ln \frac{T_2}{T_1} + n \cdot R \cdot \ln \frac{V_2}{V_1}$$

ΔS	n	C_{mV}	T	R	V
$J \cdot K^{-1}$	mol	$J \cdot mol^{-1} \cdot K^{-1}$	K	$J \cdot mol^{-1} \cdot K^{-1}$	m^3

Die Änderung der Entropie bei einer isobar-isochor/isothermer Zustandsänderung beträgt:

5.76	$$\Delta S = n \cdot C_{mp} \cdot \ln \frac{T_2}{T_1} + n \cdot R \cdot \ln \frac{p_1}{p_2}$$

ΔS	n	C_{mp}	T	R	p
$J \cdot K^{-1}$	mol	$J \cdot mol^{-1} \cdot K^{-1}$	K	$J \cdot mol^{-1} \cdot K^{-1}$	Pa

Die Reihenfolge der Einzelprozessschritte in den Gleichungen 5.75 und 5.76 können vertauscht werden, die Änderung der Entropie des Gesamtprozesses ist in jedem Fall gleich. Im Bild 1 ist ein Kreisprozess dargestellt, den ein Gas durchlaufen soll. Im ersten Schritt wird es isotherm entspannt. Dem schließt sich der zweite Schritt, eine isobare Kompression (Abkühlung) an, dem der dritte Schritt, eine isotherme Verdichtung folgt. Im vierten Schritt wird das Gas schließlich isobar expandiert (Erwärmung), wonach es wieder im Ausgangszustand vorliegt. Aus dem bisher Gesagten folgt: Der **Kreisprozess** kann links wie auch rechts herum laufen und an jeder beliebigen Stelle anfangen und auch wieder enden. Die Gesamtentropieänderung wird immer die gleiche sein. Deshalb gilt:

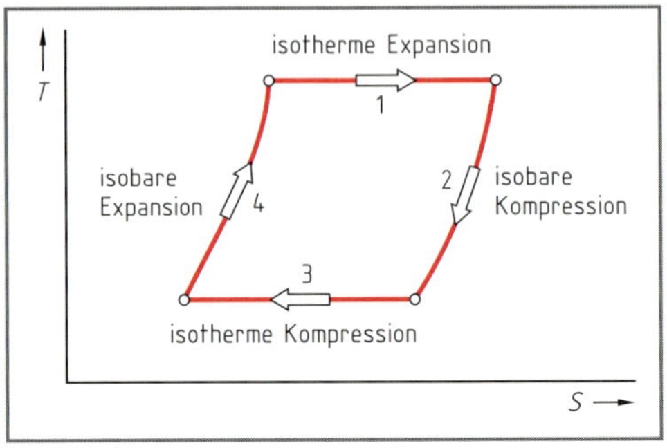

Bild 1: Entropie eines Kreisprozesses

> Die Entropie ist eine Zustandsgröße, da ihre Änderung wegunabhängig ist.

M 5.48: Beim Erhitzen von n = 618 mol HBr kommt es aufgrund einer Betriebsstörung zum Ansprechen der Überdrucksicherung. Der Gefäßinhalt wird schlagartig entspannt, wobei der Druck von p_1 = 5,6 bar auf p_2 = 1,0 bar sinkt. Gleichzeitig sinkt durch die isentrope Entspannung die Temperatur von T_1 = 623 K auf T_2 = 410 K.
Wie groß ist die Änderung der Entropie, wenn die mittlere molare Wärmekapazität $\overline{C}_{mp} = 29{,}58\ J \cdot mol^{-1} \cdot K^{-1}$ beträgt?

Lsg.:

$$\Delta S = 618\ mol \cdot 29{,}58\ J \cdot mol^{-1} \cdot K^{-1} \cdot \ln \frac{410\ K}{623\ K} + 618\ mol \cdot 8{,}315\ J \cdot mol^{-1} \cdot K^{-1} \cdot \ln \frac{5{,}6\ bar}{1{,}0\ bar}$$

$$\Delta S = \mathbf{1\,204{,}4\ J \cdot K^{-1}}$$

5.7.3 Entropie und Unordnung

In einem Gedankenversuch wird ein Gefäß durch eine Trennwand in zwei Kammern aufgeteilt. Im linken Teil soll sich Sauerstoff befinden, während die rechte Kammer Stickstoff enthalten soll. Wird die Trennwand herausgezogen, so mischen sich die beiden Gase **spontan** miteinander, wobei gleichzeitig die **Unordnung** zunimmt. Dies ist der **natürliche** Ablauf. Zur Erinnerung sei hervorgehoben, dass alle natürlich ablaufenden Vorgänge **irreversibel** erfolgen. Andererseits wurde eine spontane Entmischung zweier Gase noch nie beobachtet. Da aber die Wechselwirkungskräfte zwischen den Stickstoff- und Sauerstoffmolekülen vernachlässigbar sind, muss eine andere Größe der Antrieb für die Durchmischung sein. Es ist die **Entropie.**

> Die Entropie ist ein Maß für die Unordnung. Je größer die Unordnung ist, desto höher ist die Entropie. Da die steigende Entropie auch gleichzeitig ein Maß für die Irreversibilität eines Vorgangs ist, gilt: Natürliche Vorgänge verlaufen stets in Richtung maximaler Unordnung.

Gibt man in destilliertes Wasser soviel Salz, dass sich eine gesättigte Lösung bilden kann, so liegt am Schluss ein **Bodenkörper** und eine **gesättigte Lösung** vor. Da das Kristallgitter ein Zustand hoher Ordnung ist, ist die Entropie zu Beginn des Lösevorgangs gering. Je mehr Ionen in Lösung gehen, desto stärker wächst die Entropie an. Irgendwann scheiden sich aber aus der Lösung auch wieder Teilchen ab, so dass ein **Gleichgewicht** vorliegt. In diesem Fall ist das für den betreffenden Vorgang mögliche Maximum der Entropie erreicht.

Im Gleichgewichtszustand hat die Entropie ein Maximum.

Ein Entmischungsvorgang, wie ihn das Bild 1 zeigt, wäre ein nicht natürlich ablaufender Prozess, weil die Entropie abnehmen würde. Dennoch entmischen sich bestimmte Flüssigkeiten wie Öl und Wasser spontan. Der Vorgang ist als Wechselspiel zwischen Energie (z.B. Wärme) und Entropie zu interpretieren. Wärme ist Molekularbewegung. Je wärmer ein Gegenstand ist, desto heftiger ist die Molekularbewegung und desto größer ist auch die Entropie. Beim Entmischungsvorgang von Öl und Wasser ist die Wechselwirkungskraft zwischen den Molekülen gleicher Art (z.B. Wasser und Wasser) größer als zwischen den Molekülen ungleicher Art (Wasser und Öl). Der Entmischungsvorgang ist durch einen thermischen Effekt zu erklären, wobei die Erfahrung zeigt, dass der thermische Effekt selbstverständlich nicht so groß ist, dass er die Flüssigkeiten zum Sieden bringt. Er reicht aber aus, um die Mischungsentropie des Systems zu kompensieren. Bei genauerer Betrachtung kommt es also nicht nur auf die Entropie des Systems an, sondern auf die **Gesamtentropie.** Diese ist die Summe aus der **Entropie des Systems** (heterogene Mischung Wasser/Öl) und der **Entropie der Umgebung.** Die **molare** Mischungsentropie $\Delta S_m(A)$ **einer** Komponente (A) bei der Bildung eines idealen Gemischs (z.B.: einer Mischung idealer Gase) lässt sich mit der folgenden Gleichung berechnen:

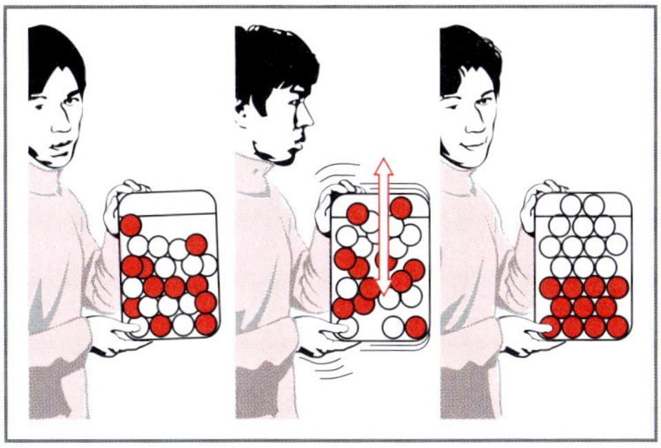

Bild 1: Mischung oder Entmischung?

$$\Delta S_m(A) = -R \cdot \ln x(A)$$ 5.77

$\Delta S_m(A)$	R	x
$J \cdot mol^{-1} \cdot K^{-1}$	$J \cdot mol^{-1} \cdot K^{-1}$	1

Die Größe x ist der Stoffmengenanteil und R die universelle Gaskonstante.

M 5.49: Wie groß ist die molare Mischungsentropie des Heliums, wenn 0,25 mol Helium mit 3,80 mol Wasserstoff vereinigt werden?

Lsg.: $\Delta S_m = -R \cdot \ln x(\text{He}) = -8{,}315\ J \cdot mol^{-1} \cdot K^{-1} \cdot \ln \dfrac{0{,}25\ mol}{(3{,}80 + 0{,}25)\ mol} = \mathbf{23{,}2\ J \cdot mol^{-1} \cdot K^{-1}}$

5.7.4 Der *Carnot*-Kreisprozess und der Wirkungsgrad von Wärmekraftmaschinen

Bald nachdem die ersten Dampfmaschinen kommerziell genutzt wurden, hatte man sich Gedanken darüber gemacht, wie vollständig die **eingesetzte Wärmeenergie** in **mechanische Arbeit** umgewandelt werden kann. Der Physiker *Sadi Carnot* (1796–1832) hat 1824 hierzu eine Theorie entwickelt, wobei er davon ausgegangen ist, dass die Wärme aus einem Reservoir R1 (Dampfkessel) mit der **höheren** Temperatur T_1 auf ein Reservoir R2 mit der **niedrigeren** Temperatur T_2 übertragen wird. Dieses Reservoir R2 ist üblicherweise die Umgebung. Der Wärmeübertragungsvorgang läuft umwegig über eine „Arbeitsvorrichtung" wie beispielsweise einen Zylinder mit einem Kolben. Um den maximal möglichen Umwandlungsanteil von Wärmeenergie, den theoretischen **Wirkungsgrad** η_{th}, zu ermitteln, hat *Carnot* eine **idealisierte Maschine** entworfen, deren Funktionsprinzip im Bild 1, S. 162 gezeigt ist.

Hervorzuheben ist, dass jede Wärmekraftmaschine **periodisch** arbeitet. Da es bei der *Carnot*-Maschine um den theoretisch **maximal möglichen Wirkungsgrad** geht, darf das ideale Gas, das als Wärmeübertragungsmedium dient, das System **nicht** verlassen. Vielmehr muss die **Restwärme** Q_2 genutzt werden. Aus diesem Grund hat *Carnot* einen **Kreisprozess** gewählt. Außerdem muss die gesamte Anordnung im Bild 1, S. 162 von **adiabatischen Wänden** umgeben sein!

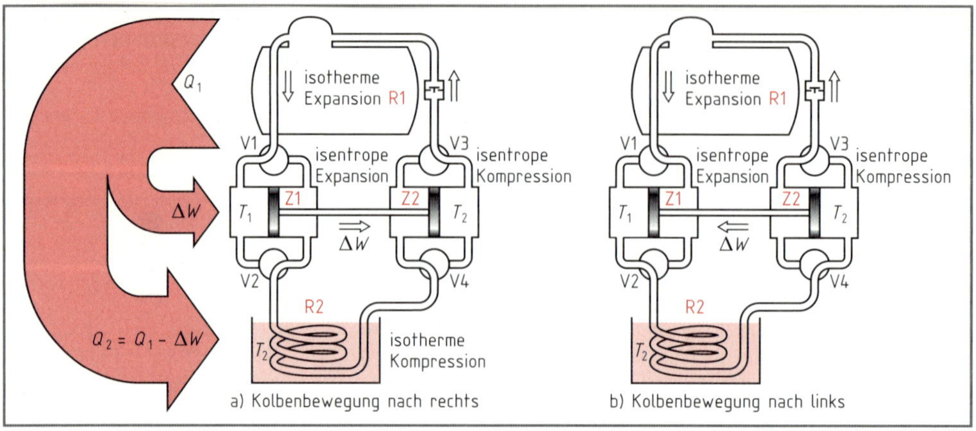

Bild 1: Funktionsprinzip und Wärme-/Energiefluss der *Carnot*-Maschine

Nach **reversibler** isothermer Expansion gelangt das Gas aus dem Reservoir R1 in den Zylinder Z1, wobei es zur isentropen Expansion in Z1 kommt (Bild 1a). Gleichzeitig wird Gas in das Reservoir R2 verschoben. Dort kühlt es **reversibel** isotherm ab. Im Zylinder Z2 wird Gas mit der niedrigeren Temperatur T_2, das aus einen vorhergegangenen Arbeitstakt stammt, isentrop komprimiert und über ein Rückschlagventil wieder dem Reservoir Z1 zugeführt. Dieser Verschiebungsschritt des Gases ist aber **nicht möglich,** weil der Druck in Z2 maximal so groß werden kann, wie der Druck im Reservoir R1. Auch müssten die Kolben und die Ventile vollkommen reibungsfrei laufen. Weiterhin setzt der *Carnot*-Prozess voraus, dass neben ideal isentropen Zustandsänderungen ideal reversible isotherme Zustandsänderungen stattfinden, die, wie aus dem Kapitel 5.4 hervorgeht, unendlich langsam ablaufen. Aus den genannten Gründen ist die *Carnot*-Maschine ein Perpetuum mobile und zwar eines 2. Art, wie weiter unten nochmals erläutert wird. Durch entsprechende Umstellung der Dreiwegehähne V1 bis V4 wird, wie im Bild 1b gezeigt, der Ausgangszustand wieder hergestellt. Aus Bild 1 folgt als Energiebilanz für den *carnot*schen Kreisprozess:

Aufgenommene Wärme ΔQ_1 aus R1 =
Abgegebene Wärme ΔQ_2 nach R2 + Gewonnene mechanische Energie

Der Wirkungsgrad η ist umso größer, je mehr Wärme ΔQ_1 aus R1 in mechanische Energie ΔW umgewandelt wird! Dies bedeutet umgekehrt, dass am besten gar keine Wärme nach R2 gelangt. Da entsprechend dem ersten Hauptsatz der Thermodynamik nicht mehr mechanische Energie gewonnen werden kann, als Wärmeenergie ΔQ_1 aus dem Reservoir R1 aufgenommen wurde, kann der Wirkungsgrad praktisch niemals größer als 1 werden. Aus diesem Grund wird der Wirkungsgrad η zweckmäßigerweise als das Verhältnis von gewonnener mechanischer Energie ΔW zur gesamten vom Wärmereservoir R1 abgegebenen Wärme ΔQ_1 definiert:

5.78
$$\eta = \frac{\text{gewonnene mechanische Energie}}{\text{aufgenommene Wärme aus R1}} = \frac{\Delta W}{\Delta Q_1}$$

W	Q_1	η
J	J	1

Wie aus dem Arbeitsdiagramm (p-V-Diagramm) im Bild 2 ersichtlich ist, besteht der *Carnot*-Kreisprozess aus vier Einzelschritten. Bei der rechnerischen Behandlung ist zu beachten, dass die **Vorzeichenregelung** der Energien für jedes Teilsystem (Gas, Wärmereservoire, Zylinder) getrennt behandelt werden muss. Im einzelnen verläuft der *carnot*sche Kreisprozess folgendermaßen:

1. Schritt: Isotherme Expansion

(Weg a nach b, Bild 2: T_1; $p_1 \rightarrow p_2$; $V_1 \rightarrow V_2$)

Im Kontakt mit dem heißen Reservoir R1 wird dem Gas durch eine Heizung gerade soviel Wärme (ΔQ_1) zugeführt, dass es unter gleichbleibender Temperatur expandiert. Dabei kommt es entsprechend dem Arbeitsdiagramm

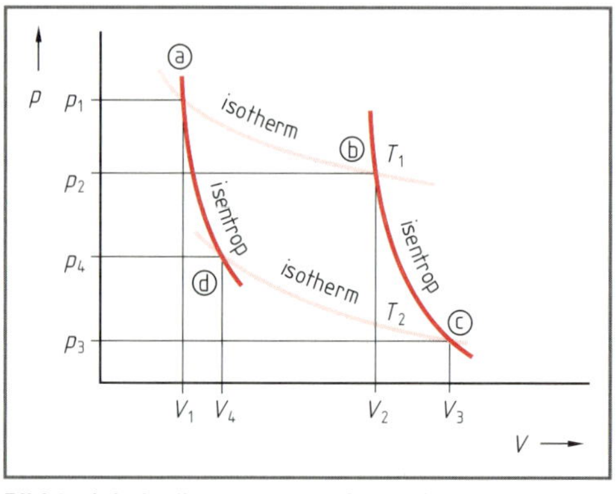

Bild 2: Arbeitsdiagramm der *Carnot*-Maschine

im Bild 2, S. 162 zu einer Druckminderung. Bei einer realen Maschine verlässt der Dampf das Wärmereservoir R1 so stark überhitzt, dass statt einer Druckminderung ein Druckanstieg gegeben ist. Dieser Widerspruch zur technischen Wirklichkeit zeigt deutlich, dass die *Carnot*-Maschine ein **idealisiertes** Gebilde ist und der *Carnot*-Prozess ein Gedankenexperiment darstellt. Weiterhin ist zu beachten, dass bei einer Volumenvergrößerung das Gas Arbeit verrichtet. Aus diesem Grund wird die maximale (reversible) **Expansionsarbeit** (Gleichung 5.9) entsprechend der Vorzeichenregel „negativ" gerechnet.

$$+ \Delta Q_1 = - W_{rev\,(1)} = n \cdot R \cdot T_1 \cdot \ln (V_2/V_1)$$

2. Schritt: Isentrope Expansion (Weg von b nach c, Bild 2, S. 162: $T_1 \rightarrow T_2$; $p_2 \rightarrow p_3$; $V_2 \rightarrow V_3$

Dieser Schritt geschieht im **adiabatischen** Zylinder Z1 (Bild 1a, S. 162). Es wird keine Wärme zu oder abgeführt. Entsprechend der Definition der isentropen Expansion ist $\Delta W = \Delta U$. Die Expansion kann also nur auf Kosten der inneren Energie geschehen (negatives Vorzeichen für ΔU) und es gilt die Gleichung 5.27):

$$- \Delta W_{isentrop\,(1)} = - \Delta U = n \cdot C_{mV} \cdot (T_2 - T_1)$$

Das Ergebnis dieses Schritts ist eine Temperaturerniedrigung von T_1 auf T_2.

3. Schritt: Isotherme Kompression (Weg von c nach d, Bild 2/S. 162: T_2; $p_3 \rightarrow p_4$; $V_3 \rightarrow V_4$)

Im Reservoir R2 (Bild 1, S. 162) wird dem Gas bei der Temperatur T_2 die bei der isentropen Expansion nicht „verbrauchte" Wärme ΔQ_2 entzogen. Dabei kommt es zur **Volumenminderung.** Die mechanische Arbeit der **Kompression** wird definitionsgemäß positiv gezählt. Es gilt wie beim 1. Schritt die Gleichung 5.9:

$$- \Delta Q_2 = + W_{rev\,(2)} = - n \cdot R \cdot T_2 \cdot \ln (V_4/V_3)$$

4. Schritt: Isentrope Kompression (Weg von d nach a, Bild 2/S. 162: $T_2 \rightarrow T_1$; $p_4 \rightarrow p_1$; $V_4 \rightarrow V_1$)

Um einen **Kreisprozess** zu erhalten, muss das Gas, bevor es in das Wärmereservoir R1 (Bild 1a, S. 162) eingespeist wird, wieder auf die Ausgangstemperatur gebracht werden. Die Temperaturerhöhung darf nicht mit irgendeiner Wärmezufuhr verbunden sein, denn das soll ausschließlich im Reservoir R1 geschehen. Die Temperaturerhöhung wird durch eine isentrope Kompression im adiabatischen Zylinder Z2 erreicht. Die innere Energie wird bei diesem Teilschritt so erhöht (positives Vorzeichen!), dass die Temperatur von T_2 wieder auf T_1 ansteigt:

$$+ \Delta W_{isentrop\,(2)} = + \Delta U = n \cdot C_{mV} \cdot (T_1 - T_2)$$

Ein Paradoxon des *Carnot*-Prozesses besteht darin, dass die einzigen Schritte, die erkennbar mechanische Arbeit durch Verschiebung von Kolben in den Zylindern Z1 und Z2 (Bild 1/S. 162) liefern, als Summe keine mechanische Arbeit ergeben! Denn die Addition der Volumenänderungsarbeiten der Schritte 2 und 4 ergibt:

$$\Delta W = - \Delta W_{isentrop\,(1)} + \Delta W_{isentrop\,(2)} = n \cdot C_{mV} \cdot (T_2 - T_1) + n \cdot C_{mV} \cdot (T_1 - T_2) = 0$$

Fasst man zusammen, so resultiert: Nur bei der isothermen Expansion (Schritt 1) verrichtet das **Gas,** als eigenständiges **System** betrachtet, Arbeit „nach außen". Umgekehrt nimmt es Energie bei der isothermen Kompression „von außen" auf (Schritt 3). Die beiden adiabatischen Vorgänge in den Schritten 2 und 4 dienen lediglich dazu, die innere Energie U so zu ändern, dass die Temperatur den Reservoiren R1 und R2 angeglichen wird.

Die **Nutzarbeit** ΔW ist demnach die Differenz der bei der isothermen Expansion und bei der isothermen Kompression auftretenden Wärmen bzw. Arbeiten:

$$\Delta W = \Delta Q_1 - (- \Delta Q_2) = - W_{rev\,(1)} - W_{rev\,(2)} \text{ oder:}$$

$$\Delta W = n \cdot R \cdot T_1 \cdot \ln (V_2/V_1) + n \cdot R \cdot T_2 \cdot \ln (V_4/V_3) \Rightarrow$$

$$\Delta W = n \cdot R \cdot [T_1 \cdot \ln (V_2/V_1) + T_2 \cdot \ln (V_4/V_3)] \qquad \textbf{5.79}$$

Der Ausdruck 5.79 lässt sich weiter vereinfachen, wenn man die Terme $\ln (V_2/V_1)$ und $\ln (V_3/V_4)$ miteinander in Beziehung setzt. Wie aus dem Graph des *Carnot*-Prozesses (Bild 2/S. 162) ersichtlich, ist dies über die beiden isentropen Teilprozessschritte möglich. Für diese gilt die *poisson*sche Gleichung 5.52. Werden die Volumina und Temperaturen entsprechend den Vorgaben in Bild 2, S. 162 zueinander in Beziehung gesetzt, so resultiert:

$$V_2 \cdot T_1^{1/(\varkappa - 1)} = V_3 \cdot T_2^{1/(\varkappa - 1)} \quad \text{und} \quad V_1 \cdot T_1^{1/(\varkappa - 1)} = V_4 \cdot T_2^{1/(\varkappa - 1)} \quad \Rightarrow \quad V_2/V_1 = V_3/V_4$$

Wird diese zuletzt genannte Beziehung in die Gleichung 5.79 eingesetzt und vereinfacht, so erhält man als mechanische Arbeit beim *Carnot*-Prozess:

$$\Delta W = n \cdot R \cdot (T_1 - T_2) \cdot \ln (V_2/V_1)$$

Daraus folgt durch Einsetzen von ΔW und ΔQ_1 bzw. $-W_{rev\,(1)}$ in die Gleichung 5.78 als Wirkungsgrad für den *Carnot*-Prozess:

$$\eta = \frac{\Delta W}{\Delta Q_1} = \frac{\Delta W}{-W_{rev\,(1)}} = \frac{n \cdot R \cdot (T_1 - T_2) \cdot \ln(V_2/V_1)}{n \cdot R \cdot T_1 \cdot \ln(V_2/V_1)}$$

Nach Kürzen wird die allgemein gültige Formulierung für den **maximalen** thermischen Wirkungsgrad η_{th} gefunden, der auch dann gilt, wenn als Wärmeübertragungsmedien Flüssigkeiten verwendet werden:

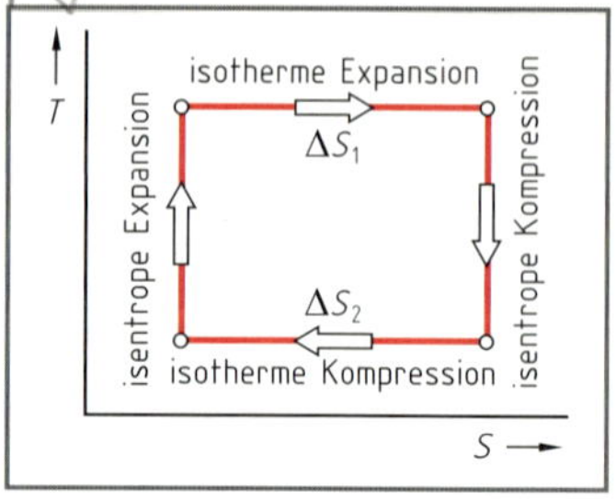

Bild 1: Entropie beim *Carnot*-Kreisprozess

5.80

$$\eta_{th} = \frac{T_1 - T_2}{T_1}$$

η	T
1	K

Aus der Gleichung 5.80 geht hervor: Wärme ist umso wertvoller, je höher die Temperatur T_1 ist, mit der sie zur Verfügung gestellt wird, oder je niedriger die Temperatur T_2 der Abwärme ist. Weiterhin folgt aus den bisherigen Überlegungen:

Der *Carnot*-Kreisprozess hat den **höchstmöglichen** (theoretischen) thermischen Wirkungsgrad, da er nur aus reversiblen ($\Delta W_{rev} = \Delta W_{max}$!) und isentropen Teilprozessschritten zusammengesetzt ist. Er wird deshalb als **Vergleichsprozess** für die Güte anderer in Wärmekraftmaschinen ablaufender thermodynamischer Prozesse herangezogen. Da der *Carnot*-Prozess bereits den **maximalen thermischen Wirkungsgrad** besitzt und immer deutlich unter $\eta_{th} = 1$ liegt, ist es unmöglich, Wärme vollständig in mechanische Arbeit umzuwandeln.

Selbst der Wirkungsgrad der *Carnot*-Maschine ist prinzipiell **nicht** realisierbar. Der Grund liegt darin, dass beim *Carnot*-Prozess in der Summe keine Entropie erzeugt wird (Bild 1). Zwei Teilschritte sind isentrop. Die beiden anderen Teilschritte (reversible isotherme Expansion und Kompression) erzeugen zwar Entropiebeträge, die aber gleich groß und – vom Vorzeichen her betrachtet – entgegengesetzt sind. Es gilt deshalb für den *Carnot*-Kreisprozess:

5.81

$$\Delta S_{gesamt} = \Delta S_{isotherm\,(1)} + \Delta S_{isotherm\,(2)} = 0 \qquad (\Delta S_i \text{ in J} \cdot \text{K}^{-1})$$

Aufgrund dieser und ähnlicher Überlegungen hatte *Max Planck* (1858–1947) den 2. Hauptsatz folgendermaßen formuliert:

„Jeder in der Natur stattfindende physikalische und chemische Prozess verläuft in der Art, dass die **Summe der Entropien** sämtlicher an dem Prozess irgendwie beteiligten Körper irgendwie **vergrößert** wird. Im Grenzfall, für reversible Prozesse, bleibt jene Summe ungeändert."

Mit anderen Worten:

Die Gesamtentropie muss beim Ablauf eines natürlichen Prozesses größer werden. Bei genauer Betrachtung ist die Gesamtentropieänderung (ΔS_{gesamt}) die Summe aus der Entropieänderung des Systems (ΔS_{System}) und der Entropieänderung der Umgebung ($\Delta S_{Umgebung}$):

5.82

$$\Delta S_{gesamt} = \Delta S_{System} + \Delta S_{Umgebung} \qquad (\Delta S \text{ in J} \cdot \text{K}^{-1})$$

Eine Vorrichtung wie die *Carnot*-Maschine verstößt also gegen den 2. Hauptsatz der Thermodynamik, da die Summe der Teilprozesse wegen der Gültigkeit der Gleichung 5.81 keine neue Entropie ergibt. Generell werden Maschinen, die gegen den 2. Hauptsatz verstoßen, als **Perpetuum mobile 2. Art** bezeichnet.

Beispiel:

Obwohl 1 kg Meerwasser am Äquator rund 700 kJ Wärmeenergie besitzt, kann es kein Schiff geben, das seine Antriebsenergie **ausschließlich** durch Abkühlung des Meerwassers gewinnt. Denn dann müsste entweder die in dem Meerwasser enthaltene Entropie vor Eintritt in den Energieerzeugungsbereich des Schiffes vernichtet werden, oder die Wärme müsste vom niedrigeren Unruhepegel (Molekülbewegung des kalten Meerwassers) zum höheren Unruhepegel (Molekülbewegung im heißen Dampfkessel) fließen. Ein solches Schiff wäre somit ein Perpetuum mobile 2. Art.

M 5.50: Bei einer Dampflokomotive besitzt der Dampf, bevor er auf die Kolben gelangt, eine Temperatur von $\vartheta_1 = 330$ °C.

a) Wie groß ist der nach dem *Carnot*-Prozess berechnete **theoretische** thermische Wirkungsgrad η_{th}, wenn die Temperatur des Abdampfes $\vartheta_2 = 140$ °C beträgt?

b) Die Anwendung der Gleichung 5.80 setzt voraus, dass die Dampflokomotive wie eine *Carnot*-Maschine funktioniert. Wie groß ist die Entropieänderung?

Lsg.: a) Theoretischer thermischer Wirkungsgrad:

$$\eta_{th} = \frac{T_1 - T_2}{T_1} = \frac{603\ \text{K} - 413\ \text{K}}{603\ \text{K}} = \mathbf{0{,}315}$$

b) Die Entropieänderung ist Null, da neben zwei isentropen Schritten entsprechend dem Diagramm im Bild 1, S. 164 zwei isotherme Schritte vorliegen, deren Entropie vom Betrag her gleich aber entgegengesetzt ist.

Der tatsächliche (reale) Wirkungsgrad berücksichtigt alle möglichen Energieverluste und nicht nur die mit der Abdampftemperatur verbundenen thermischen Energieverluste. Er wird deshalb als **Gesamtwirkungsgrad** η_{ges} bezeichnet. Bei einer Dampflokomotive gilt $\eta_{ges} \approx 0{,}09 \ldots 0{,}15$. Der Grund liegt darin, dass bei allen natürlich ablaufenden Vorgängen die Entropie ΔS unweigerlich als „Müll" anfällt – ja sogar anfallen muss als Voraussetzung der Irreversibilität.

Der Abtransport und die Lagerung der Entropie mit der Temperatur T auf einer Deponie (Umgebung) kostet die Energie:

$\Delta Q = T \cdot \Delta S.$

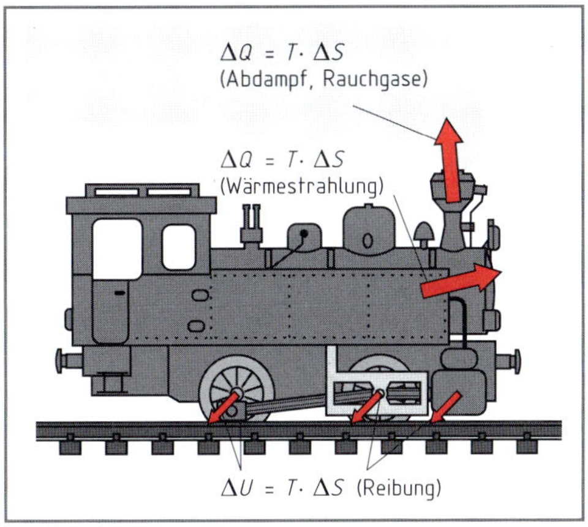

Bild 1: Energieverluste der Dampflokomotive

Die in der Aufgabe M 5.50 beschriebene Dampflokomotive kann nur dann funktionieren, wenn ihr Wirkungsgrad η_{ges} bei den angegebenen Dampftemperaturen kleiner als $\eta_{th} = 0{,}315$ ist, denn nur dann kommen irreversible Teilprozessschritte vor. In Bild 1 ist am Beispiel der Dampflokomotive auszugsweise gezeigt, wo überall „Entropiemüll" anfällt. Hierbei ist zu unterscheiden zwischen:

a) einer Entropie, die bei der Umwandlung von Wärme in mechanische Arbeit anfällt und

b) einer Entropie, die innerhalb der Maschine durch Reibung zur Erhöhung der inneren Energie (Erwärmung) von Bauteilen beiträgt.

Überall da, wo Reibungsvorgänge stattfinden (Wälz- und Gleitlager, Kolbendichtungen usw.) wird die **innere Energie** des Materials (Stahl, Lagermetall usw.) um den Betrag $\Delta U = T \cdot \Delta S$ erhöht. Dies ist auch der Grund, weshalb ein bewegter Gegenstand auf einer ebenen Unterlage durch Umwandlung von kinetischer Energie in innere Energie irgendwann zur Ruhe kommt. Die innere Energie ist wiederum eng mit der **Wärmekapazität** des Materials verknüpft, die letztendlich die möglichen Bewegungsänderungen von Teilchen (z.B. Schwingung von Metallatomen in einen Kristallgitter) beschreibt (vgl. Kap. 5.6.7).

Die Umwandlung von mechanischer Energie, Lichtenergie, elektrischer Energie, chemischer Energie u.ä. in die nicht beabsichtigte Energieform Wärme wird als **Dissipation der Energie** oder auch als **Entwertung der Energie** bezeichnet.

5.7.5 Exergie und Anergie

Allgemein hat jeder Gegenstand einen definierten Energieinhalt. Beispielsweise haben 70 kg Wasser am Äquator in Meeresspiegelhöhe auf den Erdmittelpunkt bezogen eine potentielle Energie von $E_p\,(1) = 4{,}36647 \cdot 10^9$ J. Diese Energie ist auf dem Weltmarkt vollkommen unverkäuflich. Befindet sich dieselbe Masse um $h = 100$ m angehoben, so beträgt ihre potentielle Energie bei gleichem Bezugspunkt $E_p\,(2) = 4{,}36654 \cdot 10^9$ J. Ein Teil dieser Energie ist mittels einer Turbine in Nutzenergie umwandelbar und wird in der Technik als **Exergie** bezeichnet. Der nichtumwandelbare Anteil heißt dagegen **Anergie.** Die Anergie beträgt in dem Beispiel: E_p (1)= 4,36647 · 10^9 J. Die Exergie der um 100 m angehobenen Wassermasse ist die Differenz zwischen ihrer Gesamtenergie und der Anergie:

$$\text{Exergie} = E_p(2) - E_p(1) = 4{,}36654 \cdot 10^9\ \text{J} - 4{,}336647 \cdot 10^9\ \text{J}$$
$$= 70\,000\ \text{J} \triangleq 70\ \text{kJ}$$

Die Exergie ist die **Nutzarbeit** eines Prozesses. Sie beträgt allgemein (s. Bild 1):

Exergie = Gesamtenergie – Anergie

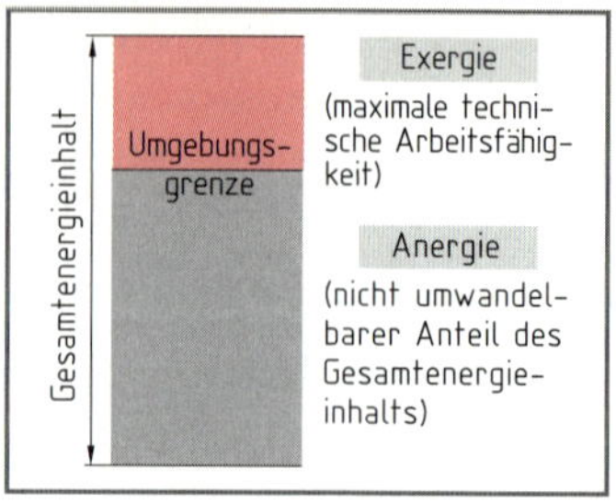

Bild 1: Exergie und Anergie

Der **Zustand der Umgebung** legt die Grenze zwischen Exergie und Anergie fest. Wäre beispielsweise der Erdradius kleiner (Umgebung), so könnte das Wasser in diesem Fall tiefer stürzen, und die Exergie (Nutzenergie) wäre entsprechend größer. Stillschweigend ist bei dieser Überlegung vorausgesetzt, dass die Fallbeschleunigung gleich bleibt.

Wird bei **thermischen** Prozessen die Exergie mit Q_1, die Anergie mit Q_2 und die Gesamtwärmeenergie mit Q bezeichnet, so gilt:

5.83 $$Q_1 = Q - Q_2$$ (Q in J)

Die Exergie der Wärme ist die mit dem thermischen Wirkungsgrad η_{th} multiplizierte Gesamtwärmeenergie. Der thermische Wirkungsgrad eines Wärmeprozesses kann deshalb auch folgendermaßen ausgedrückt werden:

5.84 $$\eta_{th} = \frac{\text{Exergie}}{\text{Gesamtwärmeenergie}} = \frac{|Q_1|}{Q}$$

η	Q
1	J

Die Verknüpfung von 5.83 mit 5.84 ergibt dann für den Wirkungsgrad:

5.85 $$\eta_{th} = 1 - \frac{|Q_2|}{Q}$$

η	Q
1	J

M 5.51: In einer Gasturbine (Bild 2) mit dem thermischen Wirkungsgrad η_{th} = 0,31 werden V = 35 m³ Erdgas Typ H mit dem Heizwert $H_{u,n}$ = 37300 kJ · m^{-3} verbrannt. Die Temperatur der Verbrennungsgase im Brennraum beträgt ϑ = 1 000 °C.

a) Wie groß ist die Anergie?

b) Welche Temperatur haben die Abgase?

c) Welcher Wirkungsgrad wird erreicht, wenn die Abgase in einem Abhitzekessel zur Dampferzeugung genutzt werden und danach eine Temperatur von ϑ = 210 °C haben?

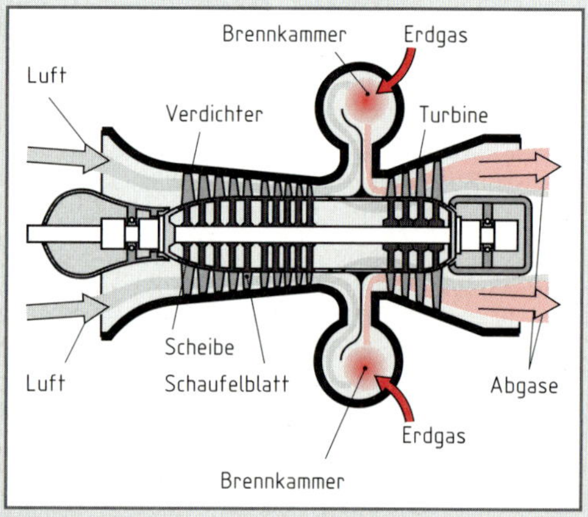

Bild 2: Gasturbine

Lsg.: a) Die beim Verbrennen des Erdgases entstehende Wärme ist gemäß Gleichung 4.31 ($H_{u,n}$ statt $H_{o,n}$ einsetzen):
$Q = V \cdot H_{u,n} = 35\ \text{m}^3 \cdot 37300\ \text{kJ} \cdot \text{m}^{-3} = 1305500\ \text{kJ}$
Auflösen der Gleichung 5.85 nach der Anergie Q_2 ergibt:
$Q_2 = Q \cdot (1 - \eta_{th}) = 1305500\ \text{kJ}\ (1 - 0{,}31) = \mathbf{900795\ kJ}$

b) Die Gleichung 5.80 wird nach T_2 aufgelöst:
$T_2 = T_1 \cdot (1 - \eta_{th}) = 1\,273\ \text{K} \cdot (1 - 0{,}31) = \mathbf{878\ K}$

c) Durch Anwendung von Gleichung 5.80 erhält man schließlich:
$$\eta_{th} = \frac{T_1 - T_2}{T_1} = \frac{1273\ \text{K} - 483\ \text{K}}{1\,273\ \text{K}} = \mathbf{0{,}62}$$

Die Anergie Q_2 einer Wärmekraftmaschine setzt sich zusammen aus:

a) dem thermisch **nicht umwandelbaren** Anteil der Wärmeenergie $Q_t = \eta_{th} \cdot Q$ und

b) dem Anteil an Wärme ΔQ_S, der zum **Abtransport der Entropie** aus dem System benötigt wird. Dieser Anteil kann aus Wärmestrahlung, Reibung und Ähnlichem resultieren. Zusammengefasst ergibt sich:

Anergie: $Q_2 = Q_t + \Delta Q_S = Q_t + T \cdot \Delta S$ **5.86**

Q	T	ΔS
J	K	$J \cdot K^{-1}$

In Bild 1 ist das Energieflussdiagramm unter Berücksichtigung der Gesamtwärmeenergie, der Exergie und der Aufteilung der Anergie in die entsprechenden Teilbeträge wiedergegeben. Der aus dem ***Carnot*-Prozess** resultierende thermische Wirkungsgrad η_{th} berücksichtigt nur den **thermisch nicht umwandelbaren Anteil** der eingespeisten Wärmeenergie. Zur Erinnerung: Der thermisch nicht umwandelbare Anteil wird umso kleiner, je tiefer die Temperatur des Abgases oder des Abdampfes ist (vgl. Gl. 5.80). Im Idealfall beträgt die Abgas- oder Abdampftemperatur $T = 0$ K. In diesem Fall wird der thermische Wirkungsgrad $\eta_{th} = 1$.

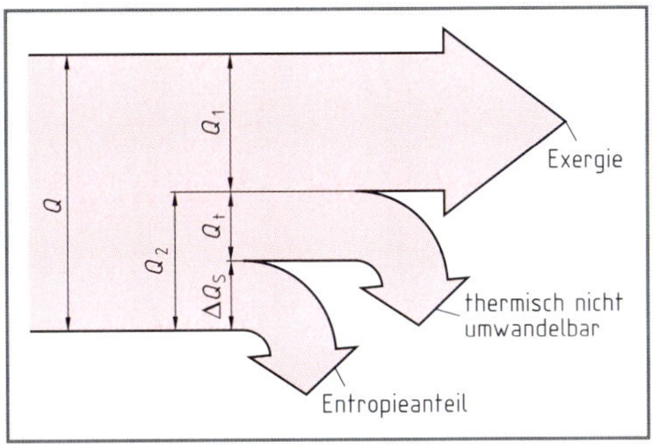

Bild 1: Energieflussdiagramm einer Wärmekraftmaschine

Der tatsächliche Wirkungsgrad, der auch als Gesamtwirkungsgrad η_{ges} bezeichnet wird, ist kleiner als der thermische Wirkungsgrad η_{th}, da er auch die zum Abtransport der Entropie benötigte Anergie mit berücksichtigt.

M 5.52: a) Wie groß ist die Exergie und die Anergie von $n = 55{,}6$ mol (≙ 1 kg) Wasserdampf bei einer Dampflokomotive, wenn der Dampf bei der Arbeitsleistung von $T_1 = 650$ K auf $T_2 = 410$ K abgekühlt wird und der Gesamtwirkungsgrad $\eta_{ges} = 0{,}12$ beträgt? Die mittlere molare Wärmekapazität wird mit $\bar{C}_{mp} = 36{,}2 \text{ J} \cdot \text{mol}^{-1} \cdot \text{K}^{-1}$ angegeben.

b) Wie groß ist die thermisch nicht umwandelbare Wärmeenergie und die Wärmemenge, die zum Abtransport der Entropie benötigt wird?

Lsg.: a) Mit Hilfe der Gleichung 5.29 wird die Enthalpie des Dampfes im Temperaturbereich T_1 und T_2 berechnet. Sie entspricht der für den Prozess zur Verfügung stehenden Gesamtwärme ⇒

$Q = \Delta H = n \cdot \bar{C}_{mp} \cdot (T_2 - T_1) = 55{,}6 \text{ mol} \cdot 36{,}2 \text{ J} \cdot \text{mol}^{-1} \cdot \text{K}^{-1} \cdot (650 \text{ K} - 410 \text{ K})$
$= 483052{,}8$ J

Die Exergie wird mit der Gleichung 5.84 berechnet ⇒

Exergie: $Q_1 = \eta_{ges} \cdot Q = 0{,}12 \cdot 483052{,}8 \text{ J} = \mathbf{57966{,}3\ J}$

Anergie (Gl. 5.83): $Q_2 = Q - Q_1 = 483052{,}8 \text{ J} - 57966{,}3 \text{ J} = \mathbf{425086{,}5\ J}$

b) Zunächst muss der maximale thermische Wirkungsgrad berechnet werden, wie er aus dem *Carnot*-Prozess folgt (Gl. 5.80):

$\eta_{th} = (T_1 - T_2)/T_1 = (650 \text{ K} - 410 \text{ K})/650 \text{ K} = \mathbf{0{,}37}$

Der thermisch nicht umwandelbare Anteil beträgt:

$Q_t = \eta_{th} \cdot Q = 0{,}37 \cdot 483\,052{,}8 \text{ J} = 178\,729{,}5$ J

Aus der Beziehung 5.86 folgt der Entropieanteil mit:

$\Delta Q_S = T \cdot \Delta S = Q_2 - Q_t = 425086{,}5 \text{ J} - 178729{,}5 \text{ J} = \mathbf{246\,357{,}0\ J}$

5.7.6 Phasenumwandlungsentropien

Beim Übergang vom festen zum flüssigen Aggregatzustand ändert sich die Entropie um einen sehr großen Betrag. Dasselbe gilt für den Verdampfungsvorgang. Der Grund liegt darin, dass die **Unordnung** in beiden Fällen drastisch ansteigt (Bild 1). Die jeweils aufzuwendenden Energien sind die Schmelzenthalpie und die Verdampfungsenthalpie (Kap. 5.6.4). An dieser Stelle ist hervorzuheben, dass die **Entropie eine extensive Größe** ist. Sie hängt demnach von der Masse m und damit von der Stoffmenge n ab. Wird die Schmelztemperatur (der Schmelzpunkt) mit T_m angegeben, so erhält man aus der Gleichung 5.23 nach Division durch T_m die **Schmelzentropie**:

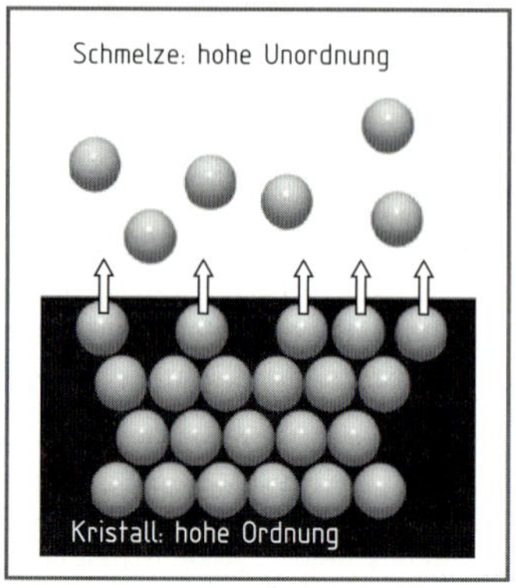

Bild 1: Schmelzvorgang und Teilchenordnung

5.87 $$\Delta S_s = n \cdot \frac{\Delta H_{m,s}}{T_m}$$

ΔS_s	n	$\Delta H_{m,s}$	T_m
$J \cdot K^{-1}$	mol	$J \cdot mol^{-1}$	K

Mit der Größe $\Delta H_{m,s}$ ist die **molare Schmelzenthalpie** gemeint.

M 5.53: Die molare Schmelzenthalpie von Wasser beträgt $\Delta H_{m,s} = 6{,}01\ kJ \cdot mol^{-1}$. Wie groß ist die Entropiezunahme, wenn $m = 45$ kg Wasser bei $T = 273{,}2$ K schmelzen?

Lsg.: $$\Delta S_s = n \cdot \frac{\Delta H_{m,s}}{T_s} = \frac{4{,}5 \cdot 10^4\ g}{18\ g \cdot mol^{-1}} \cdot \frac{6\,010\ J \cdot mol^{-1}}{273{,}2\ K} = \mathbf{5{,}5 \cdot 10^4\ J \cdot K^{-1} = 55\ kJ \cdot K^{-1}}$$

M 5.54: Wie ändert sich die Entropie, wenn die gleiche Stoffmenge Wasser aus der Aufgabe M 5.53 nach dem Schmelzen um 1 K erwärmt wird? Die Wärmekapazität beträgt: $c = 4{,}2\ kJ \cdot kg^{-1} \cdot K^{-1}$.

Lsg.: Die Aufgabe wird mit Hilfe der Gleichung 5.70 gelöst.

$$\Delta S = m \cdot c \cdot \ln \frac{T_2}{T_1} = 45\ kg \cdot 4{,}2\ kJ \cdot kg^{-1} \cdot K^{-1} \cdot \ln \frac{274{,}2\ K}{273{,}2\ K} = \mathbf{0{,}7\ kJ \cdot K^{-1}}$$

Für die **Verdampfungsentropie** ΔS_v bei der Siedetemperatur T_b gilt in Analogie zur Formel 5.87:

5.88 $$\Delta S_v = n \cdot \frac{\Delta H_{m,v}}{T_b}$$

ΔS_v	n	$\Delta H_{m,v}$	T_b
$J \cdot K^{-1}$	mol	$J \cdot mol^{-1}$	K

Die Größe $\Delta H_{m,v}$ ist die **molare Verdampfungsenthalpie.** Bei unpolaren Molekülen gibt es einen interessanten Zusammenhang, der als *pictet-trouton*sche Regel bekannt ist. Sie lautet:

Für nicht zu stark assoziierende Verbindungen hat die **molare Verdampfungsentropie** den konstanten Wert von $\Delta S_{m,v} = 88\ J \cdot mol^{-1} \cdot K^{-1}$.

5.89 $$\Delta S_{m,v} = \frac{\Delta H_{m,v}}{T_b} \approx 88\ J \cdot mol^{-1} \cdot K^{-1}$$

$\Delta S_{m,v}$	$\Delta H_{m,v}$	T_b
$J \cdot mol^{-1} \cdot K^{-1}$	$J \cdot mol^{-1}$	K

M 5.55: In einem Kalorimeter wird der Dampf von $m = 25$ g Anethol kondensiert. Die Verbindung hat einen Siedepunkt von $\vartheta_b = 232$ °C und das Kalorimeter einen Kalibrierfaktor von $\sigma = 2{,}2\ kJ \cdot K^{-1}$. Die gemessene Temperaturerhöhung beträgt $\Delta T = 3{,}4$ K. Welche molare Masse besitzt die Verbindung, wenn die *pictet-trouton*sche Regel gilt?

Lsg.: Aus der Gleichung 5.89 folgt für die molare Verdampfungsenthalpie:

$$\Delta H_{m,v} = \Delta S_{m,v} \cdot T_b = 88\ J \cdot mol^{-1} \cdot K^{-1} \cdot 505\ K = 4{,}44 \cdot 10^4\ J \cdot mol^{-1}$$

Die dem Kalorimeter durch **Kondensation** des Dampfes der Verbindung zugeführte Wärme $Q_{zu} = n \cdot \Delta H_{m,v}$ (Gleichung 5.25) ist genau groß, wie die von ihm aufgenommene Wärme $Q_{auf} = \sigma \cdot \Delta T$ (Gleichung 4.26). Daraus folgt nach Umstellung:

$$n = \frac{\sigma \cdot \Delta T}{\Delta H_{m,v}} = \frac{2200\ J \cdot K^{-1} \cdot 3{,}4\ K}{4{,}44 \cdot 10^4\ J \cdot mol^{-1}} = 0{,}17\ mol \Rightarrow M(\text{Anethol}) = \frac{25\ g}{0{,}17\ mol} = \mathbf{147\ g \cdot mol^{-1}}$$

5.7.7 Steckbrief der Entropie

Die Entropie ist eine thermodynamische Größe mit sehr vielen Seiten:

- Sie ist in jedem erwärmbaren Gegenstand – also überall – vorhanden.
- Sie beschreibt die molekulare Unordnung, wobei der natürliche Vorgang der der zunehmenden Unordnung ist. Je größer die molekulare Unordnung ist, desto größer ist die Entropie.
- Die Entropie ist eng mit der temperaturabhängigen Molekularbewegung (Unordnung der Moleküle!) verknüpft und deshalb auch eine kalorische Größe.
- Weil die Entropie bei jedem natürlich ablaufenden Prozess immer zunimmt, erhält auch die Zeit eine Richtung, denn der Zustand größerer Entropie folgt zeitlich immer einem Zustand geringerer Entropie. Könnte im Umkehrschluss die Zeit rückwärts laufen, so müsste es auch natürliche Prozesse mit abnehmender Gesamtentropie geben. Ein Gasgemisch könnte sich dann beispielsweise spontan unter Abnahme der Gesamtentropie entmischen.
- Bei einem spontan (natürlich oder auch irreversibel) ablaufenden Prozess nimmt die **Gesamtentropie** ΔS_{gesamt} immer zu. Sie gibt daher die Richtung eines natürlichen Prozesses an. Dabei gilt: $\Delta S_{gesamt} = \Delta S_{System} + \Delta S_{Umgebung}$ (vgl. Gl. 5.82)
- Bei vollkommen reversiblen Vorgängen wird keine Entropie gebildet ($\Delta S = 0$). Dies ist der Grund, weshalb vollständig reversible Prozesse in der Natur nicht stattfinden, obwohl mehr oder minder reversible Zustandsänderungen als Teilprozesse ablaufen können.
- Wenn bei einem irreversiblen Vorgang Entropie gebildet wurde, kann sie durch keine Maßnahme mehr vernichtet werden.
- Die Entropie ist eine extensive (massenbezogene oder stoffmengenbezogene) Größe.
- Sie kann wärmeundurchlässige (adiabatische) Wände nicht durchdringen
- Sie ist der Grund, weshalb Wärme nicht vollständig in Arbeit umgewandelt werden kann.
- Sie muss, um den natürlichen (spontanen) Ablauf eines Prozesses zu ermöglichen, aus einem System entweichen können. „Bleibt sie darin stecken", so läuft der Prozess nicht weiter.
- Um ein System zu verlassen, benötigt die Entropie eine Transportgröße. Als mögliche Transportgrößen kommen die Wärme Q, das Volumen V, eine Masse m, Strahlung oder die elektrische Ladung Q_{el} in Frage.
- Die Entropie selbst ist aber auch eine Transportgröße für die Wärme und zwar für die reversibel und isotherm mit der Umgebung ausgetauschte Wärme. Diese beträgt:

$$\Delta Q_{rev} = T \cdot \Delta S \qquad (5.90)$$

ΔQ_{rev}	T	ΔS
J	K	$J \cdot K^{-1}$

5.8 Der dritte Hauptsatz der Thermodynamik

Wird ein Gas abgekühlt, so verringert sich die Bewegungsenergie der Teilchen (bei Translation, Rotation und Schwingung). Bei diesem Vorgang nimmt auch die Zahl der **unterscheidbaren Mikrozustände** Ω ab, was nichts anderes bedeutet, als dass die Entropie S mit fallender Temperatur immer kleiner wird. Bei Phasenübergängen ändert sie sich sprunghaft. Zunächst kondensiert das Gas zur Flüssigkeit, die bei weiterer Abkühlung zum Kristall erstarrt. In einem Kristallgitter liegt bereits ein Zustand sehr hoher Ordnung vor, weshalb ein solcher Körper eine sehr geringe Entropie besitzt.

Wird ein Festkörper weiter abgekühlt, so hört irgendwann auch die Oszillation (Schwingung) der Atome und Moleküle um ihre Gitterplätze auf und die Entropie wird Null (Bild 1). Diese Überlegung ist 1905 von *Nernst* als **dritter Hauptsatz der Thermodynamik** formuliert worden:

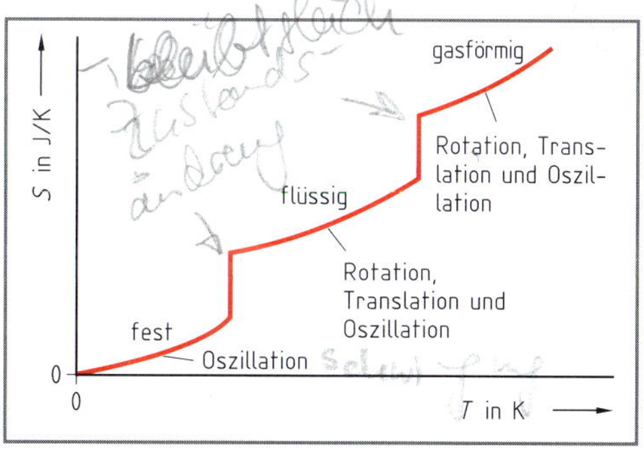

Bild 1: Temperaturabhängigkeit der Entropie

Am absoluten Nullpunkt der Temperatur ($T = 0$ K) hat die Entropie eines idealen Kristalls den Wert $S = 0\ J \cdot K^{-1}$.

Demnach gibt es einen **definierten unteren Grenzwert** für die **Entropie.** Dies ermöglicht, als Folgerung aus dem dritten Hauptsatz **Absolutwerte für die Entropie** anzugeben. Damit unterscheidet sich die Entropie auch grundlegend von den anderen wichtigen thermodynamischen Größen *innere Energie U* und *Enthalpie H.*

Der absolute Nullpunkt kann allerdings niemals erreicht werden. Der Grund liegt in der Eigenschaft der Entropie, wonach sie zum Verlassen eines Systems eine Trägergröße benötigt. Im einfachsten Fall ist dies die Wärmemenge ΔQ. Aus dem Bild 1 ist ersichtlich, wie vom **System** (abzukühlender Kristall) die Wärme $\Delta Q = T \cdot \Delta S$ an die Umgebung abgeführt wird unter gleichzeitiger Senkung der Temperatur. Beim ersten Abkühlungsschritt (von T_1 auf T_2) wird die Wärme $\Delta Q_1 = {}^1/_2 \cdot (T_2 - T_1) \cdot \Delta S_1$ (obere rote Fläche im Bild 1) an die Umgebung abgeführt.

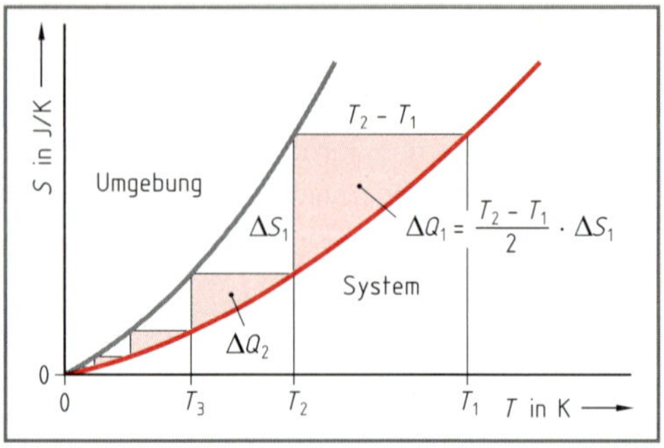

Bild 1: Annäherung an den absoluten Nullpunkt

Beim zweiten Schritt wird $\Delta Q_2 = {}^1/_2 \cdot (T_3 - T_2) \cdot \Delta S_2$ übertragen usw. Da die Schritte immer kleiner werden, kann der absolute Nullpunkt erst nach einer unendlichen Zahl von Abkühlungsschritten und damit experimentell niemals erreicht werden. Dieses Ergebnis stimmt auch mit den bereits im Kapitel 4.3 angestellten Überlegungen überein, wonach der absolute Nullpunkt wegen der Gültigkeit der *heisenberg*schen Unschärferelation nicht erreicht werden kann.

Experimentell geht man so vor, dass die Wärmekapazität C_{mp} in engen Temperaturintervallen bestimmt wird. Am absoluten Nullpunkt ist die Wärmekapazität zwar nicht bestimmbar. Sie kann aber im einfachsten Fall **extrapoliert** werden und hat dann den Wert Null. Wird das Verhältnis C_{mp}/T gegen die Temperatur T aufgetragen, so resultiert die in dem Bild 2 ersichtliche Kurve. Jeder gedachte senkrecht zwischen der Kurve und der Abszisse (T-Achse) gezogene Strich entspricht einem winzigen Entropiebetrag. Werden alle so definierten Entropiebeträge zusammengezählt, so erhält man die **Fläche** unterhalb der Kurve. Diese Fläche entspricht dem Absolutwert der Entropie. Wählt man ein Temperaturintervall von $T = 0$ K bis $T = 298$ K, so resultiert die **Standardentropie** (Bezugsbedingungen $T = 298$ K, $p = 1\,013$ hPa, $n = 1$ mol), die in einschlägigen Tabellenwerken zugängig ist.

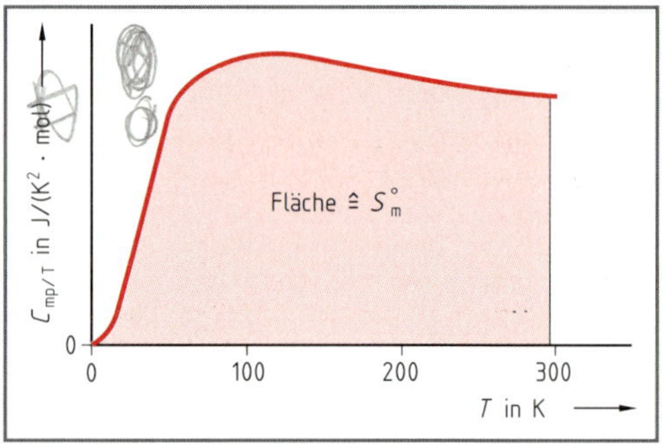

Bild 2: Grafische Ermittlung der Standardentropie einer Substanz

5.9 Die Spontanität chemischer Reaktionen

Wasserstoff und Sauerstoff reagieren miteinander äußerst heftig und unter großer Wärmeentwicklung. Ähnliches beobachtet man, wenn man ein stöchiometrisches Gemisch von Zink und Schwefel zündet. Im ersten Fall bildet sich Wasser, während im zweiten Fall Zinksulfid entsteht. Die Umkehrung der Prozesse, also die Zerlegung der Verbindungen, erfordert andererseits wieder einen Energieaufwand und verläuft auch nach Zufuhr der benötigten Aktivierungsenergie nicht spontan.

Die beiden Thermodynamiker *M. Berthelot* und *J. Thomsen* haben 1878 ein allgemeines Prinzip formuliert, wonach freiwillig ablaufende Reaktionen immer exotherm sind und dabei zu einem Energieminimum des Systems führen. Dies ist aber nachweislich **falsch!** Denn in der Natur gibt es eine Unzahl von Vorgängen, die von selbst in einer bestimmten Richtung ablaufen und dabei gleichzeitig Energie aus der Umgebung aufnehmen – also endotherm sind. So verdunstet eine Flüssigkeit freiwillig unter Abkühlung. Oder alle Gase müssten sich, wenn das Prinzip von *Berthelot* und *Thomsen* richtig wäre, eigentlich spontan unter Abgabe der Kondensationswärme verflüssigen. Auch könnte sich Ammoniumchlorid nicht unter Abkühlung in Wasser lösen. Die richtige Deutung für alle diese Vorgänge wird gefunden, wenn die **Entropie** bei chemischen Reaktionen mitberücksichtigt wird. Auch lässt sich die **Lage eines chemischen Gleichgewichts** mit Hilfe des **zweiten Hauptsatzes der Thermodynamik** berechnen.

5.9.1 Der *gibbs*sche Satz

Bei jedem natürlichen Prozess, also auch bei spontan ablaufenden **chemischen Reaktionen,** nimmt zumindest die **Gesamtentropie** zu. Wird der Index „r" als Kennzeichen einer Reaktion verwendet, so kann die Gleichung 5.82 modifiziert werden und lautet dann:

$$\Delta_r S_{\text{gesamt}} = \Delta_r S_{\text{Umgebung}} + \Delta_r S_{\text{System}}$$

$\Delta_r S$ in $J \cdot K^{-1}$ 5.91

Als „System" sind die Atome und Moleküle des Reaktionsgemisches zu verstehen.

Die mit Hilfe eines **Kalorimeters** messbare **Reaktionsenthalpie** $\Delta_r H$ („Wärmetönung", Verbrennungsenthalpie, Lösungsenthalpie usw.) transportiert einen Teil des bei der Umsetzung entstehenden „Entropiemülls" in die **Umgebung** ab. Da die Reaktionsenthalpie das System verlässt, erhält sie ein **negatives** Vorzeichen (!) und in Anlehnung an Gleichung 5.66 gilt:

$$-\Delta_r H = T \cdot \Delta_r S_{\text{Umgebung}}$$

$\Delta_r H$	T	$\Delta_r S_{\text{Umgebung}}$
J	K	$J \cdot K^{-1}$

5.92

In Bild 1 ist dies am Beispiel der Reaktion von Zink mit Schwefel zu Zinksulfid ersichtlich: $Zn + S \rightarrow ZnS$.

Um etwas über den Ablauf einer chemischen Reaktion auszusagen, genügt es nicht, nur die Entropie der Umgebung oder nur die des Systems zu betrachten, sondern es muss vielmehr die **Änderung der Gesamtentropie** ($\Delta_r S_{\text{gesamt}}$) verfolgt werden. Denn nur sie ist, wie oben bereits hervorgehoben, die entscheidende Größe.

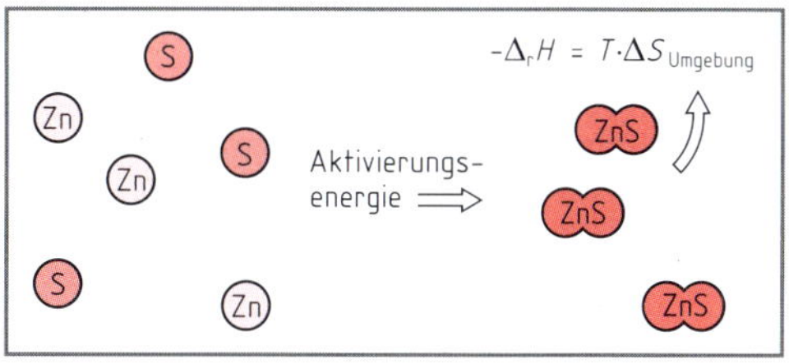

Bild 1: Reaktion von Zink mit Schwefel

Ist die Gesamtentropieänderung positiv ($\Delta_r S_{\text{gesamt}} > 0$), so läuft die Reaktion entsprechend der Reaktionsgleichung von links nach rechts ab. Wird sie negativ ($\Delta_r S_{\text{gesamt}} < 0$), so findet die Reaktion nicht statt, bzw. sie erfolgt spontan („freiwillig") in umgekehrter Richtung.

Das Reaktionsgemisch hat **vor** der Reaktion einen gewissen Energievorrat (innere Energie bei isochoren bzw. Enthalpie bei isobaren Bedingungen). Bei der Bildung chemischer Bindungen wird dem anfänglichem Energievorrat neben der Reaktionsenthalpie ein bestimmter Energiebetrag entnommen **(negatives Vorzeichen!),** der zur chemischen Bindungsbildung „frei zur Verfügung" steht. Diese die **chemische Reaktion** charakterisierende Größe wurde von *W. J. Gibbs* im Jahr 1876 als **freie Reaktionsenthalpie (freie Enthalpie),** $\Delta_r G$, bezeichnet und in die Physikalische Chemie eingeführt. Vielfach wird diese Größe deshalb auch als *Gibbs*-Energie bezeichnet. Da, wie bereits erwähnt, für den Ablauf der chemischen Reaktion die **Gesamtentropieänderung** ($\Delta_r S_{\text{gesamt}}$) entscheidend ist, wird diese zur Definition der freien Reaktionsenthalpie ($\Delta_r G$) benutzt.

$$-\Delta_r G = T \cdot \Delta_r S_{\text{gesamt}}$$

$\Delta_r G$	T	$\Delta_r S_{\text{gesamt}}$
J	K	$J \cdot K^{-1}$

5.93

Üblicherweise symbolisiert man die **Entropieänderung des Systems** (der Atome und Moleküle) einfach mit $\Delta_r S$. Werden die Gleichungen 5.92 und 5.93 nach der Entropie aufgelöst und in die Beziehung 5.91 eingesetzt, so resultiert nach Umstellung die *Gibbs-Helmholtz*-Gleichung (*gibbs*scher Satz):

$$\Delta_r G = \Delta_r H - T \cdot \Delta_r S$$

$\Delta_r G$	$\Delta_r H$	T	$\Delta_r S$
J	J	K	$J \cdot K^{-1}$

5.94

Die Gültigkeit der Beziehung 5.94 setzt voraus, dass die Reaktion zumindest teilweise **reversibel** abläuft. Ist dies nicht gegeben, so wird die gesamte beim Prozess entstandene Entropie mit der Reaktionsenthalpie in die Umgebung abtransportiert. Die Entropie des Systems (der Atome und Moleküle) wird Null ($\Delta Q_{\text{rev}} = T \cdot \Delta_r S = 0$) und $\Delta_r G = \Delta_r H$. In diesem – nicht realisierbaren – Fall läuft die Reaktion ideal **irreversibel** ab.

Bei **Standardbedingungen** werden die entsprechenden Werte von $\Delta_r G^o$, $\Delta_r H^o$ und $\Delta_r S^o$ in die Gleichung 5.94 eingesetzt. Wie schnell die Umsetzung erfolgt, wird durch die freie Enthalpie nicht beantwortet. Aussagen hierüber sind nur mit Hilfe der Reaktionskinetik möglich (vgl. Kapitel 6).

Ähnlich wie bei der molaren Bildungsenthalpie (vgl. Kap 5.6.2) können für Verbindungen die **molaren freien Standardbildungsenthalpien** $\Delta G^o_{m,B}$ angegeben werden. Dabei gilt:

5.95 $$\Delta G^o_{m,B} = \Delta H^o_{m,B} - T \cdot \Delta S^o_m$$

$\Delta G^o_{m,B}$	$\Delta H^o_{m,B}$	T	ΔS^o_m
$J \cdot mol^{-1}$	$J \cdot mol^{-1}$	K	$J \cdot mol^{-1} \cdot K^{-1}$

Wird eine Verbindung direkt aus den Elementen synthetisiert, so entspricht die molare freie Standardbildungsenthalpie $\Delta G^o_{m,B}$ auch der molaren freien Standardreaktionsenthalpie $\Delta_r G^o_m$. Die Bezugsbedingungen sind wieder $T = 298$ K und $p = 1\,013$ hPa.

Die molare Reaktionsenthalpie kann mittels des *heß*schen Satzes (Gleichung 5.22) ermittelt werden. Da die Entropie eine Zustandsgröße ist, ist ihre Änderung wegunabhängig. Die molare Reaktionsentropie lässt sich folglich ebenfalls mit Hilfe des Prinzips des *heß*schen Satzes finden:

5.96 $$\Delta_r S^o_m = \Sigma\nu \cdot S^o_m \text{ (Produkte)} - \Sigma\nu \cdot S^o_m \text{ (Edukte)}$$

ν	S^o_m
1	$J \cdot mol^{-1} \cdot K^{-1}$

M 5.56: Wie bereits erwähnt, reagiert eine stöchiometrische Portion von Zink und Schwefel nach der Zündung unter großer Hitzeentwicklung zu Zinksulfid, wobei Folgendes gilt:

	Zn (s)	+	S (s)	→	ZnS (s)
$\Delta H^o_{m,B}$ (in $kJ \cdot mol^{-1}$)	0,0		0,0		– 202,7
S^o_m (in $J \cdot mol^{-1} \cdot K^{-1}$)	41,6		31,9		57,7

a) Wie groß ist die freie Reaktionsenthalpie ($\Delta_r G^o_m$) und die molare freie Standardbildungsenthalpie ($\Delta G^o_{m,B}$) von ZnS, wenn die Umsatzvariable $\xi = 1$ mol beträgt?

b) Um welchen Betrag ändert sich die Entropie des Reaktionssystems ($\Delta_r S^o$) sowie die der Umgebung ($\Delta_r S_{Umgebung}$) und wie groß ist die Gesamtentropieänderung ($\Delta_r S_{gesamt}$)?

Lsg.: a) Zunächst muss die molare Standardreaktionsenthalpie berechnet werden:

$\Delta_r H^o_m = \Delta H^o_{m,B}(ZnS) - \Delta H^o_{m,B}(Zn) - \Delta H^o_{m,B}(S)$
$= (-202{,}7 - 0 - 0)\ kJ \cdot mol^{-1} = -202{,}7\ kJ \cdot mol^{-1}$

Danach ist die molare Standardreaktionsentropie zu ermitteln (Gleichung 5.96). Sie ist die Entropieänderung des Reaktionssystems (der Moleküle und Atome!) und beträgt:

$\Delta_r S^o_m = S^o_m(ZnS) - S^o_m(Zn) - S^o_m(S)$
$= (57{,}7 - 41{,}6 - 31{,}9)\ J \cdot mol^{-1} \cdot K^{-1}$
$= -15{,}8\ J \cdot mol^{-1} \cdot K^{-1}$

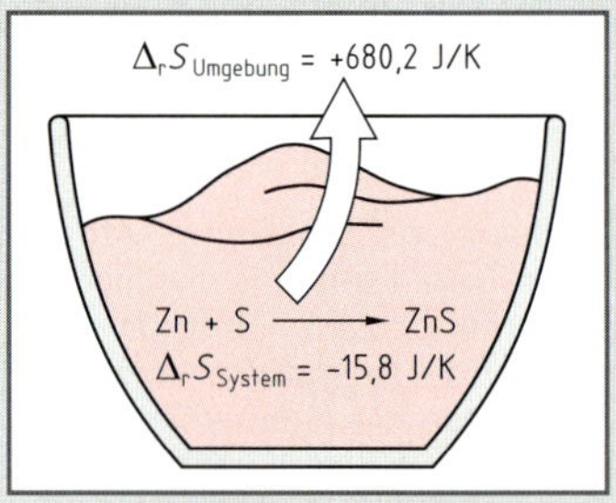

Bild 1: Entropieeinzelbeträge

Einsetzen der Werte in die Gleichung 5.95 ergibt für die freie Reaktionsenthalpie, die auch zugleich die freie Standardbildungsenthalpie ist:

$\Delta_r G^o_m = \Delta G^o_{m,B} = \Delta_r H^o_m - T \cdot \Delta_r S^o_m$
$= -202{,}7\ kJ \cdot mol^{-1} - [298\ K \cdot (-0{,}0158\ kJ \cdot mol^{-1} \cdot K^{-1})] = \mathbf{-198{,}0\ kJ \cdot mol^{-1}}$

b) Die Entropieänderung der Umgebung lässt sich mit Hilfe der Gleichung 5.92 berechnen:

$$\Delta_r S_{Umgebung} = -\frac{\Delta_r H^o_{m,B}}{T} = \frac{-(-202\,700\ J \cdot mol^{-1})}{298\ K} = \mathbf{+680{,}2\ J \cdot mol^{-1} \cdot K^{-1}}$$

Entsprechend der Gl. 5.91 (s.a. Bild 1) setzt sich die **Gesamtentropieänderung** der Reaktion aus den Einzelbeträgen zusammen:

$\Delta_r S_{gesamt} = \Delta_r S^o + \Delta_r S_{Umgebung}$
$= -15{,}8\ J \cdot mol^{-1} \cdot K^{-1} + 680{,}2\ J \cdot mol^{-1} \cdot K^{-1} = \mathbf{+664{,}4\ J \cdot mol^{-1} \cdot K^{-1}}$

Dasselbe Ergebnis wird erhalten, wenn die freie Reaktionsenthalpie zur Berechnung der Gesamtentropie benutzt wird (Gleichung 5.93):

$$\Delta_r S_{gesamt} = \frac{-\Delta_r G}{T} = \frac{198\,000\ J}{298\ K} = \mathbf{+664{,}4\ J \cdot mol^{-1} \cdot K^{-1}}$$

Die freie Enthalpie hängt von der eingesetzten Stoffmenge der Reaktionspartner bzw. dem Formelumsatz ab. Sie ist demnach eine **extensive** Größe. Die Gleichung 5.94 gilt für einen beliebigen Formelumsatz. Mit Hilfe der Umsatzvariablen ξ kann die freie Reaktionsenthalpie bei einem beliebigen Formelumsatz berechnet werden, wenn die molare freie Reaktionsenthalpie $\Delta_r G_m$ bekannt ist:

$$\Delta_r G = \xi \cdot \Delta_r G_m$$

ξ	$\Delta_r G$	$\Delta_r G_m$
mol	J	$J \cdot mol^{-1}$

5.97

M 5.57: Calciumcarbid reagiert spontan stürmisch mit Wasser unter Bildung von Ethin und Calciumhydroxid. Wie groß ist die freie Reaktionsenthalpie, wenn 350,0 kg Calciumcarbid umgesetzt werden?
Calciumcarbid hat die molare Masse $M(CaC_2) = 64{,}1\ g \cdot mol^{-1}$.

	$CaC_2\,(s)$ +	$2\,H_2O\,(l)$ →	$Ca(OH)_2\,(s)$ +	$C_2H_2\,(g)$
$\Delta H^\circ_{m,B}$ (in $kJ \cdot mol^{-1}$)	– 62,9	– 286,3	– 985,6	+ 226,5
S°_m (in $J \cdot mol^{-1} \cdot K^{-1}$)	70,2	70,1	76,1	200,6

Lsg.: Als erstes erfolgt die Berechnung der molaren Standardreaktionsenthalpie:

$\Delta_r H^\circ_m = [\Delta H^\circ_{m,B}(Ca(OH)_2) + \Delta H^\circ_{m,B}(C_2H_2)] - [\Delta H^\circ_{m,B}(CaC_2) + 2 \cdot \Delta H^\circ_{m,B}(H_2O)]$

$\Delta_r H^\circ_m = [(-985{,}6) + (226{,}5)]\ kJ \cdot mol^{-1} - [(-62{,}9) + 2 \cdot (-286{,}3)]\ kJ \cdot mol^{-1}$
$= -123{,}6\ kJ \cdot mol^{-1}$

Danach wird $\Delta_r S^\circ_m$ ermittelt und dieser Wert zusammen mit $\Delta_r H^\circ_m$ bei $T = 298\ K$ (Bezugstemperatur) in die Gleichung 5.94 eingesetzt:

$\Delta_r S^\circ_m = [S^\circ_m(Ca(OH)_2) + S^\circ_m(C_2H_2)] - [S^\circ_m(CaC_2) + 2 \cdot S^\circ_m(H_2O)]$
$= [(76{,}1) + (200{,}6)] - [(70{,}2) + 2 \cdot (70{,}1)]\ J \cdot mol^{-1} \cdot K^{-1} = 66{,}3\ J \cdot mol^{-1}$
$= 0{,}0663\ kJ \cdot mol^{-1} \cdot K^{-1}$

$\Delta_r G^\circ_m = \Delta_r H^\circ_m - T \cdot \Delta_r S^\circ_m = -123{,}6\ kJ \cdot mol^{-1} - [298\ K \cdot (0{,}0663\ J \cdot mol^{-1} \cdot K^{-1})]$
$= \mathbf{-143{,}4\ kJ \cdot mol^{-1}}$

Die Masse von $m = 350\ kg\ CaC_2$ entspricht einem Formelumsatz (vgl. Gleichung 4.23) von:

$\xi = \frac{m(CaC_2)}{\nu \cdot M(CaC_2)} = \frac{3{,}5 \cdot 10^5\ g}{1 \cdot 64{,}1\ g \cdot mol^{-1}} = 5{,}46 \cdot 10^3\ mol$. Eingesetzt in Gl. 5.97 resultiert:

$\Delta_r G = \xi \cdot \Delta_r G_m = 5{,}46 \cdot 10^3\ mol \cdot (-143{,}4\ kJ \cdot mol^{-1}) = \mathbf{-7{,}83 \cdot 10^5\ kJ = -783\ MJ}$

Da die Terme der Definitionsgleichung der freien Enthalpie aus Zustandsgrößen *(H, S)* bestehen, ist die **freie Enthalpie** ebenfalls eine **Zustandsgröße** und damit ihre Änderung wegunabhängig. In Anlehnung an den *heß*schen Satz kann dies folgendermaßen formuliert werden (vgl. Gl. 5.22):

$$\Delta_r G^\circ_m = \Sigma[\nu \cdot \Delta G^\circ_{m,B}(\text{Produkte})] - \Sigma[\nu \cdot \Delta G^\circ_{m,B}(\text{Edukte})]$$

ν	ΔG°_m	$\Delta_r G^\circ_m$
1	$J \cdot mol^{-1}$	$J \cdot mol^{-1}$

5.98

Die freie Reaktionsenthalpie ($\xi = 1$ mol) lässt sich also leicht berechnen, indem die Differenz der freien Bildungsenthalpien der Produkte und der Edukte gebildet wird.

M 5.58: Die Darstellung von Calciumcarbid (CaC_2) erfordert einen erheblichen Energieaufwand.

$CaO\,(s) + 3\,C\,(s) \rightarrow CaC_2\,(s) + CO\,(g)$

Wie groß ist die freie Enthalpie der Reaktion, wenn die folgenden Werte gegeben sind?

$\Delta G^\circ_{m,B}(CaO) = -605{,}0\ kJ \cdot mol^{-1}$, $\Delta G^\circ_{m,B}(C) = 0{,}0\ kJ \cdot mol^{-1}$,
$\Delta G^\circ_{m,B}(CaC_2) = -137{,}5\ kJ \cdot mol^{-1}$ und $\Delta G^\circ_{m,B}(CO) = -67{,}9\ kJ \cdot mol^{-1}$

Lsg.: $\Delta_r G^\circ_m = [\Delta G^\circ_{m,B}(CaC_2) + \Delta G^\circ_{m,B}(CO)] - [\Delta G^\circ_{m,B}(CaO) + 3 \cdot \Delta G^\circ_{m,B}(C)]$

$= (-137{,}5\ kJ \cdot mol^{-1}) + (-67{,}9\ kJ \cdot mol^{-1}) - (-605{,}0\ kJ \cdot mol^{-1}) - 3 \cdot (0\ kJ \cdot mol^{-1})$
$= \mathbf{+399{,}6\ kJ \cdot mol^{-1}}$

Im Bild 1 ist die Änderung der freien Reaktionsenthalpie der Umsetzung von Calciumcarbid mit Wasser (Aufgabe M 5.57) grafisch wiedergeben, während das Bild 2 den energetischen Verlauf der Synthese von Calciumcarbid (Aufgabe M 5.58) zeigt.

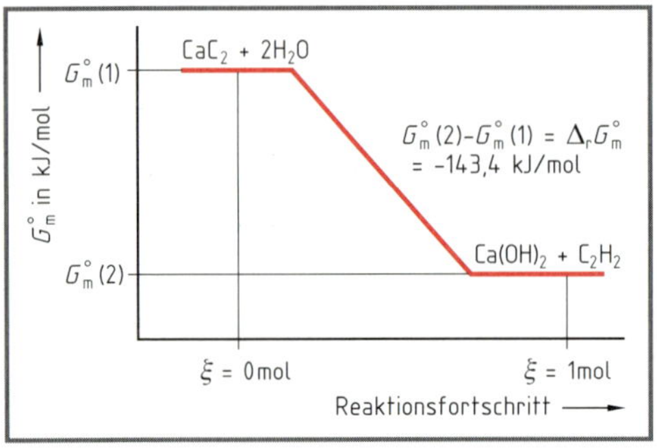

Bild 1: Verlauf der freien Reaktionsenthalpie bei einer exergonischen Reaktion

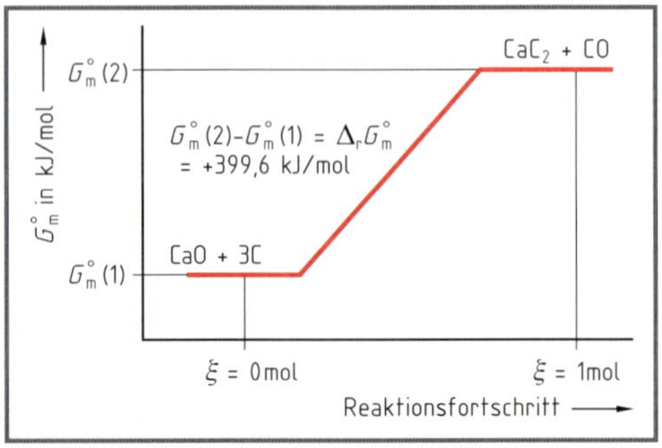

Bild 2: Verlauf der freien Reaktionsenthalpie einer endergonischen Reaktion

Bereits aus der Gleichung 5.93 geht hervor, dass die freie Enthalpie negativ (kleiner Null) wird, wenn $\Delta S_{gesamt} > 0$ ist. Die Reaktion läuft dann von selbst (spontan) in der betrachteten Richtung ab. Dasselbe Ergebnis folgt aus den Bildern 1 und 2. Ist $\Delta_r G = 0$, so findet keine Reaktion mehr statt. Es liegt ein Gleichgewicht vor (vgl. Kap. 5.9.2). Zusammengefasst gilt:

Der *gibbs*sche Satz verknüpft – auf chemische Reaktionen bezogen – den ersten Hauptsatz (Reaktionsenthalpie) und den zweiten Hauptsatz (Reaktionsentropie) der Thermodynamik miteinander.

1. Ist $\Delta_r G < 0$ **(exergonisch),** so läuft die Reaktion freiwillig ab.
2. Ist $\Delta_r G = 0$, so befindet sich die Reaktion im **Gleichgewicht.**
3. Ist $\Delta_r G > 0$ **(endergonisch),** so läuft die Reaktion in der angegebenen Richtung nur unter Zwang ab, was gleichzeitig bedeutet, dass sie in der umgekehrten Richtung spontan abläuft.

Die freie Enthalpie sagt etwas über die **Affinität** der Reaktionspartner aus, womit die Neigung der Reaktionspartner gemeint ist, chemische Bindungen miteinander einzugehen. Je größer diese ist, desto negativer ist $\Delta_r G$. Sie ist deshalb **nicht** als eine Art technische Nutzenergie (z.B. Verbrennungsenergie) einer chemischen Reaktion zu verstehen, die übrigbleibt, wenn man den **Entropieterm** ($T \cdot \Delta_r S$) von der Reaktionsenthalpie ($\Delta_r H$) abzieht und kann daher auch nicht einfach mit einem Kalorimeter bestimmt werden. Aus dem gleichen Grund darf sie auch **nicht** ohne weiteres mit dem technischen Begriff Exergie gleichgesetzt werden.

Um die **freie Reaktionsenthalpie** einer chemischen Umsetzung zu **messen,** wird eine Vorrichtung benötigt, die ausschließlich die **Affinität** zwischen den Reaktionspartnern bestimmbar macht, **ohne** dass es zur Umsetzung kommt. Man kann das Prinzip mit einer gespannten Uhrfeder vergleichen, deren maximalen Energieinhalt man auch nicht mehr misst, wenn sie nach dem Aufziehen bereits eine Zeit lang die Uhr angetrieben hat. Die reagierenden Edukte dürfen also nicht direkt miteinander in Kontakt treten, sondern nur mittelbar, und vor allem dürfen sie nicht unter Produktbildung miteinander reagieren. Nur dann wird die für chemische Bindungsknüpfung erforderliche maximale Reaktionsarbeit $\Delta_r G$ gemessen und der Vorgang läuft im thermodynamischen Sinne vollkommen reversibel ab wobei gilt: $Q_{rev} = T \cdot \Delta_r S$ (vgl. Herleitung der Gleichungen 5.66 und 5.94).

Eine Möglichkeit **reversible Reaktionsbedingungen** ohne Umsetzung zu schaffen, besteht darin, die Reaktionspartner in zwei **getrennte** galvanische Halbzellen zu füllen und die auftretende elektrochemische Spannung ΔE **stromlos** zu messen (Bild 1a, S. 175). Wie in Kap. 9.9.4 näher beschrieben wird, lässt sich aus der Potentialdifferenz ΔE eines galvanischen Elements dann die freie Reaktionsenthalpie ermitteln. Als Beispiel soll die Reaktion von Eisen(II)-salz mit Kaliumpermanganat dienen. Es handelt sich um eine Redoxreaktion mit den beiden Halbreaktionen:

linke Halbzelle:	$MnO_4^- + 8\,H^+ + 5\,e^- \rightarrow Mn^{2+} + 4\,H_2O$
rechte Halbzelle:	$5\,Fe^{2+} \rightarrow 5\,Fe^{3+} + 5\,e^-$
Gesamtreaktion:	$MnO_4^- + 5\,Fe^{2+} + 8\,H^+ \rightarrow Mn^{2+} + 5\,Fe^{3+} + 4\,H_2O$

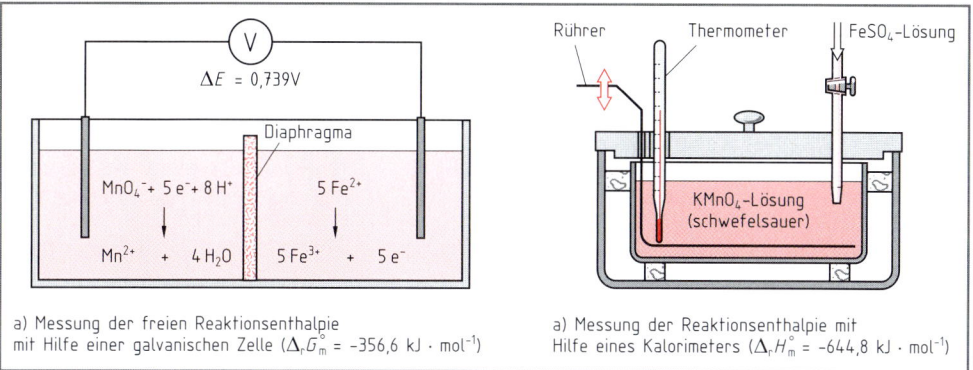

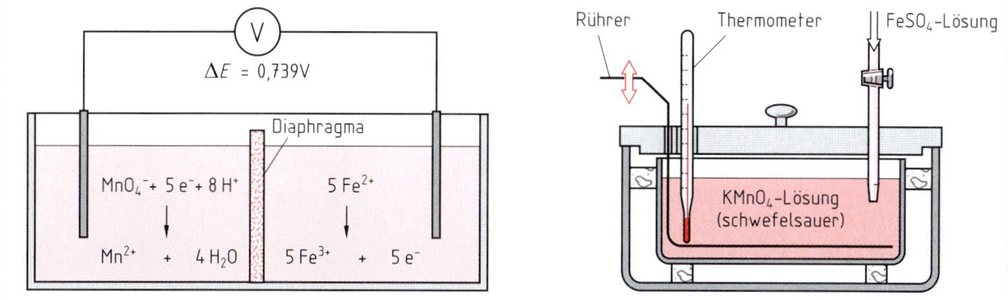

a) Messung der freien Reaktionsenthalpie mit Hilfe einer galvanischen Zelle ($\Delta_r G^\circ_m$ = –356,6 kJ · mol^{-1})

a) Messung der Reaktionsenthalpie mit Hilfe eines Kalorimeters ($\Delta_r H^\circ_m$ = –644,8 kJ · mol^{-1})

Bild 1: Experimentelle Bestimmung der freien Reaktionsenthalpie und der Reaktionsenthalpie

Das Diaphragma in Bild 1a stellt eine elektrisch leitende Verbindung zwischen den beiden Halbzellen dar und verhindert gleichzeitig den direkten Kontakt der Reaktionspartner. Die gemessene Potentialdifferenz im Bild 1a beträgt ΔE = 0,739 V. Daraus errechnet sich eine **freie Standardreaktionsenthalpie** von $\Delta_r G^\circ_m$ = – 356,6 kJ · mol^{-1} (vgl. Kap. 9.9.4). Die direkte Umsetzung in einem Kalorimeter (Bild 1b) ergibt dagegen eine **Standardreaktionsenthalpie** von $\Delta_r H^\circ_m$ = – 644,8 kJ · mol^{-1}.

M 5.59: Wie groß ist die Standardreaktionsentropie bei der Umsetzung von Eisen-(II)-salz mit Kaliumpermanganat, wenn die in den Bildern 1a und 1b angegebenen Werte für $\Delta_r G^\circ_m$ und $\Delta_r H^\circ_m$ als experimentell gefundene Werte angenommen werden?

Lsg.: In die Gleichung 5.94 werden die Standardwerte eingesetzt und nach $\Delta_r S^\circ_m$ aufgelöst ⇒

$$\Delta_r S^\circ_m = \frac{\Delta_r H^\circ_m - \Delta_r G^\circ_m}{T} = \frac{(-644{,}8\ \text{kJ} \cdot \text{mol}^{-1}) - (-356{,}6\ \text{kJ} \cdot \text{mol}^{-1})}{298\ \text{K}}$$

$$= \mathbf{-0{,}967\ kJ \cdot mol^{-1} \cdot K^{-1}}$$

Die **Schwerlöslichkeit von Verbindungen** kann ebenfalls mit Hilfe des *gibbs*schen Satzes abgeschätzt werden, denn die Auflösung einer Substanz in einem Lösemittel lässt sich als chemische Reaktion zwischen den Lösemittelmolekülen und den zu solvatisierenden Teilchen deuten. Entsprechend dem *heß*schen Satz ist die Reaktionsenthalpie in diesem Fall die Differenz zwischen der Lösungsenthalpie (Produkte) und der Bildungsenthalpie des Festkörpers (Edukt). Die freie Lösungsenthalpie und die Lösungsentropie können analog berechnet werden.

M 5.60: Ist Bariumnitrat bei 25 °C in Wasser gut löslich?
Es gelten die folgenden Daten:

	$Ba(NO_3)_2$ (s)	→	Ba^{2+} (aq)	+	2 NO_3^- (aq)
$\Delta H^\circ_{m,B}$ in kJ · mol^{-1}	– 990,9		– 537,8		– 206,7
S°_m in J · mol^{-1} · K^{-1}	+ 213,6		+ 12,5		+ 146,5

Lsg.: Aus dem *heß*schen Satz (Gleichung 5.22) folgt für die Lösungsenthalpie:

$$\Delta H^\circ_{m,L} = \Delta_r H^\circ_m = 2 \cdot \Delta H^\circ_{m,B}(NO_3^-, aq) + \Delta H^\circ_{m,B}(Ba^{2+}, aq) - \Delta H^\circ_{m,B}(Ba(NO_3)_2, s)$$
$$= 2 \cdot (-206{,}7\ \text{kJ} \cdot \text{mol}^{-1}) + (-537{,}8\ \text{kJ} \cdot \text{mol}^{-1}) - (-990{,}9\ \text{kJ} \cdot \text{mol}^{-1})$$
$$= +39{,}7\ \text{kJ} \cdot \text{mol}^{-1}$$

Für die Reaktionsentropie (Lösungsentropie) gilt analog:

$$\Delta_r S^\circ_m = 2 \cdot S^\circ_m(NO_3^-) + S^\circ_m(Ba^{2+}) - S^\circ_m((Ba(NO_3)_2)$$
$$= 2 \cdot 146{,}5\ \text{J} \cdot \text{mol}^{-1} \cdot \text{K}^{-1} + 12{,}5\ \text{J} \cdot \text{mol}^{-1} \cdot \text{K}^{-1} - 213{,}6\ \text{J} \cdot \text{mol}^{-1} \cdot \text{K}^{-1}$$
$$= 91{,}9\ \text{J} \cdot \text{mol}^{-1} \cdot \text{K}^{-1}$$

Die freie Lösungsenthalpie bei Standardbedingungen beträgt demnach:

$$\Delta_r G^\circ_m = \Delta H^\circ_{m,L} - T \cdot \Delta_r S^\circ_m$$
$$= 39{,}7\ \text{kJ} \cdot \text{mol}^{-1} - 298\ \text{K} \cdot (0{,}0919\ \text{kJ} \cdot \text{mol}^{-1} \cdot \text{K}^{-1})$$
$$= \mathbf{+12{,}3\ kJ \cdot mol^{-1}}\ \textbf{(mäßig löslich)}$$

Die freie Lösungsenthalpie in der Aufgabe M 5.60 ist größer als Null (positiv!), und Bariumnitrat ist tatsächlich in Wasser nur mäßig löslich.

Der Grund für die schlechte Löslichkeit des Bariumnitrats, das von den allgemein gut löslichen Nitraten eine Ausnahme bildet, liegt in dem höher positiven Wert der Lösungsenthalpie, der durch die Lösungsentropie nicht kompensiert wird. Das besonders schwerlösliche Bleisulfid (*L* (PbS) $= 2{,}7 \cdot 10^{-28}\ \text{mol}^2 \cdot \text{L}^{-2}$), hat eine große positive freie Lösungsenthalpie von $\Delta_r G_m^\circ = +\ 157{,}2\ \text{kJ} \cdot \text{mol}^{-1}$.

Eine besondere Rolle beim Lösevorgang spielt die **Lösungsentropie.** In der Literatur findet man für Kaliumchlorid (KCl) eine Lösungsenthalpie von $\Delta H_{m,\,L}^\circ = +\ 17{,}2\ \text{kJ} \cdot \text{mol}^{-1}$. Entsprechend dem Prinzip von *Berthelot* und *Thomsen* dürfte sich das Salz nicht in Wasser lösen, denn es muss Energie zugeführt werden. Tatsächlich wird der positive Wert der Lösungsenthalpie durch die Lösungsentropie von $\Delta_r S_m^\circ = 76{,}8\ \text{J} \cdot \text{mol}^{-1} \cdot \text{K}^{-1}$ überkompensiert, sodass bei $\vartheta = 25\ °\text{C}$ eine freie Lösungsenthalpie von $\Delta_r G_m^\circ = -\ 5{,}7\ \text{kJ} \cdot \text{mol}^{-1}$ resultiert und damit das Salz gut wasserlöslich ist.

Der Ausdruck $-\ T \cdot \Delta_r S$ wird, wie bereits erwähnt, vielfach als **Entropieterm** bezeichnet. Der Vergleich dieses Ausdrucks mit der Reaktionsenthalpie zeigt, dass für eine **exergonische** Reaktion insgesamt drei Fälle möglich sind (Bild 1).

Fall 1: Sowohl die Reaktionsenthalpie als auch der Entropieterm sind negativ.
Beispiel: $CaC_2\ (s) + 2\ H_2O\ (l) \rightarrow Ca\ (OH)_2\ (s) + C_2H_2\ (g)$
$\Delta_r H_m^\circ = -\ 123{,}6\ \text{kJ} \cdot \text{mol}^{-1}$; $-\ T \cdot \Delta_r S_m^\circ = -\ 19{,}8\ \text{kJ} \cdot \text{mol}^{-1}$; $\Delta_r G_m^\circ = -\ 143{,}4\ \text{kJ} \cdot \text{mol}^{-1}$
Dies ist immer dann gegeben, wenn eine exotherme Reaktion mit positiver Reaktionsentropie stattfindet. Sowohl im System (die reagierenden Moleküle) als auch in der Umgebung (exotherme Reaktion!) nimmt die Entropie zu (positiver Wert).

Fall 2: Die Reaktionsenthalpie ist positiv aber der Entropieterm ist negativ.
Beispiel: $KCl\ (s) \rightarrow K^+\ (aq) + Cl^-\ (aq)$
$\Delta_r H_m^\circ = +\ 17{,}2\ \text{kJ} \cdot \text{mol}^{-1}$; $-\ T \cdot \Delta_r S_m^\circ = -\ 22{,}9\ \text{kJ} \cdot \text{mol}^{-1}$; $\Delta_r G_m^\circ = -\ 5{,}7\ \text{kJ} \cdot \text{mol}^{-1}$
Die Reaktion ist endotherm. Die positive Reaktionsentropie ($\Delta_r S_m^\circ = 76{,}8\ \text{J} \cdot \text{mol}^{-1} \cdot \text{K}^{-1}$) hat aber einen so hohen Betrag, dass als freie Reaktionsenthalpie wieder ein negativer Wert resultiert. Damit die Reaktionsentropie aber so stark ansteigen kann, wird der Umgebung pro mol Formelumsatz die Wärmeenergie von $-\ 17{,}2$ kJ entzogen. Als Transportgröße dient dabei die Entropie der Umgebung, die um $\Delta S_m^\circ = -\ 17\ 200\ \text{J}/298\ \text{K} = -\ 57{,}7\ \text{J} \cdot \text{mol}^{-1} \cdot \text{K}^{-1}$ sinkt.
Die **Gesamtentropieänderung** ist wiederum **positiv** und beträgt:
$\Delta S_{gesamt} = 19{,}1\ \text{J} \cdot \text{mol}^{-1} \cdot \text{K}^{-1}$.

Fall 3: Die Reaktionsenthalpie ist negativ und der Entropieterm ist positiv.
Beispiel: $HCl\ (g) + NH_3\ (g) \rightarrow NH_4Cl\ (s)$
$\Delta_r H_m^\circ = -\ 177{,}1\ \text{kJ} \cdot \text{mol}^{-1}$; $-\ T \cdot \Delta_r S_m^\circ = +\ 84{,}8\ \text{kJ} \cdot \text{mol}^{-1}$; $\Delta_r G_m^\circ = -\ 92{,}3\ \text{kJ} \cdot \text{mol}^{-1}$
Die **Entropie des Systems,** die **Reaktionsentropie,** nimmt ab um
$\Delta_r S_m^\circ = -\ 284{,}6\ \text{J} \cdot \text{mol}^{-1} \cdot \text{K}^{-1}$.
Dies beruht darauf, dass aus zwei hochgradig ungeordneten Gasen unter heftiger, spontaner Reaktion ein kristalliner Feststoff entsteht, dessen Entropie aufgrund seines geordneten Zustands naturgemäß niedriger ist. Der Antrieb der Reaktion beruht letztendlich auf der starken Zunahme der Entropie der Umgebung um
$\Delta S_m^\circ = +\ 177\,100\ \text{J}/298\ \text{K} = +\ 594{,}3\ \text{J} \cdot \text{mol}^{-1} \cdot \text{K}^{-1}$, sodass die Gesamtentropieänderung $\Delta S_{gesamt}^\circ = +\ 309{,}7\ \text{J} \cdot \text{mol}^{-1} \cdot \text{K}^{-1}$ beträgt.

Wesentlich für den Ablauf einer chemischen Reaktion ist, dass $\Delta_r G$ immer kleiner als Null (negativ) ist. Dabei kann es vorkommen, dass einmal $|\Delta_r H| > |\Delta_r G|$ (vgl. Fall 2 und 3) und ein anderes Mal $|\Delta_r H| < |\Delta_r G|$ (vgl. Fall 1) ist.

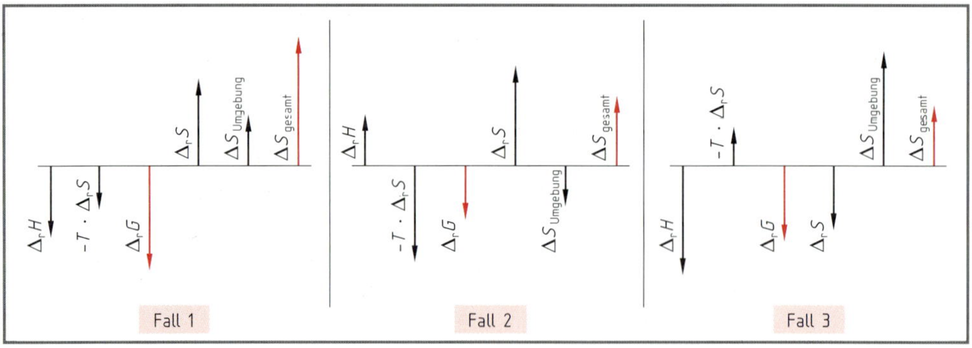

Bild 1: Die drei Möglichkeiten exergonischer Reaktionen

5.9.2 Anwendung des *gibbs*schen Satzes auf das chemische Gleichgewicht

Die Gase Distickstoff (IV)-oxid (N_2O_4) und Stickstoff (IV)-oxid (NO_2) liegen bei $\vartheta = 25\ °C$ in einem Gleichgewicht nebeneinander vor (Bild 1):

$N_2O_4 \rightleftarrows 2\ NO_2$

Wie im Kapitel 3 näher beschrieben wird, handelt es sich um ein dynamisches Gleichgewicht. Damit ist gemeint, dass ständig N_2O_4-Teilchen zu NO_2-Teilchen zerfallen (dissoziieren) und umgekehrt NO_2-Teilchen zu N_2O_4-Molekülen reagieren. Wenn **vor** der Gleichgewichtseinstellung 1 mol N_2O_4 vorgelegen hat, so werden **im Gleichgewicht** nur noch 0,834 mol gefunden. Bei den folgenden Überlegungen wird von einer maximal möglichen Dissoziation von einem Mol ausgegangen ($\xi = 1$ mol).

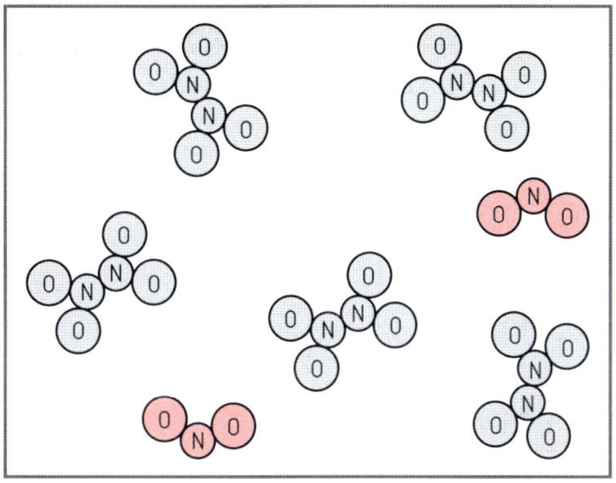

Bild 1: N_2O_4/NO_2-Gleichgewichtsmischung

Jede an der Reaktion beteiligte Komponente besitzt eine **freie Standardbildungsenthalpie,** nämlich $\Delta G^o_{m,B}$ (N_2O_4) beziehungsweise $\Delta G^o_{m,B}$ (NO_2). Bei der **Reaktion von Gasen** ist die Bildung einer Komponente oder ihr Verschwinden im Verlauf einer Reaktion mit einer Volumenänderung und damit mit einer **Volumenänderungsarbeit** verbunden. Weiterhin hängt die Gewichtung einer Komponente von ihrem **Partialdruck** p(X) ab. Ist dieser gleich Null, so wird sie naturgemäß (zunächst) nicht an der Reaktion teilhaben; ist er im umgekehrten Fall sehr hoch, so wird der Ablauf der Reaktion sehr stark von dieser Komponente dominiert. Da die Gleichgewichtseinstellung **reversibel** erfolgt, muss zur Charakterisierung eine Beziehung angewandt werden, die den **Partialdruck** mit der **reversibel geführten Arbeit** („maximalen Arbeit") verknüpft. Im Kapitel 5.4 ist mit der Gleichung 5.9 eine geeignete Gesetzmäßigkeit vorgestellt worden:

$$\Delta W_{max} = -n \cdot R \cdot T \cdot \ln \frac{p_1}{p_2} \quad \text{bzw.} \quad \Delta W_{max} = n \cdot R \cdot T \cdot \ln \frac{p_2}{p_1}$$

Wird als p_1 der Bezugsdruck $p^o = 101{,}3$ kPa gesetzt und bei einem Umsatz von $\xi = 1$ mol die Stoffmenge n durch die stöchiometrische Zahl ν ausgedrückt, so resultiert für das N_2O_4/NO_2-Gleichgewicht:

$$\Delta W_{max} = \nu \cdot R \cdot T \cdot \ln \frac{p\,(N_2O_4)}{p^o} \quad \text{und} \quad \Delta W_{max} = \nu \cdot R \cdot T \cdot \ln \frac{p\,(NO_2)}{p^o}$$

Allgemein bezeichnet man den Ausdruck $p(X)/p^o$ als **Aktivität** a(X) (vgl. Kap. 1) der Substanz X. Bei einem maximal möglichen Formelumsatz von einem Mol ($\xi = 1$ mol) erhält man die **zur Reaktion beitragende** freie Standardenthalpie einer **Komponente,** indem die Summe aus der freien Standardbildungsenthalpie $\Delta G_{m,B}{}^o$ (X) und der reversiblen Volumenänderungsarbeit ΔW_{max} gebildet wird. Damit ist:

$$\Delta G^o\,(N_2O_4) = \Delta G^o_{m,B}\,(N_2O_4) + R \cdot T \cdot \ln a\,(N_2O_4) \text{ und}$$
$$\Delta G^o\,(NO_2) = \Delta G^o_{m,B}\,(NO_2) + R \cdot T \cdot \ln a\,(NO_2)$$

Bei einer bestimmten Aktivität a(X) **unterscheiden** sich die freien Enthalpien $\Delta G^o(N_2O_4)$ und $\Delta G^o\,(NO_2)$ um eine **vom Umsatz abhängige Differenz,** die hier als $\Delta G^o(\xi)$ bezeichnet wird. Da die freie Enthalpie eine **Zustandsfunktion** ist, kann dieser Unterschiedsbetrag von $\Delta G^o(\xi)$ ganz allgemein durch Substraktion erhalten werden. Dabei werden unter Berücksichtigung der stöchiometrischen Zahlen ν die freien Enthalpien der Edukte von denen der Produkte abgezogen (vgl. auch Gleichung 5.98):

$$\Delta G^o\,(\xi) = 2 \cdot \Delta G^o\,(NO_2) - 1 \cdot \Delta G^o\,(N_2O_4) \Rightarrow$$
$$\Delta G^o\,(\xi) = 2 \cdot [\Delta G^o_{m,B}\,(NO_2) + R \cdot T \cdot \ln a\,(NO_2)] - [\Delta G^o_{m,B}\,(N_2O_4) + R \cdot T \cdot \ln a\,(N_2O_4)]$$
$$\Delta G^o\,(\xi) = [2 \cdot \Delta G^o_{m,B}\,(NO_2) - \Delta G^o_{m,B}\,(N_2O_4)] + R \cdot T \cdot [2 \cdot \ln a\,(NO_2) - \ln a\,(N_2O_4)]$$

In der letzten Gleichung ist der Ausdruck in der ersten eckigen Klammer die **molare** ($\xi = 1$ mol) **freie Standardreaktionsenthalpie** ($\Delta_r G^o_m$). Werden die Regeln des Logarithmenrechnens berücksichtigt, so lässt sich diese Beziehung folgendermaßen zusammenfassen:

$$\Delta G^o\,(\xi) = \Delta_r G^o_m + R \cdot T \cdot \ln \frac{a^2\,(NO_2)}{a\,(N_2O_4)}$$

Der Quotient in der obigen Gleichung ist der **Reaktionsquotient** Q, der ganz **allgemein** eine beliebige Zusammensetzung des Reaktionsgemisches beschreibt (s.a. Kap. 3.2). Für die **Differenz** der freien Standardenthalpie $\Delta G^\circ(\xi)$ im Verlauf einer Reaktion gilt somit:

5.99

$$\Delta G^\circ(\xi) = \Delta_r G^\circ_m + R \cdot T \cdot \ln Q$$

$\Delta G^\circ(\xi)$	$\Delta_r G^\circ_m$	R	T	Q
$J \cdot mol^{-1}$	$J \cdot mol^{-1}$	$J \cdot mol^{-1} \cdot K^{-1}$	K	1

Das N_2O_4/NO_2-Gleichgewicht lässt sich mit Hilfe von Funktionsgleichungen für die umsatzabhängigen Größen $\Delta G^\circ(N_2O_4)$ und $\Delta G^\circ(NO_2)$ beschreiben. Auch kann, für die bei einer bestimmten Aktivität vorliegende **freie Standardenthalpie des Reaktionssystems** ΔG°, eine Funktionsgleichung aufgestellt werden mit ΔG° als abhängige Variable. Als unabhängige Variable wird in allen Fällen sinnvollerweise die Umsatzvariable ξ im Bereich von $\xi = 0$ mol bis $\xi = 1$ mol eingeführt. Im Ausgangszustand soll $n(N_2O_4) = 1$ mol vorliegen. Damit gelten für die jeweiligen Stoffmengen:

$$N_2O_4 \rightleftharpoons 2\,NO_2$$

$$n(N_2O_4) = 1 - \xi \quad \text{und} \quad n(NO_2) = 2 \cdot \xi$$

Ist beispielsweise $\xi = 0{,}1$ mol, dann beträgt $n(N_2O_4) = 0{,}9$ mol und $n(NO_2) = 0{,}2$ mol. Weiterhin ist $n_{gesamt} = 1 + \xi$. Im Beispiel wären dies $n_{gesamt} = 1{,}1$ mol.

Unter der Voraussetzung, dass der Gesamtdruck p_{gesamt} dem Bezugsdruck $p^\circ = 1{,}013$ bar entspricht (es wird mit Standardgrößen gerechnet!), betragen die entsprechenden Partialdrücke (s. a. Kap. 2.4.1) und die damit zusammenhängenden Aktivitäten:

$$p(N_2O_4) = x(N_2O_4) \cdot p^\circ = \frac{1-\xi}{1+\xi} \cdot p^\circ \quad \Rightarrow \quad a(N_2O_4) = \frac{p(N_2O_4)}{p^\circ} = x(N_2O_4) = \frac{1-\xi}{1+\xi}$$

$$p(NO_2) = x(NO_2) \cdot p^\circ = \frac{2 \cdot \xi}{1+\xi} \cdot p^\circ \quad \Rightarrow \quad a(NO_2) = \frac{p(NO_2)}{p^\circ} = x(NO_2) = \frac{2 \cdot \xi}{1+\xi}$$

Mit den zuletzt formulierten Ausdrücken können die folgenden Funktionsgleichungen für die **freien Enthalpien der Komponenten** in Abhängigkeit von der Umsatzvariablen aufgestellt werden:

5.100

$$\Delta G^\circ_m(N_2O_4) = \Delta G^\circ_{m,B}(N_2O_4) + R \cdot T \cdot \ln \frac{1-\{\xi\}}{1+\{\xi\}}$$

$\Delta G^\circ_m(N_2O_4)$	$\Delta G^\circ_{m,B}(N_2O_4)$	R	T	ξ
$J \cdot mol^{-1}$	$J \cdot mol^{-1}$	$J \cdot mol^{-1} \cdot K^{-1}$	K	mol

5.101

$$\Delta G^\circ_m(NO_2) = \Delta G^\circ_{m,B}(NO_2) + R \cdot T \cdot \ln \frac{2 \cdot \{\xi\}}{1+\{\xi\}}$$

$\Delta G^\circ_m(NO_2)$	$\Delta G^\circ_{m,B}(NO_2)$	R	T	ξ
$J \cdot mol^{-1}$	$J \cdot mol^{-1}$	$J \cdot mol^{-1} \cdot K^{-1}$	K	mol

Da im Reaktionsverlauf die Stoffmenge von N_2O_4 jeweils um $(1 - \xi)$ abnimmt und im Gegenzug die Stoffmenge von NO_2 um $(2 \cdot \xi)$ zunimmt, lautet die Funktionsgleichung für die **freie Standardenthalpie** des **Reaktionssystems:**

5.102

$$\Delta G^\circ_m = (1 - \{\xi\}) \cdot \Delta G^\circ_m(N_2O_4) + 2 \cdot \xi \cdot \Delta G^\circ_m(NO_2)$$

ΔG°_m	$\Delta G^\circ_m(N_2O_4)$	$\Delta G^\circ_m(NO_2)$	ξ
$J \cdot mol^{-1}$	$J \cdot mol^{-1}$	$J \cdot mol^{-1}$	mol

M 5.61: Für die Reaktion: $N_2O_4 \rightleftarrows 2\,NO_2$

	N_2O_4		$2\,NO_2$
$\Delta G^\circ_{m,B}$ in $kJ \cdot mol^{-1}$	98,4		51,9

sind die freien Standardenthalpien $\Delta G^\circ_m(N_2O_4)$, $\Delta G^\circ_m(NO_2)$ und die freie Standardenthalpie des Reaktionssystems ΔG°_m bei einem Umsatz von $\xi = 0{,}1$ mol zu berechnen.

Lsg.: Einsetzen der Werte in die Gleichungen 5.100, 5.101 und 5.102 ergibt:

$$\Delta G^\circ_m(N_2O_4) = 98{,}4\ kJ \cdot mol^{-1} + 8{,}315 \cdot 10^{-3} \cdot kJ \cdot mol^{-1} \cdot K^{-1} \cdot 298\ K \cdot \ln \frac{(1-0{,}1)}{(1+0{,}1)}$$

$$= \mathbf{97{,}90\ kJ \cdot mol^{-1}}$$

$$\Delta G^\circ_m(NO_2) = 51{,}9\ kJ \cdot mol^{-1} + 8{,}315 \cdot 10^{-3} \cdot kJ \cdot mol^{-1} \cdot K^{-1} \cdot 298\ K \cdot \ln \frac{(2 \cdot 0{,}1)}{(1+0{,}1)}$$

$$= \mathbf{47{,}68\ kJ \cdot mol^{-1}}$$

$$\Delta G^\circ_m = (1-0{,}1) \cdot 97{,}90\ kJ \cdot mol^{-1} + 2 \cdot 0{,}1 \cdot 47{,}68\ kJ \cdot mol^{-1} = \mathbf{97{,}65\ kJ \cdot mol^{-1}}$$

In der Tabelle 5j sind die einschlägigen Werte für das N_2O_4/NO_2-Gleichgewicht in Abhängigkeit von der Umsatzvariablen ξ aufgelistet (Berechnung vgl. M 5.61):

Tabelle 5j: N_2O_4/NO_2-Gleichgewicht

ξ in mol	ΔG^o_m (N_2O_4) in kJ · mol⁻¹	ΔG^o_m (NO_2) in kJ · mol⁻¹	$2 \cdot \Delta G^o_m$ (NO_2) in kJ · mol⁻¹	ΔG^o_m in kJ · mol⁻¹
0,0	98,40	$-\infty$	$-\infty$	–
0,1	97,90	47,68	95,36	97,65
0,166	97,57	48,79	97,58	97,57
0,2	97,40	49,18	98,36	97,59
0,3	96,87	49,98	99,96	97,80
0,4	96,30	50,51	101,02	98,19
0,5	95,68	50,90	101,80	98,73
0,6	94,97	51,19	102,38	99,41
0,7	94,10	51,42	102,84	100,22
0,8	92,96	51,61	103,22	101,16
0,9	91,10	51,77	103,54	102,29
1,0	$-\infty$	51,90	103,80	–

Im Bild 1 sind die freien Standardenthalpien der Komponenten (ΔG^o_m (N_2O_4) bzw. $2 \cdot \Delta G^o_m$ (NO_2) und die freie Reaktionsenthalpie des Reaktionssystems (ΔG^o_m) gegen die Umsatzvariable von ξ = 0 mol bis ξ = 1 mol aufgetragen. Da aus einem Mol N_2O_4 zwei Mole NO_2 gebildet werden, muss auch der jeweilige Wert von ΔG^o_m (NO_2) **verdoppelt** aufgetragen werden.

Zu Beginn (ξ = 0 mol) ist noch kein Molekül N_2O_4 zerfallen und somit auch kein Teilchen NO_2 vorhanden. Infolgedessen ist die Triebkraft für die NO_2-Bildung unendlich stark, was mit dem **Grenzwert** ΔG^o_m (NO_2) = $-\infty$ kJ · mol⁻¹ in der Tabelle 5j ausgedrückt wird und im Bild 1 beginnt die ΔG^o_m (NO_2)-Kurve theoretisch bei $-\infty$ kJ · mol⁻¹. Bereits bei einem Umsatz von $\xi = 10^{-12}$ mol hat sich der Antrieb, mehr NO_2 zu bilden, abgeschwächt und beträgt nur noch ΔG^o_m (NO_2) = – 14,85 kJ · mol⁻¹ (einsetzen von $\xi = 10^{-12}$ mol in Gl. 5.101). Umgekehrt kann gefolgert werden: Wenn kein N_2O_4 vorliegt (ξ = 1 mol), ist die Bildungsneigung dieser Verbindung unendlich groß.

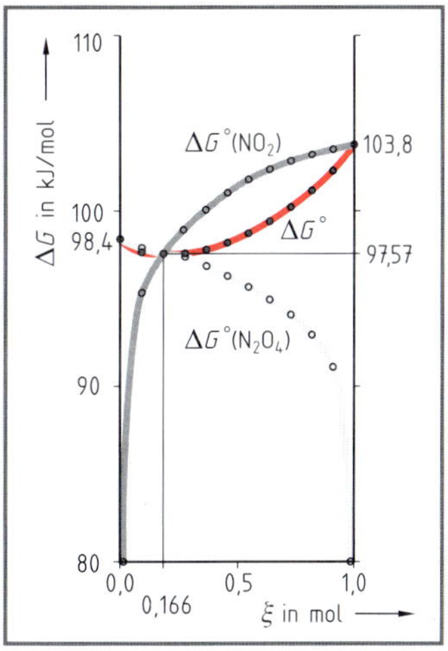

Bild 1: Änderung der freien Enthalpien im N_2O_4/NO_2-Gleichgewicht in Abhängigkeit von ξ

Bei (ξ = 0,166 mol) haben die freien Enthalpien beider Verbindungen den selben Wert und die von der Umsatzvariablen abhängige Differenz ΔG^o (ξ) ist gleich Null (s.a. Tabelle 5j). Es herrscht **Gleichgewicht** und die Kurven von ΔG^o_m (NO_2) und ΔG^o_m (N_2O_4) schneiden sich gleichzeitig mit der freien Reaktionsenthalpie des Systems ΔG^o_m. Wird in der Gleichung 5.99 die Größe ΔG^o (ξ) = 0 gesetzt, so entspricht der Reaktionsquotient Q der **thermodynamischen Gleichgewichtskonstanten** K und nach Umformung erhält man schließlich:

$$\Delta_r G^o_m = -R \cdot T \cdot \ln K \qquad (5.103)$$

$\Delta_r G^o_m$	R	T	K
J · mol⁻¹	J · mol⁻¹ · K⁻¹	K	1

Die Gleichung 5.103 ist eine der wichtigsten Gleichungen der chemischen Thermodynamik. Sie ist der thermodynamische Beweis für die Existenz der Gleichgewichtskonstanten oder anders ausgedrückt: Sie ist das Ergebnis der thermodynamischen Ableitung des Massenwirkungsgesetzes. Weiterhin folgt daraus:

Wird die Gleichgewichtskonstante einer Reaktion mit irgendeiner Messmethode bestimmt, so kann aus dem Messergebnis die freie Reaktionsenthalpie errechnet werden. Neben der elektrochemischen Methode ist dies die zweite Methode zur Bestimmung der freien Enthalpie.

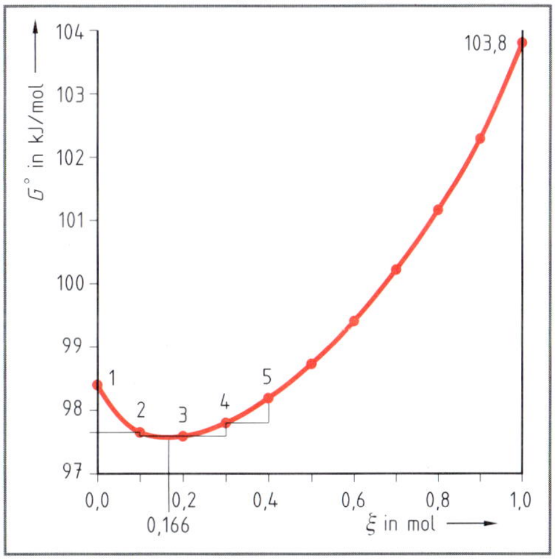

Bild 2: Abhängigkeit der freien Enthalpie des Reaktionssystems N_2O_4/NO_2 von ξ

Im Bild 2, S. 179 ist der Graph der **freien Reaktionsenthalpie des Systems** ΔG°_{m} vergrößert wiedergegeben. Zwischen den Punkten 1 bis 5 findet jeweils ein Formelumsatz von $\xi = 0{,}1$ mol statt. Zur Vereinfachung soll die Kurve zwischen zwei Punkten geradlinig verlaufen. Die **Steigung** (der Tangens!) zwischen den Punkten 1 und 2 ist die Differenz der freien Enthalpien dividiert durch die Differenz des Formelumsatzes:

$$\frac{\Delta G^{\circ}_{m}(2) - \Delta G^{\circ}_{m}(1)}{\Delta \xi} = \frac{\Delta G}{\Delta \xi} < 0 \text{ (negativ)}$$

Oder: ΔG **< 0.** Die Reaktion verläuft freiwillig unter Zerfall von N_2O_4 und der Bildung von NO_2 ab. Zwischen den Punkten 4 und 5 gilt für die mittlere Steigung:

$$\frac{\Delta G^{\circ}_{m}(5) - \Delta G^{\circ}_{m}(4)}{\Delta \xi} = \frac{\Delta G}{\Delta \xi} > 0 \text{ (positiv)}$$

Oder: ΔG **> 0.** Es entsteht kein NO_2, sondern die Moleküle dieser Verbindung reagieren vielmehr zu N_2O_4. Die Umsetzung erfolgt im Gegensinn der Reaktionsgleichung von „rechts nach links". Weiterhin ist zu beachten, dass im Bild 2, S. 179 der Betrag von ΔG zwischen den Punkten 2 und 3 bzw. 3 und 4 kleiner ist als zwischen den Punkten 1 und 2 bzw. 4 und 5. Bei exakt $\xi = 0{,}166$ mol wird $\Delta G = 0$ und die Kurve hat dort ein **Minimum,** was wiederum kennzeichnend ist für den **chemischen Gleichgewichtszustand.**

M 5.62: a) Wie groß ist die Gleichgewichtskonstante K für das N_2O_4/NO_2-Gleichgewicht, wenn die in der Aufgabe M 6.61 gegebenen Werte für $\Delta G^{\circ}_{m,B}$ der Berechnung zugrunde gelegt werden?

b) Welchen Wert hat die Umsatzvariable im Gleichgewicht bzw. bei welchem Formelumsatz herrscht Gleichgewicht?

Lsg.: a) Berechnung der freien Reaktionsenthalpie mit Hilfe der Formel 5.98

$\Delta_r G^{\circ}_{m} = 2 \cdot \Delta G^{\circ}_{m,B}(NO_2) - \Delta G^{\circ}_{m,B}(N_2O_4) = (2 \cdot 51{,}9 - 98{,}4)\ \text{kJ} \cdot \text{mol}^{-1} = 5{,}4\ \text{kJ} \cdot \text{mol}^{-1}$

Einsetzen in die Gleichung 5.103 ergibt nach Umformung:

$$\ln K = -\frac{\Delta_r G^{\circ}_{m}}{R \cdot T} = -\frac{5\,400\ \text{J} \cdot \text{mol}^{-1}}{8{,}315\ \text{J} \cdot \text{mol}^{-1} \cdot \text{K}^{-1} \cdot 298\ \text{K}} = \mathbf{-2{,}18} \Rightarrow \mathbf{K = 0{,}113}$$

b) Aus den bisherigen Ausführungen (s. S. 178) folgt für die Gleichgewichtskonstante:

$$K = \frac{a^2(NO_2)}{a(N_2O_4)} = \frac{(2 \cdot \xi)^2 \cdot (1+\xi)}{(1+\xi)^2 \cdot (1-\xi)} \quad \text{Kürzen ergibt: } K = \frac{4 \cdot \xi^2}{(1+\xi) \cdot (1-\xi)}$$

$$\Rightarrow \xi^2 = \frac{K}{4+K} = \frac{0{,}113}{4+0{,}113} = 0{,}0275 \Rightarrow \xi = \mathbf{0{,}166}$$

An dieser Stelle taucht ein **Einheitenproblem** auf. Denn üblicherweise wird mit der **druckbezogenen Gleichgewichtskonstante** K_p oder der **konzentrationsbezogenen Gleichgewichtskonstante** K_c gerechnet, die je nach Art der betrachteten Reaktion eine Einheit haben. Die **thermodynamisch berechnete Gleichgewichtskonstante** K basiert auf Aktivitäten und ist daher prinzipiell ohne Einheit. Auch darf der Formelumsatz, wie er in der Aufgabe M 5.62 b erhalten wird, nicht einfach $\xi = 0{,}166$ lauten, sondern korrekt muss es $\xi = 0{,}166$ mol heißen. Die Lösung des Problems wird gefunden, wenn man davon ausgeht, dass die bei der Berechnung von K in der Literatur üblicherweise verwendeten Standardwerte ($\Delta H^{\circ}_{m,B}$, $\Delta G^{\circ}_{m,B}$ und S°_{m}) sich auf einen **Standardzustand** beziehen, der folgendermaßen definiert ist:

$T = 298$ K und $p^{\circ} = 1{,}013$ bar bei **Gasen** bzw. $c^{\circ} = 1\ \text{mol} \cdot \text{L}^{-1}$ bei **Lösungen.**

Die Gleichgewichtskonstante hängt also von dem gewählten Standardzustand ab. Werden an Stelle der Aktivitäten die Drücke eingesetzt, so resultiert für das N_2O_4/NO_2-Gasgleichgewicht:

$$K = \frac{a^2(NO_2)}{a(N_2O_4)} = \frac{p^2(NO_2) \cdot p^{\circ}(N_2O_4)}{p(N_2O_4) \cdot p^{\circ 2}(NO_2)} = \frac{K_p}{K^{\circ}_{p}} \Rightarrow K_p = K \cdot K^{\circ}_{p} = 0{,}133 \cdot \frac{(1{,}013\ \text{bar})^2}{1{,}013\ \text{bar}} = 0{,}135\ \text{bar}$$

Wird zur Berechnung des Formelumsatzes im Gleichgewicht ξ an Stelle der thermodynamischen Gleichgewichtskonstante K die Größe K_p verwendet, so erhält man in der Aufgabe 5.62 keinen reinen Zahlenwert sondern $\xi = 0{,}166$ mol.

Bei Reaktionen in Lösungen beträgt die Aktivität einer Substanz a (X) = c (X)/c° (X) und die konzentrationsbezogene Gleichgewichtskonstante ist dann $K_c = K \cdot K_c^{\circ}$. Die Einheiten von K_p und K_c hängen von der Stöchiometrie der betrachteten Reaktionen ab und müssen von Fall zu Fall ermittelt werden! Diese Überlegungen gelten für alle Gleichgewichtsreaktionen:

$K_p = K \cdot K_p^{\circ}$ bzw. $K_c = K \cdot K_c^{\circ}$ ([K] = 1, die anderen Größen sind reaktionsabhängig) **5.104**

Schließlich müsste bei genauer Betrachtung eigentlich noch der von der **Stoffmengenkonzentration abhängige Aktivitätskoeffizient** γ (X) berücksichtigt werden. Aus Gründen der Übersichtlichkeit soll dies an dieser Stelle unterbleiben, muss aber bei exakten Berechnungen beachtet werden.

M 5.63: Bei ϑ = 25 °C ist mit Hilfe reaktionskinetischer Untersuchungen die Gleichgewichtskonstante für das folgende Estergleichgewicht mit K = 4,0 ermittelt worden:

$CH_3COOH + C_2H_5OH \rightleftarrows CH_3COOC_2H_5 + H_2O$

Wie groß ist die freie Standardbildungsenthalpie von Ethansäureethanoat ($CH_3COOC_2H_5$), wenn die freien Standardbildungsenthalpien der anderen Reaktionspartner mit $\Delta G^{\circ}_{m,B}$ (CH_3COOH) = – 389,6 kJ · mol^{-1}, $\Delta G^{\circ}_{m,B}$ (C_2H_5OH) = –174,7 kJ · mol^{-1} und $\Delta G^{\circ}_{m,B}$ (H_2O) = – 237,5 kJ · mol^{-1} angegeben werden?

Lsg.: Aus der Gleichung 5.103 resultiert die freie Standardreaktionsenthalpie

$\Delta_r G^{\circ}_m = -R \cdot T \cdot \ln K = -8{,}315\ \text{J} \cdot \text{mol}^{-1} \cdot \text{K}^{-1} \cdot 298\ \text{K} \cdot \ln 4 = -3\,435\ \text{J} \cdot \text{mol}^{-1}$
$\approx -3{,}4\ \text{kJ} \cdot \text{mol}^{-1}$

Durch Anwendung der Gleichung 5.98 wird nach Umstellen erhalten:

$\Delta G^{\circ}_{m,B}(CH_3COOC_2H_5) = \Delta_r G^{\circ}_m - \Delta G^{\circ}_{m,B}(H_2O) + \Delta G^{\circ}_{m,B}(CH_3COOH) + \Delta G^{\circ}_{m,B}(C_2H_5OH)$

$\Delta G^{\circ}_{m,B}(CH_3COOC_2H_5) = [-3{,}4 - (-237{,}5) + (-389{,}6) + (-174{,}7)]\ \text{kJ} \cdot \text{mol}^{-1}$
$= \mathbf{-330{,}2\ kJ \cdot mol^{-1}}$

Anmerkung:
Bei dieser in Lösung ablaufenden Reaktion unterscheiden sich K und K_c nicht.

Werden in der Gleichung 5.103 vom **Standardzustand abweichenden Werte** für die thermodynamische Konstante eingesetzt, so erhält man die freie Reaktionsenthalpie $\Delta_r G_m$ bei der entsprechenden Temperatur und dem jeweiligen Druck.

M 5.64: Für die Ammoniaksynthese

$N_2 + 3\,H_2 \rightleftarrows 2\,NH_3$

werden bei T = 803 K und p = 400 bar die folgenden Partialdrücke gemessen: p (N_2) = 73,88 bar, p (H_2) = 221,60 bar und p (NH_3) = 104,52 bar. Wie groß ist die freie Reaktionsenthalpie $\Delta_r G_m$ bei diesen Bedingungen?

Lsg.: Berechnung von K_p, K_p° und K:

$$K_p = \frac{p^2(NH_3)}{p(N_2) \cdot p^3(H_2)} = \frac{(104{,}52\ \text{bar})^2}{(73{,}88\ \text{bar}) \cdot (221{,}60\ \text{bar})^3} = 1{,}36 \cdot 10^{-5}\ \text{bar}^{-2}$$

$$K_p^{\circ} = \frac{(1{,}013\ \text{bar})^2}{(1{,}013\ \text{bar}) \cdot (1{,}013\ \text{bar})^3} = 0{,}9745\ \text{bar}^{-2}$$

mit Gleichung 5.104 folgt: $K = \frac{K_p}{K_p^{\circ}} = \frac{1{,}36 \cdot 10^{-5}\ \text{bar}^{-2}}{0{,}9745\ \text{bar}^{-2}} = 1{,}40 \cdot 10^{-5}$

Einsetzen von $K = 1{,}40 \cdot 10^{-5}$ in Gleichung 5.103, wobei $\Delta_r G^{\circ}_m$ gleich $\Delta_r G_m$ gesetzt wird:

$\Delta_r G_m = -R \cdot T \cdot \ln K = -8{,}315\ \text{J} \cdot \text{mol}^{-1} \cdot \text{K}^{-1} \cdot 803\ \text{K} \cdot \ln 1{,}40 \cdot 10^{-5} = \mathbf{7{,}46 \cdot 10^4\ J \cdot mol^{-1}}$

Der positive Wert für die freie Reaktionsenthalpie ($\Delta_r G_m$ = 74,6 kJ · mol^{-1}) in der Aufgabe M 5.64 bedeutet nicht, dass die Reaktion überhaupt nicht abläuft, sondern, dass die Reaktion freiwillig entsprechend der Reaktionsgleichung nach links abläuft. D. h. Ammoniak zerfällt **teilweise** unter Bildung von Stickstoff und Wasserstoff. Tatsächlich beträgt unter diesen Bedingungen der Stoffmengenanteil des Ammoniaks im Gleichgewicht nur x (NH_3) = 0,2613 und nicht x (NH_3) = 1.

Die Beziehung 5.99 gestattet die **freie Enthalpie als Reaktionsantrieb** für Fälle zu berechnen, bei denen sich das Reaktionssystem **außerhalb des Gleichgewichts** befindet. Hierzu wird in dieser Gleichung für $\Delta G^{\circ}(\xi)$ die Größe $\boldsymbol{\Delta G_N}$ eingeführt, die als **Reaktionsnutzarbeit** bezeichnet wird. Für die freie Standardreaktionsenthalpie $\Delta_r G_m^{\circ}$ setzt man die Gleichung 5.103 ein. Man erhält:

$$\Delta G_N = -R \cdot T \cdot \ln K + R \cdot T \cdot \ln Q$$

Umformen ergibt:

5.105

$$\Delta G_N = R \cdot T \cdot (\ln Q - \ln K)$$

ΔG_N	R	T	Q	K
$J \cdot mol^{-1}$	$J \cdot mol^{-1} \cdot K^{-1}$	K	1	1

M 5.65: Zur technischen Synthese von Ammoniak wird ein Kreislaufprozess durchgeführt. Nach dem Reaktor wird das NH_3 aus dem Kreislauf durch Kondensation in einem Kühler entfernt (Bild 1). Das Restgas enthält neben nicht umgesetztem Stickstoff und Wasserstoff noch etwas Ammoniak. Zur weiteren Reaktionsführung wird N_2 und H_2 zugespeist, sodass das Gas **vor** der Umsetzung im mit Katalysatormasse beschickten Reaktor eine Zusammensetzung von $a(NH_3) = 12{,}0$; $a(N_2) = 92{,}0$ und $a(H_2) = 291{,}0$ hat.

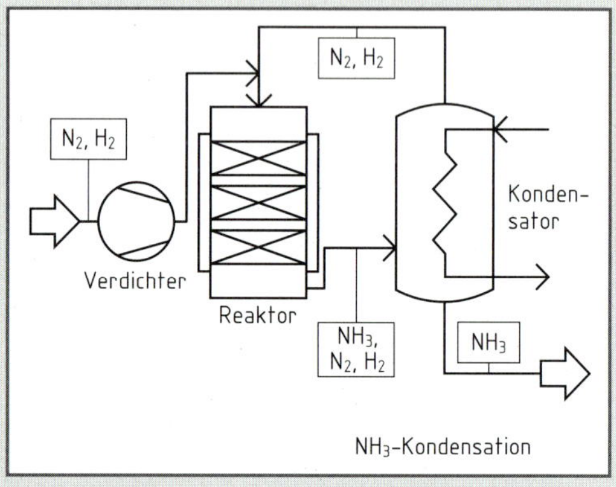

Bild 1: Verfahrensfließbild der NH_3-Synthese

Wie groß ist die Reaktionsnutzarbeit ΔG_N bei $T = 803$ K, wenn die thermodynamische Gleichgewichtskonstante $K = 1{,}40 \cdot 10^{-5}$ beträgt und die in M 5.64 formulierte Reaktionsgleichung gilt?

Lsg.: Zunächst wird der Reaktionskoeffizient Q ermittelt. Er beträgt:

$$Q = \frac{a^2(NH_3)}{a(H_2) \cdot a^3(H_2)} = \frac{12^2}{97 \cdot 291^3} = 6{,}02 \cdot 10^{-8}$$

Einsetzen von Q und K in die Gleichung 5.105 ergibt:

$$\Delta G_N = R \cdot T \cdot (\ln Q - \ln K) = 8{,}315\ J \cdot mol^{-1} \cdot K^{-1} \cdot 803\ K \cdot (\ln 6{,}02 \cdot 10^{-8} - \ln 1{,}40 \cdot 10^{-5})$$

$$\Delta G_N = -36\,383{,}6\ J \cdot mol^{-1} \approx \mathbf{-36{,}4\ kJ \cdot mol^{-1}}$$

Obwohl das Gleichgewicht der Ammoniaksynthese bei den in der Aufgabe M 5.65 vorausgesetzten Bedingungen auf der Seite der Edukte liegt, wird bei der vorgegebenen Zusammensetzung des Reaktionsgases Ammoniak gebildet, weil die Reaktionsnutzarbeit $\Delta G_N < 0$ ist! Wird umgekehrt bei einer Problemstellung eine Reaktionsnutzarbeit von $\Delta G_N > 0$ (positiv) erhalten, so ist die Reaktion nicht durchführbar und jeder Laboratoriumsversuch dahingehend zwecklos.

Durch Abwandlung der Gleichung 5.103 lässt sich das **Löslichkeitsprodukt** $L(X)$ eines schwerlöslichen Salzes sehr einfach berechnen, wenn man die freie Bildungsenthalpie der Ionen, $\Delta G_{m,B}^{\circ}(Me^{z+})$ bzw. $\Delta G_{m,B}^{\circ}(X^{z-})$ in **wässriger Lösung** und die freie Bildungsenthalpie des **festen Salzes** $\Delta G_{m,B}^{\circ}(Me_nX_m)$ kennt. Die Formulierung des Lösungsgleichgewichts lautet:

$$Me_nX_m \rightleftarrows n\,Me^{z+} + m\,X^{z-}$$

Für die thermodynamische Gleichgewichtskonstante gilt:

$$K = \frac{a^n(Me^{z+}) \cdot a^m(X^{z-})}{a(Me_nX_m)}$$

Da sich im Falle einer gesättigten Lösung die Aktivität des Salzes $a(Me_nX_m)$ nicht ändert, wird diese Größe in die Konstante K mit einbezogen und somit ist $\{K\} = \{L(Me_nX_m)\}$. Die molare freie Reaktionsenthalpie des Lösungsgleichgewichts beträgt deshalb:

5.106

$$\Delta_r G_m^{\circ} = -R \cdot T \cdot \ln L(Me_nX_m)$$

$\Delta_r G_m^{\circ}$	R	T	$L(Me_nX_m)$
$J \cdot mol^{-1}$	$J \cdot mol^{-1} \cdot K^{-1}$	K	1

Das Löslichkeitsprodukt hat, wenn es nach 5.106 berechnet wird, keine Einheit. Dies liegt daran, dass mit Aktivitäten gerechnet wird. Die korrekte Einheit für diese Größe wird erhalten, wenn berücksichtigt wird, dass $a = c/c^{\circ}$ ist. Entsprechend der Definition des Standardzustands ist $c^{\circ} = 1\ \mathrm{mol \cdot L^{-1}}$. An den Zahlenwert des Löslichkeitsproduktes werden deshalb die Einheiten der Stoffmengenkonzentrationen c in $\mathrm{mol \cdot L^{-1}}$ bzw. $\mathrm{mol \cdot m^{-3}}$ entsprechend der Reaktionsgleichung angefügt.

M 5.66: Scandium(III)-hydroxid ist schwer löslich. Wie groß ist das Löslichkeitsprodukt der Verbindung bei 25 °C, wenn die folgenden Daten gelten?

	$Sc(OH)_3$ (s)	$\rightleftarrows$	Sc^{3+} (aq)	+	$3\ OH^-$ (aq)
$\Delta H^{\circ}_{m,B}$ in $\mathrm{kJ \cdot mol^{-1}}$:	– 1 362,3		– 613,6		– 230,1
S°_{m} in $\mathrm{J \cdot mol^{-1}}$:	100,3		– 255,0		– 10,6

Lsg.:

$$\Delta_r H^{\circ}_m = \Delta H^{\circ}_{m,B}(Sc^{3+}) + 3 \cdot \Delta H^{\circ}_{m,B}(OH^-) - \Delta H^{\circ}_{m,B}[Sc(OH)_3]$$
$$= [(-613{,}6) + 3 \cdot (-230{,}1) - (-1\,362{,}3)]\ \mathrm{kJ \cdot mol^{-1}} = 58{,}4\ \mathrm{kJ \cdot mol^{-1}}$$

$$\Delta_r S^{\circ}_m = S^{\circ}_m(Sc^{3+}) + 3 \cdot S^{\circ}_m(OH^-) - S^{\circ}_m[Sc(OH)_3]$$
$$= [(-255{,}0) + 3 \cdot (-10{,}6) - 100{,}3]\ \mathrm{J \cdot mol^{-1}} = -387{,}1\ \mathrm{J \cdot mol^{-1} \cdot K^{-1}}$$
$$= -0{,}3871\ \mathrm{kJ \cdot mol^{-1} \cdot K^{-1}}$$

$$\Delta_r G^{\circ}_m = \Delta_r H^{\circ}_m - T \cdot \Delta_r S^{\circ}_m = 58{,}4\ \mathrm{kJ \cdot mol^{-1}} - 298\ \mathrm{K} \cdot (-0{,}3871\ \mathrm{kJ \cdot mol^{-1} \cdot K^{-1}})$$
$$= 173{,}8\ \mathrm{kJ \cdot mol^{-1}}$$

Einsetzen in die Gleichung 5.106 ergibt nach Umformen:

$$\ln L[Sc(OH)_3] = \frac{-\Delta_r G^{\circ}_m}{R \cdot T} = \frac{-173\,800\ \mathrm{J \cdot mol^{-1}}}{8{,}315\ \mathrm{J \cdot mol^{-1} \cdot K^{-1}} \cdot 298\ \mathrm{K}}$$

$$= -70{,}14 \Rightarrow L[Sc(OH)_3] = 3{,}45 \cdot 10^{-31}.$$

Unter Berücksichtigung der Einheiten (s. Gl. 3.28) folgt:
$L[Sc(OH)_3] =$ **$3{,}45 \cdot 10^{-31}\ \mathrm{mol^4 \cdot L^{-4}}$**

5.9.3 Temperatur- und Druckabhängigkeit der Gleichgewichtskonstante

Das chemische Gleichgewicht ist **temperaturabhängig.** Für die Beobachtung, dass sich der natürliche Logarithmus der Gleichgewichtskonstanten K proportional zu $-1/T$ (negative Steigung!) verhält (Bild 1), hat *van't Hoff* (1852–1912) eine Gesetzmäßigkeit gefunden.

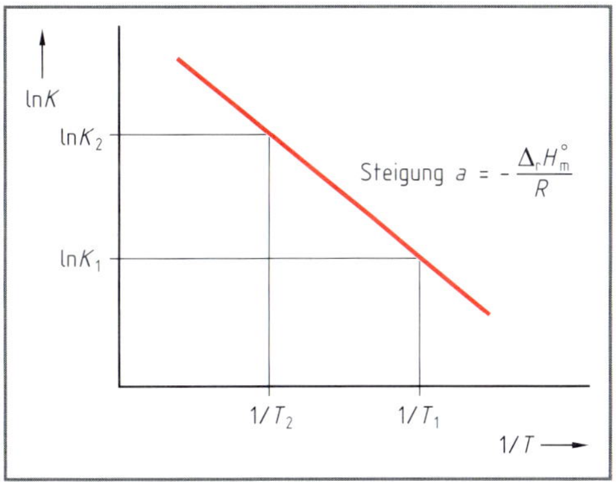

Bild 1: *Van't Hoff*-Reaktionsisobare

Zur Herleitung dieser Beziehung werden zunächst die beiden Gleichungen 5.94 ($\Delta_r G = \Delta_r H - T \cdot \Delta_r S$) und 5.103 ($\Delta_r G^{\circ}_m = -R \cdot T \ln K$) gleichgesetzt:

$$-R \cdot T \cdot \ln K = \Delta_r H^{\circ}_m - T \cdot \Delta_r S^{\circ}_m$$

Dabei wird unter Standardbedingungen von **einem Formelumsatz** ($\xi = 1$ mol) ausgegangen. Deshalb ist $\Delta_r G = \Delta_r G^{\circ}_m$, $\Delta_r H = \Delta_r H^{\circ}_m$ usw.

Umformung der obigen Gleichung ergibt:

$$\ln K = \frac{-\Delta_r H^{\circ}_m}{R \cdot T} + \frac{\Delta_r S^{\circ}_m}{R}$$

Unter der **vereinfachenden Annahme,** dass die molare Standardreaktionsenthalpie $\Delta_r H^{\circ}_m$ **temperaturabhängig** ist, erhält man für zwei beliebige Temperaturen T_1 und T_2 die Ausdrücke:

$$\ln K_1 = \frac{-\Delta_r H^{\circ}_m}{R \cdot T_1} + \frac{\Delta_r S^{\circ}_m}{R} \text{ und } \ln K_2 = \frac{-\Delta_r H^{\circ}_m}{R \cdot T_2} + \frac{\Delta_r S^{\circ}_m}{R}$$

Wird unter Berücksichtigung der Regeln des Logarithmenrechnens die Differenz $\ln K_2 - \ln K_1$ gebildet, so resultiert die *van't hoff*sche Gleichung:

5.107
$$\ln \frac{K_2}{K_1} = \frac{\Delta_r H^o_m}{R} \cdot \left(\frac{1}{T_1} - \frac{1}{T_2}\right)$$

K	$\Delta_r H^o_m$	T	R
1	$J \cdot mol^{-1}$	K	$J \cdot mol^{-1} \cdot K^{-1}$

Die Steigung der Geraden in Bild 1, S. 183 beträgt somit $a = -\Delta_r H^o_m/R$. Der Graph in dieser Abbildung wird deshalb als Isobare bezeichnet, weil sie sich auf eine Enthalpiegröße ($\Delta_r H^o_m$) bezieht und Enthalpieänderungen allgemein unter konstantem Druck (isobar) ablaufen.

M 5.67: Wie ändert sich die Gleichgewichtskonstante der Ammoniaksynthese

$N_2 + 3\,H_2 \rightleftarrows 2\,NH_3 \qquad \Delta_r H^o_m = -92{,}6\ kJ \cdot mol^{-1}$

wenn die Reaktion bei $T_2 = 873$ K statt unter Standardbedingungen ($T_1 = 298$ K) ablaufen soll und die Gleichgewichtskonstante $K_1 = 7{,}16 \cdot 10^5$ beträgt?

Lsg.: Auflösen der Gleichung 5.107 nach $\ln K_2$

$$\ln K_2 = \frac{\Delta_r H^o_m}{R} \cdot \left(\frac{1}{T_1} - \frac{1}{T_2}\right) + \ln K_1$$

$$= \frac{-92\,600\ J \cdot mol^{-1}}{8{,}315\ J \cdot mol^{-1} \cdot K^{-1}} \cdot \left(\frac{1}{298\ K} - \frac{1}{873\ K}\right) + \ln 7{,}16 \cdot 10^5 = -11{,}13 \Rightarrow K_2 = \mathbf{1{,}46 \cdot 10^{-5}}$$

Das Ergebnis der Aufgabe 5.67 ist etwas ungenau, denn es wird davon ausgegangen dass sich die Reaktionsenthalpie mit steigender Temperatur nicht ändert. Wie im Kapitel 5.6.9 festgestellt wurde, stimmt das nur bedingt. Die ***van't hoff*sche Gleichung** ist deshalb nur anwendbar, wenn nicht zu große Temperaturdifferenzen eingesetzt werden. Mit der Gleichung 5.45

$$\Delta_r H_m\,(T_2) = \Delta_r H_m\,(T_1) + \Delta\overline{C}_{mp} \cdot \Delta T$$

ist eine Beziehung abgeleitet worden, mit der die Reaktionsenthalpie bei verschiedenen Temperaturen berechnet werden kann. Weiterhin ist die **Reaktionsentropie** ebenfalls **temperaturabhängig.** Bei einer bestimmten Temperatur setzt sie sich **additiv** aus der **Reaktionsentropie bei T_1** (Bezugstemperatur 298 K) und einer Entropieänderung, wie sie aus Gleichung 5.72 resultiert, zusammen. An Stelle der molaren Wärmekapazität muss lediglich mit der **Differenz der mittleren Wärmekapazitäten** ($\Delta\overline{C}_{mp}$) gerechnet werden. Diese wird mit Hilfe der Gleichung 5.46 ermittelt: $\Delta\overline{C}_{mp} = \Sigma\,[\nu \cdot \overline{C}_{mp}\,(\text{Produkte})] - \Sigma\,[\nu \cdot \overline{C}_{mp}\,(\text{Edukte})]$. Wird außerdem berücksichtigt, dass sich die Gleichgewichtskonstante immer auf einen Formelumsatz beschränkt ($\xi = 1$ mol), dann ist in der Gleichung 5.72 für die Stoffmenge $n = 1$ mol einzusetzen. Somit gilt:

5.108
$$\Delta_r S_m\,(T_2) = \Delta_r S_m\,(T_1) + \Delta\overline{C}_{mp} \cdot \ln \frac{T_2}{T_1}$$

$\Delta_r S_m\,(T)$	$\Delta\overline{C}_{mp}$	T
$J \cdot mol^{-1} \cdot K^{-1}$	$J \cdot mol^{-1} \cdot K^{-1}$	K

Hat man $\Delta_r H_m\,(T_2)$ und $\Delta_r S_m\,(T_2)$ ermittelt, so können diese Werte in die abgewandelte Gleichung 5.94

$$\Delta_r G_m\,(T_2) = \Delta_r H_m\,(T_2) - T_2 \cdot \Delta_r S_m\,(T_2)$$

eingesetzt werden und K_2 mit Hilfe von

$$\Delta_r G_m\,(T_2) = -R \cdot T_2 \cdot \ln K_2$$

berechnet werden.

M 5.68: Welchen Wert hat die Gleichgewichtskonstante K_2 der Ammoniaksynthese bei $T_2 = 873$ K, wenn statt der *van't hoff*schen Gleichung wie in der Aufgabe M 5.67 mit dem genaueren Wert von $\Delta_r G_m\,(T_2)$ gerechnet wird?

Als Ausgangstemperatur wird die Bezugstemperatur $T_1 = 298$ K angenommen, sodass $\Delta_r H^o_m = \Delta_r H_m\,(T_1) = -92{,}6\ kJ \cdot mol^{-1}$ ist und die Reaktionsentropie $S^o_m = -198{,}6\ J \cdot mol^{-1} \cdot K^{-1}$ beträgt.
Weiterhin werden die folgenden Werte angenommen:

	N_2	+	$3\,H_2$	$\rightleftarrows$	$2\,NH_3$
$\overline{C}_{mp}$ in $J \cdot mol^{-1} \cdot K^{-1}$	30,3		29,4		44,0

Lsg.: Zunächst wird $\Delta\overline{C}_{mp}$ berechnet:

$$\Delta\overline{C}_{mp} = \Sigma\,[\nu \cdot \overline{C}_{mp}\,(\text{Produkte})] - \Sigma\,[\nu \cdot \overline{C}_{mp}\,(\text{Edukte})]$$
$$= 2 \cdot \overline{C}_{mp}\,(NH_3) - \overline{C}_{mp}\,(N_2) - 3 \cdot \overline{C}_{mp}\,(H_2)$$
$$\Delta\overline{C}_{mp} = (2 \cdot 44{,}0 - 30{,}3 - 3 \cdot 29{,}4)\ \text{J} \cdot \text{mol}^{-1} \cdot \text{K}^{-1} = -\,30{,}5\ \text{J} \cdot \text{mol}^{-1} \cdot \text{K}^{-1}$$

Die **Reaktionsenthalpie** beträgt bei $T_2 = 873$ K (Gl. 5.45):

$$\Delta_r H_m\,(T_2) = \Delta_r H_m\,(T_1) + \Delta\overline{C}_{mp} \cdot \Delta T$$
$$= -\,92{,}6\ \text{kJ} \cdot \text{mol}^{-1} + (-\,0{,}0305\ \text{kJ} \cdot \text{mol}^{-1} \cdot \text{K}^{-1}) \cdot (873 - 298)\ \text{K}$$
$$\Delta_r H_m\,(T_2) = -\,110{,}1\ \text{kJ} \cdot \text{mol}^{-1}$$

Mit Hilfe der Gleichung 5.108 wird für die **Reaktionsentropie** bei $T_2 = 873$ K gefunden:

$$\Delta_r S_m\,(T_2) = \Delta_r S^\circ_m + \Delta\overline{C}_{mp} \cdot \ln \frac{T_2}{T_1}$$
$$= -\,198{,}6\ \text{J} \cdot \text{mol}^{-1} \cdot \text{K}^{-1} + (-\,30{,}5\ \text{J} \cdot \text{mol}^{-1} \cdot \text{K}^{-1}) \cdot \ln \frac{873\ \text{K}}{298\ \text{K}}$$
$$\Delta_r S_m\,(T_2) = -\,231{,}4\ \text{J} \cdot \text{mol}^{-1} \cdot \text{K}^{-1}$$

Für die freie Reaktionsenthalpie bei $T_2 = 873$ K resultiert:

$$\Delta_r G_m\,(T_2) = \Delta_r H_m\,(T_2) - T_2 \cdot \Delta_r S_m\,(T_2)$$
$$= -\,110{,}1\ \text{kJ} \cdot \text{mol}^{-1} - 873\ \text{K} \cdot (-\,0{,}2314\ \text{kJ} \cdot \text{mol}^{-1} \cdot \text{K}^{-1}) = 91{,}9\ \text{kJ} \cdot \text{mol}^{-1}$$

Durch Umstellung der Gleichung 5.103 und einsetzen der Temperatur $T_2 = 873$ K erhält man als Wert für die exaktere Gleichgewichtskonstante:

$$\ln K_2 = \frac{-\,\Delta_r G_m\,(T_2)}{R \cdot T_2} = \frac{-\,91\,900\ \text{J} \cdot \text{mol}^{-1}}{8{,}315\ \text{J} \cdot \text{mol}^{-1} \cdot \text{K}^{-1} \cdot 873\ \text{K}} = -\,12{,}66 \Rightarrow \mathbf{K_2 = 3{,}2 \cdot 10^{-6}}$$

Nach der *van't hoff*schen Gleichung wurde ein Wert von $K_2 = 14{,}6 \cdot 10^{-6}$ erhalten, während der genauere Wert $K_2 = 3{,}2 \cdot 10^{-6}$ beträgt. Unabhängig davon wird bei einer Temperaturerhöhung in beiden Fällen die Gleichgewichtskonstante der Ammoniaksynthese kleiner. Dies führt zu einer allgemeinen Schlussfolgerung, welche als *Le Chatelier*-Prinzip bekannt ist (vgl. a. Kap. 3). Es lautet:

Ein in einem Gleichgewicht befindliches System weicht einem äußeren Zwang aus.

Die Ammoniaksynthese ist **exotherm** ($\Delta_r H^\circ_m = -\,92{,}6$ kJ · mol^{-1}). Wird Wärmeenergie zugeführt, so verlagert sie ihr Gleichgewicht so, dass diese Wärmeenergie verbraucht wird. Dies ist der Fall, wenn Ammoniak thermisch dissoziiert unter Bildung von N_2 und H_2. Gleichgewichtsreaktionen, bei denen sich im Verlauf der Reaktion das **Volumen** im Sinne der Differenz der Molvolumina der Produkte und Edukte ändert, werden durch den **Druck** im Reaktionsbehälter entsprechend dem *Le Chatelier*-Prinzip deutlich beeinflusst.

M 5.69: In der Aufgabe M 5.64 betrug die Gleichgewichtskonstante $K_p = 1{,}36 \cdot 10^{-5}$ bar^{-2}. Der Stoffmengenanteil von Ammoniak im Gleichgewicht beträgt $x\,(NH_3) = 0{,}2613$, was aus dem Partialdruck $p\,(NH_3) = 104{,}52$ bar bei einem Gesamtdruck von $p = 400$ bar folgt.

Wie ändert sich die Zusammensetzung des Reaktionsgemisches, wenn bei der gleichen Temperatur ($T = 803$ K) der Druck im Reaktionsbehälter auf $p = 780$ bar erhöht wird?

Lsg.: Es gilt: $N_2 + 3\,H_2 \rightleftarrows 2\,NH_3$.

Wenn bei einem maximal möglichen Umsatz von $\xi = 1$ mol ein Stoffmengenanteil von $x\,(NH_3)$ entstanden ist, verbleiben, da die Summe der Stoffmengenanteile stets 1 ist, für N_2 und für H_2 **zusammen** nur noch $1 - x\,(NH_3)$. Andererseits stehen H_2 und N_2 im Stoffmengenverhältnis 3:1 zueinander. Die Summe von H_2 **und** N_2 ist demnach 4 mol und das Verhältnis beträgt $^3/_4 : {}^1/_4$. Wird $x\,(NH_3)$ als unbekannte Größe mit y abgekürzt, so beträgt der Stoffmengenanteil

von H_2: $x\,(H_2) = {}^3/_4 \cdot (1 - y) = 0{,}75 - 0{,}75\,y$

und von N_2: $x\,(N_2) = {}^1/_4 \cdot (1 - y) = 0{,}25 - 0{,}25\,y$.

$\Rightarrow p\,(NH_3) = y \cdot 780$ bar; $p\,(H_2) = (0{,}75 - 0{,}75\,y) \cdot 780$ bar; $p\,(N_2) = (0{,}25 - 0{,}25\,y) \cdot 780$ bar

Eingesetzt in das Massenwirkungsgesetz mit $K_p = 1{,}36 \cdot 10^{-5}\ \text{bar}^{-2}$:

$$1{,}36 \cdot 10^{-5}\ \text{bar}^{-2} = \frac{(y \cdot 780\ \text{bar})^2}{[(0{,}25 - 0{,}25\ y) \cdot 780\ \text{bar}] \cdot [(0{,}75 - 0{,}75\ y) \cdot 780\ \text{bar}]^3}$$

$$\Rightarrow 1{,}36 \cdot 10^{-5}\ \text{bar}^{-2} \cdot (780\ \text{bar})^2 = \frac{y^2}{(0{,}25 - 0{,}25\ y) \cdot (0{,}75 - 0{,}75\ y)^3}$$

Die beiden Klammern im Quotient lassen sich vereinheitlichen

$$8{,}2742 = \frac{y^2}{1/3 \cdot (0{,}75 - 0{,}75\ y) \cdot (0{,}75 - 0{,}75\ y)^3} \Rightarrow 2{,}758 = \frac{y^2}{(0{,}75 - 0{,}75\ y)^4}$$

Im letzten Ausdruck wird zur Vereinfachung die Wurzel auf beiden Seiten gezogen

$$\Rightarrow 1{,}661 = \frac{y}{(0{,}75 - 0{,}75\ y)^2}$$

Es resultiert schließlich eine gemischt quadratischen Gleichung:

$y^2 - 3{,}07\ y + 1 = 0$ mit den Lösungen

$$y_{1,2} = -\frac{3{,}07}{2} \pm \sqrt{2{,}3567 - 1} = 1{,}535 \pm 1{,}165$$

Der realistische Wert beträgt $y = x\,(NH_3) = 0{,}37$. Die Stoffmengenanteile der anderen Komponenten betragen

$x\,(H_2) = {}^3/_4 \cdot [1 - x\,(NH_3)] = 0{,}75 - 0{,}75 \cdot 0{,}37 = \mathbf{0{,}47}$ und

$x\,(N_2) = {}^1/_4 \cdot [1 - x\,(NH_3)] = 0{,}25 - 0{,}25 \cdot 0{,}37 = \mathbf{0{,}16}$

Das Ergebnis der Aufgabe M 5.69 zeigt, dass sich bei Druckerhöhung das Ammoniakgleichgewicht getreu dem *Le Chatelier*-Prinzip so verlagert, dass es dem Druck unter Volumenverminderung ausweicht. Denn auf der linken Seite sind 4 mol Gas einzusetzen (entsprechend 89,6 L im Normzustand) und auf der rechten Seite nur 2 mol (entsprechend 44,8 L im Normzustand).

Übungen zu Kapitel 5

5.1 Im vorliegenden Buch wurde der 1. Hauptsatz folgendermaßen mathematisch definiert:

$\Delta U = \Delta Q + \Delta W$ bzw. $\Delta Q = \Delta U - \Delta W$

In der Literatur findet man vielfach auch andere Formulierungen, wie z.B.:

$\Delta U = \Delta Q - \Delta W$ bzw. $\Delta Q = \Delta W + \Delta U$

Wieso stimmen beide Formulierungen?

5.2 Zur Messung der menschlichen Energiebilanz befindet sich eine Versuchsperson in einem kleinen Raum mit adiabatischen Wänden (Bild 1). Durch Strampeln auf einem Trainingsfahrrad erbringt sie eine Arbeit von 730 kJ. Die Temperaturmessung der Luft ergibt, dass dem Raum gleichzeitig eine Wärmemenge von 87 kJ zugeführt worden ist. Wie hat sich die innere Energie der Versuchsperson verändert?

Bild 1: Messung des Energieumsatzes beim Menschen

5.3 In einem Luftballon befinden sich $V_1 = 2{,}000$ L Luft bei einer Temperatur von $\vartheta_1 = 18$ °C und einem Druck von $p_1 = 120$ kPa. Durch Sonneneinstrahlung wird er auf $\vartheta_2 = 25$ °C erwärmt. Die Wärmekapazität der Luft beträgt in diesem Temperaturbereich $C_{mp} = 28{,}6\ \text{J} \cdot \text{mol}^{-1} \cdot \text{K}^{-1}$. Unter der Annahme, dass der Druck konstant bleibt, ist die Änderung der Enthalpie ΔH, die Volumenänderungsarbeit ΔW_V und die Änderung der inneren Energie ΔU zu berechnen.

5.4 Zur Kalibrierung eines drucklosen Kalorimeters werden 125 mg Naphthalin, M (C_8H_{10}) = 128,2 g · mol^{-1}, eingewogen und verbrannt. Die Temperatur steigt um ΔT = 3,15 K. Die molare Standardverbrennungsenthalpie des Naphthalins beträgt
$\Delta_r H_m^\circ$ = – 5 147 kJ · mol^{-1}.

a) Berechnen sie die Kalibrierkonstante σ des Kalorimeters.

b) In dem gleichen Gerät werden 238 mg Marzipan eingewogen und verbrannt. Der Temperaturanstieg beträgt ΔT = 2,68 K. Berechnen Sie den physiologischen Brennwert (ΔH_{phys}) des Marzipans in kJ/100g.

c) Ein Mann konsumiert 5 Marzipankartoffeln zu je 15 g. Wie viel Sack Zement (m = 50 kg) muss er auf eine Höhe von h = 1,5 m anheben, um die aufgenommene Energie wieder zu verbrauchen, wenn 25% dieser Energie als mechanische Energie zur Verfügung stehen?

5.5 Zur Bestimmung der molaren Standardverbrennungsenthalpie von Ethanol wurden m = 455 mg der Substanz in einem Bombenkalorimeter (isochor!) mit reinem Sauerstoff vollständig verbrannt: C_2H_5OH (l) + 3 O_2 (g) → 2 CO_2 (g) + 3 H_2O (l)

Nachdem die Bombe auf die Bezugstemperatur ϑ = 25 °C abgekühlt war, beträgt die durch die Reaktion auf das Kalorimeter übertragene Wärmemenge Q = 13,48 kJ. Die molare Masse des Ethanols ist M (C_2H_5OH) = 46,07 g · mol^{-1}. Berechnen Sie mit Hilfe der Angaben die molare Standardverbrennungsenthalpie $\Delta_r H_m^\circ$.

5.6 Für die Reaktion

C_5H_{12} (l) + 8 O_2 (g) → 5 CO_2 (g) + 6 H_2O (l) $\qquad \Delta_r U_m^\circ$ = – 3 505,4 kJ · mol^{-1}

ist die molare Standardreaktionsenthalpie zu berechnen.

5.7 Carbonylchlorid ($COCl_2$) regiert mit Hydrogensulfid (H_2S) zu Kohlenstoffoxidsulfid (COS). Die molare Standardreaktionsenthalpie beträgt: $\Delta_r H_m^\circ$ = – 78,4 kJ · mol^{-1}. Mit Hilfe der folgenden Angaben ist die molare Standardbildungsenthalpie von COS zu berechnen.

	$COCl_2$	+	H_2S	→	2 HCl	+	COS
$\Delta H_{m,B}^\circ$ in kJ · mol^{-1}:	– 223,3		– 20,1		– 92,2		– – –

5.8 Folgende Reaktion ist mit den Bildungsenthalpien $\Delta H_{m,B}^\circ$ in kJ · mol^{-1} gegeben:

7 $K_2Cr_2O_7$ (s)	+	3 $C_3H_8O_3$ (l)	→	7 Cr_2O_3 (s)	+	9 CO_2 (g)	+	7 K_2O (s)	+	12 H_2O (g)
– 1 384,8		– 666,9		– 1 130,0		– 393,7		– 362,0		– 242,2

Welche Wärmeenergie, $\Delta_r U^\circ$ auf ϑ = 25 °C bezogen, wird frei, wenn m = 15 kg $K_2Cr_2O_7$ mit der stöchiometrischen Menge 1,2,3-Propantriol ($C_3H_8O_3$) reagieren?
M ($K_2Cr_2O_7$) = 294,2 g · mol^{-1}

5.9 Die folgenden Reaktionsgleichungen mit den zugehörigen molaren Standardreaktionsenthalpien (ξ = 1 mol) sind gegeben:

a) FeS + 2 O_2 → $FeSO_4$ $\qquad \Delta_r H_m^\circ$ (a) = – 54,8 kJ · mol^{-1}

b) Fe + H_2SO_4 (aq) → $FeSO_4$ (aq) + H_2 (g) $\qquad \Delta_r H_m^\circ$ (b) = – 19,2 kJ · mol^{-1}

c) $FeSO_4$ + aq → $FeSO_4$ (aq) $\qquad \Delta_r H_m^\circ$ (c) = – 772,9 kJ · mol^{-1}

Die molare Standardbildungsenthalpie der wässrigen Schwefelsäure beträgt: $\Delta H_{m,B}^\circ$ (SO_4^{2-}, aq) = $\Delta H_{m,B}^\circ$ (H_2SO_4, aq) = – 908,1 kJ · mol^{-1}. Mit Hilfe dieser Angaben ist die molare Standardbildungsenthalpie von Eisen(II)-sulfid, FeS, zu berechnen. Die Bildungsenthalpie von „aq“ (≙ wässriges Medium) ist definitionsgemäß Null zu setzen.

5.10 Einem rieselfähigen Trockengut wird mittels eines Bandtrockners die Restfeuchte entzogen. Dabei werden pro Stunde m = 68,4 kg (entsprechend 68,4 L) Wasser verdampft, wobei Wasserdampf von ϑ = 100 °C bei p = 1 030 hPa anfällt. Die spezifische Verdampfungsenthalpie des Wassers beträgt Δh_v = 2 447 kJ · kg^{-1}.

a) Berechnen Sie den stündlichen Energieverbrauch der Anlage unter der Annahme, dass 88% der zugeführten Heizenergie genutzt werden.

b) Wie ändert sich die innere Energie und welche Volumenänderungsarbeit wird bei der Verdampfung von dem Wasserdampf geleistet?

c) Wie groß ist der Anteil der Volumenänderungsarbeit bezogen auf die Verdampfungsenthalpie?

5.11 Die Stoffmenge von $n = 3{,}27$ mol Ethan (C_2H_6) soll von $\vartheta_1 = 25$ °C auf $\vartheta_2 = 120$ °C unter a) isochoren und b) isobaren Bedingungen erwärmt werden. Welche Wärmemenge ist zuzuführen, wenn die mittlere Wärmekapazität der Verbindung in dem Temperaturbereich mit $\overline{C}_{mp} = 59{,}47\ J \cdot mol^{-1} \cdot K^{-1}$ angegeben wird?

5.12 Die molare Gitterenthalpie von Kaliumiodid beträgt $\Delta H_{m,\,G} = 638{,}6\ kJ \cdot mol^{-1}$ und die molare Hydratationsenthalpie ist $\Delta H_{m,\,H} = -618{,}0\ kJ \cdot mol^{-1}$. Mit Hilfe dieser Angaben ist die molare Lösungsenthalpie $\Delta H_{m,\,L}$ zu berechnen. Erwärmt sich die Flüssigkeit oder kühlt sie sich beim Lösen der Verbindung ab?

5.13 Von Zinkchlorid ($ZnCl_2$) sind die folgenden Werte gegeben:

a) Hydratationsenthalpien $\Delta H^{\circ}_{m,\,H}$ (Zn^{2+}) $= -2\,056{,}6\ kJ \cdot mol^{-1}$ und $\Delta H^{\circ}_{m,\,H}$ (Cl^-) $= -376{,}0\ kJ \cdot mol^{-1}$ sowie die Gitterenergie $\Delta H^{\circ}_{m,\,G}$ ($ZnCl_2$) $= 2\,734{,}0\ kJ \cdot mol^{-1}$

b) Bildungsenthalpien $\Delta H^{\circ}_{m,\,B}$ (Zn^{2+}, aq) $= -152{,}3\ kJ \cdot mol^{-1}$; $\Delta H^{\circ}_{m,\,B}$ (Cl^-, aq) $= -167{,}0\ kJ \cdot mol^{-1}$ und $\Delta H^{\circ}_{m,\,B}$ ($ZnCl_2$, s) $= -415{,}5\ kJ \cdot mol^{-1}$

Berechnen Sie die molare Lösungsenthalpie $\Delta H^{\circ}_{m,\,L}$ ($ZnCl_2$) einmal aus den Angaben von a) und zum anderen aus Werten von b). Vergleichen Sie die Ergebnisse.

5.14 HCl (aq) hat die molare Standardbildungsenthalpie $\Delta H^{\circ}_{m,\,B}$ (HCl, aq) $= -167{,}0\ kJ \cdot mol^{-1}$. Wie groß ist die molare Bildungsenthalpie von Mg^{2+} (aq), wenn bei der Herstellung einer wässrigen Lösung von c ($MgCl_2$) $= 1\ mol \cdot L^{-1}$ Magnesiumchlorid eine molare Bildungsenthalpie von $\Delta H^{\circ}_{m,\,B}$ ($MgCl_2$, aq) $= -800{,}9\ kJ \cdot mol^{-1}$ gemessen wird? Die Lösung der Aufgabe setzt voraus, dass die molare Bildungsenthalpie des solvatisierten Protons per Definition $\Delta H^{\circ}_{m,\,B}$ (H^+, aq) $= 0{,}0\ kJ \cdot mol^{-1}$ beträgt!

5.15 In $m_1 = 0{,}75$ kg Wasser werden bei $\vartheta = 25$ °C $m_2 = 32{,}0$ g Ammoniumchlorid gelöst. Die molare Lösungsenthalpie dieser Verbindung beträgt $\Delta H^{\circ}_{m,\,L}$ (NH_4Cl) $= +14{,}8\ kJ \cdot mol^{-1}$. Um wie viel °C kühlt sich die Flüssigkeit ab? M (NH_4Cl) $= 53{,}5\ g \cdot mol^{-1}$; spezifische Wärmekapazität der Lösung: $c_p = 4{,}1\ kJ \cdot kg^{-1}$.

5.16 Wie groß ist die molare Wärmekapazität des Methans $C_{mV}(CH_4)$ nach dem klassischen Gleichverteilungssatz der Energie? Tatsächlich ist C_{mV} (CH_4) $= 35{,}1\ kJ \cdot mol^{-1} \cdot K^{-1}$. Erklären Sie die Abweichung!

5.17 Eisen hat die molare Masse $M(Fe) = 55{,}85\ g \cdot mol^{-1}$. Berechnen Sie die spezifische Wärmekapazität c_v des reinen Eisens nach der Regel von *Dulong-Petit.*

5.18 Die Wärmekapazität ist temperaturabhängig. Für die molare Wärmekapazität von Methan gilt die folgende empirische Gleichung, wobei die Ziffern die Konstanten a, b und c sind:

$C_{mp} = 14{,}16\ J \cdot mol^{-1} \cdot K^{-1} + (7{,}555 \cdot 10^{-2}\ J \cdot mol^{-1} \cdot K^{-2} \cdot T) - (1{,}80 \cdot 10^{-5}\ J \cdot mol^{-1} \cdot K^{-2} \cdot T^2)$

a) Berechnen Sie die molare Wärmekapazität von CH_4 bei $T = 550$ K.

b) Berechnen Sie die mittlere molare Wärmekapazität dieser Verbindung im Bereich von $T_1 = 350$ K bis $T_2 = 550$ K.

5.19 Hydrogensulfid (H_2S) verbrennt mit Sauerstoff zu Schwefel(IV)-oxid und Wasserdampf. Mit Hilfe des *heß*schen Satzes und der *kirchhoff*schen Gleichung soll die Reaktionsenthalpie bei $\vartheta = 1\,250$ °C berechnet werden. Standardreaktionsenthalpie: $\Delta_r H^{\circ}_m = -1\,036{,}8\ kJ \cdot mol^{-1}$. Weiterhin gilt:

	$2\ H_2S$ (g)	+	$3\ O_2$ (g)	→	$2\ H_2O$ (g)	+	$2\ SO_2$ (g)
$\overline{C}_{mp}$ in $J \cdot mol^{-1} \cdot K^{-1}$:	43,64		33,60		40,27		49,12

5.20 Eine Stahlflasche enthält Stickstoff von $\vartheta_1 = 20$ °C unter einem Druck von $p_1 = 140\,000$ kPa. Welche Temperatur hat das Gas am Austrittsventil, wenn dieses schnell geöffnet wird und das Gas dabei polytrop auf einen Druck von $p_2 = 101{,}3$ kPa expandiert? Der Polytropenexponent wird mit $n = 1{,}25$ angegeben.

5.21 Im 19. Jahrhundert war ein pneumatisches Feuerzeug in Gebrauch. Es funktionierte, indem eingeschlossene Luft in einem Zylinder mit beweglichem Kolben so stark adiabatisch komprimiert wurde, dass sich in der verdichteten Luft ein Stückchen Kollodiumwolle durch die Erwärmung entzündete. Welche Temperatur wurde dabei erreicht, wenn Luft mit der Temperatur $\vartheta_1 = 21$ °C auf $^1/_{12}$ des Ausgangsvolumens verdichtet worden ist ($\varkappa = 1{,}40$)?

5.22 In einer Alkalichloridelektrolyse-Anlage fallen täglich $V_1 = 1\,770\ m^3$ trockenes Chlorgas bei einer Temperatur von $\vartheta_1 = 22\ °C$ an, die verflüssigt werden sollen. Hierzu wird das Gas von $p_1 = 1{,}0$ bar auf $p_2 = 3{,}5$ bar adiabatisch verdichtet und abgekühlt. Bei der anschließenden Expansion verflüssigt sich das Chlor. Isentropenexponent: $\varkappa = 1{,}42$.

a) Auf welche Temperatur ϑ_2 erwärmt sich das Chlor bei der Kompression?

b) Welches Volumen hat das Gas nach der Verdichtung?

c) Wie groß ist die vom Kompressor zu erbringende Arbeit?

5.23 In einer Hydrieranlage werden stündlich $\nu = 5{,}4$ kmol Wasserstoff mit einer Temperatur von $\vartheta_1 = 20\ °C$ von $p_1 = 1$ bar auf $p_2 = 8$ bar polytrop ($n = 1{,}25$) verdichtet. Wie groß ist die technische Arbeit, die der Hubkolbenverdichter erbringen muss, wenn der Wirkungsgrad $\eta = 0{,}8$ beträgt?

5.24 Aufgrund eines Versehens wird von einem Labor versucht, Tetrachlormethan mit Natrium zu trocknen. Es kommt zu einer Explosion. Die Reaktionsgleichung mit den zugehörigen Standardbildungsenergien ($\Delta U^o_{m,B}$) lautet:

	CCl_4 (l)	+	4 Na (s)	→	C (s)	+	4 NaCl (s)
$\Delta U^o_{m,B}$ in $kJ \cdot mol^{-1}$:	– 135,3		0,0		0,0		– 411,5

a) Um welchen Betrag ändert sich die innere Energie im ersten Schritt unter der Annahme, dass $n = 0{,}07$ mol CCl_4 entsprechend einer Umsatzvariablen von $\xi = 0{,}07$ mol reagieren? Anmerkung: Der Prozess soll zunächst isochor bei $\vartheta_1 = 25{,}0\ °C$ und $p_1 = 1\,013$ hPa ablaufen, sodass der *heß*sche Satz angewandt werden kann.

b) Durch die freigesetzte Reaktionsenergie werden $n = 0{,}967$ mol CCl_4 von $\vartheta_1 = 25\ °C$ auf die Siedetemperatur von $\vartheta_2 = 76{,}7\ °C$ erhitzt und schließlich verdampft. Welche Energie wird hierfür benötigt, wenn die mittlere molare Wärmekapazität des flüssigen CCl_4: $C_{mV}\ (l) = 132\ J \cdot mol^{-1} \cdot K^{-1}$ ist und molare Verdampfungsenergie $\Delta U_{m,v} = 27{,}5\ kJ \cdot mol^{-1}$ beträgt?

c) Wie groß ist die verbleibende Energie nach dem Verdampfungsvorgang?

d) Welche Temperatur erlangt der Dampf des Tetrachlormethans, wenn die Aufheizung isochor abläuft und die mittlere molare Wärmekapazität des Dampfes mit $\overline{C}_{mV}(g) = 94{,}2\ J \cdot mol^{-1} \cdot K^{-1}$ angenommen wird?

e) Welcher Explosionsdruck entsteht in dem Kolben mit dem Tetrachlormethan durch die Reaktion mit dem Natrium, wenn wegen der hohen Reaktionsgeschwindigkeit die Expansion adiabatisch erfolgt? Isentropenexponent des Tetrachlormethandampfes: $\varkappa = 1{,}30$.

5.25 In einem Kessel werden $m = 500$ kg Cyclohexanol von 20 °C auf 70 °C erhitzt. Welche Entropieänderung erfolgt, wenn die spezifische Wärmekapazität des Produkts $c = 2{,}08\ kJ \cdot kg^{-1} \cdot K^{-1}$ beträgt?

5.26 In biologische Kläranlagen wird reiner Sauerstoff eingeleitet, um in kritischen Situationen ein Umkippen (Absterben der reinigenden Mikroorganismen) zu vermeiden. Bei diesem Vorgang wird flüssiger Sauerstoff von $\vartheta_1 = \vartheta_b = -183\ °C$ über einen Verdampfer geleitet und das Gas nach der Erwärmung auf die Umgebungstemperatur von $\vartheta_2 = 20\ °C$ über perforierte Belüftungsschläuche in das Klärbecken eingeblasen. Wie ändert sich die Entropie des Sauerstoffs bei dem Gesamtvorgang, wenn $m = 50$ kg O_2 zum Einsatz kommen? Molare Masse $M\ (O_2) = 32\ g \cdot mol^{-1}$; molare Wärmekapazität $C_{mp} = 28{,}0\ J \cdot mol^{-1} \cdot K^{-1}$, molare Verdampfungsenthalpie $\Delta H_{m,v} = 6{,}8\ kJ \cdot mol^{-1}$.

5.27 In einer Anlage wird unter Druck stehendes Ammoniak auf das 2,5-fache Ausgangsvolumen entspannt.

a) Welche Temperatur hat das Gas nach der Entspannung, wenn seine Ausgangstemperatur $\vartheta_1 = 54\ °C$ ist und der Isentropenexponent mit $\varkappa = 1{,}28$ angegeben wird?

b) Stündlich durchlaufen $n = 560$ kmol den Prozess. Die mittlere molare Wärmekapazität ist $\overline{C}_{mV} = 26{,}74\ J \cdot mol^{-1} \cdot K^{-1}$. Wie groß ist die Entropieänderung ΔS?

5.28 Die bei der Vereinigung von $n = 25$ mol Cyclohexan mit $n = 2{,}1$ mol Benzol auftretende molare Mischungsentropie des Benzols ist zu berechnen.

5.29 Der Wirkungsgrad einer *Carnot*-Maschine beträgt $\eta_{th} = 0{,}40$. Das heißere Reservoir R1 hat eine Temperatur von $\vartheta_1 = 382$ °C.

a) Welche Temperatur hat das kältere Reservoir R2?

b) Welche Temperatur muss das kältere Reservoir R2 annehmen, wenn der Wirkungsgrad auf $\eta_{th} = 0{,}70$ gesteigert werden soll?

c) Wie groß ist die Anergie des Prozesses bei a), wenn die Exergie $Q_1 = 45{,}0$ MJ beträgt?

d) Wie hoch ist der Entropieanteil an der Anergie in diesem Fall?

5.30 Die Arbeitstemperatur eines Ottomotors ist $T_1 = 2\,500$ K und seine Abgastemperatur beträgt $T_2 = 800$ K.

a) Wie groß ist der maximale thermische Wirkungsgrad η_{th}?

b) Welche Exergie erbringt die Wärmeenergiemaschine, wenn ihr Gesamtwirkungsgrad nur $\eta_{ges} = 0{,}18$ ist und auf einer Fahrtstrecke von 100 km die Wärmeenergie Q = 281,6 MJ in mechanische Energie umgewandelt wird?

c) Welchen Betrag hat die Anergie und welcher Anteil davon entfällt auf die Entropie?

5.31 Welchen Siedepunkt hat nach der *pictet-trouton*schen Regel die Verbindung Di-n-propylsulfid, wenn ihre molare Verdampfungsenthalpie $\Delta H_{m,v} = 36{,}60 \text{ kJ} \cdot \text{mol}^{-1}$ beträgt?

5.32 In welche Richtung läuft diese Reaktion ab?

	SeO_3^{2-}	+	$2\,ClO_2^-$	+	$2\,H_3O^+$	$\rightleftarrows$	Se	+	$2\,ClO_3^-$	+	$3\,H_2O$
$\Delta G^\circ_{m,B}$ in kJ · mol⁻¹:	– 373,4		+ 17,1		– 237,4		0,0		– 3,3		– 237,5

5.33 Die Verbindung Uranylsulfat (UO_2SO_4) bildet in Wasser UO_2^{2+} (aq) und SO_4^{2-} (aq). Die molare Standardreaktionsenthalpie der Dissoziationsreaktion ist $\Delta_r H^\circ_m = -83{,}4 \text{ kJ} \cdot \text{mol}^{-1}$ und die molare Standardreaktionsentropie beträgt $\Delta_r S^\circ_m = -233{,}7 \text{ J} \cdot \text{mol}^{-1}$. Ist die Verbindung bei 25 °C in Wasser gut löslich?

5.34 Für den Antrieb von Flüssigraketen hat man mit gutem Erfolg die Umsetzung von rauchender Salpetersäure mit wasserfreiem Hydrazin getestet. Die folgende Reaktion läuft ab:

	$4\,HNO_3$ (l)	+	$5\,N_2H_4$ (l)	→	$12\,H_2O$ (g)	+	$7\,N_2$ (g)
$\Delta H^\circ_{m,B}$ in kJ · mol⁻¹	– 173,1		+ 95,0		– 242,2		0,0
S°_m in J · mol⁻¹ · K⁻¹	155,5		238,0		189,0		191,8

a) Welche Antriebsenergie wird beim Umsatz von $m = 5$ t Salpetersäure, $M(HNO_3) = 63{,}0 \text{ g} \cdot \text{mol}^{-1}$, mit der stöchiometrischen Menge wasserfreien Hydrazins freigesetzt?

b) Wie groß ist die molare freie Reaktionsenthalpie des Systems bei 25 °C?

5.35 Die folgenden freien Bildungsenthalpien sind gegeben: $\Delta G^\circ_{m,B}$ [Pd (SCN)$_2$, s] = 234,0 kJ · mol⁻¹, $\Delta G^\circ_{m,B}$ (Pd^{2+}, aq) = 176,4 kJ · mol⁻¹ und $\Delta G^\circ_{m,B}$ (SCN^-, aq) = 92,4 kJ · mol⁻¹. Ist Palladium(II)-thiocyanat in Wasser gut löslich oder schwer löslich?

5.36 Aus den folgenden Angaben ist das Löslichkeitsprodukt von Cadmiumphosphat zu berechnen:

	$Cd_3(PO_4)_2$ (s)	→	$3\,Cd^{2+}$ (aq)	+	$2\,PO_4^{3-}$ (aq)
$\Delta G^\circ_{m,B}$ in kJ · mol⁻¹	– 2 454,1		– 77,5		– 1 017,8

5.37 Die Konstante des Keto-Enol-Gleichgewichts

$$\underset{\text{Propanon (Keton)}}{CH_3-\underset{\underset{O}{\|}}{C}-CH_3} \rightleftarrows \underset{\text{2-Propenol (Enol)}}{CH_2=\underset{\underset{OH}{|}}{C}-CH_3}$$

ist $K = 2{,}5 \cdot 10^{-6}$. Welche molare freie Standardbildungsenthalpie hat das Enol, wenn die molare freie Bildungsenthalpie von Propanon $\Delta G^\circ_{m,B}$ (Propanon) = – 155,6 kJ · mol⁻¹ bei 25 °C beträgt?

5.38 Die Reaktionsgleichung der Verbrennung von Propan lautet:

$C_3H_8 (g) + 5 O_2 (g) \rightarrow 3 CO_2 (g) + 4 H_2O (g)$

Folgende Größen sind gegeben: $\Delta_r H^o_m = -2\,046{,}2$ kJ · mol^{-1} und $\Delta_r S^o_m = 101{,}5$ J · mol^{-1}.

a) Wie ändert sich die Standardentropie der Umgebung bei der Reaktion?

b) Welchen Wert hat die Reaktionskonstante bei den Bezugsbedingungen?

5.39 Für das Gasgleichgewicht

$CO (g) + H_2O (g) \rightleftarrows H_2 (g) + CO_2 (g)$

ist $\Delta H^o_{m,B}$ (CO, g) = – 110,7 kJ · mol^{-1}; $\Delta H^o_{m,B}$ (H_2O, g) = – 242,2 kJ · mol^{-1}; $\Delta H^o_{m,B}$ (H_2, g) = 0,0 kJ · mol^{-1} und $\Delta H^o_{m,B}$ (CO_2, g) = – 393,7 kJ · mol^{-1}. Bei T = 298 K beträgt die Gleichgewichtskonstante $K = 9{,}9 \cdot 10^4$. Mit Hilfe der *van't hoff*schen Gleichung ist die Gleichgewichtskonstante bei T = 970 K zu berechnen.

5.40 Mit Hilfe der im Folgenden gegebenen Angaben ist der genauere Wert für das Gleichgewicht aus der vorhergehenden Aufgabe 5.39 zu berechnen:

$CO (g) + H_2O (g) \rightleftarrows H_2 (g) + CO_2 (g)$

Mittlere molare Wärmekapazitäten: $\overline{C}_{mp}$ (CO) = 30,88 J · mol^{-1} · K^{-1}; $\overline{C}_{mp}$ (H_2O) = 37,00 J · mol^{-1} · K^{-1}; $\overline{C}_{mp}$ (H_2) = 29,51 J · mol^{-1} · K^{-1}; $\overline{C}_{mp}$ (CO_2) = 44,78 J · mol^{-1} · K^{-1}.
Standardreaktionsenthalpie: $\Delta_r H^o_m = -40{,}8$ kJ · mol^{-1};
Standardreaktionsentropie: $\Delta_r S^o_m = -42{,}5$ J · mol^{-1}.

6 Reaktionskinetik

Mit Hilfe der Thermodynamik können wesentliche Aussagen über den Ablauf von chemischen Reaktionen gewonnen werden. Man betrachtet hierzu den Anfangs- und Endzustand des Systems und berechnet, **ob** und in welche Richtung eine chemische Reaktion ablaufen kann. Diesen Berechnungen liegen energetische Aspekte zugrunde. Für Reaktionen bei konstanter Temperatur und konstantem Druck lässt sich mit der Gleichung $\Delta G = \Delta H - T \cdot \Delta S$ (vgl. Kap 5.9) ermitteln, ob die Reaktion freiwillig abläuft ($\Delta G < 0$) oder nicht ($\Delta G > 0$).

Nachteilig bei diesen Berechnungen ist aber, dass keine Aussage über den zeitlichen Ablauf der Reaktion möglich ist, da die Thermodynamik den Parameter Zeit nicht einbezieht. Auch die Frage, auf welchem Weg der Endzustand erreicht wird, d.h. nach welchem Reaktionsmechanismus die Reaktion abläuft, kann von der Thermodynamik nicht beantwortet werden.

Die beiden dynamischen Aspekte einer chemischen Reaktion, wie schnell und auf welche Weise der Endzustand erreicht wird, sind Gegenstand der Reaktionskinetik.

6.1 Die Reaktionsgeschwindigkeit

Die Geschwindigkeit von Ereignissen ergibt sich immer aus der in einem bestimmten Intervall erfolgten Veränderung. So definiert die Physik z.B. die Geschwindigkeit eines PKW als Ortsveränderung Δs in einem bestimmten Zeitintervall Δt. Analog hierzu ist die **Reaktionsgeschwindigkeit** r definiert als Konzentrationsänderung Δc eines Reaktanten oder Produktes in einem bestimmten Zeitintervall Δt. Unter Konzentration ist in diesem Kapitel stets die Stoffmengenkonzentration zu verstehen.

Die Reaktionsgeschwindigkeit ist die Änderung der Konzentration eines Reaktionspartners in der Zeiteinheit.

Lässt man Schwefelsäure (H_2SO_4) mit Zink (Zn) reagieren, so entsteht Zinksulfat ($ZnSO_4$) und Wasserstoff (H_2) nach der Gleichung:

$$Zn + H_2SO_4 \rightarrow ZnSO_4 + H_2$$

Während des Reaktionsablaufs werden Zink und Schwefelsäure verbraucht; ihre Konzentrationen nehmen also kontinuierlich ab. Gleichzeitig entstehen Zinksulfat und Wasserstoff, deren Konzentrationen mithin laufend zunehmen. Die Reaktionsgeschwindigkeit r ist nun ein Maß dafür, wie **schnell** diese Konzentrationsänderungen stattfinden. Zur Bestimmung der Reaktionsgeschwindigkeit auf grafischem Weg werden die Konzentrationsänderungen gegen die Reaktionszeiten aufgetragen. Man erhält auf diese Weise ein Konzentrations-Zeit-Diagramm (Bild 1). Die Reaktionsgeschwindigkeit r für die Reaktion zwischen Zn und H_2SO_4 kann auf zwei verschiedenen Wegen angegeben werden:

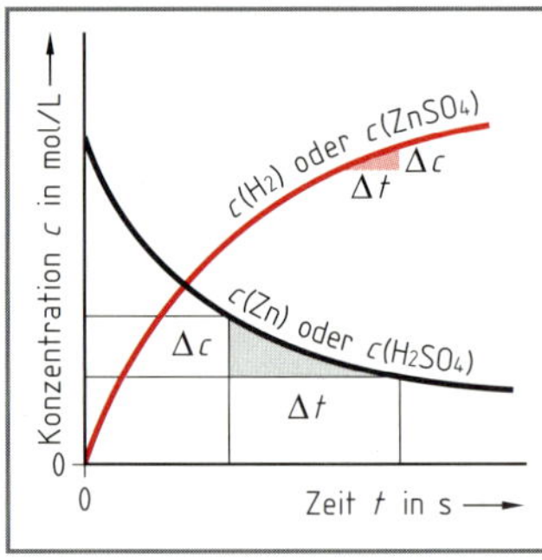

Bild 1: Konzentration in Abhängigkeit von der Zeit

1. Durch die **Konzentrationszunahme** von $ZnSO_4$ oder H_2:

6.1 a

$$r(ZnSO_4) = r(H_2) = \frac{\Delta c(ZnSO_4)}{\Delta t} = \frac{\Delta c(H_2)}{\Delta t}$$

2. Durch die **Konzentrationsabnahme** von Zn bzw. H_2SO_4. In diesem Fall gilt:

6.1 b

$$r(Zn) = r(H_2SO_4) = -\frac{\Delta c(Zn)}{\Delta t} = -\frac{\Delta c(H_2SO_4)}{\Delta t}$$

Da die Konzentration von Zn bzw. H_2SO_4 abnimmt, ist *c* negativ. Man spricht in diesen Fällen von der **Zerfallsgeschwindigkeit.** Nimmt die Konzentration eines Stoffes dagegen zu, so ist *c* positiv. Entsprechend spricht man hier von der **Bildungsgeschwindigkeit.** Allgemein gilt für eine Reaktion: A + B → C + D für die Reaktionsgeschwindigkeit *r:*

$$r = -\frac{\Delta c\,(\mathrm{A})}{\Delta t} = -\frac{\Delta c\,(\mathrm{B})}{\Delta t} = \frac{\Delta c\,(\mathrm{C})}{\Delta t} = \frac{\Delta c\,(\mathrm{D})}{\Delta t}$$ 6.2

r	c	t
$\mathrm{mol \cdot L^{-1} \cdot s^{-1}}$	$\mathrm{mol \cdot L^{-1}}$	s

Berechnet man die Reaktionsgeschwindigkeit *r* nach den Gleichungen 6.1a und 6.1b, so erhält man die **Durchschnittsreaktionsgeschwindigkeit** oder die **mittlere Reaktionsgeschwindigkeit.** Diese mittlere Reaktionsgeschwindigkeit gilt immer für ein **bestimmtes Zeitintervall.**

Häufig will man jedoch wissen, wie groß die Reaktionsgeschwindigkeit zu einem **bestimmten Zeitpunkt**, die sogenannte **momentane Reaktionsgeschwindigkeit**, ist. Die mittlere Reaktionsgeschwindigkeit nähert sich immer mehr der momentanen Reaktionsgeschwindigkeit, je kleiner das Zeitintervall Δt gewählt wird. Mit Hilfe der Infinitesimalrechnung lässt sich ableiten, dass die mittlere Reaktionsgeschwindigkeit gleich der momentanen Reaktionsgeschwindigkeit ist, wenn der Betrag des Zeitintervalls gegen Null geht. Diesen Grenzwert bezeichnet man als $-\mathrm{d}c\,(\mathrm{A})/\mathrm{d}t$ und nennt ihn **Differentialquotient**. Es gilt also:

$$r = \lim_{\Delta t \to 0} \frac{-\Delta c\,(\mathrm{A})}{\Delta t} = -\frac{\mathrm{d}c\,(\mathrm{A})}{\mathrm{d}t}$$

Auf grafischem Wege erhält man die momentane Reaktionsgeschwindigkeit als Steigung der Tangente im Konzentrations-Zeit-Diagramm zu einem bestimmten Zeitpunkt *t.* Im Bild 1 ist das Konzentrations-Zeit-Diagramm für die Messwerte der Tabelle 6a wiedergegeben, die für eine allgemeine Reaktion: A + B → C + D ermittelt wurden.

Tabelle 6a: Wertetabelle

Zeit in s	c (A) in $\mathrm{mol \cdot L^{-1}}$	Mittlere Reaktionsgeschwindigkeit in $\mathrm{mol \cdot L^{-1} \cdot s^{-1}}$
0	0,1000	
		$1{,}90 \cdot 10^{-3}$
5	0,0905	
		$1{,}70 \cdot 10^{-3}$
10	0,0820	
		$1{,}49 \cdot 10^{-3}$
20	0,0671	
		$1{,}22 \cdot 10^{-3}$
30	0,0549	
		$1{,}01 \cdot 10^{-3}$
40	0,0448	
		$0{,}80 \cdot 10^{-3}$
50	0,0368	
		$0{,}56 \cdot 10^{-3}$
80	0,0200	

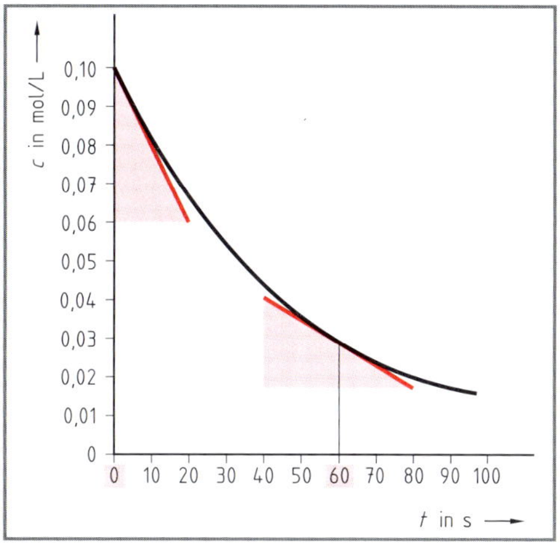

Bild 1: Konzentrations-Zeit-Diagramm

Im Bild 1 sind zwei Tangenten, zum Zeitpunkt $t = 0$ s und $t = 60$ s, dargestellt. Die momentane Reaktionsgeschwindigkeit ist gleich der Steigung dieser Tangenten. Für den Zeitpunkt $t = 60$ s ergibt sich die **momentane** Reaktionsgeschwindigkeit nach Gleichung 6.2:

$$r = -\frac{(0{,}017 - 0{,}042)\ \mathrm{mol \cdot L^{-1}}}{(80 - 40)\ \mathrm{s}} = 6{,}25 \cdot 10^{-4}\ \mathrm{mol \cdot L^{-1} \cdot s^{-1}}$$

Für den Zeitpunkt $t = 0$ s beträgt die **momentane** Reaktionsgeschwindigkeit:

$$r = -\frac{(0{,}060 - 0{,}100)\ \mathrm{mol \cdot L^{-1}}}{(20 - 0)\ \mathrm{s}} = 2{,}00 \cdot 10^{-3}\ \mathrm{mol \cdot L^{-1} \cdot s^{-1}}$$

Die Momentangeschwindigkeit zum Zeitpunkt $t = 0$ s, d.h. zu **Beginn** der Reaktion, wird im Allgemeinen als **Anfangsgeschwindigkeit** bezeichnet. In den nun folgenden Abschnitten ist mit dem Begriff Reaktionsgeschwindigkeit stets die momentane Geschwindigkeit gemeint. Für eine Reaktion: A + B → C + D gilt daher für die Reaktionsgeschwindigkeit:

$$r = \frac{-\mathrm{d}c\,(\mathrm{A})}{\mathrm{d}t} = \frac{-\mathrm{d}c\,(\mathrm{B})}{\mathrm{d}t} = \frac{\mathrm{d}c\,(\mathrm{C})}{\mathrm{d}t} = \frac{\mathrm{d}c\,(\mathrm{D})}{\mathrm{d}t}$$ 6.3

r	c	t
$\mathrm{mol \cdot L^{-1} \cdot s^{-1}}$	$\mathrm{mol \cdot L^{-1}}$	s

Bei der Anwendung von Gl. 6.3 zur Berechnung der momentanen Reaktionsgeschwindigkeit ist zu beachten, dass die **stöchiometrischen Zahlen (ν) bezüglich der Edukte und Produkte jeweils 1 sind.** Werden bei einer chemischen Reaktion unterschiedliche Stoffmengen der beteiligten Stoffe verbraucht, so muss diese Tatsache bei der Formulierung der Reaktionsgeschwindigkeit berücksichtigt werden. Für die Reaktion:

$$H_2\,(g) + I_2\,(g) \rightarrow 2\,HI$$

erhält man unterschiedliche Werte für die Reaktionsgeschwindigkeit der Konzentrationszunahme von HI und der Konzentrationsabnahme von H_2 und I_2.

Beträgt zu einem bestimmten Zeitpunkt t die Konzentrationsabnahme von H_2 und I_2 c = 0,02 mol · L^{-1}, so ist die Konzentrationszunahme von HI zu diesem Zeitpunkt c = 0,04 mol · L^{-1}, also doppelt so hoch. Nach der Reaktionsgleichung entstehen pro Mol verbrauchtem H_2 bzw. I_2 2 mol HI. Für die **Zerfallsgeschwindigkeit** von H_2 bzw. I_2 resultiert:

$$r\,(H_2) = r\,(I_2) = -\frac{dc\,(H_2)}{dt} = -\frac{dc\,(I_2)}{dt}$$

Für die **Bildungsgeschwindigkeit** von HI folgt analog: $r\,(HI) = \dfrac{dc\,(HI)}{dt}$

Alle drei Werte, $r\,(H_2)$ bzw. $r\,(I_2)$ oder $r\,(HI)$, sind geeignet die Reaktionsgeschwindigkeit zu bezeichnen. Man muss in solchen Fällen dann jedoch immer angeben, auf welche der an der Reaktion beteiligten Stoffe man sich bezieht.

Vergleichbar werden für die oben genannten Reaktionen die Reaktionsgeschwindigkeiten, wenn die stöchiometrischen Zahlen der Substanzen berücksichtigt werden. Die Zerfallsgeschwindigkeit von H_2 bzw. I_2 ist halb so groß, wie die Bildungsgeschwindigkeit von HI. Man kann also formulieren:

$$r = -\frac{dc\,(H_2)}{dt} = -\frac{dc\,(I_2)}{dt} = \frac{1}{2} \cdot \frac{dc\,(HI)}{dt}$$

Beide Reaktionsgeschwindigkeiten (Zerfall und Bildung) ergeben jetzt den gleichen Wert. Für eine Reaktion des Typs $y_A \cdot A + y_B \cdot B + \ldots \rightarrow y_X \cdot X + y_Y \cdot Y$ gilt allgemein:

6.4

$$r = -\frac{1}{y_A} \cdot \frac{dc\,(A)}{dt} = -\frac{1}{y_B} \cdot \frac{dc\,(B)}{dt} = \frac{1}{y_X} \cdot \frac{dc\,(X)}{dt} = \frac{1}{y_Y} \cdot \frac{dc\,(Y)}{dt}$$

r	c	t
mol · L^{-1} · s^{-1}	mol · L^{-1}	s

M 6.1: Gegeben sind die folgenden Reaktionen:

a) $2\,NOCl\,(g) \rightarrow 2\,NO\,(g) + Cl_2\,(g)$

b) $2\,H_2O_2\,(l) \rightarrow 2\,H_2O\,(l) + O_2\,(g)$

c) $Cl_2\,(g) + 2\,OH^-\,(aq) \rightarrow Cl^-\,(aq) + ClO^-\,(aq) + H_2O\,(l)$

In welchem Verhältnis steht die Zerfallsgeschwindigkeit der einzelnen Reaktanten zur Bildungsgeschwindigkeit der jeweiligen Produkte?

Lsg.: Die Anwendung der Gleichung 6.4 liefert für die Reaktion

a) $r = -\dfrac{1}{2} \cdot \dfrac{dc\,(NOCl)}{dt} = \dfrac{1}{2} \cdot \dfrac{dc\,(NO)}{dt} = \dfrac{dc\,(Cl_2)}{dt}$ oder alternativ

$$r = -\frac{dc\,(NOCl)}{dt} = \frac{dc\,(NO)}{dt} = \frac{2 \cdot dc\,(Cl_2)}{dt}$$

b) $r = -\dfrac{1}{2} \cdot \dfrac{dc\,(H_2O_2)}{dt} = \dfrac{1}{2} \cdot \dfrac{dc\,(H_2O)}{dt} = \dfrac{dc\,(O_2)}{dt}$ oder alternativ

$$r = -\frac{dc\,(H_2O_2)}{dt} = \frac{dc\,(H_2O)}{dt} = \frac{2 \cdot dc\,(O_2)}{dt}$$

c) $r = -\dfrac{dc\,(Cl_2)}{dt} = -\dfrac{1}{2} \cdot \dfrac{dc\,(OH^-)}{dt} = \dfrac{dc\,(Cl^-)}{dt} = \dfrac{dc\,(ClO^-)}{dt}$

Bei der Reaktion c) ist zu beachten, dass sie in H_2O als **Lösemittel** erfolgt, sodass die Konzentrationsänderung d [c (H_2O) (l)] in der Praxis nicht messbar ist.

Bei Anwendung von Gl. 6.4 ist die Abnahme irgendeines Reaktanten bzw. die Zunahme irgendeines Produktes stellvertretend für die Reaktionsgeschwindigkeit der gesamten Reaktion.

Der zeitliche Ablauf chemischer Reaktionen kann, wie die Beispiele zeigen, mit Hilfe der Reaktionsdauer charakterisiert werden. Diese und damit verbunden die Reaktionsgeschwindigkeit ist von verschiedenen Faktoren abhängig.

Die Erfahrung lehrt unter anderem, dass die Reaktionsgeschwindigkeit von der Konzentration der Reaktionspartner und von der Temperatur abhängt. Bild 1, S. 192 zeigt, dass die Konzentration von Zn bzw. H_2SO_4 zu **Beginn** der Reaktion **schnell abnimmt** (Zn und H_2SO_4 haben die gleiche Konzentration) und dass mit **fortschreitender Reaktionsdauer** diese Konzentrationsabnahme immer **langsamer** wird. Die Reaktionsgeschwindigkeit nimmt also mit abnehmender Konzentration der Edukte ab. Diese Abhängigkeit von Reaktionsgeschwindigkeit und Konzentration der Ausgangsstoffe ist typisch für die meisten Reaktionen. Im umgekehrtem Falle, bei Erhöhung der Konzentration der Ausgangsstoffe, nimmt die Reaktionsgeschwindigkeit im Allgemeinen zu.

Im folgendem Abschnitt wird die Konzentrationsabhängigkeit der Reaktionsgeschwindigkeit eingehender betrachtet.

6.2 Konzentrationsabhängigkeit der Reaktionsgeschwindigkeit

Eine Möglichkeit, den Einfluss der Konzentration auf die Reaktionsgeschwindigkeit zu untersuchen, besteht darin festzustellen, wie sich die Anfangsgeschwindigkeit einer Reaktion ändert, wenn die Ausgangskonzentration verändert wird. Für die Reaktion

$$A + B \rightarrow C$$

wurde die Anfangsgeschwindigkeit bei verschiedenen Ausgangskonzentrationen von A und B gemessen. Dabei hat man die folgenden Messwerte erhalten:

Tabelle 6b: Wertetabelle

Versuch Nummer	c (A) in $mol \cdot L^{-1}$	c (B) in $mol \cdot L^{-1}$	Anfangsgeschwindigkeit r (C) in $mol \cdot L^{-1} \cdot s^{-1}$
1	0,30	0,15	$7 \cdot 10^{-4}$
2	0,60	0,30	$28 \cdot 10^{-4}$
3	0,30	0,30	$14 \cdot 10^{-4}$

Die Reaktionsgeschwindigkeit ist offensichtlich sowohl von der Konzentration c (A) als auch von der Konzentration c (B) abhängig. In Versuch 1 und Versuch 3 ist c (A) gleich, c (B) aber in Versuch 3 doppelt so groß wie in Versuch 1. Entsprechend ist in diesem Fall auch r doppelt so groß. In den Versuchen 2 und 3 ist c (B) jeweils gleich und c (A) in Versuch 3 nur noch halb so groß wie in Versuch 2 und auch r nur noch halb so groß. Die Reaktionsgeschwindigkeit ist somit **direkt proportional** den Konzentrationen c (A) und c (B). Es gilt daher:

$$r \sim c(A) \cdot c(B)$$

Einführung des **Proportionalitätsfaktors** k ergibt für die Reaktionsgeschwindigkeit:

$$r = k \cdot c(A) \cdot c(B)$$ 6.5

r	k	c (A)	c (B)
$mol \cdot L^{-1} \cdot s^{-1}$	$L \cdot mol^{-1} \cdot s^{-1}$	$mol \cdot L^{-1}$	$mol \cdot L^{-1}$

Der Proportionalitätsfaktor k wird als **Geschwindigkeitskonstante** bezeichnet. Der Wert von k für die oben formulierte allgemeine Reaktion lässt sich mit Hilfe der Werte aus der Tabelle 6b berechnen: Dazu wird die Gleichung 6.5 nach k aufgelöst und die Werte zum Versuch 1 (Tabelle 6b) eingesetzt. Man erhält:

$$k = \frac{r}{c(A) \cdot c(B)} = \frac{7 \cdot 10^{-4}\ mol \cdot L^{-1} \cdot s^{-1}}{0{,}30\ mol \cdot L^{-1} \cdot 0{,}15\ mol \cdot L^{-1}} = \mathbf{0{,}0156\ L \cdot mol^{-1} \cdot s^{-1}}$$

Setzt man die Werte aus Versuch 2 ein, so erhält man für k denselben Wert.

$$k = \frac{r}{c(A) \cdot c(B)} = \frac{28 \cdot 10^{-4}\ mol \cdot L^{-1} \cdot s^{-1}}{0{,}60\ mol \cdot L^{-1} \cdot 0{,}30\ mol \cdot L^{-1}} = \mathbf{0{,}0156\ L \cdot mol^{-1} \cdot s^{-1}}$$

Kennt man im umgekehrten Fall den Wert der Geschwindigkeitskonstanten *k,* so lässt sich mit der Gleichung 6.5 die Reaktionsgeschwindigkeit bei jeder beliebigen Konzentration von A und B berechnen. Setzt man den aus Versuch 1 und 2 berechneten Wert von *k* mit den Werten von *c* (A) und *c* (B) aus Versuch 3 ein, erhält man nach Gl. 6.5 für die Reaktionsgeschwindigkeit:

$r = k \cdot c(A) \cdot c(B) = 0{,}0156\ L \cdot mol^{-1} \cdot s^{-1} \cdot 0{,}30\ mol \cdot L^{-1} \cdot 0{,}30\ mol \cdot L^{-1} = \mathbf{1{,}4 \cdot 10^{-3}\ mol \cdot L^{-1} \cdot s^{-1}}$

Die mathematische Verknüpfung zwischen der Reaktionsgeschwindigkeit und den Konzentrationen der Reaktionspartner nennt man Geschwindigkeitsgesetz oder Zeitgesetz.

Die Gleichung 6.5 ist ein Beispiel für ein solches Zeitgesetz. Die Geschwindigkeitsgesetze folgen nicht unmittelbar aus irgendwelchen theoretischen Überlegungen. Es gilt vielmehr:

Das Geschwindigkeitsgesetz muss für jede Reaktion experimentell ermittelt werden; d.h. die Art der Gleichung und der Wert von *k* sind durch Versuche zu bestimmen. Das Geschwindigkeitsgesetz kann vor allem **nicht** aus der Reaktionsgleichung abgeleitet werden.

Die folgende Tabelle 6c enthält Beispiele von Reaktionen mit den zugehörigen experimentell ermittelten Geschwindigkeitsgesetzen:

Tabelle 6c: Reaktionen und Geschwindigkeitsgesetze

Nr.	Reaktionsgleichung	Geschwindigkeitsgesetz
1	$2\ N_2O_5\ (g) \rightarrow 4\ NO_2\ (g) + O_2\ (g)$	$r = k \cdot c(N_2O_5)$
2	$N_2O_4\ (g) \rightarrow 2\ NO_2\ (g)$	$r = k \cdot c(N_2O_4)$
3	$NO_2\ (g) + 2\ HCl\ (g) \rightarrow NO\ (g) + H_2O\ (g) + Cl_2\ (g)$	$r = k \cdot c(NO_2) \cdot c(HCl)$
4	$H_2\ (g) + I_2\ (g) \rightarrow 2\ HI\ (g)$	$r = k \cdot c(H_2) \cdot c(I_2)$
5	$2\ NOCl\ (g) \rightarrow 2\ NO\ (g) + Cl_2\ (g)$	$r = k \cdot c^2(NOCl)$
6	$m A + n B \rightarrow u X + v Y$	$r = k \cdot c^m(A) \cdot c^n(B)$

Man bezeichnet den **Exponenten,** mit dem die Konzentration des Reaktanten im Zeitgesetz auftritt, als **Ordnung** der Reaktion bezüglich dieses Reaktionspartners.

Bei dem Zeitgesetz für die Reaktion Nr. 1 ist die Reaktion also erster Ordnung bezüglich (N_2O_5) und bei der Reaktion Nr. 2 dementsprechend 1. Ordnung bezüglich (N_2O_4). Bei der Gleichung Nr. 3 ist die Reaktion 1. Ordnung in Bezug auf (NO_2) und 1. Ordnung in Bezug auf (HCl). Bei Reaktion Nr. 4 ist die Reaktion 1. Ordnung bezüglich beider Edukte. Bei der Reaktion Nr. 5 ist die Reaktion 2. Ordnung im Hinblick auf (NOCl). Die Reaktionsgleichung Nr. 6 beschreibt den **allgemeinen Fall** eines Geschwindigkeitsgesetzes, bei dem die Reaktion m-ter Ordnung bezüglich (A) und n-ter Ordnung bezüglich (B) ist. Für die meisten Reaktionen gilt deshalb:

6.6 $r = k \cdot c^m(\text{Reaktant 1}) \cdot c^n(\text{Reaktant 2})$

r	k	c
$mol \cdot L^{-1} \cdot s^{-1}$	$L^{i-1} \cdot mol^{i-1} \cdot s^{-1}$ i = Anzahl der Reaktanten	$mol^{-1} \cdot L^{-1}$

Die **Summe** der einzelnen Exponenten bzw. der einzelnen Ordnungen im Geschwindigkeitsgesetz ist die Reaktionsordnung der Gesamtreaktion.

Bei der Reaktion eins und zwei ist also die Reaktion als Ganzes 1. Ordnung. Die Reaktionen Nr. 3 und 4 sind demgemäß 2. Ordnung, da sie jeweils 1. Ordnung bezüglich jedes Ausgangsstoffes sind. Die Reaktion Nr. 5 ist ebenfalls als Ganzes 2. Ordnung, da die Reaktion dem Quadrat von (NOCl) proportional ist. Die Reaktion Nr. 6, der allgemeine Fall eines Geschwindigkeitsgesetzes ergibt, eine Gesamtreaktionsordnung von m + n.

Für die meisten Reaktionen sind die Geschwindigkeitsgesetze erster, zweiter oder dritter Ordnung. Es gibt jedoch auch gebrochene Reaktionsordnungen oder Reaktionen, bei denen die Reaktionsordnung Null ist. Für die Zersetzung von Ethanal

$CH_3-CHO\ (g) \rightarrow CH_4\ (g) + CO\ (g)$

erhält man das Geschwindigkeitsgesetz: $r = k \cdot c^{3/2}(CH_3CHO)$, also eine Reaktionsordnung von $^3/_2$.

Eine Reaktionsordnung von Null ergibt sich beispielsweise bei der Zersetzung von N_2O an einer Goldoberfläche bei sehr hohem Druck:

$$2\ N_2O\ (g) \xrightarrow{(Au)} 2\ N_2 + O_2\ (g)$$

Das Geschwindigkeitsgesetz lautet in diesem Fall: $r = k$. Eine Veränderung der Konzentration hat hier keinerlei Auswirkung auf die Reaktionsgeschwindigkeit. Bei den anderen beschriebenen Reaktionsordnungen wird die Reaktionsgeschwindigkeit jedoch durch Konzentrationsänderungen der Reaktanten beeinflusst. Die Reaktion Nr. 1 in der Tabelle 6c

$$2\ N_2O_5\ (g) \rightarrow 4\ NO_2\ (g) + O_2\ (g)$$

ist erster Ordnung bezüglich N_2O_5. Das Geschwindigkeitsgesetz lautet $r = k \cdot c\,(N_2O_5)$. Wird die Konzentration von N_2O_5 verdoppelt, z.B. von 0,5 mol/L auf 1 mol/L, so verdoppelt sich die Reaktionsgeschwindigkeit. Bei der ebenfalls in der Tabelle aufgeführten Reaktion

$$2\ NOCl\ (g) \rightarrow 2\ NO\ (g) + Cl_2\ (g)$$

handelt es sich um eine Reaktion 2. Ordnung bezüglich NOCl mit dem Geschwindigkeitsgesetz: $r = k \cdot c^2\,(NOCl)$. Eine **Verdoppelung** der Ausgangskonzentration von NOCl von z.B. 1 mol/L auf 2 mol/L bewirkt eine **vier mal** so große Reaktionsgeschwindigkeit. Bei $c\,(NOCl) = 1$ mol/L erhält man: $r = k \cdot (1\ mol/L)^2 = k \cdot 1^2\ mol^2 \cdot L^{-2}$. Bei $c\,(NOCl) = 2$ mol/L resultiert: $r = k \cdot (2\ mol/L)^2 = k \cdot 2^2 \cdot mol^2 \cdot L^{-2} = k \cdot 4\ mol^2 \cdot L^{-2}$. Wird die Ausgangskonzentration von NOCl verdreifacht, so erhöht sich die Reaktionsgeschwindigkeit um den Faktor: $3^2 = 9$. Man erhält $r = k \cdot 3^2 \cdot mol^2 \cdot L^{-2} = k \cdot 9\ mol^2 \cdot L^{-2}$.

M 6.2: Gegeben ist die allgemeine Reaktion A + B → Produkte. Für verschiedene Fälle sind die folgenden Geschwindigkeitsgesetze gefunden worden:

a) $r = k \cdot c\,(A) \cdot c\,(B)$

b) $r = k \cdot c^2\,(A)$

c) $r = k \cdot c^2\,(A) \cdot c\,(B)$.

Gesucht ist jeweils die: Reaktionsordnung bezüglich A,
Reaktionsordnung bezüglich B,
und die Gesamtreaktionsordnung.

Lsg.: Man betrachtet die Exponenten bei den Konzentrationen von A und B in dem jeweiligen Geschwindigkeitsgesetz. Für die gesuchten Reaktionsordnungen findet man:

a) Bezüglich dem Stoff A und dem Stoff B ist die Reaktionsordnung **1,** da der betreffende Exponent 1 ist. Die Gesamtreaktionsordnung ist die Summe der Exponenten von $c\,(A)$ und $c\,(B)$. In diesem Fall also: 1 + 1 = **2.**

b) Hier ist der Exponent für $c\,(A)$ gleich 2, so dass die Reaktion **2.** Ordnung bezüglich A ist. Der Reaktant B taucht im Geschwindigkeitsgesetz nicht auf, d.h. der Exponent ist Null. Konzentrationsänderungen von B haben keinen Einfluss auf die Reaktionsgeschwindigkeit. Die Gesamtreaktionsordnung wird von A bestimmt und ist **2.**

c) Der Exponent für $c\,(A)$ ist 2 und für $c\,(B)$ ist er 1. Die Reaktion ist **2.** Ordnung bezüglich A und **1.** Ordnung bezüglich B. Die Gesamtreaktionsordnung ist wiederum die Summe der Exponenten also **3.**

M 6.3: Zwei Verbindungen A und B reagieren zum Produkt C. Es gilt: A + B → C
Aus drei Versuchen erhält man folgende Messwerte:

Versuch Nummer	$c\,(A)$ in $mol \cdot L^{-1}$	$c\,(B)$ in $mol \cdot L^{-1}$	Anfangsgeschwindigkeit $r\,(C)$ in $mol \cdot L^{-1} \cdot s^{-1}$
1	0,03	0,03	$3 \cdot 10^{-5}$
2	0,06	0,06	$12 \cdot 10^{-5}$
3	0,06	0,09	$27 \cdot 10^{-5}$

a) Geben Sie das Geschwindigkeitsgesetz der Reaktion an.

b) Berechnen Sie die Geschwindigkeitskonstante k.

c) Wie groß ist die Reaktionsgeschwindigkeit r, wenn $c\,(A) = 0,015$ mol/L und $c\,(B) = 0,030$ mol/L beträgt?

Lsg.: a) Es wird davon ausgegangen, dass das Geschwindigkeitsgesetz nach Gl. 6.6 berechnet werden kann $\Rightarrow r = k \cdot c^m (A) \cdot c^n (B)$.

Die Exponenten m und n müssen mit Hilfe der experimentellen Daten ermittelt werden. Aus den Versuchen 2 und 3 wird deutlich, dass die Konzentration c (B) die Reaktionsgeschwindigkeit beeinflusst, da trotz c (A) = konst eine Änderung von r (C) erfolgt. Man bildet zunächst das Verhältnis der Geschwindigkeiten r (C) aus Versuch 2 und 3:

$$\frac{r_2}{r_3} = \frac{12 \cdot 10^{-5}\,\text{mol} \cdot \text{L}^{-1} \cdot \text{s}^{-1}}{27 \cdot 10^{-5}\,\text{mol} \cdot \text{L}^{-1} \cdot \text{s}^{-1}} = \frac{4}{9}$$

Setzt man nun die Ausdrücke für die Geschwindigkeitsgesetze ein, erhält man:

$$\frac{r_2}{r_3} = \frac{k \cdot c_2^m (A) \cdot c_2^n (B)}{k \cdot c_3^m (A) \cdot c_3^n (B)} = \frac{k \cdot (0{,}06\,\text{mol} \cdot \text{L}^{-1})^m \cdot (0{,}06\,\text{mol} \cdot \text{L}^{-1})^n}{k \cdot (0{,}06\,\text{mol} \cdot \text{L}^{-1})^m \cdot (0{,}09\,\text{mol} \cdot \text{L}^{-1})^n} = \left(\frac{2}{3}\right)^n$$

Gleichsetzen der beiden Gleichungen ergibt

$\left(\frac{2}{3}\right)^n = \frac{4}{9} \Rightarrow$ **n = 2.** Die Reaktion ist somit 2. Ordnung bezüglich B.

Aus Versuch 1 und 2 wird auf diese Weise m berechnet:

$$\frac{r_1}{r_2} = \frac{3 \cdot 10^{-5}\,\text{mol} \cdot \text{L}^{-1} \cdot \text{s}^{-1}}{12 \cdot 10^{-5}\,\text{mol} \cdot \text{L}^{-1} \cdot \text{s}^{-1}} = \frac{1}{4}$$

Einsetzen in die Geschwindigkeitsgleichung ergibt:

$$\frac{r_1}{r_2} = \frac{k \cdot (0{,}03\,\text{mol} \cdot \text{L}^{-1})^m \cdot (0{,}03\,\text{mol} \cdot \text{L}^{-1})^n}{k \cdot (0{,}06\,\text{mol} \cdot \text{L}^{-1})^m \cdot (0{,}06\,\text{mol} \cdot \text{L}^{-1})^n} = \left(\frac{1}{2}\right)^m \cdot \left(\frac{1}{2}\right)^n = \left(\frac{1}{2}\right)^{m+n}$$

Gleichsetzen der beiden Ausdrücke für r_1/r_2 ergibt:

$\left(\frac{1}{2}\right)^{m+n} = \frac{1}{4}$ bzw. $\left(\frac{1}{2}\right)^2$. Der Exponentenvergleich ergibt: $m + n = 2 \Rightarrow m = 2 - n$

Für n wurde oben der Wert 2 gefunden $\Rightarrow$ eingesetzt: **m = 2 – 2 = 0.** Die Konzentration von A hat keinen Einfluss auf die Reaktionsgeschwindigkeit. Die Reaktion ist bezüglich A 0. Ordnung und das Geschwindigkeitsgesetz lautet: $\boldsymbol{r = k \cdot c^2 (B)}$.

b) Zur Berechnung der Geschwindigkeitskonstanten löst man das Geschwindigkeitsgesetz nach k auf und setzt die Werte aus den Versuchen ein.

$k = \frac{r}{c^2 (B)}$. Aus Versuch 1 $\Rightarrow k = \frac{3 \cdot 10^{-5}\,\text{mol} \cdot \text{L}^{-1} \cdot \text{s}^{-1}}{(0{,}03\,\text{mol} \cdot \text{L}^{-1})^2} = \mathbf{0{,}0333\,L \cdot mol^{-1} \cdot s^{-1}}$

c) Mit Hilfe des Geschwindigkeitsgesetzes aus dem Teil a der Aufgabe und dem Wert für die Geschwindigkeitskonstante aus Teil b erhält man:

$r = k \cdot c^2 (B) = 0{,}0333\,\text{L} \cdot \text{mol}^{-1} \cdot \text{s}^{-1} \cdot (0{,}03\,\text{mol} \cdot \text{L}^{-1})^2 = \mathbf{3 \cdot 10^{-5}\,mol \cdot L^{-1} \cdot s^{-1}}$

Die in der Aufgabenstellung angegebene Stoffmengenkonzentration von A kommt nicht zum Ansatz, da die Reaktion bezüglich dieser Substanz 0. Ordnung ist.

6.3 Zeitabhängigkeit der Konzentration

Mit Hilfe des Geschwindigkeitsgesetzes (Gl. 6.6) lässt sich eine Aussage machen, wie sich die Reaktionsgeschwindigkeit bei Konzentrationsänderungen der Reaktion verändert. Durch Umformung der Gleichung erhält man einen Ausdruck, in dem die Konzentrationen der Reaktanten in Beziehung zur abgelaufenen Reaktionszeit t stehen. In den folgenden Abschnitten werden für drei einfache Reaktionstypen diese Ausdrücke ermittelt.

6.3.1 Reaktionen 1. Ordnung

Eine Reaktion 1. Ordnung ist z.B. der Zerfall von N_2O_4 zu NO_2:

$N_2O_4 (g) \rightarrow 2\,NO_2 (g)$

Das Geschwindigkeitsgesetz für diese Reaktion lautet: $r = k \cdot c\,(N_2O_4)$.

Nach Gl. 6.4 gilt für die Zerfallsgeschwindigkeit von N_2O_4 (g): $r = -\frac{dc\,(N_2O_4)}{dt}$

Durch Gleichsetzung der Ausdrücke erhält man folgende Gleichung:

$$-\frac{dc\,(N_2O_4)}{dt} = k \cdot c\,(N_2O_4).$$

Umformung dieses Ausdrucks ergibt: $\frac{dc\,(N_2O_4)}{c\,(N_2O_4)} = -k \cdot dt.$

Der letzte Ausdruck ist eine einfache Differentialgleichung, die sich mit Hilfe der Infinitesimalrechnung, hier der Integralrechnung, lösen lässt. Die Lösung lautet:

$$\ln c\,(N_2O_4) = -k \cdot t + \ln c_0\,(N_2O_4)$$

Die Anfangskonzentration von N_2O_4 zum Zeitpunkt $t = 0$ wird mit $c_0\,(N_2O_4)$ bezeichnet, die Konzentration von N_2O_4, die nach der Zeit t vorliegt, mit $c\,(N_2O_4)$. Durch Entlogarithmieren der Gleichung resultiert:

$$c\,(N_2O_4) = c_0\,(N_2O_4) \cdot e^{-k \cdot t}$$

Für den allgemeinen Fall einer Reaktion 1. Ordnung (A zerfällt in die Produkte) gilt das Geschwindigkeitsgesetz:

$$r = k \cdot c\,(A) = -\frac{dc\,(A)}{dt}$$

und man erhält durch Integration:

$$\ln \frac{c\,(A)}{c_0\,(A)} = -k \cdot t$$

c	k	t
$mol \cdot L^{-1}$	s^{-1}	s

6.7

Oder umgeformt:

$$\ln c\,(A) = -k \cdot t + \ln c_0\,(A)$$

c	k	t
$mol \cdot L^{-1}$	s^{-1}	s

6.8

Wird die Gleichung 6.8 entlogarithmiert, so ergibt sich:

$$c\,(A) = c_0\,(A) \cdot e^{-k \cdot t}$$

c	k	t
$mol \cdot L^{-1}$	s^{-1}	s

6.9

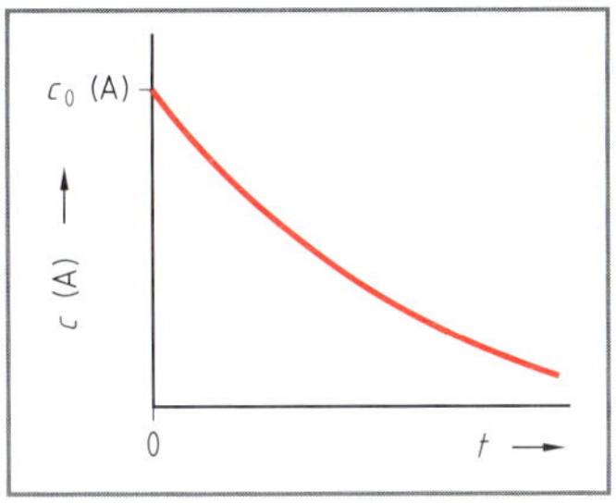

Bild 1: c (A) in Abhängigkeit von der Zeit bei Reaktionen 1. Ordnung

Die Gleichung 6.9 gibt die Zeitabhängigkeit der Konzentration c (A) des Eduktes A an. Es handelt sich um eine Exponentialfunktion mit der Basis e, der *euler*schen Zahl. Die Abnahme der Konzentration im Verlauf der Reaktion ist durch das **negative** Vorzeichen des Exponenten der *euler*schen Zahl gekennzeichnet. Der typische Graph der Funktionsgleichung 6.9 ist in Bild 1 allgemein wiedergegeben.

Eine einfache Möglichkeit zu überprüfen, ob wirklich eine Reaktion 1. Ordnung vorliegt, ist auf zeichnerischem Weg möglich. Die Gleichung 6.8 stellt eine Gerade mit dem Typ der Geradengleichung: $y = m \cdot x + b$ dar, wobei $y = \ln c\,(A)$ und $x = t$ ist. Die Steigung m der Geraden ist dann $-k$ und der Ordinatenabschnitt b entspricht $\ln c_0\,(A)$.

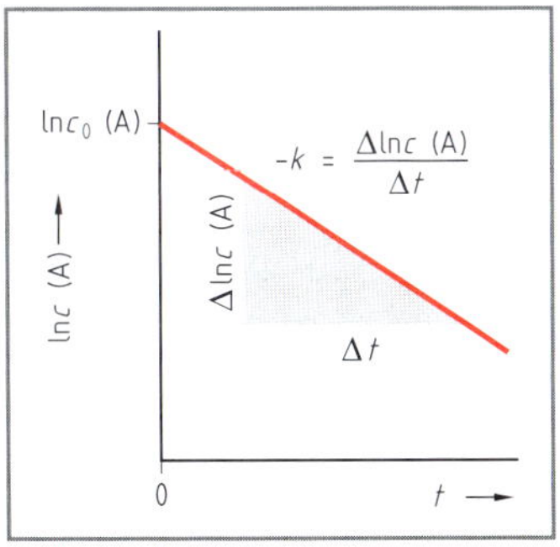

Bild 2: $\ln c$ (A) als Funktion der Zeit für eine Reaktion 1. Ordnung

Trägt man $\ln c\,(A)$ gegen t auf, so muss man eine Gerade erhalten, wenn es sich um eine Reaktion 1. Ordnung handelt. Aus der Steigung m der Geraden lässt sich der Wert k bestimmen. Der Ordinatenabschnitt $\ln c_0(A)$ ergibt sich für $t = 0$. Bild 2 zeigt eine solche Auftragung mit dem für eine Reaktion 1. Ordnung typischen Verlauf des Graphen.

Radioaktive Nuklide zerfallen nach Reaktionen 1. Ordnung.

M 6.4: Beim radioaktiven Zerfall von $^{226}_{88}Ra$ entsteht $^{222}_{84}Rn$.

Die Zerfallsgleichung lautet:

$^{226}_{88}Ra \rightarrow \, ^{222}_{84}Rn + \, ^{4}_{2}He$

Ausgehend von 100 mmol/L Radium wurde die Konzentrationsabnahme über mehrere Tage gemessen:

c (Ra) in mmol/L	*t* in d (Tage)
100	0,000
75	1,590
50	3,825
25	7,650
10	12,710

Bestimmen Sie nun grafisch die Geschwindigkeitskonstante (beim radioaktiven Zerfall als Zerfallskonstante bezeichnet).

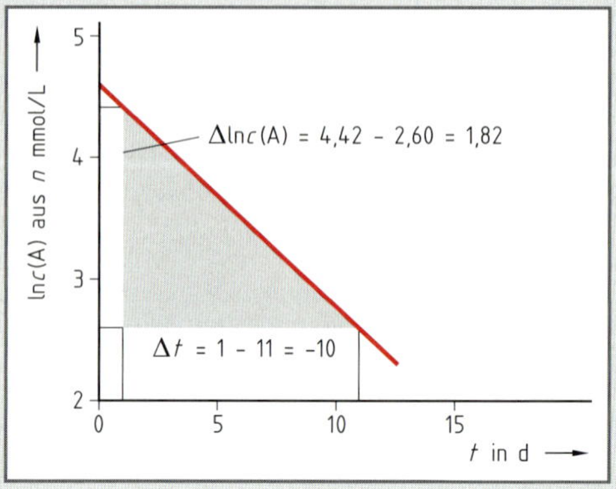

Bild 1: Grafische Ermittlung von *k*, zu Aufgabe M 6.4

Lsg.: $\ln c(A) = -k \cdot t + \ln c_0(A)$ (Gl. 6.8):

c (Ra) in mmol/L	*t* in d (Tage)	ln *c* (Ra)
100	0,000	4,61
75	1,590	4,32
50	3,825	3,91
25	7,650	3,22
10	12,710	2,30

Im Bild 1 sind die Werte für ln*c* (Ra) stellvertretend für eine allgemeine Reaktion 1. Ordnung gegen die Zeit *t* aufgetragen. Das Steigungsdreieck lässt sich z.B. durch die Punkte P_1 (4,42/1d) und P_2 (2,6/11d) legen. Daraus kann man die Steigung *m* ermitteln:

$$m = \frac{\Delta \ln c\,(Ra)}{\Delta t} = \frac{4{,}42 - 2{,}60}{1d - 11d} = \frac{1{,}82}{-10d} = -0{,}182\ d^{-1}$$

Da die Steigung der Geraden $m = -k$ ist, erhält man für die Geschwindigkeitskonstante $k = 0{,}182\ d^{-1}$.

Bei Reaktionen 1. Ordnung hat die Geschwindigkeitskonstante *k* immer eine Zeiteinheit mit dem Exponenten –1.

M 6.5: Für die Reaktion A → B + C ist die Geschwindigkeitskonstante $k = 1{,}60 \cdot 10^{-6}\ s^{-1}$. Gesucht ist *c* (A) nach 120 Stunden, bei der Anfangskonzentration $c_0(A) = 0{,}170\ mol \cdot L^{-1}$.

Lsg.: Die Einheit von *k* zeigt, dass es sich um eine Reaktion 1. Ordnung handelt. Nach Gl. 6.8 gilt:

$\ln c(A) = -k \cdot t + \ln c_0(A) = -1{,}60 \cdot 10^{-6}\ s^{1} \cdot 120 \cdot 3600\ s + \ln 0{,}170$

$= -0{,}6912 - 1{,}772 = -2{,}4632 \Rightarrow c(A) = 0{,}0852\ mol \cdot L^{-1}$.

Eine weitere oft angewandte Auswertung kinetischer Messungen ist die **Methode charakteristischer Zeiten.** Eine solche charakteristische Zeit ist die **Halbwertszeit** $T_{1/2}$.

Die Halbwertszeit $T_{1/2}$ ist die Zeit, in der die Konzentration des Reaktanten um die Hälfte abgenommen hat.

Für eine Reaktion 1. Ordnung ergibt sich aus Gleichung 6.7 unter Berücksichtigung, dass für $t = T_{1/2}$ die Konzentration $c\,(A) = 1/2 \cdot c_0\,(A)$ ist, die Beziehung:

$$\ln \frac{1/2 \cdot c_0\,(A)}{c_0\,(A)} = -k \cdot T_{1/2} \quad \Rightarrow \quad \ln 1/2 = -k \cdot T_{1/2} \quad \Rightarrow \quad k = -\frac{\ln 1/2}{T_{1/2}} \quad \text{bzw.}$$

$$k = \frac{\ln 2}{T_{1/2}} \quad \text{und} \quad T_{1/2} = \frac{\ln 2}{k} = \frac{0{,}693}{k}$$ **6.10** **6.11**

k	$T_{1/2}$
s^{-1}	s

Aus den Gleichungen 6.10 und 6.11 ist ersichtlich, dass die Konzentration des Reaktanten für die Halbwertszeit $T_{1/2}$ und für die Geschwindigkeitskonstante k keine Rolle spielt.

Sowohl die Geschwindigkeitskonstante k als auch die Halbwertszeit $T_{1/2}$ sind bei Reaktionen 1. Ordnung unabhängig von der Konzentration des Reaktanten.

M 6.6: Ein radioaktives Element hat eine Halbwertszeit von $T_{1/2} = 5{,}28$ a (Jahre). Wie viel g einer Probe von $m = 0{,}010$ g sind von diesem Element nach einem Jahr noch vorhanden?

Lsg.: Nach Gleichung 6.10 erhält man für die Geschwindigkeitskonstante k

$$k = \frac{\ln 2}{T_{1/2}} = \frac{0{,}693}{5{,}28\ \text{a}} = 0{,}131\ \text{a}^{-1}$$

Dieser Wert von k wird in Gleichung 6.8 eingesetzt. Weiterhin kann zur Vereinfachung an Stelle der Konzentration in diesem Fall die Masse m gesetzt werden, da zum einen sich das Volumen nicht ändert und zum anderen die Masse einer Reinsubstanz proportional zu ihrer Stoffmenge n ist. Man erhält somit:

$$\ln m\,(A) = -k \cdot t + \ln m_0\,(A)$$
$$\ln m\,(A) = -0{,}131\ \text{a}^{-1} \cdot 1\ \text{a} + \ln 0{,}010$$
$$\ln m\,(A) = -0{,}131\ \text{a}^{-1} \cdot 1\ \text{a} - 4{,}61 \Rightarrow m\,(A) = 0{,}00873 = \mathbf{8{,}73 \cdot 10^{-3}\ g}$$

M 6.7: Radon, $^{222}_{86}Rn$, entsteht beim radioaktiven Zerfall von Radium, $^{226}_{88}Ra$ (vgl. M 6.4).

Die Zerfallskonstante beträgt $k = 0{,}1812\ \text{d}^{-1}$. Bestimmen Sie die Halbwertszeit $T_{1/2}$ von Radon und zeichnen Sie dessen Zerfallskurve, indem Sie von 4 Halbwertszeiten-Perioden ausgehen.

Lsg.: Mit Gl. 6.11 gilt für die Halbwertszeit: $T_{1/2} = \frac{\ln 2}{k} = \frac{0{,}693}{0{,}1812\ \text{d}^{-1}} = \mathbf{3{,}825\ d}$

Bild 1 zeigt die Zerfallskurve von Radon für 4 Halbwertszeitperioden

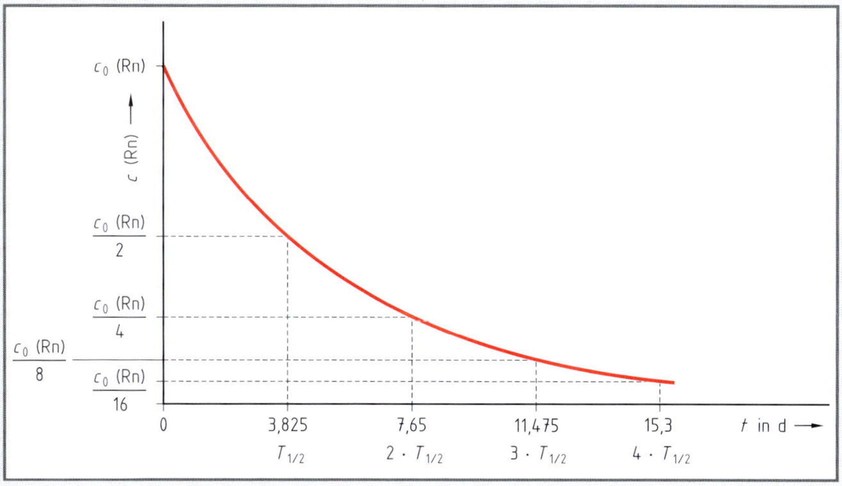

Bild 1: Zerfallskurve von Radon

Die hierzu nötige Tabelle lässt sich mit Hilfe der errechneten Halbwertszeit $T_{1/2}$ = 3,825 d leicht aufstellen.

Tabelle 6d: Konzentrations-Zeit-Diagramm					
Konzentration	c_0 (Rn)	$\frac{c_0 (Rn)}{2}$	$\frac{c_0 (Rn)}{4}$	$\frac{c_0 (Rn)}{8}$	$\frac{c_0 (Rn)}{16}$
Halbwertszeiten $T_{1/2}$ in Tagen (d)	0	3,825 $1 \cdot T_{1/2}$	7,65 $2 \cdot T_{1/2}$	11,475 $3 \cdot T_{1/2}$	15,3 $4 \cdot T_{1/2}$

6.3.2 Reaktionen 2. Ordnung

Reaktionen 2. Ordnung liegen z.B. bei folgenden Umsetzungen vor (vgl. Tabelle 6c)

a) $2\,NOCl\,(g) \rightarrow 2\,NO\,(g) + Cl_2\,(g)$

b) $NO_2\,(g) + 2\,HCl\,(g) \rightarrow NO\,(g) + H_2O\,(g) + Cl_2\,(g)$

Die entsprechenden Geschwindigkeitsgesetze lauten für die Reaktionen

a) $r = -\frac{dc\,(NOCl)}{dt} = k \cdot c^2\,(NOCl)$

b) $r = -\frac{dc\,(NO_2)}{dt} = -\frac{1}{2} \cdot \frac{dc\,(HCl)}{dt} = k \cdot c\,(NO_2) \cdot c\,(HCl)$

Reaktion a ist der einfachste Fall einer Reaktion 2. Ordnung. Die Reaktionsgeschwindigkeit r ist proportional dem Quadrat der Konzentration eines Ausgangsstoffes. Das allgemeine Geschwindigkeitsgesetz für eine solche Reaktion 2. Ordnung (A reagiert zu den Produkten) lautet:

$$r = -\frac{dc\,(A)}{dt} = k \cdot c^2\,(A)$$

Durch Integration erhält man hieraus:

6.12 $$\frac{1}{c\,(A)} = k \cdot t + \frac{1}{c_0\,(A)}$$

c	k	t
$mol \cdot L^{-1}$	$L \cdot mol^{-1} \cdot s^{-1}$	s

6.13 $$c\,(A) = \frac{c_0\,(A)}{c_0\,(A) \cdot k \cdot t + 1}$$

c	k	t
$mol \cdot L^{-1}$	$L \cdot mol^{-1} \cdot s^{-1}$	s

Hierbei ist c_0 (A) die Anfangskonzentration zur Zeit $t = 0$.

Trägt man $1/c\,(A)$ gegen die Zeit t auf, so erhält man eine Gerade mit der Steigung k und dem Ordinatenabschnitt $1/c_0\,(A)$. In Bild 1 ist der Zusammenhang wiedergegeben.

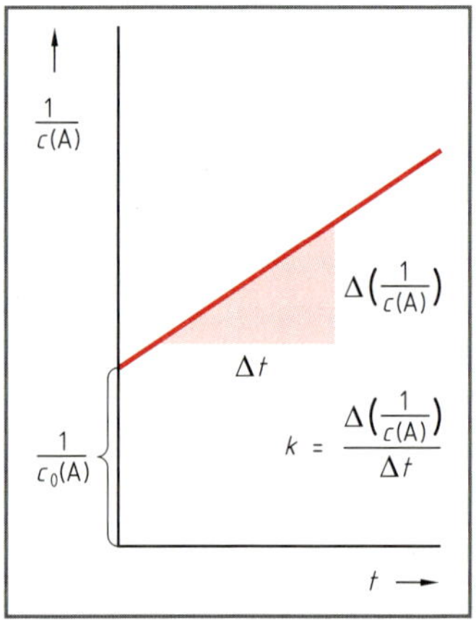

Bild 1: 1/c (A) in Abhängigkeit von der Zeit für eine Reaktion 2. Ordnung

Die Halbwertszeit $T_{1/2}$ ergibt sich aus Gleichung 6.12 wenn

für $c(A) = \frac{c_0(A)}{2}$ eingesetzt wird: $\frac{1}{\frac{c_0\,(A)}{2}} = k \cdot T_{1/2} + \frac{1}{c_0\,(A)}$

6.14 $$T_{1/2} = \frac{1}{k \cdot c_0\,(A)}$$

c	k	$T_{1/2}$
$mol \cdot L^{-1}$	$L \cdot mol^{-1} \cdot s^{-1}$	s

Im Gegensatz zur Reaktion 1. Ordnung ist die Halbwertszeit $T_{1/2}$ ebenso wie k **abhängig** von der Ausgangskonzentration c_0 (A).

Die Geschwindigkeitskonstante k und die Halbwertszeit $T_{1/2}$ sind bei Reaktionen 2. Ordnung abhängig von der Ausgangskonzentration c_0 (A).

Bei Reaktionen 2. Ordnung besitzt die Geschwindigkeitskonstante k die Dimension: Stoffmengenkonzentration^{-1} · Zeit^{-1}, also z.B. die Einheit $L \cdot mol^{-1} \cdot s^{-1}$.

Die Gleichungen 6.12, 6.13 und 6.14 sind auch für die Reaktionen vom Typ: A + B → Produkte mit dem Geschwindigkeitsgesetz $r = k \cdot c(A) \cdot c(B)$ gültig, wenn die Anfangskonzentrationen $c_0(A)$ und $c_0(B)$ **gleich groß** sind und die Reaktanten im stöchiometrischen Stoffmengenverhältnis 1:1 reagieren.

M 6.8: *F. Wöhler* gelang es 1828 Harnstoff aus Ammoniumcyanat herzustellen:
$NH_4CNO \rightarrow OC(NH_2)_2$
Bei der kinetischen Untersuchung der Reaktion erhält man folgende Ergebnisse:

t in h	0	5	10	15	20
$c(NH_4CNO)$ in mol · L⁻¹	0,2000	0,1172	0,0829	0,0641	0,0523

Berechnen Sie k für diese Reaktion 2. Ordnung und tragen Sie gemäß Gleichung 6.12 die reziproken Werte von $c(NH_4CNO)$ gegen t auf. Bestimmen Sie k aus dem Diagramm und vergleichen Sie diesen k-Wert mit dem berechneten.

Lsg.: Man geht von Gl. 6.12 aus und stellt nach k um: $\frac{1}{c(A)} = k \cdot t + \frac{1}{c_0(A)}$

$$k = \left(\frac{1}{c(A)} - \frac{1}{c_0(A)}\right) \cdot \frac{1}{t}$$

Einsetzen der Werte für $t = 5$ h ergibt:

$$k_5 = \left(\frac{1}{0{,}1172\ \text{mol} \cdot \text{L}^{-1}} - \frac{1}{0{,}20\ \text{mol} \cdot \text{L}^{-1}}\right) \cdot \frac{1}{5\ \text{h}} = \mathbf{0{,}706\ L \cdot mol^{-1} \cdot h^{-1}}$$

Für $t = 10$ h erhält man:

$$k_{10} = \left(\frac{1}{0{,}0829\ \text{mol} \cdot \text{L}^{-1}} - \frac{1}{0{,}20\ \text{mol} \cdot \text{L}^{-1}}\right) \cdot \frac{1}{10\ \text{h}} = \mathbf{0{,}706\ L \cdot mol^{-1} \cdot h^{-1}}$$

Nach 15 bzw. 20 h erhält man für k:

$$k_{15} = \left(\frac{1}{0{,}0641\ \text{mol} \cdot \text{L}^{-1}} - \frac{1}{0{,}20\ \text{mol} \cdot \text{L}^{-1}}\right) \cdot \frac{1}{15\ \text{h}} = \mathbf{0{,}706\ L \cdot mol^{-1} \cdot h^{-1}}$$

$$k_{20} = \left(\frac{1}{0{,}0523\ \text{mol} \cdot \text{L}^{-1}} - \frac{1}{0{,}20\ \text{mol} \cdot \text{L}^{-1}}\right) \cdot \frac{1}{20\ \text{h}} = \mathbf{0{,}706\ L \cdot mol^{-1} \cdot h^{-1}}$$

Somit gilt ein Mittelwert von $k = \mathbf{0{,}706\ L \cdot mol^{-1} \cdot h^{-1}}$.

Für die grafische Darstellung wird eine Wertetabelle erstellt:

t in h	$c(NH_4CNO)$ in mol · L⁻¹	$\frac{1}{c(NH_4CNO)}$ in L · mol⁻¹
0	0,2000	5,00
5	0,1172	8,53
10	0,0829	12,06
15	0,0641	15,60
20	0,0523	19,12

In Bild 1 ist die zugehörige Gerade dargestellt. Die Steigung der Geraden liefert für $k = \mathbf{0{,}7\ L \cdot mol^{-1} \cdot h^{-1}}$

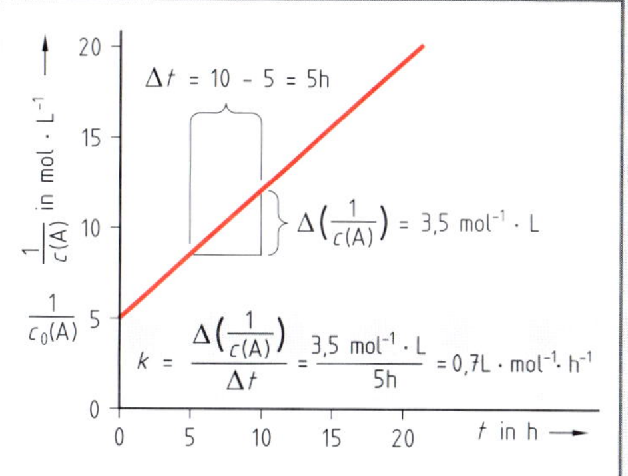

Bild 1: Diagramm zur Wertetabelle

M 6.9: Verwenden Sie die Werte aus M 6.8 zur Berechnung der Halbwertszeit $T_{1/2}$ und geben Sie an, wie viel Harnstoff $[OC(NH_2)_2]$ man nach 14 h erhält.

Lsg.: Für die Halbwertszeit $T_{1/2}$ gilt nach Gl. 6.14: $T_{1/2} = \frac{1}{k \cdot c_0(A)}$

Mit den Werten aus M 6.8 erhält man $T_{1/2} = \frac{1}{0{,}7\ \text{L} \cdot \text{mol}^{-1} \cdot \text{h}^{-1} \cdot 0{,}20\ \text{mol} \cdot \text{L}^{-1}} = \mathbf{7{,}08\ h}$

Um die Menge an Harnstoff nach 14 h zu erhalten, berechnet man zunächst mit Gl. 6.13 die nach 14 Stunden noch vorhandene Menge an Cyanat, (NH_4CNO).

$$c\,(A) = \frac{c_0(A)}{c_0(A) \cdot k \cdot t + 1} = \frac{0{,}20\ \text{mol} \cdot L^{-1}}{0{,}20\ \text{mol} \cdot L^{-1} \cdot 0{,}7\ L \cdot \text{mol}^{-1} \cdot h^{-1} \cdot 14\ h + 1} = 0{,}0676\ \text{mol} \cdot L^{-1}$$

Nach 14 Stunden sind noch 0,0676 mol NH_4CNO vorhanden. Also sind 0,20 mol · L^{-1} – 0,0676 mol · L^{-1} = 0,1324 mol · L^{-1} NH_4CNO verbraucht worden. Nach der Reaktionsgleichung: $NH_4CNO \rightarrow OC\,(NH_2)_2$ haben sich somit **0,1324 mol** Harnstoff gebildet.

M 6.10: Die Verseifung von Methylacetat ist eine Reaktion 2. Ordnung. Wie groß ist die Geschwindigkeitskonstante *k* für diese Reaktion, wenn die Anfangskonzentrationen von Methylacetat und NaOH je 0,5 mol · L^{-1} betragen und nach 75 s um 20% abgenommen haben?

Lsg: Hier sind $c\,(CH_3COOCH_3)$ und c (NaOH) gleich groß, sodass nach Gl. 6.12 gilt:

$$\frac{1}{c\,(A)} = k \cdot t + \frac{1}{c_0\,(A)}$$

Nach 75 s hat die Anfangskonzentration c_0 (A) = 0,5 mol · L^{-1} um 20% abgenommen, sodass noch 80% von c_0 (A) vorhanden sind. Für die Konzentration c (A) nach 75 s erhält man also: $c\,(A) = c_0\,(A) \cdot 0{,}8 = 0{,}5\ \text{mol} \cdot L^{-1} \cdot 0{,}8 = 0{,}4\ \text{mol} \cdot L^{-1}$.

Eingesetzt in Gl. 6.12 und nach *k* umgestellt erhält man:

$$k = \left(\frac{1}{0{,}4\ \text{mol} \cdot L^{-1}} - \frac{1}{0{,}5\ \text{mol} \cdot L^{-1}}\right) \cdot \frac{1}{75\ s} = \mathbf{6{,}67 \cdot 10^{-3}\ L \cdot mol^{-1} \cdot s^{-1}}$$

Sind die Anfangskonzentrationen von 2 verschiedenen Substanzen A und B bei einer Reaktion 2. Ordnung **unterschiedlich** groß, so können die bisher verwendeten Gleichungen nicht mehr angewandt werden. Für ein Geschwindigkeitsgesetz: $r = k \cdot c\,(A) \cdot c\,(B)$ mit $c\,(A) \neq c\,(B)$ erhält man nach Integration den Ausdruck:

6.15

$$k \cdot t = \frac{1}{c_0\,(A) - c_0\,(B)} \cdot \ln \frac{c\,(A) \cdot c_0\,(B)}{c_0\,(A) \cdot c\,(B)}$$

c	k	t
mol · L^{-1}	L · mol^{-1} · s^{-1}	s

Die Halbwertszeit kann in diesem Fall **nicht** angegeben werden, da die Anfangskonzentrationen der Reaktanten unterschiedlich sind.

Durch Umformung von Gl. 6.15 erhält man

$$\ln \frac{c\,(A) \cdot c_0\,(B)}{c_0\,(A) \cdot c\,(B)} = k \cdot t \cdot [c_0\,(A) - c_0\,(B)]$$

Durch Anwendung der Logarithmengesetze ergibt sich hieraus:

$$\ln \frac{c\,(A)}{c\,(B)} + \ln \frac{c_0\,(B)}{c_0\,(A)} = k \cdot t \cdot [c_0\,(A) - c_0\,(B)]$$

$$\ln \frac{c\,(A)}{c\,(B)} = k \cdot t \cdot [c_0\,(A) - c_0\,(B)] - \ln \frac{c_0\,(B)}{c_0\,(A)}$$

Mit $-\ln \frac{c_0\,(B)}{c_0\,(A)} = \ln \frac{c_0\,(A)}{c_0\,(B)}$ folgt:

$$\ln \frac{c\,(A)}{c\,(B)} = k \cdot t \cdot [c_0\,(A) - c_0\,(B)] + \ln \frac{c_0\,(A)}{c_0\,(B)}$$

Auftragen von $\ln \frac{c\,(A)}{c\,(B)}$ gegen *t* ergibt die Gerade mit der Steigung $m = k \cdot [c_0\,(A) - c_0\,(B)]$ und dem Ordinatenabschnitt $\ln \frac{c_0\,(A)}{c_0\,(B)}$.

Bild 1 zeigt den Verlauf der Geraden.

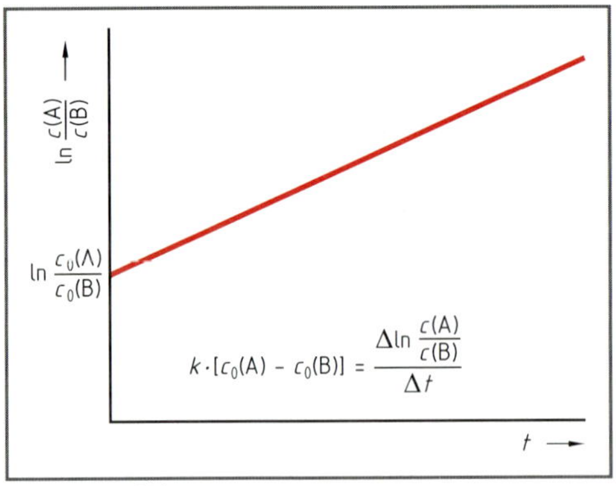

Bild 1: In $\frac{c\,(A)}{c\,(B)}$ als Funktion der Zeit *t* für eine Reaktion 2. Ordnung mit $c_0\,(A) \neq c_0\,(B)$

M 6.11: 0,315 mol · L⁻¹ eines Esters einer einwertigen Säure werden mit 0,564 mol · L⁻¹ KOH versetzt. Nach 10 min liegen noch 0,458 mol · L⁻¹ KOH vor. Zu bestimmen ist die Geschwindigkeitskonstante für die Verseifung, wenn es eine Reaktion 2. Ordnung ist.

Lsg: Da die Anfangskonzentrationen von Ester und KOH verschieden sind, muss zur Lösung Gl. 6.15 verwendet werden.

$$k \cdot t = \frac{1}{c_0(A) - c_0(B)} \cdot \ln \frac{c(A) \cdot c_0(B)}{c_0(A) \cdot c(B)}$$

$c_0(A) = 0{,}315\ \text{mol} \cdot \text{L}^{-1}$ (Anfangskonzentration des Esters)

$c_0(B) = 0{,}564\ \text{mol} \cdot \text{L}^{-1}$ (Anfangskonzentration von KOH)

$c(B) = 0{,}458\ \text{mol} \cdot \text{L}^{-1}$ (Konzentration von KOH nach 10 min)

Wenn nach 10 min noch 0,458 mol · L^{-1} KOH vorliegen, sind somit:
(0,564 – 0,458) mol · L^{-1} = 0,106 mol · L^{-1} KOH verbraucht worden.

Um den gleichen Betrag muss nach der Reaktionsgleichung die Konzentration des Esters gesunken sein.
Nach 10 min liegen noch: (0,315 – 0,106) mol · L^{-1} = 0,209 mol · L^{-1} Ester vor.
Die Konzentration $c(A)$ an Ester nach 10 min beträgt daher 0,209 mol · L^{-1}.
Einsetzen dieser Werte in Gl. 6.15 ergibt

$$k \cdot 10\ \text{min} = \frac{1}{0{,}315\ \text{mol} \cdot \text{L}^{-1} - 0{,}564\ \text{mol} \cdot \text{L}^{-1}} \cdot \ln \frac{0{,}209\ \text{mol} \cdot \text{L}^{-1} \cdot 0{,}564\ \text{mol} \cdot \text{L}^{-1}}{0{,}315\ \text{mol} \cdot \text{L}^{-1} \cdot 0{,}458\ \text{mol} \cdot \text{L}^{-1}}$$

$$\boldsymbol{k = 8{,}11 \cdot 10^{-2}\ \text{L} \cdot \text{mol}^{-1} \cdot \text{min}^{-1} = 1{,}35 \cdot 10^{-3}\ \text{L} \cdot \text{mol}^{-1} \cdot \text{s}^{-1}}$$

6.3.3 Reaktionen nullter Ordnung

Eine Reaktion nullter Ordnung ist z.B. die Zersetzung von N_2O an einer Goldoberfläche bei sehr hohem Druck: $2\ N_2O \rightarrow 2\ N_2\ (g) + O_2\ (g)$ (vgl. S. 197).

Das Geschwindigkeitsgesetz für diese Reaktion lautet: $r = -\frac{dc(N_2O)}{dt} = k$

Die Reaktionsgeschwindigkeit ist **unabhängig** von der Konzentration der Reaktanten. Für eine allgemeine Reaktion (A reagiert zu den Produkten) gilt daher, wenn eine Reaktion nullter Ordnung vorliegt:

$$r = -\frac{dc(A)}{dt} = k \qquad \textbf{6.16}$$

r	c	t	k
mol · L⁻¹ · s⁻¹	mol · L⁻¹	s	mol · L⁻¹ · s⁻¹

Durch Integration erhält man hieraus:

$$c(A) - c_0(A) = -k \cdot t \qquad \textbf{6.17}$$

c	k	t
mol · L⁻¹	mol · L⁻¹ · s⁻¹	s

oder umgestellt:

$$c(A) = -k \cdot t + c_0(A) \qquad \textbf{6.18}$$

c	k	t
mol · L⁻¹	mol · L⁻¹ · s⁻¹	s

Auftragen der Konzentration $c(A)$ gegen die Zeit t ergibt eine Gerade mit der Steigung $m = -k$ und dem Ordinatenabschnitt $c_0(A)$. Bild 1, S. 206 zeigt den typischen Kurvenverlauf.

Einsetzen von $c(A) = \frac{1}{2} \cdot c_0(A)$ in Gleichung 6.18 ergibt für die Halbwertszeit $T_{1/2}$:

$$\frac{c_0(A)}{2} = -k \cdot T_{1/2} + c_0(A)$$

$$T_{1/2} = \frac{c_0(A)}{2 \cdot k} \qquad \textbf{6.19}$$

c	k	$T_{1/2}$
mol · L⁻¹	mol · L⁻¹ · s⁻¹	s

Die Halbwertszeit $T_{1/2}$ und die Geschwindigkeitskonstante k sind bei einer Reaktion nullter Ordnung abhängig von der Ausgangskonzentration c_0 (A).

Die Geschwindigkeitskonstante k besitzt bei Reaktionen nullter Ordnung immer die Dimension: dim $(c \cdot t^{-1})$, also z.B. die Einheit mol · L^{-1} · s^{-1}.

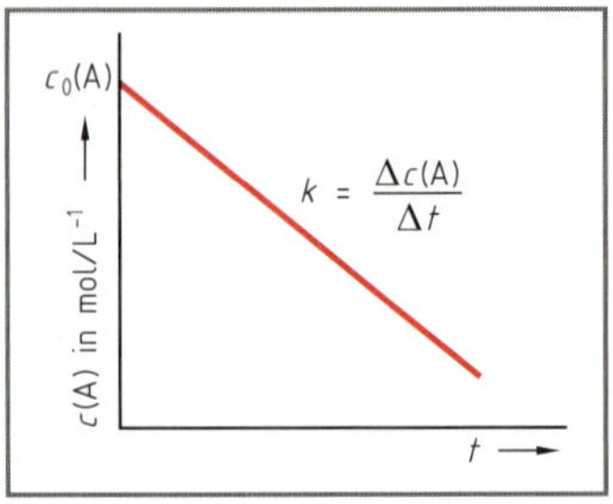

Bild 1: c (A) als Funktion der Zeit für eine Reaktion 0. Ordnung

Tabelle 6e: Charakteristische Beziehungen für einige Reaktionstypen

Ordnung	Geschwindigkeitsgesetz	Zeitabhängigkeit der Konzentration	Halbwertzeit
0	$r = -\frac{dc(A)}{dt} = k$	$c(A) = -k \cdot t + c_0(A)$	$T_{1/2} = \frac{c_0(A)}{2 \cdot k}$
1	$r = -\frac{dc(A)}{dt} = k \cdot c(A)$	$\ln c(A) = -k \cdot t + \ln c_0(A)$	$T_{1/2} = \frac{\ln 2}{k} = \frac{0{,}693}{k}$
2	$r = -\frac{dc(A)}{dt} = k \cdot c^2(A)$	$\frac{1}{c(A)} = k \cdot t + \frac{1}{c_0(A)}$	$T_{1/2} = \frac{1}{c_0(A) \cdot k}$
2	$r = -\frac{dc(A)}{dt} = k \cdot c(A) \cdot c(B)$ wenn $c(A) \neq c(B)$	$k \cdot t = \frac{1}{c_0(A) - c_0(B)} \cdot \ln \frac{c(A) \cdot c_0(B)}{c_0(A) \cdot c(B)}$	

In den bisher behandelten Beispielen von Abschnitt 6.2 und 6.3 wurde die Abhängigkeit der Reaktionsgeschwindigkeit von der Konzentration der Reaktanten beschrieben.

Die Reaktionsgeschwindigkeit nimmt in der Regel mit Erhöhung der Konzentration der Ausgangsstoffe zu.

Die Geschwindigkeitskonstante k wird dagegen von den Konzentrationsänderungen nicht beeinflusst, d.h. ihr Wert bleibt konstant.

Die Reaktionsgeschwindigkeit ist außer von der Konzentration jedoch auch von der Temperatur abhängig. Diese Temperaturabhängigkeit der Reaktionsgeschwindigkeit von der Temperatur soll nun näher untersucht werden.

6.4 Die Temperaturabhängigkeit der Reaktionsgeschwindigkeit

Führt man eine chemische Reaktion **ohne** Konzentrationsänderung der Reaktanten bei verschiedenen Temperaturen durch, so stellt man fest, dass die Reaktion unterschiedlich schnell abläuft. Bei den meisten chemischen Reaktionen nimmt die Reaktionsgeschwindigkeit mit steigender Temperatur zu. Nach einer von *van't Hoff* aufgestellten Regel steigert bei Raumtemperatur (20 °C) eine Temperaturerhöhung um 10 °C die Reaktionsgeschwindigkeit vieler Reaktionen auf das Doppelte bis Dreifache **(RGT-Regel).** Nach dieser „RGT-Regel" verlaufen solche Reaktionen bei 100 °C etwa 2^8 bis 3^8 mal so schnell wie bei 20 °C. Die Temperaturabhängigkeit der Reaktionsgeschwindigkeit muss, da die Konzentrationen der Reaktanten unverändert bleiben, mit der Temperaturabhängigkeit der Geschwindigkeitskonstanten zusammenhängen.

Die Geschwindigkeitskonstante k ist stark temperaturabhängig.

Bereits 1889 fand *Arrhenius* aufgrund experimenteller Untersuchungen, dass sich die Geschwindigkeitskonstante k exponentiell mit der Temperatur T ändert. Mit steigender Temperatur nimmt k exponentiell zu. Den typischen Kurvenverlauf zeigt Bild 1, S. 207. Die Abhängigkeit der Geschwindigkeitskonstante k von der absoluten Temperatur T wurde von ihm durch folgende Gleichung wiedergegeben:

6.20 $$k = A \cdot e^{-\frac{E_a}{R \cdot T}}$$

E_a	R	T
J · mol^{-1}	J · mol^{-1} · K^{-1}	K

In dieser nach ihm benannten *Arrhenius*-Gleichung ist:

- k die Geschwindigkeitskonstante,
- A der präexponentielle Faktor, eine für die jeweilige Reaktion spezifische Konstante unter definierten Bedingungen,
- E_a die Aktivierungsenergie,
- R die universelle Gaskonstante und
- T die absolute Temperatur.

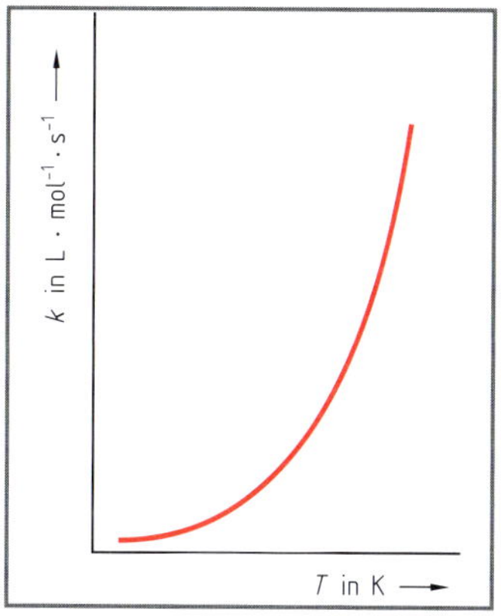

Bild 1: k in Abhängigkeit von der Temperatur T

Logarithmiert man Gleichung 6.20, so erhält man:

$$\ln k = \ln A - \frac{E_a}{R \cdot T} \qquad \textbf{6.21}$$

E_a	R	T
$J \cdot mol^{-1}$	$J \cdot mol^{-1} \cdot K^{-1}$	K

Trägt man ln k gegen $1/T$ auf, so erhält man eine Gerade mit der Steigung $m = -E_a/R$. Man kann somit auf grafischem Weg die Aktivierungsenergie E_a bestimmen.

M 6.12: Für eine Reaktion wurde die Geschwindigkeit des Zerfalls zwischen 300 K und 500 K untersucht. Man erhielt dabei die in der unten stehenden Tabelle angegebenen Geschwindigkeitskonstanten. Bestimmen Sie auf grafischem Weg die Aktivierungsenergie E_a der Reaktion.

T in K	300	350	400	450	500
k in $L \cdot mol^{-1} \cdot s^{-1}$	$7{,}9 \cdot 10^6$	$3{,}0 \cdot 10^7$	$7{,}9 \cdot 10^7$	$1{,}7 \cdot 10^8$	$3{,}2 \cdot 10^8$

Lsg.: Zunächst erstellt man folgende Wertetabelle

ln k	15,882	17,217	18,185	18,951	19,584
$10^3/T$	3,33	2,86	2,50	2,22	2,00

Anschließend wird ln k gegen $1/T$ aufgetragen. Man erhält eine Gerade (Bild 2) mit der Steigung:

$$m = -\frac{E_a}{R} = \frac{\Delta \ln k}{\Delta (1/T)} = \frac{19{,}584 - 15{,}882}{(2{,}00 - 3{,}33) \cdot 10^{-3}} = -2\,783$$

$$E_a = -2783 \cdot (-\{R\}) = -2783 \cdot (-8{,}315)$$

$$\mathrel{\widehat{=}} \mathbf{23\,144\ J \cdot mol^{-1}}$$

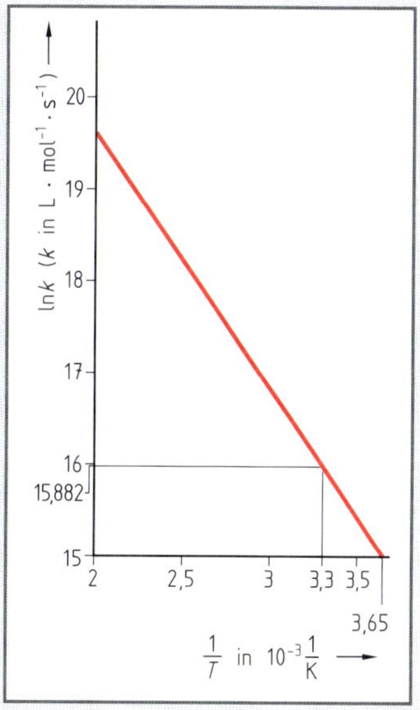

Bild 2: Graph zu M.6.12

Die Aktivierungsenergie lässt sich auch berechnen, wenn man zwei Temperaturen T_1 und T_2 sowie die Geschwindigkeitskonstanten k_1 und k_2 bei diesen Temperaturen kennt.

Gl. 6.21 ergibt für k_1 und k_2:

$$\ln k_1 = \ln A - \frac{E_a}{R \cdot T_1} \quad \text{und} \quad \ln k_2 = \ln A - \frac{E_a}{R \cdot T_2}$$

Durch Subtraktion der zweiten von der ersten Gleichung erhält man:

$$\ln \frac{k_1}{k_2} = \frac{E_a}{R} \cdot \left(\frac{1}{T_2} - \frac{1}{T_1}\right) \qquad \textbf{6.22}$$

E_a	R	T
$J \cdot mol^{-1}$	$J \cdot mol^{-1} \cdot K^{-1}$	K

M 6.13: Berechnen Sie mit den Angaben von M 6.12 für $T_1 = 300$ K und $T_2 = 400$ K sowie den Werten für $k_1 = 7{,}9 \cdot 10^6\ L \cdot mol^{-1} \cdot s^{-1}$ und $k_2 = 7{,}9 \cdot 10^7\ L \cdot mol^{-1} \cdot s^{-1}$ die Aktivierungsenergie E_a.

Lsg.: Einsetzen der gegebenen Werte in Gl. 6.22 ergibt:

$$\ln \frac{7{,}9 \cdot 10^6\ L \cdot mol^{-1} \cdot s^{-1}}{79 \cdot 10^6\ L \cdot mol^{-1} \cdot s^{-1}} = \frac{E_a}{8{,}315\ J \cdot mol^{-1} \cdot K^{-1}} \cdot \left(\frac{1}{400\ K} - \frac{1}{300\ K}\right)$$

$E_a = 22\,975\ J \cdot mol^{-1} = \mathbf{22{,}98\ kJ \cdot mol^{-1}}$ Die beiden Werte für E_a stimmen fast überein.

Kennt man den Wert für die Aktivierungsenergie E_a und k_1 für die Temperatur T_1, so kann mit Gl. 6.21 der präexponentielle Faktor A berechnet werden.

M 6.14: Mit dem Wert für die Aktivierungsenergie E_a aus M 6.13 und $k_1 = 7{,}9 \cdot 10^6$ L · mol⁻¹ · s⁻¹ bei $T_1 = 300$ K ist der präexponentielle Faktor A zu bestimmen.

Lsg.: Aus Gl. 6.21 erhält man durch Umstellung: $\ln A = \ln k + \frac{E_a}{R \cdot T}$.

Einsetzen der gegebenen Werte (R in $\text{kJ} \cdot \text{mol}^{-1} \cdot \text{K}^{-1}$ und E_a in $\text{kJ} \cdot \text{mol}^{-1}$) ergibt:

$$\ln A = \ln 7{,}9 \cdot 10^6 + \frac{22{,}98\ \text{kJ} \cdot \text{mol}^{-1}}{8{,}315 \cdot 10^{-3}\ \text{kJ} \cdot \text{mol}^{-1} \cdot \text{K}^{-1} \cdot 300\ \text{K}} = 25{,}056 \Rightarrow$$

$$A = e^{25{,}06} = \mathbf{7{,}9 \cdot 10^{10}\ L \cdot mol^{-1} \cdot s^{-1}}$$

Die Einheit des präexponentiellen Faktors A entspricht der Einheit der Geschwindigkeitskonstanten k.

Mit der *Arrhenius*-Gleichung lässt sich auch berechnen, um welchen Betrag sich die Aktivierungsenergien einer Reaktion bei zwei verschiedenen Temperaturen unterscheiden müssen, wenn die *van't hoff*sche RGT-Regel zutreffen soll.

M 6.15: Die Reaktionsgeschwindigkeit einer Reaktion soll sich bei Erhöhung der Temperatur von 298 K auf 308 K verdoppeln, d.h. $k_1/k_2 = \frac{1}{2}$. Wie groß muss die Aktivierungsenergie E_a für diese Reaktion sein?

Lsg.: Einsetzung der vorgegebenen Werte in Gl. 6.22 ergibt:

$$\ln \frac{k_1}{2 \cdot k_1} = \frac{E_a}{8{,}315\ \text{J} \cdot \text{mol}^{-1} \cdot \text{K}^{-1}} \cdot \left(\frac{1}{308\ \text{K}} - \frac{1}{298\ \text{K}}\right)$$

Durch Umstellung nach E_a erhält man:

$$E_a = \ln \frac{1}{2} \cdot 8{,}315\ \text{J} \cdot \text{mol}^{-1} \cdot \text{K}^{-1} \cdot \frac{308 \cdot 298}{298 - 308}\ \text{K} = 52\,900\ \text{J} \cdot \text{mol}^{-1} = \mathbf{52{,}9\ kJ \cdot mol^{-1}}$$

Reaktionen, für die die RGT-Regel gelten soll, müssen zumindest näherungsweise eine solche Aktivierungsenergie besitzen.

Ein weiteres wichtiges in der Praxis auftauchendes Problem ist die Frage, bei welcher Temperatur eine bestimmte Reaktion in einer vorgegebenen Zeitspanne abläuft.

M 6.16: Für eine Reaktion A + B → C soll das Geschwindigkeitsgesetz $r = k \cdot c(\text{A})$ gelten. Bei 25 °C ist die Geschwindigkeitskonstante $k = 5 \cdot 10^{-4}\ \text{s}^{-1}$. Die Ausgangskonzentration $c_0(\text{A})$ beträgt 0,8 mol/L. Die Reaktion soll solange ablaufen, bis nur noch 10% der ursprünglichen Menge an Substanz A vorhanden ist.

a) Nach welcher Zeit ist die Reaktion bei 25 °C beendet?

b) Wie groß muss die Geschwindigkeitskonstante k sein, damit die Reaktion nach 30 min beendet ist?

c) Wie hoch muss die Temperatur sein, damit der in Teil b) geforderte Wert für k erreicht wird, wenn die Aktivierungsenergie $E_a = 80$ kJ/mol beträgt?

Lsg.: a) Die Zeit bei 25° C wird mit Gl. 6.7 berechnet: $\ln \frac{c(\text{A})}{c_0(\text{A})} = -k \cdot t$

Umstellen nach t und Einsetzen der gegebenen Werte ergibt:

$$t = \ln \frac{0{,}08\ \text{L} \cdot \text{mol}^{-1}}{0{,}8\ \text{L} \cdot \text{mol}^{-1}} \cdot \frac{1}{-5 \cdot 10^{-4}\ \text{s}^{-1}} = \mathbf{4\,605\ s = 76{,}75\ min}$$

b) Der Wert von k für die Reaktionszeit $t = 30$ min wird ebenfalls mit Gl. 6.7 errechnet, die nun nach k umgestellt wird:

$$k = \frac{1}{t} \cdot \left(-\ln \frac{c(\text{A})}{c_0(\text{A})}\right) \Rightarrow k = \frac{1}{30 \cdot 60\ \text{s}} \cdot \left(-\ln \frac{0{,}08\ \text{mol} \cdot \text{L}^{-1}}{0{,}8\ \text{mol} \cdot \text{L}^{-1}}\right) = \mathbf{1{,}28 \cdot 10^{-3}\ s^{-1}}$$

c) Durch Einsetzen der beiden Werte für die Geschwindigkeitskonstanten k in Gl. 6.22 lässt sich T_2 berechnen:

$$\ln \frac{k_1}{k_2} = \frac{E_a}{R} \cdot \left(\frac{1}{T_2} - \frac{1}{T_1}\right) \Rightarrow \ln \frac{5 \cdot 10^{-4}\,\mathrm{s^{-1}}}{1{,}28 \cdot 10^{-3}\,\mathrm{s^{-1}}} = \frac{80 \cdot 10^3\,\mathrm{J \cdot mol^{-1}}}{8{,}315\,\mathrm{J \cdot mol^{-1} \cdot K^{-1}}} \cdot \left(\frac{1}{T_2} - \frac{1}{298\,\mathrm{K}}\right)$$

$T_2 =$ **306,94 K ≙ 33,8 °C**

Wie diese Beispiele zeigen, wird durch eine Temperaturerhöhung die Reaktionsgeschwindigkeit größer. Neben der Erhöhung der Konzentration eines Ausgangsstoffes, der im Geschwindigkeitsgesetz enthalten ist, stellt die Temperaturerhöhung somit die zweite Möglichkeit dar, Reaktionsgeschwindigkeiten zu erhöhen. Bei reversiblen Reaktionen ist allerdings zu beachten, dass durch die Temperaturerhöhung die Geschwindigkeitskonstanten der Hin- und Rückreaktion **unterschiedlich** stark beeinflusst werden. Die **Lage** eines **chemischen Gleichgewichtes** wird also durch eine Temperaturerhöhung beeinflusst. Die Gleichgewichtskonstante einer reversiblen Reaktion ist **temperaturabhängig**. **Verschlechtert** sich die Gleichgewichtslage durch eine Temperatursteigerung, wie es bei **exothermen** Reaktionen der Fall ist, so wird man zur Erhöhung der Reaktionsgeschwindigkeit entweder eine Konzentrationsänderung eines Ausgangsstoffes vornehmen oder einen Katalysator einsetzen (siehe Kapitel 6.5).

Bei Anwendung der *Arrhenius*-Gleichung ist weiterhin zu beachten, dass bei Reaktionen in Lösung der präexponentielle Faktor A und die Aktivierungsenergie E_a nicht völlig temperaturunabhängig sind. Für die meisten Reaktionen ist diese Temperaturabhängigkeit in einem vernünftigen Temperaturbereich jedoch so gering, dass sie vernachlässigt werden kann.

Die *Arrhenius*-Gleichung wurde, wie schon erwähnt, auf empirischem Weg gefunden. *Arrhenius* ging bei der Auswertung seiner Versuche davon aus, dass bei einer chemischen Reaktion nur solche Teilchen bei einem Zusammenstoß reagieren können, deren Energie einen bestimmten Energiebetrag E_a überschreiten. Der Teilchenzahlanteil beträgt:

$$X_i = \frac{\Delta N}{N} = e^{-\frac{E_a}{R \cdot T}}$$

(siehe Kap. 4.4, Gl. 4.14)

Der exponentielle Faktor $e^{-\frac{E_a}{R \cdot T}}$ der *Arrhenius*-Gleichung gibt also den Anteil der Moleküle an, deren Energie den Mindestbetrag für das Eingehen einer Reaktion überschreitet. Dieser Anteil von Molekülen hängt von der Temperatur ab. In Bild 1, S. 95) ist die Geschwindigkeits- und Energieverteilung von N_2-Molekülen bei verschiedenen Temperaturen wiedergegeben. Man erkennt deutlich, dass die Anzahl der N_2-Moleküle, die den Energiebetrag $2{,}32 \cdot 10^{-20}$ J besitzen, bei 1200 K größer ist als bei 600 K bzw. 298 K. Die hauptsächlichste Wirkung der Temperaturerhöhung besteht also darin, den Anteil der Teilchen, welche genug Energie besitzen, eine chemische Reaktion bei einem Zusammenstoß eingehen zu können, zu erhöhen.

Die Reaktionsgeschwindigkeit hängt natürlich auch von der Anzahl der Zusammenstöße von aktivierten Teilchen pro Sekunde, der sogenannten **Stoßzahl** z ab. Diese Stoßzahl z kann aus der kinetischen Gastheorie berechnet werden. Bereits bei Zimmertemperatur ist diese Stoßzahl jedoch viel höher, als es den im Allgemeinen beobachteten Reaktionsgeschwindigkeiten entspricht. Es genügt also nicht, dass die Teilchen nur zusammenstoßen; sie müssen sozusagen „richtig" zusammenstoßen, d.h. sie müssen richtig orientiert sein. Die sterischen Bedingungen beeinflussen somit die Wirksamkeit des Zusammenstoßes. Bild 1 zeigt für die Reaktion: $H_2 + I_2 \rightarrow 2\,HI$ die Orientierung der H_2- und I_2-Moleküle für einen erfolgreichen Zusammenstoß, der zur Bildung von HI-Molekülen führt (a) und für einen unwirksamen Zusammenstoß, bei dem kein Produkt gebildet wird (b). Bei beiden Zusammenstößen besitzen die Reaktanten eine ausreichende Aktivierungsenergie. Bezeichnet man den Bruchteil der Zusammenstöße, bei dem die erforderliche Orientierung vorhanden ist, mit p, dem sogenannten **sterischen Faktor,** so ergibt sich für die Geschwindigkeitskonstante k:

$$k = z \cdot p \cdot e^{-\frac{E_a}{R \cdot T}}$$

6.23

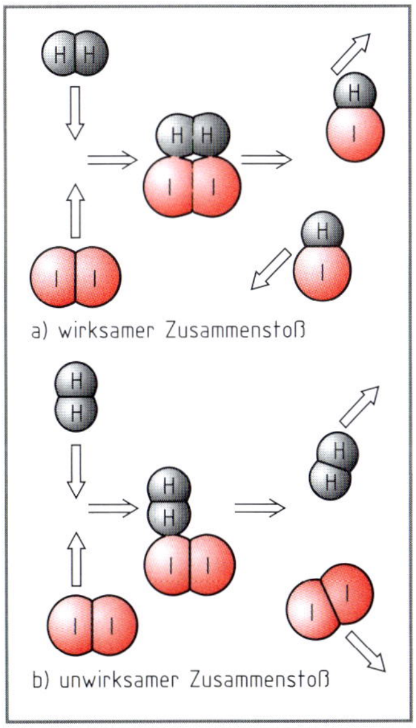

Bild 1: Stoßinduzierte Reaktionen von Gasmolekülen

Ein Vergleich zwischen der *Arrhenius*-Gleichung 6.20 und der Gleichung 6.23 ergibt, dass der präexponentielle Faktor *A* der *Arrhenius*-Gleichung dem Produkt $z \cdot p$ entspricht. Die Stoßzahl *z* ist temperaturabhängig, da durch Zunahme der mittleren Teilchengeschwindigkeit auch die Zahl der Zusammenstöße zunimmt. Durch Versuche lässt sich zeigen, dass die Stoßzahl $z \approx \sqrt{T}$ ist. Danach hängt der präexponentielle *A* der *Arrhenius*-Gleichung zwar mit $\sqrt{T}$ von der Temperatur ab, was im Vergleich mit der Temperaturabhängigkeit des exponentiellen Faktors $e^{-\frac{E_a}{R \cdot T}}$ jedoch vernachlässigt werden kann.

Unbefriedigend an dieser Stoßtheorie ist, dass der sterische Faktor *p* nicht berechnet werden kann, im Gegensatz zur Stoßzahl *z*. Er muss im Allgemeinen so gewählt werden, dass eine möglichst gute Übereinstimmung mit der experimentell ermittelten Temperaturabhängigkeit von *k* erzielt wird. Eine allgemeinere Theorie der Temperaturabhängigkeit der Geschwindigkeitskonstanten stammt von *Eyring* (1935) und ist als **Theorie des Übergangszustandes** (transition-state-theory) bekannt. Sie lässt sich auch auf Reaktionen in Lösungen anwenden und erlaubt es, allerdings mit großem mathematischen Aufwand, die Reaktionsgeschwindigkeiten exakt zu berechnen. Voraussetzung für die Anwendung dieser Theorie ist jedoch die Behandlung des chemischen Gleichgewichts aus der Sicht der statistischen Mechanik, worauf im Rahmen dieses Buches nicht eingegangen werden kann.

6.5 Katalyse

Katalysatoren sind Substanzen, die die Geschwindigkeit einer chemischen Reaktion verändern, ohne dabei selbst in der Reaktion eine bleibende chemische Änderung zu erfahren. Ein Katalysator wird also nicht **verbraucht** und kann somit nach der Reaktion zurückerhalten werden. Fast alle Katalysatoren erhöhen die Reaktionsgeschwindigkeit, man spricht daher von einer **positiven** Katalyse. Im umgekehrten Fall, wenn die Reaktionsgeschwindigkeit durch den Zusatz bestimmter Stoffe vermindert wird, nennt man den Vorgang **negative** Katalyse und bezeichnet die zugesetzten Stoffe als **Inhibitoren.** Katalysatoren können dem Reaktionssystem zugesetzt werden, oder sich während der Reaktion bilden. Im letztgenannten Fall spricht man von einem **autokatalytischen** Prozess.

Die Herstellung von Sauerstoff im Labor kann durch Erhitzen von Kaliumchlorat, $KClO_3$, erfolgen: $2\ KClO_3\ (s) \rightarrow 2\ KCl\ (s) + 3\ O_2\ (g)$. Diese Reaktion verläuft aber selbst bei erhöhter Wärmezufuhr nur langsam ab. Gibt man vor dem Erwärmen jedoch eine kleine Menge MnO_2 zu dem $KClO_3$, so läuft die Reaktion sehr schnell ab und erfolgt auch schon bei niedrigeren Temperaturen mit ausreichender Geschwindigkeit. Da das MnO_2 nach der Reaktion immer noch vorhanden ist, hat es als Katalysator gewirkt. In Reaktionsgleichungen schreibt man den Katalysator in Klammern über den Reaktionspfeil:

$$2\ KClO_3 \xrightarrow{(MnO_2)} 2\ KCl + 3\ O_2$$

Dieser Aspekt, dass eine Reaktion, die zum Ablauf mitunter einer sehr hohen Temperatur bedarf, durch den Einsatz von Katalysatoren bei deutlich niedrigeren Temperaturen ausreichend schnell verläuft, ist für die chemische Technik außerordentlich wichtig. Bei einigen Reaktionen würden sich die Reaktanten bei höheren Temperaturen zersetzen, bevor die Reaktion eintritt. Die Suche nach neuen und immer effektiveren Katalysatoren ist daher ein Hauptbestandteil der industriellen chemischen Forschung.

Damit ein Katalysator wirken kann, muss er in das Reaktionsgeschehen eingreifen. Dieser Eingriff bedeutet, dass eine katalysierte Reaktion über einen anderen Weg, d.h. einen anderen Reaktionsmechanismus verläuft, als die nichtkatalysierte Reaktion.

> Ein Katalysator greift in eine Reaktion ein, indem er ihren Mechanismus ändert, wird aber im Idealfall bei der Reaktion nicht verbraucht.

Betrachtet man die Reaktion $A + B \rightarrow C$, so muss, um die Reaktion ablaufen lassen zu können, zunächst die Aktivierungsenergie E_a zugeführt werden. Wenn die Reaktion exotherm und über einen Übergangszustand verläuft, so erhält man das in Bild 1, S. 211 wiedergegebene Enthalpiediagramm. Die Reaktion läuft ohne Katalysator ab.

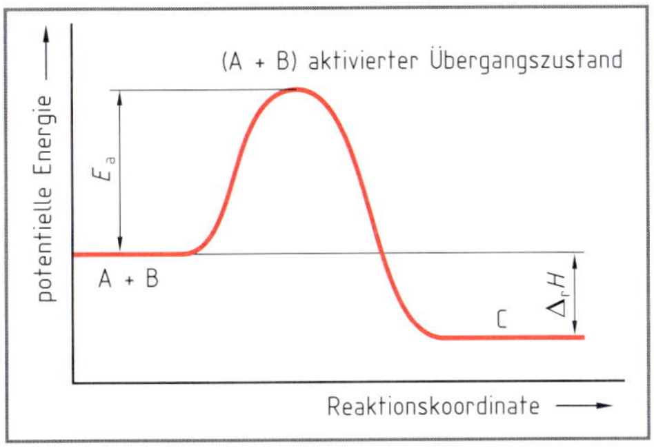

Bild 1: Enthalpiediagramm für eine exotherme Reaktion $A + B \rightarrow C$, die unkatalysiert und über einen Übergangszustand verläuft

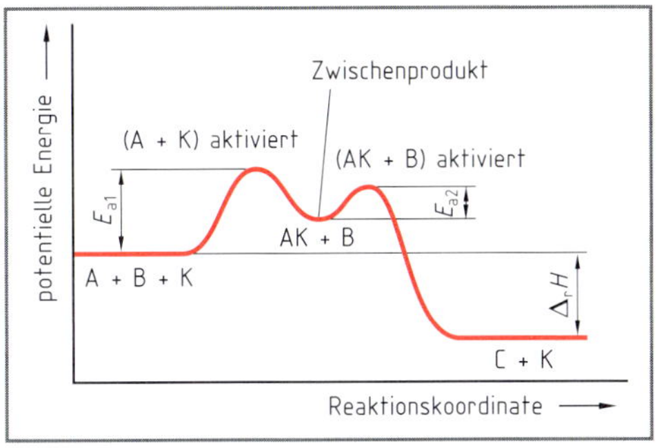

Bild 2: Enthalpiediagramm für eine exotherme Reaktion $A + B \rightarrow C$, die katalysiert und über ein Zwischenprodukt verläuft

Bei Zugabe eines Katalysators zu den Ausgangsstoffen A und B muss die Reaktion über einen anderen Mechanismus verlaufen. Die Wirkungsweise des Katalysators K besteht darin, dass er mit den umzusetzenden Stoffen A und B eine **Zwischenverbindung** (AK) eingeht.

Für das Zustandekommen dieser Zwischenverbindung ist eine wesentlich kleinere Aktivierungsenergie E_{a1} erforderlich. Diese Zwischenverbindung AK reagiert sofort unter geringem Aktivierungsaufwand E_{a2} weiter zum Produkt, wobei der Katalysator K wieder freigesetzt wird. Dieser kann erneut mit A reagieren, sodass eine kleine Menge des Katalysators ausreicht. Bild 2 zeigt das für diesen Verlauf typische Enthalpiediagramm.

Vergleicht man die beiden Enthalpiediagramme, wird deutlich, dass die Aktivierungsenergie E_a für die unkatalysierte Reaktion wesentlich höher ist als die Summe der Aktivierungsenergien E_{a1} und E_{a2}. Katalysatoren erhöhen somit die Reaktionsgeschwindigkeit, indem sie die Aktivierungsenergie oder genauer die freie Aktivierungsenthalpie erniedrigen, weil ein völlig anderer Reaktionsweg eingeschlagen wird.

Eine Erniedrigung der Aktivierungsenergie führt nach der *Arrhenius*-Gleichung (vgl. S. 206) zu einer Erhöhung der Geschwindigkeitskonstanten k und somit auch zu einer höheren Reaktionsgeschwindigkeit.

Bild 3 zeigt die Energieverteilung der Moleküle (vgl. auch Bild 1, S. 95) bei einer bestimmten Temperatur. Müssen die Moleküle zum Eingehen der Reaktion die Mindestenergie E_a besitzen, so führt die Erniedrigung dieser Mindestenergie durch den Zusatz eines Katalysators, jetzt E_{aK}, zu einer deutlichen Erhöhung von reaktionsfähigen Molekülen. Den Bildern 1 und 2 kann man weiterhin entnehmen, dass die **Reaktionsenthalpie** durch den Katalysatorzusatz **nicht** geändert wird. Die Aktivierungsenergie der Hin- und Rückreaktion einer reversiblen Reaktion wird also gleichermaßen katalysiert. Die Lage eines chemischen Gleichgewichts wird somit **nicht verändert,** es stellt sich lediglich schneller ein.

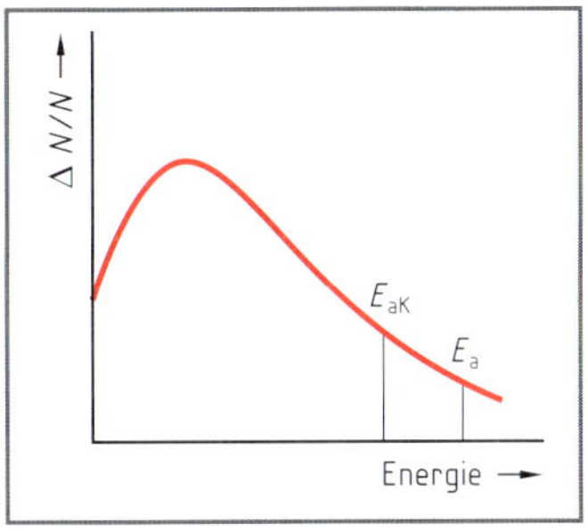

Bild 3: Energieverteilung der Moleküle bei einer bestimmten Temperatur

Zusammenfassend kann man sagen, ein Katalysator verändert:

- den Reaktionsablauf (Mechanismus),
- die Aktivierungsenergie bzw. die freie Aktivierungsenthalpie,
- die Geschwindigkeitskonstante und die Reaktionsgeschwindigkeit,
- die Zeit, in der sich ein chemisches Gleichgewicht einstellt und
- teilweise die Reaktionsordnung.

Er verändert dagegen **nicht**:

- seine eigene Zusammensetzung,
- die Reaktionsenthalpie einer chemischen Reaktion und
- die Lage eines chemischen Gleichgewichts.

Außer der Einteilung in positive, negative oder autokatalytische Prozesse lassen sich die katalysierten Reaktionen aufgrund der Zahl der reagierenden Phasen weiter differenzieren. Man unterscheidet hier zwischen **homogener** und **heterogener** Katalyse.

6.5.1 Homogene Katalyse

Bei der **homogenen** Katalyse liegen Katalysator und die Reaktanten in der gleichen Phase vor. Meistens finden die Reaktionen in der Gas- oder Flüssigphase statt. Ein Beispiel für eine homogene Katalyse in der Gasphase ist die Zersetzung von Distickstoffoxid (N_2O) in N_2 und O_2 unter dem katalytischen Einfluss von Chlorgas (Cl_2).

Ohne Katalysator zersetzt sich N_2O bei ca. 600 °C in N_2 und O_2, wobei folgender Reaktionsmechanismus angenommen wird:

Durch Zusammenstoß von N_2O-Molekülen miteinander entstehen zunächst N_2-Moleküle und O-Atome. Die O-Atome reagieren mit weiteren N_2O-Molekülen zu N_2-Molekülen und O_2-Molekülen. Die Aktivierungsenergie E_a beträgt ca. 240 kJ/mol.

N_2O (g)	→	N_2 (g) + O (g)
N_2O (g) + O (g)	→	N_2 (g) + O_2 (g)
2 N_2O (g)	→	2 N_2 (g) + O_2 (g)

Gibt man eine kleine Menge Cl_2-Gas zu N_2O, so wird die Zersetzung deutlich beschleunigt, sie verläuft jetzt nach einem anderen Mechanismus. Bei der Reaktionstemperatur und vor allem unter der Einwirkung von Licht (UV-Strahlung) werden einige Cl_2-Moleküle homolytisch in 2 Chlorradikale (2 Cl-Atome) gespalten.

Diese Radikale reagieren leicht mit den N_2O-Molekülen unter Bildung von N_2-Molekülen und ClO-Radikalen. Die beiden ClO-Radikale reagieren im letzten Schritt zu Cl_2- und O_2-Molekülen. Man erhält also die gleichen Produkte N_2 und O_2 wie bei der nichtkatalysierten Reaktion. Die Aktivierungsenergie in Anwesenheit von Chlor beträgt allerdings nur ca. 140 kJ/mol.

Cl_2 (g)	→	2 Cl · (g)
2 N_2O (g) + 2 Cl · (g)	→	2 N_2 (g) + 2 ClO · (g)
2 ClO · (g)	→	Cl_2 (g) + O_2 (g)
2 N_2O (g)	→	2 N_2 (g) + O_2 (g)

Die im letzten Schritt zurückgebildeten Cl_2-Moleküle werden nun wieder in Radikale gespalten und der Kreislauf beginnt von vorn. Die Cl_2-Moleküle werden im Verlauf der Reaktion nicht verbraucht und haben somit Funktion und Aufgabe eines Katalysators erfüllt, indem sie eine reaktive Zwischenverbindung, ClO-Radikale, gebildet haben, die dann mit sich selbst zu dem Produkt O_2 weiterreagierten, wobei der Katalysator zurückgebildet wurde.

Eine homogene Katalyse in der Flüssigphase ist die Zersetzung von Methansäure, (HCOOH), in CO und H_2O, die durch den Zusatz starker Säuren, z.B. konz. H_2SO_4, stark beschleunigt und im Labor zur Herstellung von CO verwendet wird. Methansäure, (HCOOH), kann nach folgender Reaktionsgleichung in CO und H_2O zerfallen: HCOOH → CO + H_2O.

Betrachtet man die Strukturformel von Methansäure ($H{-}C{\overset{\displaystyle =O}{\underset{\displaystyle -OH}{}}}$), so wird deutlich, dass für den Zerfall in CO und H_2O das an das C-Atom gebundene H-Atom zu dem O-Atom der OH-Gruppe wandern muss. Dies erfordert eine relativ große Aktivierungsenergie (ca. 200 kJ/mol) bzw. Aktivierungsenthalpie, sodass Methansäure bei Raumtemperatur eine stabile Verbindung ist und nicht zerfällt. Bild 1 zeigt das Enthalpiediagramm für die nichtkatalysierte Zersetzung, die endotherm verläuft. Gibt man einige Tropfen einer starken Säure, z.B. konzentrierte Schwefelsäure, (H_2SO_4), zu Methansäure, so setzt schnell eine Entwicklung von CO ein. Schwefelsäure ist wie alle *Brönsted*-Säuren ein Protonendonator. Die von der H_2SO_4 abgegebenen H^+-Ionen wirken als Katalysator, da ihre Konzentration während des Zerfalls der Methansäure unverändert bleibt. Der Mechanismus des Zerfalls von Methansäure unter der katalytischen Wirkung von H^+-Ionen sieht wie folgt aus: Ein H^+-Ion wird zunächst von einem HCOOH-Molekül gebunden.

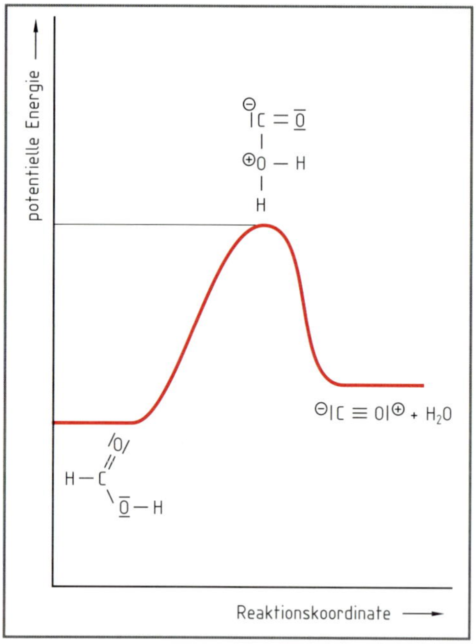

Bild 1: Enthalpiediagramm für die **endotherme** Zersetzung von Methansäure, HCOOH, in CO und H_2O **ohne** Katalysator

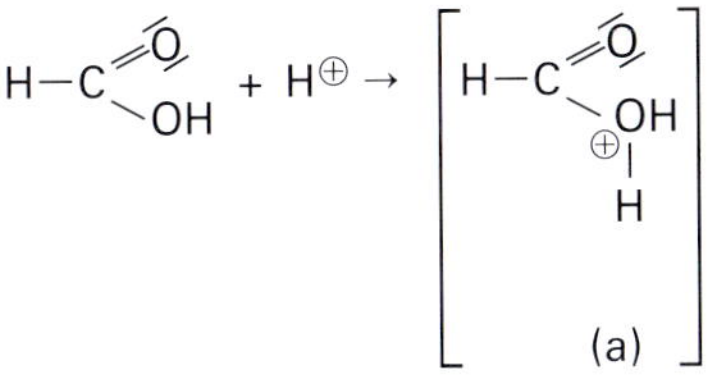

Man erhält die Zwischenverbindung (a), in der die C-O-Bindung noch stärker polar wird und unter relativ geringem Energieaufwand getrennt werden kann. Hierbei wird ein Molekül H_2O frei und es entsteht die Zwischenverbindung (b).

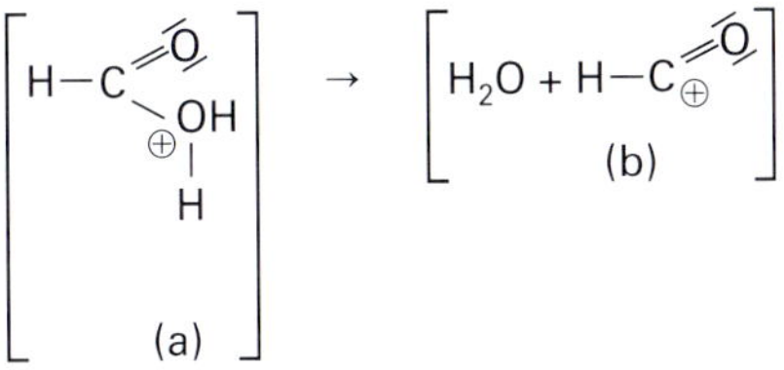

Unter Abspaltung eines $H^{\oplus}$-Ions entsteht aus der Zwischenverbindung (b) ein CO-Molekül:

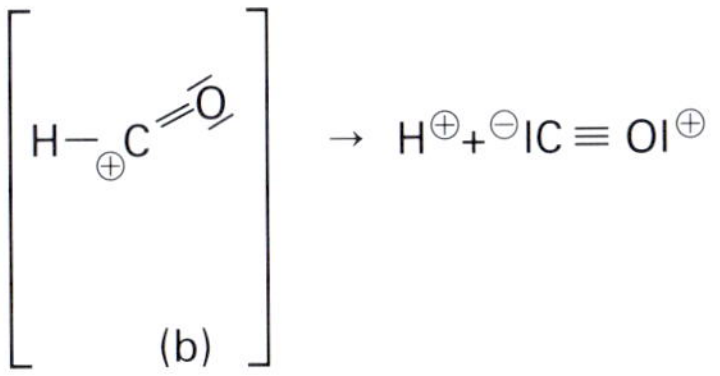

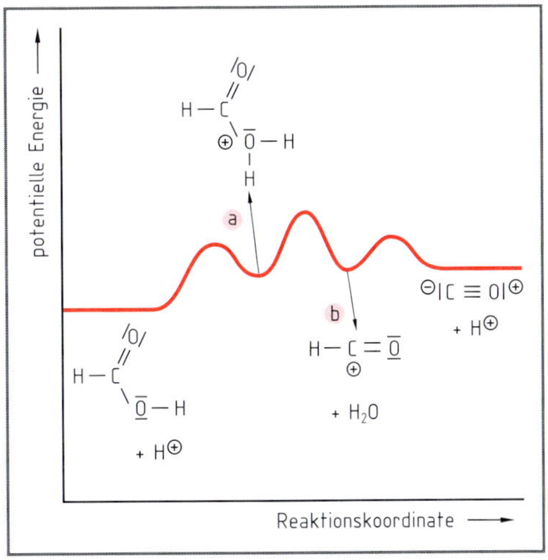

Bild 1: Enthalpiediagramm für die endotherme Zersetzung von Methansäure, HCOOH, in CO und H_2O unter der katalytischen Wirkung von konz. Säure

Der katalytische Zerfall von Methansäure erfolgt also nach einem anderen Mechanismus. Die Wanderung eines H-Atoms vom C-Atom an das O-Atom tritt nicht mehr ein. Die Zersetzung der Methansäure erfolgt jetzt über die Zwischenverbindungen (a) und (b). Jeder Schritt der katalytischen Reaktion besitzt eine eigene Aktivierungsenergie. Das Enthalpiediagramm für die Gesamtreaktion setzt sich demzufolge aus den Enthalpiediagrammen der Einzelschritte zusammen. Die Gesamtaktivierungsenergie ist mit ca. 80 kJ/mol jedoch deutlich geringer als die der nichtkatalysierten Reaktion. Die Zerfallsgeschwindigkeit ist daher entsprechend höher. In Bild 1 ist das Enthalpiediagramm für den katalysierten Zerfall von Methansäure wiedergegeben.

In den bisher behandelten Beispielen erfolgte die Bildung der Zwischenverbindung durch Reaktion des Katalysators mit den Reaktanten. Diese Möglichkeit der Bildung von Zwischenverbindungen ist charakteristisch für den besprochenen Katalysetyp, die homogene Katalyse.

Bei vielen, besonders in der Technik durchgeführten, Katalysen beschränkt sich die Wirksamkeit des Katalysators aber auf seine Oberfläche, auf der die Zwischenverbindung entsteht. Diese reine Oberflächenwirkung des Katalysators, bei der sich in der Hauptsache die **Adsorption** und **Desorption** abspielen, ist typisch für die andere Katalyseart, die **heterogene Katalyse,** die im folgenden Abschnitt näher besprochen wird.

6.5.2 Heterogene Katalyse

Bei diesem Reaktionstyp liegen Katalysator und Reaktanten in verschiedenen Phasen vor. Der Katalysator ist bei den meisten Reaktionen fest, die miteinander reagierenden Stoffe sind flüssig bzw. gasförmig (Kontaktkatalyse). Der erste Schritt bei heterogenen Katalysen ist in der Regel die Adsorption der Reaktanten an der Oberfläche des Katalysators. Je nach Stärke der Bindungskräfte unterscheidet man zwischen **physikalischer** und **chemischer Adsorption** (Chemisorption). Bei der

physikalischen Adsorption sind die **Bindungen** an der Katalysatoroberfläche viel **schwächer.** Sie können mit den **zwischenmolekularen Kräften,** d.h. den *van der Waals*-**Kräften,** verglichen werden. Häufig bezeichnet man diese Wechselwirkungskräfte auch als *london*sche **Kräfte.** Bei der Chemisorption, die überwiegend bei heterogenen Katalysen stattfindet, werden die adsorbierten Moleküle durch **chemische** Bindungen, die **kovalenten Bindungen** ähnlich sind, an der Oberfläche gebunden. Die Elektronenverteilung im chemisorbierten Molekül wird durch das Eingehen solcher Bindungen verändert. Manche Molekülbindungen werden geschwächt bzw. aufgebrochen. Die chemisorbierte Schicht von Atomen oder Molekülen mit der Oberfläche des Katalysators tritt als Zwischenprodukt bei der oberflächenkatalysierten Reaktion auf (vgl. Bild 1).

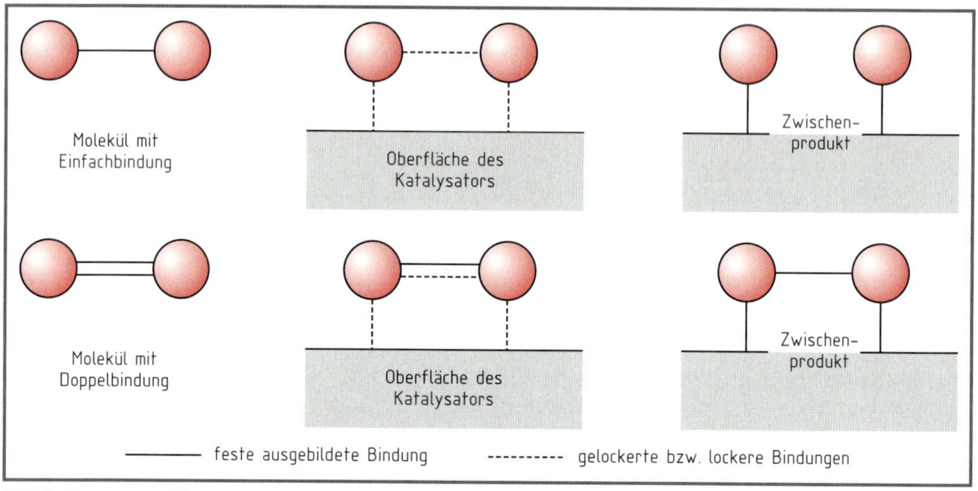

Bild 1: Heterogene Katalyse

Ursache der Adsorption sind die nicht voll abgesättigten Valenzorbitale von Atomen oder Ionen an der Oberfläche von Festkörpern. Solche Atome oder Ionen sind in der Lage, mit Hilfe dieser freien Valenzen Moleküle aus der flüssigen oder gasförmigen Phase an die Oberfläche zu binden. Allerdings sind nicht alle Atome oder Ionen der Oberfläche reaktiv, da z.B. kleine Verunreinigungen schon an der Oberfläche adsorbiert sein können und somit mögliche Reaktionszentren blockiert sind. Man bezeichnet daher den Teil der Oberfläche, der reagierende Moleküle adsorbieren kann, als **aktive Oberfläche.** Die Größe der aktiven Oberfläche, d.h. die Wirksamkeit des Katalysators, hängt ab von der Art des Katalysators, seiner Herstellung und seiner Vorbehandlung. In der Technik hat man daher spezielle Methoden entwickelt, um Katalysatoren mit möglichst **großer** Oberfläche zu produzieren. Durch Zusatz spezieller Stoffe, sogenannter **Promotoren,** kann die Oberfläche von Katalysatoren verändert und die Wirksamkeit gesteigert werden.

Bei der Synthese von Ammoniak (NH_3) aus N_2 und H_2 wird Eisen als Katalysator eingesetzt, dessen Wirksamkeit durch Zusatz von Fe_3O_4 mit wenig Al_2O_3 als Promotoren stark erhöht wird.

Typische heterogene Katalysen sind auch die Hydrierungen von Alkenen zu Alkanen in Gegenwart von feinverteilten Metallen wie Nickel, Palladium oder Platin. Bei der Hydrierung von Ethen zu Ethan werden folgende Reaktionsschritte angenommen (Bild 1, S. 215):

1. Adsorption von H_2 und $CH_2{=}CH_2$ an der Pt-Oberfläche; die H–H-Bindung und die C=C-Doppelbindung werden geschwächt.

2. Chemisorption von H_2 und $CH_2{=}CH_2$ auf der Pt-Oberfläche:

   $$H{-}H + 2\,Pt\ (Oberfl.) \rightarrow 2\,H{-}Pt\ (Oberfl.)$$

   $$CH_2{=}CH_2 + 2\,Pt\ (Oberfl.) \rightarrow \underset{\displaystyle Pt}{\overset{}{CH_2}}{-}\underset{\displaystyle Pt}{CH_2}$$

   Man erhält durch Bruch der H–H-Bindung 2 isolierte H-Atome, die adsorbiert sind. Durch Aufbrechen der Doppelbindung zwischen den C-Atomen können die C-Atome ebenfalls adsorbiert werden.

3. Die adsorbierten H-Atome wandern zu den adsorbierten Ethenmolekülen und bilden Ethylradikale:

$$\begin{array}{ll} CH_2-CH_2 & \\ \vert \quad\;\; \vert & \\ Pt \quad Pt & \end{array} + H-Pt \rightarrow \begin{array}{l} CH_2-CH_3 \\ \vert \\ Pt \end{array} + 2\,Pt$$

4. Durch weitere Anlagerung von H-Atomen entstehen Ethanmoleküle

$$\begin{array}{l} CH_2-CH_3 \\ \vert \\ Pt \end{array} \quad H-Pt \rightarrow CH_3-CH_3 + 2\,Pt$$

Die Ethanmoleküle können nicht adsorbiert werden und lösen sich von der Oberfläche, die damit wieder aktive Stellen für neue Umsetzungen besitzt. Der Kreislauf kann von vorn beginnen.

Man erkennt an diesem Beispiel, dass die Festigkeit der Adsorptions-Bindung sehr spezifisch abgestuft sein muss. Die adsorbierten Moleküle (hier H_2 und $CH_2{=}CH_2$) sollen durch die Bindung an die Oberfläche in einen gegenüber dem Normalzustand **reaktiveren** bzw. **„angeregten"** Zustand versetzt werden, aber gleichzeitig keine zu feste Bindung eingehen, die zu einer **stabilen** chemischen Oberflächenverbindung mit dem festen Katalysator führt. Die adsorbierten H-Atome könnten sonst nicht mit den adsorbierten $CH_2{=}CH_2$-Molekülen reagieren. Die Art der Bindung der adsorbierten Moleküle mit der Katalysatoroberfläche muss darüber hinaus eine leichte Loslösung des Reaktionsproduktes vom Katalysator ermöglichen. Die Ethanmoleküle könnten sonst nicht abgespalten werden.

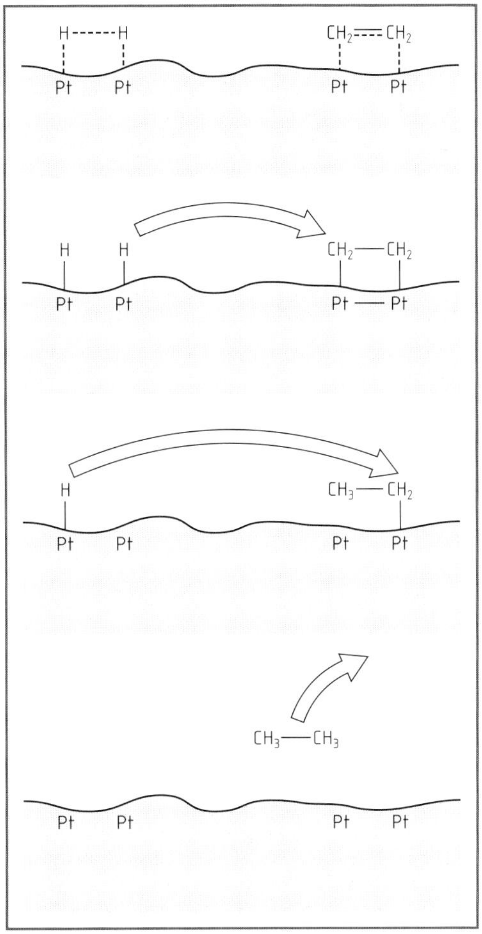

Bild 1: Hydrierung von Ethen

Für **jede** chemische Reaktion sind also ganz **spezifische** Katalysatoren erforderlich. Die spezifische Wirksamkeit von Katalysatoren, d.h. ihre Selektivität, wird z.B. deutlich bei der Umsetzung von CO mit H_2.

Mit Cobalt oder Nickel als Katalysator erhält man aus CO und H_2 ein Gemisch von Kohlenwasserstoffen, darunter auch Methan und Wasser:

$$CO\,(g) + 3\,H_2\,(g) \xrightarrow{(Ni)} CH_4\,(g) + H_2O\,(g)$$

Setzt man CO und H_2 in Gegenwart einer Mischung von Zinkoxid und Chrom(III)-oxid um, so erhält man Methanol (techn. Methanolsynthese):

$$CO\,(g) + 2\,H_2\,(g) \xrightarrow{(ZnO,\ CrO_2)} CH_3OH\,(g)$$

Die Oxidation von Ethen mit O_2 führt ebenfalls, je nach eingesetztem Katalysator, zu unterschiedlichen Produkten:

$$2\,CH_2{=}CH_2\,(g) + O_2\,(g) \xrightarrow{(Ag)} 2\,\begin{array}{c} O \\ / \quad \backslash \\ H_2C-CH_2 \end{array}(g)$$

Mit Silber (Ag), erhält man Oxiran, das einfachste Epoxid, aus dem z.B. technisch mit H_2O unter Druck Glykol hergestellt wird, das in Autokühlern als Gefrierschutzmittel eingesetzt wird:

$$\begin{array}{c} O \\ / \quad \backslash \\ H_2C-CH_2 \end{array} + H_2O \xrightarrow{180\ °C,\ 20\ bar} HO-CH_2-CH_2-OH$$

Wird die Oxidation mit einer $PdCl_2/CuCl_2$-Lösung als Katalysator durchgeführt, erhält man als Reaktionsprodukt Ethanal (Acetaldehyd) (*Wacker*-Verfahren):

$$2\,CH_2{=}CH_2 \quad + \quad O_2 \xrightarrow{(PdCl_2/CuCl_2)} 2\,CH_3{-}CHO$$

Im Bereich der Verbesserung des Umweltschutzes spielt die heterogene Katalyse auch eine bedeutende Rolle. Aus den Automobilabgasen gelangen Stickoxide (NO_x), CO_2 und durch die unvollständige Verbrennung des Benzins auch CO und CH_x-haltige Verbindungen als Schadstoffe in die Atmosphäre. Zur Entfernung dieser Schadstoffe aus den Abgasen wird ein Katalysator (Drei-Wege-Katalysator) in die Auspuffanlage eines Benzin-Motors eingebaut. Die Katalysatorwaben sind aus Keramik und mit geringen Mengen der Katalysator-Substanzen Platin, Palladium und Rhodium belegt. Daran reagieren die Abgasbestandteile CO, NO_x und CH_x zu den problemlosen Endprodukten CO_2, H_2O und N_2. Der Katalysator fördert unter anderem die Reaktion zwischen NO und CO zu CO_2 und N_2:

$$2\,CO\,(g) + 2\,NO\,(g) \xrightarrow{(Pt,\,Pd,\,Rh)} 2\,CO_2\,(g) + N_2\,(g)$$

Damit das richtige stöchiometrische Verhältnis von CO und NO vorhanden ist, muss das Verhältnis Benzin/Luft elektronisch geregelt werden. Dies geschieht mit Hilfe einer auf Sauerstoff sensibel reagierenden Sonde, der sogenannten **Lambda-Sonde**, die beheizt wird. Voraussetzung für einen störungsfreien Betrieb eines solchen Katalysators ist der Einsatz von **bleifreiem** Benzin, da Blei als **Katalysatorgift** wirkt und den Katalysator nach 5 000 – 10 000 km Fahrleistung unwirksam macht. Tetraethylblei $[Pb(C_2H_5)_4]$ und Tetramethylblei $[Pb(CH_3)_4]$ sind als **Antiklopfmittel** dem sogenannten **verbleiten** Superbenzin zugesetzt, welches also in einem Auto mit Katalysator nicht eingesetzt werden darf (Bild 1).

Als Katalysatorgifte, wie Blei für den Abgaskatalysator, bezeichnet man allgemein Stoffe, die schon in minimalen Mengen einen Katalysator unwirksam machen, indem sie die aktive Oberfläche des Katalysators durch Belegung für die Adsorption anderer Stoffe blockieren.

So können z.B. auch kleine Mengen Arsen (As) die katalytische Wirkung von Platin (Pt) bei der Herstellung von SO_3 aus SO_2 aufheben:

$$2\,SO_2 \quad + \quad O_2 \xrightarrow{(Pt + As)} 2\,SO_3 \quad \text{(Pfeil durchgestrichen)}$$

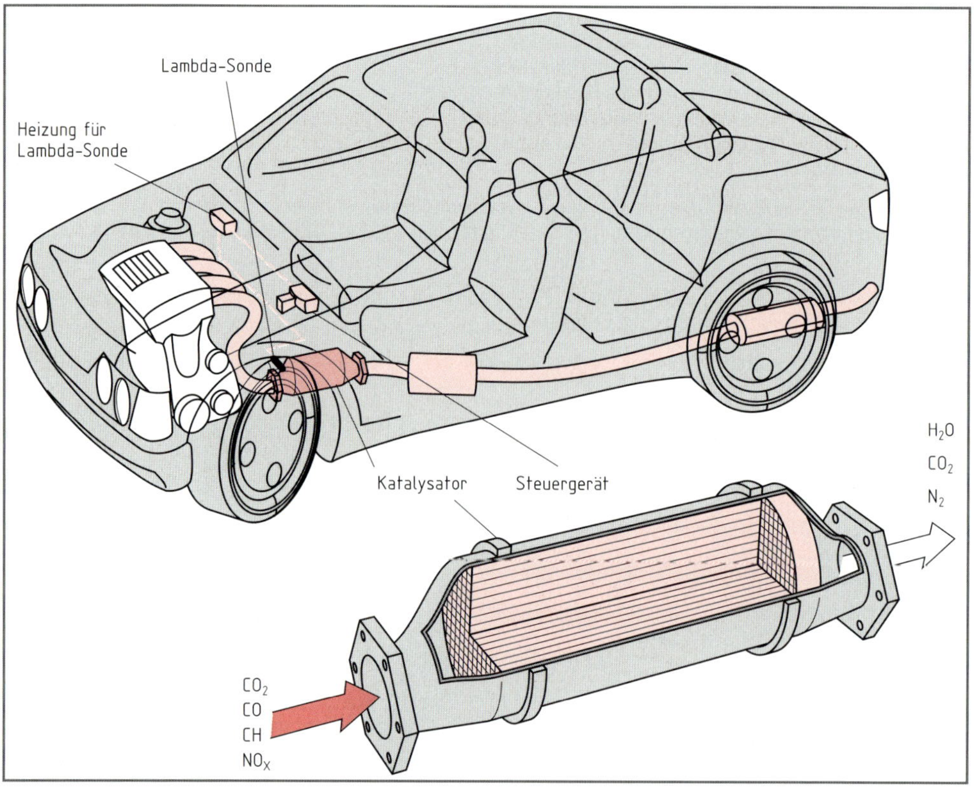

Bild 1: Autoabgaskatalysator

Für die katalytische Wirkung durch Adsorption können außer der in den Beispielen angesprochenen Schwächung der Bindungen der Reaktanten noch andere Faktoren eine Rolle spielen wie z.B.:

a) die Erhöhung der Konzentration der Edukte an der Oberfläche infolge der Adsorption und dadurch bedingt eine höhere Reaktionsgeschwindigkeit,

b) die Möglichkeit, dass die räumlich komplizierten Strukturen vieler Reaktanten durch die Adsorption an der Oberfläche in einer für die Reaktion günstigeren räumlichen Orientierung gebunden werden.

Häufig spielen mehrere dieser und anderer Faktoren eine Rolle bei der Beurteilung der bereits angesprochenen Selektivität einzelner Katalysatoren für bestimmte Reaktionen. Aus diesem Grund existiert heute noch keine einheitliche Theorie der Katalyse.

Von besonderem Interesse für die Forschung ist der Einsatz von synthetischen Wirkstoffen, die **biokatalysatorähnliche** Eigenschaften besitzen.

Die Enzyme, hochmolekulare Eiweißverbindungen, die im Körper gebildet werden, katalysieren sowohl in homogener wie heterogener Phase die chemischen Vorgänge im Organismus bei der Verdauung, Atmung und dem Zellaufbau. Sie wirken als **Biokatalysatoren** und ermöglichen überhaupt den Zellstoffwechsel. Im Vergleich zu den in der Technik eingesetzten Katalysatoren besitzen alle Biokatalysatoren folgende hervorragenden Eigenschaften:

- hohe Selektivität und Spezifität,
- hohe Reaktionsgeschwindigkeit bei Normaltemperatur und -druck,
- gute Ausbeute und Wirksamkeit bei geringen Katalysatormengen.

Die Forschungen über Biokatalysatoren haben einen enormen Aufschwung erfahren und ihre Nutzung bei Synthesen und Abbaureaktionen steigt ständig. Problematisch beim Einsatz von synthetischen Wirkstoffen mit ähnlichen Eigenschaften ist die Tatsache, dass Biokatalysatoren, insbesondere die Enzyme, vom Organismus immer neu gebildet werden. Die Technik ist noch nicht auf dem Stand, solche selbstregulierenden Systeme zu verwirklichen. Mit Hilfe der Biotechnologie, deren Anwendung immer größer wird, lässt sich dieses Problem jedoch vielleicht eines Tages lösen.

Übungen zu Kapitel 6

6.1 Bei der Zersetzung von Arsin in Arsen und Wasserstoff nach der Reaktionsgleichung:

$AsH_3\,(g) \rightarrow As\,(s) + \frac{3}{2}\,H_2\,(g)$

beträgt der Druck zu Beginn der Reaktion 98 kPa und nach 2 Stunden 106,07 kPa.

a) Berechnen Sie die Geschwindigkeitskonstante k für diese Reaktion 1. Ordnung.

b) Wie viel L H_2 unter NB erhält man in 4 Stunden, wenn man von 8 mol Arsin ausgeht?

6.2 Bei der Verseifung eines Esters mit NaOH beträgt die Halbwertszeit 11,5 min. Wie ändert sich die Esterkonzentration nach 3 Stunden, wenn die Ausgangskonzentration der Reaktanten jeweils 0,5 mol · L^{-1} beträgt? Die Verseifung ist eine Reaktion 2. Ordnung.

6.3 Eine Reaktion 1. Ordnung ist nach 30 min zu 25% abgelaufen. Wie groß ist ihre Halbwertszeit?

6.4 Für eine Reaktion A + B → C erhält man folgende Messwerte:

Versuch	c(A) in mol · L^{-1}	c(B) in mol · L^{-1}	Bildungsgeschwindigkeit r(C) in mol · L^{-1} · s^{-1}
1	$2{,}3 \cdot 10^{-3}$	$3{,}1 \cdot 10^{-4}$	$5{,}2 \cdot 10^{-4}$
2	$4{,}6 \cdot 10^{-3}$	$6{,}2 \cdot 10^{-4}$	$41{,}6 \cdot 10^{-4}$
3	$9{,}2 \cdot 10^{-3}$	$6{,}2 \cdot 10^{-4}$	$166{,}4 \cdot 10^{-4}$

a) Geben Sie das Geschwindigkeitsgesetz für diese Reaktion an.

b) Berechnen Sie die Geschwindigkeitskonstante *k* für diese Reaktion.

c) Wie groß ist die Reaktionsgeschwindigkeit *r*, wenn $c(A) = 1{,}2 \cdot 10^{-2}\ mol \cdot L^{-1}$ und $c(B) = 1{,}5 \cdot 10^{-4}\ mol \cdot L^{-1}$ beträgt?

Für die Reaktion gilt: $r = k \cdot c^m(A) \cdot c^n(B)$.

6.5 Die Reaktion 2 A → 2 B + C verläuft nach 2. Ordnung und besitzt die Halbwertszeit $T_{1/2} = 250$ s bei einer Ausgangskonzentration $c_0(A) = 0{,}005\ mol \cdot L^{-1}$.

a) Berechnen Sie die Geschwindigkeitskonstante *k*.

b) Wie groß ist *c* (A) nach 3 min?

c) Nach wie viel Minuten ist $c(A) = 1{,}47 \cdot 10^{-3}\ mol \cdot L^{-1}$?

6.6 Die Halbwertszeit einer Reaktion 1. Ordnung beträgt bei 50 °C 27 min. Wie groß ist die Geschwindigkeitskonstante *k* bei dieser Temperatur?

6.7 Bei der Reaktion A → B + C hängt die Reaktionsgeschwindigkeit nur von *c* (A) ab. Die Reaktionsgeschwindigkeit *r* beträgt $0{,}006\ mol \cdot L^{-1} \cdot s^{-1}$ bei $c(A) = 0{,}30\ mol \cdot L^{-1}$. Wie groß ist die Geschwindigkeitskonstante *k*, wenn die Reaktion nach:

a) der nullten

b) der ersten

c) der zweiten

Ordnung abläuft?

6.8 Bei der Zersetzung von N_2O nach der Gleichung: $2\ N_2O \rightarrow 2\ N_2 + O_2$ wurden in Abhängigkeit von der Zeit folgende **Partialdrücke** von N_2O aus dem gemessenen Gesamtdruck ermittelt:

t in s	0	30	60	90
p in kPa	66,661	54,661	46,663	39,997

Bestimmen Sie auf grafischem Weg die Reaktionsordnung.

6.9 E_a einer Reaktion beträgt $80\ kJ \cdot mol^{-1}$. Um welchen Faktor verändert sich *k*, wenn die Temperatur a) von 20 °C auf 30 °C und b) von 120 °C auf 130 °C ansteigt?

6.10 Die Geschwindigkeitskonstante einer Reaktion besitzt bei $\vartheta = 600$ °C den Wert $k = 1{,}19 \cdot 10^{-4}\ L \cdot mol^{-1} \cdot s^{-1}$ und bei $\vartheta = 800$ °C den Wert $1{,}28 \cdot 10^{-2}\ L \cdot mol^{-1} \cdot s^{-1}$.

Wie groß ist die Aktivierungsenergie E_a der Reaktion?

6.11 Für die Decarboxylierung einer Carbonsäure hat die Geschwindigkeitskonstante bei $\vartheta = 90$ °C den Wert $k = 31{,}1 \cdot 10^{-5}\ s^{-1}$ und bei $\vartheta = 70$ °C ist $k = 1{,}71 \cdot 10^{-5}\ s^{-1}$. Berechnen Sie:

a) die Geschwindigkeitskonstante *k* bei $\vartheta = 80$ °C und

b) den präexponentiellen Faktor *A*.

6.12 Aus Ammoniumrhodanid (NH_4SCN) erhält man durch Erhitzen nach 60 s 0,40% Thioharnstoff $S{=}C(NH_2)_2$. Es handelt sich um eine Reaktion 1. Ordnung.

Gleichung: $NH_4SCN \rightarrow S{=}C(NH_2)_2$.

Wie groß ist die Aktivierungsenergie bei 25 °C, wenn der präexponentielle Faktor $6{,}03 \cdot 10^6\ s^{-1}$ ist?

6.13 Die Aktivierungsenergie E_a für den Zerfall von Acetondicarbonsäure in Aceton und CO_2 beträgt $97\ kJ \cdot mol^{-1}$. Die Geschwindigkeitskonstante besitzt bei $\vartheta = 40$ °C den Wert $k = 9{,}6 \cdot 10^{-5}\ s^{-1}$. Wie groß sind die Geschwindigkeitskonstante *k* und die Halbwertszeit $T_{1/2}$ bei $\vartheta = 60$ °C?

7 Phasengleichgewichte

Gleichgewichte zwischen verschiedenen Phasen spielen in der Labortechnik und der Metallurgie eine entscheidende Rolle. So beruhen die einfache Destillation und die Rektifikation (Gegenstromdestillation) auf der Einstellung eines Gleichgewichts zwischen dampfförmiger und flüssiger Phase, aber auch die Chromatographie, weil sich die zu trennenden Substanzen zwischen zwei Phasen, der stationären und der mobilen Phase, unterschiedlich verteilen.

7.1 Der Dampfdruck

Wird die Temperatur eines Feststoffes erhöht, so geraten die Teilchen in heftigere Bewegung. Die Substanz wird schließlich irgendwann flüssig und bei weiterer Temperaturerhöhung überwinden die Teilchen die Oberflächenspannung bzw. die Kohäsionskraft und bilden den Dampf. Über der Flüssigkeit baut sich ein Druck auf, der als **Dampfdruck** p_0 der **reinen** Komponente bezeichnet wird. Dieser steigt mit der Temperatur an. Durch Auftragung der Wertepaare (ϑ und p_0) erhält man die **Siedepunktdruckkurve** (Bild 1). Der Name deutet darauf hin, dass **jeder Punkt auf dieser Kurve** einem Druck mit der zugehörigen Temperatur entspricht, unter dem die Flüssigkeit siedet. Beispielsweise beträgt der Dampfdruck von Methanol bei ϑ = 64,7 °C, p_0 = 1 013 hPa. Die Flüssigkeit siedet, wenn der auf ihr lastende Druck p_{amb} genau so groß ist. Der Dampfdruck des Wassers hat bei dieser Temperatur nur einen Wert von p_0 = 241,4 hPa. Die Flüssigkeit würde sieden, wenn der auf ihr lastende Druck ebenfalls p_{amb} = 241,4 hPa wäre. Bekanntlich siedet diese Flüssigkeit unter p_{amb} = 1 013,0 hPa erst bei ϑ = 100,0 °C. Weiterhin fällt auf, dass die Siedepunktdruckkurven exponential verlaufen. Allgemein gilt:

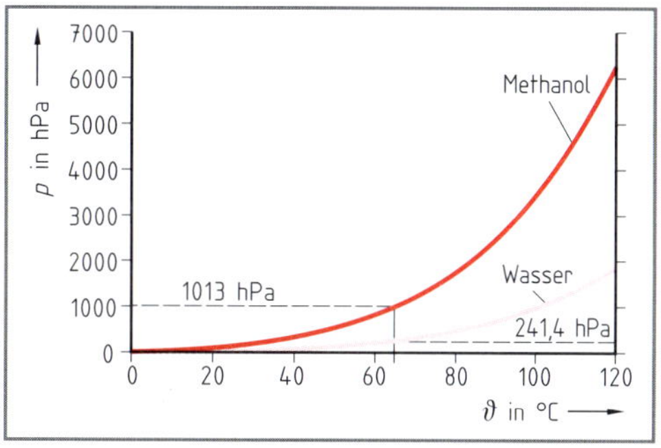

Bild 1: Siedepunktdruckkurven von Methanol und Wasser

Eine Flüssigkeit siedet, wenn der Dampfdruck genau so groß wie der Umgebungsdruck p_{amb} ist. Siedepunktdruck p_0 und Verdampfungsenthalpie hängen von der Temperatur ab.

Tabelle 7a: Temperaturabhängigkeit von Siedepunktdruck und Verdampfungsenthalpie beim Wasser

ϑ in °C	0,01	20	40	60	80	100	120
p_0 in kPa	0,6112	2,3368	7,3749	19,919	47,359	101,32	198,54
$\Delta H_{m,v}$ in kJ · mol^{-1}	45,018	44,170	43,317	42,451	41,558	40,631	39,652

In einem **Gasgemisch** oder auch einem **Dampfgemisch** (vgl. Kap. 2.5.3) trägt gemäß dem ***dalton*****schen Gesetz** jede Komponente zu einem Teil zum Gesamtdruck bei (vgl. 2.4.1). Außerdem gilt das ***raoult*****sche Gesetz** (vgl. Kap. 8.2.1). Allgemein ist deshalb der Stoffmengenanteil einer Komponente x_1 in einem Gas- oder Dampfgemisch der Quotient aus dem Partialdruck p_1 und dem Gesamtdruck p:

$$x_1 = \frac{p_1}{p}$$

p	x
Pa	1

7.1

M 7.1: In einem geschlossenen luftgefüllten Behälter befindet sich eine Schale mit Methanol. Das Methanol verdampft teilweise, wobei sich ein Partialdruck von $p(CH_3OH)$ = 120 mbar bei einem Gesamtdruck von p = 980 mbar einstellt. Der Partialdruck des Sauerstoffs wird experimentell mit $p(O_2)$ = 171 mbar bestimmt.

a) Wie groß ist der Partialdruck des Stickstoffs?

b) Welchen Stoffmengenanteil haben die einzelnen Komponenten in der Gasphase?

Lsg.: a) $p = p(CH_3OH) + p(O_2) + p(N_2) \Rightarrow$

$p(N_2) = p - p(CH_3OH) - p(O_2) = 980 \text{ mbar} - 120 \text{ mbar} - 171 \text{ mbar} = \mathbf{689 \text{ mbar}}$

b) $x(CH_3OH) = \frac{p(CH_3OH)}{p} = \frac{120 \text{ mbar}}{980 \text{ mbar}} = \mathbf{0{,}1224}$; $x(O_2) = \frac{p(O_2)}{p} = \frac{171 \text{ mbar}}{980 \text{ mbar}} = \mathbf{0{,}1745}$;

$x(N_2) = \frac{p(N_2)}{p} = \frac{689 \text{ mbar}}{980 \text{ mbar}} = \mathbf{0{,}7031}$

Bei der experimentellen Ermittlung des Dampfdrucks müssen zwei Arten von Flüssigkeiten unterschieden werden:

a) Bei einer **schwerflüchtigen** Flüssigkeit (i) wendet man eine **dynamische** Methode an. Dabei wird eine bestimmte Stoffmenge eines trockenen Trägergases so langsam durch die Flüssigkeit geleitet, dass sich das Gas immer mit dem Flüssigkeitsdampf sättigen kann. Aus dem Masseverlust der Flüssigkeit kann man ihre Stoffmenge berechnen. Weiterhin folgt aus dem Normvolumen des Gases dessen Stoffmenge, sodass der Stoffmengenanteil des Flüssigkeitsdampfes x(i) in der Gasmischung berechnet werden kann. Den gesuchten Dampfdruck erhält man schließlich durch Anwendung des *raoult*schen Gesetzes.

b) Bei **leichtflüchtigen** Flüssigkeiten wird **eine statische** Messung mit der im Bild 1 wiedergegeben Apparatur vorgenommen. Die Vorrichtung wird bei der jeweiligen Messtemperatur evakuiert. Sobald die Flüssigkeit im Kolben zu sieden anfängt, wird der Hahn geschlossen und der Dampfdruck am Manometer abgelesen.

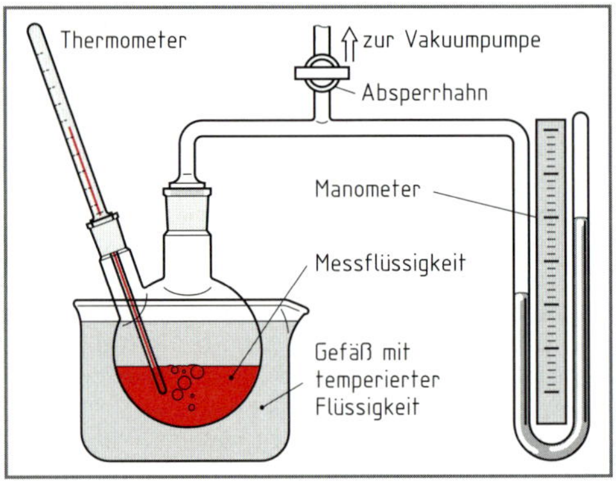

Bild 1: Dampfdruckmessung

M 7.2: Durch Ethylbutanoat werden bei $\vartheta = 41{,}5$ °C $V = 5$ L trockener Stickstoff (auf Normbedingungen umgerechnet) geleitet. Die Masse der Flüssigkeit verringert sich dabei um $m = 1{,}4376$ g. Der Gesamtdruck beträgt $p = 101{,}0$ kPa und die molare Masse der Verbindung ist $M(C_6H_{12}O_2) = 116{,}0 \text{ g mol}^{-1}$. Welchen Dampfdruck besitzt die Flüssigkeit bei der Messtemperatur?

Lsg.: $n(C_6H_{12}O_2) = \frac{m(C_6H_{12}O_2)}{M(C_6H_{12}O_2)} = \frac{1{,}4376 \text{ g}}{116{,}0 \text{ g} \cdot \text{mol}^{-1}} = 0{,}0124 \text{ mol}$

$n(N_2) = \frac{V_n(N_2)}{V_{m,n}} = \frac{5 \text{ L}}{22{,}4 \text{ L} \cdot \text{mol}^{-1}} = 0{,}2232 \text{ mol}$

$x(C_6H_{12}O_2) = \frac{n(C_6H_{12}O_2)}{n(C_6H_{12}O_2) + n(N_2)} = \frac{0{,}0124 \text{ mol}}{0{,}0124 \text{ mol} + 0{,}2232 \text{ mol}} = 0{,}0526$

$p(C_6H_{12}O_2) = p \cdot x(C_6H_{12}O_2) = 101{,}0 \text{ kPa} \cdot 0{,}0526 = \mathbf{5{,}3 \text{ kPa}}$

Auf empirischem Wege hat der Physiker *E. F. August* bereits 1828 eine Gleichung gefunden, die die Abhängigkeit des Dampfdrucks von der Temperatur beschreibt. Die nach ihm benannte *august*sche Gleichung lautet:

7.2 $$\lg p_a = A - B/T$$

p_a	A	B	T
1	1	K	K

Die Größen A und B sind empirische Konstanten. Die Angabe p_a für den Dampfdruck ist im Sinne der Aktivität zu verstehen und entsprechend der Gleichung 1.37 ohne Einheit. Dies muss deshalb so gewählt werden, weil der Logarithmus einer Einheit aus mathematischen Gründen nicht angegeben werden kann. In der Tabelle 7b sind die Werte für einige Flüssigkeiten, gültig im Temperaturbereich $\vartheta_1 = 10$ °C bis $\vartheta_2 = 130$ °C, aufgelistet, wobei der auf die Aktivität p_a bezogene Standarddruck $p^o = 1{,}013$ bar ist.

Tabelle 7b: *august*sche Konstanten für einige Flüssigkeiten						
Konstanten:	Wasser	Methanol	Ethoxyethan (Diethylether)	Ethansäure-ethylester	n-Hexan	Methylbenzol (Toluol)
A	5,953	5,766	4,611	5,090	4,621	4,719
B in K	2225,38	1955,18	1422,64	1794,36	1584,47	1810,08

M 7.3: Welchen Dampfdruck hat nach der Tabelle 7b Ethansäureethylester bei $\vartheta = 50$ °C?

Lsg.: $\lg p_a = A - B/T = 5{,}090 - 1\,794{,}36 \text{ K}/323 \text{ K} = -0{,}4652941 \Rightarrow p = \mathbf{0{,}343\ bar}$

Die nach der empirischen *august*schen Gleichung berechneten Werte weichen von den tatsächlichen Messwerten um bis zu 4% ab. Für überschlagsmäßige Berechnungen genügt die Methode den Anforderungen jedoch voll und ganz.

Eine andere Möglichkeit zur Berechnung des Dampfdrucks einer Flüssigkeit bietet die ***clausius-clapeyron*sche Gleichung**. Die Anwendung und auch Herleitung dieser Gleichung geht davon aus, dass **Flüssigkeitsphase** und **Dampfphase** miteinander im **Gleichgewicht** stehen. Demnach wechseln im Sinne eines dynamischen Gleichgewichts ständig Teilchen aus der **Flüssigkeitsphase** in den **Dampfraum** über und umgekehrt (s. Bild 1). Aufgrund der kinetischen Theorie (vgl. Kap. 4.3) kann den Dampfteilchen eine geringfügig höhere Energie als den Flüssigkeitsteilchen zugeordnet werden. Dementsprechend ist ihre thermodynamische Temperatur T_2 etwas höher anzusetzen, als die der Flüssigkeitsteilchen, für die die Temperatur T_1 gelten soll. Wird in der Definitionsgleichung der Entropie (Gl. 5.66) für ΔQ_{rev} die Verdampfungsenthalpie eines Teilchens $\Delta h_{N,v}$ eingesetzt, so beträgt die Entropieänderung beim Verdampfungsvorgang:

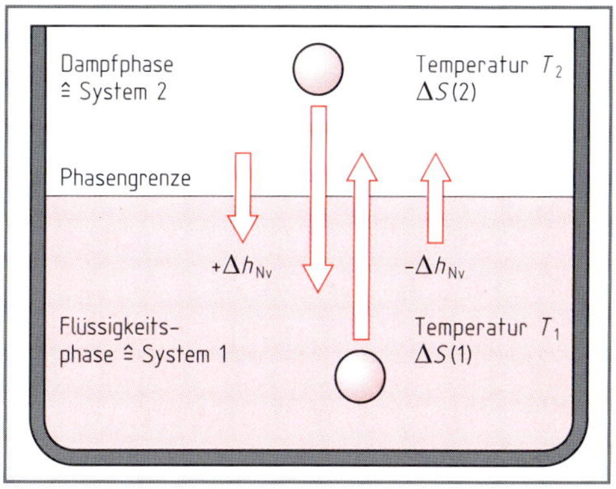

Bild 1: Entropie und Phasenwechsel von Teilchen

$$\Delta S\,(1) = -\frac{\Delta h_{N,v}}{T_1}$$

$\Delta h_{N,v}$	ΔS	T
J	J · K^{-1}	K

7.3

Das Vorzeichen ist negativ, weil als System die Flüssigkeit betrachtet wird, die unter dieser Betrachtungsweise beim Verdampfungsvorgang energieärmer wird. Da die Verdampfungsenthalpie genauso groß wie die Kondensationsenthalpie ist, jedoch ein umgekehrtes Vorzeichen besitzt, gilt in Analogie zu Gl. 7.3 für den Kondensationsvorgang:

$$\Delta S\,(2) = \frac{\Delta h_{N,v}}{T_2}$$

$\Delta h_{N,v}$	ΔS	T
J	J · K^{-1}	K

7.4

Die **Summe** dieser Entropien, $\Delta S\,(1)$ und $\Delta S\,(2)$, ergibt die durch den Phasenwechsel der Teilchen bedingte **Entropieänderung** im Bereich der Oberfläche der **Flüssigkeit**. In guter Näherung kann weiterhin in den Gleichungen 7.3 und 7.4 die Verdampfungsenthalpie eines Teilchens durch die **molare Verdampfungsenthalpie** $\Delta H_{m,v}$ ersetzt werden, sodass als Ergebnis für molare Verhältnisse die folgende Formulierung festgehalten wird:

$$\Delta S_m\,(\text{Oberfläche}) = \Delta S_m\,(1) + \Delta S_m\,(2) = \frac{\Delta H_{m,v}}{T_2} - \frac{\Delta H_{m,v}}{T_1}$$

ΔS_m	$\Delta H_{m,v}$	T
J · mol^{-1} · K^{-1}	J · mol^{-1}	K

7.5

Neben dem Verhalten der Teilchen beim Phasenwechsel an der Flüssigkeitsoberfläche ist ihr Verhalten im **Dampfraum** von Bedeutung. In diesem zweiten System expandieren die Gasteilchen isotherm. Da die Dampfteilchen angenähert als ideale Gasteilchen betrachtet werden können, lässt sich die Gl. 5.74 anwenden. Ist, wie bereits oben bei der Flüssigkeit, ***n* = 1 mol,** dann gilt:

$$\Delta S_m\,(\text{Dampfraum}) = R \cdot \ln \frac{p_1}{p_2}$$

ΔS_m	R	p
J · mol^{-1} · K^{-1}	J · mol^{-1} · K^{-1}	Pa

7.6

Beide Systeme stehen miteinander im **Gleichgewicht** und somit gilt gemäß Kap. 5.7.1:

ΔS_m (Oberfläche) = ΔS_m (Dampfraum)

Durch Gleichsetzen der Formeln 7.5 und 7.6 wird nach Umformung schließlich die gesuchte ***clausius-clapeyron*sche Gleichung** erhalten:

7.7 $$\ln \frac{p_1}{p_2} = \frac{\Delta H_{m,v}}{R} \cdot \left(\frac{1}{T_2} - \frac{1}{T_1}\right)$$

p	$\Delta H_{m,v}$	R	T
Pa	$J \cdot mol^{-1}$	$J \cdot mol^{-1} \cdot K^{-1}$	K

Bei der Ableitung dieser Beziehung wurde vereinfachend festgelegt, dass die Temperatur T_1 für die flüssige Phase und die Temperatur T_2 für die Dampfphase gelten soll. Obwohl eigentlich die Temperaturen der Flüssigkeit **und** der Dampfphase in etwa gleich groß sind, werden hier unterschiedliche Temperaturen in der **flüssigen Phase** (T_1) und in der **Dampfphase** (T_2) angenommen. Wobei als weitere Vereinfachung der Dampfdruck bei den verschiedenen Temperaturen p_1 und p_2 betragen soll.

Diese Vereinfachung ist deshalb möglich, weil die Verdampfungsenthalpie in einem nicht zu großen Temperaturintervall konstant ist. Was daher für die sehr geringe Temperaturdifferenz zwischen Flüssigkeit (T_1) und Dampfphase (T_2) gültig ist, kann somit auch für größere Temperaturbereiche angenommen werden. Da für $\Delta H_{m,v}$ in der Regel der Wert bei der Siedetemperatur unter p = 1 013 hPa eingesetzt wird, muss bei größeren Temperaturdifferenzen darauf geachtet werden, dass die Verdampfungsenthalpie temperaturabhängig ist (vgl. Tabelle 7 a). Mit Hilfe der *kirchhoff*schen Beziehung (s.a. Kap. 5.6.9) kann gegebenenfalls umgerechnet werden. Insofern ähnelt die *clausius-clapeyron*sche Gleichung der *van't hoff*schen Gleichung (Kap. 5.9.3).

Wie bereits hervorgehoben wurde, siedet eine Flüssigkeit, wenn ihr Dampfdruck dem Umgebungsdruck entspricht. Somit hat man, wenn die Siedetemperatur beim Normdruck (p_n = 1 013 hPa) bekannt ist, bereits ein Wertepaar, das in die Gl. 7.7 eingesetzt werden kann.

M 7.4: Bei welcher Temperatur siedet Methylbenzol (Toluol) unter einem Druck von p = 131,6 hPa? In der Literatur findet man bei p_n = 1 013 hPa: T_b = 383,6 K und $\Delta H_{m,v}$ = 33,5 kJ · mol^{-1}.

Lsg.: Die Werte p_1 = 1 013 hPa, p_2 = 131,6 hPa und T_1 = 383,6 K werden in Gl. 7.7 eingesetzt:

$$\ln \frac{p_1}{p_2} = \frac{\Delta H_{m,v}}{R} \cdot \left(\frac{1}{T_2} - \frac{1}{T_1}\right) \Rightarrow \ln \frac{1013\ \text{hPa}}{131{,}6\ \text{hPa}} = \frac{33\,500\ \text{J} \cdot \text{mol}^{-1}}{8{,}315\ \text{J} \cdot \text{mol}^{-1} \cdot \text{K}^{-1}} \cdot \left(\frac{1}{T_2} - \frac{1}{383{,}6\ \text{K}}\right)$$

$$\Rightarrow 5{,}066 \cdot 10^{-4}\ \text{K}^{-1} = \frac{1}{T_2} - \frac{1}{383{,}6\ \text{K}} \Rightarrow T_2 = \mathbf{321{,}2\ K} \mathrel{\widehat{=}} \mathbf{48{,}2\ °C}\ \text{(Literaturwert: 324,9 K)}$$

Mit Hilfe der *clausius-clapeyron*schen Gleichung kann innerhalb eines bestimmten Temperaturintervalls die Verdampfungsenthalpie einer Substanz berechnet werden. Man muss hierzu nur die entsprechenden Dampfdrücke experimentell oder aus Tabellen ermitteln.

M 7.5: Für Wasser werden folgende Dampfdrücke gemessen: p_1 = 2,9850 kPa bei ϑ_1 = 24 °C; und p_2 = 3,3629 kPa bei ϑ_2 = 26 °C. Zu berechnen ist die Verdampfungsenthalpie in diesem Temperaturbereich.

Lsg.: Die nach $\Delta H_{m,v}$ aufgelöste Gleichung 7.7 lautet: $\Delta H_{m,v} = \frac{R \cdot T_1 \cdot T_2 \cdot (\ln p_1 - \ln p_2)}{T_1 - T_2} \Rightarrow$

$$\Delta H_{m,v} = \frac{8{,}315\ \text{J} \cdot \text{mol}^{-1} \cdot \text{K}^{-1} \cdot 297\ \text{K} \cdot 299\ \text{K} \cdot (\ln 2{,}9850\ \text{kPa} - \ln 3{,}3629\ \text{kPa})}{297\ \text{K} - 299\ \text{K}}$$

$$= \mathbf{44\,010\ J \cdot mol^{-1}}$$

7.2 Phasendiagramme von Einkomponentensystemen

In der Literatur werden die **Phasendiagramme** oftmals **Zustandsdiagramme** genannt oder als *p-T*-Diagramme bezeichnet. Gemeint sind damit Druck-Temperatur-Diagramme, aus denen man die Bedingungen ablesen kann, unter denen eine Substanz in den **Aggregatzuständen** fest, flüssig oder dampfförmig vorliegt. Im Bild 1, S. 223 sind die Phasendiagramme von Wasser, Kohlenstoffdioxid und Kohlenstoff wiedergegeben. Der besseren Übersicht halber ist die Auftragung nicht maßstabsgerecht gewählt worden.

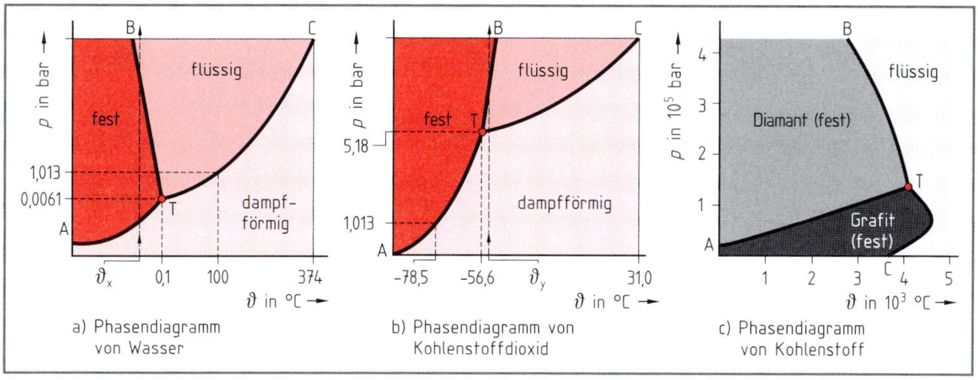

Bild 1: *p-T*-Diagramm von Wasser, Kohlenstoffdioxid und Kohlenstoff

Die Linienzüge stellen **Gleichgewichtskurven** dar. Irgendein Punkt auf einer solchen Kurve erfasst eine bestimmte Temperatur mit dem zugehörigen Druck, bei der zwei Phasen (z.B. feste und flüssige) nebeneinander im Gleichgewicht vorliegen. Die Kurven unterteilen die grafische Ebene in **drei** *p-T*-Gebiete, in denen jeweils nur **eine einzige Phase** existieren kann. Das Kohlenstoff-Diagramm (Bild 1c) weicht etwas von den anderen Darstellungen ab, weil die dampfförmige Phase fehlt. Statt dessen sind neben der flüssigen Phase die beiden festen Modifikationen Diamant und Grafit berücksichtigt.

Betrachtet man zunächst die Phasendiagramme von Wasser und von Kohlenstoffdioxid (Bild 1a und b), so findet man als erstes die Kurve A-T. Diese ist die **Sublimationsdruckkurve.** Jeder Punkt auf diesem Graph entspricht einem *p-T*-Wertepaar, bei dem jeweils ein Gleichgewicht zwischen dampfförmiger und fester Phase vorliegt und somit ein Übergang vom festen in den dampfförmigen Aggregatzustand oder auch umgekehrt stattfindet. Die Kurve T-B ist die **Schmelzdruckkurve,** die den Übergang vom festen in den flüssigen Aggregatzustand beschreibt, während der Graph T-C die bereits im Kapitel 7.1 beschriebene **Siedepunktdruckkurve** darstellt. Aus dem Kohlenstoffdioxid-Diagramm ist unmittelbar ersichtlich, dass diese Verbindung beim Normdruck (p_n = 1,013 bar) nicht flüssig vorliegen kann, sondern lediglich eine Sublimation bei ϑ = -78,5 °C beobachtet wird.

Die Schmelzdruckkurve des Wassers ist nach links geneigt (negative Steigung). Sie beschreibt die **Anomalie** des Wassers. Damit ist gemeint, dass Wasser **beim Erstarren sein Volumen vergrößert.** Diese Eigenschaft wird nur von wenigen Stoffen, wie z.B. Bismut, geteilt. Hält man im Zustandsdiagramm des Wassers beispielsweise die Temperatur ϑ_x konstant (s. Bild 1a) und erhöht den Druck kontinuierlich, so geht das Wasser unter Volumenminderung vom dampfförmigen in den festen Zustand über und wird schließlich flüssig. Dabei folgt es genau dem Prinzip von *Le Chatelier,* denn beim anomalen Übergang vom festem in den flüssigen Aggregatzustand weicht es dem äußeren Zwang (Druck) aus, indem es sein Volumen verringert. Auch am Beispiel des Kohlenstoffdioxids, das diese Anomalie nicht zeigt, lässt sich das *Le Chatelier*-Prinzip studieren. Wird die Temperatur ϑ_y konstant gehalten (Bild 1b) und der Druck erhöht, so wird die Verbindung zunächst flüssig, um dann bei weiterer Druckerhöhung unter zusätzlicher Volumenminderung in den festen Aggregatzustand überzugehen.

Im *p-T*-Diagramm des Kohlenstoffs (Bild 1c) ist der Graph T-B die Schmelzdruckkurve des Diamants, während der Kurvenverlauf C-T die Schmelzkurve des Grafits beschreibt. Die Kurve A-T charakterisiert das Diamant-Grafit-Gleichgewicht. Aus der Auftragung ist ersichtlich, dass bei Raumtemperatur und Normdruck der Grafit die thermodynamisch stabilere Modifikation ist. Die Umwandlung vom Diamant in Grafit erfolgt allerdings nahezu unendlich langsam. Interessanter ist die Synthese des Diamants. Nach dem Phasendiagramm müsste dazu eine Schmelze reinen Kohlenstoffs von $\vartheta \approx$ 4000 °C unter einem Druck von etwa 120000 bar langsam erstarren. Dies ist technisch nicht möglich, da kein bekanntes Material bei diesen Bedingungen stabil bleibt. Dennoch werden heute jährlich einige Tonnen Industriediamanten mit Kantenlängen bis zu 1 cm synthetisiert. Man geht dabei so vor, dass Grafit in einer Nickelschmelze unter einem Druck von p = 54000 bar bei einer Temperatur von $\vartheta \approx$ 1700 °C „umkristallisiert" wird. Man bewegt sich dabei auf der Kurve A-T in Bild 1c.

Von besonderem Interesse ist der Punkt T in den Bildern 1a und b. An diesem Punkt stehen alle drei Phasen miteinander im Gleichgewicht. Man bezeichnet ihn deshalb als **Tripelpunkt.** In der Abbildung 1c liegt ebenfalls ein Tripelpunkt vor, bei dem die beiden Modifikationen Diamant und Grafit mit der Schmelze im Gleichgewicht stehen.

In einem p-T-Diagramm sind prinzipiell die **beiden** intensiven Größen p und T variierbar (Bild 1). Betrachtet man zunächst ein Einkomponentensystem wie beispielsweise Wasser (anomales Verhalten) oder Kohlenstoffdioxid (normales Verhalten), so resultiert die Zahl der **maximal möglichen Phasen** (P), indem man zur **Komponentenzahl** (K) die Anzahl der beiden veränderbaren Größen (Druck p und Temperatur T) addiert:

$K + 2 = P$ Demnach ist P (maximal) $= 1 + 2 = 3$.

Dies ist am Tripelpunkt (Bild 1, S. 223 und Bild 1) der Fall, an dem die drei Phasen – Feststoff, Flüssigkeit und Dampf – im **Gleichgewicht** nebeneinander existieren. Es kann nichts verändert werden, ohne dass eine der Phasen verschwindet. Die mathematische Formulierung dieser Überlegung lautet:

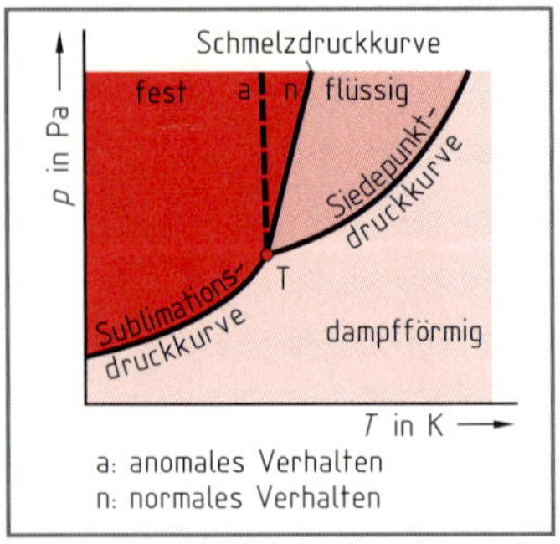

Bild 1: Allgemeines Phasendiagramm

$K + 2 - P = 0$

Man sagt auch die Zahl der **Freiheitsgrade** (F) ist Null ($F = 0$). Wird dies in die letzte Gleichung eingesetzt, so resultiert das ***gibbs*sche Phasengesetz**:

7.8

$$K - P + 2 = F$$

K	P	F
1	1	1

Der Begriff Freiheitsgrad hat hier eine andere Bedeutung als im Kap. 5.6.7. Wie bereits beschrieben ist beim *gibbs*schen Phasengesetz mit dem Freiheitsgrad F die Zahl der Größen (z.B. Temperatur, Druck) gemeint, die geändert werden können, ohne dass die Anzahl der Gleichgewichtsphasen eine Änderung erfährt. Dahingegen ist im Kap 5.6.7 mit dem Begriff Freiheitsgrad die Zahl der Bewegungsmöglichkeiten (z.B. Translation, Rotation) der Teilchen gemeint.

Im p-T-Diagramm des Kohlenstoffs (Bild 1c, S. 223) liegen am **Tripelpunkt** drei Phasen (die beiden festen Diamant und Kohlenstoff sowie die Kohlenstoffschmelze) und eine Komponente – nämlich Kohlenstoff – vor. Die Zahl der Freiheitsgrade beträgt:

$F = K - P + 2 = 1 - 3 + 2 = 0$

Weder Druck noch Temperatur können geändert werden, ohne dass eine der Phasen verschwindet. Ein solches System wird als **invariant** ($F = 0$) bezeichnet.

Nimmt man irgendeinen Punkt **auf** einer **Gleichgewichtskurve** an (s.a. Bild 1), so sind immer nur zwei Phasen vorhanden. Bei einem Einkomponentensystem gilt:

$F = K - P + 2 = 1 - 2 + 2 = 1$

Somit kann, ohne dass eine der Phasen verschwindet, entweder der Druck oder die Temperatur verändert werden. Man sagt, das System ist **univariant.** In einer reinen siedenden Flüssigkeit (zwei Phasen) ist beispielsweise entweder der Druck oder die Temperatur frei wählbar ($F = 1$). Hat man sich für eine der Größen entschieden, so liegt die andere fest. Damit gehört zu jeder gewählten Temperatur ein bestimmter Dampfdruck (s.a. Bild 1, S. 219).

Bei einem angenommenen Punkt **in** einer **Fläche** ($K = 1$) liegt nur eine Phase vor. Die Zahl der Freiheitsgrade beträgt:

$F = K - P + 2 = 1 - 1 + 2 = 2$

Es kann sowohl der Druck als auch die Temperatur verändert werden, ohne dass es zu einer Änderung der Phasenanzahl kommt. Man spricht von einem **divarianten** System.

7.3 Phasendiagramme von Mehrkomponentensystemen und Systeme mit Mischungslücken

Auch für Mehrstoffsysteme gilt das *gibbs*sche Phasengesetz. Liegen beispielsweise in einem Rauchgas ($P = 1$) Kohlenstoffdioxid (CO_2), Wasserdampf (H_2O, g), Stickstoff (N_2) und Sauerstoff (O_2) nebeneinander vor, so beträgt die Zahl der Komponenten $K = 4$. Die Anzahl der Freiheitsgrade ist:

$F = K - P + 2 = 4 - 1 + 2 = 5$

Welche Freiheitsgrade sind dies? Drei Freiheitsgrade betreffen den Stoffmengenanteil von drei Komponenten, z.B.: $x\,(CO_2)$, $x\,(O_2)$ und $x\,(H_2O)$. Da die Ergänzung zu 1 den Stoffmengenanteil der vierten Komponente – im Beispiel wäre dies der Stickstoff – ergibt, ist die Zusammensetzung durch die drei aufgezählten Freiheitsgrade bereits festgelegt. Somit verbleiben noch zwei Freiheitsgrade. Diese könnten sein T und p. Durch diese Wahl steht nach dem Gasgesetz das Volumen V fest. Man könnte auch V und p wählen, dann könnte T nur einen bestimmten Wert annehmen.

M 7.6: In einer Eis-Kochsalz-Kältemischung (mit NaCl-Bodensatz) gibt es neben den beiden Komponenten eine Gasphase, eine flüssige Phase und zwei feste Phasen [Eis und NaCl (s)]. Wie viel Freiheitsgrade besitzt das System im Gleichgewicht, wenn der Druck $p = 1$ bar beträgt?

Lsg.: Mit $K = 2$ und $P = 4$ folgt: $F = K - P + 2 = 2 - 4 + 2 = \mathbf{0}$. Die Zahl der Freiheitsgrade ist Null. Da das *gibbs*sche Phasengesetz Gleichgewichte beschreibt, wird sich von selbst die Gleichgewichtsbedingung $F = 0$ einstellen. Dies ist bei einer Temperatur von $\vartheta = -21{,}6\,°C$ der Fall, die solange bestehen bleibt, bis eine der beiden Phasen (Eis oder Kochsalz als Bodensatz) verschwunden ist (s.a. eutektische Gemische, Tabelle 7i).

Die Mischbarkeit von Stoffen hängt von ihrem Aggregatzustand und von der Art der Substanzen ab. Prinzipiell sind Gase und Dämpfe in jedem Verhältnis miteinander mischbar. Dies gilt nicht für Flüssigkeiten oder für Feststoffe, die aus einer Schmelze heraus erstarren. Hier hängt die Löslichkeit oder Mischbarkeit von der Molekülgeometrie und ganz besonders von den **Wechselwirkungskräften** zwischen den Teilchen ab. Bei den Wechselwirkungskräften müssen in diesem Zusammenhang drei Arten unterschieden werden:

a) *Coulomb*-Kräfte, wie sie zwischen entgegengesetzten Ionen oder wie sie bei einer Metallbindung zwischen positiv geladenen Atomrümpfen und dem „Elektronengas" wirken (s.a. Bild 1 a).

b) *Coulomb*-Kräfte, die zwischen Molekülen mit permanentem Dipolmoment wirken (s.a. Bild 1 b).

c) *Coulomb*-Kräfte, die auf zeitlich fluktuierenden Dipolmomenten beruhen. Sie entstehen dadurch, dass die Elektronenhülle kein statisches Gebilde ist, sondern ihren Ladungsschwerpunkt bezüglich des Atomkerns ständig verlagert. Die dadurch entstehenden sehr schwachen Polaritäten sind die Ursache dieser Kräfte, die man als *van-der-Waals*-Kräfte bezeichnet (Bild 1 c).

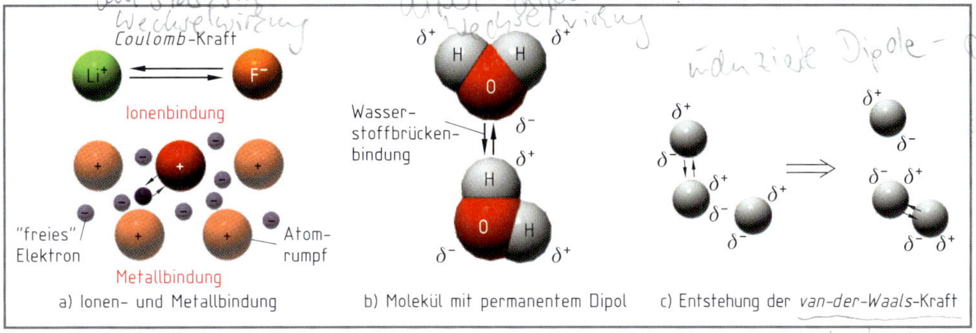

Bild 1: Die unterschiedlichen *Coulomb*-Wechselwirkungskräfte

Die unter a) genannten Wechselwirkungskräfte sind am größten, während die unter c) beschriebenen *van-der-Waals*-Kräfte am schwächsten sind.

Wasser und Ethanol lassen sich beispielsweise in jedem Verhältnis miteinander mischen, während ein Gemisch von Wasser und Tetrachlormethan zwei flüssige Phasen bildet. Mit Hilfe der Wechselwirkungskräfte lässt sich dies erklären. Die Wassermoleküle bilden untereinander einen Verbund, der durch Wasserstoffbrückenbindungen zusammengehalten wird. Ethanol besitzt ebenfalls ein permanentes Dipolmoment und kann gleichfalls Wasserstoffbrückenbindungen ausbilden. Deshalb können sich die Ethanolmoleküle (C_2H_5OH) leicht in den Verbund der Wasserteilchen (H_2O) einbetten. Die Tetrachlormethanmoleküle (CCl_4) haben kein vergleichbares Dipolmoment, sondern verfügen lediglich über die sehr schwachen *van-der-Waals*-Kräfte. Wegen den stärker wirkenden Kräften zwischen den H_2O-Teilchen können sich die schwach wechselwirkenden

CCl_4-Moleküle nicht zwischen diese einlagern. Es bilden sich zwei Phasen. Umgekehrt ist Tetrachlormethan gut mischbar mit den unpolaren Substanzen Methylbenzol (Toluol), Benzin oder Heptan. Als Faustregel gilt:

> Für das Mischungsverhalten von Flüssigkeiten oder für das Löseverhalten von Feststoffen in einer Flüssigkeit ist die Differenz der Wechselwirkungskräfte zwischen den jeweiligen Molekülarten entscheidend. Flüssigkeiten, deren Moleküle ähnliche Wechselwirkungskräfte besitzen, haben ähnliche physikalische Eigenschaften und sind in der Regel miteinander mischbar.

Eigenartig sind Stoffe, die sich nur begrenzt miteinander mischen. Wird beispielsweise bei ϑ = 80 °C reines Wasser portionsweise mit Isobutanol (2-Methyl-1-propanol) versetzt, so mischen sich die Flüssigkeiten, bis der Anteil *w* (Isobutanol) = 10% beträgt. Bei weiterer Zugabe des Alkohols bilden sich zwei Phasen, die plötzlich wieder verschwinden, wenn das Isobutanol einen Anteil von *w* (Isobutanol) = 78% erreicht hat. Diese Beobachtung ist im Bild 1 a grafisch dargestellt. Links vom Punkt B liegt eine Lösung von Isobutanol in Wasser vor und im Bereich rechts vom Punkt C handelt es sich um eine Lösung von Wasser in Isobutanol. Zwischen den beiden Punkten B und C existiert ein **Zweiphasengebiet,** das auch als **Mischungslücke** bezeichnet wird. Der Bereich der Mischungslücke ist temperaturabhängig

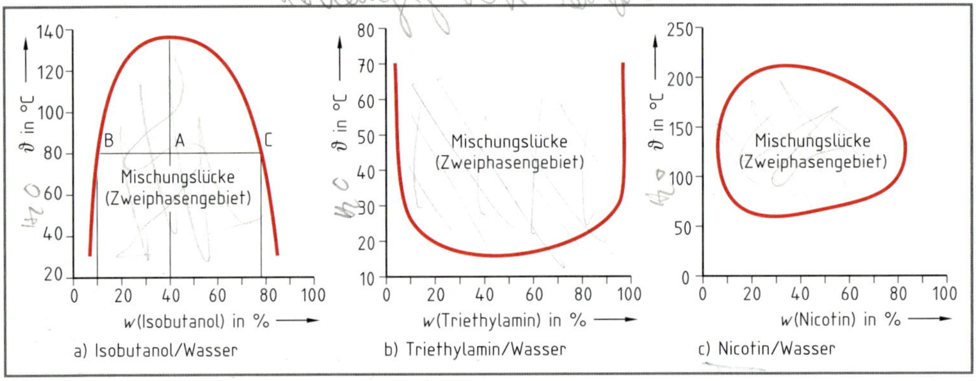

Bild 1: Phasendiagramme verschiedener Stoffe mit Mischungslücken (ohne Dampfphase)

Werden Isobutanol und Wasser bei ϑ = 80 °C im Verhältnis 40:60 zusammengegeben (Punkt A in Bild 1 a) und kräftig geschüttelt, so bildet sich zunächst eine Emulsion, die sich alsbald wieder trennt unter Bildung von Gemischen, wie sie durch die Punkte B und C beschrieben werden. Erhitzt man aber das Gemisch, so verschwindet plötzlich die Phasengrenze zwischen den Flüssigkeiten bei ϑ = 135 °C. Dies ist die **obere kritische Lösungs-** oder **Entmischungstemperatur.** Das im Bild 1 b beschriebene System hat eine untere kritische Lösungstemperatur bei ϑ = 18 °C, während das System Nikotin/Wasser (Bild 1 c) sowohl eine **untere** (ϑ = 61 °C) als auch eine **obere kritische Lösungstemperatur** (ϑ = 210 °C) hat.

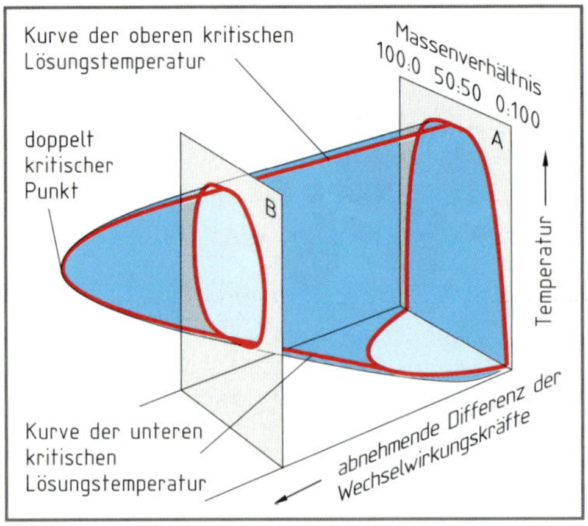

Bild 2: Globales Phasendiagramm

In den bisherigen Phasendiagrammen ist der Massenanteil gegen die Temperatur aufgetragen worden. Werden noch die **Wechselwirkungskräfte** zwischen den Teilchen der unterschiedlichen Flüssigkeiten berücksichtigt, so erhält man eine dreidimensionale Auftragung, die als globales Phasendiagramm bezeichnet wird (Bild 2). Die grafische Auftragung ähnelt einem Kegel. Aus Bild 2 folgt:

> Je größer die Differenz der Wechselwirkungskräfte zwischen den Teilchen der unterschiedlichen zur Mischung anstehenden Flüssigkeiten ist, desto größer ist die Mischungslücke.

Das Diagramm A im Bild 2, S. 226 entsteht, wenn die **Differenz** der Wechselwirkungskräfte relativ groß ist. Dies wäre bei einem Gemisch von Isobutanol/Wasser der Fall (vgl. Bild 1a, S. 226). Es existiert eine obere kritische Lösungstemperatur. Die eigentümliche Form der Mischungslückenkurve des Nikotin/Wasser-Gemischs (Bild 1c, S. 226) beruht darauf, dass die Differenz der Wechselwirkungskräfte nicht mehr so drastisch ausfällt (vgl. a. Bild 2, S. 226, Diagramm B).

Prinzipiell wird die Kurve des Gemischs Triethylamin/Wasser (vgl. Bild 1b, S. 226) ebenfalls durch Bild 2 auf derselben Seite beschrieben. Sie ähnelt der des Nikotin/Wasser-Gemischs. Allerdings dürfte die obere kritische Lösungstemperatur deshalb nicht erreichbar sein, weil die Stoffe bei dieser Temperatur bereits dampfförmig sind. Man findet darum für das System Triethylamin/Wasser nur eine untere kritische Lösungstemperatur. Flüssigkeiten, deren Differenz der Wechselwirkungskräfte jenseits des **doppeltkritischen Punktes** liegen (Bild 2, S. 226), sind in jedem Verhältnis im gegebenen Temperaturbereich **miteinander mischbar**.

7.4 Phasengleichgewichte flüchtiger Zweikomponentensysteme

Diese Systeme werden auch als flüchtige **binäre** Systeme bezeichnet. Mit der im Bild 1 wiedergegebenen Apparatur kann der Dampfdruck bei verschiedener Zusammensetzung und unterschiedlicher Temperatur gemessen werden. Durch Zulauf aus den Tropftrichtern stellt man die jeweils zu untersuchenden Mischungen her und liest den Dampfdruck am Manometer ab. Als Mustersubstanzen sollen Cyclopentan und Cyclohexan dienen. Diese bilden eine **ideale Mischung,** die folgendermaßen definiert ist:

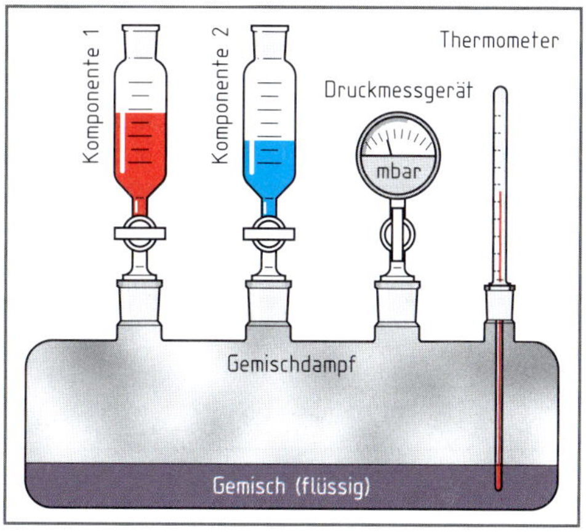

Bild 1: Apparatur zur Dampfdruckbestimmung

- Die Komponenten sind in jedem Verhältnis miteinander mischbar.
- Beim Mischen treten keine Wärmeeffekte (Erwärmung oder Abkühlung) auf.
- Entsprechend dem *dalton*schen Gesetz setzt sich der Gesamtdruck der Mischung additiv aus den jeweiligen Partialdrücken zusammen.
- Der Partialdruck der Einzelkomponenten folgt dem *raoult*schen Gesetz, das über den gesamten Konzentrationsbereich gültig ist.
- Beim Mischen findet keine Volumenkontraktion statt, sodass das Mischungsvolumen der Summe der Teilvolumina entspricht.

Bei realen Mischungen gelten die genannten Aussagen nicht. Aufgrund von Wechselwirkungskräften zwischen den Molekülen kommt es teilweise zu beträchtlichen Abweichungen. Allgemein gilt:

Einander ähnliche Mischungspartner bilden ideale Mischungen.

7.4.1 Dampfdruckdiagramme

Diese Diagramme beschreiben den Dampfdruck in Abhängigkeit von der Zusammensetzung bei konstanter Temperatur. Man spricht deshalb auch von **isothermen Dampfdruckdiagrammen.** Entsprechend dem *raoult*schen Gesetz (vgl. Kap. 8.2.1, Gl. 8.5) beträgt in einer binären Mischung der Partialdruck p_i der Komponenten 1 und 2:

$$p_1 = x_1 \cdot p_{01}$$ bzw. $$p_2 = x_2 \cdot p_{02}$$

p	x
Pa	1

7.9

Dampfdruck: Komponente 1

Mit p_{0i} ist der Dampfdruck der **reinen Komponente** gemeint. Gemäß dem *dalton*schen Gesetz (Gleichung 2.16) ist der Gesamtdruck p_M der Mischung:

$p_M = p_1 + p_2 = x_1 \cdot p_{01} + x_2 \cdot p_{02}$. Mit $x_2 = 1 - x_1$ erhält man

7.10

$$p_M = x_1 \cdot p_{01} + (1 - x_1) \cdot p_{02}$$

p	x
Pa	1

Cyclopentan und Cyclohexan bilden eine ideale Mischung. Bei $\vartheta = 30$ °C hat Cyclopentan einen Dampfdruck von $p_{01} = 506{,}7$ mbar, während der Dampfdruck des Cyclohexan bei dieser Temperatur $p_{02} = 160{,}2$ mbar beträgt.

M 7.7: Welchen Dampfdruck p_M hat eine Mischung von $n_1 = 0{,}2$ mol Cyclopentan und $n_2 = 0{,}3$ mol Cyclohexan bei $\vartheta = 30$ °C, wenn $p_{01} = 506{,}7$ mbar und $p_{02} = 160{,}2$ mbar ist ?

Lsg.: $x_1 = \frac{0{,}2 \text{ mol}}{0{,}2 \text{ mol} + 0{,}3 \text{ mol}} = 0{,}4$. Einsetzen in Gl. 7.10:

$p_M = x_1 \cdot p_{01} + (1 - x_1) \cdot p_{02} = 0{,}4 \cdot 506{,}7 \text{ mbar} + (1 - 0{,}4) \cdot 160{,}2 \text{ mbar} = \mathbf{298{,}8\ mbar}$

In der Tabelle 7c sind für Cyclopentan (Komponente 1) und Cyclohexan (Komponente 2) die Partialdrücke und der Gesamtdruck bei verschiedenen Mischungszusammensetzungen aufgelistet.

Tabelle 7c: Isotherme Dampfdrücke

x_1	x_2	p_1 in mbar	p_2 in mbar	p_M in mbar
0,0	1,0	0,0	160,2	160,2
0,2	0,8	101,3	128,2	229,5
0,4	0,6	202,7	96,1	298,8
0,6	0,4	304,0	64,1	368,1
0,8	0,2	405,4	32,0	437,4
1,0	0,0	506,7	0,0	506,7

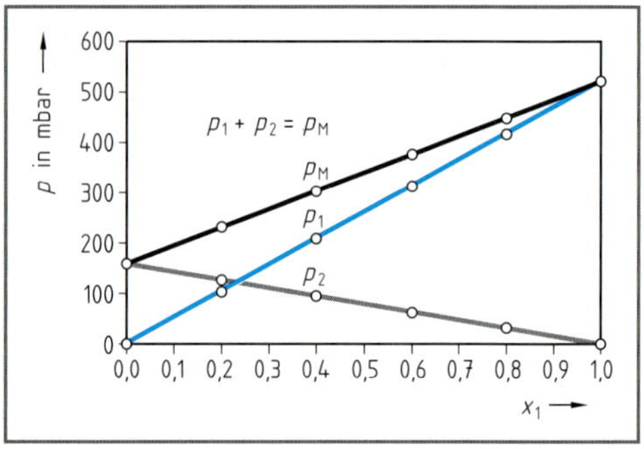

Bild 1: Isothermes Dampfdruckdiagramm

Die grafische Auftragung dieser Werte ergibt das isotherme Dampfdruckdiagramm (s. Bild 1) von Cyclohexan und Cyclopentan bei 30 °C. Wie bereits aus den Gleichungen 7.9 und 7.10 hervorgeht handelt es sich um Geraden.

Üblicherweise wird die leichter flüchtige Komponente durch den Index 1 gekennzeichnet. Dies gilt auch für die in den folgenden Kapiteln erläuterten Gleichgewichtskurven und Siedediagramme.

7.4.2 Isotherme Gleichgewichtskurve

Die folgende Kurve ist zum Verständnis der Destillation und Rektifikation von großer Bedeutung. Sie beschreibt die Anreicherung des Dampfes an der leichter flüchtigen Komponente 1 in Abhängigkeit von der Zusammensetzung des siedenden Gemisches. Hierzu muss ein Ausdruck gefunden werden, mit dem der **Stoffmengenanteil y_1 der niedriger siedenden Komponente im Dampf** ermittelt werden kann. Der Dampfdruck der leichter flüchtigen Komponente in der Flüssigkeit ist wie bisher $p_1 = x_1 \cdot p_{01}$ (vgl. Gl. 7.9). Wird mit p_M der Gesamtdruck der dampfförmigen Phase bezeichnet, so ist nach dem *raoult*schen Gesetz der Partialdruck des Leichtsieders im Dampf:

7.11

$$p_1 = y_1 \cdot p_M$$

p	y
Pa	1

$\Rightarrow y_1 = \frac{p_1}{p_M}$ mit 7.9 folgt: $y_1 = \frac{x_1 \cdot p_{01}}{p_M}$.

Für p_M wird die Gleichung 7.10 eingesetzt.

$$y_1 = \frac{x_1 \cdot p_{01}}{x_1 \cdot p_{01} + (1 - x_1) \cdot p_{02}}$$

Dividiert man sowohl den Zähler als auch den Nenner durch den Dampfdruck des Schwerflüchters p_{02}, so wird der letzte Ausdruck zu:

$$y_1 = \frac{x_1 \cdot \frac{p_{01}}{p_{02}}}{x_1 \cdot \frac{p_{01}}{p_{02}} + 1 - x_1}$$ 7.12

x	y	p
1	1	Pa

Das Verhältnis des Dampfdrucks der leichter flüchtigen Komponente zu der der schwerer flüchtigen wird als **Trennfaktor (relative Flüchtigkeit)** α bezeichnet.

$$\alpha = \frac{p_{01}}{p_{02}}$$ 7.13

α	p
1	Pa

Der Ausdruck 7.12 lässt sich somit durch Einführen des Trennfaktors vereinfachen:

$$y_1 = \frac{x_1 \cdot \alpha}{x_1 \cdot (\alpha - 1) + 1}$$ 7.14

α	x	y
1	1	1

M 7.8: Bei ϑ = 30 °C ist der Stoffmengenanteil von Cyclopentan im Dampf für eine Cyclopentan-Cyclohexan-Mischung zu berechnen. Der Stoffmengenanteil des schwerer flüchtigen Cyclohexans in der flüssigen Phase soll $x_2 = 0{,}27$ betragen (p_{01} = 506,7 mbar; p_{02} = 160,2 mbar).

Lsg.: $\alpha = p_{01}/p_{02}$ = 506,7 mbar/160,2 mbar = 3,2. Der Stoffmengenanteil des **Leichtsieders** in der Flüssigkeit ist: $x_1 = 1 - x_2 = 1 - 0{,}27 = 0{,}73$. Einsetzen in 7.14:

$$y_1 = \frac{x_1 \cdot \alpha}{x_1 \cdot (\alpha - 1) + 1} = \frac{0{,}73 \cdot 3{,}2}{0{,}73 \cdot (3{,}2 - 1) + 1} = \mathbf{0{,}90}$$

Wie die Aufgabe M 7.8 zeigt, reichert sich die leichter flüchtige Komponente im Dampf an. In der Tabelle 7d ist für Cyclopentan/Cyclohexan-Gemische die Zusammensetzung der flüssigen Phase und der Dampfphase bei ϑ = 30 °C aufgelistet (nach Gl. 7.14 berechnet).

Tabelle 7d: Gemisch-/Dampfzusammensetzung

x_1	0,00	0,20	0,40	0,60	0,80	1,00
y_1	0,00	0,47	0,70	0,84	0,93	1,00

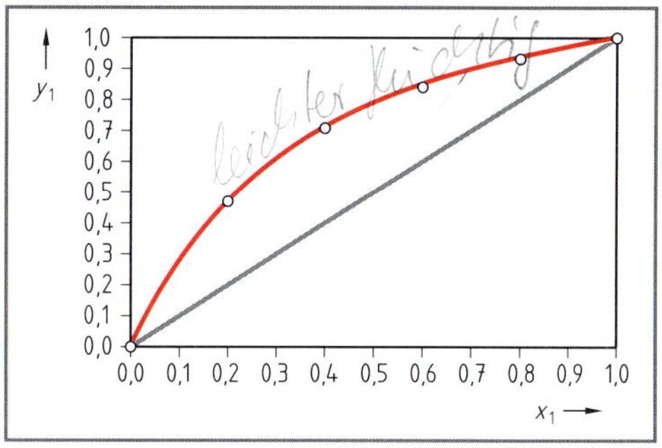

Bild 1: Isotherme Gleichgewichtskurve

Die Auftragung dieser Werte ergibt die im Bild 1 dargestellte **isotherme** Gleichgewichtskurve von Cyclopentan/Cyclohexan-Gemischen. Die Diagonale ist eine Hilfsgerade. Würde die Gleichgewichtskurve so wie diese Hilfsgerade verlaufen, dann hätte der Dampf die gleiche Zusammensetzung wie das Gemisch. Der Trennfaktor wäre $\alpha = 1$. Da die leichter flüchtige Komponente im Dampf nicht angereichert würde, könnte ein solches Gemisch durch Destillation nicht getrennt werden (vgl. auch Kap. 7.4.4).

7.4.3 Isobares Siedediagramm

Im letzten Kapitel konnte mit Hilfe der isothermen Gleichgewichtskurve gezeigt werden, dass sich bei idealen Gemischen die leichter flüchtige Komponente immer im Dampf anreichert. Untersucht man bei **konstant** gehaltenem **Druck** die **Siedetemperatur** verschiedener binärer Mischungen der gleichen Substanzen, so findet man eine Abhängigkeit der Siedetemperatur von der Gemischzusammensetzung (Bild 1, S. 230). Die leichter flüchtige Komponente wird wie immer mit dem Index 1 gekennzeichnet. Die Kurve hat zwei Fixpunkte, nämlich bei $x_1 = 1$, der Siedetemperatur des leichter flüchtigen Stoffes und bei $x_2 = 1$, der Siedetemperatur der schwerer flüchtigen Komponente.

Unter dem Begriff Siedekurve versteht man eine Isobare, die die Abhängigkeit der Siedetemperatur von der Gemischzusammensetzung beschreibt.

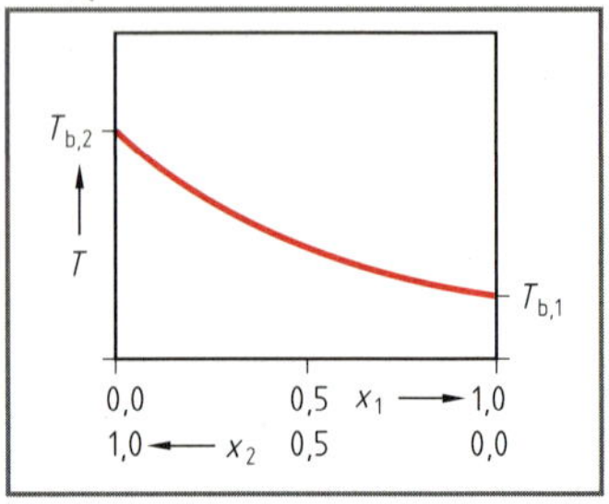

Bild 1: Siedekurve

Mit der im Bild 2 gezeigten Apparatur kann nicht nur die Siedetemperatur eines binären Gemisches bei beliebigen Zusammensetzungen untersucht werden, sondern man kann auch den Anteil der jeweiligen Komponenten im Dampf bestimmen. Für eine Messreihe werden verschiedene Mischungsverhältnisse des zu untersuchenden binären Systems zusammengestellt und erhitzt. Am Thermometer liest man die Siedetemperatur ab. Das am Kühler entstehende Kondensat besitzt die Zusammensetzung des Dampfes. Über den Hahn am U-Rohr kann eine Probe entnommen werden, deren Zusammensetzung mit einem Refraktometer oder gaschromatografisch ermittelt werden kann. Wird diese gegen die Siedetemperatur des Gemisches aufgetragen, so erhält man die **Kondensationskurve.** Im Bild 3 ist für das Cyclohexan/Cyclopentan-Gemisch die Kondensationskurve über der Siedekurve abgebildet.

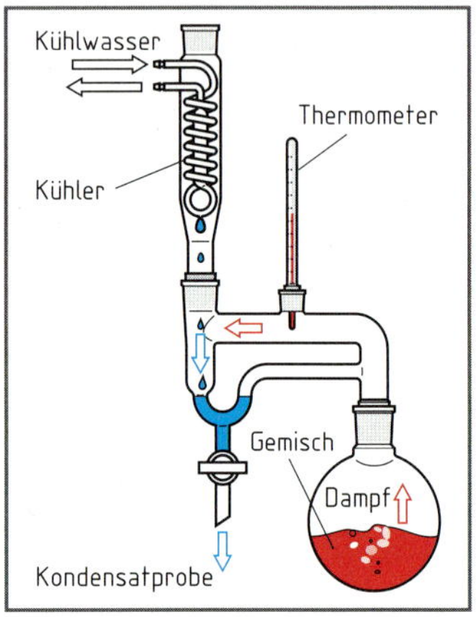

Bild 2: Apparatur zur Bestimmung von Siedediagrammen

Die Kondensationskurve ist eine Isobare, die die Abhängigkeit der Kondensatzusammensetzung von der Siedetemperatur eines binären Gemisches beschreibt. Die gemeinsame Auftragung der Siedekurve und der Kondensationskurve in einer Darstellung wird als Siedediagramm bezeichnet. Siedediagramme idealer Gemische besitzen eine lanzettähnliche Figur.

Bei einer gegebenen Gemischzusammensetzung kann aus dem Siedediagramm unmittelbar die Siedetemperatur und die im **Gleichgewicht** vorliegende Dampfzusammensetzung abgelesen werden. Will man beispielsweise wissen, bei welcher Temperatur ein Gemisch von $x_1 = 0{,}305$ Cyclopentan beziehungsweise $x_2 = 1 - 0{,}305 = 0{,}695$ Cyclohexan siedet, so geht man im Bild 3 von der Abzisse bei $x_1 = 0{,}305$ senkrecht nach oben. Der Schnittpunkt mit der Siedekurve ergibt auf der Ordinate die Siedetemperatur von $\vartheta = 68{,}1$ °C. Wird bei dieser Temperatur waagrecht nach rechts gegangen, so schneidet die Gerade die Kondensationskurve (Taukurve). Auf der Abzisse wird eine Dampf- bzw. Kondensatzusammensetzung von $y_1 = 0{,}538$ abgelesen.

Die Zusammensetzung des Kondensats kann auch rechnerisch ermittelt werden. Man muss lediglich die Dampfdrücke der reinen Komponenten bei der fraglichen Temperatur kennen. Diese können mit Hilfe einer der im Kapitel 7.1 genannten Gleichungen 7.2 bzw. 7.7 berechnet werden oder lassen sich in Tabellenwerken finden.

Für die Verbindungen Cyclopentan und Cyclohexan sind die Dampfdrücke der reinen Verbindungen in der Tabelle 7e angegeben.

Tabelle 7e: Cyclopentan (1); Cyclohexan (2)

ϑ in °C	49,2	55,5	61,8	68,1	74,7	80,7
p_{01} in mbar	1013	1222	1483	1786	2152	2532
p_{02} in mbar	347	437	545	673	831	1013

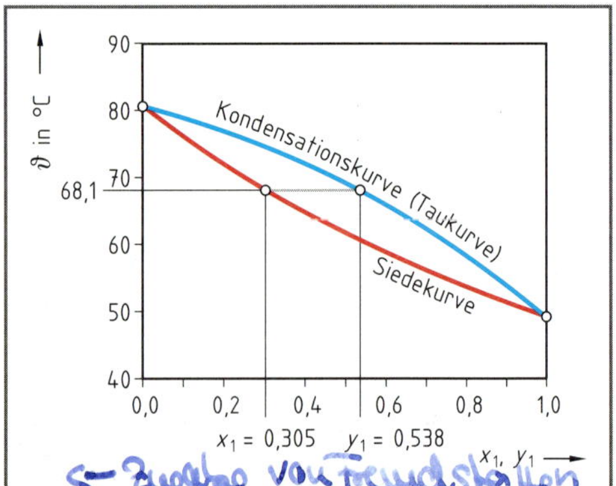

Bild 3: Siedediagramm eines Cyclopentan/Cyclohexan-Gemischs

← Zugabe von Fremdstoffen ↳ Siedepunkterhöhung
Gemische verdampfen

M 7.9: Mit Hilfe der Tabelle 7e ist

a) die Zusammensetzung eines bei ϑ = 68,1 °C unter p_{amb} = 1 013 mbar siedenden Cyclohexan/Cyclopentan-Gemischs und

b) die Gemischdampfzusammensetzung zu berechnen.

Lsg.: a) Die Gleichung 7.10: $p_M = x_1 \cdot p_{01} + (1 - x_1) \cdot p_{02}$ wird nach x_1 aufgelöst und für p_M der Umgebungsdruck p_{amb} eingesetzt:

$$x_1 = \frac{p_M - p_{02}}{p_{01} - p_{02}} = \frac{p_{amb} - p_{02}}{p_{01} - p_{02}} = \frac{1013 \text{ mbar} - 673 \text{ mbar}}{1\,786 \text{ mbar} - 673 \text{ mbar}} = \mathbf{0{,}305\ (Cyclopentan)}$$

b) Gemäß Gleichung 7.13 beträgt der Trennfaktor $\alpha = \frac{p_{01}}{p_{02}} = \frac{1786 \text{ mbar}}{673 \text{ mbar}} = 2{,}65$

Anwendung der Gleichung 7.14: $y_1 = \frac{x_1 \cdot \alpha}{x_1 \cdot (\alpha - 1) + 1} = \frac{0{,}305 \cdot 2{,}65}{0{,}305 \cdot (2{,}65 - 1) + 1} = \mathbf{0{,}538}$

7.4.4 Destillation

Die in den Kapitel 7.4.1 bis 7.4.3 beschriebenen Diagramme und Kurven sind die Grundlage für die Auslegung von Destillationsanlagen. Die Destillation ist eines der am häufigsten angewandten thermischen Trennverfahren im Labor und in der Großtechnik. Bild 1 zeigt eine einfache Apparatur zur fraktionierten Destillation nebst der zugehörigen Gleichgewichtskurve und dem Dampfdruck- bzw. Siedediagramm für ein **ideales** binäres Gemisch.

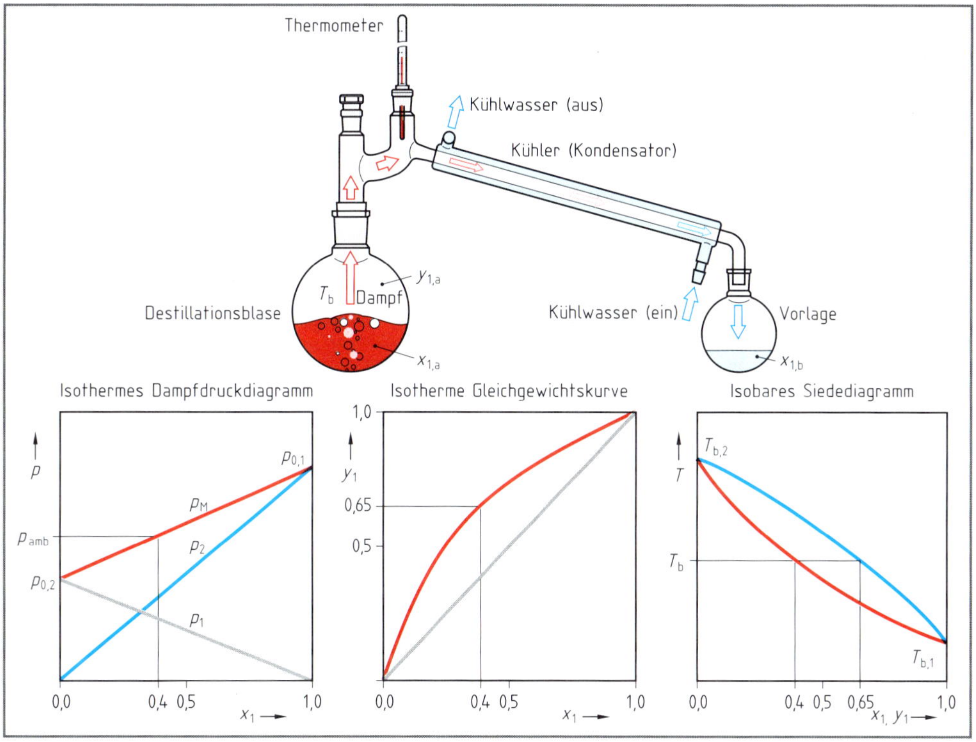

Bild 1: Prinzip der einfachen fraktionierten Destillation

Der linke Kolben (Bild 1), die Destillationsblase, wird erhitzt. Alle Diagramme in dieser Abbildung sind als Momentaufnahme zu verstehen. Das **isotherme Dampfdruckdiagramm** gilt deshalb nur für die augenblickliche Siedetemperatur T_b. Dann allerdings ist der Dampfdruck der Mischung p_M so groß wie der Umgebungsdruck p_{amb} und ein Gemisch mit $x_{1,a}$ = 0,4 kommt zum Sieden. Aus der **isothermen Gleichgewichtskurve** ist eine Dampfzusammensetzung von $y_{1,a}$ = 0,65 ablesbar. Das **isobare Siedediagramm** gestattet schließlich, die Siedetemperatur bei einer beliebigen

Gemischzusammensetzung abzulesen. Bei der momentanen Siedetemperatur T_b hat das Gemisch eine Zusammensetzung von $x_{1,a} = 0,4$ und die Dampfzusammensetzung beträgt $y_{1,a} = 0,65$. Das aus dem Dampf im Kondensator entstehende Kondensat behält diese Zusammensetzung, sodass $y_{1,a} = x_{1,b}$ ist. Die niedriger siedende Komponente sammelt sich also nicht als Reinstoff in der Vorlage! Will man den Leichtsieder weiter anreichern, so muss man mehrmals destillieren.

In der Bild 1 ist dies dargestellt. Bei der Temperatur $T_{b,a}$ siedet ein Gemisch der Zusammensetzung $x_{1,a}$. Der aufsteigende Dampf mit der Zusammensetzung $y_{1,a}$ bildet das Kondensat mit dem Stoffmengenanteil von $x_{1,b}$. Wird dieses Kondensat wiederum destilliert, so beträgt die Zusammensetzung des Dampfs $y_{1,b}$. Der Dampf kondensiert mit $x_{1,c}$. Eine weitere Destillation des Gemischs $x_{1,c}$ liefert schließlich das Kondensat $x_{1,d}$.

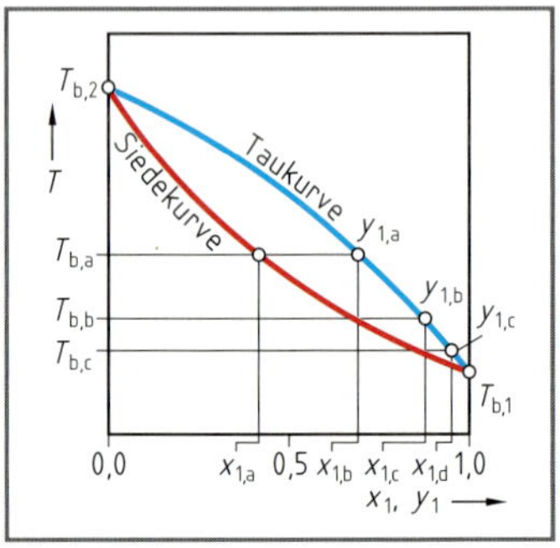

Bild 1: Siedediagramm bei wiederholter Destillation

Die Siedetemperatur sinkt bei jeder der zuletzt geschilderten Operationen, nämlich von $T_{b,a}$ auf $T_{b,c}$ (Bild 1). Dies beruht darauf, dass bei jeder **erneuten** Destillation mehr Leichtsieder in der Ausgangsmischung vorliegt. Tatsächlich steigt während *einer* Destillation die Siedetemperatur ständig. Auch dies kann mit dem Diagramm in Bild 1 erklärt werden. Im Sumpf, so nennt man den Inhalt der Destillationsblase, reichert sich die schwerflüchtigere Komponente im Verlauf der Destillation an. Der Stoffmengenanteil x_1 wird also immer weniger und nähert sich dem Wert Null an. Der Stoffmengenanteil der schwerflüchtigen Komponente geht dann gegen $x_2 = 1$ und der Inhalt der Destillationsblase siedet bei $T_{b,2}$.

Die bisherigen Betrachtungen gelten für **ideale** Zweikomponentensysteme. Reale binäre Gemische verhalten sich oftmals vollkommen anders. Dies liegt daran, dass die Wechselwirkungskräfte (vgl. Kap. 7.3) nicht vernachlässigt werden können. Der Graph der Dampfdruckdiagramme ist dann nicht mehr eine Gerade, sondern er besitzt ein **Minimum** oder ein **Maximum** (Bilder 2 und 3). Die dünnen schwarzen Linien in den folgenden Abbildungen stellen das Idealverhalten dar.

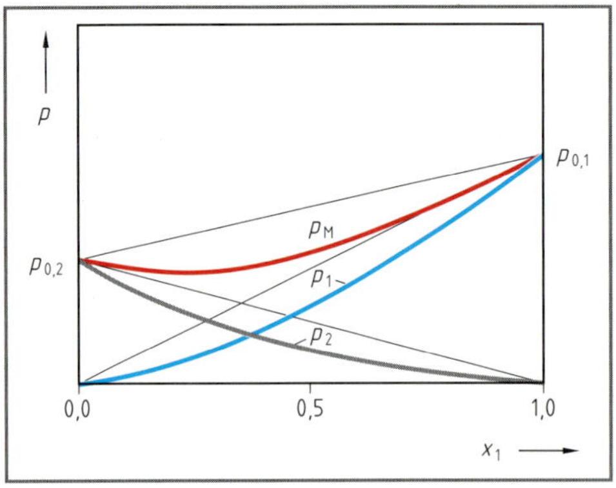

Bild 2: Dampfdruckdiagramm mit Minimum

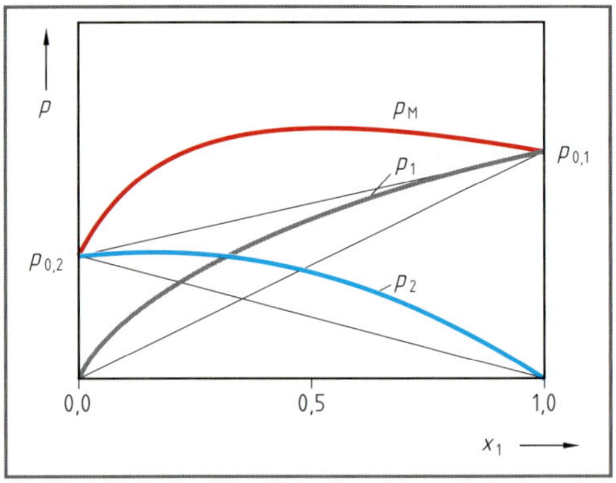

Bild 3: Dampfdruckdiagramm mit Maximum

Die Moleküle von Propanon (Aceton) und Trichlormethan (Chloroform) besitzen Dipolmomente. In der Mischung beider Flüssigkeiten kommt es zu stärkeren Wechselwirkungskräften:

$$\begin{array}{c} H_3C \\ \diagdown \\ C=O\ ----\ H-CCl_3 \\ \diagup \\ H_3C \end{array}$$

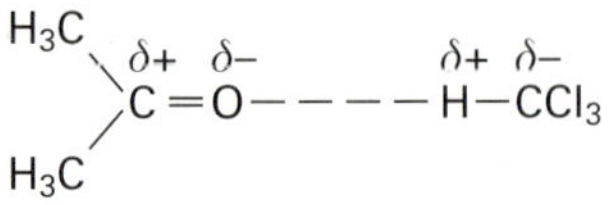

Weil die beiden unterschiedlichen Teilchenarten unter Einfluss dieser Anziehungskräfte kürzere Abstände einnehmen, kommt es unmittelbar danach zur Erwärmung (negative Mischungsenthalpie). Da die Moleküle stärker miteinander „verbunden" sind, lassen sie sich auch schwieriger in die Dampfphase überführen und sowohl die Partialdampfdrücke als auch der Gesamtdampfdruck p_M sind geringer als bei idealem Verhalten. Das Dampfdruckdiagramm besitzt ein **Minimum** (Bild 2).

Eine andere Situation entsteht, wenn die Wechselwirkungskräfte zwischen den Molekülen der **gleichen Art** größer sind als mit denen des anderen Mischungspartners. Dies bewirkt bei der Bildung des binären Systems insgesamt eine Verringerung der Anziehungskräfte und zum Mischen muss daher Energie zugeführt werden (positive Mischungsenthalpie). Da die Fremdmoleküle weniger stark miteinander wechselwirken, erhöht sich der Partialdruck der Komponenten und das Dampfdruckdiagramm hat ein **Maximum** (Bild 3, S. 232). Propanon und Kohlenstoffdisulfid (CS_2) bilden ein solches System. In beiden geschilderten Fällen ist das *raoult*sche Gesetz **nicht** mehr gültig.

Das nichtideale Verhalten solcher binärer Mischungen äußert sich auch in den Siedediagrammen und Gleichgewichtskurven. Eine Mischung, die im **Dampfdruckdiagramm** ein **Minimum** aufweist, besitzt eine geringere Flüchtigkeit. Deshalb muss zum Verdampfen mehr Energie zugeführt werden, was eine höhere Temperatur bedingt. Im **Siedediagramm** macht sich dies durch ein **Maximum** bemerkbar (Bild 1). Bemerkenswert ist, dass die Siedekurve und die Kondensationskurve (Taukurve) im Maximum zusammenfallen. Dampf und siedende Flüssigkeit (Sumpf) haben die gleiche Zusammensetzung. Wegen dieser Bedingung können solche Gemische durch einfache Destillation oder Rektifikation **nicht** getrennt werden und man bezeichnet sie als **azeotrope** Mischungen (griech.: azeo = ich koche; atropos = unverändert). Das Bild 2 zeigt die zugehörige isobare Gleichgewichtskurve des binären Gemischs aus dem Bild 1.

Azeotrope Gemische besitzen eine konstante Siedetemperatur und sind durch einfache Destillation oder Rektifikation nicht zu trennen.

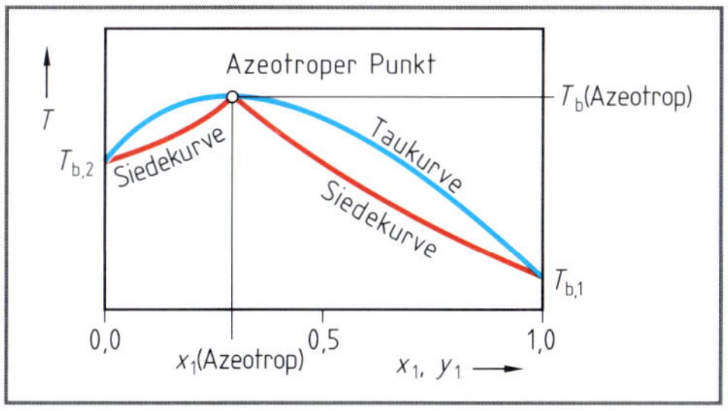

Bild 1: Siedediagramm mit Maximum (Dampfdruckdiagramm mit Minimum)

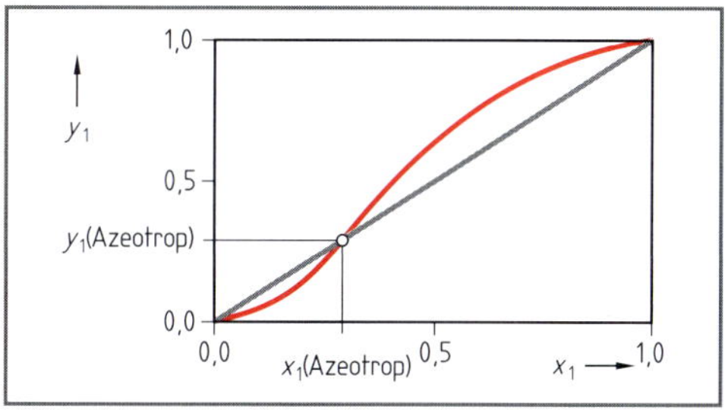

Bild 2: Isobare Gleichgewichtskurve (Siedediagramm mit Maximum)

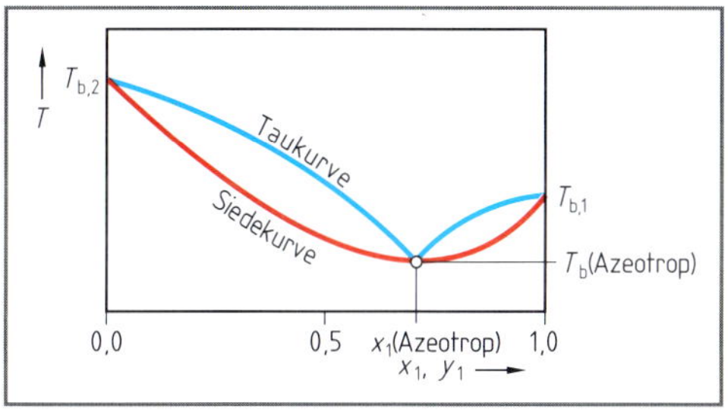

Bild 3: Siedediagramm mit Minimum (Dampfdruckdiagramm mit Maximum)

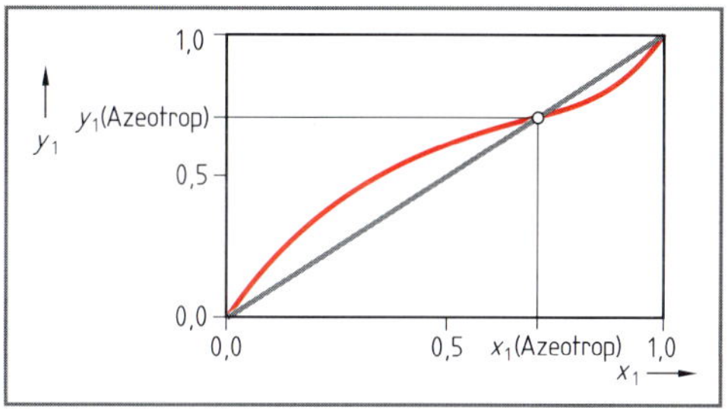

Bild 4: Isobare Gleichgewichtskurve (Siedediagramm mit Minimum)

Wenn das **Dampfdruckdiagramm** eines binären Gemischs ein **Maximum** (Bild 33, S. 232) besitzt, dann ist die Flüchtigkeit des Azeotrops größer als die der einzelnen Komponenten. Das Azeotrop besitzt folglich eine Siedetemperatur, die noch unterhalb dem des Leichtsieders (Komponente 1) liegt. Das **Siedediagramm** (Bild 3) hat deshalb ein **Minimum.** Die zu diesem Gemisch gehörige Gleichgewichtskurve ist im Bild 4 wiedergegeben. Aus den Diagrammen (Bilder 2 und 4) ist ersichtlich:

Im azeotropen Punkt schneidet die Gleichgewichtskurve die Hilfsgerade (Diagonale).

Die Siedetemperaturen azeotroper Gemische weichen teilweise stark von den Siedetemperaturen der einzelnen Komponenten ab (Tabellen 7f und 7g).

Tabelle 7f: Azeotrope Gemische mit *Siedetemperaturmaximum*					
Gemische	Siedetemperatur Komponente 1	Siedetemperatur Komponente 2	Siedetemperatur Azeotrop	Stoffmengenanteil x_1	Stoffmengenanteil x_2
Propanon/ Trichlormethan	$CH_3–CO–CH_3$: 56,2 °C	$CHCl_3$: 61,7 °C	64,7 °C	0,34	0,66
Salpetersäure/Wasser	HNO_3: 83,0 °C	H_2O: 100,0 °C	120,5 °C	0,62	0,38
Hydrogenchlorid/ Wasser	HCl: – 84,9 °C	H_2O: 100,0 °C	110,0 °C	0,11	0,89

Tabelle 7g: Azeotrope Gemische mit *Siedetemperaturminimum*					
Gemische	Siedetemperatur Komponente 1	Siedetemperatur Komponente 2	Siedetemperatur Azeotrop	Stoffmengenanteil x_1	Stoffmengenanteil x_2
Kohlenstoffdisulfid/ Propanon	CS_2: 46,2 °C	$CH_3–CO–CH_3$: 56,2 °C	40,0 °C	0,65	0,35
Ethanol/Wasser	C_2H_5OH: 78,5 °C	H_2O: 100,0 °C	78,2 °C	0,894	0,106
Ethansäureethylester/ Ethanol	$CH_3COOC_2H_5$: 77,1 °C	C_2H_5OH: 78,5 °C	71,8 °C	0,54	0,46

7.4.5 Rektifikation

Bei weit auseinander liegenden Siedetemperaturen lassen sich die Komponenten eines binären Gemisches mit einer einmaligen Destillation oft hinreichend trennen (Bild 1, Kurve a). Liegen die Siedetemperaturen nahe beieinander, ist das Ergebnis weit weniger befriedigend (Bild 1, Kurve b). Hier muss mehrmals destilliert werden.

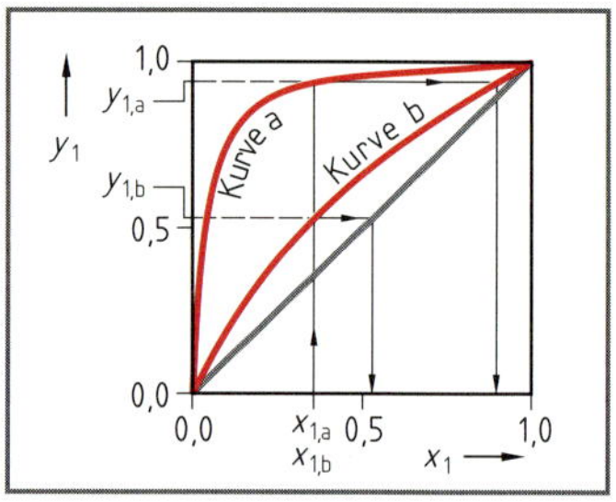

Bild 1: Gleichgewichtskurven unterschiedlicher binärer Gemische

Prinzipiell ist eine Rektifikation nichts anderes als eine mehrfache Destillation – allerdings in *einem* Verfahrensschritt. Man benutzt bei dieser Arbeitsweise eine **Kolonne,** in der dem aufströmenden Dampf siedende Flüssigkeit entgegenfließt. Die Rektifikation wird deshalb auch als **Gegenstromdestillation** bezeichnet.

Im einfachsten Fall ist die Kolonne ein aufsteigendes Rohr, in welchem der Dampf sich abkühlt und zum Teil als Kondensat zurückfließt. Ist erst einmal etwas Kondensat entstanden, so kommt aufsteigender Dampf mit diesem in Berührung. Unter Energieaustausch kühlt er sich ab. Dabei wird aus dem Dampf bevorzugt der Höhersieder als Flüssigkeit abgeschieden. Die freigesetzte Kondensationsenthalpie bewirkt andererseits einen bevorzugten Übergang des Leichtsieders aus der bereits vorhandenen flüssigen Phase in die Dampfphase (Bild 2).

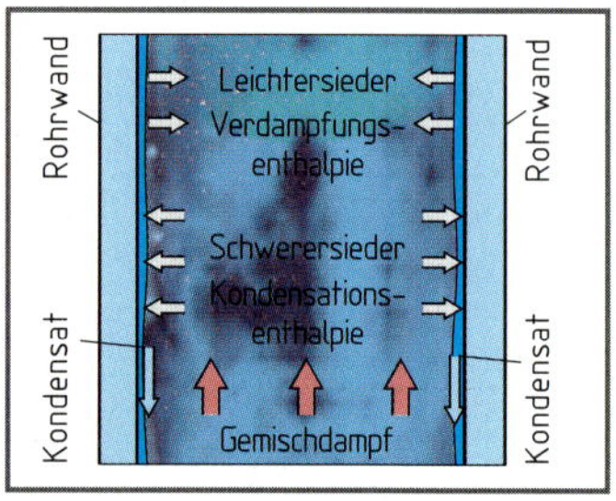

Bild 2: Stoff- und Energieaustausch bei der Rektifikation

In der Kolonne einer Rektifikationsvorrichtung findet nebeneinander ein Energie- und ein Stoffaustausch statt.

Um die Effizienz zu steigern, benutzt man an Stelle eines einfachen Rohres im Labor und in der Technik sogenannte **Bodenkolonnen** oder **Füllkörperkolonnen.**

Bei einem **Glockenboden** strömt der Dampf von unten durch die in den Boden eingesetzten röhrenförmigen Kamine (Bild 3). Die über die Kamine gestülpten Glocken mit meist gezackten Rändern leiten den Dampf um und zwingen ihn durch die Flüssigkeit zu perlen. Die Flüssigkeit auf den Böden wird durch Wehre aufgestaut.

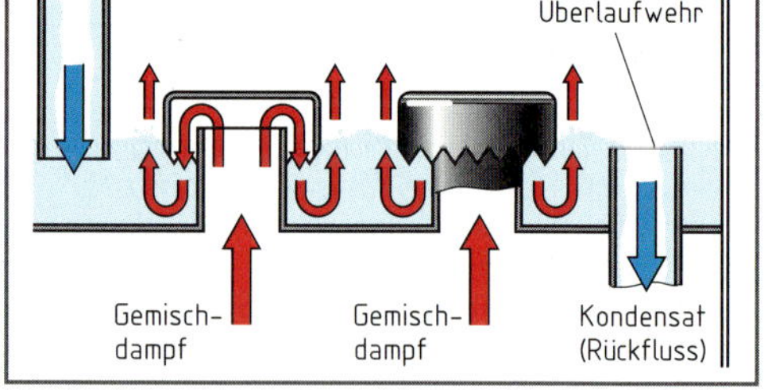

Bild 3: Glockenboden

Das Prinzip der Rektifikation lässt sich am besten mit Hilfe der Gleichgewichtskurve beschreiben. Bisher wurde immer davon ausgegangen, dass die Gleichgewichtskurve nur unter isothermen Bedingungen Gültigkeit besitzt (vgl. Kap. 7.4.2). Bei jeder Destillation und damit auch bei der diskontinuierlichen Rektifikation steigt aber im Verlauf des Trennprozesses die Temperatur im Sumpf an. Es sind also keine isothermen Bedingungen gegeben. Das Problem lässt sich beheben, indem man die **Temperaturabhängigkeit** des **Trennfaktors** α mit Hilfe empirischer Gleichungen berücksichtigt. Dann kann die Gleichung 7.14 auch auf die Rektifikation angewandt werden und der Kurvenverlauf ähnelt dem der isothermen Gleichgewichtskurve.

Das Bild 1 zeigt den Aufbau einer Glockenbodenkolonne mit drei Böden neben der zugehörigen Gleichgewichtskurve. Die Gleichgewichtskurve mit dem Stufenzug wird in diesem Fall auch ***McCabe-Thiele*-Diagramm** bezeichnet.

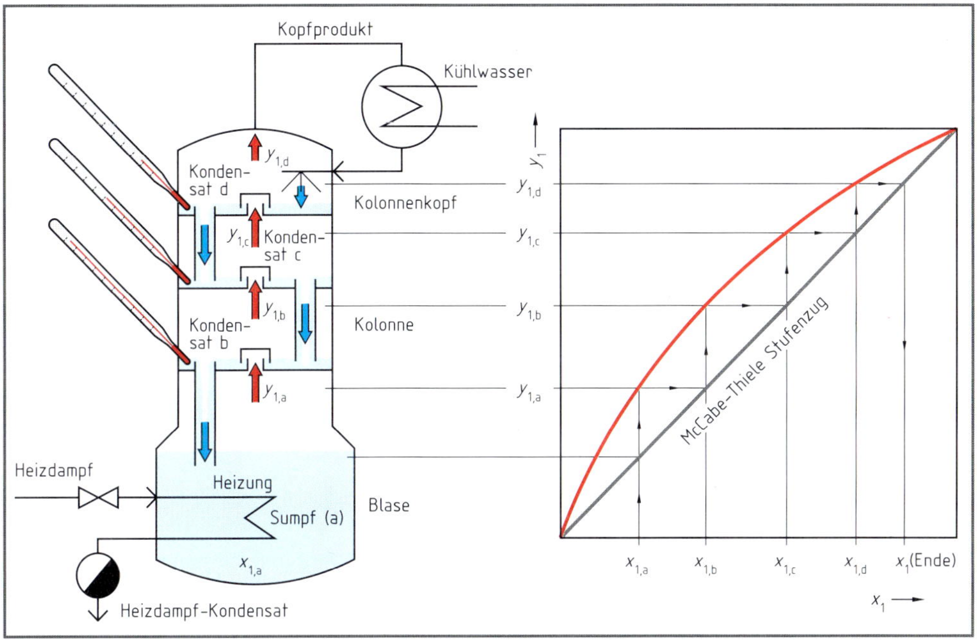

Bild 1: Prinzip der technischen Glockenbodenkolonne und zugehöriges *McCabe-Thiele*-Diagramm

In der abgebildeten Glockenbodenkolonne wird die Flüssigkeit formal insgesamt viermal destilliert. Beim Aufkochen steigt aus dem Sumpf mit der Zusammensetzung $x_{1,\,a}$ der Dampf mit $y_{1,\,a}$ auf. Dieser kondensiert am ersten Boden und die Flüssigkeit hat die Zusammensetzung $x_{1,\,b}$. Der Dampf mit $y_{1,\,b}$ ergibt auf dem nächsten Boden das Kondensat mit $x_{1,\,c}$ usw. Der Vorgang wiederholt sich von Boden zu Boden, bis schließlich am Kolonnenkopf der Dampf mit $y_{1,\,d}$ entweicht, der nach dem Kondensator (Kühler) das flüssige Endprodukt der Zusammensetzung x_1 (Ende) ergibt. Dieses wird als Rücklauf in die Kolonne zurückgeführt. Erfolgt eine Kopfproduktabnahme, so erhöht sich die erforderliche Bodenzahl, weil das Massenstromverhältnis zwischen aufsteigendem Dampf und Rücklauf verändert wird (x_1 (Ende) wird bei gegebener Bodenzahl stetig kleiner). In der Destillationsblase bleibt der Schwerersieder entsprechend angereichert zurück und kann als sogenanntes **Sumpfprodukt** entnommen werden. Beachtenswert ist, dass die Temperatur innerhalb der Kolonne von Boden zu Boden nach oben hin abnimmt. Dies stimmt auch gut mit der Überlegung überein, wonach die auf den oberen Böden siedende Flüssigkeit einen immer höheren Anteil an Leichtersieder – der niedriger siedenden Komponente – enthält.

Jeder Stufenzug in dem *McCabe-Thiele*-Diagramm, der oberhalb des ersten Stufenzugs liegt (Destillation aus der Blase heraus) entspricht einem **theoretischen Boden,** auf dem ein vollkommenes Gleichgewicht zwischen flüssiger und dampfförmiger Phase herrscht. In der Praxis muss hier jedoch ein Bodenwirkungsgrad berücksichtigt werden (s. Lehrbücher der technischen Chemie).

Kann durch Rektifikation auch ein Azeotrop bildendes Gemisch getrennt werden, wenn man eine Kolonne mit sehr vielen – theoretisch unendlich vielen – Böden verwendet? Nein, dies ist nicht möglich! Es ist gleichgültig, von welcher Zusammensetzung man ausgeht, denn:

Bei der Rektifikation einer Mischung mit **Siedetemperaturminimum** besitzt das **Kondensat** und bei einer Mischung mit **Siedetemperaturmaximum** der **Rückstand** die azeotrope Zusammensetzung.

Am Beispiel eines Azeotrops mit **Siedetemperaturmaximum** soll dies durch Betrachtung zweier unterschiedlicher Ausgangsgemische gezeigt werden (Bild 1). Das zuerst betrachtete Gemisch hat die Ausgangszusammensetzung $x_{1,a}$ und siedet bei $T_{b,a}$. Die Dampfzusammensetzung resultiert aus der Kondensationskurve und beträgt $y_{1,a}$. Der Dampf enthält paradoxerweise weniger Leichtersieder (Komponente 1) dafür mehr Schwerersieder (Komponente 2). Mit anderen Worten: die Komponente 1 reichert sich im Sumpf an, dessen neue Zusammensetzung nach einiger Zeit z.B. $x'_{1,a}$ mit der Siedetemperatur $T'_{b,a}$ ist. Wird dies wiederholt, so geht das so lange, bis der **Sumpf** schließlich die Zusammensetzung x_1 (azeotrop) hat. Ein darüber hinausgehender Versuch, durch Rektifikation weiter zu trennen ist zwecklos, denn die siedende Flüssigkeit und der Dampf haben die gleiche Zusammensetzung.

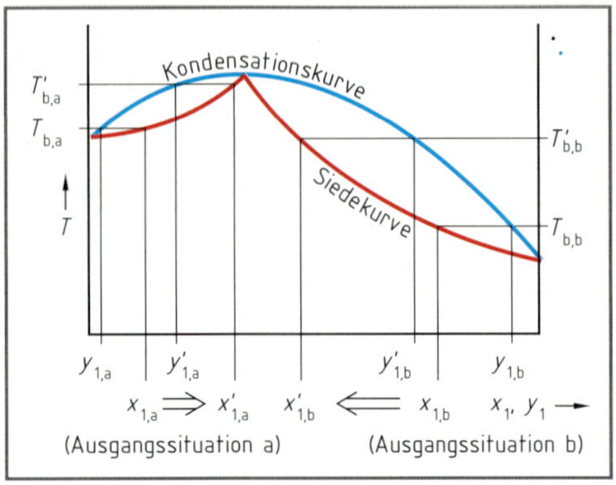

Bild 1: Rektifikation eines Azeotrops

Im anderen Fall wird der Ausgangstoffmengenanteil des anderen Gemischs mit $x_{1,b}$ angenommen (Bild 1, rechte Seite). Die Dampfzusammensetzung des bei $T_{b,b}$ siedenden Gemischs ist $y_{1,b}$. Da der Dampf mehr an Komponente 1 enthält, wird der **Sumpf** von dieser Komponente abgereichert und seine neue Zusammensetzung ist nach einer gewissen Zeit z.B. $x'_{1,b}$. Das bei $T'_{b,b}$ siedende Gemisch führt zu einer weiteren Abreicherung des Sumpfes an der Komponente 1, bis der Sumpf die Azeotropzusammensetzung hat.

7.4.6 Trägerdampfdestillation

Wenn die Wechselwirkungskräfte zwischen den Teilchen der Stoffe 1 und 2 wesentlich kleiner sind als zwischen den Molekülen der Reinstoffe, so mischen sich die Substanzen nicht (vgl. Kap. 7.3). Je nach Ausprägung kommt es zur Nichtmischbarkeit in einem bestimmten Konzentrationsbereich (Mischungslücke) oder zur vollständigen Unmischbarkeit. Die Destillation zweier **vollkommen unmischbarer Flüssigkeiten** kann auch als simultane Destillation der getrennten Flüssigkeiten interpretiert werden. Da für eine reine Flüssigkeit $x = 1$ ist, wird $p_1 = x \cdot p_{01} = p_{01}$. Für p_2 gilt die analoge Überlegung. Das *raoult*sche Gesetz kommt somit in der **flüssigen** Phase nicht zum Tragen und gemäß Bild 2 ist der Dampfdruck des Gemischs:

7.15

$$p_M = p_{01} + p_{02}$$

p in Pa

Der Dampfdruck in den Behältern in Bild 2 ist in beiden Fällen gleich und vor allem **unabhängig** von der Menge der jeweils vorliegenden Substanzen 1 und 2. Das Dampfdruckdiagramm verläuft deshalb in Übereinstimmung mit der Gleichung 7.15 parallel zur Abzisse (Bild 3) und der Dampf hat über den gesamten Bereich die gleiche Zusammensetzung.

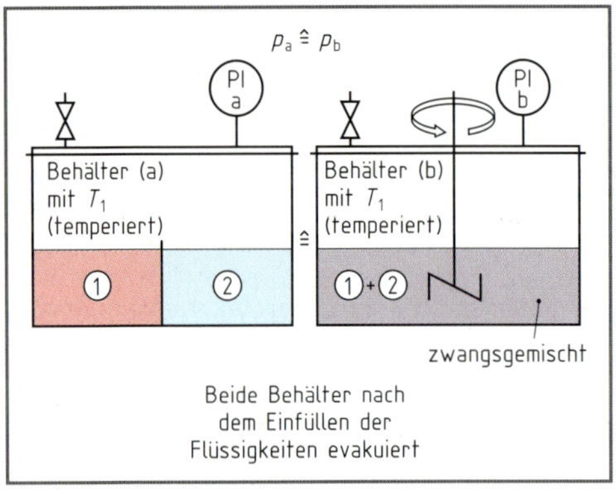

Bild 2: Dampfdruck zweier nichtmischbarer Flüssigkeiten

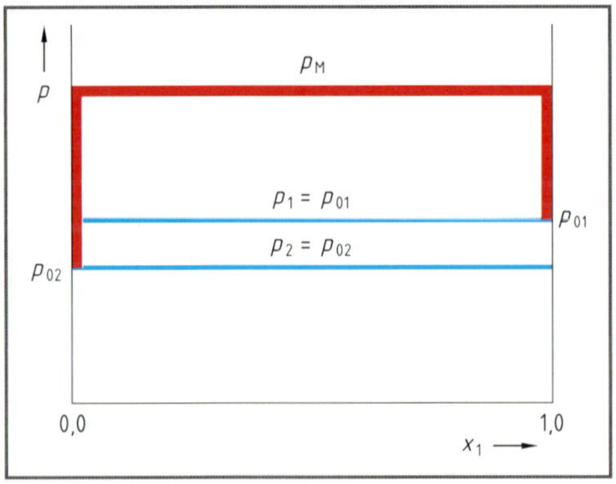

Bild 3: Dampfdruckdiagramm zweier nichtmischbarer Flüssigkeiten

Aus den Siedepunktdruckkurven (Bild 1) ist ersichtlich, dass der Umgebungsdruck p_{amb} durch den Gemischdruck p_M bereits beträchtlich **unterhalb** der Siedetemperatur der jeweiligen Reinstoffe erreicht wird. Auf diesem Prinzip, wonach die Summe der Dampfdrücke p_{01} und p_{02} der **reinen** Substanzen den Gesamtdampfdruck ergeben, beruht die Trägerdampfdestillation, die eine besonders schonende thermische Trennmethode ist. Da Wasser mit sehr vielen organischen unpolaren Substanzen nicht mischbar ist, benutzt man als Trägerdampf meistens Wasserdampf und das Verfahren heißt dann **Wasserdampfdestillation** (Bild 2).

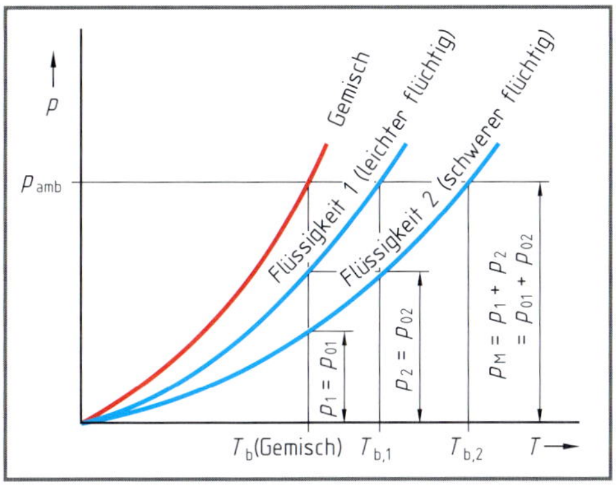

Bild 1: Siedepunktdruckkurven bei nichtmischbaren Flüssigkeiten

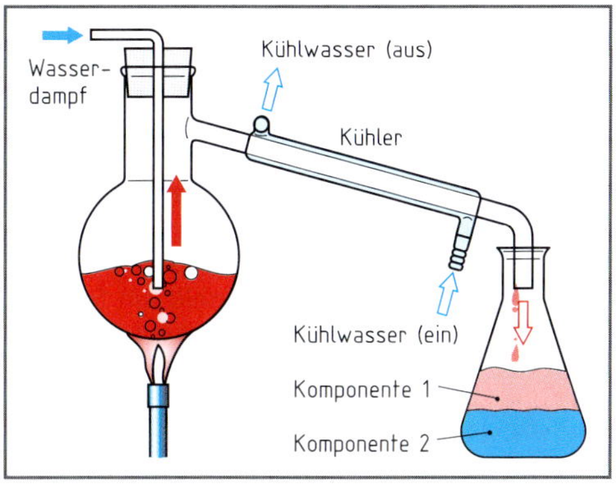

Bild 2: Apparatur zur Wasserdampfdestillation

Aus einem separaten Dampferzeuger kommend wird der Wasserdampf in die Destillationsblase eingeleitet. Diese wird aufgekocht, um die Kondensation von Wasser zu vermeiden. Der homogene Dampf kondensiert im Kühler, wonach sich die Flüssigkeiten wieder trennen. In folgender Tabelle sind einige Beispiele, geltend bei einem Druck von p_{amb} = 1 013 hPa, aufgelistet (p_{01} und p_{02} gelten bei ϑ_b (Gemisch)):

Tabelle 7h: Wasserdampfflüchtige Gemische (leichter flüchtig = 1, schwerer flüchtig = 2)

Komponente 1	Komponente 2	p_{01} in hPa	p_{02} in hPa	ϑ_b (1) in °C	ϑ_b (2) in °C	ϑ_b (Gemisch) in °C
Wasser	Anilin	955,7	57,3	100	184,7	98,5
Wasser	Brombenzol	851,7	161,3	100	156,4	95,5
Benzol	Wasser	713,6	299,4	80,1	100	69,1

Wie aus der Tabelle 7h ersichtlich, siedet reines Brombenzol bei ϑ_b = 156,4 °C, während das Gemisch bei der schonenderen Temperatur von ϑ_b (Gemisch) = 95,5 °C übergeht.

Die Dampfzusammensetzung kann berechnet werden, wenn die Dampfdrücke der Komponenten bei der Destillationstemperatur bekannt sind. Für die Komponenten 1 und 2 lässt sich jeweils die universelle Gasgleichung (vgl. Kap. 2.2.6) ansetzen:

$p_{01} \cdot V = n_1 \cdot R \cdot T$ und $p_{02} \cdot V = n_2 \cdot R \cdot T$

Die Division des ersten durch den zweiten Ausdruck ergibt:

$$\frac{p_{01}}{p_{02}} = \frac{n_1}{n_2} \qquad (7.16)$$

p	n
Pa	mol

M 7.10: In einem Betrieb sollen 2 670 kg Anilin, M (Anilin) = 93,13 g · mol^{-1}, durch Wasserdampfdestillation gereinigt werden.
Wie viel kg Wasserdampf $M(H_2O)$ = 18,00 g · mol^{-1} müssen hierzu lt. Tabelle 7h mindestens eingesetzt werden?

Lsg.: $n_2 = n\,(\text{Anilin}) = \frac{m\,(\text{Anilin})}{M\,(\text{Anilin})} = \frac{2\,670 \text{ kg}}{93{,}13 \text{ kg} \cdot \text{kmol}^{-1}} = 28{,}67 \text{ kmol}$. Mit Gl. 7.16 folgt:

$$n_1 = n\,(H_2O) = \frac{p_{01}}{p_{02}} \cdot n\,(\text{Anilin}) = \frac{955{,}7 \text{ hPa}}{57{,}3 \text{ hPa}} \cdot 28{,}67 \text{ kmol} = 478{,}18 \text{ kmol}$$

$$m\,(H_2O) = n\,(H_2O) \cdot M\,(H_2O) = 478{,}18 \text{ kmol} \cdot 18{,}00 \text{ kg} \cdot \text{kmol}^{-1} = \mathbf{8607{,}31 \text{ kg}}$$

Zur Beschreibung des Prinzips der Wasserdampfdestillation mit Hilfe der **Siedekurve** soll zunächst ein System mit Mischungslücke betrachtet werden (Bild 1). Es ähnelt dem eines Siedediagramms mit **Minimum** (vgl. Bild 3, S. 233), nur dass im Bereich der **Mischungslücke** (Punkt B bis C) die Siedekurve waagerecht verläuft. Wird von einem Gemisch $x_{1,a}$ ausgegangen, so siedet es bei $T_{b,a}$ und der Dampf hat die Zusammensetzung $y_{1,a}$ (Bild 1). Im Bereich von $x_{1,b}$ bis $x_{1,c}$ ist die Dampfzusammensetzung **unabhängig** von der Flüssigkeitszusammensetzung und beträgt immer $y_1(H) = x_1(H)$. Der Punkt H wird als **heteroazeotroper Punkt** bezeichnet.

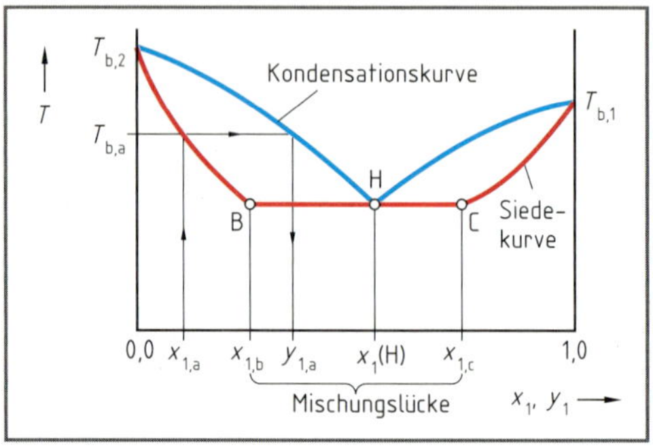

Bild 1: Siedediagramm eines Systems mit Mischungslücke

Der heteroazeotrope Punkt stellt ein Siedepunktsminimum dar, an dem die Siedekurve und die Kondensationskurve zusammenfallen. Der Dampf befindet sich mit dem Flüssigkeitsgemisch im Gleichgewicht und beide Phasen haben die **gleiche Zusammensetzung.**

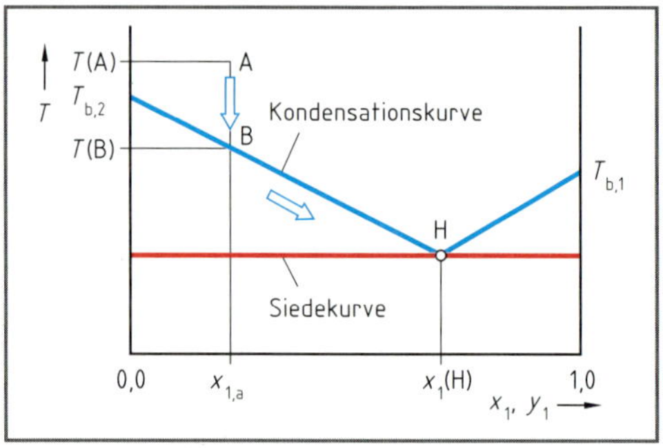

Bild 2: Siedediagramm nicht mischbarer Flüssigkeiten (Wasserdampfdestillation)

Sind die beiden Flüssigkeiten praktisch nicht miteinander mischbar, so erstreckt sich die Mischungslücke über den gesamten Bereich. Die **Kondensationskurve** artet zur **Geraden** aus und beschreibt die Kondensation der **reinen** Komponente 1 bzw. 2 aus einem Dampf außerhalb der Zusammensetzung des heteroazeotropen Gemischs (Bild 2). Wird beispielsweise im Bild 2 das Gemisch mit $x_{1,a}$ auf die Temperatur T(A) erhitzt, so bildet sich eine homogene Dampfphase (Punkt A). Bei der Abkühlung beginnt bei der Temperatur T(B) die reine Komponente 2 zu kondensieren (Punkt B), wodurch sich der Dampf an der Komponente 1 anreichert. Die weitere Abkühlung bewirkt, dass sich die Kondensatzusammensetzung unter ständiger Anreicherung der Flüssigkeit 1 in Pfeilrichtung auf den **heteroazeotropen** Punkt mit x_1 (H) zubewegt. An diesem Punkt haben schließlich die flüssige Phase und die Dampfphase die gleiche Zusammensetzung. Dies wird solange aufrecht erhalten, bis die wasserdampfflüchtige Komponente komplett abdestilliert ist.

7.5 Phasengleichgewichte nichtflüchtiger Zweikomponentensysteme

An dieser Stelle werden Gleichgewichte zwischen **Festkörpern** und ihren **Schmelzen** untersucht. Bei den in den vorherigen Kapiteln betrachteten Vorgängen – Verdampfung/Kondensation beim Destillieren und Rektifizieren – fand ein Phasenwechsel zwischen flüssiger und gasförmiger Phase statt. Beim Schmelzen und Erstarren wird lediglich die Art der Phasen geändert und zwar wird der Übergang flüssig/gasförmig durch den Übergang fest/flüssig ersetzt. Die Zustandsschaubilder sollten sich demnach ähneln und das *gibbs*sche Phasengesetz ebenfalls gültig sein.

M 7.11: Wie viele Phasen können maximal in einem Fest-Flüssig-System aus zwei Metallen oder zwei Salzen nebeneinander vorliegen, wenn sich eine Zustandsgröße (c oder T) ändert und der Druck festgelegt ist?

Lsg.: $K = 2$ und $F = 1$ (Druck ist festgelegt, eine Größe ist variabel). Anwendung des *gibbs*schen Phasengesetzes:

$P = K + 2 - F = 2 + 2 - 1 = \mathbf{3}$.

Nach dem *gibbs*schen Phasengesetz können maximal in einer binären Mischung nichtflüchtiger Komponenten alle drei Phasen entsprechend den drei Aggregatzuständen nebeneinander vorliegen. Da der Freiheitsgrad $F = 1$ ist, kann unter dieser Annahme entweder die Temperatur **oder** der Stoffmengenanteil der Komponenten variiert werden, ohne dass eine der Phasen verschwindet.

Am besten lassen sich solche Systeme mit Hilfe von **Abkühlungskurven** untersuchen. Bei einer Abkühlung ohne Phasenumwandlung, Mischkristallbildung und Verbindungsbildung verläuft die Abkühlungskurve in grober Näherung gemäß dem ***newton*schen Abkühlungsgesetz:**

Die Abkühlungsgeschwindigkeit kann näherungsweise proportional zur Temperaturdifferenz zwischen dem Körper und der Umgebung angenommen werden, wobei die Geschwindigkeit des Vorgangs im Zeitverlauf exponentiell abnimmt.

Die Aufnahme der Abkühlungskurven, bei denen man prinzipiell vier **Grundtypen** (Bild 1) unterscheidet, nennt man **thermische Analyse**.

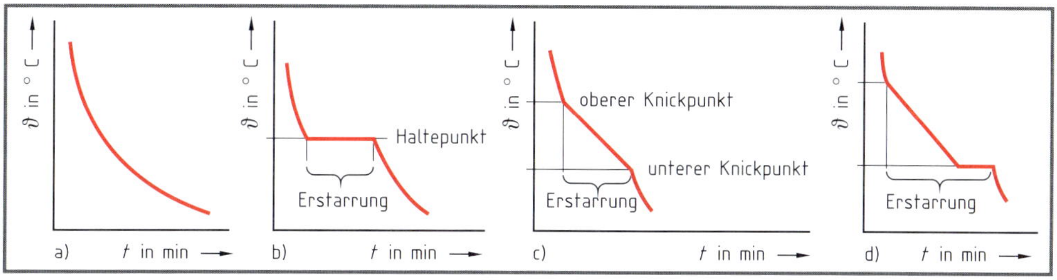

Bild 1: Abkühlungskurven a) ohne Kristallisation, b) einer kristallisierenden Reinsubstanz, c) mit Mischkristallbildung, d) ohne Mischkristalle und mit Unlöslichkeit im festen Zustand

a) Die exponentiell verlaufende normale Abkühlungskurve (Bild 1 a) wird immer dann gefunden, wenn sich ein **Körper ohne irgendeine Änderung** (Aggregatzustandsänderung, Kristallbildung oder Verbindungsbildung) gemäß dem *newton*schen Gesetz abkühlt.

b) Beim **Erstarren der Schmelze eines Reinstoffes** findet man den im Bild 1 b wiedergegebenen Graph. Die beim Schmelzen zugeführte Schmelzenthalpie ΔH_s wird beim Kristallisieren wieder frei. Dadurch bedingt, bleibt die Temperatur so lange konstant, bis alles erstarrt ist.

c) Die in Bild 1c wiedergegebene Abkühlungskurve eines **binären Gemischs** wird gefunden, wenn **Mischkristalle** entstehen. Dies setzt voraus, dass die beiden Stoffe bei den gegebenen Bedingungen sowohl im flüssigen als auch im festen Zustand vollkommen miteinander **mischbar** sind. Am oberen Knickpunkt beginnt die Abscheidung von Mischkristallen. Wegen der freigesetzten Kristallisationsenthalpie (ΔH_s) sinkt die Temperatur langsamer, bleibt aber im Gegensatz zu Bild 1 b nicht konstant, weil ein Teil dieser Wärmeenergie von der zweiten Komponente – die mit der niedrigeren Schmelztemperatur – aufgenommen wird. Am unteren Knickpunkt ist die Abscheidung von Mischkristallen beendet und die gesamte Charge fest.

d) Die Kurve im Bild 1d wird erhalten, wenn zwei Festkörper, z.B. Metalle, in der Schmelze vollkommen miteinander mischbar sind, sich aber **beim Erstarren vollständig entmischen.** Sinkt die Temperatur, so kristallisiert zunächst eine der beiden Komponenten und man erhält einen Knick. Bei weiterer Abkühlung scheiden sich **gleichzeitig** Kristalle beider Komponenten im dichten Gemenge als **eutektisches Gemisch** ab, bis alles erstarrt ist. Ein solches **Eutektikum** wird beispielsweise von Blei und Antimon mit w(Pb) = 87% und w(Sb) = 13% gebildet.

Die Bild 1, S. 240 zeigt die Entwicklung des **Schmelzdiagramms** für das System Gold/Silber. Hierzu werden die Abkühlungskurven verschiedener binärer Mischungen der Metalle bestimmt. Der **obere Knickpunkt** ist ein Messpunkt auf der **Liquiduskurve,** während der **untere Knickpunkt** einem Messwert der **Soliduskurve** entspricht. Die Abkühlungskurven mit Haltepunkten gelten jeweils für die reinen Metalle Gold und Silber und begrenzen das Schmelzdiagramm links und rechts.

Solidus- und Liquiduslinie bilden die Grenze eines Zweiphasengebiets, in welchem flüssige und feste Bestandteile nebeneinander vorliegen. Die Soliduslinie trennt andererseits dieses Zweiphasengebiet von dem durchgängig festen Zustand, während die Liquiduslinie den Bereich der homogenen Schmelze von dem Zweiphasenfeld abgrenzt.

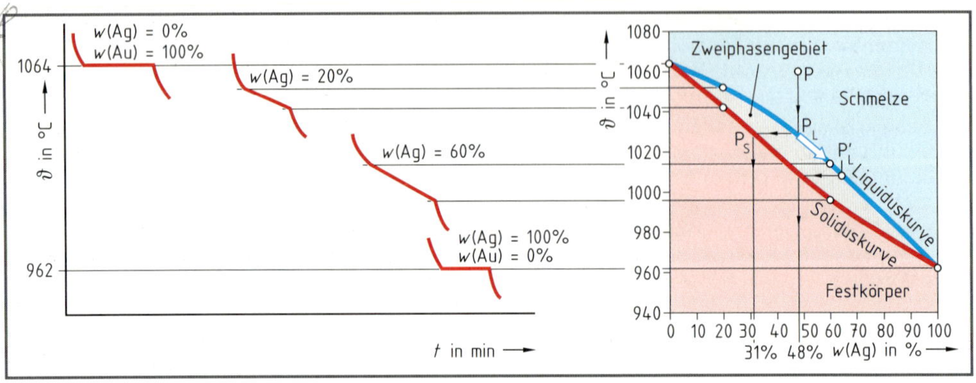

Bild 1: Konstruktion des Schmelzdiagramms für das System Gold/Silber

Das Schmelzdiagramm von Gold und Silber gleicht in der Gestalt dem Siedediagramm einer idealen binären Flüssigkeitsmischung. Analog den Flüssigkeiten beruht dies auf der Ähnlichkeit der Stoffe, was sich schon beim Vergleich der Atomradien der beiden Metalle zeigt: *r* (Ag) = 144,2 pm und *r* (Au) = 144,5 pm. Ein NaCl/AgCl-Salzgemisch verhält sich ebenso. Allgemein gilt:

Feststoffe, deren Atome einen ähnlichen Radius und eine vergleichbare Elektronenkonfiguration besitzen, sind in der Regel sowohl im flüssigen als auch im festen Zustand in jedem Verhältnis miteinander mischbar. Das Schmelzdiagramm ihrer binären Mischungen besitzt eine lanzettenförmige Gestalt. Bei der Abkühlung scheiden sich Mischkristalle mit immer neuer Zusammensetzung ab.

Aus dem Schmelzdiagramm kann die Zusammensetzung einer kristallisierenden Schmelze abgelesen werden. Im Punkt P des Schmelzdiagramms (Bild 1) liegt eine Schmelze mit *w* (Ag) = 48% und *w* (Au) = 52% bei 1 060 °C vor. Bei Abkühlung wird bei P_L die Liquiduslinie erreicht. Bei der dann vorliegenden Temperatur (ϑ = 1 027 °C) kristallisiert ein Mischkristall mit *w* (Ag) = 31% bzw. *w* (Au) = 69% (Schnittpunkt der Solduslinie). Durch diesen Vorgang wird die Schmelze an **Gold abgereichert** und mit weiter sinkender Temperatur ändert sich die Zusammensetzung der kristallierenden Schmelze kontinuierlich in Pfeilrichtung bis zum Punkt P_L'. Hier erstarrt der Rest der Schmelze mit *w* (Ag) = 48%.

Das Bild 2 zeigt am Beispiel des Systems KCl/LiCl den Fall einer Salzschmelze mit **Mischungslücke im festen Zustand,** wie es schon im Bild 1d, S. 239 erläutert worden ist. Solche Diagramme, die prinzipiell wie bisher beschrieben aus Abkühlungskurven entwickelt werden können, existieren in großer Zahl auch für **binäre Metallmischungen,** z.B. Al/Pb. An Stelle des Massenanteils, *w* (i), ist der Stoffmengenanteil, *x* (i) auf der Abzisse aufgetragen werden. Die Gestalt gleicht in etwa der eines Siedediagramms zweier **nichtmischbarer** Flüssigkeiten (s.a. Bild 2, S. 238).

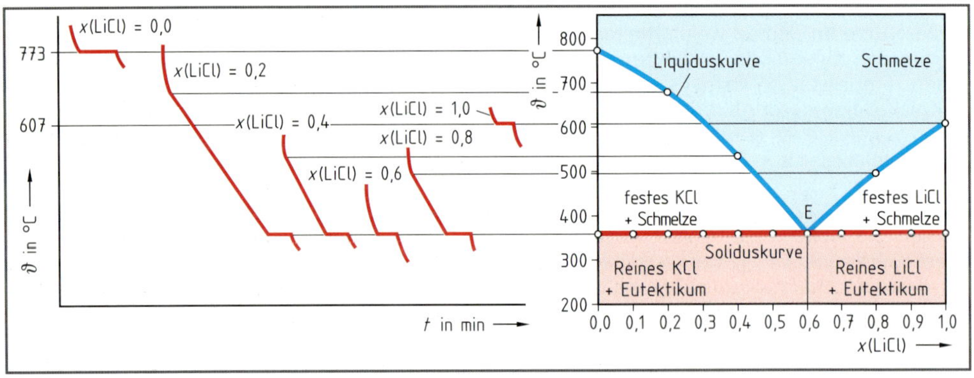

Bild 2: Konstruktion des Schmelzdiagramms von Lithiumchlorid und Kaliumchlorid

Die Abkühlungskurven der Gemische mit *x* (LiCl) = 0,2, *x* (LiCl) = 0,4 und *x* (LiCl) = 0,8 haben einen oberen aber **keinen** unteren Knickpunkt. Dafür existiert jeweils ein Haltepunkt, entsprechend der **Erstarrungstemperatur des Eutektikums.** Dies ist ganz allgemein ein feines Kristallgefüge (keine

Verbindung!) der im festen Zustand nicht miteinander mischbaren Komponenten. Im Beispiel von KCl/LiCl (Bild 2, S. 240) schmilzt das Eutektikum bei $\vartheta = 359$ °C mit x(LiCl) = 0,6 (Punkt E). Zu beachten ist, dass sowohl eine Liquiduskurve als auch eine Soliduskurve existieren, die das Zweiphasengebiet umschließen.

Unterhalb der Soliduslinie liegen links vom Punkt E große KCl-Kristalle neben dem feinen Eutektikum vor, während rechts davon reine große LiCl-Kristalle neben dem Eutektikum gefunden werden.

Binäre Mischungen, deren Komponenten im festen Zustand nicht miteinander mischbar sind, bilden eutektische Gemische (griech.: eu = gut; tektein = schmelzen). Das Eutektikum besitzt die niedrigste Schmelztemperatur aller Gemische von A und B.

Eutektische Gemische haben eine große technische Bedeutung. So ist die Elektrolyse einer Schmelze von Aluminiumoxid zur Darstellung von Aluminium technisch zu aufwendig. Dies müsste nämlich bei 2072 °C geschehen. Durch die Bildung eines Eutektikums mit Na_3AlF_6 kann die Elektrolysebadtemperatur auf 935 °C gesenkt werden. Wie bereits erläutert, werden Eutektika nicht nur von Salzen sondern auch von Metallen gebildet (vgl. Tabelle 7i).

Tabelle 7i: Eutektische Gemische

System A – B	ϑ_m (A) in °C	ϑ_m (B) in °C	Eutektischer Punkt in °C	Eutektikumszusammensetzung in %
NaCl – H_2O	801	0	– 21,6	w(NaCl) = 22,4
Pb – Sb	328	631	+ 246,0	w(Pb) = 87,0
Cd – Zn	321	420	+ 270,0	w(Cd) = 82,6
Al_2O_3 – Na_3AlF_6	2072	1000	+ 935,0	w(Al_2O_3) = 18,5

Schmelzdiagramme lassen sich nicht mit Hilfe einfacher Gleichungen aus den Kenngrößen (z.B. Schmelzenthalpie, Wärmekapazität) der Feststoffe berechnen. Sie müssen vielmehr **experimentell** bestimmt werden. Dabei zeigt es sich dann, dass die Verhältnisse nicht immer so übersichtlich sind, weil viele Komponenten entweder miteinander unter Verbindungsbildung reagieren, oder weil statt einer vollständigen Unmischbarkeit nur eine Mischungslücke vorliegt.

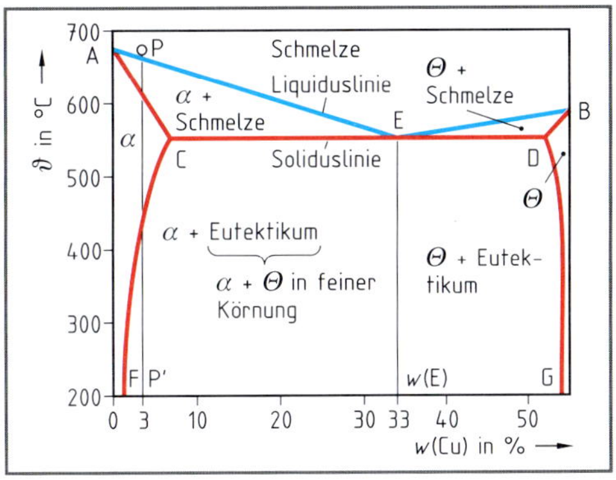

Bild 1: Schmelzdiagramm mit Mischungslücke

Das Bild 1 zeigt einen Ausschnitt des Schmelzdiagramms von Aluminium und Kupfer. Die beiden Metalle bilden die **intermetallische Verbindung** Al_2Cu. Der Schnittpunkt der Linie DG mit der Abzisse (Punkt G) entspricht exakt dem Massenanteil des Kupfers, w(Cu) = 54,0%, in dieser Verbindung. Die Fläche zwischen den Punkten C, D, F, G ist eine **Mischungslücke.** Die feste Lösung des Kupfers in Aluminium nennt man **α-Phase** (α-Mischkristalle) und die feste Lösung von Aluminium in Al_2Cu ist die **θ-Phase.** Die Schmelztemperatur des Aluminiums beträgt ϑ_m (Al) = 660 °C (Punkt A). Die intermetallische Verbindung schmilzt bei ϑ_m (Al_2Cu)= 595 °C (Punkt B). Wird beispielsweise eine Schmelze von w(Cu) = 3% ausgehend vom Punkt P in Richtung P' **schnell** auf Zimmertemperatur abgekühlt, so erstarrt sie zu einer weichen und duktilen Masse reiner α-Phase. Diese Phase ist metastabil. Weil mit sinkender Temperatur die Löslichkeit von Cu in Al abnimmt, müsste sich eigentlich beim Abkühlen (Überschreiten des Schnittpunkts der Linie CF) ein Gemisch bestehend aus α-Phase **und** Eutektikum bilden. Tatsächlich geschieht dies auch – aber zeitlich verzögert. Diese **temporäre Ausscheidung** ist mit einer **Festigkeits-** und **Härtesteigerung** verbunden, weshalb man auch von **Ausscheidungshärtung** (bzw. Aushärtung) spricht. Wegen der verbesserten Diffusion verläuft dieser Vorgang beschleunigt, wenn man eine Legierung nach dem schnellen Abkühlen wieder erwärmt. Dies realisiert man in technischen Wärmebehandlungsverfahren (Lösungsglühen, Abschrecken und Wiedererwärmen – nicht über die Umwandlungslinie). Im Ergebnis erhält man eine Festigkeitssteigerung ohne zu große Versprödung. Auch ein eutektischer Punkt existiert. Wird eine Mischung aus w(Cu) = 33% und w(Al) = 67% abgekühlt, so erstarrt ein Eutektikum aus α- und θ-Mischkristallen (Punkt E).

7.6 Absorptionsgleichgewicht und *henry-dalton*sches Gesetz

In einer evakuierten Flasche befindet sich reines Wasser, das durch Erhitzen vollkommen entgast wurde (Bild 1 a). Der Hahn wird geöffnet und Sauerstoff eingeleitet (Bild 1 b). Nach dem Schließen des Hahns sinkt der am Manometer ablesbare Druck kontinuierlich bis er einen konstanten Wert erreicht.

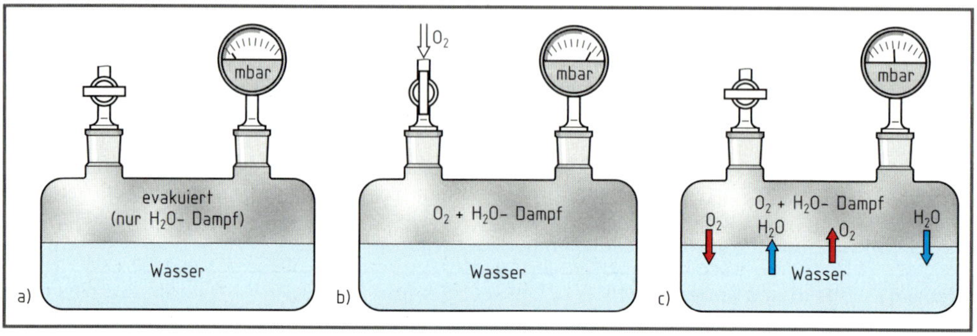

Bild 1: Auflösen eines Gases in einer Flüssigkeit

Was ist passiert? Sofort nach dem Einleiten des Sauerstoffs begann sich dieser in Wasser zu lösen. Dabei wird definiert:

Die Auflösung eines Gases in das Innere einer kondensierten Phase (Flüssigkeit, Feststoff) wird als **Absorption** bezeichnet. Die Umkehrung des Vorgangs nennt man **Desorption.** Die Gasmoleküle verteilen sich bei der Absorption zwischen den Teilchen der kondensierten Phase (molekulardisperse Verteilung).

Sobald eine Gasmenge gelöst vorliegt, beginnt die Desorption. Zuerst langsam, dann immer schneller, bis sich ein **dynamisches Gleichgewicht** zwischen Absorption und Desorption eingestellt hat. Gemäß dem *Le Chatelier*-Prinzip ist dieses Gleichgewicht druckabhängig. Wird nämlich der Druck erhöht, so weicht das System dem äußeren Zwang aus, indem mehr Gas in Lösung geht. Dies ist der Inhalt des *henry*schen Gesetzes, welches besagt:

Die Löslichkeit eines Gases in einer kondensierten Phase (Flüssigkeit, Festkörper) ist bei konstanter Temperatur proportional zu dessen Partialdruck p über der Flüssigkeitsoberfläche.

7.17 $$c_1 = A \cdot p_1$$

c	A	p
$mol \cdot L^{-1}$	$mol \cdot L^{-1} \cdot Pa^{-1}$	Pa

Die Größe A ist der ***henry*sche Löslichkeits- oder Absorptionskoeffizient.**

M 7.12: In einer Sektflasche herrscht ein Druck von p_1 = 1,4 bar. Beim Öffnen entspannt sich das Gas schlagartig auf p_2 = 1,0 bar. Wie viel % des gelösten Gases entweichen?

Lsg.: Vor dem Öffnen: $c_1 = A \cdot p_1$. Nach dem Öffnen: $c_2 = A \cdot p_2 \Rightarrow$

$$c_2 = c_1 \cdot \frac{p_2}{p_1} = c_1 \cdot \frac{1{,}0\ \text{bar}}{1{,}4\ \text{bar}} = 0{,}714 \cdot c_1.$$

Mit c_1 = 100% folgt, dass **28,6%** des Gases entweichen.

Dalton konnte zeigen, dass das Gesetz auch auf **Gasmischungen** anwendbar ist, wobei als Druck der **Partialdruck** des jeweiligen Gases angesetzt werden muss. Das *henry-dalton*sche Gesetz lautet:

Bei Gasgemischen ist die Löslichkeit **einer** Gaskomponente X in einer kondensierten Phase bei einer bestimmten Temperatur proportional zu ihrem Partialdruck p (X).

Es ist allgemein üblich, statt der Stoffmengenkonzentration das auf **Normbedingungen umgerechnete** Volumen V_n (X) des gelösten Gases einzusetzen, was bedingt, dass der **Partialdruck** dann ebenfalls auf **Normbedingungen** umgerechnet werden muss ($p_n(X) = p(X)/p_n$). An Stelle des *henry*schen Löslichkeitskoeffizienten A tritt dann der ***bunsen*sche Absorptionskoeffizient** α.

Der ***bunsen*sche Absorptionskoeffizient** α gibt an, welcher Bruchteil von einem Liter eines Gases (auf Normbedingungen umgerechnet) sich in einem Liter einer bestimmten Flüssigkeit löst.

Berücksichtigt man, dass das sich lösende Volumen V_n (X) des Gases umso größer wird, je mehr Flüssigkeit (V_L) vorliegt, so findet man schließlich durch Änderung der Gleichung 7.17 die folgende mathematische Formulierung des *henry-dalton*schen Gesetzes:

$$V_n(X) = \alpha \cdot V_L \cdot \frac{p(X)}{p_n}$$ **7.18**

V	α	p_i
m^3	1	Pa

Da der *bunsen*sche Absorptionskoeffizient α temperaturabhängig ist, muss neben dem Zahlenwert die Temperatur vermerkt werden (s. Tabellen 7j und 7k). Außerdem darf sich das Gas nicht mit der Flüssigkeit umsetzen. Obwohl CO_2 und H_2S mit Wasser reagieren, können *bunsen*sche Absorptionskoeffizienten angegeben werden, da der Umsatz maximal 1% beträgt.

Tabelle 7j: *bunsen*scher Absorptionskoeffizient α einiger Gase in Wasser bei ϑ = 20 °C

Gas	H_2	O_2	N_2	Luft	CO_2	H_2S	C_2H_2	C_2H_4	C_2H_6
α	0,01819	0,0310	0,01545	0,01871	0,878	2,582	1,03	0,122	0,0472

Tabelle 7k: Temperaturabhängigkeit von α für O_2 und CO_2 (wässrige Lösung)

	20 °C	25 °C	30 °C	37 °C
$\alpha(O_2)$	0,0310	0,0283	0,0261	0,0239
$\alpha(CO_2)$	0,878	0,759	0,665	0,567

M 7.13: Durch V_L = 280 L Wasser wird Luft von ϑ = 20 °C geleitet, die φ = 15% Hydrogensulfid ($M(H_2S) = 34{,}1\ g \cdot mol^{-1}$) enthält. Wie viel Gramm Hydrogensulfid lösen sich maximal, wenn der Gesamtdruck über der Flüssigkeit p_{ges} = 198,0 kPa beträgt?

Lsg.: Der Wert für $\alpha(H_2S)$ folgt aus der Tabelle 7j. Wenn der Volumenanteil einer Komponente eines Gases φ = 15% beträgt, ist ihr Stoffmengenanteil x = 0,15 (vgl. Kap. 2, Gl. 2.20). Einsetzen der Werte in Gl. 7.18 unter Berücksichtigung von $p(H_2S) = x(H_2S) \cdot p_{ges}$ ergibt:

$$V_n(H_2S) = \alpha(H_2S) \cdot V_L \cdot \frac{x(H_2S) \cdot p_{ges}}{p_n} = 2{,}582 \cdot 280\ L \cdot \frac{0{,}15 \cdot 198{,}0\ kPa}{101{,}3\ kPa} = 212{,}0\ L \Rightarrow$$

$$n(H_2S) = \frac{212{,}0\ L}{22{,}4\ L \cdot mol^{-1}} = 9{,}46\ mol \Rightarrow m(H_2S) = 34{,}1\ g \cdot mol^{-1} \cdot 9{,}46\ mol = \mathbf{322{,}6\ g}$$

7.7 *Nernst*scher Verteilungssatz

Oftmals werden im Labor und im Chemiebetrieb gelöste Substanzen isoliert, indem man die Lösung mit einem zweiten Lösemittel in Kontakt bringt, das sich mit dem der Lösung **nicht** mischt. Nach intensivem Rühren oder Schütteln **verteilt** sich die Substanz zwischen den beiden flüssigen Phasen, die sich beim Ruhen wieder trennen. Das Bild 1, S. 244 zeigt einen Schütteltrichter, wie er im Labor für diese Operation (Ausschütteln) verwendet wird. Nach Abtrennen der unteren Phase und mehrfacher Wiederholung des Vorgangs lässt sich die Substanz aus der ersten Phase immer mehr abtrennen und befindet sich am Ende in der gesammelten zweiten Phase. Dies ist das Prinzip der **Flüssig-Flüssig-Extraktion**.

Die **abgebende** Phase (Phase I) wird als **Raffinatphase (R)** und die **aufnehmende** Phase (Phase II) als **Extraktionsphase (E)** bezeichnet.

Zur Ableitung der grundlegenden physikalisch-chemischen Gesetzmäßigkeit ist zunächst hervorzuheben, dass die in Tabellenwerken angegebenen molaren freien Standardbildungsenthalpien auf den jeweiligen Aggregatzustand bezogen sind oder für eine wässrige Lösung gelten. Grundsätzlich ist aber die Bildung einer Lösung als chemische Reaktion zu interpretieren, sodass die molaren freien Standardbildungsenthalpien der gelösten Substanz in dem Lösemittel I (Raffinatphase) und dem Lösemittel II (Extraktionsphase) unterschiedlich mit $\Delta G^{o}_{m,B}$ (R) und $\Delta G^{o}_{m,B}$ (E) gekennzeichnet werden müssen (vgl. Kap. 5.9.1). Die **freien Lösungsenthalpien der Substanz in den Phasen** hängen weiterhin von ihrer Konzentration bzw. der **Aktivität** *a* der gelösten Substanz ab. Gemäß den im Kapitel 5.9.2 beschriebenen Prinzipien gilt dann für die:

Raffinatphase: $\Delta G^{o}\,(R) = \Delta G^{o}_{m,B}\,(R) + R \cdot T \cdot \ln a\,(R)$

Extraktionsphase: $\Delta G^{o}\,(E) = \Delta G^{o}_{m,B}\,(E) + R \cdot T \cdot \ln a\,(E)$

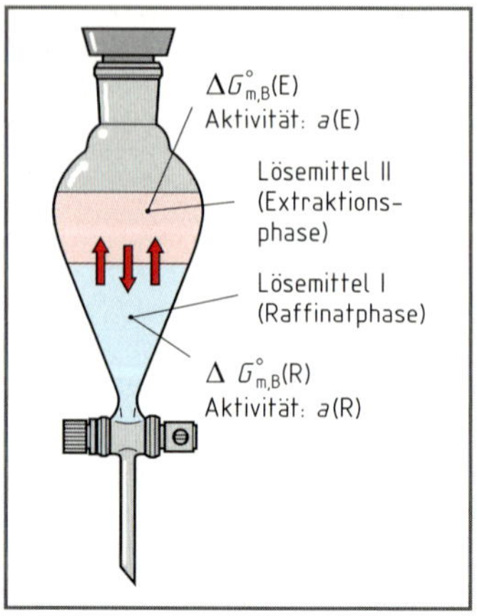

Bild 1: Verteilungsgleichgewicht

Der ***nernst*sche Verteilungssatz** beschreibt das dynamische **Verteilungsgleichgewicht** einer gelösten Substanz zwischen zwei **nicht** miteinander mischbaren Lösemitteln. Der Endzustand wird durch den erfolgten Wechsel in die Extraktionsphase charakterisiert, während der Ausgangszustand vor der Gleichgewichtseinstellung durch die freie Lösungsenthalpie in der Raffinatphase beschrieben wird. Gemäß dem Prinzip *„Endzustand minus Ausgangszustand"* folgt für den Gleichgewichtszustand ($\Delta G = 0$):

$$\Delta G^{o}\,(E) - \Delta G^{o}\,(R) = \Delta G^{o}\,(\text{Verteilung}) = 0$$

Die Umformung ergibt: $R \cdot T \cdot [\ln a\,(E) - \ln a\,(R)] = \Delta G^{o}_{m,B}\,(E) - \Delta G^{o}_{m,B}\,(R) \Rightarrow$

$$\ln \frac{a\,(E)}{a\,(R)} = \frac{\Delta G^{o}_{m,B}\,(E) - \Delta G^{o}_{m,B}\,(R)}{R \cdot T} \quad \text{oder:}$$

7.19

$$\frac{a\,(E)}{a\,(R)} = e^{\frac{\Delta G^{o}_{m,B}\,(E) - \Delta G^{o}_{m,B}\,(R)}{R \cdot T}}$$

a	$\Delta G^{o}_{m,B}$	R	T
mol	J · mol^{-1}	J · mol^{-1} · K^{-1}	K

Da die Größen $\Delta G^{o}_{m,B}$ (E) und $\Delta G^{o}_{m,B}$ (R) stoffbezogen sind, ist das Verhältnis *a* (E)/*a* (R) bei gegebener Temperatur eine konstante Größe, die als ***nernst*scher Verteilungskoeffizient** *k* bezeichnet wird. Die mathematische Formulierung des *nernst*schen Verteilungssatzes lautet deshalb:

7.20

$$\frac{a\,(E)}{a\,(R)} = k$$

a	k
mol	1

In die Gleichung 7.20 lässt sich ohne allzu großen Fehler bei **verdünnten Lösungen** an Stelle der Aktivität *a* die Stoffmengenkonzentration *c* einsetzen. Da es sich bei *k* um einen Quotienten gleicher Größen handelt, kann an Stelle der **Aktivität** *a* bzw, der **Stoffmengenkonzentration** *c* auch die **Massenkonzentration** β oder eine vergleichbare Größe eingesetzt werden.

Naturgemäß ist die **Konzentration** in der **aufnehmenden Phase** (Phase E) am Ende stets **größer** als die Konzentration in der abgebenden Phase (Phase R). Der Zahlenwert des *nernst*schen Verteilungskoeffizienten *k* wird bei dieser Betrachtung deshalb immer **größer als eins** sein.

Tabelle 7l: Verteilung von I_2 zwischen $CHCl_3$ (Phase E) und H_2O (Phase R) bei $\vartheta = 20$ °C

c (E) in mol/L	0,05	0,1	0,3
c (R) in mol/L	4,13 · 10^{-4}	8,40 · 10^{-4}	2,50 · 10^{-3}
k = *c* (E)/*c* (R)	121	119	120

Unabhängig von den gewählten Konzentrationen beträgt die Konzentration des Iods in der Trichlormethanphase etwa das 120-fache der Konzentration des Iods in der wässrigen Phase (Tabelle 7l). Schließlich ist noch hervorzuheben, dass der *nernst*sche Verteilungskoeffizient nur dann einen konstanten Wert besitzt (s.a. Tabelle 7m), wenn die gelöste Substanz in beiden Lösemitteln in **gleicher** Form vorliegt. Dies ist zum Beispiel bei der Verteilung von HCl zwischen Wasser (Phase E) und Benzol (Phase R) **nicht** der Fall. Bei *c* (HCl, E) = 0,946 mol/L ist *c* (HCl, R) = 4,94 · 10^{-5} mol/L und *k* = 19 150, während bei *c* (HCl, E) = 8,555 mol/L die Konzentration in Benzol

c (HCl, R) = 2,5 · 10^{-2} mol/L beträgt. Der *nernst*sche Verteilungskoeffizient hat in diesem Fall den geringeren Wert von $k = 342$. Dies beruht auf der starken Protolyse des Hydrogenchlorids in Wasser unter Bildung von H_3O^+-Ionen und Cl^--Ionen, die in Benzol nicht stattfinden kann.

Tabelle 7m: Beispiele *nernst*scher Verteilungskoeffizienten bei ϑ = 20 °C						
Substanz	Iod	Wasserstoffperoxid	Methanol	Propanon	Trimethylamin	Pyridin
Phase E Phase R	Benzol Wasser	Wasser n-Pentanol	Ethoxiethan Wasser	Wasser Methylbenzol	Wasser Toluol	Toluol Wasser
k	366	7,01	1,54	2,04	2	1,89

M 7.14: 25,000 g Ethanol werden in 500 mL Wasser (Phase R) gelöst und mit 300 mL Tetrachlormethan (Phase E) ausgeschüttelt. Nach der Trennung der Phasen befinden sich im Wasser 0,977 g Ethanol und im Tetrachlormethan 24,023 g Ethanol. Zu berechnen ist der *nernst*sche Verteilungskoeffizient.

Lsg.: Phase E (CCl_4): $c\,(\mathrm{E}) = \dfrac{24{,}023\ \mathrm{g}}{M\,(C_2H_5OH) \cdot 0{,}3\ \mathrm{L}}$; Phase R (H_2O): $c\,(\mathrm{R}) = \dfrac{0{,}977\ \mathrm{g}}{M\,(C_2H_5OH) \cdot 0{,}5\ \mathrm{L}}$

$$k = \frac{c\,(\mathrm{E})}{c\,(\mathrm{R})} = \frac{24{,}023\ \mathrm{g} \cdot M\,(C_2H_5OH) \cdot 0{,}5\ \mathrm{L}}{0{,}977\ \mathrm{g} \cdot M\,(C_2H_5OH) \cdot 0{,}3\ \mathrm{L}} = \mathbf{41{,}0}$$

Mit Hilfe des *nernst*schen Verteilungssatzes lässt sich berechnen, welche Stoffmenge von der einen in die andere Phase überwechselt. Wird an Stelle der Aktivität *a* die Stoffmengenkonzentration *c* gesetzt, so gilt zunächst:

$$k = \frac{c\,(\mathrm{E})}{c\,(\mathrm{R})} = \frac{n\,(\mathrm{E}) \cdot V\,(\mathrm{R})}{n\,(\mathrm{R}) \cdot V\,(\mathrm{E})} \qquad (7.21)$$

c	*n*	*V*
mol · m^{-3}	mol	m^3

In der Phase E ist die Stoffmenge n (E) im Volumen V (E) gelöst. Für die Phase R gilt die analoge Kennzeichnung. Wird die **Gesamtstoffmenge** mit n angegeben, so ist die Stoffmenge n (E) in der Extraktionsphase: $n\,(\mathrm{E}) = n - n\,(\mathrm{R})$. Eingesetzt in die Gleichung 7.21 resultiert:

$k = \dfrac{[n - n\,(\mathrm{R})] \cdot V\,(\mathrm{R})}{n\,(\mathrm{R}) \cdot V\,(\mathrm{E})}$. Die Auflösung nach der Stoffmenge in der Raffinatphase n (R) ergibt:

$$n\,(\mathrm{R}) = n \cdot \frac{V\,(\mathrm{R})}{k \cdot V\,(\mathrm{E}) + V\,(\mathrm{R})} \qquad (7.22)$$

k	*n*	*V*
1	mol	m^3

Bei einer **Wiederholung** der Extraktion (zweimaliges Ausschütteln) wäre die Ausgangsstoffmenge nicht mit n sondern mit n (R) anzusetzen. Man erhält:

$$n_2\,(\mathrm{R}) = n\,(\mathrm{R}) \cdot \frac{V\,(\mathrm{R})}{k \cdot V\,(\mathrm{E}) + V\,(\mathrm{R})}$$

Für n (R) kann die Gleichung 7.22 eingesetzt werden und es resultiert:

$$n_2\,(\mathrm{R}) = n \cdot \left(\frac{V\,(\mathrm{R})}{k \cdot V\,(\mathrm{E}) + V\,(\mathrm{R})}\right)^2$$

Wird die Extraktion z-fach wiederholt, so findet man in der Raffinatphase die Stoffmenge:

$$n_z\,(\mathrm{R}) = n \cdot \left(\frac{V\,(\mathrm{R})}{k \cdot V\,(\mathrm{E}) + V\,(\mathrm{R})}\right)^z \qquad (7.23)$$

k	*n*	*V*	*z*
1	mol	m^3	1

M 7.15: In V (R) = 50 mL Salzsäure, c (HCl) = 10 mol/L, werden m = 120,0 mg Arsen(III)-chlorid gelöst. Die Lösung wird mit V (E) = 80 mL Tetrachlormethan überschichtet, ausgeschüttelt und abgetrennt. Der Vorgang wird insgesamt dreimal mit frischem Tetrachlormethan durchgeführt. Wie viel mg $AsCl_3$ gehen insgesamt in die CCl_4-Phase über, wenn der *nernst*sche Verteilungskoeffizient $k = 3{,}03$ beträgt?

Lsg.: Da sich die molare Masse herauskürzt, kann in der Gleichung 7.23 an Stelle der Stoffmenge *n* die Masse *m* eingesetzt werden. Es wird dreimal extrahiert ⇒ $z = 3$.

$$m_3\,(\mathrm{R}) = m \cdot \left(\frac{V\,(\mathrm{R})}{k \cdot V\,(\mathrm{E}) + V\,(\mathrm{R})}\right)^3 = 120\ \mathrm{mg} \cdot \left(\frac{50\ \mathrm{mL}}{3{,}03 \cdot 80\ \mathrm{mL} + 50\ \mathrm{mL}}\right)^3 = \mathbf{0{,}6\ mg}$$

In den 240 mL (3 · 80 mL) Tetrachlormethan befinden sich:

$m\,(\mathrm{E}) = m - m_3\,(\mathrm{R}) = 120{,}0\ \mathrm{mg} - 0{,}6\ \mathrm{mg} =$ **119,4 mg Arsen(III)-chlorid.**

7.8 Adsorptionsgleichgewichte

Im Inneren einer Flüssigkeit oder eines Festkörpers heben sich die *Coulomb*-Wechselwirkungskräfte der Teilchen gegenseitig auf. An der Oberfläche ist dies nicht der Fall. Treffen Atome oder Moleküle von Fremdsubstanzen auf die **Grenzfläche,** so werden sie durch die nicht abgesättigten elektrostatischen Kräfte festgehalten.

Die Bindung einer Substanz (Adsorptiv) an der Oberfläche eines Körpers nennt man Adsorption. Das Adsorptionsmittel (Festkörper oder Flüssigkeit) wird auch als Adsorbens bezeichnet. Je größer die Oberfläche ist, desto mehr Substanz wird adsorbiert.

Demnach haben feinverteilte (pulvrige) Festkörper, wie Aktivkohlepulver, ein größeres Adsorptionsvermögen als grobkörnige Substanzen. Außerdem werden Gase umso leichter adsorbiert, je flüssigkeitsähnlicher sie sind. D.h. ein Gas mit hoher Siedetemperatur lässt sich besser adsorbieren als ein Gas mit niedrigem Siedepunkt. Lösemitteldämpfe in einer Abluft lassen sich deshalb mit gutem Erfolg an Aktivkohle binden. Bei gelösten Substanzen erfolgt die Adsorption umso besser, je größer die Ähnlichkeit zwischen dem Adsorptionsmittel und der Substanz ist.

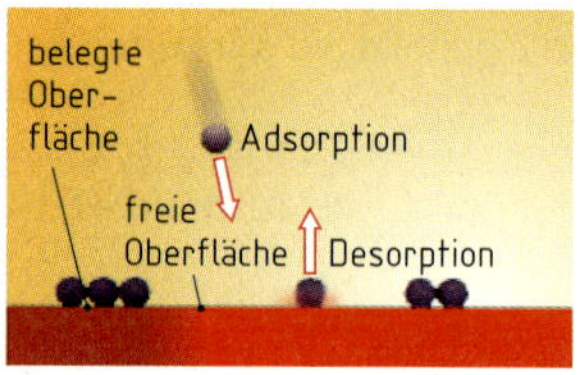

Bild 1: Adsorption und Desorption

Je höher die Temperatur ist, desto weniger wird adsorbiert. Bei der Adsorption wird deshalb bei möglichst niedrigen Temperaturen gearbeitet. Temperaturerhöhung führt zur verstärkten Umkehrung des Vorgangs, die als Desorption bezeichnet wird.

Adsorption und Desorption stellen ein dynamisches Gleichgewicht dar, dessen Lage **temperaturabhängig** ist. Nach einer Modellvorstellung von *I. Langmuir* (1881–1957) bildet das Adsorptiv eine **monomolekulare** Schicht auf dem Adsorptionsmittel (Bild 1). Bei einer teilweisen Belegung ist die Zahl der noch adsorbierbaren Teilchen proportional der Differenz ($b_{max} - b$), wobei b_{max} der Gesamtzahl der überhaupt belegbaren Plätze pro kg und *b* der Zahl der momentan belegten Plätze ebenfalls pro kg entspricht. Weiterhin wird von einem Gas umso mehr adsorbiert, je höher sein Partialdruck p_i ist. Wird die Proportionalitätskonstante k_1 eingeführt, dann ist die Zahl der Teilchen, die adsorbiert vorliegen:

$$N_{ads} = k_1 \cdot p_i \cdot (b_{max} - b)$$

Andererseits wächst die Zahl der desorbierenden Teilchen N_{des} linear mit der Belegung:

$$N_{des} = k_2 \cdot b$$

Im Gleichgewicht ist $N_{ads} = N_{des}$ und damit $k_1 \cdot p_i \cdot (b_{max} - b) = k_2 \cdot b$. Wird $k_2/k_1 = k$ gesetzt, so ergibt die Umformung schließlich die *langmuir*sche Adsorptionsisotherme:

7.24 Für Gase:

$$b = b_{max} \cdot \frac{p_i}{k + p_i}$$

b	*p*	*k*
mol · kg⁻¹	Pa	Pa

7.25 Für Lösungen:

$$b = b_{max} \cdot \frac{c}{k + c}$$

b	*c*	*k*
$\mathrm{mol \cdot kg^{-1}}$	$\mathrm{mol \cdot m^{-3}}$	$\mathrm{mol \cdot m^{-3}}$

Die Größen b_{max} und k sind temperaturabhängige Konstanten, die von der Art des Adsorbens und der gebundenen Substanz, dem Adsorptiv, abhängen. In der Praxis wird die Belegung nicht in „belegten oder belegbaren Plätzen" ausgedrückt sondern in der Stoffmenge, die von einen Kilogramm Adsorbens aufgenommen wird. Die Größe b hat deshalb die Einheit mol/kg (s.a. Tabelle 7n). Sie darf allerdings nicht mit der Molalität verwechselt werden! Bei einer gelösten Substanz wird an Stelle des Partialdrucks die Stoffmengenkonzentration c gesetzt.

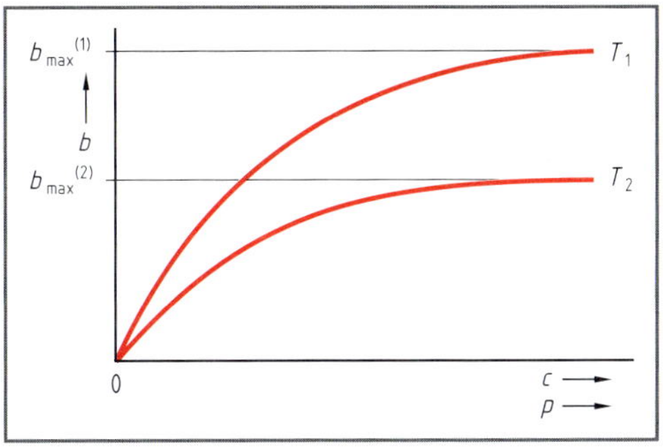

Bild 1: Adsorptionsisothermen bei unterschiedlichen Temperaturen

Bild 1 zeigt den prinzipiellen Verlauf zweier **Adsorptionsisothermen** bei unterschiedlichen Temperaturen ($T_1 < T_2$), wie sie durch die Gleichungen 7.24 und 7.25 beschrieben werden. Im Bereich geringer Partialdrücke bzw. kleiner Konzentrationen verläuft jede der Kurven fast linear. Je höher die Belegung wird, umso weniger kann noch adsorbiert werden. Irgendwann ist die gesamte Oberfläche belegt und das Adsorbens hat die Maximalmenge b_{max} gebunden.

Tabelle 7n: *Langmuir*-Konstanten einiger Stoffe im Dampfzustand an Aktivkohle bei ϑ = 20 °C

	Tetrachlormethan	Ethoxyethan	Benzol	Methylbenzol
b_{max} in mol · kg^{-1}	6,27	5,09	6,31	5,48
k in Pa	3,82	2,50	1,37	0,25

M 7.16: In 150 L Wasser sind 1 440 g Ethansäure, $M(CH_3COOH) = 60{,}0\ g \cdot mol^{-1}$, gelöst. Die *Langmuir*-Konstanten (ϑ = 20 °C) sind: $b_{max} = 5{,}00\ mol \cdot kg^{-1}$ und $k = 0{,}048\ mol \cdot L^{-1}$. Zu berechnen ist die Masse an Aktivkohle, die zur Adsorption benötigt wird.

Lsg.: Die Stoffmengenkonzentration ist: $c = \frac{m}{M \cdot V} = \frac{1440\ g}{60{,}0\ g \cdot mol^{-1} \cdot 150\ L} = 0{,}16\ mol/L$

$$\Rightarrow b = b_{max} \cdot \frac{c}{k + c} = 5{,}00\ mol \cdot kg^{-1} \cdot \frac{0{,}16\ mol \cdot L^{-1}}{(0{,}048 + 0{,}16)\ mol \cdot L^{-1}} = 3{,}85\ mol \cdot kg^{-1}\ \text{Aktivkohle}$$

Bei $n = 1\,440\ g/60{,}0\ g \cdot mol^{-1} = 24\ mol$ werden $m = 24\ mol/3{,}85\ mol \cdot kg^{-1} =$ **6,23 kg** benötigt.

Übungen zu Kapitel 7

7.1 In einem Behälter befinden sich $\varphi(CH_4) = 32{,}2\%$ Methan; $\varphi(CO_2) = 48{,}4\%$ Kohlenstoff(IV)-oxid und $\varphi(HCl) = 19{,}4\%$ Hydrogenchlorid unter einem Gesamtdruck von $p = 25{,}2$ bar. Welchen Partialdruck haben die Gase jeweils?

7.2 Durch Benzylalkohol werden bei $\vartheta = 122$ °C $V = 500$ L trockener Stickstoff geleitet. Mit welcher Masse an Benzylalkohol wird das Gas beladen, wenn der Dampfdruck des Benzylalkohols unter diesen Bedingungen $p_0(C_7H_8O) = 59{,}2$ hPa und der Gesamtdruck $p = 1\,120{,}0$ hPa beträgt? Molare Masse Benzylalkohol: $M(C_7H_8O) = 108{,}0\ g \cdot mol^{-1}$.

7.3 In einem mit Wasserstoff gefüllten Glockengasbehälter (Bild 1, S. 248) herrscht bei $\vartheta = 25$ °C ein Druck von $p = 1\,880{,}7$ mbar. Als Sperrflüssigkeit wird Wasser verwendet, das bei dieser Temperatur einen Dampfdruck von $p_0(H_2O) = 31{,}7$ mbar besitzt. Die Standanzeige gibt eine Füllung von $V = 6\,340\ m^3$ an. Zu berechnen sind:

a) der Partialdruck des Wasserstoffs,

b) die Stoffmengenanteile $x(H_2)$ und $x(H_2O)$ in der Füllung und

c) das Volumen des reinen Wasserstoffs bei der vorliegenden Temperatur.

7.4 In einem Tabellenwerk werden für den Dampfdruck des Quecksilbers folgende Werte gefunden:

$\vartheta_1 = 126{,}2$ °C $p_1 = 1{,}3329 \cdot 10^{-3}$ bar; $\vartheta_2 = 357{,}0$ °C $p_2 = 1{,}013$ bar.

a) Berechnen Sie die Konstanten der *august*schen Gleichung.

b) Welchen Dampfdruck hat das Quecksilber bei $\vartheta = 261{,}7$ °C?

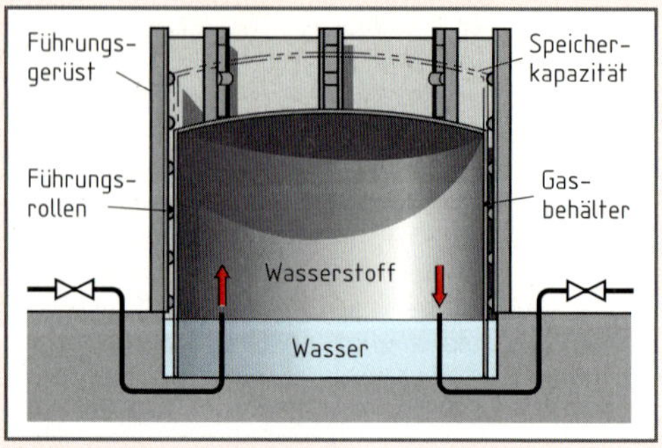

Bild 1: Glockengasbehälter

7.5 2,4-Pentandion hat die Verdampfungsenthalpie $\Delta H_{m,v} = 36{,}35$ kJ · mol^{-1}. Unter dem Bezugsdruck $p_1 = 1\,013$ hPa siedet die Verbindung bei $\vartheta_1 = 130{,}6$ °C. Auf welche Temperatur ϑ_2 muss die Substanz erwärmt werden, damit sie unter einem Druck von $p_2 = 0{,}650$ bar siedet?

7.6 Methylamin siedet unter dem Normdruck bei $\vartheta_b = -6{,}4$ °C und hat eine spezifische Verdampfungswärme von $r = 825{,}8$ kJ/kg. Auf wie viel bar muss die Verbindung im Dampfzustand komprimiert werden, damit sie bei $\vartheta = 21$ °C kondensiert? $M(CH_3NH_2) = 31{,}0$ g · mol^{-1}.

7.7 Eine gesättigte Lösung liegt dann vor, wenn der nicht mehr in Lösung gehende Bodenkörper mit der Lösung im Gleichgewicht steht. Die *clausius-clapeyron*sche Gleichung lässt sich allgemein auf Phasengleichgewichte anwenden. Bei einer gesättigten Lösung ist der Bodenkörper dann die Phase I und die Lösung die Phase II. Geht man entsprechend vor, so tritt an die Stelle der Verdampfungsenthalpie $\Delta H_{m,v}$ die Lösungsenthalpie $\Delta H_{m,L}$ und der Dampfdruck wird durch die Massenkonzentration β der gesättigten Lösung ersetzt. Für Kaliumiodid werden die folgenden Werte gefunden: bei $\vartheta_1 = 20$ °C ist $\beta_1 = 1\,440$ g · L^{-1} und bei $\vartheta_2 = 80$ °C ist $\beta_2 = 1\,920$ g · L^{-1}. Mit Hilfe der *clausius-clapeyron*schen Gleichung ist die Lösungsenthalpie des Salzes zu berechnen.

7.8 a) Wie viel Freiheitsgrade besitzt ein siedendes HCl-H_2O-Gemisch nach dem *gibbs*schen Phasengesetz?

b) Welche Zustandsvariablen können gegebenenfalls frei gewählt werden?

7.9 Wie viel Freiheitsgrade hat eine ungesättigte Rohrzuckerlösung und welche sind dies?

7.10 Der Tripelpunkt des Wassers liegt bei 0,1 °C und 0,0061 bar. Die Schmelztemperatur wird allgemein mit 0,0 °C angegeben. Erklären Sie dies mit Hilfe des Zustandsdiagramms.

7.11 Bei $\vartheta = 20$ °C betragen die Dampfdrücke von Ethoxyethan (Diethylether) $p_{01} = 589{,}4$ hPa und von Monobromethan $p_{02} = 515{,}8$ hPa. Welchen Dampfdruck hat eine Mischung aus 126,0 g Ethoxyethan und 207,0 g Monobromethan? Die molaren Massen sind: $M[(C_2H_5)_2O] = 74{,}1$ g · mol^{-1} und $M(C_2H_5Br) = 109{,}0$ g mol^{-1}.

7.12 Ein Methanol-Wasser-Gemisch wird destilliert. Wie groß ist der Massenanteil $w(CH_3OH)$ eines siedenden Gemischs, wenn der Umgebungsdruck $p_{amb} = 1\,013$ hPa beträgt? Die molaren Massen sind: $M(CH_3OH) = 32{,}0$ g · mol^{-1} und $M(H_2O) = 18{,}0$ g · mol^{-1}. Dampfdrücke bei der Siedetemperatur: $p_0(CH_3OH) = 2\,016{,}5$ hPa und $p_0(H_2O) = 545{,}6$ hPa.

7.13 Bei $\vartheta = 72{,}6$ °C beträgt der Dampfdruck von Benzol $p_{01} = 800$ hPa und der von n-Heptan $p_{02} = 452$ hPa.

a) Welche Zusammensetzung hat ein Gemisch aus diesen Verbindungen, das bei $p_{amb} = 500$ hPa und $\vartheta = 72{,}6$ °C siedet?

b) Wie ist die Zusammensetzung des abgetrennten Kondensats in diesem Fall?

7.14 Eine Mischung aus 3,6 mol Anilin und 1,7 mol N-Ethylanilin wird bei 90 °C einer Vakuumdestillation unterworfen. Der Dampfdruck des N-Ethylanilins beträgt bei dieser Temperatur p_{02} = 21,3 hPa. Welchen Dampfdruck besitzt das Anilin, wenn der Stoffmengenanteil dieser Verbindung im Kondensat x_1 = 0,794 beträgt?

7.15 Ein binäres Gemisch, dessen Dampfdruckdiagramm ein Maximum aufweist, wird rektifiziert. Wird das Azeotrop im Kolonnenkopf isoliert oder verbleibt es im Sumpf?

7.16 Bei der Wasserdampfdestillation von α-Terpinen geht bei ϑ = 95,6 °C ein Gemisch über, das aus m_1 = 50,0 g Wasser und m_2 = 66,1 g α-Terpinen besteht. Durch separate Messung wurde der Dampfdruck des α-Terpinens bei der Destillationstemperatur mit p_{02} = 150,5 hPa gemessen. Der zugehörige Dampfdruck des Wassers beträgt p_{01} = 863,7 hPa. Welche molare Masse besitzt die Verbindung?

7.17 Bei der experimentellen Ermittlung des Schmelzdiagramms einer binären Mischung wurde eine Abkühlungskurve mit Haltebereich aufgenommen (vgl. Bild 1b, S. 239).

a) Welcher Vorgang hat stattgefunden?

b) Erklären Sie mit Hilfe des *gibbs*schen Phasengesetzes die Existenz des Haltebereichs für diesen Vorgang.

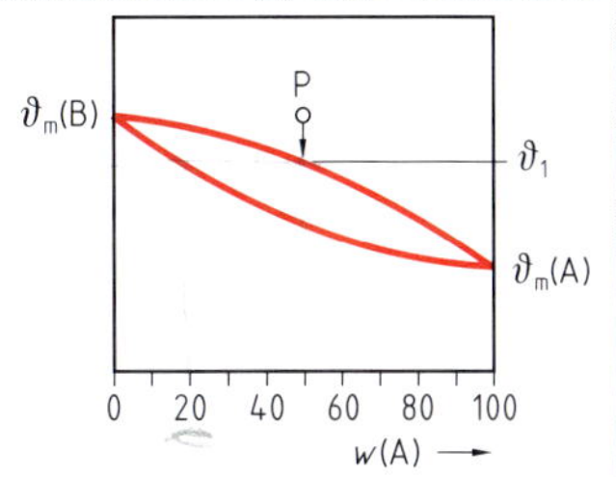

Bild 1: Schmelzdiagramm

7.18 Eine durch das Bild 1 beschriebene binäre Schmelze mit w (A) = 50% wird vom Punkt P ausgehend abgekühlt.

a) Wie hoch ist der Massenanteil der Komponente A im bei der Temperatur ϑ_1 kristallisierenden Festkörper?

b) Welchen Massenanteil an A enthält die vollständig abgekühlte Legierung?

7.19 Bei ϑ = 15 °C beträgt der *henry*sche Absorptionskoeffizient für Ethin in Propanon (Aceton) $A = 1{,}0291 \cdot 10^{-5}$ mol · L^{-1} · Pa^{-1}. Wie viel Liter des Gases – als Normvolumen berechnet – lösen sich bei dieser Temperatur in V = 7,2 L der Flüssigkeit, wenn der Druck in der reinen Ethinatmosphäre über der Flüssigkeit p = 6,5 bar beträgt?

7.20 In einem Autoklaven soll bei ϑ = 20 °C eine Substanz hydriert werden, die in 5 L Wasser gelöst ist. Der Druck des Wasserstoffs beträgt p (H_2) = 45,2 bar. Wie viel Liter Wasserstoff werden gelöst, wenn der *bunsen*sche Absorptionskoeffizient α = 0,01819 beträgt?

7.21 Der Verteilungskoeffizient von Trimethylamin, $(CH_3)_3N$, zwischen Wasser (Extraktionsphase) und Benzol (Raffinatphase) beträgt k = 2. In V (R) = 300 mL Benzol sind n_1 (R) = 0,350 mol Trimethylamin gelöst. Wie oft muss man mit 250 mL Wasser ausschütteln, damit in der Benzolphase nur noch n_2 (R) = 7 mmol zurückbleiben?

7.22 Eine Abluft enthält durchschnittlich 231 mg Tetrachlormethan pro Normkubikmeter (231 ppm). Die molare Masse der Verbindung ist M (CCl_4) = 154,0 g · mol^{-1}. Durch ein Abluftfilter sollen, bevor es regeneriert wird, 12 000 Normkubikmeter unter einem Druck von p = 0,95 bar strömen. Die *Langmuir*-Konstanten sind b_{max} = 6,27 mol · kg^{-1} und k = 3,82 Pa. Welche Aktivkohlemasse in kg muss das Abluftfilter enthalten, wenn aus Sicherheitsgründen mit einem 60%igen Überschuss gearbeitet werden soll?

8 Lösungen

Lösungen sind **homogene** Stoffverteilungen, d.h. es sind Mischphasen, die aus zwei oder beliebig vielen Stoffen, den **Komponenten,** bestehen (vgl. Kap. 1.2.4). Lösungen können flüssig oder auch fest sein. Sind es **Flüssigkeiten,** so bezeichnet man meist die eine Komponente als **Lösemittel** und die übrigen als **gelöste** Stoffe.

8.1 Kolligative Eigenschaften

Eine Reihe von physikalischen Eigenschaften einer Lösung wie z.B. ihre Dichte hängen zum einen von der Konzentration des gelösten Stoffes und zum anderen von seiner Art ab. Es gibt aber auch Eigenschaften, die nur von der Konzentration des gelösten Stoffes abhängen, also von seiner Beschaffenheit unabhängig sind. Diese Phänomene fasst man unter dem Begriff **kolligative Eigenschaften** zusammen. Allgemein gilt also:

Kolligative Eigenschaften einer Mischphase hängen nur von der Anzahl der gelösten Teilchen und nicht von ihrer chemischen Natur ab.

Hierzu gehören die **Dampfdruckerniedrigung,** die **Siedepunktserhöhung,** die **Gefrierpunktserniedrigung** und der **osmotische Druck.**

8.2 Binäre Mischungen mit nur einer flüchtigen Komponente

Lösungen aus zwei Komponenten heißen **binär.** In den folgenden Abschnitten wird vorausgesetzt, dass nur eine der beiden Mischungskomponenten einen merklichen Dampfdruck besitzt, während der Dampfdruck der anderen Komponente vernachlässigbar klein, d.h. praktisch Null ist. Diese Annahme trifft für **ideal verdünnte** Lösungen von Feststoffen in Flüssigkeiten relativ gut zu. Ideale Verdünnung bedeutet, dass zwischen den Molekülen des gelösten Stoffes keine Wechselwirkungen bestehen, sodass anstelle der Aktivität die Stoffmengenkonzentration bzw. der Stoffmengenanteil in entsprechenden Rechnungen eingesetzt wird.

8.2.1 Dampfdruckerniedrigung

Aus dem Alltag ist bekannt, dass durch die Zugabe von NaCl in kochendes Wasser das Sieden aufhört. Die entstandene Salzlösung besitzt also einen niedrigeren Dampfdruck als das reine Lösemittel Wasser, welches die flüchtige Komponente darstellt. Dass Lösungen einer nichtflüchtigen Substanz immer einen kleineren Dampfdruck als das reine Lösemittel haben, kann durch einen Versuch, wie in Bild 1 dargestellt, gezeigt werden. Ein Gefäß, das eine wässrige Fructoselösung enthält, ist über ein Manometer mit einem Gefäß, in dem sich nur reines Wasser befindet, verbunden. Die Volumina sind gleich groß. Man erkennt am Manometer, dass sich auf der Seite des reinen Lösemittels ein Überdruck gegenüber der Lösung einstellt. Ursache dieser Druckdifferenz sind die unterschiedlichen Dampfdrücke von Lösemittel und Lösung. Der Dampfdruck der Lösung ist kleiner als der des Lösemittels.

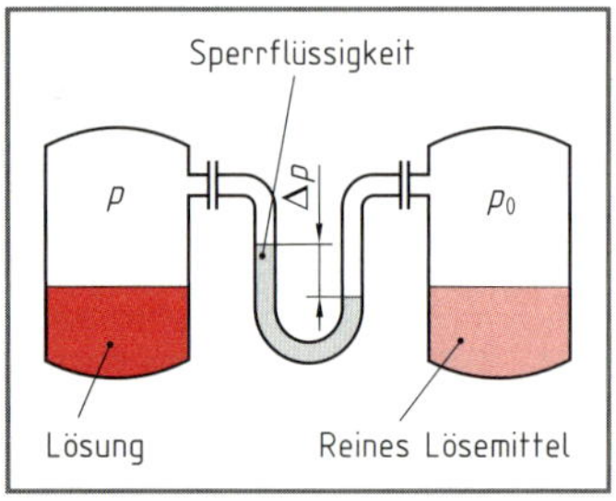

Bild 1: Dampfdruckerniedrigung

Allgemein gilt daher:

Eine Lösung, mit dem Lösemittel als einziger flüchtiger Komponente, besitzt einen niedrigeren Dampfdruck als das reine Lösemittel.

Bezeichnet man den Dampfdruck des reinen Lösemittels mit p_0 und den Dampfdruck der Lösung mit p, so gilt für die Druckdifferenz Δp, die als Dampfdruckerniedrigung bezeichnet wird:

8.1 $$\Delta p = p_0 - p \qquad p \text{ in bar}$$

Der französische Chemiker *Raoult* konnte durch viele Versuche der Dampfdruckmessung zeigen, dass die relative Dampfdruckerniedrigung einer ideal verdünnten Lösung $\Delta p/p_0$ gleich dem Stoffmengenanteil x_2 des darin gelösten nichtflüchtigen Stoffes ist. Somit gilt:

$$\frac{\Delta p}{p_0} = x_2$$ 8.2

p	x
bar	1

Die relative Dampfdruckerniedrigung ist gleich dem Stoffmengenanteil des gelösten Stoffes und unabhängig von der Temperatur und der Natur des gelösten Stoffes.

Umstellen von Gl. 8.2 nach der Dampfdruckerniedrigung Δp ergibt:

$$\Delta p = x_2 \cdot p_0$$ 8.3

Die Dampfdruckerniedrigung ist proportional zum Stoffmengenanteil des gelösten, nichtflüchtigen Stoffes. Einsetzen von Gl. 8.1 in Gl. 8.3 und auflösen nach p ergibt:

$$p = p_0 \cdot (1 - x_2)$$ 8.4

Der Faktor $(1 - x_2)$ ist nichts anderes als der Stoffmengenanteil des Lösemittels x_1, sodass für den Dampfdruck der Lösung p gilt:

$$p = p_0 \cdot x_1$$ 8.5

p	x
bar	1

Gleichung 8.5 wird als *raoult*sches Gesetz bezeichnet. Es besagt:

Der Dampfdruck der Lösung einer nichtflüchtigen Substanz ist gleich dem Produkt aus dem Dampfdruck des reinen Lösemittels und seinem Stoffmengenanteil.

Dieses Gesetz gilt auch für Mischungen aus zwei oder mehreren *Flüssigkeiten*. Der Dampfdruck jeder Komponente ist immer das Produkt aus seinem Stoffmengenanteil und dem Dampfdruck im reinen Zustand (vgl. Kap. 7.4.1).

M 8.1: Wie groß ist der Dampfdruck einer wässrigen Lösung aus 10 g Rohrzucker, ($C_{12}H_{22}O_{11}$), ($M = 342\ \text{g} \cdot \text{mol}^{-1}$), in 100 g Wasser bei 100 °C? Der Dampfdruck p_0 von reinem Wasser bei 100 °C beträgt 1013 mbar.

Lsg.: Nach Gl. 8.5 gilt: $p = p_0 \cdot x_1$

$$x_1 = \frac{n_1}{n_1 + n_2} = \frac{\frac{m_1}{M_1}}{\frac{m_1}{M_1} + \frac{m_2}{M_2}} = \frac{\frac{100\ \text{g}}{18\ \text{g} \cdot \text{mol}^{-1}}}{\frac{100\ \text{g}}{18\ \text{g} \cdot \text{mol}^{-1}} + \frac{10\ \text{g}}{342\ \text{g} \cdot \text{mol}^{-1}}} = 0{,}9948$$

$$p = p_0 \cdot x_1 = 1013\ \text{mbar} \cdot 0{,}9948 = \mathbf{1007{,}7\ mbar}$$

Eine **nichtflüchtige Substanz** wie Rohrzucker **erniedrigt** also den **Dampfdruck des Lösemittels.** In einer Lösung eines nichtflüchtigen Stoffes besetzen die Moleküle der gelösten Substanz einen Teil der Flüssigkeitsoberfläche und verhindern damit stellenweise den Übergang der Lösemittelmoleküle aus der flüssigen Phase in die Dampfphase. Sie haben jedoch keinen Einfluss auf die Häufigkeit, mit der die Moleküle aus dem Dampfraum in die Flüssigkeit zurückgehen. Diese hängt nur von momentanen Konzentration im Dampfraum ab. Ein zurückkehrendes Molekül kann nämlich an einer beliebigen Stelle der Oberfläche auftreffen und in die Flüssigkeit eintreten. Bild 1 zeigt diese Zusammenhänge.

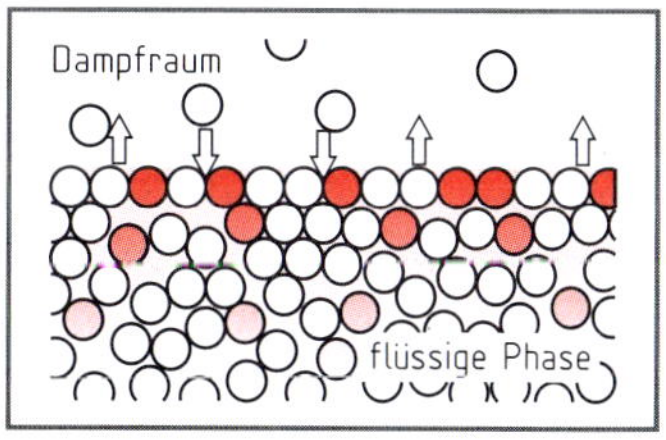

Bild 1: Lösung eines nichtflüchtigen Stoffes

Die Zahl der entweichenden Moleküle ist kleiner geworden, die der zurückkehrenden jedoch nicht. Man erhält einen Strom von Molekülen in die Flüssigkeit hinein, bis sich infolge sinkender

Dampfraum-Konzentration ein neuer kleinerer Gleichgewichtsdampfdruck eingestellt hat. Je größer der Stoffmengenanteil der gelösten Substanz ist, desto kleiner wird der Gleichgewichtsdampfdruck. Die Dampfdruckerniedrigung wird also größer.

Löst man einen Elektrolyten, wie z.B. NaCl, in Wasser, so müssen Kationen und Anionen getrennt gezählt werden, da infolge der Dissoziation die Teilchenzahl erhöht wird. Löst man ein Mol NaCl in Wasser, so besteht die Lösung aus 2 mol Ionen (1 mol Na^+- und 1 mol Cl^--Ionen). Eine solche Elektrolytlösung bewirkt eine doppelt so hohe Dampfdruckerniedrigung wie eine Lösung, die ein Mol Rohrzucker in der gleichen Masse Wasser enthält. Bei einem Mol $CaCl_2$ in der gleichen Menge Wasser wäre die Dampfdruckerniedrigung sogar dreimal so hoch.

Bei sehr präzise durchgeführten Messungen zeigt sich allerdings, dass das *raoult*sche Gesetz nur für Lösungen mit kleinen Konzentrationen gültig ist. Die grafische Darstellung des *raoult*schen Gesetzes in Form der Gl. 8.2 muss eine Gerade liefern.

In Bild 1 ist die relative Dampfdruckerniedrigung $\Delta p/p_0$ gegen den Stoffmengenanteil x_2 der gelösten Substanz aufgetragen. Nur in dem Konzentrationsbereich, in dem man eine Gerade erhält, liegt eine **ideal verdünnte** Lösung vor. Abweichungen davon zeigen sich in einer kleineren Dampfdruckerniedrigung, als sie sich nach dem *raoult*schen Gesetz ergeben müsste. In diesem Bereich, in dem Abweichungen von der Geraden vorliegen, ist das *raoult*sche Gesetz nicht streng erfüllt und es liegt eine **reale** Lösung vor. Übereinstimmung mit der Gesetzmäßigkeit zeigen Nichtelektrolytlösungen bis zu einer Stoffmengenkonzentration von 0,1 mol · L^{-1} und Elektrolytlösungen, bei denen die Anziehungskräfte zwischen den Ionen eine wichtige Rolle spielen, bis zu einer Stoffmengenkonzentration < 0,01 mol · L^{-1}.

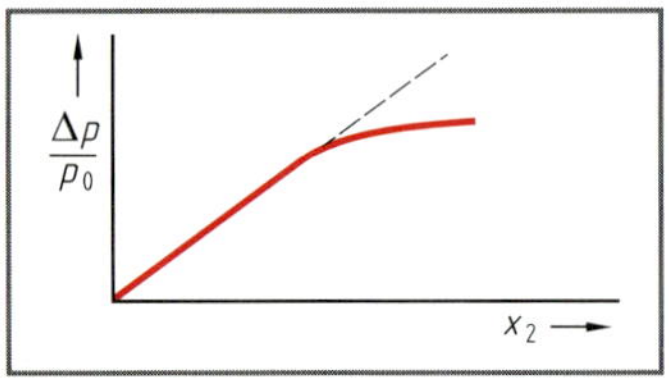

Bild 1: *Raoult*sches Gesetz

Liegt eine reale Lösung vor, so muss mit der Aktivität *a* und dem Aktivitätskoeffizienten γ anstelle der Stoffmengenkonzentration bzw. dem Stoffmengenanteil gerechnet werden (vgl. Kap. 1.3.1). Zwischen der Aktivität ${}^{x}a$ (A) der Lösung und dem Aktivitätskoeffizienten ${}^{x}\gamma$ (A) besteht nach Gl. 1.36 der Zusammenhang: ${}^{x}a\,(A) = {}^{x}\gamma\,(A) \cdot x\,(A)$.

Die Aktivität der **Lösung** ${}^{x}a$ kann mit Dampfdruckmessungen einfach bestimmt werden durch die Beziehung:

8.6 $$\frac{p}{p_0} = {}^{x}a$$

${}^{x}a$	p
1	bar

Kennt man den Wert für die Aktivität der Lösung sowie den Stoffmengenanteil des Lösemittels, so kann der Aktivitätskoeffizient der Lösung nach Gl. 1.36 bestimmt werden.

M 8.2: Bei 50 °C beträgt der Dampfdruck von reinem Wasser p_0 = 123,32 mbar. Eine wässrige Saccharoselösung, mit x_1 = 0,9665, besitzt den Dampfdruck von p = 118,63 mbar bei der gleichen Temperatur. Berechnen Sie die Aktivität ${}^{x}a$ und den Aktivitätskoeffizient ${}^{x}\gamma$ dieser Lösung.

Lsg.: Aus Gl. 8.6 erhält man: $${}^{x}a = \frac{p}{p_0} = \frac{118{,}63\ \text{mbar}}{123{,}32\ \text{mbar}} = 0{,}9620$$

Eingesetzt in Gl. 1.36 ergibt sich: $${}^{x}\gamma = \frac{{}^{x}a}{x_1} = \frac{0{,}9620}{0{,}9665} = \mathbf{0{,}9953}$$

Die Aktivität der Saccharose (gelöster Stoff) kann auf diese Weise nicht bestimmt werden, da ihr Dampfdruck unmessbar klein ist. Dieser nicht messbare kleine Dampfdruck war ja auch eine Voraussetzung, die an eine ideale Lösung gestellt wurde. Zur Bestimmung der Aktivität von Stoffen mit solch kleinen Dampfdrücken bedient man sich mathematischer Verfahren, auf die im Rahmen dieses Buches nicht eingegangen werden kann.

Außer zur Bestimmung der Aktivitäten und der Aktivitätskoeffizienten benutzt man die Dampfdruckerniedrigung, wie alle kolligativen Eigenschaften, zur Bestimmung der molaren Masse. Der Zusammenhang zwischen der molaren Masse und der Dampfdruckerniedrigung ergibt sich aus der Anwendung und Umformung von Gl. 8.2.

Nach Gl. 8.2 gilt: $$\frac{\Delta p}{p_0} = x_2$$

Für den Stoffmengenanteil x_2 gilt nach Gl. 1.22: $x_2 = \frac{n_2}{n_1 + n_2}$

Gleichsetzen der beiden Ausdrücke für x_2 und Ausmultiplizieren ergibt:

$$\Delta p \cdot n_1 + \Delta p \cdot n_2 = p_0 \cdot n_2$$

$$\Delta p \cdot n_1 = n_2 \cdot (p_0 - \Delta p) = n_2 \cdot p \Rightarrow \Delta p \cdot \frac{m_1}{M_1} = \frac{m_2}{M_2} \cdot p$$

$$M_2 = \frac{m_2 \cdot p \cdot M_1}{\Delta p \cdot m_1} \qquad \textbf{8.7}$$

M	m	p
$g \cdot mol^{-1}$	kg	bar

M 8.3: Eine wässrige Lösung aus 108 g Glucose in 360 g Wasser besitzt bei 30 °C einen Dampfdruck von 41,17 mbar. Der Dampfdruck von reinem Wasser beträgt bei dieser Temperatur 42,40 mbar. Wie groß ist die molare Masse von Glucose?

Lsg.: Nach Gl. 8.7 erhält man: $M_2 = \frac{108\ g \cdot 41{,}17\ mbar \cdot 18\ g \cdot mol^{-1}}{(42{,}40\ mbar - 41{,}17\ mbar) \cdot 360\ g} = \mathbf{180{,}75\ g \cdot mol^{-1}}$

8.2.2 Siedepunktserhöhung

In Kapitel 7 wurde das Sieden von Flüssigkeiten beschrieben und die Abhängigkeit des Dampfdruckes von der Temperatur dargestellt (Bild 1, S. 219). Eine Flüssigkeit siedet, wenn ihr Dampfdruck die Höhe des Umgebungsdruckes erreicht. Bild 1 zeigt die Dampfdruckkurve des reinen Lösemittels A und einer ideal verdünnten Lösung B eines nichtflüchtigen Stoffes in diesem Lösemittel, der zugleich ein Nichtelektrolyt sein soll. Die Dampfdruckkurve der Lösung liegt tiefer als die Dampfdruckkurve des reinen Lösemittels. Dieser Verlauf steht im Einklang mit dem *raoult*schen Gesetz nach Gleichung 8.5. Die Dampfdruckkurve des reinen Lösemittels schneidet die Isobare 101,3 kPa im Punkt A. Bei der zugehörigen Temperatur siedet das Lösemittel. Die Dampfdruckkurve der Lösung schneidet infolge der Dampfdruckerniedrigung Δp die Isobare erst im Punkt B. Die Lösung siedet also bei einer höheren Temperatur als das Lösemittel. Die Differenz zwischen den Siedetemperaturen von Lösung und Lösemittel bezeichnet man als Siedepunktserhöhung ΔT_b. Man erkennt weiterhin, dass die Dampfdruckerniedrigung Δp mit steigender Temperatur zunimmt. Die Siedepunktserhöhung ΔT_b wird um so größer, je größer die Dampfdruckerniedrigung Δp ist. Somit ist in guter Näherung: $\Delta T_b \sim \Delta p$. Zu beachten ist hierbei der Unterschied zwischen der Dampfdruckerniedrigung Δp und der **relativen Dampfdruckerniedrigung** $\Delta p/p_0$. Mit steigender Temperatur nimmt der Dampfdruck des reinen Lösemittels p_0 und damit auch die Dampfdruckerniedrigung Δp zu. Das Verhältnis der beiden Größen, also die relative Dampfdruckerniedrigung, $\Delta p/p_0$, bleibt aber konstant. Sie ist, wie schon erwähnt, **temperaturunabhängig.**

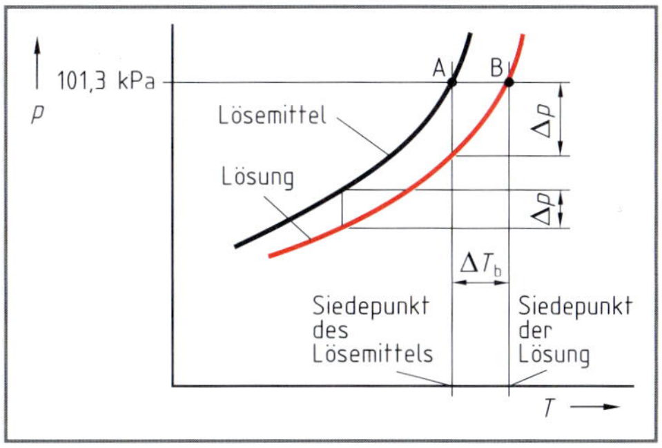

Bild 1: Dampfdruckkurve eines reinen Lösemittels und seiner Lösung eines nichtflüchtigen Stoffes bei p_{ges} = 101,3 kPa (schematisch)

Da nach *Raoult* die Dampfdruckerniedrigung proportional dem Stoffmengenanteil des gelösten Stoffes ist, muss diese Proportionalität auch für die Siedepunktserhöhung gelten. Es ist in diesem Zusammenhang üblich, als Konzentrationsmaß für die Anzahl der Teilchen in der Lösung die **Molalität** b anzugeben und nicht den Stoffmengenanteil des gelösten Stoffes (vgl. Kapitel 1.2.4; Gleichung 1.32). Man kann also sagen: $\Delta T_b \sim b$. Durch Einführung eines Proportionalitätsfaktors erhält man für die Siedepunktserhöhung verdünnter Lösungen eines Nichtelektrolyten:

$$\Delta T_b = K_E \cdot b \qquad \textbf{8.8}$$

ΔT_b	K_E	b
K	$K \cdot kg \cdot mol^{-1}$	$mol \cdot kg^{-1}$

Der Proportionalitätsfaktor K_E ist eine für das Lösemittel spezifische Konstante, die als **molale Siedepunktserhöhung** oder **ebullioskopische Konstante** bezeichnet wird. Ihr Wert entspricht genau der Siedepunktserhöhung, die **1 kg** Lösemittel erfährt, wenn in ihm 1 mol eines nichtflüchtigen

Nichtelektrolyten aufgelöst wird. Für Wasser ist $K_E = 0{,}512\ K \cdot kg \cdot mol^{-1}$. Jede wässrige Lösung, die in **1 kg** Wasser **1 mol** eines **nichtflüchtigen Nichtelektrolyten** enthält, siedet bei einer Temperatur, die 0,512 °C höher liegt als die Siedetemperatur von reinem Wasser. Die Art des gelösten Stoffes spielt hierbei keine Rolle. Löst man 1 mol der gleichen Substanz in 1 kg Benzol, so siedet diese Lösung um 2,53 °C höher als das reine Lösemittel Benzol. Die Siedepunktserhöhung beträgt jetzt also 2,53 °C, d.h. sie ist **abhängig von der Art des Lösemittels.**

Alle kolligativen Eigenschaften können, wie schon erwähnt, zur Bestimmung der molaren Masse der gelösten Substanz benutzt werden.

Löst man in der Lösemittelmasse m_1 die Stoffmenge n_2 eines Stoffes, so ist die Molalität b der Lösung nach Gl. 1.32:

$$b = n_2 / m_1$$

Mit $n_2 = m_2/M_2$ erhält man:

$$b = m_2/(m_1 \cdot M_2)$$

Eingesetzt in Gleichung 8.8 ergibt das:

8.9
$$\Delta T_B = K_E \cdot \frac{m_2}{M_2 \cdot m_1}$$

ΔT_B	K_E	m_1	m_2	M_2
K	$K \cdot kg \cdot mol^{-1}$	kg	kg	$kg \cdot mol^{-1}$

Umgestellt nach M_2:

8.10
$$M_2 = K_E \cdot \frac{m_2}{\Delta T_B \cdot m_1}$$

M 8.4: Von einer organischen Verbindung werden 2,72 g in 85 g Benzol gelöst. Die Lösung weist eine Siedepunktserhöhung von 0,526 K auf. Wie groß ist die molare Masse der Verbindung, wenn für Benzol $K_E = 2{,}53\ K \cdot kg \cdot mol^{-1}$ beträgt?

Lsg.: Mit Gleichung 8.10 ergibt sich:

$$M_2 = \frac{2{,}53\ K \cdot kg \cdot mol^{-1} \cdot 2{,}72 \cdot 10^{-3}\ kg}{0{,}526\ K \cdot 85 \cdot 10^{-3}\ kg} = 0{,}154\ kg \cdot mol^{-1} = \mathbf{154\ g \cdot mol^{-1}}$$

Die Bestimmung der molaren Masse durch die Siedepunktserhöhung nennt man **Ebullioskopie.**

8.2.3 Gefrierpunktserniedrigung

Am Gefrierpunkt sind die Dampfdrücke der flüssigen und festen Phase gleich groß. Die Dampfdruckkurven des flüssigen und festen Lösemittels schneiden sich bei seinem Tripelpunkt. In Bild 1 sind die Dampfdruckkurven von Wasser als Lösemittel und einer wässrigen Lösung mit einer nichtflüchtigen Komponente dargestellt. Man sieht, dass beim Tripelpunkt des reinen Lösemittels (C) die Lösung einen niedrigeren Dampfdruck besitzt. Die Lösung liegt an diesem Punkt flüssig, das reine Lösemittel fest vor. Die Kurve des Dampfdrucks der Lösung schneidet die des festen Lösemittels bei einer niedrigeren Temperatur (D). Die Lösung besitzt somit einen niedrigeren Gefrierpunkt als das reine Lösemittel. Wenn die Lösung zu erstarren beginnt, wird nur das reine Lösemittel fest. Bei wässrigen Lösungen bildet sich daher i.d.R. beim Erstarren immer Eis. Da die gelöste Substanz in Lösung bleibt, steigt ihre Konzentration.

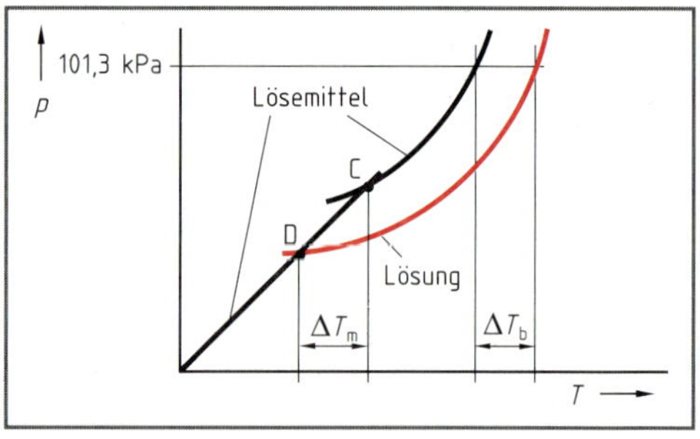

Bild 1: Dampfdruckkurve von Wasser und einer wässrigen Lösung bei $p_{ges} = 101{,}3$ kPa

Mit steigender Konzentration der Lösung wird die Dampfdruckerniedrigung Δp größer und der Erstarrungspunkt fällt immer mehr, bis schließlich das gesamte Lösemittel gefriert. Eine wichtige Voraussetzung ist hierbei, dass beim Erstarrungsbeginn der Lösung nur das reine Lösemittel auskristallisiert und keine Mischkristalle aus Lösemittel und gelöstem Stoff abgeschieden werden. Ist diese Bedingung erfüllt, so gilt für die Gefrierpunktserniedrigung ΔT_m bei verdünnten Lösungen in Analogie zur Siedepunktserhöhung ΔT_b die Gleichung:

$$\Delta T_m = K_K \cdot b$$ 8.11

ΔT_m	K_K	b
K	$K \cdot kg \cdot mol^{-1}$	$mol \cdot kg^{-1}$

Der Proportionalitätsfaktor K_K ist wie K_E eine für das jeweilige Lösemittel spezifische Konstante, die als **molale Gefrierpunktserniedrigung** oder **kryoskopische Konstante** bezeichnet wird. Ihr Wert entspricht dem der Gefrierpunktserniedrigung einer 1-molalen Lösung, d.h. einer Lösung, die in 1 kg Lösemittel 1 mol eines nichtflüchtigen Nichtelektrolyten enthält. Für Wasser beträgt der Wert $K_K = 1{,}86\ K \cdot kg \cdot mol^{-1}$. Jede wässrige Lösung, die in 1 kg Wasser 1 mol eines nichtflüchtigen Nichtelektrolyten, wie z.B. Rohrzucker, enthält, gefriert bei einer Temperatur, die 1,86 °C tiefer liegt als der Gefrierpunkt von reinem Wasser. Bei einem Druck von 101,3 kPa erstarrt eine 1-molale Rohrzuckerlösung erst bei einer Temperatur von – 1,86 °C. Wie aus Bild 1, S. 254 ersichtlich, ist die Gefrierpunktserniedrigung größer als die Siedepunktserhöhung und die Werte von K_K sind bei den meisten Lösemitteln auch höher als die Werte von K_E. Dies beruht auf der Tatsache, dass die spezifischen Schmelzwärmen immer kleiner sind als die spezifischen Verdampfungswärmen. Die Aggregatzustandsänderung vom festen in den flüssigen Zustand benötigt weniger Energie, als der Übergang vom flüssigen in den dampfförmigen Zustand.

Die Gefrierpunktserniedrigung eignet sich besser als die Siedepunktserhöhung zur Bestimmung der molaren Masse einer gelösten Substanz. Zum einen ist der Effekt größer und zum anderen ist besonders bei temperaturempfindlichen Stoffen die Gefahr der Zersetzung oder Verdampfung viel kleiner. Analoge Überlegungen wie bei der Siedepunktserhöhung ergeben für die Gefrierpunktserniedrigung ΔT_m:

$$\Delta T_m = K_K \cdot \frac{m_2}{M_2 \cdot m_1}$$ 8.12

ΔT_m	K_K	m_1	m_2	M_2
K	$K \cdot kg \cdot mol^{-1}$	kg	kg	$kg \cdot mol^{-1}$

Wie in Gleichung (8.9) ist m_1 die Masse des Lösemittels und m_2 die Masse des gelösten Stoffes. Umstellung von Gleichung 8.12 nach M_2 ergibt:

$$M_2 = K_K \cdot \frac{m_2}{\Delta T_m \cdot m_1}$$ 8.13

M 8.5: Von einer organischen Verbindung werden 5,5 g in 148 g Wasser gelöst. Gemessen wird gegenüber Wasser eine Gefrierpunktserniedrigung von 0,38 °C. Welche molare Masse hat die Verbindung? $K_K(H_2O) = 1{,}86\ K \cdot kg \cdot mol^{-1}$.

Lsg.: Einsetzen der Werte in Gl. 8.13 ergibt

$$M_2 = \frac{1{,}86\ K \cdot kg \cdot mol^{-1} \cdot 5{,}5 \cdot 10^{-3}\ kg}{0{,}38\ K \cdot 148 \cdot 10^{-3}\ kg} = 0{,}182\ kg \cdot mol^{-1} = \mathbf{182\ g \cdot mol^{-1}}$$

Mit Hilfe der Gefrierpunktserniedrigung kann neben anderen Methoden auch der Massenanteil w eines Stoffes in einer Lösung bestimmt werden.

M 8.6: Eine Lösung von Anilin ($C_6H_5NH_2$), $M = 93\ g \cdot mol^{-1}$, in Benzol erstarrt bei – 2,74 °C. Benzol gefriert bei 5,49 °C. Es gilt $K_K(\text{Benzol}) = 5{,}12\ K \cdot kg \cdot mol^{-1}$. Wie groß ist

a) der Massenanteil w(Anilin) in % und

b) die Stoffmengenkonzentration c(Anilin) in $mol \cdot L^{-1}$ der Lösung, wenn die Dichte der Lösung $\varrho = 0{,}975\ g \cdot mL^{-1}$ beträgt?

Lsg.: a) Nach Gl. 8.12 gilt: $\Delta T_m = K_K \cdot \dfrac{m_2}{M_2 \cdot m_1}$

Da der Massenanteil gesucht ist, geht man zweckmäßigerweise von 100 g Lösung aus. Die Masse des Lösemittels m_1 beträgt dann: 100 g – m_2. Die Gefrierpunktserniedrigung ΔT_m ist: 5,49 °C – (– 2,74 °C) = 8,23 °C bzw. 8,23 K (da eine Temperaturdifferenz vorliegt). Durch Einsetzen dieser Werte erhält man:

$$8{,}23\ \text{K} = 5{,}12\ \text{K} \cdot \text{kg} \cdot \text{mol}^{-1} \cdot \frac{m_2}{93 \cdot 10^{-3}\ \text{kg} \cdot \text{mol}^{-1} \cdot (100 \cdot 10^{-3}\ \text{kg} - m_2)}$$

$$\frac{8{,}23\ \text{K} \cdot 93 \cdot 10^{-3}\ \text{kg} \cdot \text{mol}^{-1}}{5{,}12\ \text{K} \cdot \text{kg} \cdot \text{mol}^{-1}} \cdot (100 \cdot 10^{-3}\ \text{kg} - m_2) = m_2$$

$$T_{m_2} = 0{,}0149\ \text{kg} - 0{,}149 \cdot m_2 \Rightarrow m_2 = 0{,}013\ \text{kg} = 13\ \text{g}$$

Der Massenanteil *w* (Anilin) beträgt nach Gl. 1.20:

$$w\,(\text{Anilin}) = \frac{m\,(\text{Anilin})}{m_{\text{Lsg}}} \cdot 100\% = \frac{13\ \text{g}}{100\ \text{g}} \cdot 100\% = \mathbf{13\%}$$

b) 1 Liter der Lösung mit ϱ = 0,975 g · mL^{-1} hat die Masse 975 g und enthält 13% Anilin. Dies sind: 975 g · 0,13 = 126,75 g Anilin. Die Stoffmengenkonzentration ergibt sich nach Gl. 1.26 zu:

$$c = \frac{n}{V} = \frac{m_2}{M_2 \cdot V} = \frac{126{,}75\ \text{g}}{93\ \text{g} \cdot \text{mol}^{-1} \cdot 1\ \text{L}} = \mathbf{1{,}363\ mol \cdot L^{-1}}$$

Zur Bestimmung der Gefrierpunktserniedrigung wird häufig Campher als Lösemittel eingesetzt, da es eine besonders große kryoskopische Konstante besitzt. Ein sehr einfaches Verfahren zur Bestimmung der molaren Masse von bei Raumtemperatur festen organischen Verbindungen wurde von *Rast* entwickelt. Der apparative Aufwand ist gering, da nur ein Schmelzpunktbestimmungsgerät, ein Schmelzpunktröhrchen sowie ein auf 0,2 K genau ablesbares Thermometer nötig sind. Eine bestimmte Menge Campher wird mit dem zu untersuchenden Stoff abgewogen und gemischt. Anschließend wird der Schmelzpunkt bestimmt. Dieser Versuch wird mehrmals durchgeführt und die Messergebnisse werden gemittelt. Die Gefrierpunktserniedrigung ist bei diesem Verfahren so groß, dass sie direkt mit einem Thermometer der angegebenen Genauigkeit messbar ist.

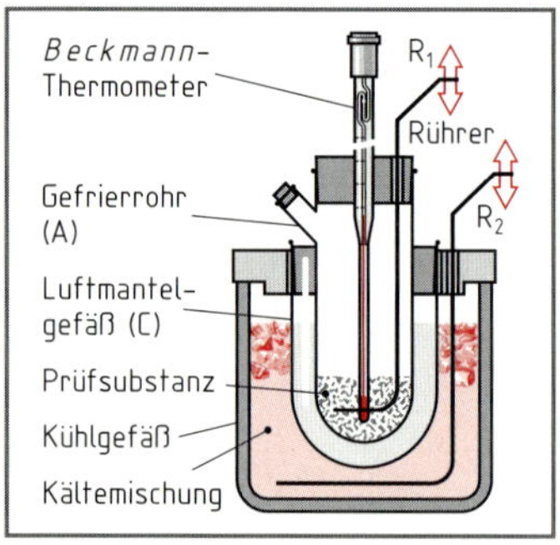

Bild 1: Kryoskopie nach *Beckmann*

Das zweite praktisch angewandte Verfahren, die Bestimmung der molaren Masse nach *Beckmann,* ist in Bild 1 dargestellt. Die Apparatur besteht aus einem *Beckmann*-Thermometer, einem Spezialthermometer für relative Temperaturmessungen, an dem Temperaturänderungen auf 0,01 K genau gemessen werden können, das in einem Gefrierrohr (A) mit Rührer (R_1) steckt. Das Gefrierrohr befindet sich in einem Luftmantelgefäß (C), damit die Abkühlung überall gleichmäßig erfolgt. Diese Apparatur ist von einem Kühlgefäß mit Rührer (R_2) umgeben, das mit einer Kältemischung gefüllt ist.

Eine analytisch genau abgewogene Masse an reinstem Lösemittel (m_1) wird in das Gefrierrohr gegeben und von außen durch eine Kältemischung so lange abgekühlt, bis es erstarrt. Der Gefrierpunkt wird am *Beckmann*-Thermometer abgelesen. Im Lösemittel wird dann eine analytisch genaue Einwaage (m_2) an Prüfsubstanz gelöst und der Gefrierpunkt der Lösung in gleicher Weise bestimmt und abgelesen. Beide Ablesungen werden mehrmals durchgeführt und die Ergebnisse gemittelt. Die Differenz der gemittelten Messwerte ist die Gefrierpunktserniedrigung ΔT_m.

Zur Erklärung der Gefrierpunktserniedrigung führt man eine ähnliche Betrachtung wie bei der Dampfdruckerniedrigung durch. Bild 1, S. 257 zeigt die Lösung eines nichtflüchtigen Nichtelektrolyten. Von Interesse ist die Geschwindigkeit, mit der die Lösemittelmoleküle den Festkörper bilden und mit der sie wieder in den flüssigen Zustand übergehen. Am Erstarrungspunkt des reinen Lösemittels sind beide Geschwindigkeiten gleich groß. Ist eine andere Substanz aber gelöst, so sind weniger Flüssigkeitsmoleküle in Kontakt mit der Oberfläche des Festkörpers, da ein Teil der Plätze von den Molekülen des gelösten Stoffes eingenommen wird. Der Übergang von der Flüssigkeit in den festen Zustand wird also verlangsamt. In der Gegenrichtung, dem Übergang vom festen Zustand in die Flüssigkeit, bleibt die Geschwindigkeit unverändert, da der feste Zustand aus reinem Lösemittel besteht. Ob in der Lösung ein Molekül des Lösemittels oder der gelösten Substanz vorliegt, spielt hierbei keine Rolle. In einer Lösung wandern also mehr Moleküle aus dem Festkörper in die Flüssigkeit als umgekehrt, d.h. der Festkörper schmilzt. Das Gleichgewicht zwischen den beiden Richtungen stellt sich erst bei tieferer Temperatur wieder ein. Die Lösung besitzt einen niedrigeren Schmelzpunkt als das reine Lösemittel.

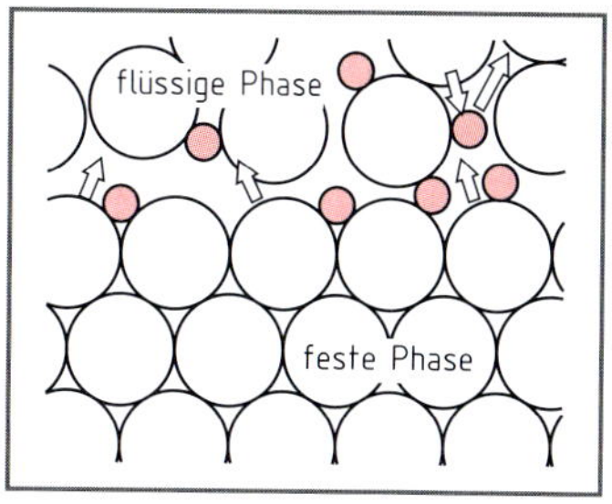

Bild 1: Lösung eines nichtflüchtigen Nichtelektrolyten

In der Technik wird der Effekt der Gefrierpunktserniedrigung beim **Zonenschmelzen,** einem in der Halbleiterindustrie angewandten Verfahren zur Gewinnung von Silicium und Germanium, ausgenutzt. In Bild 2 ist das Verfahren schematisch wiedergegeben. Ein zylindrischer Heizkörper wird langsam an dem Stab entlanggeführt und schmilzt eine Zone des Stabes auf. An der Stelle, wo die flüssige Zone aus der Heizzone austritt, kristallisiert das reine Metall. Die Verunreinigungen bleiben in der geschmolzenen Zone gelöst und wandern mit der Heizvorrichtung bis zum Ende des Stabes, das dann abgesägt und verworfen wird. Ein Stab wird in der Regel mehrmals diesem Vorgang unterzogen, sodass am Ende an der Oberfläche hochreine Metalle vorliegen.

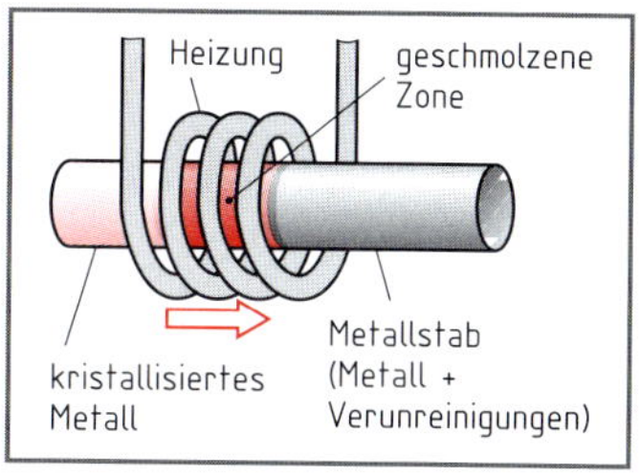

Bild 2: Zonenschmelzen

Fasst man die bisherigen Betrachtungen der kolligativen Eigenschaften zusammen, so gilt:

> Die Dampfdruckerniedrigung bewirkt immer eine Siedepunktserhöhung bzw. Gefrierpunktserniedrigung, deren Größe von der Art des Lösemittels und der Konzentration des gelösten Stoffes abhängt.

Die ebullioskopischen und kryoskopischen Konstanten in den Gleichungen 8.8 und 8.11 können experimentell bestimmt werden, indem man in 1 kg des Lösemittels genau 1 mol der zu untersuchenden Substanz löst. Die gemessene Siedepunktserhöhung bzw. Gefrierpunktserniedrigung entspricht dann genau dem Wert der ebullioskopischen bzw. kryoskopischen Konstanten, da die Molalität b in diesem Fall gleich 1 ist. Mit Hilfe der Thermodynamik kann man zeigen, dass beide Konstanten berechnet werden können, wenn die molare Schmelz- oder Verdampfungsenthalpie $\Delta H_{m,s}$ des Lösemittels bekannt ist. Bei bekannter Schmelzenthalpie erhält man die kryoskopische Konstante K_K des Lösemittels durch die Gleichung:

$$K_K = \frac{R \cdot (T_m)^2 \cdot M}{\Delta H_{m,s}} \qquad (8.14)$$

K_K	R	T_m	M	$\Delta H_{m,s}$
$kg \cdot K \cdot mol^{-1}$	$J \cdot K^{-1} \cdot mol^{-1}$	K	$kg \cdot mol^{-1}$	$J \cdot mol^{-1}$

M 8.7: Wie groß ist die kryoskopische Konstante für Wasser, wenn $T_m = 273$ K und $\Delta H_{m,s} = 5{,}98\ kJ \cdot mol^{-1}$ beträgt? Die molare Masse von Wasser ist $M = 18\ g \cdot mol^{-1}$.

Lsg.: Einsetzen der gegebenen Werte in Gl. 8.14 ergibt mit $R = 8{,}315\ J \cdot K^{-1} \cdot mol^{-1}$:

$$K_K = \frac{8{,}315\ J \cdot K^{-1} \cdot mol^{-1} \cdot (273\ K)^2 \cdot 18 \cdot 10^{-3}\ kg \cdot mol^{-1}}{5\,980\ J \cdot mol^{-1}} = \mathbf{1{,}865\ kg \cdot K \cdot mol^{-1}}$$

Für die ebullioskopische Konstante K_E ist bei bekannter Verdampfungsenthalpie $\Delta H_{m,v}$ analog

$$K_E = \frac{R \cdot (T_b)^2 \cdot M}{\Delta H_{m,v}} \qquad (8.15)$$

K_E	R	T_b	M	$\Delta H_{m,v}$
$kg \cdot K \cdot mol^{-1}$	$J \cdot K^{-1} \cdot mol^{-1}$	K	$kg \cdot mol^{-1}$	$J \cdot mol^{-1}$

M 8.8: Für Wasser ist $T_b = 373$ K, $\Delta H_{m,v} = 40{,}6\ kJ \cdot mol^{-1}$, $R = 8{,}315\ J \cdot K^{-1} \cdot mol^{-1}$ und die molare Masse $M = 18 \cdot 10^{-3}\ kg \cdot mol^{-1}$. Wie groß ist K_E?

Lsg.: Einsetzen der gegebenen Werte in Gl. 8.15 ergibt: $K_E = \mathbf{0{,}513\ kg \cdot K \cdot mol^{-1}}$.

Die Werte für K_E und K_K einiger Lösemittel sind in Tab. 8a wiedergegeben.

Tabelle 8a: Kryoskopische und ebullioskopische Konstanten verschiedener Lösemittel aufgrund präziser Messungen

Lösemittel	Gefrierpunktserniedrigung		Siedepunktserhöhung	
	ϑ_m in °C bei 1013,25 hPa	K_K in $kg \cdot K \cdot mol^{-1}$	ϑ_b in °C bei 1013,25 hPa	K_E in $kg \cdot K \cdot mol^{-1}$
Anilin	– 5,96	5,87	184,4	3,69
Benzol	5,455	5,12	80,15	2,53
Campher	179,5	40,0		
Cyclohexan	6,2	20,2	81,5	2,75
Ethanol	114,6	1,99	78,3	1,22
Ethansäure	16,65	3,9	118,5	3,07
Tetrachlormethan	– 22,8	29,8	76,5	5,02
Wasser	0,0	1,86	100,0	0,512

Siedepunktserhöhung und Gefrierpunktserniedrigung sind eine Folge der Dampfdruckerniedrigung und proportional zu ihr. Der Zusammenhang zwischen ihnen ergibt sich aus den Gleichungen 8.2, 8.5 und 8.9.

Nach Gl. 8.2 gilt: $\frac{\Delta p}{p_0} = x_2$ oder $\frac{\Delta p}{p_0} = \frac{n_2}{n_{ges}} \Rightarrow n_{ges} = \frac{n_2 \cdot p_0}{\Delta p}$

Nach Gl. 8.5 ist: $p = p_0 \cdot x_1$ oder $p = p_0 \cdot \frac{n_1}{n_{ges}} \Rightarrow n_{ges} = \frac{p_0 \cdot n_1}{p}$

Gleichsetzen beider Ausdrücke ergibt: $\frac{n_2 \cdot p_0}{\Delta p} = \frac{p_0 \cdot n_1}{p} \Rightarrow n_2 = \frac{\Delta p}{p} \cdot n_1$

Durch Einsetzen dieser Beziehung in Gleichung 8.9 für das Verhältnis m_2/M_2 ($\widehat{=}\ n_2$) erhält man:

$$\Delta T_b = K_E \cdot \frac{m_2}{M_2 \cdot m_1} \Rightarrow \Delta T_b = K_E \cdot \frac{\Delta p}{p} \cdot \frac{n_1}{m_1}$$

Mit $n_1 = m_1/M_1$ folgt schließlich: $\Delta T_B = K_E \cdot \frac{\Delta p}{p \cdot M_1}$

Im Fall der Gefrierpunktserniedrigung erhält man analog: $\Delta T_m = K_K \cdot \frac{\Delta p}{p \cdot M_1}$

8.2.4 Osmose

Die Osmose ist eine weitere und zugleich die wichtigste kolligative Eigenschaft von Lösungen. Ihr kommt nicht nur im Labor, sondern auch in der Biochemie eine bedeutende Rolle zu. Das Phänomen der Osmose tritt auf, wenn man 2 Lösungen mit unterschiedlichen Konzentrationen durch spezielle Wände (Membranen), welche nur für eine Teilchenart durchlässig sind, voneinander trennt. Ein einfaches Osmose-Experiment zeigt Bild 1. In ein Glasgefäß, mit Wasser gefüllt, wird ein Steigrohr gebracht, das eine Zuckerlösung enthält und am Ende mit einer Membran verschlossen ist. Zu Beginn soll der Flüssigkeitsspiegel innerhalb und außerhalb des Steigrohres gleich hoch sein. Die Membran, die das Steigrohr verschließt, ist für die Wassermoleküle durchlässig, nicht aber für die Zuckermoleküle. Die Wassermoleküle strömen in die Lösung und der Flüssigkeitsspiegel im Steigrohr steigt allmählich an, da das Volumen der Lösung zunimmt. Mit wachsender Flüssigkeitssäule wird andererseits aber ein zunehmender Druck von Seiten der Lösung auf die Membran ausgeübt. Das Eindringen der Wassermoleküle in die Lösung wird in anwachsendem Maß

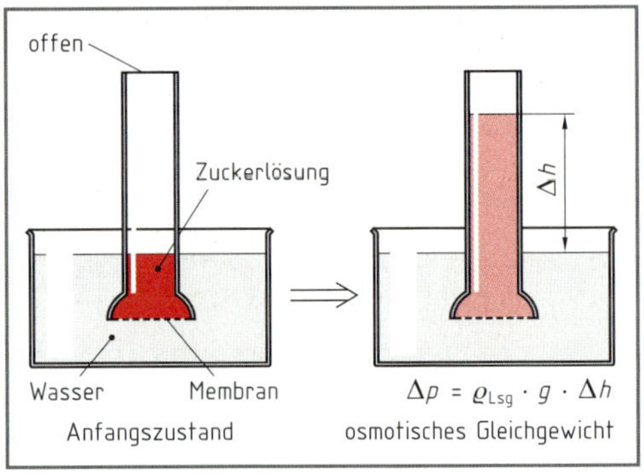

Bild 1: Nachweis des osmotischen Druckes

verhindert und kommt schließlich, äußerlich gesehen, zum Stillstand. Die Zahl der Wassermoleküle, die in die Lösung eindringen, ist jetzt zu jeder Zeit genau so groß wie die Anzahl, die infolge des Schweredrucks der Flüssigkeitssäule wieder in das äußere Gefäß zurückgedrängt wird. Man bezeichnet diesen Zustand als **osmotisches Gleichgewicht.** Im Gleichgewicht bleibt die Höhe der Flüssigkeitssäule konstant. Die Differenz der Schweredrücke auf beiden Seiten der Membran nennt man den **osmotischen Druck** Π.

> Der osmotische Druck einer Lösung ist die Differenz der Schweredrücke in Höhe der Membran zwischen dem Schweredruck des Lösemittel und dem der Lösung im osmotischen Gleichgewicht.

Membranen, die wie hier beschrieben, nur für eine Teilchenart durchlässig sind, nennt man **semipermeabel.** Die Wirkungsweise einer semipermeablen Membran ist in Bild 1 dargestellt.

Die Lösemittelmoleküle (grau) können von jeder Seite durch die semipermeable Membran wandern, die gelösten Teilchen (Rot) aber nicht. Die Geschwindigkeiten, mit denen die Lösemittelmoleküle von jeder Seite durch die Membran wandern, sind unterschiedlich groß. Von der Seite der Lösung wandern weniger Moleküle durch die Membran, da die gelösten Moleküle die Lösemittelmoleküle beim Durchtritt durch die Membran behindern. Die Wanderung der Lösemittelmoleküle läuft demnach bevorzugt in Richtung der konzentrierteren Lösung ab. Man nennt diesen Vorgang **Osmose.** Die Anzahl der auf beiden Seiten je Zeiteinheit durch die Membran wandernden Lösemittelmoleküle ist erst dann gleich, wenn der Druck auf der Seite der Lösung so weit angestiegen ist, dass genügend viele Lösemittelmoleküle durch die Membran gedrückt werden. Den bei diesem Gleichgewichtszustand herrschenden Druck nennt man den osmotischen Druck.

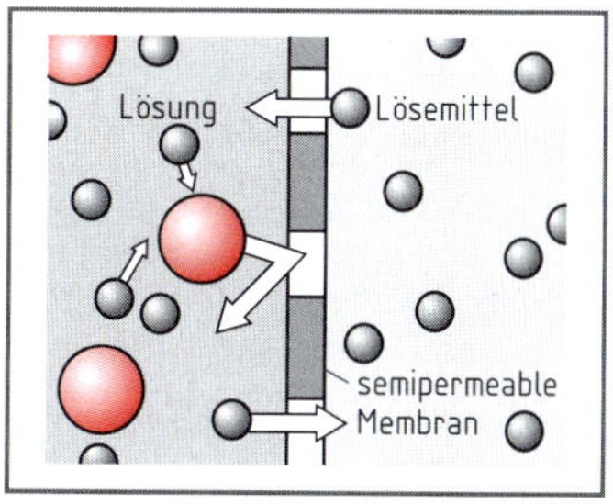

Bild 1: Osmose

> Die Osmose ist die bevorzugt in Richtung der konzentrierteren Lösung ablaufende Wanderung der Teilchen eines Lösemittels durch eine semipermeable Membran.

Bei zwei Lösungen mit unterschiedlichen Konzentrationen, die durch eine semipermeable Membran getrennt sind, wandert das Lösemittel von der verdünnteren in die konzentriertere Lösung. Auf diese Weise gleichen sich die Konzentrationen einander an.

Der osmotische Druck einer Lösung lässt sich, wie Bild 1, S. 258 zeigt, leicht mit relativ geringem apparativen Aufwand ermitteln. Zur Berechnung des osmotischen Druckes genügt es, die Höhe der Flüssigkeitssäule nach Erreichen des osmotischen Gleichgewichts zu bestimmen.

M 8.9: Die Lösung eines Polymeren in Toluol ($\varrho = 0{,}867\ \text{kg} \cdot \text{dm}^{-3}$) steigt in einer Apparatur, wie in Bild 1, S. 258 gezeigt, $\Delta h = 8{,}40$ cm hoch. Wie groß ist der osmotische Druck Π?

Lsg.: Der osmotische Druck Π ist nichts anderes als der Schweredruck der Flüssigkeitssäule, sodass gilt: $\Pi = p = \varrho \cdot g \cdot h$

$\Pi = 867\ \text{kg} \cdot \text{m}^{-3} \cdot 9{,}81\ \text{m} \cdot \text{s}^{-2} \cdot 0{,}084\ \text{m} = 714{,}44\ \text{Pa} = \mathbf{0{,}714\ kPa}$

Die Osmose und der osmotische Druck gehören, wie schon erwähnt, zu den kolligativen Eigenschaften von Lösungen. Sie sind daher abhängig von der Anzahl der gelösten Teilchen, d.h. der Konzentration und unabhängig von der Art der gelösten Teilchen. Mit der quantitativen Seite des osmotischen Druckes beschäftigte sich *van't Hoff.* Aufgrund seiner zahlreichen Versuche konnte er zeigen, dass zwischen dem osmotischen Druck und der Stoffmengenkonzentration einer verdünnten Lösung eines Nichtelektrolyten die Beziehung gilt:

$$\Pi \cdot V = n \cdot R \cdot T$$ **8.16**

Π	V	n	R	T
kPa	L	mol	$\text{kPa} \cdot \text{L} \cdot \text{mol}^{-1} \cdot \text{K}^{-1}$	K

Mit $c = n/V$ erhält man aus Gleichung 8.16: $\Pi = \frac{n}{V} \cdot R \cdot T \Rightarrow \Pi = c \cdot R \cdot T$

In diesen Gleichungen ist V das Volumen der Lösung und R die universelle Gaskonstante. Betrachtet man Gleichung 8.16 genauer, so fällt auf, dass sie der Zustandsgleichung für ideale Gase nahezu gleicht. Ideale Gase und ideale Lösungen verhalten sich ähnlich. Also gilt:

Der osmotische Druck Π einer Lösung ist so groß wie der Gasdruck eines idealen Gases bei gleicher Stoffmengenkonzentration und Temperatur wäre, wenn das Gas das gleiche Volumen wie die Lösung einnehmen würde.

M 8.10: Wie groß ist der osmotische Druck einer wässrigen Harnstofflösung, $CO(NH_2)_2$, die 3 g Harnstoff in 400 mL Lösung enthält bei 20 °C? $M[CO(NH_2)_2] = 60\ g \cdot mol^{-1}$.

Lsg.: Gemäß Gleichung 8.16 gilt nach Umstellung: $\Pi = \frac{n \cdot R \cdot T}{V} = \frac{m \cdot R \cdot T}{M \cdot V}$

$$\Pi = \frac{3\ g \cdot 8{,}315\ kPa \cdot L \cdot mol^{-1} \cdot K^{-1} \cdot 293\ K}{60\ g \cdot mol^{-1} \cdot 0{,}4\ L} = \mathbf{304{,}5\ kPa}$$

Die *van't hoff*sche Gleichung (8.16) gilt nur im Konzentrationsbereich bis $c = 0{,}1\ mol \cdot L^{-1}$ und darf für kolloidale Lösungen nicht angewandt werden, da deren osmotischer Druck wesentlich kleiner ist als der, der sich aus Gleichung 8.16 ergeben würde.

Ebenso wie die anderen kolligativen Eigenschaften kann auch der osmotische Druck zur Bestimmung der molaren Masse einer Verbindung benutzt werden. Dieses Verfahren, **Osmometrie** genannt, besteht im Prinzip darin, dass die Höhe gemessen wird, bis zu der die Säule einer Lösung bekannter Massenkonzentration oder eine Wasser- bzw. Quecksilbersäule ansteigt.

Der Vorteil der Osmometrie im Vergleich zu den anderen auf den kolligativen Eigenschaften beruhenden Methoden zur Bestimmung der molaren Masse ist die größere Empfindlichkeit gegenüber der Konzentration. Sie wird vor allem bei Verbindungen angewandt, die eine **hohe molare Masse** besitzen wie etwa Enzyme, Proteine oder synthetische Polymere. Deren gelöste Masse kann zwar groß und gut zu handhaben sein, die Stoffmenge, d.h. die Anzahl der in der Lösung vorhandenen Moleküle, ist bei einer hohen molaren Masse jedoch relativ gering.

M 8.11: Eine wässrige Lösung von 30,0 g eines Nichtelektrolyten in 1 L Lösung besitzt bei 20 °C den osmotischen Druck von 1,7 kPa. Ihre Dichte ist $1{,}0\ g \cdot mL^{-1}$. Wie groß ist:

a) Die molare Masse der Substanz?

b) Die Siedepunktserhöhung der Lösung?

c) Die Gefrierpunktserniedrigung der Lösung?

d) Die Dampfdruckerniedrigung (bei 20 °C ist $p_0(H_2O) = 2{,}34\ kPa$)?

Lsg.: a) Gleichung 8.16 ergibt umgestellt:

$$n = \frac{\Pi \cdot V}{R \cdot T} = \frac{1{,}7\ kPa \cdot 1{,}0\ L}{8{,}315\ kPa \cdot L \cdot mol^{-1} \cdot K^{-1} \cdot 293\ K} = 6{,}98 \cdot 10^{-4}\ mol$$

$$n = \frac{m}{M} \Rightarrow M = \frac{m}{n} = \frac{30\ g}{6{,}98 \cdot 10^{-4}\ mol} = \mathbf{4{,}3 \cdot 10^4\ g \cdot mol^{-1}}$$

b) Nach Gleichung 8.9 gilt mit $K_E(H_2O) = 0{,}512\ K \cdot kg \cdot mol^{-1}$

$$\Delta T_b = K_E \cdot \frac{m_2}{M_2 \cdot m_1} = K_E \cdot \frac{n_2}{m_1}$$

1 Liter Lösung besitzt die Masse: $m = V \cdot \varrho = 1\ L \cdot 1{,}0\ kg \cdot L^{-1} = 1{,}0\ kg$.

Die Masse des Lösemittels beträgt $m_1 = 1\ kg - 0{,}030\ kg = 0{,}970\ kg$.

$$\Delta T_b = \frac{0{,}512\ K \cdot kg \cdot mol^{-1} \cdot 6{,}98 \cdot 10^{-4}\ mol}{0{,}970\ kg} = \mathbf{3{,}7 \cdot 10^{-4}\ K}$$

c) Mit Gleichung 8.12 erhält man analog mit $K_K(H_2O) = 1{,}86\ K \cdot kg \cdot mol^{-1}$

$$\Delta T_m = K_K \cdot \frac{m_2}{M_2 \cdot m_1} = K_K \cdot \frac{n_2}{m_1}$$

$$\Delta T_m = \frac{1{,}86\ K \cdot kg \cdot mol^{-1} \cdot 6{,}98 \cdot 10^{-4}\ mol}{0{,}970\ kg} = \mathbf{1{,}34 \cdot 10^{-3}\ K}$$

d) Aus Gleichung 8.2 erhält man mit $p_0 = 2{,}34$ kPa für H_2O bei 20 °C:

$$\frac{\Delta p}{p_0} = x_2 \Rightarrow \Delta p = x_2 \cdot p_0 = \frac{n_2}{n_1 + n_2} \cdot p_0$$

Die Stoffmenge n_1 für H_2O beträgt: $n_1 = \frac{m_1}{M_1} = \frac{970\ g}{18\ g \cdot mol^{-1}} = 53{,}89\ mol$

$$\Delta p = \frac{6{,}98 \cdot 10^{-4}\ mol \cdot 2{,}34\ kPa}{6{,}98 \cdot 10^{-4}\ mol + 53{,}89\ mol} = 3{,}03 \cdot 10^{-5}\ kPa = \mathbf{3{,}03 \cdot 10^{-2}\ Pa}$$

Man erkennt, dass die Siedepunktserhöhung wie die Gefrierpunktserniedrigung und die Dampfdruckerniedrigung viel zu klein sind, um gemessen werden zu können. Ein osmotischer Druck von 1,7 kPa entspricht dagegen einer Wassersäule von 17,33 cm, die leicht zu messen ist.

Bild 1: Osmose bei einer Kirsche. Die Kirsche quillt in Wasser, schrumpft aber in einer Zuckerlösung

Die Osmose spielt, wie gesagt, in der Biochemie eine wichtige Rolle, vor allem bei physiologischen Prozessen in Pflanzen und Tieren. Die Wände lebender Zellen von tierischem und pflanzlichem Gewebe sind semipermeabel und ermöglichen den nötigen Stoffwechsel. So führen im Inneren einer Pflanze die höheren Konzentrationen an gelösten Substanzen zu einem osmotischen Druck, der zur Folge hat, dass Wasser in die Zelle fließt, welches die nötigen Nährstoffe zuführt und dafür sorgt, dass die Zelle prall gefüllt und somit mechanisch stabil ist. Wird die Wasserversorgung eingeschränkt, so wird der Druck in den Zellen kleiner, die Pflanzen welken. In Bild 1 ist das Verhalten einer Kirsche dargestellt, die sich einmal im linken Gefäß in Wasser befindet und im rechten Gefäß in einer konzentrierten Zuckerlösung. In Wasser gelegt quillt die Kirsche auf und platzt schließlich. In der konzentrierten Zuckerlösung, die mehr Zucker als die Kirsche selbst enthält, schrumpft sie dagegen zusammen. Verantwortlich für dieses unterschiedliche Verhalten ist die Haut, welche die Kirsche umgibt. Sie ist eine semipermeable Wand, die Wassermoleküle durchlässt, Zuckermoleküle jedoch nicht. Die Kirsche selbst enthält Zucker und Wasser, sodass sie als eine Zuckerlösung angesehen werden kann. Liegt die Kirsche im Wasser, so führt die höhere Zuckerkonzentration im Inneren der Kirsche zu einem höheren osmotischen Druck und Wassermoleküle wandern in die Zuckerlösung im Inneren der Kirsche, womit es zur Quellung kommt. Bringt man umgekehrt eine Kirsche in eine stärker konzentrierte Zuckerlösung, so besitzt die Lösung einen höheren osmotischen Druck, sodass jetzt Wassermoleküle aus der Zuckerlösung im Inneren der Kirsche in die umgebende Zuckerlösung wandern und die Kirsche schrumpft.

Ähnlich wie die Kirsche verhalten sich auch die roten Blutkörperchen, die als osmotische Zellen angesehen werden können. Die Wände der roten Blutkörperchen sind für Na^+-Ionen undurchlässig. Der Wasserstrom durch die Zelle hängt somit von der Na^+-Ionenkonzentration ab, die innerhalb und außerhalb der Zelle herrscht. Ist die Na^+-Ionenkonzentration im Inneren der Zelle größer als im umgebenden Blutplasma, so fließt Wasser in die Zelle hinein und lässt sie schließlich platzen. Im umgekehrten Fall, d.h. bei einer höheren Na^+-Ionenkonzentration im Blutplasma, strömt Wasser aus den Zellen und es kommt zur Deformation bzw. Schrumpfung der Blutkörperchen. Beide Effekte müssen bei Injektionen und intravenöser Ernährung vermieden werden. Die bei Operationen als Blutersatz verwendete sogenannte **physiologische Kochsalzlösung** muss daher denselben osmotischen Druck wie das Blut besitzen, d.h. sie muss **isotonisch** sein.

In den bisherigen Beispielen der freiwillig ablaufenden Osmose wanderte das Lösemittel stets in die höher konzentrierte Lösung. Die Richtung der Osmose kann jedoch auch umgekehrt werden, wenn auf der Seite dieser Lösung künstlich, d.h. von außen, ein so hoher Überdruck ausgeübt wird, dass das Lösemittel durch die Membran zurückgepresst wird. Man bezeichnet diesen Vorgang als **Umkehrosmose** oder **Reversosmose.** In der Technik wird die Reversosmose zur Gewinnung von Trinkwasser aus Meerwasser und zur Entsalzung von Wasser angewandt. Problematisch ist hierbei die Herstellung geeigneter Membranen, die die verwendeten hohen Drücke aushalten, ohne dass die Struktur zerstört wird und die trotzdem noch genügend selektiv sind. Man arbeitet in der Praxis mit Celluloseacetat-Membranen bei Drücken bis ca. 70 bar. Die Anwendung so hoher Drücke ist erforderlich, da Meerwasser eine verdünnte Lösung von **Elektrolyten** darstellt. Bei der Berechnung des osmotischen Druckes und der anderen kolligativen Eigenschaften von **Elektrolytlösungen** ist zu beachten, dass Elektrolyte in Wasser dissoziieren und somit die Anzahl der Teilchen in der Lösung größer ist als bei Nichtelektrolyten. Alle in diesem Kapitel bisher behandelten Gleichungen sind nur, wie mehrfach betont, für Nichtelektrolyte anwendbar und besitzen **keine** Gültigkeit mehr für Lösungen von Elektrolyten. Solche Lösungen weisen nämlich höhere Werte der kolligativen Effekte auf, als aus den bisherigen Gleichungen berechenbar.

8.2.5 Kolligative Eigenschaften von Elektrolytlösungen

Elektrolyte sind Stoffe, die in wässriger Lösung in Ionen zerfallen, d.h. sie **dissoziieren** (siehe Kapitel 9.1), wodurch die Anzahl der frei beweglichen Teilchen in der Lösung erhöht wird. Alle Phänomene, die nur von der Anzahl der in einer Lösung vorhandenen Teilchen abhängen, wie die kolligativen Eigenschaften, werden daher vom Ausmaß des Zerfalls des gelösten Stoffes beeinflusst. Als Maßstab für die Stärke des Zerfalls eines Elektrolyten dient wieder der Dissoziationsgrad α, dessen Wert auch die Unterscheidung zwischen **schwachen** und **starken** Elektrolyten ermöglicht.

Bei schwachen Elektrolyten, zu denen die meisten organischen Säuren gehören, ist die Dissoziation gering, sodass nur wenige Ionen in der Lösung vorliegen und eine gegenseitige interionische Wechselwirkung vernachlässigt werden kann. Lösungen von schwachen Elektrolyten verhalten sich daher fast wie ideal verdünnte Lösungen. Zu berücksichtigen ist jedoch die erhöhte Teilchenzahl infolge der Dissoziation. Man geht von n_0 Molen eines Elektrolyten aus und nimmt an, dass jedes Molekül bei der Dissoziation ν positive **und** negative Ionen bildet. Essigsäure (CH_3COOH) bildet z.B. 2 Ionen, $CH_3COO^- + H^+$, d.h. $\nu = 2$, Oxalsäure, $(COOH)_2$, 3 Ionen ($\nu = 3$). Beträgt der Dissoziationsgrad α, so werden $n_0 \cdot \alpha$ Mole dissoziieren und $n_0 \cdot \alpha \cdot \nu$ Mole an Ionen gebildet. Die Anzahl der undissoziierten Ausgangsmole beträgt $n_0 - n_0 \cdot \alpha$ und die der gebildeten Mole an Ionen $n_0 \cdot \alpha \cdot \nu$.

Die Gesamtzahl der in der Lösung vorhandenen Mole beträgt also: $n_{ges} = n_0 - n_0 \cdot \alpha + n_0 \cdot \alpha \cdot \nu$.

Durch Umformung erhält man:

8.17 $$n_{ges} = n_0 \cdot [1 + \alpha \cdot (\nu - 1)]$$

n	α	ν
mol	1	1

Die Stoffmenge n_{ges} erhöht sich durch die Dissoziation um den Faktor $1 + \alpha \cdot (\nu - 1) = i$, den man als ***van't hoff*schen Faktor** bezeichnet.

Zur Berechnung des osmotischen Druckes der Lösung eines Elektrolyten muss der nach Gleichung 8.16 berechnete Druck noch mit dem *van't hoff*schen Faktor i multipliziert werden. Es gilt in diesem Fall die Gleichung:

8.18 $$\Pi \cdot V = n \cdot R \cdot T \cdot i$$

Π	V	n	R	T	i
kPa	L	mol	$kPa \cdot L \cdot mol^{-1} \cdot K^{-1}$	K	1

Mit $c = n/V$ erhält man aus Gleichung 8.18:

$$\Pi = \frac{n}{V} \cdot R \cdot T \cdot i \Rightarrow \Pi = c \cdot R \cdot T \cdot i$$

Für die Gefrierpunktserniedrigung bzw. Siedepunktserhöhung gilt das Gleiche. Die nach den Gleichungen 8.8 bzw. 8.11 berechnete Siedepunktserhöhung ΔT_b bzw. Gefrierpunktserniedrigung ΔT_m würde der Elektrolyt zeigen, wenn keine Dissoziation eintritt. Im Fall der Dissoziation muss ΔT_b bzw. ΔT_m analog dem osmotischen Druck Π mit dem *van't hoff*schen Faktor i multipliziert werden.

Dann gilt für die Siedepunktserhöhung:

$$\Delta T_b = K_E \cdot b \cdot i$$ 8.19

und für die Gefrierpunktserniedrigung entsprechend:

$$\Delta T_m = K_K \cdot b \cdot i$$ 8.20

M 8.12: Bei welcher Temperatur siedet eine wässrige H_3PO_4-Lösung, $c(H_3PO_4) = 2$ mol/L, wenn der Dissoziationsgrad $\alpha = 0{,}09$ und die Dichte der Lösung $\varrho = 1{,}065$ g · mL^{-1} betragen? $K_E(H_2O) = 0{,}512$ kg · K · mol^{-1}, $M(H_3PO_4) = 98$ g · mol^{-1}.
Es wird nur 1 Proton abgespalten: $H_3PO_4 + H_2O \rightleftarrows H_3O^+ + H_2PO_4^-$

Lsg.: Nach Gleichung 8.19 gilt:

$$\Delta T_b = K_E \cdot b \cdot i = K_E \cdot \frac{m_2}{M_2 \cdot m_1} \cdot i = K_E \cdot \frac{m_2}{M_2 \cdot m_1} \cdot [1 + \alpha \cdot (\nu - 1)]$$

Die Masse von einem Liter Lösung beträgt: $m = V \cdot \varrho = 1\ \text{L} \cdot 1{,}065\ \text{kg} \cdot \text{L}^{-1} = 1{,}065$ kg.
Die Masse des hierin gelösten H_3PO_4 ist: 2 mol · 98 g · mol^{-1} = 196 g = 0,196 kg.
Die Masse des Lösemittels m_1 ist dann: 1,065 kg – 0,196 kg = 0,869 kg.
Mit $\alpha = 0{,}09$, $\nu = 2$ und den errechneten Werten erhält man:

$$\Delta T_B = \frac{0{,}512\ \text{kg} \cdot \text{K} \cdot \text{mol}^{-1} \cdot 0{,}196\ \text{kg}}{0{,}098\ \text{kg} \cdot \text{mol}^{-1} \cdot 0{,}869\ \text{kg}} \cdot [1 + 0{,}09 \cdot (2 - 1)] = 1{,}28\ \text{K}$$

Der Siedepunkt der Lösung beträgt: 100 °C + 1,28 °C = **101,28 °C.**

Starke Elektrolyte sind Verbindungen, die in wässriger Lösung praktisch vollständig dissoziieren, d.h. der Dissoziationsgrad α ist 1 bzw. 100%. Auf Grund der großen Ionenzahl treten hier, besonders bei höheren Elektrolytkonzentrationen, interionische Wechselwirkungen auf, die nicht mehr zu vernachlässigen sind. Zur Berechnung des osmotischen Drucks und der damit zusammenhängenden Größen müssen bei solchen Lösungen mehrere Korrekturfaktoren berücksichtigt werden, auf die im Rahmen dieses Buches nicht eingegangen werden kann. Bei verdünnten Lösungen von starken Elektrolyten können jedoch die Gleichungen 8.18, 8.19 und 8.20 verwendet werden, wobei zu beachten ist, dass α hierbei nahezu immer den Wert 1 bzw. 100% besitzt.

M 8.13: Der osmotische Druck von menschlichem Blutserum beträgt $7{,}75 \cdot 10^5$ Pa bei 37 °C.
a) Wie groß ist die Stoffmengenkonzentration c (NaCl) einer isotonischen NaCl-Lösung ($\alpha = 100\%$)?
b) Wie groß ist der Massenanteil w (NaCl) in % in dieser Lösung, wenn deren Dichte $\varrho = 1{,}0$ g · mL^{-1} beträgt? M (NaCl) = 58,45 g · mol^{-1}.

Lsg.: a) NaCl dissoziiert in Wasser, wenn $\alpha = 100\%$ ist, vollständig in 2 Teilchen:

$$\text{NaCl} \xrightarrow{H_2O} \text{Na}^+ + \text{Cl}^-$$

Der *van't hoff*sche Faktor $i = 1 + \alpha \cdot (\nu - 1)$ beträgt also: $i = 1 + 1 \cdot (2 - 1) = 2$

Nach Gleichung 8.18 ergibt sich:

$$\Pi \cdot V = n \cdot R \cdot T \cdot i \Rightarrow \Pi = \frac{n}{V} \cdot R \cdot T \cdot i \Rightarrow \Pi = c \cdot R \cdot T \cdot i \Rightarrow c = \frac{\Pi}{R \cdot T \cdot i}$$

$$c = \frac{7{,}75 \cdot 10^2\ \text{kPa}}{8{,}315\ \text{kPa} \cdot \text{L} \cdot \text{mol}^{-1} \cdot \text{K}^{-1} \cdot 310\ \text{K} \cdot 2} = \mathbf{0{,}15\ mol \cdot L^{-1}}$$

b) Die Masse von 1 L Lösung ist: $m_{Lsg} = V_{Lsg} \cdot \varrho_{Lsg} = 1\ \text{L} \cdot 1{,}0\ \text{kg} \cdot \text{L}^{-1} = 1$ kg.
Gelöst sind hierin 0,15 mol NaCl, sodass m (NaCl) = n (NaCl) · M (NaCl) = 0,15 mol · 58,45 g · mol^{-1} = 8,7675 g ist.

Somit beträgt der Massenanteil:

$$w(\text{NaCl}) = \frac{m(\text{NaCl})}{m_{Lsg}} = \frac{8{,}77\ \text{g}}{1000\ \text{g}} \cdot 100\% = 0{,}88\% \approx 0{,}9\%$$

Übungen zu Kapitel 8

8.1 Von einer organischen Verbindung werden 5,3 g in 100 g Diethylether gelöst. Die Lösung besitzt einen Dampfdruck von 29,357 kPa. Bei gleicher Temperatur hat Diethylether einen Dampfdruck von 30,610 kPa. Wie groß ist die molare Masse der Verbindung, wenn die molare Masse von Diethylether 74 g · mol^{-1} beträgt?

8.2 100 g einer Lösung von H_2O_2 in H_2O besitzt bei 20 °C einen Dampfdruck von 2,117 kPa. Wie viel Liter Sauerstoff unter NB kann man aus dem H_2O_2 erhalten, wenn der Dampfdruck von reinem H_2O bei dieser Temperatur 2,338 kPa beträgt?

$2\,H_2O_2 \rightarrow 2\,H_2O + O_2$ [$M(H_2O) = 18$ g · mol^{-1}, $M(H_2O_2) = 34$ g · mol^{-1}]

8.3 In einem Autokühler befinden sich 10 L Wasser ($\varrho = 1{,}0$ kg · L^{-1}), denen 5 kg Glykol $M\,[C_2H_4(OH)_2] = 62$ g · mol^{-1}, zugesetzt werden. Bei welcher Temperatur gefriert diese Lösung, wenn $K_K\,(H_2O) = 1{,}86$ kg · K · mol^{-1} beträgt?

8.4 Eine Lösung von 10,0 g einer nichtflüchtigen Substanz in 300 g CCl_4 siedet bei 78,36 °C. Wie groß ist die molare Masse der Substanz, wenn für CCl_4 $\vartheta_b = 76{,}5$ °C und $K_E\,(CCl_4) = 5{,}02$ kg · K · mol^{-1} betragen?

8.5 Eine Lösung von 6,58 g Acetanilid, $M\,(C_6H_5\text{–}NHCOCH_3) = 135$ g · mol^{-1}, in 65,0 g eines Lösemittels erstarrt bei 6,8 °C. Der Erstarrungspunkt des reinen Lösemittels ist 8,6 °C. Welchen Wert besitzt die kryoskopische Konstante K_K für dieses Lösemittel?

8.6 Eine Probe konzentrierter Essigsäure mit geringem Wassergehalt hat einen Gefrierpunkt von 15,3 °C. Der Gefrierpunkt wasserfreier Essigsäure (Eisessig) ist 17,5 °C. K_K (Eisessig) = 3,9 kg · K · mol^{-1}. Wie groß ist der Massenanteil $w(H_2O)$ in der Probe? $M\,(H_2O) = 18$ g · mol^{-1}.

8.7 Bei 22 °C sind in 50 mL einer wässrigen Lösung 4,125 g Resorcin, $M(C_6H_6O_2) = 110$ g · mol^{-1} gelöst. Wie groß ist der osmotische Druck der Lösung?

8.8 Die Lösung von 0,15 g eines Polymeren in 100 mL Toluol ($\varrho = 0{,}867$ kg · L^{-1}) steigt bei 20 °C in einem Osmometer gemäß Bild 1, S. 258 $\Delta h = 8{,}50$ cm hoch. Welche molare Masse hat das Polymer?

8.9 1 Liter einer wässrigen Salzlösung enthält 1,40 g eines Salzes. Der osmotische Druck der Lösung beträgt bei 25 °C 50 kPa. In wie viele Ionen ist das Salz dissoziiert, wenn der Dissoziationsgrad $\alpha = 1$ ist und die molare Masse des Salzes 208,0 g · mol^{-1} beträgt?

8.10 Eine Lösung von 3,0 g $CaCl_2$, $M\,(CaCl_2) = 110{,}90$ g · mol^{-1}, in 147 g Wasser gefriert bei – 0,88 °C. Wie groß sind der *van't hoff*sche Faktor i der Lösung und der Dissoziationsgrad α von $CaCl_2$? $K_K\,(H_2O) = 1{,}86$ kg · K · mol^{-1}.

8.11 Die wässrige Lösung einer Säure HA, $c\,(HA) = 0{,}1$ mol · L^{-1}, ist zu 4,5% dissoziiert. Welchen Gefrierpunkt besitzt die Lösung, deren Dichte 1,010 kg · L^{-1} beträgt? $M\,(HA) = 300$ g · mol^{-1}, $K_K\,(H_2O) = 1{,}86$ kg · K · mol^{-1}.

9 Elektrochemie

Viele analytische Methoden, wie die Potentiometrie, die Konduktometrie und die Polarographie beruhen auf der Anwendung elektrochemischer Grundgesetze. Großtechnische Verfahren, wie die Gewinnung von Aluminium oder die Alkali-Chlorid-Elektrolyse, setzen genaue Kenntnisse über die *faraday*schen Gesetze voraus und Akkumulatoren sowie Batterien können nur mit Hilfe der „elektrochemischen Spannungsreihe" verstanden werden.

9.1 Elektrolyte

Gegen Ende des 19. Jh. untersuchten die Physikochemiker *van't Hoff* und *Arrhenius* die **kolligativen** Eigenschaften der Säuren, Basen und Salze. Anhand von **kryoskopischen** Messungen (s. Kap. 8.2.3) wässriger Lösungen dieser Stoffe gelangte *van't Hoff* zu der Erkenntnis, dass die Moleküle dieser Substanzgruppen beim Auflösen in Wasser offensichtlich in mehrere Teilchen zerfallen. So bewirkt beispielsweise ein gelöste Stoffportion Natriumchlorid eine **doppelt** so hohe **Schmelzpunktserniedrigung,** als man zunächst erwarten sollte. Untersuchungen der **Siedepunktserhöhung** und des **osmotischen Drucks** führten zum gleichen Ergebnis. Zur Erklärung dieses experimentellen Befundes führte *Arrhenius* den Begriff der **elektrolytischen Dissoziation** ein. Danach zerfällt (dissoziiert) das Natriumchlorid in wässriger Lösung folgendermaßen:

NaCl	→	Na^+	+	Cl^-
1 mol		1 mol		1 mol

Aus 1 mol sind durch elektrolytische Dissoziation 2 mol geworden, womit die doppelt so hohen kolligativen Effekte erklärt wären. Da genauso viele positive wie negative Ladungen vorliegen, ist die Lösung nach außen hin neutral. Bringt man in die Lösung Elektroden aus inertem Material und schaltet den Strom ein, so bewegt sich das negativ geladene Ion **(Anion)** in Richtung der **Anode** und das positiv geladene **(Kation)** in Richtung der **Kathode** (Bild 1). Aufgrund der beschriebenen Überlegungen hat *Arrhenius* folgende Definition aufgestellt:

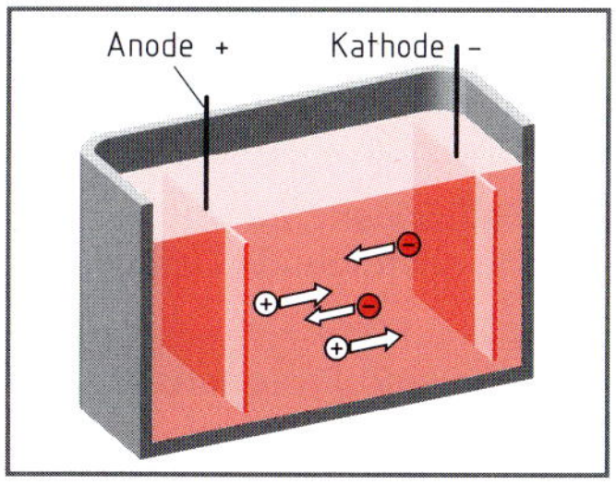

Bild 1: Ionen im elektrischen Feld

Elektrolyte sind Stoffe, die in wässriger Lösung in Kationen und Anionen zerfallen (dissoziieren). Säure, Basen und Salze sind Elektrolyte.

Die folgenden Beispiele beziehen sich auf die ***Arrhenius*-Theorie** der elektrolytischen Dissoziation!

Säuren bilden bei der elektrolytischen Dissoziation Protonen und Säurerestionen:

HNO_3	→	H^+	+	NO_3^-
H_3PO_4	→	$3\ H^+$	+	PO_4^{3-}
HSO_4^-	→	H^+	+	SO_4^{2-}

Basen bilden in wässriger Lösung Kationen (außer H^+!) und Hydroxidionen (OH^-):

NaOH	→	Na^+	+	OH^-
$Ca(OH)_2$	→	Ca^{2+}	+	$2\ OH^-$

Salze dissoziieren in wässriger Lösung unter Bildung von Kationen (außer H^+!) und Säurerest:

NH_4Cl	→	NH_4^+	+	Cl^-
Na_2SO_4	→	$2\ Na^+$	+	SO_4^{2-}
$KHSO_4$	→	K^+	+	HSO_4^-

Das HSO_4^--Ion ist einerseits ein Säurerestion, andererseits kann es, wie oben formuliert, bei der elektrolytischen Dissoziation ein Proton abspalten. Es ist deshalb ein saures Säurerestion.

So eingängig, wie die *Arrhenius*-Theorie der elektrolytischen Dissoziation erscheint, so wenig stimmt sie mit den tatsächlichen Gegebenheiten überein. Da das Proton ein sehr kleines positiv geladenes Teilchen ist ($r \approx 1{,}5 \cdot 10^{-13}$ cm), tritt es in starke Wechselwirkung mit den großen negativ geladenen Elektronenwolken ($r \approx 10^{-8}$ cm) der Wassermoleküle. Dies hat zur Folge, dass es sofort mit dem H_2O-Teilchen reagiert **(Hydratation)**. Aus der **Hydratationsenthalpie** des Protons lässt sich abschätzen, dass die Wahrscheinlichkeit ein freies Proton in wässriger Lösung zu finden etwa $P \approx 10^{-180}$ beträgt. In Wasser kann also praktisch ein Proton nicht frei existieren. Es liegt vielmehr ein H_3O^+-Ion vor, das als **Hydroniumion** (vielfach auch **Hydroxonium-** oder **Oxoniumion)** bezeichnet wird. Um dieses Teilchen lagern sich weitere Wassermoleküle an, sodass ein $H_9O_4^+$-Aggregat (auch $H_9O_4^+$-Cluster) entsteht (Bild 1). Vereinfacht und der besseren Lesbarkeit halber wird in diesem Buch oftmals das H^+-Ion als Kennzeichen für eine Säure benutzt. Man muss sich aber stets im Klaren darüber sein, dass das Proton in wässriger Lösung immer hydratisiert vorliegt.

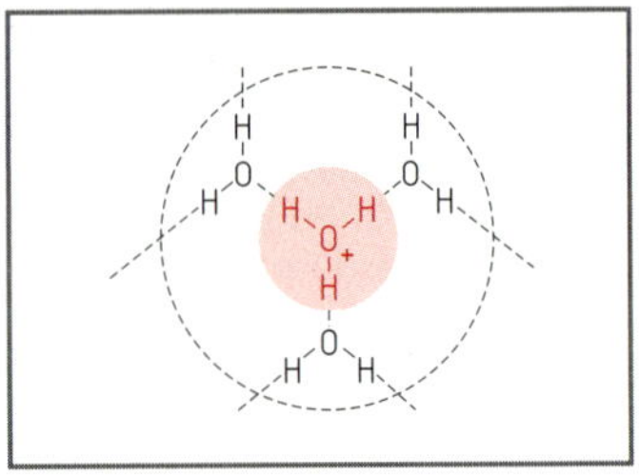

Bild 1: $H_9O_4^+$-Aggregat

Basische Substanzen müssen nach *Arrhenius* OH^--Ionen bei der elektrolytischen Dissoziation bilden. Damit ist aber ein weiteres Problem dieser Theorie verknüpft. Die Basizität von Substanzen, die keine Hydroxidgruppen besitzen, lässt sich nämlich nach der *Arrhenius*-Theorie nur mittels einer Hilfskonstruktion, dem Begriff der sogenannten **potentiellen Elektrolyte,** erklären. Damit sind Verbindungen gemeint, die erst in wässriger Lösung Ionen bilden. Zu dieser Gruppe zählen beispielsweise Ammoniak, die große Zahl der organischen Basen und das Phosphin. Danach sollte das Ammoniak beim Kontakt mit Wasser Ammoniumhydroxid (NH_4OH) bilden, das dann in OH^-- und NH_4^+-Ionen dissoziiert (tatsächlich existiert dieses nach heutigen Erkenntnissen nicht).

$$NH_3 + H_2O \rightleftarrows NH_4OH \rightleftarrows NH_4^+ + OH^-$$

Ähnlich verhält es sich bei HCl. Diese Substanz ist eigentlich ein Gas. Es kann demnach als Reinsubstanz nicht in Ionenform vorliegen und ist nach der ***Arrhenius*-Theorie** ein potentieller Elektrolyt.

Die schlüssigere und damit auch umfassendere Theorie stammt von *Brönsted* und *Lowry* (1923). Danach gilt folgende Definition für die Protolyse:

Säuren sind Protonenspender (Protonendonatoren), Basen sind Protonenempfänger (Protonenakzeptoren).

Dementsprechend dissoziiert eine Säure nicht. Sie **überträgt** vielmehr **Protonen** auf eine **Base**. Im wässrigen Medium sind das die H_2O-Teilchen.

$$HCl + H_2O \rightleftarrows Cl^- + H_3O^+$$

Es handelt sich um eine Gleichgewichtsreaktion, die weit auf der Produktseite liegt. Aus der Säure HCl wird die Base Cl^-, diese kann von dem H_3O^+-Ion ein Proton aufnehmen und im Sinne einer Rückreaktion wieder zu HCl reagieren. Weil die Säure HCl und die Base Cl^- in einem unmittelbaren Zusammenhang stehen, werden sie als **korrespondierendes Säure/Base-Paar** bezeichnet. In der Literatur wird oftmals auch die Bezeichnung **konjugiertes Säure/Base-Paar** benutzt. Der Begriff *elektrolytische Dissoziation* von Säuren und Basen wird in der *brönsted*schen Theorie durch den Begriff **Protolyse** ersetzt. Das Säurerestion ist bei diesem Vorgang eine Base:

$$\text{Säure} \rightleftarrows \text{Base} + H^+$$

Da freie Protonen nicht vorkommen, kann eine Säure nur dann als Säure fungieren, wenn gleichzeitig eine Base gegenwärtig ist. In wässriger Lösung ist dies, wie bereits erwähnt, das H_2O-Teilchen. Bei einer Protolyse müssen folglich immer **zwei** korrespondierende Säure-/Base-Paare beteiligt sein. Die Protolyse von Ammoniak verläuft also nicht über ein hypothetisches Ammoniumhydroxidteilchen, sondern es liegen zwei korrespondierende Säure-/Base-Paare vor:

NH_3	+	H_2O	$\rightleftarrows$	NH_4^+	+	OH^-
Base 2		Säure 1		Säure 2		Base 1

Viele Ionen protolysieren unter Bildung einer sauren oder einer basischen Lösung. Das Cyanidion beispielsweise ist eine starke Base:

CN^-	+	H_2O	$\rightleftarrows$	HCN	+	OH^-
Base 2		Säure 1		Säure 2		Base 1

Sowohl Wasser als auch Hydrogencyanid sind schwache Säuren. Die Lösung reagiert daher alkalisch. Im übrigen kann die Schreibweise auch umgekehrt werden. Wird das Cyanidion als Base 1 bezeichnet, dann ist der Hydrogencyanid die Säure 1. Für das Wasser und das Hydroxidion gilt die Bezeichnung dann entsprechend.

Schließlich ist hervorzuheben, dass bei einer Protolyse Wasser nicht nur als Säure, sondern auch als Base fungieren kann. Dies ist bei der bereits beschriebenen Protolyse von HCl in Wasser der Fall. Solche Stoffe, die sowohl saure als auch basische Eigenschaften besitzen, werden als **ampholytische Substanzen** oder auch als **Ampholyte** bezeichnet. Wasser ist aber nicht nur ein Ampholyt, es reagiert auch mit sich selbst im Sinne einer **Autoprotolyse** (vgl. a. Kap. 3.6.1):

H_2O	+	H_2O	$\rightleftarrows$	H_3O^+	+	OH^-
Base 1		Säure 2		Säure 1		Base 2

Nach der *brönsted*schen Theorie verliert das Hydroxidion seine Sonderstellung. Es ist lediglich eine Anionbase, die im starken Maße Protonen anlagern kann.

Salze sind nach *Brönsted* Festkörper, deren Kristallgitter aus Ionen besteht. Klassische Basen, wie **festes** NaOH, KOH und Ähnliche, sind demnach Salze. Hervorzuheben ist, dass in wässrigen Lösungen von Elektrolyten stets **hydratisierte Ionen** vorliegen. Da Wasser ein Dipolmolekül ist, lagert es sich entsprechend seiner Polarität an die gelösten Ionen an.

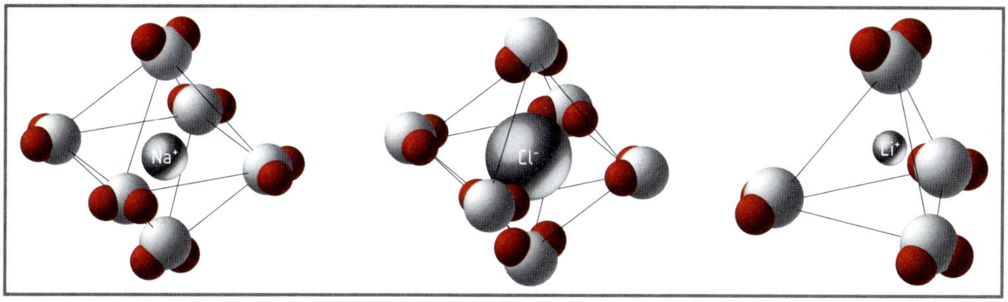

Bild 1: Hydratisierte Natrium-, Chlorid- und Lithiumionen

Beispielsweise sind Natrium- und Chloridionen von je sechs Wassermolekülen umgeben, während das Li^+, ähnlich wie das Proton, vier Wasserteilchen anlagert (Bild 1). Die erste Hydrathülle wird von einer weiteren umschlossen. Dies beeinflusst die Eigenschaften der Teilchen derart, dass so hydratisierte Ionen sich anders verhalten, als Ionen in einer Salzschmelze.

9.2 Elektrolyse

Bei der Elektrolyse wird mit Hilfe von elektrischer Energie chemische Reaktionsarbeit geleistet. Es findet eine Umwandlung von elektrischer Energie in chemische Energie statt. Eine Reihe von Elementen, wie z.B. die wichtigen Metalle Aluminium, Magnesium und Kupfer, werden durch Elektrolyse gewonnen.

9.2.1 Vorgänge bei der Elektrolyse

Elektrolyte sind Stoffe, die in Lösung und in der Schmelze in frei bewegliche Ionen zerfallen. Diese frei beweglichen Ionen übernehmen den Ladungstransport. Dabei treten immer chemische Veränderungen der beteiligten Ionen auf.

Das Bild 2 zeigt schematisch die Versuchsanordnung zur Elektrolyse von geschmolzenem Kupfer(II)-chlorid ($CuCl_2$). In eine Schmelze der Verbindung tauchen zwei Elektroden ein, die mit einem Gleichspannungserzeuger verbunden sind. Die Elektroden sind aus inertem Material, d.h. einem Material, das sich bei dem Vorgang nicht verändert. Die mit dem **negativen Pol** verbundene Elektrode heißt Kathode, während die mit dem **positiven Pol** verbundene Elektrode als **Anode** bezeichnet wird. Beim Anlegen einer Spannung „drückt" der Span-

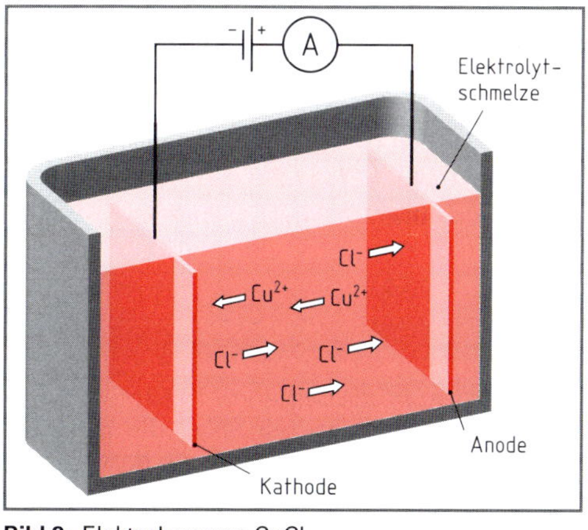

Bild 2: Elektrolyse von $CuCl_2$

nungserzeuger Elektronen in die Kathode, sodass diese negativ geladen ist. An ihr scheiden sich die positiv geladenen Cu^{2+}-Ionen (Kationen) ab und man erhält nach einiger Zeit eine Kupferschicht als Überzug. An der Anode werden beim Stromfluss vom Spannungserzeuger Elektronen abgezogen, sodass diese einen Elektronenmangel aufweist und dadurch positiv geladen ist. Die negativ geladenen Chloridionen (Cl^-) werden von dieser Elektrode angezogen und entladen. Es bilden sich Cl_2-Teilchen, was deutlich an der Entwicklung von grünem Chlorgas an der Anode sichtbar ist. Der Elektrolyt $CuCl_2$ ist also offenbar in seine Bestandteile zerlegt worden. Bei Stromfluss hat das Stoffsystem eine chemische Veränderung erfahren. Die entscheidenden Vorgänge, die zu einer solchen Veränderung führen, finden **an** den Elektroden statt.

Die Kathode besitzt – wie bereits hervorgehoben wurde – immer einen Elektronenüberschuss. Die positiven Cu^{2+}-Ionen wandern zu dieser negativ geladenen Elektrode und nehmen die zur Ladungsneutralität benötigten Elektronen auf, d.h. sie werden **reduziert.**

Kathodenreaktion: $Cu^{2+} + 2\ e^- \rightarrow Cu$

An der Anode, dem positiven Pol, besteht Elektronenmangel. Bei der Entladung geben die Cl^--Teilchen ihre negative Überschussladung ab, d.h. sie werden **oxidiert.**

Anodenreaktion: $2\ Cl^- \rightarrow Cl_2 + 2\ e^-$

Fasst man die beiden an den Elektroden ablaufenden Entladungsvorgänge zusammen, so ergibt sich die folgende Redoxreaktion:

$$Cu^{2+} + 2\ Cl^- \rightarrow Cu + Cl_2$$

Rein rechnerisch findet somit ein Elektronenübergang von den Chloridionen auf die Kupferionen statt. Dieser Elektronenübergang erfolgt allerdings nicht freiwillig. Die hierzu nötige Arbeit bzw. Energie muss vom Spannungserzeuger erbracht werden. Die Aufgaben des Spannungserzeugers sind demnach: 1. Die elektrische Spannung (Potential) an den Elektroden aufrecht zu erhalten und 2. den Elektronentransport durch den äußeren Leiterkreis zu besorgen. Er wirkt dabei wie eine **Elektronenpumpe,** indem er an der Anode die Elektronen von den Cl^--Ionen absaugt und in Richtung der Kathode bewegt, wo eine entsprechende Anzahl von Elektronen von den Cu^{2+}-Ionen aufgenommen wird (Bild 1).

Da lediglich Cu^{2+}- und Cl^--Ionen an der Reaktion beteiligt sind, ist die Elektrolyse spätestens dann beendet, wenn das gesamte vorliegende $CuCl_2$ in seine Elemente zerlegt worden ist.

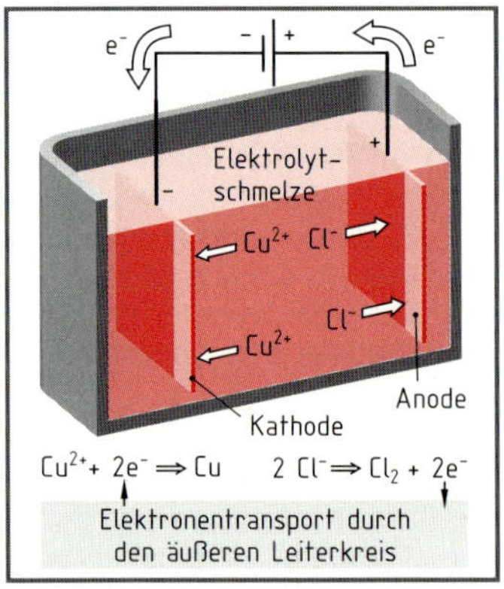

Bild 1: Elektrolyseleiterkreis

> Energetisch gesehen ist die Elektrolyse eine **endergonische Reaktion,** da Energie zugeführt werden muss, um ihren Ablauf zu erzwingen.

Weiterhin wird bei dieser Betrachtung implizit vorausgesetzt, dass an den Elektroden während des Vorgangs die **Zersetzungsspannung** (s.a. Kap. 9.9.7) als Mindestspannung anliegt. Verallgemeinert kann man die geschilderten Vorgänge bei der Elektrolyse so zusammenfassen:

> Als Elektrolyse bezeichnet man die elektrochemischen Prozesse, die an den Elektroden in einer Elektrolytlösung oder -schmelze stattfinden, wenn eine **Gleichspannung** angelegt wird. Die Anode ist die oxidierende und die Kathode die reduzierende Grenzfläche. Demnach erfolgt an der Anode immer eine Oxidation und an der Kathode eine Reduktion.

9.2.2 Elektrolyse wässriger Lösungen

Unterwirft man die wässrige Lösung eines Elektrolyten, z.B. eine wässrige NaCl-Lösung, der Elektrolyse, so laufen prinzipiell die gleichen Vorgänge ab wie bei der Elektrolyse von Salzschmelzen. Man erhält in Analogie dazu in wässriger Lösung die folgenden Einzelschritte:

1. Der Spannungserzeuger pumpt Elektronen in Richtung der Kathode und saugt sie an der Anode ab.

2. Von der Kathode wechseln Elektronen auf die benachbarten Ionen über und verursachen die Reduktion als Kathodenreaktion.
3. Die in der Lösung frei beweglichen Ionen übernehmen bei ihrer Wanderung den Ladungstransport in der flüssigen Phase.
4. Von den Anionen in der Lösung gehen Elektronen auf die Anode über und bewirken die Anodenreaktion, d.h. die Oxidation.

Im Gegensatz zu einer Salzschmelze enthält die wässrige Lösung neben den H_2O-Teilchen noch die durch Autoprotolyse entstandenen Ionen des Wassers: H_3O^+ und OH^-. Diese Ionen können wie die des Salzes an den Elektroden oxidiert bzw. reduziert werden. Ebenso können H_2O-Teilchen regelrecht im Sinne einer Redoxreaktion zerlegt werden. Unter Umständen werden daher statt der Bestandteile des in der Lösung befindlichen Salzes die Bestandteile des Wassers – H_2 und O_2 – abgeschieden. Dabei gilt, dass an der Kathode von den vorhandenen Ionen diejenigen reduziert werden, deren Bestreben, Elektronen aufzunehmen, am größten ist. An der Anode werden umgekehrt diejenigen Teilchen oxidiert, deren Bereitschaft, Elektronen abzugeben, am stärksten ausgeprägt ist. Entscheidend für die Abscheidung der einzelnen Ionen ist also die Leichtigkeit, mit der sie reduziert bzw. oxidiert werden können.

Befinden sich demnach mehrere verschiedene Ionensorten in der Elektrolytlösung, so werden diejenigen entladen, zu deren Abscheidung die niedrigste Zersetzungsspannung ausreicht. Die Bereitwilligkeit der Atome bzw. Ionen, Elektronen abzugeben, lässt sich aus der Redoxreihe, die auch als elektrochemische Spannungsreihe bekannt ist, ablesen (s.a. Kap. 9.9.3). Im Bild 1 ist ein kleiner Ausschnitt der **qualitativen elektrochemischen Spannungsreihe** wiedergegeben.

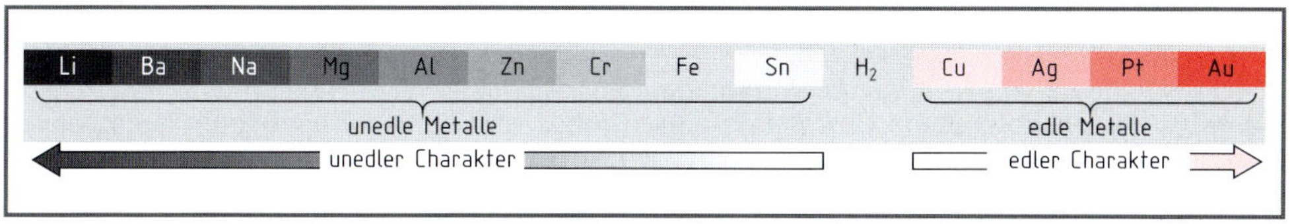

Bild 1: Qualitative elektrochemische Spannungsreihe

Die **links** vom Wasserstoff stehenden Metalle geben ihre Elektronen sehr leicht – also leichter als Wasserstoff – ab, sodass diese Metalle aus einer wässrigen Lösung **nicht** abgeschieden werden. Bei der Elektrolyse wässriger Lösungen dieser Ionen wird deshalb an der Kathode Wasserstoff erhalten. Bei den rechts vom Wasserstoff stehenden Metallen ist umgekehrt das Bestreben Elektronen aufzunehmen größer als beim Wasserstoff. Aus wässrigen Salzlösungen dieser Metalle erhält man daher bei der Elektrolyse die reinen Metalle an der Kathode. Da sie edler als Wasserstoff sind, bezeichnet man diese Metalle als Edelmetalle.

Bei den in der Technik durchgeführten Elektrolysen werden jedoch auch einige unedle Metalle – in der Spannungsreihe bis zum Zink – aus Salzlösungen abgeschieden. Die Ursache hierfür ist die sogenannte **Überspannung** (vgl. Kap. 9.9.7) des Wasserstoffs an verschiedenen Elektroden. Dadurch bedingt wird an solchen Elektroden für die Entladung der H_3O^+-Ionen eine höhere Spannung benötigt, als aus der elektrochemischen Spannungsreihe hervorgeht. Berücksichtigt man diese erschwerte Abscheidung des Wasserstoffs und betrachtet statt der Elemente die in Lösung vorliegenden Ionen, so rückt er in der Spannungsreihe nach links und man kann die folgende Entladbarkeitsreihe (Bild 2), in der auch die Anionen berücksichtigt sind, angeben.

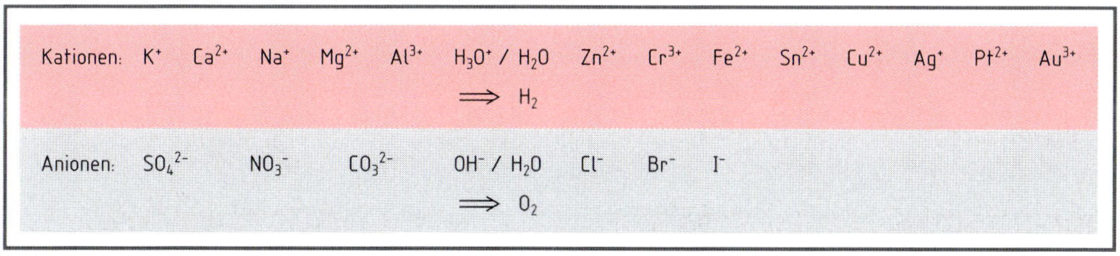

Bild 2: Entladbarkeitsreihe verschiedener Ionen in wässriger Lösung

Aus der im Bild 2 gezeigten Aufstellung lässt sich unmittelbar ablesen, welche Ionen aus wässrigen Lösungen abgeschieden werden, wenn mehrere unterschiedliche Ionenarten vorhanden sind. Es wird **zunächst** immer das Kation oder Anion abgeschieden, das am weitesten **rechts** in der Entladbarkeitsreihe steht und somit die kleinste Abscheidungsspannung besitzt.

Bei der Elektrolyse einer wässrigen KOH-Lösung mit Platinelektroden sollte man gemäß der Entladbarkeitsreihe an der Kathode Wasserstoff und an der Anode Sauerstoff erhalten. Dies wird durch das Experiment bestätigt. Beim Anlegen einer Gleichspannung wandern die K^+-Ionen zur Kathode und die OH^--Ionen bewegen sich in Richtung der Anode. An der Kathode könnten somit die K^+-Ionen reduziert werden. Aus Bild 2, S. 269 folgt, dass das H_2O-Molekül leichter reduziert wird und man erhält an der Kathode den vorausgesagten Wasserstoff.

Kathode: $4\ H_2O + 4\ e^- \rightarrow 4\ OH^- + 2\ H_2$

An der Anode werden die OH^--Ionen oxidiert.

Anode: $4\ OH^- \rightarrow O_2 + 2\ H_2O + 4\ e^-$

Elektrolysiert man eine wässrige Na_2SO_4-Lösung, die Na^+- und SO_4^{2-}-Ionen enthält, so werden der Entladbarkeitsreihe zufolge an der Kathode H_2 und an der Anode O_2 erhalten. Dies geschieht, weil die H_2O-Moleküle leichter als die Na^+-Ionen reduziert werden. Die SO_4^{2-}-Ionen lassen sich an der Anode nur schwer oxidieren. Stattdessen wird Wasser oxidiert. Damit ergeben sich für die Elektrolyse einer Na_2SO_4-Lösung die folgenden Elektrodenreaktionen:

Kathode: $4\ H_2O + 4\ e^- \rightarrow 4\ OH^- + 2\ H_2$

Anode: $6\ H_2O \rightarrow O_2 + 4\ H_3O^+ + 4\ e^-$

Man beobachtet, dass die Lösung im Anodenraum im Verlauf der Elektrolyse zusehens saurer wird.

9.2.3 Quantitative Gesetze der Elektrolyse

Für die industrielle Praxis ist es von vorrangigem Interesse zu erfahren, wie groß der Energieaufwand bei der elektrolytischen Gewinnung eines Stoffes ist. Die hierzu benötigten quantitativen Zusammenhänge bei der Elektrolyse wurden 1834 von *M. Faraday* entdeckt und beschrieben.

Das 1. *faraday*sche Gesetz lautet:

> Die bei einer Elektrolyse abgeschiedene **Masse** *m* eines Stoffes ist proportional zur transportierten **Ladungsmenge** *Q*.

9.1 $m \sim Q$

m	Q
kg	A · s

Mit der Beziehung $Q = I \cdot t$ (I = Stromstärke in Ampere; t = Zeit in Sekunden) und dem Proportionalitätsfaktor $ä$ ergibt sich für die abgeschiedene Masse:

9.2 $m = ä \cdot I \cdot t$

m	$ä$	I	t
kg	$kg \cdot A^{-1} \cdot s^{-1}$	A	s

Der Proportionalitätsfaktor $ä$ wird als **elektrochemisches Äquivalent** bezeichnet.

M 9.1: Nickel besitzt ein elektrochemisches Äquivalent von $ä = 0{,}3041\ mg \cdot A^{-1} \cdot s^{-1}$. Wie viel Nickel wird abgeschieden, wenn durch eine Nickelsulfatlösung 15 Minuten lang ein Strom von $I = 135$ mA fließt?

Lsg.: $m = ä \cdot I \cdot t = 0{,}3041\ mg \cdot A^{-1} \cdot s^{-1} \cdot 0{,}135\ A \cdot 900\ s =$ **36,948 mg**

Weitere Forschungen führten *Faraday* zu der Erkenntnis, dass bei **gleichen** transportierten Ladungsmengen ganz bestimmte Massenverhältnisse unterschiedlicher Elemente abgeschieden werden. Dies führt zu folgender Formulierung des 2. *faraday*schen Gesetzes:

> Bei gleicher Ladungsmenge verhalten sich die Massen verschiedener Elektrolyseprodukte zueinander wie deren Äquivalentmassen *M*/*z*.

9.3 $\frac{m(A)}{m(B)} = \frac{M(A)/z(A)}{M(B)/z(B)}$

m	M	z
kg	$kg \cdot mol^{-1}$	1

Die moderne Interpretation führt zur Überlegung, dass zur Abscheidung von je einem Teilchen

- eines einwertigen Ions (Ladungszahl $z = 1$) 1 Elektron,
- eines zweiwertigen Ions (Ladungszahl $z = 2$) 2 Elektronen
- und eines dreiwertigen Ions (Ladungszahl $z = 3$) 3 Elektronen

benötigt werden. Die **Ladungszahl** z der Ionen entspricht demnach der Zahl der an den Elektroden aufgenommenen oder abgegebenen Elektronen. Zur Abscheidung eines Mols müssen deshalb

- bei einwertigen Ionen $1 \cdot 6{,}022 \cdot 10^{23}$ Elektronen,
- bei zweiwertigen Ionen $2 \cdot 6{,}022 \cdot 10^{23}$ Elektronen
- und bei dreiwertigen Ionen $3 \cdot 6{,}022 \cdot 10^{23}$ Elektronen

transportiert werden.

Durch Versuche ermittelt *Faraday,* dass zur Abscheidung von 1 mol einwertiger Ionen immer die Ladungsmenge $Q = 96\,485$ A · s ≈ 96 500 A · s nötig ist. Dies gilt **unabhängig** von der Stoffart für **alle** einwertigen Ionen. Zusammengefasst gilt:

Die *Faraday*-Konstante F gibt die Elektrizitätsmenge an, die zur Abscheidung eines Mols eines einwertigen Elements notwendig ist. Sie beträgt: $F = 96\,500$ A · s · mol^{-1}.

Das 2. *faraday*sche Gesetz findet damit eine einfache Interpretation. Nimmt man zwei verschiedene **einwertige** Elemente A und B an, so ist bei gleicher Elektrizitätsmenge die abgeschiedene Stoffmenge n (A) = n (B). Somit verhalten sich entsprechend der Gleichung 9.3 die abgeschiedenen Massen m (A)/m (B) zueinander wie deren molare Massen M (A)/M (B).

Mit Hilfe der *Faraday*-Konstante lässt sich die Ladung **eines** Elektrons, die **Elementarladung** e, ermitteln. Ein Mol Elektronen sind $N_A = 6{,}022 \cdot 10^{23}$ Elektronen. Damit ist:

$$F = N_A \cdot e$$

F	N_A	e
A · s · mol^{-1}	mol^{-1}	A · s

9.4

Wird die Gleichung 9.4 nach e aufgelöst und für F der genaue Wert eingesetzt, so resultiert für die Elementarladung:

$$e = \frac{F}{N_A} = \frac{96\,485 \text{ A} \cdot \text{s} \cdot \text{mol}^{-1}}{6{,}022 \cdot 10^{23} \text{ mol}^{-1}} = 1{,}602 \cdot 10^{-19} \text{ A} \cdot \text{s}$$

Das Elektron trägt die **Elementarladung $e = 1{,}602 \cdot 10^{-19}$ A · s**

Zur Abscheidung der Stoffmenge n an einwertigen Ionen ist eine Ladungsmenge von $Q = n \cdot F$ notwendig. Tragen die Ionen höhere Ladungen, d.h. sind die Ionen z-wertig, so werden bei vollständiger Entladung auch z Elektronen abgegeben bzw. aufgenommen. Auf die Stoffmenge bezogen ist die entsprechende Ladungsmenge um den Faktor z größer und man erhält:

$$Q = n \cdot F \cdot z$$

Q	n	F	z
A · s	mol	A · s · mol^{-1}	1

9.5

Durch Einsetzen der Beziehungen $Q = I \cdot t$ und der Stoffmenge n (X) = m (X)/M (X) für die allgemeine Substanz X folgt schließlich:

$$I \cdot t = \frac{m\,(\text{X})}{M\,(\text{X})} \cdot F \cdot z$$

9.6

Umgestellt nach der Masse m (X) resultiert die Gleichung:

$$m\,(\text{X}) = I \cdot t \cdot \frac{M\,(\text{X})}{z \cdot F}$$

m	I	t	M	z	F
kg	A	s	kg · mol^{-1}	1	A · s · mol^{-1}

9.7

Vergleicht man die Gleichung 9.7 mit der Gleichung 9.2, so erhält man die Beziehung:

$$ä = \frac{M\,(\text{X})}{z \cdot F}$$

$ä$	M (X)	F	z
kg · A^{-1} · s^{-1}	kg · mol^{-1}	A · s · mol^{-1}	1

9.8

Das elektrochemische Äquivalent entspricht der Masse eines z-wertigen Ions X, das von der Elektrizitätsmenge $Q = 1$ A · s abgeschieden wird.

M 9.2: Wie groß ist das elektrochemische Äquivalent von zweiwertigem Kupfer, wenn die molare Masse M (Cu) = 63,546 g · mol⁻¹ beträgt?

Lsg.: $\ddot{a}\,(Cu^{2+}) = \frac{M(Cu^{2+})}{z \cdot F} = \frac{63{,}546 \text{ g} \cdot \text{mol}^{-1}}{2 \cdot 96\,500 \text{ A} \cdot \text{s} \cdot \text{mol}^{-1}} = \mathbf{3{,}293 \cdot 10^{-4}\ g \cdot A^{-1} \cdot s^{-1}}$

Das elektrochemische Äquivalent wird üblicherweise in der Einheit mg/(A · s) oder in g/(A · h) angegeben.

Tabelle 9a: Elektrochemische Äquivalente einiger Ionen

Ion	*ä* in mg/(A · s)	*ä* in g/(A · h)	Ion	*ä* in mg/(A · s)	*ä* in g/(A · h)
Ag^+	1,1178	4,0242	Na^+	0,2382	0,8576
Al^{3+}	0,0932	0,3355	Sn^{2+}	0,6149	2,2139
Ca^{2+}	0,2076	0,7474	Sr^{2+}	0,4539	1,6343
Cd^{2+}	0,5823	2,0965	Cl^-	0,3673	1,3225
Co^{2+}	0,3053	1,0992	CO_3^{2-}	0,3109	1,1193
Cu^{2+}	0,3293	1,1853	H^+	0,0104	0,0376
Fe^{2+}	0,2893	1,0417	O^{2-}	0,0828	0,2984
Fe^{3+}	0,1929	0,6944	OH^-	0,1762	0,6344

Daneben existieren auch für die Abscheidung von Gasen elektrochemische Äquivalente, wobei in diesem Fall die Einheit mL/(A · s) angegeben wird. Das Volumen ist auf den **Normalzustand** bezogen.

Tabelle 9b: Elektrochemische Äquivalente einiger Gase

Gas	Knallgas $H_2:O_2 = 2:1$	Sauerstoff O_2	Wasserstoff H_2
ä in mL/(A · s)	0,1743	0,05802	0,1162

M 9.3: Wie viel mg Chrom, M(Cr) = 52,00 g · mol⁻¹, erhält man aus einer $Cr_2(SO_4)_3$-Lösung bei der Elektrolyse in t = 10 min bei einer Stromstärke von I = 0,8 A?

Lsg.: Aus der Formel folgt, dass das Chrom dreiwertig ist. Anwendung der Gleichung 9.8 ergibt:

$$m\,(Cr) = I \cdot t \cdot \frac{M(Cr)}{z \cdot F} = 0{,}8 \text{ A} \cdot 600 \text{ s} \cdot \frac{52{,}00 \cdot 10^3 \text{ mg} \cdot \text{mol}^{-1}}{3 \cdot 96\,500 \text{ A} \cdot \text{s} \cdot \text{mol}^{-1}} = 86{,}22 \text{ mg}$$

M 9.4: Mit Hilfe des im Bild 1 dargestellten Wasserzersetzers lässt sich Knallgas als Gemisch von Wasserstoff und Sauerstoff im Verhältnis 2:1 direkt gewinnen. Nach der Tabelle 9b beträgt das elektrochemische Äquivalent von Knallgas 0,1743 mL · A⁻¹ · s⁻¹. Überprüfen Sie den Wert durch entsprechende Berechnung.

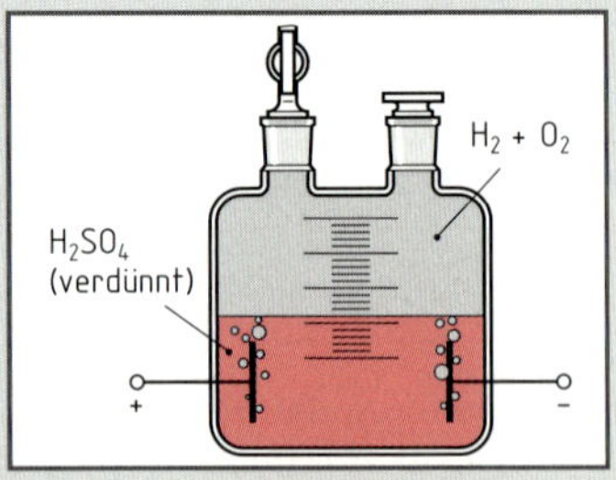

Bild 1: Wasserzersetzer

Lsg.: Entsprechend der Abscheidungsgleichung

$4\ H^+ + 4\ e^- \rightarrow 2\ H_2$

werden für 2 mol Wasserstoff 4 mol Elektronen benötigt. Da z = 1 ist, folgt nach der Gl. 9.5:

$Q = n \cdot F \cdot z = 4 \text{ mol} \cdot 96\,500 \text{ A} \cdot \text{s} \cdot \text{mol}^{-1} \cdot 1 = 3{,}86 \cdot 10^5 \text{ A} \cdot \text{s}$

Entsprechend werden von der Ladungsmenge Q = 1 A · s unter Normalbedingungen

$$V_1 = \frac{2 \text{ mol} \cdot 22{,}4 \text{ L} \cdot \text{mol}^{-1} \cdot 1 \text{ A} \cdot \text{s}}{3{,}86 \cdot 10^5 \text{ A} \cdot \text{s}} = 1{,}16 \cdot 10^{-4} \text{ L} \mathrel{\hat{=}} 0{,}116 \text{ mL } H_2 \text{ entwickelt.}$$

Für Sauerstoff gilt: $2\ O^{2-} \rightarrow O_2 + 4e^-$. Die Ladungsmenge für 1 mol O_2 ist:

$Q = n \cdot F \cdot z = 2 \text{ mol} \cdot 96\,500 \text{ A} \cdot \text{s} \cdot \text{mol}^{-1} \cdot 2 = 3{,}86 \cdot 10^5 \text{ A} \cdot \text{s}$.

Demnach werden von der Ladungsmenge Q = 1 A · s unter Normalbedingungen

$$V_2 = \frac{1 \text{ mol} \cdot 22{,}4 \text{ L} \cdot \text{mol}^{-1} \cdot 1 \text{ A} \cdot \text{s}}{3{,}86 \cdot 10^5 \text{ A} \cdot \text{s}} = 5{,}80 \cdot 10^{-5} \text{ L} = 0{,}058 \text{ mL } O_2 \text{ entwickelt.}$$

Aus der Summe $V_1 + V_2$ folgt für das elektrochemische Äquivalent:
ä = 0,174 mL · A⁻¹ · s⁻¹

Bei der Elektrolyse erhält man oftmals weniger Produkt, als man nach der Theorie erwarten sollte. Das Verhältnis aus der praktisch abgeschiedenen und der theoretisch erwarteten Stoffmasse wird als **Stromausbeutefaktor** bzw. **Stromausbeute** oder **Wirkungsgrad** η bezeichnet.

$$\eta = \frac{m\,(\text{praktisch})}{m\,(\text{theoretisch})} \qquad (9.9)$$

m	η
kg	1

Dieser zwischen 0 und 1 bzw. 0% und 100% liegende Faktor muss für jede einzelne Elektrolyse separat bestimmt werden. Ist η für eine bestimmte Elektrolyse bekannt, so erhält man durch Kombination von Gleichung 9.9 und Gleichung 9.7 mit dem Gesamtstrom I den Ausdruck:

$$m\,(\text{X}) = I \cdot t \cdot \frac{M\,(\text{X})}{z \cdot F} \cdot \eta \qquad (9.10)$$

m (X)	I	t	M (X)	F	z	η
kg	A	s	$\text{kg} \cdot \text{mol}^{-1}$	$\text{A} \cdot \text{s} \cdot \text{mol}^{-1}$	1	1

M 9.5: Bei der Schmelzflusselektrolyse von $MgCl_2$ werden in 3 h bei einer Stromstärke von 16 A 16,86 g Magnesium, $M(\text{Mg}) = 24{,}31\ \text{g} \cdot \text{mol}^{-1}$, abgeschieden. Zu berechnen ist die Stromausbeute η.

Lsg.: Die Ladungszahl des Magnesiums (Mg^{2+}) beträgt $z = 2$. Umstellen der Gleichung 9.10 ergibt:

$$\eta = \frac{m\,(\text{Mg}) \cdot z \cdot F}{M\,(\text{Mg}) \cdot I \cdot t} = \frac{16{,}86\ \text{g} \cdot 2 \cdot 96\,500\ \text{A} \cdot \text{s} \cdot \text{mol}^{-1}}{24{,}31\ \text{g} \cdot \text{mol}^{-1} \cdot 16\ \text{A} \cdot 10\,800\ \text{s}} = \mathbf{0{,}775} \mathrel{\widehat{=}} \mathbf{77{,}5\%}$$

9.3 Leitfähigkeit

Metalle, Salzschmelzen und Elektrolytlösungen leiten den elektrischen Strom. Bei den Metallen geschieht dies durch Wanderung der Elektronen zwischen den positiv geladenen Atomrümpfen im elektrischen Feld. Jedes Elektron transportiert dabei die elektrische Elementarladung von $e = 1{,}602 \cdot 10^{-19}$ C (Bild 1 a). Solche Leiter, bei denen der Ladungstransport durch **bewegte Elektronen** geschieht, sind **Leiter 1. Ordnung.** Bei Salzschmelzen und Elektrolytlösungen wird der Ladungstransport dagegen von im elektrischen Feld wandernden **Ionen** übernommen (Bild 1 b). Zur Unterscheidung nennt man sie deshalb **Leiter 2. Ordnung.** Die Kationen und die Anionen transportieren dabei entsprechend ihrer **Ladungszahl** z ein Einfaches oder Mehrfaches der Elementarladung.

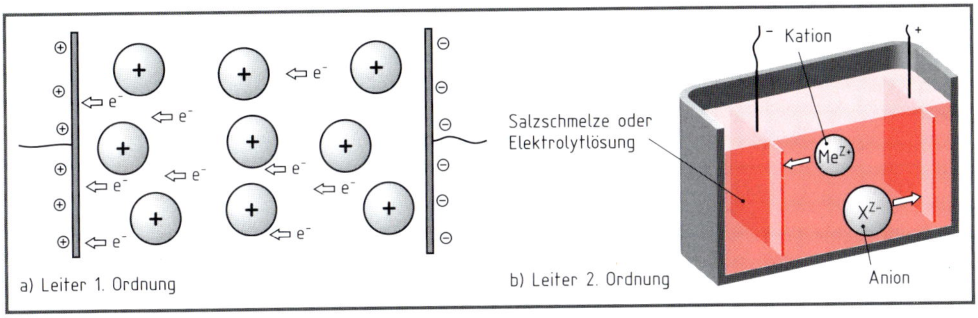

Bild 1: Die zwei möglichen Ladungstransportmechanismen

Der elektrische **Widerstand** R eines Leiters berechnet sich nach der Formel

$$R = \varrho \cdot \frac{l}{A} \qquad (9.11)$$

R	ϱ	l	A
Ω	Ω · m	m	m²

ϱ = spezifischer elektrischer Widerstand; l = Länge des Leiters; A = Leiterquerschnitt

Für elektrochemische Messungen stellt man die Formel 9.11 folgendermaßen um:

$$\frac{1}{\varrho} = \frac{1}{R} \cdot \frac{l}{A}$$

Wie im Kap. 1 (Gl. 1.9) bereits definiert wird, ist der Kehrwert des elektrischen Widerstands 1/R der **elektrische Leitwert** *G*.

9.12 $$G = 1/R \qquad 1\,\Omega^{-1} = 1\,\text{S (Siemens)}$$

G	*R*
S	Ω

$1/\varrho$ ist die **elektrische Leitfähigkeit** γ, die auch als **Konduktivität** bezeichnet wird.

9.13 $$\gamma = 1/\varrho$$

γ	ϱ
S/m	Ω · m

Führt man in die umgestellte Formel 9.11 die elektrische Leitfähigkeit γ (Gl. 9.13) und den Leitwert *G* (Gl. 9.12) ein, so folgt:

9.14 $$\gamma = G \cdot \frac{l}{A}$$

γ	*G*	*l*	*A*
S/m	S	m	m²

M 9.6: Durch einen Aluminiumdraht mit der Länge l = 43,6 m und dem Querschnitt A = 7,85 · 10^{-8} m² fließt beim Anlegen der elektrischen Spannung U = 1,2 V ein Strom von I = 800 mA. Welche elektrische Leitfähigkeit γ besitzt er?

Lsg: Nach dem *ohm*schen Gesetz gilt $R = U/I$ = 1,2 V/0,8 A = 1,5 Ω. Der Leitwert des Drahtes beträgt demnach $G = 1/R$ = 1/1,5 Ω = 0,67 S.

$$\gamma = G \cdot \frac{l}{A} = 0{,}67\,\text{S} \cdot \frac{43{,}6\,\text{m}}{7{,}85 \cdot 10^{-8}\,\text{m}^2} = \mathbf{3{,}7 \cdot 10^{8}\,S \cdot m^{-1}}$$

Bei der Leitfähigkeitsmessung von Elektrolyten sind einige Besonderheiten zu beachten. Werden zur Leitfähigkeitsmessung zwei Elektroden in eine Elektrolytlösung getaucht und eine **Gleichspannung** eingeschaltet (Bild 1), so erkennt man, dass das *ohm*sche Gesetz für Leiter 2. Ordnung nicht streng gültig ist (Bild 2).

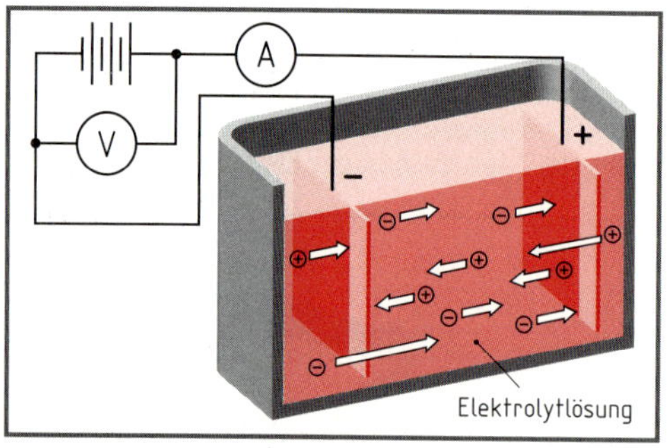

Bild 1: Gleichspannungsschaltung

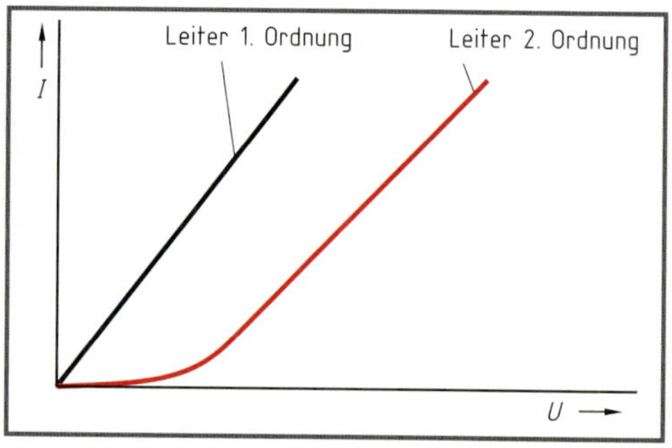

Bild 2: *I*-*U*-Kurve bei Leitern 1. und 2. Ordnung

Durch abgeschiedene und entladene Ionen werden in einer Elektrolytlösung die Elektroden **polarisiert**. Die Strom-Spannungskurve (*I*-*U*-Kurve) weicht deshalb bei Leitern 2. Ordnung stark von der Idealkurve der Leiter 1. Ordnung ab. Durch Verwendung von Wechselstrom wird die Polarisierung unterdrückt. Die Ionen wechseln ihre Wanderungsrichtung ständig und bei entsprechend hoher Frequenz (Bild 3) kommen sie nicht mehr vom Fleck. Somit erfolgt keine Abscheidung und damit auch keine Polarisierung der Elektroden.

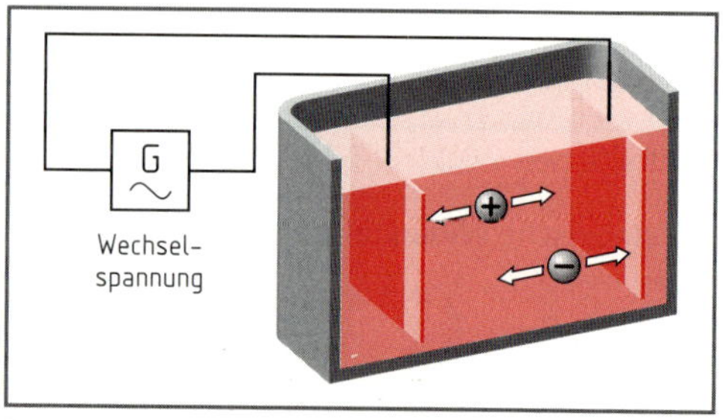

Bild 3: Ionen im Wechselstromfeld

Die eingetauchten Elektroden bilden aber einen Plattenkondensator mit der **Kapazität** *C*. Der Gesamtwiderstand setzt sich beim Anlegen eines Wechselstroms aus der reinen ***ohm*schen** Komponente (R_Ω)und einer kapazitiven Komponente (2. Term unter der Wurzel Gl. 9.15) zusammen. Für einen Plattenkondensator, wie er durch die eingetauchten Elektroden gebildet wird, gilt:

$$R = \sqrt{R_\Omega^2 + \left(\frac{1}{2 \cdot \pi \cdot f \cdot C}\right)^2}$$

R	f	C
Ω	$\text{Hz} = \text{s}^{-1}$	$\text{F} = \text{A} \cdot \text{s/V}$

9.15

Der Widerstand reduziert sich auf die reine *ohm*sche Komponente (R_Ω), wenn man die Frequenz f des Wechselstroms und die Kapazität C der Elektroden groß genug wählt. Zweckmäßigerweise werden deshalb zur Leitfähigkeitsmessung Elektroden verwendet, deren Oberfläche durch **„Platinieren"** stark vergrößert ist. Unter diesem Begriff versteht man die elektrolytische Abscheidung von fein verteiltem Platin. Als Nächstes ist zu beachten, dass in einer Elektrolytlösung die Feldlinien nicht nur zwischen den gegenüberliegenden Seiten der Elektroden verlaufen. Sie gehen vielmehr auch von der Rückseite aus (Bild 1). Es gelten in diesem Fall die Gesetze des elektrolytischen Trogs. Zwar kann der Abstand zwischen den Platten genau vermessen werden, die für die Leitfähigkeitsmessung **wirksame Oberfläche** weicht jedoch von der idealen geometrischen Struktur ab. Zur Messung der Leitfähigkeit in Elektrolytlösungen ermittelt man deshalb den Quotienten l/A nicht separat, sondern führt hierzu die **Zellkonstante** $k_\gamma = l/A$ ein. Unter Verwendung der Zellkonstante k_γ wird die Gleichung 9.14 zu

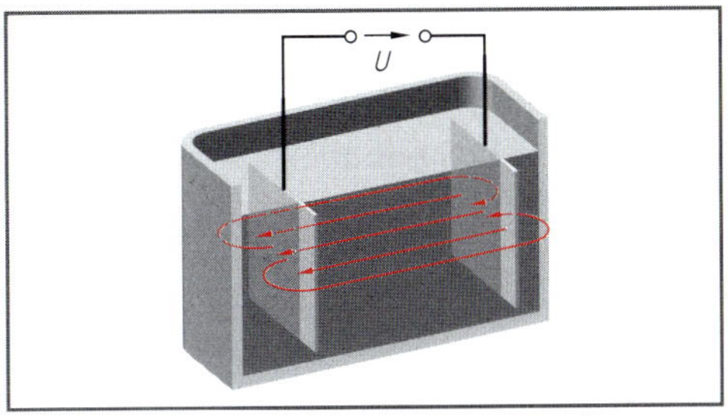

Bild 1: Feldlinienverlauf im elektrolytischen Trog

$$\gamma = k_\gamma \cdot G$$

γ	G	k_γ
$\text{S} \cdot \text{cm}^{-1}$	$\text{S} = \Omega^{-1}$	cm^{-1}

9.16

In der Elektrochemie ist es sinnvoll, die Einheit m in cm umgewandelt zu verwenden. Wenn man dann sinngemäß das Volumen in cm^3 anstatt m^3 einsetzt, erhält man handlichere Zahlen und vermeidet dadurch bedingte Rechenfehler.

Eine Leitfähigkeitsmesszelle besteht aus zwei platinierten Platinelektroden, die in einem unten erweiterten Glasrohr mit Öffnung eingeschmolzen sind (Bild 2). Die Zellkonstante wird bestimmt, indem man die Leitfähigkeitsmesszelle in eine **Kalibrierlösung** mit bekannter Leitfähigkeit bringt. Hierzu verwendet man meist eine Kaliumchloridlösung. Die einmal bestimmte Zellkonstante kann dann für alle weiteren Messungen verwendet werden. Zu beachten ist, dass die Leitfähigkeit von der **Temperatur** abhängt (Tabelle 9c).

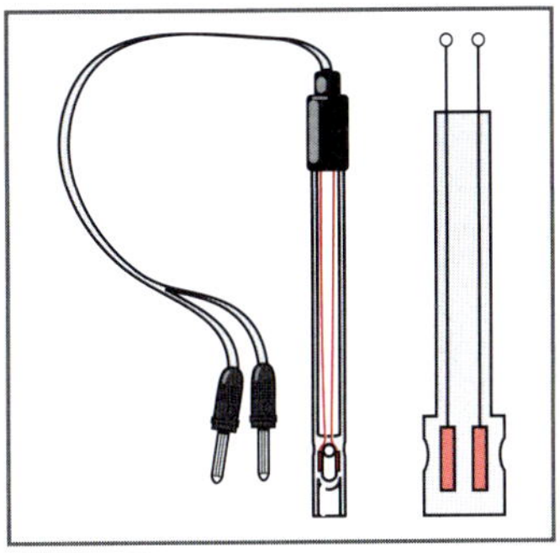

Bild 2: Leitfähigkeitsmesszelle

Tabelle 9c: Elektrische Leitfähigkeit von KCl-Lösung in Abhängigkeit von der Temperatur ϑ und von der Stoffmengenkonzentration c

c (KCl) in $\text{mol} \cdot \text{L}^{-1}$	γ in 10^{-2} $\text{S} \cdot \text{cm}^{-1}$ bei		
	ϑ = 18 °C	ϑ = 20 °C	ϑ = 25 °C
0,1	1,119	1,167	1,288
0,01	0,1225	0,1278	0,1413

M 9.7: Eine Messzelle taucht in eine Kaliumchloridlösung, c (KCl) = 0,01 mol/L, ein. Bei 20 °C wird ein Widerstand von 510 Ω gemessen. Berechnen Sie die Zellkonstante.

Lsg.: $\gamma = 1{,}278 \cdot 10^{-3}\ \text{S} \cdot \text{cm}^{-1}$ (Tabelle 9c)

$k_\gamma = \frac{\gamma}{G} = \gamma \cdot R = 1{,}278 \cdot 10^{-3}\ \text{S} \cdot \text{cm}^{-1} \cdot 510\ \Omega = \mathbf{0{,}652\ cm^{-1}}$

M 9.8: Eine Messzelle mit der Zellkonstanten $k_\gamma = 0{,}75\ \text{cm}^{-1}$ taucht in destilliertes Wasser. Bei einer Spannung von $U = 26$ V wird ein Strom von $I = 0{,}2$ mA gemessen. Berechnen Sie die elektrische Leitfähigkeit des Wassers.

Lsg.: $G = I/U = 2 \cdot 10^{-4}\ \text{A}/26\ \text{V} = 7{,}69 \cdot 10^{-6}\ \text{S} = 7{,}69 \cdot 10^{-6}\ \Omega^{-1}$

$\gamma(H_2O) = k_\gamma \cdot G = 0{,}75\ \text{cm}^{-1} \cdot 7{,}69 \cdot 10^{-6}\ \Omega^{-1} = \mathbf{5{,}77 \cdot 10^{-6}\ cm^{-1} \cdot \Omega^{-1} = 5{,}77 \cdot 10^{-6}\ S \cdot cm^{-1}}$

9.4 Wanderungsgeschwindigkeit und Ionenbeweglichkeit

In einer Glasröhre mit zwei Elektroden an den Enden soll sich eine Elektrolytlösung befinden (Bild 1). Zur Ableitung der Gesetzmäßigkeiten wird der Vereinfachung halber zunächst von einem 1,1-Elektrolyten ausgegangen. Damit ist gemeint, dass Kationen und Anionen in den betreffenden Verbindungen einwertig sind (z.B. Na^+ und Cl^-). In diesem Sinne wäre Li_2SO_4 dann ein 1,2-Elektrolyt. Schließlich sei noch vorausgesetzt, dass eine ideale Lösung vorliegt und deshalb an Stelle der **Aktivität** *a* die **Konzentration** *c* verwendet werden kann.

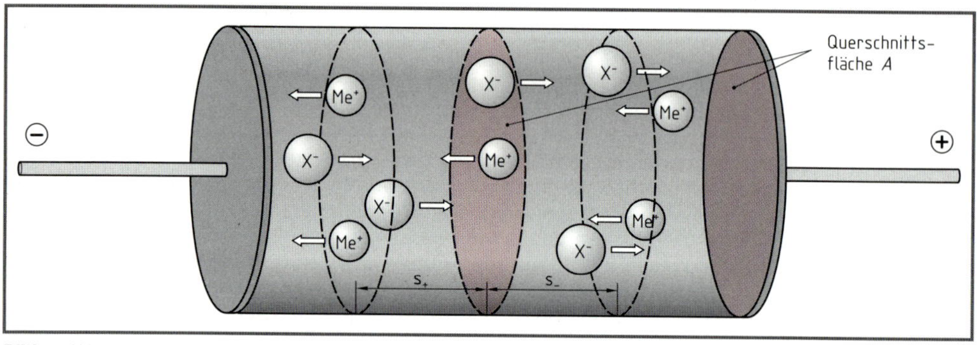

Bild 1: Wanderung von Ionen im elektrischen Feld

Beim Anlegen einer Gleichspannung setzen sich die Ionen in Bewegung. Die Wanderungsgeschwindigkeit der Kationen sei v_+ und die der Anionen sei v_-. In der **Zeit** *t* legen sie die Strecken $s_+ = v_+ \cdot t$ und $s_- = v_- \cdot t$ zurück. Dabei verschieben sich die Kationen um einen Volumenbereich von $V_+ = A \cdot s_+ = A \cdot v_+ \cdot t$. Zwischen dem Volumen V und der Stoffmengenkonzentration c besteht der Zusammenhang $c = n(Me^+)/V$, sodass man unter Berücksichtigung von V_+ folgenden Ausdruck erhält:

$$c = \frac{n\,(Me^+)}{A \cdot v_+ \cdot t}$$

Die in der Zeit *t* in Richtung der Kathode verschobene Stoffmenge beträgt demnach:

9.17 $$n\,(Me^+) = c \cdot A \cdot v_+ \cdot t$$

c	n	A	v	t
$mol \cdot m^{-3}$	mol	m^2	$m \cdot s^{-1}$	s

Mit der *Faraday*-Konstanten *F* erhält man als Ladung für die Stoffmenge $n\,(Me^+)$: $Q_+ = n\,(Me^+) \cdot F$. Setzt man in diesen Ausdruck für $n\,(Me^+)$ die Beziehung 9.17 ein, so resultiert:

$$Q_+ = c \cdot A \cdot v_+ \cdot t \cdot F$$

Für das Anion gilt dementsprechend:

$$Q_- = c \cdot A \cdot v_- \cdot t \cdot F$$

Die insgesamt von den Kationen **und** den Anionen bewegte Ladung beträgt: $Q = Q_+ + Q_-$. Einsetzen der jeweiligen Teilladungsbeträge Q_+ und Q_- ergibt:

$$Q = c \cdot A \cdot v_+ \cdot t \cdot F + c \cdot A \cdot v_- \cdot t \cdot F$$

Ausklammern:

9.18 $$Q = c \cdot A \cdot t \cdot F \cdot (v_+ + v_-)$$

Für die Ladung gilt die Gleichung 1.6: $Q = I \cdot t$.
Einsetzen in Gl. 9.18 und Kürzen von *t* ergibt:

9.19 $$I = c \cdot A \cdot F \cdot (v_+ + v_-)$$

I	c	A	F	v
A	$mol \cdot m^{-3}$	m^2	$A \cdot s \cdot mol^{-1}$	$m \cdot s^{-1}$

M 9.9: In einem Glasbehälter, dessen Enden durch zwei Platinelektroden gebildet werden (vgl. Bild 1), befindet sich eine Lithiumchloridlösung mit c(LiCl) = 0,05 mol/L. Durch die Lösung fließt ein Strom von I = 90,4 mA. Wie groß ist die Summe der Wanderungsgeschwindigkeiten $v = v(Li^+) + v(Cl^-)$, wenn der Querschnitt der Elektrolytlösung (parallel zur Elektrodenfläche) A = 12,56 cm² beträgt?

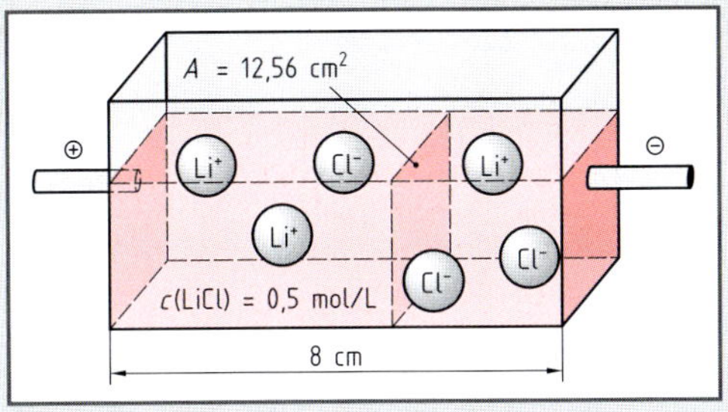

Bild 1: Ionenwanderung in der LiCl-Lösung

Lsg:

– Umrechnen der Angaben:
c(LiCl) = 0,05 mol/L = $5 \cdot 10^{-5}$ mol/cm³; I = 90,4 mA = 0,0904 A

– Auflösen der Gleichung 9.9 nach der Summe der Wanderungsgeschwindigkeiten v:

$$v = v(Li^+) + v(Cl^-) = \frac{I}{c \cdot A \cdot F}$$

$$v = v(Li^+) + v(Cl^-) = \frac{0{,}0904 \text{ A}}{5 \cdot 10^{-5} \text{ mol} \cdot \text{cm}^{-3} \cdot 12{,}56 \text{ cm}^2 \cdot 96\,500 \text{ A} \cdot \text{s} \cdot \text{mol}^{-1}}$$

$= \mathbf{1{,}49 \cdot 10^{-3}}$ **cm/s**

Aus dem Ergebnis der Aufgabe M 9.9 lässt sich die mittlere Wanderungsgeschwindigkeit abschätzen: $v \approx \frac{1}{2} \cdot 1{,}49 \cdot 10^{-3}$ cm/s ≈ **0,75 · 10⁻³ cm/s.**

Will man die tatsächliche Wanderungsgeschwindigkeit erhalten, dann kann man sich nicht mit einer gemittelten Wanderungsgeschwindigkeit zufrieden geben, da sich die Ionen unterschiedlich schnell bewegen. In der Aufgabe M 9.9 wurde ein elektrisches Feld der Stärke $E = U/l$ = 10 V/8 cm = 1,25 V/cm = 125 V/m angenommen. Unter dieser Bedingung bewegt sich das Chloridion tatsächlich mit $v(Cl^-)$ = $9{,}89 \cdot 10^{-4}$ cm/s und das Lithiumion mit $v(Li^+)$ = $5{,}01 \cdot 10^{-4}$ cm/s. Das Cl^--Ion ist fast doppelt so schnell wie das Li^+-Ion. Dies erscheint auf den ersten Blick unverständlich, denn das Li^+-Ion ist wesentlich kleiner und sollte sich demnach wieselflink durch die Lösung bewegen. Der Grund liegt in der **Hydratisierung.** Das Lithiumion bindet in der ersten Hydrathülle nur vier Moleküle Wasser. Da das Teilchen jedoch sehr klein ist, ist das elektrische Feld sehr groß und die **zweite Hydrathülle** (Bild 2) wird wesentlich fester als bei anderen Ionen üblich gebunden, sodass ein größerer Strömungswiderstand resultiert.

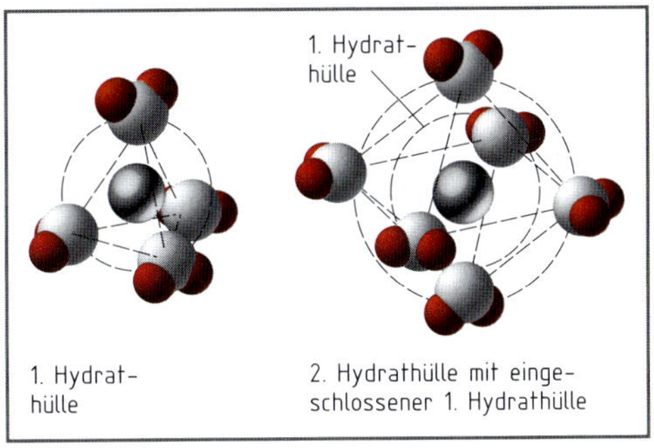

Bild 2: 1. und 2. Hydrathülle des Lithiumions

M 9.10: Welche Zeit benötigt das hydratisierte Lithiumion, um von der Mitte des Gefäßes (Bild 1) zur Kathode zu gelangen?

Lsg.: s = 4 cm; $v(Li^+) = 5{,}01 \cdot 10^{-4}$ cm/s

$t = s/v$ = 4 cm/$5{,}01 \cdot 10^{-4}$ cm/s = $\mathbf{8 \cdot 10^3}$ **s = 2,2 h**

Tatsächlich bewegen sich die Ionen etwa um den Faktor 10 000-mal so schnell. Würde sich das Li^+-Ion geradlinig auf die Kathode zubewegen können, benötigte es lediglich

$t = 8 \cdot 10^3$ s : 10 000 = 0,8 s

für den in der Aufgabe M 9.10 genannten Weg. Durch ständige Zusammenstöße mit Wassermolekülen und anderen hydratisierten Teilchen wird es jedoch in seiner Fortbewegung sehr stark behindert.

Die Wanderungsgeschwindigkeit v eines Ions wird größer, wenn die Spannung an den Elektroden erhöht wird. Sie hängt von der **elektrischen Feldstärke** E ab:

9.20

$$E = \frac{U}{l}$$

U	l	E
V	m	$V \cdot m^{-1}$

Dividiert man beide Seiten der Gleichung 9.19 durch U/l bzw. E, so erhält man:

9.21

$$\frac{I \cdot l}{U} = \frac{I}{E} = c \cdot A \cdot F \cdot \left(\frac{v_+ + v_-}{E}\right)$$

Die Quotienten v_+/E und v_-/E sind die **Ionenbeweglichkeiten** u_+ bzw. u_- der Kationen und der Anionen:

9.22

$$u_+ = \frac{v_+}{E}; \qquad u_- = \frac{v_-}{E}$$

u	v	E
$m^2 \cdot V^{-1} \cdot s^{-1}$	$m \cdot s^{-1}$	$V \cdot m^{-1}$

Aus praktischen Gründen wird die Einheit der Ionenbeweglichkeit meist in $cm^2 \cdot V^{-1} \cdot s^{-1}$ angegeben. Mit der Einführung der Leitfähigkeit $G = 1/R = I/U$ (vgl. Gl. 9.12) und der Ionenbeweglichkeiten u_+ und u_- vereinfacht sich die Gleichung 9.21 zu:

$$G \cdot l = c \cdot A \cdot F \cdot (u_+ + u_-)$$

Wird die Gleichung 9.14 nach dem elektrischen Leitwert G aufgelöst und in die letzte Gleichung eingesetzt, so erhält man schließlich die elektrische Leitfähigkeit γ:

9.23

$$\gamma = c \cdot F \cdot (u_+ + u_-)$$

γ	c	F	u
$S \cdot m^{-1}$	$mol \cdot m^{-3}$	$A \cdot s \cdot mol^{-1}$	$m^2 \cdot V^{-1} \cdot s^{-1}$

M 9.11: In eine Kaliumnitratlösung tauchen in einem Abstand von $l = 6$ cm zwei Elektroden, an denen eine Gleichspannung von $U = 2{,}5$ V anliegt. Wie groß ist die Wanderungsgeschwindigkeit der Kationen und Anionen, wenn die Ionenbeweglichkeiten $u\,(K^+) = 7{,}62 \cdot 10^{-8}\ m^2 \cdot V^{-1} \cdot s^{-1}$ und $u\,(NO_3^-) = 7{,}40 \cdot 10^{-8}\ m^2 \cdot V^{-1} \cdot s^{-1}$ betragen?

Lsg.:

- Berechnung der Feldstärke: $E = 2{,}5$ V/6 cm = 0,417 V/cm = 41,7 V/m
- Berechnung der Wanderungsgeschwindigkeiten nach Gleichung 9.22

  $v\,(K^+) = u\,(K^+) \cdot E = 7{,}62 \cdot 10^{-8}\ m^2 \cdot V^{-1} \cdot s^{-1} \cdot 41{,}7\ V \cdot m^{-1} = \mathbf{3{,}18 \cdot 10^{-6}\ m/s}$

  $v\,(NO_3^-) = u\,(NO_3^-) \cdot E = 7{,}40 \cdot 10^{-8}\ m^2 \cdot V^{-1} \cdot s^{-1} \cdot 41{,}7\ V \cdot m^{-1} = \mathbf{3{,}09 \cdot 10^{-6}\ m/s}$

Bei Ionenverbindungen, die aus mehrwertigen Ionen bestehen, vereinfacht man sich die Rechnung, indem man bei den jeweiligen Teilchen den Betrag der **Ladungszahl** z berücksichtigt. Man rechnet dann einfach mit den entsprechenden Äquivalenten. Beispielsweise besitzt das Fe^{3+}-Ion die Ionenbeweglichkeit $u\,(Fe^{3+}) = 1{,}89 \cdot 10^{-3}\ cm^2 \cdot V^{-1} \cdot s^{-1}$. Auf ein **Äquivalent** bezogen wären dies $u\,(^1/_3\ Fe^{3+}) = 6{,}3 \cdot 10^{-4}\ cm^2 \cdot V^{-1} \cdot s^{-1}$.

Liegt ein Elektrolyt vor, der aus **mehrwertigen Ionen** besteht, und will man in der Gleichung 9.23 die Stoffmengenkonzentration der Verbindung einsetzen, so muss man die **Äquivalenzzahl** z^* berücksichtigen:

9.24

$$\gamma = z^* \cdot c \cdot F \cdot (u_+ + u_-)$$

γ	z^*	c	F	u
$S \cdot m^{-1}$	1	$mol \cdot m^{-3}$	$A \cdot s \cdot mol^{-1}$	$m^2 \cdot V^{-1} \cdot s^{-1}$

Die Verbindung Eisen(III)-sulfat, $Fe_2(SO_4)_3$, hat die Äquivalenzzahl $z^* = 6$, denn sie besteht aus zwei Fe^{3+}-Ionen und 3 SO_4^{2-}-Ionen, sodass formal pro Formeleinheit 6 positive und 6 negative Ladungen existieren.

M 9.12: In einem Betrieb werden jeweils 250 kg Magnesiumbromid in 8 000 L E-Wasser in mehreren Ansatzkesseln gelöst. Die Lösungen werden zum Reaktionsbehälter umgepumpt. Die Stoffmengenkonzentration $c\,(MgBr_2)$ in der Produktleitung wird durch Leitfähigkeitsmessung überwacht (Bild 1).
Die Ionenbeweglichkeiten betragen:
$u\,(^1/_2\,Mg^{2+}) = 4{,}70 \cdot 10^{-8}\,m^2 \cdot V^{-1} \cdot s^{-1}$ und $u\,(Cl^-) = 6{,}76 \cdot 10^{-8}\,m^2 \cdot V^{-1} \cdot s^{-1}$.
Die Zellkonstante hat den Wert $k_\gamma = 750\,m^{-1}$. Wie groß ist der durch die Messzelle fließende Strom I, wenn eine Messspannung von $U = 10\,V$ anliegt?

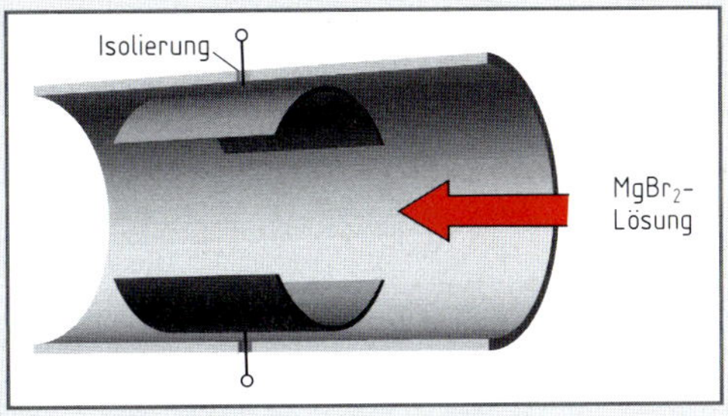

Bild 1: Prozesskontrolle durch Leitfähigkeitsmessung in einer Rohrleitung

Lsg.: Berechnung der Stoffmengenkonzentration:

$$c\,(MgBr_2) = \frac{m\,(MgBr_2)}{M\,(MgBr_2) \cdot V} = \frac{2{,}5 \cdot 10^5\,g}{184{,}1\,g \cdot mol^{-1} \cdot 8\,m^3} = 1{,}7 \cdot 10^2\,mol \cdot m^{-3}$$

Berechnung der Leitfähigkeit G und des elektrischen Stroms I:

$G = \frac{\gamma}{k_\gamma}$ (Gleichung 9.16). Verknüpfen mit Gleichung 9.24 ergibt:

$G = \frac{z^* \cdot c \cdot F \cdot (u_+ + u_-)}{k_\gamma}$. Mit $z^* = 2$ für $MgBr_2$ folgt:

$$G = \frac{2 \cdot 1{,}7 \cdot 10^2\,mol \cdot m^{-3} \cdot 96\,500\,A \cdot s \cdot mol^{-1} \cdot (4{,}70 \cdot 10^{-8} + 6{,}76 \cdot 10^{-8})\,m^2 \cdot V^{-1} \cdot s^{-1}}{750\,m^{-1}}$$

$$= 5{,}0 \cdot 10^{-3}\,A \cdot V^{-1}$$

$I = G \cdot U = 5{,}0 \cdot 10^{-3}\,A \cdot V^{-1} \cdot 10\,V = 0{,}05\,A =$ **50 mA**

Zur direkten Bestimmung der **Ionenbeweglichkeit** hat *W. Nernst* eine einfache Apparatur entwickelt (Bild 2). Zu Versuchsbeginn wird das Gerät mit einer farblosen Elektrolytlösung (KNO_3-Lösung) gefüllt. Durch das mittlere Niveaugefäß wird diese vorsichtig von einer $KMnO_4$-Lösung ohne Durchmischung unterschichtet. Nach Einschalten eines Gleichstroms beginnen die violetten MnO_4^--Ionen in Richtung der Anode zu wandern, während die K^+-Ionen sich zur Kathode hin bewegen. Die **Grenzschicht** der farbigen Permanganationen (MnO_4^-) lässt sich optisch sehr gut verfolgen. Will man die Ionenbeweglichkeit farbloser Ionen bestimmen, so kann dies mit derselben Apparatur geschehen. Da sich der **Brechungsindex** einer Lösung mit der Stoffmengenkonzentration ändert, kann die Verschiebung von Grenzschichten im Durchlicht durch Messung des Brechungsindexes verfolgt werden.

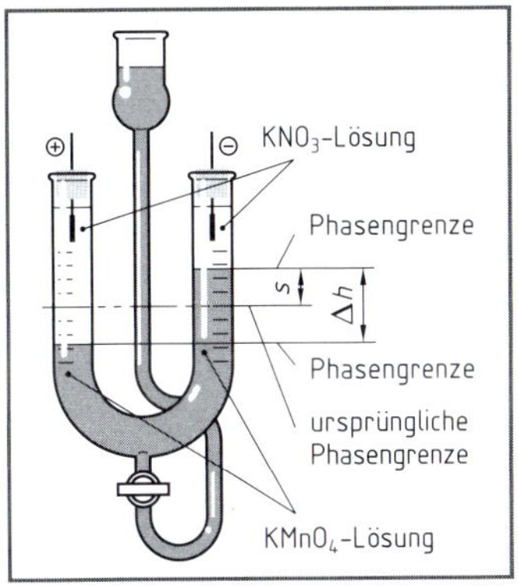

Bild 2: Apparatur zur Bestimmung der Ionenbeweglichkeit

M 9.12: Zur Bestimmung der Ionenbeweglichkeit von MnO_4^- wird die in Bild 2 skizzierte Apparatur benutzt. Der geometrische Abstand zwischen den beiden Elektroden beträgt $l = 35\,cm$ (U-förmige Elektrolytsäule). Bei einer angelegten Spannung von $U = 20{,}0\,V$ verschieben sich in der Zeit $t = 7\,570\,s$ die Grenzflächen zwischen der KNO_3- und der $KMnO_4$-Lösung um $\Delta h = 4{,}8\,cm$. Wie groß ist die Ionenbeweglichkeit u des MnO_4^--Ions?

Lsg.: Die Höhendifferenz beträgt $\Delta h = 4{,}8\,cm$. Von der Stellung vor Einschalten des Stroms aus gerechnet hat sich die MnO_4^--Schicht um $s = 2{,}4\,cm$ verschoben (es darf nicht einfach die Höhendifferenz als Weg eingesetzt werden, da die Bewegung in Richtung der Anode von der ursprünglichen Phasengrenze aus erfolgt!). Die Geschwindigkeit von MnO_4^- beträgt folglich:

$$v(MnO_4^-) = \frac{s(MnO_4^-)}{t} = \frac{2{,}4\ \text{cm}}{7570\ \text{s}} = 3{,}17 \cdot 10^{-4}\ \text{cm} \cdot \text{s}^{-1}$$

Aus der Gleichung 9.20 folgt für das elektrische Feld:

$$E = \frac{U}{l} = \frac{20{,}0\ \text{V}}{35\ \text{cm}} = 0{,}571\ \text{V} \cdot \text{cm}^{-1}$$

Durch Einsetzen der Werte in 9.22 erhält man:

$$u(MnO_4^-) = \frac{v(MnO_4^-)}{E} = \frac{3{,}17 \cdot 10^{-4}\ \text{cm} \cdot \text{s}^{-1}}{0{,}571\ \text{V} \cdot \text{cm}^{-1}}$$

$$\mathbf{= 5{,}55 \cdot 10^{-4}\ cm^2 \cdot V^{-1} \cdot s^{-1} = 5{,}55 \cdot 10^{-8}\ m^2 \cdot V^{-1} \cdot s^{-1}}$$

Die Ionenbeweglichkeiten u sind von der Temperatur abhängig. Die meisten Ionenbeweglichkeiten liegen zwischen $u = 4 \cdot 10^{-8}\ m^2 \cdot V^{-1} \cdot s^{-1}$ und $u = 10 \cdot 10^{-8}\ m^2 \cdot V^{-1} \cdot s^{-1}$. In der Tabelle 9d sind einige Ionenbeweglichkeiten bei $\vartheta = 25\ °C$ und unendlicher Verdünnung aufgelistet.

Tabelle 9d: Ionenbeweglichkeiten *u* bei *T* = 298,15 K

Kation	Beweglichkeit u_+ in $m^2 \cdot V^{-1} \cdot s^{-1}$	Anion	Beweglichkeit u_- in $m^2 \cdot V^{-1} \cdot s^{-1}$
H^+	$36{,}21 \cdot 10^{-8}$	OH^-	$20{,}46 \cdot 10^{-8}$
Na^+	$5{,}19 \cdot 10^{-8}$	Cl^-	$7{,}90 \cdot 10^{-8}$
K^+	$7{,}61 \cdot 10^{-8}$	I^-	$7{,}94 \cdot 10^{-8}$
$\frac{1}{2}\,Ca^{2+}$	$6{,}17 \cdot 10^{-8}$	MnO_4^-	$6{,}50 \cdot 10^{-8}$
$\frac{1}{3}\,Al^{3+}$	$6{,}52 \cdot 10^{-8}$	$\frac{1}{2}\,SO_4^{2-}$	$8{,}26 \cdot 10^{-8}$

Die unterschiedlichen Ionenbeweglichkeiten werden von der unterschiedlichen **Hydratationsfähigkeit** der Kationen und Anionen verursacht. So ist beispielsweise das Chloridion wesentlich kleiner als das Iodidion. Es kann aber mehr Wassermoleküle binden, wodurch seine Ionenbeweglichkeit so stark herabgesetzt wird, dass sie der des Iodidions gleicht.

Auffallend sind die Werte der H^+- und der OH^--Ionen. Sie liegen um eine Mehrfaches über allen anderen Werten. Nach *Grotthuss* erklärt man dies über einen Leitungsmechanismus. Dabei bewegen sich die Ladungsträgerteilchen nicht tatsächlich innerhalb der Lösung, sie geben vielmehr ihre Ladung über eine Art Kette von Molekül zu Molekül weiter (Bild 1). Es wandern demnach nur Ladungslöcher.

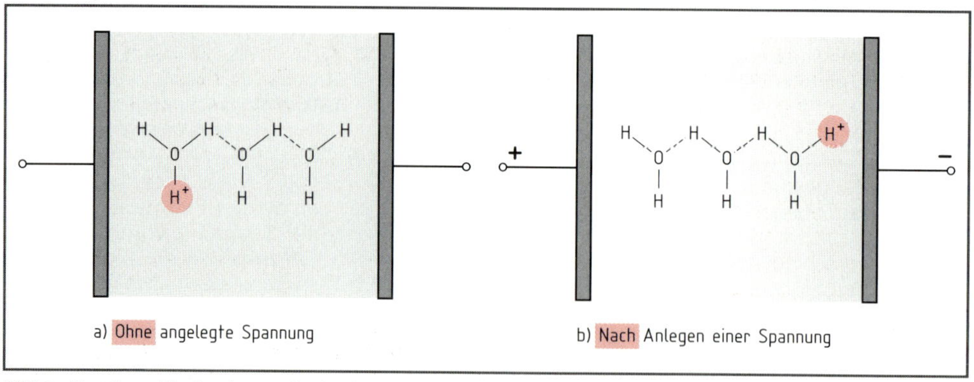

Bild 1: *Grotthuss*-Mechanismus des Ladungstransports über Wasserstoffbrückenbindungen

9.5 Molare Leitfähigkeit

In den Bildern 1 bis 3 ist am Beispiel einiger Säuren aufgezeigt, wie die elektrische Leitfähigkeit γ von der Stoffmengenkonzentration c abhängt.

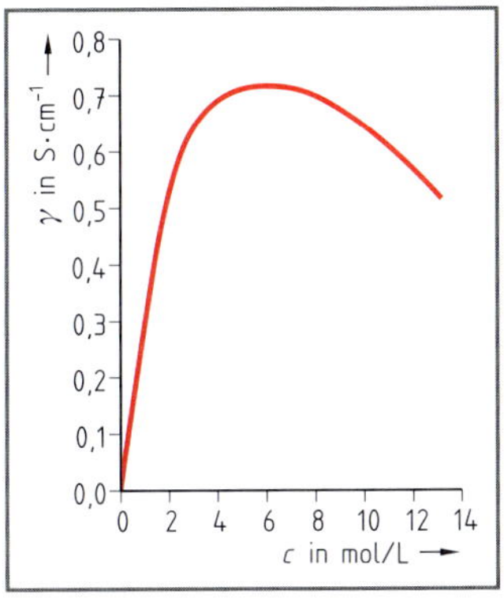

Bild 1: Leitfähigkeit von Salzsäure bei 18 °C

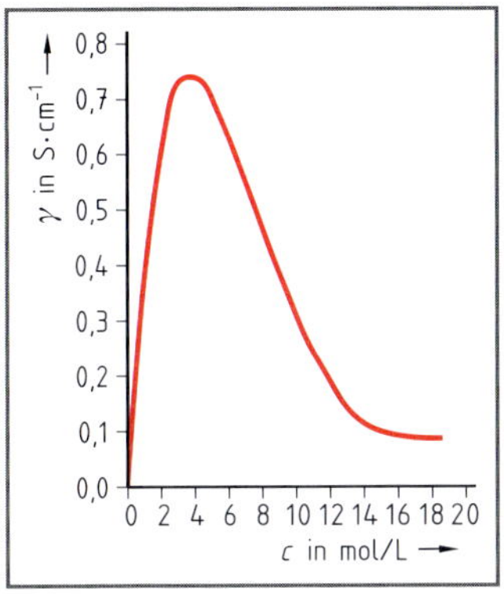

Bild 2: Leitfähigkeit von Schwefelsäure bei 18 °C

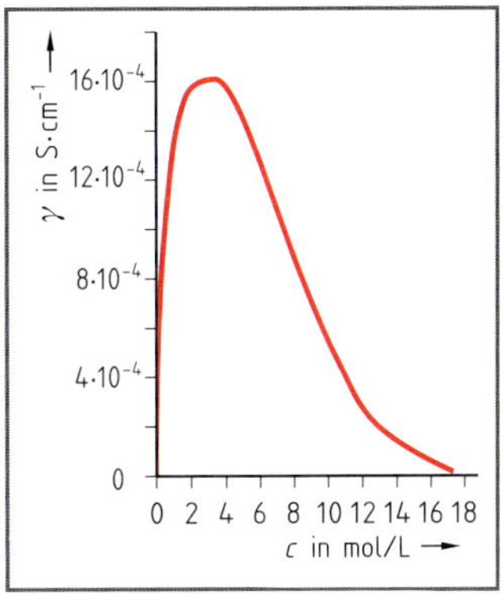

Bild 3: Leitfähigkeit von Ethansäure bei 18 °C

Mit steigender Stoffmengenkonzentration der Elektrolytlösungen erhöht sich die Zahl der Ladungsträger. Man erwartet, dass damit auch die elektrische Leitfähigkeit zunimmt. Dies ist auch bei nicht zu hohen Stoffmengenkonzentrationen der Fall. Allerdings erreicht sie in allen Fällen einen **Maximalwert.** In Bild 1 hat die Salzsäure ein Maximum der elektrischen Leitfähigkeit von $\gamma = 0{,}7150\ \mathrm{S \cdot cm^{-1}}$ bei $c(\mathrm{HCl}) = 6{,}00\ \mathrm{mol/L}$ und die Schwefelsäure (Bild 2) von $\gamma = 0{,}7388\ \mathrm{S \cdot cm^{-1}}$ bei $c(\mathrm{H_2SO_4}) = 3{,}74\ \mathrm{mol/L}$. Die Tatsache, dass die elektrische Leitfähigkeit nach der Überschreitung eines **Maximums** wieder abfällt, hat mehrere Gründe:

1. Bei steigender Konzentration kommt es zur Ausbildung von Ionenwolken. Wie im Bild 4 gezeigt, wird die Ladung eines Zentralatoms in einer solchen Ladungswolke durch Gegenionen (rot gekennzeichnet) abgeschirmt.
2. Die Wirkung des elektrischen Feldes zwischen den Elektroden auf das Zentralatom einer Ladungswolke wird durch die Abschirmung gemindert, wodurch die Ionenbeweglichkeit u herabgesetzt wird. Die Ausbildung der Ladungswolke ist eine der Ursachen, weshalb zwischen der Stoffmengenkonzentration c und der Aktivität a unterschieden werden muss.
3. Bei **schwachen** Elektrolyten, wie der Ethansäure, wird zusätzlich mit steigender Konzentration der **Dissoziationsgrad** α herabgesetzt. Dadurch stehen weniger Ladungsträger zur Verfügung.

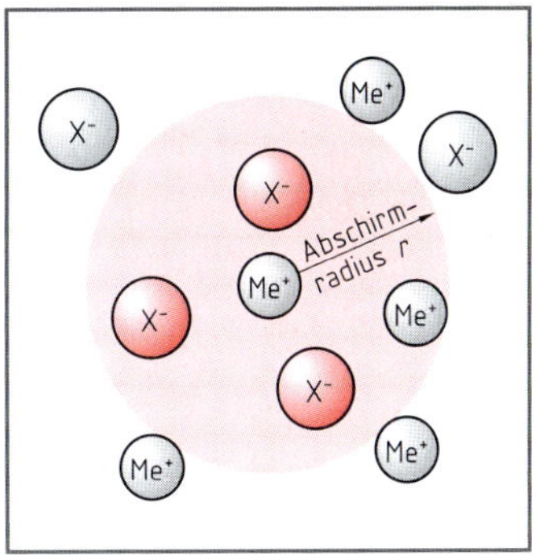

Bild 4: Abschirmung eines Zentralatoms durch Gegenionen

Zusammenfassend gilt, dass die elektrische Leitfähigkeit von der **Art** des jeweiligen Elektrolyten und seiner **Stoffmengenkonzentration** abhängt. Zur Beurteilung der elektrischen Leitfähigkeit **verschiedener** Elektrolyte ist es daher sinnvoll, die Messwerte bei derselben Teilchenzahl zu vergleichen. Führt man in die Gleichung 9.23 den allgemeinen Ausdruck $c\,(\mathrm{X})$ für die Stoffmengenkonzentration ein und dividiert beide Seiten der Gleichung durch diese Größe, so erhält man:

$$\frac{\gamma}{c\,(\mathrm{X})} = F \cdot (u_+ + u_-)$$

Der Ausdruck $\gamma / c\,(\mathrm{X})$ ist die **molare Leitfähigkeit** Λ.

$$\Lambda = \frac{\gamma}{c\,(\mathrm{X})} \qquad (9.25)$$

Λ	γ	$c\,(\mathrm{X})$
$\mathrm{S \cdot cm^2 \cdot mol^{-1}}$	$\mathrm{S \cdot cm^{-1}}$	$\mathrm{mol \cdot cm^{-3}}$

Die Größe Λ ist wie die Ionenbeweglichkeit von der Temperatur abhängig. Aus **praktischen Gründen** empfiehlt es sich, wie angegeben, für die Stoffmengenkonzentration $c\,(\mathrm{X})$ die Einheit $\mathbf{mol \cdot cm^{-3}}$ (entsprechend mol/mL) zu wählen. Die bisher verwendete Einheit $\mathbf{S \cdot m^{-1}}$ für die elektrische Leitfähigkeit γ beträgt dann $\mathbf{S \cdot cm^{-1}}$.

M 9.13: 250 mL einer Salzsäureprobe enthalten 12,775 g HCl gelöst. Die Messung des elektrischen Leitwerts der Lösung ergibt $G = 0{,}494$ S. Die Zellkonstante der Messzelle beträgt $k_\gamma = 0{,}800\ \text{cm}^{-1}$. Wie groß ist die molare Leitfähigkeit Λ dieser Salzsäure, wenn die molare Masse $M\,(\text{HCl}) = 36{,}46\ \text{g} \cdot \text{mol}^{-1}$ beträgt?

Lsg.: $$c\,(\text{HCl}) = \frac{n\,(\text{HCl})}{V} = \frac{m\,(\text{HCl})}{M\,(\text{HCl}) \cdot V} = \frac{12{,}775\ \text{g}}{36{,}46\ \text{g} \cdot \text{mol}^{-1} \cdot 250\ \text{cm}^3} = 1{,}40 \cdot 10^{-3}\ \text{mol} \cdot \text{cm}^{-3}$$

– elektrische Leitfähigkeit:

$$\gamma = k_\gamma \cdot G = 0{,}800\ \text{cm}^{-1} \cdot 0{,}494\ \text{S} = 0{,}3952\ \text{S} \cdot \text{cm}^{-1}$$

– molare Leitfähigkeit:

$$\Lambda\,(\text{HCl}) = \frac{\gamma}{c\,(\text{HCl})} = \frac{0{,}3952\ \text{S} \cdot \text{cm}^{-1}}{1{,}40 \cdot 10^{-3}\ \text{mol} \cdot \text{cm}^{-3}} = \mathbf{282{,}3\ S \cdot cm^2 \cdot mol^{-1}}$$

Bei einem 1,1-Elektrolyten, wie HCl, ist die Ladungszahl der Ionen $z = 1$ und die Äquivalentzahl $z^* = 1$. Die Äquivalentkonzentration c^* entspricht dann auch der Stoffmengenkonzentration $c\,(\text{X})$. In den anderen Fällen besteht zwischen der Äquivalentkonzentration und der Stoffmengenkonzentration der Zusammenhang:

$$c^* = c\left(\frac{1}{z^*}\text{X}\right) = z^* \cdot c\,(\text{X})$$

Aluminiumsulfat dissoziiert beispielsweise folgendermaßen:

$$Al_2(SO_4)_3 \rightarrow 2\ Al^{3+} + 3\ SO_4^{2-}$$

Die Äquivalentzahl lautet $z^* = 6$. Löst man folglich 0,1 mol $Al_2(SO_4)_2$ in 1 L Wasser, so ist

$$c^* = c\,[{}^1/_6\ Al_2(SO_4)_3] = 6 \cdot 0{,}1\ \text{mol/L} = 0{,}6\ \text{mol/L}$$

Die Äquivalentkonzentration ist bei gleicher Einwaage bei Elektrolyten mit mehrwertigen Ionen demnach größer als die Stoffmengenkonzentration! Für die **molare Leitfähigkeit von Äquivalenten** Λ_{eq} gilt unter Berücksichtigung der Äquivalentzahl:

9.26 $$\Lambda_{eq} = \frac{1}{z^*} \cdot \frac{\gamma}{c\,(\text{X})} = \frac{\gamma}{c^*\,(\text{X})}$$

z^*	Λ_{eq}	γ	c (X) bzw. c^* (X)
1	$\text{S} \cdot \text{cm}^2 \cdot \text{mol}^{-1}$	$\text{S} \cdot \text{cm}^{-1}$	$\text{mol} \cdot \text{cm}^{-3}$

M 9.14: Die elektrische Leitfähigkeit einer Phosphorsäure mit $w(H_3PO_4) = 20{,}0\ \%$ und der Dichte $\varrho = 1{,}1134\ \text{g/cm}^3$ wird gemessen (Bild 1). Der gemittelte Messwert beträgt $\gamma = 0{,}1129\ \text{S} \cdot \text{cm}^{-1}$. Gesucht ist die molare Leitfähigkeit Λ und die molare Leitfähigkeit eines Äquivalents Λ_{eq}. $M(H_3PO_4) = 98{,}0\ \text{g} \cdot \text{mol}^{-1}$.

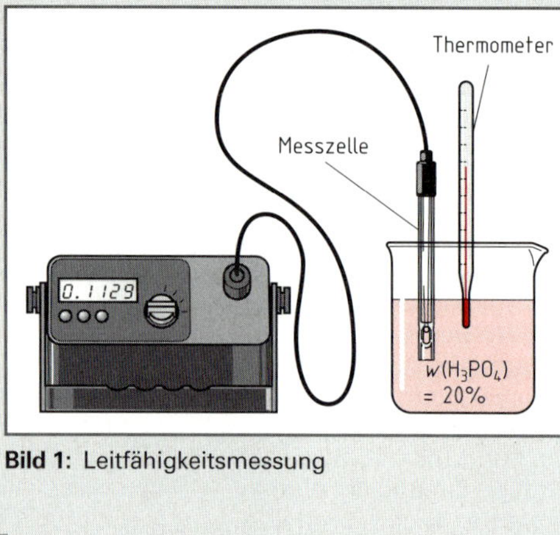

Bild 1: Leitfähigkeitsmessung

Lsg.: $$m\,(\text{Lsg}) = \varrho \cdot V = 1{,}1134\ \text{g} \cdot \text{cm}^{-3} \cdot 1000\ \text{cm}^3 = 1\,113{,}4\ \text{g}$$

$$m\,(H_3PO_4) = w\,(H_3PO_4) \cdot m\,(\text{Lsg}) = 0{,}2 \cdot 1\,113{,}4\ \text{g} = 222{,}68\ \text{g}$$

$$c\,(H_3PO_4) = \frac{n\,(H_3PO_4)}{V} - \frac{m\,(H_3PO_4)}{M\,(H_3PO_4) \cdot V}$$

$$c\,(H_3PO_4) = \frac{222{,}68\ \text{g}}{98{,}0\ \text{g} \cdot \text{mol}^{-1} \cdot 1\,000\ \text{cm}^3} = 2{,}272 \cdot 10^{-3}\ \text{mol} \cdot \text{cm}^{-3}$$

– Molare Leitfähigkeit: $$\Lambda = \frac{\gamma}{c\,(H_3PO_4)} = \frac{0{,}1129\ \text{S} \cdot \text{cm}^{-1}}{2{,}272 \cdot 10^{-3}\ \text{mol} \cdot \text{cm}^{-3}} = \mathbf{49{,}7\ S \cdot cm^2 \cdot mol^{-1}}$$

– Molare Leitfähigkeit eines Äquivalents: Für die Phosphorsäure gilt $z^* = 3$. ⇒

$$\Lambda_{eq} = \frac{1}{z^*} \cdot \frac{\gamma}{c\,(\text{X})} = \frac{1}{3} \cdot \frac{0{,}1129\ \text{S} \cdot \text{cm}^{-1}}{2{,}272 \cdot 10^{-3}\ \text{mol} \cdot \text{cm}^{-3}} = \mathbf{16{,}56\ S \cdot cm^2 \cdot mol^{-1}}$$

9.6 Die Leitfähigkeit starker und schwacher Elektrolyte

Wie aus den Graphen des Bildes 1 hervorgeht, sind die Größen molare Leitfähigkeit Λ und molare Leitfähigkeit von Äquivalenten Λ_{eq} **konzentrationsabhängig.** Man kann demnach nicht ohne weiteres Λ oder Λ_{eq} für eine Substanz einmal bestimmen und danach nach Messung des elektrischen Leitwertes γ einer beliebigen Lösung dieses Stoffes auf die Stoffmengenkonzentration rückschließen. Bei der Interpretation der Kurven im Bild 1 ist zu beachten, dass die molare Leitfähigkeit von Äquivalenten Λ_{eq} gegen die Äquivalenzkonzentration $c^* = c\,(1/z^*\ X)$ aufgetragen ist.

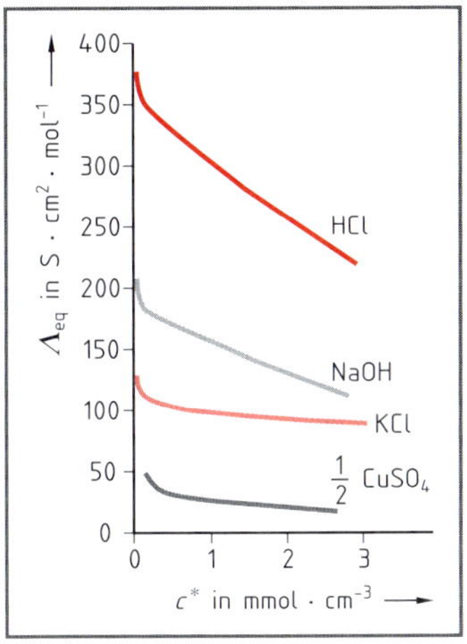

Bild 1: Leitfähigkeit von Äquivalenten bei 18 °C

M 9.15: Aus dem im Bild 1 dargestellten Diagramm wurden für Kupfersulfat die Werte $\Lambda_{eq} = 29\ S \cdot cm^2 \cdot mol^{-1}$ und $c^* = 0{,}67\ mol \cdot cm^{-3}$ ermittelt. Wie viel g $CuSO_4$ enthalten $V = 5$ L der Lösung? $M(CuSO_4) = 159{,}6\ g \cdot mol^{-1}$

Lsg.: $c^* = c\,(^1/_2\ CuSO_4) = 0{,}67\ mol \cdot L^{-1} \Rightarrow$

$c\,(CuSO_4) = 0{,}335\ mol \cdot L^{-1}$ und

$m\,(CuSO_4) = c\,(CuSO_4) \cdot M\,(CuSO_4) \cdot V$

$m\,(CuSO_4) = 0{,}335\ mol \cdot L^{-1} \cdot 159{,}6\ g \cdot mol^{-1} \cdot 5L$

$=$ **267,3 g**

F. W. Kohlrausch und seine Mitarbeiter haben um 1860 zahlreiche Leitfähigkeitsmessungen von Elektrolytlösungen durchgeführt. Dabei sind die folgenden **zwei Grenzfälle** gefunden worden:

- **Starke Elektrolyte** besitzen hohe molare Leitfähigkeiten, die mit steigender Stoffmengenkonzentration nur geringfügig zunehmen. Zu dieser Gruppe gehören die Salze, die starken Säuren (z.B. HCl, H_2SO_4) und die starken Basen (z.B. NaOH) also alle Stoffe, die in wässriger Lösung vollständig dissoziieren.
- **Schwache Elektrolyte,** z.B. Ethansäure, haben bei höheren Stoffmengenkonzentrationen niedrigere molare Leitfähigkeiten, die mit zunehmender Verdünnung stark anwachsen. Da die molaren Leitfähigkeiten der verschiedenen Elektrolyte alle möglichen Werte besitzen können, ist der Übergang zwischen starken und schwachen Elektrolyten fließend.

Bei dieser **empirischen** Untersuchung **verdünnter** wässriger Elektrolytlösungen wurde eine weitere interessante Gesetzmäßigkeit gefunden. Trägt man nämlich $\sqrt{c^*}$ gegen die molare Leitfähigkeit von Äquivalenten Λ_{eq} auf, so resultiert bei **starken** Elektrolyten eine Gerade mit negativer Steigung (Bild 2). Wie aus dem Graph der Ethansäure (CH_3COOH) ablesbar ist, stimmt diese Aussage bei schwachen Elektrolyten nicht mehr. Die beschriebene Auftragung (Bild 2) ist deshalb ein gutes Hilfsmittel, um starke und schwache Elektrolyte zu unterscheiden.

Aus den Kurven im Bild 2 lässt sich weiterhin die folgende Gesetzmäßigkeit ablesen:

Bei der Auftragung von $\sqrt{c^*}$ gegen Λ_{eq} haben die 1,1-Elektrolyte, z.B. HCl, NaOH und KCl, dieselbe Steigung. Das gleiche gilt auch für Elektrolyte mit höherer Äquivalentzahl, wie H_2SO_4 und $CuSO_4$, die untereinander ebenfalls dieselbe Steigung haben.

Die hohe Leitfähigkeit der Säuren und Basen beruht auf der großen Ionenbeweglichkeit u der H^+- und OH^--Ionen. Die Geraden der starken Elektrolyte schneiden die Ordinatenachse bei einer Äquivalentkonzentration von $c^* = 0{,}0$ mol $\cdot\ L^{-1}$. Der zugehörige Wert von Λ_{eq} ist die **Grenzleitfähigkeit von Äquivalenten bei unendlicher**

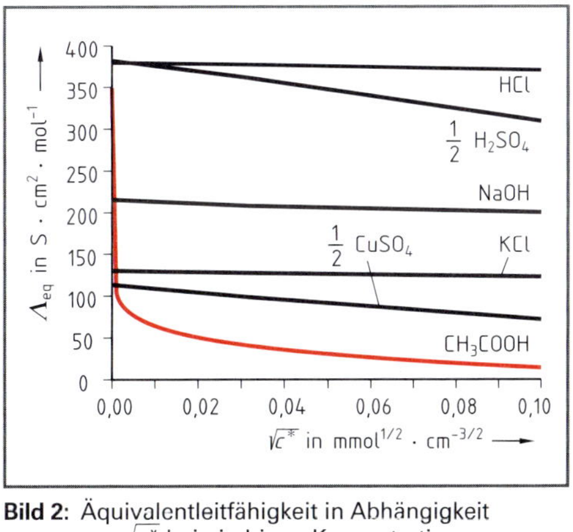

Bild 2: Äquivalentleitfähigkeit in Abhängigkeit von $\sqrt{c^*}$ bei niedrigen Konzentrationen

Verdünnung Λ_{eq}^0. Die Kurven lassen sich mit dem empirischen **Quadratwurzelgesetz** von *Kohlrausch* beschreiben:

9.27

$$\Lambda_{eq} = \Lambda_{eq}^0 + k \cdot \sqrt{c^*}$$

Λ	k	c^*
$S \cdot cm^2 \cdot mol^{-1}$	$S \cdot cm^{7/2} \cdot mol^{-3/2}$	$mol \cdot cm^{-3}$

Bei der Formel 9.27 handelt es sich um eine Geradengleichung mit dem Ordinatenabschnitt Λ_{eq}^0. Die Steigung k ist **negativ.** Dieses Gesetz gilt allerdings nur für Lösungen von **starken Elektrolyten** bis zu einer Äquivalentkonzentration von $c^* = 10^{-2}$ mol · L^{-1}. Wie aus Bild 1 ersichtlich, ist die Gleichung 9.27 bei höheren Äquivalentkonzentrationen nicht mehr streng gültig. Das *kohlrausch*sche Quadratwurzelgesetz eignet sich daher weniger, um im technisch interessanten Bereich die Größe Λ_{eq} zu ermitteln. Es dient vielmehr dazu, die **Grenzleitfähigkeit** Λ_{eq}^0 zu bestimmen. Aus Bild 2 sind die folgenden zwei Möglichkeiten ersichtlich:

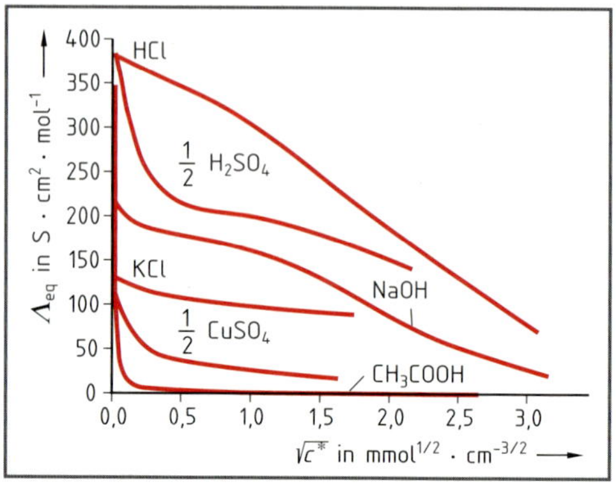

Bild 1: Äquivalentleitfähigkeit in Abhängigkeit $\sqrt{c^*}$ bei höheren Konzentrationen

- **Grafische Extrapolation** (Bild 2)
  Man ermittelt zwei Werte für Λ_{eq}^0 bei Äquivalentkonzentrationen von $c^* < 10^{-2}$ mol · L^{-1}, trägt diese gegen $\sqrt{c^*}$ auf und zeichnet eine Gerade. Der Schnittpunkt mit der Ordinatenachse ergibt den gesuchten Wert für Λ_{eq}^0.

- **Mathematische Extrapolation**
  Bei dieser Methode werden im Gegensatz zur erstgenannten Ablesefehler vermieden. Man bestimmt wie bei der grafischen Extrapolation die Messwerte bei möglichst geringen Äquivalentkonzentrationen. Aus der analytischen Geometrie folgt für die **Steigung** k:

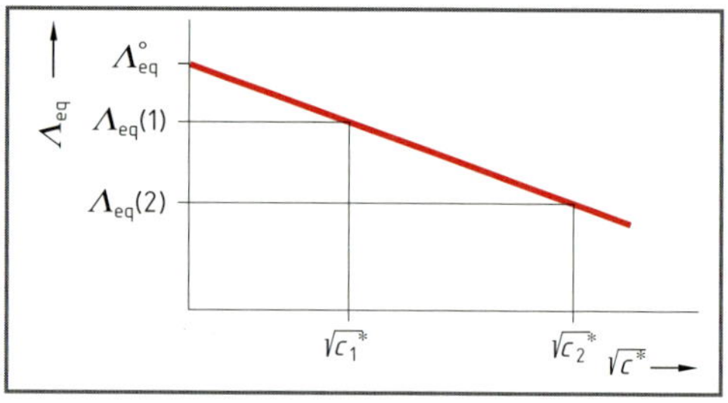

Bild 2: Grafische Ermittlung der Grenzleitfähigkeit Λ_{eq}^0

9.28

$$\frac{\Lambda_{eq}(2) - \Lambda_{eq}(1)}{\sqrt{c_2^*} - \sqrt{c_1^*}} = k$$

Λ	k	c^*
$S \cdot cm^2 \cdot mol^{-1}$	$S \cdot cm^{7/2} \cdot mol^{-3/2}$	$mol \cdot cm^{-3}$

Die errechnete Steigung k wird in die Gleichung 9.27 eingesetzt und Λ_{eq}^0 daraus errechnet.

M 9.16: Für Salzsäure werden bei T = 291 K folgende Werte gefunden:

Werte	1	2
Λ_{eq}^0 in $s \cdot cm^2 \cdot mol^{-1}$	377,0	370,0
$\sqrt{c^*}$ in $mol^{1/2} \cdot cm^{-3/2}$	0,001	0,00316

Welchen Wert besitzt die Grenzleitfähigkeit eines Äquivalents HCl?

Lsg.:

$$k = \frac{\Lambda_{eq\,(2)} - \Lambda_{eq\,(1)}}{\sqrt{c_2^*} - \sqrt{c_1^*}} = \frac{(370{,}0 - 377{,}0)\ S \cdot cm^2 \cdot mol^{-1}}{(0{,}00316 - 0{,}001)\ mol^{1/2} \cdot cm^{-3/2}} = -3\,241\ S \cdot cm^{7/2} \cdot mol^{-3/2}$$

Umstellen von Gl. 9.27 ergibt: $\Lambda_{eq}^0 = \Lambda_{eq} - k \cdot \sqrt{c^*}$. Mit Λ_{eq} = 377,0 S · cm^2 · mol^{-1} folgt:

$$\Lambda_{eq}^0 = 377{,}0\ S \cdot cm^2 \cdot mol^{-1} - (-3\,241\ S \cdot cm^{7/2} \cdot mol^{-3/2} \cdot 0{,}001\ mol^{1/2} \cdot cm^{-3/2})$$
$$= \mathbf{380{,}2\ S \cdot cm^2 \cdot mol^{-1}}$$

Die Grenzleitfähigkeiten gestatten, die starken Elektrolyte in drei Gruppen einzuteilen:

Säuren: Λ_{eq}^0 zwischen 345 und 425 S · cm^2 · mol^{-1} (bei T = 298 K)
Basen: Λ_{eq}^0 zwischen 205 und 240 S · cm^2 · mol^{-1} (bei T = 298 K)
Salze: Λ_{eq}^0 zwischen 65 und 145 S · cm^2 · mol^{-1} (bei T = 298 K)

Bequem lässt sich eine Leitfähigkeitsmessreihe bis hinunter zu sehr hohen Verdünnungen mit dem im Bild 1 skizzierten Apparat bestimmen. Dazu wird eine Lösung mit definierter Stoffmengenkonzentration als Ausgangslösung angesetzt. Die beiden unteren Kugeln werden bis zur oberen Kalibriermarke damit gefüllt. Nach der Thermostatisierung bestimmt man die Leitfähigkeit. Danach wird die Flüssigkeit der oberen Kugel bis zur unteren Kalibriermarke abgelassen und das Gerät mit reinem Wasser bis zur oberen Marke wieder aufgefüllt. Nach Umschütteln und Thermostatisieren kann der nächste Messwert bestimmt werden. Beim Vergleich der **Grenzleitfähigkeiten** verschiedener Salze stellte *Kohlrausch* fest, dass die **Differenzen** von Salzen, die **gleiche** Kationen oder Anionen enthalten, konstant sind (Tabelle 9e).

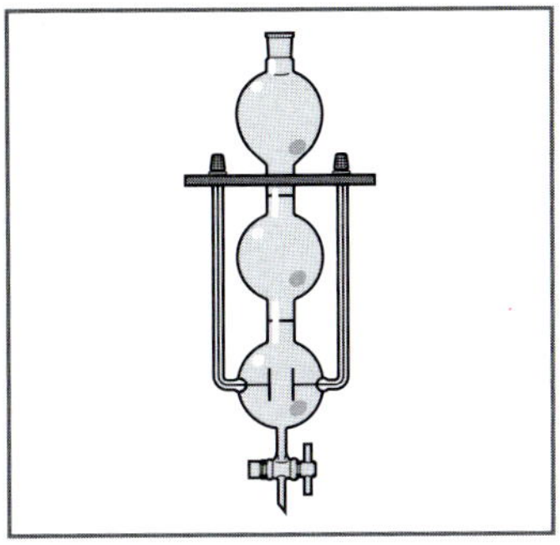
Bild 1: Leitfähigkeitsmessgerät für Verdünnungsreihen

Tabelle 9e: Differenzen von Grenzleitfähigkeiten Λ^0_{eq} bei ϑ = 25 °C

Verbindungsreihe 1	Λ^0_{eq} in $S \cdot cm^2 \cdot mol^{-1}$	Differenz	Verbindungsreihe 2	Λ^0_{eq} in $S \cdot cm^2 \cdot mol^{-1}$	Differenz
HCl	426,2	276,3	HCl	426,2	4,9
KCl	149,9		HNO_3	421,3	
HNO_3	421,3	276,3	KCl	149,9	4,9
KNO_3	145,0		KNO_3	145,0	
$^1/_2\ H_2SO_4$	429,8	276,3	$^1/_2\ CaCl_2$	135,9	4,9
$^1/_2\ K_2SO_4$	153,5		$^1/_2\ Ca(NO_3)_2$	131,0	

Innerhalb der Verbindungsreihe 1 ist die Differenz zwischen den Λ^0_{eq}-Werten **unabhängig** von der Art des **Kations** immer gleich 276,3 $S \cdot cm^2 \cdot mol^{-1}$. Dasselbe gilt für die Verbindungsreihe 2. Hier beträgt die Differenz **unabhängig** von der Art des **Anions** immer 4,9 $S \cdot cm^2 \cdot mol^{-1}$.

Diese Beobachtung wird verständlich, wenn man davon ausgeht, dass sich die Grenzleitfähigkeiten eines Elektrolyten bei Berücksichtigung der Ladungszahl *z* aus den **Grenzleitfähigkeiten λ^0 der einzelnen Ionen** zusammensetzt. Demnach gilt für die Reihe 1:

$[\lambda^0 (H^+) + \lambda^0 (Cl^-)] - [\lambda^0 (K^+) + \lambda^0 (Cl^-)] = \lambda^0 (H^+) - \lambda^0 (K^+)$

$[\lambda^0 (H^+) + \lambda^0 (NO_3^-)] - [\lambda^0 (K^+) + \lambda^0 (NO_3^-)] = \lambda^0 (H^+) - \lambda^0 (K^+)$

$[\lambda^0 (H^+) + \lambda^0 (^1/_2\ SO_4^{2-})] - [\lambda^0 (K^+) + \lambda^0 (^1/_2\ SO_4^{2-})] = \lambda^0 (H^+) - \lambda^0 (K^+)$

Für die Reihe 2 sieht die Bilanz ähnlich aus, nur dass hier die Differenz aus den λ^0-Werten der Anionen gebildet wird. *Kohlrausch* hat diese Überlegungen in dem Gesetz von der **unabhängigen Ionenwanderung** zusammengefasst:

Die Grenzleitfähigkeit von Äquivalenten setzt sich **additiv** aus den **Ionenleitfähigkeiten bei unendlicher Verdünnung** zusammen.

Für die molaren Grenzleitfähigkeiten von Äquivalenten gilt demnach:

$$\Lambda^0_{eq} = \lambda^0 (1/z\ Me^{z+}) + \lambda^0 (1/z\ X^{z-})$$ 9.29

Me^{z+}: Kation; X^{z-}: Anion

Mit Hilfe des Gesetzes von der unabhängigen Ionenwanderung können die Grenzleitfähigkeiten schwacher Elektrolyte, wie Ethansäure, berechnet werden, die durch Interpolation aus Messwertdiagrammen von Leitfähigkeiten (Bild 2, S. 283) nicht zugänglich sind. Formal benötigt man hierzu die Grenzleitfähigkeit einer Verbindung des schwachen Elektrolyten. Diese Verbindung muss selbst ein **starker** Elektrolyt sein, sonst kann seine Grenzleitfähigkeit nicht mit Hilfe des *kohlrausch*schen Quadratwurzelgesetzes experimentell ermittelt werden! Weiterhin benötigt man die Grenzleitfähigkeit eines **starken** Elektrolyten, der durch **Umsetzung** der ersten Verbindung mit dem schwachen Elektrolyt freigesetzt wird. Dabei entsteht als weiteres Produkt ein starker Elektrolyt, dessen Grenzleitfähigkeit auch experimentell zugänglich ist. Durch **Differenzbildung** wird die gesuchte Grenzleitfähigkeit des schwachen Elektrolyten erhalten. Dies klingt komplizierter als es ist. Tatsächlich geht man so vor, als würde man eine Reaktionsgleichung zur Darstellung des freien schwachen Elektrolyten formulieren. Am Beispiel der Ethansäure könnte dies etwa folgendermaßen aussehen:

$CH_3COOK + HCl \rightarrow CH_3COOH + KCl$

Zieht man auf der rechten Seite das KCl ab, so erhält man als Produkt nur die Ethansäure.

M 9.17: Die Grenzleitfähigkeiten der folgenden starken Elektrolyte wurden mit Hilfe des **Quadratwurzelgesetzes** von *Kohlrausch* gefunden: Λ^0_{eq} (CH_3COOK) = 114,4 S · cm² · mol⁻¹, Λ^0_{eq} (HCl) = 426,2 S · cm² · mol⁻¹ und Λ^0_{eq} (KCl) = 149,9 S · cm² · mol⁻¹. Wie groß ist die Grenzleitfähigkeit eines Äquivalents der Ethansäure?

Lsg.: $\Lambda^0_{eq}\,(CH_3COOH) = \Lambda^0_{eq}\,(CH_3COOK) + \Lambda^0_{eq}\,(HCl) - \Lambda^0_{eq}\,(KCl)$

$\Lambda^0_{eq}\,(CH_3COOH) = 114{,}4\ S \cdot cm^2 \cdot mol^{-1} + 426{,}2\ S \cdot cm^2 \cdot mol^{-1} - 149{,}9\ S \cdot cm^2 \cdot mol^{-1}$

$\Lambda^0_{eq}\,(CH_3COOH) = \mathbf{390{,}7\ S \cdot cm^2 \cdot mol^{-1}}$

M 9.18: Die folgenden molaren Grenzleitfähigkeiten sind gegeben:

$\Lambda^0\,(MgSO_4) = 228{,}0\ S \cdot cm^2 \cdot mol^{-1}$

$\Lambda^0\,(KNO_3) = 126{,}3\ S \cdot cm^2 \cdot mol^{-1}$

$\Lambda^0\,(K_2SO_4) = 265{,}2\ S \cdot cm^2 \cdot mol^{-1}$

Zu berechnen ist die molare Grenzleitfähigkeit von $Mg(NO_3)_2$ und die Grenzleitfähigkeit eines Äquivalents dieser Verbindung.

Lsg.: $MgSO_4 + 2\ KNO_3 \rightarrow Mg\,(NO_3)_2 + K_2SO_4$ Daraus folgt:

$\Lambda^0\,(Mg\,(NO_3)_2) = \Lambda^0\,(MgSO_4) + 2 \cdot \Lambda^0\,(KNO_3) - \Lambda^0\,(K_2SO_4)$

$\Lambda^0\,(Mg\,(NO_3)_2) = 228{,}0\ S \cdot cm^2 \cdot mol^{-1} + 2 \cdot 126{,}3\ S \cdot cm^2 \cdot mol^{-1} - 265{,}2\ S \cdot cm^2 \cdot mol^{-1}$

$\Lambda^0\,(Mg\,(NO_3)_2) = \mathbf{215{,}4\ S \cdot cm^2 \cdot mol^{-1}}$

Molare Grenzleitfähigkeit eines Äquivalents: $\Lambda^0\,[{}^1\!/_2\,Mg\,(NO_3)_2] = \mathbf{107{,}7\ S\ cm^2 \cdot mol^{-1}}$

Das *Kohlrausch*-Gesetz der **unabhängigen Ionenwanderung** gilt auch bei höheren Stoffmengenkonzentrationen, wobei an Stelle von Λ^0 die Größe Λ_{eq} tritt:

9.30 $$\Lambda_{eq} = \lambda\,(1/z\,Me^{z+}) + \lambda\,(1/z\,X^{z-})$$

Λ	λ
S · cm² · mol⁻¹	S · cm² · mol⁻¹

Man kann mit Hilfe dieser Beziehung die molare Leitfähigkeit oder die entsprechende Größe von Äquivalenten jeder Verbindung ausrechnen, wenn man die jeweiligen Ionenleitfähigkeiten λ kennt. Aus Leitfähigkeitsmessungen erhält man jedoch immer nur die **Summe** der molaren Leitfähigkeiten der Einzelionen, also die molare Leitfähigkeit oder die molare Leitfähigkeit eines Äquivalents.

Aus der Herleitung der Gleichung 9.25 folgt, dass für die **molare Leitfähigkeit** Λ auch folgende Formulierung gilt:

9.31 $$\Lambda = F \cdot (u_+ + u_-)$$

Λ	u	F
S · cm² · mol⁻¹	cm² · V⁻¹ · s⁻¹	A · s · mol⁻¹

F ist wieder die *Faraday*-Konstante (F = 96 500 A · s · mol⁻¹). Folglich besteht zwischen den Ionenbeweglichkeiten u und **Ionenleitfähigkeiten** der Kationen und Anionen λ_+ und λ_- der folgende Zusammenhang:

9.32 $$\lambda_+ = F \cdot u_+ \quad \text{und} \quad \lambda_- = F \cdot u_-$$

λ	F	u
S · cm² · mol⁻¹	A · s · mol⁻¹	cm² · V⁻¹ · s⁻¹

Wird die Ionenladung z bei den Ionenbeweglichkeiten u_+ und u_- berücksichtigt, so erhält man die jeweiligen Leitfähigkeitsgrößen bezogen auf Äquivalente!

M 9.19: Die elektrischen Leitfähigkeit einer Schwefelsäure $c\,(^1/_2\,H_2SO_4) = 1{,}05\ \text{mol} \cdot \text{L}^{-1}$ wird bei $\vartheta = 25\ °\text{C}$ mit $\gamma = 0{,}2085\ \text{S} \cdot \text{cm}^{-1}$ gemessen. Die Ionenbeweglichkeit des Protons beträgt bei dieser Stoffmengenkonzentration $u\,(H^+) = 17{,}1 \cdot 10^{-4}\ \text{cm}^2 \cdot \text{V}^{-1} \cdot \text{s}^{-1}$. Wie groß ist die Ionenleitfähigkeit $\lambda\,(^1/_2\,SO_4^{2-})$ und die Ionenbeweglichkeit $u\,(^1/_2\,SO_4^{2-})$?

Lsg.:

- Umrechnung der Stoffmengenkonzentration:

  $c^* = c\,(^1/_2\,H_2SO_4) = 1{,}05\ \text{mol} \cdot \text{L}^{-1} = 1{,}05 \cdot 10^{-3}\ \text{mol} \cdot \text{cm}^{-3}$

- Berechnung der molaren Leitfähigkeit eines Äquivalents von H_2SO_4:

  $$\Lambda_{eq} = \frac{\gamma}{c^*} = \frac{0{,}2085\ \text{S} \cdot \text{cm}^{-1}}{1{,}05 \cdot 10^{-3}\ \text{mol} \cdot \text{cm}^{-3}} = 198{,}6\ \text{S} \cdot \text{cm}^2 \cdot \text{mol}^{-1}$$

- Ionenleitfähigkeit des Protons:

  $\lambda\,(H^+) = F \cdot u\,(H^+) = 96\,500\ \text{A} \cdot \text{s} \cdot \text{mol}^{-1} \cdot 17{,}1 \cdot 10^{-4}\ \text{cm}^2 \cdot \text{V}^{-1} \cdot \text{s}^{-1} = 165{,}0\ \text{S} \cdot \text{cm}^2 \cdot \text{mol}^{-1}$

- Ionenleitfähigkeit des Sulfations:

  $\lambda\,(^1/_2\,SO_4^{2-}) = \Lambda_{eq} - \lambda\,(H^+) = 198{,}6\ \text{S} \cdot \text{cm}^2 \cdot \text{mol}^{-1} - 165{,}0\ \text{S} \cdot \text{cm}^2 \cdot \text{mol}^{-1}$
  $= \mathbf{33{,}6\ S \cdot cm^2 \cdot mol^{-1}}$

- Ionenbeweglichkeit des Sulfations:

  $$u\,(^1/_2\,SO_4^{2-}) = \frac{\lambda\,(^1/_2\,SO_4^{2-})}{F} = \frac{33{,}6\ \text{S} \cdot \text{cm}^2 \cdot \text{mol}^{-1}}{96\,500\ \text{A} \cdot \text{s} \cdot \text{mol}^{-1}} = \mathbf{3{,}5 \cdot 10^{-4}\ cm^2 \cdot V^{-1} \cdot s^{-1}}$$

Die Ionenbeweglichkeiten hängen von der Stoffmengenkonzentration ab. Bei **starken Elektrolyten** wird dies vor allem dadurch bedingt, dass die Ionen sich bei der Wanderung gegenseitig durch *Coulomb*-Kräfte behindern (Bild 1). Bei **schwachen Elektrolyten** liegt nur ein Teil des gelösten Elektrolyten dissoziiert oder protolysiert vor. Deshalb muss der **Dissoziationsgrad** α berücksichtigt werden. *Arrhenius* hat aus diesem Grund für die molare Leitfähigkeit von Äquivalenten schwacher Elektrolyte den folgenden Ausdruck eingeführt:

$$\Lambda_{eq} = \alpha \cdot [\lambda^0\,/1/z\,Me^{z+}) + \lambda^0\,(1/z\,X^{z-})]$$

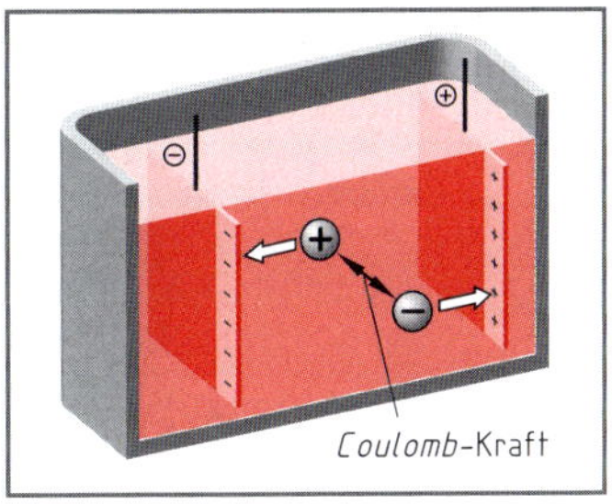

Bild 1: Gegenseitige Behinderung wandernder Ionen

Da für die Grenzleitfähigkeit die Gleichung 9.29 gilt:

$\Lambda^0_{eq} = \lambda^0\,(1/z\,Me^{z+}) + \lambda^0\,(1/z\,X^{z-})$,

können die beiden Ausdrücke zusammengefasst werden:

$$\alpha = \frac{\Lambda_{eq}}{\Lambda^0_{eq}} \qquad (9.33)$$

Λ	α
$\text{S} \cdot \text{cm}^2 \cdot \text{mol}^{-1}$	1

Mit Hilfe der Gleichung 9.33 kann der **Dissoziationsgrad** α eines schwachen Elektrolyten aus den Leitfähigkeitswerten berechnet werden.

M 9.20: Welchen Dissoziationsgrad besitzt eine Ethansäure mit $w\,(CH_3COOH) = 7\%$ und der Dichte $\varrho = 1{,}008\ \text{g} \cdot \text{cm}^{-3}$, wenn bei $\vartheta = 18\ °\text{C}$ eine elektrische Leitfähigkeit von $\gamma = 1{,}405 \cdot 10^{-3}\ \text{S} \cdot \text{cm}^{-1}$ gemessen wird? Die Grenzleitfähigkeit von Ethansäureäquivalenten beträgt bei der Messtemperatur $\Lambda^0_{eq} = 349{,}5\ \text{S} \cdot \text{cm}^2 \cdot \text{mol}^{-1}$.

Lsg.:

- Berechnung von c^*:

  $$c^* = \frac{\varrho \cdot w\,(CH_3COOH)}{M\,(CH_3COOH)} = \frac{1{,}008\ \text{g} \cdot \text{cm}^{-3} \cdot 0{,}07}{60{,}0\ \text{g} \cdot \text{mol}^{-1}} = 1{,}176 \cdot 10^{-3}\ \text{mol} \cdot \text{cm}^{-3}$$

  Mit der Gleichung 9.26 erhält man:

  $$\Lambda_{eq} = \frac{\gamma}{c^*} = \frac{1{,}405 \cdot 10^{-3}\ \text{S} \cdot \text{cm}^{-1}}{1{,}176 \cdot 10^{-3}\ \text{mol} \cdot \text{cm}^{-3}} = 1{,}195\ \text{S} \cdot \text{cm}^2 \cdot \text{mol}^{-1}$$

  Einsetzen in Gl. 9.33 ergibt: $\alpha = \dfrac{\Lambda_{eq}}{\Lambda^0_{eq}} = \dfrac{1{,}195\ \text{S} \cdot \text{cm}^2 \cdot \text{mol}^{-1}}{349{,}5\ \text{S} \cdot \text{cm}^2 \cdot \text{mol}^{-1}} = \mathbf{3{,}42 \cdot 10^{-3}}$

Wie bereits erläutert, sinken die Ionenbeweglichkeiten und damit die Ionenleitfähigkeiten bedingt durch ihre gegenseitige Behinderung mit steigender Stoffmengenkonzentration (Bild 1, S. 287). Es verhält sich ähnlich wie mit dem Verkehr auf einer stark befahrenen Autobahn, auf dem ein Vorwärtskommen mit steigender Fahrzeugdichte zunehmend schwieriger wird.

Das Bild 1 zeigt die Abnahme der molaren Leitfähigkeit Λ von HCl über einen größeren Bereich. Im Gegensatz zum Verlauf der elektrischen Leitfähigkeit γ (Bild 1, S. 281) gibt es kein Maximum. Die Größe Λ nimmt vielmehr mit steigender Stoffmengenkonzentration in einem nichtlinearen Zusammenhang ab. Durch Einführung eines **Leitfähigkeitskoeffizienten** f_λ wird diese Tatsache berücksichtigt. Die Größe f_λ stellt den Zusammenhang zwischen der molaren Leitfähigkeit eines Äquivalents bei unendlicher Verdünnung (Λ^0_{eq}) und der molaren Leitfähigkeit eines Äquivalents (Λ_{eq}) bei einer bestimmten Stoffmengenkonzentration her.

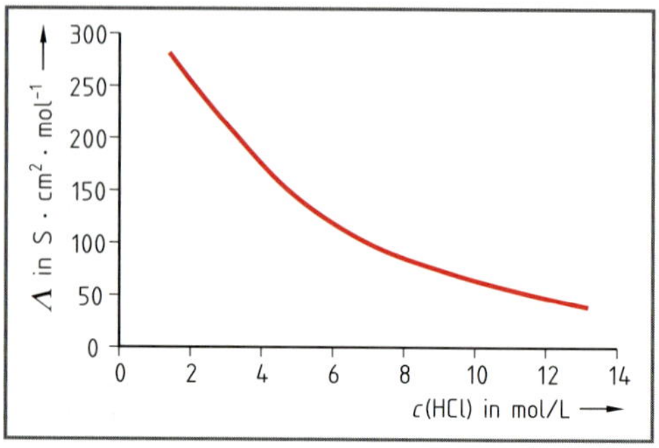

Bild 1: Λ (HCl) in Abhängigkeit von c (HCl)

9.34

$$f_\lambda = \frac{\Lambda_{eq}}{\Lambda^0_{eq}}$$

Λ	f_λ
$S \cdot m^2 \cdot mol^{-1}$	1

M 9.21: Welche Äquivalentleitfähigkeit besitzt eine Salzsäure mit w(HCl) = 20%, wenn der Leitfähigkeitskoeffizient $f_\lambda = 0{,}331$ beträgt und die Ionenleitfähigkeiten bei unendlicher Verdünnung die Werte $\lambda^0 (H^+) = 314{,}5\ S \cdot cm^2 \cdot mol^{-1}$ und $\lambda^0 (Cl^-) = 65{,}5\ S \cdot cm^2 \cdot mol^{-1}$ haben?

Lsg.: $\Lambda^0_{eq}(HCl) = \lambda^0 (H^+) + \lambda^0 (Cl^-) = 314{,}5\ S \cdot cm^2 \cdot mol^{-1} + 65{,}5\ S \cdot cm^2 \cdot mol^{-1}$
$= 380{,}0\ S \cdot cm^2 \cdot mol^{-1}$

$\Lambda_{eq} = f_\lambda \cdot \Lambda^0_{eq} = 0{,}331 \cdot 380{,}0\ S \cdot cm^2 \cdot mol^{-1} = \mathbf{125{,}8\ S \cdot cm^2 \cdot mol^{-1}}$

Mit Hilfe des Leitfähigkeitskoeffizienten können die Ionenleitfähigkeiten von Kationen und Anionen starker Elektrolyte bei beliebigen Stoffmengenkonzentrationen berechnet werden. Da $\Lambda_{eq} = f_\lambda \cdot \Lambda^0_{eq}$ ist, gilt entsprechend den Gleichungen 9.29 und 9.30 auch:

$$\lambda (1/z\ Me^{z+}) = f_\lambda \cdot \lambda^0 (1/z\ Me^{z+})$$

und

$$\lambda (1/z\ X^{z-}) = f_\lambda \cdot \lambda^0 (1/z\ X^{z-})$$

M 9.22: Für eine Kupfer(II)-nitratlösung mit $w(Cu(NO_3)_2) = 20\%$ wird die molare Leitfähigkeit eines Äquivalents mit $\Lambda_{eq} = 40{,}0\ S \cdot cm^2 \cdot mol^{-1}$ gemessen. Für die Ionenleitfähigkeiten bei unendlicher Verdünnung findet man in einer Tabelle $\lambda^0 (Cu^{2+}) = 94{,}0\ S \cdot cm^2 \cdot mol^{-1}$ und $\lambda^0 (NO_3^-) = 61{,}7\ S \cdot cm^2 \cdot mol^{-1}$. Wie groß sind die Ionenleitfähigkeiten des Kations Cu^{2+} und des Anions NO_3^- in der vorliegenden Lösung?

Lsg.:

– Berechnung der molaren Leitfähigkeit eines Äquivalents bei unendlicher Verdünnung und Berechnung des Leitfähigkeitskoeffizienten:

$\Lambda^0_{eq} = \lambda^0 (\tfrac{1}{2} Cu^{2+}) + \lambda^0 (NO_3^-) = 47{,}0\ S \cdot cm^2 \cdot mol^{-1} + 61{,}7\ S \cdot cm^2 \cdot mol^{-1}$
$= 108{,}7\ S \cdot cm^2 \cdot mol^{-1}$

$$f_\lambda = \frac{\Lambda_{eq}}{\Lambda^0_{eq}} = \frac{40{,}0\ S \cdot cm^2 \cdot mol^{-1}}{108{,}7\ S \cdot cm^2 \cdot mol^{-1}} = 0{,}368$$

– Berechnung der Ionenleitfähigkeiten:

$\lambda (Cu^{2+}) = f_\lambda \cdot \lambda^0 (Cu^{2+}) = 0{,}368 \cdot 94{,}0\ S \cdot cm^2 \cdot mol^{-1} = \mathbf{34{,}6\ S \cdot cm^2 \cdot mol^{-1}}$

$\lambda (NO_3^-) = f_\lambda \cdot \lambda^0 (NO_3^-) = 0{,}368 \cdot 61{,}7\ S \cdot cm^2 \cdot mol^{-1} = \mathbf{22{,}7\ S \cdot cm^2 \cdot mol^{-1}}$

9.7 *Hittorf*sche Überführungszahlen

Die einzelnen Ionenleitfähigkeiten und die Ionenbeweglichkeiten können **nicht direkt** mit Hilfe von Leitfähigkeitsuntersuchungen bestimmt werden. Man erhält mit dieser Methode stets immer nur die **Summen** der entsprechenden Größen für die Kationen **und** die Anionen. Die Einzelwerte lassen sich durch die Bestimmung der Wanderungsgeschwindigkeiten im elektrischen Feld oder noch eleganter mit Hilfe der *hittorf*schen Überführungszahlen messen. Zum Verständnis der zu Grunde liegenden Gesetzmäßigkeiten muss man den Stromtransport in Leitern 2. Ordnung näher betrachten.

Ein in einem Stromkreis fließender elektrischer Strom wird durch sich bewegende Ladungsträger verursacht. Fließen beispielsweise durch einen bestimmten Querschnitt eines **Leiters 1. Ordnung** in einer Sekunde 5 Elektronen, so ist die Ladung

$$Q = 5 \cdot e = 5 \cdot 1{,}602 \cdot 10^{-19}\,\text{C} = 8{,}01 \cdot 10^{-19}\,\text{C} \quad (e = \text{Elementarladung})$$

bewegt worden.

Bei Leitern **2. Ordnung** ist der Vorgang etwas komplizierter, da der Ladungstransport von positiv geladenen Kationen **und** negativ geladenen Anionen übernommen wird. In einem Gedankenexperiment (Bild 1) sollen im Sinne einer Elektrolyse an der Kathode 5 einwertige Kationen (Me^+) und an der Anode fünf einwertige Anionen (X^-) entladen werden.

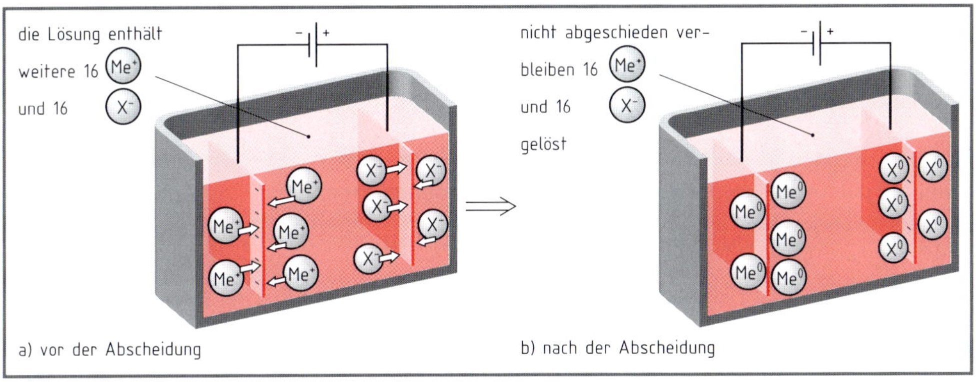

Bild 1: Elektronenbilanz in einem Leiter 2. Ordnung bei der Elektrolyse

Bei einer Elektrolyse transportieren **beide** Ionenarten Elektronen! Die Kationen nehmen Elektronen auf und die Anionen geben sie ab. Nur in den aus Metall bestehenden Elektroden werden beim Abscheidevorgang 5 Elektronen bewegt. In der Elektrolytlösung (Leiter 2. Ordnung!) ist es etwas anders. In ihr muss neben der Ladungsbilanz auch die **Stoffbilanz** der Kationen **und** Anionen berücksichtigt werden. Zum besseren Verständnis soll die Abscheidung in Zeitlupe verzerrt betrachtet werden. Hierzu wird die Elektrolysezelle in **drei** Bereiche aufgeteilt: den Kathodenraum, den Mittelraum und den Anodenraum (Bild 2).

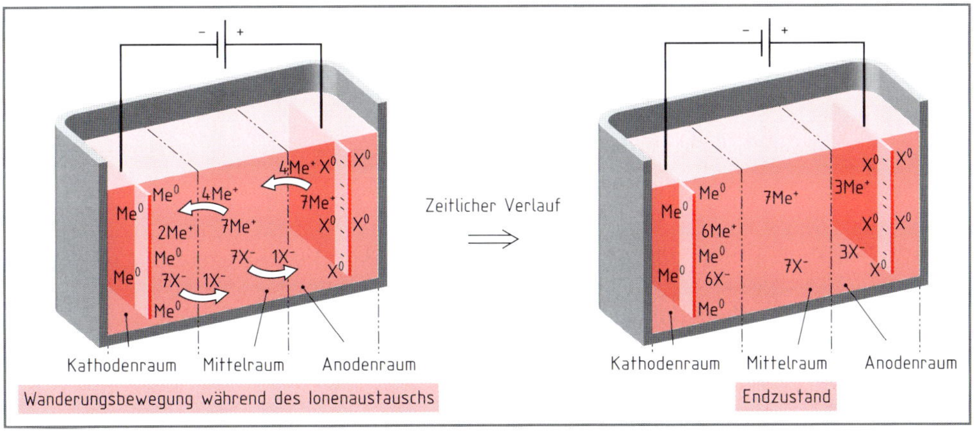

Bild 2: Stoffbilanz der Ionenüberführung bei der Elektrolyse

In der im Bild 2, S. 289 gezeigten Apparatur sind 16 Kationen und 16 Anionen vorhanden. Der durch den Abscheidevorgang bedingte Ladungsträgermangel im Kathoden- und Anodenraum wird durch **Zuwanderung** (Stoffbilanz!) ausgeglichen. Aufgrund der Unterschiede im Durchmesser und der Hydrathülle bewegen sich die Teilchen nicht gleich schnell. Im Gedankenexperiment wird angenommen, dass die Ionenbeweglichkeit u_+ der Kationen **viermal** so groß ist wie die der Anionen u_-. Demnach wechseln in einer bestimmten Zeit **viermal** so viele Kationen ihren Aufenthaltsraum als Anionen. Der Vorgang wird als **Ionenüberführung** bezeichnet. Die Kationen wandern vom Anodenraum in den Mittelraum, während andere Kationen vom Mittelraum in den Kathodenraum übergehen. Die Anionen bewegen sich in gleicher Art und Weise fort, aber in die umgekehrte Richtung.

Die insgesamt transportierte Ladung beträgt:

$$Q_{ges} = Q_+ + Q_-$$

Da jedes Teilchen die Elementarladung $e = 1{,}602 \cdot 10^{-19}$ A · s transportiert und die Ionenbeweglichkeit der Kationen viermal so groß wie die der Anionen ist, resultiert:

$$Q_{ges} = {}^4/_5 \cdot 5 \cdot e + {}^1/_5 \cdot 5 \cdot e = 5 \cdot e = 5 \cdot 1{,}602 \cdot 10^{-19}\ \text{A} \cdot \text{s} = \mathbf{8{,}01 \cdot 10^{-19}\ A \cdot s}$$

Die Ionen transportieren in unserem Gedankenexperiment genau so viel Ladung wie die in den Metallelektroden bewegten Elektronen. Sie teilen sich die **Transportaufgabe innerhalb der Lösung** lediglich im Verhältnis ihrer **Ionenbeweglichkeit** auf! Zur Beschreibung dieser Tatsache hat *Hittorf* den Begriff der **Überführungszahl** t eingeführt. Die Überführungszahl t_+ ist das Verhältnis der von den Kationen transportierten Ladung Q_+ zur Gesamtladung $Q_{ges} = Q_+ + Q_-$. Für die Anionen lautet die entsprechende Überführungszahl t_-.

9.35

$$t_+ = \frac{Q_+}{Q_+ + Q_-} \quad \text{und} \quad t_- = \frac{Q_-}{Q_+ + Q_-}$$

Q	t
A · s	1

Demnach gilt für die Überführungszahlen in dem Gedankenexperiment:

$$t_+ = \frac{{}^4/_5 \cdot e}{{}^4/_5 \cdot e + {}^1/_5 \cdot e} = {}^4/_5 \quad \text{und} \quad t_- = \frac{{}^1/_5 \cdot e}{{}^4/_5 \cdot e + {}^1/_5 \cdot e} = {}^1/_5$$

Die Überführungszahl t ist eine rationale Zahl ohne weitere Einheit. Aus der Beziehung 9.35 folgt, dass die Summe der Überführungszahlen eines Elektrolyten 1 ergibt:

9.36

$$t_+ + t_- = 1$$

Da die von den jeweiligen Ionenarten transportierte Ladung unmittelbar mit der entsprechenden Ionenbeweglichkeit u zusammenhängt, kann die Überführungszahl auch über diese Größe definiert werden. Sie ist dann das Verhältnis der jeweiligen Einzelionenbeweglichkeiten u_+ oder u_- zur Gesamtionenbeweglichkeit.

9.37

$$t_+ = \frac{u_+}{u_+ + u_-} \quad \text{und} \quad t_- = \frac{u_-}{u_+ + u_-}$$

u	t
$cm^2 \cdot V^{-1} \cdot s^{-1}$	1

Die **Ionenbeweglichkeiten** u sind wiederum mit den **Ionenleitfähigkeiten** λ über die Gleichungen 9.32 und 9.31 verknüpft. Wenn an Stelle der molaren Leitfähigkeit die molare Leitfähigkeit von Äquivalenten eingesetzt wird, gilt deshalb für die Überführungszahl t:

9.38

$$t_+ = \frac{\lambda_+}{\lambda_+ + \lambda_-} = \frac{\lambda_+}{\Lambda_{eq}} \quad \text{und} \quad t_- = \frac{\lambda_-}{\lambda_+ + \lambda_-} = \frac{\lambda_-}{\Lambda_{eq}}$$

λ	Λ
$S \cdot cm^2 \cdot mol^{-1}$	$S \cdot cm^2 \cdot mol^{-1}$

M 9.23: Für Kalium- und Iodidionen werden die folgenden Grenzleitfähigkeiten gefunden: $\lambda^0\,(K^+) = 73{,}5\ S \cdot cm^2 \cdot mol^{-1}$ und $\lambda^0\,(I^-) = 76{,}8\ S \cdot cm^2 \cdot mol^{-1}$.
Welche Überführungszahlen besitzen sie?

Lsg.:

$$t\,(K^+) = \frac{\lambda^0\,(K^+)}{\Lambda_{eq}\,(KI)} = \frac{73{,}5\ S \cdot cm^2 \cdot mol^{-1}}{(73{,}5 + 76{,}8)\ S \cdot cm^2 \cdot mol^{-1}} = \mathbf{0{,}489}$$

$$t\,(I^-) = 1{,}000 - 0{,}489 = \mathbf{0{,}511}$$

Die Überführungszahl des Anions t_- kann sinngemäß ebenfalls mit der Beziehung 9.38 berechnet werden. Man muss in die Gleichung lediglich die entsprechende Ionenleitfähigkeit λ_- einsetzen. Hervorzuheben ist, dass die Überführungszahlen unmittelbar mit der **Stoffbilanz** im Kathoden- **und** Anodenraum zusammenhängen. Wie aus Bild 2, S. 289 hervorgeht, wurde der Kathodenraum (KR) von **einem** Anion verlassen, während aus dem Anodenraum (AR) **vier** Kationen abgewandert sind. Die Differenz der Teilchenzahlmengen beträgt:

Kathodenraum (KR): $\Delta N = 1$ und Anodenraum (AR): $\Delta N = 4$

Da die Teilchenzahl mit der Stoffmenge über die *avogadro*sche Zahl N_A verknüpft ist, kann an Stelle der Teilchenzahlbilanz ΔN die **Stoffmengenbilanz Δn** eingeführt werden. Die Überführungszahl der im Kathodenraum abgeschiedenen Kationen beträgt $t_+ = 4/5$. Demnach ist:

$$4/5 = t_+ = \frac{4}{4+1} = \frac{\Delta N_{AR}}{\Delta N_{AR} + \Delta N_{KR}} = \frac{\Delta n_{AR}}{\Delta n_{AR} + \Delta n_{KR}}$$

$$1/5 = t_- = \frac{1}{4+1} = \frac{\Delta N_{KR}}{\Delta N_{AR} + \Delta N_{KR}} = \frac{\Delta n_{KR}}{\Delta n_{AR} + \Delta n_{KR}}$$

Mit anderen Worten: da die Kationen schneller aus dem Anodenraum abwandern als die Anionen aus dem Kathodenraum, ist hier die Überführungszahl der Kationen größer. Allgemein gilt:

$$t_+ = \frac{\Delta n_{AR}}{\Delta n_{AR} + \Delta n_{KR}} \quad \text{und} \quad t_- = \frac{\Delta n_{KR}}{\Delta n_{AR} + \Delta n_{KR}}$$ **9.39**

t	n
1	mol

Durch Bestimmung der Stoffmengenkonzentrationsabnahme **nach** einer elektrolytischen Abscheidung kann man die Überführungszahlen eines Elektrolyten leicht bestimmen. Hierzu wird die im Bild 1 gezeichnete Apparatur nach *Hittorf* verwendet. Die beiden Kugeln fassen ein definiertes Volumen von $V = 50$ mL.

Zu Versuchsbeginn wird die Elektrolytlösung bei geöffnetem Hahn bis zu den Kalibriermarken eingefüllt. Nach Beendigung der Elektrolyse werden die Hähne geschlossen, um eine Vermischung des Kathoden- und Anodenraums zu verhindern.

Nach Abpipettieren eines aliquoten Teils bestimmt man quantitativ (gravimetrisch, maßanalytisch o.ä.) die Änderungen der Stoffmengenkonzentrationen im Kathoden- und Anodenraum.

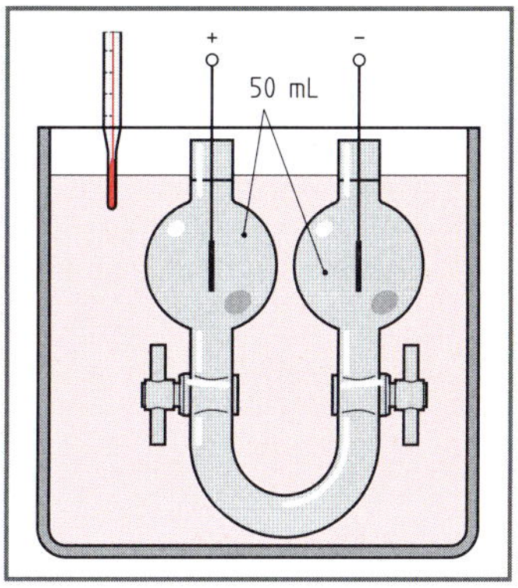

Bild 1: Apparatur zur Bestimmung der Überführungszahl

M 9.24: In einer Apparatur zur Bestimmung der Überführungszahlen nach *Hittorf* befindet sich bei $\vartheta = 25$ °C eine Salzsäure der Stoffmengenkonzentration c (HCl) = 0,1000 mol/L. Nach dem elektrolytischen Abscheidevorgang werden die Hähne geschlossen und ein aliquoter Teil des Kathodenraums KR und des Anodenraums AR titriert. Dies ergab folgende Stoffmengenkonzentrationen von HCl:
c_{AR} (HCl) = 0,0550 mol/L und c_{KR} (HCl) = 0,0909 mol/L.

a) Wie groß sind die Überführungszahlen des Kations (H^+) und des Anions (Cl^-)?

b) Welche Ionenbeweglichkeit besitzen sie, wenn die Äquivalentleitfähigkeit mit Λ_{eq} (HCl) = 391,35 S · cm² · mol⁻¹ gemessen wurde?

Lsg.: a) Abnahme der Stoffmenge im Kathoden- und Anodenraum in 1 L der Probelösung:

Δn_{AR} (HCl) = 0,1000 mol – 0,0550 mol = 0,0450 mol

Δn_{KR} (HCl) = 0,1000 mol – 0,0909 mol = 0,0091 mol

Berechnung der Überführungszahlen:

$$t(H^+) = \frac{\Delta n_{AR}\,(HCl)}{\Delta n_{AR}\,(HCl) + \Delta n_{KR}\,(HCl)} = \frac{0{,}0450 \text{ mol}}{0{,}0450 \text{ mol} + 0{,}0091 \text{ mol}} = \mathbf{0{,}832}$$

$t(Cl^-) = 1{,}000 - 0{,}832 =$ **0,168**

b) Die Ionenleitfähigkeiten lassen sich mit der Gleichung 9.38 berechnen:

$$t(H^+) = \frac{\lambda(H^+)}{\lambda(H^+) + \lambda(Cl^-)} = \frac{\lambda(H^+)}{\Lambda_{eq}} \Rightarrow$$

$\lambda(H^+) = t(H^+) \cdot \Lambda_{eq} = 0{,}832 \cdot 391{,}35\ S \cdot cm^2 \cdot mol^{-1} = \mathbf{325{,}60\ S \cdot cm^2 \cdot mol^{-1}}$

$\lambda(Cl^-) = t(Cl^-) \cdot \Lambda_{eq} = 0{,}168 \cdot 391{,}35\ S \cdot cm^2 \cdot mol^{-1} = \mathbf{65{,}75\ S \cdot cm^2 \cdot mol^{-1}}$

Die Ionenbeweglichkeiten werden mit der Gleichung 9.32 berechnet:

$$u(H^+) = \frac{\lambda(H^+)}{F} = \frac{325{,}60\ S \cdot cm^2 \cdot mol^{-1}}{96500\ A \cdot s \cdot mol^{-1}} = \mathbf{3{,}37 \cdot 10^{-3}\ cm^2 \cdot V^{-1} \cdot s^{-1}}$$

$$u(Cl^-) = \frac{\lambda(Cl^-)}{F} = \frac{65{,}75\ S \cdot cm^2 \cdot mol^{-1}}{96500\ A \cdot s \cdot mol^{-1}} = \mathbf{0{,}68 \cdot 10^{-3}\ cm^2 \cdot V^{-1} \cdot s^{-1}}$$

Eines ist noch hervorzuheben: Während des Elektrolysevorgangs ändert sich naturgemäß die Stoffmengenkonzentration der gelösten Ionen. Dies wiederum bewirkt eine Veränderung der Teilchenhydratation, womit ein etwas abweichendes Wanderungsverhalten gegenüber dem Ausgangszustand verbunden ist. Die „wahren Überführungszahlen", die durch Zugabe eines wasserlöslichen Nichtelektrolyten bestimmt werden können, weichen deshalb geringfügig von den gemessenen Überführungszahlen ab. Die exakten Bestimmungsmethoden von t gehen allerdings über den Rahmen dieses Buches hinaus und haben in der Technik nur eine untergeordnete Bedeutung.

9.8 Praktische Anwendungen von Leitfähigkeitsmessungen

Mit Hilfe von *Leitfähigkeitsmessungen* lassen sich sehr kleine Stoffmengenkonzentrationen von Elektrolyten bestimmen und im Laufe einer Reaktion verfolgen. Deshalb eignet sich diese Methode für die folgenden Problemstellungen besonders:

- Bestimmung der Protolysekonstanten von Säuren und Basen
- Bestimmung des Löslichkeitsproduktes schwerlöslicher Salze
- Leitfähigkeitstitration (konduktometrische Titration).

9.8.1 Bestimmung der Protolysekonstante

Der **Protolysegrad** α einer schwachen Säure oder Base kann mit Hilfe der Gleichung 9.33 anhand von Leitfähigkeitsmessungen direkt bestimmt werden. Setzt man den so gewonnenen Wert von α in das ***ostwald*sche Verdünnungsgesetz** (Gl. 3.21) ein, so erhält man die Protolysekonstante.

M 9.25: Der elektrische Leitwert G einer Ethansäurelösung mit $c(CH_3COOH) = 0{,}5\ mol \cdot L^{-1}$ wird bei $\vartheta = 18\ °C$ bestimmt. Er beträgt $G = 1{,}26 \cdot 10^{-3}\ S$. Die Zellkonstante der Apparatur wurde mit $k_\gamma = 0{,}80\ cm^{-1}$ ermittelt.
Wie groß ist der Dissoziationsgrad α und welchen Wert hat die Protolysekonstante der Ethansäure bei dieser Temperatur, wenn $\Lambda^0_{eq} = 349{,}5\ S \cdot cm^2 \cdot mol^{-1}$ beträgt?

Lsg.:

- Anwendung der Gleichung 9.16 ergibt die elektrische Leitfähigkeit γ:
  $\gamma = k_\gamma \cdot G = 0{,}80\ cm^{-1} \cdot 1{,}26 \cdot 10^{-3}\ S = 1{,}01 \cdot 10^{-3}\ S \cdot cm^{-1}$
- Mit Hilfe von Gl. 9.26 erfolgt die Berechnung der Leitfähigkeit eines Äquivalents der Ethansäure ($z = 1$). Die Stoffmengenkonzentration muss dabei umgerechnet werden:
  $c(CH_3COOH) = 0{,}5\ mol \cdot L^{-1} = 5 \cdot 10^{-4}\ mol \cdot cm^{-3}$
  $$\Lambda_{eq} = \frac{\gamma}{c^*} = \frac{1{,}01 \cdot 10^{-3}\ S \cdot cm^{-1}}{5 \cdot 10^{-4}\ mol \cdot cm^{-3}} = 2{,}02\ S \cdot cm^2 \cdot mol^{-1}$$
- Protolysegrad (Gl. 9.33): $\alpha = \frac{\Lambda_{eq}}{\Lambda^0_{eq}} = \frac{2{,}02\ S \cdot cm^2 \cdot mol^{-1}}{349{,}5\ S \cdot cm^2 \cdot mol^{-1}} = 5{,}78 \cdot 10^{-3}$
- Anwendung von Gl. 3.23 (da Näherung genügt) ergibt:
  $K_S \approx \alpha^2 \cdot c \approx (5{,}78 \cdot 10^{-3})^2 \cdot 0{,}5\ mol \cdot L^{-1}$
  $K_S \approx \mathbf{1{,}67 \cdot 10^{-5}\ mol \cdot L^{-1}}$

Im Bild 1 ist die Abhängigkeit der Protolysekonstanten der Ethansäure (CH_3COOH) und der Salzsäure (HCl) von der Stoffmengenkonzentration wiedergegeben. Zur besseren Lesbarkeit ist die Stoffmengenkonzentration *c* logarithmisch aufgetragen worden. Bei strenger Gültigkeit des *ostwald*schen Verdünnungsgesetzes müssten die Kurven bei beiden Substanzen **parallel** zur Abzisse verlaufen. Dies ist in etwa nur bei der Ethansäure (CH_3COOH) der Fall. Für die Salzsäure (HCl) wird bei größerer Verdünnung ein merklicher Abfall der Kurve registriert. Dies ist ein Kennzeichen dafür, dass diese Säure ein starker Elektrolyt ist. Mit anderen Worten: Das *ostwald*sche Verdünnungsgesetz gilt nur für **schwache Elektrolyte**!

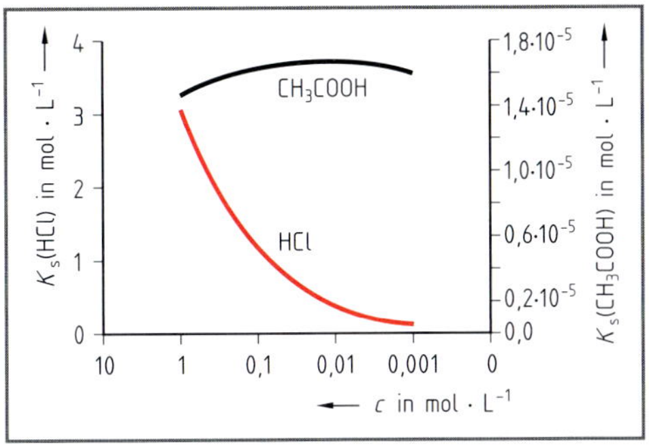

Bild 1: Abhängigkeit der Protolysenkonstante von der Stoffmengenkonzentration

Mit Hilfe von Leitfähigkeitsmessungen lässt sich auch das Ionenprodukt des Wassers bestimmen.

M 9.26: Um 1870 hat *Kohlrausch* durch zweiundvierzigfache Vakuumdestillation ein Wasser erhalten, das keinerlei Spuren von Salzen enthielt und in dem auch keine Spuren von CO_2 aus der Luft gelöst waren. Man bezeichnet ein solches Wasser als **Leitfähigkeitswasser.** Die Messung der elektrischen Leitfähigkeit ergab $\gamma = 4{,}3 \cdot 10^{-8}\ \text{S} \cdot \text{cm}^{-1}$ bei $\vartheta = 18\ °\text{C}$. Die Ionenleitfähigkeiten bei unendlicher Verdünnung betragen:
$\lambda^0\,(\text{H}^+) = 314{,}5\ \text{S} \cdot \text{cm}^2 \cdot \text{mol}^{-1}$ und $\lambda^0\,(\text{OH}^-) = 174{,}0\ \text{S} \cdot \text{cm}^2 \cdot \text{mol}^{-1}$. Aus diesen Angaben soll das Ionenprodukt des Wassers errechnet werden.

Lsg.:

- Berechnung von Λ_{eq} (Gl. 9.26):

$$c^*\,(\text{H}_2\text{O}) = \frac{n\,(\text{H}_2\text{O})}{V} = \frac{m}{V \cdot M\,(\text{H}_2\text{O})} = \frac{\varrho}{M\,(\text{H}_2\text{O})} = \frac{1{,}0\ \text{g} \cdot \text{cm}^{-3}}{18{,}0\ \text{g} \cdot \text{mol}^{-1}} = 5{,}56 \cdot 10^{-2}\ \text{mol} \cdot \text{cm}^{-3}$$

$$\Lambda_{eq} = \frac{\gamma}{c^*} = \frac{4{,}3 \cdot 10^{-8}\ \text{S} \cdot \text{cm}^{-1}}{5{,}56 \cdot 10^{-2}\ \text{mol} \cdot \text{cm}^{-3}} = 7{,}73 \cdot 10^{-7}\ \text{S} \cdot \text{cm}^2 \cdot \text{mol}^{-1}$$

- Mit der Gleichung 9.29 erhält man $\Lambda^0_{eq} \Rightarrow$

$$\Lambda^0_{eq} = \lambda^0\,(\text{H}_3\text{O}^+) + \lambda^0\,(\text{OH}^-) = 314{,}5\ \text{S} \cdot \text{cm}^2 \cdot \text{mol}^{-1} + 174{,}0\ \text{S} \cdot \text{cm}^2 \cdot \text{mol}^{-1} = 488{,}5\ \text{S} \cdot \text{cm}^2 \cdot \text{mol}^{-1}$$

- Berechnung des Protolysegrads von Wasser (Gl. 9.33):

$$\alpha = \frac{\Lambda_{eq}}{\Lambda^0_{eq}} = \frac{7{,}73 \cdot 10^{-7}\ \text{S} \cdot \text{cm}^2 \cdot \text{mol}^{-1}}{488{,}5\ \text{S} \cdot \text{cm}^2 \cdot \text{mol}^{-1}} = 1{,}58 \cdot 10^{-9}$$

- Das Ionenprodukt K_w wird aus dem Dissoziationsgrad ermittelt. Dabei gilt:

$$c\,(\text{H}_3\text{O}^+) = c\,(\text{OH}^-) = \alpha \cdot c\,(\text{H}_2\text{O}) = 1{,}58 \cdot 10^{-9} \cdot 55{,}6\ \text{mol} \cdot \text{L}^{-1} = 8{,}78 \cdot 10^{-8}\ \text{mol} \cdot \text{L}^{-1}$$

$$K_w = c\,(\text{H}_3\text{O}^+) \cdot c\,(\text{OH}^-) = (8{,}78 \cdot 10^{-8}\ \text{mol} \cdot \text{L}^{-1})^2 = \mathbf{0{,}77 \cdot 10^{-14}\ mol^2 \cdot L^{-2}}$$

Der heute gesicherte Wert beträgt bei dieser Temperatur: $K_w = \mathbf{0{,}59 \cdot 10^{-14}\ mol^2 \cdot L^{-2}}$

9.8.2 Bestimmung des Löslichkeitsprodukts

Zur Bestimmung des Löslichkeitsprodukts einer schwer löslichen Verbindung geht man ähnlich wie bei der Bestimmung des Ionenprodukts von Wasser vor. Man misst die **elektrische Leitfähigkeit** γ einer gesättigten Lösung der Substanz und schließt daraus auf die Stoffmengenkonzentration der solvatisierten Ionen. Hierzu wird die im Bild 2 wiedergegebene Apparatur benutzt. Der gelöste Anteil des Elektrolyts steht im Gleichgewicht mit dem Bodenkörper. Durch Einleiten eines Gasstroms (N_2 oder H_2) wird der Niederschlag aufgewirbelt, sodass eine Suspension vorliegt. Zur genauen Messung muss die Messapparatur thermostatisiert werden. Die Ausfällung der schwerlöslichen Verbindung geschieht außerhalb der Messvorrichtung. Der Niederschlag wird abfiltriert und sorgfältig gewaschen. Da bei einem schwerlöslichen Elektrolyten

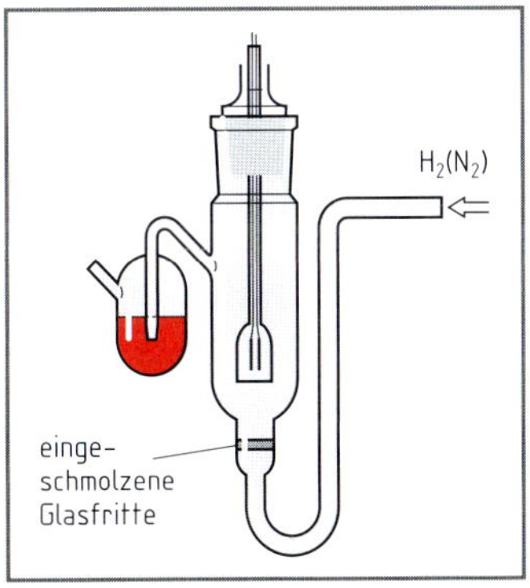

Bild 2: Apparatur zur Bestimmung des Löslichkeitsprodukts

naturgemäß nur sehr wenig Teilchen gelöst vorliegen, verhält sich die Lösung ideal. Die Wechselwirkung zwischen den solvatisierten Ionen kann demnach vernachlässigt werden und das *Kohlrausch*-Gesetz von der unabhängigen Ionenänderung gilt uneingeschränkt. Weiterhin liegen in der Regel starke Elektrolyte vor, wodurch bedingt der **Dissoziationsgrad $\alpha = 1$** gesetzt werden kann! Allerdings muss die Eigenleitung des zur Messung verwendeten Wassers berücksichtigt werden.

M 9.27: Die elektrische Leitfähigkeit einer gesättigten Thallium(I)-bromidlösung wurde bei $\vartheta = 25\ °C$ mit $\gamma = 3{,}18 \cdot 10^{-4}\ S \cdot cm^{-1}$ bestimmt. Die elektrische Eigenleitfähigkeit des verwendeten Wassers betrug $\gamma = 2{,}0 \cdot 10^{-5}\ S \cdot cm^{-1}$. Aus einer Tabelle werden die Ionenleitfähigkeiten bei unendlicher Verdünnung mit $\lambda^0\ (Tl^+) = 74{,}5\ S \cdot cm^2 \cdot mol^{-1}$ und $\lambda^0\ (Br^-) = 76{,}9\ S \cdot cm^2 \cdot mol^{-1}$ abgelesen. Aus diesen Angaben ist das Löslichkeitsprodukt zu berechnen.

Lsg.:

– Elektrische Leitfähigkeit der reinen Substanz:

$$\gamma\ (TlBr) = \gamma\ (Lösung) - \gamma\ (Wasser) = 3{,}18 \cdot 10^{-4}\ S \cdot cm^{-1} - 2 \cdot 10^{-5}\ S \cdot cm^{-1} = 2{,}98 \cdot 10^{-4}\ S \cdot cm^{-1}$$

$$\Lambda^0_{eq}\ (TlBr) = \lambda^0\ (Tl^+) + \lambda^0\ (Br^-) = (74{,}5 + 76{,}9)\ S \cdot cm^2 \cdot mol^{-1} = 151{,}4\ S \cdot cm^2 \cdot mol^{-1}$$

Da $\alpha = 1$ (starker Elektrolyt) ist, beträgt $\Lambda^0_{eq}\ (TlBr) = \Lambda_{eq}\ (TlBr) = 151{,}4\ S \cdot cm^2 \cdot mol^{-1}$

Entsprechend der Gleichung 9.26 ist: $\Lambda_{eq}\ (TlBr) = \dfrac{\gamma}{c\ (TlBr)} \Rightarrow$

$$c\ (TlBr) = \frac{\gamma}{\Lambda_{eq}\ (TlBr)} = \frac{2{,}98 \cdot 10^{-4}\ S \cdot cm^{-1}}{151{,}4\ S \cdot cm^2 \cdot mol^{-1}} = 1{,}97 \cdot 10^{-6}\ mol \cdot cm^{-3} = c\ (Tl^+) = c\ (Br^-)$$

– Dies ergibt ein Löslichkeitsprodukt von:

$$L\ (TlBr) = c\ (Tl^+) \cdot c\ (Br^-) = (1{,}97 \cdot 10^{-3}\ mol \cdot L^{-1})^2 = \mathbf{3{,}88 \cdot 10^{-6}\ mol^2 \cdot L^{-2}}$$

M 9.28: Nach Abzug der elektrischen Eigenleitfähigkeit des zur Messung verwendeten Wassers wurde für eine gesättigte Lösung von Calciumfluorid $\gamma = 3{,}63 \cdot 10^{-5}\ S \cdot cm^{-1}$ gemessen. Welchen Wert hat das Löslichkeitsprodukt von CaF_2, wenn aus Tabellen die Ionenleitfähigkeiten $\lambda^0\ (^1/_2\ Ca^{2+}) = 52{,}0\ S \cdot cm^2 \cdot mol^{-1}$ und $\lambda^0\ (F^-) = 47{,}0\ S \cdot cm^2 \cdot mol^{-1}$ entnommen werden?

Lsg.:

$$\Lambda^0_{eq}\ (^1/_2\ CaF_2) = \lambda^0\ (^1/_2\ Ca^{2+}) + \lambda^0\ (F^-) = (52{,}0 + 47{,}0)\ S \cdot cm^2 \cdot mol^{-1} = 99{,}0\ S \cdot cm^2 \cdot mol^{-1}$$

Da $\alpha = 1$ ist (starker Elektrolyt) gilt mit Gleichung 9.26: $\Lambda^0_{eq} = \Lambda_{eq} = \dfrac{1}{z^*} \cdot \dfrac{\gamma}{c\ (CaF_2)}$

Auflösen nach $c\ (CaF_2)$ ergibt: $c\ (CaF_2) = \dfrac{1}{z^*} \cdot \dfrac{\gamma}{\Lambda^0_{eq}} = \dfrac{1}{2} \cdot \dfrac{3{,}63 \cdot 10^{-5}\ S \cdot cm^{-1}}{99{,}0\ S \cdot cm^2 \cdot mol^{-1}} \Rightarrow$

$c\ (CaF_2) = 1{,}83 \cdot 10^{-7}\ mol \cdot cm^{-3} = 1{,}83 \cdot 10^{-4}\ mol \cdot L^{-1}$. Aus diesem Wert folgt:
$c\ (Ca^{2+}) = 1{,}83 \cdot 10^{-4}\ mol \cdot L^{-1}$ und $c\ (F^-) = 2 \cdot 1{,}83 \cdot 10^{-4}\ mol \cdot L^{-1} = 3{,}66 \cdot 10^{-4}\ mol \cdot L^{-1}$

– Löslichkeitsprodukt von CaF_2:

$$L\ (CaF_2) = c\ (Ca^{2+}) \cdot c^2\ (F^-) = 1{,}83 \cdot 10^{-4}\ mol \cdot L^{-1} \cdot (3{,}66 \cdot 10^{-4}\ mol \cdot L^{-1})^2$$

$$L\ (CaF_2) = \mathbf{2{,}45 \cdot 10^{-11}\ mol^3 \cdot L^{-3}}$$

9.8.3 Leitfähigkeitstitration (Konduktometrie)

Die elektrische Leitfähigkeit einer Lösung hängt von der Stoffmengenkonzentration der gelösten Elektrolyte ab. Ändert sich im Laufe einer maßanalytischen Bestimmung die Elektrolytzusammensetzung der Lösung, so kann dies konduktometrisch verfolgt werden. Für maßanalytische Bestimmungen ist es besonders günstig, wenn durch Zugabe des **Titrators** (der Maßlösung) Ionen ausgefällt oder Ionen großer Äquivalentleitfähigkeit durch solche geringerer Äquivalentleitfähigkeit ausgetauscht werden. Da keine Indikatorfärbung visuell verfolgt werden muss, ist die Leitfähigkeitstitration besonders bei trüben und gefärbten Lösungen von großem Nutzen.

Bei der **Säure-/Base-Titration** enthält die zu bestimmende Lösung H_3O^+- oder OH^--Ionen, die eine sehr hohe Ionenbeweglichkeit und damit eine entsprechend hohe Leitfähigkeit haben. Wird beispielsweise eine Salzsäurelösung (Titrand) mit einer Natronlauge (Titrator) titriert, so werden mit fortlaufendem Titratorzusatz (NaOH) die Hydroniumionen zu Wasser gebunden, wodurch sich die Leitfähigkeit der Lösung mindert (Bild 1):

$H_3O^+ + Cl^-$ + $Na^+ + OH^-$ → $Na^+ + Cl^- + 2\,H_2O$
Salzsäure   Natronlauge

Der Grund für diese Beobachtung liegt darin, dass die gut beweglichen H_3O^+-Ionen (λ^0 = 314,5 S · cm² · mol⁻¹) ständig verbraucht werden, während sich die Stoffmenge der Chloridionen (λ^0 = 65,5 S · cm² · mol⁻¹) praktisch nicht ändert.

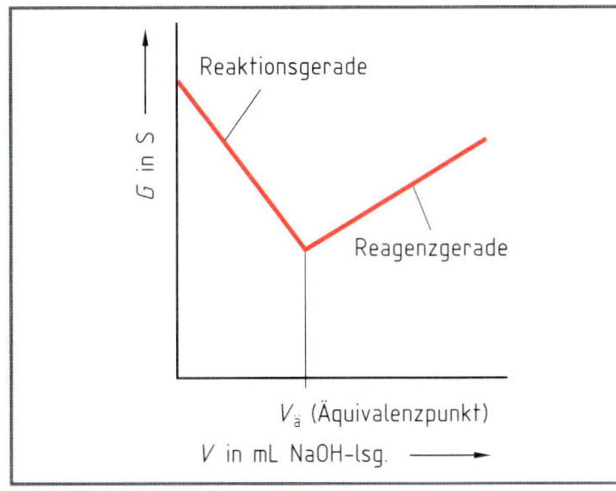

Bild 1: Konduktometrische Titration von Salzsäure mit Natronlauge

Am Äquivalenzpunkt ($V_ä$) wird die Leitfähigkeit demnach nur durch die Natrium-Ionen (λ^0 (Na^+) = 43,5 S · cm² · mol⁻¹) und durch die bereits zu Anfang anwesenden Chlorid-Ionen bestimmt. Da das bei der Reaktion gebildete Wasser kaum zur Leitfähigkeit beiträgt, erreicht die Leitfähigkeit ein **Minimum.** Durch weitere Zugabe von NaOH steigt die Leitfähigkeit nach dem Äquivalenzpunkt wieder stärker an, da neben den nur mäßig leitfähigen Na^+-Ionen die sehr gut beweglichen OH^--Ionen (λ^0 = 174,0 S · cm² · mol⁻¹) zusätzlich in die Lösung gelangen. Die **Titrationskurve** hat demnach die im Bild 1 wiedergegebene Gestalt. Den linken Bereich bis zum Äquivalenzpunkt bezeichnet man als **Reaktionsgerade,** während der rechte Bereich nach dem Äquivalenzpunkt ($V_ä$) die **Reagenzgerade** darstellt. Als Messwert kann sowohl der **elektrische Leitwert** *G* als auch die **elektrische Leitfähigkeit** γ aufgetragen werden.

Wird eine **schwache Base** mit einer **starken Säure** oder eine **schwache Säure** mit einer **starken Base** titriert, so steigt die Reaktionsgerade an.

Beispiel: Titration von Ammoniakwasser mit Salzsäure.

NH_3 + H_3O^+ + Cl^- → NH_4^+ + Cl^- + H_2O
Ammoniak   Salzsäure (Titrator)

Zu Beginn wird die Leitfähigkeit ausschließlich durch das schwach protolysierende Ammoniak bestimmt, womit zunächst eine relativ geringe Leitfähigkeit verknüpft ist. Mit fortlaufender Zugabe des Titrators liegen in der Lösung zunehmend besser leitende NH_4^+-Ionen (λ = 64,4 S · cm² · mol⁻¹) und Cl^--Ionen (λ = 65,5 S · cm² · mol⁻¹) vor. Die **Reaktionsgerade** hat deshalb eine **positive** Steigung. Nach Überschreiten des Äquivalenzpunktes (Überschuss an HCl) liegen zunehmend mehr sehr gut bewegliche H_3O^+-Ionen (λ = 314,5 S · cm² · mol⁻¹) vor. Dadurch bedingt hat die **Reagenzgerade** eine noch stärkere positive Steigung (Bild 2). Auch organische Basen, wie Pyridin, Chinolin usw., lassen sich auf diese Art und Weise gut bestimmen.

Die gravimetrische Bestimmung von Sulfationen durch Fällung als Bariumsulfat ist zwar sehr genau, aber auch sehr zeitaufwendig: $SO_4^{2-} + BaCl_2 \rightarrow BaSO_4\downarrow + 2Cl^-$

Durch Leitfähigkeitstitration mit einer $BaCl_2$-Lösung als Maßlösung kann der Gehalt an Sulfationen schnell ermittelt werden. Die Zugabe von $BaCl_2$ bewirkt einen Austausch von SO_4^{2-} gegen Cl^--Ionen. Da die Grenzleitfähigkeit beider Ionen nahezu gleich ist (λ ($^1/_2\,SO_4^{2-}$) = 68,0 S · cm² · mol⁻¹ und λ (Cl^-) = 65,5 S · cm² · mol⁻¹) ändert sich die Leitfähigkeit zunächst kaum: Reaktionsgerade im Bild 3. Beim Überschuss des Titrators steigt die Leitfähigkeit stärker, da Ba^{2+}- und Cl^--Ionen zusätzlich in die Lösung gelangen (λ ($^1/_2\,Ba^{2+}$) = 55,0 S · cm² · mol⁻¹ und λ (Cl^-) = 65,5 S · cm² · mol⁻¹): Reagenzgerade im Bild 3.

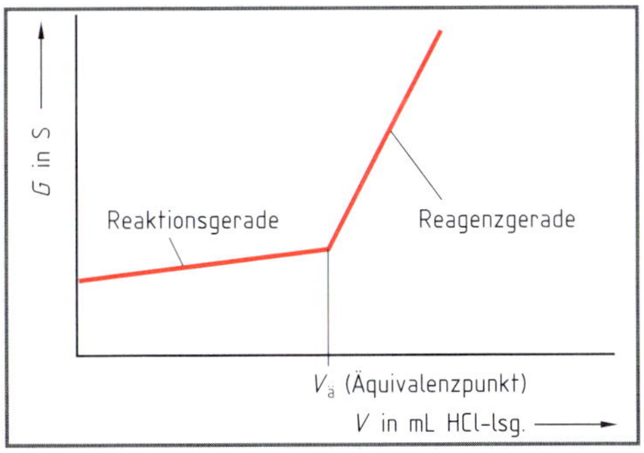

Bild 2: Leitfähigkeitstitration von Ammoniakwasser

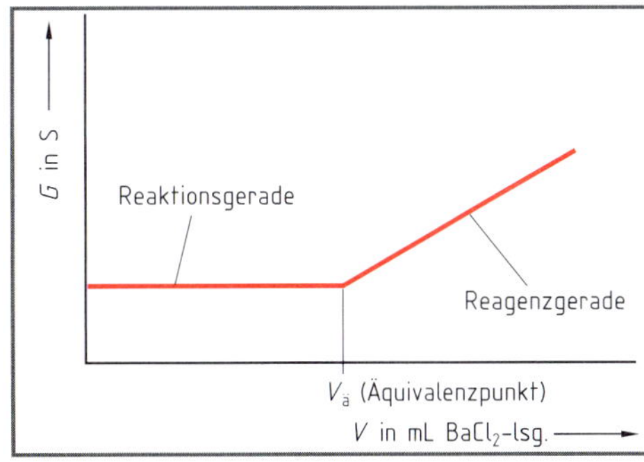

Bild 3: Leitfähigkeitstitration von Sulfationen

9.9 Galvanische Elemente

Bei der Elektrolyse wurde mit Hilfe des elektrischen Stromes chemische Stromarbeit geleistet. Die sich an den Elektroden abspielenden Vorgänge sind **Redoxreaktionen.** Diese Reaktionen können jedoch auch umgekehrt zur Stromerzeugung und Speicherung von elektrischer Energie dienen. Beim Betrieb eines Gerätes mit Hilfe einer Trockenbatterie laufen z.B. Redoxreaktionen im Inneren der Batterie ab, die den nötigen Stromfluss ermöglichen.

9.9.1 Galvanisches Halbelement und galvanische Kette

Taucht man ein Zn-Blech in eine wässrige $CuSO_4$-Lösung wie in Bild 1 (a) dargestellt, so beobachtet man, dass sich nach kurzer Zeit auf der Oberfläche des Zn-Blechs ein rotbrauner Belag von Cu abscheidet, ohne jede Einwirkung von außen. Die blaue Färbung der Lösung, die durch die Cu^{2+}-Ionen hervorgerufen wird, verschwindet allmählich und die Lösung wird farblos. Bei diesem Versuch laufen folgende Teilreaktionen ab:

- Zink geht unter Abgabe von Elektronen in Lösung:

  $Zn \rightarrow Zn^{2+} + 2e^-$ (Oxidation)

- Die freiwerdenden Elektronen werden von den in der Lösung befindlichen Cu^{2+}-Ionen aufgenommen, sodass sich metallisches Kupfer abscheidet:

  $Cu^{2+} + 2e^- \rightarrow Cu$ (Reduktion)

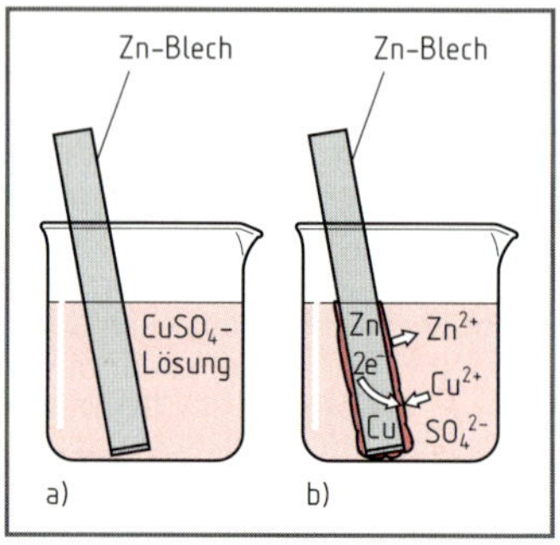

Bild 1: Zinkblech in einer $CuSO_4$-Lösung

Zusammenfassung der beiden Teilreaktionen ergibt die Redoxreaktion: $Zn + Cu^{2+} \rightarrow Zn^{2+} + Cu$

Die vom Zink abgegebenen Elektronen reduzieren die Cu^{2+}-Ionen zu Cu-Atomen, die entweder an der Zinkoberfläche haften bleiben oder einen Cu-Schlamm am Boden des Gefäßes bilden. Das Zinkblech geht langsam in Zn^{2+}-Ionen über, die sich in der Lösung verteilen, sodass diese schließlich farblos wird. Der Übergang der Elektronen vom Zink auf das Kupfer erfolgt ungeordnet an allen Stellen der Oberfläche, wie in Bild 1b) dargestellt. Da die Reaktion freiwillig, d.h. **exergonisch** abläuft, wird ein Teil der freien Reaktionsenthalpie als Wärme abgegeben (vgl. Bild 1, S. 176).

Bei allen spontan ablaufenden Redoxreaktionen findet ein freiwilliger Elektronenübergang statt. Er lässt sich als Strom sichtbar machen, wenn man die beiden Teilreaktionen, die Oxidation und die Reduktion, in zwei räumlich voneinander getrennten Bereichen ablaufen lässt und die Elektronen beim Übergang zwischen diesen durch ein Messgerät oder einen Verbraucher fließen müssen.

In Bild 2 ist das von dem britischen Chemiker *John Daniell* 1836 erfundene und nach ihm benannte *Daniell*-Element wiedergegeben, dem die im Beispiel angesprochene Redoxreaktion zugrunde liegt. Es besteht aus einem Zinkstab, der in eine $ZnSO_4$-Lösung taucht, die sich in einem porösen Tonzylinder befindet, und einem Cu-Stab, der in eine $CuSO_4$-Lösung taucht. Die beiden Lösungen stehen über die Wand des porösen Tonzylinders miteinander in elektrischem Kontakt. Die Wand dieses Zylinders ist für Ionen durchlässig, verhindert jedoch die schnelle Durchmischung der beiden Elektrolytlösungen. Der Tonzylinder wirkt somit wie ein **Diaphragma.**

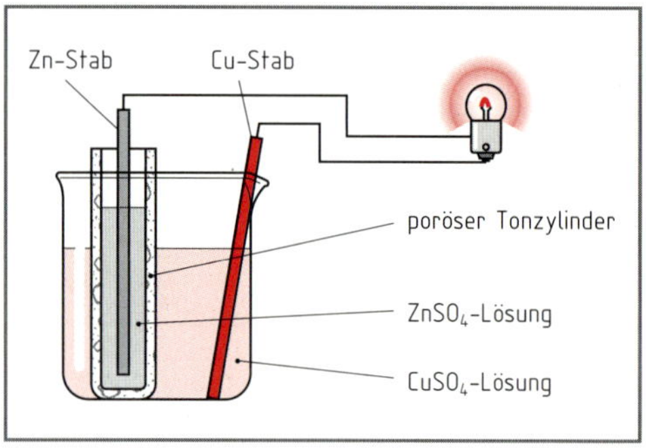

Bild 2: *Daniell*-Element

Verbindet man den Zink- und den Cu-Stab, also die beiden Elektroden über einen Draht miteinander, so fließt ein Strom, der sich durch einen Verbraucher nachweisen oder mit einem Amperemeter messen lässt. Den Stromfluss im *Daniell*-Element zeigt Bild 1, S. 297.

In dem Bereich, in dem sich die Zink-Elektrode befindet, gehen Zn^{2+}-Ionen in Lösung, sodass sich die Zinkelektrode negativ auflädt. Sie bildet den **Minuspol** oder die **Anode.** Im **Anodenbereich** findet immer die **Oxidation** statt!

Anode (Minuspol): $Zn \rightarrow Zn^{2+} + 2\,e^-$

An der Kupferelektrode werden die Elektronen von den Cu^{2+}-Ionen aufgenommen und Kupfer abgeschieden. In diesem Bereich, dem **Kathodenbereich,** findet immer die **Reduktion** statt!

Hier gilt:

Kathode (Pluspol): $Cu^{2+} + 2\,e^- \rightarrow Cu$

Die einzelnen Teilbereiche, den Anoden- bzw. Kathodenbereich, bezeichnet man als **galvanisches Halbelement** oder **Halbkette** bzw. **Halbzelle.** Außerhalb der beiden Halbzellen fließen die Elektronen vom Minuspol zum Pluspol, d.h. von der Zinkelektrode zur Kupferelektrode. Innerhalb der beiden Halbzellen erfolgt der Ladungstransport durch Ionenbewegung. Die SO_4^{2-}-Ionen bewegen sich durch das Diaphragma in Richtung zur Zinkelektrode an der Zn^{2+}-Ionen gebildet werden. Gleichzeitig wandern Zn^{2+}-Ionen in die $CuSO_4$-Lösung, in der Cu^{2+}-Ionen entladen werden. Die elektrische Neutralität der Lösung ist daher zu jeder Zeit gewahrt.

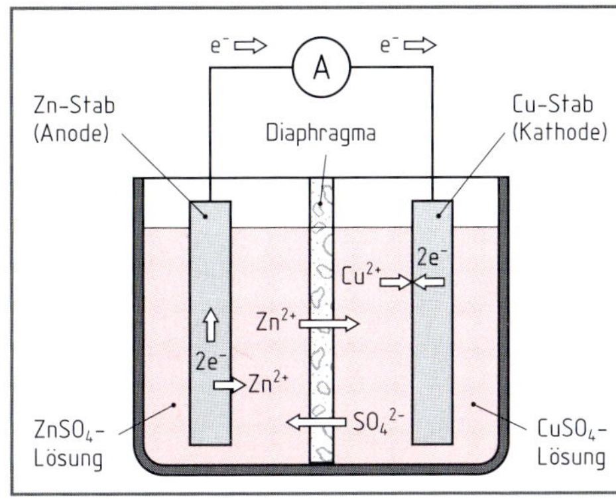

Bild 1: Stromfluss im *Daniell*-Element

Für jedes Halbelement lässt sich eine sogenannte Halbreaktion formulieren, die eine Oxidation bzw. Reduktion sein kann. Beim *Daniell*-Element sind das Zn/Zn^{2+} und Cu/Cu^{2+}. Es ist üblich, bei diesen **korrespondierenden Redoxpaaren** zuerst die reduzierte Form und dann – nach einem Schrägstrich – die oxidierte Form anzugeben.

Verbindet man 2 Halbelemente ionenleitend miteinander, so erhält man eine galvanische Kette oder ein galvanisches Element bzw. eine galvanische Zelle.

Allgemein gilt:

Zwei verschiedene, räumlich getrennte, aber ionenleitend miteinander verbundene galvanische Halbelemente bilden zusammen eine galvanische Kette oder ein galvanisches Element. Jedes galvanische Halbelement besteht aus einem korrespondierenden Redoxpaar.

Zur Beschreibung einer galvanischen Kette, die aus 2 galvanischen Halbelementen aufgebaut ist, verwendet man ein sogenanntes **Zelldiagramm** oder **Zellschema.** Hierbei ist es üblich, die Anode bzw. ihr korrespondierendes Redoxpaar auf die linke und die Kathode auf die rechte Seite zu schreiben.

Für das *Daniell*-Element sieht das Zelldiagramm folgendermaßen aus:

$Zn(s)/Zn^{2+}//Cu^{2+}/Cu(s)$

Ein Schrägstrich kennzeichnet die Phasengrenze fest-flüssig und der Doppelstrich in der Mitte steht für das Diaphragma bzw. eine Salzbrücke, d.h. für die ionenleitende Verbindung. Eine Salzbrücke bzw. ein Stromschlüssel wird statt eines Diaphragmas dann benutzt, wenn die Elektroden in verschiedene Elektrolytlösungen tauchen. Eine Salzbrücke ist ein U-Rohr, das eine konzentrierte Salzlösung enthält und dessen Enden jeweils mit Diaphragmen verschlossen sind. Die ionenleitende Verbindung zwischen 2 galvanischen Halbelementen wird hergestellt, indem man jeweils einen Schenkel des U-Rohres in eine Halbelementlösung stellt. Durch Wanderung der Kationen und Anionen des in der Salzbrücke enthaltenen Salzes wird die Elektronenneutralität der Lösung innerhalb der beiden Halbzellen aufrechterhalten. In Bild 2 sind die Verhältnisse dargestellt.

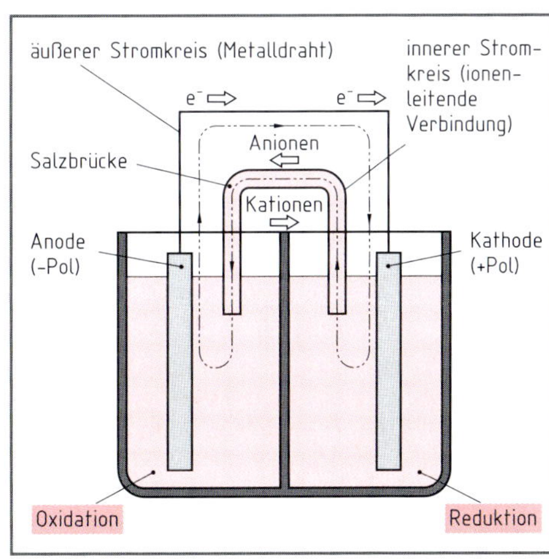

Bild 2: Zwei galvanische Elemente – verbunden durch eine Salzbrücke

M 9.29: Wie lautet das Zelldiagramm für eine galvanische Kette, in der Cu^{2+}-Ionen durch Eisen (Fe) zu Cu reduziert werden?

Lsg.: Die Halbzelle, in der die Reduktion von Cu^{2+}-Ionen zu Cu erfolgt, ist die Kathode. Diese steht im Zelldiagramm auf der rechten Seite. Auf der linken Seite steht somit die Anode und man erhält als Zelldiagramm:

$Fe(s)/Fe^{2+}//Cu^{2+}/Cu(s)$

Bei der Aufstellung solcher Zelldiagramme kann man hilfreich die Merkregel anwenden: **R**echts **R**eduktion

9.9.2 Das Potential einer Zelle und die Potentialdifferenz

Aus der Elektrik ist bekannt, dass der Elektronenstrom in einem Leitungsdraht durch eine Spannung, d.h. eine **Potentialdifferenz** oder ein **Potentialgefälle** verursacht wird, die an den beiden Enden des Drahtes besteht. Auch der Elektronenstrom bei einer Redoxreaktion zu einer galvanischen Kette wird durch eine Potentialdifferenz ausgelöst. Hierbei besteht die Spannung zwischen den beiden korrespondierenden Redoxpaaren der beiden Halbelemente. Jedes Halbelement einer galvanischen Kette baut somit ein bestimmtes **elektrisches Potential** auf. Zur Erklärung dieses Aufbaus entwickelte *W. Nernst* (1889) folgende Theorie:

Taucht ein Metallstab in die Lösung seiner Ionen ein, z.B. ein Zn-Stab in eine $ZnSO_4$-Lösung, so hat jedes Metall ein bestimmtes Bestreben, seine Kationen in die Lösung zu bringen, wobei Atome aus der direkt an den Elektrolyten grenzenden Schicht des Metallgitters unter Zurücklassen ihrer Valenzelektronen in die Lösung übertreten und sich dort hydratisieren. Diese Tendenz bezeichnete *Nernst* als **Lösungsdruck** oder **Lösungstension** des Metalls. Der Lösungsdruck eines Metalls hängt also von der Energie ab, die bei der Bildung eines Metallions gewonnen wird, d.h. der Differenz zwischen der **Hydratations-** und der **Gitterenergie.**

Umgekehrt besteht immer die Tendenz, dass die Kationen der Salzlösung unter Aufnahme von Elektronen sich aus der Lösung am Metallstab abscheiden. Dieses Bestreben nimmt mit steigender Konzentration der Salzlösung und der negativen Aufladung der Anode zu, d.h. mit steigendem osmotischem Druck. Es wird mit dem Begriff **Abscheidungsdruck** oder **osmotischem Druck** bezeichnet. Zwischen dem Lösungsdruck und dem Abscheidungsdruck stellt sich nach Eintauchen des Metalls (Me) in die Salzlösung ein **elektrochemisches Redoxgleichgewicht** ein:

$$Me \underset{\text{Abscheidungsdruck}}{\overset{\text{Lösungsdruck}}{\rightleftharpoons}} Me^{z+} + z \cdot e^-$$

Nach welcher Seite diese Reaktion bis zur Gleichgewichtseinstellung bevorzugt abläuft, hängt von folgenden Faktoren ab:

- der Art des Metalls, d.h. seiner Gitterenergie, Ionisierungsenergie, Hydratationsenergie,
- der Konzentration bzw. Aktivität der Me^{z+}-Ionen in der Salzlösung,
- der Ladung des Metallstabs und
- der Temperatur.

Die Bildung des Redoxgleichgewichts führt in jeder Halbzelle zur Bildung einer elektrischen **Doppelschicht,** der sogenannten *Helmholtz-Doppelschicht.* In Bild 1 (a) und (b) ist diese Doppelschicht dargestellt. Bei einem sogenannten **unedlen** Metall überwiegt der Lösungsdruck, sodass die Oberfläche des Metallstabs negativ und die dem Metall unmittelbar benachbarte Schicht infolge der übergetretenen Kationen positiv geladen ist [Bild 1 (a)]. Diese getrennten Ladungen ziehen sich an und begrenzen das Ausmaß dieses Vorgangs. Das Auflösungsvermögen des Metalls kommt zum Stillstand, sobald das durch die Trennung von Ionen und Elektronen an der Grenze zwischen Metall und Lösung hervorgerufene elektrische Feld so stark geworden ist, dass die Ionen die zum Durchqueren des Feldes nötige Energie nicht mehr aufbringen können. Die Oberfläche des Metalls hat gegenüber der angrenzenden Schicht der Lösung ein **negatives Potential.**

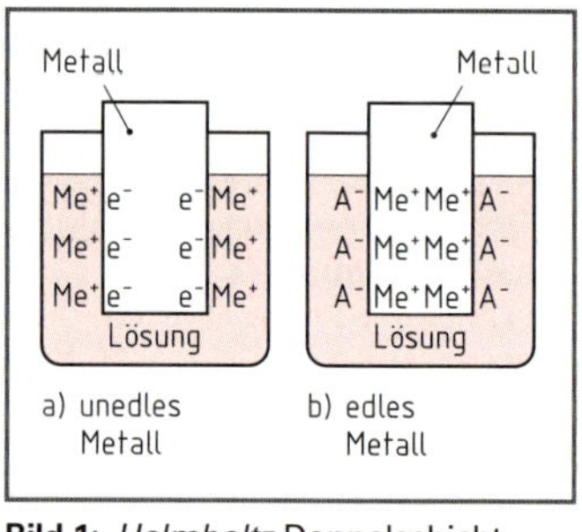

Bild 1: *Helmholtz*-Doppelschicht

Bei einem sogenannten **edlen** Metall liegen die Verhältnisse umgekehrt [Bild 1, S. 298 (b)]. Hier überwiegt der Abscheidungsdruck gegenüber dem Lösungsdruck. Die Oberfläche des Metallstabs lädt sich durch die abgeschiedenen Kationen **positiv** auf, d.h. sie nimmt ein **positives Potential** an, während die in der an das Metall angrenzenden Schicht zurückgebliebenen Anionen eine negative Aufladung dieser Schicht bewirken. Das Ausmaß dieser Ladungstrennung ist wie im vorhergehenden Fall begrenzt, sodass sich auch hier nach einer gewissen Zeit ein elektrochemisches Redoxgleichgewicht einstellt. Den Redoxpaaren Me/Me^{z+} jeder der beiden Halbzellen lässt sich also ein elektrisches Potential zuordnen. Diese am Beispiel von Metallelektroden gezeigten Überlegungen gelten für jedes korrespondierende Redoxsystem.

Verbindet man die beiden Halbelemente, z.B. die beiden Metalle, durch einen Draht miteinander und die beiden Elektrolyten durch eine Salzbrücke, so fließen die überschüssigen Elektronen vom Ort ihres Überschusses, d.h. der Stelle des **höheren Elektronendrucks** (dem unedleren Metall) durch den Draht zum Ort ihres Mangels, der Stelle des niedrigeren „Elektronendrucks" (dem edleren Metall). Durch den Abfluss der Elektronen können von der Oberfläche des unedleren Metalls immer wieder neue Kationen in Lösung gehen, während sich an der Oberfläche des edleren Metalls immer neue Kationen abscheiden und dort Elektronen aufnehmen. In Bild 1 sind diese Verhältnisse dargestellt

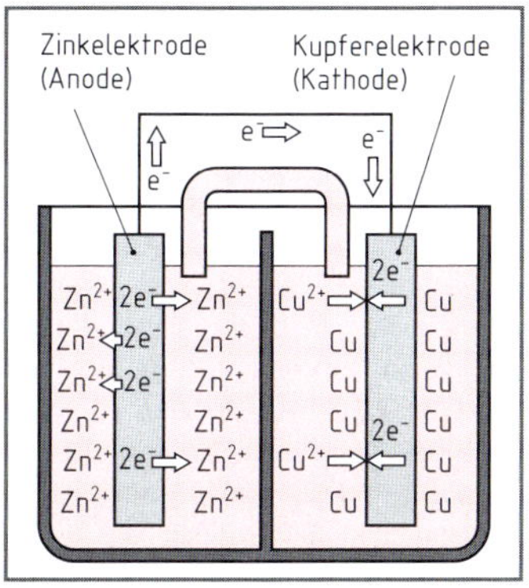

Bild 1: Potentialdifferenz zwischen 2 Halbelementen in Folge unterschiedlichen Elektronendrucks

Die „Elektronendruck-Differenz" zwischen 2 Halbelementen ist demnach ein Maß für die **Potentialdifferenz** und das Potential eines Halbelements ein Maß für das Bestreben eines Stoffes, Elektronen aufzunehmen oder abzugeben. Verschiedene korrespondierende Redoxpaare bilden unter gleichen äußeren Bedingungen unterschiedliche Potentiale aus, sodass zwischen den Elektroden zweier Halbelemente einer galvanischen Kette ein Potentialunterschied herrscht. Diese Potentialdifferenz entspricht der zwischen den beiden Halbelementen, z.B. zwischen zwei Metallen, bestehenden elektrischen Spannung im **stromlosen** Zustand. Man bezeichnet diese Potentialdifferenz als **Quellenspannung** bzw. als **elektromotorische Kraft EMK,** oder auch kurz als **Zellpotential** der Zelle. Die Quellenspannung EMK, ist definitionsgemäß eine **positive** Größe, sodass bei der Potentialdifferenzbildung vom größeren Potential das kleinere abgezogen wird.

Sind E_1 und E_2 die elektrischen Potentiale von zwei Halbelementen in einer stromlosen galvanischen Kette, so ist die Quellenspannung (EMK) gleich der positiven Potentialdifferenz.

Ist $E_1 > E_2$, so gilt für die EMK, ΔE der galvanischen Kette:

$\Delta E = E_1 - E_2$ bzw. $\Delta E = E_{Kathode} - E_{Anode}$ E in V 9.40

Experimentell kann die Quellenspannung mit Hilfe von Spannungsmessern, die einen großen Eingangswiderstand besitzen, oder durch geeignete elektronische Schaltungen bestimmt werden.

Zum Aufbau eines galvanischen Halbelements kann jedes Stoffsystem verwendet werden, das in der Lage ist, ein elektrisches Potential zu bilden. Zur Ableitung dieses Potentials ist immer eine Elektrode nötig, die – wie im Fall eines Metallstabs in einer Elektrolytlösung – selbst am potentialbildenden Vorgang beteiligt ist oder nur die Funktion eines Elektronenakzeptors oder -donators übernimmt und sich chemisch dabei nicht verändert. Elektroden, die nur die Funktion des Elektronenakzeptors bzw. -donators erfüllen, sind bei galvanischen Ketten nötig, die z.B. aus zwei Halogenid-/Halogen-Redoxpaaren bestehen. Da man aus Halogenen keine Elektroden herstellen kann, benutzt man zur Elektronenzu- und -ableitung Platin (Pt)-Elektroden. Das Zell-Diagramm einer galvanischen Kette, die sich aus 2 Halogenid-/Halogen-Halbelementen aufbauen lässt, z.B. $2\,I^-/I_2$ und $2\,Br^-/Br_2$ sieht folgendermaßen aus:

(Pt) $2\,I^-/I_2//Br_2/2Br^-$ (Pt)

In der linken Halbzelle (linke Pt-Elektrode = Anode) werden Iodid-Ionen unter Elektronenabgabe zu Iod oxidiert: $2\,I^- \rightarrow I_2 + 2\,e^-$

In der rechten Halbzelle werden Br_2-Moleküle unter Elektronenaufnahme zu Br^--Ionen reduziert (rechte Pt-Elektrode = Kathode): $Br_2 + 2\,e^- \rightarrow 2\,Br^-$

Bei den korrespondierenden Redoxpaaren von Nichtmetallen (X) ist zu beachten, dass die **Nichtmetallionen** die **reduzierte Form** und die **Nichtmetalle** die **oxidierte** Form darstellen. Für ein solches korrespondierendes Redoxsystem gilt also: $X^{z-} \rightarrow X + z \cdot e^-$. In diesem Beispiel also: $2\,I^-/I_2$ und $2\,Br^-/Br_2$.

9.9.3 Elektrochemische Spannungsreihe

Die Quellenspannung (EMK) einer galvanischen Kette entspricht der Potentialdifferenz der beiden Halbelemente aus der diese Kette besteht. Das Einzelpotential eines galvanischen Elementes ist nicht bestimmbar. Messbar ist immer nur eine Potentialdifferenz, da ein Spannungsmesser immer an zwei Pole angeschlossen sein muss. Man ordnet deshalb einem Halbelement willkürlich ein bestimmtes Potential zu und bezieht alle anderen Potentiale von Halbelementen auf diese Referenzelektrode. Nach internationaler Übereinkunft benutzt man als Bezugssystem das von *W. Nernst* vorgeschlagene Halbelement, die **Standardwasserstoffelektrode (SHE),** oder **Normalwasserstoffelektrode (NWE).** Die Normalwasserstoffelektrode (NWE) zeigt Bild 1. Dieses **Bezugshalbelement** besteht aus einem Platin(Pt)-Blech mit einem porösen Platinüberzug – man spricht auch von einer **platinierten** Platin-Elektrode, als Ableitelektrode – das in eine saure Lösung mit der Oxoniumionenaktivität $a\,(H_3O^+) = 1\ mol \cdot L^{-1}$ eintaucht. Dabei wird das Blech gleichzeitig mit Wasserstoffgas von 1,013 bar und 25 °C umspült. Hierbei absorbiert der Platinschwamm die H_2-Moleküle, sodass – bildlich gesehen – ein Wasserstoffstab entsteht, der von der Säure umspült wird. Der potentialbildende Vorgang dieser Reaktion lautet:

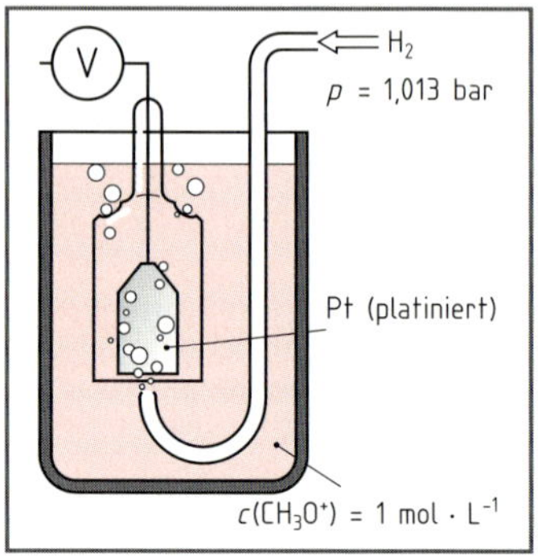

Bild 1: Normalwasserstoffelektrode

$$H_2 + 2\,H_2O \rightarrow 2\,H_3O^+ + 2\,e^-$$

Obwohl sich hierbei das Platin auflädt, ordnet man der Normalwasserstoffelektrode das Potential $E^0 = 0$ V zu, wenn die Temperatur der Säure $\vartheta = 25$ °C beträgt. Der hochgestellte Index 0 bei E^0 bedeutet, dass das Potential unter Standardbedingungen, $p\,(H_2) = 1{,}013$ bar, $a\,(H_3O^+) = 1\ mol \cdot L^{-1}$ und $\vartheta = 25$ °C, festgelegt wird.

Als Bezugssystem zur Bestimmung eines Halbzellenpotentials dient die Normalwasserstoffelektrode, deren Potential unter Standardbedingungen willkürlich gleich 0 V gesetzt wird.

Zur Bestimmung des Halbzellenpotentials eines beliebigen korrespondierenden Redoxpaares bringt man dieses in ionenleitenden Kontakt, am besten über eine Salzbrücke, mit einer Normalwasserstoffelektrode. Man erhält somit eine galvanische Kette, deren Quellenspannung (EMK) als Einzel- oder Redoxpotential des betreffenden Redoxpaares bezeichnet wird. Erfolgt die Messung unter Standardbedingungen (Temperatur $\vartheta = 25$ °C, Aktivität für die Ionen in der Lösung $a = 1\ mol \cdot L^{-1}$ und bei Gasen dem Druck $p = 1{,}013$ bar), so nennt man die gemessenen „Einzelpotentiale" **Normal- oder Standardpotential** und bezeichnet sie mit E^0. Die Werte der Standardpotentiale E^0 werden in Volt angegeben.

Das Standardpotential E^0 eines korrespondierenden Redoxpaares ist die Potentialdifferenz zwischen seinem Standardhalbelement und der Normalwasserstoffelektrode (NWE).

Den schematischen Versuchsaufbau zur Bestimmung des Standardpotentials eines Standardhalbelements zeigt Bild 1, S. 301. Erfolgt bei leitender Verbindung der Elektronenfluss **vom Halbelement zur Normalwasserstoffelektrode, so wirkt das Halbelement als Elektronendonator** gegenüber der Normalwasserstoffelektrode. Dies ist z.B. der Fall bei dem gezeigten Standard-Zink-Halbelement. Das Zink-Halbelement erhält dann ein **Minuszeichen** für sein Standard-Einzelpotential. Man misst in diesem Fall eine Quellenspannung (EMK) von 0,76 V. Das Standard-Einzelpotential der Standard-Zink-Halbzelle beträgt also: $E^0 = -0{,}76$ V. Dieser Wert stimmt mit dem aus Gl. 9.40 berechneten Wert überein. Der Wert für die NWE beträgt definitionsgemäß $E^0 = 0$ V und für die Zn/Zn^{2+}-Standardhalbzelle ist $E^0 = -0{,}76$ V. Da E^0 für die NWE größer ist als E^0 für die Halbzelle Zn/Zn^{2+}, gilt nach Gl. 9.40:

$$\Delta E^0 = \text{EMK} = E_1^0 - E_2^0 = 0\ \text{V} - (-0{,}76\ \text{V}) = 0{,}76\ \text{V}$$

Das Zelldiagramm lautet hier:

$Zn/Zn^{2+}//2\ H^+/H_2$ (Pt)

und die Redoxgleichung:

$Zn + 2\ H^+ \rightarrow Zn^{2+} + H_2$

Metalle mit **negativem** Standardpotential, wie z.B. Zink, nennt man **unedle** Metalle.

Fließen im umgekehrten Fall bei leitender Verbindung die Elektronen **von der Normalwasserstoffelektrode zum Halbelement** hin (Bild 2), so **wirkt** das **Halbelement als Elektronenakzeptor,** wie z.B. bei einem Standard-Cu-Halbelement. In diesem Fall erhält das Cu-Halbelement ein Pluszeichen für sein Standard-Einzelpotential. Die EMK beträgt 0,35 V, sodass für das Cu/Cu^{2+}-Halbelement $E^0 = +\ 35$ V ist.

Metalle mit **positivem** Standardpotential, wie z.B. Kupfer, nennt man **edle** Metalle.

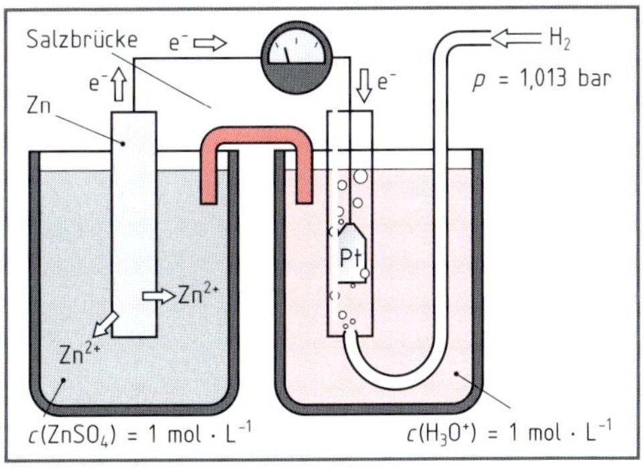

Bild 1: Standard-Zn-Halbelement

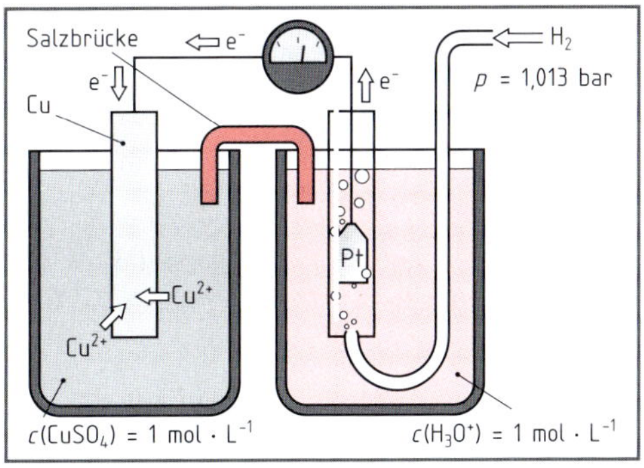

Bild 2: Standard-Cu-Halbelement

Die Bestimmung des Standardpotentials eines Standardhalbelementes aus einem Halogenid/Halogen, wie z.B. $2\ Cl^-/Cl_2$ lässt sich in ähnlicher Weise durchführen.

Bild 3 zeigt schematisch einen möglichen Versuchsaufbau. Das eine Halbelement stellt wieder die Normalwasserstoffelektrode dar, das andere Halbelement ist mit einer NaCl-Lösung, c (NaCl) = 1 mol · L^{-1}, gefüllt, in die eine Grafit-Elektrode taucht. Pt- und Grafit-Elektrode dienen als Ableitelektroden.

Die Grafit-Elektrode wird mit dem Pluspol und die Pt-Elektrode mit dem Minuspol eines Netzgerätes verbunden. Durch Elektrolyse scheidet man 2 – 3 Minuten lang an der Grafit-Elektrode Chlor und an der Pt-Elektrode Wasserstoff ab. Nach Beendigung der Elektrolyse verbindet man die Grafit-Elektrode mit dem Pluspol und die Pt-Elektrode mit dem Minuspol eines Voltmeters. Man misst eine Spannung von 1,36 V. Da wie beim Cu-Standardhalbelement die Elektronen von der NWE zum anderen Standardhalbelement fließen, erhält das Standard-Einzelpotential für das korrespondierende Redoxpaar $2\ Cl^-/Cl_2$ ein **positives** Vorzeichen. Aus der gemessenen EMK von 1,36 V erhält man für das $2\ Cl^-/Cl_2$-Halbelement ein Standardpotential von 1,36 V. Das Zelldiagramm sieht wie folgt aus:

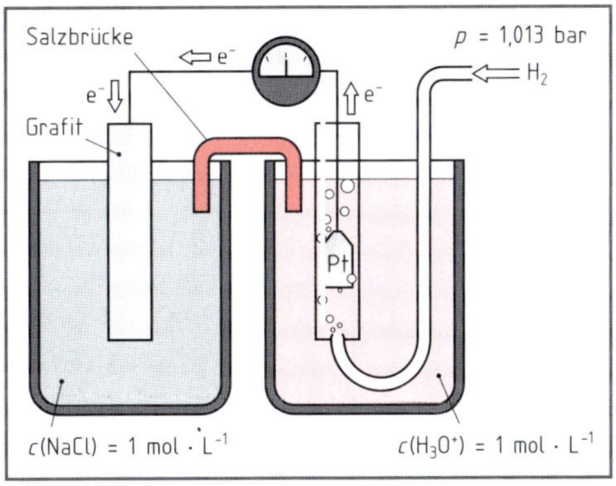

Bild 3: Standard-Halbzelle vomTyp Halogenid-Ion/ Halogen

$Pt/H_2/2\ H^+ // Cl_2/2\ Cl^-$/Grafit

Redoxsysteme können ein negatives oder ein positives Einzelpotential besitzen. Redoxsysteme mit negativem Einzelpotential wirken gegenüber der NWE als Elektronendonatoren und bilden in einer galvanischen Kette mit der NWE die Anode. Solche mit positivem Einzelpotential wirken gegenüber der NWE als Elektronenakzeptor und bilden in einer galvanischen Kette mit der NWE die Kathode.

Ordnet man die korrespondierenden Redox-Paare der Metalle nach steigenden Werten ihres Standardpotentials E^0 in einer Reihe an, so erhält man die sogenannte **Redox-** oder **Spannungsreihe der Metalle.** Tabelle 9f zeigt einen kleinen Auszug.

Mit Hilfe dieser Redoxpotentiale lässt sich die **Richtung** einer freiwillig ablaufenden Redoxreaktion voraussagen und die EMK der galvanischen Kette aus den beiden entsprechenden Halbelementen berechnen. Bei einer Redoxreaktion gibt der Stoff mit dem kleineren (negativeren) Potential die Elektronen ab und der Stoff mit dem größeren (positiveren) Potential nimmt diese auf. Der Stoff, der die Elektronen abgibt (Elektronendonator), wird also oxidiert und ist in einer entsprechenden galvanischen Kette die Anode. Der Stoff, der die Elektronen aufnimmt (Elektronenakzeptor), wird dementsprechend reduziert und ist in einer galvanischen Kette die Kathode. Die EMK der galvanischen Kette ist die Differenz zwischen den beiden Einzelpotentialen, und man erhält in Anlehnung an Gl. 9.40, da die Kathode das höhere Einzelpotential besitzt, für die EMK:

$$\Delta E^0 = E^0_{Kathode} - E^0_{Anode}$$

Tabelle 9f: Auszug aus der Spannungsreihe der Metalle

Redoxpaar	Potential E^0 in V
K/K^+	− 2,92
Na/Na^+	− 2,71
Zn/Zn^{2+}	− 0,76
Fe/Fe^{2+}	− 0,44
Pb/Pb^{2+}	− 0,12
H_2/H_3O^+	0,00
Cu/Cu^{2+}	+ 0,35
Ag/Ag^+	+ 0,80
Hg/Hg^{2+}	+ 0,85
Au/Au^{3+}	+ 1,42

M 9.30: Welche Vorgänge laufen in einer galvanischen Kette unter Standardbedingungen ab, die aus je einer Standard-Halbzelle von Fe und Cu besteht?
Wie sieht das Zelldiagramm aus und wie groß ist die EMK ΔE^0?

Lsg.: Aus der Spannungsreihe entnimmt man $E^0(Fe/Fe^{2+}) = -0{,}44$ V und $E^0(Cu/Cu^{2+}) = 0{,}35$ V

Die Fe-Standardhalbzelle besitzt das kleinere Potential, sodass Fe Elektronen abgibt und zur Anode wird: $Fe \rightarrow Fe^{2+} + 2\,e^-$

Die Cu-Standardhalbzelle ist demzufolge die Kathode, an der die Elektronen aufgenommen werden: $Cu^{2+} + 2\,e^- \rightarrow Cu$

Es läuft somit die Redoxreaktion ab: $Fe + Cu^{2+} \rightarrow Fe^{2+} + Cu$.

Da die Fe-Standardhalbzelle die Anode ist, erhält man das Zelldiagramm:

$\mathbf{Fe/Fe^{2+}//Cu^{2+}/Cu}$

Für die EMK ergibt sich daraus:

$\Delta E^0 = E^0_{Kathode} - E^0_{Anode} = 0{,}35\text{ V} - (-0{,}44\text{ V}) = \mathbf{0{,}79\text{ V}}$

M 9.31: Welche Vorgänge laufen in einer galvanischen Kette aus einer Standard-Ag und einer Standard-Cu Halbzelle ab?

Lsg.: Die Spannungsreihe ergibt: $E^0(Cu/Cu^{2+}) = 0{,}35$ V und $E^0(Ag/Ag^+) = 0{,}80$ V

Die Cu-Standardhalbzelle ist, da sie das kleinere Potential besitzt, jetzt die Anode und gibt Elektronen ab: $Cu \rightarrow Cu^{2+} + 2\,e^-$

Die Ag-Standardhalbzelle ist daher die Kathode und nimmt die Elektronen auf:

$Ag^+ + e^- \rightarrow Ag$

Somit läuft folgende Redoxreaktion ab: $Cu + 2\,Ag^+ \rightarrow Cu^{2+} + 2\,Ag$

Die EMK beträgt:

$\Delta E^0 = \Delta E^0_{Kathode} - E^0_{Anode} = 0{,}80\text{ V} - 0{,}35\text{ V} = \mathbf{0{,}45\text{ V}}$

Das Zelldiagramm lautet: $\mathbf{Cu/Cu^{2+}//Ag^+/Ag}$

Ob eine bestimmte Standardhalbzelle in einer galvanischen Kette die Anode oder Kathode ist, wie in diesem Beispiel die Cu-Halbzelle, hängt vom Einzelpotential der anderen Halbzelle ab, mit der zusammen sie die galvanische Kette bildet. Mit Hilfe der Standardpotentiale der Spannungsreihe lässt sich diese Zuordnung leicht ermitteln. Allgemein gilt:

Bei einer freiwillig ablaufenden Redoxreaktion kommt es immer zur Oxidation des Stoffes mit dem kleineren (negativeren) Redoxpotential, an der Anode, und zur Reduktion des Stoffes mit dem größeren (positiveren) Potential an der Kathode. Für die EMK der entsprechenden galvanischen Kette gilt: $\Delta E^0 = E^0_{Kathode} - E^0_{Anode}$.

Mit Hilfe der Spannungsreihe lässt sich nicht nur der Ablauf einer Redoxreaktion vorhersagen, sondern auch, ob sie überhaupt eintritt. Übertragen auf eine galvanische Kette bedeutet dies, man kann überprüfen, ob ein angegebenes Zelldiagramm richtig oder falsch ist.

M 9.32: Für eine galvanische Kette ist folgendes Zelldiagramm gegeben: $Ag/Ag^+//Zn^{2+}/Zn$

Kann eine solche galvanische Zelle Strom liefern?

Lsg.: Bei dieser Kette müsste die Silberhalbzelle die Anode sein, an der Elektronen abgegeben werden, d.h. es müsste die Oxidation ablaufen:

$Ag \rightarrow Ag^+ + e^-$ mit $E^0\,(Ag/Ag^+) = 0{,}80$ V

Die Zink-Halbzelle müsste die Kathode sein, an der die Elektronen aufgenommen werden und die Reduktion stattfindet:

$Zn^{2+} + 2\,e^- \rightarrow Zn$ mit $E^0\,(Zn/Zn^{2+}) = -\,0{,}76$ V

Für die EMK würde man erhalten:

$\Delta E^0 = E^0_{Kathode} - E^0_{Anode} = -\,0{,}76\text{ V} - 0{,}80\text{ V} = -\,1{,}56\text{ V}$

Das negative Vorzeichen für die EMK zeigt, dass diese galvanische Kette nicht funktioniert. Es wird kein Strom fließen. Die Ag-Halbzelle darf nicht als Anode geschaltet werden, sondern als Kathode und demzufolge die Zn-Halbzelle als Anode. Die EMK beträgt dann:

$\Delta E^0 = E^0_{Kathode} - E^0_{Anode} = 0{,}80\text{ V} - (-\,0{,}76\text{ V}) = 1{,}56\text{ V}$

Der Ablauf von Redoxreaktionen lässt sich auch mit Hilfe von folgendem „Schema" überprüfen:

Man ordnet die beiden Redoxpaare so an, dass in der oberen Zeile immer das Redoxpaar mit dem kleineren (negativeren) Potential und darunter das Paar mit dem höheren (positiveren) Potential steht. Im letzten Beispiel also:

Red. Form	Oxid. Form	E^0
Zn ↘	Zn^{2+}	− 0,76
Ag	→ Ag^+	+ 0,80

Das Redoxpaar mit dem kleineren (negativeren) Potential gibt seine Elektronen ab, sodass gilt: **„Es reagiert links oben mit rechts unten".** Hier also: Zn-Atome reagieren mit Ag^+-Ionen zu Ag und Zn^{2+}-Ionen: $Zn + 2\,Ag^+ \rightarrow 2\,Ag + Zn^{2+}$.

Eine galvanische Kette aus diesen beiden Halbelementen muss daher so aufgebaut sein, dass, wie schon dargelegt, die Zn-Halbzelle die Anode und die Ag-Halbzelle die Kathode ist.

M 9.33: In welche Richtung läuft die Reaktion: $Fe + Sn^{2+} \rightleftarrows Fe^{2+} + Sn$, wenn $E^0\,(Fe/Fe^{2+}) = -\,0{,}44$ V und $E^0\,(Sn/Sn^{2+}) = -\,0{,}14$ V ist?

Lsg.: Man schreibt die beiden Redoxpaare nach dem Schema so untereinander, dass in der oberen Zeile das Redoxpaar mit dem kleineren (negativeren) Potential steht. Hier:

Fe ↘	Fe^{2+}	$E^0 = -\,0{,}44$ V
Sn	→ Sn^{2+}	$E^0 = -\,0{,}14$ V

Nach der Regel: „links oben reagiert mit rechts unten" läuft die Reaktion:

$Fe + Sn^{2+} \rightarrow Sn + Fe^{2+}$ ab, d.h. **die angegebene Reaktion läuft nach rechts ab.**

M 9.34: Kann die Reaktion: $2\ Ag + Cu^{2+} \rightarrow 2\ Ag^{+} + Cu$ in dieser Richtung ablaufen?

Lsg.: Mit den Werten aus der Spannungsreihe $E^0\,(Cu/Cu^{2+}) = 0{,}35$ V und $E^0\,(Ag/Ag^{+}) = 0{,}80$ V sieht das Redoxschema wie folgt aus:

$Cu \quad Cu^{2+} \quad E^0 = +\,0{,}35$ V

$Ag \quad Ag^{+} \quad E^0 = +\,0{,}80$ V

Die Reaktion, die somit ablaufen kann, ist: $Cu + 2\ Ag^{+} \rightarrow Cu^{2+} + 2\ Ag$, **die oben angegebene Reaktion kann daher nicht ablaufen.**

Die in den letzten Beispielen verwendete Spannungsreihe der Metalle vergleicht nur die korrespondierenden Redoxpaare Metall/Metall-Kation. Wie schon erwähnt, kann jedoch **jedes** beliebige Stoffsystem, das in der Lage ist, ein elektrisches Potential zu bilden, zum Aufbau eines galvanischen Halbelements verwendet werden. Hierbei kann es sich um ein Redoxsystem Nichtmetallanion/Nichtmetall, wie z.B. Halogenid/Halogen, z.B. $2\ Br^{-}/Br_2$, oder ein Redoxpaar mit unterschiedlicher Ionenladung, z.B. Fe^{2+}/Fe^{3+} oder ein komplexes (kompliziertes) Redoxpaar wie etwa $Mn^{2+} + 12\ H_2O/MnO_4^{-} + 8\ H_3O^{+}$ oder legierter Stahl/unlegierter Stahl handeln.

Nimmt man diese Redox-Paare entsprechend ihren Standardpotentialen mit in die Spannungsreihe der Metalle auf, so erhält man die **erweiterte Spannungsreihe** oder allgemein die **elektrochemische Spannungsreihe.**

In der elektrochemischen Spannungsreihe sind die Standardpotentiale der korrespondierenden Redox-Paare nach steigenden E^0-Werten angeordnet.

Die zur Vorhersage von Reaktionsabläufen angestellten Überlegungen bei den Reaktionen zwischen 2 Metallhalbzellen lassen sich auf alle Redoxreaktionen anwenden, wenn die entsprechenden Werte der Standardpotentiale bekannt sind.

M 9.35: Kann man mit elementarem Brom (Br_2) Sn^{2+}-Ionen zu Sn^{4+}-Ionen nach der Reaktionsgleichung: $Sn^{2+} + Br_2 \rightarrow Sn^{4+} + 2\ Br^{-}$ oxidieren?

$E^0\,(Sn^{2+}/Sn^{4+}) = 0{,}15$ V; $E^0\,(2\ Br^{-}/Br_2) = 1{,}07$ V

Lsg.: Mit den E^0-Werten erhält man das Redoxschema:

$Sn^{2+} \quad Sn^{4+} \quad E^0 = 0{,}15$ V

$2\ Br^{-} \quad Br_2 \quad E^0 = 1{,}07$ V

Nach der Regel: „links oben reagiert mit rechts unten" läuft die Reaktion: $Sn^{2+} + Br_2 \rightarrow Sn^{4+} + 2\ Br^{-}$ ab, d.h. **die Oxidation ist möglich.**

9.9.4 *Nernst*sche Gleichung

In einer galvanischen Kette fließen die Elektronen von der Halbzelle mit dem größeren Elektronendruck, d.h. dem negativeren Potential **freiwillig** zur anderen Halbzelle, wenn die beiden Halbzellen leitend miteinander verbunden sind. Wie aus der Thermodynamik bekannt, ist die freie Reaktionsenthalpie $\Delta_r G$ bei freiwillig ablaufenden, d.h. exergonischen, Reaktionen negativ, $\Delta_r G < 0$. Der Abnahme der freien Reaktionsenthalpie eines Systems entspricht die maximale Arbeit, die mit einer chemischen Reaktion bei konstantem Druck und konstanter Temperatur geleistet werden kann.

Ein Maß für die maximale Arbeitsfähigkeit einer galvanischen Kette ist die **stromlos** gemessene Spannung zwischen den beiden Elektroden, d.h. die elektromotorische Kraft EMK bzw. ΔE. Bei stromloser Messung läuft der Elektronentransfer **reversibel** ab.

Die elektrische Arbeit ist das Produkt aus der Spannung U und der Ladungsmenge Q,

$W_{el} = U \cdot Q$ (vgl. Kap. 1, Gl. 1.7)

Die von einer galvanischen Kette geleistete, d.h. abgegebene Arbeit errechnet sich aus der EMK, ΔE (ΔE entspricht der stromlos gemessenen Quellenspannung U) und der abgegebenen Ladungsmenge Q.

Wenn, wie im *Daniell*-Element, ein Mol Zink und ein Mol Cu^{2+}-Ionen reagieren, wird eine Ladungsmenge von $2 \cdot F = 2 \cdot 96\,500\ C \cdot mol^{-1}$ abgegeben, da jedes Zn-Atom 2 Elektronen abgibt, die von je einem Cu^{2+}-Ion aufgenommen werden. Die EMK beträgt beim Standard-*Daniell*-Element

$\Delta E^0 = 1{,}11\ V$. Die geleistete Arbeit beträgt somit:

$W_{el} = 2 \cdot 96\,500\ C \cdot mol^{-1} \cdot 1{,}11\ V = 214\,230\ J \cdot mol^{-1} = 214{,}23\ kJ \cdot mol^{-1}$

Die unter **reversiblen** Bedingungen geleistete Arbeit entspricht der Abnahme der freien Reaktionsenthalpie, sodass für die *Daniell*-Zelle gilt: $\Delta_r G^0 = -214{,}23\ kJ \cdot mol^{-1}$ (vgl. Kap. 5.9).

Werden bei einer Redoxreaktion allgemein z Elektronen zwischen den Reaktionspartnern ausgetauscht, so gilt für die geleistete elektrische Arbeit:

$$W_{el} = z \cdot F \cdot \Delta E \qquad (9.41)$$

W_{el}	F	ΔE	z
J bzw. kJ	$C \cdot mol^{-1}$	V	1

Für die freie Reaktionsenthalpie $\Delta_r G$ gilt dann wegen $\Delta_r G = -W_{el}$:

$$\Delta_r G = -z \cdot F \cdot \Delta E \qquad (9.42)$$

Wird die freie Reaktionsenthalpie mit einer Standard-EMK berechnet, so erhält man die freie Standardreaktionsenthalpie $\Delta_r G^0_m$ mit

$$\Delta_r G^0_m = -z \cdot F \cdot \Delta E^0 \qquad (9.43)$$

$\Delta_r G^0_m$	F	ΔE^0	z
$J \cdot mol^{-1}$	$C \cdot mol^{-1}$	V	1

Die Bedeutung dieser Gleichung liegt darin, dass man für jede Elektronentransferreaktion, auf deren Grundlage eine galvanische Kette realisierbar ist, aus der stromlos gemessenen EMK $\Delta_r G$ bzw. $\Delta_r G^0_m$ berechnen kann. Bestimmt man außerdem kalorimetrisch die Reaktionsenthalpie $\Delta_r H$ bzw. $\Delta_r H^0_m$, so kann mit Hilfe der thermodynamischen Gleichungen (5.96 bzw. 5.97) die Reaktionsentropie $\Delta_r S$ bzw. ΔS^0_m ermittelt werden (vgl. Kap. 5.9).

Mit Hilfe der Standardpotentiale bzw. ΔE^0 einer galvanischen Kette können außer thermodynamischen Größen auch Gleichgewichtskonstanten berechnet werden. Nach (Gl. 5.103) gilt: $\Delta_r G^0_m = -R \cdot T \cdot \ln K$ und nach (Gl. 9.43) ist $\Delta_r G^0_m = -z \cdot F \cdot \Delta E^0$. Durch Gleichsetzen erhält man:

$R \cdot T \cdot \ln K = z \cdot F \cdot \Delta E^0$ und hieraus:

$$\ln K = \frac{z \cdot F \cdot \Delta E^0}{R \cdot T} \qquad (9.44)$$

F	ΔE^0	R	T	z
$C \cdot mol^{-1}$	V	$J \cdot K^{-1} \cdot mol^{-1}$	298 K	1

Umgestellt nach ΔE^0 erhält man:

$$\Delta E^0 = \frac{R \cdot T \cdot \ln K}{z \cdot F} \qquad (9.45)$$

M 9.36: Wie groß ist die Gleichgewichtskonstante für das *Daniell*-Element, wenn $E^0(Zn/Zn^{2+}) = -0{,}76\ V$ und $E^0(Cu/Cu^{2+}) = +0{,}35\ V$ ist?

Redoxgleichung: $Zn + Cu^{2+} \rightarrow Zn^{2+} + Cu$

Lsg.: Der Wert für ΔE^0 ergibt sich aus:

$\Delta E^0 = E^0_{Kathode} - E^0_{Anode} = 0{,}35\ V - (-0{,}76\ V) = 1{,}11\ V$

Einsetzen der Konstanten-Werte in Gl. 9.44 ergibt mit $z = 2$ (aus der Reaktionsgleichung):

$$\ln K = \frac{2 \cdot 96\,500\ C \cdot mol^{-1} \cdot 1{,}11\ V}{8{,}315\ J \cdot K^{-1} \cdot mol^{-1} \cdot 298\ K} = 86{,}46 \Rightarrow K = e^{86{,}46} = \mathbf{3{,}5 \cdot 10^{37}}$$

Dieser hohe Wert von K sagt aus, dass die Edukte Zn und Cu^{2+} praktisch vollständig in die Produkte Zn^{2+} und Cu umgewandelt werden.

Der in Gl. 9.45 vorkommende Term $R \cdot T/F$ bei $T = 298$ K tritt so häufig auf, dass es sinnvoll ist, ihn zu berechnen und als konstanten Faktor zu behandeln. Mit den gegebenen Werten für R, T und F erhält man:

$$\frac{R \cdot T}{F} = \frac{8{,}315 \text{ J} \cdot \text{K}^{-1} \cdot \text{mol}^{-1} \cdot 298 \text{ K}}{96\,500 \text{ C} \cdot \text{mol}^{-1}} = 0{,}0257 \text{ V}$$

Eingesetzt in Gl. 9.45 erhält man: $\Delta E^0 = \frac{0{,}0257 \text{ V}}{z} \cdot \ln K$

Durch Umrechnung von ln auf lg (ln x = 2,303 lg x) erhält man:

$$\Delta E^0 = \frac{0{,}0257 \text{ V}}{z} \cdot 2{,}303 \cdot \lg K = \frac{0{,}0592 \text{ V}}{z} \cdot \lg K$$

9.46 $$\Delta E^0 = \frac{0{,}0592 \text{ V}}{z} \cdot \lg K$$ E in V, oder mit K_c: $$\Delta E^0 = \frac{0{,}0592 \text{ V}}{z} \cdot \lg \{K_c\}$$

In den bisherigen Betrachtungen zur Berechnung der EMK und der Standardpotentiale wurde immer der Standardzustand des betreffenden korrespondierenden Redox-Paares betrachtet. Da der Lösungs- und Abscheidungsdruck jedoch, wie schon erwähnt, von der Konzentration bzw. Aktivität und bei Gasen vom Druck sowie allgemein von der Temperatur abhängt, ist auch das Einzelpotential eines Halbelements von diesen Größen abhängig. Der Einfluss dieser Größen auf das Einzelpotential wurde von *W. Nernst* aus thermodynamischen Überlegungen ermittelt.

Kombiniert man eine Halbzelle, die ein korrespondierendes Redox-Paar Red/Ox, z.B. Cu/Cu^{2+}, in beliebigen Konzentrationen enthält, mit einer Normalwasserstoffelektrode (NWE) zu einer galvanischen Kette, so gilt nach (Gl. 9.42): $\Delta_r G = -z \cdot F \cdot \Delta E$

Das Potential der Halbzelle Red/Ox (Cu/Cu^{2+}) ist somit der Differenz zwischen der freien Enthalpie des Systems 2 H_2O + H_2/2 H_3O^+ + 2 e^- (bei $p = 1{,}013$ bar und $c(H_3O^+) = 1$ mol · L^{-1}) und der freien Enthalpie des Systems Red/Ox (Cu/Cu^{2+}) direkt proportional, da das Potential der NWE definitionsgemäß Null ist.

Ist, wie im Fall der Cu/Cu^{2+}-Halbzelle, das Potential E^0 von Red/Ox positiv, so läuft die Reaktion:

$$Cu^{2+} + H_2 + 2\,H_2O \rightarrow Cu + 2\,H_3O^+ \quad \text{bzw.}$$
$$Ox + H_2 + 2\,H_2O \rightarrow Red + 2\,H_3O^+$$

freiwillig ab. In der Halbzelle Red/Ox (Cu/Cu^{2+}) tritt also die Reduktion ein. Nach Gl. 5.99 gilt:

$\Delta_r G = \Delta_r G^0 + R \cdot T \cdot \ln Q$

Hierbei ist Q der Reaktionsquotient (vgl. Gl. 3.2), sodass gilt:

$$\Delta_r G = \Delta_r G^0 + R \cdot T \cdot \ln \frac{\{c\,(\text{Red})\} \cdot \{c^2\,(H_3O^+)\}}{\{c\,(\text{Ox})\} \cdot \{c\,(H_2)\} \cdot \{c^2\,(H_2O)\}}$$

oder unter Beachtung der Logarithmengesetze:

$$\Delta_r G = \Delta_r G^0 + R \cdot T \cdot \ln \frac{\{c\,(\text{Red})\}}{\{c\,(\text{Ox})\}} + R \cdot T \cdot \ln \frac{\{c^2\,(H_3O^+)\}}{\{c\,(H_2)\} \cdot \{c^2\,(H_2O)\}}$$

Der dritte Summand stellt die NWE dar, deren Potential = 0 ist, sodass gilt:

$$\Delta_r G = \Delta_r G^0 + R \cdot T \cdot \ln \frac{\{c\,(\text{Red})\}}{\{c\,(\text{Ox})\}}$$

Aus Gl. 9.42 und 9.43 ergibt sich somit: $-z \cdot F \cdot \Delta E = -z \cdot F \cdot \Delta E^0 + R \cdot T \cdot \ln \frac{\{c\,(\text{Red})\}}{\{c\,(\text{Ox})\}}$

Umgeformt erhält man: $\Delta E = \Delta E^0 - \frac{R \cdot T}{z \cdot F} \cdot \ln \frac{\{c\,(\text{Red})\}}{\{c\,(\text{Ox})\}} = \Delta E^0 + \frac{R \cdot T}{z \cdot F} \cdot \ln \frac{\{c\,(\text{Ox})\}}{\{c\,(\text{Red})\}}$ oder

9.47 $$E = E^0 + \frac{R \cdot T}{z \cdot F} \cdot \ln \frac{\{c\,(\text{Ox})\}}{\{c\,(\text{Red})\}}$$

E	R	T	z	F	c
V	J · K⁻¹ · mol⁻¹	K	1	C · mol⁻¹	mol · L⁻¹

Gleichung 9.47 ist die sogenannte ***nernst*sche Gleichung**, die die Konzentrations- und Temperaturabhängigkeit des Einzelpotentials für ein beliebiges korrespondierendes Redox-Paar angibt. Streng genommen müsste anstelle der Stoffmengenkonzentrationen, besonders bei konzentrierteren Lösungen, mit den Aktivitäten gerechnet werden.

Einsetzen der Werte für R, F und T = 298 K sowie dem Umrechnungsfaktor für den ln in den lg ergibt:

$$E = E^0 + \frac{0{,}0592\ \text{V}}{z} \cdot \lg \frac{\{c\,(\text{Ox})\}}{\{c\,(\text{Red})\}}$$

E	z	c
V	1	$\text{mol} \cdot \text{L}^{-1}$

9.48

Bei einem Redox-Paar der Form: Red ⇄ $Ox^{z+} + z \cdot e^-$, wie es bei einem Metallhalbelement oder der NWE vorliegt, ist der Reduktor (Red) das Metall, das in eine Lösung taucht oder der Wasserstoff, der als Gas die Platin-Elektrode umspült. Hier lautet die *nernst*sche Gleichung, da die Konzentration c bzw. Aktivität des festen Metalls a = 1 gesetzt wird,

bei $\vartheta = 25\ °\text{C}\ (T = 298\ \text{K}) : E = E^0 + \frac{0{,}0592\ \text{V}}{z} \cdot \lg \{c\,(\text{Ox})\}$

Bei einem Metall daher:

$$E = E^0 + \frac{0{,}0592\ \text{V}}{z} \cdot \lg \{c\,(\text{Me}^{z+})\}$$

E	z	c
V	1	$\text{mol} \cdot \text{L}^{-1}$

9.49

M 9.37: Wie groß ist das Redoxpotential einer Zn/Zn^{2+}-Halbzelle, wenn

a) $c\,(Zn^{2+}) = 0{,}1\ \text{mol} \cdot \text{L}^{-1}$

b) $c\,(Zn^{2+}) = 0{,}01\ \text{mol}\ \text{L}^{-1}$ beträgt?

$E^0\,(Zn/Zn^{2+}) = -\,0{,}76\ \text{V}$

Lsg.: Einsetzen der gegebenen Werte mit z = 2 ergibt nach Gl. 9.49:

a) $E = -\,0{,}76\ \text{V} + \frac{0{,}0592\ \text{V}}{2} \cdot \lg 0{,}1 = \mathbf{-\,0{,}7896\ V}$

b) $E = -\,0{,}76\ \text{V} + \frac{0{,}0592\ \text{V}}{2} \cdot \lg 0{,}01 = \mathbf{-\,0{,}8192\ V}$

Man sieht, dass in verdünnten Lösungen das Redoxpotential größer ist. Auf diesem Prinzip beruhen die galvanischen Elemente der sogenannten **Konzentrationsketten.** Diese Zn/Zn^{2+}-Konzentrationskette besteht aus zwei Zn-Halbelementen, die den Elektrolyten (oft $ZnSO_4$-Lösung) in unterschiedlichen Konzentrationen enthalten. Die EMK einer solchen Kette erhält man aus Gl. 9.40: EMK = $\Delta E = E_{\text{Kathode}} - E_{\text{Anode}}$.

Für die Konzentrationskette von M 9.37 gilt: $E_{\text{Kathode}} = -\,0{,}7896$ V und $E_{\text{Anode}} = -\,0{,}8192$ V.

Die EMK beträgt: $\Delta E = -\,0{,}7896\ \text{V} - (-\,0{,}8192\ \text{V}) = 0{,}0296\ \text{V} = 29{,}6\ \text{mV}$

Das Zelldiagramm dieser galvanischen Kette lautet:

$Zn/Zn^{2+}\,(c = 0{,}01\ \text{mol} \cdot \text{L}^{-1})//Zn^{2+}\,(c = 0{,}1\ \text{mol} \cdot \text{L}^{-1})/\ Zn$

Die Konzentrationen müssen hier also mit angegeben werden.

Für die NWE erhält man bei p = 1,013 bar und ϑ = 25 °C mit

a) $E^0 = 0$ und

b) dem Redox-Paar: $H_2 + 2\ H_2O/2\ H_3O^+$ sowie

c) der Redoxgleichung: $2\ H_2O + H_2 \rightarrow 2\ H_3O^+ + 2\ e^-$:

$$E = \frac{0{,}0592\ \text{V}}{2} \cdot \lg \{c^2\,(H_3O^+)\} = \frac{0{,}0592\ \text{V}}{2} \cdot 2 \cdot \lg \{c\,(H_3O^+)\} = 0{,}0592\ \text{V} \cdot \lg \{c\,(H_3O^+)\}$$

Stöchiometrische Faktoren einer Reaktionsgleichung gehen als Exponenten der Konzentration in die Gleichung ein; bei $H_2 + 2\ H_2O \rightarrow 2\ H_3O^+ + 2\ e^-$ ist das der Faktor „2" von H_3O^+.

Mit $\text{pH} = -\lg \{c\,(H_3O^+)\}$ erhält man:

$$E = -\,0{,}0592\ \text{V} \cdot \text{pH}$$

E in V

9.50

Die Gl. 9.50 für die NWE ist in dieser Form nur für T = 298 K und p = 1,013 bar gültig. Allgemein gilt für die NWE bei T = 298 K, wenn der Wasserstoff einen Druck $p \neq 1{,}013$ bar besitzt, nach Gl. 9.48 und mit Einführung des normierten Partialdrucks $p_r\,(H_2)$

$$E = E^0 + \frac{0{,}0592\ \text{V}}{z} \cdot \lg \frac{\{c^2\,(H_3O^+)\}}{\{c^2\,(H_2O)\} \cdot \{p_r\,(H_2)\}}$$

Mit $z = 2$ und $E^0 = 0$ erhält man, da die Konzentration $c\,(H_2O)$ bereits in die Konstante E^0 miteinbezogen ist.

9.51
$$E = 0{,}0592\ \text{V} \cdot \lg \frac{\{c\,(H_3O^+)\}}{\{p_r\,(H_2)\}}$$

E	c	p_r
V	mol · L^{-1}	1

Der Druck für den Wasserstoff $p_r\,(H_2)$, der in Gl. 9.50 eingesetzt werden muss, ist der **normierte Partialdruck** des Wasserstoffs, d.h. der auf den Standarddruck p = 1,013 bar umgerechnete Druck gemäß:

$$p_r\,(H_2) = \frac{p\,(H_2)}{1{,}013\ \text{bar}}$$

Ist bei der Messung $p\,(H_2)$ so groß wie der Standarddruck, also $p\,(H_2) = 1{,}013$ bar, so geht Gl. 9.51 über in Gl. 9.50.

Bei Nichtmetallelektroden, an denen negative Ionen entstehen, ist die Konzentration des Nichtmetalls (der oxidierten Form des Redox-Paares) konstant, sodass hier bei $T = 298$ K und $p = 1{,}013$ bar gilt:

9.52
$$E = E^0 - \frac{0{,}0592\ \text{V}}{z} \cdot \lg \{c\,(X^{z-})\}$$

E	z	c
V	1	mol · L^{-1}

Treten wie bei den Halogenid-/Halogen-Redoxpaaren Gase auf, so ist wie bei der NWE der Gasdruck in den normierten Partialdruck umzurechnen.

M 9.38: Wie lautet die *nernst*sche Gleichung für eine Halbzelle 2 Cl^-/Cl_2, wenn $p\,(Cl_2)$ = 0,5065 bar und $T = 298$ K ist?

Lsg.: Die Reaktionsgleichung ist: $2\,Cl^- \rightarrow Cl_2 + 2\,e^-$

Der normierte Partialdruck des Chlors beträgt: $p_r\,(Cl_2) = \frac{0{,}5065\ \text{bar}}{1{,}013\ \text{bar}} = 0{,}5$

Für die *nernst*sche Gleichung gilt daher: $E = E^0 + \frac{0{,}0592}{2} \cdot \lg \frac{0{,}5}{\{c^2\,(Cl^-)\}}$

Auf komplexere Redoxreaktionen wird die *nernst*sche Gleichung immer in Form von Gl. 9.48 angewandt.

M 9.39: Wie muss die *nernst*sche Gleichung für das Redox-System

$Mn^{2+} + 12\,H_2O \rightarrow MnO_4^- + 8\,H_3O^+$ bei $T = 298$ K aussehen?

Lsg.: Die Reaktionsgleichung ergibt: $Mn^{2+} + 12\,H_2O \rightarrow MnO_4^- + 8\,H_3O^+ + 5\,e^-$.

Für die *nernst*sche Gleichung findet man:

$$E = E^0 + \frac{0{,}0592\ \text{V}}{5} \cdot \lg \frac{\{c\,(MnO_4^-)\} \cdot \{c^8\,(H_3O^+)\}}{\{c\,(Mn^{2+})\}}$$

Die Konzentration (Aktivität) von H_2O ist in E^0 berücksichtigt.

Es ist, wie schon erwähnt und in M 9.39 nochmals dargestellt, bei Anwendung der *nernst*schen Gleichung darauf zu achten, dass die **stöchiometrischen Faktoren** als **Exponenten** erscheinen und die Konzentrationen **multiplikativ** verknüpft werden.

Mit Hilfe der *nernst*schen Gleichung kann man die EMK einer galvanischen Kette berechnen, wenn keine Standardbedingungen vorliegen und darüber hinaus die Gleichgewichtskonstante von Redoxreaktionen.

M 9.40: Eine galvanische Kette besteht aus einer Ni/Ni^{2+}-Halbzelle mit $c\,(Ni^{2+}) = 1$ mol · L^{-1} und einer Co/Co^{2+}-Halbzelle mit $c\,(Co^{2+}) = 0{,}1$ mol · L^{-1}. Wie groß ist die EMK dieser galvanischen Kette, wenn $E^0\,(Ni/Ni^{2+}) = -0{,}23$ V, $E^0\,(Co/Co^{2+}) = -0{,}28$ V und $T = 298$ K betragen?

Lsg.: Zunächst muss untersucht werden, in welche Richtung die Reaktion:

$Co + Ni^{2+} \rightleftarrows Ni + Co^{2+}$ abläuft.

Bei Standardbedingungen erfolgt der Reaktionsablauf sicher von links nach rechts, da E^0 (Co/Co^{2+}) negativer ist als E^0 (Ni/Ni^{2+}). Die EMK ΔE^0 wäre 0,05 V. Da die Einzelpotentiale der Halbzellen jedoch konzentrationsabhängig sind, müssen sie für jede Halbzelle mit der *nernst*schen Gleichung berechnet werden. Da es 2 Metallelemente sind, wird Gl. 9.49 angewandt. Man erhält für:

$$E\,(\text{Ni/Ni}^{2+}) = -0{,}23\ \text{V} + \frac{0{,}0592\ \text{V}}{2} \cdot \lg 1 = -0{,}23\ \text{V}$$

$$E\,(\text{Co/Co}^{2+}) = -0{,}28\ \text{V} + \frac{0{,}0592\ \text{V}}{2} \cdot \lg 0{,}1 = -0{,}3096\ \text{V}$$

Die Reaktion verläuft von links nach rechts. Nach Gl. 9.40 ist die EMK:

$\Delta E = -0{,}23\ \text{V} - (-0{,}3096\ \text{V}) = 0{,}0796\ \text{V} \approx$ **0,08 V**

M 9.41: Wie groß ist die EMK der galvanischen Kette von M 9.40, wenn $c\,(Ni^{2+}) = 0{,}01\ \text{mol} \cdot \text{L}^{-1}$ und $c\,(Co^{2+}) = 1\ \text{mol} \cdot \text{L}^{-1}$ ist und $T = 298$ K beträgt?

Lsg.: Man berechnet zunächst wieder mit Gl. 9.49 die Einzelpotentiale jeder Halbzelle:

$$E\,(\text{Ni/Ni}^{2+}) = -0{,}23\ \text{V} + \frac{0{,}0592\ \text{V}}{2} \cdot \lg 0{,}01 = -0{,}2892\ \text{V}$$

$$E\,(\text{Co/Co}^{2+}) = -0{,}28\ \text{V} + \frac{0{,}0592\ \text{V}}{2} \cdot \lg 1 = -0{,}28\ \text{V}$$

Die Ni/Ni^{2+}-Halbzelle besitzt jetzt das negativere Potential, sodass die Reaktion von rechts nach links verläuft. Die Ni/Ni^{2+}-Halbzelle ist nun die Anode. Für die EMK erhält man mit Gl. 9.40:

$\Delta E = -0{,}28\ \text{V} - (-0{,}2892\ \text{V}) = 0{,}0092\ \text{V} \approx$ **0,01 V**

Dieses Beispiel zeigt deutlich, dass die Werte für ΔE^0 nur für Standardbedingungen richtig sind. Eine galvanische Kette kann durch Konzentrationsänderungen in den Halbzellen so verändert werden, dass sich der Stromfluss in seiner Richtung ändert.

Eine Redoxreaktion mit korrespondierenden Redoxpaaren wie in den letzten beiden Beispielen lässt sich analog der Säure/Base-Reaktion allgemein in der Form angeben:

$$z_2\,\text{Red}_1 + z_1\,\text{Ox}_2 \rightarrow z_2\,\text{Ox}_1 + z_1\,\text{Red}_2$$

Läuft an der Anode der Vorgang: $z_2\,\text{Red}_1 \rightarrow z_2\,\text{Ox}_1 + z_1 \cdot z_2\,e^-$

und an der Kathode der Vorgang: $z_1\,\text{Ox}_2 + z_1 \cdot z_2\,e^- \rightarrow z_1\,\text{Red}_2$ ab, so verläuft die Reaktion von links nach rechts ab, wenn $E_1 < E_2$ (Index 1: Anode, Index 2: Kathode) ist.

Für die **Anode** gilt dann nach der *nernst*schen Gleichung mit $z = z_1 \cdot z_2$:

$$E_{\text{Anode}} = E^0_{\text{Red}_1/\text{Ox}_1} + \frac{R \cdot T \cdot 2{,}303}{z \cdot F} \cdot \lg \frac{\{c^{z_2}\,(\text{Ox}_1)\}}{\{c^{z_2}\,(\text{Red}_1)\}}$$

wobei der Faktor 2,303 der Umrechnungsfaktor des ln in den lg darstellt.

Für die **Kathode** gilt entsprechend:

$$E_{\text{Kathode}} = E^0_{\text{Red}_2/\text{Ox}_2} + \frac{R \cdot T \cdot 2{,}303}{z \cdot F} \cdot \lg \frac{\{c^{z_1}\,(\text{Ox}_2)\}}{\{c^{z_1}\,(\text{Red}_2)\}}$$

Die EMK einer solchen galvanischen Kette ist: $\Delta E = E_{\text{Kathode}} - E_{\text{Anode}}$.

Man erhält für die EMK, wenn $T = 298$ K beträgt, somit

$$\Delta E = \Delta E^0 + \frac{0{,}0592\ \text{V}}{z} \cdot \lg \frac{\{c^{z_1}\,(\text{Ox}_2)\} \cdot \{c^{z_2}\,(\text{Red}_1)\}}{\{c^{z_1}\,(\text{Red}_2)\} \cdot \{c^{z_2}\,(\text{Ox}_1)\}} \qquad \textbf{9.53}$$

E	c
V	mol · L^{-1}

Mit Gl. 9.53 können alle EMK-Werte von galvanischen Ketten bei $T = 298$ K berechnet werden. Bei anderen Temperaturen gilt in Analogie zu Gl. 9.47 die allgemeine Gleichung:

$$\Delta E = \Delta E^0 + \frac{R \cdot T}{z \cdot F \cdot 2{,}303} \cdot \lg \frac{\{c^{z_1}\,(\text{Ox}_2)\} \cdot \{c^{z_2}\,(\text{Red}_1)\}}{\{c^{z_1}\,(\text{Red}_2)\} \cdot \{c^{z_2}\,(\text{Ox}_1)\}} \qquad \textbf{9.54}$$

E	R	T	z	F	c
V	J · K^{-1} · mol^{-1}	K	1	C · mol^{-1}	mol · L^{-1}

Mit Gl. 9.53 ergibt sich für die galvanische Kette von M 9.40, wenn die Reaktion von links nach rechts abläuft, bei $T = 298$ K:

$$\Delta E = \Delta E^0 + \frac{0{,}0592\ \text{V}}{2} \cdot \lg \frac{\{c\,(\text{Ni}^{2+})\}}{\{c\,(\text{Co}^{2+})\}}$$

Durch Einsetzen der Werte erhält man:

$$\Delta E = -0{,}23\ \text{V} - (-0{,}28\ \text{V}) + \frac{0{,}0592\ \text{V}}{2} \cdot \lg \frac{1}{0{,}1} = 0{,}0796\ \text{V} \approx 0{,}08\ \text{V}$$

Setzt man die Werte von M 9.41 in Gl. 9.53 ein, so erhält man unter **Annahme** eines Reaktionsverlaufs von links nach rechts:

$$\Delta E = -0{,}23\ \text{V} - (-0{,}28\ \text{V}) + \frac{0{,}0592\ \text{V}}{2} \cdot \lg \frac{0{,}01}{1} = -0{,}0092\ \text{V} \approx -0{,}01\ \text{V}$$

Aufgrund des negativen Zahlenwertes von ΔE ist ersichtlich, dass die Reaktion **nicht** von links nach rechts, sondern (vgl. M 9.41)nur von rechts nach links verlaufen kann.

Für die Berechnung von Gleichgewichtskonstanten lässt sich die *nernst*sche Gleichung ebenfalls verwenden.

Bei der allgemeinen Redoxreaktion: $z_2\ \text{Red}_1 + z_1\ \text{Ox}_2 \rightleftarrows z_2\ \text{Ox}_1 + z_1\ \text{Red}_2$ ist im Gleichgewicht die EMK $\Delta E = 0$, d.h. $E_1 - E_2 = 0$ oder $E_{\text{Kathode}} = E_{\text{Anode}}$ bzw. ($E_1 = E_2$).

Läuft die Reaktion von links nach rechts, so ist bei $T = 298$ K

$$E_{\text{Kathode}} = E^0_{\text{Kathode}} + \frac{0{,}0592\ \text{V}}{z} \cdot \lg \frac{\{c^{z_1}\,(\text{Ox}_2)\}}{\{c^{z_1}\,(\text{Red}_2)\}}$$

$$E_{\text{Anode}} = E^0_{\text{Anode}} + \frac{0{,}0592\ \text{V}}{z} \cdot \lg \frac{\{c^{z_2}\,(\text{Ox}_1)\}}{\{c^{z_2}\,(\text{Red}_1)\}}$$ Im Gleichgewicht gilt: $E_{\text{Kathode}} - E_{\text{Anode}} = 0$

$$E^0_{\text{Kathode}} + \frac{0{,}0592\ \text{V}}{z} \cdot \lg \frac{\{c^{z_1}\,(\text{Ox}_2)\}}{\{c^{z_1}\,(\text{Red}_2)\}} - E^0_{\text{Anode}} - \frac{0{,}0592}{z} \cdot \lg \frac{\{c^{z_2}\,(\text{Ox}_1)\}}{\{c^{z_2}\,(\text{Red}_1)\}} = 0$$

$$\Delta E^0 + \frac{0{,}0592\ \text{V}}{z} \cdot \left[\lg \frac{\{c^{z_1}\,(\text{Ox}_2)\}}{\{c^{z_1}\,(\text{Red}_2)\}} - \lg \frac{\{c^{z_2}\,(\text{Ox}_1)\}}{\{c^{z_2}\,(\text{Red}_1)\}}\right] = 0$$

$$\Delta E^0 + \frac{0{,}0592\ \text{V}}{z} \cdot \lg \frac{\{c^{z_1}\,(\text{Ox}_2)\} \cdot \{c^{z_2}\,(\text{Red}_1)\}}{\{c^{z_1}\,(\text{Red}_2)\} \cdot \{c^{z_2}\,(\text{Ox}_1)\}} = 0$$

Der Bruch hinter dem Logarithmus ist nichts anderes als der **reziproke** Wert der thermodynamischen Gleichgewichtskonstanten K, sodass man schreiben kann:

$$\Delta E^0 + \frac{0{,}0592\ \text{V}}{z} \cdot \lg \{K^{-1}\} = 0$$

Durch Umstellen erhält man hieraus wieder Gl. 9.46

$$\Delta E^0 = \frac{0{,}0592\ \text{V}}{z} \cdot \lg \{K\}$$

Liegen **keine** Gleichgewichtskonzentrationen vor, so verwendet man den Reaktionsquotienten Q an Stelle von K und die Gleichung

9.55

$$\Delta E = E^0 - \frac{0{,}0592\ \text{V}}{z} \cdot \lg \{Q\}$$

9.9.5 Elektroden 1. und 2. Art

Wie schon erwähnt, besteht ein galvanisches Halbelement immer aus einem korrespondierenden Redox-Paar und zur Ableitung dieses Potentials aus einer Ableitelektrode. Für die Größe des Potentials, das sich an der Elektrode bildet, sind zum Teil unterschiedliche Vorgänge entscheidend, sodass man die Menge aller möglichen Halbelemente in 2 Gruppen einteilt, die Elektroden 1. und 2 Art.

Bei den **Elektroden 1. Art** ist die Elektrode selbst am potentialbildenden Vorgang beteiligt. Die Höhe des Potentials wird direkt durch die Ionenaktivität (bei verdünnten Lösungen die Ionenkonzentration) eines in der Lösung befindlichen Stoffes, welcher in 2 Oxidationsstufen auftreten kann, bestimmt. Elektroden dieser Art sind z.B. die Metallelektroden und die NWE sowie Redoxelektroden, die ein korrespondierendes Redox-Paar mit unterschiedlicher Ionenladung besitzen, wie z.B. Fe^{2+}/Fe^{3+}. Eine Metall- und eine Wasserstoffelektrode zeigt Bild 1.

Elektroden 2. Art liegen vor, wenn das Metall mit einer Schicht eines schwer löslichen Salzes seines Kations überzogen ist und in eine Salzlösung taucht, die das Anion des schwerlöslichen Salzes enthält. Für solche Elektroden 2. Art ist charakteristisch, dass

- die Lösung im Gleichgewicht mit einer schwerlöslichen Substanz als Bodenkörper steht und
- das Einzelpotential sowohl vom Löslichkeitsprodukt als auch von der Anionenaktivität bzw. -konzentration abhängt.

Metallelektrode

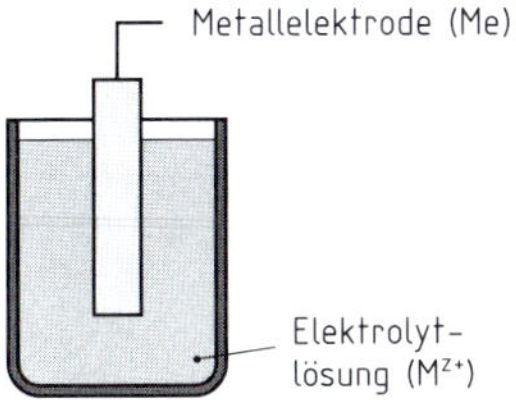

Symbol: Me/Me^{z+}

potentialbildener Vorgang: $Me \rightleftharpoons Me^{z+} + z \cdot e^-$

Einzelpotential: $E = E^0 + \frac{0{,}0592}{z} \cdot \lg\{c(Me^{z+})\}$

(Gl. 9.49 bei T = 298K)

Anmerkung: Das Elektrodenmaterial nimmt am potentialbildenden Vorgang direkt teil. Das Einzelpotential ist bei konstanter Temperatur nur von der Metallionenaktivität bzw. -konzentration abhängig.

Wasserstoffelektrode

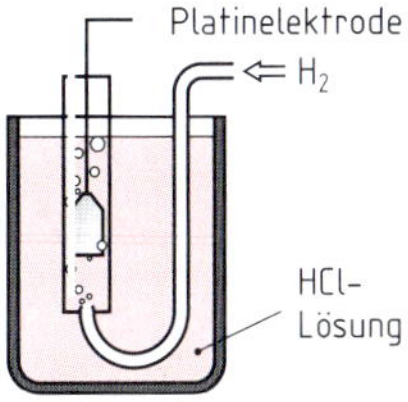

Symbol: H_2/H_3O^+

potentialbildener Vorgang: $H_2 + 2H_2O \rightleftharpoons 2H_3O^+ + 2e^-$

Einzelpotential: $E = 0{,}0592 \cdot \lg \frac{\{c(H_3O^+)\}}{\{p_i(H_2)\}}$

(Gl. 9.51 bei T = 298K)

Anmerkung: Ist $p(H_2)$ = 1,013 bar, so ist $p_i(H_2)$ = 1 und man erhält für das Einzelpotential:
$E = 0{,}0592 \cdot \lg\{c(H_3O^+)\}$ oder $E = -0{,}0592 \cdot pH$.
Das Potential der Wasserstoffelektrode ist pH-abhängig

Bild 1: Metall- und Wasserstoffelektrode als Elektroden 1. Art

Eingesetzt werden solche Elektroden bei Potentialmessungen als sogenannte **Bezugselektroden** da ihr Potential konstant ist und sich über die Anionenaktivität gut und leicht reproduzierbar einstellen lässt. Praktische Bedeutung als Bezugselektroden besitzen die Silber/ Silberchlorid- und die Kalomel-**Elektrode.**

Den schematischen Aufbau der **Silber/Silberchlorid-Elektrode** zeigt Bild 2. Die Ag/AgCl-Elektrode besteht aus einem Silberdraht, der oberflächlich mit festem Silberchlorid überzogen ist und in eine mit AgCl gesättigte Lösung von KCl mit genau bekannter Konzentration taucht. Beim Eintauchen dieser AgCl-Elektrode in die KCl-Lösung mit einer bestimmten Konzentration (genauer: Aktivität) $c(Cl^-)$ stellt sich ein konstantes Potential ein, das auf der Reaktion:

$Ag(s) + Cl^- \rightleftharpoons AgCl + e^-$ basiert.

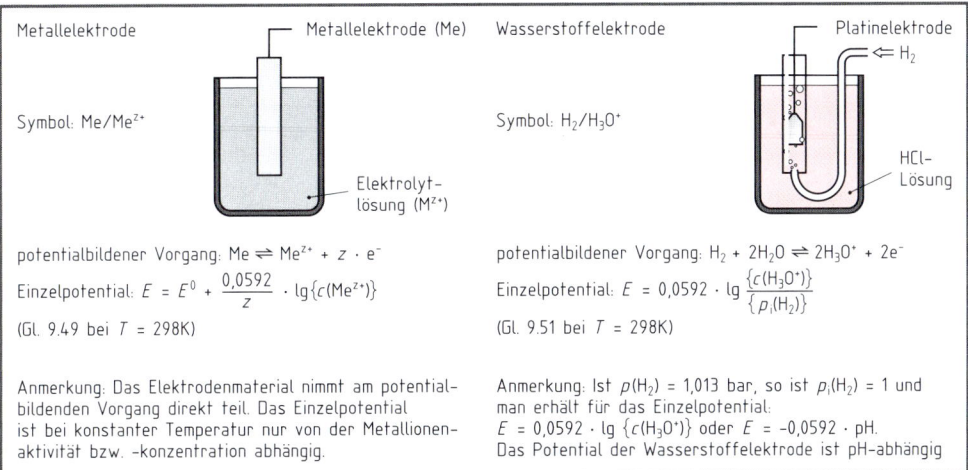

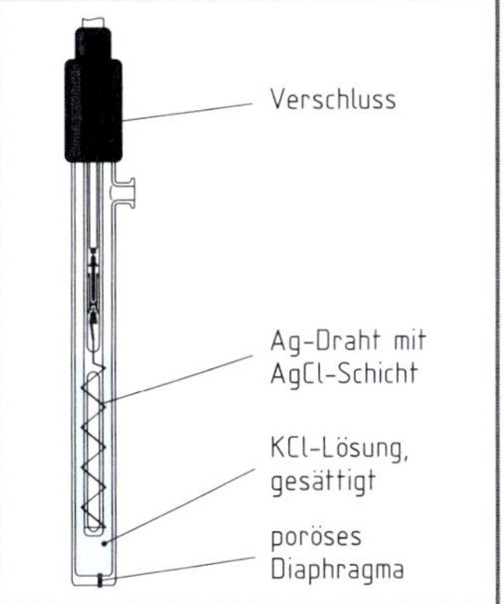

Bild 2: Ag/AgCl-Elektrode

Das Potential ist wie bei einer Silberelektrode gegeben durch:

$$E(AgCl) = E^0(Ag^+) + \frac{R \cdot T \cdot 2{,}303}{F} \cdot \lg a(Ag^+)$$

Da die Lösung an KCl gesättigt ist, gilt für das Löslichkeitsprodukt (vgl. Kapitel 3) nach Gl. 3.28:

$$\{L\} = a(Ag^+) \cdot a(Cl^-) \Rightarrow a(Ag^+) = \frac{\{L\}}{a(Cl^-)}$$

An Stelle der **Konzentrationen** ist mit den **Aktivitäten** zu rechnen und $\{L\}$ einzusetzten. Somit ist:

$$E(AgCl) = E^0(Ag^+) + \frac{R \cdot T \cdot 2{,}303}{F} \cdot \lg\{L\} - \frac{R \cdot T \cdot 2{,}303}{F} \cdot \lg a(Cl^-)$$ 9.56

E	R	T	F	$\{L\}$
V	$J \cdot K^{-1} \cdot mol^{-1}$	K	$C \cdot mol^{-1}$	1

Die ersten beiden Glieder dieser Gleichung sind bei einer bestimmten Temperatur konstante Größen. Ihre Summe stellt das Standardpotential E^0 (AgCl) dar, d.h. das Potential das die AgCl-Elektrode bei $T = 298$ K und $a(Cl^-) = 1$ mol · L^{-1} besitzt. Einsetzen der Werte für:

$E^0 (Ag^+) = 0{,}80$ V, $T = 298$ K und $\{L\} = 1{,}7 \cdot 10^{-10}$ für AgCl ergibt:

$E^0 (AgCl) = 0{,}80 \text{ V} + 0{,}0592 \text{ V} \cdot \lg 1{,}7 \cdot 10^{-10} = 0{,}222 \text{ V}$

Somit gilt für das Einzelpotential der Silber/Silberchlorid-Elektrode bei 298 K:

9.57 $$E(AgCl) = 0{,}222 \text{ V} - 0{,}0592 \text{ V} \cdot \lg a(Cl^-)$$ E in V

Man erkennt, dass das Potential dieser Elektrode von der Aktivität der Chlorid-Ionen, d.h. der Aktivität der Anionen des Bodenkörpers abhängt. Mit Hilfe des Wertes von E^0 (AgCl) lässt sich mit Gl. 9.56 das Löslichkeitsprodukt L (AgCl) berechnen und wenn die EMK aus Messungen ermittelt wurde, auch die Aktivität a der Cl^--Ionen.

M 9.42: Wie groß ist die EMK unter Standardbedingungen einer galvanischen Kette, die aus einer Zn/Zn^{2+}-Halbzelle und einer AgCl-Elektrode als Bezugselektrode besteht?

$E^0 (Zn/Zn^{2+}) = -0{,}76$ V, E^0 (AgCl) $= 0{,}222$ V

Lsg.: Nach Gl. 9.44 ist:

$\Delta E = E^0 (AgCl) - E^0 (Zn/Zn^{2+})$

$= 0{,}222 \text{ V} - (-0{,}76 \text{ V}) = \mathbf{0{,}982 \text{ V}}$

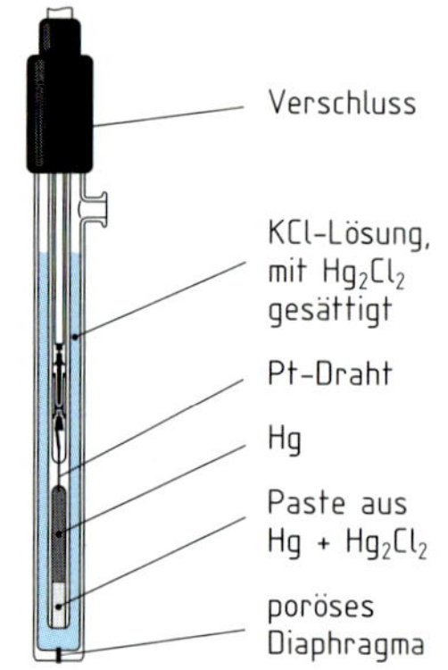

Bild 1: Kalomel-Elektrode

Die **Kalomelelektrode,** die ebenfalls häufig als Bezugselektrode verwendet wird, ist in Bild 1 wiedergegeben. Sie besteht aus Quecksilber, das mit einer Paste aus Hg und Hg_2Cl_2 bedeckt ist und einer mit Hg_2Cl_2 gesättigten KCl-Lösung, die den übrigen Raum des Gefäßes füllt. Ein in einem Glasrohr geführter Pt-Draht steht mit dem Quecksilber in Kontakt und dient als Elektronenzu- und -ableiter. Die Funktion der Elektrode beruht auf dem Redoxsystem:

$2\,Hg\,(l) + 2\,Cl^- \rightleftarrows Hg_2Cl_2 + 2\,e^-$

Analog zu Gl. 9.56 und Gl. 9.57 erhält man für die Kalomel-Elektrode:

9.58 $$E(Hg_2Cl_2) = E^0 (Hg_2^{2+}) + \frac{R \cdot T \cdot 2{,}303}{2 \cdot F} \cdot \lg \{L\} - \frac{R \cdot T \cdot 2{,}303}{2 \cdot F} \cdot \lg a^2 (Cl^-)$$

9.59 $$E(Hg_2Cl_2) = E^0 (Hg_2Cl_2) - 0{,}0592 \text{ V} \cdot \lg a(Cl^-)$$ E in V

Einsetzen der Werte mit: $E^0 (2\,Hg/Hg_2^{2+}) = 0{,}80$ V, $T = 298$ K, $L(Hg_2Cl_2) = 1{,}3 \cdot 10^{-18}$ mol^3 · L^{-3} ergibt für das Standardpotential der Kalomelelektrode $E^0 (Hg_2Cl_2)$ gegenüber der NWE den Wert von:

$$E^0 (Hg_2Cl_2) = 0{,}80 \text{ V} + \frac{0{,}0592 \text{ V}}{2} \cdot \lg 1{,}3 \cdot 10^{-18} = 0{,}271 \text{ V}$$

Somit ist das Einzelpotential der Kalomelelektrode bei $T = 298$ K.

9.60 $$E(Hg_2Cl_2) = 0{,}271 \text{ V} - 0{,}0592 \text{ V} \cdot \lg a(Cl^-)$$ E in V

Wie bei der Silber/Silberchlorid-Elektrode ist auch hier mit den **Aktivitäten** der Cl^--Ionen zu rechnen.

M 9.43: Für eine KCl-Lösung mit c (KCl) = 1 mol · L^{-1} wurde bei 25 °C mit einer Kalomel-Elektrode ein Potential von 0,283 V gemessen. Wie groß ist die Aktivität von $a(Cl^-)$?

Lsg.: Aus Gl. 9.60 erhält man mit den gegebenen Werten:

$E(Hg_2Cl_2) = 0{,}271 \text{ V} - 0{,}0592 \text{ V} \cdot \lg a(Cl^-)$

$$\lg a(Cl^-) = \frac{0{,}283 \text{ V} - 0{,}271 \text{ V}}{-0{,}0592 \text{ V}} = -0{,}2027 \Rightarrow a(Cl^-) = \mathbf{0{,}627}$$

Die Vorzüge der beiden hier besprochenen Bezugselektroden bestehen in der einfachen Handhabung und der genauen Reproduzierbarkeit ihrer Potentiale. Hat man die Potentiale dieser Elektroden 2. Art gegenüber der NWE gemessen, lassen sich die Messungen der Standardpotentiale beliebiger Redoxsysteme damit einfacher und schneller ausführen. Die Redoxpotentiale dieser beiden Elektroden bei verschiedenen Temperaturen und in KCl-Lösungen unterschiedlicher Konzentration zeigt Tabelle 9g:

Tabelle 9g: Redoxpotentiale

Lösung	ϑ in °C	Redoxpotential E in V	
		Hg_2Cl_2-Elektrode	AgCl-Elektrode
KCl, $c = 0{,}1$ mol · L^{-1}	20	0,334	0,287
KCl, $c = 1$ mol · L^{-1}	20	0,281	0,235
KCl, $c = 1$ mol · L^{-1}	25	0,283	0,239
KCl, gesättigt	25	0,245	0,224

9.9.6 Potentiometrie

Bei der Potentiometrie, einem Analyseverfahren, nutzt man die Konzentrationsabhängigkeit der Redoxpotentiale, um Konzentrationen bzw. Aktivitäten in Lösungen zu bestimmen. Auf Grund der logarithmischen Abhängigkeit der Spannung von der Konzentration bzw. Aktivität eignet sich diese Methode besonders zur Messung kleiner Konzentrationen. Man benötigt immer eine **Bezugs-** oder **Referenzelektrode,** die ein bekanntes, konstantes Potential besitzt und eine **Mess-** oder **Indikatorelektrode,** deren Potential von der Konzentration bzw. Aktivität des zu bestimmenden Ions abhängt. Bezugs- und Messelektrode werden zusammen mit der Elektrolytlösung zu einem galvanischen Element ergänzt

Eine besonders wichtige Anwendung der Potentiometrie ist die pH-Messung. Als Messelektrode für die pH-Messung dient im einfachsten Fall eine Wasserstoffelektrode, da ihr Redoxpotential pH-abhängig ist. Als Bezugselektrode kommt die Silber/Silberchlorid- oder Kalomel-Elektrode in Frage. Bild 1 zeigt den schematischen Aufbau der potentiometrischen pH-Messung mit einer Kalomel-Elektrode als Bezugselektrode. Die ionenleitende Verbindung zwischen beiden Elektroden bildet eine Salzbrücke. Mit einem Spannungsmesser kann die EMK abgelesen werden, die dann ein Maß ist für den pH-Wert der Lösung, in die die Bezugselektrode eintaucht.

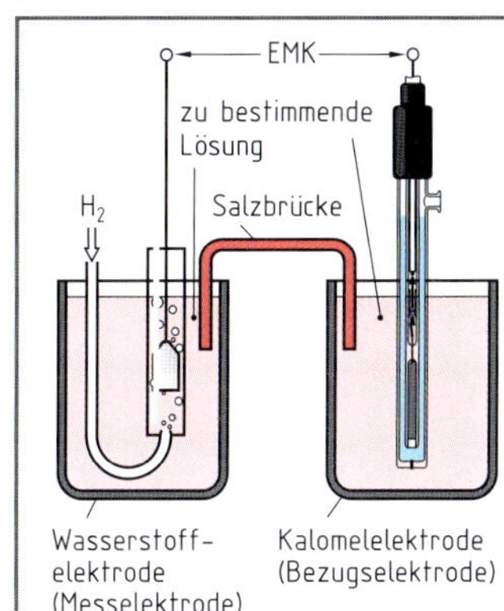

Bild 1: Potentiometrische pH-Messung

M 9.44: Bei der potentiometrischen pH-Bestimmung wurde zwischen einer Wasserstoffelektrode ($p(H_2) = 1{,}013$ bar) und einer mit KCl gesättigten Kalomelelektrode bei 25 °C eine EMK von 0,40 V gemessen. Wie groß ist der pH-Wert der Lösung, wenn das Potential der Kalomelelektrode 0,245 V beträgt?

Lsg.: Die EMK ergibt sich aus: $\Delta E = E_{\text{Kathode}} - E_{\text{Anode}}$

Die Kathode ist die Kalomelelektrode und die Anode die Wasserstoffelektrode. Für die Wasserstoffelektrode gilt nach Gl. 9.50: $E = -0{,}0592\ \text{V} \cdot \text{pH}$

Einsetzen der Werte (vgl. Tab. 9g) ergibt: $0{,}40\ \text{V} = 0{,}245\ \text{V} + 0{,}0592\ \text{V} \cdot \text{pH}$

Für den pH-Wert erhält man: $\text{pH} = \dfrac{0{,}40\ \text{V} - 0{,}245\ \text{V}}{0{,}0592\ \text{V}} = \mathbf{2{,}62}$

Anstelle der Wasserstoffelektrode wird in den meisten Fällen im Labor die **Glaselektrode** als Messelektrode bei pH-Bestimmungen eingesetzt. Die Wirkungsweise dieser Elektrode beruht im Wesentlichen darauf, dass zwischen einer Glasfläche und einer wässrigen Lösung eine Potentialdifferenz auftritt, die pH-abhängig ist.

In Bild 1 ist schematisch eine sogenannte **Einstab-Messkette** wiedergegeben, bei der eine Glas- und Ag/AgCl-Bezugselektrode zu einem Aggregat vereinigt sind. Die Glaselektrode besteht aus Glas von relativ hoher elektrischer Leitfähigkeit und stellt ein am Ende kugelförmig erweitertes Rohr dar, das eine Pufferlösung mit bekanntem pH-Wert enthält. Als eigentliche Messhalbzelle dient eine Ag/AgCl-Elektrode, die in die Pufferlösung taucht und deren Potential indirekt durch die pH-abhängigen Potentialsprünge an den Glasoberflächen bestimmt wird.

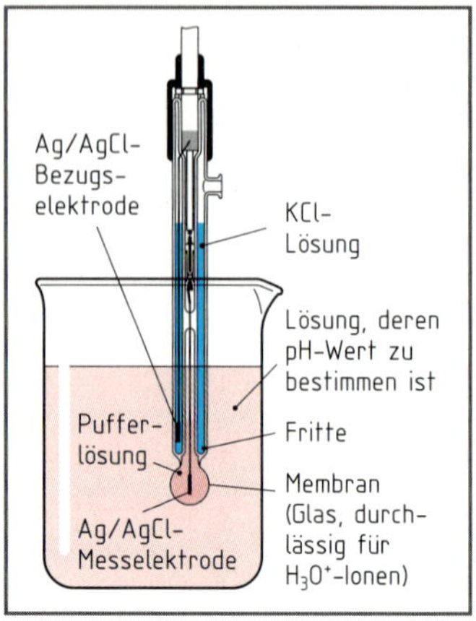

Bild 1: Einstab-Messkette zur pH-Bestimmung aus einer Glas- und Ag/AgCl-Elektrode

Obwohl die Glaselektrode von der Wirkungsweise der potentialbildenden Vorgänge her die bis heute am wenigsten durchschaubare Elektrode ist, hat sie die empfindliche und umständliche Wasserstoffelektrode fast völlig in der Laborpraxis verdrängt.

Der Vorteil der Einstab-Messkette besteht darin, dass als **Ableitelektrode** für die Glaselektrode ebenfalls eine Ag/AgCl-Elektrode verwendet wird, wie sie auch als **Bezugselektrode** eingesetzt wird. Man bestimmt so eine nur vom bekannten pH-Wert der Pufferlösung und vom unbekannten pH-Wert der Messlösung abhängige EMK. Bei 25 °C gilt dann:

9.61
$$\Delta E = 0{,}0592\ \mathrm{V} \cdot (\mathrm{pH_{bek}} - \mathrm{pH_{unbek}})$$
E in V

Hieraus ergibt sich:

9.62
$$\mathrm{pH_{unbek}} = \mathrm{pH_{bek}} - \frac{\Delta E}{0{,}0592\ \mathrm{V}}$$
E in V

Bei den im Labor durchgeführten pH-Messungen hat man meist Anzeigeinstrumente, deren Skalen bereits nach Gl. 9.62 kalibriert sind, sodass der pH-Wert direkt abgelesen wird.

Seit einigen Jahren sind neben der pH-empfindlichen Glaselektrode weitere Elektroden entwickelt worden, deren Potential von der Konzentration bzw. Aktivität ganz bestimmter Ionen abhängt. Solche **ionenselektive Elektroden** oder pX-Meter haben in der chemischen Industrie und Umweltanalytik in kurzer Zeit zunehmend an Bedeutung gewonnen.

Außer der pH-Bestimmung lassen sich potentiometrisch auch Löslichkeitsprodukte, das Ionenprodukt des Wassers, Aktivitätskoeffizienten (bei Konzentrationsketten) und Äquivalenzpunkte bei Titrationen bestimmen. Es ist im Rahmen dieses Buches allerdings nicht möglich, auf die genannten und weiteren Anwendungsmöglichkeiten der Potentiometrie näher einzugehen.

9.9.7 Elektrolyse und galvanische Polarisation

Wie bei der Elektrolyse schon erwähnt (Kap. 9.2) treten bei der technischen Durchführung solcher Vorgänge Probleme auf, deren Ursache mit der Bildung von galvanischen Elementen zusammenhängen.

Eine wässrige HCl-Lösung enthält infolge der Protolyse H_3O^+, Cl^-- und OH^--Ionen (OH^- durch die Autoprotolyse der H_2O-Moleküle). Beim Anlegen einer äußeren Spannung werden an der Kathode H_3O^+-Ionen zu H_2 und an der Anode Cl^--Ionen zu Cl_2 entladen. Aufgrund der anfänglich sehr geringen Mengen von H_2 und Cl_2 sind deren Partialdrücke wesentlich geringer als der äußere Luftdruck. Sie können daher nicht entweichen, sondern werden an den Oberflächen der Pt-Elektroden adsorbiert. Somit entsteht kathodisch eine Wasserstoff- und anodisch eine

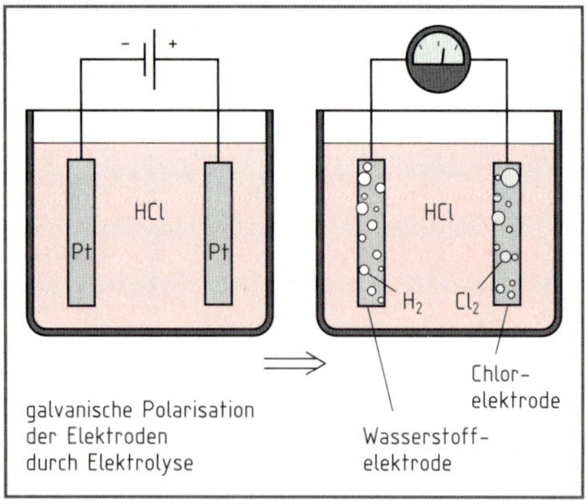

Bild 2: Galvanische Polarisation durch Elektrolyse

Chlorelektrode in einer HCl-Lösung. Man erhält eine galvanische Zelle, die eine EMK ausbildet, welche der von außen angelegten Spannung **entgegengerichtet** ist. Ist die von außen angelegte Spannung klein, so wird sie von der Gegenspannung kompensiert und die Elektrolyse kommt zum Erliegen. In Bild 2, S. 314 sind die Vorgänge schematisch wiedergegeben.

Wenn sich die Potentiale an den Elektroden durch Bildung galvanischer Halbelemente ändern, so spricht man von der **galvanischen Polarisation.**

Ändern sich durch chemische Vorgänge die elektrischen Potentiale der Elektroden, so liegt eine galvanischer Polarisation vor.

Steigert man die äußere Spannung langsam, so bilden sich an den Elektroden zunächst weiter H_2 und Cl_2 und die Partialdrücke steigen. Die EMK der galvanischen Kette wird somit auch größer und kompensiert die äußere Spannung erneut, sodass die Elektrolyse erneut zum Stillstand kommt. Dieser Kreis wird erst durchbrochen, wenn die Elektrolyse der HCl-Lösung durch ständige Erhöhung der äußeren Spannung so weit fortgeschritten ist, dass die Partialdrücke von H_2 und Cl_2 größer als der äußere Luftdruck sind und die Gase aus der Elektrolysezelle entweichen können. Ab diesem Zeitpunkt bleibt die EMK der durch galvanische Polarisation entstandenen Kette konstant, da sie ihren Maximalwert erreicht hat und von der äußeren Spannung überkompensiert wird. Nun erst erfolgt die eigentliche Zersetzung der HCl-Lösung. Die Spannung, von der an die Zersetzung der HCl-Lösung an der Gasentwicklung erkennbar ist, bezeichnet man als **Zersetzungsspannung** U_Z. Für Elektrolysen gilt allgemein:

Zur elektrolytischen Zersetzung eines Stoffes benötigt man eine Mindestspannung, die als Zersetzungsspannung bezeichnet wird und gleich der maximalen EMK ist, der durch galvanische Polarisation entstandenen galvanischen Kette.

Bei der Elektrolyse eines Gemisches wird immer das Ionenpaar mit der kleinsten Zersetzungsspannung zuerst elektrolysiert.

Die Zersetzungsspannung einer Verbindung lässt sich experimentell ermitteln, wenn man bei der Elektrolyse die Spannung in kleinen Schritten erhöht und die bei der jeweiligen Spannung herrschende Stromstärke misst. Durch Übertragung dieser Werte in ein Diagramm erhält man die sogenannte **Strom-Spannungs-Kennlinie,** wie in Bild 1 dargestellt. Man erkennt deutlich, dass unterhalb der Zersetzungsspannung U_z fast kein Strom fließt und erst danach die Stromstärke mit wachsender Spannung dem *ohm*schen Gesetz entsprechend ansteigt.

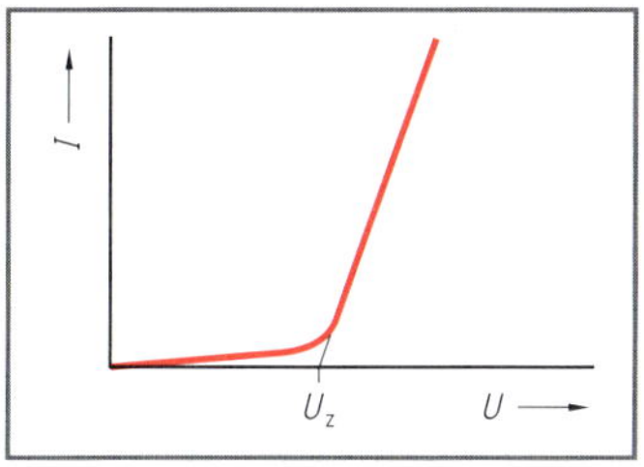

Bild 1: Zersetzungsspannung

Durch Extrapolation des linearen Kurventeils des Graphen in Richtung der Abszisse erhält man die Zersetzungsspannung U_Z als Schnittpunkt der extrapolierten Geraden mit der Abszisse.

Die Zersetzungsspannung lässt sich auch rechnerisch aus den Elektrodenpotentialen bestimmen, da sie der EMK der galvanischen Kette entspricht. Für eine HCl-Lösung unter Standardbedingungen, $a\,(H_3O^+) = a\,(Cl^-) = 1\ \text{mol} \cdot \text{L}^{-1}$, $p\,(H_2) = p\,(Cl_2) = 1{,}013$ bar und $T = 298$ K, erhält man mit den Standardpotentialen $E^0\,(H_2/H_3O^+) = 0$ und $E^0\,(2\ Cl^-/Cl_2) = 1{,}36$ V für U_Z:

$$U_Z = E_{Anode} - E_{Kathode} = 1{,}36\ \text{V} - 0 = 1{,}36\ \text{V}$$

Die theoretisch zu erwartende Zersetzungsspannung U_Z für eine HCl-Lösung ist also 1,36 V, wenn die Elektrolyse unter Standardbedingungen durchgeführt wird. Diese Spannung wird auch tatsächlich gemessen, wenn man Pt-Elektroden verwendet. Ersetzt man die Pt-Elektroden durch Grafit-Elektroden, so ist die Zersetzungsspannung für eine HCl-Lösung unter Standardbedingungen wesentlich höher als 1,36 V, nämlich 2,58 V. Dieser Effekt, wonach die tatsächliche Zersetzungsspannung höher als die theoretisch berechnete ist, tritt häufig bei Elektrolysen auf, bei denen Gase als Reaktionsprodukte entstehen. Die Differenz zwischen berechneter und gemessener Zersetzungsspannung bezeichnet man als **Überspannung** $U_Ü$.

Bild 2 zeigt den Zusammenhang zwischen den Zersetzungsspannungen und der Überspannung. Für die Überspannung $U_Ü$ gilt:

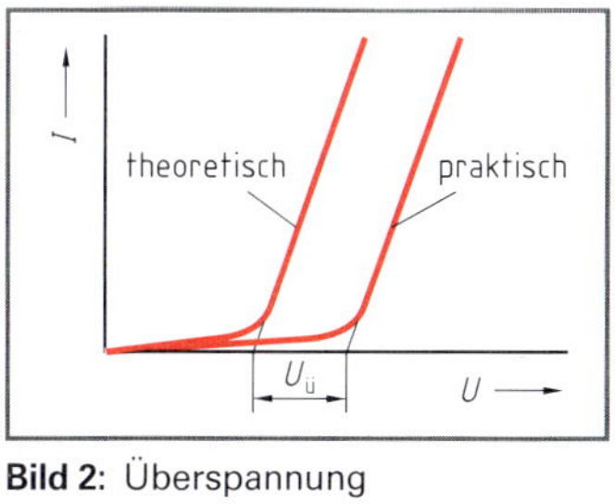

Bild 2: Überspannung

$$U_Ü = U_{Z,\,p} - U_{Z,\,b} \qquad U \text{ in V}$$

9.63

Hierbei ist $U_{Z,\,p}$ die praktische oder gemessene Zersetzungsspannung und $U_{Z,\,b}$ die theoretisch berechnete. Da $U_{Z,\,b}$ gleich der EMK, (ΔE), der durch galvanische Polarisation entstandenen galvanischen Kette ist, kann man Gl. 9.63 auch in folgender Form angeben:

$$U_{Ü} = U_{Z,\,p} - \Delta E$$

Überspannungen sind zurückzuführen auf **Hemmungserscheinungen** bei den Elektrodenvorgängen, deren Ursachen unterschiedlichster Natur sein können:

- Hydratisierte bzw. solvatisierte Ionen einer Lösung müssen vor ihrer Abscheidung von dieser Hydrat- bzw. Solvathülle befreit werden.
- Der Einbau entladener Metallatome in das entstehende Kristallgitter erfordert ebenfalls einen Spannungsmehrbetrag, der als Kristallisationsüberspannung bezeichnet wird.
- Bei Gasen kommt die Überspannung meist dadurch zustande, dass die durch Entladung entstandenen Gasatome zunächst an der Elektrodenoberfläche adsorbiert werden, bevor sie sich zu Molekülen vereinigen. Elektroden, die die Gasatome leicht adsorbieren, besitzen für diese Gase daher relativ kleine Überspannungen.

In der nebenstehenden Tabelle 9h sind die Überspannungen von H_2, O_2 und Cl_2 an verschiedenen Elektroden in Abhängigkeit von der Stromdichte zur Elektrodenoberfläche wiedergegeben. Man erkennt, dass die Höhe der Überspannung von verschiedenen Faktoren abhängig ist. Dazu gehören:

- Art und Konzentrationen der abzuscheidenden Ionen,
- Art des Elektrodenmaterials und seine Oberflächenbeschaffenheit sowie
- Stromdichte und Temperatur.

Tabelle 9h: Überspannungen in V

Gas	Elektrodenmaterial	Stromdichte in $A \cdot cm^{-2}$ = 10^{-2}	10^{-1}	10^{0}
H_2	Pt (blank)	– 0,04	– 0,05	– 0,07
	Grafit	– 0,78	– 0,97	–
	Quecksilber	– 1,04	– 1,15	– 1,25
O_2	Pt (platiniert)	0,52	0,64	0,77
	Grafit	0,90	1,09	1,24
Cl_2	Pt (platiniert)	0,016	0,026	0,08
	Grafit	–	0,250	0,50

Für Reaktionen, in deren Verlauf Metalle abgeschieden werden, sind die Überspannungswerte gering. Enstehen hingegen Gase an den Elektroden, so treten, wie erwähnt, deutliche Überspannungen auf. Wie aus Tabelle 9h ersichtlich, ist die Abscheidung von Sauerstoff an Grafit und Platin relativ stark behindert. Wasserstoff weist an Zink und Quecksilber hohe Überspannungen auf. Diese Tatsachen sind für viele technische Verfahren bedeutsam, da zahlreiche chemische Prozesse überhaupt nur möglich sind, weil andere gehemmt sind. Die großtechnische Herstellung von NaOH und Cl_2 nach dem Amalgamverfahren ist z.B. nur wegen der großen Überspannung von H_2 an Quecksilber möglich, auf Grund derer sich Natrium am Quecksilber unter Amalgambildung abscheidet und nicht der Wasserstoff, wie man es aus der Redoxreihe erwartet. In der Praxis lassen sich daher Elektrolysen ohne genaue Kenntnis der Überspannungen nicht vorhersagen.

M 9.45: Wie groß ist die Zersetzungsspannung einer HCl-Lösung unter Standardbedingungen – $a(H_3O^+) = a(Cl^-) = 1\ mol \cdot L^{-1}$, $p(H_2) = p(Cl_2) = 1{,}013$ bar, $T = 298$ K – mit Grafitelektroden bei der Stromdichte 0,1 A/cm²? $E^0(H_2/H_3O^+) = 0$ V, $E^0(2\ Cl^-/Cl_2) = 1{,}36$ V

Lsg.: Da die Elektrolyse nichts anderes ist als die zwangsweise Umkehr von Vorgängen, die in einer galvanischen Zelle freiwillig ablaufen, lässt sich die Zersetzung aus der EMK berechnen. Für die Zersetzungsspannung U_Z gilt:

$$U_Z = E_{Anode} - E_{Kathode}$$

An der Kathode werden die aus der Protolyse der HCl mit H_2O gebildeten H_3O^+ entladen:

Kathode: $2\ H_3O^+ + 2\ e^- \rightarrow H_2 + 2\ H_2O$ $\quad E^0 = 0$ V

Aufgrund der Überspannung von H_2 an Grafit ist $E = -0{,}97$ V.

An der Anode werden die Cl^--Ionen entladen:

Anode: $2\ Cl^- \rightarrow Cl_2 + 2\ e^-$ $\quad E^0 = 1{,}36$ V

Mit der Überspannung von Cl_2 an Grafit ist $E = 1{,}36\ V + 0{,}25\ V = 1{,}61$ V

Die Zersetzungsspannung beträgt also:

$U_Z = E_{Anode} - E_{Kathode} = 1{,}61\ V - (-0{,}97\ V) =$ **2,58 V**

M 9.46: Wie groß ist die Zersetzungsspannung einer wässrigen $ZnCl_2$-Lösung, pH = 7, unter Standardbedingungen, $c\,(ZnCl_2) = 1\ mol \cdot L^{-1}$, mit Grafit-Elektroden und einer Stromdichte von 0,1 A/cm², wenn bei pH = 7 die Kathodenreaktion ($H_2 + 2\ OH^-/2\ H_2O$) und die Anodenreaktion ($6\ H_2O/O_2 + 4\ H_3O^+$) eintreten können?
$E^0\,(Zn/Zn^{2+}) = -\,0{,}76\ V$, $E^0\,(2\ Cl^-/Cl_2) = 1{,}36\ V$, $E^0\,(4\ OH^-/O_2 + 2\ H_2O) = 0{,}40\ V$

a) Ohne Berücksichtigung und

b) mit Berücksichtigung der Überspannungen von H_2, O_2, und Cl_2 an den Grafit-Elektroden.

Lsg.: a) An der **Kathode** sind 2 Reaktionen denkbar:

$Zn^{2+} + 2\ e^- \rightarrow 2\ Zn \quad E^0 = -\,0{,}76\ V$

$2\ H_2O + 2\ e^- \rightarrow H_2 + 2\ OH^- \quad E^0 = ?$ (bei pH = 7)

Zunächst muss das Abscheidungspotential von H_2 als Konkurrenzreaktion berechnet werden. Mit Gl. 9.50 erhält man: $E = -\,0{,}0592\ V \cdot pH = -\,0{,}0592\ V \cdot 7 = -\,0{,}414\ V$. Da zur Abscheidung von H_2 nur $-\,0{,}414\ V$ statt $-\,0{,}76\ V$ nötig sind, bildet sich H_2.

An der **Anode** konkurrieren ebenfalls 2 Reaktionen:

$2\ Cl^- \rightarrow Cl_2 + 2\ e^- \quad E^0 = 1{,}36\ V$

$6\ H_2O \rightarrow O_2 + 4\ H_3O^+ + 4\ e^- \quad E^0 = ?$ (bei pH = 7)

Wie bei der Kathode ist auch an der Anode die direkte Reaktion von H_2O-Molekülen, jetzt die Oxidation, wahrscheinlicher als die Oxidation von OH^--Ionen nach der Gleichung: $4\ OH^- \rightarrow O_2 + 2\ H_2O + 4\ e^- \quad E = 0{,}40\ V$

Die OH^--Konzentration ist nämlich bei pH = 7 wie die von H_3O^+ nur $10^{-7}\ mol \cdot L^{-1}$.

Anwendung der Gl. 9.52 ergibt:

$$E = 0{,}40\ V - \frac{0{,}0592\ V}{4} \cdot \lg\,\{c^4\,(OH^-)\}$$

$$E = 0{,}40\ V - 0{,}0592\ V \cdot \lg 10^{-7} = 0{,}814$$

Die Zersetzungsspannung für die Bildung von Zn und Cl_2 ist

$$U_Z = E_{Anode} - E_{Kathode} = 1{,}36\ V - (-\,0{,}76\ V) = 2{,}12\ V$$

Für die Elektrolyse des Wassers beträgt die Zersetzungsspannung:

$$U_Z = E_{Anode} - E_{Kathode} = 0{,}814\ V - (-\,0{,}414\ V) = \mathbf{1{,}228\ V}$$

Hiernach ist also die Elektrolyse des Wassers zu erwarten.

b) Die Reaktionen an Kathode und Anode sind gleich, nur dass jetzt die Überspannungen mit Gl. 9. 63 und Tab. 9h berücksichtigt werden. Im Gegensatz zu H_2 tritt beim Zink keine nennenswerte Überspannung auf, sodass für die **Kathode** gilt:

$Zn^{2+} + 2\ e^- \rightarrow Zn \quad E^0 = -\,0{,}76\ V$

$2\ H_2O + 2\ e^- \rightarrow H_2 + 2\ OH^- \quad U_{Z,\,p} = -\,0{,}414\ V + (-\,0{,}97\ V) = -\,1{,}384\ V$

An der **Anode** erhält man unter Berücksichtigung der Überspannungen an Grafit die Spannungen:

$2\ Cl^- \rightarrow Cl_2 + 2\ e^- \quad U_{Z,\,p} = 1{,}36\ V + 0{,}25\ V = 1{,}61\ V$

$6\ H_2O \rightarrow O_2 + 4\ H_3O^+ + 4\ e^- \quad U_{Z,\,p} = 0{,}814\ V + 1{,}09\ V = 1{,}904\ V$

Die Bildung von Zn und Cl_2 ergibt: $U_Z = 1{,}61\ V - (-\,0{,}76\ V) = \mathbf{2{,}37\ V}$

und für die Zersetzung von H_2O: $U_Z = 1{,}904\ V - (-\,1{,}384\ V) = \mathbf{3{,}288\ V}$

Die Bildung von Zink und Chlor wird also bei Verwendung von Grafit-Elektroden eintreten.

9.9.8 Technisch wichtige galvanische Elemente

Bei allen galvanischen Elementen wird chemische Energie in elektrische umgewandelt. Bis zur Erfindung der Dynamomaschine (*Siemens,* 1869) boten sie die einzige Möglichkeit, größere elektrische Ströme zu erzeugen. Auch heute sind sie selbstverständliche Bestandteile des Alltags. Als Taschenlampenbatterien, Knopfzellen in Taschenrechnern und Uhren oder als Akkumulatoren, (Akkus), finden sie vielseitige Verwendung. Obwohl die erwähnte Energieumwandlung allen diesen galvanischen Elementen zu eigen ist, unterteilt man sie in 3 Gruppen: die **Primär-** und **Sekundärelemente** und die **Brennstoffzellen**.

Die **Primärelemente** sind Batterien, die für den einmaligen Gebrauch bestimmt sind. Bei ihnen können die chemischen Vorgänge, die sich bei der Stromentnahme abspielen, nicht wieder rückgängig gemacht werden, da die Elektroden hierbei verbraucht werden.

Bei den **Sekundärelementen** sind die bei der Stromentnahme ablaufenden chemischen Reaktionen umkehrbar. Hierzu gehören alle Akkumulatoren, kurz Akkus. Man bezeichnet die Stromentnahme als Entladen und die Umkehrreaktion als Laden eines Akkus. Aufgrund bestimmter Veränderungen an den Elektroden verläuft das Laden eines Akkus allerdings nicht vollkommen bis zum Ausgangszustand. Die Grenzen zwischen Primär- und Sekundärelementen sind daher nicht sehr scharf, sondern eher fließend, da bestimmte Primärelemente mittlerweile in begrenztem Umfang auch wiederaufladbar sind.

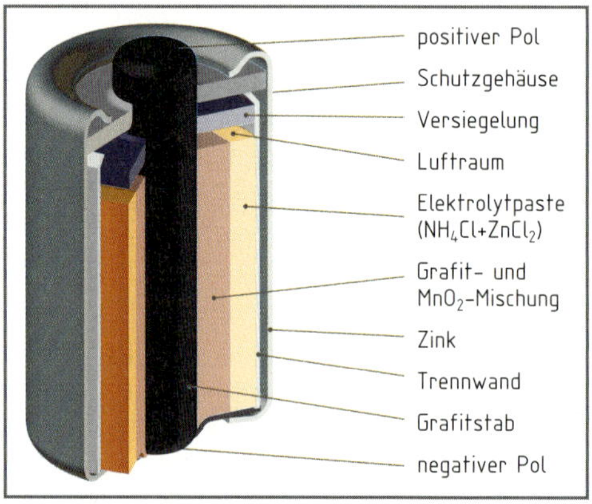

Bild 1: *Leclanché*-Element

Brennstoffzellen enthalten im Gegensatz zu den Primär- und Sekundärelementen keine gespeicherte Energie, die bei der Stromentnahme als elektrische Energie frei wird, sondern sind reine Energiewandler. Man kann sie in gewisser Weise mit Primärelementen vergleichen, nur dass bei ihnen die für die Reaktion nötigen Substanzen während des Betriebs ständig zugeführt werden.

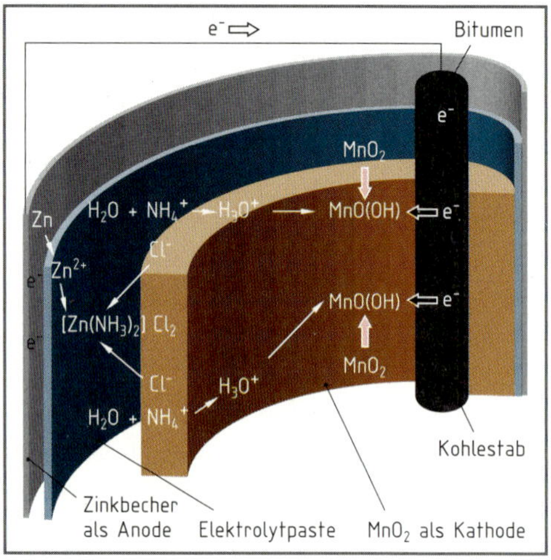

Bild 2: Vorgänge bei Stromentnahme im *Leclanché*-Element

Das bekannteste Primärelement, das auch heute noch in Batterieform für Radios, Uhren, Taschenlampen etc. verwendet wird, ist das sogenannte *Leclanché*-Element, benannt nach seinem Erfinder *G. Leclanché,* (1866), das in etwas abgewandelter Form als **Trockenbatterie** oder **Trockenzelle** eingesetzt wird. Den Aufbau einer solchen Trockenzelle zeigt Bild 1. Als Elektroden fungieren ein Zinkblech und ein Kohlestab, weshalb zuweilen auch die Bezeichnung Zink/Kohle-Element verwendet wird. Der Zinkbecher stellt hierbei die Anode und der Kohlestab die Kathode dar. Der Kohlestab ist mit einem Gemisch aus MnO_2 und Ruß umgeben. Als Elektrolyt dient eine mit Stärke und Weizenmehl eingedickte Lösung aus NH_4Cl mit etwas $ZnCl_2$. Die Trockenbatterie ist luftdicht abgeschlossen. Bei Stromentnahme fließen von der Zink-Anode Elektronen über einen äußeren Stromkreis zur Kohleelektrode. Die Reaktion lautet:

Anode: $Zn \rightarrow Zn^{2+} + 2\,e^-$

An der Kohleelektrode, der **Kathode,** werden diese Elektronen von den H_3O^+-Ionen des Elektrolyten aufgenommen:

$$2\,H_3O^+ + 2\,e^- \rightarrow H_2 + 2\,H_2O$$

Die H_3O^+-Ionen entstehen durch die teilweise Protolyse der NH_4^+-Ionen aus dem Elektrolyten:

$$NH_4^+ + H_2O \rightleftarrows H_3O^+ + NH_3$$

Durch die Reduktion der H_3O^+-Ionen entsteht Wasserstoff, der nicht entweichen kann und der um den Kohlestab eine isolierende Gashaut ausbildet (Polarisation der Kohleelektrode). Der Stromfluss kommt dann langsam zum Stillstand. Um diesen Reaktionsablauf zu vermeiden, d.h. die Bildung von Wasserstoff zu verhindern, umgibt man den Kohlestab mit einer Schicht aus MnO_2. In Gegenwart von MnO_2 werden die H_3O^+-Ionen am Kohlestab zu Wasser gebunden:

$$2\,MnO_2 + 2\,H_3O^+ + 2\,e^- \rightarrow 2\,MnO\,(OH) + 2\,H_2O$$

Auf diese Weise wird die Polarisation der Kohleelektrode vermieden, weshalb man das MnO_2 als **Depolarisator** bezeichnet.

Der Elektrolyt NH_4Cl ist dissoziiert, und wie schon erwähnt, teilweise protolysiert:

$$2\,NH_4Cl + 2\,H_2O \rightleftarrows 2\,NH_3 + 2\,H_3O^+ + 2\,Cl^-$$

Mit den an der Zink-Anode in Lösung gegangenen Zn^{2+}-Ionen bildet sich das schwerlösliche Salz Zinkdiamminchlorid, $[Zn\,(NH_3)_2]\,Cl_2$.

$$Zn^{2+} + 2\,NH_3 + 2\,Cl^- \rightarrow [Zn\,(NH_3)_2]Cl_2$$

Fasst man die einzelnen Vorgange zusammen, so erhält man als Gesamtreaktion:

Anode:	Zn	$\rightarrow$	$Zn^{2+} + 2\,e^-$
Kathode:	$2\,MnO_2 + 2\,H_3O^+ + 2\,e^-$	$\rightarrow$	$2\,MnO\,(OH) + 2\,H_2O$
Elektrolytlösung:	$Zn^{2+} + 2\,NH_4^+ + 2\,Cl^- + 2\,H_2O$	$\rightleftarrows$	$[Zn\,(NH_3)_2]Cl_2 + 2\,H_3O^+$
Gesamtreaktion:	$Zn + 2\,MnO_2 + 2\,NH_4Cl$	$\rightarrow$	$2\,MnO\,(OH) + [Zn\,(NH_3)_2]Cl_2$

Die Vorgänge sind in Bild 2, S. 318 schematisch wiedergegeben.

Während des Entladens wird der Zinkbecher, der auch als Zellenbehälter dient, teilweise aufgelöst. Der Zinkbecher wird daher mit einer Schutzhülle aus Stahl umgeben, um ein Auslaufen des Elektrolyten oder der Reaktionsprodukte durch das bei entladenen Zellen eventuell vorhandene angelöste Zink zu verhindern. Da die bei der Entladung beschriebenen Vorgänge auch durch Energiezufuhr nicht wieder rückgängig gemacht werden können, ist das *Leclanché*-Element nicht wieder ladbar.

Leistungsfähiger, leider auch teurer als die hier beschriebene saure Trockenzelle (NH_4Cl reagiert sauer) sind die alkalischen Trockenzellen, in denen KOH als Elektrolyt eingesetzt wird. Solche Zellen produzieren einen stärkeren und stabileren Strom, da die Ionen im Elektrolyten besser beweglich sind. Am bekanntesten ist hier das Alkali-/Mangan-Element. Es besteht aus einer Zink-/Amalgam-Anode und einer MnO_2-Kathode. Elektrolyt ist eine KOH-Lösung. Der Vorteil solcher Elemente ist eine über einen längeren Zeitraum anhaltende konstante Spannung. Weitere für spezielle Zwecke eingesetzte Batterien sind die Metall-/Luft-Zellen und die Zn/HgO-Zelle. Die letztgenannte Zelle wird als sogenannte **Knopfzelle** in Taschenrechnern, Fotoapparaten, Hörgeräten, Quarzuhren etc. eingesetzt.

Der schematische Aufbau dieser Zelle ist in Bild 1 wiedergegeben. Bei dieser Zelle besteht die Anode aus Zink und die Kathode ist ein Stahlstück, das mit einer Mischung aus HgO, KOH und $Zn\,(OH)_2$ in Berührung steht.

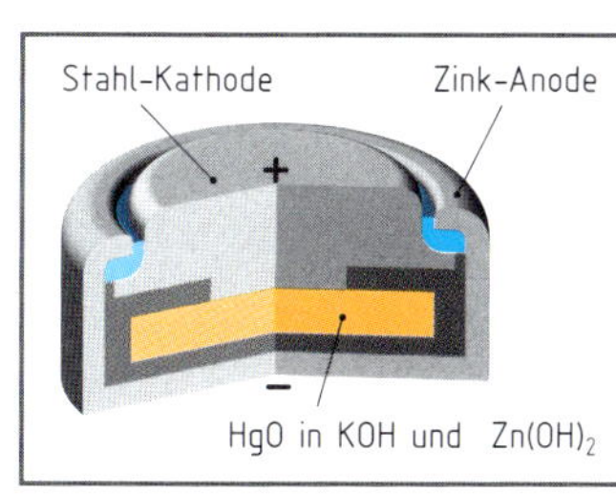

Bild 1: Knopfzelle

Eine KOH-Lösung, $w\,(KOH) = 40\%$, ist der Elektrolyt.

An der Anode geht Zink in Lösung: $Zn \rightarrow Zn^{2+} + 2\,e^-$

Diese Elektronen werden an der Kathode von dem HgO aufgenommen, das zu Hg reduziert wird:

$$HgO + H_2O + 2\,e^- \rightarrow Hg + 2\,OH^-$$

Die an der Anode entstehenden Zn^{2+}-Ionen reagieren mit den OH^--Ionen des Elektrolyten zu dem Hydroxokomplex: $[Zn\,(OH)_4]^{2-}$ bis zu seiner Sättigungskonzentration. Ist diese überschritten, so zerfällt der Komplex in ZnO, H_2O und OH^-:

$$[Zn\,(OH)_4]^{2-} \rightarrow ZnO + H_2O + 2\,OH^-$$

Durch Addition der Einzelreaktionen erhält man als Gesamtreaktion für die Zelle:

$$Zn + HgO \rightarrow ZnO + Hg$$

Von den Sekundärelementen ist der **Bleiakkumulator** (Autobatterie), kurz Akku genannt, am bekanntesten. Er besteht aus einer Blei-Anode und einem mit PbO_2 beschichteten Bleinetz als

Kathode. Beide Elektroden tauchen in eine Schwefelsäure-Lösung, *w* (H_2SO_4) = 20%. Bei der Stromentnahme, d.h. der Entladung der Batterie, gehen an der Bleielektrode, der **Anode**, Bleiionen in Lösung, die mit den SO_4^{2-}-Ionen der Lösung schwerlösliches Bleisulfat bilden:

$$Pb + SO_4^{2-} \rightarrow PbSO_4 + 2\,e^-$$

Die Elektronen wandern zur Kathode, der PbO_2-Elektrode, und entladen dort die Oxonium-Ionen, (H_3O^+), wobei ebenfalls Pb^{2+}-Ionen gebildet werden, die mit den SO_4^{2-}-Ionen wieder $PbSO_4$ bilden. Der Kathodenvorgang ist also:

$$PbO_2 + SO_4^{2-} + 4\,H_3O^+ + 2\,e^- \rightarrow PbSO_4 + 6\,H_2O$$

Die Gesamtreaktion beim Entladen lautet:

$$Pb + PbO_2 + 2\,H_2SO_4 \rightarrow 2\,PbSO_4 + 2\,H_2O.$$

Die Vorgänge sind in Bild 1 wiedergegeben. Da hierbei Schwefelsäure verbraucht wird, ändert sich die Konzentration der Schwefelsäure-Lösung und damit verbunden ihre Dichte (sie wird kleiner). Man kann daher aus der Dichtemessung mittels eines Aräometers Rückschlüsse auf den Ladungszustand der Batterie ziehen. Ist die Dichte kleiner als 1,2 g/cm³, so muss der Akku neu aufgeladen werden. Hierbei wird der spontan ablaufende Redox-Prozess, der beim Entladen stattfindet, durch eine äußere Energiequelle umgekehrt. An der negativen Elektrode wird $PbSO_4$ zu Pb reduziert.

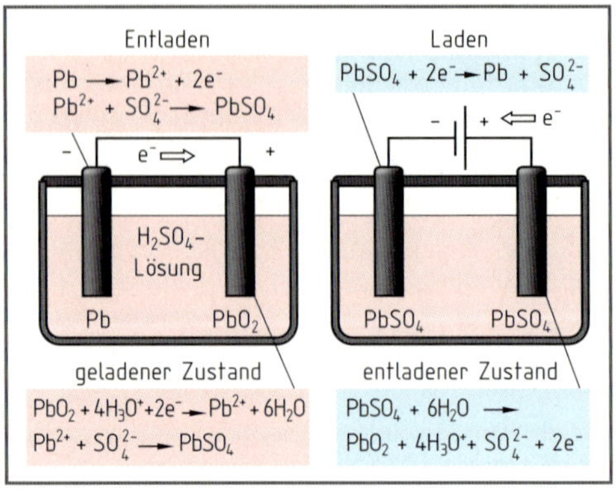

Bild 1: Entladen und Laden eines Akkus

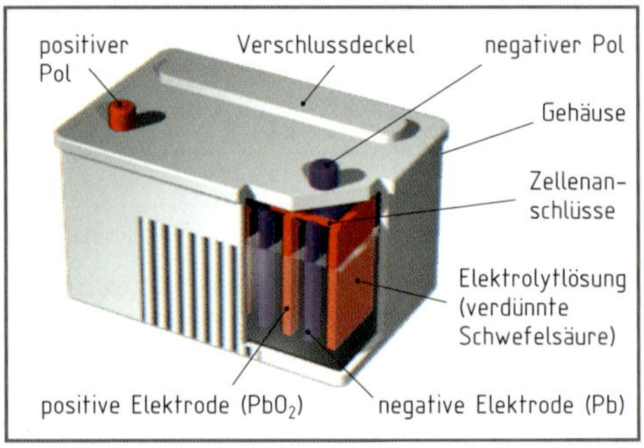

Bild 2: Autobatterie

$$PbSO_4 + 2\,e^- \rightarrow Pb + SO_4^{2-}.$$

An der positiven Elektrode wird das $PbSO_4$ zu PbO_2 umgewandelt.

$$PbSO_4 + 6\,H_2O \rightarrow PbO_2 + SO_4^{2-} + 4\,H_3O^+ + 2\,e^-$$

Schwefelsäure wird freigesetzt. Die Gesamtreaktion beim Laden des Akkus lautet daher:

$$2\,PbSO_4 + 2\,H_2O \rightarrow Pb + PbO_2 + 2\,H_2SO_4.$$

Die galvanische Kette $Pb/PbSO_4//PbO_2/PbSO_4$ liefert eine Spannung von ca. 2 V. In Autobatterien sind 6 Zellen in Reihe zu einer Batterie geschaltet, die eine Spannung von 12 V liefert. Die Zellen sind in einem gemeinsamen Gehäuse untergebracht, wie Bild 2 zeigt.

Durch bestimmte Veränderungen an den Elektroden sind der Entlade- und Ladevorgang beim Akku und allen anderen Sekundärelementen allerdings nicht vollkommen umkehrbar.

Zu den Sekundärelementen gehören auch die Cadmium/Nickel-Zellen (*Jungner*-Akku), die hauptsächlich in tragbaren elektronischen Geräten eingesetzt und als wiederaufladbare Cadmium/Nickel-Batterien bezeichnet werden.

Die Anode besteht aus Cadmium und mit NiO(OH) überzogenes Nickel dient als Kathode. Als Elektrolytlösung verwendet man Kalilauge oder Natronlauge. Bei der Entladung geht Cadmium in Lösung und bildet mit den OH^--Ionen des Elektrolyten $Cd(OH)_2$:

$$Cd + 2\,OH^- \rightarrow Cd\,(OH)_2 + 2\,e^-$$

Die Elektronen werden an der Kathode aufgenommen, wobei sich $Ni(OH)_2$ bildet:

$$2\,NiO(OH) + 2\,H_2O + 2\,e^- \rightarrow 2\,Ni(OH)_2 + 2\,OH^-$$

Die Gesamtreaktion der Entladung und der Umkehrreaktion (Laden) lautet:

$$Cd + 2\,NiO(OH) \rightleftarrows Cd(OH)_2 + 2\,Ni(OH)_2$$

Die Reaktionsprodukte bleiben wie das $PbSO_4$ beim Bleiakku an den Elektroden haften, sodass die Redoxreaktion beim Entladen wieder in gewissem Maß wie beim Bleiakku durch das Laden rückgängig gemacht werden kann.

In Brennstoffzellen wird die bei der Verbrennung eines Stoffes frei werdende Energie **direkt** in elektrische Energie umgewandelt. Der verlustbringende Schritt über die Wärmeenergie, wie er z.B. in der Dampfmaschine nötig ist, wird vermieden. Man erzielt mit diesen Zellen Wirkungsgrade bis zu 90%, also gut das Doppelte von herkömmlichen Wärmekraftwerken, deren Wirkungsgrad 30 – 40% beträgt. Die zur Energiegewinnung in der Raumfahrttechnik, z.B. der Apollo-Raumkapsel und dem Raumtransporter „Space-Shuttle", eingesetzte technisch nutzbare Brennstoffzelle, ist die **Wasserstoff-Sauerstoff-Brennstoffzelle.**

Den schematischen Aufbau einer solchen Zelle zeigt Bild 1. Wasserstoff wird hierbei als Brennstoff und Sauerstoff als Oxidationsmittel eingesetzt. Die Elektroden in den beiden Halbzellen sind Rohre, deren Wände aus poröser Kohle bestehen, die mit einem Katalysator, in der Regel Raney-Nickel, vermischt ist. Als Elektrolyt dient meist eine KOH-Lösung. Die beiden Gase werden kontinuierlich den beiden Elektroden zugeführt und das Produkt, Wasser, fortwährend abgesaugt. Wird Wasserstoff der Nickel-Elektrode zugeführt, so werden die H_2-Moleküle aufgrund der adsorbierenden Wirkung von Ni zunächst in Atome gespalten und dann an der Oberfläche adsorbiert:

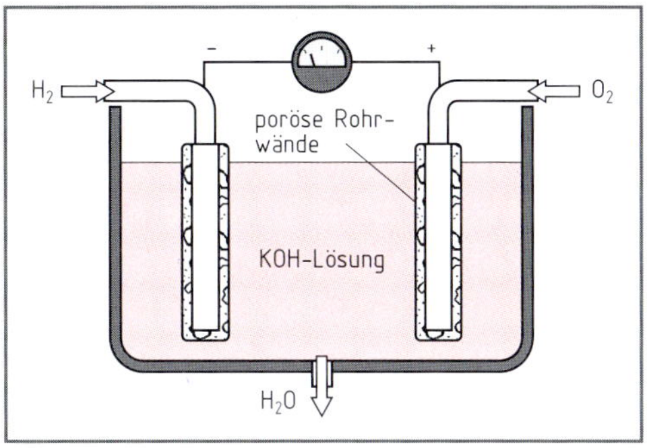

Bild 1: Brennstoffzelle

$2\,H_2 \rightarrow 4H_{ad.}$ (1)

Diese H-Atome reagieren mit den OH^--Ionen des Elektrolyten zu Wasser:

$4\,H_{ad.} + 4\,OH^- \rightarrow 4\,H_2O + 4\,e^-$ (2)

Da hierbei Elektronen frei werden, ist die H_2-führende Elektrode bei Stromfluss die Anode. Der Gesamtvorgang an der Anode lautet also:

$2\,H_2 + 4\,OH^- \rightarrow 4\,H_2O + 4\,e^-$ (3)

An der Sauerstoff-Elektrode nehmen die O_2-Moleküle diese Elektronen auf:

$O_2 + 4\,e^- \rightarrow 2\,O^{2-}$ (4)

Die Sauerstoff-Ionen reagieren in der Folge mit demvorhandenen und gebildeten Wasser weiter, wobei die OH^--Ionen geliefert werden, die bei Reaktion (2) nötig sind.

$2\,O^{2-} + 2\,H_2O \rightarrow 4\,OH^-$ (5)

Der Vorgang an der Kathode lautet daher zusammengefasst:

$O_2 + 4\,e^- + 2\,H_2O \rightarrow 4\,OH^-$ (6)

Durch Addition der an Anode und Kathode verlaufenden Vorgänge (1–6) erhält man:

$2\,H_2 + O_2 \rightarrow 2\,H_2O$

Der energieliefernde Vorgang bei der Wasserstoff-Sauerstoff-Brennstoffzelle besteht also in der kalten Verbrennung des Wasserstoffs. Die EMK dieser Kette unter Standardbedingungen lässt sich mit Gl. 9.43 berechnen.

Für die Reaktion: $H_2 + {}^1\!/_2\,O_2 \rightarrow H_2O$ ist $\Delta_r G^0_m = -237\ \text{kJ} \cdot \text{mol}^{-1} = -237\ \text{kV} \cdot \text{A} \cdot \text{s} \cdot \text{mol}^{-1}$.

Wird in der Brennstoffzelle 1 mol H_2O gebildet, so werden 2 mol Elektronen umgesetzt.

Einsetzen dieser Werte in Gl. 9.43 ergibt: $\Delta E^0 = \frac{\Delta_r G^0_m}{z \cdot F} = \frac{237 \cdot 10^3\ \text{V} \cdot \text{A} \cdot \text{s} \cdot \text{mol}^{-1}}{2 \cdot 96\,500\ \text{A} \cdot \text{s} \cdot \text{mol}^{-1}} = 1{,}2\ \text{V}$

Für eine wirtschaftliche Nutzung sind die Brennstoffzellen augenblicklich noch zu teuer. Zum Dauerbetrieb benötigen solche Zellen im Gegensatz zu den klassischen Batterien und Akkumulatoren eine Reihe von Hilfseinrichtungen:

- Eine Elektrolytpumpe zur Umwälzung des Elektrolyten,
- Kühleinrichtungen für die beim Betrieb entstehende Wärme und eine
- Druckregelung der Reaktionsgase und eventuell deren Herstellung und Reinigung.

Die Druckregelung ist bei Verwendung der porösen Elektroden besonders wichtig. Ist der Druck zu groß, wird die Flüssigkeit aus den Poren gedrückt, ist er zu klein, dringt Flüssigkeit ein.

Die Herstellung der Reaktionsgase ist zur Zeit ebenfalls zu kostspielig. Wasser als Rohstoff zur H_2-Gewinnung steht zwar in unbegrenztem Ausmaß zur Verfügung, die Energie, die die H_2/O_2-Brennstoffzelle liefern soll, muss jedoch vorher zur Spaltung des Wassers aufgewendet werden.

Interessanter vom energiewirtschaftlichen Standpunkt und somit kostengünstiger wären Brennstoffzellen, in denen organische Brennstoffe mit reinem Sauerstoff oder sogar mit Luft oxidiert würden. Solche Brennstoffe kommen teilweise in der Natur vor (Erdgas, Methan) oder ließen sich mit relativ geringem Aufwand aus Kohle herstellen (z.B. Methanol). In dieser Richtung wurden auch schon einige Fortschritte bei der Entwicklung von Methan/Luft- oder Methanol/Luft-Zellen erreicht. Interessant ist in diesem Hinblick auch der in den USA erprobte Versuch mit sogenannten **„Elektrofarmen"** auf einem Versuchsbauernhof. Rutenhirse, eine anspruchslose Pflanze, die auch auf brachliegender Ackerfläche gedeiht, wird nach 2-jährigem Wachstum geerntet und in kleine Tabletten gepresst. Unter Ausschluss von Sauerstoff wird diese hochkonzentrierte Biomasse auf 750 °C erhitzt. Dadurch wird eine Verbrennung verhindert, und die Biomasse zerfällt unter Entstehung von Wasserstoff, der einer Brennstoffzelle zugeführt wird. In Zukunft sollen solche „Elektrofarmen" nicht nur in den USA, sondern auch in der „Dritten Welt" und in Europa entstehen. Brachliegende Ackerflächen könnten dann durch den Anbau von Rutenhirse und den Ausbau von Elektrofarmen einen Beitrag zur Deckung des steigenden Energieverbrauchs liefern.

9.9.9 Korrosion

Die Bildung von galvanischen Elementen, die nutzbringend z.B. in Batterien und Akkus verwendet werden, besitzt leider auch eine Schattenseite, der eine Reihe von metallischen Werkstoffen mitunter zum Opfer fallen: die **Korrosion.**

> Unter Korrosion versteht man eine von der Oberfläche ausgehende, elektrochemische, chemische oder metallphysikalische Zerstörung von metallischen Werkstoffen.

Häufig wird hierbei das Metall zu Metallionen oxidiert, die anschließend in vielfältiger Weise weiter reagieren können und die unterschiedlichsten Korrosionsprodukte ergeben. Es handelt sich dabei um Redoxreaktionen, die von Substanzen in der Umgebung des Metalls eingeleitet werden. Die beiden wichtigsten Ursachen der Korrosion, d.h. der Oxidation des Metalls, sind **chemische Reaktionen** oder **elektrochemische Vorgänge.**

Die direkte chemische Reaktion findet statt, wenn sich das Metall unmittelbar mit einem Angriffsmedium umsetzt (z.B. Zunderbildung von Eisenwerkstoffen bei hoher Temperatur mit Luftsauerstoff: $4\ Fe + 3\ O_2 \rightarrow 2\ Fe_2O_3$). Bei der elektrochemischen Korrosion (häufigste Form) muss immer zusätzlich ein Elektrolyt vorhanden sein (Kondensat, Spritzwasser usw.) wie z.B. beim Rosten von Eisenwerkstoffen in feuchten Atmosphären: $2\ Fe + 2\ O_2 + 2\ H_2O \rightarrow 2\ FeO\ (OH)_2$. Die Elektroden bilden hier entweder unterschiedliche Gefügebestandteile im Werkstoff oder zwei sich berührende Bauteile aus unterschiedlichen Werkstoffen. Enthält das Wasser noch Ionen von gelösten Salzen, wird seine Leitfähigkeit erhöht und der ganze Korrosionsvorgang beschleunigt. Besonders **korrosiv** wirken Chlorid-Ionen (z.B. in Meerwasser und im Spritzwasser nach dem Salzstreuen von Straßen im Winter), da sie den Rostvorgang katalysieren und mit den im Reaktionsverlauf gebildeten Fe^{3+}-Ionen lösliche Komplexe bilden, womit die Oxidation des Metalls gefördert wird. Auch die Korrosion von Kupfer mit Luftsauerstoff zu CuO oder in Anwesenheit von H_2O, das gelöstes CO_2 enthält, zu basischen Kupfercarbonaten sind vereinfachte Beispiele von Korrosionsvorgängen auf der Basis direkter elektrochemischer Reaktionen.

Bei der **elektrochemischen Korrosion** beruht die Zerstörung der Metalle auf der Bildung eines galvanischen Elements. Berühren sich 2 metallische Werkstoffe mit verschiedenen Redoxpotentialen und taucht die Berührungsstelle in Elektrolytlösungen ein, z.B. in Regenwasser mit gelöstem CO_2, bildet sich ein galvanisches Element aus, das als **Korrosionselement** bezeichnet wird. Bild 1, S. 323 zeigt ein solches Korrosionselement. Es stellt nichts anderes dar als eine kleine kurzgeschlossene galvanische Zelle. In dieser löst sich der unedlere metallische Werkstoff mit dem negativeren Redoxpotential langsam auf. Diese Art von Korrosion tritt besonders bei metallischen Werkstoffen mit stark negativem Normalpotential auf, da hier schon kleinste Verunreinigungen ihrer Oberfläche mit einem Metall mit positiverem Normalpotential zur Bildung von Korrosionselementen genügen. Besonders gefährdet sind die Stellen an Geräten und Apparaturen, wo zwei metallische Werkstoffe unterschiedlicher Potentiale direkt miteinander in Berührung kommen, wie z.B. bei Schweißnähten oder Nieten.

Werden H_3O^+-Ionen bzw. H_2O-Moleküle reduziert, so spricht man von einer **Wasserstoff-Korrosion.** Die Reduktionsgleichungen hierfür lauten:

$$2\,H_3O^+ + 2\,e^- \rightarrow 2\,H_2O + H_2 \quad \text{bzw.} \quad 2\,H_2O + 2\,e^- \rightarrow 2\,OH^- + H_2$$

Kann kein Wasserstoff entwickelt werden, was in neutralen oder schwach alkalischen Lösungen oft der Fall ist, so erfolgt bei Luftzutritt die Reduktion von Sauerstoff und man spricht von der **Sauerstoff-Korrosion:**

$$O_2 + 2\,H_2O + 4\,e^- \rightarrow 4\,OH^-$$

Die Korrosionselementbildung kann nicht nur, wie bisher beschrieben, zwischen zwei verschiedenen Metallen eintreten, sondern auch bei ein und demselben Metall erfolgen, wenn z.B. die Oberflächenbeschaffenheit verschieden ist.

Da durch die Korrosion jährlich Schäden in Milliardenhöhe entstehen, ist ihre Erforschung und Verhinderung eine sehr wichtige Aufgabe für die Industrie.

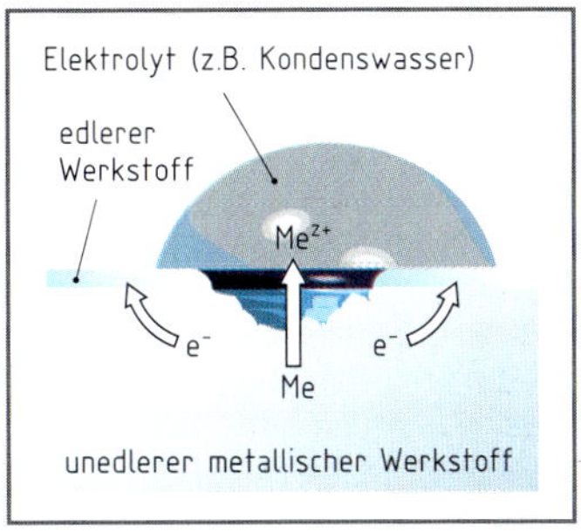

Bild 1: Korrosionselement

Als Korrosionsschutz für Metalle können verschiedenartige Überzüge dienen, welche die Ausbildung von Korrosionselementen verhindern. Farbanstriche, Kunststoffüberzüge und Emaillierungen sollen vor allem den Zutritt von Luft und Feuchtigkeit verhindern. Oft verwendet man als Überzug für Stahl auch andere Metalle wie z.B. Zink, Zinn, Chrom oder Nickel.

Bild 2 zeigt die Wirkung eines Zink- und eines Zinn-Überzuges auf Stahl bei der Sauerstoffkorrosion.

Ein Zinküberzug schützt das Eisen auch dann vor der Korrosion, wenn der Überzug beschädigt ist. Zink besitzt das negativere Potential und geht daher eher als Eisen in Lösung. An Stelle des Eisens wird Zink korrodiert.

Da Zn^{2+}-Ionen toxisch sind, darf verzinktes Eisenblech jedoch nicht für Lebensmittelbehälter verwendet werden. Für Konservenbüchsen usw. wird daher verzinntes Eisen, sogenanntes **Weißblech** verwendet. In Gegensatz zu Zink wirkt Zinn jedoch nur so lange als Korrosionsschutz, als der Metallüberzug unverletzt ist.

Bei einer Beschädigung des Überzuges wirkt es korrosionsfördernd, da es ein positiveres Potential als Eisen besitzt. Eisen geht in diesem Fall in Lösung und zwar um so schneller, je größer die beschädigte Stelle ist.

Eine andere Möglichkeit zum Korrosionsschutz besteht in der Verwendung von **Schutzelektroden** aus Metallen mit stark negativem Potential wie Zink oder Magnesium. Man stellt dazu zum Schutz des Werkstoffes absichtlich ein Korrosionselement her. Da das zu schützende Metall als Kathode dient, spricht man auch vom **kathodischen Korrosionsschutz.** Angewandt wird diese Art des Korrosionsschutzes bei größeren Objekten wie Schiffen, Brücken, Kesselanlagen oder unterirdisch verlegten Rohrleitungen.

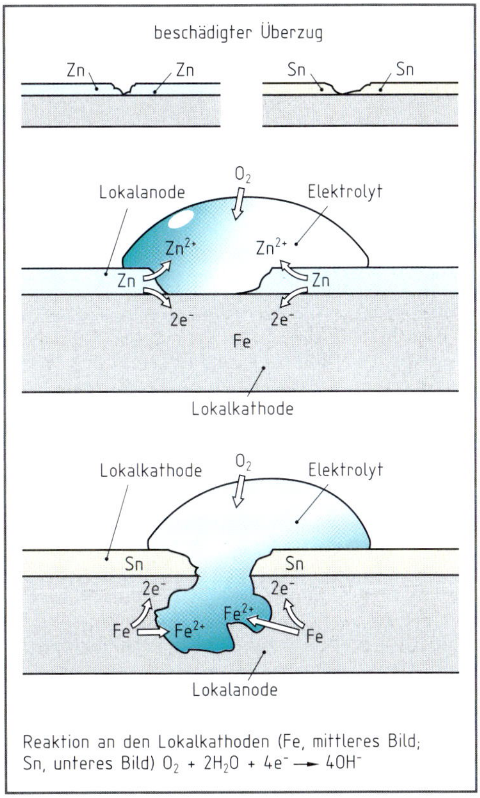

Bild 2: Sauerstoffkorrosion bei verzinktem und verzinntem Stahlblech

Bild 1 zeigt diesen Korrosionsschutz für eine unterirdische Wasserleitung. Die Rohre (Kathode) sind in regelmäßigen Abständen über einen Draht mit eingegrabenen Magnesiumplatten leitend verbunden. Man erhält ein galvanisches Element, in dem die Magnesiumplatten die unedlere Elektrode, d.h. die Anode darstellen. Das Magnesium wird also oxidiert und löst sich auf. Mann nennt solche Anoden daher auch **Opferanoden.**

Bei Schiffen, deren Rumpf aus Eisen besteht, verhindert man die Korrosion in ähnlicher Weise, indem man Zinkplatten an der Außenwand anbringt.

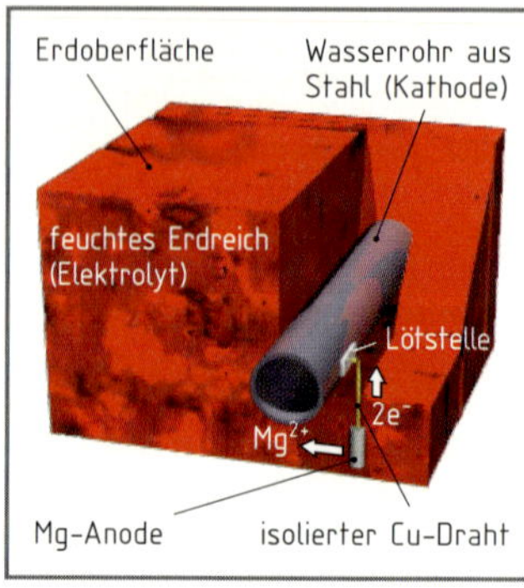

Bild 1: Kathodischer Korrosionsschutz

Vergleicht man Aluminium und Magnesium mit Eisen, so sollten diese aufgrund ihres negativeren Potentials schneller korrodieren. Dies ist jedoch nicht der Fall, da beide Metalle an ihrer Oberfläche eine dünne Oxidschicht ausbilden, die das darunterliegende Metall zunächst vor der weiteren Korrosion schützen. Die Ausbildung einer solchen schützenden Oxidschicht bezeichnet man als **Passivierung.** Bei Aluminium wird diese schützende Oxidschicht technisch durch anodische Oxidation verstärkt (Eloxalverfahren). Setzt man Eisen geringe Mengen von Chrom zu, so erhält man eine Legierung, die ebenfalls eine solche Oxidschicht ausbilden kann. Legierungen aus Stahl und Chrom mit $w(\text{Cr}) \geq 12\%$ bezeichnet man als **nichtrostende** oder **rostfreie Stähle.**

ÜBUNGEN ZU KAPITEL 9

9.1 Wieviel mg Kupfer, $M(\text{Cu}) = 63{,}54\ \text{g} \cdot \text{mol}^{-1}$, erhält man durch Elektrolyse aus einer $CuSO_4$-Lösung in 10 Minuten bei einer Stromstärke von 0,8 A? (elektrochem. Äquivalent s. Tabelle 9a, S. 272)

9.2 Berechnen sie das elektrochemische Äquivalent von Wasser, $M(H_2O) = 18\ \text{g} \cdot \text{mol}^{-1}$, d.h. die Masse an Wasser, die von der Strommenge $Q = 1\ \text{A} \cdot \text{s}$ abgeschieden wird, in mg.

9.3 Durch eine verdünnte Schwefelsäure mit $w(H_2SO_4) = 5{,}2\%$ fließt 4 Stunden lang ein Strom von $I = 10$ A. Durch den Vorgang wird der Lösung Wasser entzogen, weil an den Elektroden $V(H_2)$ und $V(O_2)$ im Verhältnis 2:1 entstehen. Wie groß ist der Massenanteil $w(H_2SO_4)$ nach der Elektrolyse, wenn von $m = 70{,}00$ g Lösung ausgegangen wird?

9.4 Wieviel Liter Chlor entstehen bei der Elektrolyse einer NaCl-Lösung bei $\vartheta = 40$ °C und $p = 101{,}1$ kPa, wenn ein Strom von $I = 10$ A 15 Minuten lang fließt und der Stromausbeutefaktor $\eta = 80\%$ beträgt? $M(Cl_2) = 70{,}9\ \text{g} \cdot \text{mol}^{-1}$

9.5 a) Wie groß ist die „wirksame" Elektrodenoberfläche einer Leitfähigkeitsmesszelle, wenn die Zellkonstante $k_\gamma = 1{,}25\ \text{cm}^{-1}$ beträgt und die Elektroden einen Abstand von $l = 2{,}85$ cm voneinander haben?

b) Weshalb kann die Zellkonstante einer Leitfähigkeitsmesszelle nicht direkt durch Abmessen der Elektrodenoberfläche und des Elektrodenabstands ermittelt werden?

c) Warum verwendet man Wechselstrom und nicht Gleichstrom zur Messung der Leitfähigkeit von Elektrolyten?

9.6 Zur Bestimmung der Zellkonstante k_γ einer Leitfähigkeitsmesszelle wurden bei $\vartheta = 25$ °C folgende Widerstände bei den angegebenen Stoffmengenkonzentrationen gemessen:

$R = 270\ \Omega$ bei $c(\text{KCl}) = 0{,}1$ mol/L

$R = 2490\ \Omega$ bei $c(\text{KCl}) = 0{,}01$ mol/L

Berechnen Sie mit Hilfe der Tabelle 9c, S. 275 den Mittelwert der Zellkonstante.

9.7 Die elektrische Leitfähigkeit einer Kupfer(II)-chloridlösung wurde mit $\gamma = 0{,}0187\ \text{S} \cdot \text{cm}^{-1}$ gemessen. Die molare Leitfähigkeit eines Äquivalents dieser Lösung wird mit $\Lambda_{eq} = 93{,}6\ \text{S} \cdot \text{cm}^2 \cdot \text{mol}^{-1}$ angegeben. Welchen Massenanteil an $CuCl_2$ enthält die Lösung, wenn ihre Dichte $\varrho = 1{,}004\ \text{g} \cdot \text{cm}^{-3}$ und die molare Masse dieser Verbindung $M(CuCl_2) = 134{,}5\ \text{g} \cdot \text{mol}^{-1}$ beträgt?

9.8 23,80 g Cadmiumnitrat wurden mit reinem Wasser auf 100 mL aufgefüllt. Die Messung der elektrischen Leitfähigkeit der Lösung ergab $\gamma = 0{,}0827\ S \cdot cm^{-1}$. Wie groß ist die molare Leitfähigkeit und die molare Leitfähigkeit eines Äquivalents von $Cd(NO_3)_2$? Molare Masse des Salzes: $M[Cd(NO_3)_2] = 236{,}4\ g \cdot mol^{-1}$.

9.9 In der folgenden Tabelle sind die fehlenden Leitfähigkeitswerte bei unendlicher Verdünnung durch Rechnung zu ergänzen:

Ionenleitfähigkeit Kation λ (1/z Me^{z+}) in $S \cdot cm^2 \cdot mol^{-1}$		Ionenleitfähigkeit Anion λ (1/z X^{z-}) in $S \cdot cm^2 \cdot mol^{-1}$		Molare Leitfähigkeit Λ in $S \cdot cm^2 \cdot mol^{-1}$		Molare Leitfähigkeit eines Äquivalents Λ_{eq} in $S \cdot cm^2 \cdot mol^{-1}$	
H^+:	314,5	**Br^-:**		HBr:	381,5	HBr:	381,5
Sr^{2+}:	52,0	NO_3^-:	61,5	**$Sr(NO_3)_2$:**		**$Sr(NO_3)_2$:**	
Na^+:	43,5	**SO_4^{2-}:**		**Na_2SO_4:**		Na_2SO_4:	111,5
Mg^{2+}:	46,0	PO_4^{3-}:	69,0	**$Mg_3(PO_4)_2$:**		**$Mg_3(PO_4)_2$:**	

9.10 Eine bestimmte Stoffmenge Lanthan(III)-chlorid wird in Wasser gelöst. Die Ionenbeweglichkeiten betragen bei der vorliegenden Äquivalentkonzentration:
$u(\frac{1}{3}La^{3+}) = 5{,}76 \cdot 10^{-4}\ cm^2 \cdot V^{-1} \cdot s^{-1}$ und $u(Cl^-) = 6{,}67 \cdot 10^{-4}\ cm^2 \cdot V^{-1} \cdot s^{-1}$.

a) Wie groß sind
- die Ionenleitfähigkeiten $\lambda(\frac{1}{3}La^{3+})$ und $\lambda(Cl^-)$,
- die molaren Leitfähigkeiten eines Äquivalentes Λ_{eq} und die
- molare Leitfähigkeit Λ?

b) Welche Stoffmengenkonzentration $c(LaCl_3)$ liegt vor, wenn die elektrische Leitfähigkeit der Lösung $\gamma = 1{,}21 \cdot 10^{-3}\ S \cdot cm^{-1}$ beträgt?

9.11 Für eine NaCl-Lösung wurden bei $T = 298{,}15$ K folgende molaren Leitfähigkeiten für Äquivalente gemessen:

c in $mol \cdot L^{-1}$	Λ_{eq} in $S \cdot cm^2 \cdot mol^{-1}$
0,01	118,51
0,0005	124,50

Zu berechnen ist die Grenzleitfähigkeit!

9.12 Bei $\vartheta = 18$ °C werden für die Grenzleitfähigkeiten der Äquivalente von Kaliumpermanganat, Natriumnitrat und Kaliumnitrat folgende Werte gefunden:
$KMnO_4$: $\Lambda_{eq}^0 = 118{,}1\ S \cdot cm^2 \cdot mol^{-1}$
$NaNO_3$: $\Lambda_{eq}^0 = 105{,}2\ S \cdot cm^2 \cdot mol^{-1}$
KNO_3: $\Lambda_{eq}^0 = 126{,}3\ S \cdot cm^2 \cdot mol^{-1}$
Welche Grenzleitfähigkeit hat ein Äquivalent Natriumpermanganat ($NaMnO_4$)?

9.13 Die Grenzleitfähigkeit von Silbernitrat beträgt bei $\vartheta = 18$ °C $\Lambda_{eq}^0 = 115{,}8\ S \cdot cm^2 \cdot mol^{-1}$. Die Steigung für das Quadratwurzelgesetz von *Kohlrausch* beträgt bei der angegebenen Temperatur für diese Verbindung $k = -2\,150\ S \cdot cm^{7/2} \cdot mol^{-3/2}$. Zu berechnen ist die molare Leitfähigkeit einer Silbernitratlösung mit $c(AgNO_3) = 0{,}1\ mol \cdot L^{-1}$.

9.14 Eine Lithiumchloridlösung mit $c(LiCl) = 0{,}500$ mol/L wird elektrolysiert. Die Bestimmung der Lithiumionenkonzentration im Anodenraum ergibt anschließend $c(Li^+) = 0{,}458$ mol/L und im Kathodenraum $c(Li^+) = 0{,}598$ mol/L. (Anmerkung: Li^+ wird aufgrund seines Redoxpotentials im Kathodenraum nicht abgeschieden, sondern lediglich angereichert.)

a) Berechnen Sie die *hittorf*schen Überführungszahlen von Li^+ und Cl^-.

b) Wie groß sind die Ionenleitfähigkeiten, wenn Λ_{eq} der Ausgangslösung $70{,}7\ S \cdot cm^2 \cdot mol^{-1}$ beträgt?

c) Berechnen Sie die Ionenbeweglichkeiten von Li^+ und Cl^-.

d) Wie groß sind die Wanderungsgeschwindigkeiten der Kationen und Anionen, wenn an den Elektroden im Abstand von $l = 15$ cm die Spannung $U = 9$ V anliegt?

9.15 Welche Äquivalentleitfähigkeit besitzt eine Natriumchloridlösung mit $w(\text{NaCl}) = 10\%$, wenn der Leitfähigkeitskoeffizient $f_\lambda = 0{,}607$ beträgt und die Ionenleitfähigkeiten bei unendlicher Verdünnung die Werte $\lambda^0(\text{Na}^+) = 43{,}5\ \text{S} \cdot \text{cm}^2 \cdot \text{mol}^{-1}$ und $\lambda^0(\text{Cl}^-) = 65{,}5\ \text{S} \cdot \text{cm}^2 \cdot \text{mol}^{-1}$ haben?

9.16 Der elektrische Leitwert einer Bariumhydroxidlösung mit $c[\text{Ba(OH)}_2] = 0{,}15\ \text{mol} \cdot \text{L}^{-1}$ wird mit einer Leitfähigkeitsmesszelle ($k_\gamma = 0{,}65\ \text{cm}^{-1}$) gemessen. Er beträgt $G = 7{,}37 \cdot 10^{-2}\ \text{S}$. Die molare Leitfähigkeit eines Äquivalents Bariumhydroxid bei unendlicher Verdünnung wird mit $\Lambda^0\ [{}^1/_2\ \text{Ba(OH)}_2] = 229{,}0\ \text{S} \cdot \text{cm}^2 \cdot \text{mol}^{-1}$ angegeben.

a) Welchen Protolysegrad besitzt das Bariumhydroxid? (Zur Vereinfachung wird angenommen, dass die Protolyse in einem Schritt erfolgt)

b) Berechnen Sie die Protolysekonstante.

9.17 Die Messung der elektrischen Leitfähigkeit einer wässrigen Ammoniaklösung mit $c(\text{NH}_3) = 4{,}55\ \text{mol} \cdot \text{L}^{-1}$ ergibt $\gamma = 1{,}038 \cdot 10^{-3}\ \text{S} \cdot \text{cm}^{-1}$. Die Ionenleitfähigkeit der an der Protolyse beteiligten Ionen beträgt bei unendlicher Verdünnung $\lambda^0(\text{NH}_4^+) = 64{,}4\ \text{S} \cdot \text{cm}^2 \cdot \text{mol}^{-1}$ und $\lambda^0(\text{OH}^-) = 174{,}4\ \text{S} \cdot \text{cm}^2 \cdot \text{mol}^{-1}$. Welchen pH-Wert hat die Lösung?

9.18 Frisch gefälltes Aluminiumhydroxid $[\text{Al(OH)}_3]$ wird mit bidestilliertem Wasser salzfrei gewaschen. Eine gesättigte Lösung dieser Verbindung hat bei $\vartheta = 18\ °\text{C}$ eine Leitfähigkeit von $\gamma = 5{,}25 \cdot 10^{-5}\ \text{S} \cdot \text{cm}^{-1}$ und das dazu verwendete Wasser einen Wert von $\gamma = 1{,}1 \cdot 10^{-6}\ \text{S} \cdot \text{cm}^{-1}$. Die Ionenbeweglichkeiten in der Lösung betragen $u({}^1/_3\ \text{Al}) = 4{,}15 \cdot 10^{-4}\ \text{cm}^2 \cdot \text{V}^{-1} \cdot \text{s}^{-1}$ und $u(\text{OH}^-) = 1{,}80 \cdot 10^{-3}\ \text{cm}^2 \cdot \text{V}^{-1} \cdot \text{s}^{-1}$.

a) Berechnen Sie das Löslichkeitsprodukt L von Al(OH)_3.

b) Wieviel mg Aluminiumhydroxid sind in 1 L der Lösung enthalten? $M[\text{Al(OH)}_3] = 78{,}00\ \text{g} \cdot \text{mol}^{-1}$.

9.19 Zur konduktometrischen Bestimmung von AgNO_3 wird dieses vorgelegt und mit einer KCl-Maßlösung titriert: $\text{AgNO}_3 + \text{KCl} \rightarrow \text{AgCl}\downarrow + \text{KNO}_3$.

Schätzen Sie mit Hilfe der Ionenleitfähigkeiten qualitativ den Verlauf der Titrationskurve ab. $\lambda(\text{Ag}^+) = 54{,}3\ \text{S} \cdot \text{cm}^2 \cdot \text{mol}^{-1}$ und $\lambda(\text{K}^+) = 64{,}6\ \text{S} \cdot \text{cm}^2 \cdot \text{mol}^{-1}$.

9.20 a) Wie ist ein galvanisches Silber-Halbelement aufgebaut?

b) Wie ist ein Standard-Silber-Halbelement aufgebaut?

9.21 a) Wie lautet das Zelldiagramm für eine galvanische Kette, in der Ag^+-Ionen durch Eisen (Fe) zu Ag reduziert werden?

b) Geben Sie das Zelldiagramm für eine galvanische Kette an, in der die Zellreaktion: $\text{Sn}^{2+} + \text{Br}_2 \rightarrow \text{Sn}^{4+} + 2\ \text{Br}^-$ abläuft!

9.22 Wie groß sind die Standardpotentiale der folgenden Redoxpaare (lt. Tab. im Anhang)

a) $2\ \text{Hg} + 2\ \text{Cl}^-/\text{Hg}_2\text{Cl}_2$

b) $\text{Ag} + \text{Br}^-/\text{AgBr}$

c) Cu/Cu^+

9.23 Wie groß ist unter Standardbedingungen die EMK (ΔE^0) für die galvanische Zelle: $\text{Cd}/\text{Cd}^{2+}//\text{Cu}^{2+}/\text{Cu}$?

9.24 Unter Standardbedingungen beträgt die EMK für die galvanische Kette: $\text{Sc}/\text{Sc}^{3+}//\text{Cu}^{2+}/\text{Cu}$ $\Delta E^0 = 2{,}414\ \text{V}$. Wie groß ist das Standardpotential E^0 für die Halbzelle Sc/Sc^{3+}, wenn für $(\text{Cu}/\text{Cu}^{2+})\ E^0 = 0{,}3402\ \text{V}$ ist?

9.25 Welche Spannung (EMK) kann unter Standardbedingungen aus den folgenden Halbzellenkombinationen maximal gewonnen werden? Welche Halbzelle ist jeweils die Kathode, welche die Anode?

a) Ag/Ag^+ und $\text{Pt}/\text{Fe}^{2+}/\text{Fe}^{3+}$

b) $2\ \text{Hg}/\text{Hg}_2^{2+}$ und $2\ \text{Hg} + 2\ \text{Cl}^-/\text{Hg}_2\text{Cl}_2$

9.26 Entscheiden Sie mit Hilfe der Standardpotentiale, ob folgende Reaktionen in saurer Lösung unter Standardbedingungen spontan ablaufen. Geben Sie für die eintretenden Reaktionen die korrekte Redoxgleichung mit stöchiometrischen Faktoren an.

a) $Br_2 + H_2O_2 \xrightarrow{H^+} Br^- + O_2 + H_3O^+$

b) $Cl^- + NO_3^- \xrightarrow{H^+} NO + H_2O + Cl_2$

c) $Mn^{2+} + Zn \xrightarrow{H^+} Mn + Zn^{2+}$

d) $Mn^{2+} + Cr_2O_7^{2-} \xrightarrow{H^+} MnO_4^- + Cr^{3+}$

9.27 Für die Reaktion: $2\ Cr^{3+} + 21\ H_2O \rightarrow Cr_2O_7^{2-} + 14\ H_3O^+ + 6\ e^-$
beträgt das Standardpotential $E^0 = 1{,}33$ V. Wie groß wird das Potential unter Standardbedingungen, wenn der pH-Wert auf 1 erniedrigt wird?

9.28 a) Wie groß ist die EMK einer Konzentrationskette aus zwei Silber-Halbzellen mit $c_1\ (Ag^+) = 0{,}1\ mol \cdot L^{-1}$ und $c_2\ (Ag^+) = 0{,}01\ mol \cdot L^{-1}$ unter Standardbedingungen?

b) Anzugeben ist das Zelldiagramm für diese Konzentrationskette, wenn gilt: $E^0\ (Ag/Ag^+) = 0{,}80$ V.

9.29 a) Berechnen Sie die EMK (ΔE^0) unter Standardbedingungen für die galvanische Kette: $Sn/Sn^{2+}//Pb^{2+}/Pb$, wenn die Konzentrationen jeweils $1\ mol \cdot L^{-1}$ betragen.

b) Ausgehend von der Anfangskonzentration von je $1\ mol \cdot L^{-1}$ nimmt die Sn^{2+}-Konzentration während des Betriebs der Zelle zu, die der Pb^{2+}-Ionen dagegen ab. Bestimmen Sie die Konzentrationen von Sn^{2+} und Pb^{2+}, wenn die EMK der galvanischen Kette den Wert Null erreicht. Beide Halbzellen haben das gleiche Volumen.

9.30 Die EMK der galvanischen Kette: $Pt/Sn^{2+}/Sn^{4+}//Pb^{4+}/Pb^{2+}/Pt$ hat bei $T = 298$ K den Wert $\Delta E = 1{,}38$ V. Wie groß ist der Reaktionsquotient Q für diese Kette bei den Standardpotentialen: $E^0\ (Sn^{2+}/Sn^{4+}) = 0{,}15$ V; $E^0\ (Pb^{2+}/Pb^{4+}) = 1{,}80$ V?

9.31 Wie groß ist die Gleichgewichtskonstante K für die in 9.30 angegebene galvanische Kette unter Standardbedingungen?

9.32 Kann die Oxidation von Cl^--Ionen mit $KMnO_4$ unter Standardbedingungen durchgeführt werden bei

a) pH = 0 und

b) pH = 5,

wenn $p_{Cl_2} = 1{,}013$ bar ist und die Konzentrationen $c\ (MnO_4^-) = c\ (Mn^{2+}) = c\ (Cl^-) = 0{,}1\ mol \cdot L^{-1}$ betragen?

Die Reaktionsgleichung lautet:
$2\ MnO_4^- + 10\ Cl^- + 16\ H_3O^+ \rightarrow 2\ Mn^{2+} + 5\ Cl_2 + 24\ H_2O$

9.33 Wie groß ist die freie Reaktionsenthalpie $\Delta_r G_m^0$ für die Reaktion:

$2\ Ag\ (s) + Br_2\ (l) \rightarrow 2\ AgBr\ (s)$?

9.34 Zur potentiometrischen Bestimmung des Löslichkeitsprodukts von AgCl wurde eine galvanische Konzentrationskette aus zwei Silber-Halbzellen benutzt. In der Halbzelle 1 waren 20 mL $AgNO_3$-Lösung, $c\ (AgNO_3) = 0{,}01\ mol \cdot L^{-1}$, in der Halbzelle 2 dagegen 100 mL $AgNO_3$-Lösung, $c\ (AgNO_3) = 0{,}01\ mol \cdot L^{-1}$. Nach Zugabe von 80 mL KCl-Lösung, $c\,(KCl) = 0{,}01\ mol \cdot L^{-1}$ in Halbzelle 1 fiel AgCl aus. Die unter Standardbedingungen gemessene EMK der entstandenen Konzentrationskette betrug $\Delta E = 330$ mV.
Wie groß ist das Löslichkeitsprodukt L von AgCl?

Anhang

Elektrochemische Spannungsreihe mit den Standardpotentialen wichtiger Redoxpaare

Reduktionsmittel	⇄	Oxidationsmittel + n · e⁻	E^0 in V
$Mn^{2+} + 12\ H_2O$	⇄	$MnO_4^- + 8\ H_3O^+ + 5\ e^-$	+ 1,491
$2\ Cl^-$	⇄	$Cl_2 + 2\ e^-$	+ 1,360
$2\ Cr^{3+} + 21\ H_2O$	⇄	$Cr_2O_7^{2-} + 14\ H_3O^+ + 6\ e^-$	+ 1,330
$2\ Br^-$	⇄	$Br_2 + 2\ e^-$	+ 1,065
$NO + 6\ H_2O$	⇄	$NO_3^- + 4\ H_3O^+ + 3\ e^-$	+ 0,960
Ag	⇄	$Ag^+ + e^-$	+ 0,800
$2\ Hg$	⇄	$Hg_2^{2+} + 2\ e^-$	+ 0,796
Fe^{2+}	⇄	$Fe^{3+} + e^-$	+ 0,770
$H_2O_2 + 2\ H_2O$	⇄	$O_2 + 2\ H_3O^+ + 2\ e^-$	+ 0,682
Cu	⇄	$Cu^+ + e^-$	+ 0,522
$4\ OH^-$	⇄	$O_2 + 2\ H_2O + 4\ e^-$	+ 0,401
Cu	⇄	$Cu^{2+} + 2\ e^-$	+ 0,3402
$2\ Hg + 2\ Cl^-$	⇄	$Hg_2Cl_2 + 2\ e^-$	+ 0,268
$Cl^- + Ag$	⇄	$AgCl + e^-$	+ 0,222
$Br^- + Ag$	⇄	$AgBr + e^-$	+ 0,071
$H_2 + 2\ H_2O$	⇄	**$2\ H_3O^+ + 2\ e^-$**	**0,000**
Pb	⇄	$Pb^{2+} + 2\ e^-$	– 0,126
Sn	⇄	$Sn^{2+} + 2\ e^-$	– 0,136
Ni	⇄	$Ni^{2+} + 2\ e^-$	– 0,230
Co	⇄	$Co^{2+} + 2\ e^-$	– 0,280
Cd	⇄	$Cd^{2+} + 2\ e^-$	– 0,403
Fe	⇄	$Fe^{2+} + 2\ e^-$	– 0,440
Zn	⇄	$Zn^{2+} + 2\ e^-$	– 0,760
Mg	⇄	$Mg^{2+} + 2\ e^-$	– 2,375
Na	⇄	$Na^+ + e^-$	– 2,710

Lösungen zu den Übungsaufgaben

2.1 (Gl. 2.5): $\frac{V_1}{T_1} = \frac{V_2}{T_2} \Rightarrow V_2 = \frac{V_1 \cdot T_2}{T_1} = \frac{50\ \text{L} \cdot 308\ \text{K}}{293\ \text{K}} = \mathbf{52{,}56\ L}$

2.2 (Gl. 2.6): $\frac{p_1}{T_1} = \frac{p_2}{T_2} \Rightarrow p_2 = \frac{p_1 \cdot T_2}{T_1} = \frac{100{,}5\ \text{kPa} \cdot 308\ \text{K}}{293\ \text{K}} = \mathbf{105{,}6\ Pa}$

2.3 (Gl. 2.1): $p_1 \cdot V_1 = p_2 \cdot V_2 \Rightarrow p_2 = \frac{p_1 \cdot V_1}{V_2} = \frac{99\ \text{kPa} \cdot 1\ \text{L}}{0{,}7\ \text{L}} = \mathbf{141{,}4\ kPa}$

2.4 (Gl. 2.7; Gl. 2.4):

a) $\frac{p_1 \cdot V_1}{T_1} = \frac{p_2 \cdot V_2}{T_2} \Rightarrow p_2 = \frac{p_1 \cdot V_1 \cdot T_2}{T_1 \cdot V_2} = \frac{97\ \text{kPa} \cdot 3{,}6\ \text{L} \cdot 296\ \text{K}}{293\ \text{K} \cdot 3{,}3\ \text{L}} = \mathbf{106{,}9\ kPa}$

b) $V_2 = \frac{p_1 \cdot V_1 \cdot T_2}{T_1 \cdot p_2} = \frac{97\ \text{kPa} \cdot 3{,}6\ \text{L} \cdot 303\ \text{K}}{293\ \text{K} \cdot 94\ \text{kPa}} = \mathbf{3{,}84\ L}$

c) $T_2 = \frac{p_2 \cdot V_2 \cdot T_1}{p_1 \cdot V_1} = \frac{102\ \text{kPa} \cdot 3{,}5\ \text{L} \cdot 293\ \text{K}}{97\ \text{kPa} \cdot 3{,}6\ \text{L}} = \mathbf{299{,}5\ K}$

$\vartheta = T - 273 = 299{,}5\ \text{K} - 273\ \text{K} = \mathbf{26{,}5\ °C}$

2.5 (Gl. 2.7): $\frac{p_1 \cdot V_1}{T_1} = \frac{p_n \cdot V_n}{T_n} \Rightarrow V_n = \frac{p_1 \cdot V_1 \cdot T_n}{T_1 \cdot p_n} = \frac{130\ \text{kPa} \cdot 6{,}3 \cdot 10^3\ \text{L} \cdot 273{,}15\ \text{K}}{101{,}325\ \text{kPa} \cdot 295\ \text{K}} = \mathbf{7484\ L}$

2.6 (Gl. 2.9): $p \cdot V = \frac{m}{M} \cdot R \cdot T$

$\Rightarrow V_n = \frac{m \cdot R \cdot T_n}{p_n \cdot M} = \frac{5 \cdot 10^6\ \text{g} \cdot 8{,}315\ \text{kPa} \cdot \text{L} \cdot \text{mol}^{-1} \cdot \text{K}^{-1} \cdot 273\ \text{K}}{101{,}325\ \text{kPa} \cdot 70{,}9\ \text{g} \cdot \text{mol}^{-1}} = \mathbf{1{,}58 \cdot 10^6\ L}$

2.7 (Gl. 2.9): $m = \frac{p \cdot V \cdot M}{R \cdot T} = \frac{98\ \text{kPa} \cdot 2\ \text{L} \cdot 28\ \text{g} \cdot \text{mol}^{-1}}{8{,}315\ \text{kPa} \cdot \text{L} \cdot \text{mol}^{-1} \cdot \text{K}^{-1} \cdot 293\ \text{K}} = \mathbf{2{,}25\ g}$

2.8 (Gl. 1.1): $m = V \cdot \varrho = 500\ \text{mL} \cdot 0{,}950\ \text{g} \cdot \text{mL}^{-1} = 475\ \text{g}$

In den 475 g NH_3-Lösung beträgt der Massenanteil $w(NH_3) = 12\%$, sodass die Menge an reinem NH_3 nach Gl. 1.20

$w(NH_3) = \frac{m(NH_3)}{m_{Lsg}} \Rightarrow m(NH_3) = w(NH_3) \cdot m_{Lsg} = 0{,}12 \cdot 475\ \text{g} = 57\ \text{g}$ beträgt.

$n(NH_3) = \frac{m(NH_3)}{M(NH_3)} = \frac{57\ \text{g}}{17\ \text{g} \cdot \text{mol}^{-1}} = 3{,}35\ \text{mol}$

Da das unter Normbedingungen eingenommene Volumen von 1 mol eines idealen Gases 22,4 L beträgt, erhält man:

$n(NH_3) \cdot V_n = 3{,}35\ \text{mol} \cdot 22{,}4\ \text{L} \cdot \text{mol}^{-1} = \mathbf{75{,}1\ L}$

2.9 (Gl. 2.10): $\varrho = \frac{M \cdot p}{R \cdot T} = \frac{64\ \text{g} \cdot \text{mol}^{-1} \cdot 80\ \text{kPa}}{8{,}315\ \text{kPa} \cdot \text{L} \cdot \text{mol}^{-1} \cdot \text{K}^{-1} \cdot 370\ \text{K}} = \mathbf{1{,}66\ g \cdot L^{-1}}$

2.10 (Gl. 2.11; Gl. 2.12):

$$\frac{\varrho_n}{\varrho_1} = \frac{p_n}{p_1} \Rightarrow \varrho_1 = \frac{\varrho_n \cdot p_1}{p_n} = \frac{1{,}293 \text{ g} \cdot \text{L}^{-1} \cdot 99{,}65 \text{ kPa}}{101{,}325 \text{ kPa}} = 1{,}272 \text{ g} \cdot \text{L}^{-1}$$

Die Dichte bei 273 K und 99,65 kPa beträgt 1,272 g · L^{-1}. Sie wird nun mit Gl. 2.12 auf die Temperatur $T = 293$ K umgerechnet.

$$\frac{\varrho_1}{\varrho_2} = \frac{T_2}{T_1} \Rightarrow \varrho_2 = \frac{\varrho_1 \cdot T_1}{T_2} = \frac{1{,}272 \text{ g} \cdot \text{L}^{-1} \cdot 273 \text{ K}}{293 \text{ K}} = \mathbf{1{,}185 \text{ g} \cdot \text{L}^{-1}}$$

Alternativ erhält man die Dichte ϱ_1 durch Kombination von Gl. 2.11 mit dem vereinigten Gasgesetz von Gl. 2.7 durch die Gleichung:

$$\varrho_1 = \frac{\varrho_n \cdot p_1}{p_n} \cdot \frac{T_n}{T_1} \Rightarrow \varrho_1 = \frac{1{,}293 \text{ g} \cdot \text{L}^{-1} \cdot 99{,}65 \text{ kPa} \cdot 273 \text{ K}}{101{,}325 \text{ kPa} \cdot 293 \text{ K}} = \mathbf{1{,}185 \text{ g} \cdot \text{L}^{-1}}$$

2.11 (Gl. 2.19): $\varrho = \frac{M \cdot p}{R \cdot T}$

$$\Rightarrow M = \frac{\varrho \cdot R \cdot T}{p} = \frac{0{,}646 \text{ g} \cdot \text{L}^{-1} \cdot 8{,}315 \text{ kPa} \cdot \text{L} \cdot \text{mol}^{-1} \cdot \text{K}^{-1} \cdot 339 \text{ K}}{90 \text{ kPa}} = \mathbf{20{,}23 \text{ g} \cdot \text{mol}^{-1}}$$

2.12 (Gl. 2.13): $\frac{\varrho_{n,L}}{\varrho_{n,N_2}} = \frac{M(L)}{M(N_2)}$

$$\Rightarrow M(L) = \frac{\varrho_{n,L}}{\varrho_{n,N_2}} \cdot M(N_2) = \frac{1{,}293 \text{ g} \cdot \text{L}^{-1}}{1{,}2505 \text{ g} \cdot \text{L}^{-1}} \cdot 28 \text{ g} \cdot \text{mol}^{-1} = \mathbf{28{,}95 \text{ g} \cdot \text{mol}^{-1}}$$

2.13 (Gl. 2,16; Gl. 2,7):

$$p_{ges} = p_{H_2O} + p_{Gas} \Rightarrow p_{Gas} = p_{ges} - p_{H_2O} = 99{,}2 \text{ kPa} - 31{,}15 \text{ kPa} = 68{,}05 \text{ kPa}$$

$$\frac{p_1 \cdot V_1}{T_1} = \frac{p_2 \cdot V_2}{T_2} \Rightarrow p_2 = \frac{p_1 \cdot V_1 \cdot T_2}{T_1 \cdot V_2} = \frac{68{,}05 \text{ kPa} \cdot 0{,}63 \text{ L} \cdot 303 \text{ K}}{343 \text{ K} \cdot 0{,}780 \text{ L}} = \mathbf{48{,}55 \text{ kPa}}$$

2.14 (Gl. 2.7; Gl. 2.16):

Man berechnet jeweils für N_2 und O_2 den Druck, der bei einem Volumen von 10 L und bei der Temperatur von 35 °C vorliegt (Partialdruck):

$$N_2: \quad \frac{p_1 \cdot V_1}{T_1} = \frac{p_2 \cdot V_2}{T_2} \Rightarrow p_2 = \frac{p_1 \cdot V_1 \cdot T_2}{T_1 \cdot V_2} = \frac{201 \text{ kPa} \cdot 1{,}5 \text{ L} \cdot 308 \text{ K}}{295 \text{ K} \cdot 10 \text{ L}} = 31{,}48 \text{ kPa}$$

$$O_2: \quad p_2 = \frac{151 \text{ kPa} \cdot 5 \text{ L} \cdot 308 \text{ K}}{293 \text{ K} \cdot 10 \text{ L}} = 79{,}37 \text{ kPa}$$

$$p_{ges} = 31{,}48 \text{ kPa} + 79{,}37 \text{ kPa} = \mathbf{110{,}85 \text{ kPa}}$$

2.15 (Gl. 2.6; Gl. 2.9; Gl. 2.16):

Der Gesamtdruck der Gasmischung nach dem Erhitzen ist gleich der Summe der Partialdrücke von Luft und Aceton.

Der Partialdruck der Luft ist nach Gl. 2.6:

$$\frac{p_1}{T_1} = \frac{p_2}{T_2} \Rightarrow p_2 = \frac{p_1 \cdot T_2}{T_1} = \frac{101{,}3 \text{ kPa} \cdot 643 \text{ K}}{296 \text{ K}} = 220 \text{ kPa}$$

Nach Gl. 2.16 ist der Partialdruck von Aceton beim zulässigen Gesamtdruck:

$$p = p_L + p_A \Rightarrow p_A = p - p_L = 5\,100 \text{ kPa} - 220 \text{ kPa} = 4\,880 \text{ kPa}$$

Die Menge Aceton, die man einfüllen kann, darf diesen Druck nicht überschreiten.

Mit Gl. 2.9 erhält man:

$$m = \frac{p \cdot V \cdot M}{R \cdot T} = \frac{4880 \text{ kPa} \cdot 0{,}180 \text{ L} \cdot 58 \text{ g} \cdot \text{mol}^{-1}}{8{,}315 \text{ kPa} \cdot \text{L} \cdot \text{mol}^{-1} \cdot \text{K}^{-1} \cdot 643 \text{ K}} = \mathbf{9{,}53\ g}$$

Bei Versuchen, wie in diesem Beispiel, müssen derartige Berechnungen immer durchgeführt werden, um mögliche Explosionen zu vermeiden. Da das Volumen des flüssigen Acetons vernachlässigt wurde, handelt es sich nur um eine Näherungslösung. Außerdem ist zu überprüfen, ob die gebildeten Gase thermisch stabil sind oder dissoziieren. Im Falle einer Dissoziation würde sich die Molzahl und somit auch der Druck erhöhen.

2.16 (Gl. 2.16; Gl. 2.21):

Nach Gl. 2.16 ist der Gesamtdruck gleich der Summe der Partialdrücke von Methanol und Luft. Da die Temperatur zu Beginn und am Ende gleich groß ist, ist der Dampfdruck des Methanols gleichgeblieben.

Man erhält somit für die Partialdrücke:

Zu Beginn: $p_M = 12{,}67$ kPa; $p_L = 101{,}30 \text{ kPa} - 12{,}67 \text{ kPa} = 88{,}63$ kPa

Am Ende: $p_M = 12{,}67$ kPa; $p_L = p - 12{,}67$ kPa

Nach Gl. 2.21 gilt: $\frac{n_M}{n_L} = \frac{p_M}{p_L} = \frac{12{,}67 \text{ kPa}}{88{,}63 \text{ kPa}}$

Am Ende ist bei einer Ausbeute von 80% die Molzahl von Methanol um diesen Betrag kleiner und beträgt dann 0,2 n_M.

Somit gilt: $\frac{0{,}2 \cdot n_M}{n_L} = \frac{p_M}{p_L} = \frac{12{,}67 \text{ kPa}}{p - 12{,}67 \text{ kPa}} \Rightarrow \frac{n_M}{n_L} = \frac{12{,}67 \text{ kPa}}{0{,}2 \cdot (p - 12{,}67 \text{ kPa})}$

Durch Gleichsetzen der rechten Seiten beider Gleichungen folgt:

$$\frac{12{,}67 \text{ kPa}}{88{,}63 \text{ kPa}} = \frac{12{,}67 \text{ kPa}}{0{,}2 \cdot (p - 12{,}67 \text{ kPa})}$$

Umstellen nach p und Kürzen ergibt:

$$p = \frac{88{,}63 + 2{,}534}{0{,}2} \text{ kPa} = \mathbf{456\ kPa}$$

2.17 (Gl. 2.8; Gl. 2.26; Gl. 2.28; Gl. 2.20):

a) $p \cdot V = n \cdot R \cdot T \Rightarrow n = \frac{p \cdot V}{R \cdot T} = \frac{101{,}3 \text{ kPa} \cdot 46{,}76 \text{ L}}{8{,}315 \text{ kPa} \cdot \text{L} \cdot \text{mol}^{-1} \cdot \text{K}^{-1} \cdot 350 \text{ K}} = \mathbf{1{,}628\ mol}$

b) $n = n_0 \cdot [1 + \alpha \cdot (\nu - 1)] \Rightarrow \frac{n}{n_0} - 1 = \alpha \cdot (2 - 1)$

$\frac{1{,}628 \text{ mol}}{1 \text{ mol}} - 1 = \alpha \Rightarrow \alpha = \mathbf{0{,}628}$

c) $\overline{M} = \frac{M_0}{1 + \alpha \cdot (\nu - 1)} = \frac{92 \text{ g} \cdot \text{mol}^{-1}}{1 + 0{,}628} = \mathbf{56{,}51\ g \cdot mol^{-1}}$

d) Nach der Reaktionsgleichung: $N_2O_4 \longrightarrow 2\ NO_2$ erhält man:

Stoffmenge vor der Dissoziation	1 mol	0
Stoffmenge nach der Dissoziation	(1 – 0,628 mol)	2 · 0,628 mol

$$c(N_2O_4) = \frac{n(N_2O_4)}{V} = \frac{0{,}372 \text{ mol}}{46{,}76 \text{ L}} = \mathbf{7{,}96 \cdot 10^{-3}\ mol \cdot L^{-1}}$$

$$c(NO_2) = \frac{n(NO_2)}{V} = \frac{2 \cdot 0{,}628 \text{ mol}}{46{,}76 \text{ L}} = \mathbf{2{,}69 \cdot 10^{-2}\ mol \cdot L^{-1}}$$

e) $x(N_2O_4) = \frac{n(N_2O_4)}{n_{ges}} = \frac{0{,}372 \text{ mol}}{1{,}628 \text{ mol}} = \mathbf{0{,}2285}$

$x(NO_2) = \frac{n(NO_2)}{n_{ges}} = \frac{2 \cdot 0{,}628 \text{ mol}}{1{,}628 \text{ mol}} = \mathbf{0{,}7715}$

f) $\frac{p(N_2O_4)}{p} = x(N_2O_4) \Rightarrow p(N_2O_4) = x(N_2O_4) \cdot p = 0{,}2285 \cdot 101{,}3 \text{ kPa} = \mathbf{23{,}15\ kPa}$

$p(NO_2) = x(NO_2) \cdot p = 0{,}7715 \cdot 101{,}3 \text{ kPa} = \mathbf{78{,}15\ kPa}$

2.18 (Gl. 2.30; Gl. 2.31; Gl. 2.32):

$b = {}^1/_3 \cdot V_{m,c} \Rightarrow V_{m,c} = 3 \cdot b = 3 \cdot 0{,}0427 \text{ L} \cdot \text{mol}^{-1} = \mathbf{0{,}1281\ L \cdot mol^{-1}}$

$a = 3 \cdot p_c \cdot V_{m,c}^2 \Rightarrow p_c = \frac{a}{3 \cdot V_{m,c}^2} = \frac{365 \text{ kPa} \cdot \text{L}^2 \cdot \text{mol}^{-2}}{3 \cdot 0{,}1281^2 \cdot \text{L}^2 \cdot \text{mol}^{-2}} = \mathbf{7\,414{,}4\ kPa}$

$T_c = \frac{8 \cdot a}{27 \cdot b \cdot R} = \frac{8 \cdot 365 \text{ kPa} \cdot \text{L}^2 \cdot \text{mol}^{-2}}{27 \cdot 0{,}0427 \text{ L} \cdot \text{mol}^{-1} \cdot 8{,}315 \text{ kPa} \cdot \text{L} \cdot \text{mol}^{-1} \cdot \text{K}^{-1}} = \mathbf{304{,}6\ K}$

2.19 (Gl. 2.29): $\left(p + \frac{a \cdot n^2}{V^2}\right) \cdot (V - n \cdot b) = n \cdot R \cdot T$

$\Rightarrow T = \frac{1}{n \cdot R} \cdot \left(p + \frac{a \cdot n^2}{V^2}\right) \cdot (V - n \cdot b)$; $\quad n = \frac{m}{M} = \frac{8000 \text{ g}}{32 \text{ g} \cdot \text{mol}^{-1}} = 250 \text{ mol}$

$T = \frac{1}{250 \text{ mol} \cdot 8{,}315 \text{ kPa} \cdot \text{L} \cdot \text{mol}^{-1} \cdot \text{K}^{-1}} \cdot \left(35\,500 \text{ kPa} + \frac{138 \text{ kPa} \cdot \text{L}^2 \cdot \text{mol}^{-2} \cdot 250^2 \cdot \text{mol}^2}{25^2 \text{ L}^2}\right)$

$\cdot (25 \text{ L} - 250 \text{ mol} \cdot 0{,}0318 \text{ L} \cdot \text{mol}^{-1}) = \mathbf{404\ K}$

2.20 (Gl. 2.9; Gl. 2.29; Gl. 2.30; Gl. 2.31; Gl. 2.33):

a) $p \cdot V = \frac{m}{M} \cdot R \cdot T \Rightarrow p = \frac{m \cdot R \cdot T}{M \cdot V} = \frac{300 \text{ g} \cdot 8{,}315 \text{ kPa} \cdot \text{L} \cdot \text{mol}^{-1} \cdot \text{K}^{-1} \cdot 373 \text{ K}}{46 \text{ g} \cdot \text{mol}^{-1} \cdot 25 \text{ L}} = \mathbf{809\ kPa}$

b) $\left(p + \frac{a \cdot n^2}{V^2}\right) \cdot (V - n \cdot b) = n \cdot R \cdot T$

$\frac{p_c \cdot V_{m,c}}{T_c} = \frac{3}{8} \cdot R$

$\Rightarrow V_{m,c} = \frac{3 \cdot R \cdot T_c}{8 \cdot p_c} = \frac{3 \cdot 8{,}315 \text{ kPa} \cdot \text{L} \cdot \text{mol}^{-1} \cdot \text{K}^{-1} \cdot 516 \text{ K}}{8 \cdot 6\,391 \text{ kPa}} = 0{,}252 \text{ L} \cdot \text{mol}^{-1}$

$b = {}^1/_3 \cdot V_{m,c} = {}^1/_3 \cdot 0{,}252 \text{ L} \cdot \text{mol}^{-1} = 0{,}084 \text{ L} \cdot \text{mol}^{-1}$

$a = 3 \cdot p_c \cdot V_{m,c}^2 = 3 \cdot 6\,391 \text{ kPa} \cdot 0{,}252^2 \text{ L}^2 \cdot \text{mol}^{-2} = 1\,217{,}6 \text{ kPa} \cdot \text{L}^2 \cdot \text{mol}^{-2}$

$n = \frac{m}{M} = \frac{300 \text{ g}}{46 \text{ g} \cdot \text{mol}^{-1}} = 6{,}52 \text{ mol}$

$n \cdot b = 6{,}52 \text{ mol} \cdot 0{,}084 \text{ L} \cdot \text{mol}^{-1} = 0{,}548 \text{ L}$

$\frac{a \cdot n^2}{V^2} = \frac{1\,217{,}6 \text{ kPa} \cdot \text{L}^2 \cdot \text{mol}^{-2} \cdot 6{,}52^2 \text{ mol}^2}{25^2 \text{ L}^2} = 82{,}82 \text{ kPa}$

$p = \frac{n \cdot R \cdot T}{(V - n \cdot b)} - \frac{a \cdot n^2}{V^2}$

$p = \frac{6{,}52 \text{ mol} \cdot 8{,}315 \text{ kPa} \cdot \text{L} \cdot \text{mol}^{-1} \cdot \text{K}^{-1} \cdot 373 \text{ K}}{25 \text{ L} - 0{,}548 \text{ L}} - 82{,}82 \text{ kPa} = \mathbf{744{,}2\ kPa}$

3.1 (Gl. 3.1):

a) $K_c = \frac{c^2(SO_2) \cdot c(O_2)}{c^2(SO_3)} \quad \Rightarrow \quad K_c$ in **mol · L⁻¹**

b) $K_c = \frac{c^4(NO_2) \cdot c(O_2)}{c^2(N_2O_5)} \quad \Rightarrow \quad K_c$ in **mol³ · L⁻³**

3.2 Nach Gl. 3.1 gilt für die vorgegebene Reaktion:

$$K_{c1} = \frac{c(SO_2) \cdot c^{\frac{1}{2}}(O_2)}{c(SO_3)} = 5 \cdot 10^{-2}\ \text{mol}^{\frac{1}{2}} \cdot \text{L}^{-\frac{1}{2}}$$

a) Nach dem MWG entspricht der K_c-Wert dieser Reaktion dem Reziprokwert von K^2_{c1}. Es gilt:

$$K_c = \frac{1}{K^2_{c1}} = \frac{1}{(5 \cdot 10^{-2})^2\ \text{mol} \cdot \text{L}^{-1}} = \mathbf{400\ L \cdot mol^{-1}}$$

b) Der Wert von K_c für diese Reaktion ist der Reziprokwert von K_{c1}:

$$K_c = \frac{1}{K_{c1}} = \frac{1}{5 \cdot 10^{-2}\ \text{mol}^{\frac{1}{2}} \cdot \text{L}^{-\frac{1}{2}}} = \mathbf{20\ L^{\frac{1}{2}} \cdot mol^{-\frac{1}{2}}}$$

3.3 Aus Gl. 3.1 folgt:

$$K_c = \frac{c^2(NO)}{c^2(N_2) \cdot c(O_2)} = \frac{0{,}055^2\ \text{mol}^2 \cdot \text{L}^{-2}}{0{,}52^2\ \text{mol}^2 \cdot \text{L}^{-2}} = \mathbf{1{,}1 \cdot 10^{-2}}$$

3.4 Geht man von 100 mol Gasmischung aus, so befinden sich in dieser Mischung 16 mol CO (vgl. Gl. 2.20). Davon müssen 90%, d.h.: 16 mol · 0,9 = 14,4 mol entfernt werden. Nach der Reaktionsgleichung entstehen hieraus 14,4 mol CO_2 und 14,4 mol H_2. Man erhält also folgende Übersicht:

	CO	H_2O	CO_2	H_2
Ausgangsstoffmenge in mol	16	x	1	50
Gleichgewichtsstoffmenge in mol	16 – 14,4	x – 14,4	1 + 14,4	50 + 14,4

Gl. 3.1: $K_c = \frac{c(CO_2) \cdot c(H_2)}{c(CO) \cdot c(H_2O)} \mathrel{\widehat{=}} \frac{n(CO_2) \cdot n(H_2)}{n(CO) \cdot n(H_2O)} = \frac{15{,}4\ \text{mol} \cdot 64{,}4\ \text{mol}}{1{,}6\ \text{mol} \cdot (x - 14{,}4)\ \text{mol}} = 4{,}05$

$\Rightarrow x = 167{,}4$ mol

Für die Umsetzung von 16 mol CO sind 167,4 mol H_2O-Dampf nötig;
für 1 mol CO folglich **10,5 mol**.

3.5 Da K_c keine Einheit besitzt, spielt das Reaktionsvolumen keine Rolle, sodass die Umrechnung der Konzentrationen in mol · L⁻¹ entfallen kann. Bezeichnet man mit x den Betrag, um den die Konzentration von H_2 und I_2 gefallen ist, so lautet die Übersicht:

	H_2	I_2	HI
Ausgangsstoffmenge in mol	0,5	0,5	0
Gleichgewichtsstoffmenge in mol	0,5 – x	0,5 – x	2 · x

Für K_c ergibt sich nach Gl. 3.1: $K_c = \frac{c^2(HI)}{c(H_2) \cdot c(I_2)} \mathrel{\widehat{=}} \frac{n^2(HI)}{n(H_2) \cdot n(I_2)} = \frac{(2 \cdot x)^2\ \text{mol}^2}{(0{,}5 - x)^2\ \text{mol}^2} = 50$

Durch Radizieren erhält man: $\frac{2 \cdot x\ \text{mol}}{(0{,}5 - x)\ \text{mol}} = 7{,}07 \Rightarrow 9{,}07 \cdot x = 3{,}535 \Rightarrow x = 0{,}39$

Im Gleichgewicht liegen: 0,5 – 0,39 = **0,11 mol** I_2 vor.

3.6 Gl. 3.2 ergibt für den Reaktionsquotienten Q: $Q = \frac{c\,(\mathrm{C}) \cdot c\,(\mathrm{D})}{c\,(\mathrm{A}) \cdot c\,(\mathrm{B})}$

Einsetzen der Werte ergibt: $Q = \frac{0{,}5\ \mathrm{mol \cdot L^{-1}} \cdot 5\ \mathrm{mol \cdot L^{-1}}}{1{,}0\ \mathrm{mol \cdot L^{-1}} \cdot 2\ \mathrm{mol \cdot L^{-1}}} = \mathbf{1{,}25}$

Da $Q < K_c$ (1,25 < 4,0) ist, bilden sich bevorzugt Produkte, d.h. **das Gleichgewicht liegt auf der rechten Seite.**

3.7 Zur Berechnung der Gleichgewichtskonzentrationen in $\mathrm{mol \cdot L^{-1}}$ wird K_c benötigt,

für die nach Gl. 3.4 gilt: $K_c = \frac{K_p}{(R \cdot T)^{\Delta n}}$

Für $\Delta n = 1$ ergibt sich: $K_c = \frac{30\ \mathrm{bar}}{0{,}08315\ \mathrm{bar \cdot L \cdot mol^{-1} \cdot K^{-1}} \cdot 500\ \mathrm{K}} = 0{,}72\ \mathrm{mol \cdot L^{-1}}$

Die Anfangskonzentration an PCl_5 beträgt:

$c = \frac{n}{V} = \frac{m}{M \cdot V} = \frac{2{,}0\ \mathrm{g}}{208\ \mathrm{g \cdot mol^{-1}} \cdot 0{,}5\ \mathrm{L}} = 1{,}92 \cdot 10^{-2}\ \mathrm{mol \cdot L^{-1}}$

Man erhält folgende Übersicht:

	PCl_5	Cl_2	PCl_3
Ausgangskonzentration in $\mathrm{mol \cdot L^{-1}}$	$1{,}92 \cdot 10^{-2}$	0	0
Gleichgewichtskonzentration in $\mathrm{mol \cdot L^{-1}}$	$1{,}92 \cdot 10^{-2} - x$	x	x

Für K_c gilt nach Gl. 3.1:

$$K_c = \frac{c\,(\mathrm{Cl_2}) \cdot c\,(\mathrm{PCl_3})}{c\,(\mathrm{PCl_5})} = \frac{x^2\ \mathrm{mol^2 \cdot L^{-2}}}{(1{,}92 \cdot 10^{-2} - x)\ \mathrm{mol \cdot L^{-1}}} = 0{,}72\ \mathrm{mol \cdot L^{-1}}$$

$x^2 = 0{,}72\ \mathrm{mol \cdot L^{-1}} \cdot (1{,}92 \cdot 10^{-2} - x)\ \mathrm{mol \cdot L^{-1}}$

$x_1 = 1{,}9 \cdot 10^{-2}\ \mathrm{mol \cdot L^{-1}}$ $\quad x_2 = -\,0{,}74\ \mathrm{mol \cdot L^{-1}}$ (entfällt, da irreal)

Die Gleichgewichtskonzentrationen betragen:

$c\,(\mathrm{PCl_3}) = c\,(\mathrm{Cl_2}) = \mathbf{1{,}9 \cdot 10^{-2}\ mol \cdot L^{-1}}$ und $c\,(\mathrm{PCl_5}) = \mathbf{2 \cdot 10^{-4}\ mol \cdot L^{-1}}$

3.8 Nach Tabelle 3b gilt für den Reaktionstyp: $2\ \mathrm{A_2B} \rightleftarrows 2\ \mathrm{A_2} + \mathrm{B_2}$

$$K_p = \frac{\alpha^3 \cdot p}{(2 + \alpha) \cdot (1 - \alpha)^2}$$

Einsetzen der Werte ergibt: $K_p = \frac{0{,}018^3 \cdot 1\ \mathrm{bar}}{(2 + 0{,}018) \cdot (1 - 0{,}018)^2} = \mathbf{3 \cdot 10^{-6}\ bar}$

Mit $\Delta n = 1$ erhält man aus Gl. 3.4 für K_c:

$$K_c = \frac{K_p}{R \cdot T} = \frac{3 \cdot 10^{-6}\ \mathrm{bar}}{0{,}08315\ \mathrm{bar \cdot L \cdot mol^{-1} \cdot K^{-1}} \cdot 2\,273\ \mathrm{K}} = \mathbf{1{,}6 \cdot 10^{-8}\ mol \cdot L^{-1}}$$

3.9 Für die Reaktion: $2\ \mathrm{A_3B} \rightleftarrows 3\ \mathrm{A_2} + \mathrm{B_2}$ gilt nach Tabelle 3b:

$$K_p = \frac{27 \cdot \alpha^4 \cdot p^2}{16 \cdot (1 - \alpha^2)^2} \Rightarrow \frac{\alpha^4}{(1 - \alpha^2)^2} = \frac{K_p \cdot 16}{27 \cdot p^2} \Rightarrow \frac{\alpha^2}{1 - \alpha^2} = \sqrt{\frac{K_p \cdot 16}{27 \cdot p^2}}$$

$$\frac{\alpha^2}{1 - \alpha^2} = \sqrt{\frac{9{,}92 \cdot 10^8\ \mathrm{kPa^2} \cdot 16}{27 \cdot 10^6\ \mathrm{kPa^2}}} = 24{,}25$$

$$25{,}25\ \alpha^2 = 24{,}25 \Rightarrow \alpha = \sqrt{\frac{24{,}25}{25{,}25}} = 0{,}98 = \mathbf{98\%}$$

3.10 Für dissoziierte Gase gilt nach Gl. 2.27:

$$p \cdot V = n_0 \cdot [1 + \alpha \cdot (\nu - 1)] \cdot R \cdot T \Rightarrow \alpha \cdot (\nu - 1) = \frac{p \cdot V}{n_0 \cdot R \cdot T} - 1$$

Einsetzen der gegebenen Werte und $\nu = 2$ (zwei gasförmige Produkte) ergibt:

$$\alpha = \frac{101{,}3 \text{ kPa} \cdot 2 \text{ L}}{\frac{7{,}2 \text{ g}}{208 \text{ g} \cdot \text{mol}^{-1}} \cdot 8{,}315 \text{ kPa} \cdot \text{L} \cdot \text{mol}^{-1} \cdot \text{K}^{-1} \cdot 473 \text{ K}} - 1 = 0{,}488 \approx \mathbf{49\%}$$

Nach Tabelle 3b ist K_p für die Reaktion: $AB \rightleftarrows A + B$

$$K_p = \frac{\alpha^2 \cdot p}{1 - \alpha^2} = \frac{0{,}49^2 \cdot 101{,}3 \text{ kPa}}{1 - 0{,}49^2} = 32 \text{ kPa}$$

Mit $\Delta n = 1$ erhält man nach Gl. 3.4 für K_c:

$$K_c = \frac{K_p}{R \cdot T} = \frac{32 \text{ kPa}}{8{,}315 \text{ kPa} \cdot \text{L} \cdot \text{mol}^{-1} \cdot \text{K}^{-1} \cdot 473 \text{ K}} = \mathbf{8{,}14 \cdot 10^{-3} \text{ mol} \cdot \text{L}^{-1}}$$

3.11 Geht man von 100 L Ausgangsgemisch aus, so enthält dieses 10 L SO_2 und 90 L O_2. Im Gleichgewicht sind 8 L SO_3 vorhanden, sowie: 10 L – 8 L = 2 L SO_2 und an Sauerstoff: 90 L – 4 L = 86 L. Man erhält somit folgende Übersicht:

	SO_2	O_2	SO_3
Ausgangsvolumen in L	10	90	0
Gleichgewichtsvolumen in L	2	86	8

Nach Gl. 2.20 gilt: $\frac{p\,(A)}{p} = \frac{V\,(A)}{V} = \frac{n\,(A)}{n} = \varphi\,(A) = x\,(A)$

Das Gesamtvolumen beträgt: $V = 2 \text{ L} + 86 \text{ L} + 8 \text{ L} = 96 \text{ L}$. Die Partialdrücke sind:

$$p\,(SO_2) = \frac{V\,(SO_2)}{V} \cdot p = \frac{2 \text{ L}}{96 \text{ L}} \cdot 1 \text{ bar} = 2{,}1 \cdot 10^{-2} \text{ bar}$$

$$p\,(O_2) = \frac{V\,(O_2)}{V} \cdot p = \frac{86 \text{ L}}{96 \text{ L}} \cdot 1 \text{ bar} = 0{,}896 \text{ bar}$$

$$p\,(SO_3) = \frac{V\,(SO_3)}{V} \cdot p = \frac{8 \text{ L}}{96 \text{ L}} \cdot 1 \text{ bar} = 8{,}33 \cdot 10^{-2} \text{ bar}$$

Mit Gl. 3.3 ist: $K_p = \frac{p^2\,(SO_3)}{p^2\,(SO_2) \cdot p\,(O_2)} = \frac{(8{,}33 \cdot 10^{-2})^2 \text{ bar}^2}{(2{,}1 \cdot 10^{-2})^2 \cdot 0{,}896 \text{ bar}^3} = \mathbf{17{,}6 \text{ bar}^{-1}}$

3.12 Es gilt das Prinzip von *Le-Chatelier:*

a) nach **links** (kleineres Volumen bei den Ausgangsstoffen)

b) nach **rechts** (kleineres Volumen bei dem Produkt)

c) nach **links** (kleineres Volumen bei den Ausgangsstoffen)

d) es bleibt **unverändert** (gleiche Volumina auf beiden Seiten)

e) nach **links** (kleineres Volumen bei den Ausgangsstoffen)

f) nach **rechts** (kleineres Volumen bei dem Produkt)

3.13 Es liegt ein heterogenes Gleichgewicht vor, sodass gilt:

$$K_c = \frac{c\,(CO_2)}{c\,(CO)} \quad \text{(FeO und Fe sind in } K_c \text{ enthalten)}$$

Fällt die Konzentration von CO um x mol · L^{-1}, so wird die Konzentration von CO_2 um x mol · L^{-1} zunehmen. Man erhält die Übersicht:

	CO	CO_2
Ausgangskonzentration in mol · L^{-1}	0,04	0
Gleichgewichtskonzentration in mol · L^{-1}	0,04 – x	x

Man erhält somit: $K_c = \frac{c\,(CO_2)}{c\,(CO)} = \frac{x \text{ mol} \cdot \text{L}^{-1}}{(0{,}04 - x) \text{ mol} \cdot \text{L}^{-1}} = 0{,}408 \Rightarrow x = 0{,}0116$

Im Gleichgewicht ist: $c\,(CO_2)$ = **0,0116 mol · L^{-1}** und $c\,(CO)$ = **0,0284 mol · L^{-1}**.

Da nach der Reaktionsgleichung pro Mol CO_2 1 mol Fe entsteht, liegen im Gleichgewicht 0,0166 mol Fe vor. Mit: $m = n \cdot M$ = 0,0116 mol · 56 g · mol^{-1} erhält man **0,65 g** Fe im Gleichgewicht.

3.14 Für dieses heterogene Gleichgewicht gilt: $K_p = p^2\,(A) \cdot p\,(B_2)$. Der Gesamtdruck p ist gleich der Summe der Partialdrücke von A und B: $p = p\,(A) + p\,(B)$. Nach der Reaktionsgleichung ist $p\,(A) = 2 \cdot p\,(B)$, sodass gilt:

$2 \cdot p\,(B) + p\,(B) = 3 \cdot p\,(B) = p = 108{,}9$ kPa $\Rightarrow$ $p\,(B) = 36{,}3$ kPa und $p\,(A) = 72{,}6$ kPa

Mit diesen Werten erhält man: $K_p = 72{,}6^2$ kPa^2 · 36,3 kPa = **1,91 · 10^5 kPa^3**

3.15 Da K_c bei 2 700 K größer ist als K_c bei 2 100 K, hat sich das Gleichgewicht bei Temperaturerhöhung nach rechts verschoben. Die Reaktion ist **endotherm**.

3.16 Bei vollständiger Dissoziation entspricht $c\,(H_3O^+)$ der Konzentration der jeweiligen Säure und $c\,(OH^-)$ der der jeweiligen Base:

a) $c\,(H_3O^+)$ = 0,02 mol · L^{-1} = **2 · 10^{-2} mol · L^{-1}.**

Mit Gl. 3.6 gilt: $c\,(H_3O^+) \cdot c\,(OH^-) = K_W = 10^{-14}$ mol^2 · L^{-2}

$$\Rightarrow c\,(OH^-) = \frac{10^{-14} \text{ mol}^2 \cdot \text{L}^{-2}}{2 \cdot 10^{-2} \text{ mol} \cdot \text{L}^{-1}} = \mathbf{5 \cdot 10^{-13}\ mol \cdot L^{-1}}$$

Der pH-Wert ist nach Gl. 3.7: pH = – lg {$c\,(H_3O^+)$} = – lg 2 · 10^{-2} = **1,7**

Für pOH ergibt sich nach Gl. 3.9: pH + pOH = 14 $\Rightarrow$ pOH = 14 – pH = 14 – 1,7 = **12,3**

b) Analog dem Lösungsweg bei a) erhält man:

$c\,(H_3O^+)$ = **3,2 · 10^{-3} mol · L^{-1}**, $c\,(OH^-)$ = **3,13 · 10^{-12} mol · L^{-1}**, pH = **2,5**, pOH = **11,5**

c) Da aus einem Mol $Ca(OH)_2$ bei der Dissoziation 2 mol OH^--Ionen entstehen ist:

$c\,(OH^-)$ = 2 · 0,018 mol · L^{-1} = **0,036 mol · L^{-1}**. Nach Gl. 3.6 ist $c\,(H_3O^+)$:

$$c\,(H_3O^+) = \frac{K_W}{c\,(OH^-)} = \frac{10^{-14} \text{ mol}^2 \cdot \text{L}^{-2}}{3{,}6 \cdot 10^{-2} \text{ mol} \cdot \text{L}^{-1}} = \mathbf{2{,}78 \cdot 10^{-13}\ mol \cdot L^{-1}}$$

Der pH-Wert ist nach Gl. 3.7: pH = – lg 2,78 · 10^{-13} = **12,56**

Nach Gl. 3.9 ist der pOH-Wert: pOH = 14 – 12,56 = **1,44**

d) Anwendung der analogen Formeln ergibt:

$c\,(OH^-)$ = **4,2 · 10^{-2} mol · L^{-1}**, $c\,(H_3O^+)$ = **2,4 · 10^{-13} mol · L^{-1}**, pH = **12,6,** pOH = **1,4**

3.17 Anwendung von Gl. 3.7, Gl. 3.8 und Gl. 3.9 ergibt:

a) $c(H_3O^+) = \mathbf{5{,}6 \cdot 10^{-2}\ mol \cdot L^{-1}}$ $c(OH^-) = \mathbf{1{,}8 \cdot 10^{-13}\ mol \cdot L^{-1}}$

b) $c(H_3O^+) = \mathbf{1{,}6 \cdot 10^{-10}\ mol \cdot L^{-1}}$ $c(OH^-) = \mathbf{6{,}3 \cdot 10^{-5}\ mol \cdot L^{-1}}$

c) $c(H_3O^+) = \mathbf{3{,}2 \cdot 10^{-10}\ mol \cdot L^{-1}}$ $c(OH^-) = \mathbf{3{,}2 \cdot 10^{-5}\ mol \cdot L^{-1}}$

d) $c(H_3O^+) = \mathbf{1{,}74 \cdot 10^{-2}\ mol \cdot L^{-1}}$ $c(OH^-) = \mathbf{5{,}8 \cdot 10^{-13}\ mol \cdot L^{-1}}$

3.18 25 mL der HCl-Lösung enthalten $2{,}5 \cdot 10^{-3}$ mol H_3O^+-Ionen, die sich in dem Gesamtvolumen von 50 mL befinden. Die KOH-Lösung enthält in 25 mL $5 \cdot 10^{-3}$ mol OH^--Ionen, die auch in 50 mL der Gesamtlösung vorhanden sind. Die Ionen reagieren zu H_2O: $H_3O^+ + OH^- \rightleftarrows 2\ H_2O$. $2{,}5 \cdot 10^{-3}$ mol H_3O^+-Ionen reagieren mit $2{,}5 \cdot 10^{-3}$ mol OH^--Ionen zu H_2O, sodass die Lösung noch $2{,}5 \cdot 10^{-3}$ mol OH^--Ionen in 50 mL enthält. Somit ist:

$$c(OH^-) = \frac{n}{V} = \frac{2{,}5 \cdot 10^{-3}\ \text{mol}}{0{,}05\ \text{L}} = 0{,}05\ \text{mol} \cdot \text{L}^{-1}$$

Nach Gl. 3.8 gilt: $\text{pOH} = -\lg\{c(OH^-)\} = -\lg 5 \cdot 10^{-2} = 1{,}3$

Mit Gl. 3.9 ist dann: $\text{pH} = 14 - 1{,}3 = \mathbf{12{,}7}$

3.19 Da eine schwache Säure vorliegt, ergibt die Anwendung der Näherungsformel 3.13:

$$c(H_3O^+) = \sqrt{K_S \cdot c} = \sqrt{1{,}76 \cdot 10^{-5}\ \text{mol} \cdot \text{L}^{-1} \cdot 0{,}18\ \text{mol} \cdot \text{L}^{-1}} = 1{,}8 \cdot 10^{-3}\ \text{mol} \cdot \text{L}^{-1}$$

Überprüfung der Näherung ergibt: $\dfrac{1{,}8 \cdot 10^{-3}\ \text{mol} \cdot \text{L}^{-1}}{0{,}18\ \text{mol} \cdot \text{L}^{-1}} = 0{,}01 = 1\%$

Die Näherung ist zulässig. Mit Gl. 3.7 erhält man: $\text{pH} = -\lg 1{,}8 \cdot 10^{-3} = \mathbf{2{,}7}$

3.20 Anwendung der Näherung nach Gl. 3.14 ergibt: $\text{p}K_S = -\lg\{K_S\} = -\lg 1{,}8 \cdot 10^{-5} = 4{,}74$

$$\text{pH} = \frac{\text{p}K_S - \lg\{c\}}{2}$$

$\Rightarrow \lg\{c\} = \text{p}K_S - 2 \cdot \text{pH} = 4{,}74 - 6 = -1{,}26$; $\{c\} = 10^{-1{,}26}$ $\Rightarrow$ $c = \mathbf{5{,}5 \cdot 10^{-2}\ mol \cdot L^{-1}}$

3.21 Mit Gl. 3.7 ergibt sich: $\{c(H_3O^+)\} = 10^{-\text{pH}} = 10^{-1{,}3} \Rightarrow c(H_3O^+)\ \text{mol} \cdot \text{L}^{-1} = 5 \cdot 10^{-2}\ \text{mol} \cdot \text{L}^{-1}$

Das Verhältnis: $\dfrac{c(H_3O^+)}{c} = \dfrac{5 \cdot 10^{-2}\ \text{mol} \cdot \text{L}^{-1}}{0{,}1\ \text{mol} \cdot \text{L}^{-1}} = 0{,}5 = 50\%$ zeigt, dass in diesem Fall keine Näherungsformel verwendet werden darf. Für die gegebene Reaktion:

$HA + H_2O \rightleftarrows H_3O^+ + A^-$ gilt daher:

$$K_S = \frac{c^2(H_3O^+)}{c(HA)} = \frac{c^2(H_3O^+)}{c(HA) - c(H_3O^+)} = \frac{(5 \cdot 10^{-2})^2\ \text{mol}^2 \cdot \text{L}^{-2}}{(0{,}1 - 0{,}05)\ \text{mol} \cdot \text{L}^{-1}} = 5 \cdot 10^{-2}\ \text{mol} \cdot \text{L}^{-1}$$

Mit Gl. 3.11 erhält man: $\text{p}K_S = -\lg\{K_S\} = -\lg 5 \cdot 10^{-2} = \mathbf{1{,}3}$

3.22 Da $K_B < 10^{-4}\ \text{mol} \cdot \text{L}^{-1}$ ist kann Gl. 3.19 angewandt werden:

$$\text{pOH} = \frac{\text{p}K_B - \lg\{c\}}{2} = \frac{(-\lg K_B) - \lg\{c\}}{2} = \frac{4{,}74 + 0{,}699}{2} = 2{,}72$$

Nach Gl. 3.9 ist: $\text{pH} = 14 - 2{,}72 = \mathbf{11{,}28}$

3.23 Anwendung von Gl. 3.9 und Gl. 3.19 ergibt:

$\text{pOH} = 14 - 11{,}2 = 2{,}8$ $\text{p}K_B = 2 \cdot \text{pOH} + \lg\{c\} = 2 \cdot 2{,}8 + \lg 0{,}4 = 5{,}2$

Mit Gl. 3.16 und Gl. 3.20 erhält man:

$\{K_B\} = 10^{-\text{p}K_B} = 10^{-5{,}2} \Rightarrow K_B = \mathbf{6{,}3 \cdot 10^{-6}\ mol \cdot L^{-1}}$

$\text{p}K_S = 14 - \text{p}K_B = 14 - 5{,}2 = \mathbf{8{,}8}$

3.24 Mit $pK_S = 2$ und Gl. 3.11 gilt: $\{K_S\} = 10^{-pK_S} \Rightarrow K_s = 10^{-2}\ mol \cdot L^{-1}$

Da $K_S > 10^{-4}\ mol \cdot L^{-1}$ darf keine Näherung verwendet werden. Somit ist:

$$K_S = \frac{c^2\,(H_3O^+)}{c\,(HA)} = \frac{c^2\,(H_3O^+)}{c\,(HA) - c\,(H_3O^+)}$$

$\{c\,(H_3O^+)\}$ ist nach Gl. 3.7: $\{c\,(H_3O^+)\} = 10^{-2,8}\ c\,(H_3O^+) = 1{,}58 \cdot 10^{-3}\ mol \cdot L^{-1}$

Einsetzen der Werte und Umstellen ergibt:

$$c\,(HA) - 1{,}58 \cdot 10^{-3}\ mol \cdot L^{-1} = \frac{(1{,}58 \cdot 10^{-3})^2\ mol^2 \cdot L^{-2}}{10^{-2}\ mol \cdot L^{-1}} = 2{,}50 \cdot 10^{-4}\ mol \cdot L^{-1}$$

$c = 2{,}50 \cdot 10^{-4}\ mol \cdot L^{-1} + 1{,}58 \cdot 10^{-3}\ mol \cdot L^{-1} = 1{,}83 \cdot 10^{-3}\ mol \cdot L^{-1}$

Mit: $c = \frac{n}{V} \Rightarrow n\,(HA) = c\,(HA) \cdot V = 1{,}83 \cdot 10^{-3}\ mol \cdot L^{-1} \cdot 0{,}8\ L = \mathbf{1{,}46 \cdot 10^{-3}\ mol}$

3.25 Mit $\alpha = 4{,}2\% = 0{,}042$ und Gl. 3.24 als Näherung erhält man:

$K_B = \alpha^2 \cdot c\,(NH_3) = 0{,}042^2 \cdot 0{,}01\ mol \cdot L^{-1} = \mathbf{1{,}76 \cdot 10^{-5}\ mol \cdot L^{-1}}$

Zur Berechnung von $c\,(H_3O^+)$ wird zunächst $c\,(OH^-)$ berechnet:

$c\,(OH^-) = \alpha \cdot c\,(NH_3) = 0{,}042 \cdot 0{,}01\ mol \cdot L^{-1} = 4{,}2 \cdot 10^{-4}\ mol \cdot L^{-1}$

Mit diesem Wert und $K_W = 10^{-14}\ mol^2 \cdot L^{-2}$ ergibt sich für $c\,(H_3O^+)$:

$$c\,(H_3O^+) = \frac{K_W}{c\,(OH^-)} = \frac{10^{-14}\ mol^2 \cdot L^{-2}}{4{,}2 \cdot 10^{-4}\ mol \cdot L^{-1}} = \mathbf{2{,}4 \cdot 10^{-11}\ mol \cdot L^{-1}}$$

3.26 Aus $c\,(H_3O^+) = \alpha \cdot c\,(HA) \Rightarrow \alpha = \frac{c\,(H_3O^+)}{c\,(HA)} = \frac{2{,}5 \cdot 10^{-4}\ mol \cdot L^{-1}}{5 \cdot 10^{-2}\ mol \cdot L^{-1}} = 0{,}5 \cdot 10^{-2} \mathrel{\widehat{=}} \mathbf{0{,}5\%}$

3.27 Da $\alpha = 35\%$ beträgt, muss Gl. 3.21 angewandt werden:

$$K_S = \frac{\alpha^2 \cdot c\,(HA)}{1 - \alpha} = \frac{0{,}35^2 \cdot 0{,}2\ mol \cdot L^{-1}}{1 - 0{,}35} = \mathbf{3{,}77 \cdot 10^{-2}\ mol \cdot L^{-1}}$$

3.28 Für $c\,(H_3O^+)$ erhält man aus Gl. 3.7: $\{c\,(H_3O^+)\} = 10^{-pH} \Rightarrow c\,(H_3O^+) = 10^{-3}\ mol \cdot L^{-1}$

Da $K_S < 10^{-4}\ mol \cdot L^{-1}$ ist, verwendet man Gl. 3.13. Umgestellt und Einsetzen der gegebenen Werte ergibt:

$$c\,(HA) = \frac{(10^{-3})^2\ mol^2 \cdot L^{-2}}{1{,}8 \cdot 10^{-5}\ mol \cdot L^{-1}} = \mathbf{5{,}6 \cdot 10^{-2}\ mol \cdot L^{-1}}$$

Die Überprüfung der Näherung liefert: $\frac{c\,(H_3O^+)}{c\,(HA)} = \frac{10^{-3}\ mol \cdot L^{-1}}{5{,}6 \cdot 10^{-2}\ mol \cdot L^{-1}} = 0{,}018 \mathrel{\widehat{=}} 1{,}8\% < 5\%$

Die Näherung ist zulässig und ergibt gleichzeitig den Wert von α, da $\alpha = \frac{c\,(H_3O^+)}{c\,(HA)}$.

3.29 Wenn pH = 9,5, so ist nach Gl. 3.9: pOH = 14 – 9,5 = 4,5

Für $c\,(OH^-)$ erhält man nach Gl. 3.8: $\{c\,(OH^-)\} = 10^{-4,5} \Rightarrow c\,(OH^-) = 3{,}2 \cdot 10^{-5}\ mol \cdot L^{-1}$

Umstellung von Gl. 3.18 nach c und Einsetzung der gegebenen Werte liefert:

$$c\,(NH_3) = \frac{(3{,}2 \cdot 10^{-5})^2\ mol^2 \cdot L^{-2}}{1{,}8 \cdot 10^{-5}\ mol \cdot L^{-1}} = \mathbf{5{,}7 \cdot 10^{-5}\ mol \cdot L^{-1}}$$

3.30 Nach Gl. 3.23 gilt: $K_S = \alpha^2 \cdot c$

Da K_S konstant ist, erhält man: $0{,}015^2 \cdot 0{,}15 \text{ mol} \cdot L^{-1} = \alpha_2^2 \cdot 0{,}035 \text{ mol} \cdot L^{-1}$

$$\alpha_2 = \sqrt{\frac{0{,}015^2 \cdot 0{,}15 \text{ mol} \cdot L^{-1}}{0{,}035 \text{ mol} \cdot L^{-1}}} = 0{,}031 \mathrel{\hat=} \mathbf{3{,}1\%}$$

3.31 a) **sauer** b) **alkalisch** c) **alkalisch** d) **neutral**

3.32 a) NH_4Cl reagiert sauer: $NH_4^+ + H_2O \rightleftarrows H_3O^+ + NH_3$

Man benötigt den K_S-Wert für das Gleichgewicht $K_S = \dfrac{c\,(H_3O^+) \cdot c\,(NH_3)}{c\,(NH_4^+)}$

Nach Gl. 3.20 gilt: $pK_S = 14 - pK_B = 14 - (-\lg\{K_B\}) = 14 - (-\lg 1{,}8 \cdot 10^{-5}) = 9{,}255$

Einsetzen der Werte: $c\,(NH_4Cl) = 0{,}3 \text{ mol} \cdot L^{-1}$, $pK_S = 9{,}255$ in Gl. 3.14 ergibt:

$$pH = \frac{pK_S - \lg\{c\,(NH_4Cl)\}}{2} = \frac{9{,}255 - (-0{,}523)}{2} = \mathbf{4{,}9}$$

b) KCN reagiert basisch: $CN^- + H_2O \rightleftarrows HCN + OH^-$

Man benötigt den K_B-Wert für das Gleichgewicht: $K_B = \dfrac{c\,(HCN) \cdot c\,(OH^-)}{c\,(CN^-)}$

Nach Gl. 3.20 gilt: $pK_B = 14 - pK_S = 14 - (-\lg 4{,}93 \cdot 10^{-10}) = 4{,}7$

Mit Gl. 3.19 gilt für den pOH-Wert: $pOH = \dfrac{pK_B - \lg\{c\,(KCN)\}}{2} = \dfrac{4{,}7 - (\lg 0{,}5)}{2} = 2{,}5$

Der pH-Wert ist nach Gl. 3.9: $pH = 14 - 2{,}5 = \mathbf{11{,}5}$

Alternativ kann der pH-Wert auch mit Gl. 3.25 berechnet werden.

Einsetzen der gegebenen Werte ergibt: $pK_S = -\lg\{K_S\} = -\lg 4{,}93 \cdot 10^{-10} = 9{,}3$

$$pH = 7 + \frac{pK_S + \lg\{c\,(KCN)\}}{2} = 7 + \frac{9{,}3 + \lg 0{,}5}{2} = \mathbf{11{,}5}$$

c) NaF reagiert basisch, sodass nach Gl. 3.25 mit $pK_S = -\lg 1{,}7 \cdot 10^{-5} = 4{,}77$ gilt:

$$pH = 7 + \frac{pK_S + \lg\{c\,(NaF)\}}{2} = 7 + \frac{4{,}77 + \lg 0{,}25}{2} = \mathbf{9{,}1}$$

d) CH_3COOH reagiert basisch, sodass mit $pK_S = 4{,}74$ nach Gl. 3.25 gilt:

$$pH = 7 + \frac{pK_S + \lg\{c\,(CH_3COONa)\}}{2} = 7 + \frac{4{,}74 + \lg 0{,}08}{2} = \mathbf{8{,}8}$$

3.33 Das Salz aus der starken Base KOH und schwachen Säure HA reagiert alkalisch.

Mit $pK_S = -\lg 4{,}3 \cdot 10^{-7} = 6{,}37$ erhält man nach Umstellung von Gl. 3.25:

$\lg\{c(KA)\} = (pH - 7) \cdot 2 - pK_S = (9{,}77 - 7) \cdot 2 - 6{,}37 = -0{,}83 \Rightarrow c(KA) = \mathbf{0{,}15 \text{ mol} \cdot L^{-1}}$

3.34 Mit Gl. 3.25 folgt:

$pK_S = (pH - 7) \cdot 2 - \lg\{c\,(NaA)\} = (9{,}3 - 7) \cdot 2 - \lg 0{,}6 = 4{,}82$

Mit Gl. 3.11: $-\lg\{K_S\} = pK_S \Rightarrow \{K_S\} = 10^{-pK_S} = 10^{-4{,}82} \Rightarrow K_s = \mathbf{1{,}5 \cdot 10^{-5} \text{ mol} \cdot L^{-1}}$

3.35 Aus CH_3COOH und NaOH entsteht Natriumacetat: $CH_3COOH + NaOH \rightarrow CH_3COONa + H_2O$

100 mL Ethansäure enthalten $n\,(CH_3COOH) = 0{,}1\ \text{mol} \cdot \text{L}^{-1} \cdot 0{,}1\ \text{L} = 0{,}01\ \text{mol}$

20 mL Natronlauge enthalten $n\,(NaOH) = 0{,}5\ \text{mol} \cdot \text{L}^{-1} \cdot 0{,}02\ \text{L} = 0{,}01\ \text{mol}$

Es entstehen somit 0,01 mol Natriumacetat, CH_3COONa, die in 120 mL Lösung enthalten sind. Die Stoffmengenkonzentration $c\,(CH_3COONa)$ ist:

$$c\,(CH_3COONa) = \frac{n\,(CH_3COONa)}{V} = \frac{0{,}01\ \text{mol}}{0{,}120\ \text{L}} = 8{,}3 \cdot 10^{-2}\ \text{mol} \cdot \text{L}^{-1}$$

Gl. 3.25 ergibt: $\text{pH} = 7 + \frac{\text{p}K_S + \lg c\,(CH_3COONa)}{2} = 7 + \frac{-\lg 1{,}8 \cdot 10^{-5} + \lg 8{,}3 \cdot 10^{-2}}{2} = \mathbf{8{,}83}$

3.36 Nach Gl. 3.26 gilt: $\text{pH} = \text{p}K_S + \lg \frac{c\,(A^-)}{c\,(HA)}$

Mit Gl. 3.11 erhält man: $\text{p}K_S = -\lg 1{,}8 \cdot 10^{-5} = 4{,}74$. Einsetzen der Werte ergibt:

$$\text{pH} = 4{,}74 + \lg \frac{3\ \text{mol}}{1\ \text{mol}} = \mathbf{5{,}22}$$

3.37 Mit Gl. 3.26 berechnet man das Verhältnis Salz/Säure: $\lg \frac{c\,(A^-)}{c\,(HA)} = \text{pH} - \text{p}K_S$

Nach Gl. 3.11 ist: $\text{p}K_S = -\lg 1{,}2 \cdot 10^{-4} = 3{,}92$. Mit diesen Werten erhält man:

$$\lg \frac{\{c\,(A^-)\}}{\{c\,(HA)\}} = \lg \{c\,(A^-)\} - \lg \{c\,(HA)\} = 3{,}8 - 3{,}92 = -0{,}12 \Rightarrow \frac{\{c\,(A^-)\}}{\{c\,(HA)\}} = 10^{-0{,}12} = \mathbf{0{,}759}$$

Jede Lösung, in der das Verhältnis $c\,(NaOCN)/c\,(HOCN) = 0{,}759$ beträgt, besitzt den pH-Wert 3,8 und puffert in diesem Bereich. Ist $c\,(NaOCN) = 0{,}759\ \text{mol} \cdot \text{L}^{-1}$, so muss $c\,(HOCN) = 1\ \text{mol} \cdot \text{L}^{-1}$ sein. 1 L Pufferlösung enthält also 0,759 mol NaOCN und 1 mol HOCN.

3.38 Mit Gl. 3.11 erhält man: $\text{p}K_S = -\lg 1{,}8 \cdot 10^{-5} = 4{,}74$

Einsetzen der gegebenen Werte in die umgestellte Gl. 3.26 ergibt:

$$\lg \frac{\{c\,(A^-)\}}{0{,}1} = 5 - 4{,}74 = 0{,}26 \Rightarrow \frac{\{c\,(A^-)\}}{0{,}1} = 10^{0{,}26} = 1{,}82 \Rightarrow c\,(A^-) = 0{,}182\ \text{mol} \cdot \text{L}^{-1}$$

Mit $m\,(CH_3COONa) = c(CH_3COONa) \cdot V \cdot M\,(CH_3COONa)$ erhält man:

$m(CH_3COONa) = 0{,}182\ \text{mol} \cdot \text{L}^{-1} \cdot 1\ \text{L} \cdot 82\ \text{g} \cdot \text{mol}^{-1} = \mathbf{14{,}924\ g \cdot L^{-1}}$

3.39 Nach Gl. 3.16 gilt: $\text{p}K_B = -\lg 1{,}8 \cdot 10^{-5} = 4{,}74$

Aus Gl. 3.19 erhält man: $\text{pOH} = \frac{\text{p}K_B - \lg \{c\,(NH_3)\}}{2} = \frac{4{,}74 - \lg 0{,}1}{2} = 2{,}87$

Der pH-Wert ist nach Gl. 3.9: $\text{pH} = 14 - \text{pOH} = 14 - 2{,}87 = 11{,}13$

Mit: $n\,(NH_4Cl) = \frac{m\,(NH_4Cl)}{M\,(NH_4Cl)} = \frac{1\ \text{g}}{53{,}5\ \text{g} \cdot \text{mol}^{-1}} = 1{,}87 \cdot 10^{-2}\ \text{mol}$ und Gl. 3.27 ergibt sich.

$$\text{pOH} = \text{p}K_B + \lg \frac{c\,(NH_4^+)}{c\,(NH_3)} = 4{,}74 + \lg \frac{1{,}87 \cdot 10^{-2}\ \text{mol} \cdot \text{L}^{-1}}{0{,}1\ \text{mol} \cdot \text{L}^{-1}} = 4{,}01$$

Der pH-Wert ist dann: $\text{pH} = 14 - 4{,}01 = 9{,}99$.

Er ist **von 11,13 auf 9,99 gesunken.**

3.40 Da zwei Salze vorliegen, ist zunächst zu klären, welches als Säure fungiert. Die Säure enthält immer ein H-Atom mehr als die Base, sodass von den beiden Anionen $H_2PO_4^-$ die Säure darstellt. Mit Gl. 3.26 und $pK_S = -\lg 6{,}2 \cdot 10^{-8} = 7{,}21$ ist:

$$pH = 7{,}21 + \lg \frac{0{,}2\ mol \cdot L^{-1}}{0{,}4\ mol \cdot L^{-1}} = \mathbf{6{,}9}$$

3.41 a) Durch Zugabe der NaOH werden Ethansäuremoleküle neutralisiert:

$CH_3COOH + NaOH \rightleftarrows CH_3COONa + H_2O$

Die Konzentration an Na-Acetat (Salz) wird steigen und $c\,(CH_3COOH)$ entsprechend fallen. Geht man von einem äquimolaren Puffergemisch aus je einem Mol Salz und Säure aus, so erhält man folgende Übersicht:

	c (Säure)	*c* (Salz)
Pufferlösung zu Beginn	$1\ mol \cdot L^{-1}$	$1\ mol \cdot L^{-1}$
Nach Zugabe von NaOH	$(1 - x)\ mol \cdot L^{-1}$	$(1 + x)\ mol \cdot L^{-1}$

10 mL Natronlauge, $c\,(NaOH) = 1\ mol \cdot L^{-1}$, enthalten 0,01 mol an OH^--Ionen. Mit diesem Wert erhält man mit Gl. 3.26:

$$pH = pK_S + \lg \frac{c\,(Salz)}{c\,(Säure)} = 4{,}740 + \lg \frac{1{,}01\ mol \cdot L^{-1}}{0{,}99\ mol \cdot L^{-1}} = 4{,}749$$

Der pH-Wert ändert sich **von 4,740 auf 4,749** d.h. um **0,009 Einheiten**.

b) Gibt man diese Menge Natronlauge, d.h. $c\,(OH^-) = 0{,}01\ mol \cdot L^{-1}$, zu einem Liter reinem Wasser, so ist nach Gl. 3.8: $pOH = -\lg 10^{-2} = 2$. Nach Gl. 3.9 ist dann $pH = 14 - 2 = 12$. Hier steigt der pH-Wert **von 7 auf 12** d.h. um **5 Einheiten**.

3.42 Der pK_S-Wert ist nach Gl. 3.11: $pK_S = -\lg 1{,}8 \cdot 10^{-4} = 3{,}745$.

Mit Gl. 3.26 gilt: $pH = pK_S + \lg \dfrac{c\,(Salz)}{c\,(Säure)} = 3{,}745 + \lg \dfrac{0{,}1\ mol \cdot 0{,}5\ L^{-1}}{0{,}025\ mol \cdot 0{,}5\ L^{-1}} = \mathbf{4{,}35}$

3.43 Mit Gl. 3.26 erhält man nach Umstellung:

$$pK_S = pH - \lg \frac{c\,(Salz)}{c\,(Säure)} = 3{,}72 - \lg \frac{0{,}140\ mol \cdot 0{,}5\ L^{-1}}{0{,}56\ mol \cdot 0{,}5\ L^{-1}} = 4{,}322$$

Mit Gl. 3.11 ist: $\{K_S\} = 10^{-pK_S} = 10^{-4{,}322} \Rightarrow K_s = \mathbf{4{,}76 \cdot 10^{-5}\ mol \cdot L^{-1}}$

3.44 Anwendung von Gl. 3.28 ergibt:

a) $\boldsymbol{L = c\,(Ba^{2+}) \cdot c\,(SO_4^{2-})}$

b) $\boldsymbol{L = c\,(Cd^{2+}) \cdot c^2\,(OH^-)}$

c) $\boldsymbol{L = c\,(Fe^{3+}) \cdot c^3\,(OH^-)}$

d) $\boldsymbol{L = c^3\,(Ba^{2+}) \cdot c^2\,(PO_4^{3-})}$

3.45 Je Liter Wasser ist: $n\,(AgBr) = \dfrac{m\,(AgBr)}{M\,(AgBr)} = \dfrac{1{,}03 \cdot 10^{-4}\ g}{128\ g \cdot mol^{-1}} = 5{,}48 \cdot 10^{-7}\ mol$

Mit $AgBr \rightarrow Ag^+ + Br^-$ und $c\,(Ag^+) = c\,(Br^-) = 5{,}48 \cdot 10^{-7}\ mol \cdot L^{-1}$ ist nach Gl. 3.28:

$L\,(AgBr) = (5{,}48 \cdot 10^{-7}\ mol \cdot L^{-1})^2 = \mathbf{3 \cdot 10^{-13}\ mol^2 \cdot L^{-2}}$

3.46 Aus einem Mol $Cd\,(OH)_2$ entstehen ein Mol Cd^{2+}- und zwei Mol OH^--Ionen. Die Konzentrationen betragen: $c\,(Cd^{2+}) = 1{,}7 \cdot 10^{-5}\ mol \cdot L^{-1}$ und $c\,(OH^-) = 2 \cdot 1{,}7 \cdot 10^{-5}\ mol \cdot L^{-1}$. Nach Gl. 3.28 ist:

$L\,[Cd\,(OH)_2] = 1{,}7 \cdot 10^{-5}\ mol \cdot L^{-1} \cdot (2 \cdot 1{,}7 \cdot 10^{-5}\ mol \cdot L^{-1})^2 = \mathbf{2 \cdot 10^{-14}\ mol^3 \cdot L^{-3}}$

3.47 Das Salz $PbSO_4$ gehört zum Typ AB, für das nach Gl. 3.29 gilt:

$$s(PbSO_4) = \sqrt{L(PbSO_4)} = \sqrt{1{,}3 \cdot 10^{-8}\ mol^2 \cdot L^{-2}} = \mathbf{1{,}14 \cdot 10^{-4}\ mol \cdot L^{-1}}$$

3.48 Für $Fe(OH)_2$, ein Salz vom Typ A_xB_y, gilt nach Gl. 3.30:

$$s[Fe(OH)_2] = \sqrt[3]{\frac{L}{4}} = \sqrt[3]{\frac{1{,}8 \cdot 10^{-15}\ mol^3 \cdot L^{-3}}{4}} = \mathbf{7{,}66 \cdot 10^{-6}\ mol \cdot L^{-1}}$$

3.49 Aus Gl. 3.9 erhält man: pOH = 14 – 9,53 = 4,47. Nach Gl. 3.8 ist:

$\{c(OH^-)\} = 10^{-pOH} = 10^{-4{,}47} \Rightarrow c(OH^-) = 3{,}4 \cdot 10^{-5}\ mol \cdot L^{-1}$. Da nach $M(OH)_2 \rightleftarrows M^{2+} + 2\ OH^-$ $c(OH^-)$ doppelt so groß wie $c(M^{2+})$ ist, gilt: $c(M^{2+}) = 0{,}5 \cdot 3{,}4 \cdot 10^{-5}\ mol \cdot L^{-1}$. Somit ergibt sich nach Gl. 3.28 für L:

$$L[M(OH)_2] = (0{,}5 \cdot 3{,}4 \cdot 10^{-5}\ mol \cdot L^{-1}) \cdot (3{,}4 \cdot 10^{-5}\ mol \cdot L^{-1})^2 = \mathbf{2 \cdot 10^{-14}\ mol^3 \cdot L^{-3}}$$

3.50 Für die Löslichkeit von CaC_2O_4, ein Salz vom Typ AB, gilt nach Gl. 3.29:

$$s(CaC_2O_4) = \sqrt{L(CaC_2O_4)} = \sqrt{2{,}57 \cdot 10^{-9}\ mol^2 \cdot L^{-2}} = 5{,}07 \cdot 10^{-5}\ mol \cdot L^{-1}$$

$$\beta = \frac{m}{V} = \frac{n \cdot M}{V} = s \cdot M = 5{,}07 \cdot 10^{-5}\ mol \cdot L^{-1} \cdot 128\ g \cdot mol^{-1} = 6{,}5 \cdot 10^{-3}\ g \cdot L^{-1}.$$

Das Waschwasservolumen für 0,5 mg ist: $V = \frac{m}{\beta} = \frac{0{,}5\ mg}{6{,}5\ mg \cdot L^{-1}} = 0{,}077\ L = \mathbf{77\ mL}$

3.51 Aufgrund des kleinen Löslichkeitsproduktes von $BaSO_4$ kann man $c(SO_4^{2-})$ für Ionen, die aus dem $BaSO_4$ stammen, vernachlässigen und für die Lösung $c(SO_4^{2-}) = 0{,}05\ mol \cdot L^{-1}$ annehmen. Umstellung nach Gl. 3.28 ergibt:

$$c(Ba^{2+}) = \frac{L(BaSO_4)}{c(SO_4^{2-})} = \frac{1{,}5 \cdot 10^{-9}\ mol^2 \cdot L^{-2}}{5 \cdot 10^{-2}\ mol \cdot L^{-1}} = \mathbf{3 \cdot 10^{-8}\ mol \cdot L^{-1}}$$

3.52 Man berechnet das Ionenprodukt Q nach Gl. 3.31. Da das Volumen der Mischung doppelt so groß ist wie das der Teillösungen, halbieren sich die Konzentrationen der Komponenten. Die aktuellen Konzentrationen sind daher
$c(Ag^+) = 0{,}5 \cdot 0{,}01\ mol \cdot L^{-1} = 5 \cdot 10^{-3}\ mol \cdot L^{-1}$ und
$c(Cl^-) = 0{,}5 \cdot 1 \cdot 10^{-4}\ mol \cdot L^{-1} = 5 \cdot 10^{-5}\ mol \cdot L^{-1}$.

Für das Ionenprodukt Q erhält man nach Gl. 3.31:

$$Q = c(Ag^+) \cdot c(Cl^-) = 5 \cdot 10^{-3}\ mol \cdot L^{-1} \cdot 5 \cdot 10^{-5}\ mol \cdot L^{-1} = \mathbf{2{,}5 \cdot 10^{-7}\ mol^2 \cdot L^{-2}}.$$

Da $Q > L$ ($2{,}5 \cdot 10^{-7} > 1{,}7 \cdot 10^{-10}$), fällt AgCl aus.

3.53 Aus dem Löslichkeitsprodukt ergibt sich nach Gl. 3.30:

$$L[Mg(OH)_2] = c(Mg^{2+}) \cdot c^2(OH^-) \Rightarrow$$

$$c(OH^-) = \sqrt{\frac{L[Mg(OH)_2]}{c(Mg^{2+})}} = \sqrt{\frac{8{,}9 \cdot 10^{-12}\ mol^3 \cdot L^{-3}}{5 \cdot 10^{-2}\ mol \cdot L^{-1}}} = 1{,}33 \cdot 10^{-5}\ mol \cdot L^{-1}$$

Aus der Gleichung: $NH_3 + H_2O \rightleftarrows NH_4^+ + OH^-$ und dem K_B-Wert ergibt sich nach Gl. 3.15:

$$K_B(NH_3) = \frac{c(NH_4^+) \cdot c(OH^-)}{c(NH_3)} \Rightarrow c(NH_4^+) = \frac{K_B(NH_3) \cdot c(NH_3)}{c(OH^-)}$$

Einsetzen der Zahlenwerte ergibt:

$$c(NH_4^+) = \frac{1{,}8 \cdot 10^{-5}\ mol \cdot L^{-1} \cdot 5 \cdot 10^{-2}\ mol \cdot L^{-1}}{1{,}33 \cdot 10^{-5}\ mol \cdot L^{-1}} = 6{,}8 \cdot 10^{-2}\ mol \cdot L^{-1}$$

Für 1 mol NH_4^+-Ionen benötigt man 1 mol NH_4Cl = 53,5 g.

Für $6{,}8 \cdot 10^{-2}$ mol NH_4^+-Ionen sind nötig: $53{,}5\ g \cdot mol^{-1} \cdot 6{,}8 \cdot 10^{-2}\ mol = \mathbf{3{,}64\ g}$.

Einem Liter dieser Lösung müssen also mindestens 3,64 g NH_4Cl zugesetzt werden.

4.1 (Gl. 1.21): $r = 547\ \text{pm}/2 = 273{,}5\ \text{pm} = 2{,}735 \cdot 10^{-10}\ \text{m} \Rightarrow$ Volumen eines Teilchens:

$V = {}^4/_3 \cdot \pi \cdot r^3 = {}^4/_3 \cdot \pi \cdot (2{,}735 \cdot 10^{-8}\ \text{cm})^3 = 8{,}57 \cdot 10^{-23}\ \text{cm}^3$

Eigenvolumen eines Mols: $V = 8{,}57 \cdot 10^{-23}\ \text{cm}^3 \cdot 6{,}022 \cdot 10^{23}\ \text{mol}^{-1} = 51{,}6\ \text{cm}^3 \cdot \text{mol}^{-1}$

$$\varphi\,(Cl_2) = \frac{V}{V_m} = \frac{51{,}6\ \text{cm}^3 \cdot \text{mol}^{-1}}{22\,414\ \text{cm}^3 \cdot \text{mol}^{-1}} = 2{,}3 \cdot 10^{-3} \mathrel{\widehat{=}} \mathbf{0{,}23\%}$$

4.2 (Gl. 1.16; Gl. 4.5): $m\,(Cl_2) = \dfrac{M\,(Cl_2)}{N_A} = \dfrac{0{,}071\ \text{kg} \cdot \text{mol}^{-1}}{6{,}022 \cdot 10^{23}\ \text{mol}^{-1}} = 1{,}18 \cdot 10^{-25}\ \text{kg}$

$$p = \frac{N \cdot m \cdot \overline{v}^2}{3 \cdot V} = \frac{3{,}97 \cdot 10^{23} \cdot 1{,}18 \cdot 10^{-25}\ \text{kg} \cdot 1{,}6 \cdot 10^5\ \text{m}^2 \cdot \text{s}^{-2}}{3 \cdot 10^{-2}\ \text{m}^3} = \mathbf{2{,}5 \cdot 10^5\ Pa} \mathrel{\widehat{=}} \mathbf{2{,}5\ bar}$$

4.3 (Gl. 4.11; Gl. 4.12):

$$\overline{v}^2 = \frac{3 \cdot R \cdot T}{M\,(\text{HCl})} \Rightarrow \sqrt{\overline{v}^2} = \sqrt{\frac{3 \cdot R \cdot T}{M\,(\text{HCl})}} = \sqrt{\frac{3 \cdot 8{,}315\ \text{J} \cdot \text{mol}^{-1} \cdot \text{K}^{-1} \cdot 298{,}0\ \text{K}}{3{,}65 \cdot 10^{-2}\ \text{kg} \cdot \text{mol}^{-1}}} = 451{,}3\ \text{m} \cdot \text{s}^{-1}$$

$$\frac{\overline{v}}{\sqrt{\overline{v}^2}} = \frac{1{,}1284}{1{,}2247} \Rightarrow \overline{v} = 0{,}9214 \cdot 451{,}3\ \text{m} \cdot \text{s}^{-1} = \mathbf{415{,}8\ m \cdot s^{-1}}$$

4.4 (Gl. 4.8, kinetische Energie):

a) Mit $T = 383$ K folgt: $\overline{\varepsilon}_k = {}^3/_2 \cdot k \cdot T = {}^3/_2 \cdot 1{,}38 \cdot 10^{-23}\ \text{J} \cdot \text{K}^{-1} \cdot 383{,}0\ \text{K} = \mathbf{7{,}93 \cdot 10^{-21}\ J}$

b) Die mittlere kinetische Energie eines Teilchens beträgt: $\overline{\varepsilon}_k = {}^1/_2 \cdot m \cdot \overline{v}^2 \Rightarrow$

$$\sqrt{\overline{v}^2} = \sqrt{\frac{2 \cdot \varepsilon_k}{m}} = \sqrt{\frac{2 \cdot 7{,}93 \cdot 10^{-21}\ \text{J}}{4{,}78 \cdot 10^{-26}\ \text{kg}}} = \mathbf{576{,}0\ m \cdot s^{-1}}$$

4.5 (Gl. 4.14):

a) $$\frac{\Delta N}{N} = e^{-\frac{E_a}{R \cdot T}} = e^{-\frac{184\,000\ \text{J}}{8{,}315\ \text{J} \cdot \text{K}^{-1} \cdot 500\ \text{K}}} = e^{-44{,}257} = \mathbf{6{,}02 \cdot 10^{-20}}$$

b) Teilchenzahl in $m = 25{,}0$ g HI:

$$N = n \cdot N_A = \frac{m\,(\text{HI})}{M\,(\text{HI})} \cdot N_A = \frac{25{,}0\ \text{g}}{127{,}9\ \text{g} \cdot \text{mol}^{-1}} \cdot 6{,}022 \cdot 10^{23}\ \text{mol}^{-1} = 1{,}177 \cdot 10^{23}$$

Aus a) folgt: $\dfrac{\Delta N}{N} = 6{,}02 \cdot 10^{-20} \Rightarrow \Delta N = 6{,}02 \cdot 10^{-20} \cdot 1{,}177 \cdot 10^{23} = \mathbf{7\,085{,}5}$

4.6 (Gl. 4.14):

a) $$\frac{\Delta N}{N} = e^{-\frac{\Delta_r H_m^\circ}{R \cdot T}} = e^{-\frac{243\,600\ \text{J}}{8{,}315\ \text{J} \cdot \text{K}^{-1} \cdot 298\ \text{K}}} = \mathbf{2{,}0 \cdot 10^{-43}}$$

b) $$\frac{\Delta N}{N} = e^{-\frac{\Delta_r H_m^\circ}{R \cdot T}} = e^{-\frac{243\,600\ \text{J}}{8{,}315\ \text{J} \cdot \text{K}^{-1} \cdot 700\ \text{K}}} = \mathbf{6{,}7 \cdot 10^{-19}}$$

c) $$x = \frac{6{,}7 \cdot 10^{-19}}{2{,}0 \cdot 10^{-43}} = 3{,}35 \cdot 10^{24}$$

4.7 (Gl. 1.16; Gl. 4.23):

a) $\xi\,(\text{HCl}) = \dfrac{0{,}93\ \text{mol}}{6} = \mathbf{0{,}155\ mol}$

b) $n\,(ZnS_2O_4) = \dfrac{m\,(ZnS_2O_4)}{M\,(ZnS_2O_4)} = \dfrac{522{,}45\ \text{g}}{193{,}5\ \text{g} \cdot \text{mol}^{-1}} = 2{,}7\ \text{mol} \Rightarrow \xi\,(ZnS_2O_4) = \dfrac{2{,}7\ \text{mol}}{1} = \mathbf{2{,}7\ mol}$

c) $\xi\,(Cl_2) = \dfrac{0{,}25\ \text{mol}}{4} = \mathbf{0{,}0625\ mol}$

4.8 (Gl. 1.16; Gl. 4.23; Gl. 4.24):

$$n\,(P_4) = \frac{m\,(P_4)}{M\,(P_4)} = \frac{6{,}194\ \text{g}}{123{,}88\ \text{g} \cdot \text{mol}^{-1}} = 0{,}05\ \text{mol} \Rightarrow \xi\,(P_4) = \frac{0{,}05\ \text{mol}}{1} = 0{,}05\ \text{mol}$$

$$\Delta_r H_m^o = \frac{\Delta_r H^o}{\xi} = \frac{154{,}4\ \text{kJ}}{0{,}05\ \text{mol}} = \mathbf{3\,088\ kJ \cdot mol^{-1}}$$

4.9 (Gl. 4.23; Gl. 4.24):

$$n\,(\text{Fe}) = \frac{m\,(\text{Fe})}{M\,(\text{Fe})} = \frac{120{,}0\ \text{g}}{55{,}85\ \text{g} \cdot \text{mol}^{-1}} = 2{,}15\ \text{mol} \Rightarrow \xi\,(\text{Fe}) = \frac{2{,}15\ \text{mol}}{2} = 1{,}075\ \text{mol}$$

$$Q = \Delta_r H = \xi\,(\text{Fe}) \cdot \Delta_r H_m^o = 1{,}075\ \text{mol} \cdot (-\,852{,}0\ \text{kJ} \cdot \text{mol}^{-1}) = \mathbf{-\,915{,}9\ kJ}$$

4.10 (Gl. 4.25; Gl. 4.26):

$$Q = U \cdot I \cdot t = 8{,}6\ \text{V} \cdot 3{,}0\ \text{A} \cdot 900\ \text{s} = 23\,220\ \text{J} \Rightarrow \sigma = \frac{23{,}22\ \text{kJ}}{8{,}0\ \text{K}} = \mathbf{2{,}9\ kJ \cdot K^{-1}}$$

4.11 (Gl. 4.24; Gl. 4.26):

$$\xi\,(C_{10}H_8) = n\,(C_{10}H_8) = \frac{m\,(C_{10}H_8)}{M\,(C_{10}H_8)} = \frac{0{,}625\ \text{g}}{128{,}17\ \text{g} \cdot \text{mol}^{-1}} = 4{,}88 \cdot 10^{-3}\ \text{mol};$$

mit $Q = \sigma \cdot \Delta T = 2{,}75\ \text{kJ} \cdot \text{K}^{-1} \cdot 9{,}18\ \text{K} = 25{,}245\ \text{kJ}$ folgt

$$\Delta_r H_m = \frac{Q}{\xi\,(C_{10}H_8)} = \frac{25{,}245\ \text{kJ}}{4{,}88 \cdot 10^{-3}\ \text{mol}} = \mathbf{5\,173{,}2\ kJ \cdot mol^{-1}}$$

4.12 (Gl. 4.29; Gl. 4.18): $\Delta Q = H_o - H_u = 41\,300\ \text{kJ} \cdot \text{m}^{-3} - 37\,300\ \text{kJ} \cdot \text{m}^{-3} = 4000\ \text{kJ} \cdot \text{m}^{-3}$

Bei $V = 3\,990\ \text{m}^3$ sind dies: $\Delta Q = Q_v = 3990\ \text{m}^3 \cdot 4000\ \text{kJ} \cdot \text{m}^{-3} = 1{,}596 \cdot 10^7\ \text{kJ} \Rightarrow$

$$m = \frac{Q_v}{r} = \frac{1{,}596 \cdot 10^7\ \text{kJ}}{2\,446{,}8\ \text{kJ} \cdot \text{kg}^{-1}} = \mathbf{6\,522{,}8\ kg}$$

4.13 (Gl. 4.27; Gl. 4.19):

$$q = \frac{1}{M\,(\text{Al})} \cdot \Delta H_{m,\,s} = \frac{1}{0{,}027\ \text{kg} \cdot \text{mol}^{-1}} \cdot 10{,}5\ \text{kJ} \cdot \text{mol}^{-1} = 388{,}89\ \text{kJ} \cdot \text{kg}^{-1}$$

$$\Delta Q = m \cdot c \cdot \Delta T + m \cdot q = 500\ \text{kg} \cdot (0{,}96\ \text{kJ} \cdot \text{kg}^{-1} \cdot \text{K}^{-1} \cdot 640{,}4\ \text{K} + 388{,}89\ \text{kJ} \cdot \text{kg}^{-1})$$
$$= 501\,837\ \text{kJ}$$

Bei einem Energieverlust von 35% müssen vom Erdgas

$$\Delta Q = \frac{501\,837\ \text{kJ}}{0{,}65} = 772\,057\ \text{kJ}$$

als Heizenergie erbracht werden. Setzt man diesen Wert in Gl. 4.31 ein und an Stelle des spezifischen Brennwertes für Gase $H_{o,\,n}$ den spezifischen Heizwert $H_{u,\,n}$, so resultiert:

$$V = \frac{\Delta Q}{H_{u,\,n}} = \frac{772\,057\ \text{kJ}}{37\,300\ \text{kJ} \cdot \text{m}^{-3}} = \mathbf{20{,}7\ m^3}$$

5.1 Im Gegensatz zur ersten Formulierung, die von der in der physikalischen Chemie üblichen Vorzeichenregelung ausgeht, benutzt die zweite die technische bzw. physikalische Vorzeichenregelung. Wird beispielsweise einem Gas eine bestimmte Wärmemenge zugeführt und lässt man es dabei teilweise expandieren, so erhöht sich in beiden Fällen die innere Energie um den Teil, der nicht der Expansion dient. Allerdings erhält die Volumenarbeit im ersten Fall ein negatives Vorzeichen ($-\,\Delta W$), während die Technik von einem Nutzen ausgeht und daher im zweiten Fall ein positives Vorzeichen für die Expansionsarbeit eingeführt wird ($+\,\Delta W$).

5.2 (Gl. 5.13): Sowohl die **mechanische Arbeit** als auch die **Wärme** wird von der Versuchsperson abgegeben. $\Delta U = \Delta Q + \Delta W = (-\,730\ \text{kJ}) + (-\,85\ \text{kJ}) = \mathbf{-\,815\ kJ}$

5.3 (Gl. 2.8; Gl. 5.29; Gl. 5.17): Zunächst ist die Stoffmenge durch Anwendung der universellen Gasgleichung bei $\vartheta_1 = 18\ °C$ zu ermitteln:

$$n = \frac{p \cdot V}{R \cdot T} = \frac{1{,}2 \cdot 10^5\ Pa \cdot 2 \cdot 10^{-3}\ m^3}{8{,}315\ J \cdot mol^{-1} \cdot K^{-1} \cdot 291\ K} = 0{,}099\ mol$$

$$\Delta H = n \cdot C_{mp} \cdot \Delta T = 0{,}099\ mol \cdot 28{,}6\ J \cdot mol^{-1} \cdot K^{-1} \cdot 7\ K = \mathbf{19{,}82\ J}$$

Expansion der Luft auf: $V_2 = V_1 \cdot \frac{T_2}{T_1} = 2 \cdot 10^{-3}\ m^3 \cdot \frac{298\ K}{291\ K} = 2{,}048 \cdot 10^{-3}\ m^3$

$$-\Delta W_V = p \cdot \Delta V = 1{,}2 \cdot 10^5\ Pa \cdot (2{,}048 \cdot 10^{-3} - 2{,}000 \cdot 10^{-3})\ m^3 = \mathbf{5{,}76\ J}$$

Änderung der inneren Energie $\Delta U = \Delta H - p \cdot \Delta V = 19{,}82\ J - 5{,}76\ J = \mathbf{14{,}06\ J}$

5.4 (Gl. 4.24; Gl. 4.26; potentielle Energie):

a) Die Stoffmenge n des umgesetzten Naphtalins entspricht der Umsatzvariablen ξ:

$$\Delta H = \xi \cdot \Delta_r H_m^o = \frac{0{,}125\ g}{128{,}2\ g \cdot mol^{-1}} \cdot (-5\ 147\ kJ \cdot mol^{-1}) = -5{,}02\ kJ \Rightarrow$$

$$\sigma = \frac{\Delta H}{\Delta T} = \frac{Q_{zu}}{\Delta T} = \frac{5{,}02\ kJ}{3{,}15\ K} = \mathbf{1{,}59\ kJ \cdot K^{-1}}$$

b) $Q = \sigma \cdot \Delta T = 1{,}59\ kJ \cdot K^{-1} \cdot 2{,}68\ K = 4{,}26\ kJ$ haben 0,238 g Marzipan. 100 g Marzipan haben demnach einen Brennwert von: $\Delta H_{phys} = \mathbf{1\ 789{,}9\ kJ/100\ g}$

c) Masse von 5 Marzipankartoffeln: $m = 75\ g. \Rightarrow \Delta H = \frac{75\ g}{100\ g} \cdot 1\ 789{,}9\ kJ = 1\ 342{,}4\ kJ$

Arbeit zum Anheben eines Sacks: $W_h = m \cdot g \cdot h = 50\ kg \cdot 9{,}81\ m \cdot s^{-2} \cdot 1{,}5\ m = 735{,}75\ J$

Zahl der zu hebenden Säcke: $N = \frac{0{,}25 \cdot \Delta H}{W_h} = \frac{0{,}25 \cdot 1\ 342\ 400\ J}{735{,}75\ J} \approx$ **456 Säcke.**

5.5 (Gl. 4.23; Gl. 4.24; Gl. 5.20; Gl. 5.21):

$$\xi = \frac{n\ (C_2H_5OH)}{\nu\ (C_2H_5OH)} = \frac{m\ (C_2H_5OH)}{1 \cdot M\ (C_2H_5OH)} = \frac{0{,}455\ g}{46{,}07\ g \cdot mol^{-1}} = 9{,}88 \cdot 10^{-3}\ mol$$

$$\Delta_r U_m^o = \frac{\Delta_r U^o}{\xi} = \frac{-Q}{\xi} = \frac{-13{,}48\ kJ}{9{,}88 \cdot 10^{-3}\ mol} = -1\ 364{,}4\ kJ \cdot mol^{-1}$$

Die Differenz der stöchiometrischen Zahlen der gasförmigen Reaktionspartner:

$\Delta\nu = \nu\ (CO_2) - \nu\ (O_2) = 2 - 3 = -1$; einsetzen in: $\Delta_r H_m^o = \Delta_r U_m^o + \Delta\nu \cdot R \cdot T$ ergibt:

$$\Delta_r H_m^o = -1\ 364{,}4\ kJ \cdot mol^{-1} - 1 \cdot 8{,}315 \cdot 10^{-3}\ kJ \cdot mol^{-1} \cdot K^{-1} \cdot 298\ K = \mathbf{-1\ 366{,}9\ kJ \cdot mol^{-1}}$$

5.6 (Gl. 5.21): Nur die gasförmigen Edukte und Produkte sind bei der Ermittlung von $\Delta\nu$ zu berücksichtigen. $\Rightarrow \Delta\nu = \nu\ (CO_2) - \nu\ (O_2) = 5 - 8 = -3$; einsetzen in 5.21 ergibt:

$$\Delta_r H_m^o = -3\ 505{,}4\ kJ \cdot mol^{-1} - 3 \cdot 8{,}315 \cdot 10^{-3}\ kJ \cdot mol^{-1} \cdot K^{-1} \cdot 298\ K = \mathbf{-3\ 512{,}8\ kJ \cdot mol^{-1}}$$

5.7 (*heß*scher Satz, Gl. 5.22):

$$\Delta H_{m,B}^o\ (COS) = \Delta_r H_m^o - 2 \cdot \Delta H_{m,B}^o\ (HCl) + \Delta H_{m,B}^o\ (COCl_2) + \Delta H_{m,B}^o\ (H_2S)$$

$$\Delta H_{m,B}^o\ (COS) = [(-78{,}4) - 2 \cdot (-92{,}2) + (-223{,}3) + (-20{,}1)]\ kJ \cdot mol^{-1} = \mathbf{-137{,}4\ kJ \cdot mol^{-1}}$$

5.8 (Gl. 5.21; Gl. 4.24 und Gl. 5.22, *heßscher* Satz):

$$\Delta_r H_m^o = [7 \cdot \Delta H_{m,B}^o\ (Cr_2O_3) + 9 \cdot \Delta H_{m,B}^o\ (CO_2) + 7 \cdot \Delta H_{m,B}^o\ (K_2O) + 12 \cdot \Delta H_{m,B}^o\ (H_2O)] - [7 \cdot \Delta H_{m,B}^o\ (K_2Cr_2O_7) + 3 \cdot \Delta H_{m,B}^o\ (C_3H_8O_3)]$$

$$\Delta_r H_m^o = \{[7 \cdot (-1\ 130{,}0) + 9 \cdot (-393{,}7) + 7 \cdot (-362{,}0) + 12 \cdot (-242{,}2)] - [7 \cdot (-1\ 384{,}8) + 3 \cdot (-666{,}9)]\}\ kJ \cdot mol^{-1} = -5\ 199{,}4\ kJ \cdot mol^{-1}.$$

Dieses Ergebnis ist auf die molare Standardreaktionsenergie $\Delta_r U_m^o$ umzurechnen. Entsprechend der Reaktionsgleichung fallen 12 mol H_2O und 9 mol CO_2 gasförmig an. $\Rightarrow$ $\Delta\nu = (12 + 9) - 0 = 21$.

Mit $\Delta_r U_m^o = \Delta_r H_m^o - \Delta\nu \cdot R \cdot T$ folgt:

$$\Delta_r U_m^o = -5\,199{,}4 \text{ kJ} \cdot \text{mol}^{-1} - 21 \cdot 8{,}315 \cdot 10^{-3} \text{ kJ} \cdot \text{mol}^{-1} \cdot \text{K}^{-1} \cdot 298 \text{ K} = -5\,251{,}4 \text{ kJ} \cdot \text{mol}^{-1}$$

Umsatzvariable: $\xi = \dfrac{n\,(K_2Cr_2O_7)}{\nu\,(K_2Cr_2O_7)} = \dfrac{m\,(K_2Cr_2O_7)}{7 \cdot M\,(K_2Cr_2O_7)} = \dfrac{15\,000 \text{ g}}{7 \cdot 294{,}2 \text{ g} \cdot \text{mol}^{-1}} = 7{,}28 \text{ mol}$

$$\Delta_r U^o = \xi \cdot \Delta_r U_m^o = 7{,}28 \text{ mol} \cdot (-5\,251{,}4 \text{ kJ} \cdot \text{mol}^{-1}) = \mathbf{-38\,230{,}2\ kJ}$$

5.9 (*heßscher Satz*, Gl. 5.22) Aus der Gleichung a) kann der gesuchte Wert für FeS gefunden werden, wenn $\Delta H_{m,B}^o(FeSO_4)$ bekannt ist. Hierzu ist zunächst aus der Reaktion b) die Größe $\Delta H_{m,B}^o(FeSO_4, aq)$ zu ermitteln, wobei, wie im Kapitel 5.6.2 beschrieben, die molaren Standardbildungsenthalpien der Elemente gleich Null gesetzt werden. $\Rightarrow$

$$\Delta H_{m,B}^o\,(FeSO_4, aq) = \Delta_r H_m^o\,(b) + \Delta H_{m,B}^o\,(H_2SO_4, aq) = [-19{,}2 + (-908{,}1)] \text{ kJ} \cdot \text{mol}^{-1} = -927{,}3 \text{ kJ} \cdot \text{mol}^{-1}$$

Wird der heßsche Satz auf die Reaktion c) angewendet, so lässt sich die Größe $\Delta H_{m,B}^o\,(FeSO_4)$ berechnen, wenn $\Delta H_{m,B}^o\,(FeSO_4, aq) = -927{,}3 \text{ kJ} \cdot \text{mol}^{-1}$ eingesetzt wird. $\Rightarrow$

$$\Delta H_{m,B}^o\,(FeSO_4) = \Delta H_{m,B}^o\,(FeSO_4, aq) - \Delta_r H_m^o\,(c) = [(-927{,}3) - (-772{,}9)] \text{ kJ} \cdot \text{mol}^{-1} = -154{,}4 \text{ kJ} \cdot \text{mol}^{-1}$$

Aus der Reaktion a) folgt für FeS:

$$\Delta H_{m,B}^o\,(FeS) = \Delta H_{m,B}^o\,(FeSO_4) - \Delta_r H_m^o\,(a) - 2 \cdot \Delta H_{m,B}^o\,(O_2)$$

$$\Delta H_{m,B}^o\,(FeS) = [(-154{,}4) - (-54{,}8) - 2 \cdot 0] \text{ kJ} \cdot \text{mol}^{-1} = \mathbf{-99{,}6\ kJ \cdot mol^{-1}}$$

5.10 (Gl. 4.18; Gl. 5.14; Gl. 2.8; Gl. 5.17):

a) $Q_v = m \cdot \Delta h_v = 68{,}4 \text{ kg} \cdot 2\,477 \text{ kJ} \cdot \text{kg}^{-1} = 167\,374{,}8 \text{ kJ}$. Bei einer Energieausbeute von 88% werden stündlich

$$\Delta H_{prakt.} = 167\,374{,}8 \text{ kJ} \cdot \frac{100\%}{88\%} = \mathbf{190\,198{,}6\ kJ} \text{ verbraucht.}$$

b) Zunächst ist das Dampfvolumen zu ermitteln. Es wird davon ausgegangen, dass sich der Dampf wie ein ideales Gas verhält und die universelle Gasgleichung angewandt:

$$n\,(H_2O) = \frac{68\,400 \text{ g}}{18 \text{ g} \cdot \text{mol}^{-1}} = 3\,800 \text{ mol} \Rightarrow$$

$$V = \frac{n \cdot R \cdot T}{p} = \frac{3\,800 \text{ mol} \cdot 8{,}315 \text{ J} \cdot \text{mol}^{-1} \cdot \text{K}^{-1} \cdot 373 \text{ K}}{1{,}03 \cdot 10^5 \text{ Pa}} = 114{,}424 \text{ m}^3.$$

Das Volumen des Wassers beträgt: $V_{Flüssig.} = 0{,}0684 \text{ m}^3$. Anwenden von Gl. 5.17 ergibt, wenn für $\Delta H = Q_v$ gesetzt wird:

$$\Delta U = Q_v - p \cdot \Delta V = 167\,374{,}8 \cdot 10^3 \text{ J} - 1{,}03 \cdot 10^5 \text{ Pa} \cdot (114{,}424 \text{ m}^3 - 0{,}0684 \text{ m}^3) = \mathbf{1{,}556 \cdot 10^8\ J}$$

Volumenänderungsarbeit:

$$\Delta W_V = -1{,}03 \cdot 10^5 \text{ Pa} \cdot (114{,}424 \text{ m}^3 - 0{,}0684 \text{ m}^3) = \mathbf{-1{,}178 \cdot 10^7\ J}$$

c) Anteil von ΔW_V an Q_v: $\dfrac{\Delta W_V}{Q_v} = \dfrac{11\,780 \text{ kJ}}{167\,374{,}8 \text{ kJ}} = \mathbf{0{,}07 \mathrel{\widehat{=}} 7\%}$

5.11 (Gl. 5.28; Gl. 5.29 und Gl. 5.30): Isobare Zustandsänderung

$$\Delta H = n \cdot C_{mp} \cdot \Delta T = 3{,}27 \text{ mol} \cdot 59{,}47 \text{ J} \cdot \text{mol}^{-1} \cdot \text{K}^{-1} \cdot 95 \text{ K} = \mathbf{18\,474{,}4\ J}$$

$$C_{mV} = C_{mp} - R = 59{,}47 \text{ J} \cdot \text{mol}^{-1} \cdot \text{K}^{-1} - 8{,}315 \text{ J} \cdot \text{mol}^{-1} \cdot \text{K}^{-1} = 51{,}16 \text{ J} \cdot \text{mol}^{-1} \cdot \text{K}^{-1}$$

Isochore Zustandsänderung:

$$\Delta U = n \cdot C_{mV} \cdot \Delta T = 3{,}27 \text{ mol} \cdot 51{,}16 \text{ J} \cdot \text{mol}^{-1} \cdot \text{K}^{-1} \cdot 95 \text{ K} = \mathbf{15\,892{,}9\ J}$$

5.12 (Gl. 5.32): $\Delta H_{m,L} = \Delta H_{m,G} + \Delta H_{m,H} = (+\,638{,}6\ kJ \cdot mol^{-1}) + (-\,618{,}0\ kJ \cdot mol^{-1})$
$= \mathbf{+\,20{,}6\ kJ \cdot mol^{-1}}$

Die Flüssigkeit nimmt beim Lösevorgang Energie auf (positives Vorzeichen). Diese Energie kann aber nur aus der Umgebung stammen. Es erfolgt also eine Abkühlung.

5.13 (Gl. 5.32, vgl. a. Kap. 5.6.6 und *heßscher* Satz):

a) Hydratationsenthalpie der Verbindung $\Delta H^{o}_{m,H}\,(ZnCl_2) = \Delta H^{o}_{m,H}\,(Zn^{2+}) + 2 \cdot \Delta H^{o}_{m,H}\,(Cl^{-})$

$\Delta H^{o}_{m,H}\,(ZnCl_2) = [(-\,2\,056{,}6) + 2 \cdot (-\,376{,}0)]\ kJ \cdot mol^{-1} = -\,2\,808{,}6\ kJ \cdot mol^{-1}$

$\Delta H^{o}_{m,L}\,(ZnCl_2) = \Delta H^{o}_{m,G}\,(ZnCl_2) + \Delta H^{o}_{m,H}\,(ZnCl_2) = [(2\,734{,}0) + (-\,2\,808{,}6)]\ kJ \cdot mol^{-1}$
$= \mathbf{-\,74{,}6\ kJ \cdot mol^{-1}}$

b) $\Delta H^{o}_{m,L}\,(ZnCl_2) = \Delta H^{o}_{m,B}\,(Zn^{2+}, aq) + 2 \cdot \Delta H^{o}_{m,B}\,(Cl^{-}, aq) - \Delta H^{o}_{m,B}\,(ZnCl_2, s)$

$\Delta H^{o}_{m,L}\,(ZnCl_2) = [(-\,152{,}3) + 2 \cdot (-\,167{,}0) - (-\,415{,}5)]\ kJ \cdot mol^{-1} = \mathbf{-\,70{,}8\ kJ \cdot mol^{-1}}$

Im Rahmen der Fehlergrenzen stimmen die Werte gut überein.

5.14 (*heß*scher Satz, Gl. 5.22): Die Auflösung von Hydrogeniumchlorid und von Magnesiumchlorid in Wasser kann als chemische Reaktion betrachtet werden:

$HCl\ (g) \xrightarrow{(H_2O)} H^{+}\ (aq) + Cl^{-}\ (aq)$ und
$MgCl_2\ (aq) \longrightarrow Mg^{2+}\ (aq) + 2\ Cl^{-}\ (aq)$

Da entsprechend der Definition (s. Kap. 5.6.6) die Bildungsenthalpie des gelösten Protons $\Delta H^{o}_{m,B}\,(H^{+}, aq) = 0{,}0\ kJ \cdot mol^{-1}$ ist, gilt auch $\Delta H^{o}_{m,B}\,(HCl, aq) = \Delta H^{o}_{m,B}\,(Cl^{-}, aq)$ $= -\,167{,}0\ kJ \cdot mol^{-1}$. Anwendung des *heß*schen Satzes:

$\Delta H^{o}_{m,B}\,(Mg^{2+}, aq) = \Delta H^{o}_{m,B}\,(MgCl_2, aq) - 2 \cdot \Delta H^{o}_{m,B}\,(Cl^{-}, aq)$

$\Delta H^{o}_{m,B}\,(Mg^{2+}, aq) = -\,800{,}9\ kJ \cdot mol^{-1} - 2 \cdot (-\,167{,}0\ kJ \cdot mol^{-1}) = \mathbf{-\,466{,}9\ kJ \cdot mol^{-1}}$

5.15 (Gl. 5.33 und Gl. 4.16):

$$n\,(NH_4Cl) = \frac{m_2}{M\,(NH_4Cl)} = \frac{32{,}0\ g}{53{,}5\ g \cdot mol^{-1}} = 0{,}6\ mol \Rightarrow$$

$\Delta H_L = n\,(NH_4Cl) \cdot \Delta H^{o}_{m,L}\,(NH_4Cl) = 0{,}6\ mol \cdot 14{,}8\ kJ \cdot mol^{-1} = 8{,}88\ kJ$. Mit $Q = -\,\Delta H_L$ folgt:

$$\Delta T = \frac{Q}{m_1 \cdot c_p} = \frac{-\,8{,}88\ kJ}{0{,}75\ kg \cdot 4{,}1\ kJ \cdot kg^{-1} \cdot K^{-1}} = -\,2{,}9\ K \mathrel{\widehat{=}} \mathbf{-\,2{,}9\ °C}$$

5.16 (Kap. 5.6.7): Es handelt sich um ein **gewinkeltes** Molekül. Es hat deshalb 3 Freiheitsgrade der Rotation. Dazu kommen 3 Freiheitsgrade der Translation. Bei fünf Atomen im Molekül kommen zu diesen 6 Freiheitsgraden noch (3 n – 6) = (3 · 5 – 6) = 9 Schwingungsfreiheitsgrade. Insgesamt also 15 Freiheitsgrade. ⇒

$C_{mV}\,(CH_4) = 15 \cdot R = 15 \cdot 8{,}315\ kJ \cdot mol^{-1} \cdot K^{-1} = \mathbf{124{,}7\ kJ \cdot mol^{-1} \cdot K^{-1}}$. Die Abweichung beruht auf der unvollständigen Anregung der Freiheitsgrade.

5.17 (Kap. 5.6.7, vgl. a. Musteraufgabe 5.33): Regel von *Dulong-Petit:* $C_{mV} \approx 25\ J \cdot mol^{-1} \cdot K^{-1} \Rightarrow$

$$c_V = \frac{n \cdot C_{mV} \cdot \Delta T}{m \cdot \Delta T} = \frac{C_{mV}}{M\,(Fe)} = \frac{25\ J \cdot mol^{-1} \cdot K^{-1}}{55{,}85\ g \cdot mol^{-1}} = 0{,}448\ J \cdot g^{-1} \cdot K^{-1} = \mathbf{0{,}448\ kJ \cdot kg^{-1} \cdot K^{-1}}$$

5.18 (Gl. 5.42 und Gl. 5.43):

a) Einsetzen der Temperatur $T = 550\ K$ in die in der Aufgabe vorgegebene empirische Gleichung:

$C_{mp} = 14{,}16\ J \cdot mol^{-1} \cdot K^{-1} + (7{,}555 \cdot 10^{-2}\ J \cdot mol^{-1} \cdot K^{-2} \cdot 550\ K)$
$-\,[1{,}80 \cdot 10^{-5}\ J \cdot mol^{-1} \cdot K^{-2} \cdot (550\ K)^2] = \mathbf{50{,}27\ J \cdot mol^{-1} \cdot K^{-1}}$

b) Einsetzen von a, b und c in die Gl. 5.43. Mit $T_1 = 350$ K und $T_2 = 550$ K erhält man:

$$\overline{C}_{mp} = \frac{1}{200\ \text{K}} \{(14{,}16\ \text{J} \cdot \text{mol}^{-1} \cdot \text{K}^{-1}) \cdot (550\ \text{K} - 350\ \text{K}) + {}^1/_2 \cdot 7{,}555 \cdot 10^{-2}\ \text{J} \cdot \text{mol}^{-1} \cdot$$
$$\text{K}^{-2}\ [(550\ \text{K})^2 - (350\ \text{K})^2] + {}^1/_3 \cdot (1{,}80 \cdot 10^{-5}\ \text{J} \cdot \text{mol}^{-1} \cdot \text{K}^{-2}) \cdot [(550\ \text{K})^3 - (350\ \text{K})^3]\}$$
$$= \mathbf{44{,}45\ J \cdot mol^{-1} \cdot K^{-1}}$$

5.19 (Gl. 5,45; Gl. 5.46): Differenz der mittleren molaren Wärmekapazitäten:

$$\Delta\overline{C}_{mp} = [2 \cdot \overline{C}_{mp}\ (H_2O) + 2 \cdot \overline{C}_{mp}\ (SO_2)] - [2 \cdot \overline{C}_{mp}\ (H_2S) + 3 \cdot \overline{C}_{mp}\ (O_2)]$$

$$\Delta\overline{C}_{mp} = [(2 \cdot 40{,}27 + 2 \cdot 49{,}12) - (2 \cdot 43{,}64 + 3 \cdot 33{,}60)]\ \text{J} \cdot \text{mol}^{-1} \cdot \text{K}^{-1} = -9{,}3\ \text{J} \cdot \text{mol}^{-1} \cdot \text{K}^{-1}$$

Die Anwendung der *kirchhoff*schen Gleichung (Gl. 5.45) ergibt für 1 523 K:

$$\Delta_r H_m = -1\,036{,}8\ \text{kJ} \cdot \text{mol}^{-1} + (-0{,}0093)\ \text{kJ} \cdot \text{mol}^{-1} \cdot \text{K}^{-1} \cdot (1\,523\ \text{K} - 298\ \text{K}) = \mathbf{-1\,048{,}2\ kJ \cdot mol^{-1}}$$

5.20 (Gl. 5.63): Mit $p_1^{1-1,25} \cdot T_1^{1,25} = p_2^{1-1,25} \cdot T_2^{1,25}$ resultiert:

$$T_2^{1,25} = \frac{p_1^{1-1,25} \cdot T_1^{1,25}}{p_2^{1-1,25}} = \frac{(140\,000\ \text{kPa})^{-0,25} \cdot (293\ \text{K})^{1,25}}{(101{,}3\ \text{kPa})^{-0,25}} = 198{,}8\ \text{K} \Rightarrow$$

$$\lg T_2 = (\lg 198{,}8) : 1{,}25 \Rightarrow T_2 = 69\ \text{K} \Rightarrow \boldsymbol{\vartheta_2 = -204\ °C}$$

5.21 (Gl. 5.52): Wird die Gleichung 5.52 nach T_2 aufgelöst, so folgt:

$$T_2 = T_1 \cdot \left(\frac{V_2}{V_1}\right)^{1-\varkappa} = 294\ \text{K} \cdot \left(\frac{{}^1/_{12} \cdot V_1}{V_1}\right)^{-0,40} = 794{,}4\ \text{K} \mathrel{\hat=} \mathbf{521{,}4\ °C}$$

5.22 (Gl. 5.54 bzw. Gl. 5.57):

a) $$T_2 = T_1 \cdot \left(\frac{p_1}{p_2}\right)^{\frac{1-\varkappa}{\varkappa}} = 295\ \text{K} \cdot \left(\frac{1{,}0\ \text{bar}}{3{,}5\ \text{bar}}\right)^{\frac{1-1,42}{1,42}} = 427{,}3\ \text{K} \Rightarrow \vartheta_2 = \mathbf{154{,}3\ °C}$$

b) Umstellen der Gl. 5.56: $V_2^{\varkappa} = \frac{p_1}{p_2} \cdot V_1^{\varkappa} \Rightarrow$

$$V_2^{1,42} = \left(\frac{1}{3{,}5} \cdot 1\,770^{1,42}\right)\text{m}^3 \Rightarrow V_2 = \sqrt[1,42]{\frac{1}{3{,}5} \cdot 1770^{1,42}}\ \text{m}^3 = \mathbf{732{,}5\ m^3}$$

c) Die Gleichung 5.60 gestattet die Arbeit zu berechnen:

$$\Delta W = \frac{1}{1{,}42 - 1} \cdot (3{,}5 \cdot 10^5\ \text{Pa} \cdot 732{,}5\ \text{m}^3 - 10^5\ \text{Pa} \cdot 1\,770\ \text{m}^3) = 1{,}89 \cdot 10^8\ \text{J} = \mathbf{189\ MJ}$$

5.23 Mit Gleichung 5.64 wird die polytrope Kompressionsarbeit erhalten:

$$\Delta W_V = 5{,}4 \cdot 10^3\ \text{mol} \cdot \frac{1}{1{,}25 - 1} \cdot 8{,}315\ \text{J} \cdot \text{mol}^{-1} \cdot \text{K}^{-1} \cdot 293\ \text{K} \cdot \left[\left(\frac{8\ \text{bar}}{1\ \text{bar}}\right)^{\frac{1,25-1}{1,25}} - 1\right] = 2{,}71 \cdot 10^7\ \text{J}$$

Gl. 5.65 ergibt die technische Arbeit bei $\eta = 1{,}0$:

$\Delta W_t\ (1) = n \cdot \Delta W_V = 1{,}25 \cdot 27{,}1\ \text{MJ} = 33{,}9\ \text{MJ}$.

Mit $\eta = 0{,}8$ resultiert: $\Delta W_t = \Delta W_t\ (1)/\eta = 33{,}9/0{,}8 =$ **42,3 MJ**

5.24 a) Da die Edukte und Produkte fest oder flüssig vorliegen, kann die Volumenänderungsarbeit vernachlässigt werden und die Änderung der Enthalpie entspricht der der inneren Energie. Die Anwendung des *heß*schen Satzes kombiniert mit der Gleichung 4.24 ergibt:

$$\Delta_r U_m^o = 4 \cdot \Delta U_{m,B}^o\ (\text{NaCl}) - \Delta U_{m,B}^o\ (CCl_4) = [4 \cdot (-411{,}5) - (-135{,}3)]\ \text{kJ} \cdot \text{mol}^{-1}$$
$$= -1\,510{,}7\ \text{kJ} \cdot \text{mol}^{-1}$$

Mit $\xi = 0{,}07$ mol $\Rightarrow \Delta_r U^o = \xi \cdot \Delta_r U_m^o = 0{,}07\ \text{mol} \cdot (-1\,510{,}7\ \text{kJ} \cdot \text{mol}^{-1}) = \mathbf{-105{,}7\ kJ}$

b) Mit Hilfe der Gl. 4.16 bzw. der Gl. 5.27 wird die zum Erhitzen des CCl_4 (n = 0,967 mol) von ϑ_1 = 25,0 °C auf die Siedetemperatur ϑ_b = 76,7 °C benötigte Energie berechnet:

$\Delta U = n \cdot C_{mV}\,(l) \cdot \Delta T = 0{,}967\ \text{mol} \cdot 132\ \text{J} \cdot \text{mol}^{-1} \cdot \text{K}^{-1} \cdot (349{,}9\ \text{K} - 298{,}2\ \text{K}) = 6\,599\ \text{J} = 6{,}6\ \text{kJ}$

Zur Vereinfachung wird die Verdampfung als isochor ablaufender Teilprozessschritt betrachtet. Berechnung der benötigten Energie mit Hilfe der abgewandelten Gl. 5.25:

$\Delta U_v = n \cdot \Delta U_{m,v} = 0{,}967\ \text{mol} \cdot 27{,}5\ \text{kJ} \cdot \text{mol}^{-1} = 26{,}6\ \text{kJ}$

Insgesamt wird dem System für die beiden Schritte eine Energie von:

$\Delta U_{ges} = -(\Delta U + \Delta U_v) = -(6{,}6\ \text{kJ} + 26{,}6\ \text{kJ}) = -33{,}2\ \text{kJ}$ entzogen.

c) Die verbleibende Energie ΔU_{rest} ist die Differenz zwischen der freigesetzten Reaktionsenergie und der zum Erhitzen der Flüssigkeit und zum Verdampfen derselben benötigten Energie: $\Delta U_{rest} = \Delta_r U^o - \Delta U_{ges} = -105{,}7\ \text{kJ} - (-33{,}2\ \text{kJ}) = \mathbf{-72{,}5\ kJ}$.

d) Der Energiebetrag $-\Delta U_{rest}$ = + 72,5 kJ dient ausschließlich dazu, den CCl_4-Dampf aufzuheizen. Berechnung der Temperatur des aufgeheizten Dampfes mittels Gl. 5.27:

$$T_2 = \frac{-\Delta U_{rest}}{n \cdot \bar{C}_{mV}\,(g)} + T_1 = \frac{72\,500\ \text{J}}{0{,}967\ \text{mol} \cdot 94{,}2\ \text{J} \cdot \text{mol}^{-1} \cdot \text{K}^{-1}} + 298\ \text{K} = \mathbf{1\,093{,}9\ K}$$

e) Einsetzen von T_1 = 349,9 K, T_2 = 1 093,9 K und p_1 = 1 013 hPa in die Gleichung 5.54 ergibt schließlich den entstehenden Druck:

$$\frac{T_1}{T_2} = \left(\frac{p_1}{p_2}\right)^{\frac{\varkappa-1}{\varkappa}} \Rightarrow \frac{349{,}9\ \text{K}}{1\,093{,}9\ \text{K}} = \left(\frac{p_1}{p_2}\right)^{\frac{1{,}30-1}{1}} \Rightarrow 0{,}32 = \left(\frac{p_1}{p_2}\right)^{0{,}231} \Rightarrow$$

$$\sqrt[0{,}231]{0{,}32} = \frac{1013\ \text{hPa}}{p_2} \Rightarrow p_2 = \frac{1013\ \text{hPa}}{0{,}0072} = 140\,546\ \text{hPa} = \mathbf{140{,}5\ bar}$$

5.25 (Gl. 5.70: $\Delta S = m \cdot c \cdot \ln \frac{T_2}{T_1} = 500\ \text{kg} \cdot 2{,}08\ \text{kJ} \cdot \text{kg}^{-1} \cdot \text{K}^{-1} \cdot \ln \frac{343\ \text{K}}{293\ \text{K}} = \mathbf{163{,}9\ kJ \cdot K^{-1}}$

5.26 Zunächst erfolgt die Berechnung der Verdampfungsentropie (Gl. 5.88):

$$\Delta S_v\,(1) = n \cdot \frac{\Delta H_{m,v}}{T_b} = \frac{50\,000\ \text{g}}{32\ \text{g} \cdot \text{mol}^{-1}} \cdot \frac{6\,800\ \text{J} \cdot \text{mol}^{-1}}{90\ \text{K}} = 118\,055{,}6\ \text{J} \cdot \text{K}^{-1}$$

Die Entropiezunahme durch die Erwärmung von T_1 = 90 K auf T_2 = 293 K (Gl. 5.72) ist

$$\Delta S\,(2) = n \cdot C_{mp} \cdot \ln \frac{T_2}{T_1} = \frac{50\,000\ \text{g}}{32\ \text{g} \cdot \text{mol}^{-1}} \cdot 28{,}0\ \text{J} \cdot \text{mol}^{-1} \cdot \text{K}^{-1} \cdot \ln \frac{293\ \text{K}}{90\ \text{K}} = 51\,640{,}9\ \text{J} \cdot \text{K}^{-1}$$

ΔS (Prozess): $\Delta S = \Delta S_v\,(1) + \Delta S\,(2) = (118\,055{,}6 + 51\,640{,}9)\ \text{J} \cdot \text{K}^{-1} = \mathbf{169\,696{,}5\ J \cdot K^{-1}}$

5.27 a) Anwenden der Gleichung 5.52 mit

$$\frac{V_2}{V_1} = \frac{2{,}5 \cdot V_1}{V_1} = 2{,}5 \text{ ergibt: } T_2 = \frac{T_1}{2{,}5^{\varkappa-1}} = \frac{327\ \text{K}}{2{,}5^{0{,}28}} = \mathbf{253\ K} \Rightarrow \vartheta_2 = \mathbf{-20\ °C}$$

b) Es handelt sich um einen polytropen Prozess, bei dem sich sowohl T als auch V ändert. Deshalb ist die Gleichung 5.75 anzuwenden. $\Rightarrow$

$$\Delta S = 5{,}6 \cdot 10^5\ \text{mol} \cdot \left(26{,}74\ \text{J} \cdot \text{mol}^{-1} \cdot \text{K}^{-1} \cdot \ln \frac{253\ \text{K}}{327\ \text{K}} + 8{,}315\ \text{J} \cdot \text{mol}^{-1} \cdot \text{K}^{-1} \cdot \ln 2{,}5\right)$$

$\Delta S = \mathbf{4{,}25 \cdot 10^5\ J \cdot K^{-1}}$

5.28 (Gl. 5.77): $\Delta S_m = -R \cdot \ln x\,(\text{Benzol}) = -8{,}315\ \text{J} \cdot \text{mol}^{-1} \cdot \text{K}^{-1} \cdot \ln 0{,}0775 = \mathbf{21{,}3\ J \cdot mol^{-1} \cdot K^{-1}}$

5.29 a) Die Gleichung 5.80 wird nach T_2 aufgelöst $\Rightarrow$
$T_2 = T_1 \cdot (1 - \eta_{th}) = 655\ \text{K} \cdot (1 - 0{,}40) = \mathbf{393\ K}$

b) $T_2 = T_1 \cdot (1 - \eta_{th}) = 655\ \text{K} \cdot (1 - 0{,}70) = \mathbf{196{,}5\ K}$

c) Zunächst muss die bei einem Zyklus dem Reservoir R1 entnommene Wärme berechnet werden. Durch Kombination der Gleichungen 5.83 und 5.85 erhält man als Gesamtenergie:

$$Q = \frac{Q_1}{\eta_{th}} = \frac{45\ \text{MJ}}{0{,}4} = 112{,}5\ \text{MJ}. \quad \text{Gl. 5.83: } Q_2 = Q - Q_1 = 112{,}5\ \text{MJ} - 45{,}0\ \text{MJ} = \mathbf{67{,}5\ MJ}$$

d) Beim *Carnot*-Prozess wird keine Entropie erzeugt $\Rightarrow \Delta S_{ges} = \mathbf{0\ J \cdot K^{-1}}$

5.30 a) Anwendung der Gleichung 5.80 ergibt: $\eta_{th} = \frac{T_1 - T_2}{T_1} = \frac{2500\ \text{K} - 800\ \text{K}}{2500\ \text{K}} = \mathbf{0{,}68}$

b) Wird in der Gl. 5.84 für η_{th} der Wert von η_{ges} eingesetzt, so resultiert
$Q_1 = \eta_{ges} \cdot Q = 0{,}18 \cdot 218{,}6\ \text{MJ} = \mathbf{50{,}7\ MJ}$

c) Die Anergie (Gl. 5.83) ist: $Q_2 = Q - Q_1 = 281{,}6\ \text{MJ} - 50{,}7\ \text{MJ} = \mathbf{230{,}9\ MJ.}$ Der thermisch nicht umwandelbare Anteil beträgt: $Q_t = \eta_{th} \cdot Q = 0{,}68 \cdot 281{,}6\ \text{MJ} = 191{,}5\ \text{MJ}$. Mit der Gleichung 5.86 wird der Entropieanteil der Anergie erhalten:
$\Delta Q_s = Q_2 - Q_t = 230{,}9\ \text{MJ} - 191{,}5\ \text{MJ} = T \cdot \Delta S = \mathbf{39{,}4\ MJ}$

5.31 (Gl. 5.89): $T_b \approx \frac{\Delta H_{m,v}}{88\ \text{J} \cdot \text{mol}^{-1} \cdot \text{K}^{-1}} = \frac{36\,600\ \text{J} \cdot \text{mol}^{-1}}{88\ \text{J} \cdot \text{mol}^{-1} \cdot \text{K}^{-1}} = 415{,}9\ \text{K} \Rightarrow \vartheta_b = \mathbf{142{,}9\ °C}$

5.32 (Gl. 5.98): Annahme: Die Reaktion läuft von links nach rechts $\Rightarrow$

$$\Delta_r G^o_m = [\Delta G^o_{m,B}(\text{Se}) + 2 \cdot \Delta G^o_{m,B}(\text{ClO}_3^-) + 3 \cdot \Delta G^o_{m,B}(\text{H}_2\text{O})] - [\Delta G^o_{m,B}(\text{SeO}_3^{2-}) + 2 \cdot \Delta G^o_{m,B}(\text{ClO}_2^-) + 2 \cdot \Delta G^o_{m,B}(\text{H}_3\text{O}^+)]$$

$$\Delta_r G^o_m = [2 \cdot 0{,}0 + 2 \cdot (-3{,}3) + 3 \cdot (-237{,}5)] - [(-373{,}4) + 2 \cdot (+17{,}1) + 2 \cdot (-237{,}4)]\ \text{kJ} \cdot \text{mol}^{-1} = \mathbf{+94{,}9\ kJ \cdot mol^{-1}}$$

Da $\Delta_r G^o_m > 0$ ist, läuft die Reaktion freiwillig in umgekehrter Richtung.

5.33 (Gl. 5.94):

$$\Delta_r G^o_m = \Delta_r H^o_m - T \cdot \Delta_r S^o_m = -83{,}4\ \text{kJ} \cdot \text{mol}^{-1} - 298\ \text{K} \cdot (-0{,}2337\ \text{kJ} \cdot \text{mol}^{-1} \cdot \text{K}^{-1}) = \mathbf{-13{,}76\ kJ \cdot mol^{-1}}$$

$\Delta_r G^o_m < 0$. Demnach löst sich die Verbindung gut in Wasser (Literatur: 20,5 g/100 mL).

5.34 a) Es gilt der *heß*sche Satz:

$$\Delta_r H^o_m = [12 \cdot \Delta H^o_{m,B}(\text{H}_2\text{O (g)}) + 7 \cdot \Delta H^o_{m,B}(\text{N}_2\text{ (g)})] - [4 \cdot \Delta H^o_{m,B}(\text{HNO}_3\text{ (l)}) + 5 \cdot \Delta H^o_{m,B}(\text{N}_2\text{H}_4\text{ (l)})]$$

$$\Delta_r H^o_m = [12 \cdot (-242{,}2) + 7 \cdot (0{,}0)] - [4 \cdot (-173{,}1) + 5 \cdot (+95{,}0)]\ \text{kJ} \cdot \text{mol}^{-1} = -2\,689{,}0\ \text{kJ} \cdot \text{mol}^{-1}$$

Umsatzvariable (vgl. Gl. 4.21): $\xi = \frac{m(\text{HNO}_3)}{M(\text{HNO}_3) \cdot \nu(\text{HNO}_3)} = \frac{5 \cdot 10^6\ \text{g}}{63{,}0\ \text{g} \cdot \text{mol}^{-1} \cdot 4} = 19\,841\ \text{mol}$

$\Rightarrow \Delta_r H = \xi \cdot \Delta_r H^o_m = 19\,841\ \text{mol} \cdot (-2\,689{,}0\ \text{kJ} \cdot \text{mol}^{-1}) = \mathbf{-5{,}34 \cdot 10^7\ kJ}$

b) Entsprechend der Gleichung 5.98 beträgt die Reaktionsentropie:

$$\Delta_r S^o_m = [12 \cdot \Delta S^o_m(\text{H}_2\text{O (g)}) + 7 \cdot \Delta S^o_m(\text{N}_2\text{ (g)})] - [4 \cdot \Delta S^o_m(\text{HNO}_3\text{ (l)}) + 5 \cdot \Delta S^o_m(\text{N}_2\text{H}_4\text{ (l)})]$$

$$\Delta_r S^o_m = [12 \cdot 189{,}0 + 7 \cdot 191{,}8] - [4 \cdot 155{,}5 + 5 \cdot 238{,}0]\ \text{J} \cdot \text{mol}^{-1} = 1\,798{,}6\ \text{J} \cdot \text{mol}^{-1} \cdot \text{K}^{-1}$$

Gl. 5.94: $\Delta_r G^o_m = -2\,689{,}0\ \text{kJ} \cdot \text{mol}^{-1} - 298\ \text{K} \cdot 1{,}7986\ \text{kJ} \cdot \text{mol}^{-1} \cdot \text{K}^{-1} = \mathbf{-3\,225{,}0\ kJ \cdot mol^{-1}}$

5.35 (Gl. 5.98) Reaktionsgleichung: $Pd(SCN)_2 (s) \rightarrow Pd^{2+} (aq) + 2\ SCN^- (aq)$

$\Rightarrow \Delta_r G^o_m = \Delta G^o_{m,B} (Pd^{2+}, aq) + 2 \cdot \Delta G^o_{m,B} (SCN^-, aq) - \Delta G^o_{m,B} [Pd(SCN)_2, s]$

$\Delta_r G^o_m = 176{,}4\ kJ \cdot mol^{-1} + 2 \cdot 92{,}4\ kJ \cdot mol^{-1} - 234{,}0\ kJ \cdot mol^{-1} = \mathbf{+\ 127{,}2\ kJ \cdot mol^{-1}}$

$\Delta_r G^o_m > 0\ kJ \cdot mol^{-1} \Rightarrow$ Die Verbindung ist schwerlöslich.

5.36 (Gl. 5.98 und Gl. 5.106):
$\Delta_r G^o_m = 3 \cdot \Delta G^o_{m,B} (Cd^{2+}, aq) + 2 \cdot \Delta G^o_{m,B} (PO_4^{3-}, aq) - \Delta G^o_{m,B} [Cd_3(PO_4)_2, s]$
$\Delta_r G^o_m = 3 \cdot (-77{,}5\ kJ \cdot mol^{-1}) + 2 \cdot (-1\,017{,}8\ kJ \cdot mol^{-1}) - (-2\,454{,}1\ kJ \cdot mol^{-1}) = 186{,}0\ kJ \cdot mol^{-1}$

$$\Rightarrow \ln L [Cd_3(PO_4)_2] = \frac{-\Delta_r G^o_m}{R \cdot T} = \frac{-186\,000\ J \cdot mol^{-1}}{8{,}315\ J \cdot mol^{-1} \cdot K^{-1} \cdot 298\ K} = -75{,}06$$

$\Rightarrow [Cd_3(PO_4)_2] = e^{-75{,}06} = \mathbf{2{,}5 \cdot 10^{-33}}$. Wird wie im Kapitel 3.6.7 eine Einheit zugeordnet, so erhält man als Löslichkeitsprodukt $L [Cd_3(PO_4)_2] = \mathbf{2{,}5 \cdot 10^{-33}\ mol^5 \cdot L^{-5}}$

5.37 (Gl. 5.103 und Gl. 5.98):

$\Delta_r G^o_m = -8{,}315\ J \cdot mol^{-1} \cdot K^{-1} \cdot 298\ K \cdot \ln 2{,}5 \cdot 10^{-6} = +\ 31\,963\ J \cdot mol^{-1} = +\ 32{,}0\ kJ \cdot mol^{-1}$

$\Delta G^o_{m,B}$ (2-Propenol) $= [(+\ 32{,}0) + (-\ 155{,}6)]\ kJ \cdot mol^{-1} = \mathbf{-\ 123{,}6\ kJ \cdot mol^{-1}}$

5.38 (Gl. 5.92, Gl. 5.94 und Gl. 5.103):

a) $$\Delta_r S^o (\text{Umgebung}) = \frac{-\Delta_r H^o}{T} = \frac{2\,046\,200\ J \cdot mol^{-1} \cdot K^{-1}}{298\ K} = \mathbf{6\,866{,}4\ J \cdot mol^{-1} \cdot K^{-1}}$$

b) $\Delta_r G^o_m = -\ 2\,046{,}2\ kJ \cdot mol^{-1} - 298\ K \cdot 0{,}1015\ kJ \cdot mol^{-1} \cdot K^{-1} = -\ 2\,076{,}4\ kJ \cdot mol^{-1}$

$$\ln K = \frac{-\Delta_r G^o_m}{R \cdot T} = \frac{2\,076\,400\ J \cdot mol^{-1}}{8{,}315\ J \cdot mol^{-1} \cdot K^{-1} \cdot 298\ K} = 838 \Rightarrow$$

Der natürliche Logarithmus kann in den dekadischen Logarithmus umgewandelt werden, indem durch 2,303 dividiert wird.

$$\Rightarrow \lg K = \frac{838}{2{,}303} = 363{,}9 \Rightarrow K = 10^{363{,}9} = 10^{363} \cdot 10^{0{,}9} = \mathbf{7{,}94 \cdot 10^{363}}$$

5.39 (*heß*scher Satz und Gl. 5.107):

$\Delta_r H^o_m = [\Delta H^o_{m,B} (CO_2, g) + \Delta H^o_{m,B} (H_2, g)] - [\Delta H^o_{m,B} (CO, g) + \Delta H^o_{m,B} (H_2O, g)]$
$= [(-\ 393{,}7) + (0{,}0)] - [(-\ 110{,}7) + (-\ 242{,}2)]\ kJ \cdot mol^{-1} = -\ 40{,}8\ kJ \cdot mol^{-1}$

Einsetzen von $T_1 = 298$ K, $T_2 = 970$ K und $\Delta_r H^o_m = -\ 40{,}8\ kJ \cdot mol^{-1}$ in die nach $\ln K_2$ aufgelöste Gleichung 5.107:

$$\ln K_2 = \frac{\Delta_r H^o_m}{R} \cdot \left(\frac{1}{T_1} - \frac{1}{T_2}\right) + \ln K_1$$

$$\ln K_2 = \frac{-\ 40\,800\ J \cdot mol^{-1}}{8{,}315\ J \cdot mol^{-1} \cdot K^{-1}} \cdot \left(\frac{1}{298\ K} - \frac{1}{970\ K}\right) + \ln 9{,}9 \cdot 10^4 = 9{,}57 \cdot 10^{-2} \Rightarrow K_2 = \mathbf{1{,}1}$$

5.40 (Gl. 5.45; Gl. 5.46; Gl. 5.94 und Gl. 5.103):
Zunächst ist mit Hilfe von Gl. 5.46 die Differenz der mittleren molaren Wärmekapazitäten zu berechnen: $\Delta \overline{C}_{mp} = \Sigma \nu \cdot C_{mp}$ (Produkte) $- \Sigma \nu \cdot C_{mp}$ (Edukte)

$\Delta \overline{C}_{mp} = [(1 \cdot 29{,}51 + 1 \cdot 44{,}78)] - [(1 \cdot 30{,}88 + 1 \cdot 37{,}00)]\ J \cdot mol^{-1} \cdot K^{-1} = 6{,}41\ J \cdot mol^{-1} \cdot K^{-1}$

Anwendung der *kirchhoff*schen Gleichung (Gl. 5.45) ergibt $\Delta_r H_m$ bei $T_2 = 970$ K:

$\Delta_r H_m (T_2) = \Delta_r H^o_m + \Delta \overline{C}_{mp} \cdot \Delta T = -\ 40{,}8\ kJ \cdot mol^{-1} + 6{,}41 \cdot 10^{-3}\ kJ \cdot mol^{-1} \cdot K^{-1} \cdot (970\ K - 298\ K)$

$\Delta_r H_m (970\ K) = -\ 36{,}49\ kJ \cdot mol^{-1}$

Die Reaktionsentropie bei $T_2 = 970$ K wird mit der Gleichung 5.108 berechnet:

$$\Delta_r S_m (T_2) = -42{,}5 \text{ J} \cdot \text{mol}^{-1} \cdot \text{K}^{-1} + 6{,}41 \text{ J} \cdot \text{mol}^{-1} \cdot \text{K}^{-1} \cdot \ln \frac{970 \text{ K}}{298 \text{ K}} = -34{,}93 \text{ J} \cdot \text{mol}^{-1} \cdot \text{K}^{-1}$$

Die Werte von $\Delta_r H_m (T_2)$ und $\Delta_r S_m (T_2)$ ergeben mit der Gleichung 5.94:

$\Delta_r G_m (T_2) = \Delta_r H_m (T_2) - T_2 \cdot \Delta_r S_m (T_2)$
$= -36{,}49 \text{ kJ} \cdot \text{mol}^{-1} - 970 \text{ K} \cdot (-34{,}93 \cdot 10^{-3} \text{ kJ} \cdot \text{mol}^{-1} \cdot \text{K}^{-1}) = -2{,}61 \text{ kJ} \cdot \text{mol}^{-1}$.
Dieser Wert wird in die nach $\ln K_2$ aufgelöste Gl. 5.103 eingesetzt:

$$\ln K = \ln K_2 = \frac{-\Delta_r G_m (T_2)}{R \cdot T_2} = \frac{2610 \text{ J} \cdot \text{mol}^{-1}}{8{,}315 \text{ J} \cdot \text{mol}^{-1} \cdot \text{K}^{-1} \cdot 970 \text{ K}} = 0{,}3236 \Rightarrow \mathbf{K_2 = 1{,}38}$$

6.1 a) Da jeweils nur der Gesamtdruck gegeben ist, muss der Partialdruck, den das Arsin nach 2 h erreicht hat, zur Berechnung herangezogen werden. Aus der Reaktionsgleichung: AsH_3 (g) → As (s) + $^3/_2$ H_2 ergibt sich, dass wenn nach 2 h der Partialdruck von AsH_3 um x kPa abgenommen hat, gleichzeitig durch die Entstehung von $^3/_2$ H_2 für H_2 der Druck um $^3/_2$ x kPa zugenommen hat.

$$(98 - x) \text{ kPa} + {}^3/_2\, x \text{ kPa} = 106{,}07 \text{ kPa}$$
$$x/2 \text{ kPa} = 8{,}07 \text{ kPa}$$
$$x = 16{,}14 \text{ kPa}$$

Der Partialdruck von AsH_3 nach 2 h beträgt (98 – 16,14) kPa = **81,86 kPa.**

Setzt man in Gl. 6.7 statt der Konzentration den Partialdruck ein, so erhält man:

$$k = \frac{1}{t} \cdot \ln \frac{p_0}{p} \Rightarrow k = \frac{1}{2 \text{ h}} \cdot \ln \frac{98 \text{ kPa}}{81{,}86 \text{ kPa}} \Rightarrow k = \mathbf{9 \cdot 10^{-2}\ h^{-1}}$$

b) Mit Gl. 6.7 wird die Menge AsH_3 berechnet, die nach 4 h vorhanden ist:

$$-k \cdot t = \ln \frac{n(\text{A})}{n_0(\text{A})} \Rightarrow -0{,}09 \text{ h}^{-1} \cdot 4 \text{ h} + \ln 8 = \ln n(\text{A}) \Rightarrow n(\text{A}) = 5{,}58 \text{ mol}$$

Nach 4 h liegen noch 5,58 mol AsH_3 im Reaktionsbehälter vor.
Es wurden somit (8 – 5,58) mol = 2,42 mol AsH_3 verbraucht.

Nach der Reaktionsgleichung bilden sich daraus: 2,42 mol · $^3/_2$ = 3,63 mol H_2. Das Volumen von H_2 unter NB beträgt: 3,63 mol · 22,4 L · mol^{-1} = **81,3 L.**

6.2 Die Geschwindigkeitskonstante k erhält man bei bekannter Halbwertszeit und Ausgangskonzentration mit Gl. 6.14.

$$k = \frac{1}{c_0(\text{A}) \cdot T_{1/2}} = \frac{1}{0{,}5 \text{ mol} \cdot \text{L}^{-1} \cdot 11{,}5 \text{ min}} = 0{,}174 \text{ L} \cdot \text{mol}^{-1} \cdot \text{min}^{-1}$$

Die nach 3 Stunden noch vorhandene Esterkonzentration lässt sich mit Gl. 6.12 berechnen:

$$\frac{1}{c(\text{A})} = k \cdot t + \frac{1}{c_0(\text{A})}$$

$$\frac{1}{c(\text{A})} = 0{,}174 \text{ L} \cdot \text{mol}^{-1} \cdot \text{min}^{-1} \cdot 3 \text{ h} \cdot 60 \text{ min} \cdot \text{h}^{-1} + \frac{1}{0{,}5 \text{ mol} \cdot \text{L}^{-1}} = 33{,}32 \text{ L} \cdot \text{mol}^{-1}$$

$c(\text{A}) = 3 \cdot 10^{-2} \text{ mol} \cdot \text{L}^{-1}$

Nach 3 h sind noch $3 \cdot 10^{-2}$ mol · L^{-1} vorhanden.
Verseift wurden somit 0,5 mol · L^{-1} – 0,03 mol · L^{-1} = **0,47 mol · $\mathbf{L^{-1}}$** Ester.

6.3 (Gl. 6.7; Gl. 6.11): Mit Gl. 6.7 gilt für die Geschwindigkeitskonstante: $k = \frac{1}{t} \cdot \ln \frac{c_0(\text{A})}{c(\text{A})}$

Bei $c_0(\text{A}) = 1 \text{ mol} \cdot \text{L}^{-1}$ ist nach 30 min: $c(\text{A}) = (1 - 0{,}25) \text{ mol} \cdot \text{L}^{-1} = 0{,}75 \text{ mol} \cdot \text{L}^{-1}$.

$$k = \frac{1}{30 \text{ min}} \cdot \ln \frac{1 \text{ mol} \cdot \text{L}^{-1}}{0{,}75 \text{ mol} \cdot \text{L}^{-1}} = 9{,}6 \cdot 10^{-3} \text{ min}^{-1}$$

Nach Gl. 6.11 erhält man: $T_{1/2} = \frac{0{,}693}{k} = \frac{0{,}693}{9{,}6 \cdot 10^{-3} \text{ min}^{-1}} = \mathbf{72{,}2\ min.}$

6.4 a) Aus Versuch 2 und 3 geht hervor, dass die Konzentration c(A) Einfluss auf die Reaktionsgeschwindigkeit r hat. Bildet man das Verhältnis der Geschwindigkeiten r_2 und r_3, so erhält man:

$$\frac{r_2}{r_3} = \frac{41{,}6 \cdot 10^{-4}\ \text{mol} \cdot \text{L}^{-1} \cdot \text{s}^{-1}}{166{,}4 \cdot 10^{-4}\ \text{mol} \cdot \text{L}^{-1} \cdot \text{s}^{-1}} = \frac{1}{4}$$

Einsetzen in die entsprechenden Geschwindigkeitsgesetze liefert:

$$\frac{r_2}{r_3} = \frac{k \cdot c_2^m(\text{A}) \cdot c_2^n(\text{B})}{k \cdot c_3^m(\text{A}) \cdot c_3^n(\text{B})} = \frac{k \cdot (4{,}6 \cdot 10^{-3}\ \text{mol} \cdot \text{L}^{-1})^m \cdot (6{,}2 \cdot 10^{-4}\ \text{mol} \cdot \text{L}^{-1})^n}{k \cdot (9{,}2 \cdot 10^{-3}\ \text{mol} \cdot \text{L}^{-1})^m \cdot (6{,}2 \cdot 10^{-4}\ \text{mol} \cdot \text{L}^{-1})^n}$$

$(^1/_2)^m = {}^1/_4 \Rightarrow m = 2$

Die Reaktion ist also 2. Ordnung bezüglich c (A). Aus den Versuchen 1 und 2 wird nun n berechnet.

$$\frac{r_1}{r_2} = \frac{5{,}2 \cdot 10^{-4}\ \text{mol} \cdot \text{L}^{-1} \cdot \text{s}^{-1}}{41{,}6 \cdot 10^{-4}\ \text{mol} \cdot \text{L}^{-1} \cdot \text{s}^{-1}} = \frac{1}{8}$$

$$\frac{r_1}{r_2} = \frac{k \cdot c_1^2(\text{A}) \cdot c_1^n(\text{B})}{k \cdot c_2^2(\text{A}) \cdot c_2^n(\text{B})} = \frac{k \cdot (2{,}3 \cdot 10^{-3}\ \text{mol} \cdot \text{L}^{-1})^2 \cdot (3{,}1 \cdot 10^{-4}\ \text{mol} \cdot \text{L}^{-1})^n}{k \cdot (4{,}6 \cdot 10^{-3}\ \text{mol} \cdot \text{L}^{-1})^2 \cdot (6{,}2 \cdot 10^{-4}\ \text{mol} \cdot \text{L}^{-1})^n}$$

$(^1/_2)^2 \cdot (^1/_2)^n = {}^1/_8 = (^1/_2)^3 \Rightarrow 2 + n = 3 \Rightarrow n = 1$

Die Reaktion ist somit 1. Ordnung bezüglich c (B).

Das Geschwindigkeitsgesetz lautet: $\boldsymbol{r = k \cdot c^2(\text{A}) \cdot c(\text{B})}$

b) Zur Berechnung von k wird das Geschwindigkeitsgesetz nach k umgestellt:

$$k = \frac{r}{c^2(\text{A}) \cdot c(\text{B})}$$

Durch Einsetzen der Werte aus Versuch 1 erhält man:

$$k = \frac{5{,}2 \cdot 10^{-4}\ \text{mol} \cdot \text{L}^{-1} \cdot \text{s}^{-1}}{(2{,}3 \cdot 10^{-3}\ \text{mol} \cdot \text{L}^{-1})^2 \cdot 3{,}1 \cdot 10^{-4}\ \text{mol} \cdot \text{L}^{-1}} = \mathbf{3{,}17 \cdot 10^5\ L^2 \cdot mol^{-2} \cdot s^{-1}}$$

c) Durch Einsetzen des Wertes von k in das Geschwindigkeitsgesetz von Teil (a) erhält man für r:

$r = k \cdot c^2(\text{A}) \cdot c(\text{B})$

$r = 3{,}17 \cdot 10^5\ \text{L}^2 \cdot \text{mol}^{-2} \cdot \text{s}^{-1} \cdot (1{,}2 \cdot 10^{-2}\ \text{mol} \cdot \text{L}^{-1})^2 \cdot 1{,}5 \cdot 10^{-4}\ \text{mol} \cdot \text{L}^{-1}$

$r = \mathbf{6{,}85 \cdot 10^{-3}\ mol \cdot L^{-1} \cdot s^{-1}}$

6.5 a) Die Geschwindigkeitskonstante k wird mit Gl. 6.14 berechnet:

$$T_{1/2} = \frac{1}{k \cdot c_0(\text{A})} \Rightarrow k = \frac{1}{T_{1/2} \cdot c_0(\text{A})} = \frac{1}{250\ \text{s} \cdot 5 \cdot 10^{-3}\ \text{mol} \cdot \text{L}^{-1}} = \mathbf{0{,}8\ L \cdot mol^{-1} \cdot s^{-1}}$$

b) Die Konzentration c (A), die nach 3 min noch vorhanden ist, beträgt nach Gl. 6.13:

$$c(\text{A}) = \frac{c_0(\text{A})}{c_0(\text{A}) \cdot k \cdot t + 1} = \frac{5 \cdot 10^{-3}\ \text{mol} \cdot \text{L}^{-1}}{5 \cdot 10^{-3}\ \text{mol} \cdot \text{L}^{-1} \cdot 0{,}8\ \text{L} \cdot \text{mol}^{-1} \cdot \text{s}^{-1} \cdot 180\ \text{s} + 1}$$

$c(\text{A}) = \mathbf{2{,}91 \cdot 10^{-3}\ mol \cdot L^{-1}}$

c) Gleichung 6.12 wird nach t umgestellt:

$$\left(\frac{1}{c(\text{A})} - \frac{1}{c_0(\text{A})}\right) \cdot \frac{1}{k} = t$$

$$t = \left(\frac{1}{1{,}47 \cdot 10^{-3}\ \text{mol} \cdot \text{L}^{-1}} - \frac{1}{5 \cdot 10^{-3}\ \text{mol} \cdot \text{L}^{-1}}\right) \cdot \frac{1}{0{,}8\ \text{L} \cdot \text{mol}^{-1} \cdot \text{s}^{-1}}$$

$t = \mathbf{600\ s = 10\ min}$.

6.6 Die Geschwindigkeitskonstante ergibt sich nach Gl. 6.10 zu:

$$k = \frac{0{,}693}{T_{1/2}} = \frac{0{,}693}{27 \cdot 60\ \text{s}} = \mathbf{4{,}3 \cdot 10^{-4}\ s^{-1}}$$

6.7 Für die Reaktionsgeschwindigkeit r gilt nach Gl. 6.6:

$r = k \cdot c^{\text{m}}(\text{A})$

a) Bei einer Reaktion nullter Ordnung ist m = 0, und somit c^0 (A) = 1 d.h.

$r = k$ $\qquad k = \mathbf{0{,}006\ mol \cdot L^{-1} \cdot s^{-1}}$

b) Für eine Reaktion 1. Ordnung erhält man mit m = 1:

$$r = k \cdot c(\text{A}) \Rightarrow k = \frac{r}{c(\text{A})} = \frac{6 \cdot 10^{-3}\ \text{mol} \cdot \text{L}^{-1} \cdot \text{s}^{-1}}{0{,}30\ \text{mol} \cdot \text{L}^{-1}} = \mathbf{0{,}02\ s^{-1}}$$

c) Für eine Reaktion 2. Ordnung mit m = 2 ergibt sich für k:

$$k = \frac{r}{c^2(\text{A})} = \frac{6 \cdot 10^{-3}\ \text{mol} \cdot \text{L}^{-1} \cdot \text{s}^{-1}}{0{,}30^2\ \text{mol}^2 \cdot \text{L}^{-2}} = \mathbf{6{,}7 \cdot 10^{-2}\ L \cdot mol^{-1} \cdot s^{-1}}$$

6.8 Für die grafische Bestimmung der Reaktionsordnung muss das Diagramm der jeweiligen linearen Beziehung eine Gerade ergeben. Mit Hilfe der Tabelle auf S. 218 und Tabelle 6e, S. 206 erstellt man für die Reaktionen nullter, erster und zweiter Ordnung eine Wertetabelle, wobei davon ausgegangen wird, dass die in Tabelle 6e zusammengefassten Gesetze gelten.

Wertetabelle:

t in s	$p(N_2O)$ in kPa	ln $p(N_2O)$	$\frac{1}{p(N_2O)}$
0	66,661	4,20	$1{,}5 \cdot 10^{-2}$
30	54,661	4,00	$1{,}83 \cdot 10^{-2}$
60	46,663	3,84	$2{,}14 \cdot 10^{-2}$
90	39,997	3,69	$2{,}5 \cdot 10^{-2}$

Mit diesen Werten werden die folgenden Diagramme erstellt:

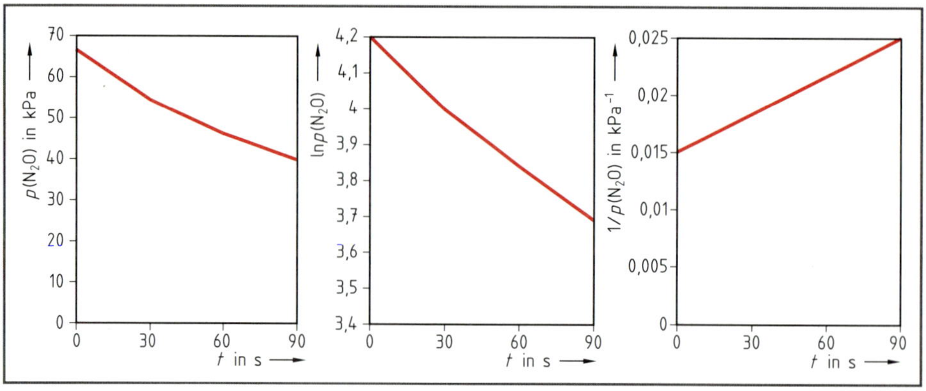

Bild 1: Reaktionsanordnungen

Die Reaktion ist demnach zweiter Ordnung (der Graph $1/p(NO_2) = f(t)$ ist eine Gerade!).

6.9 Nach Gl. 6.22 gilt:

$$\ln \frac{k_1}{k_2} = \frac{E_a}{R} \cdot \left(\frac{1}{T_2} - \frac{1}{T_1}\right) \text{ bzw. } \ln \frac{k_2}{k_1} = \frac{E_a}{R} \cdot \left(\frac{1}{T_1} - \frac{1}{T_2}\right)$$

a) $$\ln \frac{k_{303}}{k_{293}} = \frac{80 \cdot 10^3 \text{ J} \cdot \text{mol}^{-1}}{8{,}315 \text{ J} \cdot \text{mol}^{-1} \cdot \text{K}^{-1}} \cdot \left(\frac{1}{293 \text{ K}} - \frac{1}{303 \text{ K}}\right) = 1{,}084 \Rightarrow \frac{k_{303}}{k_{293}} = 2{,}96 \approx \mathbf{3}$$

b) $$\ln \frac{k_{403}}{k_{393}} = \frac{80 \cdot 10^3 \text{ J} \cdot \text{mol}^{-1}}{8{,}315 \text{ J} \cdot \text{mol}^{-1} \cdot \text{K}^{-1}} \cdot \left(\frac{1}{393 \text{ K}} - \frac{1}{403 \text{ K}}\right) = 0{,}6075 \Rightarrow \frac{403}{k_{393}} = \mathbf{1{,}84}$$

6.10 Einsetzen der gegebenen Werte in Gl. 6.22 ergibt:

$$\ln \frac{1{,}19 \cdot 10^{-4} \text{ mol} \cdot \text{L}^{-1} \cdot \text{s}^{-1}}{128 \cdot 10^{-4} \text{ mol} \cdot \text{L}^{-1} \cdot \text{s}^{-1}} = \frac{E_a}{8{,}315 \text{ J} \cdot \text{mol} \cdot \text{K}^{-1}} \cdot \left(\frac{1}{1\,073 \text{ K}} - \frac{1}{873 \text{ K}}\right)$$

$E_a = 182\,185 \text{ J} \cdot \text{mol}^{-1} = \mathbf{182{,}19\ kJ \cdot mol^{-1}}$

6.11 a) Mit Gl. 6.22 wird durch Ersetzen der gegebenen Werte E_a errechnet:

$$\ln \frac{31{,}1 \cdot 10^{-5} \text{ s}^{-1}}{1{,}71 \cdot 10^{-5} \text{ s}^{-1}} = \frac{E_a}{8{,}315 \text{ J} \cdot \text{mol}^{-1} \cdot \text{K}^{-1}} \cdot \left(\frac{1}{343 \text{ K}} - \frac{1}{363 \text{ K}}\right) \Rightarrow E_a = 150 \text{ kJ} \cdot \text{mol}^{-1}$$

Dieser Wert von E_a wird in Gl. 6.22 zu Berechnung von k bei 80 °C eingesetzt:

$$\ln \frac{31{,}1 \cdot 10^{-5} \text{ s}^{-1}}{k_{353} \text{ s}^{-1}} = \frac{150 \cdot 10^3 \text{ J} \cdot \text{mol}^{-1}}{8{,}315 \text{ J} \cdot \text{mol}^{-1} \cdot \text{K}^{-1}} \cdot \left(\frac{1}{353 \text{ K}} - \frac{1}{363 \text{ K}}\right) \Rightarrow k_{353} = 7{,}61 \cdot 10^{-5} \text{ s}^{-1}$$

$$\ln \frac{1{,}71 \cdot 10^{-5} \text{ s}^{-1}}{k_{353}} = \frac{150 \cdot 10^3 \text{ J} \cdot \text{mol}^{-1}}{8{,}315 \text{ J} \cdot \text{mol}^{-1} \cdot \text{K}^{-1}} \cdot \left(\frac{1}{353 \text{ K}} - \frac{1}{343 \text{ K}}\right) \Rightarrow k_{353} = 7{,}59 \cdot 10^{-5} \text{ s}^{-1}$$

Der Mittelwert für 80 °C beträgt: $k = \mathbf{7{,}60 \cdot 10^{-5}\ s^{-1}}$.

b) Umstellung von Gl. 6.21 nach ln A ergibt: $\ln A = \ln k + \dfrac{E_a}{R \cdot T}$

Durch Einsetzung der Werte für k und T erhält man:

$$\ln A_1 = \ln 31{,}10 \cdot 10^{-5} \text{ s}^{-1} + \frac{150 \cdot 10^3 \text{ J} \cdot \text{mol}^{-1}}{8{,}315 \text{ J} \cdot \text{mol}^{-1} \cdot \text{K}^{-1} \cdot 363 \text{ K}} = 41{,}62 \Rightarrow A_1 = \mathbf{1{,}19 \cdot 10^{18}\ s^{-1}}$$

$$\ln A_2 = \ln 7{,}60 \cdot 10^{-5} \text{ s}^{-1} + \frac{150 \cdot 10^3 \text{ J} \cdot \text{mol}^{-1}}{8{,}315 \text{ J} \cdot \text{mol}^{-1} \cdot \text{K}^{-1} \cdot 353 \text{ K}} = 41{,}62 \Rightarrow A_2 = \mathbf{1{,}19 \cdot 10^{18}\ s^{-1}}$$

$$\ln A_3 = \ln 1{,}71 \cdot 10^{-5} \text{ s}^{-1} + \frac{150 \cdot 10^3 \text{ J} \cdot \text{mol}^{-1}}{8{,}315 \text{ J} \cdot \text{mol}^{-1} \cdot \text{K}^{-1} \cdot 343 \text{ K}} = 41{,}62 \Rightarrow A_3 = \mathbf{1{,}19 \cdot 10^{18}\ s^{-1}}$$

Der Mittelwert für A beträgt: $\mathbf{1{,}19 \cdot 10^{18}\ s^{-1}}$.

6.12 Umstellung von Gl. 6.7 nach k ergibt:

$$k = \frac{1}{t} \cdot \ln \frac{c_0 (\text{A})}{c (\text{A})}$$

Einsetzen der gegebenen Werte liefert:

$$k = \frac{1}{60 \text{ s}} \cdot \ln \frac{100}{99{,}6} = 6{,}68 \cdot 10^{-5} \text{ s}^{-1}$$

Stellt man Gl. 6.21 nach E_a um, so erhält man: $E_a = (\ln A - \ln k) \cdot R \cdot T$

$E_a = (\ln 6{,}03 \cdot 10^6 - \ln 6{,}68 \cdot 10^{-5}) \cdot 8{,}315 \text{ J} \cdot \text{mol}^{-1} \cdot \text{K}^{-1} \cdot 298 \text{ K} = \mathbf{62{,}51\ kJ \cdot mol^{-1}}$

6.13 Nach Gl. 6.22 gilt: $\ln \frac{k_{333}}{k_{313}} = \frac{E_a}{R} \cdot \left(\frac{1}{313\ K} - \frac{1}{333\ K}\right)$

$$\ln \frac{k_{333}}{9{,}6 \cdot 10^{-5}\ s^{-1}} = \frac{97 \cdot 10^3\ J \cdot mol^{-1}}{8{,}315\ J \cdot mol^{-1} \cdot K^{-1}} \cdot \left(\frac{1}{313\ K} - \frac{1}{333\ K}\right)$$

$k = \mathbf{9{,}00 \cdot 10^{-4}\ s^{-1}}$

$$T_{1/2} = \frac{0{,}693}{k} \Rightarrow T_{1/2} = \frac{0{,}693}{9{,}00 \cdot 10^{-4}\ s^{-1}} = \mathbf{770\ s = 12{,}8\ min}$$

7.1 (Gl. 7.1; Gl. 2.20): Da entsprechend Gleichung 2.20 $\varphi_i = x_i$ ist, gilt:

$p_1 = x_1 \cdot p = \varphi_1 \cdot p \Rightarrow$

$p\,(CH_4) = x\,(CH_4) \cdot p = 0{,}322 \cdot 25{,}2\ bar = \mathbf{8{,}1\ bar}$
$p\,(CO_2) = x\,(CO_2) \cdot p = 0{,}484 \cdot 25{,}2\ bar = \mathbf{12{,}2\ bar}$
$p\,(HCl) = x\,(HCl) \cdot p = 0{,}194 \cdot 25{,}2\ bar = \mathbf{4{,}9\ bar}$

7.2 (Gl. 1.22; Gl. 1.33; Gl. 2.8; Gl. 7.1):
Der Partialdruck des Stickstoffs beträgt $p\,(N_2) = (1\,120{,}0 - 59{,}2)\ hPa = 1\,060{,}8\ hPa$. Dieser Wert wird in die nach der Stoffmenge $n\,(N_2)$ aufgelöste universelle Gasgleichung eingesetzt:

$$n\,(N_2) = \frac{p\,(N_2) \cdot V\,(N_2)}{R \cdot T} = \frac{106\,080\ Pa \cdot 0{,}5\ m^3}{8{,}315\ J \cdot mol^{-1} \cdot K^{-1} \cdot 395\ K} = 16{,}15\ mol$$

Der Stoffmengenanteil des Benzylalkohols folgt aus der Gleichung 7.1:

$$x\,(C_7H_8O) = \frac{p\,(C_7H_8O)}{p} = \frac{59{,}2\ hPa}{1120\ hPa} = 5{,}29 \cdot 10^{-2}$$

Mit $x\,(C_7H_8O) = \frac{n\,(C_7H_8O)}{n\,(N_2) + n\,(C_7H_8O)}$ resultiert: $n\,(C_7H_8O) = \frac{x\,(C_7H_8O) \cdot n\,(N_2)}{1 - x\,(C_7H_8O)}$

$$n\,(C_7H_8O) = \frac{5{,}29 \cdot 10^{-2} \cdot 16{,}15\ mol}{1 - 5{,}29 \cdot 10^{-2}} = 0{,}90\ mol$$

$\Rightarrow m\,(C_7H_8O) = 0{,}90\ mol \cdot 108{,}0\ g \cdot mol^{-1} = \mathbf{97{,}2\ g}$

7.3 (Gl. 1.33; Gl. 2.16; Gl. 7.1):

a) $p\,(H_2) = p - p\,(H_2O) = 1880{,}7\ mbar - 31{,}7\ mbar = \mathbf{1\,849{,}0\ mbar}$

b) $p = x\,(H_2) \cdot p + p\,(H_2O) \Rightarrow x\,(H_2) = \frac{p - p\,(H_2O)}{p} = \frac{(1\,880{,}7 - 31{,}7)\ mbar}{1\,880{,}7\ mbar} = \mathbf{0{,}983}$

$x\,(H_2O) = 1{,}000 - x\,(H_2) = 1{,}000 - 0{,}983 = \mathbf{0{,}017}$

c) Es gilt: $x\,(H_2) = \frac{p\,(H_2)}{p}$ und $x\,(H_2) = \frac{V\,(H_2)}{V} \Rightarrow$

$$V\,(H_2) = \frac{p\,(H_2) \cdot V}{p} = \frac{1\,849{,}0\ mbar \cdot 6\,340{,}0\ m^3}{1\,880{,}7\ mbar} = \mathbf{6\,233{,}1\ m^3}$$

7.4 (Gl. 7.2):

a) Die Zahlenwerte der Wertepaare $T_1 = 399{,}2\ K$; $\lg p_1 = \lg 1{,}3329 \cdot 10^{-3}$ und $T_2 = 630\ K$; $\lg p_2 = \lg 1{,}013$ werden in die *august*sche Gleichung eingesetzt. Man erhält ein Gleichungssystem mit zwei Variablen:

$-2{,}8752 = A - B\,(K)/399{,}2\ K$ Gleichung I
$5{,}6094 \cdot 10^{-3} = A - B\,(K)/630{,}0\ K$ Gleichung II

Subtraktion und Umstellung ergibt: $230{,}8\ B\,(K) = 724\,509{,}68 \Rightarrow B = \mathbf{3\,139{,}12\ K}$. Durch Einsetzen dieses Wertes in die Gleichung I erhält man:
$A = -2{,}8752 + 3139{,}12\ K/399{,}2\ K \Rightarrow A = \mathbf{4{,}9883}$.

b) $\lg p = 4{,}9883 - 3139{,}13\ K/534{,}7\ K \Rightarrow p = \mathbf{0{,}131\ bar}$

7.5 (Gl. 7.7):

$$\ln \frac{1{,}013 \text{ bar}}{0{,}650 \text{ bar}} = \frac{36\,350 \text{ J} \cdot \text{mol}^{-1}}{8{,}315 \text{ J} \cdot \text{mol}^{-1} \text{ K}^{-1}} \cdot \left(\frac{1}{T_2} - \frac{1}{403{,}8 \text{ K}}\right) \Rightarrow T_2 = \mathbf{387{,}9\ K} \mathrel{\widehat{=}} \mathbf{114{,}9\ °C}$$

7.6 (Gl. 4.27 und Gl. 7.7): Mit Hilfe der Gleichung 4.27 muss die spezifische Verdampfungsenthalpie in die molare Verdampfungsenthalpie umgerechnet werden: $\Delta H_{m,v} = r \cdot M(CH_3NH_2) = 0{,}8258$ kJ/g · 31,0 g/mol = 25,6 kJ/mol. Einsetzen in die nach $\ln p_2$ aufgelöste *clausius-clapeyron*sche Gleichung ergibt:

$$\ln p_2 = \ln p_1 - \frac{\Delta H_{m,v}}{R} \cdot \left(\frac{1}{T_2} - \frac{1}{T_1}\right)$$

$$\ln p_2 = \ln 1{,}013 \cdot 10^5 \text{ Pa} - \frac{25\,600 \text{ J} \cdot \text{mol}^{-1}}{8{,}315 \text{ J} \cdot \text{mol}^{-1} \text{ K}^{-1}} \cdot \left(\frac{1}{294{,}2 \text{ K}} - \frac{1}{266{,}8 \text{ K}}\right) = 12{,}601$$

$$\Rightarrow p_2 = 2{,}97 \cdot 10^5 \text{ Pa} \mathrel{\widehat{=}} \mathbf{2{,}97\ bar}$$

7.7 (Gl. 7.7): An Stelle der Dampfdrücke p_1 und p_2 werden die Massenkonzentrationen β_1 bzw. β_2 eingesetzt.

Auflösung nach der Lösungsenthalpie ergibt: $\Delta H_{m,L} = \dfrac{R \cdot T_1 \cdot T_2 \cdot (\ln \beta_1 - \ln \beta_2)}{T_1 - T_2} \Rightarrow$

$$\Delta H_{m,L} = \frac{8{,}315 \text{ J} \cdot \text{mol}^{-1} \cdot \text{K}^{-1} \cdot 293 \text{ K} \cdot 353 \text{ K} (\ln 1440 - \ln 1920)}{293 \text{ K} - 353 \text{ K}} = \mathbf{4124\ J \cdot mol^{-1}}$$

7.8 (*Gibbs*sches Phasengesetz Gl. 7.8):

a) Das Gemisch enthält zwei Komponenten ($K = 2$) und zwei Phasen ($P = 2$). Die Zahl der Freiheitsgrade ist deshalb: $F = K - P + 2 = 2 - 2 + 2 = \mathbf{2}$.

b) Für ein solches Gemisch kommen vier veränderbare Zustandsvariablen ist Betracht, nämlich: p, T, V und $c(HCl)$ bzw. $c(H_2O)$. Zwei davon sind frei wählbar; die anderen liegen dann fest. Wird beispielsweise der Druck p und das Volumen V festgelegt, dann bleibt das Gemisch dennoch am Sieden, wenn eine bestimmte Stoffmengenkonzentration $c(HCl)$ bzw. $c(H_2O)$ und Temperatur T gegeben ist.

7.9 (*Gibbs*sches Phasengesetz Gl. 7.8):

$K = 2$ (Rohrzucker und Wasser), $P = 2$ (Lösung und Gasphase) $\Rightarrow F = K - P + 2 = 2 - 2 + 2 = \mathbf{2}$. Die paarweise frei wählbaren Zustandsvariablen sind $\boldsymbol{c}$, $\boldsymbol{T}$, $\boldsymbol{V}$ und $\boldsymbol{p}$.

7.10 Der Schmelzpunkt ist auf den Normdruck $p_n = 1{,}013$ bar bezogen. Da die Schmelzdruckkurve des Wassers (Linie T–B im Bild 1, S. 223) nach links geneigt ist, liegt der Schnittpunkt dieser Kurve bei $p = 1{,}013$ bar, bei einer etwas tieferen Temperatur – eben bei $\vartheta = 0{,}0$ °C.

7.11 (Gl. 1.16; Gl. 1.22; Gl. 7.10):

$$n[(C_2H_5)_2O] = \frac{126{,}0 \text{ g}}{74{,}1 \text{ g} \cdot \text{mol}^{-1}} = 1{,}70 \text{ mol und } n(C_2H_5Br) = \frac{207{,}0 \text{ g}}{109{,}0 \text{ g} \cdot \text{mol}^{-1}} = 1{,}90 \text{ mol} \Rightarrow$$

$$x[(C_2H_5)_2O] = \frac{1{,}70 \text{ mol}}{1{,}70 \text{ mol} + 1{,}90 \text{ mol}} = 0{,}4722$$

$$p_M = x[(C_2H_5)_2O] \cdot p_{01} + [1 - x\{(C_2H_5)_2O\}] \cdot p_{02}$$

$$p_M = 0{,}4722 \cdot 589{,}4 \text{ hPa} + (1 - 0{,}4722) \cdot 515{,}8 \text{ hPa} = \mathbf{550{,}6\ hPa}$$

7.12 (Gl. 7.10; Gl. 1.22; Gl. 1.20): Zunächst muss die Zusammensetzung der siedenden Flüssigphase ermittelt werden. Hierzu dient die Gleichung 7.10: $p_M = x_1 \cdot p_{01} + (1 - x_1) \cdot p_{02}$. Die Lösung siedet, wenn $p_M = p_{amb}$ ist. Die obige Gleichung kann daher unmittelbar nach x_1 aufgelöst werden, wobei zu beachten ist, dass die niedriger siedende Komponente 1 das Methanol ist:

$$x_1 = \frac{p_{amb} - p_{02}}{p_{01} - p_{02}} = \frac{1013\ \text{hPa} - 545{,}6\ \text{hPa}}{2016{,}5\ \text{hPa} - 545{,}6\ \text{hPa}} = 0{,}318 \Rightarrow x_2 = 0{,}682$$

1 mol Gemisch enthält demnach $n\,(CH_3OH) = 0{,}318$ mol und $n\,(H_2O) = 0{,}682$ mol.

$\Rightarrow m\,(CH_3OH) = n\,(CH_3OH) \cdot M\,(CH_3OH) = 0{,}318\ \text{mol} \cdot 32{,}0\ \text{g} \cdot \text{mol}^{-1} = 10{,}18\ \text{g}$ und $m\,(H_2O) = n\,(H_2O) \cdot M\,(H_2O) = 0{,}682\ \text{mol} \cdot 18{,}0\ \text{g} \cdot \text{mol}^{-1} = 12{,}28\ \text{g} \Rightarrow m_{ges} = 22{,}46\ \text{g}$

$$w\,(CH_3OH) = \frac{m\,(CH_3OH)}{m_{ges}} = \frac{10{,}18\ \text{g}}{22{,}46\ \text{g}} = \mathbf{0{,}453} \mathrel{\widehat{=}} \mathbf{45{,}3\%}$$

7.13 (Gl. 7.10; Gl. 7.13; Gl. 7.14; Gl. 1.33):

a) Die Lösung siedet, wenn $p_M = p_{amb}$ ist.

$$x_1\,(C_6H_6) = \frac{p_{amb} - p_{02}}{p_{01} - p_{02}} = \frac{500\ \text{hPa} - 452\ \text{hPa}}{800\ \text{hPa} - 452\ \text{hPa}} = \mathbf{0{,}138} \Rightarrow x_2\,(C_7H_{16}) = \mathbf{0{,}862}$$

b) $\alpha = \frac{p_{01}}{p_{02}} = \frac{800\ \text{hPa}}{452\ \text{hPa}} = 1{,}77$ einsetzen in Gl. 7.14:

$$y_1\,(C_6H_6) = \frac{x_1 \cdot \alpha}{x_1 \cdot (\alpha - 1) + 1} = \frac{0{,}138 \cdot 1{,}77}{0{,}138 \cdot (1{,}77 - 1) + 1} = \mathbf{0{,}221} \Rightarrow y_2\,(C_7H_{16}) = \mathbf{0{,}779}$$

7.14 (Gl. 7.13; Gl. 7.14 und Gl. 1.22):
Im Sumpf hat der Leichtsieder den Stoffmengenanteil:

$$x_1 = \frac{3{,}6\ \text{mol}}{3{,}6\ \text{mol} + 1{,}7\ \text{mol}} = 0{,}679.$$

Die Kondensatzusammensetzung $x_1 = 0{,}794$ entspricht der des Dampfes $y_1 = 0{,}794$. Dies wird in die nach α aufgelöste Gleichung 7.15 eingesetzt:

$$\alpha = \frac{x_1 \cdot y_1 - y_1}{x_1 \cdot y_1 - x_1} = \frac{0{,}679 \cdot 0{,}794 - 0{,}794}{0{,}679 \cdot 0{,}794 - 0{,}679} = 1{,}822$$

Mit Gl. 7.13 erhält man: $p_{01} = \alpha \cdot p_{02} = 1{,}822 \cdot 21{,}3\ \text{hPa} = \mathbf{38{,}8\ hPa}$

7.15 (Kapitel 7.4.4 und 7.4.5; Bild 3, S. 232):
Wenn das Dampfdruckdiagramm ein Maximum aufweist, dann ist das Azeotrop flüchtiger als die reinen Komponenten. Es tritt deshalb als Kopfprodukt auf.

7.16 (Gl. 7.16):
Wasser besitzt die größere Flüchtigkeit und erhält deshalb den Index 1, während das α-Terpen den Index 2 bekommt. Für die Stoffmengen n_1 und n_2 gilt: $n_1 = m_1/M_1$ bzw. $n_2 = m_2/M_2$. Dies wird in die Gleichung 7.16 eingesetzt:

$$\frac{p_{01}}{p_{02}} = \frac{m_1 \cdot M_2}{m_2 \cdot M_1} \Rightarrow$$

$$M_2 = \frac{p_{01} \cdot m_2 \cdot M_1}{p_{02} \cdot m_1} = \frac{863{,}7\ \text{hPa} \cdot 66{,}1\ \text{g} \cdot 18{,}0\ \text{g} \cdot \text{mol}^{-1}}{150{,}5\ \text{hPa} \cdot 50{,}0\ \text{g}} = \mathbf{136{,}6\ g \cdot mol^{-1}}$$

7.17 (Kap. 7.5 und Gl. 7.8):

a) Es handelt sich um den Schmelzpunkt (Erstarrungspunkt) einer der reinen Komponenten.

b) Am Schmelzpunkt liegt neben der festen und der flüssigen Phase noch die gasförmige Phase (Dampf) vor. Bei $K = 1$ und $P = 3$ gilt $F = K - P + 2 = 1 - 3 + 2 = 0$. Es existiert kein Freiheitsgrad und die Temperatur kann sich deshalb während des Schmelzvorgangs nicht ändern.

7.18 (Kap. 7.5):

a) Die obere Kurve ist die Liquiduskurve. Diese wird bei ϑ_1 geschnitten. Geht man von diesem Punkt waagerecht nach links, so wird die Soliduskurve geschnitten. Unterhalb dieses Schnittpunktes liest man w (A) = 20 % ab. Dies ist die Zusammensetzung der bei dieser Temperatur kristallisierenden Legierung.

b) Die vollständig abgekühlte Schmelze besteht aus einer Unzahl von Mischkristallen inhomogener Zusammensetzung (Zonenmischkristalle). Bezüglich der gesamten Legierungsmasse beträgt jedoch w (A) wieder 50 %.

7.19 (Gl. 7.17):

Da von einer reinen Ethinatmosphäre ausgegangen wird, ist der Partialdruck des Ethins so groß wie der in der Aufgabenstellung angegebene Druck. $\Rightarrow$

$c\,(\text{Lösung}) = A \cdot p = 1{,}0291 \cdot 10^{-5}\ \text{mol} \cdot \text{L}^{-1} \cdot \text{Pa}^{-1} \cdot 6{,}5 \cdot 10^{5}\ \text{Pa} = 6{,}69\ \text{mol} \cdot \text{L}^{-1}$

$n = c\,(\text{Lösung}) \cdot V = 6{,}69\ \text{mol} \cdot \text{L}^{-1} \cdot 7{,}2\ \text{L} = 48{,}17\ \text{mol} \Rightarrow$

$V_\text{n} = n \cdot V_{\text{m, n}} = 48{,}17\ \text{mol} \cdot 22{,}4\ \text{L} \cdot \text{mol}^{-1} = \mathbf{1\,079\ L}$

7.20 (Gl. 7.18):

$$V_\text{n}\,(\text{H}_2) = \alpha\,(\text{H}_2) \cdot V_\text{L} \cdot \frac{p\,(\text{H}_2)}{p_\text{n}} = 0{,}01819 \cdot 5\ \text{L} \cdot \frac{45{,}2\ \text{bar}}{1{,}0\ \text{bar}} = \mathbf{4{,}1\ L}$$

7.21 (Gl. 7.23):

Es gilt der *nernst*sche Verteilungssatz. Einsetzen in die umgestellte Gleichung 7.23 ergibt:

$$\frac{n_z\,(\text{R})}{n} = \left(\frac{V\,(\text{R})}{k \cdot V\,(\text{E}) + V\,(\text{R})}\right)^z \Rightarrow \frac{0{,}007\ \text{mol}}{0{,}350\ \text{mol}} = \left(\frac{300\ \text{mL}}{2 \cdot 250\ \text{mL} + 300\ \text{mL}}\right)^z$$

$$\Rightarrow 0{,}02 = (0{,}375)^z \text{ logarithmieren } \Rightarrow z = \frac{\lg 0{,}02}{\lg 0{,}375} = 3{,}99 \mathrel{\widehat{=}} \textbf{4-mal}$$

7.22 (Gl. 1.22; Gl. 2.18 und Gl. 7.24):

Ein Normkubikmeter enthält: $n\,(\text{CCl}_4) = \dfrac{m\,(\text{CCl}_4)}{M\,(\text{CCl}_4)} = \dfrac{0{,}231\ \text{g}}{154{,}0\ \text{g} \cdot \text{mol}^{-1}} = 1{,}5 \cdot 10^{-3}\ \text{mol}$

Die Gesamtstoffmenge Gas in einem Normkubikmeter ist:

$$n_\text{ges} = 1\,000\ \text{L}/22{,}4\ \text{L} \cdot \text{mol}^{-1} = 44{,}64\ \text{mol} \Rightarrow x\,(\text{CCl}_4) = \frac{n\,(\text{CCl}_4)}{n_\text{ges}} = \frac{1{,}5 \cdot 10^{-3}\ \text{mol}}{44{,}64\ \text{mol}} = 3{,}36 \cdot 10^{-5}$$

$\Rightarrow p\,(\text{CCl}_4) = 3{,}36 \cdot 10^{-5} \cdot 95\,000\ \text{Pa} = 3{,}192\ \text{Pa}$. Einsetzen in Gl. 7.24 ergibt die Beladung pro kg Aktivkohle:

$$b = 6{,}27\ \text{mol} \cdot \text{kg}^{-1} \cdot \frac{3{,}192\ \text{Pa}}{3{,}82\ \text{Pa} + 3{,}192\ \text{Pa}} = 2{,}854\ \text{mol} \cdot \text{kg}^{-1}$$

In 1 m^3 sind $1{,}5 \cdot 10^{-3}$ mol CCl_4 enthalten $\Rightarrow$ 12 000 m^3 enthalten $n\,(\text{CCl}_4) = 18{,}0$ mol. Bei einem 60%igen Überschuss an Aktivkohle werden:

$$m = 1{,}6 \cdot \frac{n\,(\text{CCl}_4)}{b} = 1{,}6 \cdot \frac{18{,}0\ \text{mol}}{2{,}854\ \text{mol} \cdot \text{kg}^{-1}} = \mathbf{10{,}1\ kg} \text{ Aktivkohle benötigt.}$$

8.1 (Gl. 8.1; Gl. 8.2): $\Delta p = p_0 - p \Rightarrow \Delta p = 30{,}610\ \text{kPa} - 29{,}357\ \text{kPa} = 1{,}253\ \text{kPa}$

$$\frac{\Delta p}{p_0} = x_2 \Rightarrow \quad x_2 = \frac{1{,}253\ \text{kPa}}{30{,}610\ \text{kPa}} = 0{,}041$$

$$n_1 = \frac{m_1}{M_1} = \frac{100\ \text{g}}{74\ \text{g} \cdot \text{mol}^{-1}} = 1{,}351\ \text{mol}$$

$x_2 = \dfrac{n_2}{n_1 + n_2}$ Mit den Werten für $x_2 = 0{,}041$ und $n_1 = 1{,}351$ mol erhält man:

$$0{,}041 = \frac{n_2}{1{,}351 + n_2} \Rightarrow \quad n_2 = 0{,}05776\ \text{mol}$$

$$n_2 = \frac{m_2}{M_2} \Rightarrow \quad M_2 = \frac{m_2}{n_2} = \frac{5{,}3\ \text{g}}{0{,}05776\ \text{mol}} = \mathbf{91{,}76\ g \cdot mol^{-1}}$$

8.2 (Gl. 8.1; Gl. 8.7):

Nach Gl. 8.1 gilt: $\Delta p = p_0 - p \Rightarrow \Delta p = 2{,}338\ \text{kPa} - 2{,}117\ \text{kPa} = 0{,}221\ \text{kPa}$

Auflösung von Gl. 8.7 nach m_2 ergibt:

$$m_2 = \frac{M_2 \cdot \Delta p \cdot m_1}{p \cdot M_1} = \frac{34{,}0\ \text{g} \cdot \text{mol}^{-1} \cdot 0{,}221\ \text{kPa} \cdot m_1}{2{,}117\ \text{kPa} \cdot 18\ \text{g} \cdot \text{mol}^{-1}} = 0{,}1972 \cdot m_1$$

$m_2 = 0{,}1972 \cdot (100 - m_2) \Rightarrow 1{,}1972 \cdot m_2 = 19{,}72\ \text{g} \Rightarrow m_2 = 16{,}472\ \text{g}$

Aus der Reaktionsgleichung ist ersichtlich:

68 g $H_2O_2 \Rightarrow 22{,}4\ \text{L}\ O_2$ unter NB

$$16{,}472\ \text{g}\ H_2O_2 \Rightarrow \frac{22{,}4\ \text{L} \cdot 16{,}472\ \text{g}}{68\ \text{g}} = \mathbf{5{,}43\ L}$$

8.3 (Gl. 8.12):

$$\Delta T_m = K_K \cdot \frac{m_2}{M_2 \cdot m_1} = \frac{K_K \cdot m_2}{M_2 \cdot V_1 \cdot \varrho_1} = \frac{1{,}86\ \text{kg} \cdot \text{K} \cdot \text{mol}^{-1} \cdot 5\ \text{kg}}{0{,}062\ \text{kg} \cdot \text{mol}^{-1} \cdot 10\ \text{L} \cdot 1{,}0\ \text{kg} \cdot \text{L}^{-1}} = 15\ \text{K}$$

Der Gefrierpunkt der Lösung beträgt: 0 °C – 15 °C = **– 15 ° C**

8.4 (Gl. 8.9):

$$\Delta T_B = K_E \cdot \frac{m_2}{M_2 \cdot m_1} \Rightarrow M_2 = \frac{K_E \cdot m_2}{\Delta T_b \cdot m_1} = \frac{5{,}02\ \text{kg} \cdot \text{K} \cdot \text{mol}^{-1} \cdot 0{,}010\ \text{kg}}{(78{,}36 - 76{,}50)\ \text{K} \cdot 0{,}300\ \text{kg}} = \mathbf{0{,}090\ kg \cdot mol^{-1}}$$

8.5 Umstellung von Gl. 8.12 nach K_K ergibt:

$$K_K = \frac{\Delta T_m \cdot M_2 \cdot m_1}{m_2} = \frac{(8{,}6 - 6{,}8)\ \text{K} \cdot 0{,}135\ \text{kg} \cdot \text{mol}^{-1} \cdot 0{,}065\ \text{kg}}{0{,}00658\ \text{kg}} = \mathbf{2{,}4\ kg \cdot K \cdot mol^{-1}}$$

8.6 Nach Gl. 8.12 gilt: $\Delta T_m = K_K \cdot \frac{m_2}{M_2 \cdot m_1} \Rightarrow m_2 = \frac{\Delta T_m \cdot M_2 \cdot m_1}{K_K}$

Für die Masse des Lösemittels m_1 setzt man z.B. 1 000 g (oder einen beliebigen anderen Wert) ein. Mit $\Delta T_m \mathrel{\widehat{=}} 17{,}5\ °\text{C} - 15{,}3\ °\text{C} \mathrel{\widehat{=}} 2{,}2\ \text{K}$ und $K_K = 3{,}9\ \text{kg} \cdot \text{K} \cdot \text{mol}^{-1}$ gilt:

$$m_2 = \frac{2{,}2\ \text{K} \cdot 0{,}018\ \text{kg} \cdot \text{mol}^{-1} \cdot 1\ \text{kg}}{3{,}9\ \text{kg} \cdot \text{K} \cdot \text{mol}^{-1}} = 0{,}01015\ \text{kg} = 10{,}15\ \text{g}$$

Der Massenanteil $w(H_2O)$ ist nach Gl. 1.20: $w(H_2O) = \frac{m(H_2O)}{m_1 + m(H_2O)} = \frac{10{,}15\ \text{g}}{1010{,}15\ \text{g}} = \mathbf{0{,}01005}$

8.7 Umstellung von Gl. 8.16 nach Π ergibt:

$$\Pi = \frac{n \cdot R \cdot T}{V} = \frac{m \cdot R \cdot T}{M \cdot V} = \frac{4{,}125\ \text{g} \cdot 8{,}315\ \text{kPa} \cdot \text{L} \cdot \text{mol}^{-1} \cdot \text{K}^{-1} \cdot 295\ \text{K}}{110\ \text{g} \cdot \text{mol}^{-1} \cdot 0{,}050\ \text{L}} = \mathbf{1\,839{,}7\ kPa}$$

8.8 Der osmotische Druck Π entspricht dem hydrostatischen Druck der Flüssigkeitssäule und beträgt:

$\Pi = p = \varrho \cdot g \cdot h = 867\ \text{kg} \cdot \text{m}^{-3} \cdot 9{,}81\ \text{m} \cdot \text{s}^{-2} \cdot 0{,}085\ \text{m} = 723\ \text{N} \cdot \text{m}^{-2} = 723\ \text{Pa} = 0{,}723\ \text{kPa}$

Einsetzen der gegebenen Werte in Gl. 8.16 und Umstellung nach M ergibt:

$$M = \frac{m \cdot R \cdot T}{\Pi \cdot V} = \frac{0{,}15\ \text{g} \cdot 8{,}315\ \text{kPa} \cdot \text{L} \cdot \text{mol}^{-1} \cdot \text{K}^{-1} \cdot 293\ \text{K}}{0{,}723\ \text{kPa} \cdot 0{,}1\ \text{L}} = \mathbf{5{,}05 \cdot 10^3\ g \cdot mol^{-1}}$$

8.9 Umstellen von Gl. 8.18 nach i ergibt:

$$\Pi \cdot V = \frac{m \cdot R \cdot T \cdot i}{M} \Rightarrow i = \frac{\Pi \cdot V \cdot M}{m \cdot R \cdot T} = \frac{50\ \text{kPa} \cdot 1\ \text{L} \cdot 208{,}0\ \text{g} \cdot \text{mol}^{-1}}{1{,}40\ \text{g} \cdot 8{,}315\ \text{kPa} \cdot \text{L} \cdot \text{mol}^{-1} \cdot \text{K}^{-1} \cdot 298\ \text{K}} = 3$$

Aus $i = 1 + \alpha \cdot (\nu - 1) \Rightarrow \nu = \frac{i-1}{\alpha} + 1 = \frac{3-1}{1} + 1 = \mathbf{3}$

8.10 Aus Gl. 8.20; Gl. 1.16 und Gl. 1.32 erhält man durch Umformen:

$$\Delta T_m = \frac{K_K \cdot m_2 \cdot i}{M_2 \cdot m_1} \Rightarrow i = \frac{\Delta T_m \cdot M_2 \cdot m_1}{K_K \cdot m_2} = \frac{0{,}880\ K \cdot 0{,}11090\ kg \cdot mol^{-1} \cdot 0{,}147\ g}{1{,}86\ kg \cdot K \cdot mol^{-1} \cdot 0{,}003\ kg} = \mathbf{2{,}57}$$

Aus $i = 1 + \alpha \cdot (\nu - 1) \Rightarrow \alpha = \frac{i-1}{\nu - 1} = \frac{2{,}57 - 1}{3 - 1} = 0{,}785 \mathrel{\widehat{=}} \mathbf{78{,}5\%}$

8.11 Nach Gl. 8.20 gilt: $\Delta T_m = \frac{K_K \cdot m_2 \cdot i}{M_2 \cdot m_1}$

$i = 1 + \alpha \cdot (\nu - 1) = 1 + 0{,}045 \cdot (2 - 1) = 1{,}045$

Die Masse der Lösung ist nach Gl. 1.1: $m_{Lsg} = 1\ L \cdot 1{,}010\ kg \cdot L^{-1} = 1{,}010\ kg$. Die Masse des gelösten Stoffes ist: $m_2 = M \cdot c \cdot V = 0{,}3\ kg \cdot mol^{-1} \cdot 0{,}1\ mol \cdot L^{-1} \cdot 1\ L = 0{,}03\ kg$. Für die Masse des Lösemittels erhält man: $m_1 = 1{,}010\ kg - 0{,}03\ kg = 0{,}980\ kg$. Einsetzen dieser Werte in Gl. 8.20 ergibt:

$$\Delta T_m = \frac{K_K \cdot m_2 \cdot i}{M_2 \cdot m_1} = \frac{1{,}86\ kg \cdot K \cdot mol^{-1} \cdot 0{,}03\ kg \cdot 1{,}045}{0{,}300\ kg \cdot mol^{-1} \cdot 0{,}980\ kg} = 0{,}198\ K$$

Die Lösung gefriert bei $\vartheta_m = \mathbf{-0{,}198\ °C}$.

9.1 (Gl. 9.2): $m(Cu) = ä \cdot I \cdot t = 0{,}3293\ mg \cdot A^{-1} \cdot s^{-1} \cdot 0{,}8\ A \cdot 600\ s = \mathbf{158\ mg}$

9.2 (Gl. 9.8):
Das elektrochemische Äquivalent bezieht sich auf die Zersetzung eines Mols. Dafür werden aber $z = 2$ Elektronen benötigt, denn die Zersetzung läuft nach den folgenden Gleichungen ab:

$2\ H^+ + 2\ e^- \rightarrow H_2$ und $O^{2-} \rightarrow {}^1/_2\ O_2 + 2\ e^-$

Mit Gl. 9.8 erhält man: $ä(H_2O) = \frac{M(H_2O)}{z \cdot F} = \frac{18\,000\ mg \cdot mol^{-1}}{2 \cdot 96\,500\ A \cdot s \cdot mol^{-1}} = \mathbf{0{,}0933\ mg \cdot A^{-1} \cdot s^{-1}}$

9.3 (Gl. 9.7; Gl. 1.20):
Die Lösung wird aufkonzentriert, weil Wasser zersetzt wird. Formal werden hierfür $z = 2$ Elektronen benötigt, denn es gilt: $H_2O \rightarrow 2\ H^+ + O^{2-}$.

$$m(H_2O) = I \cdot t \cdot \frac{M(H_2O)}{z \cdot F} = 10\ A \cdot 4\ h \cdot 3\,600\ s \cdot h^{-1} \cdot \frac{18{,}0\ g \cdot mol^{-1}}{2 \cdot 96\,500\ A \cdot s \cdot mol^{-1}} = 13{,}43\ g$$

Die Ausgangsmenge enthielt $m(H_2SO_4) = w(H_2SO_4) \cdot m_{Lsg1} = 0{,}052 \cdot 70{,}00\ g = 3{,}64\ g\ H_2SO_4$. Nach 4 Stunden wurden 13,43 g Wasser zersetzt, sodass nur noch: $m_{Lsg2} = 70{,}00\ g - 13{,}43\ g = 56{,}57\ g$ Lösung vorhanden sind, in der die gleiche Masse an H_2SO_4 gelöst ist. Der Massenanteil beträgt demnach:

$$w(H_2SO_4) = \frac{m(H_2SO_4)}{m_{Lsg2}} = \frac{3{,}64\ g}{56{,}57\ g} = \mathbf{0{,}064} \mathrel{\widehat{=}} \mathbf{6{,}4\%}$$

9.4 (Gl. 9.10; Gl. 2.8): Mit Gl. 9.10 berechnet man die Masse des abgeschiedenen Chlors:

$$m(Cl_2) = I \cdot t \cdot \frac{M(Cl_2)}{z \cdot F} \cdot \eta = 10\ A \cdot 15\ min \cdot 60\ s \cdot min^{-1} \cdot \frac{70{,}9\ g \cdot mol^{-1}}{2 \cdot 96500\ A \cdot s \cdot mol^{-1}} \cdot 0{,}8 = 2{,}645\ g$$

$\Rightarrow n(Cl_2) = \frac{m(Cl_2)}{M(Cl_2)} = \frac{2{,}645\ g}{70{,}9\ g \cdot mol^{-1}} = 0{,}0373\ mol$. Mit $p \cdot V = n(Cl_2) \cdot R \cdot T$ folgt:

$$V = \frac{n(Cl_2) \cdot R \cdot T}{p} = \frac{0{,}0373\ mol \cdot 8{,}315\ kPa \cdot L \cdot mol^{-1} \cdot K^{-1} \cdot 313\ K}{101{,}1\ kPa} = \mathbf{0{,}96\ L}$$

9.5 (Definition Zellkonstante):

a) $k_\gamma = \frac{l}{A} \Rightarrow A = \frac{l}{k_\gamma} = \frac{2{,}85\ \text{cm}}{1{,}25\ \text{cm}^{-1}} = \mathbf{2{,}28\ cm^2}$

b) Es gelten die Gesetze des elektrolytischen Trogs. Die Feldliniendichte auf der Rückseite zweier eingetauchter flacher Elektroden weicht von der Feldliniendichte auf der Vorderseite ab. Die für die Leitfähigkeitsmessung wirksame Elektrodenoberfläche kann wegen dieser Inhomogenität nicht durch einfaches Abmessen der geometrischen Gestalt ermittelt werden.

c) Bei Verwendung von Gleichstrom kommt es bei Leitfähigkeitsmessungen in Elektrolyten zu Abscheidungsvorgängen auf den Elektrodenoberflächen. Entsprechend den Gesetzmäßigkeiten der elektrochemischen Spannungsreihe entsteht dadurch ein galvanisches Gegenelement, dessen Spannung der angelegten Messspannung entgegengesetzt ist. Diese Erscheinung wird als Elektrodenpolarisation bezeichnet. Die *I*-*U*-Kurve folgt in diesem Fall nicht der Idealkurve des *ohm*schen Gesetzes.

9.6 (Gl. 9.12 und Gl. 9.16): $\gamma = k_\gamma \cdot G$ oder: $\gamma = \frac{k_\gamma}{R} \Rightarrow k_\gamma = \gamma \cdot R$

Für $c\,(\text{KCl}) = 0{,}1$ mol/L folgt: $k_\gamma = 1{,}288 \cdot 10^{-2}\ \Omega^{-1} \cdot \text{cm}^{-1} \cdot 270\ \Omega = 3{,}48\ \text{cm}^{-1}$

Für $c\,(\text{KCl}) = 0{,}01$ mol/L folgt: $k_\gamma = 0{,}1413 \cdot 10^{-2}\ \Omega^{-1} \cdot \text{cm}^{-1} \cdot 2\,490\ \Omega = 3{,}52\ \text{cm}^{-1}$

Mittelwert: $k_\gamma = (3{,}48\ \text{cm}^{-1} + 3{,}52\ \text{cm}^{-1})/2 = \mathbf{3{,}50\ cm^{-1}}$

9.7 (Gl. 9.26; Gl. 1.16; Gl. 1.20; Gl. 1.1; Äquivalentkonzentration):

$$c^* = c\,(^1/_2\,\text{CuCl}_2) = \frac{\gamma}{\Lambda_\text{eq}} = \frac{0{,}0187\ \text{S} \cdot \text{cm}^{-1}}{93{,}6\ \text{S} \cdot \text{cm}^2 \cdot \text{mol}^{-1}} = 2 \cdot 10^{-4}\ \text{mol} \cdot \text{cm}^{-3}$$

$\Rightarrow c\,(\text{CuCl}_2) = 10^{-4}\ \text{mol} \cdot \text{cm}^{-3}$. Ein cm^3 enthält folglich $n\,(\text{CuCl}_2) = 10^{-4}$ mol.

Dies sind: $m\,(\text{CuCl}_2) = n\,(\text{CuCl}_2) \cdot M\,(\text{CuCl}_2) = 10^{-4}\ \text{mol} \cdot 134{,}5\ \text{g} \cdot \text{mol}^{-1} = 0{,}01345\ \text{g}$

$$w\,(\text{CuCl}_2) = \frac{m\,(\text{CuCl}_2)}{m_\text{Lsg}} = \frac{m\,(\text{CuCl}_2)}{\varrho \cdot V} = \frac{0{,}01345\ \text{g}}{1{,}004\ \text{g} \cdot \text{cm}^{-3} \cdot 1\ \text{cm}^3} = 1{,}34 \cdot 10^{-2} \mathrel{\hat{=}} \mathbf{1{,}34\%}$$

9.8 (Gl. 9.25; Gl. 9.26; Gl. 1.26) Berechnung der Stoffmengenkonzentration:

$$c\,[\text{Cd}\,(\text{NO}_3)_2] = \frac{m\,[\text{Cd}\,(\text{NO}_3)_2]}{M\,[\text{Cd}\,(\text{NO}_3)_2] \cdot V} = \frac{23{,}80\ \text{g}}{236{,}4\ \text{g} \cdot \text{mol}^{-1} \cdot 100\ \text{cm}^3} = 1{,}007 \cdot 10^{-3}\ \text{mol} \cdot \text{cm}^{-3}$$

$$\Rightarrow \Lambda = \frac{\gamma}{c\,[\text{Cd}\,(\text{NO}_3)_2]} = \frac{0{,}0827\ \text{S} \cdot \text{cm}^{-1}}{1{,}007 \cdot 10^{-3}\ \text{mol} \cdot \text{cm}^{-3}} = \mathbf{82{,}13\ S \cdot cm^2 \cdot mol^{-1}}$$

$$\Rightarrow \Lambda_\text{eq} = \frac{\gamma}{z \cdot c\,[\text{Cd}\,(\text{NO}_3)_2]} = \frac{0{,}0827\ \text{S} \cdot \text{cm}^{-1}}{2 \cdot 1{,}007 \cdot 10^{-3}\ \text{mol} \cdot \text{cm}^{-3}} = \mathbf{41{,}06\ S \cdot cm^2 \cdot mol^{-1}}$$

9.9 (Gl. 9.30): In den ersten beiden Spalten sind jeweils die Ionenleitfähigkeiten unter Berücksichtigung der **Ladungszahlen** vorgegeben! Berücksichtigt man dies, so berechnet sich beispielsweise die molare Leitfähigkeit in $\text{S} \cdot \text{cm}^2 \cdot \text{mol}^{-1}$ von $\text{Mg}_3(\text{PO}_4)_2$ folgendermaßen:

$\lambda\,(^1/_2\,\text{Mg}^{2+}) = 46{,}0\ \text{S} \cdot \text{cm}^2 \cdot \text{mol}^{-1} \Rightarrow \lambda\,(\text{Mg}^{2+}) = 92{,}0\ \text{S} \cdot \text{cm}^2 \cdot \text{mol}^{-1}$

$\lambda\,(^1/_3\,\text{PO}_4^{3-}) = 69{,}0\ \text{S} \cdot \text{cm}^2 \cdot \text{mol}^{-1} \Rightarrow \lambda\,(\text{PO}_4^{3-}) = 207{,}0\ \text{S} \cdot \text{cm}^2 \cdot \text{mol}^{-1}$

für drei Mg^{2+}-Ionen folgt: $\lambda = 276{,}0\ \text{S} \cdot \text{cm}^2 \cdot \text{mol}^{-1}$

für zwei PO_4^{3-}-Ionen folgt: $\lambda = 414{,}0\ \text{S} \cdot \text{cm}^2 \cdot \text{mol}^{-1}$

Summe: $\Lambda\,[\text{Mg}_3\,(\text{PO}_4)_2] = \mathbf{690{,}0\ S \cdot cm^2 \cdot mol^{-1}}$

Da die Äquivalentzahl (für das gesamte Molekül!) $z = 6$ ist, erhält man die molare Leitfähigkeit eines Äquivalents mittels Division durch 6:
$\Lambda\ [Mg_3(PO_4)_2] = 690{,}0 : 6 = \Lambda_{eq} = \mathbf{115{,}0\ S \cdot cm^2 \cdot mol^{-1}}$

Ionenleitfähigkeit Kation λ ($1/m\ Me^{m+}$) in $S \cdot cm^2 \cdot mol^{-1}$		Ionenleitfähigkeit Anion λ ($1/n\ X^{n-}$) in $S \cdot cm^2 \cdot mol^{-1}$		Molare Leitfähigkeit Λ in $S \cdot cm^2 \cdot mol^{-1}$		Molare Leitfähigkeit eines Äquivalents in $S \cdot cm^2 \cdot mol^{-1}$	
H^+:	314,5	Br^-:	67,0	HBr:	381,5	HBr:	381,5
Sr^{2+}:	52,0	NO_3^-:	61,5	$Sr(NO_3)_2$:	227,0	$Sr(NO_3)_3$:	113,5
Na^+:	43,5	SO_4^{2-}:	68,0	Na_2SO_4:	223,0	Na_2SO_4:	111,5
Mg^{2+}:	46,0	PO_4^{3-}:	69,0	$Mg_3(PO_4)_2$:	690,0	$Mg_3(PO_4)_2$:	115,0

9.10 (Gl. 9.30; Gl. 9,31 und Gl. 9.25):

a) Ionenleitfähigkeiten:

$\lambda\,(^1/_3\ La^{3+}) = F \cdot u\,(^1/_3\ La^{3+})$
$= 96\,500\ A \cdot s \cdot mol^{-1} \cdot 5{,}76 \cdot 10^{-4}\ cm^2 \cdot s^{-1} \cdot V^{-1} = \mathbf{55{,}6\ S \cdot cm^2 \cdot mol^{-1}}$

$\lambda\,(Cl^-) = F \cdot u\,(Cl^-)$
$= 96\,500\ A \cdot s \cdot mol^{-1} \cdot 6{,}67 \cdot 10^{-4}\ cm^2 \cdot s^{-1} \cdot V^{-1} = \mathbf{64{,}4\ S \cdot cm^2 \cdot mol^{-1}}$

- Molare Leitfähigkeit eines Äquivalents:
  $\Lambda_{eq} = \lambda\,(^1/_3\ La^{3+}) + \lambda\,(Cl^-) = 55{,}6\ S \cdot cm^2 \cdot mol^{-1} + 64{,}4\ S \cdot cm^2 \cdot mol^{-1} = \mathbf{120{,}0\ S \cdot cm^2 \cdot mol^{-1}}$
- Molare Leitfähigkeit:
  $\Lambda = 3 \cdot (^1/_3\ La^{3+}) + 3 \cdot (Cl^-) = 166{,}8\ S \cdot cm^2 \cdot mol^{-1} + 193{,}2\ S \cdot cm^2 \cdot mol^{-1} = \mathbf{360{,}0\ S \cdot cm^2 \cdot mol^{-1}}$

b) Stoffmengenkonzentration:

$$c\,(LaCl_3) = \frac{\gamma}{\Lambda} = \frac{1{,}21 \cdot 10^{-3}\ S \cdot cm^{-1}}{360\ S \cdot cm^2 \cdot mol^{-1}} = 3{,}36 \cdot 10^{-6}\ mol \cdot cm^{-3} = \mathbf{3{,}36 \cdot 10^{-3}\ mol \cdot L^{-1}}$$

9.11 (Gl. 9.27 und Gl. 9.28):

- Umrechnen der Äquivalentkonzentrationen und Radizieren:
  $c_1^* = 0{,}0005\ mol/L = 5 \cdot 10^{-7}\ mol \cdot cm^{-3}$; $\sqrt{c_1^*} = 7{,}071 \cdot 10^{-4}\ mol^{1/2} \cdot cm^{-3/2}$
  $c_2^* = 0{,}01\ mol/L = 1 \cdot 10^{-5}\ mol \cdot cm^{-3}$; $\sqrt{c_2^*} = 3{,}162 \cdot 10^{-3}\ mol^{1/2} \cdot cm^{-3/2}$
- Berechnung von Steigung k und Λ_{eq}^0:

$$k = \frac{\Lambda_{eq\,(2)} - \Lambda_{eq\,(1)}}{\sqrt{c_2^*} - \sqrt{c_1^*}} = \frac{(118{,}51 - 124{,}50)\ S \cdot cm^2 \cdot mol^{-1}}{(3{,}162 \cdot 10^{-3} - 7{,}071 \cdot 10^{-4})\ mol^{1/2} \cdot cm^{-3/2}} = -\,2\,440\ S \cdot cm^{7/2} \cdot mol^{-3/2}$$

Einsetzen in $\Lambda_{eq}^0 = \Lambda_{eq}\,(1) - k \cdot \sqrt{c_1^*}$

$\Lambda_{eq}^0 = 124{,}50\ S \cdot cm^2 \cdot mol^{-1} - (-\,2\,440\ S \cdot cm^{7/2} \cdot mol^{-3/2} \cdot 7{,}071 \cdot 10^{-4}\ mol^{1/2} \cdot cm^{-3/2})$

$\Lambda_{eq}^0 = \mathbf{126{,}2\ S \cdot cm^2 \cdot mol^{-1}}$

9.12 (*Kohlrausch*-Gesetz der unabhängigen Ionenwanderung, Gl. 9.29):

$\Lambda_{eq}^0(NaNO_3) + \Lambda_{eq}^0(KMnO_4) - \Lambda_{eq}^0(KNO_3) = \Lambda_{eq}^0(NaMnO_4)$

$= 105{,}2\ S \cdot cm^2 \cdot mol^{-1} + 118{,}1\ S \cdot cm^2 \cdot mol^{-1} - 126{,}3\ S \cdot cm^2 \cdot mol^{-1} = \mathbf{97{,}0\ S \cdot cm^2 \cdot mol^{-1}}$

9.13 (Gl. 9.27):

$\Lambda_{eq} = \Lambda_{eq}^0 + k \cdot \sqrt{c^*} = 115{,}8\ S \cdot cm^2 \cdot mol^{-1} + (-\,2\,150\ S \cdot cm^{7/2} \cdot mol^{-3/2} \cdot \sqrt{10^{-4}\ mol \cdot cm^{-3}})$

$\Lambda_{eq} = 115{,}8\ S \cdot cm^2 \cdot mol^{-1} - 21{,}5\ S \cdot cm^2 \cdot mol^{-1} = \mathbf{94{,}3\ S \cdot cm^2 \cdot mol^{-1}}$

9.14 (Gl. 9.20; Gl. 9.22; Gl. 9.30; Gl. 9.36; Gl. 9.38; Gl. 9.39):

a) Die Änderungen der Stoffmengen in 1 L Lösung betragen:

Anodenraum Δn_{AR} = 0,500 mol – 0,458 mol
= 0,042 mol

Kathodenraum Δn_{KR} = 0,598 mol – 0,500 mol
= 0,098 mol

$$\text{Daraus folgt: } t\,(\text{Li}^+) = \frac{\Delta n_{AR}}{\Delta n_{AR} + \Delta n_{KR}} = \frac{0{,}042 \text{ mol}}{0{,}042 \text{ mol} + 0{,}098 \text{ mol}} = \mathbf{0{,}3}$$

Mit Gl. 9.36 erhält man: $t\,(\text{Cl}^-) = 1 - t\,(\text{Li}^+) = 1 - 0{,}3 = \mathbf{0{,}7}$

b) $\lambda\,(\text{Li}^+) = t\,(\text{Li}^+) \cdot \Lambda_{eq} = 0{,}3 \cdot 70{,}7 \text{ S} \cdot \text{cm}^2 \cdot \text{mol}^{-1} = \mathbf{21{,}2\ S \cdot cm^2 \cdot mol^{-1}}$.

Umstellen von $\Lambda_{eq} = \lambda\,(\text{Li}^+) + \lambda\,(\text{Cl}^-)$ ergibt:

$\lambda\,(\text{Cl}^-) = \Lambda_{eq} - \lambda\,(\text{Li}^+) = 70{,}7 \text{ S} \cdot \text{cm}^2 \cdot \text{mol}^{-1} - 21{,}2 \text{ S} \cdot \text{cm}^2 \cdot \text{mol}^{-1} = \mathbf{49{,}5\ S \cdot cm^2 \cdot mol^{-1}}$

c) $$u\,(\text{Li}^+) = \frac{\lambda\,(\text{Li}^+)}{F} = \frac{21{,}2 \text{ S} \cdot \text{cm}^2 \cdot \text{mol}^{-1}}{96\,500 \text{ A} \cdot \text{s} \cdot \text{mol}^{-1}} = \mathbf{2{,}2 \cdot 10^{-4}\ cm^2 \cdot V^{-1} \cdot s^{-1}}$$

$$u\,(\text{Cl}^-) = \frac{\lambda\,(\text{Cl}^-)}{F} = \frac{49{,}5 \text{ S} \cdot \text{cm}^2 \cdot \text{mol}^{-1}}{96\,500 \text{ A} \cdot \text{s} \cdot \text{mol}^{-1}} = \mathbf{5{,}1 \cdot 10^{-4}\ cm^2 \cdot V^{-1} \cdot s^{-1}}$$

d) $$E = \frac{U}{l} = \frac{9 \text{ V}}{15 \text{ cm}} = 0{,}6 \text{ V} \cdot \text{cm}^{-1} \Rightarrow u\,(\text{Li}^+) = \frac{v\,(\text{Li}^+)}{E} \Rightarrow v\,(\text{Li}^+) = u\,(\text{Li}^+) \cdot E$$

$v\,(\text{Li}^+) = u\,(\text{Li}^+) \cdot E = 2{,}2 \cdot 10^{-4} \text{ cm}^2 \cdot \text{V}^{-1} \cdot \text{s}^{-1} \cdot 0{,}6 \text{ V} \cdot \text{cm}^{-1} = \mathbf{1{,}32 \cdot 10^{-4}\ cm \cdot s^{-1}}$

analog: $v\,(\text{Cl}^-) = u\,(\text{Cl}^-) \cdot E = 5{,}1 \cdot 10^{-4} \text{ cm}^2 \cdot \text{V}^{-1} \cdot \text{s}^{-1} \cdot 0{,}6 \text{ V} \cdot \text{cm}^{-1} = \mathbf{3{,}06 \cdot 10^{-4}\ cm \cdot s^{-1}}$

9.15 (Gl. 9.34; Gl. 9.29):

$\Lambda^0_{eq}\,(\text{NaCl}) = \lambda^0\,(\text{Na}^+) + \lambda^0\,(\text{Cl}^-) = 43{,}5 \text{ S} \cdot \text{cm}^2 \cdot \text{mol}^{-1} + 65{,}5 \text{ S} \cdot \text{cm}^2 \cdot \text{mol}^{-1}$
$= 109{,}0 \text{ S} \cdot \text{cm}^2 \cdot \text{mol}^{-1}$

$\Lambda_{eq}\,(\text{NaCl}) = f_\lambda \cdot \Lambda^0_{eq}\,(\text{NaCl}) = 0{,}607 \cdot 109{,}0 \text{ S} \cdot \text{cm}^2 \cdot \text{mol}^{-1} = \mathbf{66{,}2\ S \cdot cm^2 \cdot mol^{-1}}$

9.16 (Gl. 9.16; Gl. 9.33, *ostwald*sches Verdünnungsgesetz Gl. 3.22):

a) $\gamma = k_\gamma \cdot G = 0{,}65 \text{ cm}^{-1} \cdot 7{,}37 \cdot 10^{-2} \text{ S} = 4{,}79 \cdot 10^{-2} \text{ S} \cdot \text{cm}^{-1}$

$c^* = c\,[^1/_2\,\text{Ba(OH)}_2] = 2 \cdot 0{,}15 \text{ mol/L} = 0{,}3 \text{ mol/L}$ oder $c^* = 3 \cdot 10^{-4} \text{ mol} \cdot \text{cm}^{-3}$

$$\Rightarrow \Lambda_{eq} = \frac{\gamma}{c^*} = \frac{4{,}79 \cdot 10^{-2} \text{ S} \cdot \text{cm}^{-1}}{3 \cdot 10^{-4} \text{ mol} \cdot \text{cm}^{-3}} = 159{,}7 \text{ S} \cdot \text{cm}^2 \cdot \text{mol}^{-1}$$

$$\alpha = \frac{\Lambda_{eq}}{\Lambda^0\,[1/2\ \text{Ba(OH)}_2]} = \frac{159{,}7 \text{ S} \cdot \text{cm}^2 \cdot \text{mol}^{-1}}{229{,}0 \text{ S} \cdot \text{cm}^2 \cdot \text{mol}^{-1}} = \mathbf{0{,}697}$$

b) Berechnung der Protolysekonstanten

$$K_B = \frac{\alpha^2}{1-\alpha} \cdot c = \frac{(0{,}697)^2}{1 - 0{,}697} \cdot 0{,}15 \text{ mol/L} = \mathbf{0{,}24\ mol/L}$$

Da die Gesamtprotolyse als in einem Schritt vollzogen betrachtet wird, muss die Stoffmengenkonzentration auf Ba(OH)_2 bezogen werden und nicht auf ein Äquivalent!

9.17 (Gl. 9.25, Gl. 9.33, *Kohlrausch*-Gesetz der unabhängigen Ionenwanderung, Definition pH-Wert, Gl. 3.9; Gl. 3.10):

$$\Lambda^0 = \lambda^0 (NH_4^+) + \lambda^0 (OH^-) = 64{,}4\ S \cdot cm^2 \cdot mol^{-1} + 174{,}0\ S \cdot cm^2 \cdot mol^{-1} = 238{,}4\ S \cdot cm^2 \cdot mol^{-1}$$

$$\Lambda = \frac{\gamma}{c} = \frac{1{,}038\ S \cdot cm^{-1} \cdot 10^{-3}}{4{,}55 \cdot 10^{-3}\ mol \cdot cm^{-3}} = 0{,}228\ S \cdot cm^2 \cdot mol^{-1}$$

$$\Rightarrow \alpha = \frac{\Lambda_{eq}}{\Lambda^0_{eq}} = \frac{0{,}228\ S \cdot cm^2 \cdot mol^{-1}}{238{,}4\ S \cdot cm^2 \cdot mol^{-1}} = 9{,}56 \cdot 10^{-4}$$

$$\Rightarrow c\,(OH^-) = \alpha \cdot c\,(NH_3) = 9{,}56 \cdot 10^{-4} \cdot 4{,}55\ mol \cdot L^{-1} = 4{,}35 \cdot 10^{-3}\ mol/L$$

$$\Rightarrow pOH = -\lg 4{,}35 \cdot 10^{-3} = 2{,}36 \Rightarrow pH = 14{,}00 - 2{,}36 = \mathbf{11{,}64}$$

9.18 (Gl. 9.30; Gl. 9.32; Gl. 9.26):

a) Berechnung des Löslichkeitsprodukts:

$$\lambda\,(^1/_3\ Al^{3+}) = u\,(^1/_3\ Al^{3+}) \cdot F = 4{,}15 \cdot 10^{-4}\ cm^2 \cdot V^{-1} \cdot s^{-1} \cdot 96\,500\ A \cdot s \cdot mol^{-1} = 40{,}0\ S \cdot cm^2 \cdot mol^{-1}$$

$$\lambda\,(OH^-) = u\,(OH^-) \cdot F = 1{,}80 \cdot 10^{-3}\ cm^2 \cdot V^{-1} \cdot s^{-1} \cdot 96\,500\ A \cdot s \cdot mol^{-1} = 173{,}7\ S \cdot cm^2 \cdot mol^{-1}$$

$$\Lambda_{eq} = \lambda\,(^1/_3\ Al^{3+}) + \lambda\,(OH^-) = 40{,}0\ S \cdot cm^2 \cdot mol^{-1} + 173{,}7\ S \cdot cm^2 \cdot mol^{-1} = 213{,}7\ S \cdot cm^2 \cdot mol^{-1}$$

Da Aluminiumhydroxid ein starker Elektrolyt ist und die Lösung zudem in einer sehr hohen Verdünnung vorliegt, ist $\alpha = 1$.

$$\Rightarrow c\ ^1/_3\,[Al(OH)_3] = \frac{\gamma}{\Lambda_{eq}} = \frac{(5{,}25 \cdot 10^{-5} - 1{,}1 \cdot 10^{-6})\ S \cdot cm^{-1}}{213{,}7\ S \cdot cm^2 \cdot mol^{-1}} = 2{,}405 \cdot 10^{-7}\ mol \cdot cm^{-3} = 2{,}405 \cdot 10^{-4}\ mol \cdot L^{-1}$$

$$\Rightarrow c\,(Al^{3+}) = {}^1/_3 \cdot c\,[^1/_3\ Al(OH)_3] = {}^1/_3 \cdot 2{,}405 \cdot 10^{-4}\ mol \cdot L^{-1} = 8{,}017 \cdot 10^{-5}\ mol \cdot L^{-1}$$

und $c\,(OH^-) = 2{,}405 \cdot 10^{-4}\ mol \cdot L^{-1}$

$$\Rightarrow L\,[Al(OH)_3] = c\,(Al^{3+}) \cdot c^3\,(OH^-) = 8{,}017 \cdot 10^{-5}\ mol \cdot L^{-1} \cdot (2{,}405 \cdot 10^{-4}\ mol \cdot L^{-1})^3 = \mathbf{1{,}11 \cdot 10^{-15}\ mol^4 \cdot L^{-4}}$$

b) In 1 L Lösung sind $n\,(Al^{3+}) = n\,[Al(OH)_3] = 8{,}017 \cdot 10^{-5}$ mol enthalten.

$$\Rightarrow m\,[Al(OH)_3] = n\,[Al(OH)_3] \cdot M\,[Al(OH)_3] = 8{,}017 \cdot 10^{-5}\ mol \cdot 78{,}00\ g \cdot mol^{-1} = 6{,}25 \cdot 10^{-3}\ g = \mathbf{6{,}25\ mg}$$

9.19 Bei der Titration werden kontinuierlich Ag^+-Ionen durch K^+-Ionen ersetzt. Da $\lambda\,(K^+) > \lambda\,(Ag^+)$ ist, steigt die Kurve stetig bereits nach der Zugabe der ersten Tropfen der Kaliumchloridlösung. Über den Äquivalenzpunkt hinaus wird der Leitwert ausschließlich durch die besser leitende Kaliumchloridlösung bestimmt (s. Bild 1).

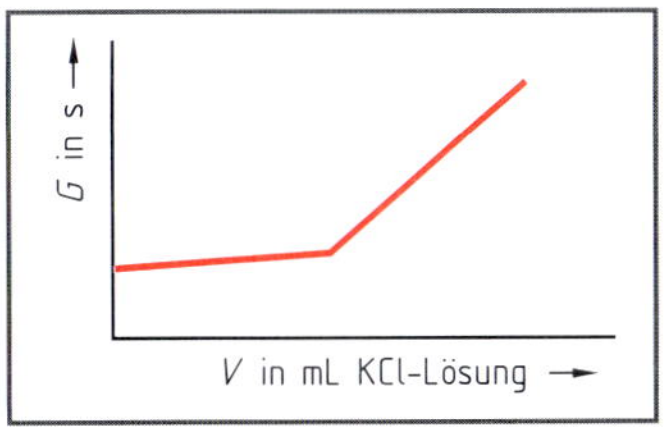

Bild 1: Titration einer $AgNO_3$-Lösung mit KCl-Lösung

9.20 a) Aus einem Silberstab, der in eine wässrige Silbersalz-Lösung (z.B. $AgNO_3$) taucht.

b) aus einem Silberstab, der in eine wässrige Silbersalz-Lösung (z.B. $AgNO_3$), mit $c\,(Ag^+)$ = **1 mol · L⁻¹** taucht.

9.21 a) **Fe (s)/Fe^{2+}//Ag^+/Ag (s)**

b) **(Pt) Sn^{2+}/Sn^{4+}//Br_2/2 Br^-**

9.22 Standardpotentiale (s. Tabelle im Anhang)

a) **+ 0,268 V** b) **+ 0,071 V** c) **+ 0,522 V**

9.23 Nach Gl. 9.40 gilt mit den Standardpotentialen (s. Tabelle im Anhang)

$\Delta E^0 = E_1^0 - E_2^0 = E^0_{\text{Kathode}} - E^0_{\text{Anode}} = 0{,}3402 \text{ V} - (-0{,}403 \text{ V}) = \mathbf{0{,}7432 \text{ V}}$

9.24 Anwendung von Gl. 9.40 ergibt:

$\Delta E^0 = E_1^0 - E_2^0 = E^0_{\text{Kathode}} - E^0_{\text{Anode}}$ oder $E^0_{\text{Anode}} = E^0_{\text{Kathode}} - \Delta E^0$

$E^0_{\text{Anode}} = 0{,}3402 \text{ V} - 2{,}414 \text{ V} = -2{,}0738 \text{ V} \approx \mathbf{-2{,}074 \text{ V}}$

9.25 Mit Gl. 9.40 und den Standardpotentialen (s. Tabelle im Anhang) gilt:

a) $\Delta E^0 = E^0_{\text{Kathode}} - E^0_{\text{Anode}} = 0{,}80 \text{ V} - 0{,}770 \text{ V} = \mathbf{0{,}03 \text{ V}}$
Die **Anode** ist **Pt/Fe^{2+}/Fe^{3+}**.

b) $\Delta E^0 = 0{,}796 \text{ V} - 0{,}268 \text{ V} = \mathbf{0{,}528 \text{ V}}$
Die **Anode** ist **2 Hg + 2 Cl^-/Hg_2Cl_2**

9.26 Man ordnet die korrespondierenden Redoxpaare nach steigendem Wert von E^0 nach folgendem Schema an (Standardpotentiale, s. Tabelle im Anhang):

a)

Reduzierte Form	Oxidierte Form	E^0
$H_2O_2 + 2\,H_2O$	$O_2 + 2\,H_3O^+$	+ 0,682 V
$2\,Br^-$	Br_2	+ 1,065 V

Nach der Regel: *links oben reagiert mit rechts unten* läuft die Reaktion ab nach der Gleichung:

$\mathbf{Br_2 + H_2O_2 + 2\,H_2O \rightarrow 2\,Br^- + 2\,H_3O^+ + O_2}$

b)

$NO + 6\,H_2O$	$NO_3^- + 4\,H_3O^+$	$E^0 = +0{,}96$ V
$2\,Cl^-$	Cl_2	$E^0 = +1{,}36$ V

Die Reaktion läuft nicht wie angegeben ab.

c)

Mn	Mn^{2+}	$E^0 = -1{,}029$ V
Zn	Zn^{2+}	$E^0 = -0{,}76$ V

Die Reaktion läuft nicht wie angegeben ab.

d)

$2\,Cr^{3+} + 21\,H_2O$	$Cr_2O_7^{2-} + 14\,H_3O^+$	$E^0 = 1{,}33$ V
$Mn^{2+} + 12\,H_2O$	$MnO_4^- + 8\,H_3O^+$	$E^0 = 1{,}491$ V

Die Reaktion läuft nicht wie angegeben ab.

9.27 Lösung nach Gl. 9.48:

$$E = E^0 + \frac{0{,}0592 \text{ V}}{z} \cdot \lg \frac{\{c\,(\text{Ox})\}}{\{c\,(\text{Red})\}}$$

$$E = 1{,}33 \text{ V} + \frac{0{,}0592 \text{ V}}{6} \cdot \lg \frac{\{c\,(Cr_2O_7^{2-})\} \cdot \{c^{14}\,(H_3O^+)\}}{\{c^2\,(Cr^{3+})\}}$$

Bei pH = 1 ist $c\,(H_3O^+) = 0{,}1 \text{ mol} \cdot L^{-1}$. Die Konzentrationen von $Cr_2O_7^{2-}$ und Cr^{3+} betragen unter Standardbedingungen $1 \text{ mol} \cdot L^{-1}$.

$$E = 1{,}33 \text{ V} + \frac{0{,}0592 \text{ V}}{6} \cdot \lg \frac{1 \cdot (0{,}1)^{14}}{1^2} = \mathbf{1{,}192 \text{ V}}$$

9.28 a) Man berechnet zunächst mit Gl. 9.49 die Einzelpotentiale.

$E_1 = E^0 + 0{,}0592\ \text{V} \cdot \lg\{c\,(Ag^+)\} = 0{,}80\ \text{V} + 0{,}0592\ \text{V} \cdot \lg 0{,}1 = 0{,}7408\ \text{V}$

$E_2 = E^0 + 0{,}0592\ \text{V} \cdot \lg\{c\,(Ag^+)\} = 0{,}80\ \text{V} + 0{,}0592 \cdot \lg 0{,}01 = 0{,}6816\ \text{V}$

$\Delta E = E_1 - E_2 = 0{,}7408\ \text{V} - 0{,}6816\ \text{V} = 0{,}0592\ \text{V} = \mathbf{59{,}2\ mV}$

b) Da die Lösung mit $c\,(Ag^+) = 0{,}01\ \text{mol} \cdot \text{L}^{-1}$ das weniger positive Potential besitzt gilt:

$\mathbf{(Ag/Ag^+\ (c = 0{,}01\ mol \cdot L^{-1})//Ag^+\ (c = 0{,}1\ mol \cdot L^{-1})/Ag}$

9.29 Standardpotentiale (s. Anhang) und Gl. 9.40 ergeben:

a) $\Delta E^0 = E^0_{\text{Kathode}} - E^0_{\text{Anode}} = -\ 0{,}126\ \text{V} - (-\ 0{,}136\ \text{V}) = \mathbf{0{,}010\ V}$

b) Mit Gl. 9.49 werden die Einzelpotentiale berechnet:

$$E\,(Sn/Sn^{2+}) = -\ 0{,}136\ \text{V} + \frac{0{,}0592\ \text{V}}{2} \cdot \lg\{c\,(Sn^{2+})\}$$

Da die Sn^{2+}-Konzentration steigt, beträgt sie, wenn $\Delta E = 0$ ist, $c\,(Sn^{2+}) = (1 + x)\ \text{mol} \cdot \text{L}^{-1}$.

Somit ist:

$$E\,(Sn/Sn^{2+}) = -\ 0{,}136\ \text{V} + \frac{0{,}0592\ \text{V}}{2} \cdot \lg\,(1 + x)$$

Für die Pb^{2+}-Konzentration, die fällt, erhält man bei $\Delta E = 0$ entsprechend

$c\,(Pb^{2+}) = (1 - x)\ \text{mol} \cdot \text{L}^{-1}$.

Das Einzelpotential beträgt daher:

$$E\,(Pb/Pb^{2+}) = -\ 0{,}126\ \text{V} + \frac{0{,}0592\ \text{V}}{2} \cdot \lg\,(1 - x)$$

Ist $\Delta E = 0$, so ist $E\,(Sn/Sn^{2+}) = E\,(Pb/Pb^{2+})$

$$-\ 0{,}136\ \text{V} + \frac{0{,}0592\ \text{V}}{2} \cdot \lg\,(1 + x) = -\ 0{,}126\ \text{V} + \frac{0{,}0592\ \text{V}}{2} \cdot \lg\,(1 - x)$$

$$\lg \frac{(1 + x)}{(1 - x)} = 0{,}338 \Rightarrow x = 0{,}37$$

$\{c\,(Sn^{2+})\} = 1 + 0{,}37 \Rightarrow c\,(Sn^{2+}) = \mathbf{1{,}37\ mol \cdot L^{-1}}$,
$\{c\,(Pb^{2+})\} = 1 - 0{,}37 \Rightarrow c\,(Pb^{2+}) = \mathbf{0{,}63\ mol \cdot L^{-1}}$

Eine alternative Lösung für Teil b) ist die Anwendung von Gl. 9.53.

Der Reaktionsgleichung: $Sn + Pb^{2+} \rightarrow Pb + Sn^{2+}$ gleichbedeutend mit
$Red_1 + Ox_2 \rightarrow Red_2 + Ox_1$

ist zu entnehmen, dass $Ox_1 = Sn^{2+}$ und $Ox_2 = Pb^{2+}$ ist. Da die Aktivität der Reduktoren Red_1 und Red_2 gleich 1 ist (feste Metalle), erhält man mit Gl. 9.53:

$$\Delta E = \Delta E^0 + \frac{0{,}059\ \text{V}}{2} \cdot \lg \frac{\{c\,(Ox_2)\}}{\{c\,(Ox_1)\}} = \Delta E^0 + \frac{0{,}0592\ \text{V}}{2} \cdot \lg \frac{\{c\,(Pb^{2+})\}}{\{c\,(Sn^{2+})\}}$$

Einsetzen von $c\,(Pb^{2+}) = (1 - x)\ \text{mol} \cdot \text{L}^{-1}$ und $c\,(Sn^{2+}) = (1 + x)\ \text{mol} \cdot \text{L}^{-1}$ ergibt:

$$\Delta E = \Delta E^0 + 0{,}0296\ \text{V} \cdot \lg \frac{1 - x}{1 + x} \Rightarrow 0 = 0{,}010\ \text{V} + 0{,}0296\ \text{V} \cdot \lg \frac{1 - x}{1 + x}$$

$$\lg \frac{1 - x}{1 + x} = -\ 0{,}338 \Rightarrow \frac{1 - x}{1 + x} = 0{,}46 \Rightarrow x = \mathbf{0{,}37}$$

Die Konzentrationen $c\,(Sn^{2+})$ und $c\,(Pb^{2+})$ werden wie oben beschrieben berechnet.

9.30 Nach Gl. 9.55 gilt: $\Delta E = \Delta E^0 - \dfrac{0{,}0592\ \text{V}}{z} \cdot \lg Q$

Mit $z = 2$ und $\Delta E^0 = 1{,}80\ \text{V} - 0{,}15\ \text{V} = 1{,}65\ \text{V}$ erhält man umgestellt nach $\lg Q$:

$$\lg Q = \frac{(\Delta E^0 - \Delta E)\ \text{V}}{0{,}0296\ \text{V}} = \frac{(1{,}65 - 1{,}38)\ \text{V}}{0{,}0296\ \text{V}} = \frac{0{,}27}{0{,}0296} = 9{,}12 \Rightarrow Q = \mathbf{1{,}32 \cdot 10^9}$$

9.31 Mit Gl. 9.46 ergibt sich: $\Delta E^0 = \frac{0{,}0592\ \text{V}}{z} \cdot \lg K$

Mit den Werten aus 9.30 erhält man: $\lg K = \frac{1{,}65\ \text{V}}{0{,}0296\ \text{V}} = 55{,}7 \Rightarrow K = \mathbf{5{,}01 \cdot 10^{55}}$

9.32 Standardpotentiale, s. Anhang:

a) Mit Gl. 9.48 und Gl. 9.52 berechnet man zunächst die Einzelpotentiale bei pH = 0.

$$E\,(Mn^{2+}/MnO_4^-) = 1{,}491\ \text{V} + \frac{0{,}0592\ \text{V}}{5} \cdot \lg \frac{\{c\,(MnO_4^-)\} \cdot \{c^8\,(H_3O^+)\}}{\{c\,(Mn^{2+})\}}$$

$$E\,(Mn^{2+}/MnO_4^-) = 1{,}491\ \text{V} + \frac{0{,}0592\ \text{V}}{5} \cdot \lg \frac{0{,}1 \cdot 1^8}{0{,}1} = 1{,}491\ \text{V}$$

$$E\,(2\ Cl^-/Cl_2) = 1{,}36\ \text{V} - \frac{0{,}0592\ \text{V}}{2} \cdot \lg\,(0{,}1)^2 = 1{,}4192\ \text{V}$$

Nach steigendem Redoxpotential geordnet erhält man das Schema:

$2\ Cl^-$	Cl_2	E = 1,4192 V
$Mn^{2+} + 12\ H_2O$	$MnO_4^- + 8\ H_3O^+$	E = 1,491 V

Nach der Regel: „links oben reagiert mit rechts unten" **läuft die angegebene Reaktion bei pH = 0 ab,** die EMK beträgt:

$\Delta E^0 = 1{,}491\ \text{V} - 1{,}4192\ \text{V} = 0{,}0718\ \text{V}$

Die zweite Lösungsmöglichkeit ist die Anwendung von Gl. 9.53:

$$\Delta E = \Delta E^0 + \frac{0{,}0592\ \text{V}}{10} \cdot \lg \frac{\{c^2\,(MnO_4^-)\} \cdot \{c^{16}\,(H_3O^+)\} \cdot \{c^{10}\,(Cl^-)\}}{\{c^2\,(Mn^{2+})\} \cdot \{p_i^5\,(Cl_2)\}}$$

$$\Delta E = 0{,}131 + \frac{0{,}0592\ \text{V}}{10} \cdot \lg \frac{0{,}1^2 \cdot 1^{16} \cdot (0{,}1)^{10}}{0{,}1^2 \cdot 1^5} = 0{,}0718\ \text{V}$$

b) Anwendung von Gl. 9.53 ergibt mit $c\,(H_3O^+) = 10^{-5}\ \text{mol} \cdot \text{L}^{-1}$ bei pH = 5:

$$\Delta E = 0{,}131 + \frac{0{,}0592\ \text{V}}{10} \cdot \lg \frac{0{,}1^2 \cdot (10^{-5})^{16} \cdot (0{,}1)^{10}}{0{,}1^2 \cdot 1^5} = -\,0{,}39\ \text{V}$$

Der negative Wert von ΔE zeigt, dass die Reaktion nicht ablaufen kann. Die Oxidation von Cl^--Ionen mit $KMnO_4$ ist bei pH = 5 nicht möglich.

9.33 Zur Lösung benötigt werden: Gl. 9.40; Gl. 9.43

Aus den Standardpotentialen

$E^0\,(Ag + Br^-/AgBr) = 0{,}071\ \text{V}$ und $E^0\,(2\ Br^-/Br_2) = 1{,}065\ \text{V}$ ergibt sich für ΔE^0 mit Gl. 9.40: $\Delta E^0 = 1{,}065\ \text{V} - 0{,}071\ \text{V} = 0{,}994\ \text{V}$

$\Delta_r G^o_m = -\,z \cdot F \cdot \Delta E^0 = -\,2 \cdot 96\,500\ \text{C} \cdot \text{mol}^{-1} \cdot 0{,}994\ \text{V} = \mathbf{-\,191{,}84\ kJ \cdot mol^{-1}}$

9.34 Mit Hilfe der Gleichungen 9.53 und

$$\Delta E = \Delta E^0 + \frac{0{,}0592\ \text{V}}{1} \cdot \lg \frac{\{c_2\,(Ag^+)\}}{\{c_1\,(Ag^+)\}}$$

c_2 und c_1 sind die Konzentrationen von Ag^+ in Halbzelle 2 und Halbzelle 1. ΔE^0 ist Null, da es sich um das gleiche Redoxpaar Ag/Ag^+ handelt. Somit ist mit den gegebenen Werten:

$$0{,}330\ \text{V} = 0{,}0592\ \text{V} \cdot \lg \frac{0{,}01}{\{c_1\,(Ag^+)\}} \Rightarrow \lg \frac{0{,}01}{\{c_1\,(Ag^+)\}} = 5{,}574$$

$$\frac{0{,}01}{\{c_1\,(Ag^+)\}} = 3{,}75 \cdot 10^5 \Rightarrow \{c_1\,(Ag^+)\} = 2{,}7 \cdot 10^{-8} \Rightarrow c_1\,(Ag^+) = 2{,}7 \cdot 10^{-8}\ \text{mol} \cdot \text{L}^{-1}$$

Die Stoffmenge an Cl^--Ionen in 80 mL KCl-Lösung, $c\,(KCl) = 0{,}01\ mol \cdot L^{-1}$, beträgt $8 \cdot 10^{-4}$ mol.

Die Stoffmenge an Ag^+-Ionen in 20 mL $AgNO_3$-Lösung, $c\,(AgNO_3) = 0{,}01\ mol \cdot L^{-1}$, beträgt $2 \cdot 10^{-4}$ mol.

Diese reagieren mit den Cl^--Ionen zu AgCl.

In den 100 mL der Halbzelle 1 beträgt die Stoffmenge an Cl^--Ionen daher nach Ausfällung von AgCl $6 \cdot 10^{-4}$ mol, wenn man die Menge an Cl^--Ionen, die aus dem Bodenkörper in Lösung gehen, vernachlässigt. Dies entspricht einer Stoffmengenkonzentration von $c\,(Cl^-) = 6 \cdot 10^{-3}\ mol \cdot L^{-1}$.

Das Löslichkeitsprodukt L (AgCl) beträgt somit nach Gl. 3.28:

$L = c\,(Ag^+) \cdot c\,(Cl^-) = 2{,}7 \cdot 10^{-8}\ mol \cdot L^{-1} \cdot 6 \cdot 10^{-3}\ mol \cdot L^{-1} = \mathbf{1{,}62 \cdot 10^{-10}\ mol^2 \cdot L^{-2}}$.

Sachwortverzeichnis

M

N

O

P

Q

R

S

T

U

V

W

Z

Formelzeichen

A

a	Aktivität in $mol \cdot L^{-1}$ oder ohne Einheit
a	*van der Waals*-Konstante in $bar \cdot L^2 \cdot mol^{-1}$
A	Ausbeute
A	Fläche in m^2
A	*henry*scher Löslichkeits- bzw. Absorptionskoeffizient in $mol \cdot L^{-1} \cdot Pa^{-1}$
A	Konstante der *august*schen Gleichung
A	präexponentieller Faktor der *Arrhenius*-Gleichung
A_r	relative Atommasse
$ä$	elektrochemisches Äquivalent in $kg \cdot A^{-1} \cdot s^{-1}$

B

b	Molalität in $mol \cdot kg^{-1}$
b	Covolumen in $L \cdot mol^{-1}$
b	*Langmuir*-Konstante in $mol \cdot kg^{-1}$
B	Konstante der *august*schen Gleichung in K

C

c	spezifische Wärmekapazität $J \cdot kg^{-1} \cdot K^{-1}$
c^*	Äquivalentkonzentration in $mol \cdot m^{-3}$
c	Stoffmengenkonzentration in $mol \cdot m^{-3}$
C	Teilchenzahlkonzentration in m^{-3}
C_{mp}	molare Wärmekapazität bei p = konst. in $J \cdot mol^{-1} \cdot K^{-1}$
C_{mV}	molare Wärmekapazität bei V = konst. in $J \cdot mol^{-1} \cdot K^{-1}$
c_p	spezifische Wärmekapazität bei p = konst. in $J \cdot kg^{-1} \cdot K^{-1}$
c_V	spezifische Wärmekapazität bei V = konst. in $J \cdot kg^{-1} \cdot K^{-1}$
$\overline{C}_{mp}$	mittlere molare Wärmekapazität bei p = konst. in $J \cdot mol^{-1} \cdot K^{-1}$

E

e	Elementarladung in $A \cdot s$
E	Atomenergie in J
E	elektrisches Feld in $V \cdot m^{-1}$
E	elektrochemisches Potential in V
E^o	elektrochemisches Standardpotential in V
E_a	Aktivierungsenergie in $J \cdot mol^{-1}$
E_k	kinetische (mechanische) Energie in J
E_0	Nullpunktsenergie in J
E_p	potentielle (mechanische) Energie in J

F

f	Fugazität in Pa
f	Schwingungsfrequenz in s^{-1}
f_λ	Leitfähigkeitskoeffizient
F	Kraft in N
F	*Faraday*-Konstante in $A \cdot s \cdot mol^{-1}$
F	Freiheitsgrad

G

G	elektrischer Leitwert in Ω^{-1} bzw. S
G	freie Enthalpie, chemische Energie in J
G_r	relatives Gasdichteverhältnis
$\Delta_r G$	freie Reaktionsenthalpie in J
$\Delta G^o_{m,B}$	molare freie Standardbildungsenthalpie in $J \cdot mol^{-1}$
$\Delta_r G_m$	molare freie Reaktionsenthalpie $J \cdot mol^{-1}$
ΔG_N	Reaktionsnutzarbeit J

H

h	*Planck*-Konstante in J · s
H	Enthalpie in J
H_o	spezifischer Brennwert in J · kg^{-1}
$H_{o,\,n}$	spezifischer Brennwert gasförmiger Stoffe in J · m^{-3}
H_u	spezifischer Heizwert in J · kg^{-1}
$H_{u,\,n}$	spezifischer Heizwert gasförmiger Stoffe in J · m^{-3}
Δh_s	spezifische Schmelzenthalpie in J · kg^{-1}
ΔH_s	Schmelzenthalpie in J
$\Delta_r H_{m,\,N}$	molare Neutralisationsenthalpie in J · mol^{-1}
$\Delta_r H_N$	Neutralisationsenthalpie in J
$\Delta H_{m,\,s}$	molare Schmelzenthalpie in J · mol^{-1}
ΔH_v	Verdampfungsenthalpie in J
$\Delta H_{m,\,v}$	molare Verdampfungsenthalpie in J · mol^{-1}
Δh_v	spezifische Verdampfungsenthalpie in J · kg^{-1}
$\Delta H_{m,\,B}$	molare Bildungsenthalpie in J · mol^{-1}
$\Delta H^o_{m,\,B}$	molare Standardbildungsenthalpie in J · mol^{-1}
$\Delta H_{m,\,G}$	molare Gitterenthalpie in J · mol^{-1}
ΔH_G	Gitterenthalpie in J
$\Delta H_{m,\,H}$	molare Hydratationsenthalpie in J · mol^{-1}
ΔH_H	Hydratationsenthalpie in J
$\Delta H_{m,\,L}$	molare Lösungsenthalpie in J · mol^{-1}
ΔH_L	Lösungsenthalpie in J
$\Delta H^o_{m,\,s}$	molare Standardschmelzenthalpie in J · mol^{-1}
$\Delta H^o_{m,\,v}$	molare Standardverdampfungsenthalpie in J · mol^{-1}
$\Delta_r H$	Reaktionsenthalpie in J
$\Delta_r H^o$	Standardreaktionsenthalpie in J
$\Delta_r H_m$	molare Reaktionsenthalpie in J · mol^{-1}
$\Delta_r H^o_m$	molare Standardreaktionsenthalpie in J · mol^{-1}

I

i	*van't hoff*scher Faktor
I	Kraftstoß in kg · m · s^{-1}
I	elektrischer Strom in A

K

k	*Boltzmann*-Konstante in J · K^{-1}
k	Geschwindigkeitskonstante, allgemein (Einheit ist reaktionsabhängig)
k	*nernst*scher Verteilungskoeffizient
k	*langmuir*sche Konstante in Pa (Gase) bzw. mol · m^{-3} (Lösungen)
k_y	Zellkonstante (Leitfähigkeitsmesszelle) in m^{-1}
k_H	Geschwindigkeitskonstante der Hinreaktion (Einheit ist reaktionsabhängig)
k_R	Geschwindigkeitskonstante der Rückreaktion (Einheit ist reaktionsabhängig)
K	Gleichgewichtskonstante, allgemeine (Einheit ist reaktionsabhängig)
K	Komponentenzahl
K_B	Basenkonstante
K_c	Gleichgewichtskonstante (konzentrationsbezogen)
K_K	kryoskopische Konstante in K · kg · mol^{-1}
K_E	ebullioskopische Konstante in K · kg · mol^{-1}
K_p	Gleichgewichtskonstante (druckbezogen)
K_S	Säurekonstante
K_W	Ionenprodukt des Wassers in mol^2 · L^{-2}

L

l	Länge in m
L	Löslichkeitsprodukt in $(mol \cdot L^{-1})^{x+y}$

M

M	molare Masse in kg · mol^{-1}
$\overline{M}$	mittlere molare Masse in kg · mol^{-1}
m	Masse in kg

N

n	Polytropenexponent
n	Stoffmenge in mol
N	Teilchenzahl
N_A	*avogadro*sche Zahl in mol^{-1}

P

p	Druck in Pa
p	Impuls in $kg \cdot m \cdot s^{-1}$
p (A)	Partialdruck der Komponente A in Pa
p_{abs}	absoluter Druck in Pa
p_{amb}	Atmosphärendruck, Umgebungsdruck in Pa
p_B	Binnendruck in Pa
p_c	kritischer Druck in Pa
p_e	Überdruck in Pa
p_n	Normdruck in Pa
p_o	Siedepunktdruck in Pa
Δp	Dampfdruckerniedrigung in Pa
p_0	Dampfdruck der reinen Komponente in Pa
p_{id}	Gasdruck eines Gases im Idealzustand in Pa
pK_B	negativer dekadischer Logarithmus der Basenkonstante
pK_S	negativer dekadischer Logarithmus der Säurekonstante
P	elektrische Leistung in W
P	sterischer Faktor
P	Phasenanzahl

Q

q	spezifische Schmelzwärme in $J \cdot kg^{-1}$
Q	elektrische Ladung, Ladungsmenge in $A \cdot s^{-1}$ bzw. C
Q	Ionenprodukt in $(mol \cdot L^{-1})^{x+y}$
Q	Reaktionsquotient (reaktionsabhängig)
Q	Reaktionswärme in J
Q	Wärmeenergie in J
ΔQ_{rev}	reversibel übertragene Wärme in J
Q_s	Schmelzwärme in J
Q_v	Verdampfungswärme in J

R

r	spezifische Verdampfungswärme in $J \cdot kg^{-1}$
r	Reaktionsgeschwindigkeit in $mol \cdot m^{-3} \cdot s^{-1}$
r_H	Reaktionsgeschwindigkeit Hinreaktion in $mol \cdot m^{-3} \cdot s^{-1}$
r_R	Reaktionsgeschwindigkeit Rückreaktion in $mol \cdot m^{-3} \cdot s^{-1}$
r	Stoffmengenverhältnis
R	elektrischer Widerstand in Ω
R	Teilchenzahlverhältnis
R	universelle Gaskonstante in $J \cdot mol^{-1} \cdot K^{-1}$

S

s	Löslichkeit in $mol \cdot L^{-1}$
S	Entropie in $J \cdot K^{-1}$
ΔS_s	Schmelzentropie in $J \cdot K^{-1}$
$\Delta S_{m,s}$	molare Schmelzentropie in $J \cdot mol^{-1} \cdot K^{-1}$
ΔS_v	Verdampfungsentropie in $J \cdot K^{-1}$
$\Delta S_{m,v}$	molare Verdampfungsentropie in $J \cdot mol^{-1} \cdot K^{-1}$
$\Delta_r S$	Reaktionsentropie in $J \cdot K^{-1}$
$\Delta_r S_m$	molare Reaktionsentropie in $J \cdot mol^{-1} \cdot K^{-1}$
$\Delta_r S^o$	Standardreaktionsentropie in $J \cdot K^{-1}$
$\Delta_r S^o_m$	molare Standardreaktionsentropie in $J \cdot mol^{-1} \cdot K^{-1}$

T

t	Zeit in s
t_+	*hittorf*sche Überführungszahl eines Kations
t_-	*hittorf*sche Überführungszahl eines Anions
$T_{1/2}$	Halbwertszeit in s
T	absolute Temperatur in K
T_b	Boyle-Temperatur in K
T_b	Siedetemperatur in K
ΔT_b	Siedepunktserhöhung in K
ΔT_m	Gefrierpunktserniedrigung in K
T_c	kritische Temperatur in K
T_m	Schmelztemperatur in K
T_n	Normtemperatur in K

U

u	atomare Masseneinheit in kg
u_+	Ionenbeweglichkeit eines Kations in $m^2 \cdot V^{-1} \cdot s^{-1}$
u_-	Ionenbeweglichkeit eines Anions in $m^2 \cdot V^{-1} \cdot s^{-1}$
U	innere Energie in J
U	Umsatz
U	elektrische Spannung in V
$U_Ü$	Überspannung in V
U_Z	Zersetzungsspannung in V
$\Delta_r U$	Reaktionsenergie in J
$\Delta_r U^o$	Standardreaktionsenergie in J
$\Delta_r U_m$	molare Reaktionsenergie in $J \cdot mol^{-1}$
$\Delta_r U_{m,v}$	molare Verdampfungsenergie in $J \cdot mol^{-1}$
$\Delta_r U^o_m$	molare Standardreaktionsenergie in $J \cdot mol^{-1}$

V

v	Geschwindigkeit in $m \cdot s^{-1}$
V	Volumen in m^3
V (A)	Partialvolumen der Komponente A in m^3
V_c	kritisches Volumen in $m^3 \cdot mol^{-1}$
$V_{m,c}$	molares kritisches Volumen in $m^3 \cdot mol^{-1}$ oder $L \cdot mol^{-1}$
$V_{m,0}$	molares Normvolumen eines idealen Gases in $m^3 \cdot mol^{-1}$ oder $L \cdot mol^{-1}$
V_n	Normvolumen eines Gases in $m^3 \cdot mol^{-1}$ oder $L \cdot mol^{-1}$

W

w	Massenanteil
W_{max}	maximale Arbeit in J
W_{el}	elektrische Arbeit in J
W_{rev}	reversible Arbeit in J
W_V	Volumenänderungsarbeit in J
W	Arbeit, allgemein in J
W	Kompressionsenergie (Druckenergie) in J

X

x (A)	Stoffmengenverhältnis der Komponente A
X (A)	Teilchenzahlanteil des Teilchens A

Y

y_i	Partialdruck einer Komponente im Dampf in Pa

Z

z	Stoßzahl
z	Ladungszahl eines Ions
z^*	Äquivalentzahl eines Ions

Griechische Zeichen und ihre Bedeutung

α	Dissoziationsgrad
α	Trennfaktor, relative Flüchtigkeit
α	*bunsen*scher Absorptionskoeffizient
β	Massenkonzentration in $kg \cdot m^{-3}$
ε_k	kinetische Energie eines Teilchens in J
γ (A)	Aktivitätskoeffizient der Substanz A
γ	Ausdehnungskoeffizient der Gase in K^{-1}
γ	elektrische Leitfähigkeit, Konduktivität in $S \cdot m^{-1}$
γ	Volumenausdehnungskoeffizient, allgemein in K^{-1}
η	Stromausbeute
η_{th}	thermischer Wirkungsgrad
$\varkappa$	Isentropenexponent (*Poisson*-Exponent)
Λ	molare Leitfähigkeit in $S \cdot m^2 \cdot mol^{-1}$
Λ_{eq}	molare Äquivalentleitfähigkeit in $S \cdot m^2 \cdot mol^{-1}$
Λ^o_{eq}	molare Grenzleitfähigkeit von Äquivalenten in $S \cdot m^2 \cdot mol^{-1}$
λ_+	Ionenleitfähigkeit eines Kations in $S \cdot m^2 \cdot mol^{-1}$
λ_-	Ionenleitfähigkeit eines Anions in $S \cdot m^2 \cdot mol^{-1}$
λ^o_+	Grenzleitfähigkeit eines Kations in $S \cdot m^2 \cdot mol^{-1}$
λ^o_-	Grenzleitfähigkeit eines Anions in $S \cdot m^2 \cdot mol^{-1}$
ν_i	stöchiometrische Zahl eines Stoffes i
φ (A)	Volumenanteil der Komponente A
Π	osmotischer Druck in Pa
σ	Volumenkonzentration
σ	Kalibrierfaktor eines Kalorimeters in $J \cdot K^{-1}$
ψ	Volumenverhältnis
ϱ	Dichte in $kg \cdot m^{-3}$
ϱ	spezifischer Widerstand in $\Omega \cdot m$
ϑ	Temperatur in °C
ϑ_m	Schmelztemperatur in °C
ϑ_n	Normtemperatur in °C
ϑ_b	Siedetemperatur in °C
ω	Kreisfrequenz in $rad \cdot s^{-1}$
ζ	Massenverhältnis in $kg \cdot kg^{-1}$
ξ	Umsatzvariable in mol